소방설비산업기사 필기 전기 과년도 7개년

소방원론 / 소방전기일반 / 소방관계법규
소방전기시설의 구조 및 원리

2026

초超 격格 차差

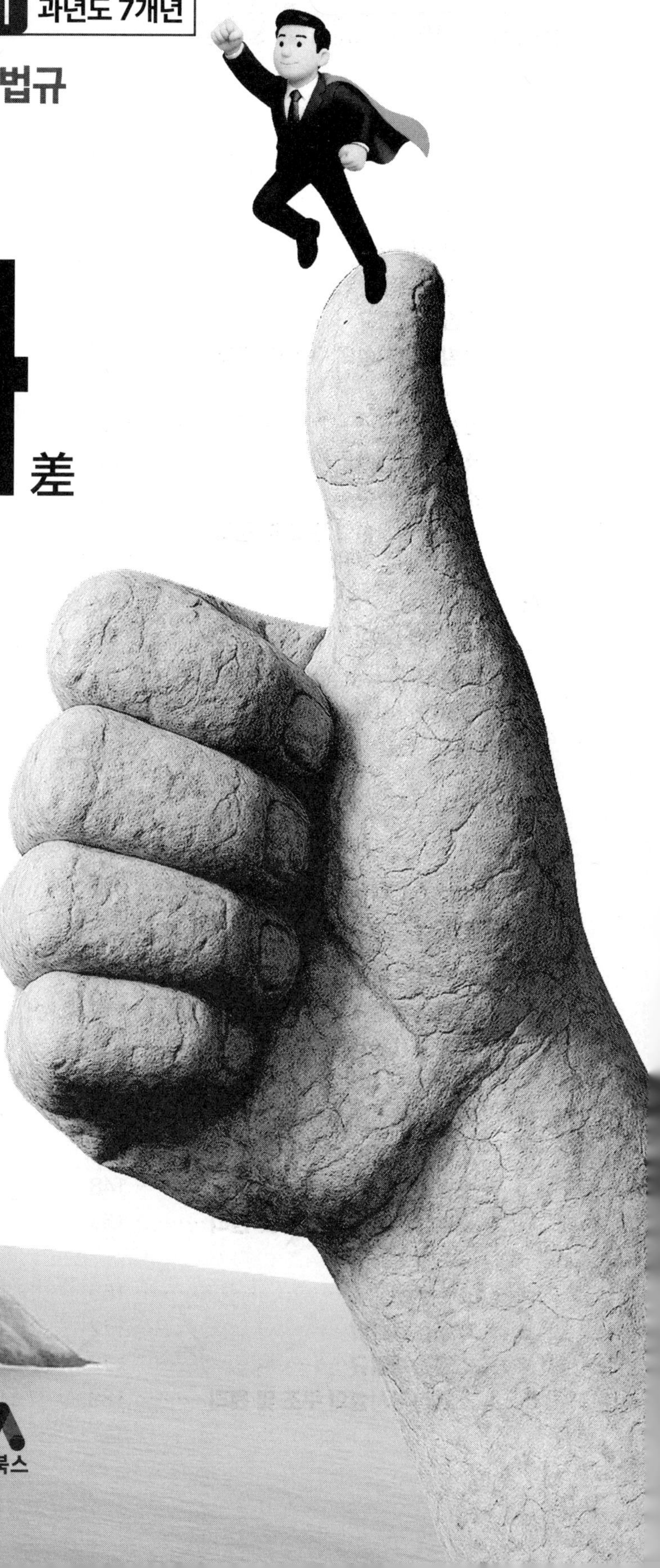

황모아 · 오민정 · 이지원

모아북스

CONTENTS

2021년

2020년

2019년

2025 출제경향 분석

[소방원론]

CHAPTER / 연도 및 회차		연소	연소생성물	폭발	화재	위험물	소화	안전관리 및 건축방재	합계
2025년	1	2	0	2	1	3	**8**	4	20
	2	5	0	0	2	2	**7**	4	20
	3	**5**	2	1	1	4	**5**	2	20

[소방전기일반]

CHAPTER / 연도 및 회차		직류회로	정전계와 정자계	교류회로	전기계측 및 회로망	비정현파 교류와 과도현상 및 라플라스 변환	제어회로	전자회로 및 정류회로	전기기계 및 전기법규	합계
2025년	1	**4**	1	**4**	1	1	**4**	1	**4**	20
	2	3	2	**5**	0	2	3	1	4	20
	3	**5**	4	2	0	1	3	0	**5**	20

[소방관계법규]

CHAPTER / 연도 및 회차		소방기본법	소방시설법	화재예방법	소방공사업법	위험물 안전관리법	합계
2025년	1	5	**6**	2	2	5	20
	2	3	4	5	2	**6**	20
	3	**6**	5	4	1	4	20

[소방전기시설의 구조 및 원리]

CHAPTER / 연도 및 회차		자동화재 탐지설비	비상경보 설비 및 단독 경보형감지기	비상방송 설비	자동화재 속보설비	가스누설 경보기 및 누전경보기	유도등	비상조명등	비상콘센트 설비	무선통신 보조설비	비상전원 수전설비	화재알림 설비	기타	합계
2025년	1	3	2	3	1	1	**5**	1	1	2	0	0	1	20
	2	**4**	1	3	0	2	**4**	1	2	1	1	0	1	20
	3	**6**	2	1	0	2	4	1	2	2	0	0	0	20

2025년 1회

소방원론

3회독	월	일
2회독	월	일
1회독	월	일

목표시간 : 20분 | 시작 : _시 _분 | 종료 : _시 _분 | 맞은 개수 : _ /20

신유형!

01 상 중 하

다음 중 불연성이지만 산소를 많이 함유하고 있는 강산화제가 아닌 것은?

① 과산화나트륨 ② 트리니트로톨루엔
③ 질산 ④ 과염소산

해설 불연성이면서 산소를 많이 함유하고 있는 강산화제

제1류 위험물과 제6류 위험물은 불연성이면서 산소를 많이 함유하고 있는 강산화제이다.

1) 제1류 위험물

위험물	지정수량	위험물	지정수량
아염소산 염류	50 [kg]	브로민산 염류 (브롬산 염류)	300 [kg]
염소산 염류		질산 염류	
과염소산 염류		아이오딘산 염류 (요오드산염류)	
무기과산화물		과망가니즈산 염류 (과망간산염류)	1000 [kg]
–	–	다이크로뮴산 염류 (중크롬산염류)	

2) 제6류 위험물

위험물	지정수량
과염소산, 과산화수소, **질산**	300 [kg]

※ 제5류 위험물은 가연성이면서 산소를 많이 함유하고 있다.

① 과산화나트륨 → 제1류 위험물(무기과산화물)
② 트리니트로톨루엔 → 제5류 위험물
③ 질산 → 제6류 위험물
④ 과염소산 → 제6류 위험물

02 상 중 하

부촉매소화에 관한 설명으로 옳은 것은?

① 산소의 농도를 낮추어 소화하는 방법이다.
② 화학반응으로 발생한 탄산가스에 의한 소화방법이다.
③ 활성기(Free Radical)의 생성을 억제하는 소화방법이다.
④ 용융잠열에 의한 냉각효과를 이용하여 소화하는 방법이다.

해설 부촉매소화(억제소화)

- 화학적 소화
- 연쇄반응을 차단하여 소화
- 활성기의 생성을 억제하는 소화방법
- 할론·할로겐화합물소화약제

03 상 중 하

이산화탄소의 증기비중은 약 얼마인가?

① 0.81 ② 1.52
③ 2.02 ④ 2.51

해설 증기비중

- 증기비중 $= \dfrac{\text{분자량}}{29(\text{공기 분자량})} = \dfrac{44(CO_2\ \text{분자량})}{29} \fallingdotseq 1.52$
- 공기에 대한 가스의 무게비

증기비중	공기에 대한 무게
증기비중 > 1	공기보다 무거움
증기비중 < 1	공기보다 가벼움

보충 ▶ 분자량(H : 1, C : 12, N : 14, O : 16)

정답 01 ② 02 ③ 03 ②

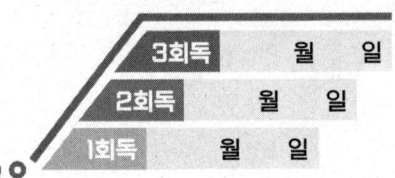

04 상 중 하

다음 중 질식소화가 주된 소화효과가 아닌 것은?

① 할론 소화기로 소화
② 이산화탄소 소화기로 소화
③ 마른모래로 소화
④ 포소화약제에 의한 소화

해설 소화효과

① 할론 소화기로 소화 → 부촉매소화
② 이산화탄소 소화기로 소화 → 질식소화
③ 마른모래로 소화 → 질식소화
④ 포소화약제에 의한 소화 → 질식소화

05 상 중 하

착화에너지가 충분하지 않아 가연물이 발화되지 못하고 다량의 연기가 발생되는 연소형태는?

① 훈소　　② 표면연소
③ 분해연소　　④ 증발연소

해설 훈소

- 산소 부족으로 불꽃을 내지 않고 연기만 나는 느린 연소
- 착화에너지가 충분하지 않아 가연물이 발화되지 못하고 다량의 연기 발생

06 상 중 하

가연성 액화가스의 용기가 과열로 파손되어 가스가 분출된 후 불이 붙어 폭발하는 현상은?

① 블레비(BLEVE)
② 보일오버(Boil Over)
③ 슬롭오버(Slop Over)
④ 플래시오버(Flash Over)

해설 유류탱크 화재 재해현상

현상	설명
보일오버	중질유 탱크의 저부에 에멀전(물)이 증발하면서 부피가 팽창하여 유류를 분출
슬롭오버	고온의 기름 표면에 물을 살수 시 급격한 수분 증발로 기름이 팽창되어 탱크 밖으로 분출
프로스오버	고온의 아스팔트가 물이 존재하는 탱크에 옮겨지면 화재를 수반하지 않고 기름을 분출
블레비	비등액체 증기폭발, 주변 화재로 탱크 내 액체가 비등하고 압력이 상승하여 탱크 파열, 파이어 볼 발생

보충 ▶ 플래시오버 : 온도가 급격히 상승하여 화재가 순간적으로 실내 전체에 확산되는 현상

07 상 중 하

공기 중에서 자연발화 위험성이 높은 물질은?

① 벤젠　　② 톨루엔
③ 이황화탄소　　④ 트리에틸알루미늄

해설 제3류 위험물

1) 제3류 위험물 : 황린, 칼륨, 나트륨, 알칼리토금속, **트리에틸알루미늄**, 탄화알루미늄
2) 자연발화성 물질 및 금수성 물질
3) 물과 접촉하면 가연성 가스 발생(황린 제외)
4) 팽창진주암, 팽창질석 등에 의한 질식소화

보충 ▶ 트리에틸알루미늄은 공기 중에서 자연발화한다.

정답 04 ① 05 ① 06 ① 07 ④

08 상중하

불활성기체소화약제인 IG-541의 성분이 아닌 것은?

① 질소 ② 아르곤
③ 헬륨 ④ 이산화탄소

해설 불활성기체소화약제

소화약제	분자식
IG-541	N_2 : 52 [%], Ar : 40 [%], CO_2 : 8 [%]
IG-01	Ar : 100 [%]
IG-55	N_2 : 50 [%], Ar : 50 [%]
IG-100	N_2 : 100 [%]

09 상중하

피난층에 대한 정의로 옳은 것은?

① 지상으로 통하는 피난계단이 있는 층
② 비상용 승강기의 승강장이 있는 층
③ 비상용 출입구가 설치되어 있는 층
④ 직접 지상으로 통하는 출입구가 있는 층

해설 피난층

곧바로 지상으로 갈 수 있는 출입구가 있는 층이나 피난안전구역이 있는 층

10 상중하

건축물의 주요구조부에 해당되지 않는 것은?

① 기둥 ② 작은 보
③ 지붕틀 ④ 바닥

해설 건물의 주요구조부

1) 바닥(최하층 바닥 제외)
2) 보(작은 보 제외)
3) 지붕틀(차양 제외)
4) 내력벽(비내력벽 제외)
5) 주계단(옥외계단 제외)
6) 기둥(사잇기둥 제외)

암기 ▶ 바보지내주기

11 상중하

간이소화용구에 해당되지 않는 것은?

① 이산화탄소소화기 ② 마른모래
③ 팽창질석 ④ 팽창진주암

해설 소화약제 외의 것을 이용한 간이소화용구

마른모래, 팽창질석, 팽창진주암

12 상중하

가연물이 되기 쉬운 조건이 아닌 것은?

① 발열량이 커야 한다.
② 열전도율이 커야 한다.
③ 산소와 친화력이 좋아야 한다.
④ 활성화에너지가 작아야 한다.

해설 가연물의 구비조건

- 활성화 에너지가 작을 것 (−)
- 열전도율이 작을 것 (−)
- 산소와 접촉하는 표면적이 넓을 것 (+)
- 발열량이 클 것 (+)
- 산소와 친화력이 클 것 (+)
- 연쇄반응을 일으킬 것 (+)

TIP ▶ 활성화에너지, 열전도율 (−)

정답 08 ③ 09 ④ 10 ② 11 ① 12 ②

13 상 중 하

화재 시 불티가 바람에 날리거나 상승하는 열기류에 휩쓸려 멀리 있는 가연물에 착화되는 현상은?

① 비화 ② 전도
③ 대류 ④ 복사

해설 비화

강풍, 복사에 의해 불꽃이 날아가 화염 확대

보충 ▶ 열전달 : 전도, 대류, 복사

14 상 중 하

할로겐화합물소화약제에 관한 설명으로 틀린 것은?

① 비열, 기화열이 작기 때문에 냉각효과는 물보다 작다.
② 할로겐 원자는 활성기의 생성을 억제하여 연쇄반응을 차단한다.
③ 사용 후에도 화재현장을 오염시키지 않기 때문에 통신기기실 등에 적합하다.
④ 약제의 분자 중에 포함되어 있는 할로겐 원자의 소화효과는 F > Cl > Br > I의 순이다.

해설 할로겐족 원소

- 주기율표 17족 원소 : F, Cl, Br, I
- 전기음성도(결합력) : F > Cl > Br > I
- 부촉매효과(소화능력) : F < Cl < Br < I

암기 ▶ FC바르셀로나 아이

15 상 중 하

유류탱크 화재 시 발생하는 슬롭오버(Slop Over)현상에 관한 설명으로 틀린 것은?

① 소화 시 외부에서 방사하는 포에 의해 발생한다.
② 연소유가 비산되어 탱크 외부까지 화재가 확산된다.
③ 탱크의 바닥에 고인 물의 비등 팽창에 의해 발생한다.
④ 연소면의 온도가 100 [℃] 이상일 때 물을 주수하면 발생한다.

해설 유류탱크 화재 재해현상

현상	설명
보일오버	중질유 탱크의 저부에 에멀전(물)이 증발하면서 부피가 팽창하여 유류를 분출
슬롭오버	고온의 기름 표면에 물을 살수 시 급격한 수분 증발로 기름이 팽창되어 탱크 밖으로 분출
프로스오버	고온의 아스팔트가 물이 존재하는 탱크에 옮겨지면 화재를 수반하지 않고 기름을 분출
블레비	비등액체 증기폭발, 주변 화재로 탱크 내 액체가 비등하고 압력이 상승하여 탱크 파열, 파이어 볼 발생

보충 ▶ 플래시 오버 : 온도가 급격히 상승하여 화재가 순간적으로 실내 전체에 확산되는 현상

16 상 중 하

마그네슘에 관한 설명으로 옳지 않은 것은?

① 마그네슘의 지정수량은 500 [kg]이다.
② 마그네슘 화재 시 주수하면 폭발이 일어날 수도 있다.
③ 마그네슘 화재 시 이산화탄소소화약제를 사용하여 소화한다.
④ 마그네슘의 저장·취급 시 산화제와의 접촉을 피한다.

해설 마그네슘 소화방법

마른모래, 석회분으로 질식소화

정답 13 ① 14 ④ 15 ③ 16 ③

17 상 중 하

할로겐화합물소화약제의 분자식이 틀린 것은?

① 할론 2402 : $C_2F_4Br_2$
② 할론 1211 : CCl_2FBr
③ 할론 1301 : CF_3Br
④ 할론 104 : CCl_4

해설 할론소화약제

종류	분자식	상온 · 상압
할론 1211	CF_2ClBr	기체
할론 1301	CF_3Br	
할론 1011	CH_2ClBr	액체
할론 2402	$C_2F_4Br_2$	

보충 ▶ 할론 104 : CCl_4

18 상 중 하

그림에서 내화조 건물의 표준 화재 온도 – 시간 곡선은?

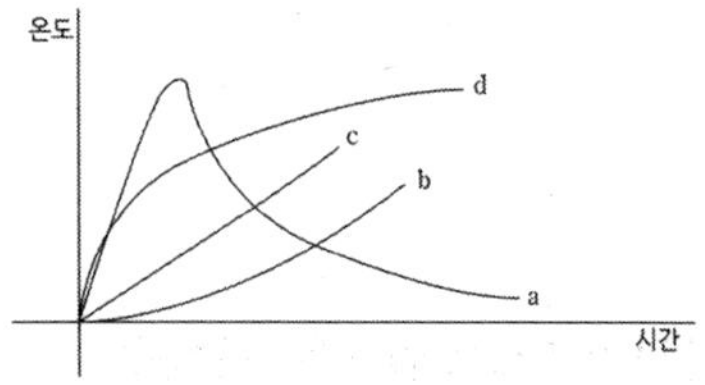

① a
② b
③ c
④ d

해설 표준화재 온도 – 시간 곡선

목조건축물	내화건축물
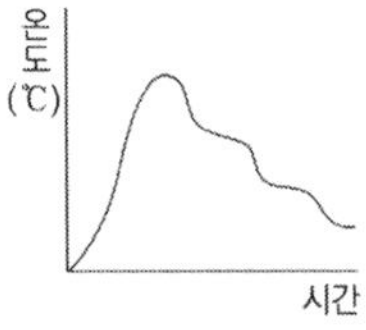	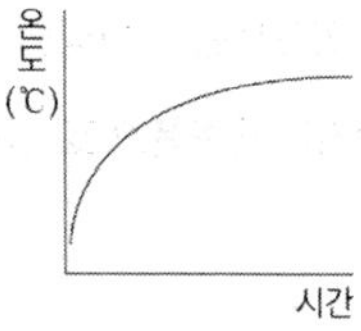

19 상 중 하

벤젠의 소화에 필요한 CO_2의 이론소화농도가 공기 중에서 37 [vol%]일 때 한계산소농도는 약 몇 [vol%]인가?

① 13.2
② 14.5
③ 15.5
④ 16.5

해설 이산화탄소 농도

$$CO_2 \text{ 농도} = \frac{21 - O_2}{21} \times 100$$

$$37 = \frac{21 - O_2}{21} \times 100$$

$$O_2 = 21 - \frac{37 \times 21}{100}$$

$$O_2 ≒ 13.2 \text{ [vol\%]}$$

20 상 중 하

연기감지기가 작동할 정도이고 가시거리가 20 ~ 30 [m]에 해당하는 감광계수는 얼마인가?

① 0.1 [m^{-1}]
② 1.0 [m^{-1}]
③ 2.0 [m^{-1}]
④ 10 [m^{-1}]

해설 감광계수

감광계수[m^{-1}]	가시거리[m]	내용
0.1	20 ~ 30	연기감지기 작동할 때
0.3	5	건물에 익숙한 사람이 피난에 지장을 느낄 때
0.5	3	어두움을 느낄 때
1	1 ~ 2	거의 앞이 보이지 않음
10	0.2 ~ 0.5	최성기 때 연기농도
30	–	출화실에서 연기 분출

정답 17 ② 18 ④ 19 ① 20 ①

2025년 1회
소방전기일반

3회독 월 일
2회독 월 일
1회독 월 일

목표시간 : 30분 | 시작 : _시 _분 | 종료 : _시 _분 | 맞은 개수 : _ /20

21 (상 중 하)

옥내배전반의 2차 전압이 220 [V]이다. 스프링클러설비 수신반의 수전전압이 216 [V]일 때, 배전반으로부터 수신반까지의 전압강하율[%]을 계산하시오.

① 1.12
② 1.85
③ 1.92
④ 1.52

해설 전압강하율

• 전압강하율

$$=\frac{V_s - V_r}{V_r}\times 100=\frac{\text{전압강하}}{\text{수전단 전압}}\times 100$$

$$=\frac{220-216}{216}\times 100=1.85\%$$

• 전압변동율$=\frac{V_{r0} - V_r}{V_r}\times 100$

보충 ▶ V_S : 송전단전압
V_r : 수전단전압
V_{r0} : 무부하전압

22 (상 중 하)

환상솔레노이드의 평균반지름이 1 [m], 코일의 권선수는 10회, 코일에 흐르는 전류는 10 [π]이다. 이때 환상 솔레노이드 내의 철심 중심에서의 자계의 세기 H[AT/m]를 구하시오.

① 50
② 5
③ 5π
④ 50π

해설 자계의 세기

환상 솔레노이드 내부의 자장의 세기

$$H=\frac{NI}{2\pi r}[AT/m]$$

$$\therefore\ H=\frac{10\times 10\pi}{2\pi\times 1}=50[AT/m]$$

※ 2021년도 기출문제
길이 1 [cm]마다 감은 권선수가 50회인 무한장 솔레노이드에 500 [mA]의 전류를 흘릴 때 솔레노이드 내부에서의 자계의 세기는 몇 [AT/m]인가?

$$H=NI=50\times 100\times 500\times 10^{-3}=2{,}500[AT/m]$$

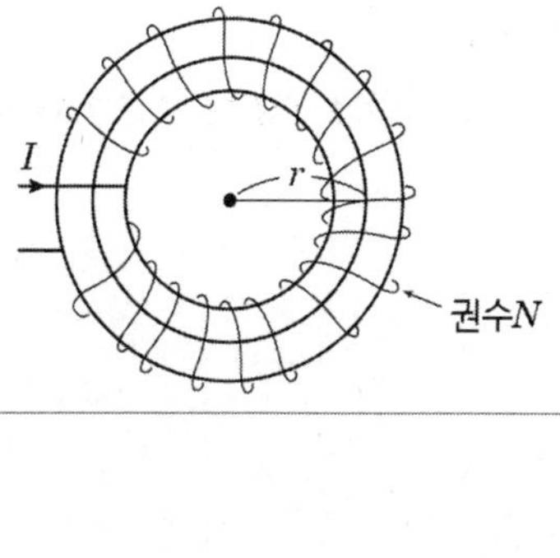

정답 21 ② 22 ①

신유형!

23 상 중 하

백열전구의 점등하기 전과 점등한 후의 저항에 대해 옳게 설명한 것을 고르시오.

① 점등하기 전과 점등한 후가 같다.
② 점등하기 전의 저항이 크다.
③ 점등한 후의 저항이 크다.
④ 사용전압에 따라 달라진다.

해설 백열전구

전구가 점등하면 열이 발생한다.
열이 발생하면 저항값이 증가하므로 ③번이 정답이다.

24 상 중 하

3상 유도전동기의 1차 권선의 결선을 △결선에서 Y결선으로 바꾸었을 때의 기동토크는 몇 [%]인가?

① 20 [%]　② 30 [%]
③ 33 [%]　④ 35 [%]

해설 결선에 따른 기동토크 관계

기동토크는 전류에 비례한다.

$$\frac{T_\Delta}{T_Y}=\frac{I_\Delta}{I_Y}=\frac{\frac{\sqrt{3}\,V}{R}}{\frac{V}{\sqrt{3}\,R}}=3\text{배}$$

$T_\Delta=3T_Y,\ I_\Delta=3I_Y$

TIP ▶ Y결선은 △결선에 비해 1/3배이다.

25 상 중 하

다음 브리지회로의 평형조건으로 옳은 것은? (단, 전원 주파수는 일정하다)

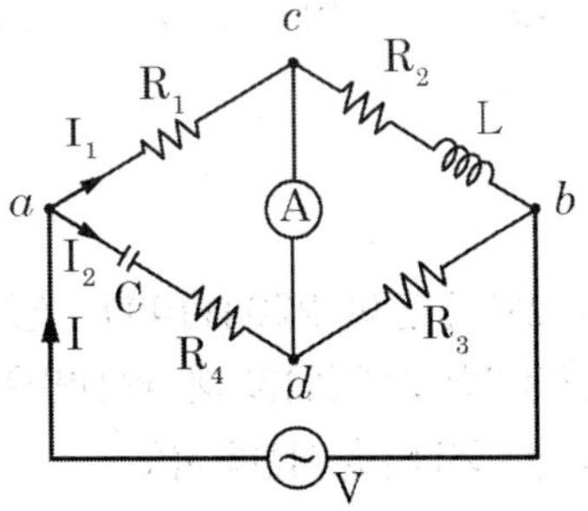

① $R_1R_3+R_2R4=\frac{L}{C},\ \frac{R_4}{R_2}=\frac{L}{C}$

② $R_1R_3+R_2R4=\frac{L}{C},\ \frac{R_4}{R_2}=\frac{1}{w^2LC}$

③ $R_1R_3-R_2R4=\frac{L}{C},\ \frac{R_4}{R_2}=\frac{L}{C}$

④ $R_1R_3-R_2R4=\frac{L}{C},\ \frac{R_4}{R_2}=\frac{1}{w^2LC}$

해설 휘스톤 브리지

$$R_1\cdot R_3=(R_2+jwL)(R_4+\frac{1}{jwc})$$

$$R_1\cdot R_3=R_2\cdot R_4+\frac{R_2}{jwc}+jwLR_4+\frac{L}{C}$$

$$R_1\cdot R_3-R_2R_4-\frac{L}{C}=\frac{R_2}{jwc}+jwLR_4$$

실수부 : $R_1\cdot R_3-R_2R_4=\frac{L}{C}$

허수부 : $\frac{R_2}{jwc}=-jwLR_4$

$R_2=w^2LCR_4$

$\frac{R_4}{R_2}=\frac{1}{w^2LC}$

정답 23 ③ 24 ③ 25 ④

26 상 중 하

다음 중 바리스터의 특성으로 알맞은 것을 고르시오.

① 온도보상용
② 서지전압으로부터의 기기보호
③ 정전압 전원회로에 사용
④ 광전효과

해설 반도체

명칭	특성
SCR	• 사이리스터의 한 종류 • 애노드(A), 캐소드(K), 게이트(G)로 구성된다. • 단방향 3단자 • 래칭전류 : SCR이 OFF상태에서 ON 상태로의 전환이 이뤄지고, 트리거신호가 제거된 직후에 SCR을 ON 상태로 유지하는 데 필요한 최소한의 양극전류를 래칭전류라 한다.
트라이악(TRIAC)	• npnpn의 5층 구조 • 직·교류에서 모두 사용할 수 있는 3단자 스위칭 소자 • 교류전력 기기 제어용 • 쌍방향 3단자
다이악(DIAC)	• 소용량 저항부하의 AC전력 제어용 • 쌍방향 2단자
서미스터	• 온도에 의해 저항값이 변하는 반도체 소자 • 부(-) 저항온도계수의 특성 : 온도 증가 시 저항 감소 • 열을 감지하는 감열저항체 소자 • 온도보상용, 온도계측용(온도계), 온도보정용
바리스터	• 인가되는 전압에 따라 저항값이 변하는 비선형 반도체 소자 • 전압에 따라 저항값이 변화하는 저항 소자 • 회로를 병렬로 연결하여 사용 • 서지전압으로부터 기기보호 • 계전기접점의 불꽃소거
사이리스터	• p형 반도체와 n형 반도체의 4층 이상 접합한 것 • 전극 단자수가 2, 3, 4인 것이 있다(위상제어, 타이머회로, 트리거회로).
집적회로	• 하나의 실리콘 칩 내부에 트랜지스터, 다이오드 저항, 콘덴서 등 여러 가지 전자부품을 고밀도로 집적하여 패키지로 만든 것 • 시스템이 소형화, 가볍고 얇다. • 신뢰성이 높고 부품의 교체가 쉽다.

명칭	특성
정류용 다이오드	일반적으로 다이오드라 불리는 것으로 정류작용(전류를 한쪽의 (+)나 (-)로만 흐름)
제너다이오드(정전압다이오드)	주로 정전압 전원회로에 사용(전원·전압을 일정하게 유지, 안정화)
터널다이오드(PN접합)	증폭작용·발진작용·개폐작용을 하며, 고속 스위칭회로·논리회로에 사용
포토다이오드	빛을 쬐면 광량에 비례하는 전류가 흐름(빛 검출용, 광센서에 사용)

TIP ▶ 서지전압은 과전압이다.

27 상 중 하

그림의 논리회로와 등가인 논리게이트는?

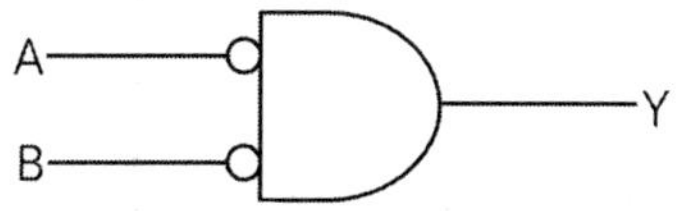

① NOR ② NAND
③ NOT ④ OR

해설 드모르간의 정리

1) 논리합과 논리곱이 완전한 독립이 아니고 부정을 포함하면 상호교환이 가능하다.
2) NAND회로와 NOR회로의 응용 및 논리회로를 간소화시키는 데 이용된다.

$\overline{A}_{\text{AND}}\overline{B} = \overline{A}\cdot\overline{B} = \overline{A+B}$

TIP ▶ $\overline{A+B} = \overline{A}\cdot\overline{B}$
$\overline{A\cdot B} = \overline{A}+\overline{B}$

정답 26 ② 27 ①

28 상 중 (하)

R-C만의 직렬회로에서 시정수 τ(Time Constant)로 알맞은 것을 고르시오.

① $\dfrac{L}{R}$

② R + C

③ RC

④ $\dfrac{R}{C}$

해설 시정수

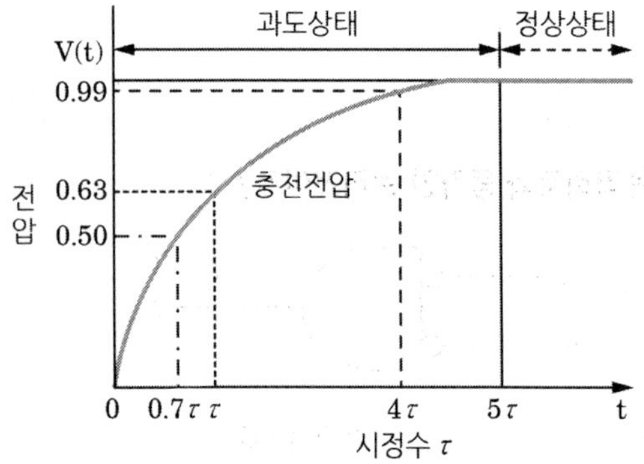

(1) 정의

① 정상 상태의 63.2 [%]에 도달하는 시간

② 과도현상이 지속되는 시간

(2) 시정수가 클수록 과도현상은 오래 지속되며 천천히 사라진다.

1) R-L 직렬회로

R-L 직렬	스위치를 닫았을 때	스위치를 개방시켰을 때
전류 $i(t)$	$i(t)=\dfrac{E}{R}(1-e^{-\frac{R}{L}t})$[A]	$i(t)=\dfrac{E}{R}e^{-\frac{R}{L}t}$[A]
시정수	$\tau=\dfrac{L}{R}$[sec]	$\tau=\dfrac{L}{R}$[sec]
리액턴스 상태	• $t=0$일 때 L = 개방 상태 • $t=\infty$일 때 L = 단락 상태	-

2) R-C 직렬회로

R-C 직렬	스위치를 닫았을 때	스위치를 개방시켰을 때
전류 $i(t)$	$i(t)=\dfrac{E}{R}e^{-\frac{1}{RC}t}$[A]	$i(t)=-\dfrac{E}{R}e^{-\frac{1}{RC}t}$[A]
시정수	$\tau=RC$[sec]	$\tau=RC$[sec]
리액턴스 상태	• $t=0$일 때 C = 단락 상태 • $t=\infty$일 때 C = 개방 상태	-

29 상 (중) 하

어떤 전지에 연결된 외부회로의 저항은 5 [Ω]이고 전류는 8 [A]가 흐른다. 외부회로에 5 [Ω]대신 15 [Ω]의 저항을 접속하면 전류는 4 [A]로 떨어진다. 이 전지의 내부 기전력은 몇 [V]인가?

① 15　　② 20

③ 50　　④ 80

해설 전지 내부 기전력

$E=8(r+5)=4(r+15)$

$\therefore\ r=5$

$\therefore\ E=80[V]$

[전지의 접속]

1) 전지와 외부저항을 접속한 후 외부저항값을 구한다.

2) 전지의 내부저항을 계산해야 한다.

3) 외부저항 R구하기

정답 28 ③ 29 ④

$$R \Rightarrow \left(\frac{E}{R+r}\right)\cdot R$$

$$E\cdot R=(R+r)V$$

$$R(E-V)=V\cdot r\ V=I$$

$$R=\frac{V}{E-V}\cdot r$$

R : 외부저항 [Ω]
r : 내부저항 [Ω]
E : 기전력 [V]

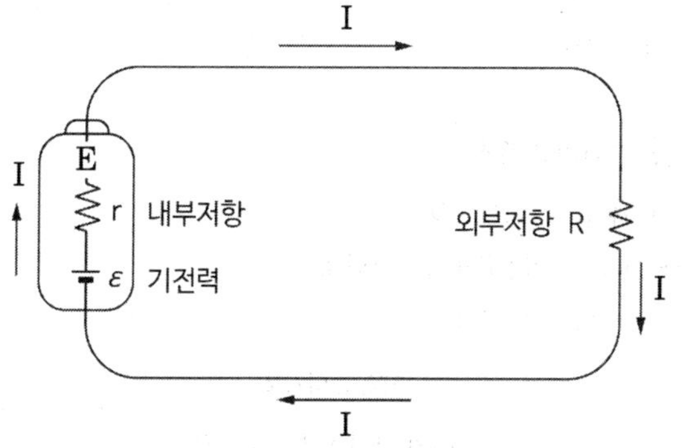

30 상중하

회로의 유효전력이 3000 [W], 무효전력 4000 [Var]일 때 피상전력[VA]을 구하시오.

① 3300 ② 4500
③ 5000 ④ 7500

해설 전력

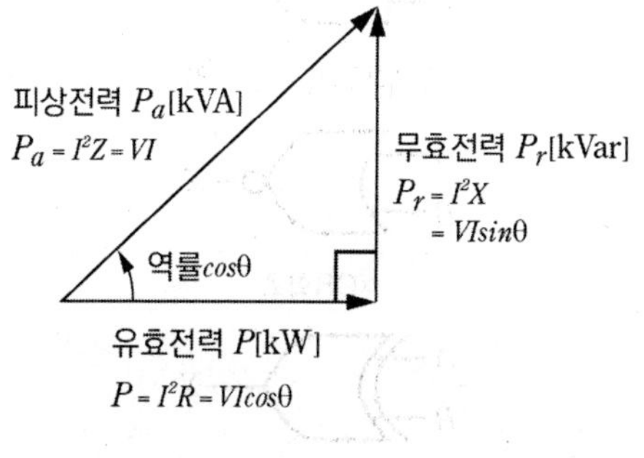

$$P_a^2 = P^2 + P_r^2$$

$$\therefore P_a = \sqrt{P^2+P_r^2} = \sqrt{3000^2+4000^2}$$

$$=5000[VA]$$

31 상중하

다음 중 논리식 Y = (A + B)(A + C)와 등가인 논리식은?

① B(A + C) ② C(A + B)
③ B + AC ④ A + BC

해설 논리식

$$(A+B)(A+C)$$
$$=AA+AC+BA+BC$$
$$=A+AC+BA+BC$$
$$=A(1+C+B)+BC$$
$$=A+BC$$

TIP 1과 더해져 있으면 무조건 1이다.

정리	공식
항등법칙	$0+A=A,\ 1+A=1,\ 0\times A=0,\ 1\times A=A$
동일법칙	$A+A=A,\ A\times A=A$
보원법칙	$A+\overline{A}=1,\ A\times\overline{A}=0$
복원법칙	$\overline{\overline{A}}=A$
교환법칙	$A+B=B+A,\ A\times B=B\times A$
결합법칙	$A+(B+C)=(A+B)+C,\ A(BC)=(AB)C$
분배법칙	$A(B+C)=AB+AC,\ A+BC=(A+B)(A+C)$
흡수법칙	$A+AB=A,\ A(A+B)=A$ $A+\overline{A}B=(A+\overline{A})(A+B)=A+B$

정답 30 ③ 31 ④

32 상 중 하

한 상의 임피던스가 $Z=12+j14\,[\Omega]$인 Y결선 부하에 대칭 3상 선간전압 380 [V]를 가할 때 소비되는 전력은 약 몇 [kW]인가?

① 5.1　　② 7.5
③ 12.4　　④ 18.7

해설 3상 유효전력 계산

1) $P=\sqrt{3}\,V_l I_l \cos\theta$

2) Y결선 : $V_l=\sqrt{3}\,V_p$, $I_l=I_p$

3) $Z=R+jX=12+j14$

- $I_l=\dfrac{V_p}{Z}=\dfrac{\frac{V_l}{\sqrt{3}}}{\sqrt{R^2+X_L^2}}$

$=\dfrac{\frac{380}{\sqrt{3}}}{\sqrt{12^2+14^2}}=11.90\,[\text{A}]$

- $\cos\theta=\dfrac{R}{Z}=\dfrac{12}{\sqrt{12^2+14^2}}=0.65$

4) $P=\sqrt{3}\,V_l I_l\cos\theta$

$=\sqrt{3}\times 380\times 11.90\times 0.65$

$=5091.02\,[\text{W}]=5.1\,[\text{kW}]$

TIP 간략풀이

$$P=\frac{V^2}{Z}=\frac{380^2}{12+j14}=5096.47-j5945.89$$

33 상 중 하

그림과 같은 논리회로의 출력 Y는?

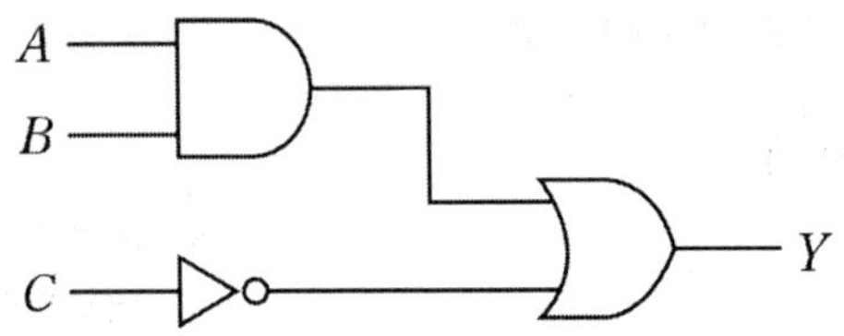

① $AB+\overline{C}$　　② $A+B+\overline{C}$
③ $(A+B)\overline{C}$　　④ $AB\overline{C}$

해설 논리회로 출력

A와 B → [AND]회로
C → (A AND B)와 [NOT OR]회로
즉, $\text{Y}=\text{AB}+\overline{\text{C}}$이다.

명칭, 논리기호
AND회로 $(A\times B,\ A\cdot B)$ 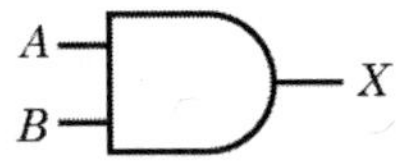
OR회로 $(A+B)$ 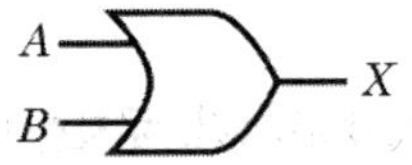
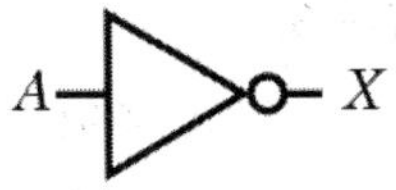
NAND회로(NOT + AND) 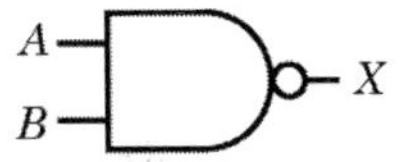
NOR회로(NOT + OR) 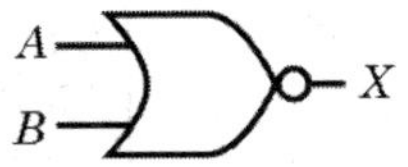
XOR회로 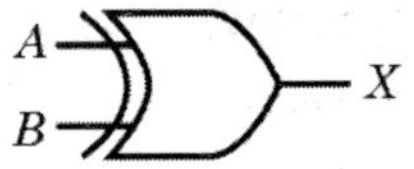

정답 32 ① 33 ①

34 상중하

원자 하나에 최외각 전자가 4개인 4가의 전자로서 가전자대의 4개의 전자가 안정화를 위해 원자끼리 결합한 구조로 일반적인 반도체재료로 쓰이고 있는 것은?

① Si　　② P
③ As　　④ Ga

해설 반도체 종류

1) 진성 반도체
 (1) 최외각 전자수가 4개인 원자를 의미한다.
 (2) 실리콘(Si), 게르마늄(Ge) 등과 같이 불순물이 전혀 없는 반도체

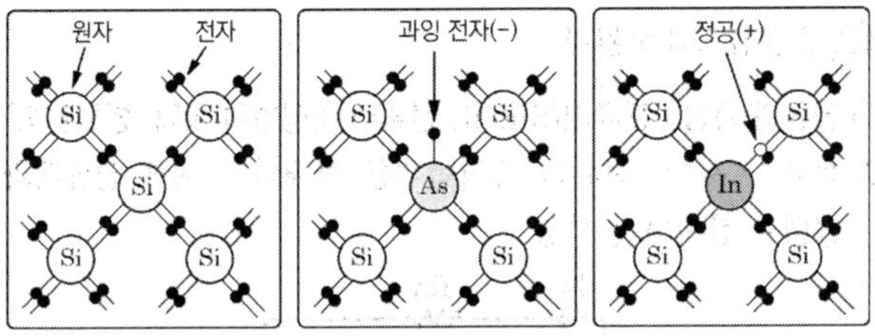

진성 반도체　　N형 반도체　　P형 반도체

2) 불순물 반도체

구분	N형 반도체	P형 반도체
개념	진성반도체에 5가 원소를 추가	진성반도체에 3가 원소를 추가
불순물	**도너 물질** 추가 인(P), 비소(As), 안티몬(Sb)	**억셉터 물질** 추가 인듐(In), 알루미늄(Al), 갈륨(Ga)
반송자	자유전자(과잉전자)	정공

35 상중하

3상 농형 유도전동기의 기동법이 아닌 것은?

① Y-△ 기동법　　② 기동보상기법
③ 2차저항기동법　　④ 리액터기동법

해설 농형 유도전동기의 기동법 종류

- 전전압기동법
- Y-△ 기동법
- 리액터기동법
- 기동보상기법
- 콘도르파법

암기 ▶ 전Y리기콘

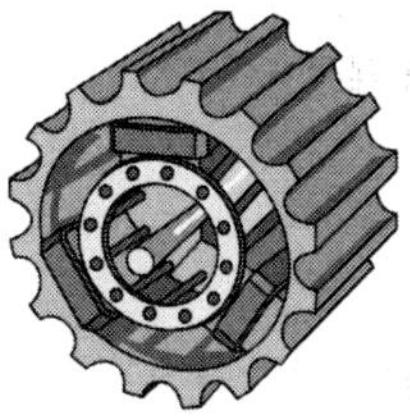

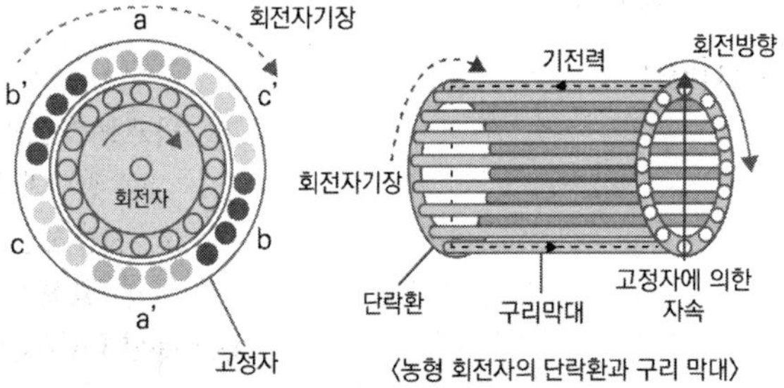

〈농형 회전자의 단락환과 구리 막대〉

[권선형 유도전동기(3상)]

기동방식	내용
2차 저항 기동법	2차회로에 가변저항기를 접속하고 비례추이 원리에 의하여 큰 기동토크를 얻고 기동전류도 억제함
게르게스법	게르게스현상을 이용하여 기동하는 방법

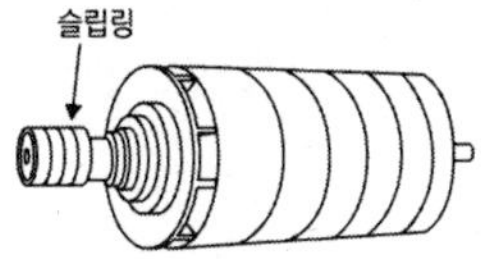

(a) 권선형 회전자

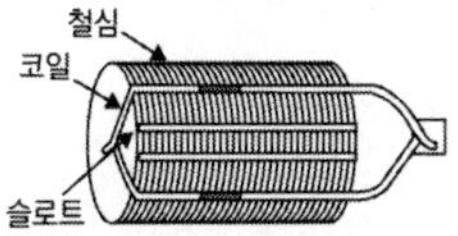

(b) 권선형의 권선

정답 34 ① 35 ③

36 상중하

소화펌프에 연결하는 전동기의 용량은 약 몇 [kW]인가? (단, 전동기 효율은 0.9, 토출량은 2.4 [m³/min], 전양정은 90 [m], 전달계수는 1.1이다)

① 43　　② 53
③ 63　　④ 36

해설 전동기의 용량 계산

$$P=\frac{9.8\,Q\,H}{\eta}\times K$$

$$=\frac{9.8\times\frac{2.4}{60}\times 90}{0.9}\times 1.1$$

$$=43\,[kW]$$

P : 펌프동력 [kW]
K : 전달계수
H : 전양정 [m]
η : 효율 [%]
Q_1 : 유량 [m³/sec]
γ : 물의 비중량 9.8 [kN/m³]

37 상중하

다음 중 분류기와 배율기 접속에 대한 설명으로 알맞은 것을 고르시오.

① 분류기는 전압의 측정범위를 확대하기 위해 전압계와 병렬로 접속한다.
② 배율기는 전류의 측정범위를 확대하기 위해 전류계와 직렬로 접속한다.
③ 분류기는 전류의 측정범위를 확대하기 위해 전류계와 병렬로 접속한다.
④ 배율기는 전압의 측정범위를 확대하기 위해 전압계와 병렬로 접속한다.

해설 분류기와 배율기

1) 전류의 측정 : 분류기(Shunt, 전류의 측정범위 확대, 병렬접속)
2) 분류기 저항 : 전류의 측정범위를 확대하기 위해 전류계와 병렬로 접속하는 저항

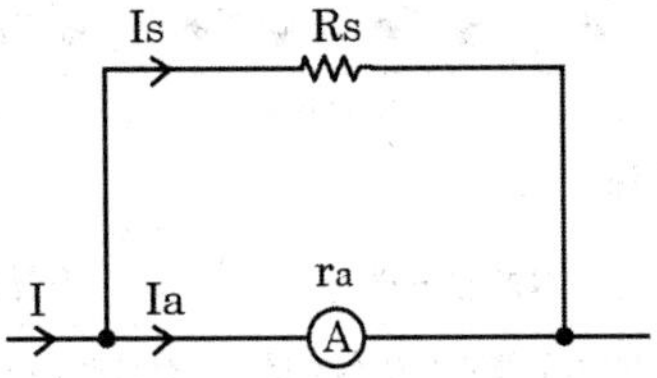

3) 전압의 측정 : 배율기(Multiplier, 전압의 측정범위 확대, 직렬접속)

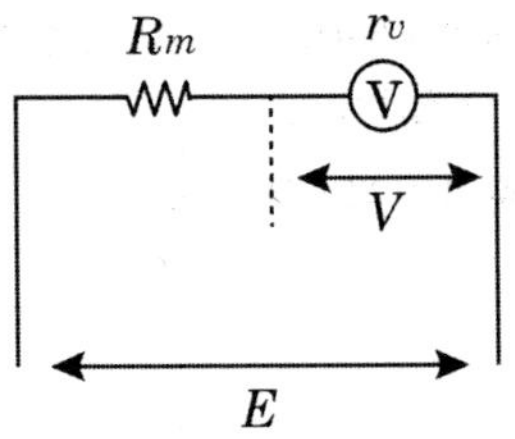

정답 36 ① 37 ③

38 상 중 하

교류회로에 연결되어 있는 부하의 역률을 측정하는 경우 필요한 계측기의 구성은?

① 전압계, 전력계, 회전계
② 상순계, 전력계, 전류계
③ 전압계, 전류계, 전력계
④ 전류계, 전압계, 주파수계

해설 역률 측정 시 필요 계측기

$\cos\theta = \frac{P}{VI}$

∴ 전압계(V), 전류계(I), 전력계(P) 필요

TIP ▶ $P = VI\cos\theta$

39 상 중 하

단상 유도전동기의 Slip은 2.3 [%], 회전자의 속도가 1600 [rpm]인 경우 동기속도 N_S는?

① 1258 [rpm]
② 1357 [rpm]
③ 1638 [rpm]
④ 1770 [rpm]

해설 동기속도 계산

동기속도 $N_s = \frac{120f}{P}$

회전자속도 $N = N_S(1-S)$

$$N_S = \frac{N}{(1-S)} = \frac{1600}{(1-0.023)} = 1638\ rpm$$

f : 주파수[Hz]
p : 극수
N_s : 동기속도 $[rpm]$
N : 회전 속도 $[rpm]$
$N = (1-s)N_s\ [rpm]$

40 상 중 하

다음 그림의 블록선도에서 전달함수 C/R는?

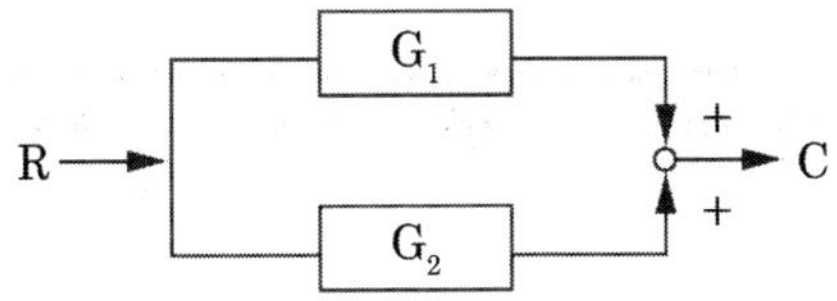

① $\frac{G_1}{G_2}$
② $G_1 + G_2$
③ $G_1 \cdot G_2$
④ $G_1 - G_2$

해설 블록선도 전달함수

병렬로 연결된 블록선도의 전달함수는 더한다.

블록선도	전달함수
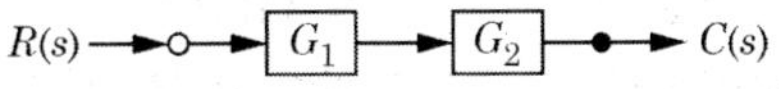	$\frac{C}{R} = \frac{G_1G_2}{1-0} = G_1G_2$
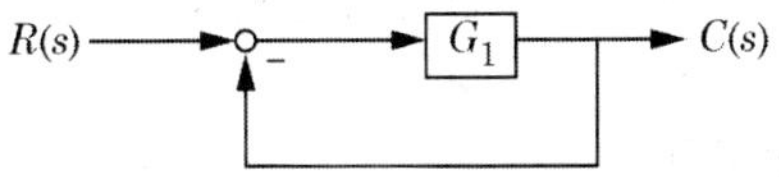	$\frac{C}{R} = \frac{G_1}{1-(-G_1)} = \frac{G_1}{1+G_1}$
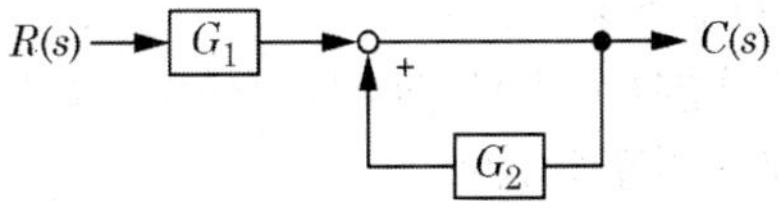	$\frac{C}{R} = \frac{G_1}{1-G_2}$
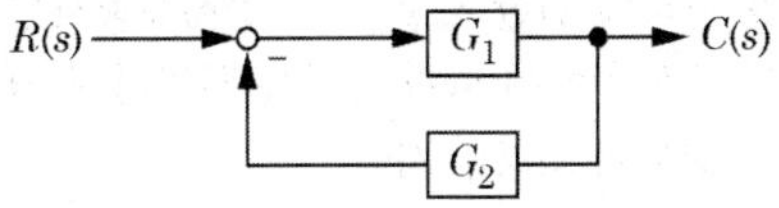	$\frac{C}{R} = \frac{G_1}{1+G_1G_2}$
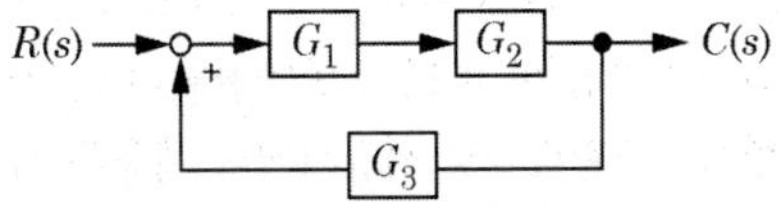	$\frac{C}{R} = \frac{G_1G_2}{1-G_1G_2G_3}$
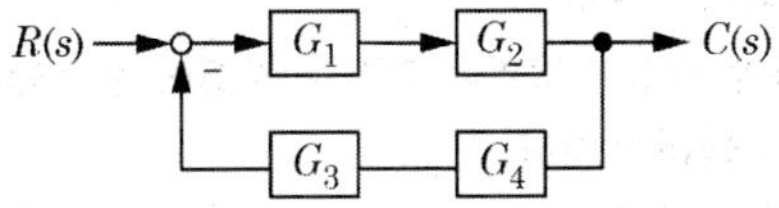	$\frac{C}{R} = \frac{G_1G_2}{1+G_1G_2G_3G_4}$

TIP ▶ 직렬은 곱한다.

정답 38 ③ 39 ③ 40 ②

2025년 1회

소방관계법규

3회독 월 일
2회독 월 일
1회독 월 일

목표시간 : 20분 | 시작 : _시 _분 | 종료 : _시 _분 | 맞은 개수 : _ /20

신유형!

41 상 중 하

소방기본법령상 한국소방안전원의 회원으로 등록이 될 수 없는 사람을 고르시오.

① 소방시설 설치 및 관리에 관한 법률에 따라 등록을 하거나 허가를 받은 사람으로서 회원이 되려는 사람
② 소방 분야에 관심이 있거나 학식과 경험이 풍부한 사람으로서 회원이 되려는 사람
③ 소방안전관리자, 소방기술자 또는 위험물안전관리자로 선임되거나 채용된 사람으로서 회원이 되려는 사람
④ 소방공무원으로서 5년 이상 경력이 있는 사람

해설 한국소방안전원 회원

소방기본법 제42조(회원의 관리)

안전원은 소방기술과 안전관리 역량의 향상을 위하여 다음 각 호의 사람을 회원으로 관리할 수 있다.

1. 「소방시설 설치 및 관리에 관한 법률」, 「소방시설공사업법」 또는 「위험물안전관리법」에 따라 등록을 하거나 허가를 받은 사람으로서 회원이 되려는 사람
2. 「화재의 예방 및 안전관리에 관한 법률」, 「소방시설공사업법」 또는 「위험물안전관리법」에 따라 소방안전관리자, 소방기술자 또는 위험물안전관리자로 선임되거나 채용된 사람으로서 회원이 되려는 사람
3. 그 밖에 소방 분야에 관심이 있거나 학식과 경험이 풍부한 사람으로서 회원이 되려는 사람

※ 제44조의2(안전원의 임원) : 원장 1명을 포함한 9명 이내의 이사와 1명의 감사(원장과 감사는 소방청장이 임명)

42 상 중 하

소방시설공사업법상 소방시설업자 지위 승계를 신고하려는 자는 그 상속일, 양수일, 합병일 또는 인수일부터 며칠 이내에 서류(전자문서를 포함한다)를 협회에 제출해야 하는지 고르시오.

① 3일 ② 5일
③ 15일 ④ 30일

해설 소방시설공사업법 제7조(지위승계신고 등)

① 법 제7조 제1항 및 제2항에 따라 소방시설업자 지위 승계를 신고하려는 자는 그 상속일, 양수일, 합병일 또는 인수일부터 30일 이내에 다음 각 호의 구분에 따른 서류(전자문서를 포함한다)를 협회에 제출해야 한다.

(생략)

④ 제1항에 따른 지위승계신고 서류를 제출받은 협회는 접수일부터 7일 이내에 지위를 승계한 사실을 확인한 후 그 결과를 시 · 도지사에게 보고하여야 한다.

⑤ 시 · 도지사는 제4항에 따라 소방시설업의 지위승계신고의 확인 사실을 보고받은 날부터 3일 이내에 협회를 경유하여 법 제7조 제1항에 따른 지위승계인에게 등록증 및 등록수첩을 발급하여야 한다.

정답 41 ④ 42 ④

43 상중하

소방시설 설치 및 관리에 관한 법령상 간이스프링클러설비를 설치하여야 하는 특정소방대상물의 기준으로 틀린 것을 고르시오.

① 근린생활시설로 사용하는 부분의 바닥면적 합계가 1000 [m²] 이상인 경우
② 교육연구시설 내에 있는 합숙소로서 연면적 100 [m²] 이상인 경우
③ 정신의료기관으로서 바닥면적 합계 300 [m²] 이상 600 [m²] 미만인 경우
④ 의료시설로서 바닥면적 합계가 300 [m²] 미만인 경우

해설 간이스프링클러설비 설치대상

설치대상	기준
근린생활시설	• 바닥면적 합계 1000 [m²] 이상인 것은 모든 층 • 의원, 치과의원, 한의원으로서 입원실이 있는 것 • 조산원 및 산후조리원 연면적 600 [m²] 미만 시설
교육연구시설 내 합숙소	연면적 100 [m²] 이상인 경우에는 모든 층
의료시설 (종합병원, 병원, 치과병원, 요양병원)	바닥면적 합계 600 [m²] 미만
• 정신의료기관, 의료재활시설 • 노유자시설	• 바닥면적 합계 300 [m²] 이상 600 [m²] 미만 • 바닥면적 합계 300 [m²] 미만, 창살 설치
복합건축물	연면적 1000 [m²] 이상 전 층
연립주택 및 다세대주택	–
숙박시설	바닥면적 합계 300 [m²] 이상 600 [m²] 미만

44 상중하

소방기본법령상 소방안전교육사의 배치대상별 배치기준으로 틀린 것은?

① 소방청 : 2명 이상 배치
② 소방서 : 1명 이상 배치
③ 소방본부 : 2명 이상 배치
④ 한국소방안전원(본회) : 1명 이상 배치

해설 소방안전교육사

보육시설 영유아, 유치원의 유아, 학교 학생들을 대상으로 해서 화재예방 및 화재발생 시에 인명, 재산피해를 줄이기 위해 소방안전 교육과 훈련을 실시하는 인력. 소방안전교육을 기획하고 진행, 분석, 평가, 교육 등의 업무를 담당한다.

배치대상	배치기준(이상)
소방청	2명
소방본부	2명
소방서	1명
한국소방안전원	본회 : 2명, 시·도지부 : 1명
한국소방산업기술원	2명

정답 43 ④ 44 ④

45 상중하

소방시설관리사시험의 응시자격에 해당하지 않는 것을 고르시오.

① 건축사
② 건축기계설비기술사
③ 소방설비기사
④ 위험물기능장

해설 소방시설관리사시험

1. 소방기술사·위험물기능장·건축사·건축기계설비기술사·건축전기설비기술사 또는 공조냉동기계기술사
2. 소방설비기사 자격을 취득한 후 2년 이상 소방청장이 정하여 고시하는 소방에 관한 실무경력(이하 "소방실무경력"이라 한다)이 있는 사람
3. 소방설비산업기사 자격을 취득한 후 3년 이상 소방실무경력이 있는 사람
4. 「국가과학기술 경쟁력 강화를 위한 이공계지원 특별법」 제2조 제1호에 따른 이공계(이하 "이공계"라 한다) 분야를 전공한 사람으로서 다음 각 목의 어느 하나에 해당하는 사람
   가. 이공계 분야의 박사학위를 취득한 사람
   나. 이공계 분야의 석사학위를 취득한 후 2년 이상 소방실무경력이 있는 사람
   다. 이공계 분야의 학사학위를 취득한 후 3년 이상 소방실무경력이 있는 사람
5. 소방안전공학(소방방재공학, 안전공학을 포함한다) 분야를 전공한 후 다음 각 목의 어느 하나에 해당하는 사람
   가. 해당 분야의 석사학위 이상을 취득한 사람
   나. 2년 이상 소방실무경력이 있는 사람
6. 위험물산업기사 또는 위험물기능사 자격을 취득한 후 3년 이상 소방실무경력이 있는 사람
7. 소방공무원으로 5년 이상 근무한 경력이 있는 사람
8. 소방안전 관련 학과의 학사학위를 취득한 후 3년 이상 소방실무경력이 있는 사람
9. 산업안전기사 자격을 취득한 후 3년 이상 소방실무경력이 있는 사람
10. 다음 각 목의 어느 하나에 해당하는 사람
   가. 특급 소방안전관리대상물의 소방안전관리자로 2년 이상 근무한 실무경력이 있는 사람
   나. 1급 소방안전관리대상물의 소방안전관리자로 3년 이상 근무한 실무경력이 있는 사람
   다. 2급 소방안전관리대상물의 소방안전관리자로 5년 이상 근무한 실무경력이 있는 사람
   라. 3급 소방안전관리대상물의 소방안전관리자로 7년 이상 근무한 실무경력이 있는 사람
   마. 10년 이상 소방실무경력이 있는 사람

※ 2027년 1월 1일 시행
1. 소방기술사·건축사·건축기계설비기술사·건축전기설비기술사 또는 공조냉동기계기술사
2. 위험물기능장
3. 소방설비기사
4. 「국가과학기술 경쟁력 강화를 위한 이공계지원 특별법」 제2조 제1호에 따른 이공계 분야의 박사학위를 취득한 사람
5. 소방청장이 정하여 고시하는 소방안전 관련 분야의 석사 이상의 학위를 취득한 사람
6. 소방설비산업기사 또는 소방공무원 등 소방청장이 정하여 고시하는 사람 중 소방에 관한 실무경력(자격 취득 후의 실무경력으로 한정한다)이 3년 이상인 사람

46 상중하

특정소방대상물의 소방시설등에 대한 자체점검이 가능한 소방기술자를 고르시오.

① 소방시설관리사
② 소방설비기사
③ 전기기사
④ 위험물산업기사

정답 45 ③ 46 ①

해설 소방시설등의 자체점검

〈소방시설 설치 및 관리에 관한 법률〉

제22조(소방시설등의 자체점검)

① 특정소방대상물의 관계인은 그 대상물에 설치되어 있는 소방시설등이 이 법이나 이 법에 따른 명령 등에 적합하게 설치·관리되고 있는지에 대하여 다음 각 호의 구분에 따른 기간 내에 스스로 점검하거나 제34조에 따른 점검능력 평가를 받은 관리업자 또는 행정안전부령으로 정하는 기술자격자(이하 "관리업자등"이라 한다)로 하여금 정기적으로 점검(이하 "자체점검"이라 한다)하게 하여야 한다. 이 경우 관리업자등이 점검한 경우에는 그 점검 결과를 행정안전부령으로 정하는 바에 따라 관계인에게 제출하여야 한다.

〈소방시설 설치 및 관리에 관한 법률 시행규칙〉

제19조(기술자격자의 범위) 법 제22조 제1항 각 호 외의 부분 전단에서 "행정안전부령으로 정하는 기술자격자"란 「화재의 예방 및 안전관리에 관한 법률」 제24조 제1항 전단에 따라 소방안전관리자(이하 "소방안전관리자"라 한다)로 선임된 소방시설관리사 및 소방기술사를 말한다.

47 상 중 (하)

소방기본법에서 사용하는 용어의 정의로 알맞은 것을 고르시오.

① 소방대상물이란 건축물, 차량, 선박(항해 중인 선박만 해당한다), 선박 건조 구조물, 산림, 그 밖의 인공 구조물 또는 물건을 말한다.

② 소방본부장이란 화재, 재난·재해, 그 밖의 위급한 상황이 발생한 현장에서 소방대를 지휘하는 사람을 말한다.

③ 관계인이란 소방대상물의 소유자·관리자 또는 점유자를 말한다.

④ 소방대란 화재 진압 및 화재, 재난·재해, 그 밖의 위급한 상황에서 구조·구급 활동을 하는 사람으로서 소방공무원, 의무소방원, 소방안전관리자를 말한다.

해설 소방용어 정의

1) 소방대상물
  (1) 건축물
  (2) 차량
  (3) 선박(항구에 매어 둔 것)
  (4) 산림, 그 밖의 인공구조물 또는 물건

2) 관계지역
  소방대상물이 있는 장소 및 그 이웃 지역으로 화재의 예방·경계·진압, 구조·구급 등의 활동에 필요한 지역

3) 관계인
  소방대상물의 소유자·관리자·점유자

4) 소방대
  화재 진압 및 화재, 재난·재해, 그 밖의 위급한 상황에서 구조·구급 활동
  (1) 소방공무원
  (2) 의무소방원
  (3) 의용소방대원

암기 ▶ 공무용

5) 소방본부장
  특별시·광역시·특별자치시·도 또는 특별자치도(이하 "시·도"라 한다)에서 화재의 예방·경계·진압·조사 및 구조·구급 등의 업무를 담당하는 부서의 장

6) 소방대장
  소방본부장 또는 소방서장 등 화재, 재난·재해, 그 밖의 위급한 상황이 발생한 현장에서 소방대를 지휘하는 사람

48 상 (중) 하

소방시설 설치 및 관리에 관한 법령상 형식승인을 받지 아니한 소방용품을 판매하거나 판매목적으로 진열하거나 소방시설공사에 사용한 자에 대한 벌칙기준은?

① 3년 이하의 징역 또는 3000만 원 이하의 벌금

② 2년 이하의 징역 또는 1500만 원 이하의 벌금

③ 1년 이하의 징역 또는 1000만 원 이하의 벌금

④ 1년 이하의 징역 또는 500만 원 이하의 벌금

정답 47 ③ 48 ①

해설 3년 이하 징역 또는 3000만 원 이하 벌금

1. 조치명령 위반사항에 대한 명령을 정당한 사유 없이 위반
2. 관리업 등록을 하지 않고 영업을 한 자
3. 소방용품 형식승인 받지 아니하고 제조·수입 또는 거짓이나 그 밖의 부정한 방법으로 형식승인을 받은 자
4. 제품검사를 받지 아니한 자 또는 거짓이나 그 밖의 부정한 방법으로 제품검사를 받은 자
5. 소방용품을 판매·진열하거나 소방시설공사에 사용한 자
6. 거짓이나 그 밖의 부정한 방법으로 성능인증 또는 제품검사를 받은 자
7. 제품검사를 받지 아니하거나 합격표시를 하지 아니한 소방용품을 판매·진열하거나 소방시설공사에 사용한 자
8. 구매자에게 명령을 받은 사실을 알리지 아니하거나 필요한 조치를 하지 아니한 자
9. 거짓이나 그 밖의 부정한 방법으로 전문기관으로 지정을 받은 자

49 상 중 하

소방시설 설치 및 관리에 관한 법령상 방염대상물품이 아닌 것은?

① 제조·가공 공정에서 방염처리한 벽지류(두께 2 [mm] 미만인 종이벽지 제외)
② 제조·가공 공정에서 방염처리한 커튼류(블라인드 제외)
③ 제조·가공 공정에서 방염처리한 무대용 합판
④ 제조·가공 공정에서 방염처리한 합성수지류 등을 원료로 하여 제작된 소파

해설 방염대상물품

1) 제조·가공 공정에서 방염처리한 물품(합판·목재류 설치 현장에서 방염처리한 것 포함)
   (1) 창문에 설치하는 커튼류(블라인드 포함)
   (2) 카펫
   (3) 벽지류(두께 2 [mm] 미만인 종이벽지 제외)
   (4) 전시용 합판·목재 또는 섬유판, 무대용 합판·목재 또는 섬유판(합판·목재류의 경우 불가피하게 설치 현장에서 방염처리한 것을 포함한다)
   (5) 암막·무대막(영화상영관 스크린, 가상체험체육시설의 스크린 포함)
   (6) 섬유류, 합성수지류 등을 원료로 하여 제작된 소파·의자(단란주점영업, 유흥주점, 노래연습장업의 영업장에 설치하는 것만 해당)
2) 건축물 내부의 천장이나 벽에 부착하거나 설치하는 것, 다만 가구류(옷장·찬장·식탁·식탁용 의자·사무용 책상·사무용 의자·계산대 등)와 너비 10 [cm] 이하 반자돌림대 등과 내부 마감재료는 제외
   (1) 종이류(두께 2 [mm] 이상)·합성수지류·섬유류를 주원료로 한 물품
   (2) 합판, 목재
   (3) 공간 구획하는 간이 칸막이
   (4) 흡음·방음을 위하여 설치하는 흡음재, 방음재

50 상 중 하

소방기본법령상 소방용수시설별 설치기준 중 틀린 것은?

① 급수탑 개폐밸브는 지상에서 1.5 [m] 이상 1.7 [m] 이하의 위치에 설치하도록 할 것
② 소화전은 상수도와 연결하여 지하식 또는 지상식의 구조로 하고, 소방용 호스와 연결하는 소화전의 연결금속구의 구경은 100 [mm]로 할 것
③ 저수조 흡수관의 투입구가 사각형의 경우에는 한 변의 길이가 60 [cm] 이상, 원형의 경우에는 지름이 60 [cm] 이상일 것
④ 저수조는 지면으로부터의 낙차가 4.5 [m] 이하일 것

해설 소방용수시설 설치기준

1) 소화전
   - 상수도와 연결, 지하식·지상식 구조
   - 연결금속구 구경 : 65 [mm]
2) 급수탑
   - 급수배관 구경 : 100 [mm] 이상
   - 개폐밸브 : 지상 1.5 [m] 이상 1.7 [m] 이하

정답 49 ② 50 ②

3) 저수조
- 지면으로부터의 낙차 : 4.5 [m] 이하
- 흡수부분 수심 : 0.5 [m] 이상일 것
- 흡수관 투입구 : 사각형 한 변 60 [cm]
  원형 지름 60 [cm] 이상

51 상 중 하

소방시설 설치 및 관리에 관한 법령상 제연설비를 설치하여야 하는 특정소방대상물의 기준으로 틀린 것을 고르시오.

① 영화상영관으로서 수용인원 100명 이상인 경우
② 노유자시설로서 바닥면적 합계가 600 [m^2] 이상인 경우
③ 판매시설로서 바닥면적 합계가 1000 [m^2] 이상인 경우
④ 지하상가로서 연면적 1000 [m^2] 이상인 경우

해설 제연설비 설치대상

설치대상	기준
문화 및 집회시설, 종교시설, 운동시설	• 무대부 바닥면적 200 [m^2] 이상인 경우에는 해당 무대부 • 영화상영관 수용인원 100명 이상인 경우에는 해당 영화상영관
지하층·무창층에 설치된 근린생활시설, 판매시설, 숙박시설, 운수시설, 의료시설, 위락시설, 노유자시설, 창고시설(물류터미널로 한정)	바닥면적 합계 1000 [m^2] 이상인 경우 해당 부분
지하상가	연면적 1000 [m^2] 이상
공항시설 대기실, 항만시설 대기실, 휴게시설, 시외버스정류장, 철도 및 도시철도 시설	지하층·무창층 바닥면적 1000 [m^2] 이상인 경우에는 모든 층
특정소방대상물(갓복도형 아파트등 제외)에 부설된 특별피난계단, 비상용 승강기의 승강장, 피난용 승강기의 승강장	

52 상 중 하

위험물안전관리법령상 제조소의 위치·구조 및 설비의 기준 중 위험물을 취급하는 건축물 그 밖의 시설의 주위에는 그 취급하는 위험물의 최대수량이 지정수량의 10배 이하인 경우 보유하여야 할 공지의 너비는 몇 [m] 이상이어야 하는가?

① 3 ② 5
③ 8 ④ 10

해설 제조소 보유공지

취급하는 위험물 최대수량	공지 너비
지정수량 10배 이하	3 [m] 이상
지정수량 10배 초과	5 [m] 이상

53 상 중 하

다음 괄호 안에 들어갈 알맞은 말을 고르시오.

> 위험물이란, 인화성 또는 (㉠) 등의 성질을 가지는 것으로서 (㉡)이 정하는 물품을 의미한다.

① ㉠ 발화성, ㉡ 행정안전부령
② ㉠ 발화성, ㉡ 대통령령
③ ㉠ 자기반응성, ㉡ 대통령령
④ ㉠ 금수성, ㉡ 행정안전부령

해설 위험물 용어정의

1) 위험물 : 인화성 또는 발화성 등의 성질을 가지는 것으로서 대통령령이 정하는 물품
2) 지정수량 : 위험물의 종류별로 위험성을 고려하여 대통령령이 정하는 수량으로서 제조소등의 설치허가 등에 있어서 최저의 기준이 되는 수량
3) 제조소 : 위험물을 제조할 목적으로 지정수량 이상의 위험물을 취급하기 위하여 허가를 받은 장소를 말한다.
4) 저장소 : 지정수량 이상의 위험물을 저장하기 위한 대통령령이 정하는 장소

정답 51 ② 52 ① 53 ②

5) 취급소 : 지정수량 이상의 위험물을 제조외의 목적으로 취급하기 위한 대통령령이 정하는 장소로서 제6조 제1항의 규정에 따른 허가를 받은 장소를 말한다.

6) 제조소등

<table>
<tr><th>구분</th><th colspan="3">내용</th></tr>
<tr><td>제조소</td><td colspan="3">위험물을 제조할 목적으로 지정수량 이상의 위험물을 취급하기 위하여 허가를 받은 장소</td></tr>
<tr><td rowspan="8">저장소</td><td>옥외 저장소</td><td>옥외에 위험물을 저장하는 장소</td><td>• 제2류 위험물 : 황 또는 인화성 고체(인화점 0 [℃] 이상인 것에 한함)
• 제4류 위험물 : 제1석유류(인화점 0 [℃] 이상인 것에 한함)·알코올류·제2석유류·제3석유류·제4석유류·동식물유류
• 제6류 위험물</td></tr>
<tr><td>옥내 저장소</td><td colspan="2">옥내에 위험물을 저장하는 장소</td></tr>
<tr><td>옥외탱크 저장소</td><td colspan="2">옥외에 있는 탱크에 위험물을 저장하는 장소</td></tr>
<tr><td>옥내탱크 저장소</td><td colspan="2">건축물 내부에 설치된 탱크에 위험물을 저장하는 장소</td></tr>
<tr><td>지하탱크 저장소</td><td colspan="2">지하에 설치된 탱크에 위험물을 저장하는 장소</td></tr>
<tr><td>간이탱크 저장소</td><td colspan="2">간이탱크에 위험물을 저장하는 장소</td></tr>
<tr><td>이동탱크 저장소</td><td colspan="2">차량에 고정된 탱크에 위험물을 저장하는 장소</td></tr>
<tr><td>암반탱크 저장소</td><td colspan="2">암반 내의 공간을 이용한 탱크에 액체의 위험물을 저장하는 장소</td></tr>
<tr><td rowspan="4">취급소</td><td>주유 취급소</td><td colspan="2">고정된 주유설비를 통해 자동차, 항공기, 선박에 직접 주유하는 장소</td></tr>
<tr><td>판매 취급소</td><td colspan="2">용기에 위험물을 담아 판매하기 위해 지정수량 40배 이하 취급소</td></tr>
<tr><td>이송 취급소</td><td colspan="2">배관 및 이에 부속된 설비에 의하여 위험물을 이송하는 장소</td></tr>
<tr><td>일반 취급소</td><td colspan="2">주유취급소, 판매취급소 및 이송취급소에 해당하지 않는 취급소</td></tr>
</table>

54 상 (중) 하

소방시설공사업법령상 소방시설공사의 하자보수 보증기간이 다른 하나를 고르시오.

① 피난기구
② 비상조명등
③ 무선통신보조설비
④ 자동화재탐지설비

해설 소방시설 하자보수 보증기간

소방시설	기간
• **피**난기구·유도등 • **비**상경보설비 • **비**상조명등 • **비**상방송설비 • **무**선통신보조설비	2년
• 자동소화장치 • 옥내·외소화전설비 • 스프링클러·간이스프링클러설비 • 물분무등소화설비 • 자동화재탐지설비 • 상수도소화용수설비 • 소화활동설비(무선통신보조설비 제외) • 화재알림설비	3년

암기 ▶ 이년 피비무

정답 54 ④

55 상중하

소방기본법령상 출동한 소방대의 소방장비를 파손하거나 그 효용을 해하여 화재진압·인명구조·구급활동을 방해하는 행위를 한 사람에 대한 벌칙기준은?

① 500만 원 이하의 과태료
② 1년 이하의 징역 또는 1000만 원 이하의 벌금
③ 3년 이하의 징역 또는 3000만 원 이하의 벌금
④ 5년 이하의 징역 또는 5000만 원 이하의 벌금

해설 5년 이하 징역 또는 5000만 원 이하 벌금

1) 위력을 사용하여 출동한 소방대의 화재진압·인명구조·구급활동을 방해하는 행위
2) 소방대가 화재진압·인명구조·구급활동을 위하여 현장에 출동하거나 현장에 출입하는 것을 고의로 방해하는 행위
3) 출동한 소방대원에게 폭행·협박을 행사하여 화재진압·인명구조·구급활동 방해(음주 또는 약물로 인한 심신장애 상태에서 위반 시 형법의 감경 미적용)
4) 출동한 소방대의 소방장비를 파손하거나 그 효용을 해하여 화재진압·인명구조·구급활동 방해하는 행위
5) 소방자동차의 출동을 방해한 사람
6) 사람을 구출하는 일 또는 불을 끄거나 불이 번지지 않도록 하는 일을 방해한 사람
7) 정당한 사유 없이 소방용수시설·비상소화장치를 사용하거나 소방용수시설·비상소화장치의 효용을 해치거나 그 정당한 사용을 방해한 사람

56 상중하

화재의 예방 및 안전관리에 관한 법령상 화재예방강화지구에 해당하지 않는 것은?

① 위험물의 저장 및 처리 시설이 밀집한 지역
② 소방시설·소방용수시설·소방출동로가 없는 지역
③ 시장지역
④ 공장이 있는 지역

해설 화재예방강화지구

1) 지정권자 : 시·도지사
2) 화재예방강화지구 지정 요청 : 소방청장
3) 화재예방강화지구
   (1) 시장지역
   (2) 공장·창고가 밀집한 지역
   (3) 목조건물이 밀집한 지역
   (4) 노후·불량건축물이 밀집한 지역
   (5) 위험물의 저장 및 처리 시설이 밀집한 지역
   (6) 석유화학제품을 생산하는 공장이 있는 지역
   (7) 산업입지 및 개발에 관한 법률에 따른 산업단지
   (8) 소방시설·소방용수시설·소방출동로가 없는 지역
   (9) 물류단지
   (10) (1) ~ (9)까지 준하는 지역으로서 소방관서장이 화재예방강화지구로 지정할 필요가 있다고 인정하는 지역

57 상중하

위험물안전관리 법령상 옥내주유취급소에 있어서 당해 사무소 등의 출입구 및 피난구와 당해 피난구로 통하는 통로·계단 및 출입구에 설치해야 하는 피난설비는?

① 유도등
② 구조대
③ 피난사다리
④ 완강기

해설 피난설비

1) 주유취급소 중 건축물 2층 이상의 부분을 점포·휴게음식점·전시장 용도로 사용하는 것에 있어서는 당해 건축물 2층 이상으로부터 주유취급소 부지 밖으로 통하는 출입구와 당해 출입구로 통하는 통로·계단·출입구에 유도등 설치
2) 옥내주유취급소에 있어서 당해 사무소 등의 출입구 및 피난구와 당해 피난구로 통하는 통로·계단·출입구에 유도등 설치

정답 55 ④ 56 ④ 57 ①

58 상중하

화재의 예방 및 안전관리에 관한 법령상 사람을 구출하거나 불이 번지는 것을 막기 위하여 필요할 때에는 화재가 발생하거나 불이 번질 우려가 있는 소방대상물 및 토지를 일시적으로 사용하거나 그 사용의 제한 또는 소방활동에 필요한 처분을 할 수 있는 사람은?

① 소방본부장
② 시·도지사
③ 의용소방대원
④ 소방대상물의 관리자

해설 소방본부장, 소방서장, 소방대장 권한

구분	권한
소방청장	• 소방박물관 설립 (소방체험관 : 시·도지사) • 한국소방안전원 감독 • 소방력 동원 요청
소방청장, 소방본부장, 소방서장	• 소방활동
소방본부장, 소방서장	• 소방업무 응원요청 • 지리조사
소방본부장, 소방서장, 소방대장	• 소방활동 종사명령 • 강제처분 • 피난명령 • 위험시설 긴급조치
소방대장	• 소방활동구역 설정

59 상중하

위험물안전관리법령에 따라 위험물안전관리자를 해임하거나 퇴직한 때에는 해임하거나 퇴직한 날부터 며칠 이내에 다시 안전관리자를 선임하여야 하는가?

① 30일　② 15일
③ 7일　④ 3일

해설 위험물안전관리자

- 안전관리자 선임 : 관계인
- 안전관리자 해임, 퇴직 시 : 해임, 퇴직한 날부터 30일 이내 재선임
- 선임신고기간 : 소방본부장·소방서장에게 선임 날부터 14일 이내 신고
- 직무대행기간 : 30일 이내

60 상중하

지정수량의 최소 몇 배 이상의 위험물을 취급하는 제조소에는 피뢰침을 설치해야 하는가? (단, 제6류 위험물을 취급하는 위험물제조소는 제외하고, 제조소 주위의 상황에 따라 안전상 지장이 없는 경우도 제외한다)

① 5배　② 10배
③ 50배　④ 100배

해설 위험물 제조소 피뢰설비

지정수량 10배 이상인 옥외탱크저장소 피뢰침 설치(제6류 위험물 제조소 제외)

암기 ▶ 피식(피뢰설비 10)

정답 58 ① 59 ① 60 ②

2025년 1회

소방전기시설의 구조 및 원리

3회독 월 일
2회독 월 일
1회독 월 일

목표시간 : 30분 | 시작 : _시 _분 | 종료 : _시 _분 | 맞은 개수 : _ /20

신유형!

61 상 중 하

지하구의 화재안전성능기준(NFPC 605)에 따른 감지기의 설치기준으로 틀린 것을 고르시오.

① 감지기 중 먼지·습기 등의 영향을 받지 않고 발화지점(10미터 단위)과 온도를 확인할 수 있는 것을 설치한다.

② 지하구 천장의 중심부에 설치하되 감지기와 천장 중심부 하단과의 수직거리는 30센티미터 이내로 한다. 다만 형식승인 내용에 설치방법이 규정되어 있거나 중앙기술심의위원회의 심의를 거쳐 제조사 시방서에 따른 설치방법이 지하구 화재에 적합하다고 인정되는 경우에는 형식승인 내용 또는 심의결과에 의한 제조사 시방서에 따라 설치할 수 있다.

③ 발화지점이 지하구의 실제거리와 일치하도록 수신기 등에 표시한다.

④ 공동구 내부에 상수도용 또는 냉·난방용 설비만 존재하는 부분은 감지기를 설치하지 않을 수 있다.

해설 지하구의 화재안전성능기준(NFPC 605)

시민들의 일상생활 및 사회·경제활동을 원활하고 편리하게 할 수 있는 시설물들을 안전하게 수용할 뿐만 아니라 **지하공간에 시설물을 수용함으로써** 보행자의 쾌적한 통행공간과 안전하고 안락한 도시환경을 유지하며 효율적인 도시운영이 가능하도록 개별 매설 또는 가공 배선된 **수도, 가스, 통신, 전기, 상·중수도, 냉난방, 쓰레기 수송관 등의 배관·배선류를 지하의 터널이라는 구체 안에 수용하는 시설**

[공동구 설치 전] [공동구 설치 후]

국토의 계획 및 이용에 관한 법률(약칭 : 국토계획법)
"공동구"란 전기·가스·수도 등의 공급설비, 통신시설, 하수도시설 등 지하매설물을 공동 수용함으로써 미관의 개선, 도로구조의 보전 및 교통의 원활한 소통을 위하여 지하에 설치하는 시설물을 말한다.

제6조(자동화재탐지설비)

① 감지기는 다음 각 호에 따라 설치해야 한다.

1. 「자동화재탐지설비 및 시각경보장치의 화재안전성능기준(NFPC 203)」 제7조 제1항 각 호의 감지기 중 먼지·습기 등의 영향을 받지 않고 발화지점(1미터 단위)과 온도를 확인할 수 있는 것을 설치할 것
2. 지하구 천장의 중심부에 설치하되 감지기와 천장 중심부 하단과의 수직거리는 30센티미터 이내로 할 것. 다만 형식승인 내용에 설치방법이 규정되어 있거나, 중앙기술심의위원회의 심의를 거쳐 제조사 시방서에 따른 설치방법이 지하구 화재에 적합하다고 인정되는 경우에는 형식승인 내용 또는 심의결과에 의한 제조사 시방서에 따라 설치할 수 있다.
3. 발화지점이 지하구의 실제거리와 일치하도록 수신기 등에 표시할 것
4. 공동구 내부에 상수도용 또는 냉·난방용 설비만 존재하는 부분은 감지기를 설치하지 않을 수 있다.

② 발신기, 지구음향장치 및 시각경보기는 설치하지 않을 수 있다.

정답 61 ①

62 상중하

자동화재탐지설비 및 시각경보장치의 화재안전기술기준에 따라 감지기를 거실에 설치할 때 설치 가능한 감지기를 고르시오. (단, 거실의 감지기 부착 높이는 18 [m]이다)

① 열복합형 감지기
② 광전식 분리형 감지기 1종
③ 보상식 스포트형 감지기
④ 정온식 감지선형 감지기 1종

해설 감지기 부착높이

부착 높이	감지기의 종류
4 [m] 미만	차동식(스포트형, 분포형), 보상식 스포트형, 정온식(스포트형, 감지선형), 이온화식 또는 광전식(스포트형, 분리형, 공기흡입형), 열복합형, 연기복합형, 열연기복합형, 불꽃감지기
4 [m] 이상 ~ 8 [m] 미만	차동식(스포트형, 분포형), 보상식 스포트형, 정온식(스포트형, 감지선형) 특종 또는 1종, 이온화식 1종 또는 2종, 광전식(스포트형, 분리형, 공기흡입형) 1종 또는 2종 열복합형, 연기복합형, 열연기복합형, 불꽃감지기
8 [m] 이상 ~ 15 [m] 미만	**차**동식 **분**포형(차동식 분포형 외의 열감지기는 8 [m] 미만), **이**온화식 **1종** 또는 **2종**, **광**전식(스포트형, 분리형, 공기흡입형) **1종** 또는 **2종**, **연**기복합형, 불꽃감지기 암기 ▶ 차분한 이광연 12
15 [m] 이상 ~ 20 [m] 미만	**이**온화식 **1종**, **광**전식(스포트형, 분리형, 공기흡입형) **1종**, **연**기복합형, 불꽃감지기 암기 ▶ 이광연 1
20 [m] 이상	불꽃감지기, 광전식(분리형, 공기흡입형) 중 아날로그방식

TIP ▶ ※ 부착 높이 20 [m] 이상에 설치하는 광전식 중 아날로그 감지기는 공칭감지농도 하한값이 감광률 5 [%/m] 미만인 것으로 한다.

63 상중하

유도표지는 주위 조도 몇 룩스에서 60분간 발광 후 직선거리 20 [m] 떨어진 위치에서 보통 시력으로 식별되어야 하고 3 [m] 거리에서 표시면의 문자 또는 화살표 등을 쉽게 식별할 수 있는 것으로 하여야 하는가?

① 0　② 1
③ 2　④ 3

해설 축광표지의 성능인증 및 제품검사의 기술기준

제8조(식별도시험)

① 축광유도표지 및 축광위치표지는 200 [lx] 밝기의 광원으로 20분간 조사시킨 상태에서 다시 주위조도를 0 [lx]로 하여 60분간 발광시킨 후 직선거리 20 [m](축광위치표지의 경우 10 [m]) 떨어진 위치에서 유도표지 또는 위치표지가 있다는 것이 식별되어야 하고, 유도표지는 직선거리 3 [m]의 거리에서 표시면의 표시 중 주체가 되는 문자 또는 주체가 되는 화살표 등이 쉽게 식별되어야 한다. 이 경우 측정자는 보통 시력(시력 1.0에서 1.2의 범위를 말한다)을 가진 자로서 시험실시 20분 전까지 암실에 들어가 있어야 한다.
② 축광보조표지는 200 [lx] 밝기의 광원으로 20분간 조사 시킨 상태에서 다시 주위조도를 0 [lx]로 하여 60분간 발광시킨 후 직선거리 10 [m] 떨어진 위치에서 축광보조표지가 있다는 것이 식별되어야 한다. 이 경우 측정자의 조건은 제1항의 조건을 적용한다.

64 상중하

비상방송설비의 화재안전기술기준(NFTC 202)에 따라 부속회로의 전로와 대지 사이 및 배선 상호 간의 절연저항은 1경계구역마다 직류 250 [V]의 절연저항측정기를 사용하여 측정한 절연저항이 몇 [MΩ] 이상이 되도록 하여야 하는가?

① 0.1　② 0.2
③ 10　④ 20

정답 62 ② 63 ① 64 ①

해설 비상방송설비 배선

1) 화재로 인해 하나의 층의 확성기 또는 배선이 단락 또는 단선되어도 다른 층의 화재 통보에 지장이 없을 것
2) 전원회로의 배선은 내화배선
3) 그 밖의 배선은 내화배선 또는 내열배선으로 할 것
4) 절연저항
   (1) 전원회로의 전로와 대지 사이 및 배선 상호 간 : 전기사업법 기술기준 적용
   (2) 부속회로의 전로와 대지 사이 및 배선 상호 간 : 1 경계구역마다 직류 250 [V]의 절연저항측정기를 사용하여 측정한 절연저항 0.1 [MΩ] 이상

65 (상 중 하)

무선통신보조설비의 화재안전기술기준에 따라 무선통신보조설비의 누설동축케이블 및 동축케이블은 화재에 따라 해당 케이블의 피복이 소실된 경우에 케이블 본체가 떨어지지 아니하도록 몇 [m] 이내마다 금속제 또는 자기제 등의 지지금구로 벽·천장·기둥 등에 견고하게 고정시켜야 하는가? (단, 불연재료로 구획된 반자 안에 설치하지 않은 경우이다)

① 1　　② 1.5
③ 2.5　　④ 4

해설 누설동축케이블 설치기준

1) 소방전용주파수대에서 전파의 전송 또는 복사에 적합한 것으로서 소방전용의 것으로 할 것(다만 소방대 상호 간의 무선연락에 지장 없는 경우에는 다른 용도와 겸용 가능하다)
2) 누설동축케이블과 이에 접속하는 안테나 또는 동축케이블과 이에 접속하는 안테나에 따른 것으로 할 것
3) 누설동축케이블은 불연 또는 난연성의 것으로서 습기에 따라 전기의 특성이 변질되지 아니하는 것으로 하고, 노출하여 설치한 경우에는 피난 및 통행에 장애가 없도록 할 것
4) 누설동축케이블은 화재에 따라 해당 케이블의 피복이 소실된 경우에 케이블 본체가 떨어지지 아니하도록 4 [m] 이내마다 금속제 또는 자기제 등의 지지금구로 벽·천장·기둥 등에 견고하게 고정시킬 것(다만 불연재료로 구획된 반자 안에 설치하는 경우에는 그러하지 않는다)
5) 누설동축케이블 및 안테나는 금속판 등에 따라 전파의 복사 또는 특성이 현저하게 저하되지 아니하는 위치에 설치할 것
6) 누설동축케이블 및 안테나는 고압의 전로로부터 1.5 [m] 이상 떨어진 위치에 설치할 것(다만 해당 전로에 정전기 차폐장치를 유효하게 설치한 경우에는 그러하지 않는다)
7) 누설동축케이블의 끝부분에는 무반사 종단저항을 견고하게 설치할 것
8) 누설동축케이블 또는 동축케이블의 임피던스는 50 [Ω]으로 하고, 이에 접속하는 안테나·분배기 기타의 장치는 해당 임피던스에 적합한 것으로 하여야 한다.

66 (상 중 하)

비상조명등의 비상전원은 지하층 또는 무창층으로서 용도가 도매시장·소매시장·여객자동차터미널·지하역사 또는 지하상가인 경우 그 부분에서 피난층에 이르는 부분의 비상조명등을 몇 분 이상 유효하게 작동시킬 수 있는 용량으로 하여야 하는가?

① 10　　② 20
③ 30　　④ 60

해설 비상조명등 비상전원용량

비상전원은 비상조명등을 20분 이상 유효하게 작동시킬 수 있는 용량으로 할 것. 다만 다음 각 목의 특정소방대상물의 경우에는 그 부분에서 피난층에 이르는 부분의 비상조명등을 60분 이상 유효하게 작동시킬 수 있는 용량으로 해야 한다.

1) 지하층을 제외한 층수가 11층 이상의 층
2) 지하층 또는 무창층으로서 용도가 도매시장·소매시장·여객자동차터미널·지하역사 또는 지하상가

정답 65 ④ 66 ④

67 상 중 하

자동화재탐지설비 및 시각경보장치의 화재안전기술기준(NFTC 203)에 따라 발신기 설치기준으로 틀린 것을 고르시오.

① 조작스위치는 바닥으로부터 0.8 [m] 이상 1.5 [m] 이하의 높이에 설치할 것
② 특정소방대상물의 층마다 설치하되, 해당 층의 각 부분으로부터 하나의 발신기까지의 수평거리가 25 [m] 이하가 되도록 설치할 것
③ 특정소방대상물의 층마다 설치하되, 복도 또는 별도로 구획된 실로서 보행거리가 40 [m] 이상일 경우에는 추가로 설치할 것
④ 발신기의 위치를 표시하는 표시등은 함의 상부에 설치하되, 그 불빛은 부착면으로부터 25° 이상의 범위 안에서 부착지점으로부터 5 [m] 이내의 어느 곳에서도 쉽게 식별할 수 있는 적색등으로 할 것

해설 발신기 설치기준

1) 조작스위치 : 바닥으로부터 0.8 [m] 이상 1.5 [m] 이하 설치
2) 특정소방대상물의 층마다 설치
 (1) 수평거리 : 25 [m] 이하 설치(각 부분부터 하나의 발신기까지의 거리)
 (2) 보행거리 : 40 [m] 이상 경우 추가설치(복도 · 별도구획된 실)
3) 위치 표시등 : 함 상부 설치
4) 불빛 : 부착면부터 15° 이상의 범위 안, 부착지점부터 10 [m] 이내 어느 곳에서도 쉽게 식별할 수 있는 적색등

68 상 중 하

비상경보설비의 축전지의 성능인증 및 제품검사의 기술기준에 따른 축전지설비의 외함 두께는 강판인 경우 몇 [mm] 이상이어야 하는가?

① 0.7 ② 1.2
③ 2.3 ④ 3

해설 축전지 외함두께

1) 강판 : 1.2 [mm] 이상
2) 매립 시 매립되는 외함 부분 : 1.6 [mm] 이상
3) 합성수지 : 3 [mm] 이상

암기 ▶ 강12 합3

69 상 중 하

정온식 감지선형 감지기에 관한 설명으로 틀린 것을 고르시오.

① 보조선이나 고정금구를 사용하여 감지선이 늘어지지 않도록 설치할 것
② 단자부와 마감 고정금구와의 설치간격은 10 [cm] 이내로 설치할 것
③ 감지선형 감지기의 굴곡반경은 10 [cm] 이상으로 할 것
④ 케이블트레이에 감지기를 설치하는 경우에는 케이블트레이 받침대에 마감금구를 사용하여 설치할 것

해설 정온식 감지선형 감지기

• 온도 : 일국소 주위온도 일정 온도 이상
• 외관 : 전선 구성
1) 설치기준
 (1) 보조선이나 고정금구를 사용하여 감지선이 늘어지지 않도록 설치할 것
 (2) 단자부와 마감 고정금구와의 설치간격은 10 [cm] 이내로 설치할 것
 (3) 감지선형 감지기의 굴곡반경은 5 [cm] 이상으로 할 것

정답 67 ④ 68 ② 69 ③

(4) 감지기와 감지구역의 각 부분과의 수평거리
① 내화구조 : 1종 4.5 [m] 이하, 2종 3 [m] 이하
② 기타구조 : 1종 3 [m] 이하, 2종 1 [m] 이하
(5) 케이블트레이에 감지기를 설치하는 경우에는 케이블트레이 받침대에 마감금구를 사용하여 설치할 것
(6) 창고의 천장 등에 지지물이 적당하지 않은 장소에는 보조선을 설치하고 그 보조선에 설치할 것
(7) 분전반 내부에 설치하는 경우 접착제를 이용하여 돌기를 바닥에 고정시키고 그곳에 감지기를 설치할 것

2) 감지선형 감지기 온도 표시

80도 미만	80도 이상 120도 미만	120도 이상
백색	청색	적색

제11조(절연내력시험) 제10조에 따른 시험부의 절연내력은 60헤르츠의 정현파에 가까운 실효전압 500볼트(정격전압이 60볼트를 초과하고 150볼트 이하인 것은 1000볼트, 정격전압이 150볼트를 초과하는 것은 그 정격전압에 2를 곱하여 1000을 더한 값)이 교류전압을 가하는 시험에서 1분간 견디는 것이어야 하며, 기능에 이상이 생기지 않아야 한다.

제12조(충격전압시험) 속보기는 전류를 통한 상태에서 다음 각 호의 시험을 15초간 실시하는 경우 잘못 작동하거나 기능에 이상이 생기지 않아야 한다.
1. 내부저항 50옴인 전원에서 500볼트의 전압을 펄스폭 1마이크로초, 반복주기 100헤르츠로 가하는 시험
2. 내부저항 50옴인 전원에서 500볼트의 전압을 펄스폭 0.1마이크로초, 반복주기 100헤르츠로 가하는 시험

70 상 중 하

다음 중 자동화재속보설비의 시험에 속하지 않는 것을 고르시오.

① 주위온도시험 ② 충격시험
③ 절연저항시험 ④ 절연내력시험

해설 자동화재속보설비

〈자동화재속보설비의 속보기의 성능인증 및 제품검사의 기술기준〉

제8조(주위온도시험) 속보기는 섭씨(-10 ± 2)도 및 섭씨(50 ± 2)도에서 각각 12시간 이상 방치한 후 1시간 이상 실온에서 방치한 다음 기능시험을 실시하는 경우 기능에 이상이 없어야 한다.

제9조(반복시험) 속보기는 정격전압에서 1,000회의 화재작동을 반복 실시하는 경우 그 구조 또는 기능에 이상이 생기지 않아야 한다.

제10조(절연저항시험)
① 절연된 충전부와 외함 간의 절연저항은 직류 500볼트의 절연저항계로 측정한 값이 5메가옴(교류입력 측과 외함 간에는 20메가옴) 이상이어야 한다.
② 절연된 선로 간의 절연저항은 직류 500볼트의 절연저항계로 측정한 값이 20메가옴 이상이어야 한다.

71 상 중 하

계단통로유도등은 각 층의 경사로 참 또는 계단참마다 설치하도록 하고 있는데 1개 층에 경사로 참 또는 계단참이 2 이상 있는 경우에는 몇 개의 계단참마다 계단통로유도등을 설치하여야 하는가?

① 2개 ② 3개
③ 4개 ④ 5개

해설 통로유도등 설치

1) 복도통로유도등
(1) 설치기준
① 복도에 설치할 것
② 옥내로부터 직접 지상으로 통하는 출입구 및 그 부속실의 출입구 또는 직통계단·직통계단의 계단실 및 그 부속실의 출입구의 경우, 피난구 유도등이 설치된 출입구의 맞은편 복도에는 입체형으로 설치하거나 바닥에 설치할 것
③ 구부러진 모퉁이 및 위에 따라 설치된 통로유도등 기점으로 보행거리 20 [m]마다 설치할 것
④ 바닥에 설치하는 통로 유도등은 하중에 따라 파괴되지 않는 강도의 것으로 할 것

정답 70 ② 71 ①

(2) 설치높이
바닥으로부터 높이 1 [m] 이하의 위치에 설치할 것(다만 지하층 또는 무창층의 용도가 도매시장·소매시장·여객자동차터미널·지하역사 또는 지하상가인 경우에는 복도·통로 바닥에 설치)
(3) 형식승인 및 제품 시 식별도기준
① 상용전원 점등 시 : 직선거리 20 [m] 위치(표시면 화살표 식별 가능)
② 비상전원 점등 시 : 직선거리 15 [m] 위치(표시면 화살표 식별 가능)
2) 거실통로유도등
(1) 설치기준
① 거실의 통로에 설치할 것(다만 거실의 통로가 벽체 등으로 구획 시 복도통로유도등을 설치하여야 한다)
② 구부러진 모퉁이 및 보행거리 20 [m]마다 설치할 것
(2) 설치높이
바닥으로부터 높이 1.5 [m] 이상의 위치에 설치(다만 거실 통로에 기둥이 설치 시 기둥부분의 바닥으로부터 1.5 [m] 이하의 위치에 설치 가능)
3) 계단통로유도등
(1) 설치기준
각 층의 경사로 참 또는 계단참마다(1개 층에 경사로참 또는 계단참이 2 이상 있는 경우에는 2개의 계단참마다) 설치할 것
(2) 설치높이
바닥으로부터 높이 1 [m] 이하의 위치에 설치할 것

72 상중하

3선식 배선에 따라 상시 충전되는 유도등의 전기회로에 점멸기를 설치하는 경우 유도등이 점등되어야 할 경우로 관계없는 것은?

① 상용전원이 정전되거나 전원선이 단선되는 때
② 자동화재탐지설비의 감지기 또는 발신기가 작동되는 때
③ 방재업무를 통제하는 곳 또는 전기실의 배전반에 자동으로 점등하는 때
④ 자동소화설비가 작동되는 때

해설 3선식 유도등이 점등되어야 하는 경우

1) 자동화재탐지설비의 감지기 또는 발신기가 작동되는 때
2) 비상경보설비의 발신기가 작동되는 때
3) 상용전원이 정전되거나 전원선이 단선되는 때
4) 방재업무를 통제하는 곳 또는 전기실의 배전반에 수동으로 점등하는 때
5) 자동소화설비가 작동되는 때

73 상중하

유도등 및 유도표지의 화재안전기술기준(NFTC 303)에 따라 운동시설에 설치하지 아니할 수 있는 유도등은?

① 통로유도등
② 객석유도등
③ 대형피난구유도등
④ 방수형 유도등

해설 유도등·유도표지 설치장소

설치장소	유도등 및 유도표지
1. 공연장·집회장(종교집회장 포함)·관람장·운동시설	• 대형피난구유도등 • 통로유도등 • 객석유도등
2. 유흥주점영업시설(유흥주점영업 중 손님이 춤을 출 수 있는 무대가 설치된 카바레, 나이트클럽 등 영업시설만 해당)	
3. 위락시설·판매시설 운수시설·관광숙박업·의료시설·장례식장·방송통신시설·전시장·지하상가·지하철역사	• 대형피난구유도등 • 통로유도등
4. 숙박시설(관광숙박업 외의 것)·오피스텔	• 중형피난구유도등 • 통로유도등
5. 1~3 외 건축물로서 지하층·무창층 또는 층수가 11층 이상 특정소방대상물	
6. 1~5 외 건축물로서 근린생활시설·노유자시설·업무시설·발전시설·종교시설(집회장 용도로 사용하는 부분 제외)·교육연구시설·수련시설·공장·교정 및 군사시설(국방·군사시설 제외)·자동차정비공장·운전학원 및 정비학원·다중이용업소·복합건축물	• 소형피난구유도등 • 통로유도등

TIP 공동주택에는 소형피난구유도등을 설치한다.

정답 72 ③ 73 ④

신유형!

74 상 중 하

비상경보설비의 축전지의 성능인증 및 제품검사의 기술기준에 따른 축전지설비는 전원에 정격전압의 ± 몇 [%]의 전압을 인가하는 경우 정상적인 기능을 발휘하여야 하는가?

① 10 ② 20
③ 25 ④ 50

해설 비상경보설비의 축전지의 성능인증 및 제품검사의 기술기준

제7조(전원전압변동시의 기능) 축전지설비는 전원에 정격전압의 90 [%] 및 110 [%]의 전압을 인가하는 경우 정상적인 기능을 발휘하여야 한다.

75 상 중 하

비상콘센트설비의 정격전압이 220 [V]인 경우 절연내력 실효전압은 몇 [V]를 가하는가?

① 220 ② 250
③ 1000 ④ 1440

해설 비상콘센트 절연내력시험

1) 절연저항 : 500 [V] 절연저항계로 측정할 때 20 [MΩ] 이상일 것
2) 절연내력
 (1) 정격전압 150 [V] 이하 : 1000 [V]의 실효전압
 (2) 정격전압이 150 [V] 초과 : (정격전압 × 2) + 1000 [V] = 실효전압
 ∴ (220 × 2) + 1000 = 1440
 (3) 실효전압 시험에서 1분 이상 견디는 것으로 할 것
3) 배선
 전원회로의 배선은 내화배선, 그 밖의 배선은 내화배선 또는 내열배선

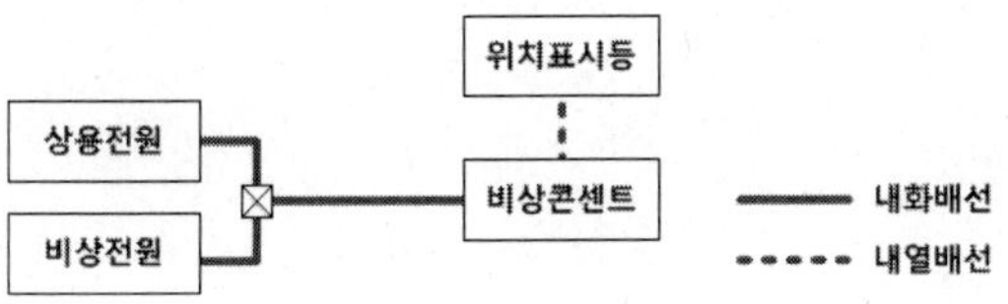

76 상 중 하

비상방송설비의 화재안전기술기준(NFTC 202)에 따라 비상방송설비 음향장치의 설치기준 중 다음 ( )에 들어갈 내용으로 옳은 것은?

> 층수가 (㉠)층(공동주택의 경우에는 (㉡)층) 이상의 특정소방대상물의 1층에서 발화한 때에는 발화층·그 직상 4개 층 및 지하층에 경보를 발할 수 있도록 하여야 한다.

① ㉠ 5, ㉡ 7 ② ㉠ 7, ㉡ 5
③ ㉠ 11, ㉡ 16 ④ ㉠ 16, ㉡ 11

해설 비상방송설비 음향향장치 경보(우선경보)

층수가 11층(공동주택의 경우에는 16층) 이상의 특정소방대상물은 다음과 같은 경보를 발할 수 있어야 한다.
1) 2층 이상의 층에서 발화한 때에는 발화층 및 그 직상 4개층에 경보
2) 1층에서 발화한 때에는 발화층·그 직상 4개 층 및 지하층에 경보
3) 지하층에서 발화한 때에는 발화층·그 직상층 및 기타 지하층 경보

77 상 중 하

누전경보기의 화재안전기술기준(NFTC 205)의 용어 정의에 따라 변류기로부터 검출된 신호를 수신하여 누전의 발생을 해당 특정소방대상물의 관계인에게 경보하여주는 것은?

① 축전지
② 수신부
③ 경보기
④ 음향장치

정답 74 ① 75 ④ 76 ③ 77 ②

해설 누전경보기 용어

1) "누전경보기"란 내화구조가 아닌 건축물로서 벽, 바닥 또는 천장의 전부나 일부를 불연재료 또는 준불연재료가 아닌 재료에 철망을 넣어 만든 건물의 전기설비로부터 누설전류를 탐지하여 경보를 발하는 기기로서, 변류기와 수신부로 구성된 것을 말한다.
2) "수신부"란 변류기로부터 검출된 신호를 수신하여 누전의 발생을 해당 특정소방대상물의 관계인에게 경보하여주는 것(차단기구를 갖는 것을 포함한다)을 말한다.
3) "변류기"란 경계전로의 누설전류를 자동적으로 검출하여 이를 누전경보기의 수신부에 송신하는 것을 말한다.
4) "경계전로"란 누전경보기가 누설전류를 검출하는 대상 전선로를 말한다.
5) "과전류차단기"란 「전기설비기술기준의 판단기준」 제38조와 제39조에 따른 것을 말한다.
6) "분전반"이란 배전반으로부터 전력을 공급받아 부하에 전력을 공급해주는 것을 말한다.
7) "인입선"이란 「전기설비기술기준」 제3조 제1항 제9호에 따른 것으로서, 배전선로에서 갈라져서 직접 수용장소의 인입구에 이르는 부분의 전선을 말한다.
8) "정격전류"란 전기기기의 정격출력 상태에서 흐르는 전류를 말한다.

해설 무선통신보조설비 용어 정의

1) "누설동축케이블"이란 동축케이블의 외부도체에 가느다란 홈을 만들어서 전파가 외부로 새어나갈 수 있도록 한 케이블을 말한다.
2) "분배기"란 신호의 전송로가 분기되는 장소에 설치하는 것으로 임피던스 매칭(Matching)과 신호 균등분배를 위해 사용하는 장치를 말한다.
3) "분파기"란 서로 다른 주파수의 합성된 신호를 분리하기 위해서 사용하는 장치를 말한다.
4) "혼합기"란 2 이상의 입력신호를 원하는 비율로 조합한 출력이 발생하도록 하는 장치를 말한다.
5) "증폭기"란 전압·전류의 진폭을 늘려 감도 등을 개선하는 장치를 말한다.
6) "무선중계기"란 안테나를 통하여 수신된 무전기신호를 증폭한 후 음영지역에 재방사하여 무전기 상호 간 송수신이 가능하도록 하는 장치를 말한다.
7) "옥외안테나"란 감시제어반 등에 설치된 무선중계기의 입력과 출력포트에 연결되어 송수신신호를 원활하게 방사·수신하기 위해 옥외에 설치하는 장치를 말한다.
8) "임피던스"란 교류회로에 전압이 가해졌을 때 전류의 흐름을 방해하는 값으로서 교류회로에서의 전류에 대한 전압의 비를 말한다.

78 상 중 (하)

무선통신보조설비에서 서로 다른 주파수의 합성된 신호를 분리하기 위해서 사용하는 장치는?

① 분파기
② 혼합기
③ 증폭기
④ 분배기

79 상 (중) 하

복도에 설치하는 복도통로유도등의 설치기준으로 옳은 것은?

① 보행거리 15 [m]마다 설치
② 보행거리 20 [m]마다 설치
③ 수평거리 15 [m]마다 설치
④ 수평거리 20 [m]마다 설치

정답 78 ① 79 ②

해설 통로유도등 설치

1) 복도통로유도등
 (1) 설치기준
  ① 복도에 설치할 것
  ② 옥내로부터 직접 지상으로 통하는 출입구 및 그 부속실의 출입구 또는 직통계단·직통계단의 계단실 및 그 부속실의 출입구의 경우, 피난구 유도등이 설치된 출입구의 맞은편 복도에는 입체형으로 설치하거나 바닥에 설치할 것
  ③ 구부러진 모퉁이 및 위에 따라 설치된 통로유도등 기점으로 보행거리 20 [m]마다 설치할 것
  ④ 바닥에 설치하는 통로 유도등은 하중에 따라 파괴되지 않는 강도의 것으로 할 것
 (2) 설치높이
  바닥으로부터 높이 1 [m] 이하의 위치에 설치할 것(다만 지하층 또는 무창층의 용도가 도매시장·소매시장·여객자동차터미널·지하역사 또는 지하상가인 경우에는 복도·통로 바닥에 설치)
 (3) 형식승인 및 제품 시 식별도기준
  ① 상용전원 점등 시 : 직선거리 20 [m] 위치(표시면 화살표 식별 가능)
  ② 비상전원 점등 시 : 직선거리 15 [m] 위치(표시면 화살표 식별 가능)
2) 거실통로유도등
 (1) 설치기준
  ① 거실의 통로에 설치할 것(다만 거실의 통로가 벽체 등으로 구획 시 복도통로유도등을 설치하여야 한다)
  ② 구부러진 모퉁이 및 보행거리 20 [m]마다 설치할 것
 (2) 설치높이
  바닥으로부터 높이 1.5 [m] 이상의 위치에 설치(다만 거실 통로에 기둥 설치 시 기둥부분의 바닥으로부터 1.5 [m] 이하의 위치에 설치 가능)
3) 계단통로유도등
 (1) 설치기준
  각층의 경사로 참 또는 계단참마다(1개 층에 경사로참 또는 계단참이 2 이상 있는 경우에는 2개의 계단참마다) 설치할 것
 (2) 설치높이
  바닥으로부터 높이 1 [m] 이하의 위치에 설치할 것

80 (상 중 하)

비상방송설비 전원의 설치기준 중 다음 (   ) 안에 알맞은 것은?

> 비상방송설비에는 그 설비에 대한 감시 상태를 (㉠)분간 지속한 후 유효하게 (㉡)분 이상 경보할 수 있는 축전지설비 또는 전기저장장치를 설치하여야 한다.

① ㉠ 60, ㉡ 10　② ㉠ 60, ㉡ 5
③ ㉠ 30, ㉡ 10　④ ㉠ 30, ㉡ 30

해설 비상방송설비 전원 설치기준

1) 상용전원
 (1) 축전지, 교류전압의 옥내 간선, 전기저장장치
 (2) 전원까지의 배선은 전용
 (3) 개폐기에는 "비상방송설비용"이라고 표시한 표지를 할 것
2) 감시 상태를 60분간 지속한 후 유효하게 10분 이상, 층수가 30층 이상은 30분 이상 경보할 수 있는 축전지설비(수신기 내장 포함)를 설치

정답 80 ①

2025년 2회

소방원론

3회독	월	일
2회독	월	일
1회독	월	일

목표시간 : 20분 | 시작 : _시 _분 | 종료 : _시 _분 | 맞은 개수 : _ /20

01 상중하

Halon 1301의 증기비중은 약 얼마인가? (단, 원자량은 C 12, F 19, Br 80, Cl 35.5이고, 공기의 평균분자량은 29이다)

① 4.14 ② 5.14
③ 6.14 ④ 7.14

해설 증기비중

$$증기비중 = \frac{분자량}{29(공기\ 분자량)}$$

1) 할론 1301(CF_3Br)의 분자량

분자량 $= 12 + 19 \times 3 + 80 = 149$

2) 할론 1301(CF_3Br)의 증기비중

$$증기비중 = \frac{분자량}{29(공기\ 분자량)}\ \frac{149}{29} ≒ 5.14$$

보충 ▶ 원자량(C : 12, F : 19, Cl : 35.5, Br : 80)

02 상중하 (신유형!)

건축물의 방화계획에서 공간적 대응에 해당하지 않는 것은?

① 방화구획
② 특별피난계단
③ 경보설비
④ 건축물의 내장재를 불연화

해설 화재안전대책

① 방화구획 → 공간적 대응
내화구조 등을 이용하여 화재 확산을 억제하기 위한 공간 분할계획이다.

② 특별피난계단 → 공간적 대응
화재 시 피난을 위한 별도 구획된 구조로 제연·불연 성능을 갖춘 공간적 피난 수단이다.

③ <u>경보설비 → 설비적 대응</u>
화재 발생을 알리는 경보장치로 설비적 대응이다.

④ 건축물의 내장재를 불연화 → 공간적 대응
건축물의 내장재 등을 불연재료로 시공하는 것은 공간적 대응이다.

정답 01 ② 02 ③

03 상 중 하

비수용성 유류의 화재 시 물로 소화할 수 없는 이유는?

① 인화점이 변하기 때문
② 발화점이 변하기 때문
③ 연소면이 확대되기 때문
④ 수용성으로 변하여 인화점이 상승하기 때문

해설 유류화재 소화방법

- 유지는 물보다 비중이 가벼워 물 위에 뜸
- 주수소화 시 유면이 확대되어 화재 확대
- 포소화약제 등 유면을 덮어 질식소화

04 상 중 하

위험물의 유별에 따른 대표적인 성질의 연결이 옳지 않은 것은?

① 제1류 : 산화성 고체
② 제2류 : 가연성 고체
③ 제4류 : 인화성 액체
④ 제5류 : 산화성 액체

해설 위험물의 분류

구분	개요
제1류	**산**화성 고체
제2류	**가**연성 고체
제3류	**자**연발화성 · 금수성 물질
제4류	**인**화성 액체
제5류	**자**기반응성 물질
제6류	**산**화성 액체

암기 ▶ 산가자 인자산

05 상 중 하

다음 중 공기에서의 연소범위를 기준으로 했을 때 위험도(H) 값이 가장 큰 것은?

① 다이에틸에터 ② 수소
③ 에틸렌 ④ 뷰테인

해설 위험도 계산

1) 위험도 $H=\frac{U-L}{L}$

2) 주요물질 연소범위

가스	하한계 L	상한계 U	위험도 H
이황화탄소	1.2	44	35.67
아세틸렌	2.5	81	31.4
다이에틸에터 (디에틸에테르)	1.9	48	24.26
수소	4	75	17.75
에틸렌	2.7	36	12.33
일산화탄소	12.5	74	4.92
뷰테인(부탄)	1.8	8.4	3.67
프로페인(프로판)	2.1	9.5	3.52
에테인(에탄)	3	12.4	3.13
메테인(메탄)	5	15	2

① 다이에틸에터(디에틸에테르) $H=\frac{48-1.9}{1.9}=24.26$

② 수소 $H=\frac{75-4}{4}=17.75$

③ 에틸렌 $H=\frac{36-2.7}{2.7}=12.33$

④ 뷰테인(부탄) $H=\frac{8.4-1.8}{1.8}=3.67$

정답 03 ③ 04 ④ 05 ①

06 상 중 (하)

할로겐화합물소화약제에서 구성 원소가 아닌 것은?

① 염소 ② 브롬
③ 네온 ④ 탄소

해설 할로겐족 원소

1) 주기율표 17족 원소 : F, Cl, Br, I
2) 전기음성도(결합력) : F > Cl > Br > I
3) 부촉매효과(소화능력) : F < Cl < Br < I

TIP ▶ 0족 불활성 기체 : 헬륨(He), 네온(Ne), 아르곤(Ar), 크립톤(Kr), 크세논(Xe), 라돈(Rn)

암기 ▶ FC바르셀로나 아이

07 상 (중) 하

고비점유 화재 시 무상주수하여 가연성 증기의 발생을 억제함으로써 기름의 연소성을 상실시키는 소화효과는?

① 억제효과 ② 제거효과
③ 유화효과 ④ 파괴효과

해설 물의 소화효과

효과	설명
냉각효과	증발(기화) 잠열에 의한 열 흡수
질식효과	기화 시 체적이 약 1650배 증가하여 주변 산소농도 낮춤
유화효과	에멀전 형성, 가연성 혼합기 생성 억제
희석효과	분해가스나 증기의 농도 낮춤

보충 ▶ 부촉매효과 : 분말, 할로겐화합물

08 (상) 중 하

소방시설 설치 및 관리에 관한 법령상 방염대상물품이 아닌 것은?

① 제조·가공 공정에서 방염처리한 두께 2 [mm] 미만인 종이벽지를 제외한 벽지류
② 제조·가공 공정에서 방염처리한 카펫
③ 건축물 내부의 벽에 부착하는 암막
④ 제조·가공 공정에서 방염처리한 무대막

해설 방염대상물품

1) 제조·가공 공정에서 방염처리한 물품(합판·목재류 설치현장에서 방염처리한 것 포함)
 (1) 창문에 설치하는 커튼류(블라인드 포함)
 (2) 카펫
 (3) 벽지류(두께 2 [mm] 미만인 종이벽지 제외)
 (4) 전시용 합판·목재 또는 섬유판, 무대용 합판·목재 또는 섬유판(합판·목재류의 경우 불가피하게 설치 현장에서 방염처리한 것을 포함한다)
 (5) 암막·무대막(영화상영관 스크린, 가상체험체육시설의 스크린 포함)
 (6) 섬유류, 합성수지류 등을 원료로 하여 제작된 소파·의자(단란주점영업, 유흥주점, 노래연습장업의 영업장에 설치하는 것만 해당)
2) 건축물 내부의 천장이나 벽에 부착하거나 설치하는 것, 다만 가구류(옷장·찬장·식탁·식탁용 의자·사무용 책상·사무용 의자·계산대 등)와 너비 10 [cm] 이하 반자돌림대 등과 내부 마감재료는 제외
 (1) 종이류(두께 2 [mm] 이상)·합성수지류·섬유류를 주원료로 한 물품
 (2) 합판, 목재
 (3) 공간 구획하는 간이 칸막이
 (4) 흡음·방음을 위하여 설치하는 흡음재, 방음재

정답 06 ③ 07 ③ 08 ③

09 상중하

다음 중 인화점이 가장 낮은 물질은?

① 산화프로필렌　② 이황화탄소
③ 메틸알코올　④ 등유

해설 인화점

물질	인화점 [℃]
다이에틸에터(디에틸에테르)	-45
가솔린(휘발유)	-43
산화프로필렌	-37
이황화탄소	-30
아세톤	-18
메틸알코올	11
에틸알코올	13
등유	39
경유	41

암기 ▶ 인가산이아 / 메에 / 등경

10 상중하

같은 원액으로 만들어진 포의 특성에 관한 설명으로 옳지 않은 것은?

① 발포배율이 커지면 환원시간은 짧아진다.
② 환원시간이 길면 내열성이 떨어진다.
③ 유동성이 좋으면 내열성이 떨어진다.
④ 발포배율이 작으면 유동성이 떨어진다.

해설 포의 특성

- 발포배율이 커지면 환원시간은 짧아진다.
- 환원시간이 길면 내열성이 좋아진다.
- 유동성이 좋으면 내열성이 떨어진다.
- 발포배율이 작으면 유동성이 떨어진다.

11 상중하

공기 중에서 수소의 연소범위로 옳은 것은?

① 0.4 ~ 4 [vol%]
② 1 ~ 12.5 [vol%]
③ 4 ~ 75 [vol%]
④ 67 ~ 92 [vol%]

해설 주요 물질 연소범위

가스	하한계 [vol%]	상한계 [vol%]
이황화탄소	**1.2**	**44**
아세틸렌	**2.5**	**81**
수소	**4**	**75**
일산화탄소	**12.5**	**74**
에틸렌	**2.7**	**36**
암모니아	15	28
메테인(메탄)	**5**	**15**
에테인(에탄)	3	12.4
프로페인(프로판)	**2.1**	**9.5**
뷰테인(부탄)	**1.8**	**8.4**

암기 ▶ (이황)일이사사, (아)이고팔아파, (수)사치료, (일산)이리와 칠사, (에틸)이찌삼육, (메)오싫오, (프)이하나구오, (뷰)십팔팔사

정답 09 ① 10 ② 11 ③

12 상 중 하

물리적 소화방법이 아닌 것은?

① 산소공급원 차단
② 연쇄반응 차단
③ 온도 냉각
④ 가연물 제거

해설 소화의 형태

소화	내용
냉각소화	열 흡수, 발화점 이하로 낮추어 소화
질식소화	산소농도 15 [%] 이하로 낮춤
제거소화	가연물을 차단, 격리
억제소화	연쇄반응을 차단, 부촉매소화

보충 ▶ 물리적 소화 : 냉각, 질식, 제거
화학적 소화 : 억제소화(부촉매소화)

13 상 중 하

화재하중 계산 시 목재의 단위발열량은 약 몇 [kcal/kg] 인가?

① 3000　② 4500
③ 9000　④ 12000

해설 화재하중

1) 화재하중이란 화재실의 단위면적당 등가가연물(목재)의 양으로 건물화재 시 발열량 및 화재위험성 척도가 된다.
2) 화재구획실 내에 존재하는 가연물은 각각 단위중량당 발열량[kcal/kg]이 다르기 때문에 목재의 발열량으로 환산하여 화재하중을 산정한다.
　예 종이 : 4000 [kcal/kg], 고무 : 9000 [kcal/kg]
3) 화재 시 주수시간을 결정하는 주요인이다.
4) 화재하중 $q = \dfrac{\Sigma GH_i}{HA} = \dfrac{\Sigma Q}{4500A}$ [kg/m^2]

G : 가연물의 양 [kg]
H_i : 단위중량당 발열량 [kcal/kg]
H : 목재의 단위중량당 발열량 [4500 kcal/kg]
A : 화재실의 바닥면적 [m^2]
ΣQ : 화재실 내 가연물의 전발열량 [kcal]

14 상 중 하

60분 방화문과 30분 방화문의 연기 및 불꽃 차단 성능은 각각 최소 몇 분 이상이어야 하는가?

① 60분 방화문 : 90분, 30분 방화문 : 40분
② 60분 방화문 : 60분, 30분 방화문 : 30분
③ 60분 방화문 : 45분, 30분 방화문 : 20분
④ 60분 방화문 : 30분, 30분 방화문 : 10분

해설 방화문

구분	기준
60분+ 방화문	연기 및 불꽃 차단시간 60분 이상, 열 차단 시간 30분 이상
60분 방화문	연기 및 불꽃 차단시간 **60분 이상**
30분 방화문	연기 및 불꽃 차단시간 **30분 이상** 60분 미만

정답 12 ② 13 ② 14 ②

15 상 중 하

가연물의 종류에 따른 화재에 분류방법 중 유류화재를 나타내는 것은?

① A급 화재 ② B급 화재
③ C급 화재 ④ D급 화재

해설 화재의 분류

등급	화재	표시색	가연물
A급	일반화재	백색	나무, 섬유, 종이, 고무, 플라스틱류
B급	유류화재	황색	인화성 액체, 가연성 액체, 석유 그리스, 타르, 오일, 유성도료, 솔벤트, 래커, 알코올 및 인화성 가스 등
C급	전기화재	청색	전류가 흐르고 있는 전기기기, 배선 등
D급	금속화재	무색	마그네슘 합금 등 가연성 금속
K급	주방화재	-	주방에서 동식물유를 취급하는 조리기구

16 상 중 하

마그네슘의 화재에 주수하였을 때 물과 마그네슘의 반응으로 인하여 생성되는 가스는?

① 산소 ② 수소
③ 일산화탄소 ④ 이산화탄소

해설 금수성 물질

물과 접촉하여 발화, 가연성 가스 발생

구분	현상
무기과산화물	산소(O_2) 발생
금속분 **마그네슘(Mg)** 나트륨(Na) 칼륨(K) 리튬(Li)	**수소(H_2) 발생**
탄화칼슘(칼슘카바이드)	아세틸렌(C_2H_2) 발생

17 상 중 하

화재의 일반적 특성이 아닌 것은?

① 확대성 ② 정형성
③ 우발성 ④ 불안정성

해설 화재의 일반적 특성

우발성, 확대성, 불안정성

암기 우확불

18 상 중 하

건물 내에서 화재가 발생하여 실내온도가 20 [℃]에서 600 [℃]까지 상승했다면 온도 상승만으로 건물 내의 공기 부피는 처음의 약 몇 배 정도 팽창하는가? (단, 화재로 인한 압력의 변화는 없다고 가정한다)

① 3배 ② 9배
③ 15배 ④ 30배

해설 보일-샤를의 법칙

보일-샤를의 법칙 $\frac{P_1V_1}{T_1}=\frac{P_2V_2}{T_2}$

기체를 이상기체로 가정하면 보일-샤를의 법칙을 만족한다. 여기서 압력의 변화는 없다고 가정하므로

$$\frac{V_1}{T_1}=\frac{V_2}{T_2}$$

$$\therefore \frac{V_2}{V_1}=\frac{T_2}{T_1}=\frac{(600+273)[K]}{(20+273)[K]}=2.98 \fallingdotseq 3$$

V_1, V_2 : 부피 [m^3]
T_1, T_2 : 절대온도 [K]

정답 15 ② 16 ② 17 ② 18 ①

19 상 중 하

화재 발생 시 건축물의 화재를 확대시키는 주요인이 아닌 것은?

① 비화
② 복사열
③ 화염의 접촉(접염)
④ 기화열

해설 화재 확산 요인

접염, 비화, 복사열

20 상 중 하

제1인산암모늄이 주성분인 분말소화약제는?

① 제1종 분말소화약제
② 제2종 분말소화약제
③ 제3종 분말소화약제
④ 제4종 분말소화약제

해설 분말소화약제

종별	소화약제	약제색	적응화재
1종	탄산수소나트륨 ($NaHCO_3$)	**백**색	BC급
2종	탄산수소칼륨 ($KHCO_3$)	**담자**색 (담회색)	BC급
3종	제1인산암모늄 ($NH_4H_2PO_4$)	담**홍**색	ABC급
4종	탄산수소칼륨 + 요소 ($KHCO_3+(NH_2)_2CO$)	**회**(백)색	BC급

암기 ▶ 백담사 홍어회

정답 19 ④ 20 ③

2025년 2회

소방전기일반

3회독	월	일
2회독	월	일
1회독	월	일

목표시간 : 30분 | 시작 : _시 _분 | 종료 : _시 _분 | 맞은 개수 : _ /20

21 상 중 하

소화펌프에 연결하는 전동기의 용량은 약 몇 [kW]인가? (단, 전동기 효율은 0.9, 토출량은 2.4 [m³/min], 전양정은 90 [m], 전달계수는 1.1이다)

① 43　　② 53
③ 63　　④ 36

해설 전동기 용량

$$P = \frac{9.8\,Q\,H}{\eta} \times K = \frac{9.8 \times \frac{2.4}{60} \times 90}{0.9} \times 1.1 = 43\,[kW]$$

P : 펌프동력 [kW]
K : 전달계수
H : 전양정 [m]
η : 효율 [%]
Q_1 : 유량 [m^3/sec]
γ : 물의 비중량 9.8 [kN/m^3]

22 상 중 하

무인승강기는 어떤 제어인가?

① 비율제어
② 프로그램제어
③ 정치제어
④ 추종제어

해설 목푯값에 의한 분류

구분		내용
정치제어		목푯값이 일정한 자동제어에 적용
추치 제어	추종제어	미지의 임의 시간적 변화를 하는 목푯값에 제어량을 추종시키는 제어
	프로그램제어	미리 정해진 시간변화에 따라 정해진 순서대로 제어
	비율제어	목푯값이 서로 다른 어떤 양과 일정한 비율관계를 가지는 제어
	시퀀스제어	미리 정해진 순서에 따라 각 단계가 순차적으로 진행

TIP 무인승강기는 미리 정해진 시간변화에 따라 정해진 순서대로 제어되는 프로그램제어이다.

신유형!

23 상 중 하

어드미턴스 Y = a + jb 중 a는 무엇인가?

① 컨덕턴스　　② 서셉턴스
③ 임피던스　　④ 리액턴스

해설 어드미턴스

전류가 얼마나 잘 흐르나를 나타내는 수치로 임피던스의 역수이다.
즉, Y = 1/Z
Y = a + jb
이때 a는 저항의 역수인 컨덕턴스이며 b는 리액턴스의 역수인 서셉턴스이다.

정답 21 ① 22 ② 23 ①

신유형!
24 상 중 하

무한히 긴 원통도체의 반지름이 a이다. 이 원통에 전류 I를 흘려주는 경우 원통의 최대 자계의 세기[AT/m]를 구하시오.

① $\dfrac{I}{2\pi a}$ ② $\dfrac{I}{4\pi a}$

③ $\dfrac{I}{2\pi a^3}$ ④ $\dfrac{I}{\pi a^2}$

해설 원통의 자계 세기

무한히 긴 원통도체는 무한장 직선으로 볼 수 있다.

즉, $\sum Hl = H \cdot 2\pi r = I$

($2\pi r =$ 코일 원주 길이)

$H = \dfrac{I}{2\pi r}[AT/m]$

따라서 $H = \dfrac{I}{2\pi a}$

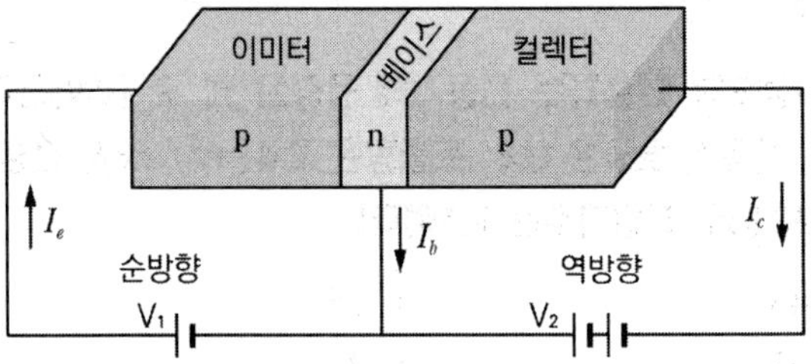

- 가운데 베이스(B)와 전자나 정공을 방출하는 이미터(E), 이미터(E)에서 방출된 전자나 정공을 모으는 컬렉터(C)의 3개의 다리로 구성
- 트랜지스터의 목적 : 스위칭작용, 증폭작용

보충 ▶ • 애노드(Anode) : 전자를 방출하거나 산화(Oxidation) 반응이 일어나는 전극
• 캐소드(Cathode) : 전자가 들어오거나 환원(Reduction) 반응이 일어나는 전극

신유형!
25 상 중 하

다음 중 트랜지스터의 전극이 아닌 것을 고르시오.

① 이미터 ② 베이스

③ 컬렉터 ④ 애노드

해설 트랜지스터

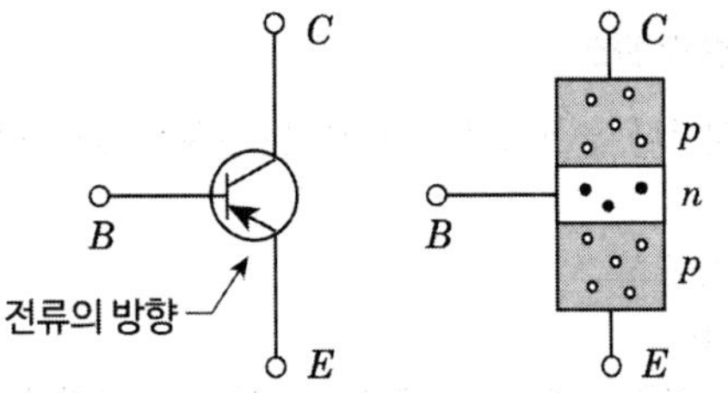

신유형!
26 상 중 하

직렬회로에 대한 다음 설명 중 알맞은 것을 고르시오.

① $X_L < X_C$이면 전류I는 전압E보다 앞선다.

② $X_L < X_C$이면 전압E는 전류I보다 앞선다.

③ $X_L > X_C$이면 전류I는 전압E보다 앞선다.

④ $X_L > X_C$이면 전류I와 전압E는 위상이 동일하다.

해설 직렬회로

전압과 전류의 위상차

1) $X_L > X_C$: 유도성

2) $X_L < X_C$: 용량성

3) $X_L = X_C$: 공진회로

정답 24 ① 25 ④ 26 ①

2025

27 상(중)하

어떤 계를 표시하는 미분방정식이 $5\frac{d^2}{dt^2}y(t)+3\frac{d}{dt}y(t)-2y(t)=x(t)$라 한다. x(t)는 입력신호, y(t)는 출력신호라고 하면 이계의 전달함수는?

① $\frac{1}{(s+1)(s-5)}$　② $\frac{1}{(s-1)(s+5)}$
③ $\frac{1}{(5s+2)(s-1)}$　④ $\frac{1}{(5s-2)(s+1)}$

해설 전달함수

$x(t)=5\frac{d^2}{dt^2}y(t)+3\frac{d}{dt}y(t)-2y(t)$

• 미분방정식을 라플라스 변환

$X(s)=(5s^2+3s-2)Y(s)$

$G(s)=\frac{출력}{입력}=\frac{Y(s)}{X(s)}$

$=\frac{1}{5s^2+3s-2}=\frac{1}{(5s-2)(s+1)}$

28 상(중)하

그림과 같이 접속된 회로에서 a, b 사이의 합성저항은 몇 [Ω]인가?

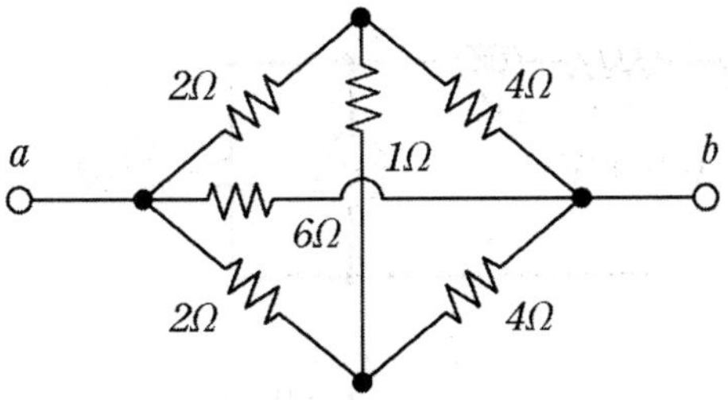

① 1　② 2
③ 3　④ 4

해설 브리지회로로 합성저항

휘스톤 브리지에 의해서 1 [Ω]에는 전류가 흐르지 않으므로 없는 것과 같다.

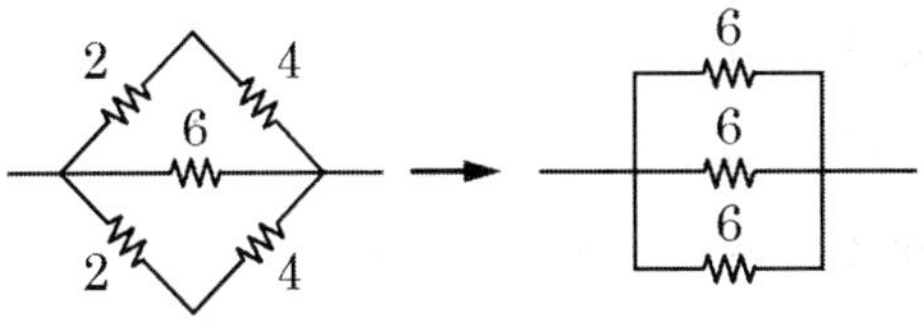

병렬에서 저항값이 같으면 개수로 나눈다.

$R_0=\frac{1}{m}R=\frac{1}{3}\times 6=2\Omega$

보충 ▶ 병렬접속 $R_0=\frac{R_1R_2}{R_1+R_2}$

직렬접속 $R_0=R_1+R_2$

29 상(중)하

논리식 $\mathrm{Y}=\overline{\mathrm{A}}\,\overline{\mathrm{B}}\mathrm{C}+\mathrm{A}\overline{\mathrm{B}}\,\overline{\mathrm{C}}+\mathrm{A}\overline{\mathrm{B}}\mathrm{C}$를 간단히 표현한 것은?

① $\overline{\mathrm{A}}\cdot(\mathrm{B}+\mathrm{C})$　② $\overline{\mathrm{B}}\cdot(\mathrm{A}+\mathrm{C})$
③ $\overline{\mathrm{C}}\cdot(\mathrm{A}+\mathrm{B})$　④ $\mathrm{C}\cdot(\mathrm{A}+\overline{\mathrm{B}})$

해설 논리식

$Y=\overline{A}\overline{B}C+A\overline{B}\overline{C}+A\overline{B}C$

$=A\overline{B}(\overline{C}+C)+\overline{A}\overline{B}C$

$=A\overline{B}+\overline{A}\overline{B}C$

$=\overline{B}(A+\overline{A}C)$

$=\overline{B}((A+\overline{A})\cdot(A+C))$

$=\overline{B}(A+C)$

정답 27 ④ 28 ② 29 ②

정리	공식
항등법칙	$0+A=A,\ 1+A=1,\ 0\times A=0,\ 1\times A=A$
동일법칙	$A+A=A,\ A\times A=A$
보원법칙	$A+\overline{A}=1,\ A\times\overline{A}=0$
복원법칙	$\overline{\overline{A}}=A$
교환법칙	$A+B=B+A,\ A\times B=B\times A$
결합법칙	$A+(B+C)=(A+B)+C,\ A(BC)=(AB)C$
분배법칙	$A(B+C)=AB+AC,\ A+BC=(A+B)(A+C)$
흡수법칙	$A+AB=A,\ A(A+B)=A$ $A+\overline{A}B=(A+\overline{A})(A+B)=A+B$

30 상중하

공기 중에서 20 [cm] 거리에 있는 두 자극의 세기가 $2\times10^{-3}[Wb]$와 $4\times10^{-3}[Wb]$일 때, 두 자극 사이에 작용하는 힘은 약 몇 [N]인가?

① 2×10^{-8}

② 2×10^{-2}

③ 12.66×10^{-4}

④ 12.66

해설 두 자극 사이에 작용하는 힘

$$F=\frac{m_1m_2}{4\pi\mu r^2}=\frac{m_1m_2}{4\pi\mu_0\mu_s r^2}=\frac{(2\times10^{-3})\times(4\times10^{-3})}{4\pi\times(4\pi\times10^{-7})\times0.2^2}=12.66$$

이때

$m_1,\ m_2$: 두 자극의 세기[Wb]

r : 두 자극의 거리[m]

μ : 투자율[H/m]

μ_0 : 진공에서의 투자율 $4\pi\times10^{-7}$

μ_s : 비투자율

보충 ▶ 투자율 : 자성체가 자기화 하는 정도

31 상중하

어떤 전압계의 측정 범위를 12배로 하려고 할 때 배율기의 저항은 전압계 내부저항의 몇 배로 해야 하는가?

① 9　　② 10

③ 11　　④ 12

해설 배율기

- 분류기 : 전류의 측정범위를 확대하기 위해 전류계와 병렬로 접속
- 배율기 : 전압계의 측정 범위를 확대하기 위해 전압계와 직렬로 접속

$$V=mV_0=(1+\frac{R_m}{R_v})V_0$$

$$m=(1+\frac{R_m}{R_v})=12$$

$$\frac{R_m}{R_v}=11,\quad R_m=11R_v$$

R_m : 배율기저항 [Ω]

R_v : 내부저항 [Ω]

V : 최대전압 [V]

V_0 : 최고 눈금 [V]

32 상중하

회로에서 전압계 ⓥ가 지시하는 전압의 크기는 몇 [V]인가?

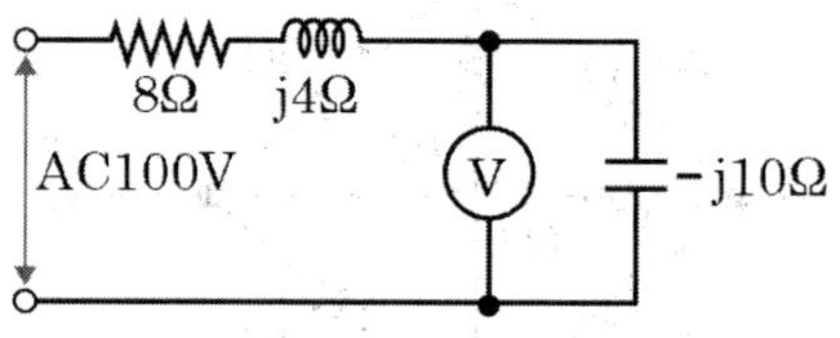

① 10　　② 50

③ 80　　④ 100

정답 30 ④ 31 ③ 32 ④

해설 전압 계산

$Z = R + j(X_L - X_c) = 8 - j6\ [\Omega]$

$|Z| = \sqrt{R^2 + X^2} = \sqrt{8^2 + 6^2} = 10[\Omega]$

$I = \dfrac{V}{|Z|} = \dfrac{100}{10} = 10[A]$

$V = IX_C = 10 \times 10 = 100[V]$

Z : 임피던스 [Ω]
X_L : 유도 리액턴스 [Ω]
X_C : 용량 리액턴스 [Ω]

33 상 중 하

어떤 회로에 $v(t) = 150\sin\omega t$의 전압을 가하니 $i(t) = 6\sin(\omega t - 30)$의 전류가 흘렀다. 이 회로의 소비전력(유효전력)은 약 몇 [W]인가?

① 390　　② 450
③ 780　　④ 900

해설 유효전력 계산

$$P = VI\cos\theta = \frac{V_m}{\sqrt{2}} \times \frac{I_m}{\sqrt{2}}\cos\theta$$

$$= \frac{150}{\sqrt{2}} \times \frac{6}{\sqrt{2}}\cos 30^\circ = 390[W]$$

v(t) = 150sinωt [V]에서 $V_m = 150$,
i(t) = 6sin(ωt-30°) [A]에서 $I_m = 6$

TIP θ : 전압과 전류의 위상차
순시값 v(t) = Vmsinωt
P : 유효전력 [W]
V : 전압 [V]
I : 전류 [A]
cosθ : 역률

34 상 중 하

다음 무접점회로의 논리식(X)은?

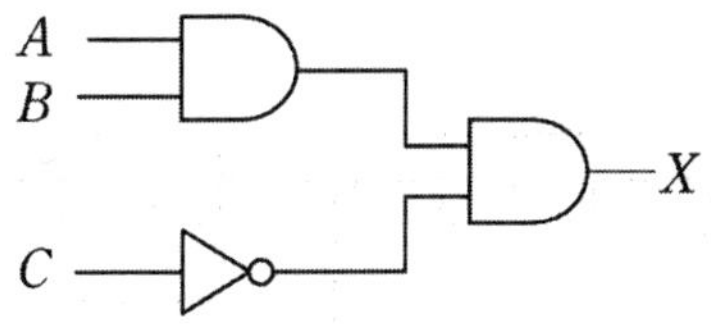

① $A \cdot B + \overline{C}$　　② $A + B + \overline{C}$
③ $(A + B) \cdot \overline{C}$　　④ $A \cdot B \cdot \overline{C}$

해설 무접점회로

$(A_{\text{AND}}\ B)_{\text{AND}}\ \overline{C}$ 이므로 $A \cdot B \cdot \overline{C}$

명칭, 논리기호
AND회로($A \times B$, $A \cdot B$)
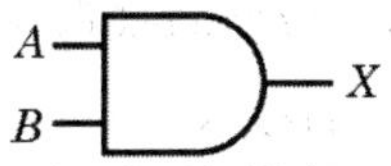
OR회로($A + B$)
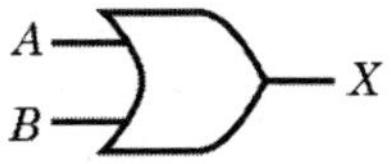
NOT회로(반전)
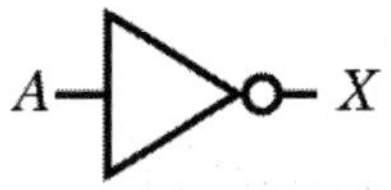
NAND회로(NOT + AND)
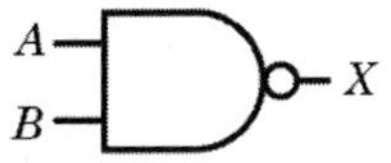
NOR회로(NOT + OR)
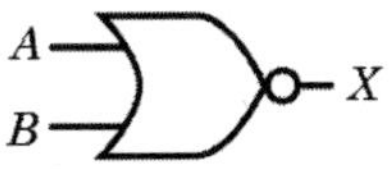
XOR회로
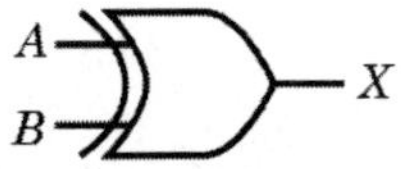

정답 33 ① 34 ④

35 상중하

그림의 블록선도와 같이 표현되는 제어시스템의 전달함수 $G(s)$는?

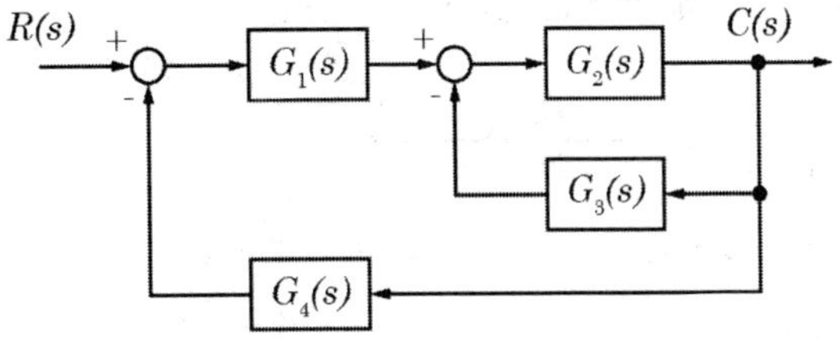

① $\dfrac{G_1(s)G_2(s)}{1+G_2(s)G_3(s)+G_1(s)G_2(s)G_4(s)}$

② $\dfrac{G_3(s)G_4(s)}{1+G_2(s)G_3(s)+G_1(s)G_2(s)G_4(s)}$

③ $\dfrac{G_1(s)G_2(s)}{1+G_1(s)G_2(s)+G_1(s)G_2(s)G_3}$

④ $\dfrac{G_3(s)G_4(s)}{1+G_1(s)G_2(s)+G_1(s)G_2(s)G_3(s)}$

해설 전달함수

$$G(s)=\frac{C(s)}{R(s)}$$

$$=\frac{\text{전향경로이득}}{1-(loop)}$$

$$=\frac{G_1(s)G_2(s)}{1+G_2(s)G_3(s)+G_1(s)G_2(s)G_4(s)}$$

36 상중하

그림과 같은 회로에서 교류전압 30 [V]를 인가할 때 전전류는 몇 [A]인가?

① 9.6 + j4.8 ② 4.8 + j9.6
③ 4.8 - j9.6 ④ 9.6 - j4.8

해설 전전류 계산

$$Z=\frac{(3+j4)\times 5}{(3+j4)+5}=\frac{15+j20}{8+j4}=2.5+j1.25\Omega$$

$$\therefore I=\frac{V}{Z}=\frac{30}{2.5+j1.25}=\frac{30(2.5-j1.25)}{(2.5+j1.25)(2.5-j1.25)}$$

$$=9.6-j4.8[A]$$

37 상중하

단상전력을 간접적으로 측정하기 위해 3전압계법을 사용하는 경우 단상 교류전력 P [W]는?

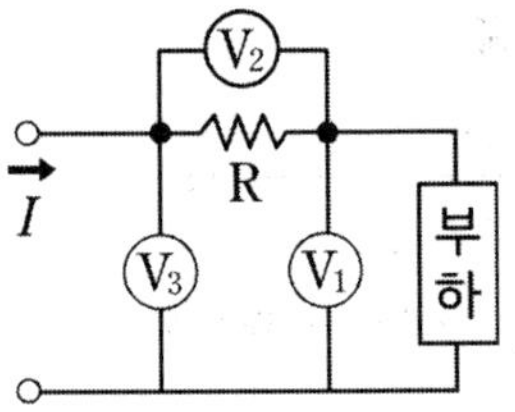

① $P=\dfrac{1}{2R}(V_3-V_2-V_1)^2$

② $P=\dfrac{1}{R}(V_3^2-V_2^2-V_1^2)$

③ $P=\dfrac{1}{2R}(V_3^2-V_2^2-V_1^2)$

④ $P=V_3I\cos\theta$

정답 35 ① 36 ④ 37 ③

해설 3전압계법

$$P=\frac{1}{2R}(V_3^2-V_2^2-V_1^2)[\text{V}]$$

P : 전력 [W]
R : 저항 [Ω]

TIP ▶ 3전류계법 : $P=\frac{R}{2}(I_3^2-I_2^2-I_1^2)$

38 상 중 하

그림과 같이 전류계 A_1, A_2를 접속할 경우 A_1은 25 [A], A_2는 5 [A]를 지시하였다. 전류계 A_2의 내부저항은 몇 [Ω]인가?

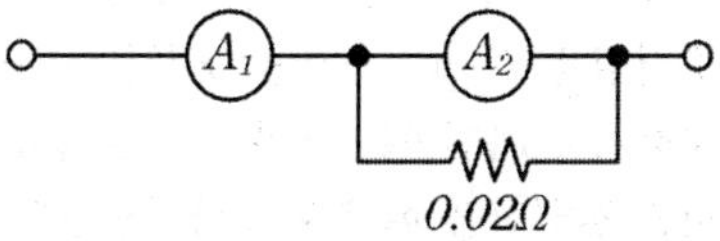

① 0.05　② 0.08
③ 0.12　④ 0.15

해설 병렬회로 전류 분배

A_1 = A_2 + 0.02 [Ω]에 흐르는 전류
A_2에 흐르는 전류 = 5 [A]
A_{V2} = 0.02 [Ω]에 걸리는 전압
A_{R2} = 0.02 [Ω] × 4 = 0.08 [Ω]

A_1 : A_1에 흐르는 전류
A_2 : A_2에 흐르는 전류
A_{V2} : A_2에 걸리는 전압
A_{R2} : A_2의 내부저항

39 상 중 하

3상 유도전동기의 출력이 25 HP, 전압이 220 [V], 효율이 85 [%], 역률이 85 [%]일 때 이 전동기로 흐르는 전류는 몇 [A]인가? (단, 1 [HP] = 0.746 [kW]이다)

① 40　② 45
③ 68　④ 70

해설 3상 유도전동기의 전류 계산

$P_{출력}=\sqrt{3}\,VI\cos\theta\,\eta[\text{W}]$
$25\times746=\sqrt{3}\times220\times I\times0.85\times0.85$
$\therefore I=68[A]$

1 [HP] = 746 [W]
V : 전압 [V]
η : 효율 [%]

40 상 중 하

다이오드를 사용한 정류회로에서 과전압방지를 위한 대책으로 가장 알맞은 것은?

① 다이오드를 직렬로 추가한다.
② 다이오드를 병렬로 추가한다.
③ 다이오드의 양단에 적당한 값의 저항을 추가한다.
④ 다이오드의 양단에 적당한 값의 콘덴서를 추가한다.

해설 다이오드 접속

직렬	과전압으로부터 보호	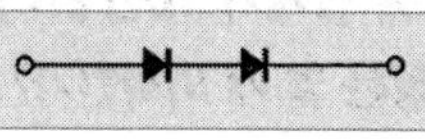
병렬	과전류로부터 보호	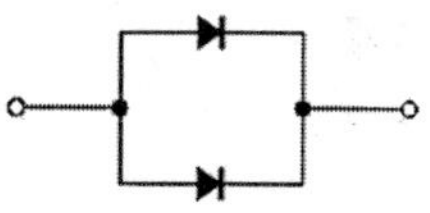

정답 38 ② 39 ③ 40 ①

2025년 2회

소방관계법규

3회독 월 일
2회독 월 일
1회독 월 일

목표시간 : 20분 | 시작 : _시 _분 | 종료 : _시 _분 | 맞은 개수 : _ /20

41 (상 중 하)

소방기본법상 소방대의 구성원에 속하지 않는 자는?

① 소방공무원법에 따른 소방공무원
② 의용소방대 설치 및 운영에 관한 법률에 따른 의용소방대원
③ 위험물안전관리법에 따른 자체소방대원
④ 의무소방대설치법에 따라 임용된 의무소방원

해설 소방대 구성원

- 소방공무원
- 의무소방원
- 의용소방대원

암기 공무용

* 자체소방대원 : 소방훈련을 이수한 일단의 시민 또는 사업체 고용인들로 구성된 민간소방대

신유형!

42 (상 중 하)

소방시설공사업법상 일반 공사감리원이 감리현장 연면적의 총 합계가 10만 [m^2]인 경우 담당할 수 있는 최대 공사현장은 몇 개 이하인가?

① 1개 ② 3개
③ 5개 ④ 10개

해설 소방시설공사업법 시행규칙 제16조

제16조(감리원의 세부 배치기준 등)
① 법 제18조 제3항에 따른 감리원의 세부적인 배치기준은 다음 각 호의 구분에 따른다.
1. 상주 공사감리 대상인 경우
가. 기계분야의 감리원 자격을 취득한 사람과 전기분야의 감리원 자격을 취득한 사람 각 1명 이상을 감리원으로 배치할 것. 다만 기계분야 및 전기분야의 감리원 자격을 함께 취득한 사람이 있는 경우에는 그에 해당하는 사람 1명 이상을 배치할 수 있다.
나. 소방시설용 배관(전선관을 포함한다. 이하 같다)을 설치하거나 매립하는 때부터 소방시설 완공검사증명서를 발급받을 때까지 소방공사감리현장에 감리원을 배치할 것
2. 일반 공사감리 대상인 경우
가. 기계분야의 감리원 자격을 취득한 사람과 전기분야의 감리원 자격을 취득한 사람 각 1명 이상을 감리원으로 배치할 것. 다만 기계분야 및 전기분야의 감리원 자격을 함께 취득한 사람이 있는 경우에는 그에 해당하는 사람 1명 이상을 배치할 수 있다.
나. 별표 3에 따른 기간 동안 감리원을 배치할 것
다. 감리원은 주 1회 이상 소방공사감리현장에 배치되어 감리할 것
라. 1명의 감리원이 담당하는 소방공사감리현장은 5개 이하(자동화재탐지설비 또는 옥내소화전설비 중 어느 하나만 설치하는 2개의 소방공사감리현장이 최단 차량주행거리로 30킬로미터 이내에 있는 경우에는 1개의 소방공사감리현장으로 본다)로서 감리현장 연면적의 총 합계가 10만제곱미터 이하일 것. 다만 일반 공사감리 대상인 아파트의 경우에는 연면적의 합계에 관계없이 1명의 감리원이 5개 이내의 공사현장을 감리할 수 있다.

정답 41 ③ 42 ③

상주 공사감리 대상	일반 공사감리 대상
• 기계분야 감리원 자격 취득자와 전기분야 감리원 자격 취득자 각 1명 이상 감리원으로 배치(쌍기사 1명 이상) • 소방시설용 배관(전선관을 포함)을 설치하거나 매립하는 때부터 소방시설 완공검사증명서 발급받을 때까지 소방공사감리현장에 감리원 배치	• 기계분야 감리원 자격 취득자와 전기분야 감리원 자격 취득자 각 1명 이상 감리원으로 배치(쌍기사 1명 이상) • 일반공사감리기간에 따라 감리원 배치 • 감리원은 주 1회 이상 소방공사 감리현장에 배치되어 감리 • 감리원 1명이 담당하는 소방공사 감리현장은 5개 이하로서 감리현장 연면적 총 합계가 100000 [m^2] 이하(아파트 경우 연면적 합계 관계없이 감리원 1명이 5개 이내 공사현장 감리)

43 상중하

소방시설 설치 및 관리에 관한 법령상 스프링클러설비를 설치하여야 하는 특정소방대상물의 기준으로 틀린 것은? (단, 위험물 저장 및 처리 시설 중 가스시설 또는 지하구는 제외한다)

① 복합건축물로서 연면적 5000 [m^2] 이상
② 창고시설로서 바닥면적 합계가 1000 [m^2] 이상
③ 노유자시설로서 바닥면적의 합계가 600 [m^2] 이상
④ 지하상가로서 연면적이 연면적 1000 [m^2] 이상

해설 스프링클러설비 설치대상

설치대상	기준
• 문화 및 집회시설(동·식물원 제외) • 종교시설 • 운동시설(물놀이형 시설 및 바닥이 불연재료이고 관람석이 없는 운동시설은 제외)	• 수용인원 100명 이상 • 영화상영관 바닥면적 : 지하층·무창층 500 [m^2](그 외 1000 [m^2]) 이상 • 무대부 : 지하층·무창층, 4층 이상 300 [m^2](그 외 500 [m^2]) 이상
• 판매시설, 운수시설 • 창고시설(물류터미널)	• 수용인원 500명 이상 • 바닥면적 합계 5000 [m^2] 이상
6층 이상인 특정소방대상물	전 층
• 의료시설(정신의료기관, 종합병원, 병원, 치과병원, 한방병원, 요양병원) • 노유자시설 • 숙박 가능한 수련시설 • 숙박시설 • 산후조리원, 조산원	바닥면적 합계 600 [m^2] 이상인 것은 모든 층
지하상가	연면적 1000 [m^2] 이상
기숙사(교육연구시설·수련시설 내에 있는 학생 수용을 위한 것), 복합건축물	연면적 5000 [m^2] 이상인 모든 층
특수가연물 저장·취급시설	지정수량 1000배 이상
랙식 창고의 높이가 10 [m]를 초과	바닥면적 또는 랙이 설치된 부분의 합계가 1500 [m^2] 이상인 경우 모든 층
전기저장시설, 교정 및 군사시설 중 보호감호소, 교도소, 구치소 및 그 지소, 보호관찰소, 갱생보호시설, 치료감호시설, 소년원 및 소년분류심사원의 수용거실, 보호시설(외국인보호소의 경우에는 보호대상자의 생활공간으로 한정), 유치장	-

정답 43 ②

44 상중하

화재의 예방 및 안전관리에 관한 법령상 소방안전관리대상물의 소방안전관리자의 업무가 아닌 것은?

① 소방시설공사의 발주
② 소방훈련 및 교육
③ 소방계획서의 작성 및 시행
④ 자위소방대의 구성 · 운영 · 교육

해설 특정소방대상물 소방안전관리자와 관계인의 업무

1) 소방안전관리자의 업무
 (1) 피난계획 관련 사항과 대통령령으로 정하는 사항이 포함된 소방계획서 작성 및 시행
 (2) 자위소방대 및 초기대응체계 구성 · 운영 · 교육
 (3) 피난시설, 방화구획, 방화시설의 관리
 (4) 소방훈련 및 교육
 (5) 소방시설이나 그 밖의 소방 관련 시설의 관리
 (6) 화기 취급의 감독
 (7) 소방안전관리에 관한 업무수행에 관한 기록 · 유지((3), (5), (6)항 업무)
 (8) 화재발생 시 초기대응
 (9) 그 밖에 소방안전관리에 필요한 업무
2) 특정소방대상물 관계인의 업무
 (1) 피난시설, 방화구획, 방화시설의 관리
 (2) 소방시설이나 그 밖의 소방 관련 시설의 관리
 (3) 화기 취급의 감독
 (4) 화재발생 시 초기대응
 (5) 그 밖에 소방안전관리에 필요한 업무

45 상중하

피난시설, 방화구획 또는 방화시설을 폐쇄 · 훼손 · 변경 등의 행위를 3차 이상 위반한 경우에 대한 과태료 부과기준으로 옳은 것은?

① 200만 원 ② 300만 원
③ 500만 원 ④ 1000만 원

해설 과태료

1. 피난시설, 방화구획 또는 방화시설을 폐쇄 · 훼손 · 변경하는 등의 행위를 한 경우
 • 1차 : 100만 원
 • 2차 : 200만 원
 • 3차 : 300만 원
2. 점검기록표를 기록하지 아니하거나 특정소방대상물의 출입자가 쉽게 볼 수 있는 장소에 게시하지 아니한 관계인
 • 1차 : 100만 원
 • 2차 : 200만 원
 • 3차 : 300만 원

46 상중하

화재의 예방 및 안전관리에 관한 법령상 특수가연물의 저장 및 취급기준 중 살수설비를 설치하였을 때 석탄 · 목탄류를 저장하는 경우 쌓는 부분의 바닥면적은 몇 [m²] 이하인가? (단, 석탄 · 목탄류를 발전용으로 저장하는 경우는 제외한다)

① 200 ② 250
③ 300 ④ 350

해설 특수가연물 저장기준

1) 품명별로 구분하여 쌓을 것
2) 일반적인 경우
 (1) 쌓는 높이 : 10 [m] 이하
 (2) 쌓는 부분 바닥 : 50 [m^2] 이하(석탄 · 목탄류 : 200 [m^2] 이하)
3) 살수설비, 대형 수동식 소화기 설치하는 경우
 (1) 쌓는 높이 : 15 [m] 이하
 (2) 쌓는 부분의 바닥면적 : 200 [m^2] 이하(석탄 · 목탄류 : 300 [m^2] 이하)

정답 44 ① 45 ② 46 ③

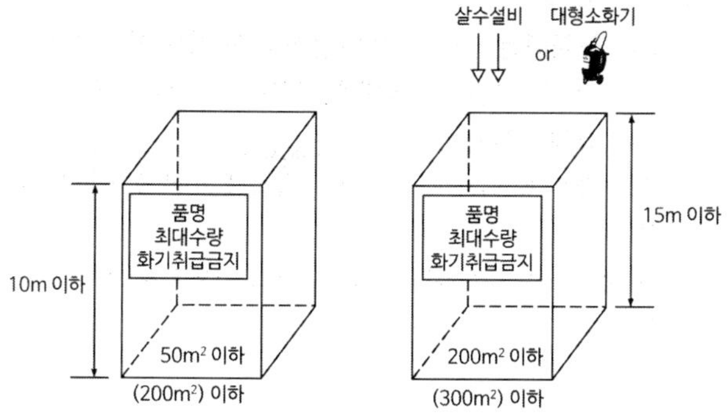

[특수가연물 설치개념]

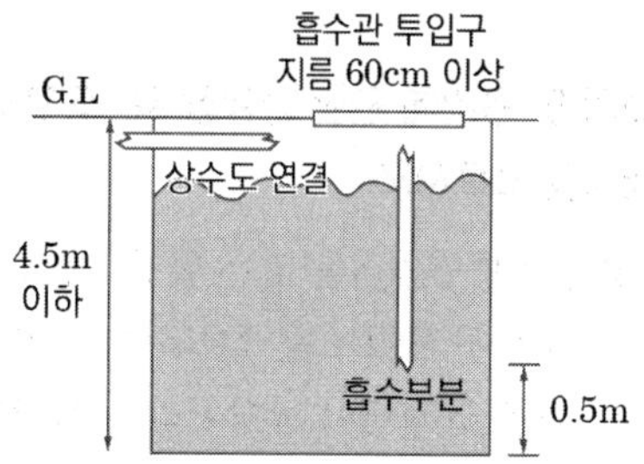

저수조

47 상 중 하

소방용수시설의 설치기준 중 주거지역·상업지역 및 공업지역에 설치하는 경우 소방대상물과의 수평거리는 최대 몇 [m] 이하인가?

① 50 ② 100

③ 150 ④ 200

해설 소방용수시설 수평거리

- 주거지역·상업지역·공업지역 : 100 [m] 이하
- 그 외의 지역 : 140 [m] 이하

암기 ▶ 주상공 100

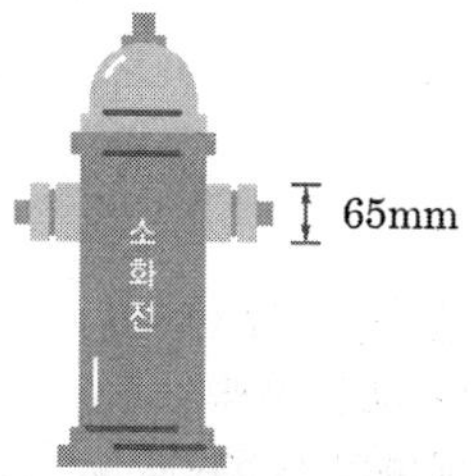

소화전

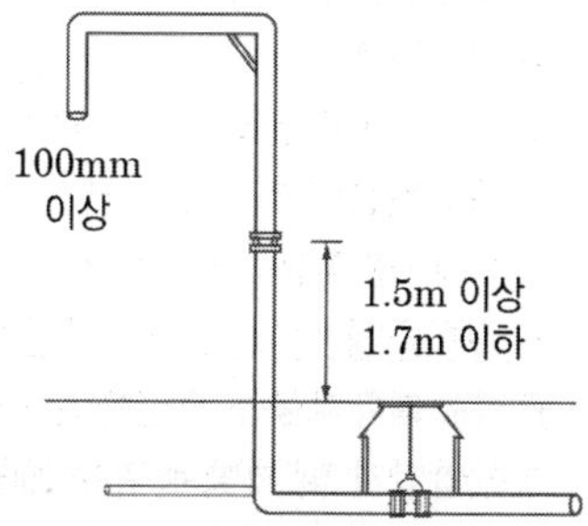

급수탑

48 상 중 하

소방시설 설치 및 관리에 관한 법령상 소화설비에 해당하지 않는 것은?

① 주거용 주방자동소화장치

② 자동확산소화기

③ 스프링클러설비

④ 비상경보설비

해설 소방시설

구분	정의
소화설비	물 또는 그 밖의 소화약제를 사용하여 소화하는 기계·기구·설비
경보설비	화재 발생 사실을 통보하는 기계·기구·설비
피난구조설비	화재 시 피난하기 위해 사용하는 기구·설비
소화용수설비	화재를 진압하는 데 필요한 물을 공급·저장하는 설비
소화활동설비	화재를 진압하거나 인명구조 활동을 위해 사용하는 설비

암기 ▶ 소경피 용활

정답 47 ② 48 ④

49 상중하

소방시설 설치 및 관리에 관한 법령상 시·도지사 실시하는 방염검사 대상을 고르시오.

① 설치 현장에서 방염처리를 하는 합판·목재
② 제조 또는 가공 공정에서 방염처리를 한 카펫
③ 제조 또는 가공 공정에서 방염처리를 한 창문에 설치하는 블라인드
④ 설치 현장에서 방염처리를 하는 암막·무대막

해설 방염성능의 검사

1) 특정소방대상물에서 사용하는 방염대상물품은 소방청장(대통령령으로 정하는 방염대상물품의 경우에는 시·도지사)이 실시하는 방염성능검사를 받은 것이어야 함
 (1) 소방청장 실시하는 방염검사 대상 : 방염대상물품
 (2) 시·도지사 실시하는 방염검사 대상 : 설치 현장에서 방염처리하는 합판·목재
2) 방염처리업의 등록을 한 자는 1)에 따른 방염성능검사를 할 때에 거짓 시료를 제출하여서는 아니 됨
3) 방염성능검사의 방법과 검사 결과에 따른 합격 표시 등에 필요한 사항 : 행정안전부령

〈방염대상물품〉
1) 제조·가공 공정에서 방염처리한 물품
 (1) 창문에 설치하는 커튼류(블라인드 포함)
 (2) 카펫
 (3) 벽지류(두께 2 [mm] 미만인 종이벽지 제외)
 (4) 전시용 합판·목재 또는 섬유판, 무대용 합판·목재 또는 섬유판(합판·목재류의 경우 불가피하게 설치 현장에서 방염처리한 것을 포함한다)
 (5) 암막·무대막(영화상영관 스크린, 가상체험체육시설의 스크린 포함)
 (6) 섬유류, 합성수지류 등을 원료로 하여 제작된 소파·의자(단란주점영업, 유흥주점, 노래연습장업의 영업장에 설치하는 것만 해당)
2) 건축물 내부의 천장이나 벽에 부착하거나 설치하는 것
 다만 가구류(옷장·찬장·식탁·식탁용 의자·사무용 책상·사무용 의자·계산대 등)와 너비 10 [cm] 이하 반자돌림대 등과 내부 마감재료는 제외
 (1) 종이류(두께 2 [mm] 이상)·합성수지류·섬유류를 주원료로 한 물품
 (2) 합판, 목재
 (3) 공간 구획하는 간이 칸막이(접이식 등 이동 가능한 벽체나 천장 또는 반자가 실내에 접하는 부분까지 구획하지 않는 벽체를 말한다)
 (4) 흡음(吸音)을 위하여 설치하는 흡음재(흡음용 커튼을 포함한다)
 (5) 방음(防音)을 위하여 설치하는 방음재(방음용 커튼을 포함한다)

50 상중하

화재의 예방 및 안전관리에 관한 법령상 화재예방강화지구로 알맞지 않은 것을 고르시오.

① 위험물의 저장시설이 있는 지역
② 시장지역
③ 공장이 밀집한 지역
④ 노후 건축물이 밀집한 지역

해설 화재예방강화지구

화재 발생 우려가 크거나 화재가 발생할 경우 피해가 클 것으로 예상되는 지역에 대하여 화재의 예방 및 안전관리를 강화하기 위해 지정·관리하는 지역
1) 지정권자 : 시·도지사
2) 화재예방강화지구 지정 요청 : 소방청장
3) 화재예방강화지구
 (1) 시장지역
 (2) 공장·창고가 밀집한 지역
 (3) 목조건물이 밀집한 지역
 (4) 노후·불량건축물이 밀집한 지역
 (5) 위험물의 저장 및 처리시설이 밀집한 지역
 (6) 석유화학제품을 생산하는 공장이 있는 지역
 (7) 산업입지 및 개발에 관한 법률에 따른 산업단지
 (8) 소방시설·소방용수시설·소방출동로가 없는 지역
 (9) 물류단지
 (10) (1) ~ (9)까지 준하는 지역으로서 소방관서장이 화재예방강화지구로 지정할 필요가 있다고 인정하는 지역

정답 49 ① 50 ①

51 상중하

소방시설공사업법상 특정소방대상물의 관계인 또는 발주자가 해당 도급계약의 수급인을 도급계약 해지할 수 있는 경우의 기준 중 틀린 것은?

① 하도급 계약의 적정성 심사 결과 하수급인 또는 하도급계약 내용의 변경 요구에 정당한 사유 없이 따르지 아니하는 경우
② 정당한 사유 없이 15일 이상 소방시설공사를 계속하지 아니하는 경우
③ 소방시설업이 등록취소되거나 영업정지된 경우
④ 소방시설업을 휴업하거나 폐업한 경우

해설 도급계약 해지

특정소방대상물의 관계인 또는 발주자는 해당 도급계약의 수급인이 다음 어느 하나에 해당하는 경우에는 도급계약을 해지할 수 있음
1) 소방시설업이 등록취소되거나 영업정지된 경우
2) 소방시설업을 휴업하거나 폐업한 경우
3) 정당한 사유 없이 30일 이상 소방시설공사를 계속하지 않는 경우
4) 하도급계약 자료에 따른 요구에 정당한 사유 없이 따르지 않는 경우

52 상중하

소방시설 설치 및 관리에 관한 법령상 소방시설관리업을 등록할 수 있는 자는?

① 피성년후견인
② 소방시설관리업의 등록이 취소된 날부터 2년이 경과된 자
③ 금고 이상의 형의 집행유예를 선고받고 그 유예기간 중에 있는 자
④ 금고 이상의 실형을 선고받고 그 집행이 면제된 날부터 2년이 지나지 아니한 자

해설 소방시설관리업 등록

1) 거짓이나 그 밖의 부정한 방법으로 등록한 경우
2) 등록 결격사유에 해당하게 된 경우
3) 다른 자에게 등록증이나 등록수첩 빌려준 경우

※ 2)의 결격사유
- 피성년후견인
- 금고 이상 실형을 선고받고 집행이 끝나거나 면제된 날부터 2년이 지나지 않은 자
- 금고 이상 형의 집행유예 선고받고 유예기간 중인 자
- 소방시설업 등록이 취소된 날부터 2년이 지나지 않은 자

53 상중하

위험물안전관리법령상 제조소의 기준에 따라 건축물의 외벽 또는 이에 상당하는 공작물의 외측으로부터 제조소의 외벽 또는 이에 상당하는 공작물의 외측까지 사용전압 35000 [V]를 초과하는 특고압가공전선의 경우 안전거리는 몇 [m] 이상인지 고르시오.

① 3 [m] ② 5 [m]
③ 7 [m] ④ 10 [m]

해설 제조소 안전거리

[거리 : 이상]

대상		거리
특고압가공전선 사용전압	7000 [V] 초과 35000 [V] 이하	3 [m]
	35000 [V] 초과	5 [m]
주거용으로 사용되는 것 (제조소 설치된 부지 내의 것 제외)		10 [m]
고압가스·액화석유가스·도시가스 저장 또는 취급하는 시설		20 [m]
학교·병원·극장·다수 수용시설		30 [m]
지정문화재		50 [m]

정답 51 ② 52 ② 53 ②

54 상중하

위험물안전관리법령상 위험물의 안전관리와 관련된 업무를 수행하는 자로서 소방청장이 실시하는 안전교육대상자가 아닌 것은?

① 안전관리자로 선임된 자
② 탱크시험자의 기술인력으로 종사하는 자
③ 위험물운송자로 종사하는 자
④ 제조소등의 관계인

해설 안전교육 대상자

1) 안전원에 위탁
(1) 위험물 운반자, 위험물 운송자의 요건을 갖추려는 사람
(2) 위험물 취급자격자의 자격을 갖추려는 사람
(3) 안전관리자로 선임된 자 및 위험물 운송자, 운반자에 대한 안전교육
2) 기술원에 위탁
(1) 탱크시험자의 기술인력으로 종사하는 자

55 상중하

위험물안전관리법령에 따른 정기점검의 대상인 제조소등의 기준 중 틀린 것은?

① 지정수량 10배 이상의 위험물을 취급하는 제조소
② 지정수량 20배 이상의 위험물을 저장하는 옥외탱크저장소
③ 암반탱크저장소
④ 지하탱크저장소

해설 정기점검 대상인 제조소등

1) 지정수량 10배 이상의 위험물을 취급하는 제조소
2) 지정수량 100배 이상의 위험물을 저장하는 옥외저장소
3) 지정수량 150배 이상의 위험물을 저장하는 옥내저장소
4) 지정수량 200배 이상의 위험물을 저장하는 옥외탱크저장소
5) 암반탱크저장소
6) 이송취급소
7) 지정수량 10배 이상의 위험물을 취급하는 일반취급소(제4류 위험물만 지정수량 50배 이하로 취급하는 일반취급소)
8) 지하탱크저장소
9) 이동탱크저장소
10) 위험물 취급 탱크로서 지하에 매설된 탱크가 있는 제조소·주유취급소·일반취급소

56 상중하

제6류 위험물에 속하지 않는 것은?

① 질산 ② 과산화수소
③ 과염소산 ④ 과염소산염류

해설 제6류 위험물(산화성 액체)

품명	지정수량
과염소산	300 [kg]
과산화수소	
질산	

구분	성질
제1류 위험물	**산**화성 고체(강산화성 물질)
제2류 위험물	**가**연성 고체(환원성 물질)
제3류 위험물	**자**연발화성·금수성 물질
제4류 위험물	**인**화성 액체
제5류 위험물	**자**기반응성 물질
제6류 위험물	**산**화성 액체

암기 ▶ 산가자인자산

정답 54 ④ 55 ② 56 ④

57 상중하

화재의 예방 및 안전관리에 관한 법령상 소방대상물의 개수·이전·제거, 사용의 금지 또는 제한, 사용폐쇄, 공사의 정지 또는 중지, 그 밖의 필요한 조치로 인하여 손실을 받은 자가 손실보상청구서에 첨부하여야 하는 서류로 틀린 것은?

① 손실보상 합의서
② 손실을 증명할 수 있는 사진
③ 손실을 증명할 수 있는 증빙자료
④ 소방대상물의 관계인임을 증명할 수 있는 서류(건축물 대장은 제외)

해설 화재안전조사 손실보상

1) 손실보상 의무자 : 소방청장, 시·도지사
2) 화재안전조사 결과에 따른 조치명령으로 인해 손실을 입은 자가 있는 경우 대통령령으로 정하는 바에 따라 보상
3) 손실보상
  (1) 소방청장, 시·도지사가 손실을 보상하는 경우 : 시가로 보상
  (2) 손실 보상에 관하여 소방청장, 시·도지사와 손실을 입은 자가 협의
  (3) 보상금액에 관한 협의가 성립되지 않은 경우 소방청장, 시·도지사는 그 보상금액을 지급하거나 공탁하고 상대방에게 통지
  (4) 보상금의 지급 또는 공탁의 통지에 불복하는 자는 지급 또는 공탁의 통지를 받은 날부터 30일 이내에 중앙토지수용위원회 또는 관할 지방 토지수용위원회에 재결 신청
4) 손실보상청구서 첨부서류
  (1) 소방대상물의 관계인임을 증명할 수 있는 서류(건축물 대장 제외)
  (2) 손실을 증명할 수 있는 사진 그 밖의 증빙자료

보충 ▶ 손실보상합의서 : 협의 이후 작성

58 상중하

소방시설공사업법령상 소방시설업 등록을 하지 아니하고 영업을 한 자에 대한 벌칙은?

① 500만 원 이하의 벌금
② 1년 이하의 징역 또는 1000만 원 이하의 벌금
③ 3년 이하의 징역 또는 3000만 원 이하의 벌금
④ 5년 이하의 징역

해설 소방공사업법 벌금

[3년 3000만 원]
1) <u>소방시설업 등록하지 아니하고 영업을 한 자</u>
2) 부정한 청탁을 받고 재물 또는 재산상의 이익을 취득하거나 부정한 청탁을 하면서 재물 또는 재산상의 이익을 제공한 자

[1년 1000만 원]
1) 영업정지 처분을 받고 그 기간에 영업한 자
2) 법과 NFTC를 위반한 설계·시공자
3) 적법하지 않게 감리를 하거나 거짓으로 감리한 자
4) 공사 감리자를 지정하지 아니한 관계인
5) 공사업자가 감리업자의 시정보완 요구를 무시하고 그 공사를 계속할 경우 감리업자는 그 사실을 소방본부장 또는 소방서장에게 보고하여야 한다. 이 사실을 거짓으로 보고한 감리업자
6) 공사감리 결과보고서의 제출을 거짓으로 한 감리업자
7) 무등록 소방시설업자에게 소방공사 도급한 관계인 또는 발주자
8) 도급받은 소방시설의 설계, 시공, 감리를 하도급한 자
9) 하도급받은 소방시설공사를 다시 하도급한 하수급인
10) 소방기술자가 법 또는 명령을 따르지 않고 업무를 수행한 자

정답 57 ① 58 ③

59 상 중 하

위험물안전관리법령상 제4류 위험물을 저장 · 취급하는 제조소에 "화기엄금"이란 주의사항을 표시하는 게시판을 설치할 경우 게시판의 색상은?

① 청색바탕에 백색문자
② 적색바탕에 백색문자
③ 백색바탕에 적색문자
④ 백색바탕에 흑색문자

해설 위험물제조소 게시판 설치기준

분류	주의사항	색상
• 제1류 위험물 중 알칼리금속의 과산화물 • 제3류 위험물 중 금수성 물질	**물**기엄금	**청**색**바**탕 백색문자
• 제2류 위험물(인화성 고체 제외)	**화**기주의	**적**색**바**탕 백색문자
• 제2류 위험물 중 인화성 고체 • 제3류 위험물 중 자연발화성 물질 • <u>제4류 위험물</u> • 제5류 위험물	**화**기엄금	
• 제6류 위험물	별도 표시 안함	

암기 ▶ 물청바, 화적바

60 상 중 하

다음 중 소방기본법령에 따른 소방신호의 종류가 아닌 것은?

① 경계신호　② 발화신호
③ 진압신호　④ 훈련신호

해설 소방신호

1) 종류
  (1) <u>경계신호 : 화재예방상 필요하다고 인정되거나 화재위험경보 시 발령</u>
  (2) 발화신호 : 화재가 발생한 때 발령
  (3) 해제신호 : 소화활동이 필요 없다고 인정되는 때 발령
  (4) 훈련신호 : 훈련상 필요하다고 인정되는 때 발령
2) 방법

종별	타종신호	사이렌신호
경계신호	1타, 연 2타 반복	5초 간격 30초씩 3회
발화신호	난타	5초 간격 5초씩 3회
해제신호	상당한 간격 1타씩 반복	1분간 1회
훈련신호	연 3타 반복	10초 간격 1분씩 3회

정답 59 ② 60 ③

2025년 2회

소방전기시설의 구조 및 원리

3회독 월 일
2회독 월 일
1회독 월 일

목표시간 : 30분 | 시작 : _시 _분 | 종료 : _시 _분 | 맞은 개수 : _ /20

신유형!

61 상 중 하

자동화재탐지설비의 화재안전기술기준에 따라 지상 13층짜리 건축물의 13층에서 화재가 발생한 경우 경보가 울리는 층을 고르시오.

① 13층 및 직하 4개의 층
② 전층
③ 13층
④ 13층 및 직하층

해설 자동화재탐지설비 및 시각경보장치의 화재안전기술기준(NFTC 203)

자동화재탐지설비의 음향장치는 다음의 기준에 따라 설치해야 한다.

1. 주음향장치는 수신기의 내부 또는 그 직근에 설치할 것
2. 층수가 11층(공동주택의 경우에는 16층) 이상의 특정소방대상물은 다음의 기준에 따라 경보를 발할 수 있도록 할 것
   1) 2층 이상의 층에서 발화한 때에는 발화층 및 그 직상 4개 층에 경보를 발할 것
   2) 1층에서 발화한 때에는 발화층·그 직상 4개 층 및 지하층에 경보를 발할 것
   3) 지하층에서 발화한 때에는 발화층·그 직상층 및 기타의 지하층에 경보를 발할 것

신유형!

62 상 중 하

소방시설용 비상전원수전설비의 화재안전기술기준(NFTC 602)에 따라 일반전기사업자로부터 특별고압 또는 고압으로 수전하는 비상전원 수전설비로 큐비클형을 사용하는 경우 외함에 노출하여 설치할 수 없는 것은?

① 전선의 인입구 및 인출구
② 환기장치
③ 퓨즈 등으로 보호한 전압계
④ 표시등

해설 외함에 노출 설치

소방시설용 비상전원수전설비의 화재안전기술기준(NFTC 602)
다음의 기준(옥외에 설치하는 것에 있어서는 1)부터 3)까지)에 해당하는 것은 외함에 노출하여 설치할 수 있다.

1) 표시등(불연성 또는 난연성 재료로 덮개를 설치한 것에 한한다)
2) 전선의 인입구 및 인출구
3) 환기장치
4) 전압계(퓨즈 등으로 보호한 것에 한한다)
5) 전류계(변류기의 2차 측에 접속된 것에 한한다)
6) 계기용 전환스위치(불연성 또는 난연성 재료로 제작된 것에 한한다)

정답 61 ③ 62 ④

63 상중하

비상콘센트설비의 플러그접속기는 어떤 플러그접속기를 사용하는가?

① 접지형 2극 플러그 접속기
② 접지형 3극 플러그 접속기
③ 2극 플러그 접속기
④ 3극 플러그 접속기

해설 비상콘센트설비 전원회로 설치기준

1) 비상콘센트설비의 전원회로는 단상교류 220 [V]인 것으로서, 그 공급용량은 1.5 [kVA] 이상인 것으로 할 것
2) 전원회로는 각 층에 2 이상이 되도록 설치할 것. 다만 설치해야 할 층의 비상콘센트가 1개인 때에는 하나의 회로로 할 수 있다.
3) 전원회로는 주배전반에서 전용회로로 할 것. 다만 다른 설비회로의 사고에 따른 영향을 받지 않도록 되어 있는 것은 그렇지 않다.
4) 전원으로부터 각 층의 비상콘센트에 분기되는 경우에는 분기배선용 차단기를 보호함 안에 설치할 것
5) 콘센트마다 배선용 차단기(KSC 8321)를 설치해야 하며 충전부가 노출되지 않도록 할 것
6) 개폐기에는 "비상콘센트"라고 표시한 표지를 할 것
7) 비상콘센트용의 풀박스 등은 방청도장을 한 것으로서, 두께 1.6 [mm] 이상의 철판으로 할 것
8) 하나의 전용회로에 설치하는 비상콘센트는 10개 이하로 할 것. 이 경우 전선의 용량은 각 비상콘센트(비상콘센트가 3개 이상인 경우에는 3개)의 공급용량을 합한 용량 이상의 것으로 해야 한다.
9) <u>비상콘센트의 플러그접속기는 접지형 2극 플러그접속기(KSC 8305)를 사용해야 한다.</u>
10) 비상콘센트의 플러그접속기의 칼받이의 접지극에는 접지공사를 해야 한다.

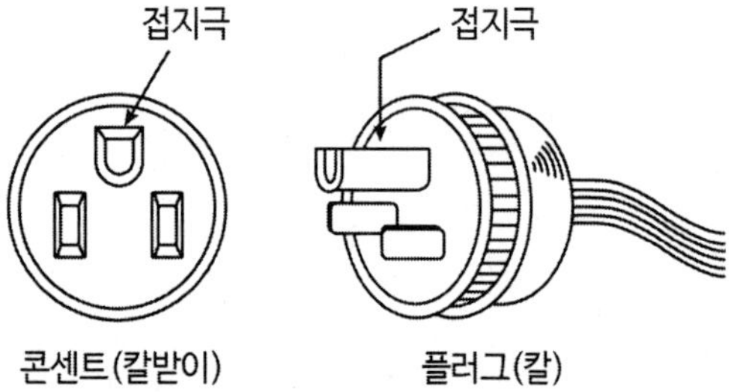

64 상중하

비상방송설비의 화재안전기술기준(NFTC 202)에 따라 부속회로의 전로와 대지 사이 및 배선 상호 간의 절연저항은 1경계구역마다 직류 250 [V]의 절연저항측정기를 사용하여 측정한 절연저항이 몇 [$M\Omega$] 이상이 되도록 하여야 하는가?

① 0.1　② 0.2
③ 10　④ 20

해설 비상방송설비 배선

1) 화재로 인해 하나의 층의 확성기 또는 배선이 단락 또는 단선되어도 다른 층의 화재 통보에 지장이 없을 것
2) 전원회로의 배선은 내화배선
3) 그 밖의 배선은 내화배선 또는 내열배선으로 할 것
4) 절연저항
   (1) 전원회로의 전로와 대지 사이 및 배선 상호 간 : 전기사업법 기술기준 적용
   (2) <u>부속회로의 전로와 대지 사이 및 배선 상호 간 : 1 경계구역마다 직류 250 [V]의 절연저항측정기를 사용하여 측정한 절연저항 0.1 [MΩ] 이상</u>

정답 63 ① 64 ①

65 상 중 하

비상방송설비의 화재안전기술기준(NFTC 202)에 따라 비상방송설비가 기동장치에 따른 화재신고를 수신한 후 필요한 음량으로 화재발생 상황 및 피난에 유효한 방송이 자동으로 개시될 때까지의 소요시간은 몇 초 이하로 하여야 하는가?

① 5 ② 10
③ 20 ④ 30

해설 비상방송설비 설치기준

1) 확성기
 (1) 음성입력 : 실외 3 [W] 이상, 실내 1 [W] 이상
 (2) 수평거리 : 층 각 부분으로부터 하나의 확성기까지의 25 [m] 이하
 (3) 확성기는 각 층마다 설치, 당해 층의 각 부분에 유효하게 경보를 발하도록 설치
2) 음량조정기(ATT) : 음량조정기의 배선은 3선식으로 한다. 발화층. 그 직상층 및 기타 지하층 경보
3) 기동장치에 따른 화재신고를 수신한 후 필요한 음량으로 화재발생 상황 및 피난에 유효한 방송이 자동으로 개시될 때까지의 소요시간은 10초 이하로 할 것

신유형!

66 상 중 하

누전경보기의 형식승인 및 제품검사의 기술기준에 따른 누전경보기의 변류기 기능시험으로 해당하지 않는 것을 고르시오.

① 단락전류강도시험
② 방수시험
③ 충격시험
④ 단락전압강도시험

해설 누전경보기의 형식승인 및 제품검사의 기술기준

제11조(온도특성시험) 변류기는 옥내형인 것은 -(10 ± 2) [℃]에서 (55 ± 2) [℃]까지, 옥외형인 것은 -(20 ± 2) [℃]에서 (55 ± 2) [℃]까지의 주위온도에서 각각 12시간 방치하는 경우 기능에 이상이 생기지 아니하여야 한다.

제11조의2(습도시험) 변류기는 전원을 인가하지 않은 상태로 (40 ± 2) [℃], 상대습도 (93 ± 3) [%]인 조건에서 21일간 방치하는 경우 구조 및 기능에 이상이 없어야 한다.

제12조(전로개폐시험) 변류기는 출력단자에 부하저항을 접속하고, 경계전로에 당해 변류기의 정격전류의 150 [%]인 전류를 흘린 상태에서 경계전로의 개폐를 5회 반복하는 경우 그 출력전압치는 공칭작동전류치의 42 [%]에 대응하는 출력전압치 이하이어야 한다.

제13조(단락전류강도시험) 변류기는 출력단자에 부하저항을 접속한 다음 경계전로의 전원 측에 과전류차단기를 설치하여, 경계전로에 당해 변류기의 정격전압에서 단락역율이 0.3에서 0.4까지인 2500 [A]의 전류를 2분 간격으로 약 0.02초간 2회 흘리는 경우 그 구조 및 기능에 이상이 생기지 아니하여야 한다.

제14조(과누전시험) 변류기는 1개의 전선을 변류기에 부착시킨 회로를 설치하고 출력단자에 부하저항을 접속한 상태로 당해 1개의 전선에 변류기의 정격전압의 20 [%]에 해당하는 수치의 전류를 5분간 흘리는 경우 그 구조 또는 기능에 이상이 생기지 아니하여야 한다.

제15조(노화시험) 변류기는 (65 ± 2) [℃]인 공기 중에 30일간 놓아두는 경우 그 구조 및 기능에 이상이 생기지 아니하여야 한다.

제16조(방수시험) 옥외형 변류기는 (23 ± 2) [℃], 상대습도 (50 ± 5) [%]의 상태에 24시간 방치한 후 (23 ± 2) [℃]의 맑은 물에 48시간 침지시키는 경우 내부에 물이 고이지 않아야 하며, 기능 및 절연저항시험에 이상이 생기지 아니하여야 한다.

제17조(진동시험) 변류기는 전원을 인가하지 아니한 상태에서 IEC 60068-2-6의 시험방법에 따라 다음 각 호의 규정에 의한 시험을 실시하는 경우 그 구조 및 기능에 이상이 생기지 아니하여야 한다.

1. 주파수 범위 : (10 ~ 150) [Hz]
2. 가속도 진폭 : 10 [m/s^2]
3. 축수 : 3
4. 스위프 속도 : 1 [옥타브/min]
5. 스위프 사이클 수 : 축 당 20

정답 65 ② 66 ④

제18조(충격시험) 변류기는 다음 각 호의 1의 시험을 실시하는 경우 그 구조 및 기능에 이상이 생기지 아니하여야 한다.

1. 임의의 방향으로 최대가속도 50 [g](g는 중력가속도를 말한다)의 충격을 5회 가하는 시험
2. 길이 300 [mm], 지름 3 [mm]의 강철선의 한쪽 끝을 충격지점과 수직이 되도록 지지시키고, 다른 쪽 끝에 무게 1 [kg]의 강철구 추를 매달아 이를 지지점과 수평이 되는 위치에서 송판의 중앙에 변류기를 부착시킨 반대편으로 자연낙하시켜 통전 상태의 변류기에 15회의 충격을 가하는 시험

제19조(절연저항시험) 변류기는 DC 500 [V]의 절연저항계로 다음 각 호에 의한 시험을 하는 경우 5 [MΩ] 이상이어야 한다.

1. 절연된 1차권선과 2차권선 간의 절연저항
2. 절연된 1차권선과 외부금속부 간의 절연저항
3. 절연된 2차권선과 외부금속부 간의 절연저항

제20조(절연내력시험) 제19조의 규정에 의한 시험부위의 절연내력은 60 [Hz]의 정현파에 가까운 실효전압 1500 [V](경계전로 전압이 250 [V]를 초과하는 경우에는 경계전로 전압에 2를 곱한 값에 1 [kV]를 더한 값)의 교류전압을 가하는 시험에서 1분간 견디는 것이어야 한다.

제21조(충격파내전압시험) 변류기는 1차권선과 외부금속사이 및 1차권선 상호 간에 파고치(波高値) 6 [kV], 파두장 0.5 [μs] 이상 1.5 [μs] 이하 및 파미장 32 [μs] 이상 50 [μs] 이하인 충격파전압을 정 및 부로 각각 1회 가하는 경우 기능에 이상이 생기지 아니하여야 한다.

제22조(전압강하방지시험) 변류기(경계전로의 전선을 그 변류기에 관통시키는 것은 제외한다)는 경계전로에 정격전류를 흘리는 경우, 그 경계전로의 전압강하는 0.5 [V] 이하이어야 한다.

67 상 중 하

무선통신보조설비의 화재안전기술기준(NFTC 505)에 따라 무선통신보조설비의 증폭기 설치기준으로 틀린 것을 고르시오.

① 상용전원은 교류전압의 옥내 간선으로 할 것
② 증폭기의 전면에는 주회로 전원의 정상 여부를 표시할 수 있는 표시등 및 전압계를 설치할 것
③ 증폭기에는 비상전원이 부착된 것으로 하고 해당 비상전원 용량은 무선통신보조설비를 유효하게 20분 이상 작동시킬 수 있는 것으로 할 것
④ 디지털방식의 무전기를 사용하는 데 지장이 없도록 설치할 것

해설 무선통신보조설비의 화재안전기술기준(NFTC 505)

2.5 증폭기 등

2.5.1 증폭기 및 무선중계기를 설치하는 경우에는 다음의 기준에 따라 설치해야 한다.

2.5.1.1 상용전원은 전기가 정상적으로 공급되는 축전지설비, 전기저장장치(외부 전기에너지를 저장해두었다가 필요한 때 전기를 공급하는 장치) 또는 교류전압의 옥내 간선으로 하고, 전원까지의 배선은 전용으로 할 것

2.5.1.2 증폭기의 전면에는 주회로 전원의 정상 여부를 표시할 수 있는 표시등 및 전압계를 설치할 것

2.5.1.3 증폭기에는 비상전원이 부착된 것으로 하고 해당 비상전원 용량은 무선통신보조설비를 유효하게 30분 이상 작동시킬 수 있는 것으로 할 것

2.5.1.4 증폭기 및 무선중계기를 설치하는 경우에는 「전파법」 제58조의2에 따른 적합성평가를 받은 제품으로 설치하고 임의로 변경하지 않도록 할 것

2.5.1.5 디지털방식의 무전기를 사용하는 데 지장이 없도록 설치할 것

정답 67 ③

신유형!
68 상 중 하

지하구의 화재안전성능기준(NFPC 605)에 따른 감지기의 설치기준으로 틀린 것을 고르시오.

① 감지기 중 먼지·습기 등의 영향을 받지 않고 발화지점(30미터 단위)과 온도를 확인할 수 있는 것을 설치한다.
② 지하구 천장의 중심부에 설치하되 감지기와 천장 중심부 하단과의 수직거리는 30센티미터 이내로 한다. 다만 형식승인 내용에 설치방법이 규정되어 있거나 중앙기술심의위원회의 심의를 거쳐 제조사 시방서에 따른 설치방법이 지하구 화재에 적합하다고 인정되는 경우에는 형식승인 내용 또는 심의결과에 의한 제조사 시방서에 따라 설치할 수 있다.
③ 발화지점이 지하구의 실제거리와 일치하도록 수신기 등에 표시한다.
④ 공동구 내부에 상수도용 또는 냉·난방용 설비만 존재하는 부분은 감지기를 설치하지 않을 수 있다.

해설 지하구의 화재안전성능기준(NFPC 605)

시민들의 일상생활 및 사회·경제활동을 원활하고 편리하게 할 수 있는 시설물들을 안전하게 수용할 뿐만 아니라 지하공간에 시설물을 수용함으로써 보행자의 쾌적한 통행공간과 안전하고 안락한 도시환경을 유지하며 효율적인 도시운영이 가능하도록 개별 매설 또는 가공 배선된 수도, 가스, 통신, 전기, 상·중수도, 냉난방, 쓰레기 수송관 등의 배관·배선류를 지하의 터널이라는 구체 안에 수용하는 시설

[공동구 설치 전] [공동구 설치 후]

국토의 계획 및 이용에 관한 법률(약칭 : 국토계획법)
"공동구"란 전기·가스·수도 등의 공급설비, 통신시설, 하수도시설 등 지하매설물을 공동 수용함으로써 미관의 개선, 도로구조의 보전 및 교통의 원활한 소통을 위하여 지하에 설치하는 시설물을 말한다.

제6조(자동화재탐지설비)
① 감지기는 다음 각 호에 따라 설치해야 한다.
1. 「자동화재탐지설비 및 시각경보장치의 화재안전성능기준(NFPC 203)」 제7조 제1항 각 호의 감지기 중 먼지·습기 등의 영향을 받지 않고 발화지점(1미터 단위)과 온도를 확인할 수 있는 것을 설치할 것
2. 지하구 천장의 중심부에 설치하되 감지기와 천장 중심부 하단과의 수직거리는 30센티미터 이내로 할 것. 다만 형식승인 내용에 설치방법이 규정되어 있거나, 중앙기술심의위원회의 심의를 거쳐 제조사 시방서에 따른 설치방법이 지하구 화재에 적합하다고 인정되는 경우에는 형식승인 내용 또는 심의결과에 의한 제조사 시방서에 따라 설치할 수 있다.
3. 발화지점이 지하구의 실제거리와 일치하도록 수신기 등에 표시할 것
4. 공동구 내부에 상수도용 또는 냉·난방용 설비만 존재하는 부분은 감지기를 설치하지 않을 수 있다.
② 발신기, 지구음향장치 및 시각경보기는 설치하지 않을 수 있다.

정답 68 ①

신유형!

69 상중하

비상방송설비의 화재안전기술기준에 따라 층별 경보는 공동주택의 경우 몇 층 이상의 특정소방대상물일 때 적용하는가?

① 5층 ② 7층
③ 11층 ④ 16층

해설 비상방송설비의 화재안전기술기준(NFTC 202)

2.1.1.7 층수가 11층(공동주택의 경우에는 16층) 이상의 특정소방대상물은 다음의 기준에 따라 경보를 발할 수 있도록 해야 한다.
2.1.1.7.1 2층 이상의 층에서 발화한 때에는 발화층 및 그 직상 4개 층에 경보를 발할 것
2.1.1.7.2 1층에서 발화한 때에는 발화층·그 직상 4개 층 및 지하층에 경보를 발할 것
2.1.1.7.3 지하층에서 발화한 때에는 발화층·그 직상층 및 기타의 지하층에 경보를 발할 것

70 상중하

비상경보설비 및 단독경보형 감지기의 화재안전기술기준(NFTC 201)에 따라 비상경보설비의 구성으로 틀린 것을 고르시오.

① 수신기
② 감지선형 감지기
③ 비상벨설비
④ 발신기

해설 비상경보설비 및 단독경보형 감지기의 화재안전기술기준(NFTC 201)

1.7 용어의 정의
1.7.1 이 기준에서 사용하는 용어의 정의는 다음과 같다.
1.7.1.1 "비상벨설비"란 화재발생 상황을 경종으로 경보하는 설비를 말한다.
1.7.1.2 "자동식사이렌설비"란 화재발생 상황을 사이렌으로 경보하는 설비를 말한다.
1.7.1.3 "단독경보형 감지기"란 화재발생 상황을 단독으로 감지하여 자체에 내장된 음향장치로 경보하는 감지기를 말한다.
1.7.1.4 "발신기"란 화재발생신호를 수신기에 수동으로 발신하는 장치를 말한다.
1.7.1.5 "수신기"란 발신기에서 발하는 화재신호를 직접 수신하여 화재의 발생을 표시 및 경보하여 주는 장치를 말한다.
1.7.2 "신호처리방식"은 화재신호 및 상태신호 등(이하 "화재신호 등"이라 한다)을 송수신하는 방식으로서 다음의 방식을 말한다.
1.7.2.1 "유선식"은 화재신호 등을 배선으로 송·수신하는 방식
1.7.2.2 "무선식"은 화재신호 등을 전파에 의해 송·수신하는 방식
1.7.2.3 "유·무선식"은 유선식과 무선식을 겸용으로 사용하는 방식

TIP ▶ 비상방송설비의 구성에는 감지기가 없다.

71 상중하

자동화재탐지설비를 설치하여야 하는 특정소방대상물의 기준으로 틀린 것은?

① 장례시설로서 연면적 600 [m^2] 이상인 것
② 수련시설로서 연면적 1000 [m^2] 이상인 것
③ 업무시설로서 연면적 1000 [m^2] 이상인 것
④ 종교시설로서 연면적 1000 [m^2] 이상인 것

정답 69 ④ 70 ② 71 ②

해설 자동화재탐지설비 설치대상

설치대상	기준
• 교육연구시설(교육시설 내에 있는 기숙사 및 합숙소를 포함한다), 수련시설(기숙사·합숙소 포함, 숙박시설 제외) • 동·식물 관련 시설, 교정 및 군사시설 • 자원순환 관련 시설 • 교정 및 군사시설 • 묘지 관련 시설	연면적 2000 [m^2] 이상인 경우에는 모든 층
목욕장, 문화 및 집회시설, 종교시설, 판매시설, 운수시설, 운동시설, 업무시설, 창고시설, 공장, 지하상가, 위험물 저장 및 처리시설, 항공기 및 자동차 관련 시설, 교정 및 군사시설 중 국방·군사시설, 방송통신시설, 발전시설, 관광 휴게시설	연면적 1000 [m^2] 이상인 경우에는 모든 층
• 근린생활시설(목욕장 제외) • 의료시설(정신의료기관, 요양병원 제외) • 위락시설, 장례시설 및 복합건축물	연면적 600 [m^2] 이상인 경우에는 모든 층
정신의료기관, 의료재활시설	• 바닥면적합계 300 [m^2] 이상 • 바닥면적 합계 300 [m^2] 미만, 창살 설치
터널	길이 1000 [m] 이상
공장 및 창고시설	500배 이상 특수가연물
요양병원, 지하구, 전통시장, 조산원, 산후조리원	–
전기저장시설, 노유자생활시설	–
공동주택 중 아파트등·기숙사, 숙박시설, 6층 이상인 건축물	–
노유자시설	연면적 400 [m^2] 이상인 경우에는 모든 층
숙박시설이 있는 수련시설	수용인원 100명 이상인 경우에는 모든 층

신유형!
72 상중하

비상전원이 유도등을 60분 이상 유효하게 작동시킬 수 있는 용량으로 하지 않아도 되는 특정소방대상물은?

① 지하층을 제외한 층수가 13층인 특정소방대상물
② 지하층인 도매시장
③ 지하층인 지하상가
④ 지하층을 제외한 층수가 9층인 특정소방대상물

해설 유도등 및 유도표지의 화재안전기술기준(NFTC 303)

2.7.2 비상전원은 다음의 기준에 적합하게 설치해야 한다.
2.7.2.1 축전지로 할 것
2.7.2.2 유도등을 20분 이상 유효하게 작동시킬 수 있는 용량으로 할 것. 다만 다음의 특정소방대상물의 경우에는 그 부분에서 피난층에 이르는 부분의 유도등을 60분 이상 유효하게 작동시킬 수 있는 용량으로 해야 한다.
2.7.2.2.1 지하층을 제외한 층수가 11층 이상의 층
2.7.2.2.2 지하층 또는 무창층으로서 용도가 도매시장·소매시장·여객자동차터미널·지하역사 또는 지하상가

신유형!
73 상중하

비상조명등의 화재안전기술기준(NFTC 304)에 의거, 보행거리가 25 [m]인 지하상가에는 휴대용비상조명등을 최소 몇 개 이상 설치해야 하는가?

① 1개 ② 2개
③ 5개 ④ 3개

정답 72 ④ 73 ④

해설 비상조명등의 화재안전기술기준(NFTC 304)

1) 설치장소

설치장소	설치개수
숙박시설 또는 다중이용업소에는 객실 또는 영업장 안의 구획된 실마다 잘 보이는 곳(외부 설치 시 출입문 손잡이로부터 1 [m] 이내 부분)	1개 이상
대규모점포(지하상가·지하역사 제외), 영화상영관	보행거리 50 [m] 이내마다 3개 이상
지하상가 및 지하역사	보행거리 25 [m] 이내마다 3개 이상

2) 설치기준

(1) 바닥으로부터 0.8 [m] 이상 1.5 [m] 이하의 높이에 설치할 것

(2) 어둠 속에서 위치를 확인할 수 있도록 할 것

(3) 사용 시 자동으로 점등되는 구조일 것

(4) 외함은 난연성능이 있을 것

(5) 건전지 사용 시 방전방지조치를 하고, 충전식 배터리 사용 시 상시 충전되도록 할 것

(6) 건전지 및 충전식 배터리 용량은 20분 이상 유효하게 사용할 수 있는 것

74 상중하

유도등 및 유도표지의 화재안전기술기준(NFTC 303)에 따라 객석 내 통로의 직선 부분 길이가 45 [m]인 경우 객석유도등을 몇 개 설치하여야 하는가?

① 15개 ② 12개

③ 11개 ④ 20개

해설 객석유도등 최소설치개수

- 객석의 통로, 바닥 또는 벽에 설치할 것
- 설치개수

$$= \frac{\text{객석 통로 직선부분 길이}(m)}{4} - 1$$

$$= \frac{45}{4} - 1 = 10.25 \rightarrow \text{절상해서 } 11\text{개}$$

- 소수점 이하의 수는 절상할 것

75 상중하

자동화재탐지설비 및 시각경보장치의 화재안전기준에 따라 부착높이 20 [m] 이상에 설치 가능한 감지기가 아닌 것은?

① 불꽃감지기

② 광전식 분리형 중 아날로그방식

③ 광전식 공기흡입형 중 아날로그방식

④ 이온화식 1종

해설 감지기 적응성

부착높이	감지기 종류
8 [m] 이상 ~ 15 [m] 미만	• **차**동식 **분**포형 • **이**온화식 **1**종·**2**종 • **광**전식 **1**종·**2**종 • **연**기**복**합형 • **불**꽃감지기
15 [m] 이상 ~ 20 [m] 미만	**이**온화식 1종, **광**전식(스포트형, 분리형, 공기흡입형) 1종, **연**기**복**합형, 불꽃감지기
20 [m] 이상	**불**꽃감지기, **광**전식(**분**리형, **공**기흡입형) 중 아날로그방식

암기 ▶ 차분한 이광연 12세

*불꽃감지기는 전부 해당

정답 74 ③ 75 ④

76 상중하

누전경보기의 형식승인 및 제품검사의 기술기준에서 정하는 누전경보기의 공칭작동전류치(누전경보기를 작동시키기 위하여 필요한 누설전류의 값으로서 제조자에 의하여 표시된 값을 말한다)는 몇 [mA] 이하이어야 하는가?

① 50　　② 100
③ 150　　④ 200

해설 누전경보기 공칭작동전류치 및 감도조정장치

1) 공칭작동 전류치 : 200 [mA] 이하
2) 감도조정장치의 조정범위
최대 1 [A](조정범위 0.2, 0.5, 1 [A] 구분)

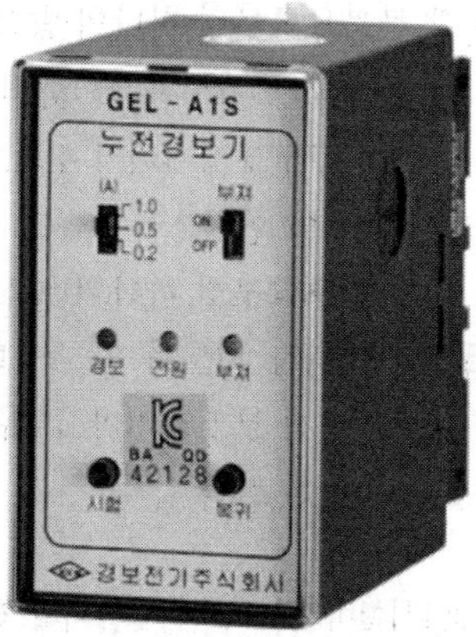

77 상중하

광전식 분리형 감지기의 설치기준 중 틀린 것은?

① 감지기의 수광면은 햇빛을 직접 받지 않도록 설치할 것
② 광축은 나란한 벽으로부터 0.6 [m] 이상 이격하여 설치할 것
③ 감지기의 송광부와 수광부는 설치된 뒷벽으로부터 0.5 [m] 이내 위치에 설치할 것
④ 광축의 높이는 천장 등 높이의 80 [%] 이상일 것

해설 광전식 분리형 감지기 설치기준

- 광축은 나란한 벽으로부터 0.6 [m] 이상 이격(오동작방지 개념)
- 수광면은 햇빛을 직접 받지 않도록 설치
- 송광부와 수광부는 설치된 뒷벽으로부터 1 [m] 이내 위치에 설치(미 감시구역 증가방지 개념)
- 광축의 높이는 천장 등 높이의 80 [%] 이상일 것
- 광축의 길이는 공칭감시거리 범위 이내일 것(검정기술기준 공칭감시거리 : 5 ~ 100 [m], 5 [m] 간격)

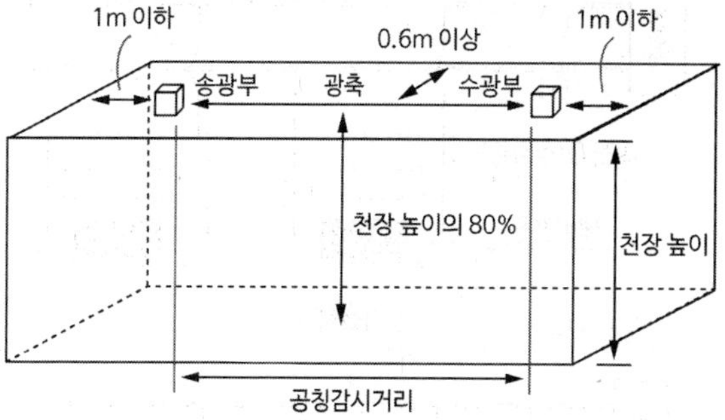

78 상중하

3선식 배선에 따라 상시 충전되는 유도등의 전기회로에 점멸기를 설치하는 경우 유도등이 점등되어야 할 경우로 관계없는 것은?

① 제연설비가 작동한 때
② 자동소화설비가 작동한 때
③ 비상경보설비의 발신기가 작동한 때
④ 자동화재탐지설비의 감지기가 작동한 때

해설 3선식 유도등이 점등되어야 하는 경우

1) 자동화재탐지설비의 감지기 또는 발신기가 작동되는 때
2) 비상경보설비의 발신기가 작동되는 때
3) 상용전원이 정전되거나 전원선이 단선되는 때
4) 방재업무를 통제하는 곳 또는 전기실의 배전반에 수동으로 점등하는 때
5) 자동소화설비가 작동되는 때

2선식

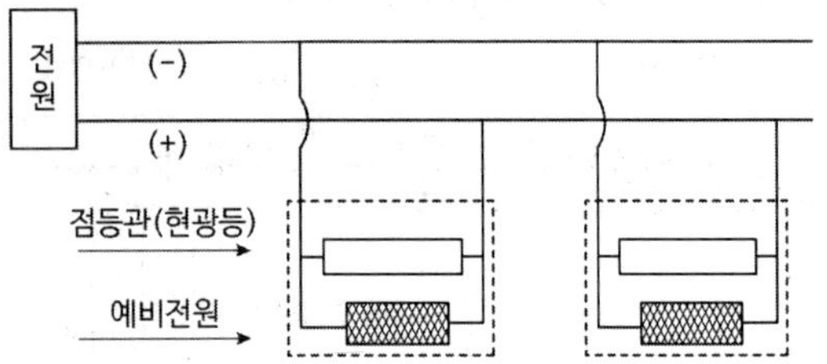

3선식

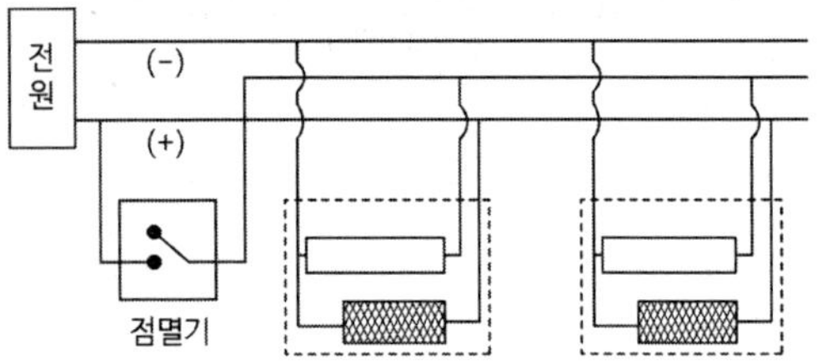

79 상중하

자동화재탐지설비 및 시각경보장치의 화재안전기술기준(NFTC 203)에 따른 발신기 설치기준으로 알맞은 것을 고르시오.

① 해당 층의 각 부분으로부터 하나의 발신기까지의 수평거리가 30 [m] 이하가 되도록 할 것. 다만 복도 또는 별도로 구획된 실로서 보행거리가 45 [m] 이상일 경우에는 추가로 설치해야 한다.
② 해당 층의 각 부분으로부터 하나의 발신기까지의 수평거리가 25 [m] 이하가 되도록 할 것. 다만 복도 또는 별도로 구획된 실로서 보행거리가 40 [m] 이상일 경우에는 추가로 설치해야 한다.
③ 해당 층의 각 부분으로부터 하나의 발신기까지의 수평거리가 20 [m] 이하가 되도록 할 것. 다만 복도 또는 별도로 구획된 실로서 보행거리가 40 [m] 이상일 경우에는 추가로 설치해야 한다.
④ 해당 층의 각 부분으로부터 하나의 발신기까지의 수평거리가 25 [m] 이하가 되도록 할 것. 다만 복도 또는 별도로 구획된 실로서 보행거리가 45 [m] 이상일 경우에는 추가로 설치해야 한다.

해설 자동화재탐지설비 및 시각경보장치의 화재안전기술기준(NFTC 203)

2.6 발신기
2.6.1 자동화재탐지설비의 발신기는 다음의 기준에 따라 설치해야 한다.
2.6.1.1 조작이 쉬운 장소에 설치하고, 스위치는 바닥으로부터 0.8 [m] 이상 1.5 [m] 이하의 높이에 설치할 것
2.6.1.2 특정소방대상물의 층마다 설치하되, 해당 층의 각 부분으로부터 하나의 발신기까지의 수평거리가 25 [m] 이하가 되도록 할 것. 다만 복도 또는 별도로 구획된 실로서 보행거리가 40 [m] 이상일 경우에는 추가로 설치해야 한다.
2.6.1.3 2.6.1.2에도 불구하고 2.6.1.2의 기준을 초과하는 경우로서 기둥 또는 벽이 설치되지 아니한 대형공간의 경우 발신기는 설치대상 장소의 가장 가까운 장소의 벽 또는 기둥 등에 설치할 것

정답 78 ① 79 ②

2.6.2 발신기의 위치를 표시하는 표시등은 함의 상부에 설치하되, 그 불빛은 부착면으로부터 15° 이상의 범위 안에서 부착지점으로부터 10 [m] 이내의 어느 곳에서도 쉽게 식별할 수 있는 적색등으로 해야 한다.

80 상㊥하

비상콘센트설비의 화재안전기술기준(NFTC 504)에 따라 비상콘셉트설비의 전원회로(비상콘센트에 전력을 공급하는 회로를 말한다)에 대한 전압과 공급용량으로 옳은 것은?

① 전압 : 단상교류 110 [V], 공급용량 : 1.5 [kVA] 이상
② 전압 : 단상교류 220 [V], 공급용량 : 1.5 [kVA] 이상
③ 전압 : 단상교류 110 [V], 공급용량 : 3 [kVA] 이상
④ 전압 : 단상교류 220 [V], 공급용량 : 3 [kVA] 이상

해설 비상콘센트설비 전원회로 설치기준

1) 전원회로 : 단상교류는 220 [V], 공급용량은 1.5 [kVA] 이상
2) 전원회로는 각 층에 2 이상이 되도록 설치(다만 설치하여야 할 층의 비상콘센트가 1개인 때에는 하나의 회로로 할 수 있다)
3) 전원회로는 주배전반에서 전용회로로 할 것
4) 전원으로부터 각 층의 비상콘센트에 분기되는 경우에는 분기배선용 차단기를 보호함 안에 설치할 것
5) 콘센트마다 배선용 차단기를 설치하여야 하며 충전부가 노출되지 아니하도록 할 것
6) 개폐기에는 "비상콘센트"라고 표시한 표지를 할 것
7) 비상콘센트용의 풀박스 등은 방청도장을 한 것으로서 두께 1.6 [mm] 이상의 철판으로 할 것
8) 하나의 전용회로에 설치하는 비상콘센트는 10개 이하로 할 것. 이 경우 전선 용량은 각 비상콘센트(비상콘센트가 3개 이상인 경우에는 3개)의 공급용량을 합한 용량 이상의 것으로 하여야 한다.

정답 80 ②

2025년 3회

소방원론

3회독	월	일
2회독	월	일
1회독	월	일

목표시간 : 20분 　시작 : _시 _분 　종료 : _시 _분 　맞은 개수 : _/20

01 상 중 하

화재 발생 시 물을 소화약제로 사용할 수 있는 것은?

① 칼슘카바이드
② 무기과산화물류
③ 마그네슘 분말
④ 염소산염류

해설 금수성 물질

물과 접촉하여 발화, 가연성 가스 발생

구분	현상
무기과산화물	산소(O_2) 발생
금속분 **마그네슘(Mg)** 나트륨(Na) 칼륨(K) 리튬(Li)	수소(H_2) 발생
탄화칼슘(칼슘카바이드)	아세틸렌(C_2H_2) 발생

보충 ▶ 염소산염류(제1류 위험물) : 주수소화

02 상 중 하

다음 중 가스계 소화약제가 아닌 것은?

① 포소화약제
② 할로겐화합물 및 불활성기체소화약제
③ 이산화탄소소화약제
④ 할론소화약제

해설 가스계 소화약제

- 이산화탄소소화약제
- 할론소화약제
- 할로겐화합물 및 불활성기체소화약제

보충 ▶ 포소화약제 : 수계 소화약제

03 상 중 하

건축물 화재 시 플래시 오버(Flash Over)에 영향을 주는 요소가 아닌 것은?

① 내장재료 　② 개구율
③ 화원의 크기 　④ 건물의 층수

해설 플래시 오버에 영향을 미치는 요인

1) 개구율
개구율이 기준 이하로 작으면 산소 공급이 부족하므로 열분해 속도가 저하되어 플래시 오버가 지연되고, 개구율이 과도하게 크면 유입 공기의 냉각효과로 플래시 오버가 늦어짐
2) 가연물의 양·종류
가연물의 높이가 높을수록, 가연물의 열방출률이 클수록 플래시 오버 도달 시간이 짧아짐
3) 화원의 크기
화원의 크기가 클수록 열분해 속도가 빨라지고, 플래시 오버 도달 시간이 짧아짐
4) 산소의 농도
산소농도가 10 [%] 이상이면 플래시 오버 발생 가능함

정답 01 ④ 02 ① 03 ④

5) 내장재료
내장재료의 열전도율이 크고 두께가 두꺼울수록 플래시 오버 도달 시간이 느려짐
6) 화재 발생 시 주위온도
열전달은 온도 차로 인해 에너지가 전달되므로 화재 발생 시 주위온도는 화재의 성장에 영향을 줌
7) 구획실의 기하학적 구조
구획실의 크기, 형상, 면적, 체적 등은 해당 층에 가연물과 플래시 오버와의 관계에 영향을 미침

보충 ▶ 건물의 층수와 플래시 오버는 관계없음

신유형!

04 상 중 (하)

습기가 많을 때 그 전달속도가 빨라져서 사람이 방호할 수 있는 능력을 떨어지게 하며 폐속으로 급히 흡입하면 혈압이 떨어져 혈액순환에 장애를 초래하게 되어 사망할수 있는 화재의 생성물은?

① 수분　② 분진
③ 열　④ 연기

해설 화재생성물

① 수분 : 호흡곤란이나 불쾌감은 유발할 수 있으나, 단독으로는 급성 치명적 영향이 크지 않다.
② 분진 : 호흡기 자극이나 폐질환을 유발하지만, 화재 시 즉각적인 치명적 원인은 아니다.
③ 열 : 피부 화상 및 열사병을 유발할 수 있다. 그러나 문제에서 언급된 '습기가 많을 때 전달 속도가 빨라지고, 급속 흡입 시 혈압 저하' 현상과는 직접 관련이 없다.
④ 연기 : 습기가 많을수록 전도 및 대류 속도가 빨라지며, 급히 흡입하면 혈압 저하, 혈액순환 장애, 질식을 유발해 사망에 이를 수 있다.

05 상 (중) 하

물의 물리 · 화학적 성질에 대한 설명으로 틀린 것은?

① 수소결합성 물질로서 비점이 높고 비열이 크다.
② 100 [℃]의 액체 물이 100 [℃]의 수증기로 변하면 체적이 약 1600배 증가한다.
③ 유류화재에 물을 무상으로 주수하면 질식효과 이외에 유탁액이 생성되어 유화효과가 나타난다.
④ 비극성 공유 결합성 물질로 비점이 높다.

해설 물의 물리 · 화학적 성질

구분	내용
물리적성질	1) 상온에서 물은 무겁고 안정된 액체 2) 비열 : 1 [kcal/kg · ℃] (= 4.18 [kJ/kg · K]) 3) 잠열 ① 융해잠열 80 [kcal/kg] (= 334 [kJ/kg]) ② 증발잠열 539.6 [kcal/kg] (= 2257 [kJ/kg]) 4) 비열, 잠열이 크므로 냉각소화효과가 큼 5) 표면장력이 큼 6) 증발 시 체적 약 1650배(1600 ~ 1700배) 증가
화학적성질	물 분자(H_2O)는 산소(O) 원자 1개와 수소(H) 원자 2개가 **극성 공유결합**을 이루고, 물분자 사이에 **수소결합**을 이루고 있음

※ 참고 – 물분자의 극성 공유결합과 수소결합
물 분자(H_2O)는 산소(O) 원자 1개와 수소(H) 원자 2개가 공유결합을 이루고 있다. 이때 산소 원자와 수소 원자는 전자를 1개씩 내어서 전자쌍을 만들고 이를 공유하지만, 전자쌍은 전기음성도가 더 큰 산소 원자 쪽에 가깝게 위치하여 산소 원자는 부분적인 음전하(−)를 띠고, 수소 원자는 부분적인 양전하(+)를 띠게 된다(극성 공유결합). 따라서 극성을 띤 물 분자끼리는 전기적 인력에 의한 수소결합을 하게 되며 강한 응집력을 갖게 된다.

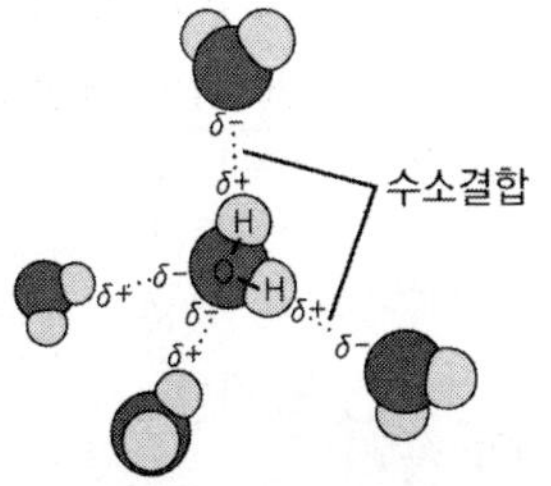

[물분자의 수소결합]

06 상중하

자연발화의 조건으로 틀린 것은?

① 열전도율이 낮을 것
② 발열량이 클 것
③ 주의의 온도가 높을 것
④ 표면적이 작을 것

해설 자연발화 조건

1) 발열량이 클 것 (+)
2) 산소와 접촉하는 표면적이 넓을 것 (+)
3) 주위온도 높을 것 (+)
4) 열전도율이 작을 것 (-)
5) 일정 수분은 촉매제 역할

TIP ▶ 열전도율만 (-)

07 상중하

제4류 위험물 중 제1석유류, 제2석유류, 제3석유류, 제4석유류를 각 품명별로 구분하는 분류의 기준은?

① 발화점 ② 인화점
③ 비중 ④ 연소범위

해설 제4류 위험물 인화점

구분	인화점
제1석유류	21 [℃] 미만
제2석유류	21 [℃] 이상 70 [℃] 미만
제3석유류	70 [℃] 이상 200 [℃] 미만
제4석유류	200 [℃] 이상 250 [℃] 미만

08 상중하

질식소화방법에 대한 예를 설명한 것으로 옳은 것은?

① 열을 흡수할 수 있는 매체를 화염 속에 투입한다.
② 열용량이 큰 고체 물질을 이용하여 소화한다.
③ 중질유 화재 시 물을 무상으로 분무한다.
④ 가연성 기체의 분출화재 시 주 밸브를 닫아서 연료공급을 차단한다.

해설 물소화약제

1) 비열, 증발잠열(기화잠열)이 큼
2) 가격이 저렴하고 쉽게 구할 수 있음
3) 무상주수 시 중질유 화재에 적응성 있음(에멀젼 형성으로 유화효과)
4) 물이 수증기로 기화 시 체적이 약 1650배(1600 ~ 1700배) 증가하여 주변 산소농도 낮춤
5) 수용성 액체의 화재 시 물을 주입시켜서 가연성 물질의 농도를 낮춤

보충 ▶ 질식소화 : 불연성 피막인 Emulsion을 형성하여 산소 차단

09 상중하

증기비중을 구하는 식은 다음과 같다. (   ) 안에 들어갈 알맞은 값은?

$$\text{증기비중} = \frac{\text{분자량}}{(\quad\quad)}$$

① 15 ② 21
③ 22.4 ④ 29

정답 06 ④ 07 ② 08 ③ 09 ④

해설 증기비중

$$\text{증기비중} = \frac{\text{분자량}}{29(\text{공기 분자량})}$$

• 공기에 대한 가스의 무게비

증기비중	공기에 대한 무게
증기비중 > 1	공기보다 무거움
증기비중 < 1	공기보다 가벼움

10 상 중 하

알루미늄 분말 화재 시 적응성 있는 소화약제는?

① 물 ② 마른모래
③ 포말 ④ 강화액

해설 위험물 소화방법

종류	소화방법
제1류	물에 의한 냉각소화(무기과산화물 : 마른모래 등에 의한 질식소화)
제2류	물에 의한 냉각소화(황화인, 철분, 마그네슘, **금속분은 마른모래 등에 의한 질식소화**)
제3류	마른모래, 팽창질석, 팽창진주암에 의한 질식소화
제4류	포, 분말, CO_2, 할론소화약제에 의한 질식소화
제5류	화재초기 대량의 물로 냉각소화
제6류	마른모래 등에 의한 질식소화(과산화수소 : 다량의 물로 희석소화)

보충 ▶ 알루미늄 분말 : 제2류 위험물(금속분)

11 상 중 하

화씨온도 122 [°F]는 섭씨온도로 몇 [℃]인가?

① 40 ② 50
③ 60 ④ 70

해설 섭씨온도

섭씨온도	$℃ = \frac{5}{9}(℉-32)$	랭킨온도	$R = ℉+460$
화씨온도	$℉ = \frac{9}{5}℃+32$	캘빈온도	$K = ℃+273$

※ 122 [℉] ⇒ [℃]

$$℃ = \frac{5}{9}([℉]-32) = \frac{5}{9}(122-32) = 50\ [℃]$$

신유형!

12 상 중 하

연기의 농도표시방법 중 단위체적당 연기입자의 갯수를 나타내는 방법은?

① 중량농도법 ② 입자농도법
③ 투과율법 ④ 상대농도법

해설 연기의 농도표시방법

1) 절대농도 표시방법
연기 입자의 수나 중량을 직접 측정하여 절대적인 수치로 농도를 나타내는 방법이다.
• 중량농도법[mg/m^3] : 연기 속 입자의 질량(중량)을 기준으로 농도를 표시하는 방법이다.
• 입자농도법[개수/cm^3] : 연기 속의 단위 체적당 입자 수를 기준으로 농도를 표시하는 방법이다.

2) 상대농도 표시방법
연기를 통과하는 빛의 양을 측정하여 농도를 간접적, 상대적으로 나타내는 방법이다.
• 투과율법[%(투과율)] : 연기를 통과하는 빛의 투과율을 측정하여 농도를 간접적으로 나타내는 방법이다.

정답 10 ② 11 ② 12 ②

13 상중하

폭발에 대한 설명으로 틀린 것은?

① 보일러 폭발은 화학적 폭발이라 할 수 없다.
② 분무 폭발은 기상 폭발에 속하지 않는다.
③ 수증기 폭발은 기상 폭발에 속하지 않는다.
④ 화약류 폭발은 화학적 폭발이라 할 수 있다.

해설 폭발의 형태

구분	응상폭발	기상폭발
정의	고·액체의 폭발	기체의 폭발
특징	물리적 폭발	화학적 폭발
종류	**수증기폭발**, 증기폭발, 전선폭발, 상전이폭발, 압력방출에 의한 폭발, **보일러폭발**, 블레비(BLEVE)	유증기폭발, 가스폭발, 산화폭발, **분무폭발**, 분진폭발, 분해폭발, 중합폭발, **화약류폭발**, 증기운폭발(UVCE)

14 상중하

부피비로 질소가 65 [%], 수소가 15 [%] 이산화탄소가 20 [%]로 혼합된 전압이 760 [mmHg] 기체가 있다. 이때 질소의 분압은 약 몇 [mmHg]인가? (단, 모두 이상기체로 간주한다)

① 152 ② 252
③ 394 ④ 494

해설 혼합기체의 압력

돌턴의 분압법칙에 의해 혼합기체의 전체 압력 P와 각 기체의 분압 P_1, P_2 사이에는 다음과 같은 관계식이 성립함

돌턴의 분압법칙 $P = P_1 + P_2$

이때 일정온도, 일정압력에서 여러가지 기체를 혼합하여 하나의 혼합기체를 만들 때 혼합기체가 차지하는 체적은 혼합 전에 각 기체가 차지했던 체적의 합과 같고, 혼합기체의 압력은 각 기체의 분압을 합한 것과 같다.
따라서
질소의 분압 = 혼합 기체의 전압 × 질소의 부피비
= 760 [mmHg] × 0.65
= 494 [mmHg]

15 상중하

할로겐화합물소화약제로부터 기대할 수 있는 소화작용으로 틀린 것은?

① 부촉매작용 ② 냉각작용
③ 유화작용 ④ 질식작용

해설 할로겐화합물소화약제의 소화작용

- 부촉매작용
- 질식작용
- 냉각작용

보충 ▶ 유화작용 : 물분무소화

16 상중하

건축물에 화재가 발생할 때 연소확대를 방지하기 위한 계획에 해당되는 않는 것은?

① 수직계획 ② 입면계획
③ 수평계획 ④ 용도계획

해설 방화구획

1) 층(수직) 또는 면적(수평)별 구획
2) 피난용 승강기의 승강로 구획
3) 용도별 구획
4) 방화댐퍼 설치

정답 13 ② 14 ④ 15 ③ 16 ②

17 (상 중 하)

산소와 질소의 혼합물인 공기의 평균 분자량은? (단, 공기는 산소 21 [vol%], 질소 79 [vol%]로 구성되어 있다고 가정한다)

① 30.84　　② 29.84
③ 28.84　　④ 27.84

해설 공기 분자량

1) N_2 = 14 [g] × 2 = 28 [g/mol]
2) O_2 = 16 [g] × 2 = 32 [g/mol]
따라서
공기 분자량 = (28 × 0.79) + (32 × 0.21)
= 28.84 [g/mol]

보충 ▶ 원자량(H : 1, C : 12, N : 14, O : 16)

18 (상 중 하)

고가의 압력탱크가 필요하지 않아서 대용량의 포소화설비에 채용되는 것으로 펌프의 토출관에 압입기를 설치하여 포소화약제 압입용 펌프로 포소화약제를 압입시켜 혼합하는 방식은?

① 프레셔 프로포셔너방식(Pressure Proportioner Type)
② 프레셔사이드 프로포셔너방식(Pressure Side Proportioner Type)
③ 펌프 프로포셔너방식(Pump Proportioner Type)
④ 라인 프로포셔너방식(Line Proportioner Type)

해설 포소화설비 포혼합장치 종류

1) **라인 프로포셔너방식** : 벤추리관의 벤추리작용에 따라 소화약제를 흡입·혼합하는 방식
2) **프레셔 프로포셔너방식** : 벤추리관의 벤추리작용과 포소화약제 저장탱크압력에 따라 소화약제를 흡입·혼합하는 방식
3) **펌프 프로포셔너방식** : 흡입기에 물 일부를 보내고, 농도 조정밸브에서 조정된 포소화약제의 필요량을 소화약제 탱크에서 펌프 흡입 측으로 보내는 방식
4) **프레셔사이드 프로포셔너방식 : 압입기 설치하여 소화약제 압입용 펌프로 소화약제를 압입시켜 혼합하는 방식**
5) 압축공기포 믹싱챔버방식 : 물, 포소화약제 및 공기를 믹싱챔버로 강제주입시켜 챔버 내에서 포수용액을 생성한 후 포를 방사하는 방식

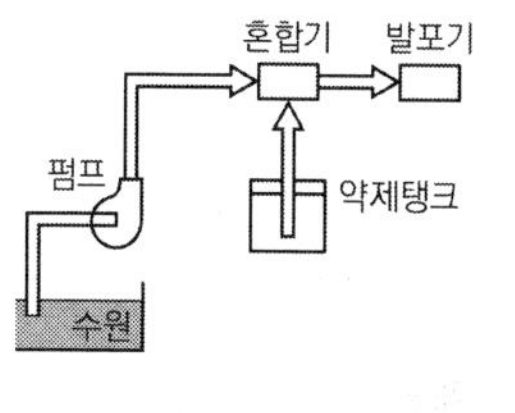

[라인 프로포셔너]

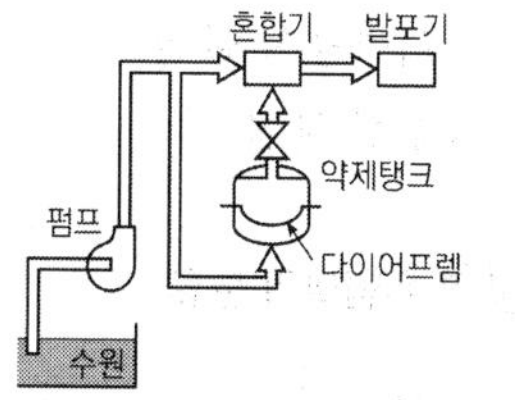

[프레셔 프로포셔너]

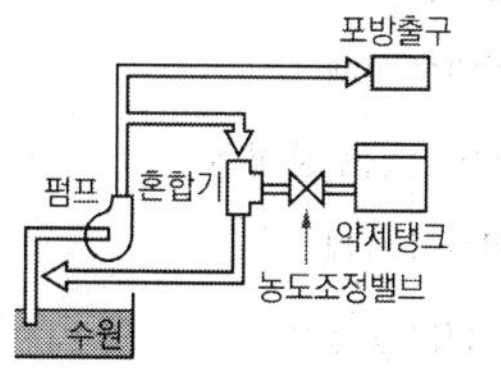

[펌프 프로포셔너]

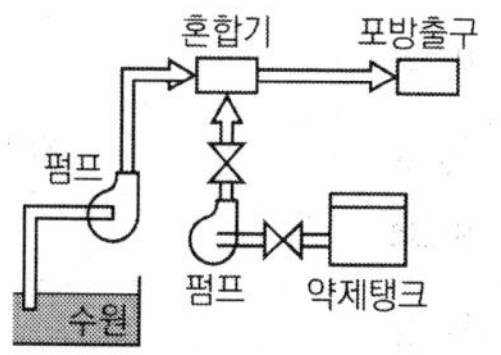

[프레셔사이드 프로포셔너]

19 (상 중 하)

전기화재가 발생되는 발화 요인으로 틀린 것은?

① 역률　　② 합선
③ 누전　　④ 과전류

해설 전기화재 원인

1) 과전류(과부하)　　2) 단락(합선)
3) 누전　　4) 낙뢰
5) 전기불꽃
6) 정전기로 인한 스파크 발생

보충 ▶ • 단락 : 전기회로의 두 점 사이의 절연이 잘 안되어서 두 점 사이가 접속되는 일
• 누전 : 절연이 불완전하거나 시설이 손상되어 전기가 전깃줄 밖으로 새어 흐름

TIP ▶ 역률 : 유효전력을 피상전력으로 나눈 값으로 역률이 1, 즉 100 [%]라는 것은 무효전력이 아예 존재하지 않다는 것임을 의미함

정답 17 ③ 18 ② 19 ①

20 상 중 하

제1석유류는 어떤 위험물에 속하는가?

① 산화성 액체
② 인화성 액체
③ 자기반응성 물질
④ 금수성 물질

해설 위험물의 분류

구분	개요
제1류	**산**화성 고체
제2류	**가**연성 고체
제3류	**자**연발화성 및 금수성 물질
제4류	**인**화성 액체
제5류	**자**기반응성 물질
제6류	**산**화성 액체

암기 ▶ 산가자 인자산

정답 20 ②

2025년 3회

소방전기일반

3회독 월 일
2회독 월 일
1회독 월 일

목표시간 : 30분 | 시작 : _시 _분 | 종료 : _시 _분 | 맞은 개수 : _ /20

신유형!

21 상 중 하

단상교류 220 [V], 주파수 60 [Hz]인 교류전원을 저항 100 [Ω]과 커패시터 10 [μF]이 직렬로 연결된 회로에 직렬연결하였다. 이때의 역률을 구하시오.

① 0.2 ② 0.35
③ 0.5 ④ 0.75

해설 역률 계산

커패시터 10 [μF]과 주파수 60 [Hz]를 이용하여 용량성 리액턴스 X_C를 먼저 구하면,

$$X_C = \frac{1}{2\pi fC} = \frac{1}{2\pi \times 60 \times 10 \times 10^{-6}} = 265.26\ [\Omega]$$

합성 임피던스 $Z = \sqrt{R^2 + X^2}$

$$= \sqrt{100^2 + 265.26^2} = 283.47\ [\Omega]$$

따라서 역률 $\cos\theta = \frac{R}{Z} = \frac{100}{283.47} = 0.353$

신유형!

22 상 중 하

비유전율이 ϵ_r인 유전체가 삽입된 콘덴서의 정전용량이 C, 동일한 콘덴서의 유전체를 공기로 하였을 때 정전용량이 C_0라면 C/C_0의 값을 구하시오.

① ϵ_r ② $\sqrt{\epsilon_r}$
③ $\frac{1}{\epsilon_r}$ ④ 1

해설 정전용량

$$C = \epsilon_0 \epsilon_r \frac{A}{d}$$

$$C_0 = \epsilon_0 \frac{A}{d}$$

$$\therefore \frac{C}{C_0} = \frac{\epsilon_0 \epsilon_r \frac{A}{d}}{\epsilon_0 \frac{A}{d}} = \epsilon_r$$

> **보충** ▶ 정전용량의 계산
> (1) 구도체의 정전용량 : $C = 4\pi\varepsilon r\ [F]$
> $r[m]$: 구도체의 반지름
> (2) 평판도체의 정전용량 : $C = \varepsilon \frac{A}{d} [F]$
> $d[m]$: 극판의 간격 $A[m^2]$: 면적

신유형!

23 상 중 하

전압100 [V]이며 소비전력이 800 [W], 역률이 80 [%]일 때의 합성저항을 구하시오.

① 10 [Ω] ② 12.5 [Ω]
③ 15 [Ω] ④ 20 [Ω]

해설 합성저항

$$P = VI\cos\theta = \frac{V^2}{R}$$

따라서 $R = \frac{V^2}{VI\cos\theta}$

이때 $I = \frac{P}{V\cos\theta} = \frac{800}{100 \times 0.8} = 10\ [A]$이므로

$$R = \frac{100^2}{100 \times 10 \times 0.8} = 12.5\ [\Omega]$$

정답 21 ② 22 ① 23 ②

24 상중하

어떤 전압계의 측정 범위를 10배로 하려고 할 때 전압계 내부저항은 배율기저항의 몇 배로 해야 하는가?

① 9배　　② $\frac{1}{9}$배

③ 12배　　④ $\frac{1}{12}$배

해설 배율기

- 분류기 : 전류의 측정범위를 확대하기 위해 전류계와 병렬로 접속
- 배율기 : 전압계의 측정 범위를 확대하기 위해 전압계와 직렬로 접속

$$V = mV_0 = (1 + \frac{R_m}{R_v})V_0$$

$$m = (1 + \frac{R_m}{R_v}) = 10$$

$$\frac{R_m}{R_v} = 9, \quad R_v = \frac{1}{9}R_m$$

R_m : 배율기저항 [Ω]
R_v : 내부저항 [Ω]
V : 최대전압 [V]
V_0 : 최고 눈금 [V]

25 상중하

0 [℃]에서 저항이 10 [Ω]이고, 저항의 온도계수가 0.0043인 전선이 있다. 30 [℃]에서 이 전선의 저항은 약 몇 [Ω]인가?

① 0.013　　② 0.68
③ 1.4　　④ 11.3

해설 저항 온도계수

$$R_2 = R_1[1 + a_{t_1}(t_2 - t_1)]$$
$$= 10[1 + 0.0043(30 - 0)]$$
$$= 11.29\,[\Omega]$$

R_2 : 상승 후 저항 [Ω]
R_1 : 상승 전 저항 [Ω]
t_1 : 상승 전 온도 [℃]
t_2 : 상승 후 온도 [℃]
α : t_1 [℃]에서의 온도계수

26 상중하

회로에서 a와 b 사이의 합성저항[Ω]은?

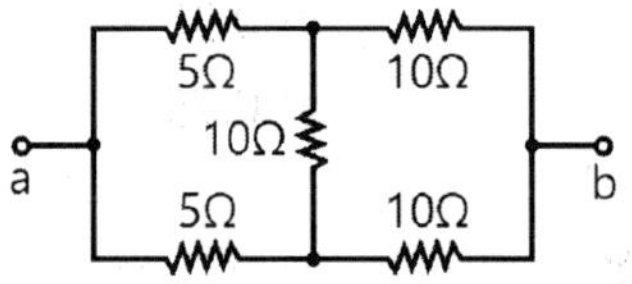

① 5　　② 7.5
③ 15　　④ 30

해설 휘스톤 브리지

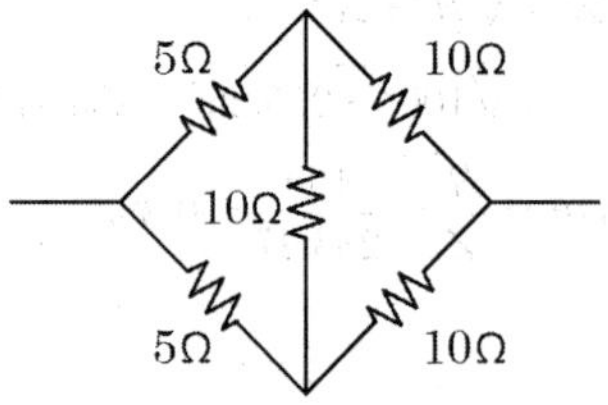

휘스톤 브리지로 변환
⇒ 가운데 10 [Ω]에는 전류가 흐르지 않으므로 없는 것과 같다(∵ 대각선의 곱이 서로 50으로 같기 때문).

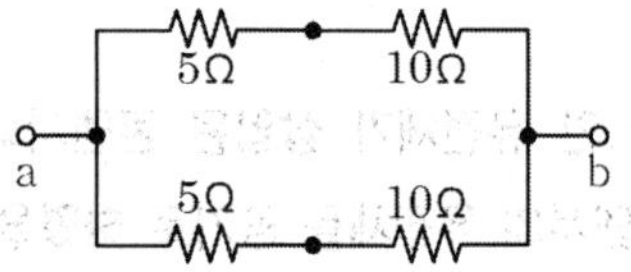

$$R = \frac{(5+10)\times(5+10)}{(5+10)+(5+10)} = 7.5\,[\Omega]$$

(5 [Ω]과 10 [Ω]은 직렬이며 (5 + 10) [Ω]과 (5 + 10) [Ω]이 서로 병렬로 연결)

정답 24 ② 25 ④ 26 ②

27 상중하

비례 + 적분 + 미분동작(PID동작)식을 바르게 나타낸 것은?

① $x_0 = K_p(x_i + \frac{1}{T_I}\int x_i dt + T_D \frac{dx_i}{dt})$

② $x_0 = K_p(x_i - \frac{1}{T_I}\int x_i dt - T_D \frac{dx_i}{dt})$

③ $x_0 = K_p(x_i + \frac{1}{T_I}\int x_i dt + T_D \frac{dt}{dx_i})$

④ $x_0 = K_p(x_i - \frac{1}{T_I}\int x_i dt - T_D \frac{dt}{dx_i})$

해설 동작

1) 2위치동작(ON-OFF)
   설정온도에 대하여 측정온도의 높고 낮음에 의해 ON/OFF를 행하는 제어를 ON/OFF 동작이라 한다.
2) 비례동작(P동작)
   $y = K_p Z$ (K_p : 비례연산자)
3) 적분동작(I동작)
   $y = K_i \int Zdt$ (K_i : 적분연산자)
4) 미분동작(D동작)
   $y = K_d \frac{dz}{dt}$ (K_d : 미분제어)
5) 비례적분동작(PI동작)
   $y = K_p\left(Z + \frac{1}{T_i}\int Zdt\right)$
6) 비례미분동작(PD동작)
   $y = K_p\left(Z + T_d \frac{dz}{dt}\right)$
7) 비례적분미분동작(PID동작)
   $y = K_P\left(Z + \frac{1}{T_i}\int Zdt + T_d \frac{dz}{dt}\right)$

28 상중하

지상 31 [m]가 되는 곳에 수조가 있다. 이 수조에 분당 12 [m³]의 물을 양수하는 펌프용 전동기를 설치하여 3상전력을 공급하려고 한다. 펌프효율이 65 [%]이고, 펌프 측 동력에 10 [%]의 여유를 둔다고 할 때 펌프용 전동기의 용량은 몇 [kW]인지 구하시오.

① 95
② 84
③ 103
④ 120

해설 펌프용 전동기 용량

$$P = \frac{9.8K \times Q[m^3/\text{min}] \times H}{\eta t} = \frac{9.8 \times 1.1 \times 12 \times 31}{0.65 \times 60}$$

$= 102.824 ≒ 102.82$ [kW]

29 상중하

다음의 논리식 중 틀린 것은?

① $(\overline{A} + B) \cdot (A + B) = B$

② $(A + B) \cdot \overline{B} = A\overline{B}$

③ $\overline{AB + A\overline{C}} + \overline{A} = \overline{A} + \overline{B}\,\overline{C}$

④ $\overline{(\overline{A} + B) + CD} = A\overline{B}(C + D)$

해설 드모르간의 정리

$$\overline{(\overline{A}+B)+CD} = \overline{(\overline{A}+B)} \cdot \overline{CD}$$
$$= A \cdot \overline{B} \cdot \overline{C} + \overline{D}$$
$$= A \cdot \overline{B}(\overline{C} + \overline{D})$$

정답 27 ① 28 ③ 29 ④

정리	공식
항등법칙	$0+A=A,\ 1+A=1,\ 0\times A=0,\ 1\times A=A$
동일법칙	$A+A=A,\ A\times A=A$
보원법칙	$A+\overline{A}=1,\ A\times\overline{A}=0$
복원법칙	$\overline{\overline{A}}=A$
교환법칙	$A+B=B+A,\ A\times B=B\times A$
결합법칙	$A+(B+C)=(A+B)+C,\ A(BC)=(AB)C$
분배법칙	$A(B+C)=AB+AC,\ A+BC=(A+B)(A+C)$
흡수법칙	$A+AB=A,\ A(A+B)=A$ $A+\overline{A}B=(A+\overline{A})(A+B)=A+B$

30 상 중 하

그림과 같은 논리회로의 출력 Y는?

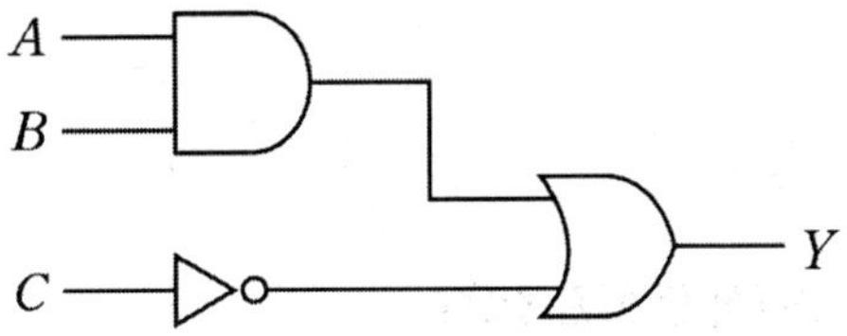

① $AB+\overline{C}$　　② $A+B+\overline{C}$

③ $(A+B)\overline{C}$　　④ $AB\overline{C}$

해설 논리회로 출력

A와 B ➜ [AND]회로

C ➜ (A AND B)와 [NOT OR]회로

즉, $Y=AB+\overline{C}$이다.

명칭, 논리기호
AND회로($A\times B,\ A\cdot B$) 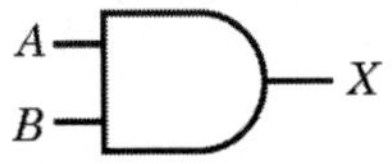
OR회로($A+B$) 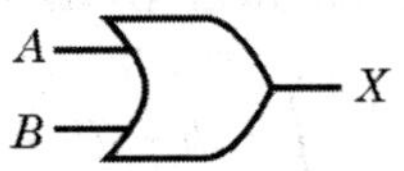
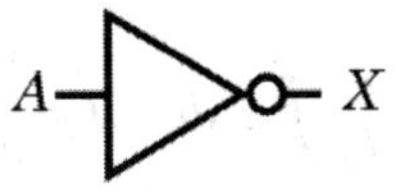
NAND회로(NOT + AND) 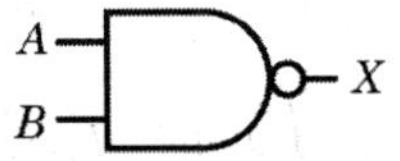
NOR회로(NOT + OR) 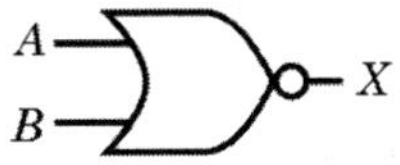
XOR회로 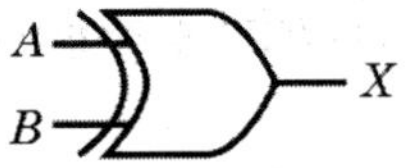

31 상 중 하

프로세스제어의 제어량이 아닌 것은?

① 액위　　② 유량

③ 온도　　④ 자세

해설 제어량에 의한 분류

구분	내용	제어량
서보 기구	기계적 변위를 제어량으로 하는 변화량제어	물체의 방위, 위치, 각도 등
프로세스 제어	플랜트나 생산공정 중의 상태량 제어	온도, 압력, 유량, 농도 등
자동조정 제어	제어량이 전기적, 기계적 양을 제어	주파수, 전압, 전류, 회전속도 힘 등

정답 30 ① 31 ④

32 상 중 하

그림과 같이 전류계 A_1, A_2를 접속할 경우 A_1은 25 [A], A_2는 5 [A]를 지시하였다. 전류계 A_2의 내부저항은 몇 [Ω]인가?

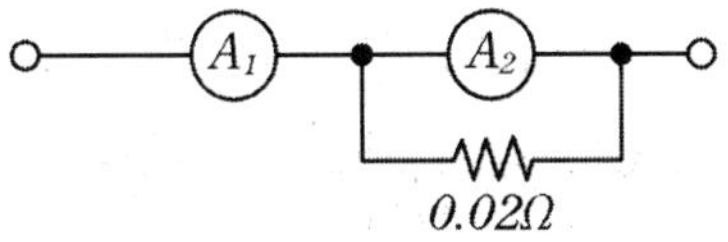

① 0.05　② 0.08
③ 0.12　④ 0.15

해설 병렬회로 전류 분배

$A_1 = A_2 + 0.02$ [Ω]에 흐르는 전류
A_2에 흐르는 전류 = 5 [A]
$A_{V2} = 0.02$ [Ω]에 걸리는 전압
$A_{R2} = 0.02 [Ω] \times 4 = 0.08 [Ω]$

A_1 : A_1에 흐르는 전류
A_2 : A_2에 흐르는 전류
A_{V2} : A_2에 걸리는 전압
A_{R2} : A_2의 내부저항

33 상 중 하

1 [cm]의 간격을 둔 평행 왕복전선에 25 [A]의 전류가 흐른다면 전선 사이에 작용하는 단위 길이당 힘 [N/m]은?

① 2.5×10^{-2} [N/m](반발력)
② 1.25×10^{-2} [N/m](반발력)
③ 2.5×10^{-2} [N/m](흡인력)
④ 1.25×10^{-2} [N/m](흡인력)

해설 평행도체에서의 힘의 크기

$$F = \frac{2I_1I_2}{r} \times 10^{-7}$$
$$= \frac{2 \times 25 \times 25}{0.01} \times 10^{-7}$$
$$= 1.25 \times 10^{-2} [N/m]$$

F : 전선 사이의 단위길이당 힘 [N/m]
I : 전류 [A]
r : 두 도선 간의 거리

TIP ▶ 평행한 왕복도선은 반발력을 갖는다.

34 상 중 하

반도체를 이용한 화재감지기 중 서미스터(Thermistor)는 무엇을 측정하기 위한 반도체 소자인가?

① 온도
② 연기 농도
③ 가스 농도
④ 불꽃의 스펙트럼 강도

해설 서미스터의 특성

- <u>온도변화에 따라 저항값 변함</u>
- <u>온도보상용, 온도계측용</u>
- 부(-) 저항온도계수의 특성 : 온도 증가 시 저항 감소
- 열을 감지하는 감열저항체 소자

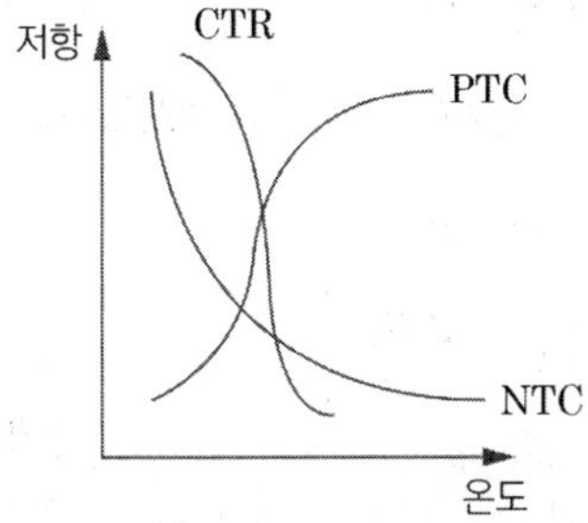

보충 ▶ NTC : <u>저항값은 온도와 반비례</u> (부)
PTC : 저항값은 온도와 비례 (정)

35 상중하

길이 1 [cm]마다 감은 권선수가 50회인 무한장 솔레노이드에 500 [mA]의 전류를 흘릴 때 솔레노이드 내부에서의 자계의 세기는 몇 [AT/m]인가?

① 1250　② 2500
③ 12500　④ 25000

해설 무한장 솔레노이드 자계 계산

$H = NI = 50 \times 100 \times 500 \times 10^{-3}$
$= 2{,}500[AT/m]$

H : 자기장의 세기 [AT/m]
N : 권선수
I : 전류 [A]

36 상중하

직류전원이 연결된 코일에 10 [A]의 전류가 흐르고 있다. 이 코일에 연결된 전원을 제거하는 즉시 저항을 연결하여 폐회로를 구성하였을 때 저항에서 소비된 열량이 24 [cal]이었다. 이 코일의 인덕턴스는 약 몇 [H]인가?

① 0.1　② 0.5
③ 2.0　④ 24

해설 자기 인덕턴스 계산

$W = \frac{1}{2}LI^2[J] = \frac{1}{2}LI^2 \times 0.24 = 0.12LI^2[cal]$

$24 = 0.12 \times L \times 10^2[cal]$

$\therefore L = \frac{24}{0.12 \times 10^2} = 2[H]$

1 [J] = 0.24 [cal]
L : 인덕턴스 [H]
I : 전류 [A]

37 상중하

그림과 같이 접속된 회로에서 a, b 사이의 합성저항은 몇 [Ω]인가?

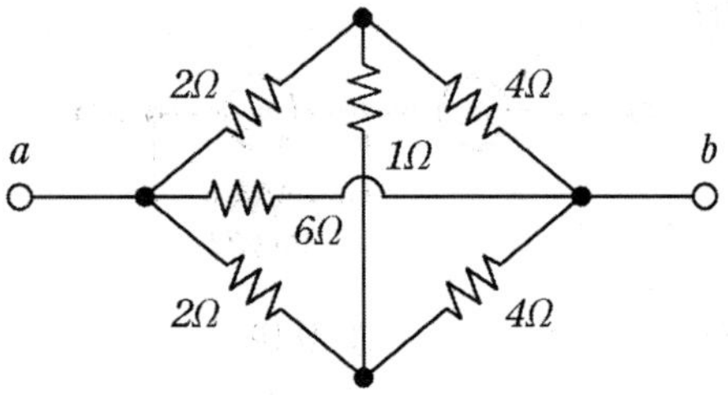

① 1　② 2
③ 3　④ 4

해설 브리지회로 합성저항

휘스톤 브리지에 의해서 1 [Ω]에는 전류가 흐르지 않으므로 없는 것과 같다.

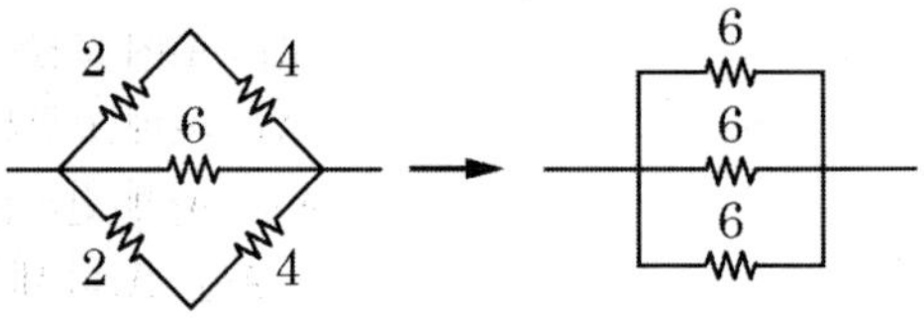

병렬에서 저항값이 같으면 개수로 나눈다.

$R_0 = \frac{1}{m}R = \frac{1}{3} \times 6 = 2\Omega$

병렬접속 $R_0 = \frac{R_1 R_2}{R_1 + R_2}$

직렬접속 $R_0 = R_1 + R_2$

정답 35 ② 36 ③ 37 ②

38 상 중 하

빛이 닿으면 전류가 흐르는 다이오드로서 들어온 빛에 대해 직선적으로 전류가 증가하는 다이오드는?

① 제너다이오드　② 터널다이오드
③ 발광다이오드　④ 포토다이오드

해설 다이오드 종류

명칭	특성
정류용 다이오드	일반적으로 다이오드라 불리는 것으로 정류작용(전류를 한쪽의 (+)나 (-)로만 흐름)
제너다이오드 (정전압다이오드)	주로 정전압 전원회로에 사용(전원·전압을 일정하게 유지, 안정화)
터널다이오드 (PN접합)	증폭작용·발진작용·개폐작용을 하며, 고속 스위칭회로·논리회로에 사용
포토다이오드	빛을 쬐면 광량에 비례하는 전류가 흐름(빛 검출용, 광센서에 사용)

39 상 중 하

한 변의 길이가 150 [mm]인 정방형회로에 1 [A]의 전류가 흐를 때 회로 중심에서의 자계의 세기는 약 몇 [AT/m]인가?

① 5　② 6
③ 9　④ 21

해설 정방형회로 자계의 세기

$$H=\frac{2\sqrt{2}I}{\pi\ell}$$

$$=\frac{2\sqrt{2}\times 1}{\pi\times 150\times 10^{-3}}≒6\ [\mathrm{AT/m}]$$

(1) 정삼각형

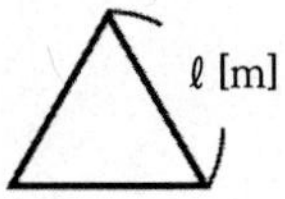

$$H=\frac{9}{2}\frac{I}{\pi l}$$

(2) 정사각형(정방형)

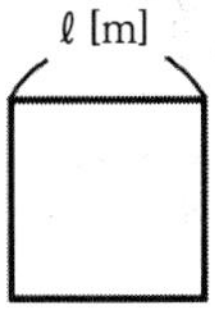

$$H=2\sqrt{2}\frac{I}{\pi l}$$

(3) 정육각형

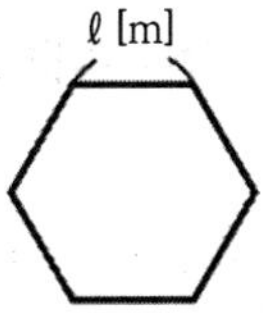

$$H=\sqrt{3}\frac{I}{\pi l}$$

I : 전류 [A]
l : 한 변의 길이 [m]
H : 자계의 세기 [AT/m]

TIP 정방형이 정사각형으로 출제된 적도 있다.

40 상 중 하

전기화재의 원인 중 하나인 누설전류를 검출하기 위해 사용되는 것은?

① 부족전압계전기　② 영상변류기
③ 계기용 변압기　④ 과전류계전기

해설 사용에 따른 목적

종류	특징
과전류계전기(OCR)	과전류 발생 시 동작하는 계전기
과전압계전기(OVR)	과전압 발생 시 동작하는 계전기
부족전압계전기(UVR)	부족전압 발생 시 동작하는 계전기
지락계전기(GR)	지락사고 시 지락전류에 의해 동작하는 계전기(접지계전기), 영상변류기(ZCT)가 필요함 **※ 영상변류기(ZCT) : 전기화재 원인인 누설전류 검출**
열동계전기(THR)	전동기 등의 과부하 보호용으로 사용하는 계전기

정답 38 ④ 39 ② 40 ②

2025년 3회

소방관계법규

3회독 월 일
2회독 월 일
1회독 월 일

목표시간 : 20분 | 시작 : _시 _분 | 종료 : _시 _분 | 맞은 개수 : _ /20

41 상중하

소방기본법령상 소방의 날 설명으로 알맞지 않은 것을 고르시오.

① 국민의 안전의식과 화재에 대한 경각심을 높이고 안전문화를 정착시키기 위한 목적이다.
② 소방의 날 행사에 관하여 필요한 사항은 소방청장 또는 시·도지사가 따로 정하여 시행할 수 있다.
③ 매년 11월 9일을 소방의 날로 정하여 기념행사를 한다.
④ 소방서장은 지역발전을 위해 노력하는 시민단체를 명예직 소방대원으로 위촉할 수 있다.

해설 소방의 날 제정과 운영 등

1) 국민의 안전의식과 화재에 대한 경각심을 높이고 안전문화를 정착시키기 위하여 매년 11월 9일을 소방의 날로 정하여 기념행사를 한다.
2) 소방의 날 행사에 관하여 필요한 사항은 소방청장 또는 시·도지사가 따로 정하여 시행할 수 있다.
3) 소방청장은 다음에 해당하는 사람을 명예직 소방대원으로 위촉할 수 있다.
(1) 「의사상자 등 예우 및 지원에 관한 법률」에 따른 의사상자에 해당하는 사람
(2) 소방행정 발전에 공로가 있다고 인정되는 사람

신유형!

42 상중하

다음 중 의료시설을 고르시오.

① 한의원
② 치과병원
③ 조산원
④ 동물병원

해설 특정소방대상물

① 한의원 : 근린생활시설
② 치과병원 : 의료시설
③ 조산원 : 근린생활시설
④ 동물병원 : 근린생활시설

43 상중하

소방시설 설치 및 관리에 관한 법령상 스프링클러설비를 설치하여야 하는 특정소방대상물의 기준으로 틀린 것은? (단, 위험물 저장 및 처리시설 중 가스시설 또는 지하구는 제외한다)

① 숙박시설로서 바닥면적의 합계가 600 [m^2] 이상
② 특수가연물 저장·취급시설로서 지정수량이 1000배 이상
③ 기숙사로서 연면적 2000 [m^2] 이상
④ 복합건축물로서 연면적 5000 [m^2] 이상

정답 41 ④ 42 ② 43 ③

해설 스프링클러설비 설치대상

설치대상	기준
• 문화 및 집회시설(동·식물원 제외) • 종교시설 • 운동시설(물놀이형 시설 및 바닥이 불연재료이고 관람석이 없는 운동시설은 제외)	• 수용인원 100명 이상 • 영화상영관 바닥면적 : 지하층·무창층 500 [m^2](그 외 1000 [m^2]) 이상 • 무대부 : 지하층·무창층, 4층 이상 300 [m^2](그 외 500 [m^2]) 이상
• 판매시설, 운수시설 • 창고시설(물류터미널)	• 수용인원 500명 이상 • 바닥면적 합계 5000 [m^2] 이상
6층 이상인 특정소방대상물	전 층
• 의료시설(정신의료기관, 종합병원, 병원, 치과병원, 한방병원, 요양병원) • 노유자시설 • 숙박 가능한 수련시설 • 숙박시설 • 산후조리원, 조산원	바닥면적 합계 600 [m^2] 이상인 것은 모든 층
지하상가	연면적 1000 [m^2] 이상
기숙사(교육연구시설·수련시설 내에 있는 학생 수용을 위한 것), 복합건축물	연면적 5000 [m^2] 이상인 모든 층
특수가연물 저장·취급시설	지정수량 1000배 이상
랙식 창고의 높이가 10 [m]를 초과	바닥면적 또는 랙이 설치된 부분의 합계가 1500 [m^2] 이상인 경우 모든 층
전기저장시설, 교정 및 군사시설 중 보호감호소, 교도소, 구치소 및 그 지소, 보호관찰소, 갱생보호시설, 치료감호시설, 소년원 및 소년분류심사원의 수용거실, 보호시설(외국인보호소의 경우에는 보호대상자의 생활공간으로 한정), 유치장	-

44 상 (중) 하

화재예방강화지구의 지정대상이 아닌 것은?

① 공장·창고가 밀집한 지역
② 목조건물이 밀집한 지역
③ 농촌지역
④ 시장지역

해설 화재예방강화지구

1) 지정권자 : 시·도지사
2) 화재예방강화지구 지정 요청 : 소방청장
3) 화재예방강화지구
(1) 시장지역
(2) 공장·창고가 밀집한 지역
(3) 목조건물이 밀집한 지역
(4) 노후·불량건축물이 밀집한 지역
(5) 위험물의 저장 및 처리시설이 밀집한 지역
(6) 석유화학제품을 생산하는 공장이 있는 지역
(7) 산업입지 및 개발에 관한 법률에 따른 산업단지
(8) 소방시설·소방용수시설·소방출동로가 없는 지역
(9) 물류단지
(10) (1) ~ (9)까지 준하는 지역으로서 소방관서장이 화재예방강화지구로 지정할 필요가 있다고 인정하는 지역

45 상 (중) 하

소방시설의 하자가 발생한 경우 통보를 받은 공사업자는 며칠 이내에 이를 보수하거나 보수 일정을 기록한 하자보수계획을 관계인에게 서면으로 알려야 하는가?

① 3일　② 5일
③ 14일　④ 30일

정답 44 ③ 45 ①

해설 하자보수

1) 관계인은 하자보수 보증기간 이내에 소방시설 하자 발생 시 공사업자에게 그 사실을 알려야 한다.
2) 통보받은 공사업자는 3일 이내 하자보수 또는 하자보수계획을 관계인에게 서면으로 알려야 한다.
3) 관계인은 공사업자가 다음 각 호의 어느 하나에 해당하는 경우에는 **소방본부장·서장**에게 그 사실을 알릴 수 있음
   (1) 3일 이내에 하자보수를 이행하지 아니한 경우
   (2) 3일 이내에 하자보수계획을 서면으로 알리지 아니한 경우
   (3) 하자보수계획이 불합리하다고 인정되는 경우

46 상중하

위험물안전관리법령상 자동화재탐지설비를 설치해야 하는 사항으로 틀린 것을 고르시오.

① 연면적이 500 [m²] 이상인 제조소 및 일반취급소
② 지정수량의 100배 이상을 저장 또는 취급하는 옥내저장소(고인화점 위험물만을 저장 또는 취급하는 것은 제외한다)
③ 옥내주유취급소
④ 특수인화물, 제1석유류 및 알코올류를 저장 또는 취급하는 옥외탱크저장소의 탱크 용량이 3000만 리터 이상인 것

해설 경보설비 설치기준

1) 제조소등별 설치해야 하는 경보설비

특정소방대상물	소방시설
• 연면적 500 [m²] 이상 • 옥내에서 지정수량 100배 이상 취급	• 자동화재탐지설비
• 지정수량 10배 이상 저장 또는 취급 (이동탱크저장소 제외)	• 자동화재탐지설비 • 비상경보설비 • 비상방송설비 • 확성장치 중 1종 이상

2) 자동신호장치 갖춘 스프링클러설비 또는 물분무등소화설비 설치한 제조소등은 자동화재탐지설비 설치한 것으로 봄.
3) 자동화재탐지설비·자동화재속보설비·비상경보설비(비상벨장치 또는 경종 포함)·확성장치(휴대용 확성기 포함) 및 비상방송설비로 구분

47 상중하

소방기본법령상 소방신호의 종류로 틀린 것을 고르시오.

① 경보신호 ② 발화신호
③ 해제신호 ④ 훈련신호

해설 소방신호

1) 종류
   (1) 경계신호 : 화재예방상 필요하다고 인정되거나 화재위험경보 시 발령
   (2) 발화신호 : 화재가 발생한 때 발령
   (3) 해제신호 : 소화활동이 필요 없다고 인정되는 때 발령
   (4) 훈련신호 : 훈련상 필요하다고 인정되는 때 발령
2) 방법

종별	타종신호	사이렌신호
경계신호	1타, 연 2타 반복	5초 간격 30초씩 3회
발화신호	난타	5초 간격 5초씩 3회
해제신호	상당한 간격 1타씩 반복	1분간 1회
훈련신호	연 3타 반복	10초 간격 1분씩 3회

정답 46 ④ 47 ①

48 상 중 하

위험물안전관리법령상 위험물 및 지정수량에 대한 기준 중 다음 (　) 안에 알맞은 것은?

> 금속분이라 함은 알칼리금속·알칼리토류금속·철 및 마그네슘 외의 금속의 분말을 말하고, 구리분·니켈분 및 (㉠) 마이크로미터의 체를 통과하는 것이 (㉡) 중량퍼센트 미만인 것은 제외한다.

① ㉠ 150, ㉡ 50　② ㉠ 53, ㉡ 50
③ ㉠ 50, ㉡ 150　④ ㉠ 50, ㉡ 53

해설 위험물의 정의(금속분)

- 알칼리금속·알칼리토류금속·철·마그네슘 외의 금속 분말
- 구리분·니켈분 및 150 [μm]의 체를 통과하는 것이 50중량퍼센트 미만인 것 제외

49 상 중 하

화재의 예방 및 안전관리에 관한 법률상 보일러 등의 위치·구조 및 관리와 화재예방을 위하여 불의 사용에 있어서 지켜야 하는 사항 중 보일러에 경유·등유 등 액체연료를 사용하는 경우에 연료탱크는 보일러 본체로부터 수평거리 최소 몇 [m] 이상의 간격을 두어 설치해야 하는가?

① 0.5　② 0.6
③ 1　④ 2

해설 보일러 화재예방(경유·등유 사용)

1) 가연성 벽·바닥·천장과 접촉하는 증기기관·연통의 부분은 규조토 등 난연성 단열재로 덮어씌울 것
2) 액체연료(경유·등유 등)을 사용하는 경우
   (1) 연료탱크는 보일러 본체로부터 수평거리 1 [m] 이상
   (2) 연료차단 개폐밸브는 연료탱크로부터 0.5 [m] 이내
   (3) 연료탱크 또는 연료공급 배관에는 여과장치 설치
   (4) 사용이 허용된 연료만 사용
   (5) 불연재료 받침대를 설치하여 넘어짐 방지
3) 기체연료 설치기준
   (1) 환기구 설치 등 가연성 가스가 머무르지 않도록 함
   (2) 연료를 공급하는 배관은 금속관
   (3) 연료차단 개폐밸브는 연료용기 등으로부터 0.5 [m] 이내
   (4) 가스누설경보기 설치

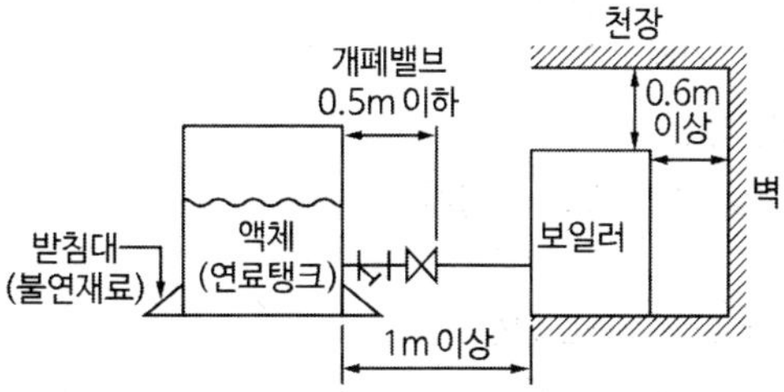

50 상 중 하

화재의 예방 및 안전관리에 관한 법령상 특수가연물의 저장 및 취급의 기준 중 (　)에 들어갈 내용으로 옳은 것은? (단, 석탄·목탄류의 경우는 제외한다)

> 쌓는 높이는 (㉠) [m] 이하가 되도록 하고, 쌓는 부분의 바닥면적은 (㉡) [m^2] 이하가 되도록 할 것

① ㉠ 15, ㉡ 200
② ㉠ 15, ㉡ 300
③ ㉠ 10, ㉡ 30
④ ㉠ 10, ㉡ 50

해설 특수가연물 저장기준

1) 품명별로 구분하여 쌓을 것
2) 일반적인 경우
   (1) 쌓는 높이 : 10 [m] 이하
   (2) 쌓는 부분 바닥 : 50 [m^2] 이하(석탄·목탄류 : 200 [m^2] 이하)
3) 살수설비, 대형 수동식 소화기 설치하는 경우
   (1) 쌓는 높이 : 15 [m] 이하
   (2) 쌓는 부분의 바닥면적 : 200 [m^2] 이하(석탄·목탄류 : 300 [m^2] 이하)

정답 48 ① 49 ③ 50 ④

51 상 중 하

다음 중 품질이 우수하다고 인정되는 소방용품에 대하여 우수품질인증을 할 수 있는 자는?

① 산업통상자원부장관
② 시·도지사
③ 소방청장
④ 소방본부장 또는 소방서장

해설 우수품질 제품 인증

1) 소방청장은 형식승인의 대상이 되는 소방용품 중 품질이 우수하다고 인정하는 소방용품에 대하여 인증(이하 "우수품질인증"이라 한다)을 할 수 있다.
2) 우수품질인증을 받으려는 자는 행정안전부령으로 정하는 바에 따라 소방청장에게 신청하여야 한다.
3) 우수품질인증을 받은 소방용품에는 우수품질인증 표시를 할 수 있다.
4) 우수품질인증의 유효기간은 5년의 범위에서 행정안전부령으로 정한다.
5) 소방청장은 다음 각 호의 어느 하나에 해당하는 경우에는 우수품질인증을 취소할 수 있다. 다만 제1호에 해당하는 경우에는 우수품질인증을 취소하여야 한다.
   (1) 거짓이나 그 밖의 부정한 방법으로 우수품질인증을 받은 경우
   (2) 우수품질인증을 받은 제품이 「발명진흥법」에 따른 산업재산권 등 타인의 권리를 침해하였다고 판단되는 경우
6) 1)부터 5)까지에서 규정한 사항 외에 우수품질인증을 위한 기술기준, 제품의 품질관리 평가, 우수품질인증의 갱신, 수수료, 인증표시 등 우수품질인증에 필요한 사항은 행정안전부령으로 정한다.

52 상 중 하

소방기본법령상 저수조의 설치기준으로 틀린 것은?

① 지면으로부터의 낙차가 4.5 [m] 이상일 것
② 흡수부분의 수심이 0.5 [m] 이상일 것
③ 흡수에 지장이 없도록 토사 및 쓰레기 등을 제거할 수 있는 설비를 갖출 것
④ 흡수관의 투입구가 사각형의 경우에는 한변의 길이가 60 [cm] 이상, 원형의 경우에는 지름이 60 [cm] 이상일 것

해설 소방용수시설 설치기준

1) 소화전
- 상수도와 연결, 지하식·지상식 구조
- 연결금속구 구경 : 65 [mm]

2) 급수탑
- 급수배관 구경 : 100 [mm] 이상
- 개폐밸브 : 지상 1.5 [m] 이상 1.7 [m] 이하

3) 저수조
- 지면으로부터의 낙차 : 4.5 [m] 이하
- 흡수부분 수심 : 0.5 [m] 이상일 것
- 흡수관 투입구 : 사각형 한 변 60 [cm]
  원형 지름 60 [cm] 이상

53 상 중 하

위험물안전관리법상 업무상 과실로 제조소등에서 위험물을 유출·방출 또는 확산시켜 사람의 생명·신체 또는 재산에 대하여 위험을 발생시킨 자에 대한 벌칙기준은?

① 5년 이하의 금고 또는 2000만 원 이하의 벌금
② 5년 이하의 금고 또는 7000만 원 이하의 벌금
③ 7년 이하의 금고 또는 2000만 원 이하의 벌금
④ 7년 이하의 금고 또는 7000만 원 이하의 벌금

정답 51 ③ 52 ① 53 ④

해설 위험물법 벌칙

- 5년 이하 징역 또는 1억 원 이하 벌금
  제조소등의 설치허가를 받지 아니하고 제조소등을 설치한 자
- 7년 이하 금고 또는 7천만 원 이하 벌금
  업무상 과실로 위험물 유출·방출시켜 생명·신체·재산에 위험을 발생시킨 자
- 10년 이하 금고 또는 1억 원 이하 벌금
  업무상 과실로 위험물 유출·방출시켜 사람을 사상에 이르게 한 자

54 상 중 하

위험물안전관리법령상 위험물의 안전관리와 관련된 업무를 수행하는 자로서 소방청장이 실시하는 안전교육대상자가 아닌 것은?

① 안전관리자로 선임된 자
② 탱크시험자의 기술인력으로 종사하는 자
③ 위험물운송자로 종사하는 자
④ 제조소등의 관계인

해설 안전교육 대상자

1) 안전원에 위탁
  (1) 위험물 운반자, 위험물 운송자의 요건을 갖추려는 사람
  (2) 위험물 취급자격자의 자격을 갖추려는 사람
  (3) 안전관리자로 선임된 자 및 위험물 운송자, 운반자에 대한 안전교육
2) 기술원에 위탁
  탱크시험자의 기술인력으로 종사하는 자

55 상 중 하

소방기본법에서 정의하는 소방대상물에 해당하지 않는 것은?

① 산림　② 차량
③ 건축물　④ 항해 중인 선박

해설 소방대상물

- 건축물
- 차량
- 선박(항구에 매어 둔 것)
- 산림, 그 밖의 인공구조물 또는 물건

56 상 중 하

소방기본법령상 소방대장은 화재, 재난·재해 그 밖의 위급한 상황이 발생한 현장에 소방활동구역을 정하여 소방활동에 필요한 자로서 대통령령으로 정하는 사람 외에는 그 구역에의 출입을 제한할 수 있다. 다음 중 소방활동구역에 출입할 수 없는 사람은?

① 소방활동구역 안에 있는 소방대상물의 소유자·관리자 또는 점유자
② 전기·가스·수도·통신·교통의 업무에 종사하는 사람으로서 원활한 소방활동을 위하여 필요한 사람
③ 시·도지사가 소방활동을 위하여 출입을 허가한 사람
④ 의사·간호사 그 밖에 구조·구급업무에 종사하는 사람

해설 소방활동구역 출입자

- 소방활동구역 안에 있는 소방대상물의 소유자·관리자 또는 점유자
- 전기·가스·수도·통신·교통 업무 종사자로 소방활동 위하여 필요한 사람
- 의사·간호사, 구조·구급업무 종사자
- 취재인력 등 보도업무 종사자
- 수사업무 종사자
- 소방대장이 소방활동 위해 출입을 허가한 자

정답 54 ④ 55 ④ 56 ③

57 상중하

소방기본법령상 소방활동장비와 설비의 구입 및 설치 시 국고보조의 대상이 아닌 것은?

① 소방자동차
② 사무용 집기
③ 소방헬리콥터 및 소방정
④ 소방전용통신설비 및 전산설비

해설 소방장비 등에 대한 국고보조

1) 국고보조
  (1) 국가는 시·도 소방장비구입 등의 경비를 일부 보조함
  (2) 국가보조 대상사업의 범위와 기준 보조율 : 대통령령인 「보조금관리에 관한 법률 시행령」
  (3) 소방활동장비 및 설비의 종류와 규격 : 행정안전부령
2) 국고보조 대상사업의 범위
  (1) 소방활동장비와 설비의 구입 및 설치
    ① 소방자동차
    ② 소방헬리콥터 및 소방정
    ③ 소방전용통신설비 및 전산설비
    ④ 그 밖에 방화복 등 소방활동에 필요한 소방장비
  (2) 소방관서용 청사의 건축

58 상중하

소방시설 설치 및 관리에 관한 법령상 방염성능기준 이상의 실내장식물 등을 설치해야 하는 특정소방대상물이 아닌 것은?

① 숙박이 가능한 수련시설
② 층수가 11층 이상인 아파트
③ 건축물 옥내에 있는 종교시설
④ 방송통신시설 중 방송국 및 촬영소

해설 방염

1) 방염성능기준 : 대통령령
2) 방염성능기준 이상의 실내장식물 등을 설치해야 하는 특정소방대상물
  (1) 근린생활시설 중 의원, 조산원, 산후조리원, 체력단련장, 공연장 및 종교집회장, 치과의원, 한의원
  (2) 건축물의 옥내에 있는 시설
    ① 문화 및 집회시설
    ② 종교시설
    ③ 운동시설(수영장 제외)
  (3) 의료시설
  (4) 교육연구시설 중 합숙소
  (5) 노유자시설
  (6) 숙박이 가능한 수련시설
  (7) 숙박시설
  (8) 방송통신시설 중 방송국 및 촬영소
  (9) 다중이용업소
  (10) 층수가 11층 이상인 것(아파트 제외)

59 상중하

다음 중 화재의 예방 및 안전관리에 관한 법령상 특수가연물에 해당하는 품명별 기준수량으로 틀린 것은?

① 사류 1000 [kg] 이상
② 면화류 200 [kg] 이상
③ 나무껍질 및 대팻밥 400 [kg] 이상
④ 넝마 및 종이부스러기 500 [kg] 이상

해설 특수가연물

품명	수량
면화류	**2**00 [kg] 이상
나무껍질 및 **대**팻밥	**4**00 [kg] 이상
넝마 및 종이부스러기	**1000** [kg] 이상
사류, **볏**짚류	**1000** [kg] 이상
가연성 **고**체류	**3**000 [kg] 이상
석탄·**목**탄류	**10000** [kg] 이상

정답 57 ② 58 ② 59 ④

품명		수량
가연성 **액**체류		**2** [m^3] 이상
목재가공품 및 나무부스러기		10 [m^3] 이상
고무류 · 플라스틱류	**발**포시킨 것	**2**0 [m^3] 이상
	그 밖의 것	3000 [kg] 이상

암기 ▶ 면이 나대싸 넘사벽 천 가고삼 석목만 가액이 고발이

60 상 중 하

소방안전관리자 및 소방안전관리보조자에 대한 실무교육의 교육대상, 교육일정 등 실무교육에 필요한 계획을 수립하여 매년 누구의 승인을 얻어 교육을 실시하는가?

① 한국소방안전원장
② 소방본부장
③ 소방청장
④ 시·도지사

해설 소방안전관리자 실무교육

실무교육의 대상, 일정·횟수 등을 포함한 실무교육의 실시 계획을 매년 수립·시행해야 함

- 승인자 : 소방청장
- 통보 : 교육실시 30일 전까지 교육대상자에게 통보
- 주기 : 선임된 날부터 6개월 이내, 교육실시 후 2년마다 1회 이상 실시

정답 60 ③

2025년 3회

소방전기시설의 구조 및 원리

3회독	월 일
2회독	월 일
1회독	월 일

목표시간 : 30분 | 시작 : _시 _분 | 종료 : _시 _분 | 맞은 개수 : _ /20

신유형!

61 상 중 하

소방시설 설치 및 관리에 관한 법률에 따라 비상경보설비를 설치해야 하는 특정소방대상물 기준으로 알맞은 것을 고르시오. (단, 모래·석재 등 불연재료 공장 및 창고시설, 위험물 저장 및 처리시설 중 가스시설, 사람이 거주하지 않거나 벽이 없는 축사 등 동물 및 식물 관련 시설 및 지하구는 제외한다)

> 1. 터널로서 길이가 (㉠) [m] 이상인 것
> 2. (㉡)명 이상의 근로자가 작업하는 옥내 작업장

① ㉠ 500 ㉡ 100
② ㉠ 500 ㉡ 50
③ ㉠ 1000 ㉡ 50
④ ㉠ 1000 ㉡ 100

해설 소방시설 설치 및 관리에 관한 법률 시행령 [별표 4]

비상경보설비를 설치해야 하는 특정소방대상물(모래·석재 등 불연재료 공장 및 창고시설, 위험물 저장 및 처리시설 중 가스시설, 사람이 거주하지 않거나 벽이 없는 축사 등 동물 및 식물 관련 시설 및 지하구는 제외한다)은 다음의 어느 하나에 해당하는 것으로 한다.

1) 연면적 400 [m^2] 이상인 것은 모든 층
2) 지하층 또는 무창층의 바닥면적이 150 [m^2](공연장의 경우 100 [m^2]) 이상인 것은 모든 층
3) 터널로서 길이가 500 [m] 이상인 것
4) 50명 이상의 근로자가 작업하는 옥내 작업장

신유형!

62 상 중 하

지하 3층의 모든 지하층 바닥면적의 합이 1200 [m^2]이며, 지상 11층인 건축물에 비상콘센트설비를 설치해야 하는 층을 고르시오.

① 모든 지하층
② 모든 지하층, 지상 11층
③ 지하 3층, 지상 10, 11층
④ 지상 11층

해설 비상콘센트설비 설치대상

소방대상물	설치대상
층수가 11층 이상인 특정소방대상물	11층 이상의 층
지하층의 층수가 3층 이상이고 지하층의 바닥면적의 합계가 1000 [m^2] 이상인 것	지하층의 모든 층
터널	길이 500 [m] 이상
위험물 저장 및 처리시설 중 가스시설 또는 지하구는 제외	

정답 61 ② 62 ②

신유형!

63 상중하

시각경보장치의 성능인증 및 제품검사의 기술기준상 전원 입력 단자에 사용정격전압을 인가한 뒤, 신호장치에서 작동신호를 보냈을 때 점멸주기를 고르시오.

① 1분간 점멸회수를 측정하는 경우 점멸주기는 매 초당 1회 이상 3회 이내

② 1분간 점멸회수를 측정하는 경우 점멸주기는 매 초당 20회 이상

③ 1분간 점멸회수를 측정하는 경우 점멸주기는 매 초당 60회 이상

④ 1분간 점멸회수를 측정하는 경우 점멸주기는 매 초당 100회 이상

해설 시각경보장치의 기능

1) 시각경보장치에 작동신호를 보내어 약 1분간 점멸횟수를 측정하는 경우 점멸주기는 매 초당 1회 이상 3회 이하여야 한다.
2) 광원은 투명 또는 흰색이어야 하며 최대 1000 칸델라를 초과하지 않아야 한다.
3) 시각경보장치에 작동신호를 보내는 경우 3초 이내 경보를 발하여야 하며 정지신호를 받았을 경우에는 3초 이내 정지되어야 한다.
4) 작동 상태인 시각경보장치(건전지를 주전원으로 하는 무선식 시각경보장치는 제외한다)의 최대소비전류는 설계값(소비전류 설계값) 이하이어야 한다.

64 상중하

누전경보기의 형식승인 및 제품검사의 기술기준에 따라 누전경보기의 변류기는 직류 500 [V]의 절연저항계로 절연된 1차권선과 2차권선 간의 절연저항 시험을 할 때 몇 [$M\Omega$] 이상이어야 하는가?

① 0.1 ② 5

③ 10 ④ 20

해설 누전경보기 절연저항시험

1) 측정장치 : DC 500 [V]의 절연저항계
2) 절연저항시험 : 5 [MΩ] 이상
3) 측정위치

구분	측정 개소
수신부	(1) 절연된 충전부와 외함 간 (2) 차단기구의 개폐부 • 열린 상태 : 같은 극의 전원단자와 부하 측 단자 사이 • 닫힌 상태 : 충전부와 손잡이 사이
변류기	(1) 절연된 1차 권선과 2차 권선 간 (2) 절연된 1차 권선과 외부 금속부 간 (3) 절연된 2차 권선과 외부 금속부 간

65 상중하

유도등 및 유도표지의 화재안전기술기준(NFTC 303)에 따라 설치하는 유도표지는 계단에 설치하는 것을 제외하고는 각 층마다 복도 및 통로의 각 부분으로부터 하나의 유도표지까지의 보행거리가 몇 [m] 이하가 되는 곳과 구부러진 모퉁이의 벽에 설치하여야 하는가?

① 10 ② 15

③ 20 ④ 25

정답 63 ① 64 ② 65 ②

해설 유도표지 설치기준

1) 설치기준
   (1) 계단에 설치하는 것을 제외하고 각 층마다 복도 및 통로의 각 부분으로부터 하나의 유도표지까지의 보행거리가 15 [m] 이하가 되는 곳과 구부러진 모퉁이의 벽에 설치할 것
   (2) 주위에는 이와 유사한 등화·광고물·게시물 등을 설치하지 아니할 것
   (3) 유도표지는 부착판 등을 사용하여 쉽게 떨어지지 아니하도록 설치할 것
   (4) 축광방식의 유도표지는 외광 또는 조명장치에 의하여 상시 조명이 제공되거나 비상조명등에 의한 조명이 제공되도록 설치할 것
2) 설치높이
   피난구 유도표지는 출입구 상단에 설치하고, 통로유도표지는 바닥으로부터 높이 1 [m] 이하 위치에 설치할 것

66 (상중하)

유도등 및 유도표지의 화재안전기술기준(NFTC 303)에 따라 지하층을 제외한 층수가 11층 이상인 특정소방대상물의 유도등의 비상전원을 축전지로 설치한다면 피난층에 이르는 부분의 유도등을 몇 분 이상 유효하게 작동시킬 수 있는 용량으로 하여야 하는가?

① 10　② 20
③ 50　④ 60

해설 유도등의 전원

1) 축전지, 전기저장장치, 교류전압의 옥내간선으로 하고 전원까지의 배선은 전용으로 할 것
2) 비상전원
   (1) 축전지(알칼리계 2차 축전지)
   (2) 용량 : 유도등은 20분 이상 작동
   (3) 60분 이상 작동해야 하는 경우
      ① 지하층을 제외한 층수가 11층 이상의 층
      ② 지하층, 무창층의 용도가 도매·소매시장·여객자동차터미널·지하역사 또는 지하상가

67 (상중하)

누전경보기의 형식승인 및 제품검사의 기술기준에 따라 누전경보기의 수신부는 그 정격전압에서 몇 회의 누전작동시험을 실시하는가?

① 1000회
② 5000회
③ 10000회
④ 20000회

해설 누전경보기 성능

1) 조작이 쉽고 작동이 확실하여야 하며, 정지점이 명확하고 적정하여야 한다.
2) 각 접점의 최대사용전압으로 최대사용전류의 200 [%]인 전류를 저항부하를 통하여 흘리는 작동을 1만 회(전원스위치의 경우에는 5천 회) 반복하는 경우 그 구조 또는 기능에 이상이 생기지 아니하여야 한다.
3) 접점은 최대사용전류 용량에 적합하여야 하고 부식될 우려가 없는 것이어야 한다.
4) 눕혀서 끊어지는 형의 스위치(수은스위치 등)을 사용할 경우에는 정위치에 복귀시키는 것을 잊지 아니하도록 알려주는 적당한 장치를 하여야 한다.

68 (상중하)

무선통신보조설비의 화재안전기술기준(NFTC 505)에 따라 금속제 지지금구를 사용하여 무선통신 보조설비의 누설동축케이블을 벽에 고정시키고자 하는 경우 몇 [m] 이내마다 고정시켜야 하는가? (단, 불연재료로 구획된 반자 안에 설치하는 경우는 제외한다)

① 2　② 3
③ 4　④ 5

정답 66 ④ 67 ③ 68 ③

해설 누설동축케이블 설치기준

1) 소방전용주파수대에서 전파의 전송 또는 복사에 적합한 것으로서 소방전용의 것으로 할 것(다만 소방대 상호 간의 무선연락에 지장 없는 경우에는 다른 용도와 겸용 가능하다)
2) 누설동축케이블과 이에 접속하는 안테나 또는 동축케이블과 이에 접속하는 안테나에 따른 것으로 할 것
3) 누설동축케이블은 불연 또는 난연성의 것으로서 습기에 따라 전기의 특성이 변질되지 아니하는 것으로 하고, 노출하여 설치한 경우에는 피난 및 통행에 장애가 없도록 할 것
4) 누설동축케이블은 화재에 따라 해당 케이블의 피복이 소실된 경우에 케이블 본체가 떨어지지 아니하도록 4 [m] 이내마다 금속제 또는 자기제 등의 지지금구로 벽·천장·기둥 등에 견고하게 고정시킬 것(다만 불연재료로 구획된 반자 안에 설치하는 경우에는 그러하지 않는다)
5) 누설동축케이블 및 안테나는 금속판 등에 따라 전파의 복사 또는 특성이 현저하게 저하되지 아니하는 위치에 설치할 것
6) 누설동축케이블 및 안테나는 고압의 전로로부터 1.5 [m] 이상 떨어진 위치에 설치할 것(다만 해당 전로에 정전기 차폐장치를 유효하게 설치한 경우에는 그러하지 않는다)
7) 누설동축케이블의 끝부분에는 무반사 종단저항을 견고하게 설치할 것
8) 누설동축케이블 또는 동축케이블의 임피던스는 50 [Ω]으로 하고, 이에 접속하는 안테나·분배기 기타의 장치는 해당 임피던스에 적합한 것으로 하여야 한다.

69 상 중 하

자동화재탐지설비 및 시각경보장치의 화재안전기술기준(NFTC 203)에 따라 외기에 면하여 상시 개방된 부분이 있는 차고·주차장·창고 등에 있어서는 외기에 면하는 각 부분으로부터 몇 [m] 미만의 범위 안에 있는 부분은 경계구역의 면적에 산입하지 아니하는가?

① 1　　② 3
③ 5　　④ 10

해설 경계구역

1) 수평적 경계구역
  (1) 하나의 경계구역이 2개 건축물 및 2 이상의 층에 미치지 않을 것(다만 2개의 층을 하나의 경계구역으로 산정하는 경우 : 바닥 합 500 [m^2] 이하)
  (2) 하나의 경계구역 면적 : 600 [m^2] 이하
    ① 한 변 길이 : 50 [m] 이하
    ② 주출입구에서 내부 전체 보이는 것 : 한 변의 길이가 50 [m]의 범위 내 1000 [m^2] 이하
    ③ 터널 : 하나의 경계구역의 길이는 100 [m] 이하
2) 수직적 경계구역
  (1) 계단·경사로(에스컬레이터 포함)는 별도의 경계구역 산정 → 45 [m] 이하
  (2) 엘리베이터 승강로(권상기실 포함)·린넨슈트·파이프피트 및 덕트 기타 이와 유사한 부분은 별도의 경계구역 산정 → 높이기준 없음
  (3) 지하층의 계단 및 경사로(지하층 층수 1일 경우 제외)는 별도로 경계구역 산정
3) 상시 개방된 부분 있는 차고·주차장·창고 : 외기에 면하는 각 부분부터 5 [m] 미만은 면적 산입 제외

정답 69 ③

70 상중하

비상콘센트설비의 화재안전기술기준(NFTC 504)에 따른 비상콘센트설비의 전원회로(비상콘센트에 전력을 공급하는 회로를 말한다)의 시설기준으로 옳은 것은?

① 하나의 전용회로에 설치하는 비상콘센트는 12개 이하로 할 것
② 전원회로는 단상교류 220 [V]인 것으로서 그 공급용량은 1.0 [kVA] 이상인 것으로 할 것
③ 비상콘센트용의 풀박스 등은 방청도장을 한 것으로서 두께 1.2 [mm] 이상의 철판으로 할 것
④ 전원으로부터 각 층의 비상콘센트에 분기되는 경우에는 분기배선용 차단기를 보호함 안에 설치할 것

해설 비상콘센트설비 전원회로 설치기준

1) 비상콘센트설비의 전원회로는 단상교류 220 [V]인 것으로서 그 공급용량은 1.5 [kVA] 이상인 것으로 할 것
2) 전원회로는 각 층에 2 이상이 되도록 설치할 것. 다만 설치해야 할 층의 비상콘센트가 1개인 때에는 하나의 회로로 할 수 있다.
3) 전원회로는 주배전반에서 전용회로로 할 것. 다만 다른 설비회로의 사고에 따른 영향을 받지 않도록 되어 있는 것은 그렇지 않다.
4) <u>전원으로부터 각 층의 비상콘센트에 분기되는 경우에는 분기배선용 차단기를 보호함 안에 설치할 것</u>
5) 콘센트마다 배선용 차단기(KS C 8321)를 설치해야 하며, 충전부가 노출되지 않도록 할 것
6) 개폐기에는 “비상콘센트”라고 표시한 표지를 할 것
7) 비상콘센트용의 풀박스 등은 방청도장을 한 것으로서 두께 1.6 [mm] 이상의 철판으로 할 것
8) 하나의 전용회로에 설치하는 비상콘센트는 10개 이하로 할 것. 이 경우 전선의 용량은 각 비상콘센트(비상콘센트가 3개 이상인 경우에는 3개)의 공급용량을 합한 용량 이상의 것으로 해야 한다.
9) 비상콘센트의 플러그접속기는 접지형 2극 플러그접속기(KS C 8305)를 사용해야 한다.
10) 비상콘센트의 플러그접속기의 칼받이의 접지극에는 접지공사를 해야 한다.

71 상중하

무선통신보조설비의 화재안전기술기준(NFTC 505)에 따른 설치 제외에 대한 내용이다. 다음 ( )에 들어갈 내용으로 옳은 것은?

> (㉠)으로서 특정소방대상물의 바닥 부분 2면 이상이 지표면과 동일하거나 지표면으로부터의 깊이가 (㉡) [m] 이하인 경우에는 해당 층에 한하여 무선통신보조설비를 설치하지 아니할 수 있다.

① ㉠ 지하층, ㉡ 1
② ㉠ 지하층, ㉡ 2
③ ㉠ 무창층, ㉡ 1
④ ㉠ 무창층, ㉡ 2

해설 무선통신보조설비 설치 제외 장소

1) 지하층으로서 특정소방대상물의 바닥부분 2면 이상이 지표면과 동일한 층
2) 지하층으로서 지표면으로부터의 깊이가 1 [m] 이하인 층

72 상중하

비상전원이 유도등을 60분 이상 유효하게 작동시킬 수 있는 용량으로 하지 않아도 되는 특정소방대상물은?

① 지하층을 제외한 층수가 13층인 특정소방대상물
② 지하층인 도매시장
③ 지하층인 지하상가
④ 지하층을 제외한 층수가 9층인 특정소방대상물

정답 70 ④ 71 ① 72 ④

해설 유도등 및 유도표지의 화재안전기술기준(NFTC 303)

2.7.2 비상전원은 다음의 기준에 적합하게 설치해야 한다.
2.7.2.1 축전지로 할 것
2.7.2.2 유도등을 20분 이상 유효하게 작동시킬 수 있는 용량으로 할 것. 다만 다음의 특정소방대상물의 경우에는 그 부분에서 피난층에 이르는 부분의 유도등을 60분 이상 유효하게 작동시킬 수 있는 용량으로 해야 한다.
2.7.2.2.1 지하층을 제외한 층수가 11층 이상의 층
2.7.2.2.2 지하층 또는 무창층으로서 용도가 도매시장·소매시장·여객자동차터미널·지하역사 또는 지하상가

73 상 중 하

정온식 감지기의 설치 시 공칭작동온도가 최고주위온도보다 최소 몇 [℃] 이상 높은 것으로 설치하여야 하나?

① 10 ② 20
③ 30 ④ 40

해설 감지기 설치

- 스포트형 감지기 설치할 때 각도가 45° 이상 경사가 되지 않도록 설치
- 보상식 스포트형 감지기는 정온점이 감지기 주위의 평상시 최고 온도보다 20 [℃] 이상 높은 것으로 설치
- 정온식 감지기의 경우 작동온도가 주위 최고 온도보다 20 [℃] 이상 높은 것으로 설치

74 상 중 하

자동화재탐지설비의 감지기회로에 설치하는 종단저항의 설치기준으로 틀린 것은?

① 감지기회로 끝부분에 설치한다.
② 점검 및 관리가 쉬운 장소에 설치하여야 한다.
③ 전용함에 설치하는 경우 그 설치높이는 바닥으로부터 0.8 [m] 이내에 설치하여야 한다.
④ 종단감지기에 설치할 경우에는 구별이 쉽도록 해당감지기의 기판 및 감지기 외부 등에 별도의 표시를 하여야 한다.

해설 도통시험 위한 종단저항

- 점검 및 관리가 쉬운 장소에 설치
- 설치높이 : 1.5 [m] 이하(전용함 설치)
- 감지기회로 끝부분 설치
- 종단감지기에 설치 시 : 기판·감지기 외부등 별도표시
- 도통시험을 하기 위해 설치

75 상 중 하

부착높이가 11 [m]인 장소에 적응성 있는 감지기는?

① 차동식 분포형 ② 정온식 스포트형
③ 차동식 스포트형 ④ 정온식 감지선형

해설 감지기 설치

부착높이	감지기 종류
8 [m] 이상 ~ 15 [m] 미만	• 차동식 분포형 • 이온화식 1종·2종 • 광전식 1종·2종 • 연기복합형 • 불꽃감지기
15 [m] 이상 ~ 20 [m] 미만	이온화식 1종, 광전식(스포트형, 분리형, 공기흡입형) 1종, 연기복합형, 불꽃감지기
20 [m] 이상	불꽃·광전식(분리형, 공기흡입형) 중 아날로그방식

정답 73 ② 74 ③ 75 ①

76 상중하

비상경보설비 및 단독경보형 감지기의 화재안전기술기준에 따라 바닥면적이 450 [m^2]일 경우 단독경보형 감지기의 최소 설치개수는?

① 1개 ② 2개
③ 3개 ④ 4개

해설 단독경보형 감지기 설치기준

1) 각 실(이웃하는 실내 바닥 면적이 각각 30 [m^2] 미만이고 벽체의 상부의 전부 또는 일부가 개방되어 이웃하는 실내와 공기가 상호 유통되는 경우 이를 1개의 실로 본다)마다 설치하되, 바닥 면적이 150 [m^2]를 초과하는 경우에는 150 [m^2]마다 1개 이상 설치할 것

∴ 설치개수 = 450/150 = 3개

2) 최상층의 계단실의 천장(외기 상통하는 계단실 경우 제외)에 설치할 것
3) 건전지를 주전원으로 사용하는 단독경보형 감지기는 정상적인 작동 상태를 유지할 수 있도록 건전지를 교환할 것
4) 상용전원을 주전원으로 사용하는 단독경보형 감지기의 2차 전지는 제품검사시험에 합격한 것을 사용할 것

77 상중하

유도등 및 유도표지의 화재안전기술기준(NFTC 303)에 따른 객석유도등의 설치기준이다. 다음 ( )에 들어갈 내용으로 옳은 것은?

객석유도등은 객석의 (㉠), (㉡) 또는 (㉢)에 설치하여야 한다.

① ㉠ 통로, ㉡ 바닥, ㉢ 벽
② ㉠ 바닥, ㉡ 천장, ㉢ 벽
③ ㉠ 통로, ㉡ 바닥, ㉢ 천장
④ ㉠ 바닥, ㉡ 통로, ㉢ 출입구

해설 객석유도등

- 객석의 통로, 바닥 또는 벽에 설치할 것
- 설치개수

$$= \frac{\text{객석 통로 직선부분 길이}(m)}{4} - 1$$

TIP ▶ 소수점 이하의 수는 절상할 것

78 상중하

비상방송설비의 화재안전기술기준(NFTC 202)에 따라 비상방송설비 음향장치의 설치기준 중 다음 ( )에 들어갈 내용으로 옳은 것은?

층수가 (㉠)층 (공동주택의 경우에는 ㉡층) 이상의 특정소방대상물의 1층에서 발화한 때에는 발화층·그 직상 4개 층 및 지하층에 경보를 발할 수 있도록 하여야 한다.

① ㉠ 5, ㉡ 7
② ㉠ 7, ㉡ 5
③ ㉠ 11, ㉡ 16
④ ㉠ 16, ㉡ 11

해설 비상방송설비 음향향장치 경보(우선경보)

층수가 11층(공동주택의 경우에는 16층) 이상의 특정소방대상물은 다음과 같은 경보를 발할 수 있어야 한다.

1) 2층 이상의 층에서 발화한 때에는 발화층 및 그 직상 4개 층에 경보
2) 1층에서 발화한 때에는 발화층·그 직상 4개 층 및 지하층에 경보
3) 지하층에서 발화한 때에는 발화층·그 직상층 및 기타 지하층 경보

정답 76 ③ 77 ① 78 ③

79 상 중 하

수신기를 나타내는 소방시설 도시기호로 옳은 것은?

① 
② 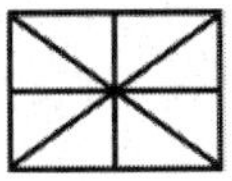
③ 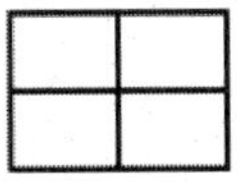
④ 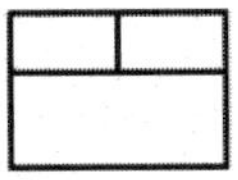

해설 소방시설 도시기호

① 도시기호가 아님
② 수신기
③ 부수신기
④ 중계기

80 상 중 하

비상조명등의 화재안전기술기준(NFTC 304)에 따라 조도는 비상조명등이 설치된 장소의 각 부분의 바닥에서 몇 [lx] 이상이 되도록 하여야 하는가?

① 1　　② 3
③ 5　　④ 10

해설 비상조명등 설치기준

1) 설치기준
(1) 특정소방대상물의 각 거실과 그로부터 지상에 이르는 복도·계단 및 그 밖의 통로에 설치할 것
(2) 조도는 비상조명등이 설치된 장소의 각 부분의 바닥에서 1 [lx] 이상이 되도록 할 것
(3) 예비전원을 내장하는 비상조명등에는 평상시 점등 여부를 확인할 수 있는 점검스위치를 설치하고 해당 조명등을 유효하게 작동시킬 수 있는 용량의 축전지와 예비전원 충전장치를 내장할 것
(4) 예비전원을 내장하지 않는 비상조명등의 비상전원은 자가발전설비, 축전지설비 또는 전기저장장치를 다음 각 목의 기준에 따라 설치할 것
① 점검 편리하고 화재 및 침수 등의 재해로 인한 피해를 받을 우려가 없는 곳에 설치
② 상용전원으로부터 전력의 공급이 중단된 때에는 자동으로 비상전원으로부터 전력을 공급받을 수 있도록 할 것
③ 비상전원의 설치장소는 다른 장소와 방화구획할 것(이 경우 그 장소에는 비상전원의 공급에 필요한 기구나 설비 외의 것을 두어서는 안 된다)
④ 비상전원을 실내에 설치하는 때에는 그 실내에 비상조명등을 설치할 것
(5) 비상전원은 비상조명등을 20분 이상 유효하게 작동시킬 수 있는 용량으로 할 것. 다만 다음 각 목의 특정소방대상물의 경우에는 그 부분에서 피난층에 이르는 부분의 비상조명등을 60분 이상 유효하게 작동시킬 수 있는 용량으로 해야 한다.
① 지하층을 제외한 층수가 11층 이상의 층
② 지하층 또는 무창층으로서 용도가 도매시장·소매시장·여객자동차터미널·지하역사 또는 지하상가
(6) 비상조명등의 설치 면제 요건에서 "그 유도등의 유효범위 안의 부분"이란 유도등의 조도가 바닥에서 1 [lx] 이상이 되는 부분을 말한다.

정답 79 ② 80 ①

2024
출제경향 분석

[소방원론]

CHAPTER / 연도 및 회차		연소	연소생성물	폭발	화재	위험물	소화	안전관리 및 건축방재	합계
2024년	1	**7**	1	0	3	4	4	1	20
	2	**7**	2	0	4	2	1	4	20
	3	3	2	2	1	3	**7**	2	20

[소방전기일반]

CHAPTER / 연도 및 회차		직류회로	정전계와 정자계	교류회로	전기계측 및 회로망	비정현파 교류와 과도현상 및 라플라스 변환	제어회로	전지회로 및 정류회로	전기기계 및 전기법규	합계
2024년	1	4	4	3	1	0	**5**	1	2	20
	2	3	1	**4**	3	0	**4**	3	2	20
	3	**5**	2	1	3	0	4	2	2	20

[소방관계법규]

연도 및 회차 \ CHAPTER		소방기본법	소방시설법	화재예방법	소방공사업법	위험물 안전관리법	합계
2024년	1	**5**	**5**	3	2	**5**	20
	2	**6**	5	4	2	3	20
	3	**5**	**5**	2	4	4	20

[소방전기시설의 구조 및 원리]

연도 및 회차 \ CHAPTER		자동화재 탐지설비	비상경보 설비 및 단독 경보형감지기	비상방송 설비	자동화재 속보설비	가스누설 경보기 및 누전경보기	유도등	비상조명등	비상콘센트 설비	무선통신 보조설비	비상전원 수전설비	화재알림 설비	기타	합계
2024년	1	3	1	**4**	2	2	2	2	0	2	2	0	0	20
	2	3	1	**5**	1	2	2	2	1	2	0	0	1	20
	3	**5**	2	1	1	4	3	1	1	1	0	0	1	20

2024년 1회

소방원론

3회독	월	일
2회독	월	일
1회독	월	일

목표시간 : 20분 | 시작 : _시 _분 | 종료 : _시 _분 | 맞은 개수 : _ /20

01 상 중 하

화학적 소화방법에 해당하는 것은?

① 모닥불에 물을 뿌려 소화한다.
② 모닥불을 모래로 덮어 소화한다.
③ 유류화재를 할론 1301로 소화한다.
④ 지하실 화재를 이산화탄소로 소화한다.

해설 부촉매소화(억제소화)

1) 할론 1301의 소화
(1) 화학적 소화
(2) 연쇄반응을 차단하여 소화
(3) 활성기의 생성을 억제하는 소화

2) 소화의 형태

소화	내용
냉각소화	열 흡수, 발화점 이하로 낮추어 소화
질식소화	산소농도 15 [%] 이하로 낮춤
제거소화	가연물을 차단, 격리
억제소화	연쇄반응을 차단, 부촉매소화

보충 ▶ 물리적 소화 : 냉각, 질식, 제거
화학적 소화 : 억제소화(부촉매소화)

02 상 중 하

분말소화약제 중 A급, B급, C급 화재에 모두 사용할 수 있는 것은?

① Na_2CO_3　② $NH_4H_2PO_4$
③ $KHCO_3$　④ $NaHCO_3$

해설 제1인산암모늄($NH_4H_2PO_4$)

1) 제3종 분말소화약제($NH_4H_2PO_4$)
(1) 열분해 시 생성되는 메타인산(HPO_3)이 가연물 표면에 부착해 피막을 형성하여 산소 차단
(2) 차고, 주차장에 설치하는 분말소화설비의 소화약제는 제3종 분말로 해야 함
(3) 적응 화재 : A · B · C급 화재

2) 분말소화약제

종별	소화약제	약제색	적응화재
1종	탄산수소나트륨 ($NaHCO_3$)	**백**색	BC급
2종	탄산수소칼륨 ($KHCO_3$)	**담자**색 (담회색)	BC급
3종	제1인산암모늄 ($NH_4H_2PO_4$)	담**홍**색	ABC급
4종	탄산수소칼륨 + 요소 ($KHCO_3+(NH_2)_2CO$)	**회**(백)색	BC급

암기 ▶ 백담사 홍어회

정답 01 ③ 02 ②

신유형!

03 상 중 하

다음 중 이산화탄소의 삼중점에 가장 가까운 온도는?

① -48 [℃] ② -57 [℃]
③ -62 [℃] ④ -75 [℃]

해설 이산화탄소의 물성

이산화탄소의 삼중점은 고체, 액체, 기체가 공존하는 지점으로 압력 0.53 [MPa], 온도 -56.7 [℃]에 해당한다.

분자량	44 [g/mol]	임계온도	31.35 [℃]
증기비중	1.529	임계압력	7.38 [MPa]
증발열	137 [cal/g]	융해열	45.2 [cal/g]
삼중점	-56.7 [℃]	비점	-78 [℃]

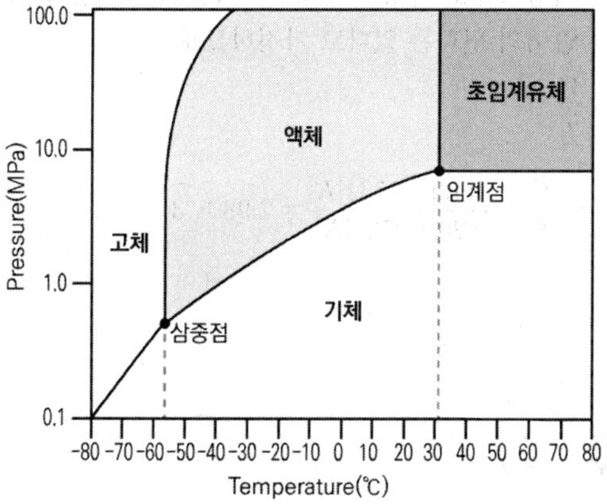

[이산화탄소의 상태도]

04 상 중 하

황린의 보관방법으로 옳은 것은?

① 물속에 보관
② 이황화탄소 속에 보관
③ 수산화칼륨 속에 보관
④ 통풍이 잘 되는 공기 중에 보관

해설 위험물의 저장

위험물	저장장소
황린 이**황**화탄소(CS_2)	**물**속
나이트로셀룰로오스 (**니**트로셀룰로오스)	**알**코올 속
칼**륨**(K) 나트**륨**(Na) 리**튬**(Li)	석**유**류(등유) 속

암기 ▶ 황물 나이알 ㅠㅠ

05 상 중 하

건물화재 시 패닉(Panic)의 발생원인과 직접적인 관계가 없는 것은?

① 연기에 의한 시계 제한
② 유독가스에 의한 호흡 장애
③ 외부와 단절되어 고립
④ 불연내장재의 사용

해설 패닉의 발생원인

1) 연기에 의한 가시거리 제한
2) 유독가스에 의한 호흡 장애
3) 외부와 단절된 심리적인 고립감

TIP ▶ 불연성 내장재의 사용 : 화재 확대방지

보충 ▶ 시계(視界) : 시력이 미치는 범위

정답 03 ② 04 ① 05 ④

06 상 중 하

목조건축물에서 발생하는 옥외출화 시기를 나타낸 것으로 옳은 것은?

① 창, 출입구 등에 발염 착화한 때
② 천장 속, 벽 속 등에서 발염 착화한 때
③ 가옥구조에서는 천장면에 발염 착화한 때
④ 불연 천장인 경우 실내의 그 뒷면에 발염 착화한 때

해설 옥내출화와 옥외출화

분류	내용
옥내 출화	• 실내 천장 속, 벽 내부에서 발염착화 • 준불연성, 난연성으로 피복된 내부의 목재에 착화
옥외 출화	• 건축물 외부의 가연물질에 발염착화 • **창, 출입구 등의 개구부 등에 착화** • 목재사용 가옥 벽, 추녀 밑 판자나 목재에 발염착화

07 상 중 하

증기비중의 정의로 옳은 것은? (단, 보기에서 분자, 분모의 단위는 모두 [g/mol]이다)

① $\frac{\text{분자량}}{22.4}$　② $\frac{\text{분자량}}{29}$
③ $\frac{\text{분자량}}{44.8}$　④ $\frac{\text{분자량}}{100}$

해설 증기비중

1) 증기비중 $= \frac{\text{분자량}}{29(\text{공기 분자량})}$

2) 공기에 대한 가스의 무게비

증기비중	공기에 대한 무게
증기비중 > 1	공기보다 무거움
증기비중 < 1	공기보다 가벼움

보충 ▶ 원자량(H : 1, C : 12, N : 14, O : 16)

08 상 중 하

건물 내에서 화재가 발생하여 실내온도가 20 [℃]에서 600 [℃]까지 상승했다면 온도 상승으로 건물 내의 공기 부피는 처음의 약 몇 배 정도 팽창하는가? (단, 화재로 인한 압력의 변화는 없다고 가정한다.

① 3배　② 9배
③ 15배　④ 30배

해설 보일 - 샤를의 법칙

보일 - 샤를의 법칙 $\frac{P_1 V_1}{T_1} = \frac{P_2 V_2}{T_2}$

기체를 이상기체로 가정하면 보일 - 샤를의 법칙을 만족한다.
여기서 압력의 변화는 없다고 가정하므로

$$\frac{V_1}{T_1} = \frac{V_2}{T_2}$$

$$\therefore \frac{V_2}{V_1} = \frac{T_2}{T_1} = \frac{(600+273)[K]}{(20+273)[K]} = 2.98 \fallingdotseq 3$$

09 상 중 하

가연성 가스가 아닌 것은?

① 일산화탄소　② 프로페인
③ 수소　④ 아르곤

해설 가연성 가스와 조연성 가스

구분	가연성 가스	조연성 가스
정의	자기 자신이 연소하는 가스	자기 자신은 타지 않고 연소를 도와주는 가스
종류	**일산화탄소(CO)** **수소(H_2)** 메테인(메탄, CH_4) **프로페인(프로판, C_3H_8)** 암모니아(NH_3) 뷰테인(부탄, C_4H_{10})	오존(O_3) 공기 산소(O_2) 염소(Cl) 불소(F)

※ 아르곤 : 불활성 가스

정답 06 ① 07 ② 08 ① 09 ④

10 상 중 하

화재 최성기 때의 농도로 유도등이 보이지 않을 정도의 연기농도는? (단, 감광계수로 나타낸다)

① 0.1 [m^{-1}]　② 1 [m^{-1}]
③ 10 [m^{-1}]　④ 30 [m^{-1}]

해설 감광계수

감광계수 [m^{-1}]	가시거리 [m]	내용
0.1	20 ~ 30	연기감지기 작동할 때
0.3	5	건물에 익숙한 사람이 피난에 지장을 느낄 때
0.5	3	어두움을 느낄 때
1	1 ~ 2	거의 앞이 보이지 않음
10	0.2 ~ 0.5	최성기 때 연기농도
30	-	출화실에서 연기 분출

11 상 중 하

위험물안전관리법령상 위험물 유별에 따른 성질이 잘못 연결된 것은?

① 제1류 위험물 - 산화성 고체
② 제2류 위험물 - 가연성 고체
③ 제4류 위험물 - 인화성 액체
④ 제6류 위험물 - 자기반응성 물질

해설 위험물의 분류

구분	개요
제1류	**산**화성 고체
제2류	**가**연성 고체
제3류	**자**연발화성 · 금수성 물질
제4류	**인**화성 액체
제5류	**자**기반응성 물질
제6류	**산**화성 액체

암기 ▶ 산가자 인자산

12 상 중 하

MOC(Minimum Oxygen Concentration, 최소산소농도)가 가장 작은 물질은?

① 메테인　② 에테인
③ 프로페인　④ 뷰테인

해설 최소산소농도(MOC)

1) MOC(최소산소농도, 한계산소농도)
MOC = LFL(연소하한계) × 산소몰수
2) 연소하한계

종류	메테인 (메탄)	에테인 (에탄)	프로페인 (프로판)	뷰테인 (부탄)
연소범위 [vol%]	5 ~ 15	3 ~ 12.4	2.1 ~ 9.5	1.8 ~ 8.4

3) 연소반응식

메테인(메탄)	$CH_4 + 2O_2 \rightarrow CO_2 + 2H_2O$
에테인(에탄)	$C_2H_6 + 3.5O_2 \rightarrow 2CO_2 + 3H_2O$
프로페인(프로판)	$C_3H_8 + 5O_2 \rightarrow 3CO_2 + 4H_2O$
뷰테인(부탄)	$C_4H_{10} + 6.5O_2 \rightarrow 4CO_2 + 5H_2O$

① 메테인 = 5 × 2 [mol] = 10 [%]
② 에테인 = 3 × 3.5 [mol] = 10.5 [%]
③ 프로페인 = 2.1 × 5 [mol] = 10.5 [%]
④ 뷰테인 = 1.8 × 6.5 [mol] = 11.7 [%]

∴ 메테인 < 에테인 = 프로페인 < 뷰테인

보충 ▶ MOC : 화염 전파를 위해 필요한 최소한의 산소 농도
(연료와 공기의 혼합기 중 산소의 부피[%])

정답 10 ③ 11 ④ 12 ①

13 상중하

가연성 가스나 산소의 농도를 낮추어 소화하는 방법은?

① 질식소화 ② 냉각소화
③ 제거소화 ④ 억제소화

해설 소화의 형태

소화	내용
냉각소화	열 흡수, 발화점 이하로 낮추어 소화
질식소화	산소농도 15 [%] 이하로 낮추어 소화
제거소화	가연물을 차단, 격리하여 소화
억제소화	연쇄반응을 차단하여 소화(부촉매소화)

14 상중하

위험물안전관리법령상 제4류 위험물의 화재에 적응성이 있는 것은?

① 옥내소화전설비
② 옥외소화전설비
③ 봉상수 소화기
④ 물분무소화설비

해설 제4류 위험물(인화성 액체)의 소화

소화	내용
질식소화	CO_2, 포, 분말소화약제를 이용한 소화
유화소화 (에멀전효과)	물·미분무를 이용한 소화
희석소화	수용성 위험물에 알코올포(내알콜포)를 이용한 소화

보충 ▶ 제4류 위험물은 유면이 확대되는 위험성이 크므로 봉상형태 주수소화는 절대금지

15 상중하

무창층 여부를 판단하는 개구부로서 갖추어야 할 조건으로 옳은 것은?

① 개구부 크기가 지름 30 [cm]의 원이 내접할 수 있는 것
② 해당 층의 바닥면으로부터 개구부 밑부분까지의 높이가 1.5 [m]인 것
③ 내부 또는 외부에서 쉽게 파괴 또는 개방할 수 있을 것
④ 창에 방범을 위하여 40 [cm] 간격으로 창살을 설치한 것

해설 무창층과 개구부의 기준

1) 무창층(無窓層)
지상층 중 다음의 요건을 모두 갖춘 개구부의 면적의 합계가 해당 층의 바닥면적의 30분의 1 이하가 되는 층

2) 개구부
(1) 크기는 지름 50 [cm] 이상의 원이 통과할 수 있을 것
(2) 해당 층의 바닥면으로부터 개구부 밑부분까지의 높이가 1.2 [m] 이내일 것
(3) 도로 또는 차량이 진입할 수 있는 빈터를 향할 것
(4) 화재 시 건축물로부터 쉽게 피난할 수 있도록 창살이나 그 밖의 장애물이 설치되지 않을 것
(5) 내부 또는 외부에서 쉽게 부수거나 열 수 있을 것

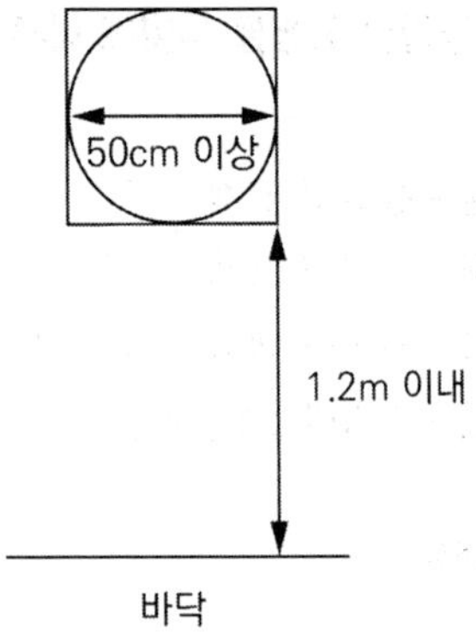

정답 13 ① 14 ④ 15 ③

16 상 중 하

일반적인 자연발화의 방지법으로 틀린 것은?

① 습도를 높일 것
② 저장실의 온도를 낮출 것
③ 정촉매작용을 하는 물질을 피할 것
④ 통풍을 원활하게 하여 열축적을 방지할 것

해설 자연발화 방지대책

1) 가연성 물질 제거
2) 통풍이나 환기를 통한 열 축적 방지
3) 저장실의 온도를 낮출 것
4) 습도 높은 곳 피할 것(수분 : 촉매작용)
5) 열전도성 좋게 할 것

17 상 중 하

공기 중의 산소의 농도는 약 몇 [vol%]인가?

① 10　　② 13
③ 17　　④ 21

해설 대기의 구성성분

- 산소(O_2) : 21 [%]
- 질소(N_2) : 78 [%]
- 아르곤(Ar) : 0.93 [%]
- 이산화탄소(CO_2) : 0.04 [%]
- 기타 : 0.03 [%]

18 상 중 하

공기 중에서 수소의 연소범위로 옳은 것은?

① 0.4 ~ 4 [vol%]
② 1 ~ 12.5 [vol%]
③ 4 ~ 75 [vol%]
④ 67 ~ 92 [vol%]

해설 주요 물질 연소범위

가스	하한계 [vol%]	상한계 [vol%]
이황화탄소	1.2	44
아세틸렌	2.5	81
수소	4	75
일산화탄소	12.5	74
에틸렌	2.7	36
암모니아	15	28
메테인(메탄)	5	15
에테인(에탄)	3	12.4
프로페인(프로판)	2.1	9.5
뷰테인(부탄)	1.8	8.4

암기 ▶ (이황)일이사사, (아)이고팔아파, (수)사치료, (일산)이리와 칠사, (에틸)이찌삼육, (메)오싫오, (프)이하나구오, (뷰)십팔팔사

정답 16 ① 17 ④ 18 ③

19 상중하

화재 발생 시 건축물의 화재를 확대시키는 주요인이 아닌 것은?

① 비화
② 복사열
③ 화염의 접촉(접염)
④ 기화열

해설 화재 확산 요인

접염, 비화, 복사열

20 상중하

화재 발생 시 주수소화가 적합하지 않은 물질은?

① 적린
② 마그네슘분말
③ 과염소산칼륨
④ 황

해설 금수성 물질

물과 접촉하여 발화, 가연성 가스 발생

구분	현상
무기과산화물	산소(O_2) 발생
금속분 **마그네슘(Mg)** 나트륨(Na) 칼륨(K) 리튬(Li)	**수소(H_2) 발생**
탄화칼슘(칼슘카바이드)	아세틸렌(C_2H_2) 발생

정답 19 ④ 20 ②

2024년 1회

소방전기일반

3회독 월 일
2회독 월 일
1회독 월 일

목표시간 : 30분 | 시작 : _시 _분 | 종료 : _시 _분 | 맞은 개수 : _ /20

신유형!

21 상 중 하

항온조의 온도제어방식으로 알맞은 것을 고르시오.

① 추종제어
② 정치제어
③ 프로그램제어
④ 비율제어

해설 제어

항온조 : 전열기와 온도계전기를 조합하여 일정한 온도를 보존하는 용기

보충 ▶ 온도를 일정하게 하므로 목푯값이 일정한 정치제어이다.

구분		내용
정치제어		• 목푯값이 일정한 자동제어에 적용 • 연속 압연기의 압연 두께 • 항온조의 온도
추치제어	추종제어	• 미지의 임의 시간적 변화를 하는 목푯값에 제어량을 추종시키는 제어 • 미사일 추적장치 • 대공포 포신제어
	프로그램 제어	• 미리 정해진 시간변화에 따라 정해진 순서대로 제어 • 엘리베이터 자동제어 • 자판기
	비율제어	• 목푯값이 서로 다른 어떤 양과 일정한 비율관계를 가지는 제어 • 재료의 일정 혼합 • 비율 유지
	시퀀스제어	• 미리 정해진 순서에 따라 각 단계가 순차적으로 진행

신유형!

22 상 중 하

100 [W]의 전구에 대지 간의 전압 100 [V]를 가했을 때 선로의 절연 불량으로 0.2 [A]가 누설되었다. 이때 전구에서 소비되는 전력은 몇 [W]인가?

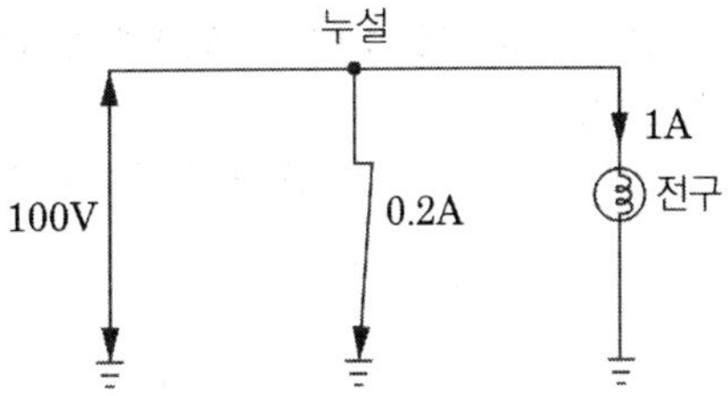

① 30
② 50
③ 80
④ 100

해설 소비전력 계산

• 병렬회로에서는 동일전압이 걸림
• $P = VI = 100 \times 1 = 100 [W]$

정답 21 ② 22 ④

23 상(중)하

변류기의 2차 정격전류는 일반적으로 몇 [A]인가?

① 2　② 3
③ 5　④ 8

해설 변류기의 2차 전류

변류기(CT) 2차 정격전류는 5 [A]

- 계기용 변류기 : 어떤 전류 값을 이에 비례하는 전류 값으로 변성하는 계기용 변성기이며, 대전류를 소전류로 강하
- 정격 1차 전류 : 그 회로의 최대부하전류를 계산하여 여유를 더하여 산정
- 정격 2차 전류 : 변류기에 접속되는 부하의 정격입력 전류이며, 보통 5 [A]

보충 ▶ 계기용 변압기 2차 측 : 110 [V]

24 상(중)하

60 [mH]의 코일에 전류가 10초간 5 [A] 변화되었다면 유도되는 기전력은 몇 [mV]인가?

① 30　② 50
③ 300　④ 500

해설 유도기전력

$$e = -L\frac{di}{dt}$$
$$= -(60\times 10^{-3})\times \frac{5}{10}$$
$$= -0.03[V] = -30[mV]$$

TIP ▶ (−)는 전류와 반대방향으로 유도된다는 뜻

(1) 자기유도 수식 : $e = -L\frac{di}{dt}[V]$

(2) 전자유도 수식 : $e = -N\frac{d\phi}{dt}[V]$

e : 유도기전력 [V]

N : 코일권수

신유형!

25 (상)중하

저항 6개를 다음과 같이 연결하였을 때 a와 b 사이의 합성 저항을 구하시오.

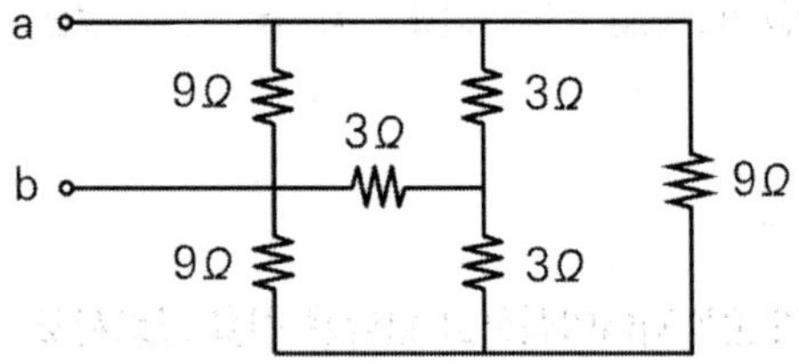

① 1.5 [Ω]　② 3 [Ω]
③ 4.5 [Ω]　④ 9 [Ω]

해설 합성저항

문제의 회로를 등가변환하면 아래와 같다.

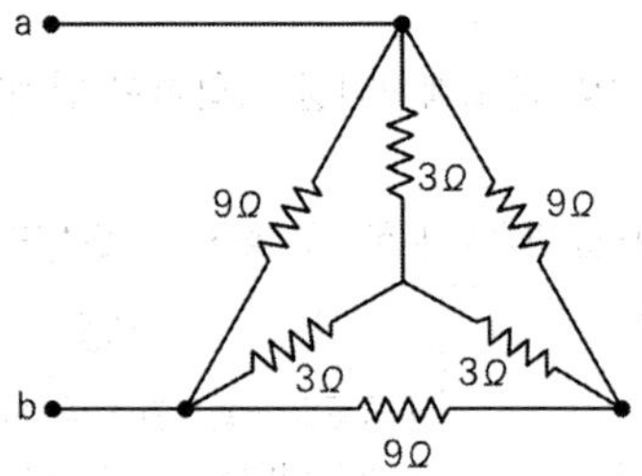

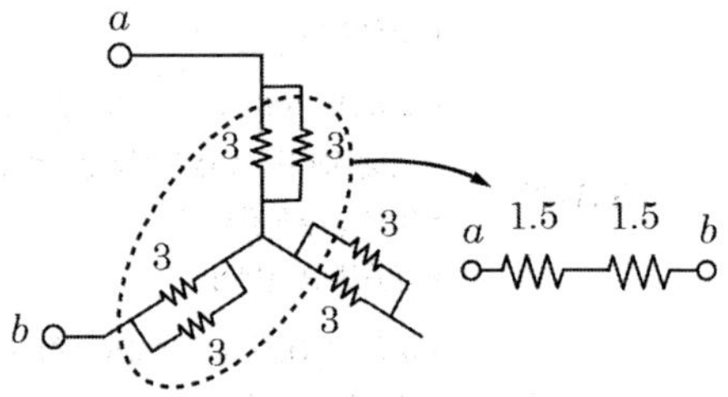

△를 Y로 변환하면 3 [Ω]이 되므로 기존의 3 [Ω]과 병렬로 접속된다.
따라서 합성저항은 3 [Ω](1.5 + 1.5)이다.

정답 23 ③ 24 ① 25 ②

26 상 중 하

정전전압계와 콘덴서를 직렬로 접속하고 그 양단에 2000 [V]를 가할 때 정전전압계에 인가되는 전압은 몇 [V]인가? (단, 정전전압계의 정전용량은 C_1(F), 콘덴서의 정전용량은 C_2(F)이며, $C_1 = 4C_2$ 관계에 있다)

① 200 ② 400
③ 600 ④ 800

해설 전하량과 정전용량의 관계

정전전압계 : 서로 맞댄 전극 사이에 작용하는 정전적인 흡인력을 이용하는 전압계

$Q = C_1 V_1 = C_2 V_2$

$= 4C_2 \times V_1 = C_2 \times V_2$

$V_2 = 4V_1,\ V_1 + V_2 = 2000$

$V_2 = 1600[V],\ V_1 = 400[V]$

C_1 : 정전전압계의 정전용량
V_1 : 정전전압계에 인가되는 전압
C_2 : 직렬연결된 콘덴서의 정전용량
V_2 : 직렬연결된 콘덴서에 걸리는 전압

27 상 중 하

다이오드를 여러 개 병렬로 접속하는 경우에 대한 설명으로 옳은 것은?

① 과전류로부터 보호할 수 있다.
② 과전압으로부터 보호할 수 있다.
③ 부하 측의 맥동률을 감소시킬 수 있다.
④ 정류기의 역방향 전류를 감소시킬 수 있다.

해설 다이오드 접속

직렬	과전압으로부터 보호	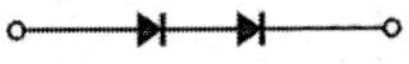
병렬	과전류로부터 보호	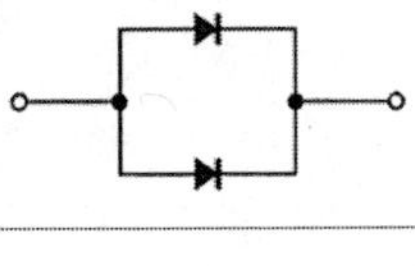

28 상 중 하

논리식 $(X+Y)(X+\overline{Y})$을 간단히 하면?

① 1 ② XY
③ X ④ Y

해설 논리식

$(A+B)(A+C) = A+BC$

$(X+Y)(X+\overline{Y}) = X + Y\overline{Y} = X$

$(\because Y\overline{Y} = 0)$

29 상 중 하

그림의 시퀀스회로와 등가인 논리게이트는?

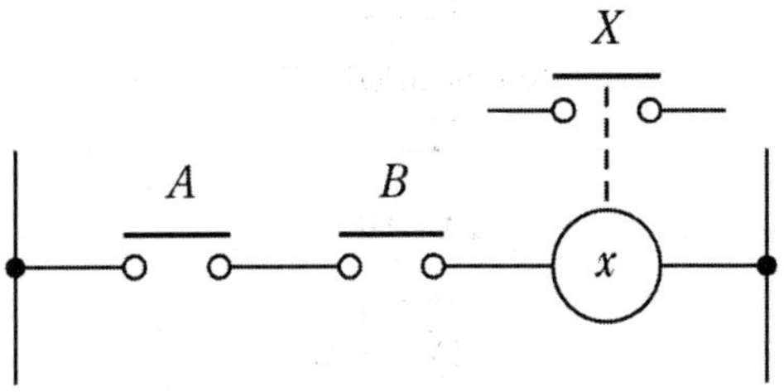

① OR게이트 ② AND게이트
③ NOT게이트 ④ NOR게이트

해설 논리식

유접점
AND회로($A \times B,\ A \cdot B$) 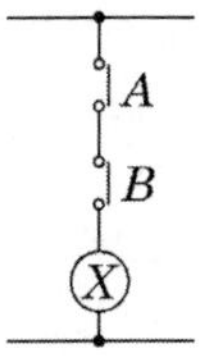

유접점
OR회로$(A+B)$ 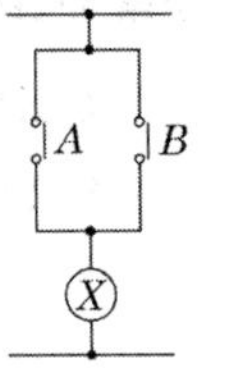
NOT회로(반전) 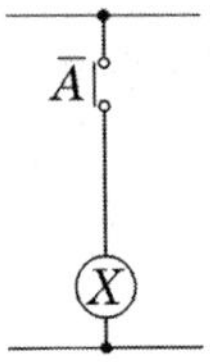
NAND회로(NOT + AND) 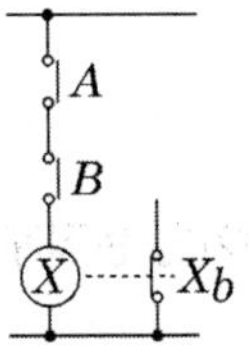
NOR회로(NOT + OR) 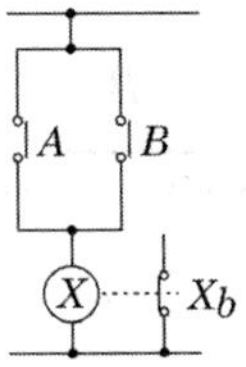
XOR회로 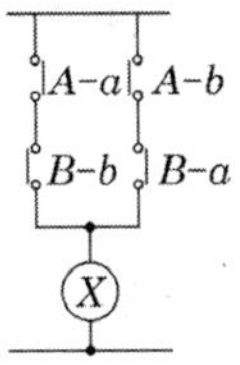

30 상중하

다음의 논리식 중 틀린 것은?

① $(\overline{A}+B)\cdot(A+B)=B$

② $(A+B)\cdot\overline{B}=A\overline{B}$

③ $\overline{AB+AC}+\overline{A}=\overline{A}+\overline{B}\,\overline{C}$

④ $\overline{(\overline{A}+B)+CD}=A\overline{B}(C+D)$

해설 논리식

④ $\overline{(\overline{A}+B)+CD}=A\overline{B}(\overline{C}+\overline{D})$

정리	공식
항등법칙	$0+A=A$, $1+A=1$, $0\times A=0$, $1\times A=A$
동일법칙	$A+A=A$, $A\times A=A$
보원법칙	$A+\overline{A}=1$, $A\times\overline{A}=0$
복원법칙	$\overline{\overline{A}}=A$
교환법칙	$A+B=B+A$, $A\times B=B\times A$
결합법칙	$A+(B+C)=(A+B)+C$, $A(BC)=(AB)C$
분배법칙	$A(B+C)=AB+AC$, $A+BC=(A+B)(A+C)$
흡수법칙	$A+AB=A$, $A(A+B)=A$ $A+\overline{A}B=(A+\overline{A})(A+B)=A+B$

31 상중하

어떤 회로에 $v(t)=150\sin\omega t$의 전압을 가하니 $i(t)=6\sin(\omega t-30)$의 전류가 흘렀다. 이 회로의 소비전력(유효전력)은 약 몇 [W]인가?

① 390　② 450
③ 780　④ 900

정답 30 ④ 31 ①

해설 유효전력 계산

$$P = VI\cos\theta = \frac{V_m}{\sqrt{2}} \times \frac{I_m}{\sqrt{2}}\cos\theta$$

$$= \frac{150}{\sqrt{2}} \times \frac{6}{\sqrt{2}}\cos 30^\circ = 390[W]$$

v(t) = 150sinωt [V]에서 $V_m = 150$,

i(t) = 6sin(ωt - 30°) [A]에서 $I_m = 6$

TIP ▶ θ : 전압과 전류의 위상차
순시값 v(t) = Vmsinωt
P : 유효전력 [W]
V : 전압 [V]
I : 전류 [A]
cosθ : 역률

32 상 중 하

직류회로에서 도체를 균일한 체적으로 길이를 10배 늘이면 도체의 저항은 몇 배가 되는가?

① 10 ② 20
③ 100 ④ 120

해설 저항 계산

$R = \rho\frac{\ell}{A}[\Omega]$, 체적 $= A \times \ell$

- 길이를 10배 증대 : $l' \Rightarrow 10l$
- 균일한 체적이기 때문에 단면적이 감소

  $\therefore A' \Rightarrow \frac{1}{10}A$

- $R' = \rho\frac{10l}{\frac{1}{10}A} = 100R$

33 상 중 하

다음 무접점회로의 논리식(X)은?

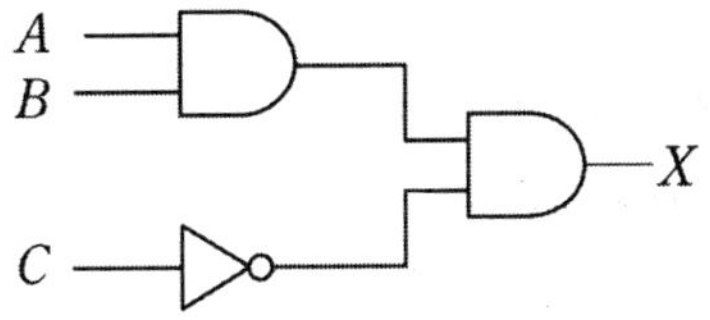

① $A \cdot B + \overline{C}$ ② $A + B + \overline{C}$
③ $(A + B) \cdot \overline{C}$ ④ $A \cdot B \cdot \overline{C}$

해설 무접점회로

$(A$ $_{\text{AND}}$ $B)$ $_{\text{AND}}$ $\overline{C}$ 이므로 $A \cdot B \cdot \overline{C}$

명칭, 논리기호
AND회로($A \times B$, $A \cdot B$)
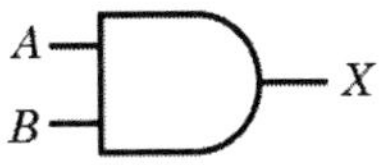
OR회로($A + B$)
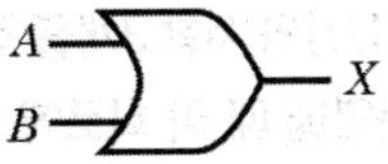
NOT회로(반전)
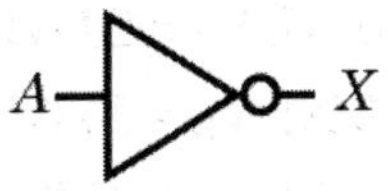
NAND회로(NOT + AND)
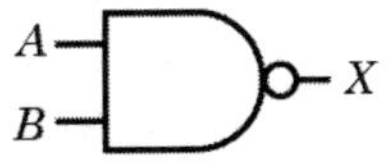
NOR회로(NOT + OR)
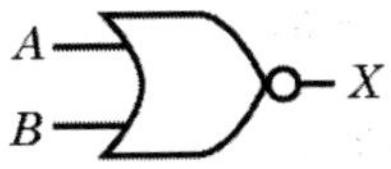
XOR회로
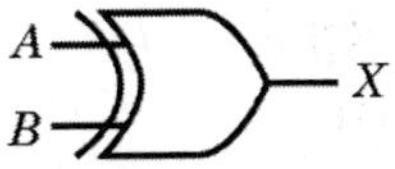

34 상중하

역률에 대한 설명으로 옳은 것은?

① 저항과 인덕턴스의 비
② 저항과 커패시턴스의 비
③ 임피던스와 저항의 비
④ 임피던스와 리액턴스의 비

해설 역률 계산

- $\cos\theta = \frac{P}{P_a} \propto \frac{R}{Z}$
- $\sin\theta = \frac{P_r}{P_a} \propto \frac{X}{Z}$

35 상중하

5 [Ω], 10 [Ω], 25 [Ω]의 저항 3개를 직렬로 접속하고 80 [V]의 전압을 인가하였을 때 이 회로에 흐르는 전류 I [A]와 각 저항에 걸리는 전압 V_5, V_{10}, V_{25}는 각각 얼마인가?

① I = 1 [A], V_5 = 10 [V], V_{10} = 20 [V], V_{25} = 50 [V]
② I = 2 [A], V_5 = 10 [V], V_{10} = 20 [V], V_{25} = 50 [V]
③ I = 1 [A], V_5 = 15 [V], V_{10} = 25 [V], V_{25} = 40 [V]
④ I = 2 [A], V_5 = 15 [V], V_{10} = 25 [V], V_{25} = 40 [V]

해설 전압분배법칙

1) $I = \frac{V}{R_0} = \frac{V}{R_1 + R_2 + R_3}$

$= \frac{80}{5+10+25} = 2\,[A]$

2) 각 저항에 걸리는 전압 $V = IR$이므로
- 5 [Ω]에 걸리는 전압
  $V = 2 \times 5 = 10\,[V]$
- 10 [Ω]에 걸리는 전압
  $V = 2 \times 10 = 20\,[V]$
- 25 [Ω]에 걸리는 전압
  $V = 2 \times 25 = 50\,[V]$

36 상중하

변압기의 1차 측 전압이 3000 [V], 1차 측 권선수가 995회인 변압기의 2차 측 전압이 약 380 [V]인 경우 2차 측 권선수는 몇 회인가?

① 126　② 285
③ 570　④ 1140

해설 권수비

권수비 $a = \frac{N_1}{N_2} = \frac{V_1}{V_2} = \frac{E_1}{E_2}$

$= \frac{I_2}{I_1} = \sqrt{\frac{R_1}{R_2}}$

$a = \frac{V_1}{V_2} = \frac{N_1}{N_2} = \frac{3{,}000}{380} = \frac{995}{N_2}$, $N_2 = 126$

N : 권수
a : 권수비
V : 전압 [V]
I : 전류 [A]
R : 저항 [Ω]

정답 34 ③ 35 ② 36 ①

37 상중하

아래 그림과 같은 파형의 순시값으로 옳은 것은?

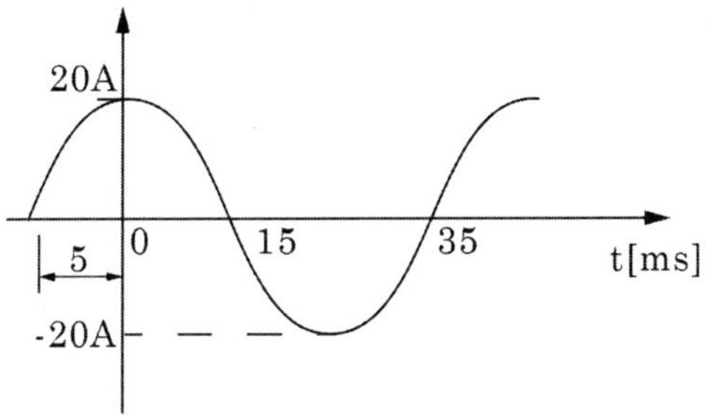

① $i = 20\sqrt{2}\sin(50\pi t + \frac{\pi}{4})[A]$

② $i = 20\sqrt{2}\sin(25\pi t - \frac{\pi}{4})[A]$

③ $i = 20\sin(50\pi t + \frac{\pi}{4})[A]$

④ $i = 20\sin(25\pi t + \frac{\pi}{4})[A]$

해설 순시값

기본값 $i = I_m \sin wt$

$i_m = 20$

$w = 2\pi t = 2\pi \times \frac{1}{T}$

$= 2\pi \times \frac{1}{40 \times 10^{-3}} = 50\pi$

보충 ▶ 시간이 [ms]이므로 [s]로 환산한 값을 대입한다.

$\theta = +\frac{\pi}{4}$ (한 주기 40 중 5만큼 앞섰으므로

$2\pi \times \frac{1}{8} = \frac{\pi}{4}$ 앞섰다)

순시값 $i = 20\sin\left(50\pi t + \frac{\pi}{4}\right)$

38 상중하

연축전지의 정격용량이 50 [Ah], 상시부하 2 [kW], 표준전압 100 [V]의 부동충전방식 충전기의 2차 전류(충전전류)는 몇 [A]인가? (단, 상용전원 정전 시의 비상 부하용량은 1 [kW]이다)

① 5　　② 15
③ 25　　④ 35

해설 2차 충전전류

$$2차\ 충전전류 = \frac{정격용량}{공칭용량} + \frac{상시부하}{표준전압}$$

$$= \frac{50[Ah]}{10[Ah]} + \frac{2000[W]}{100[V]} = 25\ [A]$$

연축전지공칭용량 10 $[Ah]$

* 공칭용량값은 기본적으로 암기하고 있을 것

39 상중하

3 [μF]의 커패시터를 4 [kV]로 충전하였을 때 커패시터에 저장된 에너지는 몇 [J]인가?

① 4　　② 8
③ 16　　④ 24

해설 에너지 계산

$$W = \frac{1}{2}CV^2$$

$$= \frac{1}{2} \times (3 \times 10^{-6}) \times (4 \times 10^3)^2 = 24\ [J]$$

* 3 [μF] = 3×10^{-6}[F]
* 4 [kV] = 4×10^3[V]

정답 37 ③ 38 ③ 39 ④

40 상중하

동선의 저항이 20 [℃]일 때 0.8 [Ω]이라 하면 60 [℃]일 때의 저항은 약 몇 [Ω]인가? (단, 동선의 20 [℃]의 온도계수는 0.0039이다)

① 0.034　　② 0.925
③ 0.644　　④ 2.4

해설 저항 온도계수

$$R_2 = R_1\,[1 + a_{t_1}(t_2 - t_1)]$$
$$= 0.8 \times [1 + 0.0039 \times (60 - 20)]$$
$$= 0.925\,[\Omega]$$

R_2 : 상승 후 저항 [Ω]
R_1 : 상승 전 저항 [Ω]
t_1 : 상승 전 온도 [℃]
t_2 : 상승 후 온도 [℃]
α : t_1(℃)에서의 온도계수

정답 40 ②

2024년 1회

소방관계법규

3회독 월 일
2회독 월 일
1회독 월 일

목표시간 : 20분 | 시작 : _시 _분 | 종료 : _시 _분 | 맞은 개수 : _ /20

신유형!

41 상 중 하

소방기본법에서 정의하는 "소방본부장"으로 알맞지 않은 것을 고르시오.

① 특별시 ② 광역시
③ 특례시 ④ 특별자치시

해설 소방기본법

제2조(정의) 이 법에서 사용하는 용어의 뜻은 다음과 같다.

1. "소방대상물"이란 건축물, 차량, 선박(「선박법」 제1조의2 제1항에 따른 선박으로서 항구에 매어 둔 선박만 해당한다), 선박 건조 구조물, 산림, 그 밖의 인공 구조물 또는 물건을 말한다.
2. "관계지역"이란 소방대상물이 있는 장소 및 그 이웃 지역으로서 화재의 예방·경계·진압, 구조·구급 등의 활동에 필요한 지역을 말한다.
3. "관계인"이란 소방대상물의 소유자·관리자 또는 점유자를 말한다.
4. "소방본부장"이란 특별시·광역시·특별자치시·도 또는 특별자치도(이하 "시·도"라 한다)에서 화재의 예방·경계·진압·조사 및 구조·구급 등의 업무를 담당하는 부서의 장을 말한다.
5. "소방대"(消防隊)란 화재를 진압하고 화재, 재난·재해, 그 밖의 위급한 상황에서 구조·구급 활동 등을 하기 위하여 다음 각 목의 사람으로 구성된 조직체를 말한다.
   가. 「소방공무원법」에 따른 소방공무원
   나. 「의무소방대설치법」 제3조에 따라 임용된 의무소방원(義務消防員)
   다. 「의용소방대 설치 및 운영에 관한 법률」에 따른 의용소방대원(義勇消防隊員)
6. "소방대장"(消防隊長)이란 소방본부장 또는 소방서장 등 화재, 재난·재해, 그 밖의 위급한 상황이 발생한 현장에서 소방대를 지휘하는 사람을 말한다.

신유형!

42 상 중 하

소방청장 또는 관할 소방본부장은 평가단원을 해임하거나 해촉(解囑)할 수 있는데, 그 경우로 알맞지 않은 것을 고르시오.

① 심신장애로 직무를 수행할 수 없게 된 경우
② 직무와 관련된 비위사실이 있는 경우
③ 직무태만, 품위손상이나 그 밖의 사유로 평가단원으로 적합하지 않다고 인정되는 경우
④ 직무를 수행하기 어렵다고 다른 평가단원이 요청하는 경우

해설 소방시설 설치 및 관리에 관한 법률 시행규칙

제13조(평가단원의 해임·해촉) 소방청장 또는 관할 소방본부장은 평가단원이 다음 각 호의 어느 하나에 해당하는 경우에는 해당 평가단원을 해임하거나 해촉(解囑)할 수 있다.

1. 심신장애로 직무를 수행할 수 없게 된 경우
2. 직무와 관련된 비위사실이 있는 경우
3. 직무태만, 품위손상이나 그 밖의 사유로 평가단원으로 적합하지 않다고 인정되는 경우
4. 제12조 제1항 각 호의 어느 하나에 해당하는 데도 불구하고 회피하지 않은 경우
5. 평가단원 스스로 직무를 수행하기 어렵다는 의사를 밝히는 경우

정답 41 ③ 42 ④

43 상 중 하

다음 중 소방시설관리사 응시 자격이 아닌 것은?

① 소방기술사
② 건축사
③ 위험물기능장
④ 건설안전기술사

해설 소방시설관리사 응시 자격

1) 소방기술사, 위험물기능장, 건축사, 건축기계설비기술사, 건축전기설비기술사, 공조냉동기계기술사
2) 소방설비기사 자격을 취득한 후 + 2년 이상 소방청장이 정하여 고시하는 소방 실무경력이 있는 사람
3) 소방설비산업기사 자격 취득 후 + 3년 이상 소방실무경력이 있는 사람
4)「국가과학기술 경쟁력 강화를 위한 이공계지원 특별법」제2조 제1호에 따른 이공계 분야를 전공한 사람
5) 소방안전공학(소방방재공학, 안전공학을 포함) 전공 후 다음 각 목의 어느 하나에 해당하는 사람
6) 위험물산업기사 또는 위험물기능사 자격을 취득 후 + 3년 이상 소방실무경력이 있는 사람
7) 소방공무원으로 5년 이상 근무한 경력이 있는 사람
8) 소방안전 관련 학과의 학사학위를 취득 후 + 3년 이상 소방실무경력이 있는 사람
9) 산업안전기사 자격을 취득 후 + 3년 이상 소방실무경력이 있는 사람
10) 다음 각 항목의 어느 하나에 해당하는 사람
  (1) 특급 소방안전관리대상물의 소방안전관리자로 2년 이상 근무한 실무경력이 있는 사람
  (2) 1급 소방안전관리대상물의 소방안전관리자로 3년 이상 근무한 실무경력이 있는 사람
  (3) 2급 소방안전관리대상물의 소방안전관리자로 5년 이상 근무한 실무경력이 있는 사람
  (4) 3급 소방안전관리대상물의 소방안전관리자로 7년 이상 근무한 실무경력이 있는 사람
  (5) 10년 이상 소방실무경력이 있는 사람

44 상 중 하

소방기본법령상 소방안전교육사의 배치대상별 배치기준으로 틀린 것은?

① 소방청 : 2명 이상 배치
② 소방서 : 1명 이상 배치
③ 소방본부 : 2명 이상 배치
④ 한국소방안전원(본회) : 1명 이상 배치

해설 소방안전교육사

소방안전교육의 기획·진행·분석 및 교수업무를 수행
1) 소방안전교육사 시험 실시 및 자격부여 : 소방청장
2) 소방안전교육사 시험 관련 필요사항 : 대통령령
3) 시험 주기 : 2년마다 1회 시행 원칙. 다만 소방청장이 필요하다고 인정하는 때에는 그 횟수를 증감
4) 소방안전교육사 배치대상 및 배치기준

배치대상	배치기준(이상)
소방청	2명
소방본부	2명
소방서	1명
한국소방안전원	본회 : 2명 시·도지부 : 1명
한국소방산업기술원	2명

45 상 중 하

소방기본법령상 소방의 날 제정과 운영 등에 관한 사항으로 틀린 것은?

① 국민의 안전의식과 화재에 대한 경각심을 높이고 안전문화를 정착시키기 위한 목적이다.
② 소방의 날은 매년 11월 9일이다.
③ 소방의 날 행사에 관하여 필요한 사항은 소방청장 또는 시·도지사가 따로 정하여 시행할 수 있다.
④ 시·도지사는 소방행정 발전에 공로가 있다고 인정되는 사람을 명예직 소방대원으로 위촉할 수 있다.

정답 43 ④ 44 ④ 45 ④

해설 소방의 날 제정과 운영 등

1) 국민의 안전의식과 화재에 대한 경각심을 높이고 안전문화를 정착시키기 위하여 매년 11월 9일을 소방의 날로 정하여 기념행사를 한다.
2) 소방의 날 행사에 관하여 필요한 사항은 소방청장 또는 시·도지사가 따로 정하여 시행할 수 있다.
3) 소방청장은 다음에 해당하는 사람을 명예직 소방대원으로 위촉할 수 있다.
   (1) 「의사상자등 예우 및 지원에 관한 법률」에 따른 의사상자에 해당하는 사람
   (2) 소방행정 발전에 공로가 있다고 인정되는 사람

46 상중하

화재예방강화지구의 지정대상이 아닌 것은?

① 공장·창고가 밀집한 지역
② 목조건물이 밀집한 지역
③ 농촌지역
④ 시장지역

해설 화재예방강화지구

1) 지정권자 : 시·도지사
2) 화재예방강화지구 지정 요청 : 소방청장
3) 화재예방강화지구
   (1) 시장지역
   (2) 공장·창고가 밀집한 지역
   (3) 목조건물이 밀집한 지역
   (4) 노후·불량건축물이 밀집한 지역
   (5) 위험물의 저장 및 처리 시설이 밀집한 지역
   (6) 석유화학제품을 생산하는 공장이 있는 지역
   (7) 산업입지 및 개발에 관한 법률에 따른 산업단지
   (8) 소방시설·소방용수시설·소방출동로가 없는 지역
   (9) 물류단지
   (10) (1) ~ (9)까지 준하는 지역으로서 소방관서장이 화재예방강화지구로 지정할 필요가 있다고 인정하는 지역

47 상중하

소방기본법령상 소방업무의 응원에 대한 설명 중 틀린 것은?

① 소방본부장이나 소방서장은 소방활동을 할 때에 긴급한 경우에는 이웃한 소방본부장 또는 소방서장에게 소방업무의 응원을 요청할 수 있다.
② 소방업무의 응원 요청을 받은 소방본부장 또는 소방서장은 정당한 사유 없이 그 요청을 거절하여서는 아니 된다.
③ 소방업무의 응원을 위하여 파견된 소방대원은 응원을 요청한 소방본부장 또는 소방서장의 지휘에 따라야 한다.
④ 시·도지사는 소방업무의 응원을 요청하는 경우를 대비하여 출동 대상지역 및 규모와 필요한 경비의 부담 등에 관하여 필요한 사항을 대통령령으로 정하는 바에 따라 이웃하는 시·도지사와 협의하여 미리 규약으로 정하여야 한다.

해설 소방업무 응원

- 소방본부장·소방서장은 긴급 시 이웃 소방본부장·소방서장에게 소방업무 응원 요청
- 응원 요청 받은 소방본부장·소방서장은 정당한 사유 없이 요청 거절 금지
- 응원 위해 파견된 소방대원은 응원 요청한 소방본부장·소방서장의 지휘를 따라야 함
- 시·도지사는 출동 대상지역과 규모, 필요 경비 부담 등 필요사항을 행정안전부령에 따라 협의하여 미리 규약으로 정해야 함

2024

정답 46 ③ 47 ④

48 상중하

위험물안전관리법령상 제조소등의 관계인은 위험물의 안전관리에 관한 직무를 수행하게 하기 위하여 제조소등마다 위험물의 취급에 관한 자격이 있는 자를 위험물안전관리자로 선임하여야 한다. 이 경우 제조소등의 관계인이 지켜야 할 기준으로 틀린 것은?

① 제조소등의 관계인은 안전관리자를 해임하거나 안전관리자가 퇴직한 때에는 해임하거나 퇴직한 날부터 15일 이내에 다시 안전관리자를 선임하여야 한다.

② 제조소등의 관계인이 안전관리자를 선임한 경우에는 선임한 날부터 14일 이내에 소방본부장 또는 소방서장에게 신고하여야 한다.

③ 제조소등의 관계인은 안전관리자가 여행·질병 그 밖의 사유로 인하여 일시적으로 직무를 수행할 수 없는 경우에는 국가기술자격법에 따른 위험물의 취급에 관한 자격취득자 또는 위험물 안전에 관한 기본지식과 경험이 있는 자를 대리자로 지정하여 그 직무를 대행하게 하여야 한다. 이 경우 대행하는 기간은 30일을 초과할 수 없다.

④ 안전관리자는 위험물을 취급하는 작업을 하는 때에는 작업자에게 안전관리에 관한 필요한 지시를 하는 등 위험물의 취급에 관한 안전관리와 감독을 하여야 하고, 제조소등의 관계인은 안전관리자의 위험물안전관리에 관한 의견을 존중하고 그 권고에 따라야 한다.

해설 위험물안전관리자

- 안전관리자 선임 : 관계인
- 안전관리자 해임, 퇴직 시 해임, 퇴직한 날부터 30일 이내 재선임
- 선임신고기간 : 소방본부장·소방서장에게 선임한 날부터 14일 이내 신고
- 직무대행기간 : 30일 이내

49 상중하

시장지역에서 화재로 오인할 만한 우려가 있는 불을 피우거나 연막소독을 하려는 자가신고를 하지 아니하여 소방자동차를 출동하게 한 자에 대한 과태료 부과·징수권자는?

① 국무총리

② 시·도지사

③ 행정안전부 장관

④ 소방본부장 또는 소방서장

해설 20만 원 이하의 과태료

화재로 오인할 만한 우려가 있는 불을 피우거나 연막 소독을 하기 전에 신고를 하지 않아 소방자동차를 출동하게 한 자

- 부과권자 : 소방본부장, 소방서장
- 과태료 : 20만 원 이하

신유형!

50 상중하

소방시설공사업법령상 소방시설공사업을 등록하려는 자는 금융회사 또는 소방산업공제조합이 자본금 기준금액의 100분의 20 이상에 해당하는 금액의 담보를 제공받거나 현금의 예치 또는 출자를 받은 사실을 증명하여 발행하는 확인서를 누구에게 제출해야 하는가?

① 국무총리

② 시·도지사

③ 행정안전부 장관

④ 소방본부장 또는 소방서장

정답 48 ① 49 ④ 50 ②

해설 소방시설업의 등록기준 및 영업범위

〈소방시설공사업법 시행령〉

제2조(소방시설업의 등록기준 및 영업범위) ② 소방시설공사업의 등록을 하려는 자는 별표 1의 기준을 갖추어 소방청장이 지정하는 금융회사 또는 「소방산업의 진흥에 관한 법률」 제23조에 따른 소방산업공제조합이 별표 1에 따른 자본금 기준금액의 100분의 20 이상에 해당하는 금액의 담보를 제공받거나 현금의 예치 또는 출자를 받은 사실을 증명하여 발행하는 확인서를 특별시장·광역시장·특별자치시장·도지사 또는 특별자치도지사(이하 "시·도지사"라 한다)에게 제출하여야 한다.

51 상 중 하

위험물안전관리법령상 인화성액체위험물(이황화탄소를 제외)의 옥외탱크저장소의 탱크주위에 설치하여야 하는 방유제의 기준 중 틀린 것은?

① 방유제의 용량은 방유제 안에 설치된 탱크가 하나인 때에는 그 탱크 용량의 110 [%] 이상으로 할 것
② 방유제의 용량은 방유제 안에 설치된 탱크가 2기 이상인 때에는 그 탱크 중 용량이 최대인 것의 용량의 110 [%] 이상으로 할 것
③ 방유제는 높이 1 [m] 이상 2 [m] 이하, 두께 0.2 [m] 이상, 지하매설 깊이 0.5 [m] 이상으로 할 것
④ 방유제 내의 면적은 80000 [m^2] 이하로 할 것

해설 방유제

1) 방유제 용량
 ⑴ 탱크 1기 : 탱크용량 110 [%] 이상
 ⑵ 탱크 2기 이상 : 최대 탱크 용량 110 [%] 이상
2) 방유제 높이 : 0.5 [m] 이상 3 [m] 이하
3) 방유제 두께 : 0.2 [m] 이상
4) 지하매설길이 : 1 [m] 이상
5) 방유제 면적 : 80000 [m^2] 이하
6) 방유제 내에 설치하는 옥외저장탱크 수 : 10기 이하
7) 방유제 재질 : 철근콘크리트, 흙담

52 상 중 하

화재의 예방 및 안전관리에 관한 법령상 1급 소방안전관리대상물에 해당하는 건축물은?

① 지하구
② 가연성 가스 1000톤 이상 저장 시설
③ 연면적 15000 [m^2] 이상인 동물원
④ 층수가 20층이고, 지상으로부터 높이가 100 [m]인 아파트

해설 소방안전관리대상물

구분	기준
특급	• 50층 이상(지하층 제외), 높이 200 [m] 이상 아파트 • 30층 이상(지하층 포함), 높이 120 [m] 이상 특정소방대상물(아파트 제외) • 연면적 100000 [m^2] 이상 특정소방대상물(아파트 제외)
1급	• 30층 이상(지하층 제외), 높이 120 [m] 이상 아파트 • 11층 이상 특정소방대상물(아파트 제외) • 연면적 15000 [m^2] 이상 특정소방대상물(아파트 및 연립주택 제외) • 가연성 가스 1000톤 이상 저장·취급시설
2급	• 지하구, 공동주택(옥내, SP설치), 보물·국보로 지정된 목조건축물 • 가연성 가스 100톤 이상 1000톤 미만 저장·취급시설 • 옥내소화전, 스프링클러, 간이, 물분무등소화설비 설치대상(호스릴방식 물분무등소화설비만을 설치한 경우 제외)
3급	• 간이스프링클러설비 또는 자동화재탐지설비를 설치하여야 하는 특정소방대상물
비고	동·식물원, 철강 등 불연성 물품 저장·취급 창고, 위험물 제조소등, 지하구는 특급 및 1급 소방안전관리대상물에서 제외

정답 51 ③ 52 ②

53 상중하

제4류 위험물을 저장·취급하는 제조소에 "화기엄금"이란 주의사항을 표시하는 게시판을 설치할 경우 게시판의 색상은?

① 청색바탕에 백색문자
② 적색바탕에 백색문자
③ 백색바탕에 적색문자
④ 백색바탕에 흑색문자

해설 위험물제조소 게시판 설치기준

분류	주의사항	색상
• 제1류 위험물 중 알칼리금속의 과산화물 • 제3류 위험물 중 금수성 물질	**물**기엄금	**청**색**바**탕 백색문자
• 제2류 위험물(인화성 고체 제외)	**화**기주의	**적**색**바**탕 백색문자
• 제2류 위험물 중 인화성 고체 • 제3류 위험물 중 자연발화성 물질 • 제4류 위험물 • 제5류 위험물	**화**기엄금	
• 제6류 위험물	별도 표시 안함	

암기 ▶ 물청바, 화적바

54 상중하

위험물안전관리법령상 제조소등이 아닌 장소에서 지정수량 이상의 위험물 취급할 수 있는 기준 중 다음 (　) 안에 알맞은 것은?

> 시·도의 조례가 정하는 바에 따라 관할 소방서장의 승인을 받아 지정수량 이상의 위험물을 (　)일 이내의 기간 동안 임시로 저장 또는 취급하는 경우

① 15　　② 30
③ 60　　④ 90

해설 위험물 임시저장

1) 위치·구조·설비기준 : 시·도 조례
2) 제조소등이 아닌 장소에서 지정수량 이상 위험물 취급할 수 있는 경우
   • 관할 소방서장의 승인 받아 지정수량 이상 위험물 90일 이내로 임시 저장·취급
   • 군부대는 지정수량 이상 위험물 군사 목적으로 임시 저장·취급

55 상중하

제조소등의 위치·구조 또는 설비의 변경 없이 당해 제조소등에서 저장하거나 취급하는 위험물의 품명·수량 또는 지정수량의 배수를 변경하고자 할 때는 누구에게 신고해야 하는가?

① 국무총리
② 시·도지사
③ 관할 소방서장
④ 행정안전부장관

해설 제조소 설치 및 변경

1) 설치허가자 : 시·도지사(행전안전부령)
2) 변경신고 : 변경하고자 하는 날의 1일 전
3) 허가 제외 장소
   • 주택의 난방시설(공동주택 중앙난방시설 제외)을 위한 저장소·취급소
   • 농예용·축산용·수산용으로 필요한 난방·건조시설을 위한 지정수량 20배 이하의 저장소

암기 ▶ 농 축 수 20 (농축된 물 20만원)

정답 53 ② 54 ④ 55 ②

56 상 중 하

소방기본법상 소방활동구역의 설정권자로 옳은 것은?

① 소방본부장 ② 소방서장
③ 소방대장 ④ 시·도지사

해설 소방활동구역 설정

구분	권한
소방청장	• 소방박물관 설립 • 한국소방안전원 감독 • 소방력 동원 요청
소방청장, 소방본부장, 소방서장	• 소방활동
소방본부장, 소방서장	• 소방업무 응원요청 • 지리조사
소방본부장, 소방서장, 소방대장	• 소방활동 종사명령 • 강제처분 • 피난명령 • 위험시설 긴급조치
소방대장	• 소방활동구역 설정

57 상 중 하

화재의 예방 및 안전관리에 관한 법령에 따른 소방안전 특별관리시설물의 안전관리 대상 전통시장의 기준 중 다음 ( ) 안에 알맞은 것은?

> 전통시장으로서 대통령령으로 정하는 전통 점포가 ( ) 개 이상인 전통시장

① 100 ② 300
③ 500 ④ 600

해설 소방안전 특별관리시설물

1) 공항시설
2) 철도시설·도시철도시설
3) 항만시설
4) 지정문화유산 및 천연기념물등인 시설
5) 산업기술단지·산업단지
6) 초고층 건축물·지하연계 복합건축물
7) 수용인원 1000명 이상 영화상영관
8) 전력용·통신용 지하구
9) 석유비축시설
10) 천연가스 인수기지 및 공급망
11) 대통령령으로 정하는 점포가 500개 이상인 전통시장
12) 그 밖의 대통령령으로 정하는 시설물
   (1) 발전소
   (2) 물류창고로서 연면적 10만 [m^2] 이상
   (3) 가스공급시설

58 상 중 하

소방시설 설치 및 관리에 관한 법령상 터널로서 길이가 1000 [m]일 때 설치하지 않아도 되는 소방시설은?

① 인명구조기구
② 옥내소화전설비
③ 연결송수관설비
④ 무선통신보조설비

해설 터널길이에 따른 소방시설

터널길이	적용설비
500 [m] 이상	• 비상경보설비 • 비상조명등설비 • 비상콘센트설비 • 무선통신보조설비
1000 [m] 이상	• 옥내소화전설비 • 연결송수관설비 • 자동화재탐지설비

정답 56 ③ 57 ③ 58 ①

59 상중하

소방시설공사업법령상 소방시설공사의 하자보수 보증기간이 3년이 아닌 것은?

① 자동소화장치
② 무선통신보조설비
③ 자동화재탐지설비
④ 간이스프링클러설비

해설 소방시설 하자보수 보증기간

소방시설	기간
• **피**난기구 · 유도등 • **비**상경보설비 • **비**상조명등 • **비**상방송설비 • **무**선통신보조설비	2년
• 자동소화장치 • 옥내 · 외소화전설비 • 스프링클러 · 간이스프링클러설비 • 물분무등소화설비 • 자동화재탐지설비 • 상수도소화용수설비 • 화재알림설비	3년

암기 이년 피비무

60 상중하

소방시설 설치 및 관리에 관한 법령상 수용인원 산정방법 중 침대가 없는 숙박시설로 해당 특정소방대상물 종사자의 수는 5명, 복도, 계단 및 화장실의 바닥면적을 제외한 바닥면적 158 [m²]인 경우 수용인원은 약 몇 명인가?

① 37
② 45
③ 58
④ 84

해설 수용인원 산정방법

1) 숙박시설이 있는 특정소방대상물
- 침대 있는 경우 : 종사자 수 + 침대 수
- 침대 없는 경우 : 종사자 수 + $\frac{\text{바닥면적 합계}}{3m^2}$

2) 수용인원 = $5 + \frac{158}{3}$ → 반올림하여 58명

보충 숙박시설 이외의 특정소방대상물
- 강의실 · 교무실 · 상담실 · 실습실 · 휴게실 용도로 쓰이는 특정소방대상물 : 바닥면적 합계 / 1.9 [m^2]
- 강당 · 문화집회시설 · 운동시설 · 종교시설 : 바닥면적 합계 / 4.6 [m^2]
- 관람석에 고정식 의자가 있는 경우 : 의자 수
- 관람석에 긴 의자가 있는 경우 : 의자의 정면너비 / 0.45 [m]
- 그 밖의 대상물 : 바닥면적 합계 / 3 [m^2]

정답 59 ② 60 ③

2024년 1회

소방전기시설의 구조 및 원리

3회독	월 일
2회독	월 일
1회독	월 일

목표시간 : 30분 | 시작 : _시 _분 | 종료 : _시 _분 | 맞은 개수 : _ /20

신유형!

61 상 중 하

누전경보기의 형식승인 및 제품검사의 기술기준에 명시되어 있는 부품의 구조 및 기능에 대한 설명으로 틀린 것을 고르시오.

① 눕혀서 끊어지는 형의 스위치(수은스위치 등)을 사용할 경우에는 정위치에 복귀시키는 것을 잊지 아니하도록 알려주는 적당한 장치를 하여야 한다.

② 전구는 사용전압의 130 [%]인 교류전압을 20시간 연속하여 가하는 경우 단선, 현저한 광속변화, 흑화, 전류의 저하 등이 발생하지 아니하여야 한다.

③ 전압 지시전기계기의 최대눈금은 사용하는 회로의 정격전압의 110 [%] 이상 180 [%] 이하이어야 한다.

④ 주위의 밝기가 300 [lx]인 장소에서 측정하여 앞면으로부터 3 [m] 떨어진 곳에서 켜진 등이 확실히 식별되어야 한다.

해설 누전경보기의 형식승인 및 제품검사의 기술기준

1) 스위치
 (1) 조작이 쉽고 작동이 확실하여야 하며, 정지점이 명확하고 적정하여야 한다.
 (2) 각 접점의 최대사용전압으로 최대사용전류의 200 [%]인 전류를 저항부하를 통하여 흘리는 작동을 1만 회(전원스위치의 경우에는 5천 회) 반복하는 경우 그 구조 또는 기능에 이상이 생기지 아니하여야 한다.
 (3) 접점은 최대사용전류 용량에 적합하여야 하고 부식될 우려가 없는 것이어야 한다.
 (4) 눕혀서 끊어지는 형의 스위치(수은스위치 등)을 사용할 경우에는 정위치에 복귀시키는 것을 잊지 아니하도록 알려주는 적당한 장치를 하여야 한다.

2) 표시등
 (1) 전구는 사용전압의 130 [%]인 교류전압을 20시간 연속하여 가하는 경우 단선, 현저한 광속변화, 흑화, 전류의 저하 등이 발생하지 아니하여야 한다.
 (2) 소켓은 접촉이 확실하여야 하며 쉽게 전구를 교체할 수 있도록 부착하여야 한다.
 (3) 전구는 2개 이상을 병렬로 접속하여야 한다. 다만 방전등 또는 발광다이오드의 경우에는 그러하지 아니한다.
 (4) 전구에는 적당한 보호카바를 설치하여야 한다. 다만 발광다이오드의 경우에는 그러하지 아니하다.
 (5) 누전화재의 발생을 표시하는 표시등(이하 "누전등"이라 한다)이 설치된 것은 등이 켜질 때 적색으로 표시되어야 하며, 누전화재가 발생한 경계전로의 위치를 표시하는 표시등(이하 "지구등"이라 한다)과 기타의 표시등은 다음과 같아야 한다.
  ① 지구등은 적색으로 표시되어야 한다. 이 경우 누전등이 설치된 수신부의 지구등은 적색 외의 색으로도 표시할 수 있다.
  ② 기타의 표시등은 적색 외의 색으로 표시되어야 한다. 다만 누전등 및 지구등과 쉽게 구별할 수 있도록 부착된 기타의 표시등은 적색으로도 표시할 수 있다.
 (6) 주위의 밝기가 300 [lx]인 장소에서 측정하여 앞면으로부터 3 [m] 떨어진 곳에서 켜진등이 확실히 식별되어야 한다.

3) 전자계전기(이하 생략)

4) 전압 지시전기계기의 최대눈금은 사용하는 회로의 정격전압의 140 [%] 이상 200 [%] 이하이어야 한다.

정답 61 ③

신유형!

62 상 중 하

소방시설용 비상전원수전설비의 화재안전기술기준에 따른 제2종 배전반 및 제2종 분전반 설치기준으로 틀린 것을 고르시오.

① 외함은 두께 1 [mm](함 전면의 면적이 1000 [cm^2]를 초과하고 2000 [cm^2] 이하인 경우에는 1.2 [mm], 2000 [cm^2]를 초과하는 경우에는 1.6 [mm]) 이상의 강판과 이와 동등 이상의 강도와 내화성능이 있는 것으로 제작할 것
② 140 [℃]의 온도를 가했을 때 이상이 없는 전압계 및 전류계는 외함에 노출하여 설치할 것
③ 단열을 위해 배선용 불연전용실 내에 설치할 것
④ 외함은 금속관 또는 금속제 가요전선관을 쉽게 접속할 수 있도록 하고 당해 접속부분에는 단열조치를 할 것

해설 소방시설용 비상전원수전설비의 화재안전기술기준

1) 외함은 금속관 또는 금속제 가요전선관을 쉽게 접속할 수 있도록 하고, 당해 접속부분에는 단열조치를 할 것
2) 공용배전반 및 공용분전반의 경우 소방회로와 일반회로에 사용하는 배선 및 배선용 기기는 불연재료로 구획되어야 할 것
3) 제2종 배전반 및 제2종 분전반은 다음의 기준에 적합하게 설치해야 한다.
   (1) 외함은 두께 1 [mm](함 전면의 면적이 1000 [cm^2]를 초과하고 2000 [cm^2] 이하인 경우에는 1.2 [mm], 2000 [cm^2]를 초과하는 경우에는 1.6 [mm]) 이상의 강판과 이와 동등 이상의 강도와 내화성능이 있는 것으로 제작할 것
   (2) 120 [℃]의 온도를 가했을 때 이상이 없는 전압계 및 전류계는 외함에 노출하여 설치할 것
   (3) 단열을 위해 배선용 불연전용실 내에 설치할 것

63 상 중 하

누전경보기의 구성요소에 해당하지 않는 것은?

① 차단기
② 영상변류기(ZCT)
③ 음향장치
④ 발신기

해설 누전경보기 용어

1) "누전경보기"란 내화구조가 아닌 건축물로서 벽, 바닥 또는 천장의 전부나 일부를 불연재료 또는 준불연재료가 아닌 재료에 철망을 넣어 만든 건물의 전기설비로부터 누설전류를 탐지하여 경보를 발하는 기기로서, 변류기와 수신부로 구성된 것을 말한다.
2) "수신부"란 변류기로부터 검출된 신호를 수신하여 누전의 발생을 해당 특정소방대상물의 관계인에게 경보하여 주는 것(차단기구를 갖는 것을 포함한다)을 말한다.
3) "변류기"란 경계전로의 누설전류를 자동적으로 검출하여 이를 누전경보기의 수신부에 송신하는 것을 말한다.
4) "경계전로"란 누전경보기가 누설전류를 검출하는 대상 전선로를 말한다.
5) "과전류차단기"란 「전기설비기술기준의 판단기준」 제38조와 제39조에 따른 것을 말한다.
6) "분전반"이란 배전반으로부터 전력을 공급받아 부하에 전력을 공급해주는 것을 말한다.
7) "인입선"이란 「전기설비기술기준」 제3조 제1항 제9호에 따른 것으로서, 배전선로에서 갈라져서 직접 수용장소의 인입구에 이르는 부분의 전선을 말한다.
8) "정격전류"란 전기기기의 정격출력 상태에서 흐르는 전류를 말한다.

정답 62 ② 63 ④

64 상 중 하

광전식 분리형 감지기의 설치기준 중 광축은 나란한 벽으로부터 몇 [m] 이상 이격하여 설치하여야 하는가?

① 0.6 ② 0.8
③ 1 ④ 1.5

해설 광전식 분리형 설치기준

- 광축은 나란한 벽으로부터 0.6 [m] 이상 이격(오동작방지 개념)
- 수광면은 햇빛을 직접 받지 않도록 설치
- 송광부와 수광부는 설치된 뒷벽으로부터 1 [m] 이내 위치에 설치(미 감시구역 증가방지 개념)
- 광축의 높이는 천장 등 높이의 80 [%] 이상일 것
- 광축의 길이는 공칭감시거리 범위 이내일 것(검정기술기준 공칭감시거리 : 5 ~ 100 [m], 5 [m] 간격)

65 상 중 하

무선통신보조설비 증폭기의 비상전원 용량은 무선통신보조설비를 유효하게 몇 분 이상 작동시킬 수 있는 것으로 설치하여야 하는가?

① 10 ② 20
③ 30 ④ 60

해설 증폭기 설치기준

1) 전원은 전기가 정상적으로 공급되는 축전지, 전기저장장치 또는 교류전압 옥내간선으로 하고, 전원까지의 배선은 전용으로 할 것
2) 증폭기의 전면에는 주회로의 전원이 정상인지의 여부를 표시할 수 있는 표시등 및 전압계를 설치할 것
3) 증폭기에는 비상전원이 부착된 것으로 하고, 해당 비상전원 용량은 무선통신보조설비를 유효하게 30분 이상 작동시킬 수 있는 것으로 할 것
4) 증폭기 및 무선중계기를 설치하는 경우 적합성 평가를 받은 제품으로 설치하고 임의로 변경하지 않도록 할 것
5) 디지털방식의 무전기를 사용하는 데 지장이 없도록 설치할 것

66 상 중 하

비상방송설비의 화재안전기술기준(NFTC 202)에 따라 비상방송설비 음향장치의 설치기준 중 다음 ( )에 들어갈 내용으로 옳은 것은?

> 층수가 (㉠)층 (공동주택의 경우에는 ㉡층) 이상의 특정소방대상물의 1층에서 발화한 때에는 발화층·그 직상 4개 층 및 지하층에 경보를 발할 수 있도록 하여야 한다.

① ㉠ 5, ㉡ 7 ② ㉠ 7, ㉡ 5
③ ㉠ 11, ㉡ 16 ④ ㉠ 16, ㉡ 11

해설 비상방송설비 음향장치 경보(우선경보)

층수가 11층(공동주택의 경우에는 16층) 이상의 특정소방대상물은 다음과 같은 경보를 발할 수 있어야 한다.

1) 2층 이상의 층에서 발화한 때에는 발화층 및 그 직상 4개 층에 경보
2) 1층에서 발화한 때에는 발화층·그 직상 4개 층 및 지하층에 경보
3) 지하층에서 발화한 때에는 발화층·그 직상층 및 기타 지하층 경보

TIP 비상방송설비의 음향장치 경보는 자동화재탐지설비의 음향장치 경보와 같다.

신유형!

67 상 중 하

비상방송설비의 화재안전기술기준(NFTC 202)에 따라 전원회로의 배선으로 사용할 수 없는 것은?

① 알루미늄 연강
② 0.6/1 [kV] EP 고무절연 클로로프렌 시스케이블
③ 450/750 [V] 저독성 난연 가교 폴리올레핀 절연전선
④ 내열성 에틸렌 - 비닐 아세테이트 고무 절연케이블

정답 64 ① 65 ③ 66 ③ 67 ①

해설 비상방송설비 전원회로의 배선

- 450/750 [V] 저독성 난연 가교 폴리올레핀 절연 전선
- 0.6/1 [KV] 가교 폴리에틸렌 절연 저독성 난연 폴리올레핀 시스 전력 케이블
- 6/10 [kV] 가교 폴리에틸렌 절연 저독성 난연 폴리올레핀 시스 전력용 케이블
- 가교 폴리에틸렌 절연 비닐시스 트레이용 난연 전력 케이블
- 0.6/1 [kV] EP 고무절연 클로로프렌 시스케이블
- 300/500 [V] 내열성 실리콘 고무 절연전선(180 [℃])
- 내열성 에틸렌 - 비닐아세테이트 고무 절연케이블
- 버스덕트(Bus Duct)

68 상㊥하

자동화재탐지설비 및 시각경보장치의 화재안전기술기준에 따라 지하층·무창층 등으로서 환기가 잘 되지 아니하거나 실내 면적이 40 [m^2] 미만인 장소에 설치하여야 하는 적응성이 있는 감지기가 아닌 것은?

① 불꽃감지기
② 광전식 분리형 감지기
③ 정온식 스포트형 감지기
④ 아날로그방식의 감지기

해설 비화재보방지 감지기

- 불꽃감지기
- 정온식 감지선형 감지기
- 분포형 감지기
- 복합형 감지기
- 광전식 분리형 감지기
- 아날로그방식의 감지기
- 다신호방식의 감지기
- 축적방식의 감지기

암기 ▶ 불정분복 광아다축
TIP ▶ 비화재보 : 화재감지 오작동
※ 스포트형은 적응성이 없음

69 상㊥하

비상방송설비의 화재안전기술기준(NFTC 202)에 따라 부속회로의 전로와 대지 사이 및 배선 상호 간의 절연저항은 1경계구역마다 직류 250 [V]의 절연저항측정기를 사용하여 측정한 절연저항이 몇 [$M\Omega$] 이상이 되도록 하여야 하는가?

① 0.1 ② 0.2
③ 10 ④ 20

해설 비상방송설비 배선

1) 화재로 인해 하나의 층의 확성기 또는 배선이 단락 또는 단선되어도 다른 층의 화재 통보에 지장이 없을 것
2) 전원회로의 배선은 내화배선
3) 그 밖의 배선은 내화배선 또는 내열배선으로 할 것
4) 절연저항
   (1) 전원회로의 전로와 대지 사이 및 배선 상호 간 : 전기사업법 기술기준 적용
   (2) 부속회로의 전로와 대지 사이 및 배선 상호 간 : 1 경계구역마다 직류 250 [V]의 절연저항측정기를 사용하여 측정한 절연저항 0.1 [MΩ] 이상

70 상㊥하

자동화재속보설비의 속보기의 성능인증 및 제품검사의 기술기준에 따라 교류입력 측과 외함 간의 절연저항은 직류 500 [V]의 절연저항계로 측정한 값이 몇 [$M\Omega$] 이상이어야 하는가?

① 5 ② 10
③ 20 ④ 50

해설 속보기 시험

1) 속보기 반복시험
   정격전압에서 1000회의 화재작동을 반복 실시하는 경우 그 구조 또는 기능에 이상이 생기지 아니하여야 한다.
2) 속보기 절연저항시험
   속보기의 절연된 충전부와 외함 간의 절연저항은 직류 500 [V] 절연저항계로 측정한 값이 5 [MΩ] (교류입력 측과 외함 간 및 절연된 선로 간에는 각각 20 [MΩ]) 이상이어야 함

정답 68 ③ 69 ① 70 ③

71 상중하

비상조명등의 화재안전기술기준(NFTC 304)에 따른 휴대용 비상조명등의 설치기준이다. 다음 ( )에 들어갈 내용으로 옳은 것은?

> 지하상가 및 지하역사에는 보행거리 (㉠) [m] 이내마다 (㉡)개 이상 설치할 것

① ㉠ 25, ㉡ 1
② ㉠ 25, ㉡ 3
③ ㉠ 50, ㉡ 1
④ ㉠ 50, ㉡ 3

해설 휴대용 비상조명등 설치기준

1) 설치장소

설치장소	설치개수
숙박시설 또는 다중이용업소에는 객실 또는 영업장 안의 구획된 실마다 잘 보이는 곳 (외부 설치 시 출입문 손잡이로부터 1 [m] 이내 부분)	1개 이상
대규모점포 (지하상가 · 지하역사 제외), 영화상영관	보행거리 50 [m] 이내마다 3개 이상
지하상가 및 지하역사	보행거리 25 [m] 이내마다 3개 이상

2) 설치기준
(1) 바닥으로부터 0.8 [m] 이상 1.5 [m] 이하의 높이에 설치할 것
(2) 어둠 속에서 위치를 확인할 수 있도록 할 것
(3) 사용 시 자동으로 점등되는 구조일 것
(4) 외함은 난연성능이 있을 것
(5) 건전지 사용 시 방전방지조치를 하고, 충전식 배터리 사용 시 상시 충전되도록 할 것
(6) 건전지 및 충전식 배터리 용량은 20분 이상 유효하게 사용할 수 있는 것

72 상중하

축전지의 자기방전을 보충함과 동시에 상용 부하에 대한 전력공급은 충전기가 부담하도록 하되 충전기가 부담하기 어려운 일시적인 대전류는 부하는 축전지로 하여금 부담하게 하는 충전방식은?

① 과충전방식　② 균등충전방식
③ 부동충전방식　④ 세류충전방식

해설 충전방식

구분	내용
세류 충전방식	축전지의 자기방전을 보충하기 위해 부하를 제거한 상태로 늘 미소전류로 충전하는 방식(자기 방전량만 상시 충전)
균등 충전방식	부동충전방식 사용 시 Cell에서 일어나는 전위차를 균등하게 하기 위해 3주에 1회 정도 축전지 공칭전압의 120 ~ 125 [%]의 정전압으로 10 ~ 12시간 충전하는 방식
보통 충전방식	필요할 때마다 표준 시간율로 충전하는 방식
급속 충전방식	단시간에 2 ~ 3배의 전류로 충전하는 방식
부동 충전방식	전지의 자기방전을 보충함과 동시에 상용부하에 대한 전력공급은 충전기가 부담하도록 하되, 충전기가 부담하기 어려운 일시적인 대전류 부하는 축전지로 하여금 부담하게 하는 충전방식

73 상중하

휴대용 비상조명등 설치높이는?

① 0.8 [m] 이상 1.0 [m] 이하
② 0.8 [m] 이상 1.5 [m] 이하
③ 1.0 [m] 이상 1.5 [m] 이하
④ 1.0 [m] 이상 1.8 [m] 이하

정답 71 ② 72 ③ 73 ②

해설 휴대용 비상조명등 설치기준

1) 바닥으로부터 0.8 [m] 이상 1.5 [m] 이하의 높이에 설치할 것
2) 어둠 속에서 위치를 확인할 수 있도록 할 것
3) 사용 시 자동으로 점등되는 구조일 것
4) 외함은 난연성능이 있을 것
5) 건전지 사용 시 방전방지조치를 하고, 충전식 배터리 사용 시 상시 충전되도록 할 것
6) 건전지 및 충전식 배터리 용량은 20분 이상 유효하게 사용할 수 있는 것

74 상 중 하

무선통신보조설비의 화재안전기술기준(NFTC 505)에 따라 지하층으로서 특성소방대상물의 바닥부분 2면 이상이 지표면과 동일하거나 지표면으로부터의 깊이가 몇 [m] 이하인 경우에는 해당 층에 한하여 무선통신보조설비를 설치하지 않을 수 있는가?

① 0.5 ② 1.0
③ 1.5 ④ 2.0

해설 무선통신보조설비 설치 제외 장소

1) 지하층으로서 특정소방대상물의 바닥부분 2면 이상이 지표면과 동일한 층
2) 지하층으로서 지표면으로부터의 깊이가 1 [m] 이하인 층

75 상 중 하

유도등 및 유도표지의 화재안전기술기준(NFTC 303)에 따라 객석유도등을 설치하여야 하는 장소로 틀린 것은?

① 벽 ② 천장
③ 바닥 ④ 통로

해설 객석유도등

- 객석의 통로, 바닥 또는 벽에 설치할 것
- 설치개수

$$= \frac{\text{객석 통로 직선부분 길이}(m)}{4} - 1$$

76 상 중 하

자동화재속보설비 전원전압변동 시의 기능기준 중 다음 ( ) 안에 알맞은 것은?

속보기는 전원에 정격전압의 (㉠) [%] 및 (㉡) [%]의 전압을 인가하는 경우 정상적인 기능을 발휘하여야 한다.

① ㉠ 80, ㉡ 120
② ㉠ 85, ㉡ 115
③ ㉠ 90, ㉡ 110
④ ㉠ 95, ㉡ 105

해설 속보기 전압

- 변동범위 : 정격전압 80 ~ 120 [%]
- 직류 24 [V]의 80 [%] = 직류 19.2 [V]
- 직류 24 [V]의 120 [%] = 직류 28.8 [V]
- 19.2 ~ 28.8 [V] 사용 시 속보기 이상 없어야 한다.

77 상 중 하

비상경보설비의 축전지 외함이 강판인 경우의 두께는 최소 몇 [mm] 이상이어야 하는가?

① 1.0 ② 1.2
③ 2.5 ④ 3.0

해설 축전지 외함두께

- 강판 : 1.2 [mm] 이상
- 합성수지 : 3 [mm] 이상

암기 ▶ 강12 합3

정답 74 ② 75 ② 76 ① 77 ②

78 상 중 하

비상방송설비는 기동장치에 의한 화재신호를 수신한 후 필요한 음량으로 방송이 개시될 때까지의 소요시간은 몇 초 이하로 하여야 하는가?

① 10 ② 20
③ 30 ④ 60

해설 비상방송설비 설치기준

1) 확성기
 (1) 음성입력 : 실외 3 [W] 이상, 실내 1 [W] 이상
 (2) 수평거리 : 층 각 부분으로부터 하나의 확성기까지의 25 [m] 이하
 (3) 확성기는 각 층마다 설치, 당해 층의 각 부분에 유효하게 경보를 발하도록 설치
2) 음량조정기(ATT) : 음량조정기의 배선은 3선식으로 한다.
3) 조작부
 (1) 조작스위치 높이 : 바닥으로부터 0.8 [m] 이상 1.5 [m] 이하
 (2) 기동장치의 작동과 연동하여 당해 기동장치가 작동한 층 또는 구역을 표시
 (3) 조작부 및 증폭기 설치장소 : 수위실 등 상시 사람이 근무, 점검이 편리, 방화상 유효한 곳
 (4) 2 이상 조작부 설치 시 설치장소 상호 간 동시통화 가능, 어느 조작부에서도 전구역 방송 가능
4) 층수가 11층(공동주택의 경우에는 16층)의 특정소방대상물은 다음과 같은 경보를 발할 수 있어야 한다.
 (1) 2층 이상의 층에서 발화한 때에는 발화층 및 그 직상 4개 층에 경보
 (2) 1층에서 발화한 때에는 발화층·그 직상 4개 층 및 지하층에 경보
 (3) 지하층에서 발화한 때에는 발화층·그 직상층 및 기타 지하층 경보
5) 기동장치에 따른 화재신고를 수신한 후 필요한 음량으로 화재발생 상황 및 피난에 유효한 방송이 자동으로 개시될 때까지의 소요시간은 10초 이하로 할 것
6) 다른 방송설비와 공용할 경우 화재 시 비상경보 외의 방송을 차단할 수 있는 구조
7) 다른 전기회로에 따라 유도장애가 생기지 아니하도록 할 것
8) 음향장치의 구조 및 성능
 (1) 정격전압의 80 [%] 전압에서 음향을 발할 수 있는 것을 할 것
 (2) 자동화재탐지설비의 작동과 연동하여 작동할 수 있는 것으로 할 것

79 상 중 하

소방시설용 비상전원수전설비의 화재안전기준(NFTC 602)에 따라 소방회로용 개폐기 및 과전류차단기에 표시해야 하는 내용은?

① 소방공급용 ② 소방부착용
③ 소방시설용 ④ 소방전원용

해설 비상전원수전설비

소방회로용 개폐기 및 과전류차단기에는 "소방시설용"이라고 표시

신유형!

80 상 중 하

유도등의 형식승인 및 제품검사의 기술기준에 따라 피난구 유도등이 대형인 경우 1대 1 표시면을 사용한다면 한 변의 길이는 몇 [mm] 이상이어야 하는가?

① 200 ② 350
③ 300 ④ 250

해설 유도등 표시면 크기

종별		1대1 표시면
피난구 유도등	대형	250 [mm] 이상
	중형	200 [mm] 이상
	소형	100 [mm] 이상

정답 78 ① 79 ③ 80 ④

2024년 2회

소방원론

3회독	월	일
2회독	월	일
1회독	월	일

목표시간 : 20분 | 시작 : _시 _분 | 종료 : _시 _분 | 맞은 개수 : _ /20

01 (상 중 하)

황린의 연소생성물은 무엇인가?

① SO_2 ② P_2O_5
③ PH_3 ④ P_2S_5

해설 황린(P_4)

황린은 연소 시 오산화인(P_2O_5)의 흰 연기를 낸다.

$P_4 + 5O_2 \rightarrow 2P_2O_5$

보충 ▶ 황린은 제3류 위험물이며, 자연발화성이 있어 물속에 저장한다.

02 (상 중 하)

목재 화재 시 다량의 물을 뿌려 소화하고자 한다. 이때 가장 큰 소화효과는?

① 제거소화효과
② 냉각소화효과
③ 부촉매소화효과
④ 희석소화효과

해설 냉각소화

열을 흡수하여 발화점 이하로 낮추는 소화
예 목재 화재 시 다량의 물을 뿌려 소화

03 (상 중 하)

피난대책의 일반적인 원칙이 아닌 것은?

① 피난경로는 간단명료하게 한다.
② 피난설비는 고정식 설비보다 이동식 설비를 위주로 설치한다.
③ 간단한 그림이나 색채를 이용하여 표시한다.
④ 두 방향의 피난통로를 확보한다.

해설 피난대책 일반원칙

피난대책은 Fail - Safe와 Fool - Proof 원칙에 따른다.

1) Fail - Safe
  (1) 하나의 수단이 고장으로 실패하여도 다른 수단을 이용할 수 있도록 할 것
  (2) 양방향 피난경로를 상시 확보해둘 것
  (3) 부분화, 다중화할 것
2) Fool - Proof
  (1) 피난수단은 조작이 간편한 원시적 방법으로 할 것
  (2) 비상시 판단능력 저하를 대비하여 누구나 알 수 있도록 간단한 그림이나 색채를 이용하여 표시할 것
  (3) 피난설비는 고정식 설비로 설치할 것
  (4) 피난경로는 간단명료하게 할 것

정답 01 ② 02 ② 03 ②

04 상중하

연소와 가장 관련이 있는 화학반응은?

① 산화반응 ② 환원반응
③ 치환반응 ④ 중화반응

해설 연소

가연물이 공기 중의 산소와 결합하여 빛과 열을 수반하는 산화반응

05 상중하

다음 중 주된 연소형태가 표면연소인 것은 어느 것인가?

① 알코올
② 숯
③ 목재
④ 에터(에테르)

해설 연소의 형태(고체의 연소)

구분	내용	종류
표면연소	불꽃이 없고 표면에서 연소	**숯, 코크스, 목탄, 금속분**
분해연소	고체 가연물이 온도 상승 시 열분해를 통해 발생하는 가연성 가스가 연소	목재, 석탄, 종이, 플라스틱
증발연소	열분해 없이 증발하여 연소	황(유황), 나프탈렌, 파라핀(양초)
자기연소	물질 내부에 산소를 함유하고 있어 별도의 산소 공급 없이 연소	나이트로셀룰로오스(니트로셀룰로오스), 나이트로글리세린(니트로글리세린), 유기과산화물

06 상중하

화재에서 눈부신 백색(휘백색)의 불꽃 온도는 약 몇 [℃]인가?

① 500
② 950
③ 1300
④ 1500

해설 연소 시 불꽃의 색과 온도

색	온도 [℃]
암적색	700 ~ 750
적색	850
휘적색	900 ~ 950
황적색	1100
백색	1200 ~ 1300
휘백색	1500

암기 ▶ 암적적 휘황백 휘백

2024

정답 04 ① 05 ② 06 ④

신유형!

07 상 중 하

일반적으로 실내의 화재하중이 가장 많은 곳은?

① 주택
② 사무실
③ 도서관
④ 병원

해설 화재하중

1) 화재하중이란 화재실의 단위면적당 등가가연물(목재)의 양으로 건물화재 시 발열량 및 화재위험성 척도가 된다.
2) 화재구획실 내에 존재하는 가연물은 각각 단위중량당 발열량[kcal/kg]이 다르기 때문에 목재의 발열량으로 환산하여 화재하중을 산정한다.
   예 종이 : 4000 [kcal/kg], 고무 : 9000 [kcal/kg]
3) 화재 시 주수시간을 결정하는 주요인이다.
4) 화재하중 $q = \frac{\Sigma GH_i}{HA} = \frac{\Sigma Q}{4500A}$ [kg/m²]

G : 가연물의 양 [kg]
H_i : 단위중량당 발열량 [kcal/kg]
H : 목재의 단위중량당 발열량 [4500 kcal/kg]
A : 화재실의 바닥면적 [m²]
ΣQ : 화재실 내 가연물의 전발열량 [kcal]

5) 소방대상물의 용도별 화재하중

대상물의 용도	화재하중 [kg/m²]
호텔	5 ~ 15
병원	**10 ~ 15**
사무실	**10 ~ 20**
주택	**30 ~ 60**
백화점	100 ~ 200
도서관	**250**
창고	200 ~ 1000

TIP ▶ 화재가혹도 = 화재강도 × 화재하중
보충 ▶ 화재하중이 크다 = 가연물의 양 대비 화재구획의 공간이 좁다

신유형!

08 상 중 하

황린, 적린이 서로 동소체라는 것을 증명하는 데 가장 효과적인 것은?

① 비중을 비교한다.
② 착화점을 비교한다.
③ 유기용제에 대한 용해도를 비교한다.
④ 연소생성물을 확인한다.

해설 동소체

황린(P_4)과 적린(P)은 인(P)으로 구성된 동소체로 연소시 오산화인(P_2O_5)을 생성한다. 동소체는 연소생성물을 확인해보면 알 수 있다.

1) 적린(P)의 연소
   $4P + 5O_2 \rightarrow 2P_2O_5$
2) 황린(P_4)의 연소
   $P_4 + 5O_2 \rightarrow 2P_2O_5$

보충 ▶ 동소체 : 한 종류의 원소로 이루어졌으나 그 원자들의 배열순서나 배열구조가 달라 그 성질이 서로 다른 물질들

정답 07 ③ 08 ④

09 상중하

Halon 1301의 증기비중은 약 얼마인가? (단, 원자량은 C 12, F 19, Br 80, Cl 35.5이고, 공기의 평균분자량은 29이다)

① 4.14 ② 5.14
③ 6.14 ④ 7.14

해설 증기비중

$$증기비중 = \frac{분자량}{29(공기\ 분자량)}$$

1) 할론 1301(CF_3Br)의 분자량
분자량 $= 12 + 19 \times 3 + 80 = 149$
2) 할론 1301(CF_3Br)의 증기비중
$$증기비중 = \frac{분자량}{29(공기\ 분자량)}\ \frac{149}{29} ≒ 5.14$$

보충 ▶ 원자량(C : 12, F : 19, Cl : 35.5, Br : 80)

10 상중하

가연물질의 종류에 따라 화재를 분류하였을 때 섬유류 화재가 속하는 것은?

① A급 화재 ② B급 화재
③ C급 화재 ④ D급 화재

해설 화재의 분류

등급	화재	표시색	가연물
A급	일반화재	백색	나무, **섬유**, 종이, 고무, 플라스틱류
B급	유류화재	황색	인화성 액체, 가연성 액체, 석유 그리스, 타르, 오일, 유성도료, 솔벤트, 래커, 알코올 및 인화성 가스 등
C급	전기화재	청색	전류가 흐르고 있는 전기기기, 배선 등
D급	금속화재	무색	마그네슘 합금 등 가연성 금속
K급	주방화재	-	주방에서 동식물유를 취급하는 조리기구

11 상중하

피난계획의 일반원칙 중 Fool – Proof 원칙이란 무엇인가?

① 한 가지가 고장이 나도 다른 수단을 이용할 수 있도록 하는 원칙
② 두 방향의 피난동선을 항상 확보하는 원칙
③ 피난수단을 이동식 시설로 하는 원칙
④ 피난수단을 조작이 간편한 원시적 방법으로 하는 원칙

해설 피난대책 일반원칙

피난대책은 Fail - Safe와 Fool - Proof 원칙에 따른다.
1) Fail - Safe
(1) 하나의 수단이 고장으로 실패하여도 다른 수단을 이용할 수 있도록 할 것
(2) 양방향 피난경로를 상시 확보해둘 것
(3) 부분화, 다중화할 것
2) Fool – Proof
(1) 피난수단은 조작이 간편한 원시적 방법으로 할 것
(2) 비상시 판단능력 저하를 대비하여 누구나 알 수 있도록 간단한 그림이나 색채를 이용하여 표시할 것
(3) 피난설비는 고정식 설비로 설치할 것
(4) 피난경로는 간단명료하게 할 것

2024

정답 09 ② 10 ① 11 ④

12 상 중 하

가스 A가 40 [vol%], 가스 B가 60 [vol%]로 혼합된 가스의 연소하한계는 몇 [vol%]인가? (단, 가스 A의 연소하한계는 4.9 [vol%]이며, 가스 B의 연소하한계는 4.15 [vol%]이다)

① 1.82　② 2.02
③ 3.22　④ 4.42

해설 르 샤틀리에법칙

르 샤틀리에법칙 $\frac{100}{L} = \frac{V_1}{L_1} + \frac{V_2}{L_2} + \cdots + \frac{V_n}{L_n}$

르 샤틀리에법칙으로 혼합가스의 폭발하한계 및 상한계를 계산할 수 있다.

$$\frac{100}{L} = \frac{40}{4.9} + \frac{60}{4.15}$$

$$L = \frac{100}{\frac{40}{4.9} + \frac{60}{4.15}}$$

$\therefore L \fallingdotseq 4.42$ [%]

L : 혼합가스 폭발하한계 [vol%]
$L_1 \sim L_n$: 가연성 가스 폭발하한계 [vol%]
$V_1 \sim V_n$: 가연성 가스 용량 [vol%]

13 상 중 하

건축물 화재에서 플래시 오버(Flash Over)현상이 일어나는 시기는?

① 초기에서 성장기로 넘어가는 시기
② 성장기에서 최성기로 넘어가는 시기
③ 최성기에서 감쇠기로 넘어가는 시기
④ 감쇠기에서 종기로 넘어가는 시기

해설 실내화재 발생현상

1) 플래시 오버
(1) 온도가 급격히 상승하여 화재가 순간적으로 실내 전체에 확산되는 현상
(2) 발생 시기 : 성장기 ~ 최성기 직전
2) 백드래프트
(1) 훈소 상태일 때 신선한 공기 유입으로 실내의 축적된 가스가 단시간 연소, 폭발하여 실외로 분출
(2) 발생 시기 : 감쇄기(최성기 이후)

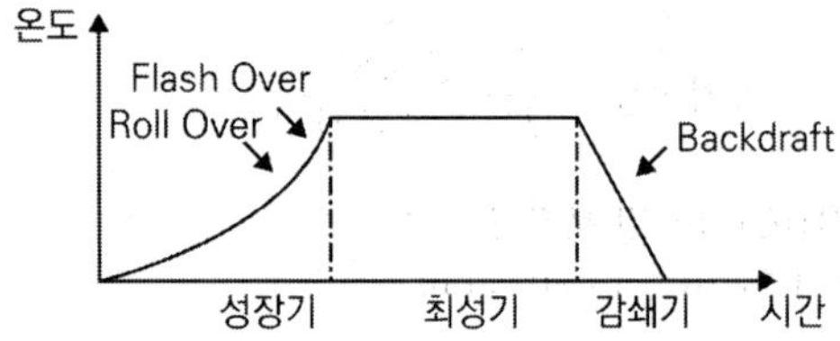

14 상 중 하

방화구조의 기준으로 틀린 것은?

① 철망모르타르로서 그 바름두께가 2 [cm] 이상인 것
② 심벽에 흙으로 맞벽치기한 것
③ 시멘트모르타르 위에 타일을 붙인 것으로서 그 두께의 합계가 1.5 [cm] 이상인 것
④ 석고판 위에 두께 2.5 [cm] 이상의 회반죽을 바른 것

해설 방화구조 설치기준

[두께 : 이상]

구분	두께
철망모르타르	2 [cm]
• 석고판 위에 시멘트모르타르를 바른 것 • 석고판 위에 회반죽을 바른 것 • **시멘트모르타르 위에 타일을 붙인 것**	**2.5 [cm]**
심벽에 흙으로 맞벽치기 한 것	모두 해당
산업표준화법에 의한 한국산업표준에 따라 시험한 결과 방화2급 이상에 해당하는 것	

정답 12 ④ 13 ② 14 ③

15 상 중 하

표면온도가 300 [℃]에서 안전하게 작동하도록 설계된 히터의 표면온도가 360 [℃]로 상승하면 300 [℃]에 비하여 약 몇 배의 열을 방출할 수 있는가?

① 1.1배 ② 1.5배
③ 2.0배 ④ 2.5배

해설 스테판 볼츠만의 법칙

단위 면적당 복사열량 $Q\,[W/m^2] = \sigma T^4$

복사 : 열전달 매질 없이 전자파 형태로 열이 전달
스테판 볼츠만의 법칙에 의해 복사열은 절대온도의 4승에 비례한다.

보충 ▶ 매질 : 파동을 전달시키는 물질

$$\frac{Q_2}{Q_1} = \frac{(273+t_2)^4}{(273+t_1)^4} = \frac{(273+360)^4}{(273+300)^4} \fallingdotseq 1.5\text{배}$$

σ : 스테판 볼츠만 상수 $[W/m^2 \cdot K^4]$
T : 절대온도 [K]

16 상 중 하

자연발화에 대한 예방책으로 적당하지 않은 것은?

① 열의 축적을 방지한다.
② 황린은 물속에 저장한다.
③ 주위온도를 낮게 유지한다.
④ 가능한 한 물질을 분말 상태로 저장한다.

해설 자연발화 방지대책

1) 가연성 물질 제거
2) 통풍이나 환기를 통한 열 축적 방지
3) 저장실의 온도를 낮출 것
4) 습도 높은 곳 피할 것(수분 : 촉매작용)
5) 열전도성 좋게 할 것
6) 물질의 표면적이 넓지 않게 할 것
→ ④ 가능한 한 물질의 표면적을 작게 저장한다.

17 상 중 하

건축물의 주요구조부에 해당되지 않는 것은?

① 기둥 ② 작은 보
③ 지붕틀 ④ 바닥

해설 건물의 주요구조부

1) 바닥(최하층 바닥 제외)
2) 보(작은 보 제외)
3) 지붕틀(차양 제외)
4) 내력벽(비내력벽 제외)
5) 주계단(옥외계단 제외)
6) 기둥(사잇기둥 제외)

암기 ▶ 바보지내주기

18 상 중 하

다음 중 연소의 3요소가 아닌 것은?

① 가연물
② 촉매
③ 산소공급원
④ 점화원

해설 연소의 3요소, 4요소

연소의 3요소	연소의 4요소
• **가**연물 • **산**소공급원 • **점**화원	• 가연물 • 산소공급원 • 점화원 • 연쇄반응

암기 ▶ 연소의 3요소 : 가산점

정답 15 ② 16 ④ 17 ② 18 ②

19 상 중 하

화재가혹도에 대한 설명 중 틀린 것은?

① 화재가혹도란 화재 시 당해 건물과 그 내부의 수용재산 등을 파괴하거나 손상을 입히는 정도를 뜻한다.

② 화재강도가 높을수록 화재가혹도가 커진다.

③ 화재가혹도는 손실과 반비례한다.

④ 화재하중이 같더라도 물질의 상태에 따라 가혹도는 달라진다.

해설 화재가혹도

1) 화재가혹도란 화재 시 당해 건물과 그 내부의 수용재산 등을 파괴하거나 손상을 입히는 정도를 뜻한다.
   ⇨ **화재가혹도는 손실과 비례한다.**
2) 화재가혹도 = 화재강도 × 화재하중
   ⇨ **화재강도가 높을수록 화재가혹도가 커진다.**
3) 가연물의 비표면적, 가연물의 배열 상태, 가연물의 발열량, 화재실의 구조(단열성), 공기(산소)의 공급 상황 등이 화재강도에 영향을 미치므로 이에 따라 화재가혹도도 달라진다.
   ⇨ **화재하중이 같더라도 물질의 상태에 따라 가혹도는 달라진다.**
4) 최고온도(화재강도)가 높을수록 지속시간(화재하중)이 길수록 화재가혹도가 커진다.
5) 방호공간 안에서 화재의 세기를 나타내고 화재가 진행되는 과정에서 온도에 따라 변하는 것으로 **온도-시간 곡선으로** 표시할 수 있다.

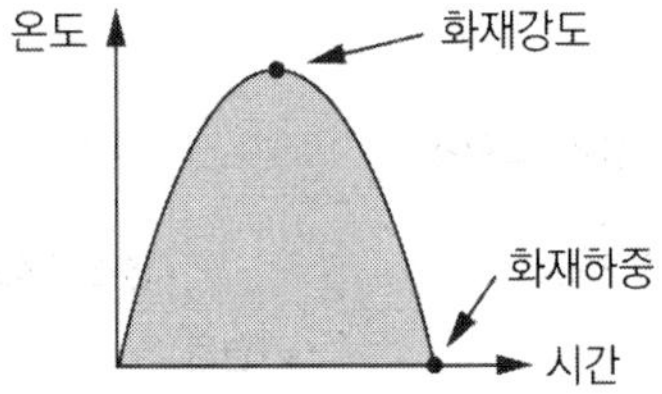

TIP ▶ 화재가혹도는 손실과 비례한다.

20 상 중 하

조연성 가스로만 나열되어 있는 것은?

① 질소, 불소, 수증기

② 산소, 불소, 염소

③ 산소, 이산화탄소, 오존

④ 질소, 이산화탄소, 염소

해설 가연성 가스와 조연성 가스

구분	가연성 가스	조연성 가스
정의	자기 자신이 연소하는 가스	자기 자신은 타지 않고 연소를 도와주는 가스
종류	일산화탄소(CO) 수소(H_2) 메테인(메탄, CH_4) 프로페인(프로판, C_3H_8) 암모니아(NH_3) 뷰테인(부탄, C_4H_{10})	**오존**(O_3) **공기** **산소**(O_2) **염소**(Cl) **불소**(F)

암기 ▶ 조 오공산 염불

정답 19 ③ 20 ②

2024년 2회

소방전기일반

3회독	월	일
2회독	월	일
1회독	월	일

목표시간 : 30분 | 시작 : _시 _분 | 종료 : _시 _분 | 맞은 개수 : _ /20

신유형!

21 상 중 하

지시전기계기의 기본적인 구성요소가 아닌 것을 고르시오.

① 가열장치 ② 구동장치
③ 제어장치 ④ 제동장치

해설 지시계기

1. 외부의 영향을 받지 않을 것
2. 정확도가 높을 것
3. 측정값의 변화에 신속히 응답할 것
4. 절연 내력이 높을 것

보충 ▶ 지시전기계기의 구성요소 : 구동장치, 제어장치, 제동장치

22 상 중 하

다음 그림과 같은 회로의 역률을 구하시오.

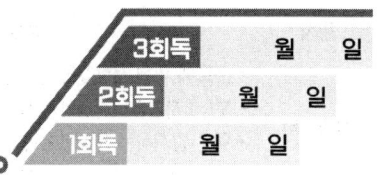

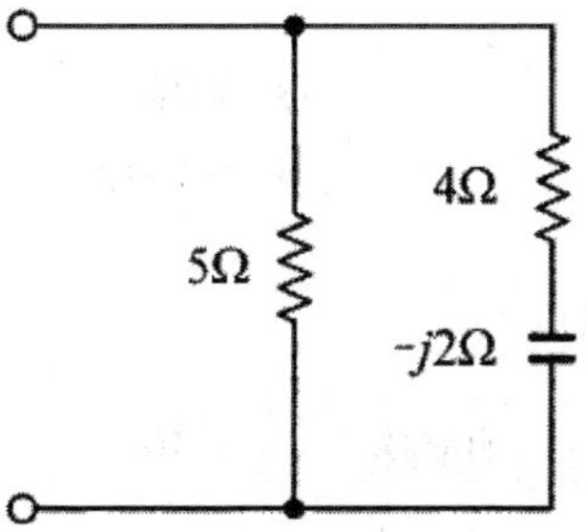

① 0.97 ② 0.76
③ 0.89 ④ 0.67

해설 역률

$$Z_0 = \frac{5(4-2j)}{5+(4-2j)} = 2.35 - 0.59j$$

$$Z = R + jX = \sqrt{R^2 + X^2}$$

$$R = 2.35,\ X = 0.59$$

$$\cos\theta = \frac{R}{Z} = \frac{2.35}{\sqrt{2.35^2 + 0.59^2}}$$

23 상 중 하

다음 반도체 소자 중 인가되는 전압의 변화에 따라 저항값이 비선형으로 변하는 소자를 고르시오.

① 서미스터 ② 바리스터
③ 트라이악 ④ 다이악

해설 반도체 소자

명칭	특성
SCR	• 사이리스터의 한 종류 • 단방향 3단자 • 애노드(A), 캐소드(K), 게이트(G)로 구성된다. • 래칭전류 : SCR이 OFF상태에서 ON 상태로의 전환이 이뤄지고, 트리거신호가 제거된 직후에 SCR을 ON 상태로 유지하는 데 필요한 최소한의 양극전류를 래칭전류라 한다.
트라이악 (TRIAC)	• npnpn의 5층구조 • 직·교류에서 모두 사용할 수 있는 3단자 스위칭 소자 • 교류전력 기기 제어용 • 쌍방향 3단자
다이악 (DIAC)	• 소용량 저항부하의 AC전력 제어용 • 쌍방향 2단자

정답 21 ① 22 ① 23 ②

명칭	특성
서미스터	• 온도에 의해 저항값이 변하는 반도체 소자 • 부(−) 저항온도계수의 특성 : 온도 증가 시 저항 감소 • 열을 감지하는 감열저항체 소자 • 온도보상용, 온도계측용(온도계), 온도보정용
바리스터	• 인가되는 전압에 따라 저항값이 변하는 비선형 반도체 소자 • 전압에 따라 저항값이 변화하는 저항 소자 • 회로를 병렬로 연결하여 사용 • 서지전압으로부터 기기 보호 • 계전기접점의 불꽃소거

신유형!

24 상 중 하

서보전동기의 특징에 대한 설명 중 틀린 것은?

① 저속이며 원활한 운전이 가능하다.
② 급가속 및 급감속이 용이한 것이어야 한다.
③ 원칙적으로 정역전이 가능해야 한다.
④ 직류용은 없고 교류용만 있다.

해설 서보전동기의 특징

• 저속, 원활한 운전 가능
• 급가속 및 급감속 용이
• 정·역회전 가능
• 직류용 및 교류용으로 나뉨

[조작용 기기]

구분	내용
기계식	다이아프램밸브, 클러치, 밸브 포지셔너
유압식	피스톤, 분사관, 안내밸브, 조작실린더
전기식	솔레노이드밸브, 전동밸브, 서보전동기

25 상 중 하

Y-Δ 기동방식으로 운전하는 3상 농형유도전동기의 Y결선의 기동전류(I_Y)와 Δ결선의 기동전류(I_Δ)의 관계로 옳은 것은?

① $I_Y = \frac{1}{3} I_\Delta$　② $I_Y = \sqrt{3} I_\Delta$

③ $I_Y = \frac{1}{\sqrt{3}} I_\Delta$　④ $I_Y = \frac{\sqrt{3}}{2} I_\Delta$

해설 결선에 따른 기동전류 관계

Y결선 시 선전류 : $I_Y = \frac{V}{\sqrt{3} R}$

△결선 시 선전류 : $I_\triangle = \frac{\sqrt{3} V}{R}$

$$\frac{I_Y}{I_\triangle} = \frac{\frac{V}{\sqrt{3} R}}{\frac{\sqrt{3} V}{R}} = \frac{1}{3}\text{배}$$

26 상 중 하

A와 B의 입력이 전부 주어지거나 혹은 A와 B의 입력이 전부 주어지지 않은 경우에만 출력이 나오는 회로를 고르시오.

① NOR　② XOR
③ XNOR　④ NAND

해설 논리회로

AND	NAND	OR	NOR
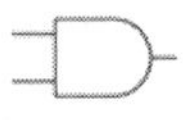	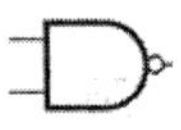	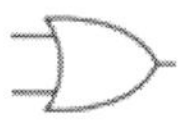	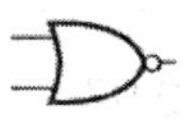
NOR	OR	NAND	AND
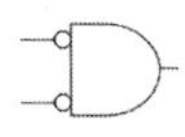	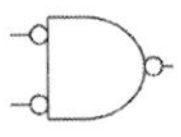	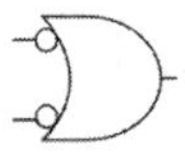	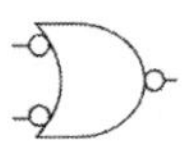

정답 24 ④ 25 ① 26 ③

신유형!

27 상 중 하

키르히호프의 전압법칙에 관한 설명으로 알맞은 것을 고르시오.

① 선형회로에만 성립한다.
② 비선형회로에만 성립한다.
③ 선형회로, 비선형회로 전부 성립하지 않는다.
④ 선형회로, 비선형회로 전부 성립한다.

해설 키르히호프법칙

- 선형회로 : 저항, 인덕턴스, 커패시턴스, 주파수 등의 매개변수가 일정한 회로이며 전압과 전류에 대한 파라미터가 변하지 않는 회로
- 비선형회로 : 저항, 인덕턴스, 커패시턴스, 파형, 주파수 등의 매개변수가 변하는 회로이며 전류와 전압이 구부러진 형태

보충 ▶ 키르히호프법칙은 선형회로와 비선형회로 전부 성립한다.

28 상 중 하

단상변압기의 권수비가 a=8이고, 1차 교류전압의 실효치는 110 [V]이다. 변압기 2차 전압을 단상 반파 정류회로를 이용하여 정류했을 때 발생하는 직류전압의 평균치는 약 몇 [V]인가?

① 6.19　　② 6.29
③ 6.39　　④ 6.88

해설 단상 반파 정류회로의 직류전압

$a = \frac{V_1}{V_2}$, $a = \frac{110}{V_2}$,

$\therefore\ V_2 = \frac{110}{8}[V]$

$V_{av} = 0.45 \times V_2$

$= 0.45 \times \frac{110}{8} = 6.19[V]$

구분	단상 반파	단상 전파	3상 반파	3상 전파 (6상 반파)
정류효율 [%]	40.6	81.2	96.7	99.80
맥동률 [%]	121	15	17	4
백동주파수 [Hz]	f	$2f$	$3f$	$6f$
직류전압 (평균값, E_d)	0.45 [V]	0.9 [V]	1.17 [V]	1.35 [V]

29 상 중 하

진공 중에서 원점에 10^{-8} [C]의 전하가 있을 때 점(1, 2, 2) [m]에서의 전계의 세기는 약 몇 [V/m]인가?

① 0.1　　② 1
③ 10　　④ 100

해설 전계의 세기

- 원점(0, 0, 0)과 점(1 ,2, 2) 간의 거리

$r = \sqrt{(1-0)^2 + (2-0)^2 + (2-0)^2} = 3[m]$

- 쿨롱의 법칙

$E = \frac{1}{4\pi\varepsilon} \times \frac{Q}{r^2} = 9 \times 10^9 \times \frac{Q}{r^2}$

$= 9 \times 10^9 \times \frac{10^{-8}}{3^2} = 10[V/m]$

$\varepsilon = \varepsilon_0 \cdot \varepsilon_s$
ε_0 : 진공의 유전율
$(8.855 \times 10^{-12}[F/m])$
ε_s : 비유전율(진공 = 1, 공기 ≒ 1)
E : 전계의 세기 [V/m]
Q : 전하량 [C]
r : 거리 [m]

정답 27 ④ 28 ① 29 ③

30 상 중 하

분류기를 사용하여 내부저항이 R_A인 전류계의 배율을 9로 하기 위한 분류기의 저항 R_S [Ω]은?

① $R_s = \frac{1}{8}R_A$ ② $R_s = \frac{1}{9}R_A$

③ $R_s = 8R_A$ ④ $R_s = 9R_A$

해설 분류기와 배율기

$$I = mI_0 = (1+\frac{R_A}{R_S})I_0$$

$$m = (1+\frac{R_A}{R_S}) = 9$$

$$R_s = \frac{1}{8}R_A,\ R_A = 8R_s$$

R_A : 내부저항 [Ω]
R_S : 분류기저항 [Ω]
I_0 : 최대눈금 [A]
I : 전류계 최대측정범위 [A]

31 상 중 하

용량 1 [kVA], 3000/200 [V]의 단상 변압기를 단권변압기로 결선해서 3000/3200 [V]의 승압기로 사용할 때 부하용량 [kVA]은?

① 1 ② 2

③ 15 ④ 16

해설 단권변압기 용량 계산

$$\text{부하용량} = \text{자기용량} \times \frac{V_h}{V_h - V_L}$$
$$= 1 \times \frac{3,200}{3,200-3,000}$$
$$= 16[kVA]$$

V_h : 높은 전압, V_L : 낮은 전압

32 상 중 하

회로에서 저항 20 [Ω]에 흐르는 전류[A]는?

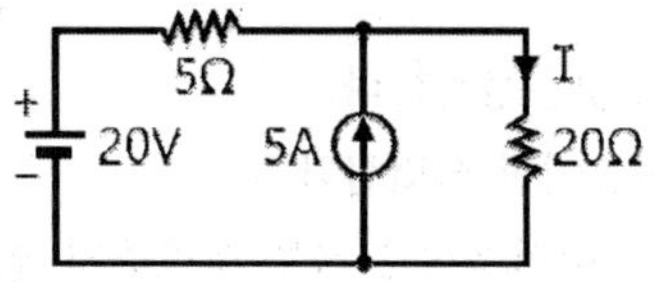

① 0.8 ② 1.0

③ 1.8 ④ 2.8

해설 중첩의 원리

1) 전류원 기준(전압원 단락)

$$I_2 = \frac{R_1}{R_1+R_2} \times I = \frac{5}{20+5} \times 5 = 1[A]$$

2) 전압원 기준(전류원 개방)

$$I_1 = I_2,\ I_2 = \frac{V}{R_T} = \frac{20}{5+20} = 0.8[A]$$

3) $I_2 = 1 + 0.8 = 1.8[A]$

33 상 중 하

다음 그림과 같은 회로에서 전달함수로 옳은 것은?

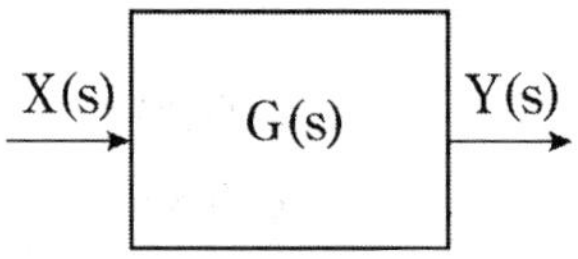

① $X(s) + Y(s)$ ② $X(s)Y(s)$

③ $\frac{Y(s)}{X(s)}$ ④ $\frac{X(s)}{Y(s)}$

해설 전달함수

$$\text{전달함수 } G(s) = \frac{\text{출력}}{\text{입력}} = \frac{Y(s)}{X(s)}$$

정답 30 ① 31 ④ 32 ③ 33 ③

34 상 (중) 하

그림의 논리회로와 등가인 논리게이트는?

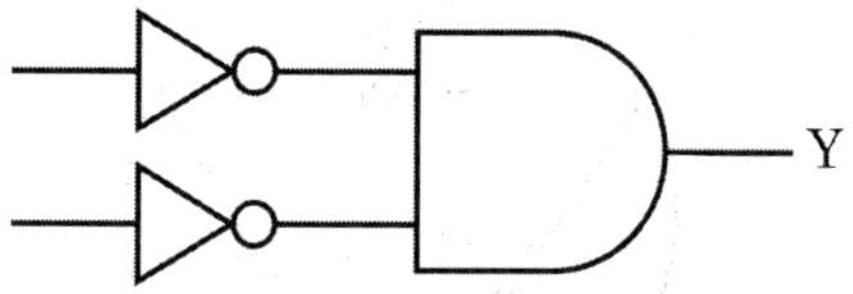

① NOR ② NAND
③ NOT ④ OR

해설 논리회로

AND	NAND	OR	NOR
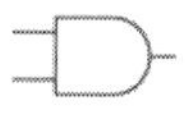	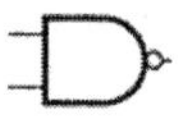		
NOR	OR	NAND	AND
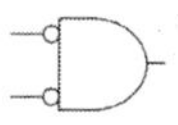	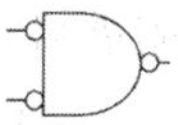	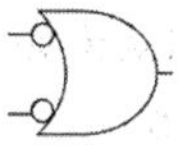	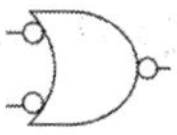

35 상 중 (하)

다이오드를 여러 개 병렬로 접속하는 경우에 대한 설명으로 옳은 것은?

① 과전류로부터 보호할 수 있다.
② 과전압으로부터 보호할 수 있다.
③ 부하 측의 맥동률을 감소시킬 수 있다.
④ 정류기의 역방향 전류를 감소시킬 수 있다

해설 다이오드 접속

직렬	과전압으로부터 보호	
병렬	과전류로부터 보호	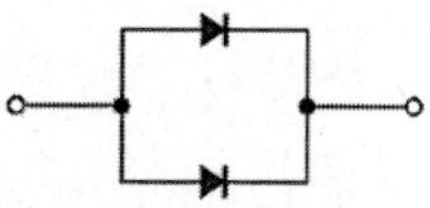

TIP ▶ 병렬일 때는 전류가 분배, 직렬일 때는 전압이 분배

36 상 (중) 하

대칭 3상 Y결선에 있어서 각 상의 임피던스가 20 [Ω]이고, 전류가 10 [A]일 때 선간전압을 구하시오.

① 270 [V]
② 150 [V]
③ 220 [V]
④ 346 [V]

해설 선간전압 계산

• 상전압 V_p

$$I_p = \frac{V_P}{Z}, \quad V_p = I_p \times Z$$

$$V_p = 10 \times 20 = 200\,[V]$$

• 선간전압 $V_\ell = \sqrt{3}\ V_p$

$$= \sqrt{3} \times 200 = 346\,[V]$$

Y결선(성형결선 = 스타결선)	
결선도	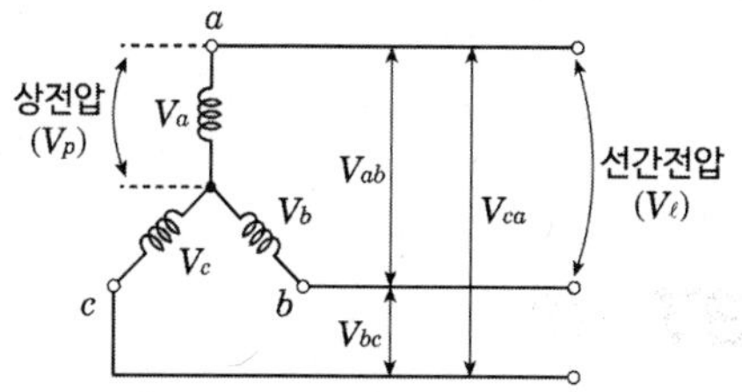 $V_p = V_a = V_b = V_c$ $V_\ell = V_{ab} = V_{bc} = V_{ca}$
상전압	$V_p = \frac{V_l}{\sqrt{3}}$
선간전압	$V_l = \sqrt{3}\ V_p \angle \frac{\pi}{6}$
상전류	$I_p = I_l$
선전류	$I_l = I_p$

2024

정답 34 ① 35 ① 36 ④

△결선(델타결선 = 환상결선)	
결선도	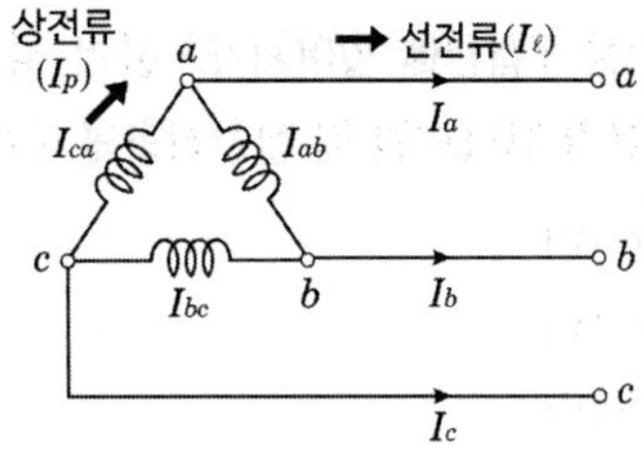 $I_p = I_{ab} = I_{bc} = I_{ca}$ $I_\ell = I_a = I_b = I_c$
상전압	$V_p = V_l$
선간전압	$V_l = V_p$
상전류	$I_p = \dfrac{I_l}{\sqrt{3}}$
선전류	$I_l = \sqrt{3}\, I_p \angle(-\dfrac{\pi}{6})$

Ip : 상전류 [A]

Z : 임피던스 [Ω]

37 상 중 하

310 [mH]인 코일에 220 [V], 60 [Hz]의 교류전압이 걸린다고 할 때의 전류[A]를 구하시오.

① 1.88 ② 2.31

③ 3.02 ④ 4.3

해설 코일에 걸리는 전압으로부터 전류 구하기

$V = IX_L$

$I = \dfrac{V}{X_L} = \dfrac{V}{2\pi f L}$

$= \dfrac{220}{2\pi \times 60 \times 310 \times 10^{-3}} = 1.88[A]$

* 310 [mH] = 310 × 10^{-3} [H]

신유형!

38 상 중 하

다음 회로의 NODE전압(마디전압) V_1과 V_2를 구하시오.

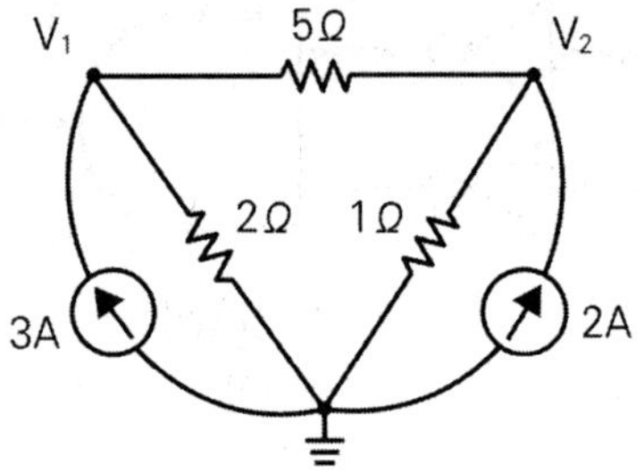

① V_1 = 1 [V], V_2 = 3 [V]

② V_1 = 1 [V], V_2 = 3 [V]

③ V_1 = 5 [V], V_2 = 2.5 [V]

④ V_1 = 5 [V], V_2 = 3 [V]

해설 마디전압 구하기

문제에서 주어진 회로를 등가변환하면 아래와 같다.

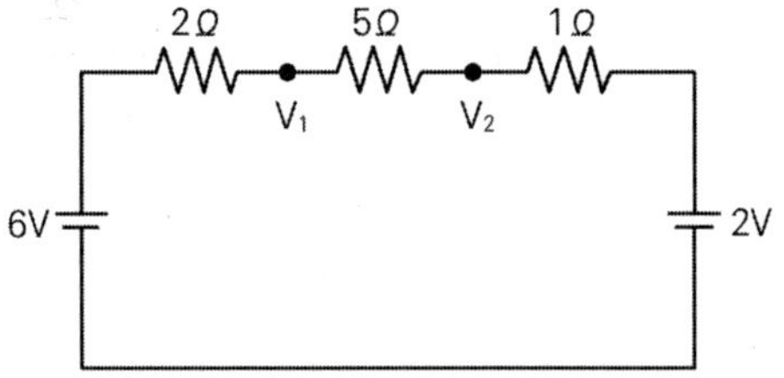

- 회로에 흐르는 전류 $I = \dfrac{V}{R} = \dfrac{6-2}{8} = 0.5[A]$
- $V_1 = 6 - (0.5 \times 2) = 5[V]$
- $V_2 = 5 - (0.5 \times 5) = 2.5[V]$

정답 37 ① 38 ③

39 상 중 하

일정한 전압의 직류전원에 저항 R을 접속하여 전류가 흐르고 있다. 이때 저항 R을 변화시켜 전류값을 30 [%] 증가시키려면 저항값은 어떻게 해야 하는가?

① 77 [%]로 줄인다.
② 80 [%]로 줄인다.
③ 120 [%]로 증가시킨다.
④ 110 [%]로 증가시킨다.

해설 전류 증가

전류값을 30 [%] 증가시켰으므로

$I' = 1.3I$

$R = \frac{V}{I} = \frac{V}{1.3I} = \frac{1}{1.3} \times \frac{V}{I} = \frac{1}{1.3}R$

$\therefore\ 0.77R$

40 상 중 하

PB-on 스위치와 병렬로 접속된 보조접점 X-a의 역할은?

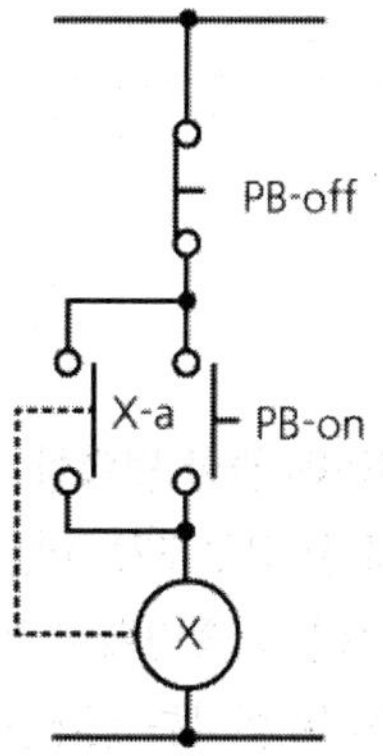

① 인터록회로 ② 자기유지회로
③ 전원차단회로 ④ 램프점등회로

해설 자기유지회로

• 스스로 동작을 기억하는 회로
• ON-OFF회로에 많이 사용

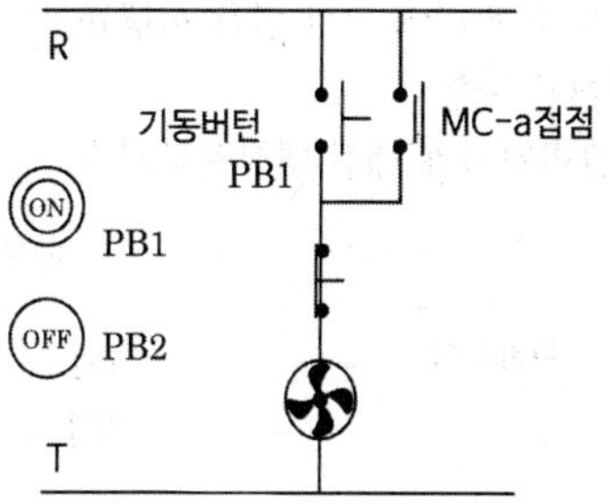

PB1을 ON하면 MC 코일이 여자되고 MC-a 접점이 폐로되어 PB1이 Off되어도 MC-a 접점이 자기 유지되어 계속 여자된다.

정답 39 ① 40 ②

2024년 2회

소방관계법규

3회독	월	일
2회독	월	일
1회독	월	일

목표시간 : 20분 | 시작 : _시 _분 | 종료 : _시 _분 | 맞은 개수 : _ /20

신유형!

41 상 중 하

소방시설 설치 및 관리에 관한 법령상 소방시설관리업자가 등록기준에 미달하게 된 경우 2차 위반하였을 때의 행정처분기준을 고르시오. (단, 기술인력이 퇴직하거나 해임되어 30일 이내에 재선임하여 신고한 경우는 제외한다)

① 경고(시정명령)
② 영업정지 3개월
③ 영업정지 6개월
④ 등록취소

해설 소방시설관리업자에 대한 행정처분기준

[소방시설 설치 및 관리에 관한 법률 시행규칙]
[별표 8] 행정처분기준
나. 소방시설관리업자에 대한 행정처분기준

위반사항	행정처분기준		
	1차 위반	2차 위반	3차 이상 위반
1) 거짓이나 그 밖의 부정한 방법으로 등록을 한 경우	등록취소		
2) 점검을 하지 않거나 거짓으로 한 경우			
가) 점검을 하지 않은 경우	영업정지 1개월	영업정지 3개월	등록취소
나) 거짓으로 점검한 경우	경고(시정명령)	영업정지 3개월	등록취소
3) 등록기준에 미달하게 된 경우. 다만 기술인력이 퇴직하거나 해임되어 30일 이내에 재선임하여 신고한 경우는 제외한다.	경고(시정명령)	영업정지 3개월	등록취소
4) 법 제30조 각 호의 어느 하나의 등록의 결격사유에 해당하게 된 경우. 다만 제30조 제5호에 해당하는 법인으로서 결격사유에 해당하게 된 날부터 2개월 이내에 그 임원을 결격사유가 없는 임원으로 바꾸어 선임한 경우는 제외한다.	등록취소		
5) 등록증 또는 등록수첩을 빌려준 경우	등록취소		
6) 점검능력 평가를 받지 않고 자체점검을 한 경우	영업정지 1개월	영업정지 3개월	등록취소

42 상 중 하

소방시설 설치 및 관리에 관한 법령상 특정소방대상물 중 운수시설에 해당하지 않는 것을 고르시오.

① 여객자동차터미널
② 철도 정비창
③ 공항시설
④ 물류터미널

정답 41 ② 42 ④

해설 소방시설 설치 및 관리에 관한 법률 시행령

[별표 2] 특정소방대상물

- 운수시설
  가. 여객자동차터미널
  나. 철도 및 도시철도 시설[정비창(整備廠) 등 관련 시설을 포함한다]
  다. 공항시설(항공관제탑을 포함한다)
  라. 항만시설 및 종합여객시설
- 창고시설(위험물 저장 및 처리 시설 또는 그 부속용도에 해당하는 것은 제외한다)
  가. 창고(물품저장시설로서 냉장·냉동 창고를 포함한다)
  나. 하역장
  다. 「물류시설의 개발 및 운영에 관한 법률」에 따른 물류터미널
  라. 「유통산업발전법」 제2조 제15호에 따른 집배송시설

신유형!

43 상 중 하

위험물안전관리법령에 따른 소방청장, 시·도지사, 소방본부장 또는 소방서장이 한국 소방산업기술원에 위탁할 수 있는 업무의 기준 중 틀린 것은?

① 시·도지사의 탱크안전성능검사 중 암반탱크에 대한 탱크안전성능검사
② 시·도지사의 탱크안전성능검사 중 용량이 100만 [L] 이상인 액체위험물을 저장하는 탱크에 대한 탱크안전성능검사
③ 시·도지사의 완공검사에 관한 권한 중 저장용량이 30만 [L] 이상인 옥외탱크저장소 또는 암반탱크저장소의 설치 또는 변경에 따른 완공검사
④ 운반용기검사

해설 기술원 위탁 업무

1) 탱크성능검사 중 다음에 해당하는 것
   (1) 용량이 100만 [L] 이상인 액체위험물을 저장하는 탱크
   (2) 암반탱크
   (3) 지하탱크저장소의 위험물탱크 중 이중벽탱크
2) 완공검사 중 다음에 해당하는 것
   (1) 지정수량의 1천 배 이상의 위험물을 취급하는 제조소 일반취급소의 설치 또는 변경(사용 중인 제조소 또는 일반취급소의 보수 또는 부분적인 증설 제외)에 따른 완공검사
   (2) 옥외탱크저장소(저장용량이 50만 [L] 이상인 것만 해당) 암반탱크저장소의 설치 또는 변경에 따른 완공검사
3) 운반용기검사

44 상 중 하

소방시설공사업법령에 따른 소방시설공사의 착공신고 대상으로 해당하지 않는 것을 고르시오.

① 호스릴옥내소화전설비를 포함한 옥내소화전설비를 신설하는 경우
② 상·하수도설비공사업자가 공사하는 경우는 제외한 소화용수설비를 신설하는 경우
③ 정보통신공사업자가 소방용 외의 용도와 겸용되는 무선통신보조설비를 신설하는 경우
④ 스프링클러설비의 방호구역을 증설하는 경우

해설 소방시설공사의 착공신고 대상

1. 특정소방대상물에 다음 각 목의 어느 하나에 해당하는 설비를 신설하는 공사
   가. 옥내소화전설비(호스릴옥내소화전설비를 포함한다. 이하 같다), 옥외소화전설비, 스프링클러설비·간이스프링클러설비(캐비닛형 간이스프링클러설비를 포함한다. 이하 같다) 및 화재조기진압용 스프링클러설비(이하 "스프링클러설비등"이라 한다), 물분무소화설비·포소화설비·이산화탄소소화설비·할론소화설비·할로겐화합물 및 불활성기체소화설비·미분무소화설비·강화액소화설비 및 분말소화설비(이하 "물분무등소화설비"라 한다),

정답 43 ③ 44 ③

연결송수관설비, 연결살수설비, 제연설비(소방용 외의 용도와 겸용되는 제연설비를 「건설산업기본법 시행령」 별표 1에 따른 기계설비·가스공사업자가 공사하는 경우는 제외한다), 소화용수설비(소화용수설비를 「건설산업기본법 시행령」 별표 1에 따른 기계설비·가스공사업자 또는 상·하수도설비공사업자가 공사하는 경우는 제외한다) 또는 연소방지설비

나. 자동화재탐지설비, 비상경보설비, 비상방송설비(소방용 외의 용도와 겸용되는 비상방송설비를 「정보통신공사업법」에 따른 정보통신공사업자가 공사하는 경우는 제외한다), 비상콘센트설비(비상콘센트설비를 「전기공사업법」에 따른 전기공사업자가 공사하는 경우는 제외한다) 또는 무선통신보조설비(소방용 외의 용도와 겸용되는 무선통신보조설비를 「정보통신공사업법」에 따른 정보통신공사업자가 공사하는 경우는 제외한다)

2. 특정소방대상물에 다음 각 목의 어느 하나에 해당하는 설비 또는 구역 등을 증설하는 공사
   가. 옥내·옥외소화전설비
   나. 스프링클러설비·간이스프링클러설비 또는 물분무등소화설비의 방호구역, 자동화재탐지설비의 경계구역, 제연설비의 제연구역(소방용 외의 용도와 겸용되는 제연설비를 「건설산업기본법 시행령」 별표 1에 따른 기계설비·가스공사업자가 공사하는 경우는 제외한다), 연결살수설비의 살수구역, 연결송수관설비의 송수구역, 비상콘센트설비의 전용회로, 연소방지설비의 살수구역
3. 특정소방대상물에 설치된 소방시설등을 구성하는 다음 각 목의 어느 하나에 해당하는 것의 전부 또는 일부를 개설(改設), 이전(移轉) 또는 정비(整備)하는 공사. 다만 고장 또는 파손 등으로 인하여 작동시킬 수 없는 소방시설을 긴급히 교체하거나 보수하여야 하는 경우에는 신고하지 않을 수 있다.
   가. 수신반(受信盤)
   나. 소화펌프
   다. 동력제어반
   라. 감시제어반

45 (상 중 하)

소방시설 설치 및 관리에 관한 법령상 간이스프링클러설비를 설치하여야 하는 특정소방대상물의 기준으로 옳은 것은?

① 근린생활시설로 사용하는 부분의 바닥면적 합계가 1000 [m^2] 이상인 것은 모든 층

② 교육연구시설 내에 있는 합숙소로서 연면적 500 [m^2] 이상인 것

③ 정신병원과 의료재활시설을 제외한 요양병원으로 사용되는 바닥면적의 합계가 300 [m^2] 이상 600 [m^2] 미만인 시설

④ 정신의료기관 또는 의료재활시설로 사용되는 바닥면적의 합계가 600 [m^2] 미만인 시설

해설 간이스프링클러설비 설치대상

설치대상	기준
근린생활시설	• 바닥면적 합계 1000 [m^2] 이상인 것은 모든 층 • 의원, 치과의원, 한의원으로서 입원실이 있는 것 • 조산원 및 산후조리원 연면적 600 [m^2] 미만 시설
교육시설 내 합숙소	연면적 100 [m^2] 이상인 경우에는 모든 층
의료시설(종합병원, 병원, 치과병원, 요양병원)	바닥면적 합계 600 [m^2] 미만
• 정신의료기관, 의료재활시설 • 노유자시설	• 바닥면적 합계 300 [m^2] 이상 600 [m^2] 미만 • 바닥면적 합계 300 [m^2] 미만, 창살 설치
복합건축물	연면적 1000 [m^2] 이상 전 층
연립주택 및 다세대주택	–
숙박시설	바닥면적 합계 300 [m^2] 이상 600 [m^2] 미만

정답 45 ①

46 상중하

소방기본법령상 소방의 날 제정과 운영 등에 관한 사항으로 틀린 것은?

① 국민의 안전의식과 화재에 대한 경각심을 높이고 안전문화를 정착시키기 위한 목적이다.

② 소방의 날은 매년 11월 9일이다.

③ 소방의 날 행사에 관하여 필요한 사항은 소방청장 또는 시·도지사가 따로 정하여 시행할 수 있다.

④ 시·도지사는 소방행정 발전에 공로가 있다고 인정되는 사람을 명예직 소방대원으로 위촉할 수 있다.

해설 소방의 날 제정과 운영 등

1) 국민의 안전의식과 화재에 대한 경각심을 높이고 안전문화를 정착시키기 위하여 매년 11월 9일을 소방의 날로 정하여 기념행사를 한다.
2) 소방의 날 행사에 관하여 필요한 사항은 소방청장 또는 시·도지사가 따로 정하여 시행할 수 있다.
3) 소방청장은 다음에 해당하는 사람을 명예직 소방대원으로 위촉할 수 있다.
   (1) 「의사상자등 예우 및 지원에 관한 법률」에 따른 의사상자에 해당하는 사람
   (2) 소방행정 발전에 공로가 있다고 인정되는 사람

47 상중하

위험물안전관리법령상 위험물취급소의 구분에 해당하지 않는 것은?

① 이송취급소 ② 관리취급소
③ 판매취급소 ④ 일반취급소

해설 위험물 취급소 구분

- 주유취급소 : 자동차·항공기·선박 등의 연료탱크에 직접 주유
- 판매취급소 : 지정수량 40배 이하
- 이송취급소 : 위험물 이송
- 일반취급소 : 주유취급소, 판매취급소, 이송취급소 외의 장소

48 상중하

위험물안전관리법령상 제조소등이 아닌 장소에서 지정수량 이상의 위험물 취급할 수 있는 기준 중 다음 ( ) 안에 알맞은 것은?

> 시·도의 조례가 정하는 바에 따라 관할 소방서장의 승인을 받아 지정수량 이상의 위험물을 ( )일 이내의 기간 동안 임시로 저장 또는 취급하는 경우

① 15 ② 30
③ 60 ④ 90

해설 위험물 임시저장

1) 위치·구조·설비기준 : 시·도 조례
2) 제조소등이 아닌 장소에서 지정수량 이상 위험물 취급할 수 있는 경우
   - 관할 소방서장의 승인 받아 지정수량 이상 위험물 90일 이내로 임시 저장·취급
   - 군부대는 지정수량 이상 위험물 군사 목적으로 임시 저장·취급

정답 46 ④ 47 ② 48 ④

49 상중하

피난시설, 방화구획 또는 방화시설을 폐쇄·훼손·변경 등의 행위를 3차 이상 위반한 경우에 대한 과태료 부과기준으로 옳은 것은?

① 200만 원　② 300만 원
③ 500만 원　④ 1000만 원

해설 과태료

1) 피난시설, 방화구획 또는 방화시설을 폐쇄·훼손·변경하는 등의 행위를 한 경우
   - 1차 : 100만 원
   - 2차 : 200만 원
   - 3차 : 300만 원
2) 점검기록표를 기록하지 아니하거나 특정소방대상물의 출입자가 쉽게 볼 수 있는 장소에 게시하지 아니한 관계인
   - 1차 : 100만 원
   - 2차 : 200만 원
   - 3차 : 300만 원

50 상중하

소방기본법령에 따른 소방대원에게 실시할 교육·훈련 횟수 및 기간의 기준 중 다음 (　) 안에 알맞은 것은?

횟수	기간
(㉠)년마다 1회	(㉡)주 이상

① ㉠ 2, ㉡ 2　② ㉠ 2, ㉡ 4
③ ㉠ 1, ㉡ 2　④ ㉠ 1, ㉡ 4

해설 소방대원에게 실시할 교육·훈련

소방업무를 전문적이고 효과적으로 수행하기 위하여 소방대원에게 필요한 교육·훈련을 실시하여야 함

횟수	기간
2년마다 1회	2주 이상

1) 횟수 : 2년마다 1회
2) 기간 : 2주 이상
3) 교육·훈련 실시자 : 소방청장·본부장·서장
4) 교육·훈련의 종류 및 대상자

종류	대상자
화재진압훈련	소방공무원(화재진압 업무), 의무소방원, 의용소방대원
인명구조훈련	소방공무원(구조 업무), 의무소방원, 의용소방대원
응급처치훈련	소방공무원(구급 업무), 의무소방원, 의용소방대원
인명대피훈련	소방공무원(모든 업무), 의무소방원, 의용소방대원
현장지휘훈련	소방공무원 : 지방소방정, 지방소방령, 지방소방경, 지방소방위

51 상중하

다음 중 소방기본법령에 따른 소방신호의 종류가 아닌 것은?

① 경계신호　② 발화신호
③ 진압신호　④ 훈련신호

해설 소방신호

1) 종류
   (1) 경계신호 : 화재예방상 필요하다고 인정되거나 화재위험경보 시 발령
   (2) 발화신호 : 화재가 발생한 때 발령
   (3) 해제신호 : 소화활동이 필요 없다고 인정되는 때 발령
   (4) 훈련신호 : 훈련상 필요하다고 인정되는 때 발령
2) 방법

종별	타종신호	사이렌신호
경계신호	1타, 연 2타 반복	5초 간격 30초씩 3회
발화신호	난타	5초 간격 5초씩 3회
해제신호	상당한 간격 1타씩 반복	1분간 1회
훈련신호	연 3타 반복	10초 간격 1분씩 3회

정답 49 ② 50 ① 51 ③

52 상 중 하

화재의 예방 및 안전관리에 관한 법령상 특정소방대상물의 관계인이 수행하여야 하는 소방안전관리 업무가 아닌 것은?

① 소방훈련의 지도/감독
② 화기 취급의 감독
③ 피난시설, 방화구획 및 방화시설의 관리
④ 소방시설이나 그 밖의 소방 관련 시설의 관리

해설 특정소방대상물 소방안전관리자와 관계인의 업무

1) 소방안전관리자의 업무
  (1) 피난계획 관련 사항과 대통령령으로 정하는 사항이 포함된 소방계획서 작성 및 시행
  (2) 자위소방대 및 초기대응체계 구성 · 운영 · 교육
  (3) 피난시설, 방화구획, 방화시설의 관리
  (4) 소방훈련 및 교육
  (5) 소방시설이나 그 밖의 소방 관련 시설의 관리
  (6) 화기 취급의 감독
  (7) 소방안전관리에 관한 업무수행에 관한 기록 · 유지((3), (5), (6)항 업무)
  (8) 화재발생 시 초기대응
  (9) 그 밖에 소방안전관리에 필요한 업무
2) 특정소방대상물 소방관계인의 업무
  (1) 피난시설, 방화구획, 방화시설의 관리
  (2) 소방시설이나 그 밖의 소방 관련 시설의 관리
  (3) 화기 취급의 감독
  (4) 화재발생 시 초기대응
  (5) 그 밖에 소방안전관리에 필요한 업무

53 상 중 하

소방시설공사업법령상 소방시설공사의 하자보수 보증기간이 3년이 아닌 것은?

① 자동소화장치
② 무선통신보조설비
③ 자동화재탐지설비
④ 간이스프링클러설비

해설 소방시설 하자보수 보증기간

소방시설	기간
• **피**난기구 · 유도등 • **비**상경보설비 • **비**상조명등 • **비**상방송설비 • **무**선통신보조설비	**2년**
• 자동소화장치 • 옥내 · 외소화전설비 • 스프링클러 · 간이스프링클러설비 • 물분무등소화설비 • 자동화재탐지설비 • 상수도소화용수설비 • 화재알림설비	3년

암기 ▶ 이년 피비무

정답 52 ① 53 ②

54 상중하

국가가 시·도의 소방업무에 필요한 경비의 일부를 보조하는 국고보조 대상이 아닌 것은?

① 소방용수시설
② 소방전용통신시설
③ 소방자동차
④ 소방관서용 청사의 건축

해설 국고보조

1) 국고보조
(1) 국가는 시·도 소방장비구입 등의 경비를 일부 보조함
(2) 국가보조 대상사업의 범위와 기준 보조율 : 대통령령인 「보조금관리에 관한 법률 시행령」
(3) 소방활동장비 및 설비의 종류와 규격 : 행정안전부령

2) 국고보조 대상사업의 범위
(1) 소방활동장비와 설비의 구입 및 설치
① 소방자동차
② 소방헬리콥터 및 소방정
③ 소방전용통신설비 및 전산설비
④ 그 밖에 방화복 등 소방활동에 필요한 소방장비
(2) 소방관서용 청사의 건축

55 상중하

소방시설 설치 및 관리에 관한 법령상 방염대상물품이 아닌 것은?

① 제조·가공 공정에서 방염처리한 두께 2 [mm] 미만인 종이벽지를 제외한 벽지류
② 제조·가공 공정에서 방염처리한 카펫
③ 건축물 내부의 벽에 부착하는 암막
④ 제조·가공 공정에서 방염처리한 무대막

해설 방염대상물품

1) 제조·가공 공정에서 방염처리한 물품(합판·목재류 설치 현장에서 방염처리한 것 포함)
(1) 창문에 설치하는 커튼류(블라인드 포함)
(2) 카펫
(3) 벽지류(두께 2 [mm] 미만인 종이벽지 제외)
(4) 전시용 합판·목재 또는 섬유판, 무대용 합판·목재 또는 섬유판(합판·목재류의 경우 불가피하게 설치 현장에서 방염처리한 것을 포함한다)
(5) 암막·무대막(영화상영관 스크린, 가상체험체육시설의 스크린 포함)
(6) 섬유류, 합성수지류 등을 원료로 하여 제작된 소파·의자(단란주점영업, 유흥주점, 노래연습장업의 영업장에 설치하는 것만 해당)

2) 건축물 내부의 천장이나 벽에 부착하거나 설치하는 것, 다만 가구류(옷장·찬장·식탁·식탁용 의자·사무용 책상·사무용 의자·계산대 등)와 너비 10 [cm] 이하 반자돌림대 등과 내부 마감재료는 제외
(1) 종이류(두께 2 [mm] 이상)·합성수지류·섬유류를 주원료로 한 물품
(2) 합판, 목재
(3) 공간 구획하는 간이 칸막이
(4) 흡음·방음을 위하여 설치하는 흡음재, 방음재

정답 54 ① 55 ③

56 상 중 하

소방체험관의 설립 · 운영권자는?

① 국무총리
② 소방청장
③ 시 · 도지사
④ 소방본부장 및 소방서장

해설 소방박물관, 소방체험관

소방박물관	소방체험관
소방**청**장	**시** · 도지사
행정안전부령	시 · 도 조례
① 국내 · 외의 소방의 역사 ② 소방공무원의 복장 및 소방 장비 등의 변천 및 발전에 관한 자료를 수집 · 보관 및 전시	① 재난 · 안전사고 유형에 따른 예방, 대처, 대응 등에 관한 체험교육 ② 체험교육 프로그램의 개발 및 국민 안전의식 향상을 위한 홍보 · 전시 ③ 체험교육 인력의 양성 및 유관기관 · 단체 등과 협력 ④ 시 · 도지사가 인정하는 사업
① 소방박물관장 1인(소방공무원 중 소방청장이 임명), 부관장 1인 ② 운영위원회 : 7인 이내	–

암기 ▶ 청물 시체

57 상 중 하

화재의 예방 및 안전관리에 관한 법령상 화재예방강화지구의 지정대상이 아닌 것은? (단, 소방청장 소방본부장 또는 소방서장이 화재예방강화지구로 지정할 필요가 있다고 인정하는 지역은 제외한다)

① 위험물의 저장 및 처리 시설이 밀집한 지역
② 소방시설 · 소방용수시설 · 소방출동로가 없는 지역
③ 노후 · 불량건축물이 밀집한 지역
④ 공장 창고가 있는 지역

해설 화재예방강화지구 지정

1) 지정권자 : 시 · 도지사
2) 화재예방강화지구 지정 요청 : 소방청장
3) 화재예방강화지구
(1) 시장지역
(2) 공장 · 창고가 밀집한 지역
(3) 목조건물이 밀집한 지역
(4) 노후 · 불량건축물이 밀집한 지역
(5) 위험물의 저장 및 처리 시설이 밀집한 지역
(6) 석유화학제품을 생산하는 공장이 있는 지역
(7) 산업입지 및 개발에 관한 법률에 따른 산업단지
(8) 소방시설 · 소방용수시설 · 소방출동로가 없는 지역
(9) 물류단지
(10) (1) ~ (9)까지 준하는 지역으로서 소방관서장이 화재예방강화지구로 지정할 필요가 있다고 인정하는 지역

58 상 중 하

소방용수시설 저수조의 설치기준으로 틀린 것은?

① 지면으로부터의 낙차가 4.5 [m] 이하일 것
② 흡수부분의 수심이 0.3 [m] 이상일 것
③ 흡수관의 투입구가 사각형의 경우에는 한 변의 길이가 60 [cm] 이상일 것
④ 흡수관의 투입구가 원형의 경우에는 지름이 60 [cm] 이상일 것

해설 소방용수시설 설치기준

1) 소화전
- 상수도와 연결, 지하식 · 지상식 구조
- 연결금속구 구경 : 65 [mm]

2) 급수탑
- 급수배관 구경 : 100 [mm] 이상
- 개폐밸브 : 지상 1.5 [m] 이상 1.7 [m] 이하

3) 저수조
- 지면으로부터의 낙차 : 4.5 [m] 이하
- 흡수부분 수심 : 0.5 [m] 이상일 것
- 흡수관 투입구 : 사각형 한 변 60 [cm]
  원형 지름 60 [cm] 이상

정답 56 ③ 57 ④ 58 ②

59 상중하

화재의 예방 및 안전관리에 관한 법령상 소방안전 특별관리시설물의 대상기준 중 틀린 것은?

① 수련시설
② 항만시설
③ 전력용 및 통신용 지하구
④ 지정문화유산

해설 소방안전 특별관리시설물

1) 소방안전 특별관리 : 소방청장
2) 소방안전 특별관리시설물
 (1) 공항시설
 (2) 철도시설 · 도시철도시설
 (3) 항만시설
 (4) 지정문화유산 및 천연기념물등인 시설(시설이 아닌 지정문화유산 및 천연기념물등을 보호하거나 소장하고 있는 시설을 포함한다)
 (5) 산업기술단지 · 산업단지
 (6) 초고층 건축물 · 지하연계 복합건축물
 (7) 수용인원 1000명 이상 영화상영관
 (8) 전력용 · 통신용 지하구
 (9) 석유비축시설
 (10) 천연가스 인수기지 및 공급망
 (11) 대통령령으로 정하는 점포가 500개 이상인 전통시장
 (12) 그 밖의 대통령령으로 정하는 시설물
  ① 발전소
  ② 물류창고로서 연면적 10만 $[m^2]$ 이상
  ③ 가스공급시설

60 상중하

대통령령으로 정하는 특정소방대상물의 소방시설 중 내진설계 대상이 아닌 것은?

① 옥내소화전설비
② 스프링클러설비
③ 미분무소화설비
④ 연결살수설비

해설 내진설계 소방시설

- 옥내소화전설비
- 스프링클러설비
- 물분무등소화설비

암기 ▶ 옥 스 등

정답 59 ① 60 ④

2024년 2회

소방전기시설의 구조 및 원리

3회독	월	일
2회독	월	일
1회독	월	일

목표시간 : 30분 | 시작 : _시 _분 | 종료 : _시 _분 | 맞은 개수 : _ /20

신유형!

61 상 중 하

옥내소화전설비의 비상전원은 옥내소화전설비를 유효하게 몇 분 이상 작동할 수 있어야 하는지 고르시오. (옥내소화전설비의 화재안전성능기준(NFPC 102)을 따른다)

① 10분　　② 20분

③ 30분　　④ 60분

해설 옥내소화전설비의 화재안전성능기준(NFPC 102)

제8조(전원)

① 옥내소화전설비에 설치하는 상용전원회로의 배선은 상용전원의 상시공급에 지장이 없도록 전용배선으로 해야 한다.

② 다음 각 호의 어느 하나에 해당하는 특정소방대상물의 옥내소화전설비에는 비상전원을 설치해야 한다.
  1. 층수가 7층 이상으로서 연면적이 2000제곱미터 이상인 것
  2. 제1호에 해당하지 않는 특정소방대상물로서 지하층의 바닥면적의 합계가 3000제곱미터 이상인 것

③ 제2항에 따른 비상전원은 자가발전설비, 축전지설비 또는 전기저장장치로써 다음 각 호의 기준에 따라 설치해야 한다.
  1. 점검에 편리하고 화재 또는 침수 등의 재해로 인한 피해를 받을 우려가 없는 곳에 설치할 것
  2. 옥내소화전설비를 유효하게 20분 이상 작동할 수 있어야 할 것
  3. 상용전원으로부터 전력의 공급이 중단된 때에는 자동으로 비상전원으로부터 전력을 공급받을 수 있도록 할 것
  4. 비상전원(내연기관의 기동 및 제어용 축전기를 제외한다)의 설치장소는 다른 장소와 방화구획 할 것
  5. 비상전원을 실내에 설치하는 때에는 그 실내에 비상조명등을 설치할 것

신유형!

62 상 중 하

무선통신보조설비의 옥외안테나 설치기준이다. 다음 괄호 안에 들어갈 알맞은 말을 고르시오.

> 옥외안테나는 견고하게 파손의 우려가 없는 곳에 설치하고 그 가까운 곳의 보기 쉬운 곳에 “(㉠)”라는 표시와 함께 (㉡)를 표시한 표지를 설치할 것

① ㉠ : 무선기기 접속단자, ㉡ : 통신 가능거리

② ㉠ : 무선통신보조설비 안테나, ㉡ : 통신 가능거리

③ ㉠ : 무선통신보조설비 안테나, ㉡ : 설치 일자

④ ㉠ : 무선기기 접속단자, ㉡ : 설치 일자

해설 무선통신보조설비의 화재안전기술기준(NFTC 505)

[옥외안테나]

1) 건축물, 지하가, 터널 또는 공동구의 출입구(「건축법」 시행령 제39조에 따른 출구 또는 이와 유사한 출입구를 말한다) 및 출입구 인근에서 통신이 가능한 장소에 설치할 것
2) 다른 용도로 사용되는 안테나로 인한 통신장애가 발생하지 않도록 설치할 것
3) 옥외안테나는 견고하게 파손의 우려가 없는 곳에 설치하고 그 가까운 곳의 보기 쉬운 곳에 “무선통신보조설비 안테나”라는 표시와 함께 통신 가능거리를 표시한 표지를 설치할 것
4) 수신기가 설치된 장소 등 사람이 상시 근무하는 장소에는 옥외안테나의 위치가 모두 표시된 옥외안테나 위치표시도를 비치할 것

정답 61 ② 62 ②

63 상중하

비상조명등의 화재안전기술기준에 따른 비상전원의 종류로 틀린 것을 고르시오.

① 자가발전설비
② 비상전원수전설비
③ 축전지설비
④ 전기저장장치

해설 비상조명등 설치기준

1) 예비전원을 내장하지 않은 비상조명등의 비상전원은 자가발전설비, 축전지설비 또는 전기저장장치(외부 전기에너지를 저장해두었다가 필요한 때 전기를 공급하는 장치)를 다음의 기준에 따라 설치해야 한다.
   (1) 점검에 편리하고 화재 및 침수 등의 재해로 인한 피해를 받을 우려가 없는 곳에 설치할 것
   (2) 상용전원으로부터 전력의 공급이 중단된 때에는 자동으로 비상전원으로부터 전력을 공급받을 수 있도록 할 것
   (3) 비상전원의 설치장소는 다른 장소와 방화구획할 것. 이 경우 그 장소에는 비상전원의 공급에 필요한 기구나 설비 외의 것(열병합발전설비에 필요한 기구나 설비는 제외한다)을 두어서는 아니 된다.
   (4) 비상전원을 실내에 설치하는 때에는 그 실내에 비상조명등을 설치할 것

64 상중하

비상콘센트설비의 화재안전기술기준에 따라 비상전원으로 자가발전설비를 사용할 때 용량을 고르시오.

① 10분 ② 20분
③ 30분 ④ 60분

해설 비상콘센트설비

1) 지하층을 제외한 층수가 7층 이상으로서 연면적이 2000 [m^2] 이상이거나 지하층의 바닥면적의 합계가 3000 [m^2] 이상인 특정소방대상물의 비상콘센트설비에는 자가발전설비, 비상전원수전설비, 축전지설비 또는 전기저장장치(외부 전기에너지를 저장해두었다가 필요한 때 전기를 공급하는 장치를 말한다)를 비상전원으로 설치할 것. 다만 2 이상의 변전소에서 전력을 동시에 공급받을 수 있거나 하나의 변전소로부터 전력의 공급이 중단되는 때에는 자동으로 다른 변전소로부터 전력을 공급받을 수 있도록 상용전원을 설치한 경우에는 비상전원을 설치하지 않을 수 있음
2) 점검에 편리하고 화재 및 침수 등의 재해로 인한 피해를 받을 우려가 없는 곳에 설치할 것
3) 비상콘센트설비를 유효하게 20분 이상 작동시킬 수 있는 용량으로 할 것
4) 상용전원으로부터 전력의 공급이 중단된 때에는 자동으로 비상전원으로부터 전력을 공급받을 수 있도록 할 것
5) 비상전원의 설치장소는 다른 장소와 방화구획 할 것. 이 경우 그 장소에는 비상전원의 공급에 필요한 기구나 설비 외의 것(열병합발전설비에 필요한 기구나 설비는 제외한다)을 두어서는 안 됨
6) 비상전원을 실내에 설치하는 때에는 그 실내에 비상조명등을 설치할 것

65 상중하

누전경보기 전원의 설치기준 중 다음 ( ) 안에 알맞은 것은?

전원은 분전반으로부터 전용회로로 하고, 각극에 개폐기 및 (㉠) [A] 이하의 과전류차단기(배선용 차단기에 있어서는 (㉡) [A] 이하의 것으로 각극을 개폐할 수 있는 것)를 설치할 것

① ㉠ 15, ㉡ 20
② ㉠ 15, ㉡ 30
③ ㉠ 10, ㉡ 30
④ ㉠ 10, ㉡ 20

정답 63 ② 64 ② 65 ①

해설 누전경보 전원

1) 전원은 분전반으로부터 전용회로
2) 각 극에 개폐기 및 15 [A] 이하의 과전류차단기(배선용 차단기 20 [A] 이하)를 설치
3) 전원을 분기할 때에는 다른 차단기에 의하여 전원이 차단되지 아니하도록 할 것
4) 전원의 개폐기에는 누전경보기용 표지를 할 것

보충 ▶ KEC가 개정이 되었어도 소방시험은 화재안전기준이 기반이므로 15 [A]이다.

2) 설치높이
바닥으로부터 높이 1 [m] 이하의 위치에 설치할 것(다만 지하층 또는 무창층의 용도가 도매시장·소매시장·여객자동차터미널·지하역사 또는 지하상가인 경우에는 복도·통로 바닥에 설치)
3) 형식승인 및 제품 시 식별도기준
(1) 상용전원 점등 시 : 직선거리 20 [m] 위치(표시면 화살표 식별 가능)
(2) 비상전원 점등 시 : 직선거리 15 [m] 위치(표시면 화살표 식별 가능)

66 상 중 하

복도통로유도등의 식별도기준 중 다음 ( ) 안에 알맞은 것은?

> 복도통로유도등에 있어서 상용전원으로 등을 켜는 경우에는 직선거리 (㉠) [m]의 위치에서, 비상전원으로 등을 켜는 경우에는 직선거리 (㉡) [m]의 위치에서 보통시력에 의하여 표시면의 화살표가 쉽게 식별되어야 한다.

① ㉠ 15, ㉡ 20
② ㉠ 20, ㉡ 15
③ ㉠ 30, ㉡ 20
④ ㉠ 20, ㉡ 30

해설 복도통로유도등 설치기준

1) 설치기준
(1) 복도에 설치할 것
(2) 옥내로부터 직접 지상으로 통하는 출입구 및 그 부속실의 출입구 또는 직통계단·직통계단의 계단실 및 그 부속실의 출입구의 경우, 피난구 유도등이 설치된 출입구의 맞은편 복도에는 입체형으로 설치하거나 바닥에 설치할 것
(3) 구부러진 모퉁이 및 위에 따라 설치된 통로유도등 기점으로 보행거리 20 [m]마다 설치할 것
(4) 바닥에 설치하는 통로 유도등은 하중에 따라 파괴되지 않는 강도의 것으로 할 것

67 상 중 하

비상방송설비의 화재안전기술기준(NFTC 202)에 따라 부속회로의 전로와 대지 사이 및 배선 상호 간의 절연저항은 1경계구역마다 직류 250 [V]의 절연저항측정기를 사용하여 측정한 절연저항이 몇 [$M\Omega$] 이상이 되도록 하여야 하는가?

① 0.1　　② 0.2
③ 10　　④ 20

해설 비상방송설비 배선

1) 화재로 인해 하나의 층의 확성기 또는 배선이 단락 또는 단선되어도 다른 층의 화재 통보에 지장이 없을 것
2) 전원회로의 배선은 내화배선
3) 그 밖의 배선은 내화배선 또는 내열배선으로 할 것
4) 절연저항
(1) 전원회로의 전로와 대지 사이 및 배선 상호 간 : 전기사업법 기술기준 적용
(2) 부속회로의 전로와 대지 사이 및 배선 상호 간 : 1 경계구역마다 직류 250 [V]의 절연저항측정기를 사용하여 측정한 절연저항 0.1 [MΩ] 이상

정답 66 ② 67 ①

68 상중하

자동화재탐지설비 및 시각경보장치의 화재안전성능기준에 따라 감지기회로에 종단저항을 설치하는 목적으로 알맞은 것을 고르시오.

① 도통시험을 하기 위해
② 작동시험을 하기 위하여
③ 전원 상태를 확인하기 위하여
④ 작동중인 감지기를 쉽게 확인하기 위하여

해설 도통시험 위한 종단저항

- 점검 및 관리가 쉬운 장소에 설치
- 설치높이 : 1.5 [m] 이하(전용함 설치)
- 감지기회로 끝부분 설치
- 종단감지기에 설치 시 : 기판·감지기 외부등 별도표시
- 도통시험을 하기 위해 설치

69 상중하

다음 비상경보설비 및 비상방송설비에 사용되는 용어 설명 중 틀린 것은?

① 비상벨설비라 함은 화재발생 상황을 경종으로 경보하는 설비를 말한다.
② 증폭기라 함은 전압전류의 주파수를 늘려 감도를 좋게 하고 소리를 크게 하는 장치를 말한다.
③ 확성기라 함은 소리를 크게 하여 멀리까지 전달될 수 있도록 하는 장치로써 일명 스피커를 말한다.
④ 음량조절기라 함은 가변저항을 이용하여 전류를 변화시켜 음량을 크게 하거나 작게 조절할 수 있는 장치를 말한다.

해설 비상방송설비 용어

1) "확성기"란 소리를 크게 하여 멀리까지 전달될 수 있도록 하는 장치로써 일명 스피커를 말한다.
2) "음량조절기"란 가변저항을 이용하여 전류를 변화시켜 음량을 크게 하거나 작게 조절할 수 있는 장치를 말한다.
3) "증폭기"란 전압전류의 진폭을 늘려 감도를 좋게 하고 미약한 음성전류를 커다란 음성전류로 변화시켜 소리를 크게 하는 장치를 말한다.
4) "기동장치"란 화재감지기, 발신기 등의 상태변화를 전송하는 장치를 말한다.
5) "몰드"란 전선을 물리적으로 보호하기 위해 사용되는 통형 구조물을 말한다.
6) "약전류회로"란 전신선, 전화선 등에 사용하는 전선이나 케이블, 인터폰, 확성기의 음성회로, 라디오·텔레비전의 시청회로 등을 포함하는 약전류가 통전되는 회로를 말한다.
7) "전원회로"란 전기·통신, 기타 전기를 이용하는 장치 등에 전력을 공급하기 위하여 필요한 기기로 이루어지는 전기회로를 말한다.
8) "절연저항"이란 전류가 도체에서 절연물을 통하여 다른 충전부나 기기로 누설되는 경우 그 누설 경로의 저항을 말한다.
9) "절연효력"이란 전기가 불필요한 부분으로 흐르지 않도록 절연하는 성능을 나타내는 것을 말한다.
10) "정격전압"이란 전기기계기구, 선로 등의 정상적인 동작을 유지시키기 위해 공급해주어야 하는 기준 전압을 말한다.
11) "조작부"란 기기를 제어할 수 있도록 조작스위치, 지시계, 표시등 등을 집결시킨 부분을 말한다.
12) "풀박스"란 장거리 케이블 포설을 용이하게 하기 위해 전선관 중간에 설치하는 상자형 구조물 등을 말한다.

정답 68 ① 69 ②

70 상 중 하

비상방송설비의 화재안전기술기준(NFTC 202)에 따라 비상방송설비에서 기동장치에 따른 화재신고를 수신한 후 필요한 음량으로 화재발생 상황 및 피난에 유효한 방송이 자동으로 개시될 때까지의 소요시간은 몇 초 이하로 하여야 하는가?

① 5　② 10
③ 15　④ 20

해설 비상방송설비 음향장치 설치기준

1) 확성기
   (1) 음성입력 : 실외 3 [W] 이상, 실내 1 [W] 이상
   (2) 수평거리 : 층 각 부분으로부터 하나의 확성기까지의 25 [m] 이하
   (3) 확성기는 각 층마다 설치, 당해 층의 각 부분에 유효하게 경보를 발하도록 설치
2) 음량조정기(ATT) : 음량조정기의 배선은 3선식으로 함
3) 기동장치에 따른 화재신고를 수신한 후 필요한 음량으로 화재발생 상황 및 피난에 유효한 방송이 자동으로 개시될 때까지의 소요시간은 10초 이하로 할 것

71 상 중 하

무선통신보조설비 설치 제외기준 중 다음 (　) 안에 알맞은 것은?

> (㉠)으로서 특정소방대상물의 바닥부분 2면 이상이 지표면과 동일하거나 지표면으로부터의 깊이가 (㉡) [m] 이하인 경우에는 해당 층에 한하여 무선통신보조설비를 설치하지 아니할 수 있다.

① ㉠ 지하층, ㉡ 1　② ㉠ 지하층, ㉡ 2
③ ㉠ 지상층, ㉡ 1　④ ㉠ 지상층, ㉡ 2

해설 무선통신보조설비 설치 제외 장소

1) 지하층으로서 특정소방대상물의 바닥부분 2면 이상이 지표면과 동일한 층
2) 지하층으로서 지표면으로부터의 깊이가 1 [m] 이하인 층

72 상 중 하

다음 중 단독경보형 감지기의 설치기준으로 옳지 않은 것은?

① 각 실마다 설치한다.
② 최상층의 계단실 천장(외기가 상통하는 계단실의 경우 제외)에 설치한다.
③ 바닥면적이 100 [m^2]를 초과하는 경우 100 [m^2]마다 1개 이상 설치한다.
④ 상용전원을 주전원으로 사용하는 단독경보형 감지기의 2차 전지는 소방법에 따른 제품검사에 합격한 것을 사용한다.

해설 단독경보형 감지기의 설치기준

- 각 실(이웃하는 실내의 바닥면적이 각각 30 [m^2] 미만이고 벽체의 상부의 전부 또는 일부가 개방되어 이웃하는 실내와 공기가 상호유통되는 경우에는 이를 1개의 실로 본다)마다 설치하되, 바닥면적이 150 [m^2]를 초과하는 경우에는 150 [m^2]마다 1개 이상 설치할 것
- 최상층의 계단실의 천장(외기가 상통하는 계단실의 경우를 제외한다)에 설치할 것
- 건전지를 주전원으로 사용하는 단독경보형 감지기는 정상적인 작동 상태를 유지할 수 있도록 건전지를 교환할 것
- 상용전원을 주전원으로 사용하는 단독경보형 감지기의 2차 전지는 법 제39조에 따라 제품검사에 합격한 것을 사용할 것

2024

정답 70 ② 71 ① 72 ③

73 상 중 하

비상방송설비의 구성 요소 중 전압전류의 진폭을 늘려 감도를 좋게 하고 미약한 음성전류를 커다란 음성전류로 변화시켜 소리를 크게 하는 장치는?

① 확성기 ② 음량조절기
③ 증폭기 ④ 변조기

해설 비상방송설비

1) "확성기"란 소리를 크게 하여 멀리까지 전달될 수 있도록 하는 장치로써 일명 스피커를 말한다.
2) "음량조절기"란 가변저항을 이용하여 전류를 변화시켜 음량을 크게 하거나 작게 조절할 수 있는 장치를 말한다.
3) "증폭기"란 전압전류의 진폭을 늘려 감도를 좋게 하고 미약한 음성전류를 커다란 음성전류로 변화시켜 소리를 크게 하는 장치를 말한다.
4) "기동장치"란 화재감지기, 발신기 등의 상태변화를 전송하는 장치를 말한다.
5) "몰드"란 전선을 물리적으로 보호하기 위해 사용되는 통형 구조물을 말한다.
6) "약전류회로"란 전신선, 전화선 등에 사용하는 전선이나 케이블, 인터폰, 확성기의 음성회로, 라디오·텔레비전의 시청회로 등을 포함하는 약전류가 통전되는 회로를 말한다.
7) "전원회로"란 전기·통신, 기타 전기를 이용하는 장치 등에 전력을 공급하기 위하여 필요한 기기로 이루어지는 전기회로를 말한다.
8) "절연저항"이란 전류가 도체에서 절연물을 통하여 다른 충전부나 기기로 누설되는 경우 그 누설 경로의 저항을 말한다.
9) "절연효력"이란 전기가 불필요한 부분으로 흐르지 않도록 절연하는 성능을 나타내는 것을 말한다.
10) "정격전압"이란 전기기계기구, 선로 등의 정상적인 동작을 유지시키기 위해 공급해주어야 하는 기준 전압을 말한다.
11) "조작부"란 기기를 제어할 수 있도록 조작스위치, 지시계, 표시등 등을 집결시킨 부분을 말한다.
12) "풀박스"란 장거리 케이블 포설을 용이하게 하기 위해 전선관 중간에 설치하는 상자형 구조물 등을 말한다.

74 상 중 하

휴대용 비상조명등의 설치기준 중 틀린 것은?

① 지하상가 및 지하역사에는 보행거리 25 [m] 이내마다 3개 이상 설치할 것
② 건전지 및 충전식 배터리의 용량은 10분 이상 유효하게 사용할 수 있는 것으로 할 것
③ 숙박시설 또는 다중이용업소에는 객실 또는 영업장 안의 구획된 실마다 잘 보이는 곳(외부에 설치 시 출입문 손잡이로부터 1 [m] 이내 부분)에 1개 이상 설치할 것
④ 설치높이는 바닥으로부터 0.8 [m] 이상 1.5 [m] 이하의 높이에 설치할 것

해설 휴대용 비상조명등 설치기준

1) 설치장소

설치장소	설치개수
숙박시설 또는 다중이용업소에는 객실 또는 영업장 안의 구획된 실마다 잘 보이는 곳(외부 설치 시 출입문 손잡이로부터 1 [m] 이내 부분)	1개 이상
대규모점포(지하상가·지하역사 제외), 영화상영관	보행거리 50 [m] 이내마다 3개 이상
지하상가 및 지하역사	보행거리 25 [m] 이내마다 3개 이상

2) 설치기준
(1) 바닥으로부터 0.8 [m] 이상 1.5 [m] 이하의 높이에 설치할 것
(2) 어둠 속에서 위치를 확인할 수 있도록 할 것
(3) 사용 시 자동으로 점등되는 구조일 것
(4) 외함은 난연성능이 있을 것
(5) 건전지 사용 시 방전방지조치를 하고, 충전식 배터리 사용 시 상시 충전되도록 할 것
(6) 건전지 및 충전식 배터리 용량은 20분 이상 유효하게 사용할 수 있는 것

정답 73 ③ 74 ②

75 상 중 하

유도등 및 유도표지의 화재안전기준에 따른 광원점등방식의 피난유도선에 대한 설치기준으로 틀린 것은?

① 구획된 각 실로부터 주출입구 또는 비상구까지 설치할 것
② 수신기로부터의 화재신호 및 수동조작에 의하여 광원이 점등되도록 설치할 것
③ 피난유도 표시부는 바닥으로부터 높이 1 [m] 이하의 위치 또는 바닥 면에 설치할 것
④ 피난유도 표시부는 80 [cm] 이내의 간격으로 연속되도록 설치하되 실내장식물 등으로 설치가 곤란할 경우 1 [m] 이내로 설치할 것

해설 광원점등방식 피난유도선 설치기준

1) 구획된 각 실로부터 주출입구 또는 비상구까지 설치할 것
2) 피난유도 표시부는 바닥으로부터 높이 1 [m] 이하의 위치 또는 바닥 면에 설치할 것
3) 피난유도 표시부는 50 [cm] 이내의 간격으로 연속되도록 설치하되 실내장식물 등으로 설치가 곤란할 경우 1 [m] 이내로 설치할 것
4) 수신기로부터의 화재신호 및 수동조작에 의하여 광원이 점등되도록 설치할 것
5) 비상전원이 상시 충전 상태를 유지하도록 설치할 것
6) 바닥에 설치되는 피난유도 표시부는 매립하는 방식을 사용할 것
7) 피난유도 제어부는 조작 및 관리가 용이하도록 바닥으로부터 0.8 [m] 이상 1.5 [m] 이하의 높이에 설치할 것

신유형!

76 상 중 하

자동화재속보설비의 속보기의 성능인증 및 제품검사의 기술기준에 따라 자동화재속보설비의 속보기가 소방관서에 자동적으로 통신망을 통해 통보하는 신호의 내용으로 옳은 것은?

① 당해 소방대상물의 위치 및 규모
② 당해 소방대상물의 위치 및 용도
③ 당해 화재발생 및 당해 소방대상물의 위치
④ 당해 고장발생 및 당해 소방대상물의 위치

해설 자동화재속보설비

1) 속보기
수동작동 또는 자동화재탐지설비 수신기와 연동으로 관계인에게 화재발생을 경보함과 동시에 소방관서에 자동적으로 통신망을 통해 화재발생 및 위치 등을 음성으로 통보하여 주는 것
2) 통신망
유선이나 무선 또는 유무선 겸용방식을 구성하여 음성 또는 데이터 등을 전송할 수 있는 집합체

77 상 중 하

비상방송설비의 화재안전기술기준(NFTC 202)에 따라 비상방송설비 음향장치의 정격전압이 220 [V]인 경우 최소 몇 [V] 이상에서 음향을 발할 수 있어야 하는가?

① 165　② 176
③ 187　④ 198

해설 비상방송설비 음향장치

1) 정격전압의 80 [%] 전압에서 음향을 발할 수 있는 것을 할 것
2) 자동화재탐지설비의 작동과 연동하여 작동할 수 있는 것으로 할 것

∴ 정격전압의 80 [%] : 220 [V] × 0.8 = 176 [V]

정답 75 ④ 76 ③ 77 ②

78 상중하

누전경보기의 화재안전기술기준(NFTC 205)의 용어 정의에 따라 변류기로부터 검출된 신호를 수신하여 누전의 발생을 해당 특정소방대상물의 관계인에게 경보하여 주는 것은?

① 축전지　　② 수신부
③ 경보기　　④ 음향장치

해설 누전경보기 용어

1) "누전경보기"란 내화구조가 아닌 건축물로서 벽, 바닥 또는 천장의 전부나 일부를 불연재료 또는 준불연재료가 아닌 재료에 철망을 넣어 만든 건물의 전기설비로부터 누설전류를 탐지하여 경보를 발하는 기기로서, 변류기와 수신부로 구성된 것을 말한다.
2) "수신부"란 변류기로부터 검출된 신호를 수신하여 누전의 발생을 해당 특정소방대상물의 관계인에게 경보하여 주는 것(차단기구를 갖는 것을 포함한다)을 말한다.
3) "변류기"란 경계전로의 누설전류를 자동적으로 검출하여 이를 누전경보기의 수신부에 송신하는 것을 말한다.
4) "경계전로"란 누전경보기가 누설전류를 검출하는 대상 전선로를 말한다.
5) "과전류차단기"란 「전기설비기술기준의 판단기준」 제38조와 제39조에 따른 것을 말한다.
6) "분전반"이란 배전반으로부터 전력을 공급받아 부하에 전력을 공급해주는 것을 말한다.
7) "인입선"이란 「전기설비기술기준」 제3조 제1항 제9호에 따른 것으로서, 배전선로에서 갈라져서 직접 수용장소의 인입구에 이르는 부분의 전선을 말한다.
8) "정격전류"란 전기기기의 정격출력 상태에서 흐르는 전류를 말한다.

79 상중하

청각장애인용 시각경보장치는 천장의 높이가 2 [m] 이하인 경우에는 천장으로부터 몇 [m] 이내의 장소에 설치하여야 하는가?

① 0.1　　② 0.15
③ 1.0　　④ 1.5

해설 시각경보장치 설치기준

1) 복도·통로·청각장애인용 객실 및 공용으로 사용하는 거실(로비, 회의실, 강의실, 식당, 휴게실, 오락실, 대기실, 체력단련실, 접객실, 안내실, 전시실, 기타 이와 유사한 장소를 말한다)에 설치하며, 각 부분으로부터 유효하게 경보를 발할 수 있는 위치에 설치할 것
2) 공연장·집회장·관람장 또는 이와 유사한 장소에 설치하는 경우에는 시선이 집중되는 무대부 부분 등에 설치할 것
3) 설치높이는 바닥으로부터 2 [m] 이상 2.5 [m] 이하의 장소에 설치할 것. 다만 천장의 높이가 2 [m] 이하인 경우에는 천장으로부터 0.15 [m] 이내의 장소에 설치해야 한다.
4) 시각경보장치의 광원은 전용의 축전지설비 또는 전기저장장치(외부 전기에너지를 저장해두었다가 필요한 때 전기를 공급하는 장치)에 의하여 점등되도록 할 것. 다만 시각경보기에 작동전원을 공급할 수 있도록 형식승인을 얻은 수신기를 설치한 경우에는 그렇지 않다.

80 상중하

정온식 감지기의 설치 시 공칭작동온도가 최고주위온도보다 최소 몇 [℃] 이상 높은 것으로 설치하여야 하나?

① 10　　② 20
③ 30　　④ 40

해설 감지기 설치

- 스포트형 감지기 설치할 때 각도가 45° 이상 경사가 되지 않도록 설치
- 보상식 스포트형 감지기는 정온점이 감지기 주위의 평상시 최고 온도보다 20 [℃] 이상 높은 것으로 설치
- 정온식 감지기의 경우 작동온도가 주위 최고 온도보다 20 [℃] 이상 높은 것으로 설치

정답 78 ② 79 ② 80 ②

2024년 3회
소방원론

3회독	월	일
2회독	월	일
1회독	월	일

목표시간 : 20분 | 시작 : _시 _분 | 종료 : _시 _분 | 맞은 개수 : _ /20

2024

01 (상 중 하)

다음 중 연소의 3요소가 아닌 것은?

① 연료　② 촉매
③ 공기　④ 점화원

해설 연소의 3요소, 4요소

① 연료 ⇒ 가연물
③ 공기 ⇒ 산소공급원
④ 점화원

연소의 3요소	연소의 4요소
• **가**연물 • **산**소공급원 • **점**화원	• 가연물 • 산소공급원 • 점화원 • 연쇄반응

암기 ▶ 연소의 3요소 : 가산점

02 (상 중 하)

제2종 분말소화약제의 주성분으로 옳은 것은?

① NaH_2PO_4
② KH_2PO_4
③ $NaHCO_3$
④ $KHCO_3$

해설 분말소화약제

종별	소화약제	약제색	적응화재
1종	탄산수소나트륨 ($NaHCO_3$)	**백**색	BC급
2종	탄산수소칼륨 ($KHCO_3$)	**담자**색 (담회색)	BC급
3종	제1인산암모늄 ($NH_4H_2PO_4$)	담**홍**색	ABC급
4종	탄산수소칼륨 + 요소 ($KHCO_3+(NH_2)_2CO$)	**회**(백)색	BC급

암기 ▶ 백담사 홍어회

03 (상 중 하)

소화에 필요한 CO_2의 이론소화농도가 공기 중에서 37 [vol%]일 때 한계산소농도는 약 몇 [vol%]인가?

① 13.2　② 14.5
③ 15.5　④ 16.5

해설 이산화탄소의 농도

$$CO_2 \text{ 농도 [vol\%]} = \frac{21 - O_2[vol\%]}{21} \times 100$$

$$37 = \frac{21 - O_2}{21} \times 100$$

$$\therefore O_2 = 13.23 \, [vol\%]$$

정답 01 ② 02 ④ 03 ①

04 상중하

제6류 위험물에 속하지 않는 것은?

① 질산
② 과산화수소
③ 과염소산
④ 과염소산염류

해설 제6류 위험물(산화성 액체)

품명	지정수량
과염소산	300 [kg]
과산화수소	
질산	

보충 ▶ 과염소산염류 : 제1류 위험물

신유형!
05 상중하

물의 물리 · 화학적 성질로 틀린 것은?

① 분자 간 결합은 쌍극자 - 쌍극자 상호작용의 일종인 수소결합에 의해 이루어진다.
② 대기압하에서 100 [℃]의 물이 액체에서 수증기로 바뀌면 체적은 약 1600배 정도 증가한다.
③ 유류화재에 물을 무상으로 주수하면 질식효과 이외에 유탁액에 생성되어 유화효과가 나타난다.
④ 수소 1 분자와 산소 1/2 분자로 이루어져 있으며 이들 사이의 화학결합은 비극성 이온결합이다.

해설 물의 물리 · 화학적 성질

④ 수소 1 분자와 산소 1/2 분자로 이루어져 있으며 이들 사이의 화학결합은 극성 공유결합이다.

구분	내용
물리적 성질	• 상온에서 물은 무겁고 안정된 액체 • 융해잠열 : 80 [kcal/kg] (= 334 [kJ/kg]) • 증발잠열 : 539.6 [kcal/kg] (= 2257 [kJ/kg]) • 비열 : 1 [kcal/kg · ℃] = 1 [cal/g · ℃] (= 4.18 [kJ/kg · K]) • 잠열, 비열, 표면장력이 크다 • **증발 시 체적 약 1650배(1600 ~ 1700배) 증가**
화학적 성질	• **수소 2 원자, 산소 1 원자(H_2O)** • **물은 극성 분자, 수소결합**

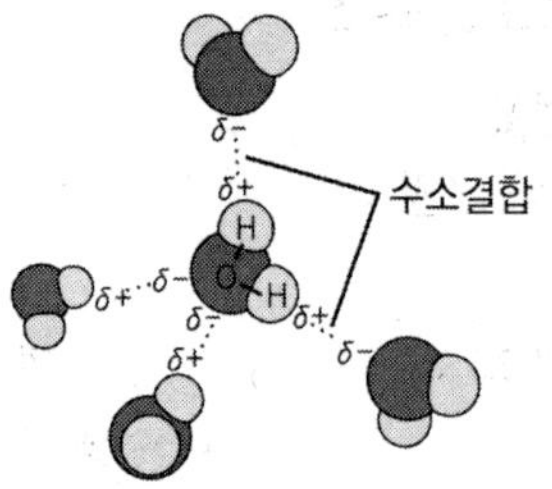

[물분자의 수소결합]

06 상중하

물과 반응하여 가연성 기체를 발생하지 않는 것은?

① 칼륨 ② 인화아연
③ 산화칼슘 ④ 탄화알루미늄

해설 분진폭발을 일으키지 않는 물질

물과 반응하여 가연성 기체를 발생하지 않는 것
• 시멘트
• 석회석
• 탄산칼슘($CaCO_3$)
• 생석회(CaO) = 산화칼슘
• 소석회

암기 ▶ 분시석 탄생소

정답 04 ④ 05 ④ 06 ③

07 상중하

화재의 소화원리에 따른 소화방법의 적용으로 틀린 것은?

① 냉각소화 : 스프링클러설비
② 질식소화 : 이산화탄소소화설비
③ 제거소화 : 포소화설비
④ 억제소화 : 할로겐화합물소화설비

해설 소화방법

소화원리	소화방법
냉각소화	• 스프링클러설비 • 옥내 · 외소화전설비
질식소화	• 이산화탄소소화설비 • **포소화설비** • 불활성기체소화설비 • 마른모래 · 팽창질석 · 팽창진주암
억제소화	• 할로겐화합물소화설비 • 분말소화설비

08 상중하

실내 화재 시 발생한 연기로 인한 감광계수[m^{-1}]와 가시거리에 대한 설명 중 틀린 것은?

① 감광계수가 0.1일 때 가시거리는 20 ~ 30 [m]이다.
② 감광계수가 0.3일 때 가시거리는 15 ~ 20 [m]이다.
③ 감광계수가 1.0일 때 가시거리는 1 ~ 2 [m]이다.
④ 감광계수가 10일 때 가시거리는 0.2 ~ 0.5 [m]이다.

해설 감광계수

감광계수 [m^{-1}]	가시거리 [m]	내용
0.1	20 ~ 30	연기감지기 작동할 때
0.3	5	건물에 익숙한 사람이 피난에 지장을 느낄 때
0.5	3	어두움을 느낄 때
1	1 ~ 2	거의 앞이 보이지 않음
10	0.2 ~ 0.5	최성기 때 연기농도
30	-	출화실에서 연기 분출

09 상중하

제4류 위험물의 물리 · 화학적 특성에 대한 설명으로 틀린 것은?

① 증기는 공기보다 가볍다.
② 대부분은 물보다 가볍다.
③ 인화성 액체이다.
④ 인화점이 낮을수록 증기 발생이 용이하다.

해설 제4류 위험물의 특성

1) 상온에서 액체 상태이다.
2) 인화성 액체이다(인화의 위험이 높다).
3) 인화점이 낮을수록 증기 발생이 용이하다.
4) 정전기에 의한 화재 발생위험이 있다.
5) 대부분 물보다 가볍고 물에 녹지 않는다.
6) **증기는 공기보다 무겁다**(증기비중이 공기보다 크다).
7) 비교적 낮은 착화점을 가지고 있다.

정답 07 ③ 08 ② 09 ①

10 상 중 하

자연발화 방지대책에 대한 설명 중 틀린 것은?

① 저장실의 온도를 낮게 유지한다.
② 저장실의 환기를 원활히 시킨다.
③ 촉매물질과의 접촉을 피한다.
④ 저장실의 습도를 높게 유지한다.

해설 자연발화 방지대책

1) 가연성 물질 제거
2) 통풍이나 환기를 통한 열 축적 방지
3) 저장실의 온도를 낮출 것
4) **습도 높은 곳 피할 것**(수분 : 촉매작용)
5) 열전도성 좋게 할 것

11 상 중 하

할론소화설비에서 할론 1301 약제의 분자식은?

① CBr_2ClF ② CF_3Br
③ CCl_2BrF ④ BrC_2ClF

해설 할론소화약제

종류	분자식	상온·상압
할론 1211	CF_2ClBr	기체
할론 1301	CF_3Br	
할론 1011	CH_2ClBr	액체
할론 2402	$C_2F_4Br_2$	

신유형!

12 상 중 하

내화구조기준에 적합한 지붕의 구조로 옳지 않은 것은?

① 철골철근콘크리트조
② 무근콘크리트조
③ 철재로 보강된 콘크리트블록조
④ 철재로 보강된 유리블록

해설 내화구조기준에 적합한 지붕

1) 철근콘크리트조 또는 **철골철근콘크리트조**
2) **철재로 보강된 콘크리트블록조**·벽돌조 또는 석조
3) **철재로 보강된 유리블록** 또는 망입유리로 된 것

보충 ▶ 건축법 제50조에 따라
주요구조부와 지붕을 내화(耐火)구조로 해야 한다.

13 상 중 하

전기화재의 원인으로 거리가 먼 것은?

① 단락 ② 과전류
③ 누전 ④ 절연 과다

해설 전기화재 원인

1) 과전류(과부하)에 의한 발화
2) 단락(합선)에 의한 발화
3) 누전에 의한 발화
4) 낙뢰에 의한 발화
5) 전기불꽃에 의한 발화
6) 정전기로 인한 스파크 발생에 의한 발화

보충 ▶ • 절연 : 전기 또는 열을 통하지 않게 하는 것
• 단락 : 전기회로의 두 점 사이의 절연이 잘 안 되어서 두 점 사이가 접속되는 일
• 누전 : 절연이 불완전하거나 시설이 손상되어 전기가 전깃줄 밖으로 새어 흐름

정답 10 ④ 11 ② 12 ② 13 ④

14 상 중 하

주된 연소 형태가 표면연소인 가연물로만 나열된 것은?

① 숯, 목탄
② 석탄, 종이
③ 나프탈렌, 파라핀
④ 니트로셀룰로오스, 질화면

해설 연소의 형태(고체의 연소)

구분	내용	종류
표면 연소	불꽃이 없고 표면에서 연소	**숯, 코크스, 목탄, 금속분**
분해 연소	고체 가연물이 온도 상승 시 열분해를 통해 발생하는 가연성 가스가 연소	목재, 석탄, 종이, 플라스틱
증발 연소	열분해 없이 증발하여 연소	황(유황), 나프탈렌, 파라핀(양초)
자기 연소	물질 내부에 산소를 함유하고 있어 별도의 산소 공급 없이 연소	나이트로셀룰로오스(니트로셀룰로오스), 나이트로글리세린(니트로글리세린), 유기과산화물

15 상 중 하

화재에서 눈부신 백색(휘백색)의 불꽃 온도는 약 몇 [℃]인가?

① 500 ② 950
③ 1300 ④ 1500

해설 연소 시 불꽃의 색과 온도

색	온도 [℃]
암적색	700 ~ 750
적색	850
휘적색	900 ~ 950
황적색	1100
백색	1200 ~ 1300
휘백색	1500

암기 ▶ 암적적 휘황백 휘백

16 상 중 하

물체의 표면온도가 250 [℃]에서 650 [℃]로 상승하면 열 복사량은 약 몇 배 정도 상승하는가?

① 2.5 ② 5.7
③ 7.5 ④ 9.7

해설 스테판 볼츠만의 법칙

단위 면적당 복사열량 $Q\,[W/m^2] = \sigma T4$

복사 : 열전달 매질 없이 전자파 형태로 열이 전달
스테판 볼츠만의 법칙에 의해 복사열은 절대온도의 4승에 비례한다.

보충 ▶ 매질 : 파동을 전달시키는 물질

$$\frac{Q_2}{Q_1} = \frac{(273+t_2)^4}{(273+t_1)^4} = \frac{(273+650)^4}{(273+250)^4} \fallingdotseq 9.7\text{배}$$

σ : 스테판 볼츠만 상수 $[W/m^2 \cdot K^4]$
T : 절대온도 [K]

정답 14 ① 15 ④ 16 ④

17 상중하

물의 소화력을 증대시키기 위하여 첨가하는 첨가제 중 물의 유실을 방지하고 건물, 임야 등의 입체 면에 오랫동안 잔류하게 하기 위한 것은?

① 침투제 ② 강화액
③ 증점제 ④ 유화제

해설 물의 소화력 증대를 위한 첨가제

종류	특성
증점제	산림에 장시간 부착(점도 증가)
침투제	계면활성제 첨가
부동액	물의 동결방지 위해 첨가
유화제	분무주수하면 효과적(에멀전 형성)
강화액	염류를 첨가하여 물의 소화효과와 강화액의 부촉매효과 이용

18 상중하

폭연에서 폭굉으로 전이되기 위한 조건에 대한 설명으로 틀린 것은?

① 정상연소속도가 작은 가스일수록 폭굉으로 전이가 용이하다.
② 배관 내에 장애물이 존재할 경우 폭굉으로 전이가 용이하다.
③ 배관의 관경이 가늘수록 폭굉으로 전이가 용이하다.
④ 배관 내 압력이 높을수록 폭굉으로 전이가 용이하다.

해설 폭연(Deflagration), 폭굉(Detonation)

1) 폭연과 폭굉의 비교
가스폭발은 물적 조건과 에너지조건이 만족되면 화염이 발생하여 일정한 속도로 전파되는데, 음속 이하를 폭연(Deflagration), 음속 이상을 폭굉(Detonation)이라고 한다.

구분	폭연	폭굉
전파 속도	음속 이하 (0.1 ~ 10 [m/s])	음속 이상 (1000 ~ 3500 [m/s])
특징	폭굉으로 전이 될 수 있음	압력 상승이 폭연의 10배 이상
에너지 전달	전도, 대류, 복사 (열에 의한 연소파)	충격파

2) 폭굉 유도거리
(1) 폭굉 유도거리란 **정상적인 연소에서 폭굉으로 전이되는 데 필요한 거리**를 말한다.
(2) 폭굉 유도거리가 짧을수록 위험성이 크다.
(3) **폭굉유도거리가 짧아지는 조건**
① 점화원의 에너지가 클수록 (+)
② **연소속도가 클수록 (+)**
③ 주위온도가 높을수록 (+)
④ 배관의 압력이 클수록 (+)
⑤ 배관 내 장애물이 많을수록 (+)
⑥ 배관의 관경이 가늘수록(작을수록) (-)

① 정상연소속도가 **큰** 가스일수록 폭굉으로 전이가 용이하다.

정답 17 ③ 18 ①

19 상 중 하

위험물안전관리법령에서 정하는 제3류 위험물에 해당하는 것이 아닌 것은?

① 인화칼슘 ② 황린
③ 칼륨 ④ 황화인

해설 제2류 위험물 및 제3류 위험물

구분	종류
제2류 위험물	• **황화인(황화린)**, 적린, 황(유황) • 철분, 마그네슘, 금속분(Al, Zn 등), 인화성 고체
제3류 위험물	• **황린**, **칼륨(K)**, 나트륨(Na), 알칼리금속(Li 등) 및 알칼리토금속(Ca 등) • 유기금속화합물, 금속의 수소화물(수소화리튬, 수소화나트륨, 수소화칼슘) • **금속의 인화물(인화칼슘)** • 칼슘 또는 알루미늄의 탄화물(탄화칼슘, 탄화알루미늄)

※ 제3류 위험물의 특징 및 소화
(1) 자연발화성 물질 및 금수성 물질
(2) 물과 접촉하면 발열·발화함
(3) 건조사, 팽창진주암, 팽창질석 등에 의한 질식소화(주수소화 절대엄금)

암기 ▶ 제2류 위험물 : 황화인
제3류 위험물 : 황린

20 상 중 하

할론소화약제의 주된 소화효과 및 방법에 대한 설명으로 옳은 것은?

① 소화약제의 증발잠열에 의한 소화방법이다.
② 산소의 농도를 15 [%] 이하로 낮게 하는 소화방법이다.
③ 소화약제의 열분해에 의해 발생하는 이산화탄소에 의한 소화방법이다.
④ 자유활성기(Free Radical)의 생성을 억제하는 소화방법이다.

해설 할론소화약제

1) 연쇄반응 차단하여 부촉매소화
2) **라디컬포착제로 자유활성기 생성 억제**
3) 할로겐족 원소 사용(F, Cl, Br, I 등)
4) 부식성이 낮음
5) 전기의 부도체로 전기화재에 효과적
6) 적응성 : 통신기기실, 미술관, 전산실 등

정답 19 ④ 20 ④

2024년 3회

소방전기일반

3회독 월 일
2회독 월 일
1회독 월 일

목표시간 : 30분 | 시작 : _시 _분 | 종료 : _시 _분 | 맞은 개수 : _ /20

신유형!

21 상 중 하

각종 소방설비의 표시등에 많이 사용되는 발광다이오드(LED)에 대한 설명으로 틀린 것은?

① 전구에 비해 수명이 길고 진동에 강하다.
② PN 접합에 순방향 전류를 흘림으로서 발광시킨다.
③ 표시등 중에서 응답속도가 가장 느리다.
④ 발광 다이오드의 재료로 GaAs, GaP 등이 사용된다.

해설 발광다이오드(Light Emitting Diode)의 특징

- 전류를 순방향으로 흘려주었을 때 발광한다.
- 수명이 길고, 진동에 강하다.
- 다른 조명에 비해 밝으며 고장이 잘 나지 않는다.
- 응답속도가 가장 빠르다.
- 재료로 GaAs, GaP 등이 사용된다.

22 상 중 하

전계의 세기가 1100 [V/m]인 전장에 5 [μC]의 전하를 놓았을 때 이 전하에 작용하는 힘은 몇 [N]인지 구하시오.

① 5.5×10^{-3}
② 1.1×10^{-6}
③ 1.5×10^{-3}
④ 1.5×10^{-6}

해설 전하에 작용하는 힘

쿨롱법칙 : 임의의 공간 내에서 두 점전하 Q_1, Q_2 사이에 작용하는 힘

$$F = \frac{1}{4\pi r^2} \times \frac{Q_1 Q_2}{\varepsilon}[N] = \frac{1}{4\pi\varepsilon_0\varepsilon_s} \times \frac{Q_1 Q_2}{r^2}[N]$$

$$= 9 \times 10^9 \times \frac{Q_1 Q_2}{r^2}[N]$$

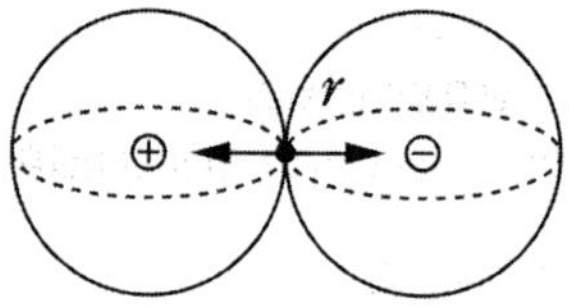

구의 표면적 = $4\pi r^2$

$\varepsilon = \varepsilon_0 \cdot \varepsilon_s$

ε_0 : 진공의 유전율($8.855 \times 10^{-12}[F/m]$),
ε_s : 비유전율(진공 = 1, 공기 ≒ 1)

전기장(전계의 세기)
전하를 가진 물체나 전압이 가해진 선의 주위에서 전기력이 작용하는 공간 또는 전기력선이 작용하는 공간

$$E = \frac{1}{4\pi r^2} \times \frac{Q}{\varepsilon}[V/m] = \frac{1}{4\pi\varepsilon_0\varepsilon_s} \times \frac{Q}{r^2}[V/m]$$

$$= 9 \times 10^9 \times \frac{Q}{r^2}[V/m]$$

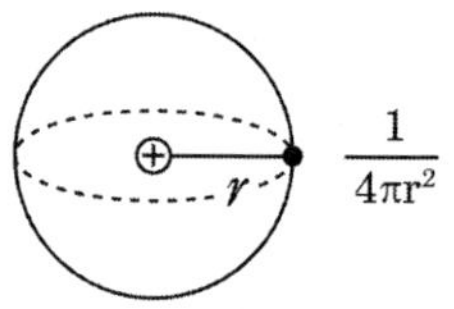

전기장과 쿨롱의 법칙과의 관계
$F = EQ = 1100 \times 5 \times 10^{-6} = 5.5 \times 10^{-3}[N]$

정답 21 ③ 22 ①

신유형!

23 상 중 하

도통 상태에 있는 SCR을 Off상태로 하기 위한 방법으로 올바른 것은 어느 것인가?

① 게이트 펄스전압을 가한다.
② 게이트 전류를 증가시킨다.
③ 게이트 전압이 부(-)가 되도록 한다.
④ 전원전압의 극성이 반대가 되도록 한다.

해설 SCR(사이리스터)

SCR은 게이트 전원을 인가하여 (애노드 - 캐소드)의 주 단자가 도통이 되면 게이트 전원과는 관계없이 차단(Off)되지 않는다.
이때 차단이 되기 위해서는 전원전압의 극성이 반대가 되도록 한다.

신유형!

24 상 중 하

전류계로 전류를 측정하였더니 75 [A]의 전류가 측정되었다. 2 [%]의 보정률을 주었을 때 참값을 구하시오.

① 15 ② 15.5
③ 76.5 ④ 17

해설 참값계산

$$\text{보정률} = 0.02 = \frac{\text{보정값}}{\text{측정값}} = \frac{\text{보정값}}{75[A]}$$

∴ 보정값 = 1.5
보정값 = 참값 - 측정값
∴ 참값 = 보정값 + 측정값 = 75 + 1.5 = 76.5 [A]

25 상 중 하

전압 [V] = 5sin5t + 10sin10t [V]이고, 전류 I = 10sin5t + 5sin10t [A]일 때 소비전력은 몇 [W]인가?

① 125 ② 50
③ 12.9 ④ 78.2

해설 소비전력 계산

$$P = VI = \frac{V_m}{\sqrt{2}} \times \frac{I_m}{\sqrt{2}}$$
$$= \left(\frac{5}{\sqrt{2}} \times \frac{10}{\sqrt{2}}\right) + \left(\frac{10}{\sqrt{2}} \times \frac{5}{\sqrt{2}}\right)$$
$$= 50[W]$$

각 고조파별로 별도로 계산 후 합산한다.

TIP ▶ 5고조파는 5고조파끼리, 10고조파는 10고조파끼리 계산

26 상 중 하

다음과 같은 회로의 a-b 사이에 걸리는 전압 [V]을 구하시오.

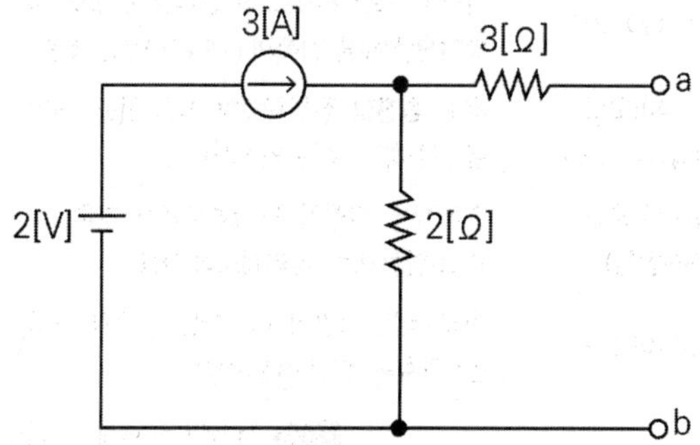

① 2 ② 4
③ 6 ④ 10

해설 중첩의 원리

1) 전류원 기준(전압원 단락)
a-b단자는 2 [Ω]의 양단에 걸리는 전압이다. 따라서 전압원 단락 시 3 [A]의 전류원에 의해 6 [V]가 걸린다.
2) 전압원 기준(전류원 개방)
전류원 개방 시 회로가 개방되기 때문에 0 [V]이다.
3) 6 [V] + 0 [V] = 6 [V]

27 상 중 하

전원 전압을 일정하게 유지하기 위하여 사용하는 다이오드는?

① 쇼트키다이오드
② 터널다이오드
③ 제너다이오드
④ 버랙터다이오드

해설 다이오드

명칭	특성
정류용 다이오드	일반적으로 다이오드라 불리는 것으로 정류작용(전류를 한쪽의 (+)나 (−)로만 흐름)
제너다이오드 (정전압다이오드)	주로 **정전**압 전원회로에 사용(전원·전압을 일정하게 유지, 안정화)
터널다이오드 (PN접합)	증폭작용·발진작용·개폐작용을 하며, 고속 스위칭회로·논리회로에 사용
포토다이오드	빛을 쬐면 광량에 비례하는 전류가 흐름 (빛 검출용, 광센서에 사용)

암기 ▶ 정전압 & 제너 ㅈㅈㅈ

28 상 중 하

최대눈금이 200 [mA], 내부저항이 0.8 [Ω]인 전류계가 있다. 8 [mΩ]의 분류기를 사용하여 전류계의 측정범위를 넓히면 몇 [A]까지 측정할 수 있는가?

① 19.6　　② 20.2
③ 21.4　　④ 22.8

해설 분류기

분류기 : 전류의 측정범위를 확대하기 위해 전류계와 병렬로 접속

$$I=(1+\frac{R_A}{R_S})I_0$$
$$=(1+\frac{0.8}{8\times10^{-3}})\times(200\times10^{-3})$$
$$=20.2[A]$$

R_A : 내부저항 [Ω]
R_S : 분류기저항 [Ω]
I_0 : 최대눈금 [A]
I : 전류계 최대측정범위 [A]

29 상 중 하

PB-on 스위치와 병렬로 접속된 보조접점 X-a의 역할은?

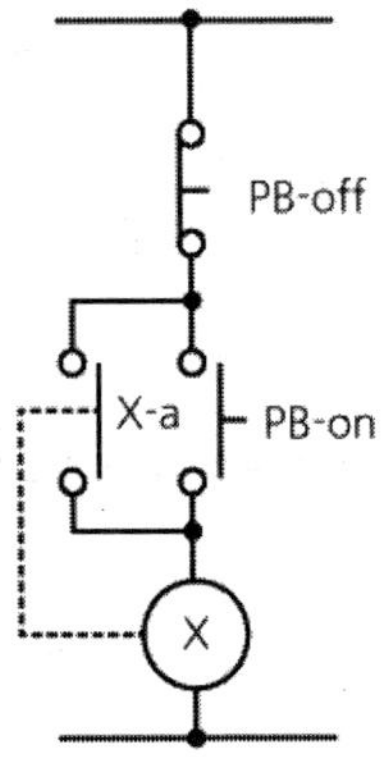

① 인터록회로　　② 자기유지회로
③ 전원차단회로　　④ 램프점등회로

정답 27 ③ 28 ② 29 ②

해설 자기유지회로

- 스스로 동작을 기억하는 회로
- ON-OFF회로에 많이 사용

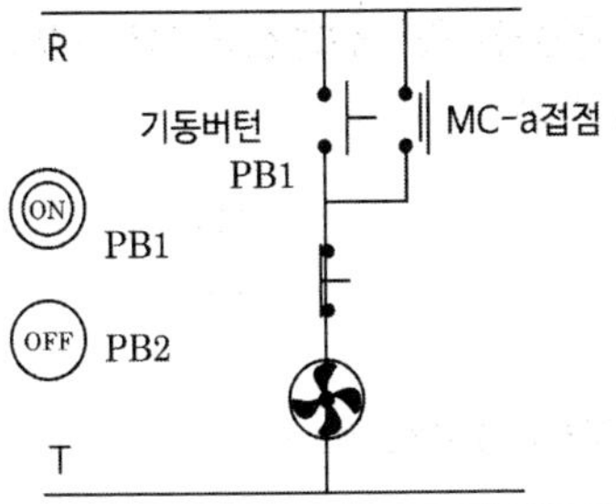

PB1을 ON하면 MC 코일이 여자되고 MC-a 접점이 폐로되어 PB1이 Off되어도 MC-a 접점이 자기 유지되어 계속 여자된다.

30 상 중 하

논리식 $X \cdot (X+Y)$를 간략화하면?

① X
② Y
③ X + Y
④ X · Y

해설 논리식

$X(X+Y)$
$= XX + XY = X + XY$
$= X(1+Y) = X \cdot 1 = X$

정리	공식
항등법칙	$0+A=A,\ 1+A=1,\ 0\times A=0,\ 1\times A=A$
동일법칙	$A+A=A,\ A\times A=A$
보원법칙	$A+\overline{A}=1,\ A\times\overline{A}=0$
복원법칙	$\overline{\overline{A}}=A$
교환법칙	$A+B=B+A,\ A\times B=B\times A$
결합법칙	$A+(B+C)=(A+B)+C,\ A(BC)=(AB)C$
분배법칙	$A(B+C)=AB+AC,\ A+BC=(A+B)(A+C)$
흡수법칙	$A+AB=A,\ A(A+B)=A$ $A+\overline{A}B=(A+\overline{A})(A+B)=A+B$

31 상 중 하

절연저항을 측정할 때 사용하는 계기는?

① 전류계
② 전위차계
③ 메거
④ 휘스톤 브리지

해설 메거(Megger)

메거	절연저항을 측정
전압계	전압을 측정, 병렬연결
전류계	전류를 측정, 직렬연결
서미스터	온도에 의해 저항이 변함

32 상 중 하

테브난의 정리를 이용하여 그림 (a)의 회로를 그림 (b)와 같은 등가회로로 만들고자 할 때 V_{th} [V]와 R_{th} [Ω]은?

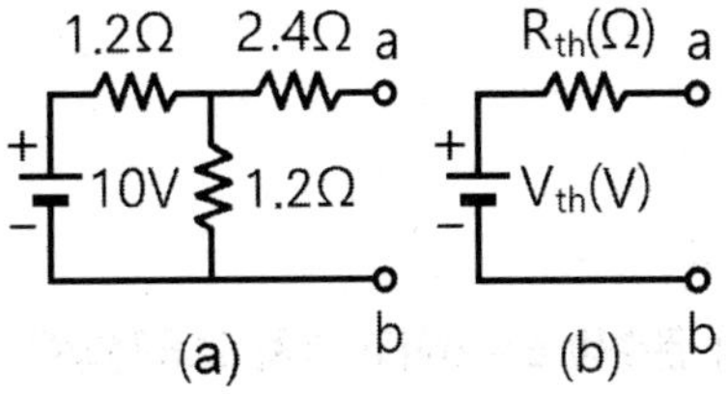

① 5 [V], 2 [Ω]
② 5 [V], 3 [Ω]
③ 6 [V], 2 [Ω]
④ 6 [V], 3 [Ω]

해설 테브난의 정리

- a와 b 개방 상태에서 a와 b에 걸리는 전압

$$V_{R_1} = \frac{R_1}{R_1+R_2} V_0$$

$$V_{th} = \frac{1.2}{1.2+1.2} \times 10 = 5[V]$$

- a와 b에서 전원 측을 본 임피던스(전압원단락)

$$R_0 = R_3 + \frac{R_1 R_2}{R_1+R_2}$$

$$R_{th} = 2.4 + \frac{1.2\times1.2}{1.2+1.2} = 3[\Omega]$$

정답 30 ① 31 ③ 32 ②

33 (상중하)

그림의 논리회로와 등가인 논리게이트는?

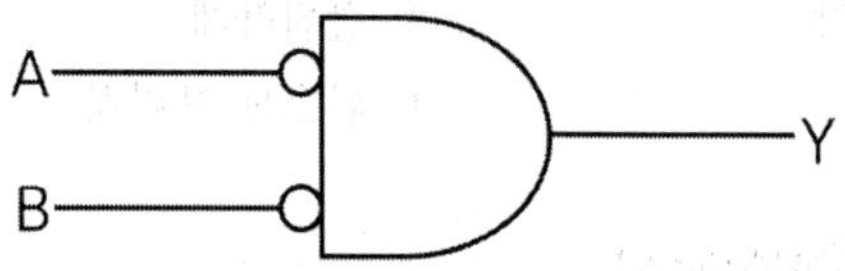

① NOR ② NAND
③ NOT ④ OR

해설 드모르간의 정리

1) 논리합과 논리곱이 완전한 독립이 아니고, 부정을 포함하면 상호교환이 가능하다.
2) NAND회로와 NOR회로의 응용 및 논리회로를 간소화시키는 데 이용된다.

$\overline{A}_{AND}\overline{B} = \overline{A}\cdot\overline{B} = \overline{A+B}$

TIP $\overline{A+B} = \overline{A}\cdot\overline{B}$
$\overline{A\cdot B} = \overline{A}+\overline{B}$

34 (상중하)

단상변압기 권수비 a = 8이고, 1차 교류전압은 220 [V]이다. 변압기 2차 전압을 단상 반파 정류회로를 이용하여 정류했을 때 발생하는 직류전압의 평균치는 약 몇 [V]인가?

① 11.38 ② 12.38
③ 13.38 ④ 13.75

해설 단상 반파 정류회로의 직류전압

$a=\frac{V_1}{V_2}$, $a=\frac{220}{V_2}$, $V_2=\frac{220}{8}$

$V_{av}=0.45\times V_2$

$=0.45\times\frac{220}{8}=12.38[V]$

V_1 : 1차 교류전압
V_2 : 2차 교류전압
V_{av} : 단상 반파 직류전압의 평균치

35 (상중하)

비상 축전지의 정격용량이 50 [Ah], 상시부하 2 [kW], 표준전압 100 [V]인 부동충전방식의 충전기의 2차전류(충전전류)는 몇 [A]인가? (단, 상용전원 정전 시의 비상 부하용량은 1 [kW]이다)

① 5 ② 15
③ 25 ④ 35

해설 충전기 2차전류 계산(I_2)

$$I_2=\frac{축전지정격용량[Ah]}{축전지 공칭용량[h]}+\frac{상시부하용량[W]}{표준전압[V]}$$

$$=\frac{50}{10}+\frac{2000}{100}=25[A]$$

TIP 축전지 종류가 나와 있지 않으면 연축전지로 볼 것
연축전지 공칭용량 : 10 [Ah]
알칼리 축전지 공칭용량 : 5 [Ah]

36 (상중하)

다음 회로에서 저항 R에 흐르는 전류 [A]는? (단, 저항의 단위는 모두 [Ω]이다)

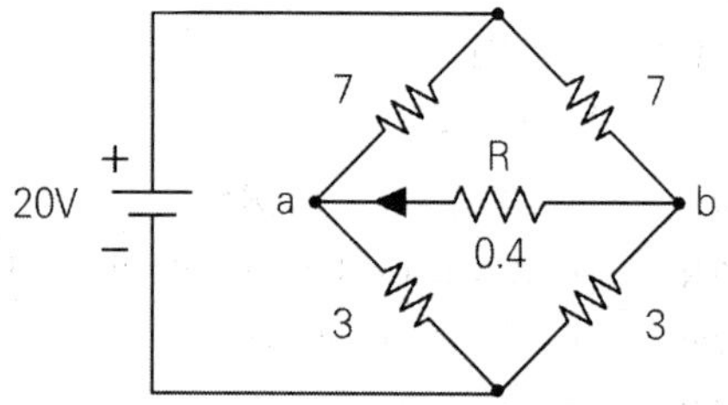

① 2.15 ② 1.42
③ 0.7 ④ 0

정답 33 ① 34 ② 35 ③ 36 ④

해설 휘스톤 브리지

- 각 저항의 대각선의 곱이 같다.
- 곱이 같으면 그 사이에는 전류 흐르지 않는다.
- ∴ 7 × 3 = 7 × 3으로
  대각선의 곱이 같으므로
  R에 흐르는 전류는 0 [A]

37 상 중 하

정전용량 C [F]의 콘덴서에 W [J]의 에너지를 축적하기 위한 인가전압의 값은 몇 [V]인가?

① $\sqrt{\frac{W}{C}}$ ② $\sqrt{\frac{W}{2C}}$

③ $\sqrt{\frac{2W}{C}}$ ④ $\sqrt{\frac{2C}{W}}$

해설 정전에너지

정전 에너지 : 콘덴서 축적되는 전기 에너지

1) 콘덴서에 전압을 인가한 후 전하가 축적되는 경우 축적되는 에너지
2) 수식

$$W=\frac{1}{2}QV=\frac{1}{2}CV^2=\frac{Q^2}{2C}\,[J]$$

$C[F]$: 정전용량
$V[V]$: 전압
$Q[C]$: 축적된 전하

$$\therefore\ W=\frac{1}{2}CV^2$$

$$V^2=\frac{2W}{C},\quad V=\sqrt{\frac{2W}{C}}$$

38 상 중 하

100 [V], 60 [W]의 전구와 100 [V], 30 [W]의 전구를 직렬로 접속하여 100 [V]의 전압을 인가했을 때 두 전구의 밝기에 대한 설명으로 옳은 것은?

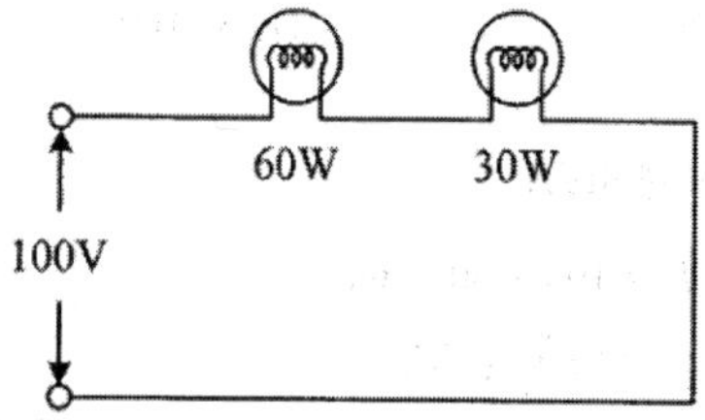

① 100 [V], 60 [W] 전구가 더 밝다.
② 100 [V], 30 [W] 전구가 더 밝다.
③ 인가전압이 같으므로 밝기가 같다.
④ 직렬접속이므로 수시로 변동한다.

해설 전구 밝기 비교

1) 전구의 밝기는 전압에 비례한다.
2) 60[W] 전구의 저항값 $P=\frac{V^2}{R}$에서

$$R=\frac{V^2}{P}=\frac{100^2}{60}=166.667[\Omega]$$

3) 30 [W]전류의 저항값

$$P=\frac{V^2}{P}=\frac{100^2}{30}=333.333[\Omega]$$

4) 회로에 흐르는 전류

$$I=\frac{100}{166.67+333.33}=0.2[A]$$

5) 60 [W]에 걸리는 접압
$V=0.2\times166.67 ≒ 33.3[V]$
6) 30 [W]에 걸리는 전압
$V=0.2\times333.3=66.63$
7) 따라서 30[W] 전구가 더 밝다.

정답 37 ③ 38 ②

39 상 중 하

100 [V]의 전위차가 있는 곳에 50 [A]의 전류가 6분간 흘렀을 때 전력량은 몇 [J]인가?

① 18×10^5 ② 18×10^4
③ 18×10^3 ④ 18×10^2

해설 전력량 계산(W)

$$W = Pt = VIt = 100 \times 50 \times 360$$
$$= 18 \times 10^5 [J]$$

W : 전력량 [J]
P : 전력 [W]
t : 시간 [s]

40 상 중 하

목푯값이 시간에 대하여 변화하지 않는 제어는?

① 정치제어 ② 추종제어
③ 비율제어 ④ 프로그래밍제어

해설 목푯값에 의한 분류

구분		내용
정치제어		목푯값이 일정한 자동제어에 적용
추치제어	추종제어	미지의 임의 시간적 변화를 하는 목푯값에 제어량을 추종시키는 제어
	프로그램제어	미리 정해진 시간변화에 따라 정해진 순서대로 제어
	비율제어	목푯값이 서로 다른 어떤 양과 일정한 비율관계를 가지는 제어
	시퀀스제어	미리 정해진 순서에 따라 각 단계가 순차적으로 진행

정답 39 ① 40 ①

2024년 3회
소방관계법규

3회독 월 일
2회독 월 일
1회독 월 일

목표시간 : 20분 | 시작 : _시 _분 | 종료 : _시 _분 | 맞은 개수 : _ /20

41 상 중 하

소방기본법령상 소방안전교육사의 배치대상별 배치기준으로 틀린 것은?

① 소방청 : 2명 이상 배치
② 소방서 : 1명 이상 배치
③ 소방본부 : 2명 이상 배치
④ 한국소방안전원(시 · 도지부) : 2명 이상 배치

해설 소방안전교육사

보육시설 영유아, 유치원의 유아, 학교 학생들을 대상으로 해서 화재예방 및 화재발생 시에 인명, 재산피해를 줄이기 위해 소방안전 교육과 훈련을 실시하는 인력. 소방안전교육을 기획하고 진행, 분석, 평가, 교육 등의 업무를 담당한다.

배치대상	배치기준(이상)
소방청	2명
소방본부	2명
소방서	1명
한국소방안전원	본회 : 2명, 시 · 도지부 : 1명
한국소방산업기술원	2명

42 상 중 하

다음 중 소방기본법에서 정의하는 용어의 뜻으로 틀린 것을 고르시오.

① "소방대상물"이란 건축물, 차량, 선박(「선박법」 제1조의2 제1항에 따른 선박으로서 항구에 매어 둔 선박만 해당한다), 선박 건조 구조물, 산림, 그 밖의 인공 구조물 또는 물건을 말한다.
② "관계인"이란 소방대상물의 소유자 · 관리자 또는 점유자를 말한다.
③ "소방본부장"이란 특별시 · 광역시 · 특별자치시 · 도 또는 특별자치도(이하 "시 · 도"라 한다)에서 화재의 예방 · 경계 · 진압 · 조사 및 구조 · 구급 등의 업무를 담당하는 부서의 장을 말한다.
④ "소방대"(消防隊)란 화재를 진압하고 화재, 재난 · 재해, 그 밖의 위급한 상황에서 구조 · 구급 활동 등을 하는 사람으로서 소방공무원, 의무소방원, 자체소방대원이다.

해설 소방대

1) 의무소방원 : 병역 의무 기간동안 군 복무 대신 소방관서에서 업무를 보조하는 현역 군인(군사훈련을 마친 후 소방업무를 보조하며 화재의 경계 및 진압 업무와 구조 및 구급활동 등의 소방업무를 수행 → 2023년도에 폐지)
2) 의용소방대원 : 일반인으로 구성되어있으며 소방 업무를 보조. 화재 등 재난상황 발생 시 복무
3) 자체소방대 : 위험물안전관리법에 따른 설치대상에 편성
4) 자위소방대 : 화재의 예방 및 안전관리에 관한 법률에 따르며 특정소방대상물에 자율적으로 구성

정답 41 ④ 42 ④

43 상중하

소방기본법령상 소방의 날 제정과 운영 등에 관하여 소방행정 발전에 공로가 있다고 인정되는 사람을 누가 명예직 소방대원으로 위촉할 수 있는지 고르시오.

① 소방본부장
② 소방청장
③ 시도지사
④ 소방서장

해설 소방의 날 제정과 운영 등

1) 국민의 안전의식과 화재에 대한 경각심을 높이고 안전문화를 정착시키기 위하여 매년 11월 9일을 소방의 날로 정하여 기념행사를 한다.
2) 소방의 날 행사에 관하여 필요한 사항은 소방청장 또는 시·도지사가 따로 정하여 시행할 수 있다.
3) 소방청장은 다음에 해당하는 사람을 명예직 소방대원으로 위촉할 수 있다.
   (1) 「의사상자등 예우 및 지원에 관한 법률」에 따른 의사상자에 해당하는 사람
   (2) 소방행정 발전에 공로가 있다고 인정되는 사람

44 상중하

소방시설공사업법령상 소방시설공사의 하자보수 보증기간이 3년이 아닌 것은?

① 자동소화장치
② 비상조명등
③ 자동화재탐지설비
④ 간이스프링클러설비

해설 소방시설 하자보수 보증기간

소방시설	기간
• 피난기구·유도등 • 비상경보설비 • 비상조명등 • 비상방송설비 • 무선통신보조설비	2년
• 자동소화장치 • 옥내·외소화전설비 • 스프링클러·간이스프링클러설비 • 물분무등소화설비 • 자동화재탐지설비 • 상수도소화용수설비 • 화재알림설비	3년

암기 ▶ 이년 피비무

45 상중하

자동화재탐지설비를 설치하여야 하는 특정소방대상물의 기준으로 틀린 것은?

① 교정 및 군사시설로서 연면적 2000 [m^2] 이상인 것
② 목욕장으로서 연면적 2000 [m^2] 이상인 것
③ 근린생활시설로서 연면적 600 [m^2] 이상인 것
④ 터널로서 길이 1000 [m] 이상인 것

해설 자동화재탐지설비 설치대상

설치대상	기준
• 교육연구시설(교육시설 내에 있는 기숙사 및 합숙소를 포함한다), 수련시설(기숙사·합숙소 포함, 숙박시설 제외) • 동·식물 관련 시설, 교정 및 군사시설 • 자원순환 관련 시설 • 교정 및 군사시설 • 묘지 관련 시설	연면적 2000 [m^2] 이상인 경우에는 모든 층

정답 43 ② 44 ② 45 ②

설치대상	기준
목욕장, 문화 및 집회시설, 종교시설, 판매시설, 운동시설, 운수시설, 업무시설, 창고시설, 공장, 지하상가, 위험물 저장 및 처리시설, 항공기 및 자동차 관련 시설, 교정 및 군사시설 중 국방·군사시설, 방송통신시설, 발전시설, 관광 휴게시설	연면적 1000 [m^2] 이상인 경우에는 모든 층
• 근린생활시설(목욕장 제외) • 의료시설(정신의료기관, 요양병원 제외) • 위락시설, 장례시설 및 복합건축물	연면적 600 [m^2] 이상인 경우에는 모든 층
정신의료기관, 의료재활시설	• 바닥면적합계 300 [m^2] 이상 • 바닥면적 합계 300 [m^2] 미만, 창살 설치
터널	길이 1000 [m] 이상
공장 및 창고시설	500배 이상 특수가연물
요양병원, 지하구, 전통시장, 조산원, 산후조리원	–
전기저장시설, 노유자생활시설	–
공동주택 중 아파트등·기숙사, 숙박시설, 6층 이상인 건축물	–
노유자시설	연면적 400 [m^2] 이상인 경우에는 모든 층
숙박시설이 있는 수련시설	수용인원 100명 이상인 경우에는 모든 층

46 상중하

화재의 예방 및 안전관리에 관한 법령상 특정소방대상물의 관계인이 수행하여야 하는 소방안전관리 업무가 아닌 것은?

① 소방훈련 및 교육
② 화기 취급의 감독
③ 피난시설, 방화구획 및 방화시설의 관리
④ 화재발생 시 초기대응

해설 특정소방대상물 소방안전관리자와 관계인의 업무

1) 소방안전관리자의 업무
  (1) 피난계획 관련 사항과 대통령령으로 정하는 사항이 포함된 소방계획서 작성 및 시행
  (2) 자위소방대 및 초기대응체계 구성·운영·교육
  (3) 피난시설, 방화구획, 방화시설의 관리
  (4) 소방훈련 및 교육
  (5) 소방시설이나 그 밖의 소방 관련 시설의 관리
  (6) 화기 취급의 감독
  (7) 소방안전관리에 관한 업무수행에 관한 기록·유지((3), (5), (6)항 업무)
  (8) 화재발생 시 초기대응
  (9) 그 밖에 소방안전관리에 필요한 업무
2) 특정소방대상물 소방관계인의 업무
  (1) 피난시설, 방화구획, 방화시설의 관리
  (2) 소방시설이나 그 밖의 소방 관련 시설의 관리
  (3) 화기 취급의 감독
  (4) 화재발생 시 초기대응
  (5) 그 밖에 소방안전관리에 필요한 업무

정답 46 ①

47 상중하

위험물안전관리법령상 인화성액체위험물(이황화탄소를 제외)의 옥외탱크저장소의 탱크주위에 설치하여야 하는 방유제의 기준 중 틀린 것은?

① 방유제의 용량은 방유제 안에 설치된 탱크가 하나인 때에는 그 탱크 용량의 110 [%] 이상으로 할 것
② 방유제의 용량은 방유제 안에 설치된 탱크가 2기 이상인 때에는 그 탱크 중 용량이 최대인 것의 용량의 110 [%] 이상으로 할 것
③ 방유제는 높이 1 [m] 이상 2 [m] 이하, 두께 0.2 [m] 이상, 지하매설 깊이 0.5 [m] 이상으로 할 것
④ 방유제 내의 면적은 80000 [m^2] 이하로 할 것

해설 방유제

1) 방유제 용량
 (1) 탱크 1기 : 탱크용량 110 [%] 이상
 (2) 탱크 2기 이상 : 최대 탱크 용량 110 [%] 이상
2) 방유제 높이 : 0.5 [m] 이상 3 [m] 이하
3) 방유제 두께 : 0.2 [m] 이상
4) 지하매설깊이 : 1 [m] 이상
5) 방유제 면적 : 80000 [m^2] 이하
6) 방유제 내에 설치하는 옥외저장탱크 수 : 10기 이하
7) 방유제 재질 : 철근콘크리트, 흙담

48 상중하

소방기본법령상 소방활동구역의 출입자에 해당되지 않는 자는?

① 의사·간호사 그 밖의 구조·구급업무 종사자
② 소방활동구역 밖에 있는 소방대상물의 소유자·관리자·점유자
③ 수사업무 종사자
④ 취재인력 등 보도업무에 종사하는 자

해설 소방활동구역

1) 설정
 (1) 설정권자 : 소방대장
 (2) 소방활동구역을 정하여 소방활동에 필요한 사람으로서 대통령령으로 정하는 사람 외에는 그 구역에 출입하는 것을 제한
2) 출입자
 (1) 소방활동구역 안에 있는 소방대상물의 소유자·관리자·점유자
 (2) 전기·가스·수도·통신·교통의 업무 종사자로서 소방활동을 위해 필요한 사람
 (3) 의사·간호사 그 밖의 구조·구급업무 종사자
 (4) 취재인력 등 보도업무 종사자
 (5) 수사업무 종사자
 (6) 그 밖에 소방대장이 소방활동을 위해 출입을 허가한 사람
3) 경찰공무원은 소방대가 소방활동구역에 있지 않거나 소방대장의 요청이 있을 때에는 출입제한 조치를 할 수 있음

정답 47 ③ 48 ②

49 상중하

소방시설 설치 및 관리에 관한 법령에 따른 방염성능기준 이상의 실내 장식물 등을 설치하여야 하는 특정소방대상물의 기준 중 틀린 것은?

① 교육연구시설 중 합숙소
② 층수가 11층 이상인 아파트
③ 의료시설
④ 방송통신시설 중 방송국

해설 방염

1) 방염성능기준 : 대통령령
2) 방염성능기준 이상의 실내장식물 등을 설치해야 하는 특정소방대상물
   (1) 근린생활시설 중 의원, 조산원, 산후조리원, 체력단련장, 공연장 및 종교집회장, 치과의원, 한의원
   (2) 건축물의 옥내에 있는 시설
      ① 문화 및 집회시설
      ② 종교시설
      ③ 운동시설(수영장 제외)
   (3) 의료시설
   (4) 교육연구시설 중 합숙소
   (5) 노유자시설
   (6) 숙박이 가능한 수련시설
   (7) 숙박시설
   (8) 방송통신시설 중 방송국 및 촬영소
   (9) 다중이용업소
   (10) 층수가 11층 이상인 것(아파트 제외)

※ 소방본부장 또는 소방서장은 방염대상물품 외에 다음의 물품은 방염처리된 물품을 사용하도록 권장할 수 있다.
   1) 다중이용업소, 의료시설, 노유자 시설, 숙박시설 또는 장례식장에서 사용하는 침구류·소파 및 의자
   2) 건축물 내부의 천장 또는 벽에 부착하거나 설치하는 가구류

50 상중하

소방시설 설치 및 관리에 관한 법령상 종합점검 실시 대상이 되는 특정소방대상물의 기준 중 다음 (   ) 안에 알맞은 것은?

> - 물분무등소화설비[호스릴방식의 물분무등소화설비만을 설치한 경우는 제외]가 설치된 연면적 (㉠) [m^2] 이상인 특정소방대상물(위험물 제조소등은 제외)
> - 다중이용업의 영업장이 설치된 특정소방대상물로서 연면적이 (㉡) [m^2] 이상인 것

① ㉠ 2000, ㉡ 2000
② ㉠ 2000, ㉡ 5000
③ ㉠ 5000, ㉡ 2000
④ ㉠ 5000, ㉡ 5000

해설 종합점검 대상

1) 최초점검 대상물
2) 스프링클러설비가 설치된 특정소방대상물
3) 물분무등소화설비[호스릴방식의 물분무등소화설비만을 설치한 경우는 제외]가 설치된 연면적 5000 [m^2] 이상인 특정소방대상물(위험물 제조소등은 제외)
4) 다중이용업의 영업장이 설치된 특정소방대상물로서 연면적이 2000 [m^2] 이상인 것(단란주점과 유흥주점, 영화상영관, 비디오물감상실업, 복합영상물제공업, 노래연습장, 산후조리원, 고시원, 안마시술소)
5) 제연설비가 설치된 터널
6) 공공기관 중 연면적(터널 · 지하구의 경우 그 길이와 평균폭을 곱하여 계산된 값)이 1000 [m^2] 이상인 것으로서 옥내소화전설비 또는 자동화재탐지설비가 설치된 것(소방대가 근무하는 공공기관은 제외)

정답 49 ② 50 ③

51 상중하

소방본부장 또는 소방서장은 건축허가 등의 동의요구서류를 접수한 날부터 최대 며칠 이내에 건축허가 등의 동의 여부를 회신하여야 하는가? (단, 허가 신청한 건축물은 지상으로부터 높이가 200 [m]인 아파트이다)

① 5일　② 7일
③ 10일　④ 15일

해설 건축허가 동의요구

- 승인자 : 소방본부장, 소방서장
- 회신 : 동의요구서류 접수한 날로부터 5일(특급소방안전관리대상물 10일) 이내
- 동의요구서·첨부서류 보완 : 4일 이내
- 건축허가 취소 사실 통보 : 7일 이내

보충 200 [m] 이상 아파트 : 특급소방안전관리대상물

52 상중하

소방시설공사업법령상 특정소방대상물에 설치된 소방시설등을 구성하는 것의 전부 또는 일부를 개설, 이전 또는 정비하는 공사의 경우 소방시설공사의 착공신고 대상이 아닌 것은? (단, 고장 또는 파손 등으로 인하여 작동시킬 수 없는 소방시설을 긴급히 교체하거나 보수하여야 하는 경우는 제외한다)

① 수신반　② 소화펌프
③ 동력(감시)제어반　④ 압력챔버

해설 착공신고

특정소방대상물에 설치된 소방시설등을 구성하는 다음에 해당하는 것의 전부 또는 일부를 개설, 이전, 정비하는 공사. 다만 고장·파손 등으로 인하여 작동시킬 수 없는 소방시설을 긴급히 교체하거나 보수하여야 하는 경우에는 신고하지 않을 수 있음

1) 수신반
2) 소화펌프
3) 동력제어반
4) 감시제어반

53 상중하

소방시설 설치 및 관리에 관한 법령상 종합점검을 할 수 있는 기술인력으로 알맞은 것을 고르시오.

① 소방설비기사와 소방설비산업기사 자격증 취득자
② 위험물기능장 자격증 취득자
③ 소방안전관리자로 선임된 소방시설관리사 및 소방기술사
④ 관계인

해설 종합점검

[대상]

1) 최초점검 대상물
2) 스프링클러설비가 설치된 특정소방대상물
3) 물분무등소화설비[호스릴방식의 물분무등소화설비만을 설치한 경우는 제외]가 설치된 연면적 5000 [m^2] 이상인 특정소방대상물(위험물 제조소등은 제외)
4) 다중이용업의 영업장이 설치된 특정소방대상물로서 연면적이 2000 [m^2] 이상인 것(단란주점과 유흥주점, 영화상영관, 비디오물감상실업, 복합영상물제공업, 노래연습장, 산후조리원, 고시원, 안마시술소)
5) 제연설비가 설치된 터널
6) 공공기관 중 연면적(터널·지하구의 경우 그 길이와 평균폭을 곱하여 계산된 값)이 1000 [m^2] 이상인 것으로서 옥내소화전설비 또는 자동화재탐지설비가 설치된 것(소방대가 근무하는 공공기관은 제외)

[기술인력]

1) 관리업에 등록된 소방시설관리사
2) 소방안전관리자로 선임된 소방시설관리사 또는 소방기술사

정답 51 ③ 52 ④ 53 ③

54 상중하

소방시설관리사의 결격사유에 해당하지 않는 것을 고르시오.

① 피성년후견인
② 금고 이상의 형의 집행유예를 선고받고 유예기간이 끝난 자
③ 자격이 취소된 날부터 2년이 지나지 않은 자
④ 금고 이상의 실형을 선고받고 그 집행이 끝나거나(집행이 끝난 것으로 보는 경우를 포함한다) 면제된 날부터 2년이 지나지 않은 자

해설 소방시설관리사 결격사유

1) 피성년후견인
2) 금고 이상의 실형을 선고받고 그 집행이 끝나거나(집행이 끝난 것으로 보는 경우를 포함한다) 면제된 날부터 2년이 지나지 않은 자
3) 금고 이상의 형의 집행유예를 선고받고 그 유예기간 중에 있는 자
4) 자격이 취소된 날부터 2년이 지나지 않은 자

55 상중하

건축허가 등을 함에 있어서 미리 소방본부장 또는 소방서장의 동의를 받아야 하는 건축물 등의 범위기준이 아닌 것은?

① 모든 수련시설로서 수용인원 100인 이상인 건축물
② 지하층 또는 무창층이 있는 건축물로서 바닥면적이 150 [m²] 이상인 층이 있는 것
③ 차고·주차장으로 사용되는 바닥면적이 200 [m²] 이상인 층이 있는 건물이나 주차시설
④ 장애인 의료재활시설로서 연면적 300 [m²] 이상인 건축물

해설 건축허가 동의대상물 범위

구분	기준
학교시설	연면적 100 [m²] 이상
노유자(老幼者)시설 및 수련시설	연면적 200 [m²] 이상
지하층·무창층이 있는 건축물	바닥면적 150 [m²](공연장 100 [m²]) 이상
정신의료기관, 장애인 의료재활시설	연면적 300 [m²] 이상
일반용도의 특정소방대상물	연면적 400 [m²] 이상
차고, 주차장 또는 주차용도로 사용되는 시설	바닥면적 200 [m²] 이상
	기계식 주차시설 자동차 20대 이상
• 노인 관련 시설 중 노인주거복지시설, 노인의료복지시설, 재가노인복지시설, 학대피해노인 전용쉼터 • 아동복지시설(아동상담소, 아동전용시설 및 지역아동센터는 제외한다) • 장애인 거주시설 • 정신질환자 관련 시설(공동생활가정을 제외한 재활훈련시설과 종합시설 중 24시간 주거를 제공하지 않는 시설은 제외한다) • 노숙인 관련 시설 중 노숙인자활시설·노숙인재활시설·노숙인요양시설 • 결핵환자나 한센인이 24시간 생활하는 노유자시설	단독주택, 공동주택에 설치되는 시설 제외
• 6층 이상 건축물 • 항공기격납고, 관망탑, 항공관제탑, 방송용송수신탑 • 요양병원(의료재활시설 제외) • 위험물 저장 및 처리시설, 지하구, 전기저장시설, 풍력발전소 • 조산원, 산후조리원, 의원(입원실 또는 인공신장실이 있는 것) • 공장 또는 창고시설로서 지정 수량의 750배 이상의 특수가연물을 저장·취급하는 것 • 가스시설로서 지상에 노출된 탱크의 저장용량의 합계가 100톤 이상인 것	–

정답 54 ② 55 ①

56 상중하

위험물안전관리법령상 제조소등이 아닌 장소에서 지정수량 이상의 위험물 취급할 수 있는 기준 중 다음 (   ) 안에 알맞은 것은?

> 시·도의 조례가 정하는 바에 따라 관할 소방서장의 승인을 받아 지정수량 이상의 위험물을 (   )일 이내의 기간 동안 임시로 저장 또는 취급하는 경우

① 15　② 30
③ 60　④ 90

해설 위험물 임시저장

1) 위치·구조·설비기준 : 시·도 조례
2) 제조소등이 아닌 장소에서 지정수량 이상 위험물 취급할 수 있는 경우
   - 관할 소방서장의 승인 받아 지정수량 이상 위험물 90일 이내로 임시 저장·취급
   - 군부대는 지정수량 이상 위험물 군사 목적으로 임시 저장·취급

57 상중하

위험물안전관리법령상 위험물별 성질로서 틀린 것은?

① 제1류 : 산화성 고체
② 제2류 : 가연성 액체
③ 제4류 : 인화성 액체
④ 제6류 : 산화성 액체

해설 위험물의 분류

구분	개요
제1류	**산**화성 고체
제2류	**가**연성 고체
제3류	**자**연발화성·금수성 물질
제4류	**인**화성 액체
제5류	**자**기반응성 물질
제6류	**산**화성 액체

암기 ▶ 산가자 인자산

58 상중하

화재의 예방 및 안전관리에 관한 법령상 관리의 권원이 분리된 특정소방대상물의 소방안전관리자를 선임해야 할 대상인 것은?

① 판매시설 중 도매시장
② 복합건축물로서 층수가 8층 이상인 것
③ 지하층을 제외한 층수가 7층 이상인 고층 건축물
④ 복합건축물로서 연면적이 12000 [m^2] 이상인 것

해설 관리의 권원이 분리된 특정소방대상물의 소방안전관리자 선임 대상

- 복합건축물(지하층 제외한 층수가 11층 이상 또는 연면적 3만 [m^2] 이상)
- 지하가(지하 인공구조물 안에 설치된 상점 및 사무실, 그 밖에 이와 비슷한 시설이 연속하여 지하도에 접하여 설치된 것과 그 지하도를 합한 것)
- 판매시설 중 도매시장, 소매시장 및 전통시장

정답 56 ④ 57 ② 58 ①

59 상 중 하

소방기본법령상 국고보조 대상사업의 범위 중 소방활동장비와 설비에 해당하지 않는 것은?

① 소방자동차
② 소방헬리콥터
③ 소방전용 외의 통신설비
④ 방화복 등 소방활동에 필요한 소방장비

해설 국고보조

1) 국고보조
 (1) 국가는 시·도 소방장비구입 등의 경비를 일부 보조함
 (2) 국가보조 대상사업의 범위와 기준 보조율 : 대통령령인 「보조금관리에 관한 법률 시행령」
 (3) 소방활동장비 및 설비의 종류와 규격 : 행정안전부령
2) 국고보조 대상사업의 범위
 (1) 소방활동장비와 설비의 구입 및 설치
  ① 소방자동차
  ② 소방헬리콥터 및 소방정
  ③ 소방전용통신설비 및 전산설비
  ④ 그 밖에 방화복 등 소방활동에 필요한 소방장비
 (2) 소방관서용 청사의 건축

60 상 중 하

위험물안전관리법상 업무상 과실로 제조소등에서 위험물을 유출·방출 또는 확산시켜 사람의 생명·신체 또는 재산에 대하여 위험을 발생시킨 자에 대한 벌칙기준으로 옳은 것은?

① 5년 이하의 금고 또는 2000만 원 이하의 벌금
② 5년 이하의 금고 또는 7000만 원 이하의 벌금
③ 7년 이하의 금고 또는 2000만 원 이하의 벌금
④ 7년 이하의 금고 또는 7000만 원 이하의 벌금

해설 위험물법 벌칙

- 5년 이하 징역 또는 1억 원 이하 벌금
 제조소등의 설치허가를 받지 아니하고 제조소등을 설치한 자
- 7년 이하 금고 또는 7천만 원 이하 벌금
 업무상 과실로 위험물 유출·방출시켜 생명·신체·재산에 위험을 발생시킨 자
- 10년 이하 금고 또는 1억 원 이하 벌금
 업무상 과실로 위험물 유출·방출시켜 사람을 사상에 이르게 한 자

정답 59 ③ 60 ④

2024년 3회

소방전기시설의 구조 및 원리

3회독	월	일
2회독	월	일
1회독	월	일

목표시간 : 30분 | 시작 : _시 _분 | 종료 : _시 _분 | 맞은 개수 : _ /20

61 상 중 하

다음은 자동화재탐지설비 및 시각경보장치의 화재안전기술기준(NFTC 203)에 따라 경계구역을 설정한 것이다. 경계구역기준에 맞지 않게 설정한 것을 고르시오.

① 특정소방대상물의 주된 출입구에서 내부 전체가 보이는 곳의 면적을 2000 [m²]로 설정하였다.
② 모든 층의 바닥면적이 250 [m²]여서 두 개의 층을 하나의 경계구역으로 설정하였다.
③ 경계구역의 면적을 580 [m²]로 한 변의 길이는 45 [m]로 설정하였다.
④ 지하층의 층수가 1층인 특정소방대상물의 수직적 경계구역설정 시 지하와 지상을 별도로 하지 않고 한번에 설정하였다.

해설 자동화재탐지설비 및 시각경보장치의 화재안전기술기준(NFTC 203)

1) 수평적 경계구역
 (1) 하나의 경계구역이 2 이상의 건축물 및 2 이상의 층에 미치지 않을 것
 2개의 층을 하나의 경계구역으로 산정하는 경우 : 바닥의 합이 500 [m²] 이하
 (2) 하나의 경계구역 면적 : 600 [m²] 이하
 ① 한 변 길이 : 50 [m] 이하
 ② 주출입구에서 내부 전체 보이는 것 : 한 변 길이가 50 [m]의 범위 내 1000 [m²] 이하
2) 수직적 경계구역
 (1) 계단·경사로(에스컬레이터 포함)는 별도의 경계구역 산정 → 45 [m] 이하
 (2) 엘리베이터 승강로(권상기실 포함)·린넨슈트·파이프피트 및 덕트 기타 이와 유사한 부분은 별도의 경계구역 산정 → 높이기준 없음
 (3) 계단 및 경사로(지하층 층수 1일 경우 제외)는 별도로 경계구역 산정
3) 외기 면하는 경계구역
 차고·주차장·창고 등 : 5 [m] 미만의 범위 안 부분은 면적 산입 제외

62 상 중 하

비상경보설비 및 단독경보형 감지기의 화재안전기술기준에 따라 가로 28 [m] 세로 16 [m]인 실내에 단독경보형 감지기를 설치하려고 한다. 설치개수를 산정하시오. (단, 이웃하는 실내와 공기가 상호 유통되지 않는다)

① 2개 ② 3개
③ 5개 ④ 6개

해설 단독경보형 감지기 설치기준

1) 각 실마다 설치할 것
2) 바닥 면적이 150 [m²]를 초과하는 경우 150 [m²]마다 1개 이상 설치할 것
3) 이웃하는 실내 바닥 면적이 각각 30 [m²] 미만이고 벽체의 상부의 전부 또는 일부가 개방되어 이웃하는 실내와 공기가 상호 유통되는 경우 이를 1개의 실로 본다.
4) 최상층의 계단실의 천장(외기 상통하는 계단실 경우 제외)에 설치할 것

$\therefore \frac{28 \times 16}{150} = 2.99$ → 절상해서 3개

TIP 감지기 설치수량은 절상한다.

정답 61 ① 62 ②

63 상 중 하

차동식 스포트형 감지기 2종을 설치하려 고한다. 주요구조부는 내화구조이며 부착높이 3.8 [m]일 때 최소 설치개수를 구하시오. (바닥면적은 250 [m^2]이다)

① 1개 ② 2개
③ 3개 ④ 4개

해설 차동식 스포트형 설치개수

부착 높이 및 소방대상물의 구분		차동식		보상식		정온식		
		1종	2종	1종	2종	특종	1종	2종
4 [m] 미만	내화 구조	90	70	90	70	70	60	20
	기타 구조	50	40	50	40	40	30	15
4 [m] 이상 8 [m] 미만	내화 구조	45	35	45	35	35	30	-
	기타 구조	30	25	30	25	25	15	-

바닥면적 70 [m^2]마다 설치한다.
따라서 250/70 = 3.57
절상해서 4개 설치한다.

TIP ▶ 감지기 설치수량은 절상한다.

64 상 중 하

누전경보기의 형식승인 및 제품검사의 기술기준에 따라 누전경보기의 변류기는 경계전로에 정격전류를 흘리는 경우 그 경계전로의 전압강하는 몇 [V] 이하이어야 하는가? (단, 경계전로의 전선을 그 변류기에 관통시키는 것은 제외한다)

① 0.3 ② 0.5
③ 1.0 ④ 3.0

해설 누전경보기

1) 공칭작동전류치 : 공칭작동전류치 200 [mA] 이하일 것
2) 감도조정장치(감도절환부) : 최대 1 [A](조정범위 0.2, 0.5, 1 [A] 구분)
3) 전압강하방지시험 : 경계전로의 전압강하는 0.5 [V] 이하
4) 전압 지시전기계기의 최대눈금 : 정격전압의 140 [%] 이상 200 [%] 이하
5) 반복시험 : 수신부는 정격전압에서 1만 회 누전작동시험 시 기능 이상 없을 것

65 상 중 하

비상콘센트설비의 화재안전기준에서 정하고 있는 특고압의 정의는?

① 직류 1500 [V] 초과
② 직류는1500 [V] 초과 7 [kV] 이하
③ 교류 1500 [V] 초과
④ 7 [kV] 초과

해설 비상콘센트설비 특고압

구분	구분	전압 구분
저압	직류	1500 [V] 이하
	교류	1000 [V] 이하
고압	직류	1500 [V] 초과 7 [kV] 이하
	교류	1000 [V] 초과 7 [kV] 이하
특고압	7 [kV] 초과	

66 상 중 하

3상 220 [V]이며 주파수는 60 [Hz], 2극, 100 [HP]인 전동기의 동기속도 [rpm]를 구하시오.

① 1200 ② 2200
③ 1800 ④ 3600

해설 동기속도 계산

동기속도

$$N_s = \frac{120f}{P} = \frac{120 \times 60}{2} = 3600[rpm]$$

f : 주파수 [Hz]
p : 극수
N_s : 동기속도 [rpm]

TIP ▶ ※ 동기속도를 구하는 문제는 소방전기일반 과목에서 빈번히 출제되는 문제이다. 소방전기구조 과목에서는 신유형 문제로 출제되었다.

정답 63 ④ 64 ② 65 ④ 66 ④

67 상중하

자동화재탐지설비 및 시각경보장치의 화재안전기술기준(NFTC 203)에 따른 공기관식 차동식 분포형 감지기의 설치기준으로 알맞은 것은?

① 검출부는 5° 이상 경사되지 아니하도록 부착할 것
② 공기관의 노출부분은 감지구역마다 50 [m] 이상이 되도록 할 것
③ 하나의 검출부분에 접속하는 공기관의 길이는 150 [m] 이하로 할 것
④ 공기관과 감지구역의 각 변과의 수평거리는 2 [m] 이하가 되도록 할 것

해설 공기관식 차동식 분포형 설치기준

1) 공기관의 노출부분 : 20 [m] 이상
2) 하나의 검출부에 접속하는 공기관의 길이 : 100 [m] 이하
3) 공기관과 감지구역의 각 변과의 수평거리 : 1.5 [m] 이하
4) 공기관 상호 거리 : 6 [m] 이하(주요구조부가 내화 구조인 경우 : 9 [m])
5) 공기관은 도중에 분기 금지
6) 검출부는 5° 이상 경사되지 않을 것
7) 검출부는 바닥으로부터 0.8 [m] 이상 1.5 [m] 이하의 위치에 설치할 것

68 상중하

자동화재속보설비 속보기의 기능에 대한 기준 중 틀린 것은?

① 작동신호를 수신하거나 수동으로 동작시키는 경우 10초 이내에 소방관서에 자동적으로 신호를 발하여 통보하되, 3회 이상 속보할 수 있어야 한다.
② 예비전원을 병렬로 접속하는 경우에는 역충전방지 등의 조치를 하여야 한다.
③ 속보기는 연동 또는 수동 작동에 의한 다이얼링 후 소방관서와 전화접속이 이루어지지 않는 경우에는 최초 다이얼링을 포함하여 10회 이상 반복적으로 접속을 위한 다이얼링이 이루어져야 한다. 이 경우 매회 다이얼링 완료 후 호출은 30초 이상 지속되어야 한다.
④ 속보기는 음성속보방식 외에 데이터 또는 코드전송방식 등을 이용한 속보기능을 설치할 수 있다.

해설 속보기 기능

1) **작동신호를 수신하거나 수동으로 동작시키는 경우 20초 이내에 소방관서에 자동적으로 신호를 발하여 통보하되, 3회 이상 속보할 수 있어야 한다.**
2) 주전원이 정지한 경우에는 자동적으로 예비전원으로 전환되고, 주전원이 정상 상태로 복귀한 경우에는 자동적으로 예비전원에서 주전원으로 전환되어야 한다.
3) 예비전원은 자동적으로 충전되어야 하며 자동과충전방지 장치가 있어야 한다.
4) 화재신호를 수신하거나 속보기를 수동으로 동작시키는 경우 자동적으로 적색 화재표시등이 점등되고 음향장치로 화재를 경보하여야 하며, 화재표시 및 경보는 수동으로 복구 및 정지시키지 않는 한 지속되어야 한다.
5) 연동 또는 수동으로 소방관서에 화재발생 음성정보를 속보 중인 경우에도 송수화장치를 이용한 통화가 우선적으로 가능하여야 한다.
6) 예비전원을 병렬로 접속하는 경우에는 역충전방지 등의 조치를 하여야 한다.
7) 예비전원은 감시 상태를 60분간 지속한 후 10분 이상 동작(화재속보 후 화재표시 및 경보를 10분간 유지하는 것을 말한다)이 지속될 수 있는 용량이어야 한다.

정답 67 ① 68 ①

8) 속보기는 연동 또는 수동 작동에 의한 다이얼링 후 소방관서와 전화접속이 이루어지지 않는 경우에는 최초 다이얼링을 포함하여 10회 이상 반복적으로 접속을 위한 다이얼링이 이루어져야 한다. 이 경우 매회 다이얼링 완료 후 호출은 30초 이상 지속되어야 한다.
9) 속보기의 송수화장치가 정상위치가 아닌 경우에도 연동 또는 수동으로 속보가 가능하여야 한다.
10) 음성으로 통보되는 속보내용을 통하여 해당 특정소방대상물의 위치, 화재발생 및 속보기에 의한 신고임을 확인할 수 있어야 한다.
11) 속보기는 음성속보방식 외에 데이터 또는 코드전송방식 등을 이용한 속보기능을 설치할 수 있다.

69 상중하

누전경보기의 형식승인 및 제품검사의 기술기준에서 정하는 누전경보기의 공칭작동전류치(누전경보기를 작동시키기 위하여 필요한 누설전류의 값으로서 제조자에 의하여 표시된 값을 말한다)는 몇 [mA] 이하이어야 하는가?

① 50 ② 100
③ 150 ④ 200

해설 누전경보기 공칭작동전류치 및 감도조정장치

1) 공칭작동 전류치 : 200 [mA] 이하
2) 감도조정장치의 조정범위 : 최대 1 [A](조정범위 0.2, 0.5, 1 [A] 구분)

70 상중하

다음 중 축적형 수신기를 설치해야 하는 장소에 해당하지 않는 것을 고르시오.

① 지하층·무창층 등으로서 환기가 잘되지 않는 장소
② 실내면적이 40 [m^2] 미만인 장소
③ 감지기의 부착 면과 실내바닥과의 거리가 2.3 [m] 이하인 장소
④ 축적방식의 감지기가 설치된 장소

해설 축적형 수신기

1) 설치장소(비화재보 우려장소)

장소	원인
지하층·무창층 등으로서 환기가 잘되지 않는 장소	일시적으로 발생한 열·연기 또는 먼지 등으로 인하여 감지기가 화재신호를 발신할 우려가 있는 때
실내면적이 40 [m^2] 미만인 장소	
감지기의 부착 면과 실내바닥과의 거리가 2.3 [m] 이하인 장소	

2) 축적형 수신기와 같이 사용할 수 없는 감지기
(1) 불꽃감지기
(2) 정온식 감지선형 감지기
(3) 분포형 감지기
(4) 복합형 감지기
(5) 광전식 분리형 감지기
(6) 아날로그방식의 감지기
(7) 다신호방식의 감지기
(8) 축적방식의 감지기

71 상중하

광전식 분리형 감지기의 설치기준 중 틀린 것은?

① 광축은 나란한 벽으로부터 0.6 [m] 이상 이격하여 설치할 것
② 송광부와 수광부는 설치된 뒷벽으로부터 1 [m] 이내 위치에 설치
③ 광축의 높이는 천장 등 높이의 80 [%] 이상일 것
④ 감지기의 수광면은 햇빛을 직접 받도록 설치할 것

해설 광전식 분리형 감지기 설치기준

- 광축은 나란한 벽으로부터 0.6 [m] 이상 이격(오동작방지 개념)
- 수광면은 햇빛을 직접 받지 않도록 설치
- 송광부와 수광부는 설치된 뒷벽으로부터 1 [m] 이내 위치에 설치(미 감시구역 증가방지 개념)
- 광축의 높이는 천장 등 높이의 80 [%] 이상일 것
- 광축의 길이는 공칭감시거리 범위 이내일 것(검정기술기준 공칭감시거리 : 5 ~ 100 [m], 5 [m] 간격)

정답 69 ④ 70 ④ 71 ④

72 상중하

비상경보설비의 축전지의 성능인증 및 제품검사의 기술기준에 따른 축전지설비의 외함 두께는 합성수지인 경우 몇 [mm] 이상이어야 하는가?

① 0.7 ② 1.2
③ 2.3 ④ 3

해설 축전지 외함두께

1) 강판 : 1.2 [mm] 이상
2) 합성수지 : 3 [mm] 이상

보충 ▶ 비상경보설비의 축전지의 성능인증 및 제품검사의 기술기준 [시행 2022.12.1.]

제2조(용어의 정의) 이 기준에서 사용하는 용어의 정의는 다음과 같다.
1. "비상경보설비의 축전지"(이하 "축전지설비"라 한다)란 자동화재탐지설비 등의 소방설비에 연결하여 사용하는 비상전원장치를 말한다.

* 용어의 정의를 통해, 축전지 = 축전지설비

73 상중하

비상방송설비를 설치하였다. 설치기준에 적합하게 설치하지 않은 것을 고르시오.

① 비상방송용 확성기를 각층마다 설치하였다.
② 엘리베이터 내부에는 별도의 음향장치를 설치하였다.
③ 음량조정기를 설치하므로 음량조정기의 배선은 2선식으로 하였다.
④ 실내에 설치된 비상방송용 확성기의 음성입력을 확인해보니 2 [W]이었다.

해설 비상방송설비

1) 확성기(엘리베이터 내부에는 별도의 음향장치를 설치할 수 있다)
   (1) 음성입력 : 실외 3 [W] 이상, 실내 1 [W] 이상
   (2) 수평거리 : 층 각 부분으로부터 하나의 확성기까지의 25 [m] 이하
   (3) 확성기는 각층마다 설치, 당해 층의 각 부분에 유효하게 경보를 발하도록 설치
2) 음량조정기(ATT) : 음량조정기의 배선은 3선식으로 한다.
3) 조작부
   (1) 조작스위치 높이 : 바닥으로부터 0.8 [m] 이상 1.5 [m] 이하
   (2) 기동장치의 작동과 연동하여 당해 기동장치가 작동한 층 또는 구역을 표시
   (3) 조작부 및 증폭기 설치장소 : 수위실 등 상시 사람이 근무, 점검이 편리, 방화상 유효한 곳
   (4) 2 이상 조작부 설치 시 설치장소 상호 간 동시통화 가능, 어느 조작부에서도 전구역 방송 가능
4) 층수가 11층(공동주택의 경우에는 16층)의 특정소방대상물은 다음과 같은 경보를 발할 수 있어야 한다.
   (1) 2층 이상의 층에서 발화한 때에는 발화층 및 그 직상 4개 층에 경보
   (2) 1층에서 발화한 때에는 발화층·그 직상 4개 층 및 지하층에 경보
   (3) 지하층에서 발화한 때에는 발화층·그 직상층 및 기타 지하층 경보
5) 기동장치에 따른 화재신고를 수신한 후 필요한 음량으로 화재발생 상황 및 피난에 유효한 방송이 자동으로 개시될 때까지의 소요시간은 10초 이하로 할 것
6) 다른 방송설비와 공용할 경우 화재 시 비상경보 외의 방송을 차단할 수 있는 구조
7) 다른 전기회로에 따라 유도장애가 생기지 아니하도록 할 것
8) 음향장치의 구조 및 성능
   (1) 정격전압의 80 [%] 전압에서 음향을 발할 수 있는 것을 할 것
   (2) 자동화재탐지설비의 작동과 연동하여 작동할 수 있는 것으로 할 것

정답 72 ④ 73 ③

74 상중하

누전경보기의 형식승인 및 제품검사의 기술기준에 따라 누전경보기의 변류기는 직류 500 [V]의 절연저항계로 절연된 1차권선과 2차권선 간의 절연저항 시험을 할 때 몇 [$M\Omega$] 이상이어야 하는가?

① 0.1 ② 5
③ 10 ④ 20

해설 누전경보기 절연저항시험

1) 측정장치 : DC 500 [V]의 절연저항계
2) 절연저항시험 : 5 [$M\Omega$] 이상
3) 측정위치

구분	측정 개소
수신부	(1) 절연된 충전부와 외함 간 (2) 차단기구의 개폐부 • 열린 상태 : 같은 극의 전원단자와 부하 측 단자 사이 • 닫힌 상태 : 충전부와 손잡이 사이
변류기	(1) 절연된 1차 권선과 2차 권선 간 (2) 절연된 1차 권선과 외부 금속부 간 (3) 절연된 2차 권선과 외부 금속부 간

75 상중하

누전경보기의 형식승인 및 제품검사의 기술기준에 따라 변류기로부터 검출된 신호를 수신하여 누전의 발생을 해당 특정소방대상물의 관계인에게 경보해주는 것은 무엇인가?

① 수신부
② 변류기
③ 인입선
④ 탐지부

해설 누전경보기 구성

1) 수신부 : 변류기로부터 검출된 신호를 수신하여 누전의 발생을 해당 특정소방대상물의 관계인에게 경보해주는 것(차단기구를 갖는 것을 포함)
2) 변류기 : 경계전로의 누설전류를 자동적으로 검출하여 이를 누전경보기의 수신부에 송신하는 것
3) 경계전로 : 누전경보기가 누설전류를 검출하는 대상 전선로
4) 과전류차단기 : 「전기설비기술기준의 판단기준」 제38조와 제39조에 따른 것
5) 분전반 : 배전반으로부터 전력을 공급받아 부하에 전력을 공급해주는 것
6) 인입선 : 「전기설비기술기준」 제3조 제1항 제9호에 따른 것으로서, 배전선로에서 갈라져서 직접 수용장소의 인입구에 이르는 부분의 전선
7) 정격전류 : 전기기기의 정격출력 상태에서 흐르는 전류

76 상중하

유도등 및 유도표지의 화재안전기술기준에 따른 거실통로 유도등의 설치기준으로 옳은 것은?

① 거실의 출입구에 설치할 것
② 바닥으로부터 높이 1.5 [m] 이상의 위치에 설치할 것 (다만 거실 통로에 기둥이 설치 시 기둥부분의 바닥으로부터 1.5 [m] 이하의 위치에 설치 가능하다)
③ 구부러진 모퉁이 및 수평거리 10 [m] 마다 설치할 것
④ 거실의 통로가 벽체 등으로 구획된 경우에는 비상구유도등을 설치할 것

해설 거실통로유도등

1) 설치기준
(1) 거실의 통로에 설치할 것, 다만 거실의 통로가 벽체 등으로 구획 시 복도통로유도등을 설치하여야 한다.
(2) 구부러진 모퉁이 및 보행거리 20 [m]마다 설치할 것
2) 설치높이
바닥으로부터 높이 1.5 [m] 이상의 위치에 설치, 다만 거실 통로에 기둥이 설치 시 기둥부분의 바닥으로부터 1.5 [m] 이하의 위치에 설치 가능하다.

정답 74 ② 75 ① 76 ②

77 상중하

유도등은 전기회로에 점멸기를 설치하지 않고 항상 점등 상태를 유지해야 한다. 다만 3선식 배선에 따라 상시 충전되는 구조인 경우에는 그렇지 않아도 되는데, 이에 대한 경우로 틀린 것을 고르시오.

① 외부의 빛에 의해 피난구 또는 피난방향을 쉽게 식별할 수 있는 장소
② 공연장, 암실(暗室) 등으로서 어두워야 할 필요가 있는 장소
③ 특정소방대상물의 관계인 또는 종사원이 주로 사용하는 장소
④ 특정소방대상물 또는 그 부분에 사람이 많은 장소

해설 유도등 3선식 배선

유도등은 전기회로에 점멸기를 설치하지 않고 항상 점등 상태를 유지할 것, 다만 특정소방대상물 또는 그 부분에 사람이 없거나 다음의 어느 하나에 해당하는 장소로서 3선식 배선에 따라 상시 충전되는 구조인 경우에는 그렇지 않음

1) 외부의 빛에 의해 피난구 또는 피난방향을 쉽게 식별할 수 있는 장소
2) 공연장, 암실(暗室) 등으로서 어두워야 할 필요가 있는 장소
3) 특정소방대상물의 관계인 또는 종사원이 주로 사용하는 장소

※ 3선식 유도등이 점등되는 경우

1) 자동화재탐지설비의 감지기 또는 발신기가 작동되는 때
2) 비상경보설비의 발신기가 작동되는 때
3) 상용전원이 정전되거나 전원선이 단선되는 때
4) 방재업무를 통제하는 곳 또는 전기실의 배전반에 수동으로 점등하는 때
5) 자동소화설비가 작동되는 때

78 상중하

축광방식의 피난유도선 설치기준으로 틀린 것을 고르시오.

① 구획된 각 실로부터 주출입구 또는 비상구까지 설치할 것
② 바닥으로부터 높이 50 [cm] 이하의 위치 또는 바닥 면에 설치할 것
③ 부착대에 의하여 견고하게 설치할 것
④ 피난유도 표시부는 100 [cm] 이내의 간격으로 연속되도록 설치

해설 축광방식 피난유도선 설치기준

1) 구획된 각 실로부터 주출입구 또는 비상구까지 설치할 것
2) 바닥으로부터 높이 50 [cm] 이하의 위치 또는 바닥 면에 설치할 것
3) 피난유도 표시부는 50 [cm] 이내의 간격으로 연속되도록 설치
4) 부착대에 의하여 견고하게 설치할 것
5) 외부의 빛 또는 조명장치에 의하여 상시 조명이 제공되거나 비상조명등에 의한 조명이 제공되도록 설치할 것

79 상중하

비상조명등의 비상전원은 지하층 또는 무창층으로서 용도가 도매시장·소매시장·여객자동차터미널·지하역사 또는 지하상가인 경우 그 부분에서 피난층에 이르는 부분의 비상조명등을 몇 분 이상 유효하게 작동시킬 수 있는 용량으로 하여야 하는가?

① 10　② 20
③ 30　④ 60

정답 77 ④ 78 ④ 79 ④

해설 비상조명등 설치기준

1) 특정소방대상물의 각 거실과 그로부터 지상에 이르는 복도·계단 및 그 밖의 통로에 설치할 것
2) 조도는 비상조명등이 설치된 장소의 각 부분의 바닥에서 1 [lx] 이상이 되도록 할 것
3) 예비전원을 내장하는 비상조명등에는 평상시 점등 여부를 확인할 수 있는 점검스위치를 설치하고 해당 조명등을 유효하게 작동시킬 수 있는 용량의 축전지와 예비전원 충전장치를 내장할 것
4) 예비전원을 내장하지 않는 비상조명등의 비상전원은 자가발전설비, 축전지설비 또는 전기저장장치를 다음 각 목의 기준에 따라 설치할 것
   (1) 점검 편리하고 화재 및 침수 등의 재해로 인한 피해를 받을 우려가 없는 곳에 설치
   (2) 상용전원으로부터 전력의 공급이 중단된 때에는 자동으로 비상전원으로부터 전력을 공급받을 수 있도록 할 것
   (3) 비상전원의 설치장소는 다른 장소와 방화구획할 것(이 경우 그 장소에는 비상전원의 공급에 필요한 기구나 설비외의 것을 두어서는 안 된다)
   (4) 비상전원을 실내에 설치하는 때에는 그 실내에 비상조명등을 설치할 것
5) 비상전원은 비상조명등을 20분 이상 유효하게 작동시킬 수 있는 용량으로 할 것. 다만 다음 각 목의 특정소방대상물의 경우에는 그 부분에서 피난층에 이르는 부분의 비상조명등을 60분 이상 유효하게 작동시킬 수 있는 용량으로 해야 한다.
   (1) 지하층을 제외한 층수가 11층 이상의 층
   (2) 지하층 또는 무창층으로서 용도가 도매시장·소매시장·여객자동차터미널·지하역사 또는 지하상가
6) 비상조명등의 설치 면제 요건에서 "그 유도등의 유효범위 안의 부분"이란 유도등의 조도가 바닥에서 1 [lx] 이상이 되는 부분을 말한다.

80 (상 중 하)

무선통신보조설비의 화재안전기준에 따른 무선통신보조설비의 설치기준으로 틀린 것은?

① 누설동축케이블과 이에 접속하는 안테나 또는 동축케이블과 이에 접속하는 안테나에 따른 것으로 할 것
② 누설동축케이블 및 안테나는 고압의 전로로부터 1.5 [m] 이상 떨어진 위치에 설치할 것
③ 누설동축케이블의 중간부분에는 무반사 종단저항을 견고하게 설치할 것
④ 누설동축케이블 또는 동축케이블의 임피던스는 50 [Ω]으로 할 것

해설 누설동축케이블 설치기준

1) 소방전용주파수대에서 전파의 전송 또는 복사에 적합한 것으로서 소방전용의 것으로 할 것. 다만 소방대 상호 간의 무선연락에 지장 없는 경우에는 다른 용도와 겸용 가능하다.
2) 누설동축케이블과 이에 접속하는 안테나 또는 동축케이블과 이에 접속하는 안테나에 따른 것으로 할 것
3) 누설동축케이블은 불연 또는 난연성의 것으로서 습기에 따라 전기의 특성이 변질되지 아니하는 것으로 하고, 노출하여 설치한 경우에는 피난 및 통행에 장애가 없도록 할 것
4) 누설동축케이블은 화재에 따라 해당시스케이블의 피복이 소실된 경우에 케이블 본체가 떨어지지 아니하도록 4 [m] 이내마다 금속제 또는 자기제 등의 지지금구로 벽·천장·기둥 등에 견고하게 고정시킬 것, 다만 불연재료로 구획된 반자 안에 설치하는 경우에는 그러하지 않는다.
5) 누설동축케이블 및 안테나는 금속판 등에 따라 전파의 복사 또는 특성이 현저하게 저하되지 아니하는 위치에 설치할 것
6) 누설동축케이블 및 안테나는 고압의 전로로부터 1.5 [m] 이상 떨어진 위치에 설치할 것, 다만 해당 전로에 정전기 차폐장치를 유효하게 설치한 경우에는 그러하지 않는다.
7) 누설동축케이블의 끝부분에는 무반사 종단저항을 견고하게 설치할 것
8) 누설동축케이블 또는 동축케이블의 임피던스는 50 [Ω]으로 하고, 이에 접속하는 안테나·분배기 기타의 장치는 해당 임피던스에 적합한 것으로 하여야 한다.

정답 80 ③

2023 출제경향 분석

[소방원론]

CHAPTER / 연도 및 회차		연소	연소생성물	폭발	화재	위험물	소화	안전관리 및 건축방재	합계
2023년	1	**6**	1	1	5	1	2	4	20
	2	**6**	0	1	1	4	3	5	20
	4	**7**	1	1	1	3	4	3	20

[소방전기일반]

CHAPTER / 연도 및 회차		직류회로	정전계와 정자계	교류회로	전기계측 및 회로망	비정현파 교류와 과도현상 및 라플라스 변환	제어회로	전자회로 및 정류회로	전기기계 및 전기법규	합계
2023년	1	3	3	2	1	3	2	1	**5**	20
	2	2	3	3	1	1	**5**	4	1	20
	4	2	**5**	4	2	0	4	1	2	20

[소방관계법규]

CHAPTER / 연도 및 회차		소방기본법	소방시설법	화재예방법	소방공사업법	위험물 안전관리법	합계
2023년	1	5	**6**	3	4	2	20
	2	**5**	3	4	**5**	3	20
	4	4	**6**	2	4	4	20

[소방전기시설의 구조 및 원리]

CHAPTER / 연도 및 회차		자동화재 탐지설비	비상경보 설비 및 단독 경보형감지기	비상방송 설비	자동화재 속보설비	가스누설 경보기 및 누전경보기	유도등	비상조명등	비상콘센트 설비	무선통신 보조설비	비상전원 수전설비	화재알림 설비	기타	합계
2023년	1	**5**	1	2	1	4	2	1	4	0	0	0	0	20
	2	**6**	0	2	1	3	2	2	2	1	1	0	0	20
	4	**4**	1	2	1	3	1	3	3	1	1	0	0	20

2023년 1회

소방원론

3회독	월	일
2회독	월	일
1회독	월	일

목표시간 : 20분 | 시작 : _시 _분 | 종료 : _시 _분 | 맞은 개수 : _ /20

01 상 중 (하)

화재 표면온도(절대온도)가 2배로 되면 복사에너지는 몇 배로 증가되는가?

① 2 ② 4
③ 8 ④ 16

해설 스테판 볼츠만의 법칙

단위 면적당 복사열량 $Q\,[W/m^2] = \sigma T4$

복사 : 열전달 매질 없이 전자파 형태로 열이 전달
스테판 볼츠만의 법칙에 의해 복사열은 절대온도의 4승에 비례한다.

보충 ▶ 매질 : 파동을 전달시키는 물질

[풀이 1]

- T [K]일 때 : $Q_1 = \sigma T^4$
- 2T [K]일 때 : $Q_2 = \sigma(2T)^4 = 16\sigma T^4$

$\frac{Q_2}{Q_1} = \frac{16\sigma T^4}{\sigma T^4} = 16$

$\therefore\ Q_2 = 16 \times Q_1$

[풀이 2]

$Q = \sigma T^4$

따라서 $Q \propto T^4$이므로

$Q_1 : T^4 = Q_2 : (2T)^4$

$Q_2 \times T^4 = Q_1 \times (2T)^4$

$\therefore\ Q_2 = 16 \times Q_1$

Q : 복사에너지 [W/m²]
σ : 스테판 볼츠만 상수 $[W/m^2 \cdot K^4]$
T : 절대온도 [K]

02 상 (중) 하

어떤 기체가 0 [℃], 1기압에서 부피가 11.2 [L], 기체 질량이 22 [g]이었다면 이 기체의 분자량은? (단, 이상기체로 가정한다)

① 22 ② 35
③ 44 ④ 56

해설 이상기체 상태방정식

이상기체 상태방정식 $PV = nRT = \frac{W}{M}RT$

분자량 $M = \frac{WRT}{PV} = \frac{22 \times 0.082 \times 273}{1 \times 11.2}$

$\fallingdotseq 44$ [g/mol]

P : 절대압력 [atm]
n : 몰수 [mol]
T : 절대온도(273 + ℃) [K]
W : 기체의 질량 [g]
V : 부피 [L]
R : 기체상수(0.082 [atm · L/mol · K])
M : 분자량 [g/mol]

03 상 (중) 하

철근콘크리트조, 연와조, 벽돌조 등과 같은 구조로 화재 시 상당시간 동안 변화를 일으키지 않으며 화재 후에도 수리하여 재사용할 수 있는 구조는?

① 방화구조 ② 내화구조
③ 난연구조 ④ 방열구조

정답 01 ④ 02 ③ 03 ②

해설 내화구조

1) 내화구조
  (1) 화재 시 건축물의 강도 및 성능을 일정시간 유지할 수 있는 구조
  (2) 철근 콘크리트조, 연와조, 기타 이와 유사한 구조
2) 방화구조
  (1) 일정시간 동안 일정구획에서 화재를 한정시킬 수 있는 구조
  (2) 철망모르타르, 회반죽 바르기 기타 이와 유사한 구조로서 화재에 대한 내력은 없고 화재 시 건축물의 인접부분으로 연소되는 것을 방지할 수 있는 정도의 구조

04 (상 중 하)

주요구조부가 내화구조로 된 건축물에서 거실 각 부분으로부터 하나의 직통계단에 이르는 보행거리는 피난자의 안전상 몇 [m] 이하이어야 하는가?

① 50 ② 60
③ 70 ④ 80

해설 직통계단의 설치

건축물의 피난층 외의 층에서는 피난층 또는 지상으로 통하는 직통계단을 거실의 각 부분으로부터 계단에 이르는 보행거리가 30 [m] 이하가 되도록 설치해야 한다. 다만 건축물의 주요**구조부가 내화구조 또는 불연재료로 된 건축물은 그 보행거리가 50 [m]**(층수가 16층 이상인 공동주택의 경우 16층 이상인 층에 대해서는 40 [m]) **이하가 되도록** 설치할 수 있으며, 자동화 생산시설에 스프링클러 등 자동식 소화설비를 설치한 공장으로서 국토교통부령으로 정하는 공장인 경우에는 그 보행거리가 75 [m](무인화 공장인 경우에는 100 [m]) 이하가 되도록 설치할 수 있다[건축법 시행령 제34조 제1항].

구분	거실 각 부분으로부터 계단에 이르는 보행거리
일반건축물	30 [m] 이하
건축물의 주요구조부가 내화구조, 불연재료로 된 건축물	**50 [m] 이하** (층수가 16층 이상인 공동주택의 경우 16층 이상인 층 : 40 [m] 이하)
자동화 생산시설에 스프링클러 등 자동식 소화설비를 설치한 공장	75 [m] 이하 (무인화 공장 : 100 [m] 이하)

05 (상 중 하)

다음 위험물 중 물과 접촉 시 위험성이 가장 높은 것은?

① $NaClO_3$ ② P
③ Na_2O_2 ④ TNT

해설 물과 접촉 시 위험성이 큰 물질

위험물	분류	소화
$NaClO_3$ (염소산나트륨)	제1류 (염소산염류)	주수소화
P (인)	제2류 (적린) 또는 제3류 (황린) ※ 적린과 황린은 동소체	주수소화
Na_2O_2 (과산화나트륨)	1류 위험물 **(무기과산화물)**	**마른모래로 피복소화**
TNT (트라이나이트로톨루엔)	제5류 위험물 (나이트로화합물)	주수소화

※ **무기과산화물은 물과 접촉 시 산소발생**
따라서 주수소화 절대엄금
$2Na_2O_2 + 2H_2O \rightarrow 4NaOH + O_2\uparrow$

정답 04 ① 05 ③

06 상중하

폭굉(Detonation)에 관한 설명으로 틀린 것은?

① 연소속도가 음속보다 느릴 때 나타난다.
② 온도의 상승은 충격파의 압력에 기인한다.
③ 압력 상승은 폭연의 경우보다 크다.
④ 폭굉의 유도거리는 배관의 지름과 관계가 있다.

해설 폭연(Deflagration), 폭굉(Detonation)

1) 폭연과 폭굉의 비교

가스폭발은 물적 조건과 에너지조건이 만족되면 화염이 발생하여 일정한 속도로 전파되는데, 음속 이하를 폭연(Deflagration), 음속 이상을 폭굉(Detonation)이라고 한다.

구분	폭연	폭굉
전파 속도	음속 이하 (0.1 ~ 10 [m/s])	**음속 이상** (1000 ~ 3500 [m/s])
특징	폭굉으로 전이 될 수 있음	**압력 상승이** **폭연의 10배 이상**
에너지 전달	전도, 대류, 복사 (열에 의한 연소파)	**충격파**

2) 폭굉 유도거리

(1) 폭굉 유도거리란 정상적인 연소에서 폭굉으로 전이되는 데 필요한 거리를 말한다.
(2) 폭굉 유도거리가 짧을수록 위험성이 크다.
(3) 폭굉유도거리가 짧아지는 조건
① 점화원의 에너지가 클수록 (+)
② 연소속도가 클수록 (+)
③ 주위온도가 높을수록 (+)
④ 배관의 압력이 클수록 (+)
⑤ 배관 내 장애물이 많을수록 (+)
⑥ 배관의 관경이 가늘수록(작을수록) (-)

07 상중하

플래시 오버(Flash Over)에 대한 설명으로 옳은 것은?

① 도시가스의 폭발적 연소를 말한다.
② 휘발유 등 가연성 액체가 넓게 흘러서 발화한 상태를 말한다.
③ 옥내화재가 서서히 진행하여 열 및 가연성 기체가 축적되었다가 일시에 연소하여 화염이 크게 발생하는 상태를 말한다.
④ 화재층의 불이 상부층으로 올라가는 현상을 말한다.

해설 실내화재 발생현상

1) 플래시 오버
(1) 온도가 급격히 상승하여 화재가 순간적으로 실내 전체에 확산되는 현상
(2) 발생 시기 : 성장기 ~ 최성기 직전

2) 백드래프트
(1) 훈소 상태일 때 신선한 공기 유입으로 실내의 축적된 가스가 단시간 연소, 폭발하여 실외로 분출
(2) 발생 시기 : 감쇄기(최성기 이후)

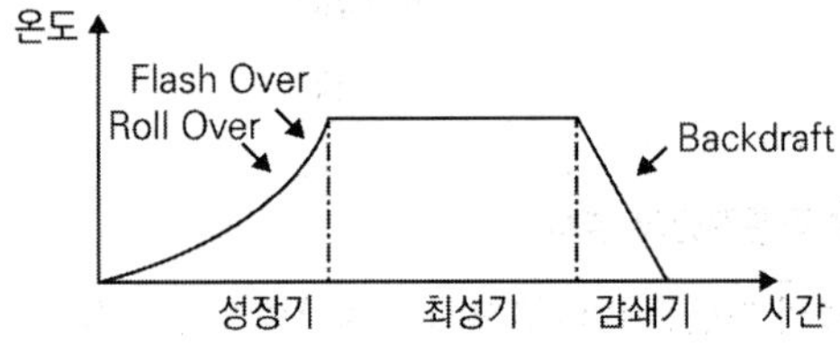

08 상중하

전기화재의 원인으로 거리가 먼 것은?

① 단락
② 과전류
③ 누전
④ 절연 과다

정답 06 ① 07 ③ 08 ④

해설 전기화재 원인

1) 과전류(과부하)에 의한 발화
2) 단락(합선)에 의한 발화
3) 누전에 의한 발화
4) 낙뢰에 의한 발화
5) 전기불꽃에 의한 발화
6) 정전기로 인한 스파크 발생에 의한 발화

보충 ▶ • 절연 : 전기 또는 열을 통하지 않게 하는 것
• 단락 : 전기회로의 두 점 사이의 절연이 잘 안 되어서 두 점 사이가 접속되는 일
• 누전 : 절연이 불완전하거나 시설이 손상되어 전기가 전깃줄 밖으로 새어 흐름

09 상 중 하

인화점이 낮은 것부터 높은 순서로 옳게 나열된 것은?

① 에틸알코올 < 이황화탄소 < 아세톤
② 이황화탄소 < 에틸알코올 < 아세톤
③ 에틸알코올 < 아세톤 < 이황화탄소
④ 이황화탄소 < 아세톤 < 에틸알코올

해설 인화점

물질	인화점 [℃]
다이에틸에터(디에틸에테르)	-45
가솔린(휘발유)	-43
산화프로필렌	-37
이황화탄소	-30
아세톤	-18
메틸알코올	11
에틸알코올	13
등유	39
경유	41

• 이황화탄소 < 아세톤 < 에틸알코올

암기 ▶ 인가산이아 / 메에 / 등경

신유형!

10 상 중 하

1기압 상태에서, 22 [℃] 물 1 [kg]이 소화 시 모두 기화되었을 때 필요한 열량은 몇 [kJ]인가? (단, 1 [kcal] = 4.18 [kJ]이다)

① 2672　② 2580
③ 2253　④ 2587

해설 물 상태변화에 필요한 열량

22℃ 물 → 100℃ 물 → 100℃ 수증기
(Q_1)　(Q_2)

• 물의 비열 [kJ/kg · K]
1 [kcal/kg · ℃] = 4.18 [kJ/kg · K]
• 물의 증발잠열 [kJ/kg]

$$539[kcal/kg] = 539[kcal/kg] \times \frac{4.18[kJ]}{1[kcal]}$$
$$= 2253.02[kJ/kg]$$

1) 현열량 Q_1 (22 [℃] 물 → 100 [℃] 물)

$$Q_1 = mC\Delta T$$
$$= 1[kg] \times 4.18[kJ/kg \cdot K] \times (100-22)[K]$$
$$= 326.04[kJ]$$

2) 잠열량 Q_2 (100 [℃] 물 → 100 [℃] 수증기)

$$Q_2 = mr$$
$$= 1[kg] \times 2253.02[kJ/kg]$$
$$= 2253.02[kJ]$$

3) 총 필요한 열량 Q

$$Q = Q_1 + Q_2 = 326.04 + 2253.02 = 2579.06[kJ]$$

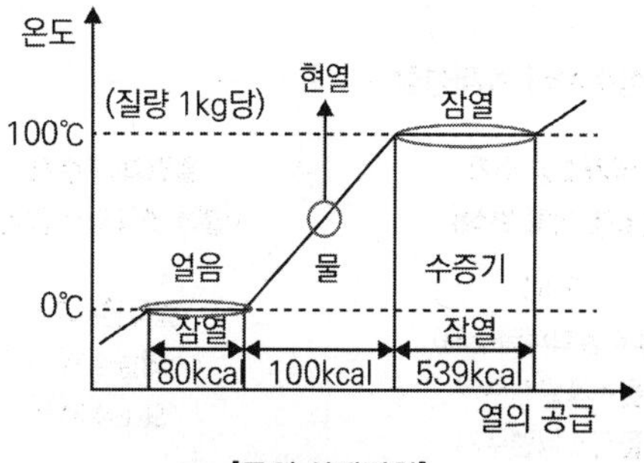

[물의 상태변화]

m : 질량 [kg], C : 물의 비열 $[kJ/kg \cdot K]$
ΔT : 온도 차 [K], r : 물의 증발잠열 $[kJ/kg]$

2023

11 상 중 하

공기와 할론 1301의 혼합기체에서 할론 1301에 비해 공기의 확산속도는 약 몇 배인가? (단, 공기의 평균 분자량은 29, 할론 1301의 분자량은 149이다)

① 2.27배 ② 3.85배
③ 5.17배 ④ 6.46배

해설 그레이엄의 확산속도법칙

그레이엄의 확산속도법칙 $\frac{V_1}{V_2} = \sqrt{\frac{\rho_2}{\rho_1}} = \sqrt{\frac{m_2}{m_1}}$

$$\frac{V_{공기}}{V_{할론1301}} = \sqrt{\frac{m_{할론1301}}{m_{공기}}} = \sqrt{\frac{149}{29}} = 2.266 ≒ 2.27$$

V_1, V_2 : 기체 1, 2 확산속도 [m/s]
ρ_1, ρ_2 : 기체 1, 2 밀도 [kg/m³]
m_1, m_2 : 기체 1, 2 분자량 [kg/kmol]

12 상 중 하

일반적인 플라스틱 분류상 열경화성 플라스틱에 해당하는 것은?

① 폴리에틸렌 ② 폴리염화비닐
③ 페놀수지 ④ 폴리스티렌

해설 합성수지의 화재성상

열가소성 수지 (열에 의해 변형)	열경화성 수지 (열에 변형되지 않음)
PVC (폴리염화비닐수지) 폴리에틸렌수지 폴리스티렌수지	멜라민수지 페놀수지 요소수지

암기 가피폴폴 멜페요

13 상 중 하

내화건축물의 화재에서 공기의 유통이 원활하고 연소는 급속히 진행되어 개구부에는 진한 매연과 화염이 분출하고 실내는 순간적으로 화염이 충만한 시기는?

① 성장기 ② 초기
③ 최성기 ④ 중기

해설 구획화재의 진행

1) 발화 : 가연물이 공기 중에서 산소와 반응해 열과 빛을 내는 초기 단계
2) 성장기 : 화재 초기에는 화염이 크지 않고 백색연기 발생하다가 점차 개구부에 진한 흑색연기 분출, 플래시 오버가 발생할 수 있는 최성기 직전의 상태로 화염이 순간적으로 번지는 플래시 오버가 발생하면 바로 최성기가 됨
3) 최성기 : 플래시 오버현상이 진행된 뒤 온도가 최고에 이르러 천장 등이 녹고 무너져 내려앉는 단계로 산소가 급격히 줄어 다량의 불완전가스가 발생함
4) 감쇄기 : 산소 소진으로 화재가 부분적으로 소멸되고 연기 발생 정지

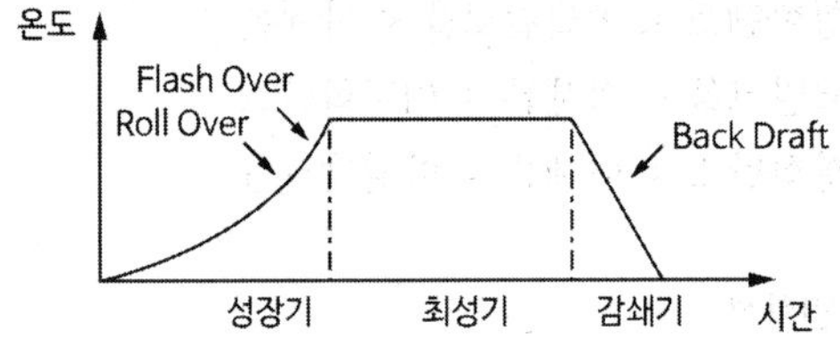

정답 11 ① 12 ③ 13 ①

14 상 중 하

분말소화약제에 관한 설명 중 틀린 것은?

① 차고, 주차장에는 제3종 분말소화약제를 사용할 수 없다.
② 최적의 소화를 나타내는 분말의 입도는 20 ~ 25 [μm] 정도이다.
③ CDC(Compatible Dry Chemical)는 포와 함께 사용할 수 있다.
④ 제1인산염을 주성분으로 한 분말은 담홍색으로 착색되어 있다.

해설 분말소화약제

1) 제3종 분말소화약제(제1인산염)는 차고, 주차장에 적응성이 있으며 담홍색으로 착색되어 있음
2) 20 ~ 30 [μm] 범위 분말입도가 가장 효과적
3) 미세도의 분포가 골고루 되어 있어야 함
4) CDC소화약제란 포와 함께 사용할 수 있는 분말소화약제를 말함

보충 ▶ 수성막포와 제3종 분말소화약제를 겸용하여 사용하면 소화성능이 향상되며, 이를 트윈에이전트시스템(Twin Agent System)이라 한다.

15 상 중 하

화재의 유형별 특성에 관한 설명으로 옳은 것은?

① A급 화재는 무색으로 표시하며 감전의 위험이 있으므로 주수소화를 엄금한다.
② B급 화재는 황색으로 표시하며 질식소화를 통해 화재를 진압한다.
③ C급 화재는 백색으로 표시하며 가연성이 강한 금속의 화재이다.
④ D급 화재는 청색으로 표시하며 연소 후에 재를 남긴다.

해설 화재별 소화방법

등급	화재	표시색	소화방법
A급	일반화재	백색	냉각소화
B급	유류화재	황색	질식소화
C급	전기화재	청색	질식소화
D급	금속화재	무색	마른모래, 팽창질석, 팽창진주암 D급 소화기
K급	주방화재	-	K급 소화기

16 상 중 하

할로겐화합물 및 불활성기체소화약제 계열 중 HCFC-22를 82 [%] 포함하고 있는 것은?

① IG-541
② HFC-227ea
③ IG-55
④ HCFC BLEND A

해설 할로겐화합물 및 불활성기체소화약제 계열

계열	소화약제	상품명	기타
FC	FC-3-1-10	CEA-410	C_4F_{10}
HFC	HFC-23	FE-13	CHF_3
	HFC-125	FE-25	CHF_2CF_3
	HFC-227ea	FM-200	CF_3CHFCF_3
HCFC	HCFC-124	FE-241	$CHClFCF_3$
	HCFC BLEND A	NAF-S-Ⅲ	HCFC-22 : 82 [%] HCFC-123 : 4.75 [%] HCFC-124 : 9.5 [%] $C_{10}H_{16}$: 3.75 [%]
IG	IG-541	Inergen	N_2, Ar, CO_2

정답 14 ① 15 ② 16 ④

17 상 중 하

건물의 주요구조부가 아닌 것은?

① 작은 보　　② 기둥
③ 내력벽　　④ 주계단

해설 건물의 주요구조부

1) 바닥(최하층 바닥 제외)
2) 보(작은 보 제외)
3) 지붕틀(차양 제외)
4) 내력벽(비내력벽 제외)
5) 주계단(옥외계단 제외)
6) 기둥(사잇기둥 제외)

암기 ▶ 바보지내주기

18 상 중 하

연면적이 1000 [m^2] 이상인 건축물에 설치하는 방화벽이 갖추어야 할 기준으로 틀린 것은?

① 내화구조로서 홀로 설 수 있는 구조일 것
② 방화벽이 양쪽 끝과 위쪽 끝을 건축물의 외벽면 및 지붕면으로부터 0.1 [m] 이상 튀어나오게 할 것
③ 방화벽에 설치하는 출입문의 너비는 2.5 [m] 이하로 할 것
④ 방화벽에 설치하는 출입문의 높이는 2.5 [m] 이하로 할 것

해설 방화벽 설치기준

구분	설치 및 구조기준
대상 건축물	주요구조부가 내화구조이거나 불연재료인 건축물이 아닌 연면적 1000 [m^2] 이상인 건축물
구획	각 구획된 바닥면적의 합계 : 1000 [m^2] 미만
구조	• 내화구조로서 홀로 설 수 있는 구조일 것 • **방화벽 양쪽 끝과 위쪽 끝을 건축물의 외벽면 및 지붕면으로부터 0.5 [m] 이상 튀어나오게 할 것** • 출입문 너비와 높이 : 2.5 [m] 이하 • 출입문 : 60분+ 방화문 또는 60분 방화문

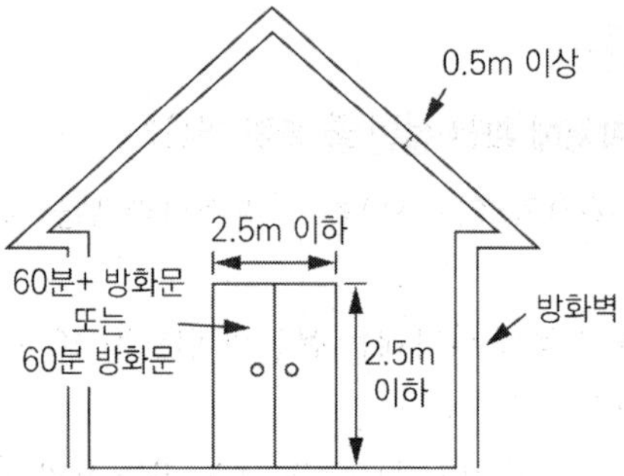

19 상 중 하

다음 중 점화원이라고 할 수 없는 것은?

① 정전기
② 충격
③ 증발열
④ 마찰열

해설 점화원 형태에 의한 분류

구분	종류
기계열	압축열, **마찰열**, 마찰스파크, 충격열, 단열압축
전기열	유도열, 유전열, 저항열, 아크열, **정전기열**, 낙뢰에 의한 열
화학열	연소열, 분해열, 용해열, 생성열, 자연발화열

※ 점화원이 될 수 없는 것 : **기화열(증발열)**, 융해열, 단열팽창 등

정답 17 ① 18 ② 19 ③

20 상 중 하

다음 가연성 기체 1몰이 완전 연소하는 데 필요한 이론공기량으로 틀린 것은? (단, 체적비로 계산하며 공기 중 산소의 농도를 21 [vol%]로 한다)

① 수소 - 약 2.38몰
② 메테인 - 약 9.52몰
③ 아세틸렌 - 약 16.91몰
④ 프로페인 - 약 23.81몰

해설 연소에 필요한 이론공기량

1) 수소 : $H_2+\frac{1}{2}O_2\rightarrow H_2O$

$\therefore$ 이론공기량 = $\frac{0.5\text{몰}}{0.21(21\%)}$ ≒ 2.38몰

2) 메테인(메탄) : $CH_4+2O_2\rightarrow CO_2+2H_2O$

$\therefore$ 이론공기량 = $\frac{2\text{몰}}{0.21(21\%)}$ ≒ 9.52몰

3) 아세틸렌 : $C_2H_2+\frac{5}{2}O_2\rightarrow 2CO_2+H_2O$

$\therefore$ 이론공기량 = $\frac{2.5\text{몰}}{0.21(21\%)}$ ≒ 11.9몰

4) 프로페인(프로판) : $C_3H_8+5O_2\rightarrow 3CO_2+4H_2O$

$\therefore$ 이론공기량 = $\frac{5\text{몰}}{0.21(21\%)}$ ≒ 23.81몰

※ 참고

수소의 완전연소반응식은 $H_2+\frac{1}{2}O_2\rightarrow H_2O$이다.
따라서 수소 1 [mol]이 완전연소하기 위해서 필요한 산소가 $\frac{1}{2}$ [mol]이다. 이때 필요한 이론공기량 [mol]을 구할 때, 전체 공기를 100 [vol%], 공기 중 산소를 21 [vol%]라고 가정하면 다음과 같은 비례식을 세울 수 있다.

$\frac{1}{2}$ [mol](필요한 산소) : x [mol](필요한 공기량)
= 21 [vol%](공기 중 산소) : 100 [vol%](전체 공기)

$$\therefore \text{필요한 공기량 } x[mol]=\frac{\frac{1}{2}[mol]\times 100[vol\%]}{21[vol\%]}=\frac{\frac{1}{2}[mol]}{0.21}$$

※ 가연성 기체 1몰이 완전 연소하는 데 **필요한 이론공기량** $x[mol]$: $\frac{\text{완전 연소하는 데 필요한 산소 몰수}[mol]}{0.21}$

정답 20 ③

2023년 1회

소방전기일반

3회독 월 일
2회독 월 일
1회독 월 일

목표시간 : 30분 | 시작 : _시 _분 | 종료 : _시 _분 | 맞은 개수 : _ /20

21 상 중 하

어떤 측정계기의 지시값을 M, 참값을 T라 할 때 보정률 [%]은?

① $\frac{T-M}{M}\times 100$

② $\frac{M}{M-T}\times 100$

③ $\frac{T-M}{T}\times 100$

④ $\frac{T}{M-T}\times 100$

해설 보정률과 오차율

보정률	$\frac{T-M}{M}\times 100$ [%]
오차율	$\frac{M-T}{T}\times 100$ [%]

보충 M(Measured Value) : 지시값
T(True Value) : 참값

22 상 중 하

회로에서 a, b 간의 합성저항[Ω]은? (단, R_1 = 3 [Ω], R_2 = 9 [Ω]이다)

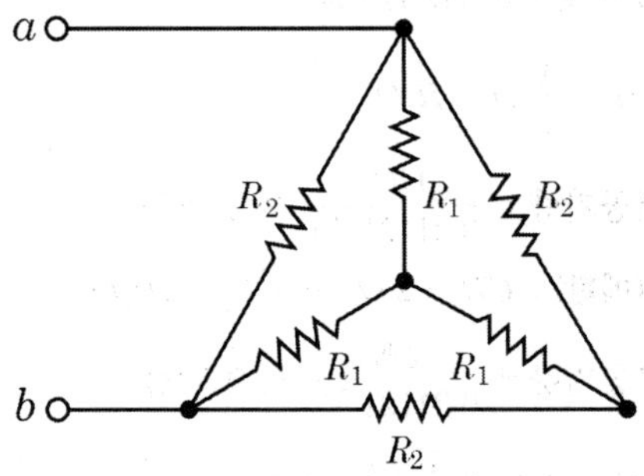

① 3 ② 4
③ 5 ④ 6

해설 합성저항 계산(R_0)

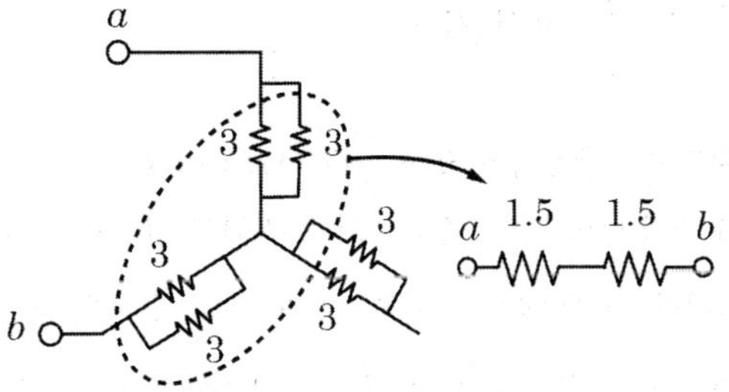

△를 Y로 변환하면 3 [Ω]이 되므로 기존의 3 [Ω]과 병렬로 접속된다. 따라서 합성저항은 3 [Ω](1.5 + 1.5)이다.

(병렬접속 $R_0=\frac{R_1R_2}{R_1+R_2}$, 직렬접속 $R_0=R_1+R_2$)

정답 21 ① 22 ①

23 상 중 하

정현파신호 sin t의 전달함수는?

① $\frac{1}{s^2+1}$　② $\frac{1}{s^2-1}$

③ $\frac{s}{s^2+1}$　④ $\frac{s}{s^2-1}$

해설 라플라스 변환

$\sin\omega t = \frac{\omega}{s^2+\omega^2}$

$\cos\omega t = \frac{s}{s^2+\omega^2}$

$\therefore\ \sin t = \frac{1}{s^2+1}$

$f(t)$	함수명	F(s)
$\delta(t)$	단위임펄스함수	1
$u(t)$	단위계단함수	$\frac{1}{s}$
t	단위램프함수	$\frac{1}{s^2}$
t^2	2차 램프함수	$\frac{1}{s^3}$
t^n	n차 림프함수	$\frac{1}{s^{n+1}}$
e^{at}	지수함수	$\frac{1}{s-a}$
e^{-at}	지수함수	$\frac{1}{s+a}$
$te^{\mp at}$	지수램프함수	$\frac{1}{(s\pm a)^2}$
$\sin\omega t$	정현파함수	$\frac{\omega}{s^2+\omega^2}$
$\cos\omega t$	여현파함수	$\frac{s}{s^2+\omega^2}$

24 상 중 하

단상전력을 간접적으로 측정하기 위해 3전압계법을 사용하는 경우 단상 교류전력 P [W]는?

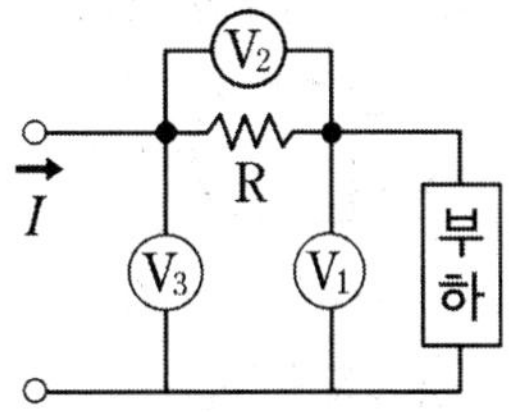

① $P=\frac{1}{2R}(V_3-V_2-V_1)^2$

② $P=\frac{1}{R}(V_3^2-V_2^2-V_1^2)$

③ $P=\frac{1}{2R}(V_3^2-V_2^2-V_1^2)$

④ $P=V_3I\cos\theta$

해설 3전압계법

$P=\frac{1}{2R}(V_3^2-V_2^2-V_1^2)$

TIP 3전류계법 : $P=\frac{R}{2}(I_3^2-I_2^2-I_1^2)$

P : 유효전력 [W]

R : 저항 [Ω]

25 상 중 하

다음 무접점회로의 논리식(X)은?

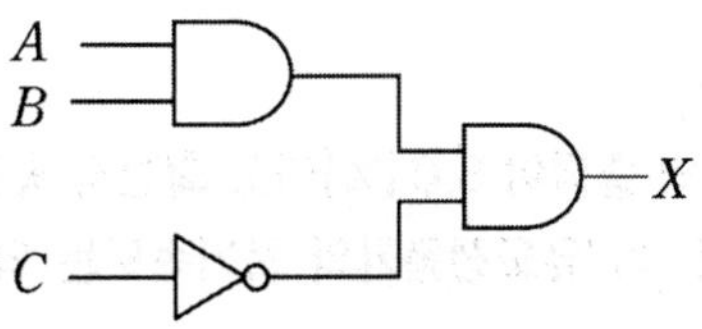

① $A\cdot B+\overline{C}$

② $A+B+\overline{C}$

③ $(A+B)\cdot\overline{C}$

④ $A\cdot B\cdot\overline{C}$

정답 23 ① 24 ③ 25 ④

해설 논리식(무접점회로)

(A AND B) AND $\overline{C}$

명칭, 논리기호
AND회로($A \times B$, $A \cdot B$) 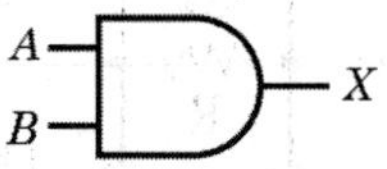
OR회로($A+B$) 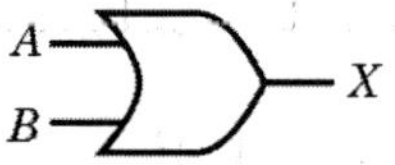
NOT회로(반전) 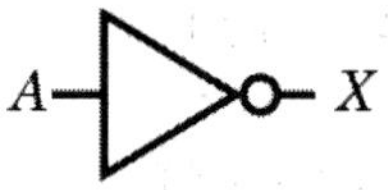
NAND회로(NOT + AND) 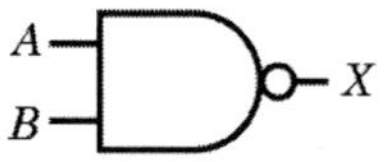
NOR회로(NOT + OR) 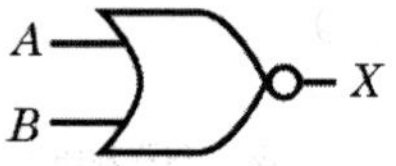
XOR회로 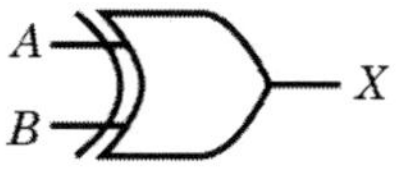

TIP ▶ AND → ×
OR → +

26 상중하

유도전동기의 슬립이 5.6 [%]이고 회전자 속도가 1500 [rpm]일 때, 이 유도전동기의 동기속도는 약 몇 [rpm]인가?

① 1080 ② 1236
③ 1589 ④ 1600

해설 동기속도(Ns)

$N=(1-s)N_s$에서

$$N_s=\frac{N}{(1-s)}$$

$$=\frac{1500}{1-0.056}=1589[rpm]$$

f : 주파수 [Hz]
p : 극수
N_s : 동기속도 $[rpm]$
N : 회전 속도 $[rpm]$
$N = (1-s)N_s\,[rpm]$

27 상중하

진공 중에 놓인 5 [μC]의 점전하에서 2 [m]되는 점의 전계는 몇 [V/m]인가?

① 11.25×10^3
② 16.25×10^3
③ 22.25×10^3
④ 28.25×10^3

해설 전계의 세기(E)

$$E=\frac{Q}{4\pi\epsilon r^2}$$

$$=\frac{5\times10^{-6}}{4\pi c\times2^2}$$

$$=\frac{5\times10^{-6}}{4\pi\times\epsilon_0\times\epsilon_s\times2^2}$$

$$=11.25\times10^3[V/m]$$

$\varepsilon=\varepsilon_0\cdot\varepsilon_s$

ε_0 : 진공의 유전율($8.855\times10^{-12}[F/m]$)
ε_s : 비유전율(진공 = 1, 공기 ≒ 1)
E : 전계의 세기 [V/m]
Q : 전하량 [C]
r : 거리 [m]

정답 26 ③ 27 ①

28 상 중 하

저항 R_1, R_2와 인덕턴스 L이 직렬로 연결된 회로에서 시정수 [sec]는?

① $\dfrac{R_1-R_2}{2L}$　　② $\dfrac{R_1+R_2}{2L}$

③ $\dfrac{L}{R_1-R_2}$　　④ $\dfrac{L}{R_1+R_2}$

해설 시정수

$$\tau=\frac{L}{R_T}=\frac{L}{R_1+R_2}[\text{sec}]$$

R_T : 저항만의 합

- $R-L$회로 : $\dfrac{L}{R}$
- $R-C$회로 : RC

29 상 중 하

그림과 같은 무접점회로는 어떤 논리회로인가?

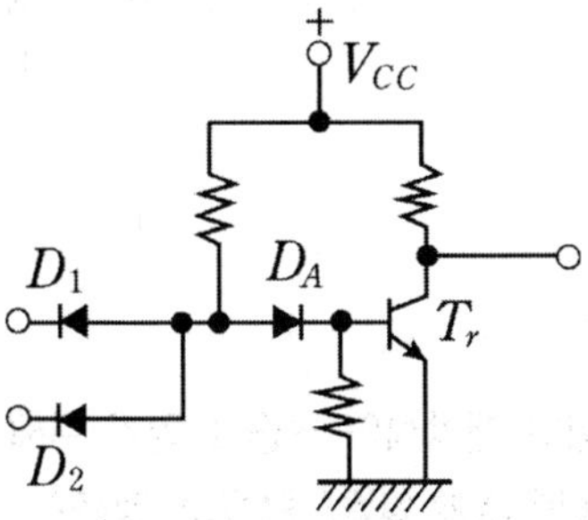

① NOR　　② OR

③ NAND　　④ AND

해설 NAND 게이트(무접점회로)

입력신호가 동시에 1일 때, 출력신호 0

무접점

AND회로($A\times B$, $A\cdot B$)

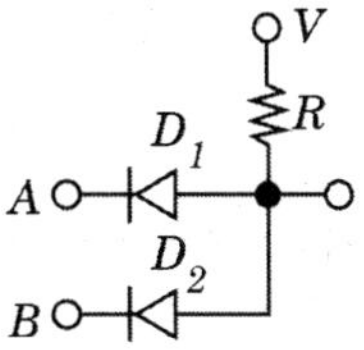

OR회로($A+B$)

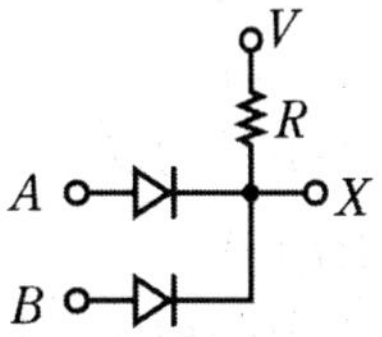

NOT회로(반전)

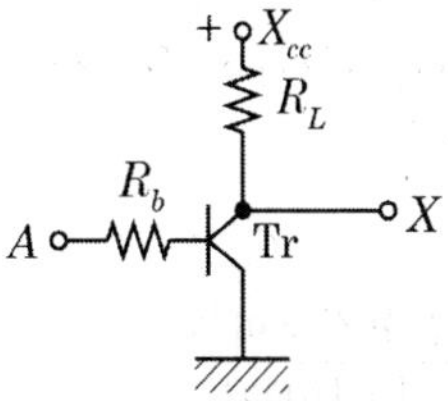

NAND회로(NOT + AND)

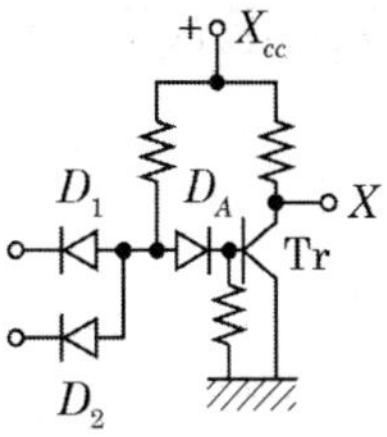

NOR회로(NOT + OR)

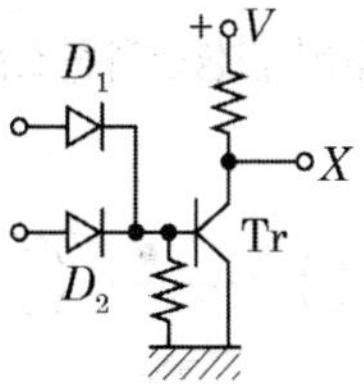

XOR회로(논리기호)

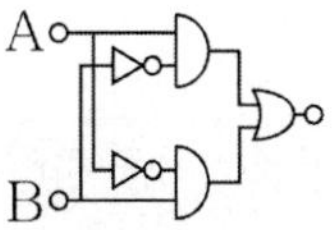

※ 다이오드 방향이 왼측이며 T_r이 있기 때문에 NAND임

정답 28 ④ 29 ③

30 상㊥하

블록선도의 전달함수 C(s)/R(s)는?

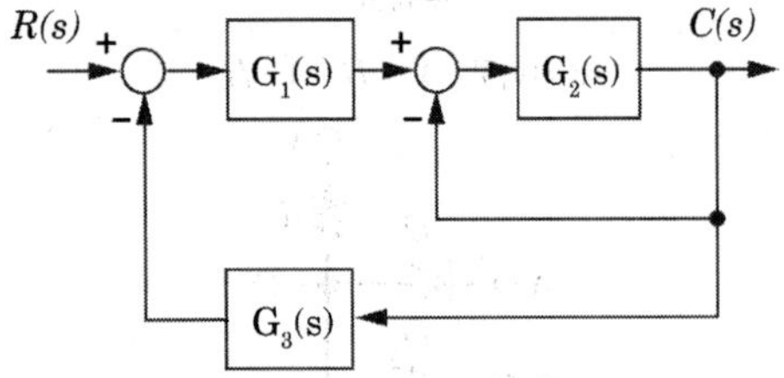

① $\dfrac{G_1(s)G_2(s)}{1+G_1(s)G_2(s)G_3(s)}$

② $\dfrac{G_1(s)G_2(s)}{1+G_1(s)+G_1(s)G_2(s)G_3(s)}$

③ $\dfrac{G_1(s)G_2(s)}{1+G_2(s)+G_1(s)G_2(s)G_3(s)}$

④ $\dfrac{G_1(s)G_2(s)}{1+G_3(s)+G_1(s)G_2(s)G_3(s)}$

해설 전달함수

$$G(s)=\frac{C(s)}{R(s)}=\frac{\text{전향경로이득}}{1-(loop)}$$

$$=\frac{G_1(s)G_2(s)}{1+G_2(s)+G_1(s)G_2(s)G_3(s)}$$

해설 합성인덕턴스 계산

구분	직렬
가동결합	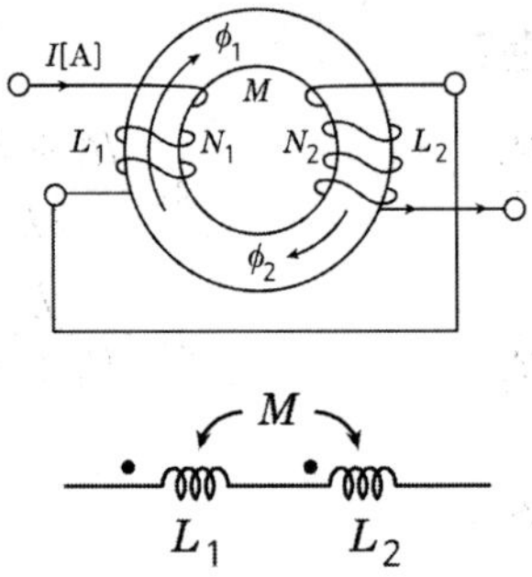 $L_0=L_1+L_2+2M$
차동결합	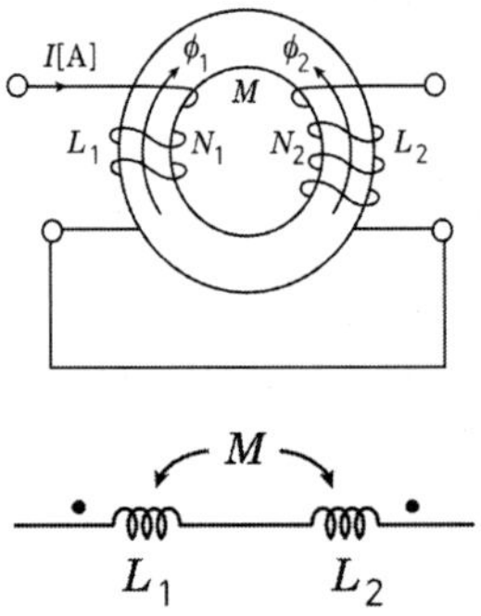 $L_0=L_1+L_2-2M$

보충 M : 상호인덕턴스
L : 자기인덕턴스

31 상㊥하

다음과 같은 결합회로의 합성인덕턴스로 옳은 것은?

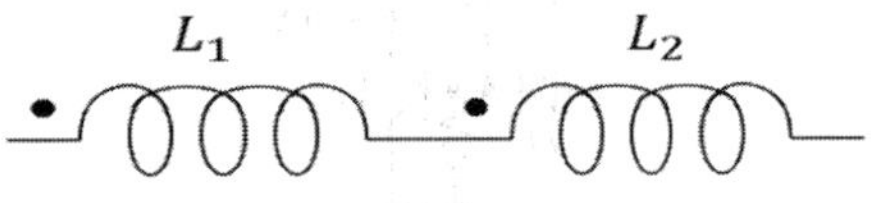

① L_1+L_2+2M

② L_1+L_2-2M

③ L_1+L_2-M

④ L_1+L_2+M

32 상㊥하

교류에서 파형의 개략적인 모습을 알기 위해 사용하는 파고율과 파형률에 대한 설명으로 옳은 것은?

① $\text{파고율}=\dfrac{\text{실횻값}}{\text{평균값}}, \text{파형률}=\dfrac{\text{평균값}}{\text{실횻값}}$

② $\text{파고율}=\dfrac{\text{최댓값}}{\text{실횻값}}, \text{파형률}=\dfrac{\text{실횻값}}{\text{평균값}}$

③ $\text{파고율}=\dfrac{\text{실횻값}}{\text{최댓값}}, \text{파형률}=\dfrac{\text{평균값}}{\text{실횻값}}$

④ $\text{파고율}=\dfrac{\text{최댓값}}{\text{평균값}}, \text{파형률}=\dfrac{\text{평균값}}{\text{실횻값}}$

정답 30 ③ 31 ① 32 ②

해설 파고율, 파형률

※ 각 파형의 파고율과 파형률

파형	최댓값	실횻값	평균값	파고율	파형률
정현파	V_m	$\frac{1}{\sqrt{2}}V_m$	$\frac{2}{\pi}V_m$	$\sqrt{2}$	$\frac{\pi}{2\sqrt{2}}$ = (1.11)
반파 정현파	V_m	$\frac{1}{2}V_m$	$\frac{1}{\pi}V_m$	2	$\frac{\pi}{2}$ = (1.57)
구형파	V_m	V_m	V_m	1	1
반파 구형파	V_m	$\frac{1}{\sqrt{2}}V_m$	$\frac{1}{2}V_m$	$\sqrt{2}$	$\frac{2}{\sqrt{2}}$ = (1.414)
삼각파	V_m	$\frac{1}{\sqrt{3}}V_m$	$\frac{1}{2}V_m$	$\sqrt{3}$	$\frac{2}{\sqrt{3}}$ =(1.15)

파고율 = $\frac{\text{최댓값}}{\text{실횻값}}$, 파형률 = $\frac{\text{실횻값}}{\text{평균값}}$

암기 ▶ 고최실, 형실평

신유형!

33 상 중 하

2차계에서 무제동으로 무한 진동이 일어나는 감쇠율 (Damping Ration) δ는 어떤 경우인가?

① $\delta = 0$　② $\delta > 1$
③ $\delta = 1$　④ $0 < \delta < 1$

해설 감쇠율

1) $0 < \delta < 1$: 부족제동 : 감쇠진동

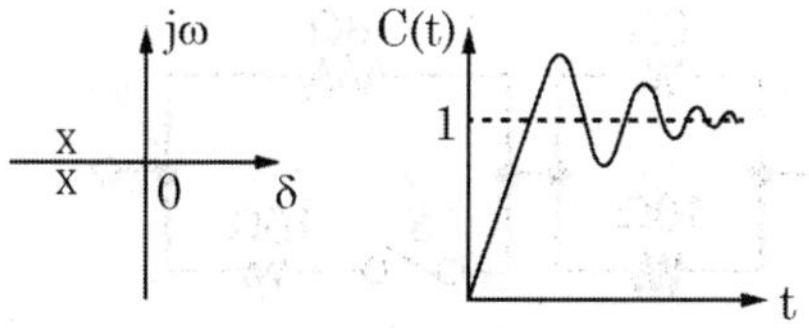

2) $\delta = 1$: 임계제동

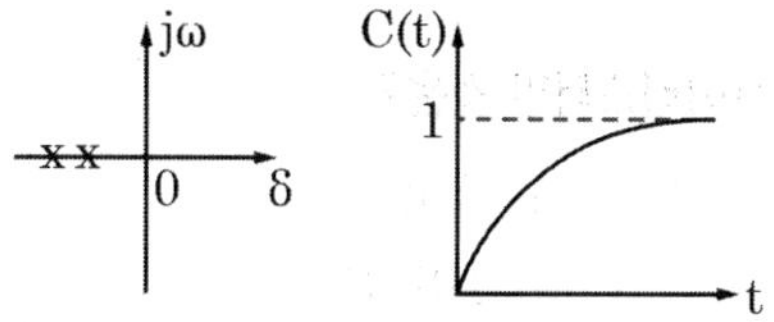

3) $\delta > 1$인 경우 : 과제동 : 비진동

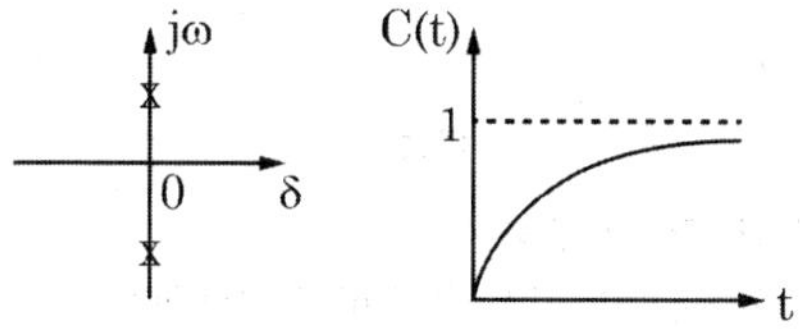

4) $\delta = 0$: 무제동

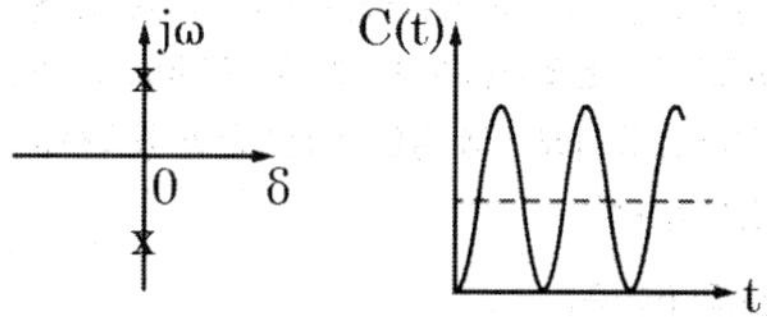

34 상 중 하

Y-Δ 기동방식으로 운전하는 3상 농형유도전동기의 Y결선의 기동전류(I_Y)와 Δ결선의 기동전류(I_Δ)의 관계로 옳은 것은?

① $I_Y = \frac{1}{3}I_\Delta$　② $I_Y = \sqrt{3}I_\Delta$

③ $I_Y = \frac{1}{\sqrt{3}}I_\Delta$　④ $I_Y = \frac{\sqrt{3}}{2}I_\Delta$

해설 결선에 따른 기동전류 관계

Y결선 시 선전류 : $I_Y = \frac{V}{\sqrt{3}R}$

△결선 시 선전류 : $I_\Delta = \frac{\sqrt{3}V}{R}$

$\frac{I_Y}{I_\Delta} = \frac{\frac{V}{\sqrt{3}R}}{\frac{\sqrt{3}V}{R}} = \frac{1}{3}$배

정답 33 ① 34 ①

35 상 중 하

다음 중 쌍방향성 사이리스터인 것은?

① 정류기 ② SCR
③ IGBT ④ TRIAC

해설 반도체

명칭	특성
SCR	• 사이리스터의 한 종류 • 애노드(A), 캐소드(K), 게이트(G)로 구성된다. • 단방향 3단자 • 래칭전류 : SCR이 OFF상태에서 ON 상태로의 전환이 이뤄지고, 트리거신호가 제거된 직후에 SCR을 ON 상태로 유지하는 데 필요한 최소한의 양극전류를 래칭전류라 한다.
트라이악 (TRIAC)	• npnpn의 5층구조 • 직·교류에서 모두 사용할 수 있는 3단자 스위칭 소자 • 교류전력 기기 제어용 • 쌍방향 3단자
다이악 (DIAC)	• 소용량 저항부하의 AC전력 제어용 • 쌍방향 2단자
서미스터	• 온도에 의해 저항값이 변하는 반도체 소자 • 부(-) 저항온도계수의 특성 : 온도 증가 시 저항 감소 • 열을 감지하는 감열저항체 소자 • 온도보상용, 온도계측용(온도계), 온도보정용
바리스터	• 인가되는 전압에 따라 저항값이 변하는 비선형 반도체 소자 • 전압에 따라 저항값이 변화하는 저항 소자 • 회로를 병렬로 연결하여 사용 • 서지전압으로부터 기기보호 • 계전기접점의 불꽃소거
사이리스터	• p형 반도체와 n형 반도체의 4층 이상 접합한 것 • 전극 단자 수가 2, 3, 4인 것이 있다(위상제어, 타이머회로, 트리거회로).
집적회로	• 하나의 실리콘 칩 내부에 트랜지스터, 다이오드 저항, 콘덴서 등 여러 가지 전자부품을 고밀도로 집적하여 패키지로 만든 것 • 시스템이 소형화, 가볍고 얇다. • 신뢰성이 높고 부품의 교체가 쉽다.

신유형!

36 상 중 하

소화펌프에 연결하는 전동기의 용량은 약 몇 [kW]인가? (단, 전동기 효율은 0.9, 토출량은 2.4 [m³/min], 전양정은 90 [m], 전달계수는 1.1이다)

① 43 ② 53
③ 63 ④ 36

해설 전동기의 용량 계산

$$P = \frac{9.8\,Q\,H}{\eta} \times K$$

$$= \frac{9.8 \times \frac{2.4}{60} \times 90}{0.9} \times 1.1$$

$$= 43\,[kW]$$

P : 펌프동력 [kW]
K : 전달계수
H : 전양정 [m]
η : 효율 [%]
Q_1 : 유량 [m³/sec]
γ : 물의 비중량 9.8 [kN/m³]

TIP ▶ 문제에서 토출량의 단위가 '분당'으로 출제되었으므로 '초당'으로 반드시 환산해서 대입한다.

신유형!

37 상 중 하

다음 회로에서 스위치 S를 닫았을 때 전류계는 24 [A]를 지시하였다. 스위치 S를 열었을 때 전류계의 지시는 약 몇 [A]인가?

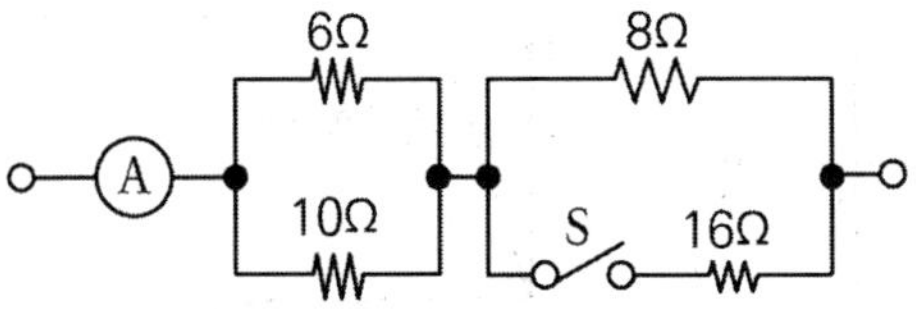

① 16 ② 18
③ 25 ④ 40

정답 35 ④ 36 ① 37 ②

해설 스위치를 열고 닫았을 때 전류

1) 스위치를 열거나 닫았을 때 전압은 바뀌지 않음

$\therefore\ V = I_1R_1 = I_2R_2$

이때 I_1 : 스위치를 닫은 후 전류

R_1 : 스위치를 닫은 후 합성저항

I_2 : 스위치를 닫기 전 전류

R_2 : 스위치를 닫기 전 합성저항

2) 스위치를 닫았을 경우의 합성저항

$$R_1 = \frac{6\times10}{6+10} + \frac{8\times16}{8+16} = 9.08[\Omega]$$

(병렬접속 $R_0 = \frac{R_1R_2}{R_1+R_2}$, 직렬접속 $R_0 = R_1+R_2$)

3) 스위치를 열었을 경우의 합성저항 : 스위치가 열린 16 [Ω] 쪽으로는 전류가 흐르지 않음

$$R_2 = \frac{6\times10}{6+10} + 8 = 11.75[\Omega]$$

4) $V = I_1R_1 = I_2R_2$에서

$$I_2 = \frac{R_1}{R_2}\times I_1 = \frac{9.08}{11.75}\times24 = 18[A]$$

신유형!

38 상중하

회전자 입력이 100 [kW], 슬립이 4 [%]인 3상 유도전동기의 2차동손 [kW]을 구하시오.

① 4 ② 0.4
③ 0.04 ④ 0.004

해설 2차동손

2차동손 = 입력 × 슬립 = 100 × 0.04 = 4 [kW]

보충 ▶ 동손 : 저항손이라고도 하며 권선의 저항에 의해 생기는 손실을 말한다.

39 상중하

그림과 같은 오디오회로에서 스피커 저항이 8 [Ω]이고, 증폭기회로의 저항이 288 [Ω]이다. 이 변압기의 권수비는?

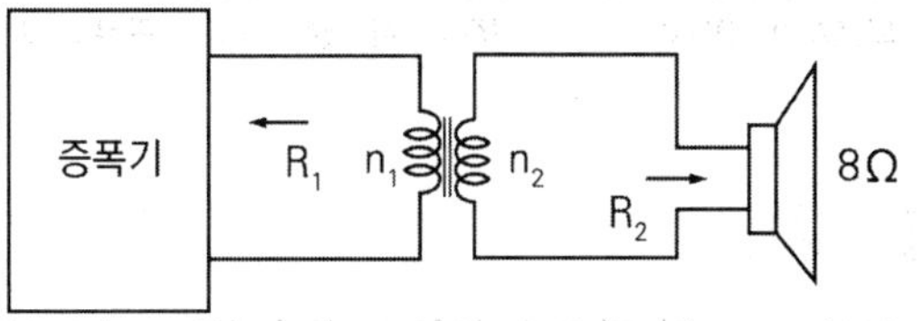

① 6 ② 7
③ 8 ④ 42

해설 변압기 권수비

$$\text{권수비}\,a = \frac{N_1}{N_2} = \frac{V_1}{V_2} = \frac{E_1}{E_2} = \frac{I_2}{I_1} = \sqrt{\frac{R_1}{R_2}}$$

$$\therefore\ a = \sqrt{\frac{R_1}{R_2}} = \sqrt{\frac{288}{8}} = 6$$

N : 권수
a : 권수비
V : 전압 [V]
I : 전류 [A]
R : 저항 [Ω]

40 상중하

자기 인덕턴스 L_1, L_2가 각각 4 [mH], 9 [mH]인 두 코일이 이상적인 결합이 되었다면 상호인덕턴스는 몇 [mH]인가? (단, 결합계수 k = 1)

① 6 ② 12
③ 24 ④ 36

해설 상호인덕턴스(M)

$$M = k\sqrt{L_1L_2}$$
$$= 1\times\sqrt{4\times9} = 6\ [\text{mH}]$$

M : 상호인덕턴스
L : 자기인덕턴스
k : 결합계수

정답 38 ① 39 ① 40 ①

2023년 1회

소방관계법규

3회독	월	일
2회독	월	일
1회독	월	일

목표시간 : 20분 | 시작 : _시 _분 | 종료 : _시 _분 | 맞은 개수 : _ /20

41 상 중 하

소방시설 설치 및 관리에 관한 법령상 특정소방대상물에 실내장식 등의 목적으로 설치 또는 부착하는 물품으로서 제조 또는 가공공정에서 방염처리를 한 방염대상물품이 아닌 것은? (단, 합판·목재류의 경우에는 설치현장에서 방염처리를 한 것을 말한다)

① 창문에 설치하는 커트류
② 암막·무대막
③ 전시용 합판·목재 또는 섬유판
④ 종이벽지

해설 방염대상물품

1) 제조·가공 공정에서 방염처리한 물품
 (1) 창문에 설치하는 커튼류(블라인드 포함)
 (2) 카펫
 (3) 벽지류(두께 2 [mm] 미만인 종이벽지 제외)
 (4) 전시용 합판·목재 또는 섬유판, 무대용 합판·목재 또는 섬유판(합판·목재류의 경우 불가피하게 설치 현장에서 방염처리한 것을 포함한다)
 (5) 암막·무대막(영화상영관 스크린, 가상체험체육시설의 스크린 포함)
 (6) 섬유류, 합성수지류 등을 원료로 하여 제작된 소파·의자(단란주점영업, 유흥주점, 노래연습장업의 영업장에 설치하는 것만 해당)
2) 건축물 내부의 천장이나 벽에 부착하거나 설치하는 것, 다만 가구류(옷장·찬장·식탁·식탁용 의자·사무용 책상·사무용 의자·계산대 등)와 너비 10 [cm] 이하 반자돌림대 등과 내부 마감재료는 제외
 (1) 종이류(두께 2 [mm] 이상)·합성수지류·섬유류를 주원료로 한 물품
 (2) 합판, 목재
 (3) 공간 구획하는 간이 칸막이(접이식 등 이동 가능한 벽체나 천장 또는 반자가 실내에 접하는 부분까지 구획하지 않는 벽체를 말한다)
 (4) 흡음(吸音)을 위하여 설치하는 흡음재(흡음용 커튼을 포함한다)
 (5) 방음(防音)을 위하여 설치하는 방음재(방음용 커튼을 포함한다)

보충 ▶ 시·도지사 : 설치현장 방염처리 합판·목재

42 상 중 하

위험물안전관리법령상 제조소 또는 일반 취급소의 위험물 취급탱크 노즐 또는 맨홀을 신설하는 경우, 노즐 또는 맨홀의 직경이 몇 [mm]를 초과하는 경우 변경허가를 받아야 하는가?

① 250
② 300
③ 400
④ 600

정답 41 ④ 42 ①

해설 제조소등의 설치 및 변경

1) 설치허가자 : 시 · 도지사(행전안전부령)
2) 위험물 품명 · 수량 · 지정수량의 배수 변경신고 : 변경하고자 하는 날의 1일 전
3) 제조소 · 일반취급소 변경허가를 받아야 하는 경우
   (1) 제조소 · 일반취급소 위치 이전
   (2) 배출설치 또는 불활성기체 봉입장치 신설
   (3) 위험물취급탱크 신설 · 교체 · 철거 · 보수
   (4) 위험물취급탱크 노즐 또는 맨홀 신설(노즐 또는 맨홀 직경 250 [mm] 초과하는 경우)
   (5) 위험물취급탱크 탱크전용실 증설 또는 교체
4) 변경허가 · 변경신고 제외 장소
   (1) 주택의 난방시설(공동주택의 중앙난방시설 제외)을 위한 저장소 · 취급소
   (2) 농예용 · 축산용 · 수산용으로 필요한 난방시설 또는 건조시설을 위한 지정수량 20배 이하의 저장소

43 상중하

특수가연물의 저장 및 취급기준을 2회 위반한 경우 과태료 부과기준은?

① 100　② 200
③ 300　④ 400

해설 과태료 부과기준(200만 원 이하)

1) 불을 사용할 때 지켜야 하는 사항 및 특수가연물의 저장 및 취급기준을 위반한 경우
2) 소방설비등의 설치 명령을 정당한 사유 없이 따르지 아니한 경우
3) 기간 내에 선임신고를 하지 아니하거나 소방안전관리자의 성명 등을 게시하지 아니한 경우
4) 기간 내에 선임신고를 하지 아니한 자
5) 기간 내에 소방훈련 및 교육결과를 제출하지 아니한 경우

※ 특수가연물의 저장 및 취급기준 위반 : 횟수에 상관없이 200만 원

44 상중하

다음 중 중급기술자의 학력 · 경력자에 대한 기준으로 옳은 것은?

① 박사학위를 취득한 후 1년 이상 소방 관련 업무를 수행한 자
② 석사학위를 취득한 후 2년 이상 소방 관련 업무를 수행한 자
③ 학사학위를 취득한 후 6년 이상 소방 관련 업무를 수행한 자
④ 전문학사학위를 취득한 후 10년 동안 소방 관련 업무를 수행한 자

해설 소방기술자 학력 · 경력에 따른 기술등급

등급	소방 관련 학과 학력 경력자	소방 관련 학과 이외 경력자
특급	• 박사 + 3년 이상 • 석사 + 7년 이상 • 학사 + 11년 이상 • 전문학사학위 + 15년 이상	–
고급	• 박사 + 1년 이상 • 석사 + 4년 이상 • 학사 + 7년 이상 • 전문학사학위 + 10년 이상 • 고등학교 소방학과 + 13년 • 고등학교 졸업 + 15년 이상	• 학사 + 12년 이상 • 전문학사학위 + 15년 이상 • 고등학교 졸업 + 18년 이상 • 22년 이상 소방 관련 업무
중급	• 박사 **• 석사 + 2년 이상** **• 학사 + 5년 이상** • 전문학사학위 + 8년 이상 • 고등학교 소방학과 + 10년 • 고등학교 졸업 + 12년 이상	• 학사 + 9년 이상 • 전문학사학위 + 12년 이상 • 고등학교 졸업 + 15년 이상 • 18년 이상 소방 관련 업무
초급	• 석사, 학사 • 관련 학과 졸업 • 전문학사학위 + 2년 이상 • 고등학교 소방학과 + 3년 • 고등학교 졸업 +5년 이상	• 학사 + 3년 이상 • 전문학사학위 + 5년 이상 • 고등학교 졸업 + 7년 이상 • 9년 이상 소방 관련 업무

정답 43 ② 44 ②

2023

45 상중하

화재의 예방 및 안전관리에 관한 법령에 따른 특수가연물의 기준 중 다음 ( ) 안에 알맞은 것은?

품명	수량
나무껍질 및 대팻밥	(㉠) [kg] 이상
면화류	(㉡) [kg] 이상

① ㉠ 200, ㉡ 400　② ㉠ 200, ㉡ 1000
③ ㉠ 400, ㉡ 200　④ ㉠ 400, ㉡ 1000

해설 특수가연물

품명		수량
면화류		200 [kg] 이상
나무껍질 및 **대**팻밥		400 [kg] 이상
넝마 및 종이부스러기		1000 [kg] 이상
사류, **볏**짚류		1000 [kg] 이상
가연성 **고**체류		3000 [kg] 이상
석탄 · **목**탄류		10000 [kg] 이상
가연성 **액**체류		2 [m^3] 이상
목재가공품 및 나무부스러기		10 [m^3] 이상
고무류 · 플라스틱류	**발**포시킨 것	20 [m^3] 이상
	그 밖의 것	3000 [kg] 이상

암기 ▶ 면이 나대싸 넝사볏 천 가고삼 석목만 가액이 고발이

46 상중하

소방기본법령상 출동한 소방대원에게 폭행 또는 협박을 행사하여 화재진압 · 인명구조 또는 구급활동을 방해한 사람에 대한 벌칙기준은?

① 500만 원 이하의 과태료
② 1년 이하의 징역 또는 1000만 원 이하의 벌금
③ 3년 이하의 징역 또는 3000만 원 이하의 벌금
④ 5년 이하의 징역 또는 5000만 원 이하의 벌금

해설 5년 이하 징역 또는 5000만 원 이하 벌금

1) 위력을 사용하여 출동한 소방대의 화재진압 · 인명구조 · 구급활동을 방해하는 행위
2) 소방대가 화재진압 · 인명구조 · 구급활동을 위하여 현장에 출동하거나 현장에 출입하는 것을 고의로 방해하는 행위
3) 출동한 소방대원에게 폭행 · 협박을 행사하여 화재진압 · 인명구조 · 구급활동 방해(음주 또는 약물로 인한 심신장애 상태에서 위반 시 형법의 감경 미적용)
4) 출동한 소방대의 소방장비를 파손하거나 그 효용을 해하여 화재진압 · 인명구조 · 구급활동 방해하는 행위
5) 소방자동차의 출동을 방해한 사람
6) 사람을 구출하는 일 또는 불을 끄거나 불이 번지지 않도록 하는 일을 방해한 사람
7) 정당한 사유 없이 소방용수시설 · 비상소화장치를 사용하거나 소방용수시설 · 비상소화장치의 효용을 해치거나 그 정당한 사용을 방해한 사람

47 상중하

소방시설 설치 및 관리에 관한 법령상 스프링클러설비를 설치하여야 하는 특정소방대상물의 기준으로 틀린 것은? (단, 위험물 저장 및 처리 시설 중 가스시설 또는 지하구는 제외한다)

① 복합건축물로서 연면적 3500 [m^2] 이상인 경우에는 모든 층
② 창고시설(물류터미널은 제외)로서 바닥면적 합계가 5000 [m^2] 이상인 경우에는 모든 층
③ 숙박이 가능한 수련시설 용도로 사용되는 시설의 바닥면적의 합계가 600 [m^2] 이상인 것은 모든 층
④ 판매시설, 운수시설 및 창고시설(물류터미널에 한정)로서 바닥면적의 합계가 5000 [m^2] 이상이거나 수용인원이 500명 이상인 경우에는 모든 층

정답 45 ③ 46 ④ 47 ①

해설 스프링클러설비 설치대상

설치대상	기준
• 문화 및 집회시설(동·식물원 제외) • 종교시설 • 운동시설(물놀이형 시설 및 바닥이 불연재료이고 관람석이 없는 운동시설은 제외)	• 수용인원 100명 이상 • 영화상영관 바닥면적 : 지하층·무창층 500 [m^2](그 외 1000 [m^2]) 이상 • 무대부 : 지하층·무창층, 4층 이상 300 [m^2](그 외 500 [m^2]) 이상
• 판매시설, 운수시설 • 창고시설(물류터미널)	• 수용인원 500명 이상 • 바닥면적 합계 5000 [m^2] 이상
6층 이상인 특정소방대상물	전 층
• 의료시설(정신의료기관, 종합병원, 병원, 치과병원, 한방병원, 요양병원) • 노유자시설 • 숙박 가능한 수련시설 • 숙박시설 • 산후조리원, 조산원	바닥면적 합계 600 [m^2] 이상인 것은 모든 층
지하상가	연면적 1000 [m^2] 이상
기숙사(교육연구시설·수련시설 내에 있는 학생 수용을 위한 것), 복합건축물	연면적 5000 [m^2] 이상인 모든 층
특수가연물 저장·취급시설	지정수량 1000배 이상
랙식 창고의 높이가 10 [m]를 초과	바닥면적 또는 랙이 설치된 부분의 합계가 1500 [m^2] 이상인 경우 모든 층
전기저장시설, 교정 및 군사시설 중 보호감호소, 교도소, 구치소 및 그 지소, 보호관찰소, 갱생보호시설, 치료감호시설, 소년원 및 소년분류심사원의 수용거실, 보호시설(외국인보호소의 경우에는 보호대상자의 생활공간으로 한정), 유치장	-

48 (상 ㊥ 하)

아파트로 층수가 20층인 특정소방대상물에서 스프링클러설비를 하여야 하는 층수는? (단, 아파트는 신축을 실시하는 경우이다)

① 전 층
② 15층 이상
③ 11층 이상
④ 6층 이상

해설 스프링클러설비 설치대상

47번 문제 해설 참조

49 (상 ㊥ 하)

제3류 위험물 중 금수성 물품에 적응성이 있는 소화약제는?

① 이산화탄소
② 물
③ 팽창진주암
④ 인산염류분말

해설 금수성 물질

• 물과 접촉하여 발화, 가연성 가스 발생
• 종류 : 칼륨, 나트륨, 알킬알루미늄, 알킬리튬
• 질식소화 : 마른모래, 팽창질석, 팽창진주암

정답 48 ① 49 ③

50 (상 중 하)

화재의 예방 및 안전관리에 관한 법령상 일반음식점에서 조리를 위하여 불을 사용하는 설비를 설치하는 경우 지켜야 하는 사항 중 다음 (   ) 안에 알맞은 것은?

- 주방설비에 부속된 배기닥트는 (㉠) [mm] 이상의 아연도금 강판 또는 이와 동등 이상의 내식성 불연재료로 설치할 것
- 열을 발생하는 조리기구로부터 (㉡) [m] 이내의 거리에 있는 가연성 주요구조부는 석면판 또는 단열성이 있는 불연 재료로 덮어씌울 것

① ㉠ 0.5, ㉡ 0.15
② ㉠ 0.5, ㉡ 0.6
③ ㉠ 0.6, ㉡ 0.15
④ ㉠ 0.6, ㉡ 0.5

해설 음식조리를 위하여 설치하는 설비

- 주방설비에 부속된 배출덕트는 0.5 [mm] 이상 아연도금강판 또는 동등 이상의 내식성 불연재료로 설치
- 동·식물 기름 제거 가능한 필터 설치
- 열 발생 조리기구는 반자 또는 선반으로부터 0.6 [m] 이상 떨어지게 할 것
- 열 발생 조리기구로부터 0.15 [m] 이내 거리의 가연성 주요구조부는 석면판 또는 단열성 있는 불연재료로 덮어씌울 것

51 (상 중 하)

소방공사업법령상 공사감리자 지정대상 특정 소방대상물의 범위가 아닌 것은?

① 캐비닛형 간이스프링클러설비를 신설·개설하거나 방호·방수구역을 증설할 때
② 물분무등소화설비(호스릴방식의 소화설비는 제외)를 신설·개설하거나 방호·방수구역을 증설할 때
③ 제연설비를 신설·개설하거나 제연구역을 증설할 때
④ 연소방지설비를 신설·개설하거나 살수구역을 증설할 때

해설 공사감리자 지정대상 특정소방대상물 범위

1) 옥내소화전설비 신설·개설·증설
2) 스프링클러설비등(캐비닛형 간이SP 제외) 신설·개설하거나 방호·방수구역을 증설
3) 물분무등소화설비(호스릴 제외) 신설·개설하거나 방호·방수구역을 증설
4) 옥외소화전설비 신설·개설·증설
5) 자동화재탐지설비 신설·개설
6) 회제알림설비 신설·개설
7) 비상방송설비 신설·개설
8) 통합감시시설 신설·개설
9) 소화용수설비 신설·개설
10) 다음 각 목에 따른 소화활동설비에 대하여 각 목에 따른 시공을 할 때
  (1) 제연설비 신설·개설하거나 제연구역 증설
  (2) 연결송수관설비 신설·개설
  (3) 연결살수설비 신설·개설하거나 송수구역 증설
  (4) 비상콘센트설비 신설·개설하거나 전용회로 증설
  (5) 무선통신보조설비 신설·개설
  (6) 연소방지설비를 신설·개설하거나 살수구역 증설

52 (상 중 하)

소방시설공사업법령상 상주 공사감리 대상기준 중 다음 (   ) 안에 알맞은 것은?

- 연면적 (㉠) [m^2] 이상의 특정소방대상물(아파트 제외)에 대한 소방시설의 공사
- 지하층을 포함한 층수가 (㉡)층 이상으로서 (㉢)세대 이상인 아파트에 대한 소방시설의 공사

① ㉠ 10000, ㉡ 11, ㉢ 600
② ㉠ 10000, ㉡ 16, ㉢ 500
③ ㉠ 30000, ㉡ 11, ㉢ 600
④ ㉠ 30000, ㉡ 16, ㉢ 500

정답 50 ① 51 ① 52 ④

해설 공사감리 대상

종류	대상	방법
상주감리	• 연 3만 [m^2] 이상 (아파트 제외) • 16층(지하층 포함) 이상으로 500세대 이상 아파트	• 정한 기간에 현장 상주 • 감리업무 수행, 감리일지 작성 • 1일 이상 일탈 시 발주확인·업무대행
일반감리	• 상주감리 이외 공사현장	• 배치기간에 현장 업무, 주 1회 이상 • 감리업무 수행, 감리일지 작성 • 14일 이내 수행 불가 시 대행자 지정 • 대행자 주 2회 이상 배치, 업무내용통보

53 상중하

소방용수시설 급수탑 개폐밸브의 설치기준으로 옳은 것은?

① 지상에서 1.0 [m] 이상 1.5 [m] 이하
② 지상에서 1.5 [m] 이상 1.7 [m] 이하
③ 지상에서 1.2 [m] 이상 1.8 [m] 이하
④ 지상에서 1.5 [m] 이상 2.0 [m] 이하

해설 소방용수시설의 설치기준

1) 소화전
- 상수도와 연결, 지하식·지상식 구조
- 연결금속구 구경 : 65 [mm]

2) 급수탑
- 급수배관 구경 : 100 [mm] 이상
- <u>개폐밸브 : 지상 1.5 [m] 이상 1.7 [m] 이하</u>

3) 저수조
- 지면으로부터의 낙차 : 4.5 [m] 이하
- 흡수부분 수심 : 0.5 [m] 이상일 것
- 흡수관 투입구 : 사각형 한 변 60 [cm]
  원형 지름 60 [cm] 이상

54 상중하

고급감리원 이상의 소방공사감리원의 소방시설공사 배치 현장기준으로 옳은 것은?

① 연면적 5000 [m^2] 이상 30000 [m^2] 미만인 특정소방대상물의 공사 현장
② 연면적 30000 [m^2] 이상 200000 [m^2] 미만인 아파트의 공사 현장
③ 연면적 30000 [m^2] 이상 200000 [m^2] 미만 특정소방대상물(아파트 제외) 공사 현장
④ 연면적 200000 [m^2] 이상인 특정소방대상물의 공사 현장

해설 감리원 배치기준

감리원 배치기준	소방시설공사 현장기준
특급감리원 중 소방기술사	• 연면적 200000 [m^2] 이상 특정소방대상물 공사현장 • 지하층을 포함한 층수가 40층 이상 특정소방대상물 공사현장
특급감리원 이상 소방공사 감리원 (기계분야 및 전기분야)	• 연면적 30000 [m^2] 이상 200000 [m^2] 미만 특정소방대상물 공사현장(아파트 제외) • 지하층 포함한 층수가 16층 이상 40층 미만 특정소방대상물 공사현장
고급감리원 이상 소방공사 감리원 (기계분야 및 전기분야)	• 물분무등소화설비(호스릴방식 제외) 또는 제연설비 설치되는 특정소방대상물 공사현장 • <u>연면적 30000 [m^2] 이상 200000 [m^2] 미만 아파트 공사현장</u>

정답 53 ② 54 ②

55 상중하

소방시설기준 적용의 특례 중 특정소방대상물의 관계인이 소방시설을 갖추어야 함에도 불구하고 관련 소방시설을 설치하지 아니할 수 있는 소방시설의 범위로 옳은 것은? (단, 화재 위험도가 낮은 특정소방대상물로서 석재, 불연성금속, 불연성 건축재료 등의 가공공장·기계조립공장·주물공장 또는 불연성 물품을 저장하는 창고이다)

① 옥외소화전 및 연결살수설비
② 연결송수관설비 및 연결살수설비
③ 자동화재탐지설비, 상수도소화용수설비 및 연결살수설비
④ 스프링클러설비, 상수도소화용수설비 및 연결살수설비

해설 화재위험도 낮은 특정소방대상물

구분	특정소방대상물	소방시설
화재위험도가 낮은 특정소방대상물	석재, 불연성금속, 불연성 건축재료 등의 가공공장, 기계조립공장, 불연성물품 저장창고	옥외소화전설비, 연결살수설비
화재안전기준 적용 어려운 특정소방대상물	펄프공장의 작업장, 음료수 공장의 세정·충전 작업장 등	스프링클러설비, 상수도소화용수설비, 연결살수설비
	정수장, 수영장, 목욕장, 농예·축산·어류양식용시설 등	자동화재탐지, 상수도소화용수, 연결살수설비
화재안전기준을 달리 적용하여야 하는 특수한 용도·구조의 특정소방대상물	• 원자력발전소 • 중·저준위방사성폐기물의 저장시설	연결송수관설비, 연결살수설비
위험물안전관리법에 따라 자체소방대 설치된 특정소방대상물	자체소방대가 설치된 위험물 제조소등에 부속된 사무실	옥내소화전설비, 소화용수설비, 연결살수설비 및 연결송수관설비

56 상중하

우수품질인증을 받지 아니한 제품에 우수품질 인증 표시를 하거나 우수품질인증 표시를 위조 또는 변조하여 사용한 자에 대한 벌칙기준은?

① 100만 원 이하의 벌금
② 200만 원 이하의 벌금
③ 300만 원 이하의 벌금
④ 1000만 원 이하의 벌금

해설 1년 1000만 원 이하의 벌금

1) 자체점검을 하지 않거나 관리업자에게 정기점검하게 하지 아니한 자
2) 소방시설관리사증을 빌려주거나 빌리거나 이를 알선한 자
3) 동시에 둘 이상의 업체에 취업한 자
4) 자격정지처분을 받고 자격정지기간 중에 관리사의 업무를 한 자
5) 관리업 등록증, 등록수첩을 다른 자에게 빌려주거나 빌리거나 이를 알선한 자
6) 영업정지처분을 받고 영업정지기간 중에 관리업의 업무를 한 자
7) 제품검사 합격표시 허위·위조·변조한 자
8) 형식승인의 변경승인을 받지 아니한 자
9) 제품검사에 합격하지 아니한 소방용품에 성능인증을 받았다는 표시 또는 제품검사에 합격하였다는 표시를 하거나 성능인증을 받았다는 표시 또는 제품검사에 합격하였다는 표시를 위조 또는 변조하여 사용한 자
10) 성능인증의 변경인증을 받지 아니한 자
11) 우수품질 표시 허위·위조·변조하여 사용한 자
12) 관계인의 업무 방해하거나 출입·검사 시 알게 된 비밀을 누설한 자

정답 55 ① 56 ④

57 상 중 하

소방의 역사와 안전문화를 발전시키고 국민의 안전의식을 높이기 위하여 ㉠ 소방박물관과 ㉡ 소방체험관을 설립 및 운영할 수 있는 사람은?

① ㉠ 소방청장, ㉡ 소방청장
② ㉠ 소방청장, ㉡ 시·도지사
③ ㉠ 시·도지사, ㉡ 시·도지사
④ ㉠ 소방본부장, ㉡ 시·도지사

해설 설립 및 운영 소방박물관, 체험관

소방박물관	소방체험관
소방청장	시·도지사
행정안전부령	시·도 조례
① 국내·외의 소방의 역사 ② 소방공무원의 복장 및 소방장비 등의 변천 및 발전에 관한 자료를 수집·보관 및 전시	① 재난·안전사고 유형에 따른 예방, 대처, 대응 등에 관한 체험교육 ② 체험교육 프로그램의 개발 및 국민 안전의식 향상을 위한 홍보·전시 ③ 체험교육 인력의 양성 및 유관기관·단체 등과 협력 ④ 시·도지사가 인정하는 사업
① 소방박물관장 1인(소방공무원 중 소방청장이 임명), 부관장 1인 ② 운영위원회 : 7인 이내	–

58 상 중 하

소방시설 설치 및 관리에 관한 법령상 형식승인을 받지 아니한 소방용품을 판매하거나 판매목적으로 진열하거나 소방시설공사에 사용한 자에 대한 벌칙기준은?

① 3년 이하의 징역 또는 3000만 원 이하의 벌금
② 2년 이하의 징역 또는 1500만 원 이하의 벌금
③ 1년 이하의 징역 또는 1000만 원 이하의 벌금
④ 1년 이하의 징역 또는 500만 원 이하의 벌금

해설 3년 이하 징역 또는 3000만 원 이하 벌금

1) 조치명령 위반사항에 대한 명령을 정당한 사유 없이 위반
2) 관리업 등록을 하지 않고 영업을 한 자
3) 소방용품 형식승인 받지 아니하고 제조·수입 또는 거짓이나 그 밖의 부정한 방법으로 형식승인을 받은 자
4) 제품검사를 받지 아니한 자 또는 거짓이나 그 밖의 부정한 방법으로 제품검사를 받은 자
5) 소방용품을 판매·진열하거나 소방시설공사에 사용한 자
6) 거짓이나 그 밖의 부정한 방법으로 성능인증 또는 제품검사를 받은 자
7) 제품검사를 받지 아니하거나 합격표시를 하지 아니한 소방용품을 판매·진열하거나 소방시설공사에 사용한 자
8) 구매자에게 명령을 받은 사실을 알리지 아니하거나 필요한 조치를 하지 아니한 자
9) 거짓이나 그 밖의 부정한 방법으로 전문기관으로 지정을 받은 자

59 상 중 하

소방기본법에서 정의하는 소방대상물에 해당하지 않는 것은?

① 산림 ② 차량
③ 건축물 ④ 항해 중인 선박

해설 소방용어 정의

1) 소방대상물
(1) 건축물
(2) 차량
(3) 선박(항구에 매어 둔 것)
(4) 산림, 그 밖의 인공구조물 또는 물건
2) 관계지역
소방대상물이 있는 장소 및 그 이웃 지역으로 화재의 예방·경계·진압, 구조·구급 등의 활동에 필요한 지역
3) 관계인
소방대상물의 소유자·관리자·점유자
4) 소방대
화재 진압 및 화재, 재난·재해, 그 밖의 위급한 상황에서 구조·구급 활동

2023

정답 57 ② 58 ① 59 ④

(1) 소방공무원
(2) 의무소방원
(3) 의용소방대원

암기 ▶ 공무용

5) 소방본부장
특별시·광역시·특별자치시·도 또는 특별자치도(이하 "시·도"라 한다)에서 화재의 예방·경계·진압·조사 및 구조·구급 등의 업무를 담당하는 부서의 장
6) 소방대장
소방본부장 또는 소방서장 등 화재, 재난·재해, 그 밖의 위급한 상황이 발생한 현장에서 소방대를 지휘하는 사람

60 상 중 하

소방기본법령상 소방력의 동원에 대한 설명으로 틀린 것은?

① 소방청장은 해당 시·도의 소방력만으로는 소방활동을 효율적으로 수행하기 어려운 화재, 재난·재해, 그 밖의 구조·구급이 필요한 상황이 발생하거나 특별히 국가적 차원에서 소방활동을 수행할 필요가 인정될 때에는 각 시·도지사에게 행정안전부령으로 정하는 바에 따라 소방력을 동원할 것을 요청할 수 있다.
② 소방청장은 시·도지사에게 동원된 소방력을 화재, 재난·재해 등이 발생한 지역에 지원·파견하여 줄 것을 요청하거나 필요한 경우 직접 소방대를 편성하여 화재진압 및 인명구조 등 소방에 필요한 활동을 하게 할 수 있다.
③ 동원된 소방대원이 다른 시·도에 파견·지원되어 소방활동을 수행할 때에는 특별한 사정이 없으면 화재, 재난·재해 등이 발생한 지역을 관할하는 소방본부장 또는 소방서장의 지휘에 따라야 한다. 다만 소방청장이 직접 소방대를 편성하여 소방활동을 하게 하는 경우에는 소방청장의 지휘에 따라야 한다.
④ 소방활동을 수행하는 과정에서 발생하는 경비 부담에 관한 사항에 따라 소방활동을 수행한 민간 소방 인력이 사망하거나 부상을 입었을 경우의 보상주체·보상기준 등에 관한 사항, 그 밖에 동원된 소방력의 운용과 관련하여 필요한 사항은 행정안전부령으로 정한다.

해설 소방력의 동원

1) 소방청장 → 시·도지사에게 요청
2) 동원요청 인정사항
(1) 시·도 소방력으로 소방활동이 어려운 화재
(2) 재난·재해
(3) 그 밖에 구조구급 필요사항
(4) 국가적 차원의 소방활동 필요
3) 동원 요청방법 : 소방청장은 시·도지사에게 동원 요청 사실과 다음의 요청사항을 팩스 또는 전화 등의 방법으로 통지(단, 긴급을 요하는 경우 시·도 소방본부 또는 소방서의 종합실장에게 직접 요청)
(1) 동원을 요청하는 인력 및 장비
(2) 소방력 이송 수단 및 집결장소
(3) 소방활동을 수행하게 될 재난의 규모, 원인 등 소방활동에 필요한 정보
4) 요청을 받은 시·도지사는 정당한 사유 없이 요청을 거절하여서는 아니 됨
5) 소방청장은 필요한 경우 직접 소방대를 편성하여 소방에 필요한 활동을 하게 할 수 있음
6) 동원된 소방력은 지역 관할하는 소방본부장·**서장**의 지휘에 따라야 함. 다만 소방청장이 직접 소방대를 편성하여 소방활동을 하는 경우에는 소방청장의 지휘에 따라야 함
7) 소방활동을 수행하는 과정에서 발생하는 경비 부담, 보상주체, 보상기준, 소방력 운용에 관한 사항 : **대통령령**
(1) 동원된 소방력의 소방활동 수행과정에서 발생하는 경비 : 시·도지사
(2) 동원된 민간 소방인력이 소방활동 수행 중 사망하거나 부상 입은 경우의 보상 : **시·도지사**

정답 60 ④

2023년 1회

소방전기시설의 구조 및 원리

3회독 월 일
2회독 월 일
1회독 월 일

목표시간 : 30분 | 시작 : _시 _분 | 종료 : _시 _분 | 맞은 개수 : _ /20

61 상 중 하

비상콘센트설비의 플러그접속기는 단상 교류 100 [V] 또는 220 [V]의 것에 있어서 접지형 몇 극 플러그접속기를 사용하는가?

① 1극 ② 2극
③ 3극 ④ 4극

해설 비상콘센트설비 전원회로 설치기준

1) 비상콘센트설비의 전원회로는 단상교류 220 [V]인 것으로서 그 공급용량은 1.5 [kVA] 이상인 것으로 할 것
2) 전원회로는 각 층에 2 이상이 되도록 설치할 것. 다만 설치해야 할 층의 비상콘센트가 1개인 때에는 하나의 회로로 할 수 있다.
3) 전원회로는 주배전반에서 전용회로로 할 것. 다만 다른 설비회로의 사고에 따른 영향을 받지 않도록 되어 있는 것은 그렇지 않다.
4) 전원으로부터 각 층의 비상콘센트에 분기되는 경우에는 분기배선용 차단기를 보호함 안에 설치할 것
5) 콘센트마다 배선용 차단기(KSC 8321)를 설치해야 하며 충전부가 노출되지 않도록 할 것
6) 개폐기에는 "비상콘센트"라고 표시한 표지를 할 것
7) 비상콘센트용의 풀박스 등은 방청도장을 한 것으로서 두께 1.6 [mm] 이상의 철판으로 할 것
8) 하나의 전용회로에 설치하는 비상콘센트는 10개 이하로 할 것. 이 경우 전선의 용량은 각 비상콘센트(비상콘센트가 3개 이상인 경우에는 3개)의 공급용량을 합한 용량 이상의 것으로 해야 한다.
9) 비상콘센트의 플러그접속기는 접지형 2극 플러그접속기(KSC 8305)를 사용해야 한다.
10) 비상콘센트의 플러그접속기의 칼받이의 접지극에는 접지공사를 해야 한다.

신유형!

62 상 중 하

누전경보기의 형식승인 및 제품검사의 기술기준에 따른 과누전시험에 대한 내용이다. 다음 (   )에 들어갈 내용으로 옳은 것은?

> 변류기는 1개의 전선을 변류기에 부착시킨 회로를 설치하고 출력단자에 부하저항을 접속한 상태로 당해 1개의 전선에 변류기의 정격전압의 (㉠) [%]에 해당하는 수치의 전류를 (㉡)분간 흘리는 경우 그 구조 또는 기능에 이상이 생기지 아니하여야 한다.

① ㉠ 20, ㉡ 5 ② ㉠ 30, ㉡ 10
③ ㉠ 50, ㉡ 15 ④ ㉠ 80, ㉡ 20

해설 누전경보기 과누전시험

1개의 전선에 변류기 정격전압의 20 [%]에 해당하는 수치의 전류를 5분간 흘리는 경우 그 구조 또는 기능에 이상이 생기지 않아야 한다.

[절연저항시험]
변류기는 DC 500 [V]의 절연저항계로 다음 각 호에 의한 시험을 하는 경우 5 [MΩ] 이상이어야 한다.
1) 절연된 1차권선과 2차권선 간의 절연저항
2) 절연된 1차권선과 외부금속부 간의 절연저항
3) 절연된 2차권선과 외부금속부 간의 절연저항

정답 61 ② 62 ①

63 상중하

통로유도등은 소방대상물의 각 거실과 그로부터 지상에 이르는 복도 또는 계단의 통로에 설치한다. 다음 중 설치기준으로 옳지 않은 것은?

① 계단통로유도등은 바닥으로부터 높이 1 [m] 이하에 설치
② 거실통로유도등은 바닥으로부터 높이 1 [m] 이하에 설치
③ 복도통로유도등은 구부러진 모퉁이 및 보행거리 20 [m]마다 설치
④ 거실통로유도등은 구부러진 모퉁이 및 보행거리 20 [m]마다 설치

해설 통로유도등 설치기준

1) 복도통로유도등
(1) 설치기준
① 복도에 설치할 것
② 옥내로부터 직접 지상으로 통하는 출입구 및 그 부속실의 출입구 또는 직통계단·직통계단의 계단실 및 그 부속실의 출입구의 경우, 피난구 유도등이 설치된 출입구의 맞은편 복도에는 입체형으로 설치하거나 바닥에 설치할 것
③ 구부러진 모퉁이 및 위에 따라 설치된 통로유도등 기점으로 보행거리 20 [m]마다 설치할 것
④ 바닥에 설치하는 통로 유도등은 하중에 따라 파괴되지 않는 강도의 것으로 할 것
(2) 설치높이
바닥으로부터 높이 1 [m] 이하의 위치에 설치할 것(다만 지하층 또는 무창층의 용도가 도매시장·소매시장·여객자동차터미널·지하역사 또는 지하상가인 경우에는 복도·통로 바닥에 설치)
(3) 형식승인 및 제품 시 식별도기준
① 상용전원 점등 시 : 직선거리 20 [m] 위치(표시면 화살표 식별 가능)
② 비상전원 점등 시 : 직선거리 15 [m] 위치(표시면 화살표 식별 가능)

2) 거실통로유도등
(1) 설치기준
① 거실의 통로에 설치할 것(다만 거실의 통로가 벽체 등으로 구획 시 복도통로유도등을 설치하여야 한다)
② 구부러진 모퉁이 및 보행거리 20 [m]마다 설치할 것
(2) 설치높이
바닥으로부터 높이 1.5 [m] 이상의 위치에 설치(다만 거실 통로에 기둥이 설치 시 기둥부분의 바닥으로부터 1.5 [m] 이하의 위치에 설치 가능)

3) 계단통로유도등
(1) 설치기준
각 층의 경사로 참 또는 계단참마다(1개 층에 경사로참 또는 계단참이 2 이상 있는 경우에는 2개의 계단참마다) 설치할 것
(2) 설치높이
바닥으로부터 높이 1 [m] 이하의 위치에 설치할 것

64 상중하

비상방송설비의 화재안전기술기준(NFTC 202)에 따라 비상방송설비 음향장치의 설치기준 중 다음 (　　)에 들어갈 내용으로 옳은 것은?

> 층수가 (㉠)층(공동주택의 경우 16층) 이상인 특정소방대상물의 1층에서 발화한 때에는 발화층·(㉡) 및 지하층에 경보를 발할 수 있도록 하여야 한다.

① ㉠ 5, ㉡ 직상층
② ㉠ 5, ㉡ 직상 4개 층
③ ㉠ 11, ㉡ 직상층
④ ㉠ 11, ㉡ 직상 4개 층

정답 63 ② 64 ④

해설 비상방송설비 음향향장치 경보(우선경보)

층수가 11층(공동주택의 경우에는 16층) 이상의 특정소방대상물은 다음과 같은 경보를 발할 수 있어야 한다.

1) 2층 이상의 층에서 발화한 때에는 발화층 및 그 직상 4개 층에 경보
2) 1층에서 발화한 때에는 발화층·그 직상 4개 층 및 지하층에 경보
3) 지하층에서 발화한 때에는 발화층·그 직상층 및 기타 지하층 경보

65 상 중 하

누전경보기의 화재안전기술기준에 따라 누전경보기의 수신부를 설치할 수 있는 장소로서 옳은 것은? (단, 해당 누전경보기에 대하여 방폭·방식·방습·방온·방진 및 정전기 차폐등의 방호조치를 하지 않은 경우이다)

① 온도의 변화가 급격한 장소
② 부식성의 증기·가스 등이 체류하는 장소
③ 옥내의 건조한 장소
④ 화약류를 제조하거나 저장 또는 취급하는 장소

해설 누전경보기 수신부 설치 제외 장소

1) 가연성 증기·먼지·가스, 부식성 증기·가스 등 다량 체류 장소
2) 화약류 제조·저장·취급하는 장소
3) 습도 높은 장소
4) 온도 변화 급격한 장소
5) 대전류회로·고주파 발생회로 등에 따른 영향을 받을 우려가 있는 장소

TIP ▶ 부식성 : 물질구성이 분해되는 성질
가연성 : 물질이 불에 타기 쉬운 성질

암기 ▶ 가화습온대

신유형!

66 상 중 하

감지기의 형식승인 및 제품검사의 기술기준에 따라 단독경보형 감지기가 작동할 때 화재를 경보하여 유·무선으로 주위의 다른 감지기에 신호를 발신하고 신호를 수신한 감지기도 화재를 경보하며 다른 감지기에 신호를 발신하는 방식은?

① 축적형 ② 아날로그식
③ 연동식 ④ 무선식

해설 감지기 형식별 특성

1) "다신호식"이란 1개의 감지기 내에 서로 다른 종별 또는 감도 등의 기능을 갖춘 것으로서 일정시간 간격을 두고 각각 다른 2개 이상의 화재신호를 발하는 감지기를 말한다.
2) "방폭형"이란 폭발성 가스가 용기 내부에서 폭발하였을 때 용기가 그 압력에 견디거나 또는 외부의 폭발성 가스에 인화될 우려가 없도록 만들어진 형태의 감지기를 말한다.
3) "방수형"이란 그 구조가 방수구조로 되어 있는 감지기를 말한다.
4) "재용형"이란 다시 사용할 수 있는 성능을 가진 감지기를 말한다.
5) "축적형"이란 일정농도 이상의 연기가 일정시간(공칭축적시간) 연속하는 것을 전기적으로 검출함으로써 작동하는 감지기(다만 단순히 작동시간만을 지연시키는 것은 제외한다)를 말한다.
6) "아날로그식"이란 주위의 온도 또는 연기의 량의 변화에 따라 각각 다른 전류치 또는 전압치 등의 출력을 발하는 방식의 감지기를 말한다.
7) "연동식"이란 단독경보형 감지기가 작동할 때 화재를 경보하며 유·무선으로 주위의 다른 감지기에 신호를 발신하고 신호를 수신한 감지기도 화재를 경보하며 다른 감지기에 신호를 발신하는 방식의 것을 말한다.
8) "무선식"이란 전파에 의해 신호를 송·수신하는 방식의 것을 말한다.

정답 65 ③ 66 ③

67 상중하

비상콘센트설비의 성능인증 및 제품검사의 기술기준에 따른 비상콘센트설비의 구조 및 기능에 대한 설명으로 틀린 것은?

① 보수 및 부속품의 교체가 쉬워야 한다.
② 부품의 부착은 기능에 이상을 일으키지 않고 쉽게 풀리지 않도록 하여야 한다.
③ 기기 내 비상전원 공급용 배선은 내열배선으로 한다.
④ 충전부는 노출되지 않도록 한다.

해설 비상콘센트설비의 구조 및 기능

1) 작동이 확실하고 취급 점검이 쉬워야 하며 현저한 잡음이나 장해전파를 발하지 아니하여야 한다.
2) 보수 및 부속품의 교체가 쉬워야 한다.
3) 부식에 의하여 기계적 기능에 영향을 초래할 우려가 있는 부분은 칠, 도금등으로 유효하게 내식가공을 하거나 방청가공을 하여야 하며 전기적 기능에 영향이 있는 단자, 나사 및 와셔등은 동합금이나 이와 동등 이상의 내식성능이 있는 재질을 사용하여야 한다.
4) <u>기기 내의 비상전원 공급용 배선은 내화배선으로, 그 밖의 배선은 내화배선 또는 내열배선으로 하여야 하며, 배선의 접속이 정확하고 확실하여야 한다</u>.
5) 부품의 부착은 기능에 이상을 일으키지 아니하고 쉽게 풀리지 아니하도록 하여야 한다.
6) 전선 이외의 전류가 흐르는 부분과 가동축 부분의 접촉력이 충분하지 아니한 곳에는 접촉부의 접촉불량을 방지하기 위한 적당한 조치를 하여야 한다.
7) 충전부는 노출되지 아니하도록 하여야 한다.
8) 비상콘센트설비의 각 접속기(콘센트를 말한다. 이하 같다)마다 배선용 차단기를 설치하여야 한다.
9) 수납형이 아닌 비상콘센트설비는 외함에 쉽게 개폐할 수 있도록 문을 설치하여야 한다.
10) 외함(수납형의 부품 지지판을 포함한다)은 방청가공을 한 두께 1.6 [mm] 이상의 강판, 두께 1.2 [mm] 이상의 스테인레스판 또는 두께 3 [mm] 이상의 자기소화성이 있는 합성수지를 사용하여야 한다.
11) 외함의 전면 상단에 주전원을 감시하는 적색의 표시등을 설치하여야 한다. 다만 수납형의 경우에는 주전원을 감시하는 표시등을 접속할 수 있는 단자만을 설치할 수 있다.
12) 외함이 재질이 강판등 금속재인 경우에는 접지단자를 설치하여야 한다.
13) 외함에는 "비상콘센트설비"(수납형은 "비상콘센트설비(수납형)")라고 표시한 표지를 하여야 한다.

68 상중하

휴대용 비상조명등은 지하상가 및 지하 역사에 보행거리 (㉠) [m] 이내마다 (㉡)개 이상 설치한다.

① ㉠ 25, ㉡ 1　　② ㉠ 25, ㉡ 3
③ ㉠ 50, ㉡ 1　　④ ㉠ 50, ㉡ 3

해설 휴대용 비상조명등 설치기준

1) 설치장소

설치장소	설치개수
숙박시설 또는 다중이용업소에는 객실 또는 영업장 안의 구획된 실마다 잘 보이는 곳 (외부 설치 시 출입문 손잡이로부터 1 [m] 이내 부분)	1개 이상
대규모점포 (지하상가 · 지하역사 제외), 영화상영관	보행거리 50 [m] 이내마다 3개 이상
지하상가 및 지하역사	보행거리 25 [m] 이내마다 3개 이상

2) 설치기준
(1) 바닥으로부터 0.8 [m] 이상 1.5 [m] 이하의 높이에 설치할 것
(2) 어둠 속에서 위치를 확인할 수 있도록 할 것
(3) 사용 시 자동으로 점등되는 구조일 것
(4) 외함은 난연성능이 있을 것
(5) 건전지 사용 시 방전방지조치를 하고, 충전식 배터리 사용 시 상시 충전되도록 할 것
(6) 건전지 및 충전식 배터리 용량은 20분 이상 유효하게 사용할 수 있는 것

정답 67 ③ 68 ②

69 상 중 하

부착높이 3 [m], 바닥면적 50 [m²]인 주요구조부를 내화구조로 한 소방대상물에 1종 열반도체식 차동식 분포형 감지기를 설치하고자 할 때 감지부의 최소 설치개수는?

① 1개　② 2개
③ 3개　④ 4개

해설 차동식 분포형 설치개수

부착높이 및 특정소방대상물의 구분		감지기의 종류	
		1종	2종
8 [m] 미만	내화구조	65	36
	기타구조	40	23
8 [m] 이상 15 [m] 미만	내화구조	50	36
	기타구조	30	23

설치개수 = 50/65 = 0.77 → 절상해서 1개

70 상 중 하

누전경보기의 형식승인 및 제품검사의 기술기준에서 정하는 누전경보기의 공칭작동전류치(누전경보기를 작동시키기 위하여 필요한 누설전류의 값으로서 제조자에 의하여 표시된 값을 말한다)는 몇 [mA] 이하이어야 하는가?

① 50　② 100
③ 150　④ 200

해설 누전경보기 공칭작동전류치 및 감도조정장치

1) 공칭작동 전류치 : 200 [mA] 이하
2) 감도조정장치의 조정범위 : 최대 1 [A](조정범위 0.2, 0.5, 1 [A] 구분)

71 상 중 하

자동화재속보설비의 속보기의 성능인증 및 제품검사의 기술기준에 따라 자동화재속보설비의 속보기의 외함에 합성수지를 사용할 경우 외함의 최소 두께[mm]는?

① 1.2　② 3
③ 6.4　④ 7

해설 자동화재속보기 외함 두께

- 강판 : 1.2 [mm] 이상
- 합성수지 : 3 [mm] 이상

72 상 중 하

비상방송설비의 화재안전기술기준(NFTC 202)에 따라 전원회로의 배선으로 사용할 수 없는 것은?

① 450/750 [V] 비닐절연전선
② 0.6/1 [kV] EP 고무절연 클로로프렌 시스케이블
③ 450/750 [V] 저독성 난연 가교 폴리올레핀 절연전선
④ 내열성 에틸렌 - 비닐 아세테이트 고무 절연케이블

해설 비상방송설비 전원회로의 배선

- 450/750 [V] 저독성 난연 가교 폴리올레핀 절연 전선
- 0.6/1 [kV] 가교 폴리에틸렌 절연 저독성 난연 폴리올레핀 시스 전력 케이블
- 6/10 [kV] 가교 폴리에틸렌 절연 저독성 난연 폴리올레핀 시스 전력용 케이블
- 가교 폴리에틸렌 절연 비닐시스 트레이용 난연 전력 케이블
- 0.6/1 [kV] EP 고무절연 클로로프렌 시스케이블
- 300/500 [V] 내열성 실리콘 고무 절연전선(180 [℃])
- 내열성 에틸렌 - 비닐아세테이트 고무 절연케이블
- 버스덕트(Bus Duct)

2023

정답 69 ① 70 ④ 71 ② 72 ①

73 상중하

자동화재탐지설비 및 시각경보장치의 화재안전기술기준(NFTC 203)에 따른 공기관식 차동식 분포형 감지기의 설치기준으로 틀린 것은?

① 검출부는 3° 이상 경사되지 아니하도록 부착할 것
② 공기관의 노출부분은 감지구역마다 20 [m] 이상이 되도록 할 것
③ 하나의 검출부분에 접속하는 공기관의 길이는 100 [m] 이하로 할 것
④ 공기관과 감지구역의 각 변과의 수평거리는 1.5 [m] 이하가 되도록 할 것

해설 공기관식 차동식 분포형 설치기준

1) 공기관의 노출부분 : 20 [m] 이상
2) 하나의 검출부에 접속하는 공기관의 길이 : 100 [m] 이하
3) 공기관과 감지구역의 각 변과의 수평거리 : 1.5 [m] 이하
4) 공기관 상호 거리 : 6 [m] 이하(주요구조부가 내화 구조인 경우 : 9 [m])
5) 공기관은 도중에 분기 금지
6) 검출부는 5° 이상 경사되지 않을 것
7) 검출부는 바닥으로부터 0.8 [m] 이상 1.5 [m] 이하의 위치에 설치할 것

74 상중하

다음은 열전대식 차동식 분포형 감지기의 설치기준이다. ( )에 들어갈 내용으로 옳은 것을 고르시오. (단, 주요구조부가 내화구조로 된 특정소방대상물인 경우이다)

> 열전대부는 감지구역의 바닥면적 (㉠) [m²]마다 1개 이상으로 할 것. 다만 바닥면적이 (㉡) [m²] 이하인 특정소방대상물에 있어서는 (㉢)개 이상으로 하여야 한다.

① ㉠ 18, ㉡ 72, ㉢ 4
② ㉠ 18, ㉡ 88, ㉢ 4
③ ㉠ 22, ㉡ 72, ㉢ 4
④ ㉠ 22, ㉡ 88, ㉢ 4

해설 열전대식 차동식 분포형 최소 설치개수

주요구조부	면적	열전대부 개수
일반	18 [m^2]	1개 이상
	72 [m^2] 이하 대상물	4개 이상
내화	22 [m^2]	1개 이상
	88 [m^2] 이하 대상물	4개 이상

75 상중하

비상콘센트설비의 화재안전기술기준에 따른 다음 용어의 정의로 옳은 것은?

① 저압이란 직류는 750 [V] 이하, 교류는 600 [V] 이하인 것
② 고압이란 직류는 700 [V] 초과 7 [kV] 이하, 교류는 600 [V] 초과 7 [kV] 이하인 것
③ 저압이란 직류는 1500 [V] 이하, 교류는 1000 [V] 이하인 것
④ 고압이란 직류는 1500 [V] 초과, 교류는 1000 [V] 초과인 것

해설 비상콘센트 저압

구분	구분	전압 구분
저압	직류	1500 [V] 이하
	교류	1000 [V] 이하
고압	직류	1500 [V] 초과 7 [kV] 이하
	교류	1000 [V] 초과 7 [kV] 이하
특고압	7 [kV] 초과	

정답 73 ① 74 ④ 75 ③

76 상 중 하

광전식 분리형 감지기의 설치기준 중 틀린 것은?

① 감지기의 수광면은 햇빛을 직접 받지 않도록 설치할 것
② 광축은 나란한 벽으로부터 0.6 [m] 이상 이격하여 설치할 것
③ 감지기의 송광부와 수광부는 설치된 뒷벽으로부터 0.5 [m] 이내 위치에 설치할 것
④ 광축의 높이는 천장 등 높이의 80 [%] 이상일 것

해설 광전식 분리형 감지기 설치기준

- 광축은 나란한 벽으로부터 0.6 [m] 이상 이격(오동작방지 개념)
- 수광면은 햇빛을 직접 받지 않도록 설치
- 송광부와 수광부는 설치된 뒷벽으로부터 1 [m] 이내 위치에 설치(미 감시구역 증가방지 개념)
- 광축의 높이는 천장 등 높이의 80 [%] 이상일 것
- 광축의 길이는 공칭감시거리 범위 이내일 것(검정기술기준 공칭감시거리 : 5 ~ 100 [m], 5 [m] 간격)

77 상 중 하

축광방식의 피난유도선 설치기준 중 다음 (   ) 안에 알맞은 것은?

> - 바닥으로부터 높이 (㉠) [cm] 이하의 위치 또는 바닥면에 설치할 것
> - 피난유도 표시부는 (㉡) [cm] 이내의 간격으로 연속되도록 설치할 것

① ㉠ 50, ㉡ 50
② ㉠ 50, ㉡ 100
③ ㉠ 100, ㉡ 50
④ ㉠ 100, ㉡ 100

해설 축광방식 피난유도선 설치기준

1) 구획된 각 실로부터 주출입구 또는 비상구까지 설치할 것
2) 바닥으로부터 높이 50 [cm] 이하의 위치 또는 바닥면에 설치할 것
3) 피난유도 표시부는 50 [cm] 이내의 간격으로 연속되도록 설치
4) 부착대에 의하여 견고하게 설치할 것
5) 외부의 빛 또는 조명장치에 의하여 상시 조명이 제공되거나 비상조명등에 의한 조명이 제공되도록 설치할 것

2023

78 상 중 하

비상벨설비 또는 자동식 사이렌설비의 지구음향장치는 특정소방대상물의 층마다 설치하되, 해당 특정소방대상물의 각 부분으로부터 하나의 음향장치까지의 수평거리가 몇 [m] 이하가 되도록 하여야 하는가?

① 15 ② 25
③ 40 ④ 50

해설 비상경보설비

1) 비상벨설비 또는 자동식 사이렌설비는 부식성 가스 또는 습기 등으로 인하여 부식의 우려가 없는 장소에 설치해야 한다.
2) 지구음향장치는 특정소방대상물의 층마다 설치하되, 해당 층의 각 부분으로부터 하나의 음향장치까지의 수평거리가 25 [m] 이하가 되도록 하고, 해당 층의 각 부분에 유효하게 경보를 발할 수 있도록 설치해야 한다. 다만 「비상방송설비의 화재안전기술기준(NFTC 202)」에 적합한 방송설비를 비상벨설비 또는 자동식 사이렌설비와 연동하여 작동하도록 설치한 경우에는 지구음향장치를 설치하지 않을 수 있다.
3) 음향장치는 정격전압의 80 [%] 전압에서도 음향을 발할 수 있도록 해야 한다. 다만 건전지를 주전원으로 사용하는 음향장치는 그렇지 않다.
4) 음향장치의 음향의 크기는 부착된 음향장치의 중심으로부터 1 [m] 떨어진 위치에서 음압이 90 [dB] 이상이 되는 것으로 해야 한다.
5) 발신기는 다음의 기준에 따라 설치해야 한다.
   (1) 조작이 쉬운 장소에 설치하고, 조작스위치는 바닥으로부터 0.8 [m] 이상 1.5 [m] 이하의 높이에 설치할 것

정답 76 ③ 77 ① 78 ②

(2) 특정소방대상물의 층마다 설치하되, 해당 층의 각 부분으로부터 하나의 발신기까지의 수평거리가 25 [m] 이하가 되도록 할 것. 다만 복도 또는 별도로 구획된 실로서 보행거리가 40 [m] 이상일 경우에는 추가로 설치해야 한다.

(3) 발신기의 위치표시등은 함의 상부에 설치하되, 그 불빛은 부착면으로부터 15° 이상의 범위 안에서 부착지점으로부터 10 [m] 이내의 어느 곳에서도 쉽게 식별할 수 있는 적색등으로 할 것

6) 비상벨설비 또는 자동식 사이렌설비의 상용전원은 다음의 기준에 따라 설치해야 한다.

(1) 상용전원은 전기가 정상적으로 공급되는 축전지설비, 전기저장장치(외부 전기에너지를 저장해두었다가 필요한 때 전기를 공급하는 장치) 또는 교류전압의 옥내간선으로 하고, 전원까지의 배선은 전용으로 할 것

(2) 개폐기에는 "비상벨설비 또는 자동식 사이렌설비용"이라고 표시한 표지를 할 것

7) 비상벨설비 또는 자동식 사이렌설비에는 그 설비에 대한 감시 상태를 60분간 지속한 후 유효하게 10분 이상 경보할 수 있는 비상전원으로서 축전지설비(수신기에 내장하는 경우를 포함한다) 또는 전기저장장치(외부 전기에너지를 저장해두었다가 필요한 때 전기를 공급하는 장치)를 설치해야 한다. 다만 상용전원이 축전지설비인 경우 또는 건전지를 주전원으로 사용하는 무선식 설비인 경우에는 그렇지 않다.

79 상중하

누전경보기의 형식승인 및 제품검사의 기술기준에 따라 누전경보기의 변류기는 경계전로에 정격전류를 흘리는 경우 그 경계전로의 전압강하는 몇 [V] 이하이어야 하는가? (단, 경계전로의 전선을 그 변류기에 관통시키는 것은 제외한다)

① 0.3 ② 0.5
③ 1.0 ④ 3.0

해설 누전경보기

1) 공칭작동전류치 : 공칭작동전류치 200 [mA] 이하일 것
2) 감도조정장치(감도절환부) : 최대 1 [A](조정범위 0.2, 0.5, 1 [A] 구분)
3) 전압강하방지시험 : 경계전로의 전압강하는 0.5 [V] 이하
4) 전압 지시전기계기의 최대눈금 : 정격전압의 140 [%] 이상 200 [%] 이하
5) 반복시험 : 수신부는 정격전압에서 1만 회 누전작동시험 시 기능 이상 없을 것

80 상중하

비상콘센트설비의 화재안전기술기준(NFTC 504)에 따라 비상콘센트설비의 전원부와 외함 사이의 절연저항은 전원부와 외함 사이를 500 [V] 절연저항계로 측정할 때 몇 [$M\Omega$] 이상이어야 하는가?

① 20 ② 30
③ 40 ④ 50

해설 비상콘센트설비

1) 절연저항 : 500 [V] 절연저항계로 측정할 때 20 [MΩ] 이상일 것
2) 절연내력
 (1) 정격전압 150 [V] 이하 : 1000 [V]의 실효전압
 (2) 정격전압이 150 [V] 초과
 (정격전압 × 2) + 1000 [V] = 실효전압
 (3) 실효전압 시험에서 1분 이상 견디는 것으로 할 것
3) 배선
 전원회로의 배선은 내화배선, 그 밖의 배선은 내화배선 또는 내열배선

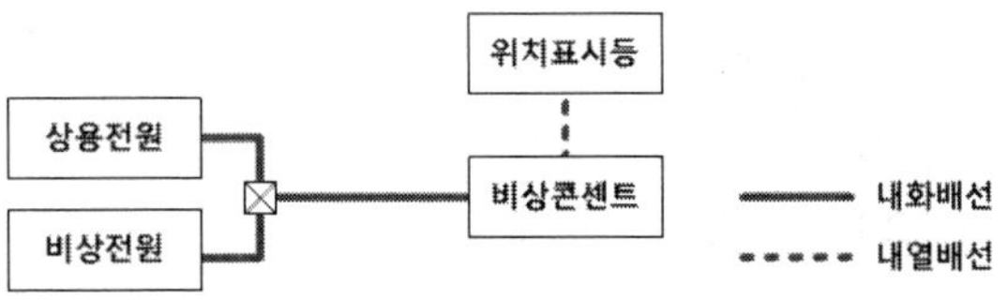

정답 79 ② 80 ①

2023년 2회

소방원론

3회독	월	일
2회독	월	일
1회독	월	일

목표시간 : 20분 | 시작 : _시 _분 | 종료 : _시 _분 | 맞은 개수 : _ /20

01 상 중 하

1 [kcal]의 열은 약 몇 [Joule]에 해당하는가?

① 5262 ② 4186
③ 3943 ④ 3330

해설 열량의 관계

1 [kcal] = 4186 [J]

02 상 중 하

수소 1 [kg]이 완전연소할 때 필요한 산소량은 몇 [kg]인가?

① 4 ② 8
③ 16 ④ 32

해설 수소의 완전연소반응식

$2H_2 + O_2 \rightarrow 2H_2O + Q$ [kcal]

수소(H_2) 2 [kmol]이 산소(O_2) 1 [kmol]과 반응하여 완전연소하게 된다.

여기서,

- 수소(H_2)의 분자량 : 2 [kg/kmol]
- 산소(O_2)의 분자량 : 32 [kg/kmol]

이므로

- 수소 2 [kmol]의 질량 : $2[kmol] \times 2[kg/kmol]$ = 4 [kg]
- 산소 1 [kmol]의 질량 : $1[kmol] \times 32[kg/kmol]$ = 32 [kg]

이다.

즉, 수소 4 [kg]이 완전연소할 때 필요한 산소량은 32 [kg]이다. 따라서 수소 1 [kg]이 완전연소할 때 필요한 산소량은 $32 \times \frac{1}{4} = 8$ [kg]이다.

4 [kg] : 32 [kg] = 1 [kg] : x [kg]

$\therefore x = 32 \times \frac{1}{4} = 8\,[kg]$

03 상 중 하

위험물의 저장방법으로 틀린 것은?

① 금속나트륨 - 석유류에 저장
② 이황화탄소 - 수조 물탱크에 저장
③ 알킬알루미늄 - 벤젠액에 희석하여 저장
④ 산화프로필렌 - 구리 용기에 넣고 불연성 가스를 봉입하여 저장

해설 산화프로필렌, 아세트알데하이드의 저장 및 취급

산화프로필렌, 아세트알데하이드(아세트알데히드)는 구리, 마그네슘, 은, 수은 및 그 합금과 저장 시 폭발성 아세틸라이드를 생성하므로 **구리, 마그네슘, 은, 수은 및 그 합금과 저장 금지**

정답 01 ② 02 ② 03 ④

04 상중하

촛불의 주된 연소형태에 해당하는 것은?

① 표면연소 ② 분해연소
③ 증발연소 ④ 자기연소

해설 연소의 형태(고체의 연소)

구분	내용	종류
표면연소	불꽃이 없고 표면에서 연소	숯, 코크스, 목탄, 금속분
분해연소	고체 가연물이 온도 상승 시 열분해를 통해 발생하는 가연성 가스가 연소	목재, 석탄, 종이, 플라스틱
증발연소	열분해 없이 증발하여 연소	황(유황), 나프탈렌, 파라핀(양초)
자기연소	물질 내부에 산소를 함유하고 있어 별도의 산소 공급 없이 연소	나이트로셀룰로오스(니트로셀룰로오스), 나이트로글리세린(니트로글리세린), 유기과산화물

05 상중하

내화구조기준에 적합한 지붕의 구조로 옳지 않은 것은?

① 철근콘크리트조
② 샌드위치 패널
③ 철재로 보강된 벽돌조
④ 철재로 보강된 유리블록

해설 내화구조기준에 적합한 지붕

건축법 제50조에 따라 **주요구조부**와 **지붕**을 **내화구조**로 해야 한다.
내화구조의 지붕의 경우에는 다음 어느 하나에 해당하는 것
㈎ 철근콘크리트조 또는 철골철근콘크리트조
㈏ 철재로 보강된 콘크리트블록조·벽돌조 또는 석조
㈐ 철재로 보강된 유리블록 또는 망입유리로 된 것

보충 ▶ 샌드위치 패널 : 양면에 강판과 내부 심재인 단열재로 구성된 복합패널

06 상중하

다음 물질 중 물과 반응하여 발생하는 가스의 연결이 틀린 것은?

① 탄화칼슘 - 아세틸렌
② 인화칼슘 - 포스핀
③ 탄화알루미늄 - 이산화황
④ 수소화리튬 - 수소

해설 물과 반응 시 발생가스

물질	가스
탄화**칼**슘(CaC_2)	**아**세틸렌(C_2H_2)
탄화**알**루미늄(Al_4C_3)	**메**테인(메탄, CH_4)
인화칼슘(Ca_3P_2)	**포**스핀(PH_3)
인화알루미늄(AlP)	**포**스핀(PH_3)
수소화리튬(LiH)	**수소**(H_2)

암기 ▶ 탄칼아, 탄알메, 인포

07 상중하

방호공간 안에서 화재의 세기를 나타내고 화재가 진행되는 과정에서 온도에 따라 변하는 것으로 온도-시간 곡선으로 표시할 수 있는 것은?

① 화재저항 ② 화재가혹도
③ 화재하중 ④ 화재플럼

해설 화재가혹도

1) 화재가혹도란 화재 시 당해 건물과 그 내부의 수용재산 등을 파괴하거나 손상을 입히는 정도를 뜻한다.
2) 화재가혹도 = 화재강도 × 화재하중
3) 가연물의 비표면적, 가연물의 배열 상태, 가연물의 발열량, 화재실의 구조(단열성), 공기(산소)의 공급 상황 등이 화재강도에 영향을 미치므로 이에 따라 화재가혹도도 달라진다.
4) 최고온도(화재강도)가 높을수록 지속시간(화재하중)이 길수록 화재가혹도가 커진다.

정답 04 ③ 05 ② 06 ③ 07 ②

5) 방호공간 안에서 화재의 세기를 나타내고 화재가 진행되는 과정에서 온도에 따라 변하는 것으로 온도 - 시간 곡선으로 표시할 수 있다.

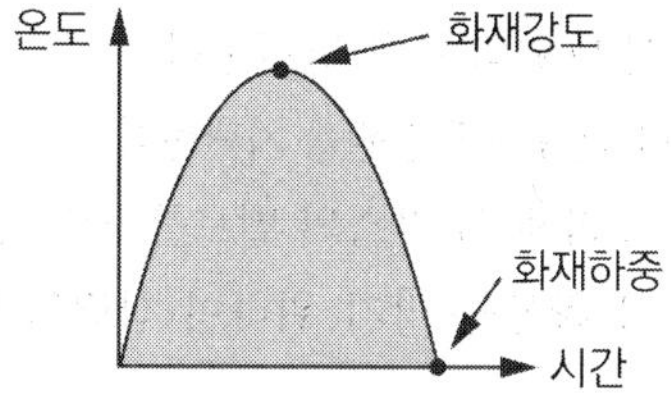

08 상 중 하

유류탱크의 화재 시 탱크 저부의 물이 뜨거운 열류층에 의하여 수증기로 변하면서 급작스런 부피 팽창을 일으켜 유류가 탱크 외부로 분출하는 현상은?

① 슬롭 오버(Slop Over)
② 블레비(BLEVE)
③ 보일 오버(Boil Over)
④ 파이어 볼(Fire Ball)

해설 유류탱크 화재 재해현상

현상	설명
보일 오버	중질유 탱크 저부의 에멀전(물)이 증발하면서 부피가 팽창하여 기름이 탱크 밖으로 화재를 동반하며 방출하는 현상
슬롭 오버	고온 기름 표면에 물 살수 시 급격한 수분 증발로 기름이 팽창되어 탱크 밖으로 분출하는 현상
프로스 오버	고온 아스팔트가 물이 존재하는 탱크에 옮겨지면서 화재를 수반하지 않고 기름을 분출하는 현상
블레비	비등액체 증기폭발, 주변 화재로 탱크 내 액체가 비등하고 압력이 상승하여 탱크가 파열되는 현상, 파이어 볼 발생 ※ 파이어 볼 : 인화성 액체가 대량 기화되어 갑자기 발화될 때 발생하는 공 모양 화염

09 상 중 하

인화점이 낮은 것부터 높은 순서로 옳게 나열된 것은?

① 에틸알코올 < 이황화탄소 < 아세톤
② 이황화탄소 < 에틸알코올 < 아세톤
③ 에틸알코올 < 아세톤 < 이황화탄소
④ 이황화탄소 < 아세톤 < 에틸알코올

해설 인화점

물질	인화점 [℃]
다이에틸에터(디에틸에테르)	-45
가솔린(휘발유)	-43
산화프로필렌	-37
이황화탄소	-30
아세톤	-18
메틸알코올	11
에틸알코올	13
등유	39
경유	41

• 이황화탄소 < 아세톤 < 에틸알코올

암기 ▶ 인가산이아 / 메에 / 등경

10 상 중 하

건물의 피난동선에 대한 설명으로 옳지 않은 것은?

① 피난동선은 가급적 단순한 형태가 좋다.
② 피난동선은 가급적 상호 반대방향으로 다수의 출구와 연결되는 것이 좋다.
③ 피난동선은 수평동선과 수직동선으로 구분된다.
④ 피난동선은 복도, 계단을 제외한 엘리베이터와 같은 피난전용의 통행구조를 말한다.

정답 08 ③ 09 ④ 10 ④

해설 건물의 피난동선

1) 피난동선은 가급적 단순해야 한다.
2) 피난동선은 상호 반대방향으로 다수의 출구와 연결되어야 한다.
3) 피난동선은 병목현상이 발생하지 않도록 수평동선과 수직동선으로 구분하여 동선계획을 수립한다.
4) 피난수단으로 엘리베이터를 이용하지 않는 것이 좋다.

11 (상 중 하)

A가스 60 [vol%], B가스 40 [vol%]로 이루어진 혼합 가스의 폭발하한계는 약 몇 [vol%]인가? (단, A가스의 폭발하한계는 4.5 [vol%], B가스는 4.12 [vol%]이다)

① 4.26 ② 4.34
③ 4.45 ④ 4.21

해설 르 샤틀리에법칙

르 샤틀리에법칙 $\frac{100}{L}=\frac{V_1}{L_1}+\frac{V_2}{L_2}+\cdots+\frac{V_n}{L_n}$

르 샤틀리에법칙으로 혼합가스의 폭발하한계 및 상한계를 계산할 수 있다.

$$\frac{100}{L}=\frac{60}{4.5}+\frac{40}{4.12}$$

$$L=\frac{100}{\frac{60}{4.5}+\frac{40}{4.12}}$$

$$\therefore L \fallingdotseq 4.34\ [\%]$$

L : 혼합가스 폭발하한계 [vol%]
$L_1 \sim L_n$: 가연성 가스 폭발하한계 [vol%]
$V_1 \sim V_n$: 가연성 가스 용량 [vol%]

12 (상 중 하)

제거소화의 예가 아닌 것은?

① 유류화재 시 다량의 포를 방사한다.
② 전기화재 시 신속하게 전원을 차단한다.
③ 가연성 가스 화재 시 가스의 밸브를 닫는다.
④ 산림화재 시 확산을 막기 위하여 산림의 일부를 벌목한다.

해설 제거소화

방법	내용
격리	• 바람을 일으켜 가연물과 불꽃을 격리
소멸	• 가스밸브를 차단하여 가스 공급을 소멸(전기화재 시 전원을 차단) • 드레인밸브(배출밸브)를 개방하여 기름 배출 • 가연물을 다른 지역으로 이동
파괴	• 산불 화재 시 맞불, 벌목

보충 ▶ 유류화재 시 다량의 포 방사 : 질식소화

13 (상 중 하)

표준 상태에 있는 메테인가스의 밀도는 몇 [g/L]인가?

① 0.21 ② 0.41
③ 0.71 ④ 0.91

해설 표준 상태의 기체 밀도

$$\text{표준 상태의 기체 밀도}=\frac{\text{분자량}[g/mol]}{22.4[L/mol]}$$

$$\text{표준 상태의 기체 밀도}=\frac{\text{분자량}}{22.4}=\frac{16[g/mol]}{22.4[L/mol]}=0.71[g/L]$$

보충 ▶ • 메테인(메탄, CH_4)의 분자량 : 16 [g/mol]
• 원자량(C : 12, H : 1)

정답 11 ② 12 ① 13 ③

14 상중하

화재 시 이산화탄소를 사용하여 화재를 진압하려고 할 때 산소의 농도를 11 [vol%]로 낮추어 화재를 진압하려면 공기 중 이산화탄소의 농도는 약 몇 [vol%]가 되어야 하는가?

① 0.91 [%]
② 0.4762 [%]
③ 90.91 [%]
④ 47.62 [%]

해설 이산화탄소의 농도

$$CO_2 \text{ 농도 [vol\%]} = \frac{21 - O_2[vol\%]}{21} \times 100$$

$$CO_2 \text{ 농도} = \frac{21 - O_2}{21} \times 100$$
$$= \frac{21 - 11}{21} \times 100 \fallingdotseq 47.62 \text{ [vol\%]}$$

15 상중하

연면적이 1000 [m²] 이상인 건축물에 설치하는 방화벽이 갖추어야 할 기준으로 옳은 것은?

① 방화구조로서 홀로 설 수 있는 구조일 것
② 방화벽의 양쪽 끝과 위 쪽 끝을 건축물의 외벽면 및 지붕면으로부터 0.5 [m] 이상 튀어 나오게 할 것
③ 방화벽에 설치하는 출입문의 너비 및 높이는 3 [m] 이하로 할 것
④ 방화벽에 설치하는 출입문에는 60분 방화문 또는 30분 방화문을 설치할 것

해설 방화벽 설치기준

구분	설치 및 구조기준
대상 건축물	주요구조부가 내화구조이거나 불연재료인 건축물이 아닌 연면적 1000 [m²] 이상인 건축물
구획	각 구획된 바닥면적의 합계 : 1000 [m²] 미만
구조	• **내화구조**로서 홀로 설 수 있는 구조일 것 • 방화벽 양쪽 끝과 위쪽 끝을 건축물의 외벽면 및 지붕면으로부터 **0.5 [m] 이상** 튀어나오게 할 것 • 출입문 너비와 높이 : **2.5 [m] 이하** • 출입문 : **60분+ 방화문 또는 60분 방화문**

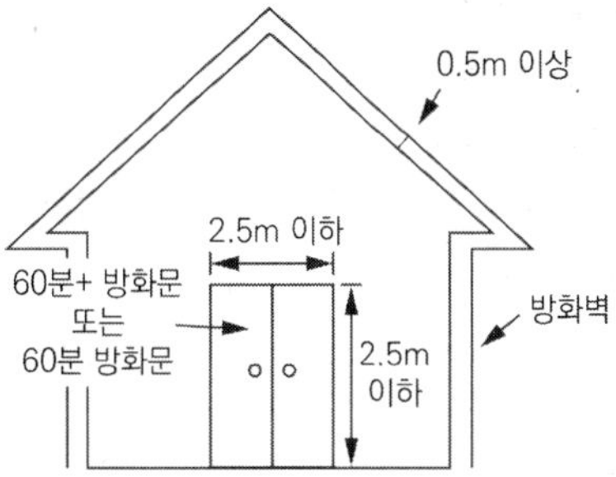

16 상중하

건축물의 내화구조 바닥이 철근콘크리트조인 경우 두께가 몇 [cm] 이상이어야 하는가?

① 5 [cm]
② 10 [cm]
③ 19 [cm]
④ 7 [cm]

해설 내화구조 바닥기준

[두께 : 이상]

구조	두께
철근콘크리트조 또는 철골철근콘크리트조	10 [cm]
철재로 보강된 콘크리트블록조·벽돌조·석조로서 철재에 덮은 콘크리트블록등	5 [cm]
철재의 양면을 철망모르타르 또는 콘크리트로 덮은 것	5 [cm]

정답 14 ④ 15 ② 16 ②

17 상 중 하

건물의 주요구조부가 아닌 것은?

① 작은 보　② 기둥
③ 내력벽　④ 주계단

해설 건물의 주요구조부

1) 바닥(최하층 바닥 제외)
2) 보(작은 보 제외)
3) 지붕틀(차양 제외)
4) 내력벽(비내력벽 제외)
5) 주계단(옥외계단 제외)
6) 기둥(사잇기둥 제외)

암기 ▶ 바보지내주기

18 상 중 하

위험물안전관리법령에서 정하는 제3류 위험물에 해당하는 것이 아닌 것은?

① Al　② Ca
③ K　④ Na

해설 제2류 위험물 및 제3류 위험물

구분	종류
제2류 위험물	• 황화인(황화린), 적린, 황(유황) • 철분, 마그네슘, 금속분(**Al**, Zn 등), 인화성 고체
제3류 위험물	• 황린, 칼륨(**K**), 나트륨(**Na**), 알칼리금속(**Li** 등) 및 알칼리토금속(**Ca** 등) • 유기금속화합물, 금속의 수소화물(수소화리튬, 수소화나트륨, 수소화칼슘) • 금속의 인화물(인화칼슘) • 칼슘 또는 알루미늄의 탄화물(탄화칼슘, 탄화알루미늄)

• 제3류 위험물의 특징 및 소화
(1) 자연발화성 물질 및 금수성 물질
(2) 물과 접촉하면 발열 · 발화함
(3) 건조사, 팽창진주암, 팽창질석 등에 의한 질식소화(주수소화 절대엄금)

19 상 중 하

액화석유가스(LPG)에 대한 성질로 틀린 것은?

① LPG를 액화하면 물보다 가볍다.
② LPG는 프로페인이 주성분이다.
③ LPG는 특이취가 없어 부취제를 사용하지 않는다.
④ LPG가 기화되면 공기보다 무겁다.

해설 액화석유가스(Liquefied Petroleum Gas)

1) **액화하면 물보다 가볍다.**
2) 상온에서는 기체로 존재하고 **공기보다 무겁다.** 따라서 LPG가 누출되었을 때 창문 열어 환기로 빼내는 건 불가능하다.
3) LPG의 **주성분은 프로페인(프로판, C_3H_8), 뷰테인(부탄, C_4H_{10})**이다. 프로페인(프로판)은 가정용, 뷰테인(부탄)은 자동차용으로 주로 쓰인다.
4) **LPG는 원래 무색, 무취이나 누설 시 쉽게 알 수 있도록 부취제를 넣는다.**
5) LPG는 독성은 없으나 마취성이 있다.
6) LPG는 물에 녹지 않으나 휘발유 등의 유기용매에 용해된다.
7) 천연고무를 잘 녹인다.

정답 17 ① 18 ① 19 ③

20 상 중 하

할로겐화합물 및 불활성기체소화설비에서 심장의 역반응(심장 장애현상)이 나타나는 최저 농도를 무엇이라 하는가?

① ODP
② NOAEL
③ GWP
④ LOAEL

해설 소화약제 관련 용어

1) NOAEL
- No Observed Adverse Effect Level
- 심장 독성 시험에서 심장에 영향을 미치지 않는 농도

2) LOAEL
- Lowest Observed Adverse Effect Level
- 심장 독성 시험에서 심장에 영향을 미칠 수 있는 최소 농도

3) ODP
- Ozone Depletion Potential
- 어떤 물질의 오존 파괴능력을 상대적으로 나타내는 지표

$$ODP = \frac{\text{물질 } 1\,[kg]\text{에 의해 파괴되는 오존량}}{CFC-11\ 1\,[kg]\text{에 의해 파괴되는 오존량}}$$

4) GWP
- Global Warming Potential
- 어떤 물질이 기여하는 온난화 정도를 상대적으로 나타내는 지표

$$GWP = \frac{\text{물질 } 1\,[kg]\text{이 영향을 주는 지구온난화 정도}}{CO_2\ 1\,[kg]\text{이 영향을 주는 지구온난화 정도}}$$

정답 20 ④

2023년 2회

소방전기일반

3회독	월	일
2회독	월	일
1회독	월	일

목표시간 : 30분 시작 : _시 _분 종료 : _시 _분 맞은 개수 : _ /20

21 상중하

100 [V], 800 [W]이며 역률이 80 [%]인 회로의 리액턴스 [Ω]를 구하시오.

① 4 ② 6
③ 8 ④ 10

해설 리액턴스

1) $P = VI\cos\theta$

$800 = 100 \times I \times 0.8$

$\therefore I = \dfrac{800}{100 \times 0.8} = 10[A]$

2) $VI\sin\theta = I^2 X$

$X = \dfrac{VI\sin\theta}{I^2} = \dfrac{100 \times 10 \times 0.6}{10^2} = 6[\Omega]$

$(\because \cos^2\theta + \sin^2\theta = 1$

$\sin\theta = \sqrt{1-\cos^2\theta} = \sqrt{1-0.8^2} = 0.6)$

22 상중하

그림의 논리회로와 등가인 논리게이트는?

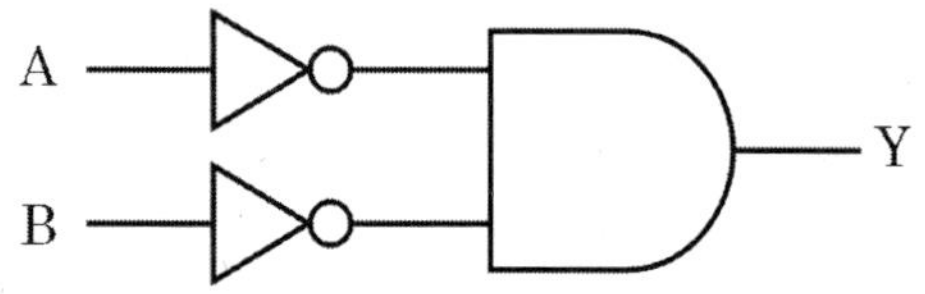

① NOR ② NAND
③ NOT ④ OR

해설 드모르간의 정리

1) 논리합과 논리곱이 완전한 독립이 아니고 부정을 포함하면 상호교환이 가능하다.
2) NAND회로와 NOR회로의 응용 및 논리회로를 간소화시키는 데 이용된다.

$\overline{A}_{AND}\,\overline{B} = \overline{A} \cdot \overline{B} = \overline{A+B}$

TIP $\overline{A+B} = \overline{A} \cdot \overline{B}$
$\overline{A \cdot B} = \overline{A} + \overline{B}$

23 상중하

테브난의 정리를 이용하여 그림 (a)의 회로를 그림 (b)와 같은 등가회로로 만들고자 할 때 V_{th} [V]와 R_{th} [Ω]은?

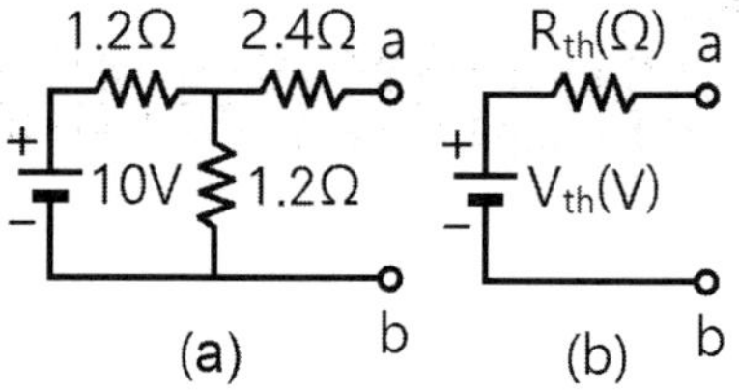

① 5 [V], 2 [Ω]
② 5 [V], 3 [Ω]
③ 6 [V], 2 [Ω]
④ 6 [V], 3 [Ω]

정답 21 ② 22 ① 23 ②

해설 테브난의 정리

- a와 b에서 전원 측을 본 임피던스(전압원단락)

$$R_0 = R_3 + \frac{R_1 R_2}{R_1 + R_2}$$

$$R_{th} = 2.4 + \frac{1.2 \times 1.2}{1.2 + 1.2} = 3[\Omega]$$

- a와 b 개방 상태에서 a와 b에 걸리는 전압

$$V_{R_1} = \frac{R_1}{R_1 + R_2} V_0$$

$$V_{th} = \frac{1.2}{1.2 + 1.2} \times 10 = 5[V]$$

24 상 중 하

반도체를 이용한 화재감지기 중 서미스터(Thermistor)는 무엇을 측정하기 위한 반도체 소자인가?

① 온도
② 연기 농도
③ 가스 농도
④ 불꽃의 스펙트럼 강도

해설 서미스터

- 온도변화에 따라 저항값 변함
- 온도보상용, 온도계측용
- 부(-) 저항온도계수의 특성 : 온도 증가 시 저항 감소
- 열을 감지하는 감열저항체 소자

25 상 중 하

60 [Hz]의 3상 전압을 전파 정류하였을 때 맥동주파수 [Hz]는?

① 120 ② 180
③ 360 ④ 720

해설 파형별 맥동률, 정류효율, 주파수

구분	맥동률	맥동 주파수
단상 반파	121	f
단상 전파	48	2f
3상 반파	17	3f
3상 전파	4	6f

주파수 : $6f = 6 \times 60 = 360[Hz]$

26 상 중 하

주파수가 60 [Hz]이며 각도는 $\frac{\pi}{6}$ [rad]일 때 시간에 대해 나타내시오.

① $\frac{1}{540}$ ② $\frac{1}{120}$
③ 720 ④ $\frac{1}{720}$

해설 각속도

$$w = \frac{\theta}{t}$$

$$t = \frac{\theta}{w} = \frac{\frac{\pi}{6}}{2\pi f} = \frac{\pi}{2\pi \times 60 \times 6} = \frac{1}{720}$$

T : 주기 [s]
f : 주파수 [Hz]
ω : 각주파수 [rad/s]

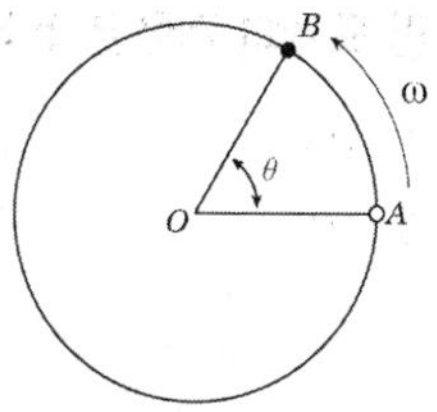

정답 24 ① 25 ③ 26 ④

27 상중하

논리식 $\overline{X}+XY$를 간략화한 것은?

① $\overline{X}+Y$ ② $X+\overline{Y}$

③ $\overline{X}Y$ ④ $X\overline{Y}$

해설 논리식

$\overline{X}+XY=(\overline{X}+X)(\overline{X}+Y)$

$=\overline{X}+Y$

정리	공식
항등법칙	$0+A=A,\ 1+A=1,\ 0\times A=0,\ 1\times A=A$
동일법칙	$A+A=A,\ A\times A=A$
보원법칙	$A+\overline{A}=1,\ A\times\overline{A}=0$
복원법칙	$\overline{\overline{A}}=A$
교환법칙	$A+B=B+A,$ $A\times B=B\times A$
결합법칙	$A+(B+C)=(A+B)+C,\ A(BC)=(AB)C$
분배법칙	$A(B+C)=AB+AC,\ A+BC=(A+B)(A+C)$
흡수법칙	$A+AB=A,\ A(A+B)=A$ $A+\overline{A}B=(A+\overline{A})(A+B)=A+B$

28 상중하

직류회로에서 도체를 균일한 체적으로 길이를 10배 늘이면 도체의 저항은 몇 배가 되는가?

① 10 ② 20

③ 100 ④ 120

해설 저항 계산

$R=\rho\frac{\ell}{A}[\Omega]$, 체적 $=A\times\ell$

- 길이를 10배 증대 : $l'\Rightarrow 10l$
- 균일한 체적이기 때문에 단면적이 감소

$\therefore A'\Rightarrow\frac{1}{10}A$

- $R'=\rho\frac{10l}{\frac{1}{10}A}=100R$

R : 저항 [Ω]
ρ : 고유저항(저항률) [Ω]
l : 길이 [m]
A : 면적 [m^2]

29 상중하

그림과 같은 시퀀스제어회로에서 자기유지접점은?

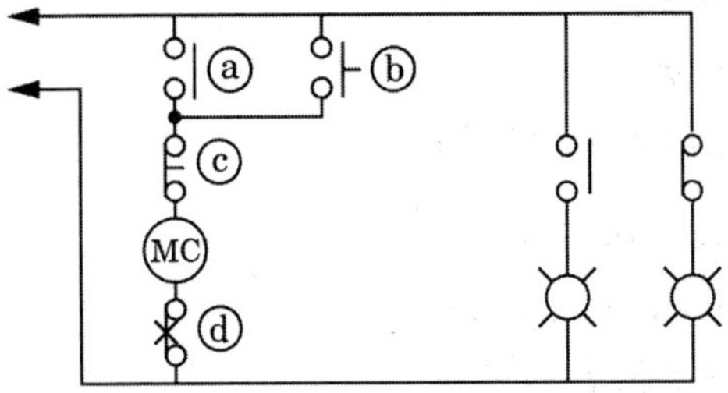

① ⓐ ② ⓑ

③ ⓒ ④ ⓓ

해설 자기유지회로

- 스스로 동작을 기억하는 회로
- PB스위치를 누르면 MC가 여자되어 관련 접점인 ⓐ접점이 동작한다.
- ⓐ접점은 자기유지접점으로써 PB스위치에서 손을 떼더라도 계속 동작하여 MC가 여자되는 상태를 유지하도록 해준다.

정답 27 ① 28 ③ 29 ①

신유형!

30 상 중 하

어떤 계를 표시하는 미분방정식이 $5\dfrac{d^2}{dt^2}y(t)+3\dfrac{d}{dt}y(t)-2y(t)=x(t)$라 한다. x(t)는 입력신호, y(t)는 출력신호라고 하면 이계의 전달함수는?

① $\dfrac{1}{(s+1)(s-5)}$ ② $\dfrac{1}{(s-1)(s+5)}$

③ $\dfrac{1}{(5s+2)(s-1)}$ ④ $\dfrac{1}{(5s-2)(s+1)}$

해설 전달함수

$$x(t)=5\frac{d^2}{dt^2}y(t)+3\frac{d}{dt}y(t)-2y(t)$$

• 미분방정식을 라플라스 변환

$$X(s)=(5s^2+3s-2)\,Y(s)$$

$$G(s)=\frac{\text{출력}}{\text{입력}}=\frac{Y(s)}{X(s)}$$

$$=\frac{1}{5s^2+3s-2}=\frac{1}{(5s-2)(s+1)}$$

$f(t)$	함수명	F(s)
$\delta(t)$	단위임펄스함수	1
$u(t)$	단위계단함수	$\frac{1}{s}$
t	단위램프함수	$\frac{1}{s^2}$
t^2	2차램프함수	$\frac{1}{s^3}$
t^n	n차 림프함수	$\frac{1}{s^{n+1}}$
e^{at}	지수함수	$\frac{1}{s-a}$
e^{-at}	지수함수	$\frac{1}{s+a}$
$te^{\mp at}$	지수램프함수	$\frac{1}{(s\pm a)^2}$
$\sin\omega t$	정현파함수	$\frac{\omega}{s^2+\omega^2}$
$\cos\omega t$	여현파함수	$\frac{s}{s^2+\omega^2}$

31 상 중 하

10 [μF]인 콘덴서를 60 [Hz] 전원에 사용할 때 용량 리액턴스는 약 몇 [Ω]인가?

① 250.5 ② 265.3

③ 350.5 ④ 465.3

해설 용량 리액턴스 계산

$$X_C=\frac{1}{\omega C}=\frac{1}{2\pi fC}=\frac{1}{2\pi\times 60\times(10\times 10^{-6})}$$

$$=265.3[\Omega]$$

* 10 [μF] = 10 × 10^{-6} [F]

X_C : 용량성 리액턴스 [Ω]

f : 주파수 [Hz]

32 상 중 하

길이 1 [cm]마다 감은 권선수가 50회인 무한장 솔레노이드에 500 [mA]의 전류를 흘릴 때 솔레노이드 내부에서의 자계의 세기는 몇 [AT/m]인가?

① 1250 ② 2500

③ 12500 ④ 25000

해설 무한장 솔레노이드 자계 계산

$$H=NI=50\times 100\times 500\times 10^{-3}$$

$$=2500[AT/m]$$

H : 자기장의 세기 [AT/m]

N : 권선수

I : 전류 [A]

정답 30 ④ 31 ② 32 ②

2023

33 상중하

주로 정전압회로용으로 사용되는 소자는?

① 쇼트키다이오드
② 터널다이오드
③ 제너다이오드
④ 버랙터다이오드

해설 다이오드 종류

명칭	특성
정류용 다이오드	일반적으로 다이오드라 불리는 것으로 정류작용(전류를 한쪽의 (+)나 (-)로만 흐름)
제너다이오드 (정전압다이오드)	주로 정전압 전원회로에 사용(전원·전압을 일정하게 유지, 안정화)
터널다이오드 (PN접합)	증폭작용·발진작용·개폐작용을 하며, 고속 스위칭회로·논리회로에 사용
포토다이오드	빛을 쬐면 광량에 비례하는 전류가 흐름(빛 검출용, 광센서에 사용)

34 상중하

진공 중에서 원점에 10^{-8} [C]의 전하가 있을 때 점(1, 2, 2) [m]에서의 전계의 세기는 약 몇 [V/m]인가?

① 0.1　② 1
③ 10　④ 100

해설 전계의 세기

- 원점(0, 0, 0)과 점(1, 2, 2) 간의 거리

$r=\sqrt{(1-0)^2+(2-0)^2+(2-0)^2}=3$ [m]

- 쿨롱의 법칙

$$E=\frac{1}{4\pi\varepsilon}\times\frac{Q}{r^2}$$

$$=9\times10^9\times\frac{Q}{r^2}$$

$$=9\times10^9\times\frac{10^{-8}}{3^2}=10[V/m]$$

$\varepsilon=\varepsilon_0\cdot\varepsilon_s$

ε_0 : 진공의 유전율 ($8.855\times10^{-12}[F/m]$)

ε_s : 비유전율(진공 = 1, 공기 ≒ 1)

E : 전계의 세기 [V/m]

Q : 전하량 [C]

r : 거리 [m]

신유형!

35 상중하

그림과 같이 접속된 회로에서 a, b 사이의 합성저항은 몇 [Ω]인가?

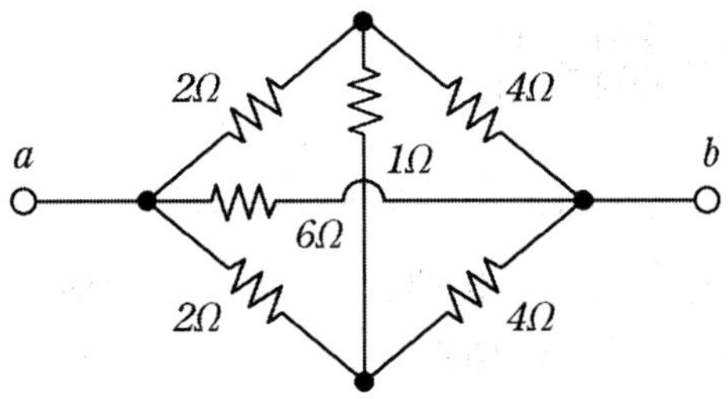

① 1　② 2
③ 3　④ 4

해설 브리지회로 합성저항

휘스톤 브리지에 의해서 1 [Ω]에는 전류가 흐르지 않으므로 없는 것과 같다.

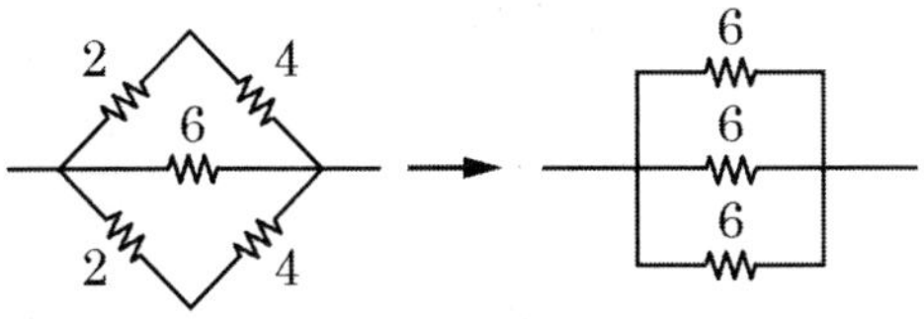

병렬에서 저항값이 같으면 개수로 나눈다.

$$R_0=\frac{1}{m}R=\frac{1}{3}\times6=2\Omega$$

보충 병렬접속 $R_0=\frac{R_1R_2}{R_1+R_2}$

직렬접속 $R_0=R_1+R_2$

정답 33 ③ 34 ③ 35 ②

36 상 중 하

60 [Hz], 4극 3상 유도전동기가 정격 출력일 때 슬립이 2 [%]이다. 이 전동기의 동기속도 [rpm]는?

① 1200　② 1764
③ 1800　④ 1836

해설 동기속도 계산

동기속도

$$N_s = \frac{120f}{P} = \frac{120 \times 60}{4} = 1800[rpm]$$

f : 주파수 [Hz]
p : 극수
N_s : 동기속도 $[rpm]$

37 상 중 하

그림과 같은 게이트의 명칭은?

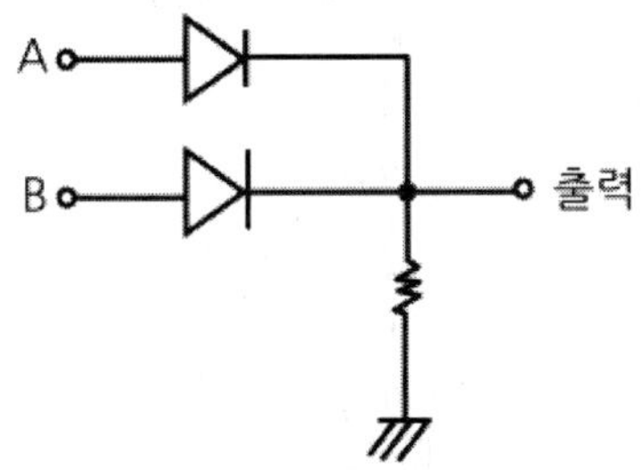

① AND　② OR
③ NOR　④ NAND

해설 OR게이트(무접점회로)

하나라도 신호가 ON되면 출력이 1

무접점
AND회로 $(A \times B,\ A \cdot B)$ 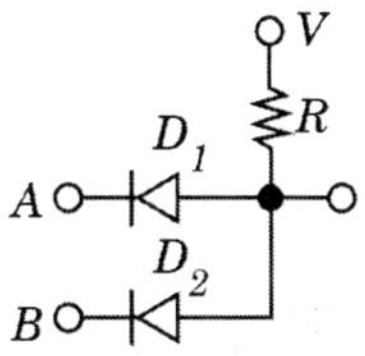
OR회로 $(A+B)$ 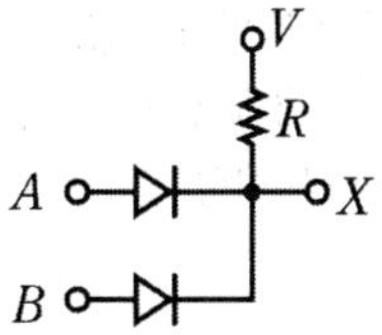
NOT회로(반전) 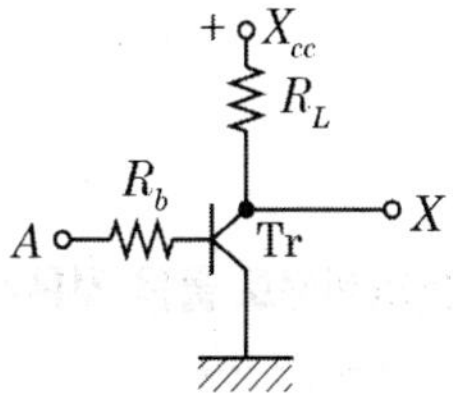
NAND회로(NOT + AND) 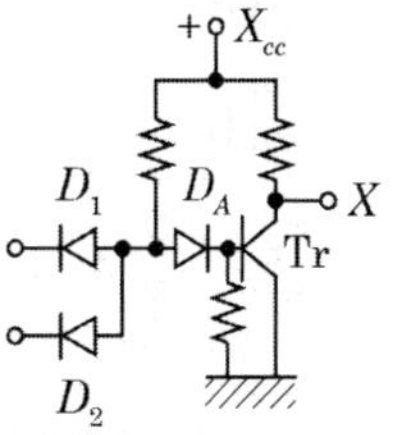
NOR회로(NOT + OR) 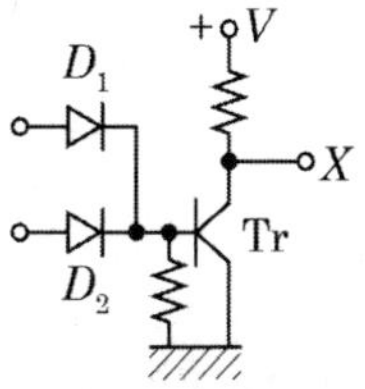
XOR회로(논리기호) 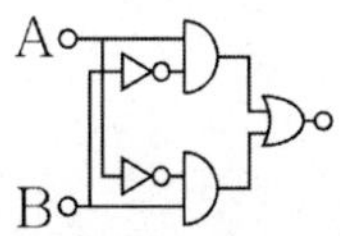

2023

38 상 중 하

발전기에서 유도기전력의 방향을 나타내는 법칙은?

① 페러데이의 전자유도법칙
② 플레밍의 오른손법칙
③ 암페어의 오른나사법칙
④ 플레밍의 왼손법칙

해설 플레밍의 오른손법칙

- 발전기의 원리
- 도체 운동 시 유도기전력 방향 결정

※ 플레밍의 왼손법칙 : 자계 중에 도체를 놓고 전류를 흘리면, 전류 및 자계와 직각 방향으로 도체를 움직이는 힘이 발생

39 상 중 하

다음 그림과 같은 논리회로로 옳은 것은?

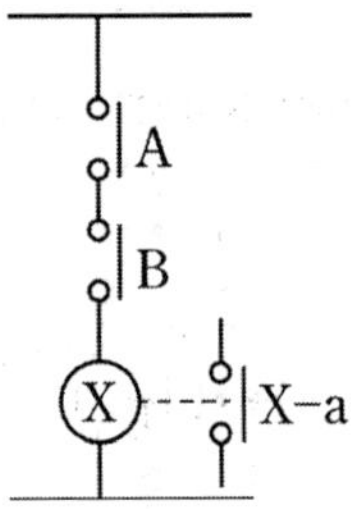

① OR회로　　② AND회로
③ NOT회로　　④ NOR회로

해설 AND회로(유접점회로)

모든 신호가 ON되었을 때 출력신호 1

유접점
AND회로($A \times B$, $A \cdot B$) 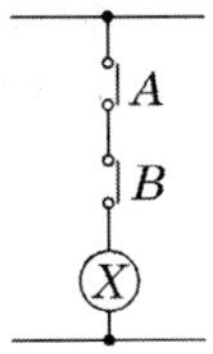
OR회로($A+B$) 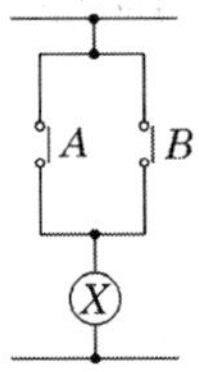
NOT회로(반전) 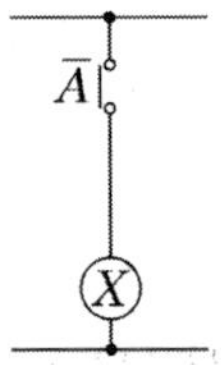
NAND회로(NOT + AND) 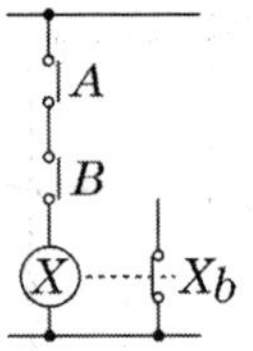
NOR회로(NOT + OR) 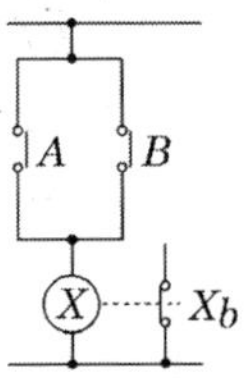
XOR회로 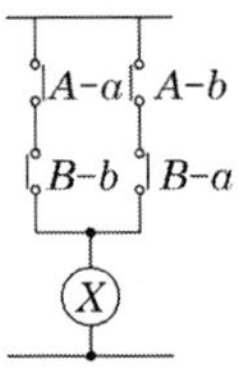

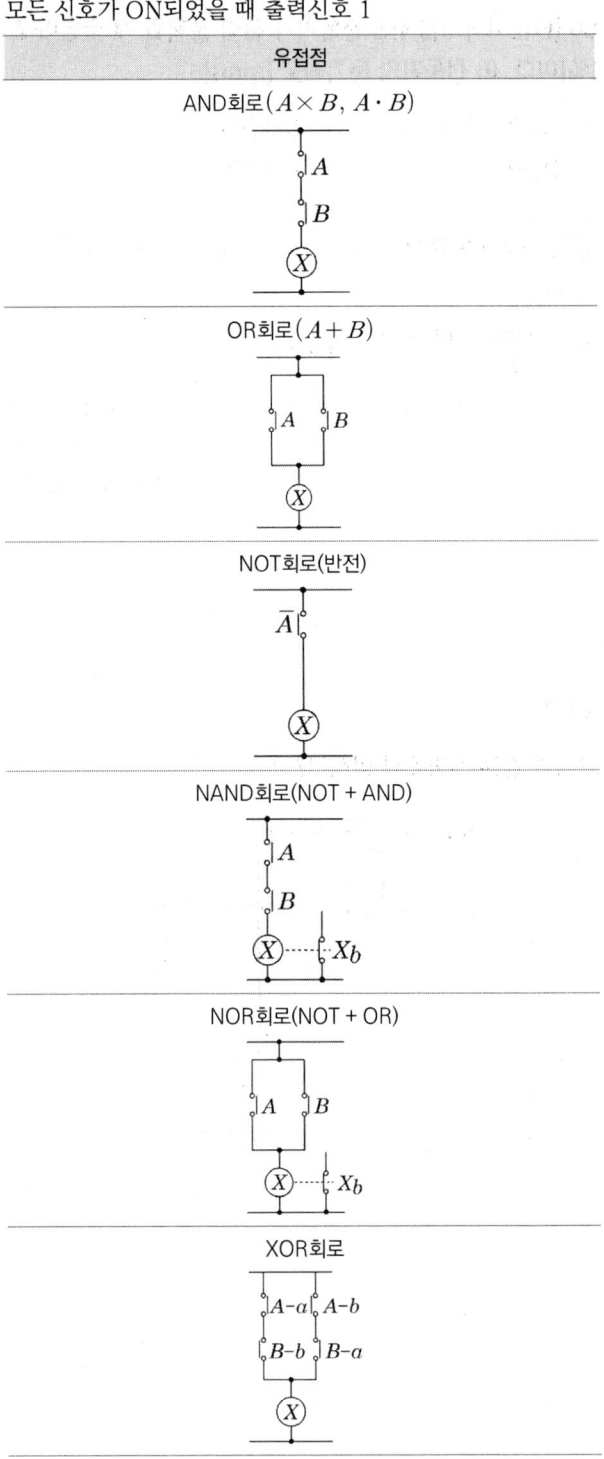

TIP OR회로 : 하나의 신호가 ON되면 출력신호 1

정답 38 ② 39 ②

40 상 중 (하)

다이오드를 여러 개 병렬로 접속하는 경우에 대한 설명으로 옳은 것은?

① 과전류로부터 보호할 수 있다.
② 과전압으로부터 보호할 수 있다.
③ 부하측의 맥동률을 감소시킬 수 있다.
④ 정류기의 역방향 전류를 감소시킬 수 있다.

해설 다이오드 접속

직렬	과전압으로부터 보호	
병렬	과전류로부터 보호	

정답 40 ①

2023년 2회

소방관계법규

3회독 월 일
2회독 월 일
1회독 월 일

목표시간 : 20분 | 시작 : _시 _분 | 종료 : _시 _분 | 맞은 개수 : _ /20

41 상 중 하

소방청장, 소방본부장 또는 소방서장은 관할구역에 있는 소방대상물에 대해 화재안전조사를 실시할 수 있다. 화재안전조사를 실시하는 경우로 알맞지 않은 것은?

① 국가적 행사 등 주요 행사가 개최되는 장소 및 그 주변의 관계 지역에 대해 소방안전관리 실태를 점검할 필요가 있는 경우
② 화재가 자주 발생하였거나 발생할 우려가 뚜렷한 곳에 대한 점검이 필요한 경우
③ 관계인이 실시하는 자체점검 등이 불성실하거나 불완전하다고 인정되는 경우
④ 소방청장, 소방본부장, 소방서장이 토의로 화재안전조사를 실시해야 한다고 결정한 경우

해설 화재안전조사 대상

1) 조사권자 : 소방관서장
2) 개인의 주거에 대한 화재안전조사는 관계인의 승낙이 있거나 화재발생의 우려가 뚜렷하여 긴급한 필요가 있는 때로 한정
3) 화재안전조사 실시할 수 있는 경우
 (1) 관계인이 실시하는 자체점검 등이 불성실하거나 불완전하다고 인정되는 경우
 (2) 화재예방강화지구 등 법령에서 화재안전조사를 하도록 규정되어 있는 경우
 (3) 화재예방안전진단이 불성실하거나 불완전하다고 인정되는 경우
 (4) 국가적 행사 등 주요 행사가 개최되는 장소 및 그 주변의 관계 지역에 대하여 소방안전관리 실태를 점검할 필요가 있는 경우
 (5) 화재가 자주 발생하였거나 발생할 우려가 뚜렷한 곳에 대한 점검이 필요한 경우
 (6) 재난예측정보, 기상예보 등을 분석한 결과 소방대상물에 화재의 발생 위험이 높다고 판단되는 경우
 (7) 그 밖의 긴급한 상황이 발생한 경우 인명 또는 재산 피해의 우려가 현저하다고 판단되는 경우
  ① 화재안전조사의 항목 : 대통령령
  ② 소방관서장은 화재안전조사를 실시하는 경우 다른 목적을 위해 조사권을 남용하지 않은 것

신유형!

42 상 중 하

위험물안전관리법령상 위험물을 취급함에 있어서 정전기가 발생할 우려가 있는 설비에 설치할 수 있는 정전기 제거 방법이 아닌 것은?

① 접지에 의한 방법
② 자동적으로 압력의 상승을 정지시키는 방법
③ 공기를 이온화하는 방법
④ 공기 중의 상대습도를 70 [%] 이상으로 하는 방법

해설 정전기방지대책

- 배관 내 유속 제한
- 접지 및 본딩
- 상대습도 70 [%] 이상
- 대전방지제 사용
- 공기의 이온화

정답 41 ④ 42 ②

43 상중하

위험물안전관리법령상 제조소 또는 일반 취급소의 위험물 취급탱크 노즐 또는 맨홀을 신설하는 경우, 노즐 또는 맨홀의 직경이 몇 [mm]를 초과하는 경우 변경허가를 받아야 하는가?

① 200 ② 250
③ 300 ④ 450

해설 제조소등의 설치 및 변경

1) 설치허가자 : 시 · 도지사(행정안전부령)
2) 위험물 품명 · 수량 · 지정수량의 배수 변경신고 : 변경하고자 하는 날의 1일 전
3) 제조소 · 일반취급소 변경허가를 받아야 하는 경우
 (1) 제조소 · 일반취급소 위치 이전
 (2) 배출설치 또는 불활성기체 봉입장치 신설
 (3) 위험물취급탱크 신설 · 교체 · 철거 · 보수
 (4) 위험물취급탱크 노즐 또는 맨홀 신설(노즐 또는 맨홀 직경 250 [mm] 초과하는 경우)
 (5) 위험물취급탱크 탱크전용실 증설 또는 교체
4) 변경허가 · 변경신고 제외 장소
 (1) 주택의 난방시설(공동주택의 중앙난방시설 제외)을 위한 저장소 · 취급소
 (2) 농예용 · 축산용 · 수산용으로 필요한 난방시설 또는 건조시설을 위한 지정수량 20배 이하의 저장소

44 상중하

소방시설 설치 및 관리에 관한 법령상 스프링클러설비를 설치하여야 하는 특정소방대상물의 기준으로 옳은 것은?

① 6층 이상인 특정소방대상물로서 전 층
② 지하상가로서 연면적 500 [m^2] 이상
③ 정신병원과 의료재활시설을 제외한 요양병원으로 사용되는 바닥면적의 합계가 300 [m^2] 이상 600 [m^2] 미만인 시설
④ 정신의료기관으로 사용되는 바닥면적의 합계가 600 [m^2] 미만인 시설

해설 스프링클러설비 설치대상

설치대상	기준
• 문화 및 집회시설(동 · 식물원 제외) • 종교시설 • 운동시설(물놀이형 시설 및 바닥이 불연재료이고 관람석이 없는 운동시설은 제외)	• 수용인원 100 명 이상 • 영화상영관 바닥면적 : 지하층 · 무창층 500 [m^2](그 외 1000 [m^2]) 이상 • 무대부 : 지하층 · 무창층, 4층 이상 300 [m^2](그 외 500 [m^2]) 이상
• 판매시설, 운수시설 • 창고시설(물류터미널)	• 수용인원 500명 이상 • 바닥면적 합계 5000 [m^2] 이상
6층 이상인 특정소방대상물	전 층
• 의료시설(정신의료기관, 종합병원, 병원, 치과병원, 한방병원, 요양병원) • 노유자시설 • 숙박 가능한 수련시설 • 숙박시설 • 산후조리원, 조산원	바닥면적 합계 600 [m^2] 이상인 것은 모든 층
지하상가	연면적 1000 [m^2] 이상
기숙사(교육연구시설 · 수련시설 내에 있는 학생 수용을 위한 것), 복합건축물	연면적 5000 [m^2] 이상인 모든 층
특수가연물 저장 · 취급시설	지정수량 1000배 이상
랙식 창고의 높이가 10 [m] 초과	바닥면적 또는 랙이 설치된 부분의 합계가 1500 [m^2] 이상인 경우 모든 층
전기저장시설, 교정 및 군사시설 중 보호감호소, 교도소, 구치소 및 그 지소, 보호관찰소, 갱생보호시설, 치료감호시설, 소년원 및 소년분류심사원의 수용거실, 보호시설(외국인보호소의 경우에는 보호대상자의 생활공간으로 한정), 유치장	-

정답 43 ② 44 ①

2023

45 상중하

특정소방대상물의 소방시설등에 대한 자체점검 기술자격자의 범위에서 행정안전부령으로 정하는 기술자격자는?

① 소방안전관리자로 선임된 위험물산업기사
② 소방안전관리자로 선임된 소방시설관리사 및 소방기술사
③ 소방안전관리자로 선임된 소방설비산업기사
④ 소방안전관리자로 선임된 소방설비기사

해설 종합점검 대상

대상	기준
가. 최초점검 대상물 나. 스프링클러설비가 설치된 특정소방대상물 다. 물분무등소화설비[호스릴방식의 물분무등소화설비만을 설치한 경우는 제외]가 설치된 연면적 5000 [m²] 이상인 특정소방대상물(위험물 제조소등은 제외) 라. 다중이용업의 영업장이 설치된 특정소방대상물로서 연면적이 2000 [m²] 이상인 것(단란주점과 유흥주점, 영화상영관, 비디오물감상실업, 복합영상물제공업, 노래연습장, 산후조리원, 고시원, 안마시술소) 마. 제연설비가 설치된 터널 바. 공공기관 중 연면적(터널·지하구의 경우 그 길이와 평균폭을 곱하여 계산된 값)이 1000 [m²] 이상인 것으로서 옥내소화전설비 또는 자동화재탐지설비가 설치된 것(소방대가 근무하는 공공기관은 제외)	가. 관리업에 등록된 소방시설관리사 나. <u>소방안전관리자로 선임된 소방시설관리사 또는 소방기술사</u>

46 상중하

소방기본법령상 소방의 날 제정과 운영 등에 관한 사항으로 틀린 것은?

① 국민의 안전의식과 화재에 대한 경각심을 높이고 안전문화를 정착시키기 위한 목적이다.
② 소방의 날은 매년 11월 9일이다.
③ 소방의 날 행사에 관하여 필요한 사항은 소방청장 또는 시·도지사가 따로 정하여 시행할 수 있다.
④ 시·도지사는 소방행정 발전에 공로가 있다고 인정되는 사람을 명예직 소방대원으로 위촉할 수 있다.

해설 소방의 날 제정과 운영 등

1) 국민의 안전의식과 화재에 대한 경각심을 높이고 안전문화를 정착시키기 위하여 매년 11월 9일을 소방의 날로 정하여 기념행사를 한다.
2) 소방의 날 행사에 관하여 필요한 사항은 소방청장 또는 시·도지사가 따로 정하여 시행할 수 있다.
3) <u>소방청장은 다음에 해당하는 사람을 명예직 소방대원으로 위촉할 수 있다.</u>
   (1) 「의사상자등 예우 및 지원에 관한 법률」에 따른 의사상자에 해당하는 사람
   (2) 소방행정 발전에 공로가 있다고 인정되는 사람

정답 45 ② 46 ④

신유형!

47 상 중 하

위험물안전관리법령상 경보설비에 대한 기준으로 틀린 것은?

① 지정수량의 10배 이상의 위험물을 저장 또는 취급하는 제조소등(이동탱크저장소를 제외한다)에는 화재발생 시 이를 알릴 수 있는 경보설비를 설치하여야 한다.

② 경보설비는 자동화재탐지설비·자동화재속보설비·비상경보설비(비상벨장치 또는 경종을 포함한다)·확성장치(휴대용확성기를 포함한다) 및 비상방송설비로 구분한다.

③ 자동신호장치를 갖춘 스프링클러설비 또는 물분무등소화설비를 설치한 제조소등에 있어서는 자동화재탐지설비를 설치한 것으로 본다.

④ 제조소 및 일반취급소에 있어서 연면적 1000 [m²] 이상인 것은 자동화재탐지설비를 설치한다.

해설 경보설비 설치기준

1) 제조소등별 설치해야 하는 경보설비

특정소방대상물	소방시설
• 연면적 500 [m²] 이상 • 옥내에서 지정수량 100배 이상 취급 • 일반취급소로 사용되는 부분 외의 부분이 있는 건축물에 설치된 일반취급소	자동화재탐지설비
• 지정수량 10배 이상 저장 또는 취급 (**이동탱크저장소 제외**)	• 자동화재탐지설비 • 비상경보설비 • 비상방송설비 • 확성장치 중 1종 이상

2) 자동신호장치 갖춘 스프링클러설비 또는 물분무등소화설비 설치한 제조소등은 자동화재탐지설비 설치한 것으로 봄

3) 자동화재탐지설비·비상경보설비(비상벨장치 또는 경종 포함)·확성장치(휴대용 확성기 포함) 및 비상방송설비로 구분

48 상 중 하

소방시설관리사증을 빌려주거나 둘 이상의 업체에 취업한 자에 대한 벌칙기준으로 옳은 것은?

① 6개월 이하의 징역 또는 1000만 원 이하의 벌금
② 1년 이하의 징역 또는 1000만 원 이하의 벌금
③ 3년 이하의 징역 또는 1500만 원 이하의 벌금
④ 3년 이하의 징역 또는 3000만 원 이하의 벌금

해설 1년 1000만 원 이하의 벌금

1) 자체점검을 하지 않거나 관리업자에게 정기점검하게 하지 아니한 자
2) 소방시설관리사증을 빌려주거나 빌리거나 이를 알선한 자
3) 동시에 둘 이상의 업체에 취업한 자
4) 자격정지처분을 받고 자격정지기간 중에 관리사의 업무를 한 자
5) 관리업 등록증, 등록수첩을 다른 자에게 빌려주거나 빌리거나 이를 알선한 자
6) 영업정지처분을 받고 영업정지기간 중에 관리업의 업무를 한 자
7) 제품검사 합격표시 허위·위조·변조한 자
8) 형식승인의 변경승인을 받지 아니한 자
9) 제품검사에 합격하지 아니한 소방용품에 성능인증을 받았다는 표시 또는 제품검사에 합격하였다는 표시를 하거나 성능인증을 받았다는 표시 또는 제품검사에 합격하였다는 표시를 위조 또는 변조하여 사용한 자
10) 성능인증의 변경인증을 받지 아니한 자
11) 우수품질 표시 허위·위조·변조하여 사용한 자
12) 관계인의 업무 방해하거나 출입·검사 시 알게 된 비밀을 누설한 자

2023

정답 47 ④ 48 ②

49 상중하

자동화재탐지설비를 설치하여야 하는 특정소방대상물의 기준으로 틀린 것은?

① 지하구
② 터널로서 길이 700 [m] 이상인 것
③ 교정시설로서 연면적 2000 [m^2] 이상인 것
④ 복합건축물로서 연면적 600 [m^2] 이상인 것

해설 자동화재탐지설비 설치대상

설치대상	기준
• 교육연구시설(교육시설 내에 있는 기숙사 및 합숙소를 포함한다), 수련시설(기숙사·합숙소 포함, 숙박시설 제외) • 동·식물 관련 시설, 교정 및 군사시설 • 자원순환 관련 시설 • 교정 및 군사시설 • 묘지 관련 시설	연면적 2000 [m^2] 이상인 경우에는 모든 층
목욕장, 문화 및 집회시설, 종교시설, 판매시설, 운동시설, 운수시설, 업무시설, 창고시설, 공장, 지하상가, 위험물 저장 및 처리시설, 항공기 및 자동차 관련 시설, 교정 및 군사시설 중 국방·군사시설, 방송통신시설, 발전시설, 관광 휴게시설	연면적 1000 [m^2] 이상인 경우에는 모든 층
• 근린생활시설(목욕장 제외) • 의료시설(정신의료기관, 요양병원 제외) • 위락시설, 장례시설 및 복합건축물	연면적 600 [m^2] 이상인 경우에는 모든 층
정신의료기관, 의료재활시설	• 바닥면적합계 300 [m^2] 이상 • 바닥면적 합계 300 [m^2] 미만, 창살 설치
터널	길이 1000 [m] 이상
공장 및 창고시설	500배 이상 특수가연물
요양병원, 지하구, 전통시장, 조산원, 산후조리원	-
전기저장시설, 노유자생활시설	-
공동주택 중 아파트등·기숙사, 숙박시설, 6층 이상인 건축물	-
노유자시설	연면적 400 [m^2] 이상인 경우에는 모든 층
숙박시설이 있는 수련시설	수용인원 100명 이상인 경우에는 모든 층

50 상중하

소방기본법령상 소방용수시설에서 저수조의 설치기준으로 틀린 것은?

① 소방펌프자동차가 쉽게 접근할 수 있도록 할 것
② 지면으로부터의 낙차가 4.5 [m] 이하일 것
③ 흡수부분의 수심이 6 [m] 이상일 것
④ 흡수관의 투입구가 원형의 경우에는 지름이 60 [cm] 이상일 것

해설 소방용수시설 설치기준

1) 소화전
  • 상수도와 연결, 지하식·지상식 구조
  • 연결금속구 구경 : 65 [mm]
2) 급수탑
  • 급수배관 구경 : 100 [mm] 이상
  • 개폐밸브 : 지상 1.5 [m] 이상 1.7 [m] 이하
3) 저수조
  • 지면으로부터의 낙차 : 4.5 [m] 이하
  • 흡수부분 수심 : 0.5 [m] 이상일 것
  • 흡수관 투입구 : 사각형 한 변 60 [cm]
  원형 지름 60 [cm] 이상

정답 49 ② 50 ③

51 상 중 하

소방시설공사업법령에 따른 성능위주설계를 할 수 있는 자의 설계범위기준 중 틀린 것은?

① 연면적 30000 [m^2] 이상인 특정소방대상물로서 공항시설
② 연면적 200000 [m^2] 이상인 특정소방대상물(공동주택 중 주택으로 5층 이상 제외)
③ 지하층을 포함한 층수가 30층 이상인 특정소방대상물(단, 아파트등은 제외)
④ 하나의 건축물에 영화상영관이 5개 이상인 특정소방대상물

해설 성능위주설계 특정소방대상물

1) 연면적 200000 [m^2] 이상 특정소방대상물 - 다만 아파트등(공동주택 중 주택으로 쓰이는 층수가 5층 이상인 주택) 제외
2) 50층 이상(지하층 제외)이거나 지상으로부터 높이가 200 [m] 이상인 아파트등
3) 30층 이상(지하층 포함)이거나 지상으로부터 높이가 120 [m] 이상인 특정소방대상물(아파트등은 제외)
4) 연면적 30000 [m^2] 이상 특정소방대상물
  • 철도 및 도시철도 시설
  • 공항시설
5) <u>하나의 건축물에 영화상영관 10개 이상</u>
6) 지하연계 복합건축물
7) 연면적 10만 [m^2] 이상이거나 지하 2층 이하이고 지하층의 바닥면적의 합이 3만 [m^2] 이상인 창고시설
8) 터널 중 수저(水底)터널 또는 길이가 5000 [m] 이상인 것

52 상 중 하

소방시설의 하자가 발생한 경우 통보를 받은 공사업자는 며칠 이내에 이를 보수하거나 보수 일정을 기록한 하자보수계획을 관계인에게 서면으로 알려야 하는가?

① 3일 ② 5일
③ 14일 ④ 30일

해설 하자보수

1) 관계인은 하자보수 보증기간 이내에 소방시설 하자 발생 시 공사업자에게 그 사실을 알려야 한다.
2) <u>통보받은 공사업자는 3일 이내 하자보수 또는 하자보수계획을 관계인에게 서면으로 알려야 한다</u>.
3) 관계인은 공사업자가 다음 각 호의 어느 하나에 해당하는 경우에는 **소방본부장·서장**에게 그 사실을 알릴 수 있음
  (1) 3일 이내에 하자보수를 이행하지 아니한 경우
  (2) 3일 이내에 하자보수계획을 서면으로 알리지 아니한 경우
  (3) 하자보수계획이 불합리하다고 인정되는 경우

2023

53 상 중 하

소방기본법령상 소방대장은 화재, 재난·재해 그 밖의 위급한 상황이 발생한 현장에 소방활동구역을 정하여 소방활동에 필요한 자로서 대통령령으로 정하는 사람 외에는 그 구역에의 출입을 제한할 수 있다. 다음 중 소방활동구역에 출입할 수 없는 사람은?

① 소방활동구역 안에 있는 소방대상물의 소유자·관리자 또는 점유자
② 전기·가스·수도·통신·교통의 업무에 종사하는 사람으로서 원활한 소방활동을 위하여 필요한 사람
③ 자원봉사자
④ 의사·간호사 그 밖에 구조·구급업무에 종사하는 사람

정답 51 ④ 52 ① 53 ③

해설 소방활동구역 출입자

1) 설정
  (1) 설정권자 : 소방대장
  (2) 소방활동구역을 정하여 소방활동에 필요한 사람으로서 대통령령으로 정하는 사람 외에는 그 구역에 출입하는 것을 제한
2) 출입자
  (1) 소방활동구역 안에 있는 소방대상물의 소유자·관리자·점유자
  (2) 전기·가스·수도·통신·교통의 업무 종사자로서 소방활동을 위해 필요한 사람
  (3) 의사·간호사 그 밖의 구조·구급업무 종사자
  (4) 취재인력 등 보도업무 종사자
  (5) 수사업무 종사자
  (6) 그 밖에 소방대장이 소방활동을 위해 출입을 허가한 사람
3) 경찰공무원은 소방대가 소방활동구역에 있지 않거나 소방대장의 요청이 있을 때에는 출입제한 조치를 할 수 있음

54 상 중 하

소방시설 설치 및 관리에 관한 법령상 소화설비를 구성하는 제품 또는 기기에 해당하지 않는 것은?

① 가스누설경보기
② 소방호스
③ 스프링클러헤드
④ 분말자동소화장치

해설 소방용품

1) 소화설비 구성 제품·기기
  • 소화기구(소화약제 외의 것 제외)
  • 자동소화장치
  • 소화전, 관창, 소방호스, 스프링클러헤드, 기동용 수압개폐장치, 유수제어밸브 및 가스관선택밸브
2) 경보설비 구성 제품·기기
  • 누전경보기 및 가스누설경보기
  • 발신기, 수신기, 중계기, 감지기, 경종
3) 피난구조설비 구성 제품·기기
  • 피난사다리, 구조대, 완강기(간이완강기 및 지지대 포함)
  • 공기호흡기(충전기 포함)
  • 피난구유도등, 통로유도등, 객석유도등 및 예비전원 내장된 비상조명등
4) 소화용 제품·기기
  • 소화약제(소화설비용만 해당)
  • 방염제(방염액·방염도료·방염성 물질)

55 상 중 하

소방시설공사업법령상 하자보수를 하여야 하는 소방시설 중 하자보수 보증기간이 3년이 아닌 것은?

① 자동소화장치
② 비상방송설비
③ 스프링클러설비
④ 상수도소화용수설비

해설 소방시설 하자보수 보증기간

소방시설	기간
• **피**난기구·유도등 • **비**상경보설비 • **비**상조명등 • **비**상방송설비 • **무**선통신보조설비	**2년**
• 자동소화장치 • 옥내·외소화전설비 • 스프링클러·간이스프링클러설비 • 물분무등소화설비 • 자동화재탐지설비 • 상수도소화용수설비 • 소화활동설비(무선통신보조설비 제외) • 화재알림설비	3년

암기 ▶ 이년 피비무

TIP ▶ 전기는 2년, 기계는 3년
(피난기구와 자동화재탐지설비 및 화재알림설비 제외)

정답 54 ① 55 ②

56 상중하

화재의 예방 및 안전관리에 관한 법령상 화재의 예방상 위험하다고 인정되는 행위를 하는 사람에게 행위의 금지 또는 제한 명령을 할 수 있는 사람은?

① 소방본부장
② 시·도지사
③ 의용소방대원
④ 소방대상물의 관리자

해설 화재의 예방조치

1) 누구든지 화재예방강화지구 및 이에 준하는 대통령령으로 정하는 장소에서는 다음에 해당하는 행위를 하여서는 아니 된다. 다만 행정안전부령으로 정하는 바에 따라 안전조치를 한 경우에는 그러하지 아니한다.
   (1) 모닥불, 흡연 등 화기의 취급
   (2) 풍등 등 소형열기구 날리기
   (3) 용접·용단 등 불꽃을 발생시키는 행위
   (4) 그 밖에 대통령령으로 정하는 화재발생 위험이 있는 행위
2) 소방관서장은 화재발생 위험이 크거나 소화활동에 지장을 줄 수 있다고 인정되는 행위나 물건에 대하여 행위 당사자나 그 물건의 소유자, 관리자 또는 점유자에게 다음의 명령을 할 수 있다. 다만 다음에 해당하는 물건의 소유자, 관리자 또는 점유자를 알 수 없는 경우 소속 공무원으로 하여금 그 물건을 옮기거나 보관하는 등 필요한 조치를 하게 할 수 있다.
   (1) 다음 어느 하나에 해당하는 행위의 금지 또는 제한
   (2) 목재, 플라스틱 등 가연성이 큰 물건의 제거, 이격, 적재 금지 등
   (3) 소방차량의 통행이나 소화활동에 지장을 줄 수 있는 물건의 이동
3) 2)의 단서에 따라 옮긴 물건 등에 대한 보관기간 및 보관기간 경과 후 처리 등에 필요한 사항은 대통령령으로 정한다.
4) 보일러, 난로, 건조설비, 가스·전기시설, 그 밖에 화재발생 우려가 있는 대통령령으로 정하는 설비 또는 기구 등의 위치·구조 및 관리와 화재 예방을 위하여 불을 사용할 때 지켜야 하는 사항은 대통령령으로 정한다.
5) 화재가 발생하는 경우 불길이 빠르게 번지는 고무류·플라스틱류·석탄 및 목탄 등 대통령령으로 정하는 특수가연물(特殊可燃物)의 저장 및 취급기준은 대통령령으로 정한다.

57 상중하

소방청장, 소방본부장 또는 소방서장이 화재안전조사 조치명령서를 해당 소방대상물의 관계인에게 발급하는 경우가 아닌 것은?

① 소방대상물의 신축
② 소방대상물의 개수
③ 소방대상물의 이전
④ 소방대상물의 제거

해설 화재안전조사 결과에 따른 조치명령

1) 명령권자 : 소방관서장
2) 관계인에게 그 소방대상물의 개수·이전·제거, 사용의 금지 또는 제한, 사용폐쇄, 공사의 정지 또는 중지, 그 밖에 필요한 조치
   (1) 소방대상물의 위치·구조·설비 또는 관리에 보완 필요 시
   (2) 화재발생 시 인명 또는 재산 피해가 클 것으로 예상될 때
3) 관계인에게 조치를 명령 또는 관계 행정기관의 장에게 필요한 조치 요청
   (1) 법령을 위반하여 건축 또는 설비
   (2) 소방시설등, 피난시설·방화구획, 방화시설 등이 법령에 적합하게 설치·관리되지 않은 경우

58 상중하

옥내저장소의 위치·구조 및 설비의 기준 중 지정수량의 몇 배 이상의 저장창고(제6류 위험물의 저장창고 제외)에 피뢰침을 설치해야 하는가? (단, 저장창고 주위의 상황이 안전상 지장이 없는 경우는 제외한다)

① 10배　② 20배
③ 30배　④ 40배

해설 위험물 제조소 피뢰설비

지정수량 10배 이상인 옥외탱크저장소 피뢰침 설치(제6류 위험물 제조소 제외)

2023

정답 56 ① 57 ① 58 ①

59 상중하

행정안전부령으로 정하는 연소 우려가 있는 구조에 대한 기준 중 다음 ( ) 안에 알맞은 것은?

> 건축물대장의 건축물 현황도에 표시된 대지 경계선 안에 2 이상의 건축물이 있는 경우로서 각각의 건축물이 다른 건축물의 외벽으로부터 수평거리가 1층의 경우에는 (㉠) [m] 이하, 2층 이상의 경우에는 (㉡) [m] 이하이고 개구부가 다른 건축물을 향하여 설치된 구조를 말한다.

① ㉠ 3, ㉡ 5
② ㉠ 5, ㉡ 8
③ ㉠ 6, ㉡ 8
④ ㉠ 6, ㉡ 10

해설 연소우려가 있는 구조

- 대지경계선 안 2 이상의 건축물
- 다른 건축물 외벽으로부터 수평거리가 1층 6 [m] 이하, 2층 이상 10 [m] 이하
- 개구부가 다른 건축물 향하여 설치

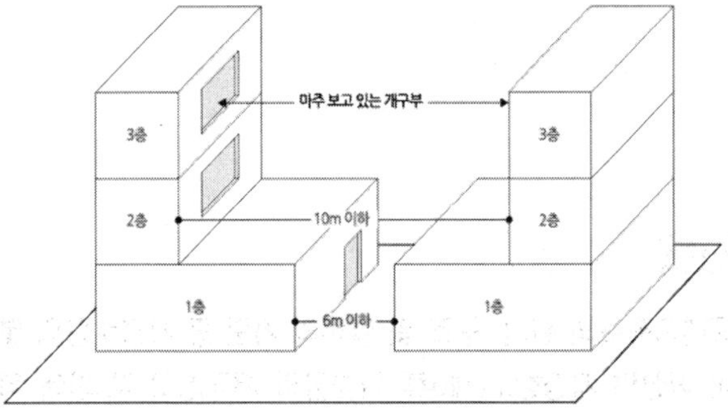

60 상중하

화재예방강화지구의 지정대상이 아닌 것은?

① 공장·창고가 밀집한 지역
② 목조건물이 밀집한 지역
③ 농촌지역
④ 시장지역

해설 화재예방강화지구

1) 지정권자 : 시·도지사
2) 화재예방강화지구 지정 요청 : 소방청장
3) 화재예방강화지구
 (1) 시장지역
 (2) 공장·창고가 밀집한 지역
 (3) 목조건물이 밀집한 지역
 (4) 노후·불량건축물이 밀집한 지역
 (5) 위험물의 저장 및 처리 시설이 밀집한 지역
 (6) 석유화학제품을 생산하는 공장이 있는 지역
 (7) 산업입지 및 개발에 관한 법률에 따른 산업단지
 (8) 소방시설·소방용수시설·소방출동로가 없는 지역
 (9) 물류단지
 (10) (1) ~ (9)까지 준하는 지역으로서 소방관서장이 화재예방강화지구로 지정할 필요가 있다고 인정하는 지역

정답 59 ④ 60 ③

2023년 2회

소방전기시설의 구조 및 원리

3회독 월 일
2회독 월 일
1회독 월 일

목표시간 : 30분 | 시작 : _시 _분 | 종료 : _시 _분 | 맞은 개수 : _ /20

61 상 중 하

누전경보기의 형식승인 및 제품검사의 기술기준 상 절연된 1차권선과 2차권선 간의 절연저항값은 몇 $[M\Omega]$인가?

① 0.1
② 5
③ 10
④ 20

해설 누전경보기 절연저항시험

1) 측정장치 : DC 500 [V]의 절연저항계
2) 절연저항시험 : 5 $[M\Omega]$ 이상
3) 측정위치

구분	측정 개소
수신부	(1) 절연된 충전부와 외함 간 (2) 차단기구의 개폐부 • 열린 상태 : 같은 극의 전원단자와 부하 측 단자 사이 • 닫힌 상태 : 충전부와 손잡이 사이
변류기	• 절연된 1차 권선과 2차 권선 간 • 절연된 1차 권선과 외부 금속부 간 • 절연된 2차 권선과 외부 금속부 간

62 상 중 하

자동화재속보설비 속보기의 기능에 대한 기준 중 틀린 것은?

① 작동신호를 수신하거나 수동으로 동작시키는 경우 30초 이내에 소방관서에 자동적으로 신호를 발하여 통보하되, 3회 이상 속보할 수 있어야 한다.
② 예비전원을 병렬로 접속하는 경우에는 역충전방지 등의 조치를 하여야 한다.
③ 연동 또는 수동으로 소방관서에 화재발생 음성정보를 속보 중인 경우에도 송수화장치를 이용한 통화가 우선적으로 가능하여야 한다.
④ 속보기의 송수화장치가 정상위치가 아닌 경우에도 연동 또는 수동으로 속보가 가능하여야 한다.

해설 자동화재속보설비

1) 작동신호를 수신하거나 수동으로 동작시키는 경우 20초 이내에 소방관서에 자동적으로 신호를 발하여 통보하되, 3회 이상 속보할 수 있어야 한다.
2) 주전원이 정지한 경우에는 자동적으로 예비전원으로 전환되고, 주전원이 정상 상태로 복귀한 경우에는 자동적으로 예비전원에서 주전원으로 전환되어야 한다.
3) 예비전원은 자동적으로 충전되어야 하며 자동과충전방지장치가 있어야 한다.
4) 화재신호를 수신하거나 속보기를 수동으로 동작시키는 경우 자동적으로 적색 화재표시등이 점등되고 음향장치로 화재를 경보하여야 하며, 화재표시 및 경보는 수동으로 복구 및 정지시키지 않는 한 지속되어야 한다.
5) 연동 또는 수동으로 소방관서에 화재발생 음성정보를 속보 중인 경우에도 송수화장치를 이용한 통화가 우선적으로 가능하여야 한다.

정답 61 ② 62 ①

6) 예비전원을 병렬로 접속하는 경우에는 역충전방지 등의 조치를 하여야 한다.
7) 예비전원은 감시 상태를 60분간 지속한 후 10분 이상 동작(화재속보 후 화재표시 및 경보를 10분간 유지하는 것을 말한다)이 지속될 수 있는 용량이어야 한다.
8) 속보기는 연동 또는 수동 작동에 의한 다이얼링 후 소방관서와 전화접속이 이루어지지 않는 경우에는 최초 다이얼링을 포함하여 10회 이상 반복적으로 접속을 위한 다이얼링이 이루어져야 한다. 이 경우 매회 다이얼링 완료 후 호출은 30초 이상 지속되어야 한다.
9) 속보기의 송수화장치가 정상위치가 아닌 경우에도 연동 또는 수동으로 속보가 가능하여야 한다.
10) 음성으로 통보되는 속보내용을 통하여 해당 특정소방대상물의 위치, 화재발생 및 속보기에 의한 신고임을 확인할 수 있어야 한다.
11) 속보기는 음성속보방식 외에 데이터 또는 코드전송방식 등을 이용한 속보기능을 설치할 수 있다.

신유형!

63 (상)중 하

시각경보장치의 성능인증 및 제품검사의 기술기준상 전원 입력 단자에 사용정격전압을 인가한 뒤, 신호장치에서 작동신호를 보냈을 때 점멸주기를 고르시오.

① 1분간 점멸회수를 측정하는 경우 점멸주기는 매 초당 1회 이상 3회 이내
② 1분간 점멸회수를 측정하는 경우 점멸주기는 매 초당 20회 이상
③ 1분간 점멸회수를 측정하는 경우 점멸주기는 매 초당 60회 이상
④ 1분간 점멸회수를 측정하는 경우 점멸주기는 매 초당 100회 이상

해설 시각경보장치의 기능

1) 시각경보장치에 작동신호를 보내어 약 1분간 점멸횟수를 측정하는 경우 점멸주기는 매 초당 1회 이상 3회 이하여야 한다.
2) 광원은 투명 또는 흰색이어야 하며 최대 1000 칸델라를 초과하지 않아야 한다.
3) 시각경보장치에 작동신호를 보내는 경우 3초 이내 경보를 발하여야 하며 정지신호를 받았을 경우에는 3초 이내 정지되어야 한다.
4) 작동 상태인 시각경보장치(건전지를 주전원으로 하는 무선식 시각경보장치는 제외한다)의 최대소비전류는 설계값(소비전류 설계값) 이하이어야 한다.

64 상(중)하

감지기의 형식승인 및 제품검사의 기술기준 상, 1개의 감지기 내에 서로 다른 종별 또는 감도 등의 기능을 갖춘 것으로서 일정시간 간격을 두고 각각 다른 2개 이상의 화재신호를 발하는 감지기의 종류를 고르시오.

① 다신호식 감지기
② 방수형 감지기
③ 축적형 감지기
④ 아날로그식 감지기

해설 감지기 형식별 특성

1) "다신호식"이란 1개의 감지기 내에 서로 다른 종별 또는 감도 등의 기능을 갖춘 것으로서 일정시간 간격을 두고 각각 다른 2개 이상의 화재신호를 발하는 감지기를 말한다.
2) "방폭형"이란 폭발성 가스가 용기 내부에서 폭발하였을 때 용기가 그 압력에 견디거나 또는 외부의 폭발성 가스에 인화될 우려가 없도록 만들어진 형태의 감지기를 말한다.
3) "방수형"이란 그 구조가 방수구조로 되어 있는 감지기를 말한다.

정답 63 ① 64 ①

4) "재용형"이란 다시 사용할 수 있는 성능을 가진 감지기를 말한다.
5) "축적형"이란 일정농도 이상의 연기가 일정시간(공칭축적시간) 연속하는 것을 전기적으로 검출함으로써 작동하는 감지기(다만 단순히 작동시간만을 지연시키는 것은 제외한다)를 말한다.
6) "아날로그식"이란 주위의 온도 또는 연기량의 변화에 따라 각각 다른 전류치 또는 전압치 등의 출력을 발하는 방식의 감지기를 말한다.
7) "연동식"이란 단독경보형 감지기가 작동할 때 화재를 경보하며 유·무선으로 주위의 다른 감지기에 신호를 발신하고 신호를 수신한 감지기도 화재를 경보하며 다른 감지기에 신호를 발신하는 방식의 것을 말한다.
8) "무선식"이란 전파에 의해 신호를 송·수신하는 방식의 것을 말한다.

65 상중하

누전경보기의 형식승인 및 제품검사의 기술기준상 수신부는 그 정격전압에서 몇 회의 반복시험을 실시하는 경우 그 구조 또는 기능에 이상이 생기지 않아야 하는가?

① 500회 ② 1000회
③ 5000회 ④ 10000회

해설 누전경보기 성능

1) 조작이 쉽고 작동이 확실하여야 하며 정지점이 명확하고 적정하여야 한다.
2) 각 접점의 최대사용전압으로 최대사용전류의 200 [%]인 전류를 저항부하를 통하여 흘리는 작동을 1만 회(전원스위치의 경우에는 5천 회) 반복하는 경우 그 구조 또는 기능에 이상이 생기지 아니하여야 한다.
3) 접점은 최대사용전류 용량에 적합하여야 하고 부식될 우려가 없는 것이어야 한다.
4) 눕혀서 끊어지는 형의 스위치(수은스위치 등)을 사용할 경우에는 정위치에 복귀시키는 것을 잊지 아니하도록 알려주는 적당한 장치를 하여야 한다.

66 상중하

유도등 및 유도표지의 화재안전기술기준(NFTC 303)에 따라 지하층을 제외한 층수가 11층 이상인 특정소방대상물의 유도등의 비상전원을 축전지로 설치한다면 피난층에 이르는 부분의 유도등을 몇 분 이상 유효하게 작동시킬 수 있는 용량으로 하여야 하는가?

① 10 ② 20
③ 50 ④ 60

해설 유도등의 전원

1) 축전지, 전기저장장치, 교류전압의 옥내간선으로 하고 전원까지의 배선은 전용으로 할 것
2) 비상전원
 (1) 축전지(알칼리계 2차 축전지)
 (2) 용량 : 유도등은 20분 이상 작동
 (3) 60분 이상 작동해야 하는 경우
  ① 지하층을 제외한 층수가 11층 이상의 층
  ② 지하층, 무창층의 용도가 도매·소매시장·여객자동차터미널·지하역사 또는 지하상가

67 상중하

자동화재탐지설비 및 시각경보장치의 화재안전기술기준(NFTC 203)에 따른 공기관식 차동식 분포형 감지기의 설치기준으로 알맞은 것은?

① 검출부는 5° 이상 경사되지 아니하도록 부착할 것
② 공기관의 노출부분은 감지구역마다 50 [m] 이상이 되도록 할 것
③ 하나의 검출부분에 접속하는 공기관의 길이는 150 [m] 이하로 할 것
④ 공기관과 감지구역의 각 변과의 수평거리는 2 [m] 이하가 되도록 할 것

정답 65 ④ 66 ④ 67 ①

해설 공기관식 차동식 분포형 설치기준

1) 공기관의 노출부분 : 20 [m] 이상
2) 하나의 검출부에 접속하는 공기관의 길이 : 100 [m] 이하
3) 공기관과 감지구역의 각 변과의 수평거리 : 1.5 [m] 이하
4) 공기관 상호 거리 : 6 [m] 이하(주요구조부가 내화 구조인 경우 : 9 [m])
5) 공기관은 도중에 분기 금지
6) 검출부는 5° 이상 경사되지 않을 것
7) 검출부는 바닥으로부터 0.8 [m] 이상 1.5 [m] 이하의 위치에 설치할 것

68 (상 중 하)

하나의 전용회로에 설치하는 비상콘센트의 개수를 고르시오.

① 5　　② 10
③ 20　　④ 3

해설 비상콘센트설비 전원회로 설치기준

1) 전원회로 : 단상교류는 220 [V], 공급용량은 1.5 [kVA] 이상
2) 전원회로는 각 층에 2 이상이 되도록 설치(다만 설치하여야 할 층의 비상콘센트가 1개인 때에는 하나의 회로로 할 수 있다)
3) 전원회로는 주배전반에서 전용회로로 할 것
4) 전원으로부터 각 층의 비상콘센트에 분기되는 경우에는 분기배선용 차단기를 보호함 안에 설치할 것
5) 콘센트마다 배선용 차단기를 설치하여야 하며, 충전부가 노출되지 아니하도록 할 것
6) 개폐기에는 "비상콘센트"라고 표시한 표지를 할 것
7) 비상콘센트용의 풀박스 등은 방청도장을 한 것으로서 두께 1.6 [mm] 이상의 철판으로 할 것
8) 하나의 전용회로에 설치하는 비상콘센트는 10개 이하로 할 것 이 경우 전선 용량은 각 비상콘센트(비상콘센트가 3개 이상인 경우에는 3개)의 공급용량을 합한 용량 이상의 것으로 하여야 한다.

69 (상 중 하)

비상방송설비의 화재안전기술기준에서 사용하는 용어의 정의 중 다음에 해당하는 것을 고르시오.

> "(　　)란 전압전류의 진폭을 늘려 감도를 좋게 하고 미약한 음성전류를 커다란 음성전류로 변화시켜 소리를 크게 하는 장치를 말한다."

① 증폭기
② 확성기
③ 음량조절기
④ 변류기

해설 비상방송설비 계통도

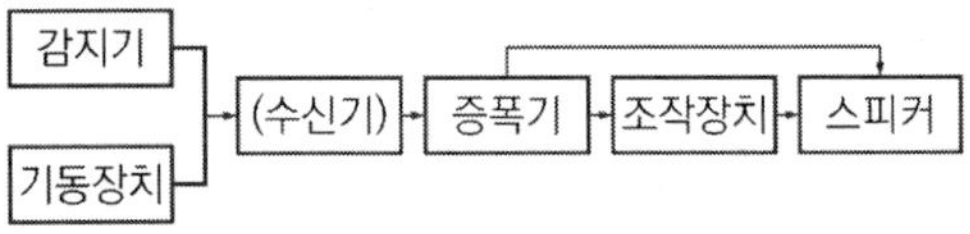

1) "확성기"란 소리를 크게 하여 멀리까지 전달될 수 있도록 하는 장치로써 일명 스피커를 말한다.
2) "음량조절기"란 가변저항을 이용하여 전류를 변화시켜 음량을 크게 하거나 작게 조절할 수 있는 장치를 말한다.
3) "증폭기"란 전압전류의 진폭을 늘려 감도를 좋게 하고 미약한 음성전류를 커다란 음성전류로 변화시켜 소리를 크게 하는 장치를 말한다.
4) "기동장치"란 화재감지기, 발신기 등의 상태변화를 전송하는 장치를 말한다.
5) "몰드"란 전선을 물리적으로 보호하기 위해 사용되는 통형 구조물을 말한다.
6) "약전류회로"란 전신선, 전화선 등에 사용하는 전선이나 케이블, 인터폰, 확성기의 음성회로, 라디오·텔레비전의 시청회로 등을 포함하는 약전류가 통전되는 회로를 말한다.
7) "전원회로"란 전기·통신, 기타 전기를 이용하는 장치 등에 전력을 공급하기 위하여 필요한 기기로 이루어지는 전기회로를 말한다.
8) "절연저항"이란 전류가 도체에서 절연물을 통하여 다른 충전부나 기기로 누설되는 경우 그 누설 경로의 저항을 말한다.
9) "절연효력"이란 전기가 불필요한 부분으로 흐르지 않도록 절연하는 성능을 나타내는 것을 말한다.

정답 68 ② 69 ①

10) "정격전압"이란 전기기계기구, 선로 등의 정상적인 동작을 유지시키기 위해 공급해주어야 하는 기준 전압을 말한다.
11) "조작부"란 기기를 제어할 수 있도록 조작스위치, 지시계, 표시등 등을 집결시킨 부분을 말한다.
12) "풀박스"란 장거리 케이블 포설을 용이하게 하기 위해 전선관 중간에 설치하는 상자형 구조물 등을 말한다.

보충 ▶ '증폭기'와 '조작장치'는 순서가 바뀌어도 됨

70 상중하

광전식 분리형 감지기의 설치기준 중 틀린 것은?

① 감지기의 수광면은 햇빛을 직접 받지 않도록 설치할 것
② 광축은 나란한 벽으로부터 0.6 [m] 이상 이격하여 설치할 것
③ 감지기의 송광부와 수광부는 설치된 뒷벽으로부터 0.5 [m] 이내 위치에 설치할 것
④ 광축의 높이는 천장 등 높이의 80 [%] 이상일 것

해설 광전식 분리형 감지기 설치기준

- 광축은 나란한 벽으로부터 0.6 [m] 이상 이격(오동작방지 개념)
- 수광면은 햇빛을 직접 받지 않도록 설치
- 송광부와 수광부는 설치된 뒷벽으로부터 1 [m] 이내 위치에 설치(미 감시구역 증가방지 개념)
- 광축의 높이는 천장 등 높이의 80 [%] 이상일 것
- 광축의 길이는 공칭감시거리 범위 이내일 것(검정기술기준 공칭감시거리 : 5 ~ 100 [m], 5 [m] 간격)

71 상중하

바닥면적의 합계가 1200 [m^2]이며 지하 3층, 지상 11층의 특정소방대상물에 있어서 비상콘센트설비를 설치해야 하는 층을 고르시오.

① 모든 지하층, 모든 지상층
② 모든 지상층
③ 지하 3층, 모든 지상층
④ 모든 지하층, 지상 11층

해설 비상콘센트설비 설치대상

소방대상물	설치대상
층수가 11층 이상인 특정소방대상물	11층 이상의 층
지하층의 층수가 3층 이상이고 지하층의 바닥면적의 합계가 1000 [m^2] 이상인 것	지하층의 모든 층
터널	길이 500 [m] 이상
위험물 저장 및 처리 시설 중 가스시설 또는 지하구는 제외	

72 상중하

비상조명등의 비상전원은 지하층 또는 무창층으로서 용도가 도매시장 · 소매시장 · 여객자동차터미널 · 지하역사 또는 지하상가인 경우 그 부분에서 피난층에 이르는 부분의 비상조명등을 몇 분 이상 유효하게 작동시킬 수 있는 용량으로 하여야 하는가?

① 10 ② 20
③ 30 ④ 60

정답 70 ③ 71 ④ 72 ④

해설 비상조명등 설치기준

1) 특정소방대상물의 각 거실과 그로부터 지상에 이르는 복도·계단 및 그 밖의 통로에 설치할 것
2) 조도는 비상조명등이 설치된 장소의 각 부분의 바닥에서 1 [lx] 이상이 되도록 할 것
3) 예비전원을 내장하는 비상조명등에는 평상시 점등 여부를 확인할 수 있는 점검스위치를 설치하고 해당 조명등을 유효하게 작동시킬 수 있는 용량의 축전지와 예비전원 충전장치를 내장할 것
4) 예비전원을 내장하지 않는 비상조명등의 비상전원은 자가발전설비, 축전지설비 또는 전기저장장치를 다음 각 목의 기준에 따라 설치할 것
   (1) 점검 편리하고 화재 및 침수 등의 재해로 인한 피해를 받을 우려가 없는 곳에 설치
   (2) 상용전원으로부터 전력의 공급이 중단된 때에는 자동으로 비상전원으로부터 전력을 공급받을 수 있도록 할 것
   (3) 비상전원의 설치장소는 다른 장소와 방화구획할 것(이 경우 그 장소에는 비상전원의 공급에 필요한 기구나 설비 외의 것을 두어서는 안 된다)
   (4) 비상전원을 실내에 설치하는 때에는 그 실내에 비상조명등을 설치할 것
5) 비상전원은 비상조명등을 20분 이상 유효하게 작동시킬 수 있는 용량으로 할 것. 다만 다음 각 목의 특정소방대상물의 경우에는 그 부분에서 피난층에 이르는 부분의 비상조명등을 60분 이상 유효하게 작동시킬 수 있는 용량으로 해야 한다.
   (1) 지하층을 제외한 층수가 11층 이상의 층
   (2) 지하층 또는 무창층으로서 용도가 도매시장·소매시장·여객자동차터미널·지하역사 또는 지하상가
6) 비상조명등의 설치 면제 요건에서 "그 유도등의 유효범위 안의 부분"이란 유도등의 조도가 바닥에서 1 [lx] 이상이 되는 부분을 말한다.

73 상중하

지하 3층, 지상 11층인 특정소방대상물에서 1층에 화재가 발생할 경우 비상방송설비의 경보가 발하여져야 하는 층을 고르시오.

① 모든 층
② 지상 모든 층
③ 발화층, 그 직상 1개 층, 모든 지하층
④ 발화층, 그 직상 4개 층, 모든 지하층

해설 비상방송설비 음향장치 경보(우선경보)

층수가 11층(공동주택의 경우에는 16층) 이상의 특정소방대상물은 다음과 같은 경보를 발할 수 있어야 한다.

1) 2층 이상의 층에서 발화한 때에는 발화층 및 그 직상 4개 층에 경보
2) 1층에서 발화한 때에는 발화층·그 직상 4개 층 및 지하층에 경보
3) 지하층에서 발화한 때에는 발화층·그 직상층 및 기타 지하층 경보

74 상중하

휴대용 비상조명등의 설치기준 중 다음 (　) 안에 알맞은 것은?

지하상가 및 지하역사에는 보행거리 (㉠) [m] 이내마다 (㉡)개 이상 설치할 것

① ㉠ 25, ㉡ 1
② ㉠ 25, ㉡ 3
③ ㉠ 50, ㉡ 1
④ ㉠ 50, ㉡ 3

정답 73 ④ 74 ②

해설 휴대용 비상조명등 설치기준

1) 설치장소

설치대상	기준
숙박시설, 다중이용업소	구획된 실마다 1개 이상 설치
수용인원 100명 이상의 영화상영관, 대규모점포	보행거리 50 [m] 이내마다 3개 이상 설치
지하상가, 지하역사	보행거리 25 [m] 이내마다 3개 이상 설치

2) 설치기준
   (1) 바닥으로부터 0.8 [m] 이상 1.5 [m] 이하의 높이에 설치할 것
   (2) 어둠 속에서 위치를 확인할 수 있도록 할 것
   (3) 사용 시 자동으로 점등되는 구조일 것
   (4) 외함은 난연성능이 있을 것
   (5) 건전지 사용 시 방전방지조치를 하고, 충전식 배터리 사용 시 상시 충전되도록 할 것
   (6) 건전지 및 충전식 배터리 용량은 20분 이상 유효하게 사용할 수 있는 것

75 상 중 하

누전경보기의 구성요소에 해당하지 않는 것은?

① 차단기　　② 영상변류기(ZCT)
③ 음향장치　　④ 발신기

해설 누전경보기 용어

1) "누전경보기"란 내화구조가 아닌 건축물로서 벽, 바닥 또는 천장의 전부나 일부를 불연재료 또는 준불연재료가 아닌 재료에 철망을 넣어 만든 건물의 전기설비로부터 누설전류를 탐지하여 경보를 발하는 기기로 변류기와 수신부로 구성된 것을 말한다.
2) "수신부"란 변류기로부터 검출된 신호를 수신하여 누전의 발생을 해당 특정소방대상물의 관계인에게 경보하여 주는 것(차단기구를 갖는 것을 포함한다)을 말한다.
3) "변류기"란 경계전로의 누설전류를 자동적으로 검출하여 이를 누전경보기의 수신부에 송신하는 것을 말한다.
4) "경계전로"란 누전경보기가 누설전류를 검출하는 대상 전선로를 말한다.
5) "과전류차단기"란 「전기설비기술기준의 판단기준」 제38조와 제39조에 따른 것을 말한다.
6) "분전반"이란 배전반으로부터 전력을 공급받아 부하에 전력을 공급해주는 것을 말한다.
7) "인입선"이란 「전기설비기술기준」 제3조 제1항 제9호에 따른 것으로서, 배전선로에서 갈라져서 직접 수용장소의 인입구에 이르는 부분의 전선을 말한다.
8) "정격전류"란 전기기기의 정격출력 상태에서 흐르는 전류를 말한다.

76 상 중 하

자동화재탐지설비 및 시각경보장치의 화재안전기술기준(NFTC 203)에 따라 외기에 면하여 상시 개방된 부분이 있는 차고·주차장·창고 등에 있어서는 외기에 면하는 각 부분으로부터 몇 [m] 미만의 범위 안에 있는 부분은 경계구역의 면적에 산입하지 아니하는가?

① 1　　② 3
③ 5　　④ 10

해설 경계구역

1) 수평적 경계구역
   (1) 하나의 경계구역이 2개 건축물 및 각 층에 미치지 않을 것 (다만 2개의 층을 하나의 경계구역으로 산정하는 경우 : 바닥 합 500 [m^2] 이하)
   (2) 하나의 경계구역 면적 : 600 [m^2] 이하
      ① 한 변 길이 : 50 [m] 이하
      ② 주출입구에서 내부 전체 보이는 것 : 한 변의 길이가 50 [m]의 범위 내 1000 [m^2] 이하
      ③ 터널 : 하나의 경계구역의 길이는 100 [m] 이하

정답 75 ④ 76 ③

2) 수직적 경계구역
   (1) 계단·경사로(에스컬레이터 포함)는 별도의 경계구역 산정 → 45 [m] 이하
   (2) 엘리베이터 승강로(권상기실 포함)·린넨슈트·파이프피트 및 덕트 기타 이와 유사한 부분은 별도의 경계구역 산정 → 높이기준 없음
   (3) 지하층의 계단 및 경사로(지하층 층수 1일 경우 제외)는 별도로 경계구역 산정
3) 상시 개방된 부분 있는 차고·주차장·창고 : 외기에 면하는 각 부분부터 5 [m] 미만은 면적 산입 제외

77 (상 중 ㊦)

유도등 및 유도표지의 화재안전기술기준(NFTC 303)에 따른 객석유도등의 설치기준이다. 다음 ( )에 들어갈 내용으로 옳은 것은?

> 객석유도등은 객석의 (㉠), (㉡) 또는 (㉢)에 설치하여야 한다.

① ㉠ 통로, ㉡ 바닥, ㉢ 벽
② ㉠ 바닥, ㉡ 천장, ㉢ 벽
③ ㉠ 통로, ㉡ 바닥, ㉢ 천장
④ ㉠ 바닥, ㉡ 통로, ㉢ 출입구

해설 객석유도등

- 객석의 통로, 바닥 또는 벽에 설치할 것
- 설치개수

$$= \frac{\text{객석 통로 직선부분 길이}(m)}{4} - 1$$

보충 ▶ 소수점 이하의 수는 절상할 것

78 (상 ㊥ 하)

소방시설용 비상전원수전설비의 화재안전기준에 따라 소방회로배선은 일반회로배선과 불연성 벽으로 구획하여야 하나, 소방회로배선과 일반회로배선을 몇 [cm] 이상 떨어져 설치한 경우에는 그러하지 아니하는가?

① 5　② 10
③ 15　④ 20

해설 특고압·고압수전 배선 방화구획형

1) 전용의 방화구획 내에 설치할 것
2) 소방회로배선은 일반회로배선과 불연성 벽으로 구획할 것 (다만 소방회로배선과 일반회로배선을 15 [cm] 이상 떨어져 설치한 경우는 그러하지 않는다)
3) 일반회로에서 과부하, 지락사고 또는 단락사고가 발생한 경우에도 이에 영향을 받지 아니하고 계속하여 소방회로에 전원을 공급시켜줄 수 있어야 할 것
4) 소방회로용 개폐기 및 과전류차단기에는 "소방시설용"이라 표시할 것

79 (상 ㊥ 하)

자동화재탐지설비 및 시각경보장치의 화재안전기술기준(NFTC 203)에 따라 지하층·무창층 등으로서 환기가 잘 되지 아니하거나 실내 면적이 40 [m²] 미만인 장소에 설치하여야 하는 적응성이 있는 감지기가 아닌 것은?

① 불꽃감지기
② 광전식 분리형 감지기
③ 정온식 스포트형 감지기
④ 아날로그방식의 감지기

정답 77 ① 78 ③ 79 ③

해설 비화재보방지 감지기

- 불꽃감지기
- 정온식 감지선형 감지기
- 분포형 감지기
- 복합형 감지기
- 광전식 분리형 감지기
- 아날로그방식의 감지기
- 다신호방식의 감지기
- 축적방식의 감지기

암기 ▶ 불정분복 광아다축

TIP ▶ 비화재보 : 화재감지 오작동

80 상 중 하

무선통신보조설비의 화재안전기술기준(NFTC 505)에 따른 설치 제외에 대한 내용이다. 다음 ( )에 들어갈 내용으로 옳은 것은?

(㉠)으로서 특정소방대상물의 바닥 부분 2면 이상이 지표면과 동일하거나 지표면으로부터의 깊이가 (㉡) [m] 이하인 경우에는 해당 층에 한하여 무선통신보조설비를 설치하지 아니할 수 있다.

① ㉠ 지하층, ㉡ 1
② ㉠ 지하층, ㉡ 2
③ ㉠ 무창층, ㉡ 1
④ ㉠ 무창층, ㉡ 2

해설 무선통신보조설비 설치 제외 장소

1) 지하층으로서 특정소방대상물의 바닥부분 2면 이상이 지표면과 동일한 층
2) 지하층으로서 지표면으로부터의 깊이가 1 [m] 이하인 층

정답 80 ①

2023년 4회

소방원론

3회독	월	일
2회독	월	일
1회독	월	일

목표시간 : 20분 　시작 : _시 _분 　종료 : _시 _분 　맞은 개수 : _ /20

01 상 중 하

아세틸렌 저장 실린더 또는 용기 내에 사용되는 용매로 쓰이는 것은?

① 에틸아민 ② 벤젠
③ 아세톤 ④ 톨루엔

해설 아세틸렌

1) 분해폭발을 하는 가스로 압축시키면 폭발 가능성이 높다.
2) 아세틸렌은 불안정하기 때문에, 아세톤이나 디메틸포름아미드(DMF)에 용해시킨 후, 다공성 물질(목탄·석탄)을 채운 금속용기에 충전하여 보관·운반한다.

02 상 중 하

할론소화설비에서 할론 1211 약제의 분자식은?

① CBr_2ClF ② CF_2BrCl
③ CCl_2BrF ④ BrC_2ClF

해설 할론소화약제

종류	분자식	상온·상압
할론 1211	CF_2ClBr	기체
할론 1301	CF_3Br	
할론 1011	CH_2ClBr	액체
할론 2402	$C_2F_4Br_2$	

03 상 중 하

표준 상태에서 MOC(Minimum Oxygen Concentratio : 최소산소농도)가 가장 작은 물질은?

① 메테인 ② 에테인
③ 프로페인 ④ 뷰테인

해설 최소산소농도(MOC)

1)MOC(최소산소농도, 한계산소농도)
MOC = LFL(연소하한계) × 산소몰수

2) 연소하한계

종류	메테인 (메탄)	에테인 (에탄)	프로페인 (프로판)	뷰테인 (부탄)
연소범위 [vol%]	5 ~ 15	3 ~ 12.4	2.1 ~ 9.5	1.8 ~ 8.4

3) 연소반응식

메테인(메탄)	$CH_4 + 2O_2 \rightarrow CO_2 + 2H_2O$
에테인(에탄)	$C_2H_6 + 3.5O_2 \rightarrow 2CO_2 + 3H_2O$
프로페인(프로판)	$C_3H_8 + 5O_2 \rightarrow 3CO_2 + 4H_2O$
뷰테인(부탄)	$C_4H_{10} + 6.5O_2 \rightarrow 4CO_2 + 5H_2O$

① 메테인 = 5 × 2 [mol] = 10 [%]
② 에테인 = 3 × 3.5 [mol] = 10.5 [%]
③ 프로페인 = 2.1 × 5 [mol] = 10.5 [%]
④ 뷰테인 = 1.8 × 6.5 [mol] = 11.7 [%]

∴ 메테인 < 에테인 = 프로페인 < 뷰테인

보충 ▶ MOC : 화염 전파를 위해 필요한 최소한의 산소 농도
(연료와 공기의 혼합기 중 산소의 부피[%])

정답 01 ③ 02 ② 03 ①

04 상 중 하

정전기로 인한 화재를 줄이고 방지하기 위한 대책 중 틀린 것은?

① 공기 중 습도를 일정 값 이상으로 유지한다.
② 기기의 전기 절연성을 높이기 위하여 부도체로 차단공사를 한다.
③ 공기 이온화 장치를 설치하여 가동시킨다.
④ 정전기 축적을 막기 위해 접지선을 이용하여 대지로 연결 작업을 한다.

해설 정전기 방지대책

1) 배관 내 유속을 제한한다(1 [m/s] 이하).
2) 접지 및 본딩을 한다.
3) 상대습도 70 [%] 이상을 유지한다.
4) 대전방지제 사용한다.
5) 공기를 이온화한다.
6) 제전기(제진기)를 사용한다.

보충 ▶ 정전기는 부도체의 마찰에 의해서 발생 가능하다.

05 상 중 하

물의 기화열이 539.6 [cal/g]인 것은 어떤 의미인가?

① 0 [℃]의 물 1 [g]이 얼음으로 변화하는 데 539.6 [cal]의 열량이 필요하다.
② 0 [℃]의 얼음 1 [g]이 물로 변화하는 데 539.6 [cal]의 열량이 필요하다.
③ 0 [℃]의 물 1 [g]이 100 [℃]의 물로 변화하는 데 539.6 [cal]의 열량이 필요하다.
④ 100 [℃]의 물 1 [g]이 수증기로 변화하는 데 539.6 [cal]의 열량이 필요하다.

해설 물의 잠열

1) 얼음 융해잠열 : 80 [cal/g] (= 334 [kJ/kg])
2) 물의 증발잠열 : 539 [cal/g] (= 2257 [kJ/kg])
3) 0 [℃] 물 1 [g] → 100 [℃] 수증기 : 639 [cal/g]
4) 0 [℃] 얼음 1 [g] → 100 [℃] 수증기 : 719 [cal/g]

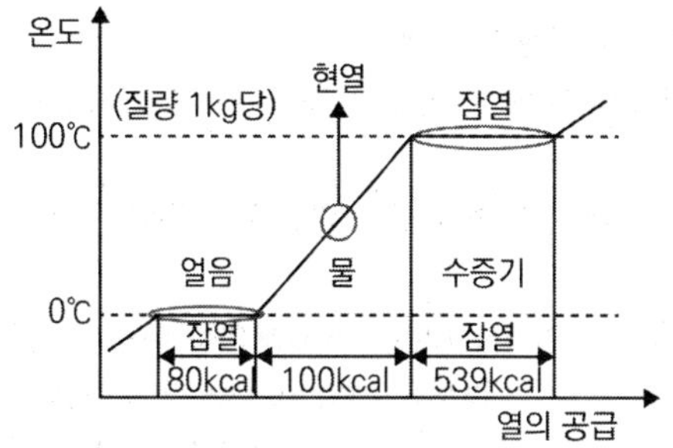

[물의 상태변화]

보충 ▶ 물의 기화열 539 [cal/g]은 100 [℃]의 물 1 [g]이 100 [℃]의 수증기가 될 때 필요한 열량

06 상 중 하

화재에 의한 콘크리트 구조물의 열화현상에 대한 설명으로 틀린 것은?

① 콘크리트는 열을 받으면 열팽창률 차이에 의해, 온도 상승에 따른 수분 증발과 수산화석회의 분해로 접착면이 파괴되어 강도가 저하된다.
② 400 [℃] 이하에서 화학적 결합수가 방출된다.
③ 콘크리트는 화재 시 온도가 높아질수록 압축강도가 작아진다.
④ 400 [℃] 이상에서 석영질 골재가 폭렬이 더 잘 발생한다.

정답 04 ② 05 ④ 06 ②

해설 콘크리트의 물리적·화학적 성질

1) 콘크리트는 열을 받으면 열팽창률 차이에 의해, 온도 상승에 따른 수분 증발과 수산화석회의 분해로 접착면이 파괴되어 강도가 저하된다.
2) 400 [℃] 이상에서 화학적 결합수가 방출된다.
3) 일반적으로 열팽창계수가 큰 규산질 골재가 폭렬이 더 잘 발생한다(규산질 ≒ 석영질).
4) 콘크리트는 화재 시 온도가 높아질수록 압축강도가 작아진다.
5) 콘크리트 내 수분 함유량이 많을수록 폭렬이 더 발생하게 된다.

보충 ▶ 폭렬 : 콘크리트가 화재에 의해 온도가 상승하는 경우 일정 온도 이상이 되면 일부가 박리, 쪼개지며 급격히 강도가 저하되는 현상

07 상 중 하

폭발범위(연소범위)에 관한 설명으로 옳지 않은 것은?

① 관경 5 [cm] 이상의 용기로 연소범위를 측정하면 화염이 관 벽에 냉각되어 연소범위가 좁아진다.
② 화염이 상방으로 전파할 때 연소범위가 넓어진다.
③ 온도가 높아질수록 폭발범위는 넓어진다.
④ 가연물의 양과 유동 상태 및 방출속도 등에 따라 영향을 받는다.

해설 연소범위

1) 정의
연소가 일어나는 데 필요한 가연성 가스나 증기의 농도 범위를 말한다.
2) 영향 요소
(1) 온도 : 온도가 높으면 기체분자의 운동이 증가하여 연소범위가 넓어진다.
(2) 압력 : 압력 상승 시 연소범위가 넓어진다.
(3) 산소농도 : 산소농도가 증가하면 연소 범위가 넓어진다.
(4) 불활성 기체 : 불활성 기체가 첨가되면 연소범위가 좁아진다.
3) 연소범위의 측정
(1) 화염의 전파방향
화염은 상방 전파를 하므로 위쪽으로 전파하는 상방전파 > 수평전파 > 하방전파 순으로 폭발범위가 넓어져 상방전파 값을 구하는 것이 일반적이다.
(2) 측정용기의 직경
측정을 위한 관의 관경이 작을수록 화염이 관벽에 냉각되어 연소범위가 좁아진다.

08 상 중 하

연소의 4대 요소로 옳은 것은?

① 가연물, 열, 산소, 발열량
② 가연물, 발화온도, 산소, 반응속도
③ 가연물, 열, 산소, 순조로운 연쇄반응
④ 가연물, 산화반응, 발열량, 반응속도

해설 연소의 3요소와 4요소

구분	연소의 **3요소**	연소의 **4요소**
정의	연소가 시작할 수 있는 필수 요소	연소가 지속될 수 있는 필수 요소
연소형태	불꽃 없이 빛만 내며 연소하는 심부화재	불꽃을 내며 연소하는 표면화재
소화방법	물리적 소화	물리적 소화, 화학적 소화
요소	**가**연물, **산**소공급원, **점**화원	**가**연물, **산**소공급원, **점**화원, **연**쇄반응

암기 ▶ 가산점

정답 07 ① 08 ③

09 상 중 하

다음 원소 중 전기 음성도가 가장 큰 것은?

① F　　② Br
③ Cl　　④ I

해설 할로겐족 원소

1) 주기율표 17족 원소 : F, Cl, Br, I
2) 전기음성도(결합력) : F > Cl > Br > I
3) 부촉매효과(소화능력) : F < Cl < Br < I

암기 ▶ FC바르셀로나 아이

10 상 중 하

인화점이 낮은 것부터 높은 순서로 옳게 나열된 것은?

① 에틸알코올 < 이황화탄소 < 아세톤
② 이황화탄소 < 에틸알코올 < 아세톤
③ 에틸알코올 < 아세톤 < 이황화탄소
④ 이황화탄소 < 아세톤 < 에틸알코올

해설 인화점

물질	인화점 [℃]
다이에틸에터(디에틸에테르)	-45
가솔린(휘발유)	-43
산화프로필렌	-37
이황화탄소	-30
아세톤	-18
메틸알코올	11
에틸알코올	13
등유	39
경유	41

• 이황화탄소 < 아세톤 < 에틸알코올

암기 ▶ 인가산이아 / 메에 / 등경

11 상 중 하

나이트로셀룰로오스에 대한 설명으로 틀린 것은?

① 질화도가 낮을수록 위험성이 크다.
② 물을 첨가하여 습윤시켜 운반한다.
③ 화약의 원료로 쓰인다.
④ 고체이다.

해설 나이트로셀룰로오스(니트로셀룰로오스)

1) 제5류 위험물로 질산에스터류에 속함
2) 용도 : 다이너마이트 및 화약 원료
3) 저장 : 물이 함유된 알코올로 습면시켜 저장
4) 소화 : 다량 주수에 의한 냉각소화
5) 위험성
 (1) 질화도가 높을수록 위험성이 큼
 (2) 건조된 것은 충격, 마찰 등에 민감하여 발화하기 쉽고 점화되면 폭발함

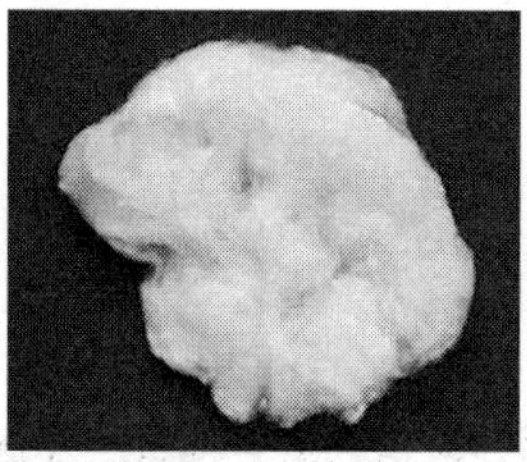

[나이트로셀룰로오스]

2023

12 상중하

연기에 의한 감광계수가 0.1 [m^{-1}]일 때 가시거리로 옳은 것은?

① 1 ~ 2 [m]
② 3 [m]
③ 5 [m]
④ 20 ~ 30 [m]

해설 감광계수

감광계수 [m^{-1}]	가시거리 [m]	내용
0.1	20 ~ 30	연기감지기 작동할 때
0.3	5	건물에 익숙한 사람이 피난에 지장을 느낄 때
0.5	3	어두움을 느낄 때
1	1 ~ 2	거의 앞이 보이지 않음
10	0.2 ~ 0.5	최성기 때 연기농도
30	-	출화실에서 연기 분출

13 상중하

인화점이 낮아 가연성 증기로 존재하는 것을 막기 위하여 물과 함께 저장하는 물질은 무엇인가?

① 무기과산화물
② 마그네슘
③ 이황화탄소
④ 아세톤

해설 이황화탄소

1) 일반적 성질
 (1) 인화점 -30 [℃], 착화점 100 [℃]
 (2) 물보다 무겁고 물에 녹지 않음
2) 위험성
 (1) 휘발성 및 인화성이 강함
 (2) 인체에 대한 독성이 있어 흡입 시 유해함
3) 저장 및 취급방법
 (1) **가연성 증기의 발생 억제를 위해 물속에 저장**
 (2) 직사광선을 피하고 용기는 밀봉하여 냉암소에 저장

14 상중하

건축물에 설치하는 방화구획의 기준에 관한 설명으로 옳지 않은 것은?

① 스프링클러소화설비가 설치된 10층 이하의 층은 바닥면적 3000 [m^2] 이내마다 구획한다.
② 10층 이하의 층은 바닥면적 1000 [m^2] 이내마다 구획한다.
③ 11층 이상의 층은 바닥면적 600 [m^2] 이내마다 구획한다.
④ 벽 및 반자에 실내에 접하는 부분의 마감이 불연재료이고 스프링클러소화설비가 설치된 11층 이상의 층은 1500 [m^2] 이내마다 구획한다.

해설 방화구획 설치기준

분류	구획단위
면적별	• 10층 이하의 층 : 바닥면적 1000 [m^2] 이내마다 구획할 것 • **11층 이상의 층 : 바닥면적 200 [m^2] 이내마다 구획할 것** (벽 및 반자의 실내에 접하는 부분의 마감을 불연재료로 한 경우 : 500 [m^2] 이내마다) ※ 스프링클러 기타 이와 유사한 자동식 소화설비를 설치한 경우 : 위 바닥면적의 3배를 기준면적으로 함
층별	매층마다 구획할 것(다만 지하 1층에서 지상으로 직접 연결하는 경사로 부위는 제외한다)

정답 12 ④ 13 ③ 14 ③

15 (상중하)

제1종 분말소화약제에 대해 적응성이 없는 장소로 옳은 것은?

① 전산실
② 전기시설
③ 면화류 창고
④ 경유 저장 탱크

해설 분말소화약제 적응성

제1종 분말소화약제는 B, C급 화재에 적응성이 있음
① 전산실 → C급 화재(통전 중일 경우)
② 전기시설 → C급 화재(통전 중일 경우)
③ 면화류 창고 → A급 화재
④ 경유 저장 탱크 → B급 화재

보충▶ 제1, 2, 4종 분말소화약제의 적응성 : B, C급 화재
제3종 분말소화약제의 적응성 : A, B, C급 화재

16 (상중하)

에터(에테르)의 공기 중 연소범위를 1.9 ~ 48 [vol%]라고 할 때 이에 대한 설명으로 틀린 것은?

① 공기 중 에터(에테르) 증기가 48 [vol%]를 넘으면 연소한다.
② 연소범위의 상한점이 48 [vol%]이다.
③ 공기 중 에터(에테르) 증기가 1.9 ~ 48 [vol%] 범위에 있을 때 연소한다.
④ 연소범위의 하한점이 1.9 [vol%]이다.

해설 다이에틸에터(에터)의 연소범위

1) 연소범위
점화원 존재 시 발화나 폭발이 일어날 수 있는 공기 중 가연성 가스의 농도 범위
2) 연소 하한계(LFL)
그 농도 이하에서는 발화원과 접촉하여도 화염 전파가 일어나지 않는 공기 중의 증기 또는 가스의 최소 농도
3) 연소 상한계(UFL)
그 농도 이상에서는 발화원과 접촉하여도 화염 전파가 일어나지 않는 공기 중의 증기 또는 가스의 최고 농도
⇒ <u>공기 중 에터(에테르) 증기가 48 [vol%]를 넘으면 연소가 일어나지 않는다.</u>

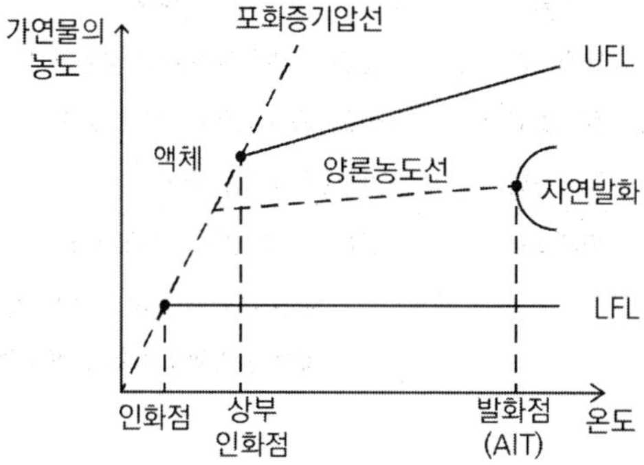

17 (상중하)

건물의 주요구조부가 아닌 것은?

① 최하층 바닥 ② 지붕틀
③ 내력벽 ④ 주계단

해설 건물의 주요구조부

1) 바닥(<u>최하층 바닥 제외</u>)
2) 보(작은 보 제외)
3) 지붕틀(차양 제외)
4) 내력벽(비내력벽 제외)
5) 주계단(옥외계단 제외)
6) 기둥(사잇기둥 제외)

암기▶ 바보지내주기

정답 15 ③ 16 ① 17 ①

18 상 중 하

다음 중 소화효과가 아닌 것은?

① 활성화효과 ② 냉각소화효과
③ 질식소화효과 ④ 제거소화효과

해설 소화의 형태

소화	내용
냉각소화	열 흡수, 발화점 이하로 낮추어 소화
질식소화	산소농도 15 [%] 이하로 낮춤
제거소화	가연물을 차단, 격리
억제소화	연쇄반응을 차단, 부촉매소화

보충 물리적 소화 : 냉각, 질식, 제거
화학적 소화 : 억제소화(부촉매소화)

19 상 중 하

구획실 화재에서 화재의 최성기에 돌입하기 전에 가연성 물질의 표면온도가 상승되어, 다량의 열분해 가스가 발생된다. 이때 복사열에 의해 동시에 가연성 가스가 연소되면서 구획실 내의 모든 가연물이 동시에 발화하는 현상은?

① 패닉(Panic)현상
② 스택(Stack)현상
③ 화이어 볼(Fire Ball)현상
④ 플래시 오버(Flash Over)현상

해설 실내화재 발생현상

1) 플래시 오버
- 온도가 급격히 상승하여 화재가 순간적으로 실내 전체에 확산되는 현상
- 발생 시기 : 성장기 ~ 최성기 직전

2) 백드래프트
- 훈소 상태일 때 신선한 공기 유입으로 실내의 축적된 가스가 단시간 연소, 폭발하여 실외로 분출
- 발생 시기 : 감쇄기(최성기 이후)

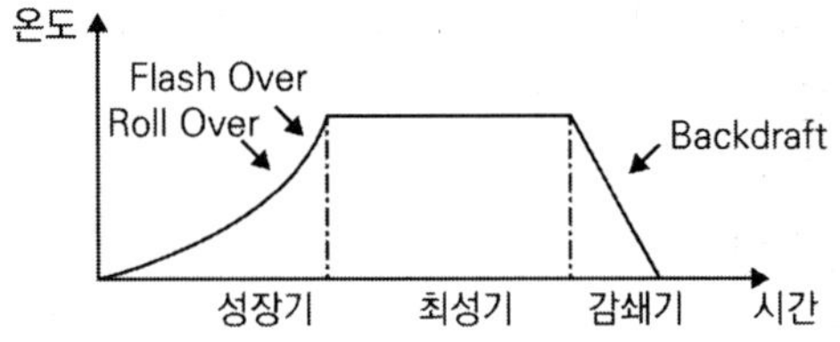

20 상 중 하

다음 중 인화점이 가장 낮은 물질은?

① 메틸에틸케톤 ② 벤젠
③ 에탄올 ④ 다이에틸에터

해설 인화점

물질	인화점 [℃]
다이에틸에터(디에틸에테르)	**-45**
가솔린(휘발유)	-43
산화프로필렌	-37
이황화탄소	-30
아세톤	-18
벤젠	**-11**
메틸에틸케톤	**-1**
메틸알코올	11
에틸알코올(에탄올)	**13**
등유	39
경유	41

암기 인가산이아 / 메에 / 등경

정답 18 ① 19 ④ 20 ④

2023년 4회

소방전기일반

3회독 월 일
2회독 월 일
1회독 월 일

목표시간 : 30분 | 시작 : _시 _분 | 종료 : _시 _분 | 맞은 개수 : _ /20

21 상 중 하

어떤 전압계의 측정 범위를 12배로 하려고 할 때 배율기의 저항은 전압계 내부저항의 몇 배로 해야 하는가?

① 9　② 10
③ 11　④ 12

해설 배율기

- 분류기 : 전류의 측정범위를 확대하기 위해 전류계와 병렬로 접속
- 배율기 : 전압계의 측정 범위를 확대하기 위해 전압계와 직렬로 접속

$$V = m V_0 = (1 + \frac{R_m}{R_v}) V_0$$

$$m = (1 + \frac{R_m}{R_v}) = 12$$

$$\frac{R_m}{R_v} = 11, \quad R_m = 11 R_v$$

R_m : 배율기저항 [Ω]
R_v : 내부저항 [Ω]
V : 최대전압 [V]
V_0 : 최고 눈금 [V]

22 상 중 하

한 변의 길이가 40 [cm]인 정사각형회로에 4.4 [A]의 전류가 흐를 때 회로 중심에서의 자계의 세기는 약 몇 [AT/m]인가?

① 5　② 6
③ 8　④ 9.9

해설 정방형회로 자계의 세기

$$H = \frac{2\sqrt{2} I}{\pi \ell}$$

$$= \frac{2\sqrt{2} \times 4.4}{\pi \times 0.4} \fallingdotseq 9.9 \text{ [AT/m]}$$

1) 정삼각형

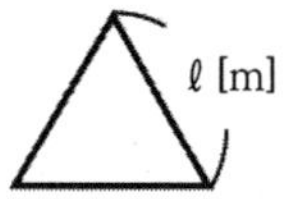

$$H = \frac{9}{2} \frac{I}{\pi l}$$

2) 정사각형(정방형)

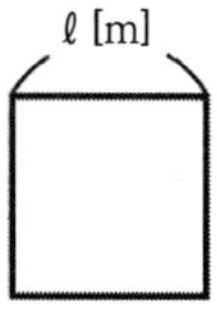

$$H = 2\sqrt{2} \frac{I}{\pi l}$$

3) 정육각형

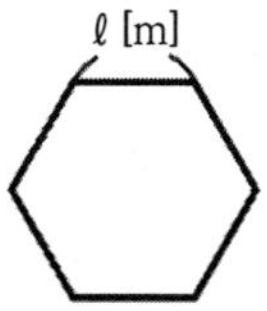

$$H = \sqrt{3} \frac{I}{\pi l}$$

I : 전류 [A]
l : 한 변의 길이 [m]
H : 자계의 세기 [AT/m]

정답 21 ③ 22 ④

23 상중하

반지름이 a인 원형코일에 전류를 흘려주었을 때 코일 중심에서 자계(자기장)의 세기 [AT/m]는 a와 어떤 관계가 있는가?

① 1배　② a
③ a^2　④ 1/a

해설 원형코일중심의 자계세기(H)

$$H=\frac{NI}{2r}$$

H : 자기장의 세기 [AT/m]
r : 반지름 [m]
I : 전류 [A]

24 상중하

단상전력을 간접적으로 측정하기 위해 3전압계법을 사용하는 경우 단상 교류전력 P [W]는? (단, V_3 : 220.8 [V], V_2 : 220 [V], V_1 : 1 [V], R : 0.1 [Ω]이다)

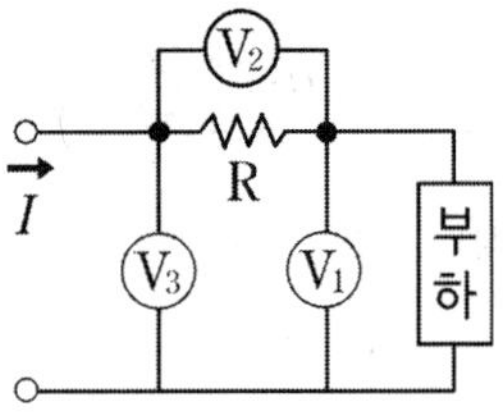

① 1600　② 1700
③ 1760　④ 1850

해설 3전압계법

$$P=\frac{1}{2R}(V_3^2-V_2^2-V_1^2)$$

$$=\frac{1}{2\times 0.1}(220.8^2-220^2-1^2)$$

TIP 3전류계법 : $P=\frac{R}{2}(I_3^2-I_2^2-I_1^2)$
P : 유효전력 [W]
R : 저항 [Ω]

25 상중하

테브난의 정리를 이용하여 그림 (a)의 회로를 그림 (b)와 같은 등가회로로 만들고자 할 때 V_{th} [V]와 R_{th} [Ω]은?

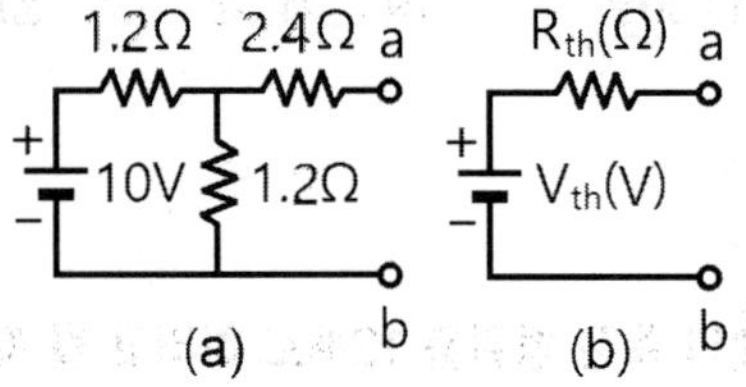

① 5 [V], 2 [Ω]　② 5 [V], 3 [Ω]
③ 6 [V], 2 [Ω]　④ 6 [V], 3 [Ω]

해설 테브난의 정리

• a와 b에서 전원 측을 본 임피던스(전압원단락)

$$R_0=R_3+\frac{R_1R_2}{R_1+R_2}$$

$$R_{th}=2.4+\frac{1.2\times 1.2}{1.2+1.2}=3[\Omega]$$

• a와 b 개방 상태에서 a와 b에 걸리는 전압

$$V_{R_1}=\frac{R_1}{R_1+R_2}V_0$$

$$V_{th}=\frac{1.2}{1.2+1.2}\times 10=5[V]$$

26 상중하

용량 0.02 [μF] 콘덴서 2개와 용량 0.01 [μF] 콘덴서 1개를 병렬로 접속하여 24 [V]의 전압을 가하였다. 합성용량은 몇 [μF]이며, 0.01 [μF] 콘덴서에 축적되는 전하량은 몇 [C]인가?

① 0.05, 0.12×10^{-6}
② 0.05, 0.24×10^{-6}
③ 0.03, 0.12×10^{-6}
④ 0.03, 0.24×10^{-6}

정답 23 ④ 24 ③ 25 ② 26 ②

해설 정전용량과 전하량 계산

$$C_{병렬} = C_1 + C_2 + C_3$$
$$= 0.02 + 0.02 + 0.01 = 0.05\ [\mu F]$$
$$Q_{0.01\mu F} = CV$$
$$= 0.01 \times 10^{-6} \times 24$$
$$= 0.24 \times 10^{-6}\ [C]$$

$C_{병렬}$: 병렬접속 시 합성정전용량
$Q_{0.01\mu F}$: 0.01 [μF]에 축적되는 전하량

27 상 중 하

평형 3상 부하의 선간전압이 200 [V], 전류가 10 [A], 역률이 70.7 [%]일 때 무효전력은 약 몇 [Var]인가?

① 2880　② 2450
③ 2000　④ 1410

해설 무효전력 계산

- 피상전력 $P_a = \sqrt{P^2 + P_r^2}$ [VA]
- $\sqrt{3}\,VI = \sqrt{(\sqrt{3}\,VI\cos\theta)^2 + P_r^2}$
- $\sqrt{3} \times 200 \times 10$
  $= \sqrt{(\sqrt{3} \times 200 \times 10 \times 0.707)^2 + P_r^2}$

$\therefore P_r = 2450[Var]$

P : 유효전력 [W]
P_r : 무효전력 [Var]
P_a : 피상전력 [VA]
V : 전압 [V]
I : 전류 [A]

28 상 중 하

회로에서 a, b 간의 합성저항 [Ω]은? (단, R_1 = 4 [Ω], R_2 = 12 [Ω]이다)

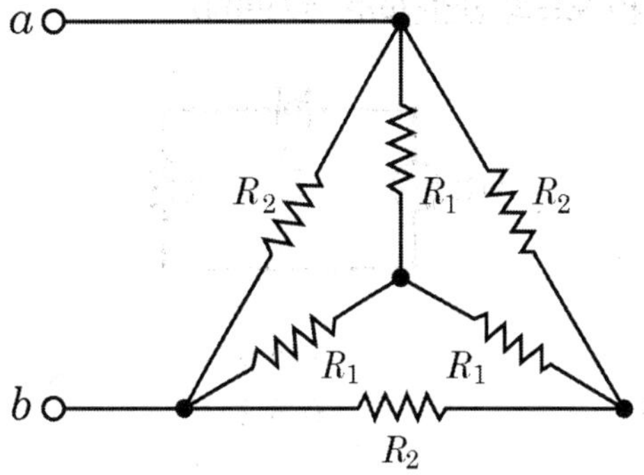

① 3　② 4
③ 5　④ 6

해설 합성저항 계산(R_0)

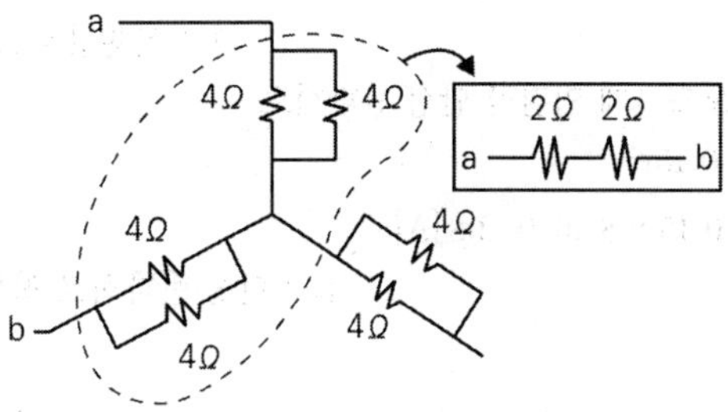

△를 Y로 변환하면 4 [Ω]이 되므로 기존의 4 [Ω]과 병렬로 접속된다. 따라서 합성저항은 4 [Ω](2 + 2)이다.

(병렬접속 $R_0 = \frac{R_1R_2}{R_1+R_2}$, 직렬접속 $R_0 = R_1 + R_2$)

정답 27 ② 28 ②

29 상(중)하

그림의 단상 반파 정류회로에서 R에 흐르는 전류의 평균값은 약 몇 [A]인가? (단, $v(t) = 220\sqrt{2}\sin\omega t$ [V], R = 26 [Ω], 다이오드의 전압강하는 무시한다)

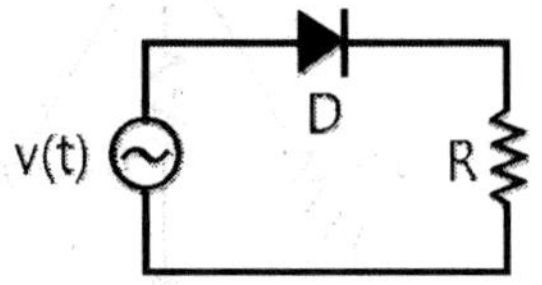

① 3.2　　② 3.8
③ 4.4　　④ 5.2

해설 단상 반파회로

- 교류회로의 정(+) 또는 부(-)의 한쪽만 정류하므로 반파 정류회로라고 한다.
- $I = \frac{V}{R} = \frac{220}{26} \fallingdotseq 8.46$ [A]

V : 실횻값 = 220 [V]

- 다이오드 1개 연결한 단상 반파회로
- $I_m = 0.45I$

$= 0.45 \times 8.46 \fallingdotseq 3.8$ [A]

I_m : 단상 반파회로 직류전류

30 상(중)하

다음 블록선도의 전달함수 C(s)/R(s)는?

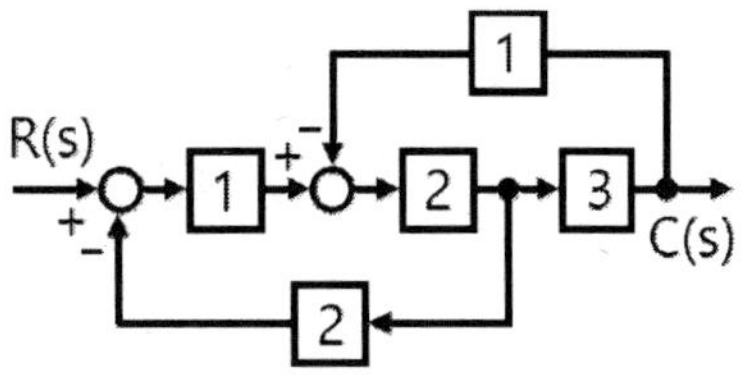

① $\frac{6}{23}$　　② $\frac{6}{17}$
③ $\frac{6}{15}$　　④ $\frac{6}{11}$

해설 전달함수

$$G = \frac{C}{R} = \frac{\text{전향경로이득}}{1 - loop}$$

$$= \frac{1 \times 2 \times 3}{1 + (1 \times 2 \times 2) + (2 \times 3 \times 1)} = \frac{6}{11}$$

신유형!

31 (상)중하

다음 중 변압기 기본시험 종류에 해당하지 않는 것은?

① 무부하시험　　② 단락시험
③ 압력시험　　④ 온도시험

해설 변압기시험

- 무부하시험 : 무부하 상태에서 1차에 정격전압을 인가하는 시험
- 단락시험 : 2차를 단락시킨 상태로 1차에 교류전압을 인가하는 시험
- 온도시험 : 변압기 정격운전에서 권선 및 절연물의 온도상승이 규정된 한도 내에 있는지를 검증하는 시험

신유형!

32 (상)중하

인버터회로에 대한 설명으로 옳지 않은 것은?

① 직류전력을 교류전력으로 변환하는 장치를 인버터라고 한다.
② 전류형 인버터와 전압형 인버터로 구분할 수 있다.
③ 전류방식에 따라서 타려식과 자려식으로 구분할 수 있다.
④ 인버터의 부하장치에는 직류직권전동기를 사용할 수 있다.

정답 29 ② 30 ④ 31 ③ 32 ④

해설 인버터회로의 특징

- 직류전력을 교류전력으로 변환
- 구분 : 전류형과 전압형
- 전류방식 구분 : 타려식과 자려식
- 인버터의 부하장치 : 동기전동기, 3상유도전동기

보충 ▶ 교류전력일 직류전력으로 변환하는 장치는 컨버터이다.

33 상 중 하

50 [Hz]의 주파수에서 유도성 리액턴스가 4 [Ω]인 인덕터와 용량성 리액턴스가 1 [Ω]인 커패시터와 4 [Ω]의 저항이 모두 직렬로 연결되어 있다. 이 회로에 100 [V], 50 [Hz]의 교류전압을 인가했을 때 무효전력(Var)은?

① 1000　② 1200
③ 1400　④ 1600

해설 무효전력

$Z = R + jX = R + j(X_L - X_c)$

$= 4 + j(4-1) = 4 + j3\ [\Omega]$

$|Z| = \sqrt{4^2 + 3^2} = 5\ [\Omega],\ X = 3\ [\Omega]$

$I = \frac{V}{Z} = \frac{100}{5}[A] = 20[A]$

$P_r = I^2X = 20^2 \times 3 = 1200[Var]$

X_L : 유도 리액턴스 [Ω]
X_C : 용량 리액턴스 [Ω]
무효전력 $P_r = VI\sin\theta = I^2X$ [Var]
피상전력 $Pa = VI = I^2Z$ [VA]
유효전력 $P = VI\cos\theta = I^2R$ [W]

34 상 중 하

다음 무접점회로의 논리식(X)은?

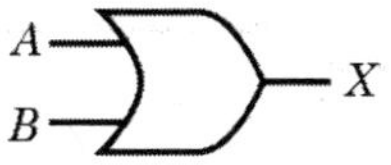

① $A + B$　② $A \times B$
③ $\overline{AB}$　④ $\overline{A + B}$

해설 무접점회로

명칭, 논리기호
AND회로($A \times B,\ A \cdot B$)
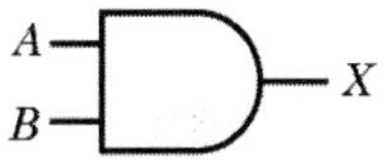
OR회로($A + B$)
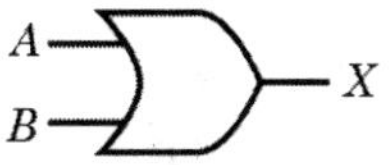
NOT회로(반전)
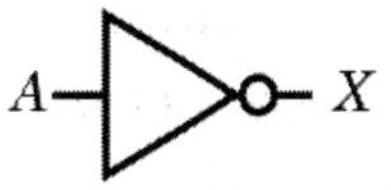
NAND회로(NOT + AND)
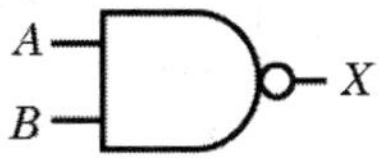
NOR회로(NOT + OR)
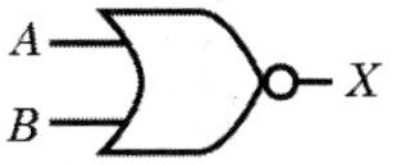
XOR회로
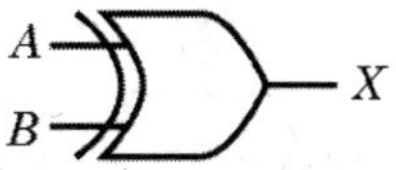

정답 33 ② 34 ①

35 상 중 하

다음의 시퀀스회로를 논리식으로 표현하시오.

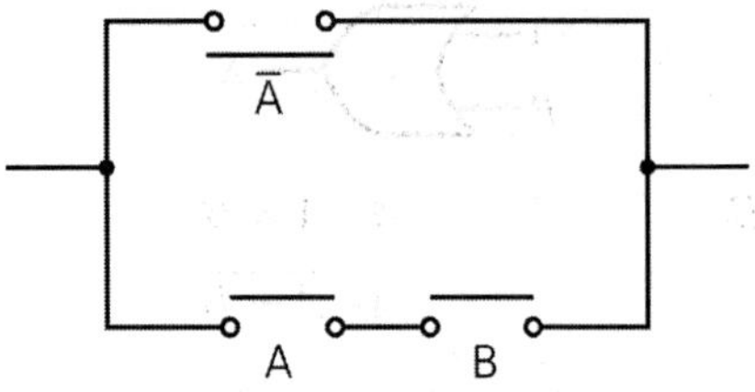

① $\overline{A}+\overline{B}$ ② $\overline{A}+B$

③ B ④ $A+B$

해설 논리식

유접점
AND회로 $(A\times B,\ A\cdot B)$ 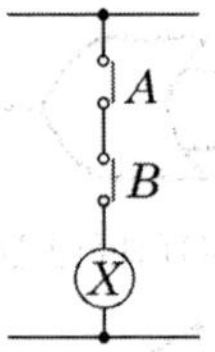
OR회로 $(A+B)$ 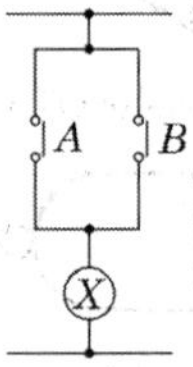
NOT회로(반전) 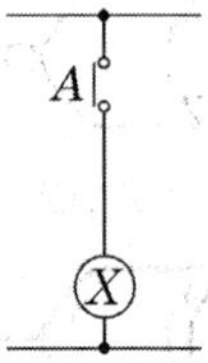
NAND회로(NOT + AND) 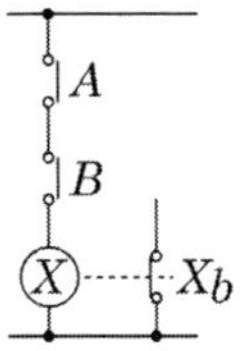
NOR회로(NOT + OR) 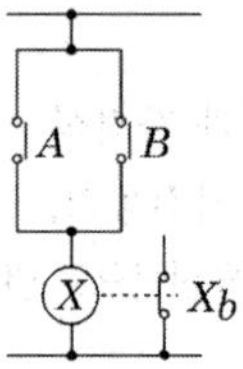
XOR회로 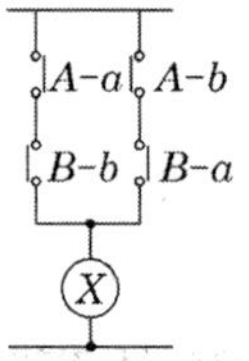

36 상 중 하

정현파 교류전압 $e_1(t)$과 $e_2(t)$의 합($e_1(t)+e_2(t)$)은 몇 [V]인가?

$$e_1(t)=10\sqrt{2}\sin\left(\omega t+\frac{\pi}{3}\right)\ [V]$$

$$e_2(t)=20\sqrt{2}\cos\left(\omega t-\frac{\pi}{6}\right)\ [V]$$

① $30\sqrt{2}\sin\left(\omega t+\frac{\pi}{3}\right)$

② $30\sqrt{2}\sin\left(\omega t-\frac{\pi}{3}\right)$

③ $10\sqrt{2}\sin\left(\omega t+\frac{2\pi}{3}\right)$

④ $10\sqrt{2}\sin\left(\omega t-\frac{2\pi}{3}\right)$

정답 35 ② 36 ①

해설 sinθ, cosθ 계산

- $e_2 = 20\sqrt{2}\cos(\omega t - \frac{\pi}{6})$

$= 20\sqrt{2}\sin(\omega t - \frac{\pi}{6} + \frac{\pi}{2})$

$= 20\sqrt{2}\sin(\omega t + \frac{\pi}{3})$

- $e_1 + e_2 = 10\sqrt{2}\sin(\omega t + \frac{\pi}{3}) + 20\sqrt{2}\sin(\omega t + \frac{\pi}{3})$

$= 30\sqrt{2}\sin(\omega t + \frac{\pi}{3})$

37 상 중 하

제어요소는 무엇으로 구성되어 있는지 고르시오.

① 제어부, 검출부
② 조절부, 제어부
③ 조절부, 조작부
④ 조절부, 검출부

해설 용어

용어	설명
목푯값	제어량이 어떤 값을 갖도록 목표를 설정하여 외부에서 주어지는 신호
기준입력요소 (장치)	목푯값을 제어할 수 있는 기준입력신호로 변환하는 장치
기준입력 (신호)	제어계를 동작시키는 기준(목푯값에 비례)
동작신호	기준입력신호와 주궤환신호의 편차신호(제어동작을 일으키는 신호)
제어요소	조절부와 조작부로 구성, 동작신호를 조작량으로 변환시키는 요소
조작량	제어요소가 제어대상에 주는 양
제어량	제어대상이 속하는 양
검출부	제어대상으로부터 제어량을 검출하고, 기준입력신호와 비교하는 부분

38 상 중 하

회로에서 a와 b 사이에 나타나는 전압 V_{ab} [V]는?

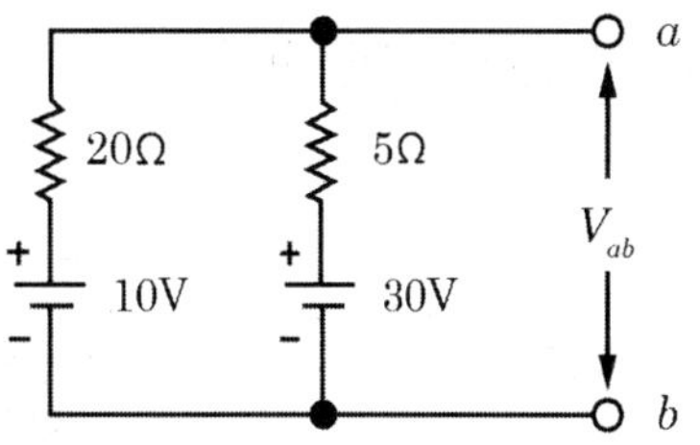

① 20 ② 23
③ 26 ④ 28

해설 밀만의 정리

$$V = IZ = \frac{I}{Y} = \frac{\frac{10}{20} + \frac{30}{5}}{\frac{1}{20} + \frac{1}{5}} = 26[V]$$

옴의법칙 V = IR에서, I = $\frac{V}{R}$
V : 전압 [V]
I : 전류 [A]
R : 저항 [Ω]
Y : 저항의 역수

39 상 중 하

공기 중에 10 [μC]과 20 [μC]인 두 개의 점전하를 1 [m] 간격으로 놓았을 때 발생되는 정전기력은 몇 [N]인가?

① 1.2 ② 1.8
③ 2.4 ④ 3.0

정답 37 ③ 38 ③ 39 ②

해설 정전기력(F) 계산

$$F = 9\times10^9 \times \frac{Q_1 Q_2}{r^2}$$
$$= 9\times10^9 \times \frac{10\times10^{-6}\times20\times10^{-6}}{1^2}$$
$$= 1.8\,[N]$$

F : 정전기력 [N]
Q : 전하량 [C]
r : 거리 [m]

40 상중하

두 개의 코일 L_1과 L_2를 동일방향으로 직렬로 접속하였을 때 합성인덕턴스가 140 [mH]이고, 반대방향으로 접속하였더니 합성인덕턴스가 20 [mH]이었다. 이때 $L_1 = L_2 =$ 40 [mH]이면 결합계수 K는?

① 0.38 ② 0.5
③ 0.75 ④ 1.3

해설 결합계수

1) 가동접속 $L_1 + L_2 + 2M = 140$
2) 차동접속 $L_1 + L_2 - 2M = 20$
3)
$$\begin{array}{r} L_1 + L_2 + 2M = 140 \\ -\;\; L_1 + L_2 - 2M = 20 \\ \hline 4M = 120,\; M = 30 \end{array}$$
4) 결합계수

상호인덕턴스 $M = K\sqrt{L_1 L_2}$

$$K = \frac{M}{\sqrt{L_1 L_2}} = \frac{30}{\sqrt{40\times40}}$$

$K = 0.75$

M : 상호인덕턴스
k : 결합계수
L : 자기인덕턴스

정답 40 ③

2023년 4회

소방관계법규

3회독 월 일
2회독 월 일
1회독 월 일

목표시간 : 20분 시작 : _시 _분 종료 : _시 _분 맞은 개수 : _ /20

41 상 중 하

위험물안전관리법령상 자동화재탐지설비를 설치해야 하는 사항으로 틀린 것을 고르시오.

① 연면적이 500 [m²] 이상인 제조소 및 일반취급소
② 지정수량의 100배 이상을 저장 또는 취급하는 옥내저장소(고인화점 위험물만을 저장 또는 취급하는 것은 제외한다)
③ 옥내주유취급소
④ 특수인화물, 제1석유류 및 알코올류를 저장 또는 취급하는 옥외탱크저장소의 탱크 용량이 3000만 리터 이상인 것

해설 경보설비 설치기준

1) 제조소등별 설치해야 하는 경보설비

특정소방대상물	소방시설
• 연면적 500 [m²] 이상 • 옥내에서 지정수량 100배 이상 취급	• 자동화재탐지설비
• 지정수량 10배 이상 저장 또는 취급 (이동탱크저장소 제외)	• 자동화재탐지설비 • 비상경보설비 • 비상방송설비 • 확성장치 중 1종 이상

2) 자동신호장치 갖춘 스프링클러설비 또는 물분무등소화설비 설치한 제조소등은 자동화재탐지설비 설치한 것으로 봄
3) 자동화재탐지설비 · 자동화재속보설비 · 비상경보설비(비상벨장치 또는 경종 포함) · 확성장치(휴대용 확성기 포함) 및 비상방송설비로 구분

신유형!

42 상 중 하

위험물안전관리법령상 시 · 도지사가 한국소방산업기술원에 위탁하는 사항이 아닌 것은?

① 용량이 100만 리터 이상인 액체위험물을 저장하는 탱크
② 암반탱크
③ 저장용량이 10만 리터인 옥외탱크저장소 또는 암반탱크저장소의 설치 또는 변경에 따른 완공검사
④ 지정수량의 1천 배 이상의 위험물을 취급하는 제조소 또는 일반취급소의 설치 또는 변경에 따른 완공검사

해설 기술원에 위탁하는 업무

1) 탱크안전성능검사
(1) 용량 1000000 [L] 이상인 액체위험물 저장탱크
(2) 암반탱크
(3) 지하탱크저장소 위험물탱크 중 행정안전부령으로 정하는 액체위험물탱크
2) 완공검사
(1) 지정수량 1000배 이상의 위험물을 취급하는 제조소 또는 일반취급소의 설치 · 변경에 따른 완공검사
(2) 옥외탱크저장소(저장용량 500000 [L]) 또는 암반탱크저장소의 설치 · 변경에 따른 완공검사
3) 운반용기검사

정답 41 ④ 42 ③

43 상 중 하

다음 소방시설 중 소방시설공사업법령상 하자보수 보증기간이 틀리게 연결된 것을 고르시오.

① 유도등 - 2년
② 무선통신보조설비 - 3년
③ 자동화재탐지설비 - 3년
④ 자동소화장치 - 3년

해설 소방시설 하자보수 보증기간

소방시설	기간
• **피**난기구 · 유도등 • **비**상경보설비 • **비**상조명등 • **비**상방송설비 • **무**선통신보조설비	2년
• 자동소화장치 • 옥내 · 외소화전설비 • 스프링클러 · 간이스프링클러설비 • 물분무등소화설비 • 자동화재탐지설비 • 상수도소화용수설비 • 화재알림설비	3년

암기 ▶ 이년 피비무

신유형!

44 상 중 하

소방시설공사업법령상 소방시설공사업을 등록하려는 자는 금융회사 또는 소방산업공제조합이 자본금 기준금액의 100분의 20 이상에 해당하는 금액의 담보를 제공받거나 현금의 예치 또는 출자를 받은 사실을 증명하여 발행하는 확인서를 제출해야 한다. 이때 누가 지정하는 금융회사인지 고르시오.

① 시 · 도지사
② 소방청장
③ 소방대장
④ 소방본부장

해설 소방시설공사업 등록

소방시설공사업의 등록을 하려는 자는 소방청장이 지정하는 금융회사 또는 「소방산업의 진흥에 관한 법률」 제23조에 따른 소방산업공제조합이 자본금 기준금액의 100분의 20 이상에 해당하는 금액의 담보를 제공받거나 현금의 예치 또는 출자를 받은 사실을 증명하여 발행하는 확인서를 특별시장 · 광역시장 · 특별자치시장 · 도지사 또는 특별자치도지사(이하 "시 · 도지사"라 한다)에게 제출하여야 한다.

정답 43 ② 44 ②

45 상 중 하

소방시설 설치 및 관리에 관한 법령상 소방시설관리업의 등록기준이 미달하게 된 경우, 2차 위반했을 때 행정처분 기준으로 알맞은 것을 고르시오.

① 경고
② 영업정지 3개월
③ 영업정지 6개월
④ 등록취소

해설 소방시설관리업 행정처분기준

위반사항	행정처분기준		
	1차 위반	2차 위반	3차 이상 위반
1) 거짓이나 그 밖의 부정한 방법으로 등록을 한 경우	등록취소		
2) 점검을 하지 않거나 거짓으로 한 경우			
가) 점검을 하지 않은 경우	영업정지 1개월	영업정지 3개월	등록취소
나) 거짓으로 점검한 경우	경고 (시정명령)	영업정지 3개월	등록취소
3) 등록기준에 미달하게 된 경우.	경고 (시정명령)	영업정지 3개월	등록취소
4) 등록의 결격사유에 해당하게 된 경우	등록취소		
5) 등록증 또는 등록수첩을 빌려준 경우	등록취소		
6) 점검능력 평가를 받지 않고 자체점검을 한 경우	영업정지 1개월	영업정지 3개월	등록취소

46 상 중 하

소방용품의 형식승인 받지 아니하고 제조·수입 또는 거짓이나 그 밖의 부정한 방법으로 형식승인을 받은 자의 벌칙으로 맞는 것은?

① 3년 이하의 징역 또는 3000만 원 이하의 벌금
② 2년 이하의 징역 또는 1500만 원 이하의 벌금
③ 1년 이하의 징역 또는 1000만 원 이하의 벌금
④ 1년 이하의 징역 또는 500만 원 이하의 벌금

해설 3년 3000만 원의 벌칙

1) 조치명령 위반사항에 대한 명령을 정당한 사유 없이 위반
2) 관리업 등록을 하지 않고 영업을 한 자
3) 소방용품 형식승인 받지 아니하고 제조·수입 또는 거짓이나 그 밖의 부정한 방법으로 형식승인을 받은 자
4) 제품검사를 받지 아니한 자 또는 거짓이나 그 밖의 부정한 방법으로 제품검사를 받은 자
5) 소방용품을 판매·진열하거나 소방시설공사에 사용한 자
6) 거짓이나 그 밖의 부정한 방법으로 성능인증 또는 제품검사를 받은 자
7) 제품검사를 받지 아니하거나 합격표시를 하지 아니한 소방용품을 판매·진열하거나 소방시설공사에 사용한 자
8) 구매자에게 명령을 받은 사실을 알리지 아니하거나 필요한 조치를 하지 아니한 자
9) 거짓이나 그 밖의 부정한 방법으로 전문기관으로 지정을 받은 자

2023

정답 45 ② 46 ①

47 상중하

화재의 예방 및 안전관리에 관한 법령상 화재예방강화지구에 해당하지 않는 것은?

① 공장·창고가 밀집한 지역
② 노후·불량건축물이 밀집한 지역
③ 고층 건축물이 밀집한 지역
④ 시장지역

해설 화재예방강화지구

1) 지정권자 : 시·도지사
2) 화재예방강화지구 지정 요청 : 소방청장
3) 화재예방강화지구
 (1) 시장지역
 (2) 공장·창고가 밀집한 지역
 (3) 목조건물이 밀집한 지역
 (4) 노후·불량건축물이 밀집한 지역
 (5) 위험물의 저장 및 처리 시설이 밀집한 지역
 (6) 석유화학제품을 생산하는 공장이 있는 지역
 (7) 산업입지 및 개발에 관한 법률에 따른 산업단지
 (8) 소방시설·소방용수시설·소방출동로가 없는 지역
 (9) 물류단지
 (10) (1) ~ (9)까지 준하는 지역으로서 소방관서장이 화재예방강화지구로 지정할 필요가 있다고 인정하는 지역

48 상중하

소방기본법에서 사용하는 용어의 정의로 틀린 것을 고르시오.

① 소방대상물이란 건축물, 차량, 선박항구에 매어 둔 선박만 해당한다), 선박 건조 구조물, 산림, 그 밖의 인공 구조물 또는 물건을 말한다.
② 관계지역이란 소방대상물이 있는 장소 및 그 이웃 지역으로서 화재의 예방·경계·진압, 구조·구급 등의 활동에 필요한 지역을 말한다.
③ 관계인이란 소방대상물의 소유자·관리자 또는 참여자를 말한다.
④ 소방대장이란 소방본부장 또는 소방서장 등 화재, 재난·재해, 그 밖의 위급한 상황이 발생한 현장에서 소방대를 지휘하는 사람을 말한다.

해설 소방용어 정의

1) 소방대상물
 (1) 건축물
 (2) 차량
 (3) 선박(항구에 매어 둔 것)
 (4) 산림, 그 밖의 인공구조물 또는 물건
2) 관계지역
 소방대상물이 있는 장소 및 그 이웃 지역으로 화재의 예방·경계·진압, 구조·구급 등의 활동에 필요한 지역
3) 관계인
 소방대상물의 소유자·관리자·점유자
4) 소방대
 화재 진압 및 화재, 재난·재해, 그 밖의 위급한 상황에서 구조·구급 활동
 (1) 소방공무원
 (2) 의무소방원
 (3) 의용소방대원 암기 ▶ 공무용
5) 소방본부장
 특별시·광역시·특별자치시·도 또는 특별자치도(이하 "시·도"라 한다)에서 화재의 예방·경계·진압·조사 및 구조·구급 등의 업무를 담당하는 부서의 장
6) 소방대장
 소방본부장 또는 소방서장 등 화재, 재난·재해, 그 밖의 위급한 상황이 발생한 현장에서 소방대를 지휘하는 사람

정답 47 ③ 48 ③

49 상중하

소방기본법령상 소방신호의 종류로 틀린 것을 고르시오.

① 경보신호
② 발화신호
③ 해제신호
④ 훈련신호

해설 소방신호

1) 종류
(1) 경계신호 : 화재예방상 필요하다고 인정되거나 화재위험경보 시 발령
(2) 발화신호 : 화재가 발생한 때 발령
(3) 해제신호 : 소화활동이 필요 없다고 인정되는 때 발령
(4) 훈련신호 : 훈련상 필요하다고 인정되는 때 발령

2) 방법

종별	타종신호	사이렌신호
경계신호	1타, 연 2타 반복	5초 간격 30초씩 3회
발화신호	난타	5초 간격 5초씩 3회
해제신호	상당한 간격 1타씩 반복	1분간 1회
훈련신호	연 3타 반복	10초 간격 1분씩 3회

50 상중하

소방기본법령상 국고보조 대상사업에 해당하지 않는 것을 고르시오.

① 소방전용통신설비
② 소방관서용 청사의 건축
③ 소방헬리콥터 및 소방정
④ 사무용 집기

해설 소방장비 등에 대한 국고보조

1) 국고보조
(1) 국가는 시·도 소방장비구입 등의 경비를 일부 보조함
(2) 국가보조 대상사업의 범위와 기준 보조율 : 대통령령인 「보조금관리에 관한 법률 시행령」
(3) 소방활동장비 및 설비의 종류와 규격 : 행정안전부령

2) 국고보조 대상사업의 범위
(1) 소방활동장비와 설비의 구입 및 설치
① 소방자동차
② 소방헬리콥터 및 소방정
③ 소방전용통신설비 및 전산설비
④ 그 밖에 방화복 등 소방활동에 필요한 소방장비
(2) 소방관서용 청사의 건축

51 상중하

소방시설 설치 및 관리에 관한 법령상 간이스프링클러설비의 설치기준으로 틀린 것을 고르시오.

① 조산원 및 산후조리원으로서 연면적 600 [m^2] 미만인 시설
② 종합병원 및 요양병원으로 사용되는 바닥면적의 합계가 600 [m^2] 미만인 시설
③ 정신의료기관 또는 의료재활시설로 사용되는 바닥면적의 합계가 300 [m^2] 이상 600 [m^2] 미만인 시설
④ 정신의료기관 또는 의료재활시설로 사용되는 바닥면적의 합계가 300 [m^2] 이상이고 창살이 설치된 시설

정답 49 ① 50 ④ 51 ④

해설 간이스프링클러설비 설치대상

설치대상	기준
근린생활시설	• 바닥면적 합계 1000 [m²] 이상인 것은 모든 층 • 의원, 치과의원, 한의원으로서 입원실이 있는 것 • 조산원 및 산후조리원 연면적 600 [m²] 미만 시설
교육시설 내 합숙소	연면적 100 [m²] 이상인 경우에는 모든 층
의료시설(종합병원, 병원, 치과병원, 요양병원)	바닥면적 합계 600 [m²] 미만
• 정신의료기관, 의료재활시설 • 노유자시설	• 바닥면적 합계 300 [m²] 이상 600 [m²] 미만 • 바닥면적 합계 300 [m²] 미만, 창살*) 설치
복합건축물	연면적 1000 [m²] 이상 전 층
연립주택 및 다세대주택	-
숙박시설	바닥면적 합계 300 [m²] 이상 600 [m²] 미만

보충 ▶ *) 창살 : 철재·플라스틱·목재 등으로 사람의 탈출을 막기 위하여 설치하는 것을 말하며, 화재 시 자동으로 열리는 구조로 되어 있는 창살을 제외함

52 상 (중) 하

소방시설 설치 및 관리에 관한 법령상 운수시설에 해당하지 않는 것을 고르시오.

① 여객자동차터미널
② 공항시설
③ 철도 및 도시철도시설
④ 하역장

해설 운수시설

여객자동차터미널, 철도 및 도시철도 시설(정비창 포함), 공항시설(항공관제탑 포함), 항만시설 및 종합여객시설
※ 하역장 : 창고시설

53 (상) 중 하

위험물안전관리법령상 위험물을 취급하는 건축물에는 환기설비를 설치해야 하는데, 이때 급기구가 설치된 실의 바닥면적이 100 [m²]이라면 급기구의 면적은 얼마 이상인지 고르시오.

① 150 [cm²]
② 300 [cm²]
③ 450 [cm²]
④ 600 [cm²]

해설 급기구의 면적

1) 급기구가 설치된 실의 바닥면적 : 150 [m²]마다 1개 이상
2) 급기구 크기 : 800 [cm²] 이상
3) 바닥면적 150 [m²] 미만인 경우

바닥면적	급기구 크기
60 [m²] 미만	150 [cm²] 이상
60 [m²] 이상 90 [m²] 미만	300 [cm²] 이상
90 [m²] 이상 120 [m²] 미만	450 [cm²] 이상
120 [m²] 이상 150 [m²] 미만	600 [cm²] 이상

54 상 (중) 하

위험물안전관리법령상 위험물의 지정수량이 500 [kg]인 것끼리 연결된 것을 고르시오.

① 황화인 - 마그네슘 - 철분
② 인화성 고체 - 적린 - 황
③ 황화인 - 철분 - 금속분
④ 마그네슘 - 철분 - 금속분

정답 52 ④ 53 ③ 54 ④

해설 제2류 위험물 지정수량

위험물	지정수량
황화인	100 [kg]
적린	
황	
마그네슘	500 [kg]
철분	
금속분	
인화성 고체	1000 [kg]

암기 ▶ 황화적황 마철금 인고

55 상중하

소방시설공사업법령상 소방시설공사업을 등록한 자는 소방시설공사의 착공 전까지 소방본부장 또는 소방서장에게 신고를 해야 한다. 착공신고 대상으로 알맞지 않는 것을 고르시오.

① 옥내소화전설비(호스릴옥내소화전설비를 포함한다)의 신설
② 자동화재탐지설비의 신설
③ 무선통신보조설비(소방용 외의 용도와 겸용되는 무선통신보조설비를 정보통신공사업자가 공사하는 경우)의 신설
④ 연결송수관설비의 신설

해설 착공신고 대상

특정소방대상물에 다음의 설비를 신설(제조소등 또는 다중이용업소 제외)

1) 옥내소화전설비(호스릴옥내소화전설비를 포함), 옥외소화전설비, 스프링클러설비 · 간이스프링클러설비(캐비닛형 간이스프링클러설비를 포함) 및 화재조기진압용 스프링클러설비, 물분무소화설비 · 포소화설비 · 이산화탄소소화설비 · 할론소화설비 · 할로겐화합물 및 불활성기체소화설비 · 미분무소화설비 · 강화액소화설비 및 분말소화설비, 연결송수관설비, 연결살수설비, 제연설비, 소화용수설비, 연소방지설비
2) 자동화재탐지설비, 비상경보, 비상방송, 비상콘센트, 무선통신보조설비

56 상중하

소방시설공사업법령상 소방공사감리를 실시함에 있어 용도와 구조에서 특별히 안전성과 보안성이 요구되는 소방대상물로서 소방시설물에 대한 감리를 감리업자가 아닌 자가 감리할 수 있는 장소는?

① 정보기관의 청사
② 교도소 등 교정 관련 시설
③ 국방 관계시설 설치장소
④ 원자력안전법상 관계시설이 설치되는 장소

해설 감리업자

1) 감리업자 업무
 (1) <u>소방시설등 설치계획표 적법성 검토</u>
 (2) 소방시설등 설계도서 적합성 검토
 (3) <u>소방시설등 설계 변경 사항 적합성 검토</u>
 (4) 소방용품 위치 · 규격 및 사용 자재 적합성 검토
 (5) 공사업자가 한 소방시설 시공이 설계도서와 화재안전기준에 맞는지 지도 · 감독
 (6) <u>완공된 소방시설등의 성능시험</u>
 (7) 공사업자가 작성한 시공 상세도면 적합성 검토
 (8) 피난시설 및 방화시설 적법성 검토
 (9) 실내장식물의 불연화와 방염 물품의 적법성 검토
2) 감리업자가 아닌 자가 감리할 수 있는 보안성 등이 요구되는 소방대상물 시공장소 : 「원자력안전법」에 따른 관계시설이 설치되는 장소
3) 감리업자는 업무를 수행할 때에는 대통령령으로 정하는 감리의 종류 및 대상에 따라 공사기간 동안 소방시설공사 현장에 소속 감리원을 배치하고 업무수행 내용을 감리일지에 기록하는 등 대통령령으로 정하는 감리의 방법에 따라야 한다.

정답 55 ③ 56 ④

57 상중하

위험물안전관리법령에 따라 위험물안전관리자를 해임하거나 퇴직한 때에는 해임하거나 퇴직한 날부터 며칠 이내에 다시 안전관리자를 선임하여야 하는가?

① 30일 ② 35일
③ 40일 ④ 55일

해설 위험물안전관리자

- 안전관리자 선임 : 관계인
- 안전관리자 해임, 퇴직 시 : 해임, 퇴직한 날부터 30일 이내 재선임
- 선임신고기간 : 소방본부장·소방서장에게 선임 날부터 14일 이내 신고
- 직무대행기간 : 30일 이내

58 상중하

소방시설 설치 및 관리에 관한 법령상 특정소방대상물 중 오피스텔은 어느 시설에 해당하는가?

① 숙박시설
② 일반업무시설
③ 공동주택
④ 근린생활시설

해설 업무시설

1) 공공업무시설 : 국가 또는 지방자치단체의 청사, 외국공관의 건축물
2) 일반업무시설 : 금융업소, 사무소, 신문사, 오피스텔
3) 주민자치센터(동사무소), 경찰서, 지구대, 파출소, 소방서, 119안전센터, 우체국, 보건소, 공공도서관, 국민건강보험공단
4) 마을회관, 마을공동작업소, 마을공동구판장
5) 변전소, 양수장, 정수장, 대피소, 공중화장실

59 상중하

소방기본법령상 소방용수시설별 설치기준 중 틀린 것은?

① 급수탑 개폐밸브는 지상에서 1.5 [m] 이상 1.7 [m] 이하의 위치에 설치하도록 할 것
② 소화전은 상수도와 연결하여 지하식 또는 지상식의 구조로 하고, 소방용 호스와 연결하는 소화전의 연결금속구의 구경은 100 [mm]로 할 것
③ 저수조 흡수관의 투입구가 사각형의 경우에는 한 변의 길이가 60 [cm] 이상, 원형의 경우에는 지름이 60 [cm] 이상일 것
④ 저수조는 지면으로부터의 낙차가 4.5 [m] 이하일 것

해설 소방용수시설 설치기준

1) 소화전
   - 상수도와 연결, 지하식·지상식 구조
   - 연결금속구 구경 : 65 [mm]
2) 급수탑
   - 급수배관 구경 : 100 [mm] 이상
   - 개폐밸브 : 지상 1.5 [m] 이상 1.7 [m] 이하
3) 저수조
   - 지면으로부터의 낙차 : 4.5 [m] 이하
   - 흡수부분 수심 : 0.5 [m] 이상일 것
   - 흡수관 투입구 : 사각형 한 변 60 [cm]
     원형 지름 60 [cm] 이상

정답 57 ① 58 ② 59 ②

60 상 중 하

소방시설 설치 및 관리에 관한 법령상 제조 또는 가공 공정에서 방염처리를 한 물품 중 방염대상물품이 아닌 것은?

① 창문에 설치하는 커튼류(블라인드를 포함한다)
② 벽지류(두께가 2 [mm] 미만인 종이벽지 포함)
③ 암막·무대막에 따른 영화상영관에 설치하는 스크린
④ 노래연습장업의 영업장에 설치하는 섬유류 또는 합성수지류 등을 원료로 하여 제작된 소파·의자

해설 방염대상물품

1) 제조·가공 공정에서 방염처리한 물품
  (1) 창문에 설치하는 커튼류(블라인드 포함)
  (2) 카펫
  (3) 벽지류(두께 2 [mm] 미만인 종이벽지 제외)
  (4) 전시용 합판·목재 또는 섬유판, 무대용 합판·목재 또는 섬유판(합판·목재류의 경우 불가피하게 설치 현장에서 방염처리한 것을 포함한다)
  (5) 암막·무대막(영화상영관 스크린, 가상체험체육시설의 스크린 포함)
  (6) 섬유류, 합성수지류 등을 원료로 하여 제작된 소파·의자(단란주점영업, 유흥주점, 노래연습장업의 영업장에 설치하는 것만 해당)
2) 건축물 내부의 천장이나 벽에 부착하거나 설치하는 것, 다만 가구류(옷장·찬장·식탁·식탁용 의자·사무용 책상·사무용 의자·계산대 등)와 너비 10 [cm] 이하 반자돌림대 등과 내부 마감재료는 제외
  (1) 종이류(두께 2 [mm] 이상)·합성수지류·섬유류를 주원료로 한 물품
  (2) 합판, 목재
  (3) 공간 구획하는 간이 칸막이(접이식 등 이동 가능한 벽체나 천장 또는 반자가 실내에 접하는 부분까지 구획하지 않는 벽체를 말한다)
  (4) 흡음(吸音)을 위하여 설치하는 흡음재(흡음용 커튼을 포함한다)
  (5) 방음(防音)을 위하여 설치하는 방음재(방음용 커튼을 포함한다)

보충 ▶ 시·도지사 : 설치현장 방염처리 합판·목재

2023

정답 60 ②

2023년 4회

소방전기시설의 구조 및 원리

3회독 월 일
2회독 월 일
1회독 월 일

목표시간 : 30분 | 시작 : _시 _분 | 종료 : _시 _분 | 맞은 개수 : _ /20

61 상중하

비상콘센트설비의 화재안전기술기준상 전원회로의 기준으로 알맞은 것을 고르시오. (단, 전원회로란 비상콘센트에 전력을 공급하는 회로를 말한다)

① 단상교류 : 220 [V], 공급용량 : 1.5 [kVA] 이상
② 단상교류 : 220 [V], 공급용량 : 3 [kVA] 이상
③ 단상교류 : 380 [V], 공급용량 : 1.5 [kVA] 이상
④ 단상교류 : 220 [V], 공급용량 : 4.5 [kVA] 이상

해설 비상콘센트설비 전원회로 설치기준

1) 비상콘센트설비의 전원회로는 단상교류 220 [V]인 것으로서, 그 공급용량은 1.5 [kVA] 이상인 것으로 할 것
2) 전원회로는 각 층에 2 이상이 되도록 설치할 것. 다만 설치해야 할 층의 비상콘센트가 1개인 때에는 하나의 회로로 할 수 있다.
3) 전원회로는 주배전반에서 전용회로로 할 것. 다만 다른 설비회로의 사고에 따른 영향을 받지 않도록 되어 있는 것은 그렇지 않다.
4) 전원으로부터 각 층의 비상콘센트에 분기되는 경우에는 분기배선용 차단기를 보호함 안에 설치할 것
5) 콘센트마다 배선용 차단기(KSC 8321)를 설치해야 하며, 충전부가 노출되지 않도록 할 것
6) 개폐기에는 "비상콘센트"라고 표시한 표지를 할 것
7) 비상콘센트용의 풀박스 등은 방청도장을 한 것으로서, 두께 1.6 [mm] 이상의 철판으로 할 것
8) 하나의 전용회로에 설치하는 비상콘센트는 10개 이하로 할 것. 이 경우 전선의 용량은 각 비상콘센트(비상콘센트가 3개 이상인 경우에는 3개)의 공급용량을 합한 용량 이상의 것으로 해야 한다.
9) 비상콘센트의 플러그접속기는 접지형 2극 플러그접속기(KSC 8305)를 사용해야 한다.
10) 비상콘센트의 플러그접속기의 칼받이의 접지극에는 접지공사를 해야 한다.

62 상중하

비상경보설비 및 단독경보형 감지기의 화재안전기술기준에 따라 방송설비를 비상벨설비 또는 자동식 사이렌설비와 연동하여 작동하도록 설치한 경우 어떤 것을 설치하지 않을 수 있는지 고르시오. (단, 방송설비는 비상방송설비의 화재안전기술기준(NFTC 202)에 적합한 것이다)

① 감지기 ② 수신기
③ 지구음향장치 ④ 발신기

해설 비상경보설비

- 비상벨설비 또는 자동식 사이렌설비는 부식성 가스 또는 습기 등으로 인하여 부식의 우려가 없는 장소에 설치해야 한다.
- 지구음향장치는 특정소방대상물의 층마다 설치하되, 해당 층의 각 부분으로부터 하나의 음향장치까지의 수평거리가 25 [m] 이하가 되도록 하고, 해당 층의 각 부분에 유효하게 경보를 발할 수 있도록 설치해야 한다. 다만 「비상방송설비의 화재안전기술기준(NFTC 202)」에 적합한 방송설비를 비상벨설비 또는 자동식 사이렌설비와 연동하여 작동하도록 설치한 경우에는 지구음향장치를 설치하지 않을 수 있다.
- 음향장치는 정격전압의 80 [%] 전압에서도 음향을 발할 수 있도록 해야 한다. 다만 건전지를 주전원으로 사용하는 음향장치는 그렇지 않다.
- 음향장치의 음향의 크기는 부착된 음향장치의 중심으로부터 1 [m] 떨어진 위치에서 음압이 90 [dB] 이상이 되는 것으로 해야 한다.

정답 61 ① 62 ③

63 (상 중 하)

자동화재탐지설비 및 시각경보장치의 화재안전기술기준(NFTC 203)에 따라 부착높이 20 [m] 이상에 설치되는 광전식 중 아날로그방식의 감지기는 공칭감지농도 하한값이 감광율 몇 [%/m] 미만인 것으로 하는가?

① 3　② 5
③ 7　④ 10

해설 공칭감지농도

- 부착높이 20 [m] 이상 : 감광율 5 [%/m] 미만
- 5 [%/m] 미만 : 1 [m] 간격 중 연기에 의한 빛의 감광 정도 5 [%] 미만

64 (상 중 하)

자동화재탐지설비 및 시각경보장치의 화재안전기술기준에 따라 부착높이가 9 [m]인 경우 적응성이 있는 감지기가 아닌 것을 고르시오.

① 차동식 스포트형 감지기
② 차동식 분포형 감지기
③ 이온화식 1종 감지기
④ 불꽃감지기

해설 감지기 적응성

부착높이	감지기 종류
8 [m] 이상 ~ 15 [m] 미만	• **차**동식 **분**포형 • **이**온화식 1종 · 2종 • **광**전식 1종 · 2종 • **연**기**복**합형 • **불**꽃감지기
15 [m] 이상 ~ 20 [m] 미만	**이**온화식 1종, **광**전식(스포트형, 분리형, 공기흡입형) 1종, **연**기**복**합형, **불**꽃감지기
20 [m] 이상	**불**꽃감지기, **광**전식(**분**리형, **공**기흡입형) 중 아날로그방식

암기 ▶ 차분한 이광연 12세 / 이광연 1
*불꽃감지기는 전부 해당

65 (상 중 하)

자동화재탐지설비 및 시각경보장치의 화재안전기술기준(NFTC 203)에 따라 발신기 설치기준으로 틀린 것을 고르시오.

① 조작이 쉬운 장소에 설치하고, 스위치는 바닥으로부터 0.8 [m] 이상 1.5 [m] 이하의 높이에 설치할 것
② 특정소방대상물의 층마다 설치하되, 해당 층의 각 부분으로부터 하나의 발신기까지의 수평거리가 25 [m] 이하가 되도록 할 것
③ 복도 또는 별도로 구획된 실로서 보행거리가 20 [m] 이상일 경우에는 추가로 설치할 것
④ 발신기의 위치를 표시하는 표시등은 함의 상부에 설치하되, 그 불빛은 부착면으로부터 15° 이상의 범위 안에서 부착지점으로부터 10 [m] 이내의 어느 곳에서도 쉽게 식별할 수 있는 적색등으로 할 것

해설 발신기 설치기준

1) 조작스위치 : 바닥으로부터 0.8 [m] 이상 1.5 [m] 이하 설치
2) 특정소방대상물의 층마다 설치
　(1) 수평거리 : 25 [m] 이하 설치(각 부분부터 하나의 발신기까지의 거리)
　(2) 보행거리 : 40 [m] 이상 경우 추가설치(복도·별도구획된 실)
3) 위치 표시등 : 함 상부 설치
4) 불빛 : 부착면부터 15° 이상의 범위 안, 부착지점부터 10 [m] 이내 어느 곳에서도 쉽게 식별할 수 있는 적색등

66 (상 중 하)

누전경보기의 형식승인 및 제품검사의 기술기준에 따라 정격전압이 몇 [V]를 넘는 기구의 금속제 외함에는 접지단자를 설치해야 하는지 고르시오.

① 50 [V]　② 60 [V]
③ 100 [V]　④ 220 [V]

정답 63 ② 64 ① 65 ③ 66 ②

2023

해설 누전경보기

1) 작동이 확실하고 취급·점검이 쉬어야 하며, 현저한 잡음이나 장해 전파를 발하지 아니하여야 한다(먼지, 습기, 곤충 등에 의하여 기능에 영향 받으면 안 됨).
2) 보수 및 부속품의 교체가 쉬워야 한다(방수형 및 방폭형 제외).
3) 부식에 의하여 기계적 기능에 영향을 초래할 우려가 있는 부분은 칠, 도금 등으로 유효하게 내식가공을 하거나 방청가공을 하여야 하며, 전기적 기능에 영향이 있는 단자, 나사 및 와셔 등은 동합금이나 이와 동등 이상의 내식성능이 있는 재질을 사용하여야 한다.
4) 외함은 불연성 또는 난연성 재질로 만들어져야 하며 다음과 같아야 한다.
   (1) 누전경보기의 외함은 1.0 [mm] 이상
   (2) 직접 벽면에 접하여 벽속에 매립되는 외함의 부분은 1.6 [mm] 이상
5) 기기 내의 배선은 충분한 전류용량을 갖는 것으로 하여야 하며, 배선의 접속이 정확하고 확실하여야 한다.
6) 극성이 있는 경우에는 오접속을 방지하기 위하여 필요한 조치를 하여야 한다.
7) 부품의 부착은 기능에 이상을 일으키지 아니하고 쉽게 풀리지 아니하도록 하여야 한다.
8) 전선 이외의 전류가 흐르는 부분과 가동축 부분의 접촉력이 충분하지 아니한 곳에는 접촉부의 접촉 불량을 방지하기 위한 적당한 조치를 하여야 한다.
9) 외부에서 쉽게 사람이 접촉할 우려가 있는 충전부는 충분히 보호되어야 한다.
10) 정격전압이 60 [V]를 넘는 기구의 금속제 외함에는 접지단자를 설치하여야 한다.
11) 방폭형 누전경보기는 방폭 구조에 적합하여야 한다.
12) 누전경보기의 단자외의 부분은 견고한 상자에 넣어야 한다.
13) 누전경보기의 단자는 전선(접지선을 포함한다)을 쉽게 확실하게 접속할 수 있는 것이어야 한다.
14) 누전경보기의 단자에는 적당한 보호 장치를 하여야 한다.

신유형!

67 상 중 하

누전경보기의 형식승인 및 제품검사의 기술기준에 따라 누전경보기 부품의 구조 및 기능에 대한 기준으로 틀린 것을 고르시오.

① 사용전압의 80 [%]인 전압에서 소리를 내어야 한다.
② 사용전압에서의 음압은 무향실내에서 정위치에 부착된 음향장치의 중심으로부터 1 [m] 떨어진 지점에서 누전경보기는 70 [dB] 이상이어야 한다.
③ 정격1차 전압은 100 [V] 이하로 한다.
④ 변압기의 외함에는 접지단자를 설치하여야 한다.

해설 누전경보기 변압기

1) 변압기는 KS C 6308(전자기기용 소형전원변압기) 또는 이와 동등 이상의 성능이 있는 것이어야 한다.
2) 정격1차 전압은 300 [V] 이하로 한다.
3) 변압기의 외함에는 접지단자를 설치하여야 한다.
4) 용량은 최대사용전류에 연속하여 견딜 수 있는 크기 이상이어야 한다.

68 상 중 하

비상방송설비의 화재안전기술기준(NFTC 202)에 따라 비상방송설비에서 기동장치에 따른 화재신고를 수신한 후 필요한 음량으로 화재발생 상황 및 피난에 유효한 방송이 자동으로 개시될 때까지의 소요시간은 몇 초 이하로 하여야 하는가?

① 5 ② 10
③ 15 ④ 20

정답 67 ③ 68 ②

해설 비상방송설비 음향장치 설치기준

1) 확성기
   (1) 음성입력 : 실외 3 [W] 이상, 실내 1 [W] 이상
   (2) 수평거리 : 층 각 부분으로부터 하나의 확성기까지의 25 [m] 이하
   (3) 확성기는 각 층마다 설치, 당해 층의 각 부분에 유효하게 경보를 발하도록 설치
2) 음량조정기(ATT) : 음량조정기의 배선은 3선식으로 한다.
3) 층수가 11층(공동주택의 경우에는 16층) 이상의 특정소방대상물은 다음과 같은 경보를 발할 수 있어야 한다.
   (1) 2층 이상의 층에서 발화한 때에는 발화층 및 그 직상 4개 층에 경보
   (2) 1층에서 발화한 때에는 발화층·그 직상 4개 층 및 지하층에 경보
   (3) 지하층에서 발화한 때에는 발화층·그 직상층 및 기타 지하층 경보
5) <u>기동장치에 따른 화재신고를 수신한 후 필요한 음량으로 화재발생 상황 및 피난에 유효한 방송이 자동으로 개시될 때까지의 소요시간은 10초 이하로 할 것</u>
6) 다른 방송설비와 공용할 경우 화재 시 비상경보 외의 방송을 차단할 수 있는 구조
7) 다른 전기회로에 따라 유도장애가 생기지 아니하도록 할 것
8) 음향장치의 구조 및 성능
   (1) 정격전압의 80 [%] 전압에서 음향을 발할 수 있는 것을 할 것
   (2) 자동화재탐지설비의 작동과 연동하여 작동할 수 있는 것으로 할 것

69 상 중 하

주요구조부를 내화구조로 한 특정소방대상물의 바닥면적이 370 [m²]인 부분에 설치해야 하는 감지기의 최소 수량은? (단, 감지기 부착높이는 바닥으로부터 4.5 [m]이고, 보상식 스포트형 1종을 설치한다)

① 6개 ② 7개
③ 8개 ④ 9개

해설 감지기 최소 수량

부착 높이 및 소방대상물의 구분		차동식		보상식		정온식		
		1종	2종	1종	2종	특종	1종	2종
4 [m] 미만	내화 구조	90	70	90	70	70	60	20
	기타 구조	50	40	50	40	40	30	15
4 [m] 이상 8 [m] 미만	내화 구조	45	35	45	35	35	30	-
	기타 구조	30	25	30	25	25	15	-

45 [m²]마다 설치하므로

$$\frac{370}{45} = 8.22$$

∴ 9개

보충 ▶ 감지기 설치수량은 계산결과 절상한다.

70 상 중 하

도로터널의 화재안전성능기준에 따라 비상조명등의 비상전원 용량을 고르시오.

① 30분 ② 40분
③ 60분 ④ 90분

해설 도로터널의 화재안전성능기준(비상조명등)

1) 상시 조명이 소등된 상태에서 비상조명등이 점등되는 경우 터널 안의 차도 및 보도의 바닥면의 조도는 10 [lx] 이상, 그 외 모든 지점의 조도는 1 [lx] 이상이 될 수 있도록 설치할 것
2) 비상조명등의 비상전원은 상용전원이 차단되는 경우 자동으로 비상조명등을 유효하게 60분 이상 작동할 수 있어야 할 것
3) 비상조명등에 내장된 예비전원이나 축전지설비는 상용전원의 공급에 의하여 상시 충전 상태를 유지할 수 있도록 설치할 것

정답 69 ④ 70 ③

신유형!

71 상 중 하

유도등의 형식승인 및 제품검사의 기술기준에 따라 유도등 외함의 재질로 알맞지 않은 것을 고르시오.

① 방청된 금속판
② 두께 3 [mm] 이상의 내열성 강화유리
③ 스테인레스강
④ 난연재료

해설 유도등 외함의 재질

1) 외함이 금속인 것은 방청된 금속판 또는 내식성(스테인레스강 등) 재질을 사용하여야 한다.
2) 두께 3 [mm] 이상의 강화유리
3) 난연재료 또는 방염성능이 있는 합성수지로서 (90 ± 2) [℃]의 온도에서 7일간 방치하는 경우 열로 인한 변형

신유형!

72 상 중 하

자동화재속보설비의 속보기의 성능인증 및 제품검사의 기술기준에 따라 속보기 예비전원에 실시하는 시험으로 틀린 것을 고르시오.

① 상온 충방전시험
② 주위온도 충방전시험
③ 안전장치시험
④ 상압 충방전시험

해설 속보기 예비전원에 실시하는 시험

1) 상온(常溫) 충방전시험
2) 주위온도 충방전시험
3) 안전장치시험
예비전원은 1/5 쿨롬 이상 1 쿨롬 이하의 전류로 역충전하는 경우 5시간 이내에 안전장치가 작동하여야 하며, 외관이 부풀어 오르거나 누액 등이 생기지 아니하여야 한다.
4) 제품시험에 합격한 예비전원을 사용하는 경우에는 시험을 생략할 수 있다.

73 상 중 하

가스누설경보기의 화재안전기술기준에 따른 가연성 가스 경보기 설치기준으로 틀린 것을 고르시오.

① 수신부의 조작 스위치는 바닥으로부터의 높이가 0.8 [m] 이상 1.5 [m] 이하인 장소에 설치할 것
② 단독형 경보기는 가스연소기의 중심으로부터 직선거리 4 [m](공기보다 무거운 가스를 사용하는 경우에는 8 [m]) 이내에 1개 이상 설치해야 한다.
③ 단독형 경보기는 천장으로부터 경보기 하단까지의 거리가 0.3 [m] 이하가 되도록 설치한다. 다만 공기보다 무거운 가스를 사용하는 경우에는 바닥면으로부터 단독형 경보기 상단까지의 거리는 0.3 [m] 이하로 한다.
④ 가스누설 경보음향장치는 수신부로부터 1 [m] 떨어진 위치에서 음압이 70 [dB] 이상일 것

해설 가스누설경보기

1) 가스연소기 주위의 경보기의 상태 확인 및 유지 관리에 용이한 위치에 설치할 것
2) 가스누설 음향의 음량과 음색이 다른 기기의 소음 등과 명확히 구별될 것
3) 가스누설 음향장치는 수신부로부터 1 [m] 떨어진 위치에서 음압이 70 [dB] 이상일 것
4) 단독형 경보기는 가스연소기의 중심으로부터 직선거리 8 [m](공기보다 무거운 가스를 사용하는 경우에는 4 [m]) 이내에 1개 이상 설치하여야 한다.
5) 공기보다 가벼운 가스 : 천장부터 경보기 하단까지 0.3 [m] 이하로 설치
6) 공기보다 무거운 가스 : 바닥면부터 경보기 상단까지 0.3 [m] 이하로 설치
7) 경보기가 설치된 장소에는 관계자 등의 비상연락 번호를 기재한 표를 비치할 것

정답 71 ④ 72 ④ 73 ②

74 상중하

다음 괄호 안에 알맞은 답을 고르시오.

> 무선통신보조설비는 (㉠)층 이상인 특정소방대상물로서 (㉡)층 이상인 부분의 모든 층에 설치한다.

① ㉠ 16 ㉡ 11
② ㉠ 16 ㉡ 16
③ ㉠ 30 ㉡ 16
④ ㉠ 30 ㉡ 30

해설 무선통신보조설비 설치

설치대상	기준
30층 이상 특정소방대상물	16층 이상 부분의 모든 층
• 지하층의 바닥면적 합계가 3000 [m^2] 이상인 것 • 지하층 층수가 3층 이상이고 지하층의 바닥면적 합계가 1000 [m^2] 이상인 것	지하층 전 층
터널	길이 500 [m] 이상
지하상가	연면적 1000 [m^2] 이상
공동구	–

75 상중하

비상콘센트설비의 화재안전기술기준(NFTC 504)에 따른 비상콘센트설비의 시설기준으로 옳은 것은?

① 하나의 전용회로에 설치하는 비상콘센트는 12개 이하로 할 것
② 전원회로는 단상교류 220 [V]인 것으로서 그 공급용량은 1.0 [kVA] 이상인 것으로 할 것
③ 비상콘센트용의 풀박스 등은 방청도장을 한 것으로서 두께 1.2 [mm] 이상의 철판으로 할 것
④ 전원으로부터 각 층의 비상콘센트에 분기 되는 경우에는 분기배선용 차단기를 보호함 안에 설치할 것

해설 비상콘센트설비 전원회로 설치기준

1) 비상콘센트설비의 전원회로는 단상교류 220 [V]인 것으로서 그 공급용량은 1.5 [kVA] 이상인 것으로 할 것
2) 전원회로는 각 층에 2 이상이 되도록 설치할 것. 다만 설치해야 할 층의 비상콘센트가 1개인 때에는 하나의 회로로 할 수 있다.
3) 전원회로는 주배전반에서 전용회로로 할 것. 다만 다른 설비회로의 사고에 따른 영향을 받지 않도록 되어 있는 것은 그렇지 않다.
4) 전원으로부터 각 층의 비상콘센트에 분기되는 경우에는 분기배선용 차단기를 보호함 안에 설치할 것
5) 콘센트마다 배선용 차단기(KS C 8321)를 설치해야 하며 충전부가 노출되지 않도록 할 것
6) 개폐기에는 "비상콘센트"라고 표시한 표지를 할 것
7) <u>비상콘센트용의 풀박스 등은 방청도장을 한 것으로서, 두께 1.6 [mm] 이상의 철판으로 할 것</u>
8) 하나의 전용회로에 설치하는 비상콘센트는 10개 이하로 할 것. 이 경우 전선의 용량은 각 비상콘센트(비상콘센트가 3개 이상인 경우에는 3개)의 공급용량을 합한 용량 이상의 것으로 해야 한다.
9) 비상콘센트의 플러그접속기는 접지형 2극 플러그접속기(KS C 8305)를 사용해야 한다.
10) 비상콘센트의 플러그접속기의 칼받이의 접지극에는 접지공사를 해야 한다.

정답 74 ③ 75 ④

76 상중하

비상조명등의 화재안전기술기준(NFTC 304)에 따라 비상조명등의 비상전원을 설치하는 데 있어서 어떤 특정소방대상물의 경우에는 그 부분에서 피난층에 이르는 부분의 비상조명등을 60분 이상 유효하게 작동시킬 수 있는 용량으로 하여야 한다. 이 특정소방물에 해당하지 않는 것은?

① 무창층인 지하역사
② 무창층인 소매시장
③ 지하층인 관람시설
④ 지하층을 제외한 층수가 11층 이상의 층

해설 비상조명등 설치기준

비상전원은 비상조명등을 20분 이상 유효하게 작동시킬 수 있는 용량으로 할 것. 다만 다음 각 목의 특정소방대상물의 경우에는 그 부분에서 피난층에 이르는 부분의 비상조명등을 60분 이상 유효하게 작동시킬 수 있는 용량으로 해야 한다.

1) 지하층을 제외한 층수가 11층 이상의 층
2) 지하층 또는 무창층으로서 용도가 도매시장·소매시장·여객자동차터미널·지하역사 또는 지하상가

신유형!

77 상중하

소방시설용 비상전원수전설비의 화재안전기술기준에서 큐비클형의 설치기준으로 틀린 것을 고르시오.

① 외함은 건축물의 바닥 등에 견고하게 고정할 것
② 외함은 두께 1.6 [mm] 이상의 강판과 이와 동등 이상의 강도와 내화성능이 있는 것으로 제작해야 하며, 개구부에는 60분+ 방화문, 60분 방화문 또는 30분 방화문으로 설치할 것
③ 전선 인입구 및 인출구에는 금속관 또는 금속제 가요전선관을 쉽게 접속할 수 있도록 할 것
④ 공용큐비클식의 소방회로와 일반회로에 사용되는 배선 및 배선용 기기는 불연재료로 구획할 것

해설 특별고압·고압으로 수전하는 큐비클형

1) 전용큐비클 또는 공용큐비클식으로 설치할 것
2) <u>외함은 두께 2.3 [mm] 이상의 강판과 이와 동등 이상의 강도와 내화성능이 있는 것으로 제작하여야 하며, 개구부에는 60분+ 방화문 또는 60분 방화문 또는 30분 방화문을 설치할 것</u>
3) 옥외에 설치하는 것에 있어서는 아래의 표시등, 전선인입구·인출구, 환기장치에 해당하는 것은 외함에 노출하여 설치할 수 있다.
   (1) 표시등(불연성·난연성 재료로 덮개 설치한 것)
   (2) 전선의 인입구 및 인출구
   (3) 환기장치
   (4) 전압계(퓨즈 등으로 보호한 것)
   (5) 전류계(변류기의 2차 측에 접속된 것)
   (6) 계기용 전환스위치(불연성 또는 난연성 재료로 제작된 것)
4) 외함은 건축물의 바닥 등에 견고하게 고정할 것
5) 외함에 수납하는 수전설비, 변전설비 그 밖의 기기 및 배선은 다음에 적합하게 설치할 것
   (1) 외함 또는 프레임 등에 견고하게 고정할 것
   (2) 외함의 바닥에서 10 [cm](시험단자, 단자대 등의 충전부는 15 [cm]) 이상의 높이에 설치할 것
6) 전선 인입구 및 인출구에는 금속관 또는 금속제 가요전선관을 쉽게 접속할 수 있도록 할 것
7) 환기장치 다음 기준에 적합하게 설치할 것
   (1) 내부의 온도가 상승하지 않도록 환기장치를 할 것
   (2) 자연환기구의 개부구 면적의 합계는 외함의 한 면에 대하여 당해 면적의 3분의 1 이하로 할 것(이 경우 하나의 통기구의 크기는 직경 10 [mm] 이상의 둥근 막대가 들어가서는 아니 된다)
   (3) 자연환기구에 따라 충분히 환기할 수 없는 경우에는 환기설비를 설치할 것
   (4) 환기구에는 금속망, 방화댐퍼 등으로 방화조치를 하고 옥외에 설치하는 것은 빗물 등이 들어가지 않도록 할 것
8) 공용큐비클식의 소방회로와 일반회로에 사용되는 배선 및 배선용 기기는 불연재료로 구획할 것

정답 76 ③ 77 ②

78 상 중 하

휴대용 비상조명등의 설치기준 중 틀린 것은?

① 영화상영관에는 보행거리 50 [m] 이내마다 3개 이상 설치할 것
② 지하상가 및 지하역사에는 보행거리 30 [m] 이내마다 3개 이상 설치할 것
③ 숙박시설 또는 다중이용업소에는 객실 또는 영업장 안의 구획된 실마다 잘 보이는 곳에 1개 이상 설치할 것
④ 건전지 및 충전식 배터리의 용량은 20분 이상 유효하게 사용할 수 있는 것으로 할 것

해설 휴대용 비상조명등 설치기준

1) 설치장소

설치장소	설치개수
숙박시설 또는 다중이용업소에는 객실 또는 영업장 안의 구획된 실마다 잘 보이는 곳 (외부 설치 시 출입문 손잡이로부터 1 [m] 이내 부분)	1개 이상
대규모점포(지하상가·지하역사 제외), 영화상영관	보행거리 50 [m] 이내마다 3개 이상
지하상가 및 지하역사	보행거리 25 [m] 이내마다 3개 이상

2) 설치기준
(1) 바닥으로부터 0.8 [m] 이상 1.5 [m] 이하의 높이에 설치할 것
(2) 어둠 속에서 위치를 확인할 수 있도록 할 것
(3) 사용 시 자동으로 점등되는 구조일 것
(4) 외함은 난연성능이 있을 것
(5) 건전지 사용 시 방전방지조치를 하고, 충전식 배터리 사용 시 상시 충전되도록 할 것
(6) 건전지 및 충전식 배터리 용량은 20분 이상 유효하게 사용할 수 있는 것

79 상 중 하

비상콘센트설비의 전원부와 외함 사이의 절연저항은 전원부와 외함 사이를 500 [V] 절연저항계로 측정할 때 몇 M[Ω] 이상이어야 하는가?

① 10　② 15
③ 20　④ 25

해설 비상콘센트 절연내력시험

1) 절연저항 : 500 [V] 절연저항계로 측정할 때 20 [MΩ] 이상일 것
2) 절연내력
(1) 정격전압 150 [V] 이하 : 1000 [V]의 실효전압
(2) 정격전압이 150 [V] 초과 : (정격전압 × 2) + 1000 [V] = 실효전압
(3) 실효전압 시험에서 1분 이상 견디는 것으로 할 것
3) 배선
전원회로의 배선은 내화배선, 그 밖의 배선은 내화배선 또는 내열배선

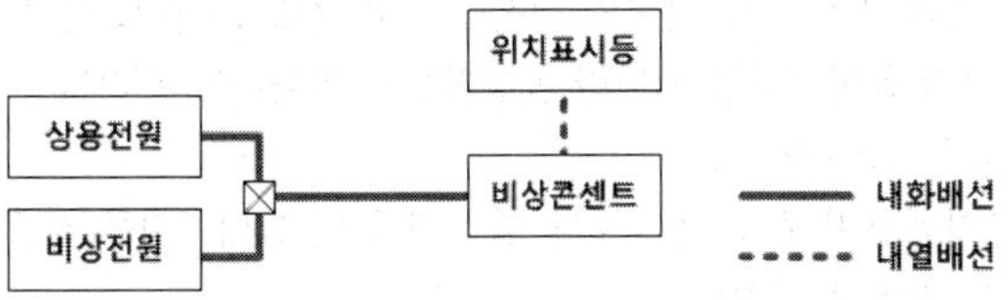

정답 78 ② 79 ③

80 상 중 하

일반적인 비상방송설비의 계통도이다. 다음의 (　　)에 들어갈 내용으로 옳은 것은?

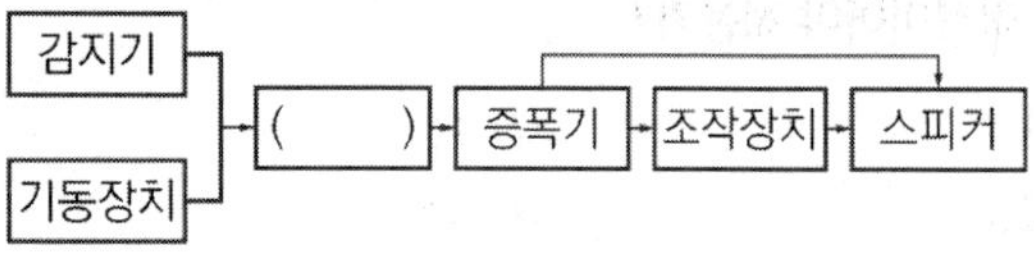

① 변류기　　② 발신기
③ 수신기　　④ 음향장치

해설 비상방송설비 계통도

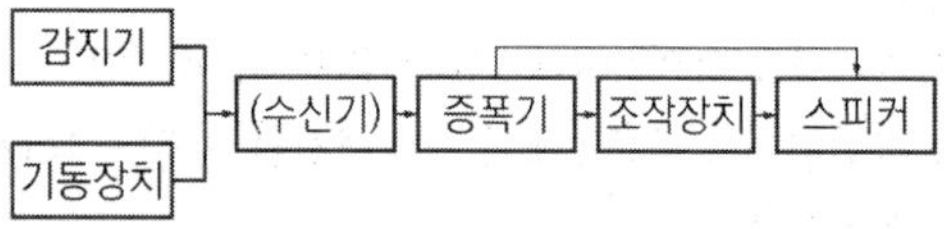

1) "확성기"란 소리를 크게 하여 멀리까지 전달될 수 있도록 하는 장치로써 일명 스피커를 말한다.
2) "음량조절기"란 가변저항을 이용하여 전류를 변화시켜 음량을 크게 하거나 작게 조절할 수 있는 장치를 말한다.
3) "증폭기"란 전압전류의 진폭을 늘려 감도를 좋게 하고 미약한 음성전류를 커다란 음성전류로 변화시켜 소리를 크게 하는 장치를 말한다.
4) "기동장치"란 화재감지기, 발신기 등의 상태변화를 전송하는 장치를 말한다.
5) "몰드"란 전선을 물리적으로 보호하기 위해 사용되는 통형 구조물을 말한다.
6) "약전류회로"란 전신선, 전화선 등에 사용하는 전선이나 케이블, 인터폰, 확성기의 음성회로, 라디오·텔레비전의 시청회로 등을 포함하는 약전류가 통전되는 회로를 말한다.
7) "전원회로"란 전기·통신, 기타 전기를 이용하는 장치 등에 전력을 공급하기 위하여 필요한 기기로 이루어지는 전기회로를 말한다.
8) "절연저항"이란 전류가 도체에서 절연물을 통하여 다른 충전부나 기기로 누설되는 경우 그 누설 경로의 저항을 말한다.
9) "절연효력"이란 전기가 불필요한 부분으로 흐르지 않도록 절연하는 성능을 나타내는 것을 말한다.
10) "정격전압"이란 전기기계기구, 선로 등의 정상적인 동작을 유지시키기 위해 공급해주어야 하는 기준 전압을 말한다.
11) "조작부"란 기기를 제어할 수 있도록 조작스위치, 지시계, 표시등 등을 집결시킨 부분을 말한다.
12) "풀박스"란 장거리 케이블 포설을 용이하게 하기 위해 전선관 중간에 설치하는 상자형 구조물 등을 말한다.

※ '증폭기'와 '조작장치'는 순서가 바뀌어도 됨

정답 80 ③

2022 출제경향 분석

[소방원론]

CHAPTER / 연도 및 회차		연소	연소생성물	폭발	화재	위험물	소화	안전관리 및 건축방재	합계
2022년	1	3	**7**	0	4	2	3	1	20
	2	4	**6**	2	3	2	2	1	20
	4	**7**	2	2	3	2	4	0	20

[소방전기일반]

CHAPTER / 연도 및 회차		직류회로	정전계와 정자계	교류회로	전기계측 및 회로망	비정현파 교류와 과도현상 및 라플라스 변환	제어회로	전자회로 및 정류회로	전기기계 및 전기법규	합계
2022년	1	**6**	2	1	1	0	3	2	5	20
	2	3	2	3	2	0	2	**4**	**4**	20
	4	**6**	1	3	2	1	3	2	3	20

[소방관계법규]

연도 및 회차 (CHAPTER)		소방기본법	소방시설법	화재예방법	소방공사업법	위험물 안전관리법	합계
2022년	1	4	**7**	3	2	4	20
	2	3	**7**	4	3	3	20
	4	**8**	1	4	1	6	20

[소방전기시설의 구조 및 원리]

연도 및 회차 (CHAPTER)		자동화재 탐지설비	비상경보 설비 및 단독 경보형감지기	비상방송 설비	자동화재 속보설비	가스누설 경보기 및 누전경보기	유도등	비상조명등	비상콘센트 설비	무선통신 보조설비	비상전원 수전설비	화재알림 설비	기타	합계
2022년	1	**6**	1	0	0	1	4	2	2	2	0	0	2	20
	2	**6**	2	1	1	2	4	0	2	1	0	0	1	20
	4	**4**	2	3	1	2	2	1	2	2	0	0	1	20

2022년 1회

소방원론

3회독 월 일
2회독 월 일
1회독 월 일

목표시간 : 20분 | 시작 : _시 _분 | 종료 : _시 _분 | 맞은 개수 : _ /20

01 상 중 하

정전기화재 사고의 예방대책으로 틀린 것은?

① 제전기를 설치한다.
② 공기를 되도록 건조하게 유지시킨다.
③ 접지를 한다.
④ 공기를 이온화한다.

해설 정전기방지 대책

1) 배관 내 유속을 제한한다(1 [m/s] 이하).
2) 접지 및 본딩을 한다.
3) 상대습도 70 [%] 이상을 유지한다.
4) 대전방지제 사용한다.
5) 공기를 이온화한다.
6) 제전기(제진기)를 사용한다.

02 상 중 하

위험물안전관리법령상 위험물의 유별 성질에 관한 연결 중 틀린 것은?

① 제2류 위험물 : 가연성 고체
② 제4류 위험물 : 인화성 액체
③ 제5류 위험물 : 자기반응성 물질
④ 제6류 위험물 : 산화성 고체

해설 위험물의 분류

구분	개요
제1류	**산**화성 고체
제2류	**가**연성 고체
제3류	**자**연발화성 및 금수성 물질
제4류	**인**화성 액체
제5류	**자**기반응성 물질
제6류	**산**화성 액체

암기 ▶ 산가자 인자산

03 상 중 하

전기시설물에 적응성이 없는 소화방식은?

① 이산화탄소에 의한 소화
② 할론 1301에 의한 소화
③ 마른모래에 의한 소화
④ 물분무에 의한 소화

해설 전기화재에 적응성이 있는 소화방식

1) 이산화탄소에 의한 소화
2) 할론소화약제에 의한 소화
3) 할로겐화합물 및 불활성기체소화약제에 의한 소화
4) 분말소화약제에 의한 소화
5) 물분무 · 미분무에 의한 소화
6) 고체에어로졸화합물에 의한 소화

보충 ▶ 마른모래, 팽창질석, 팽창진주암은 전기화재에 적응성이 없다.

정답 01 ② 02 ④ 03 ③

04 상 중 (하)

연소의 3요소에 해당되지 않는 것은?

① 촉매 ② 산소
③ 가연물 ④ 점화원

해설 연소의 3요소, 4요소

연소의 3요소	연소의 4요소
• **가**연물 • **산**소공급원 • **점**화원	• 가연물 • 산소공급원 • 점화원 • 연쇄반응

암기 ▶ 연소의 3요소 : 가산점

05 상 (중) 하

열전달에 대한 설명으로 틀린 것은?

① 전도에 의한 열전달은 물질 표면을 보온하여 완전히 막을 수 있다.
② 대류는 밀도 차이에 의해 열이 전달된다.
③ 진공 속에서도 복사에 의한 열전달이 가능하다.
④ 화재 시의 열전달은 전도, 대류, 복사가 모두 관여된다.

해설 열전달

① 전도에 의한 열전달은 물질 표면을 보온하여도 완전히 막을 수 없다.

분류	개념
전도	고온체와 저온체의 직접적인 접촉에 의해 열 이동(온도 차에 의해 열 전달)
대류	유체의 흐름에 의해 열 이동(밀도 차에 의해 열 전달)
복사	열전달 매질 없이 전자파 형태로 열 이동(진공 속에서도 복사에 의한 열전달 가능)

암기 ▶ 전대복

06 상 (중) 하

기체 상태의 Halon 1301은 공기보다 약 몇 배 무거운가? (단, 공기의 평균분자량은 28.84이다)

① 4.05배
② 5.17배
③ 6.12배
④ 7.01배

해설 증기비중

$$증기비중 = \frac{기체의\ 분자량}{공기의\ 평균\ 분자량}$$

$$증기비중 = \frac{149(할론\ 1301\ 분자량)}{28.84} ≒ 5.17배$$

※ 공기에 대한 가스의 무게비

증기비중	공기에 대한 무게
증기비중 > 1	공기보다 무거움
증기비중 < 1	공기보다 가벼움

보충 ▶ 할론 1301(CF_3Br)의 분자량 : 149
원자량(C : 12, F : 19, Br : 80)

07 상 (중) 하

다음 중 인화점이 가장 낮은 것은?

① 경유
② 메틸알코올
③ 이황화탄소
④ 등유

2022

정답 04 ① 05 ① 06 ② 07 ③

해설 인화점

물질	인화점 [℃]
다이에틸에터(디에틸에테르)	-45
가솔린(휘발유)	-43
산화프로필렌	-37
이황화탄소	**-30**
아세톤	-18
메틸알코올	11
에틸알코올	13
등유	39
경유	41

암기 ▶ 인가산이아 / 메에 / 등경

08 상 중 하

물의 비열과 증발잠열을 이용한 소화효과는?

① 희석효과 ② 억제효과
③ 냉각효과 ④ 질식효과

해설 물의 소화효과

효과	설명
냉각효과	증발(기화) 잠열에 의한 열 흡수
질식효과	기화 시 체적이 약 1650배(1600 ~ 1700배) 증가하여 주변 산소농도 낮춤
유화효과	에멀전 형성, 가연성 혼합기 생성 억제
희석효과	분해가스나 증기의 농도 낮춤

09 상 중 하

가연물이 되기 위한 조건이 아닌 것은?

① 산화되기 쉬울 것
② 산소와의 친화력이 클 것
③ 활성화에너지가 클 것
④ 열전도도가 작을 것

해설 가연물이 연소가 잘 되기 위한 구비조건

1) 활성화에너지가 작을 것 (-)
2) 열전도율이 작을 것 (-)
3) 산소와 접촉하는 표면적이 넓을 것 (+)
4) 발열량이 클 것 (+)
5) 산소와 친화력이 클 것 (+)
6) 연쇄반응을 일으킬 것 (+)

TIP ▶ 활성화에너지, 열전도율 (-)

10 상 중 하

분말소화약제 중 A, B, C급의 화재에 모두 사용할 수 있는 것은?

① 제1종 분말소화약제
② 제2종 분말소화약제
③ 제3종 분말소화약제
④ 제4종 분말소화약제

해설 분말소화약제

종별	소화약제	약제색	적응화재
1종	탄산수소나트륨 ($NaHCO_3$)	**백**색	BC급
2종	탄산수소칼륨 ($KHCO_3$)	**담자**색 (담회색)	BC급
3종	제1인산암모늄 ($NH_4H_2PO_4$)	담**홍**색	ABC급
4종	탄산수소칼륨 + 요소 ($KHCO_3+(NH_2)_2CO$)	**회**(백)색	BC급

암기 ▶ 백담사 홍어회

정답 08 ③ 09 ③ 10 ③

11 상 중 ㊀하

피난대책의 일반적인 원칙으로 틀린 것은?

① 피난경로는 간단명료하게 한다.
② 피난설비는 고정식 설비보다 이동식 설비를 위주로 설치한다.
③ 피난수단은 원시적 방법에 의한 것을 원칙으로 한다.
④ 2방향 피난통로를 확보한다.

해설 피난대책 일반 원칙

피난대책은 Fail - Safe와 Fool - Proof 원칙에 따른다.
1) Fail - Safe
(1) 하나의 수단이 고장으로 실패하여도 다른 수단을 이용할 수 있도록 할 것
(2) 양방향 피난경로를 상시 확보해둘 것
(3) 부분화, 다중화할 것
2) Fool - Proof
(1) 피난수단은 조작이 간편한 원시적 방법으로 할 것
(2) 비상시 판단능력 저하를 대비하여 누구나 알 수 있도록 간단한 그림이나 색채를 이용하여 표시할 것
(3) 피난설비는 고정식 설비로 설치할 것
(4) 피난경로는 간단명료하게 할 것

12 상 ㊀중 하

건물화재에서 플래시 오버(Flash Over)에 관한 설명으로 옳은 것은?

① 가연물이 착화되는 초기단계에서 발생한다.
② 화재 시 발생한 가연성 가스가 축적되다가 일순간에 화염이 실 전체로 확대되는 현상을 말한다.
③ 소화활동이 끝난 단계에서 발생한다.
④ 화재 시 모두 연소하여 자연 진화된 상태를 말한다.

해설 실내화재 발생현상

1) 플래시 오버
(1) 온도가 급격히 상승하여 화재가 순간적으로 실내 전체에 확산되는 현상
(2) 발생 시기 : 성장기 ~ 최성기 직전
2) 백드래프트
(1) 훈소 상태 때 신선한 공기 유입으로 실내의 축적된 가스가 단시간 연소, 폭발하여 실외로 분출
(2) 발생시기 : 감쇄기(최성기 이후)

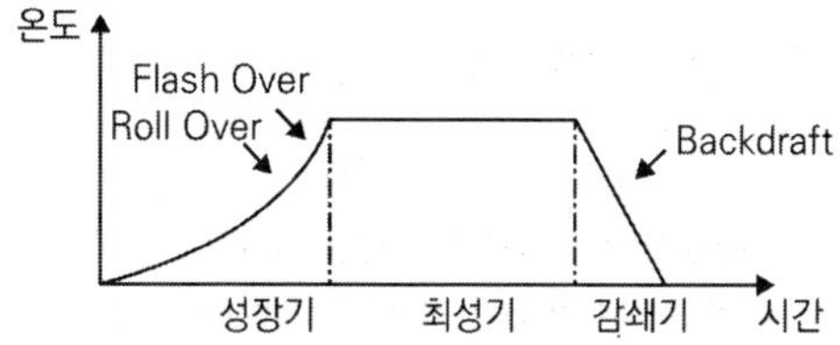

13 상 ㊀중 하

상태의 변화 없이 물질의 온도를 변화시키기 위해서 가해진 열을 무엇이라 하는가?

① 현열　② 잠열
③ 기화열　④ 융해열

해설 열 종류

종류	설명
현열	상태 변화 없이 물질의 온도 변화에 사용되는 열
잠열	온도 변화 없이 물질의 상태 변화에 사용되는 열 ① 기화열 : 액체에서 기체로 변화시키기 위해 공급해야 하는 열량 ② 융해열 : 고체에서 액체로 변화시키기 위해 공급해야 하는 열량

정답 11 ② 12 ② 13 ①

14 상중하

물이 다른 액상의 소화약제에 비해 비점이 높은 이유로 옳은 것은?

① 물은 배위결합을 하고 있다.
② 물은 이온결합을 하고 있다.
③ 물은 극성 공유결합을 하고 있다.
④ 물은 비극성 공유결합을 하고 있다.

해설 물의 물리·화학적 성질

구분	내용
물리적 성질	1) 상온에서 물은 무겁고 안정된 액체 2) 비열 : 1 [kcal/kg·℃] (= 4.18 [kJ/kg·K]) 3) 잠열 ① 융해잠열 80 [kcal/kg] (= 334 [kJ/kg]) ② 증발잠열 539.6 [kcal/kg] (= 2257 [kJ/kg]) 4) 비열, 잠열이 크므로 냉각소화효과가 큼 5) 표면장력이 큼 6) 증발 시 체적 약 1650배(1600 ~ 1700배) 증가
화학적 성질	물 분자(H_2O)는 산소(O) 원자 1개와 수소(H) 원자 2개가 **극성 공유결합**을 이루고, 물분자 사이에 **수소결합**을 이루고 있음

※ 물분자의 극성 공유결합과 수소결합

물 분자(H_2O)는 산소(O) 원자 1개와 수소(H) 원자 2개가 공유결합을 이루고 있다. 이때 산소 원자와 수소 원자는 전자를 1개씩 내어서 전자쌍을 만들고 이를 공유하지만, 전자쌍은 전기음성도가 더 큰 산소 원자 쪽에 가깝게 위치하여 산소 원자는 부분적인 음전하(−)를 띠고, 수소 원자는 부분적인 양전하(+)를 띠게 된다(극성 공유결합). 따라서 극성을 띤 물 분자끼리는 전기적 인력에 의한 수소결합을 하게 되며 강한 응집력을 갖게 된다.

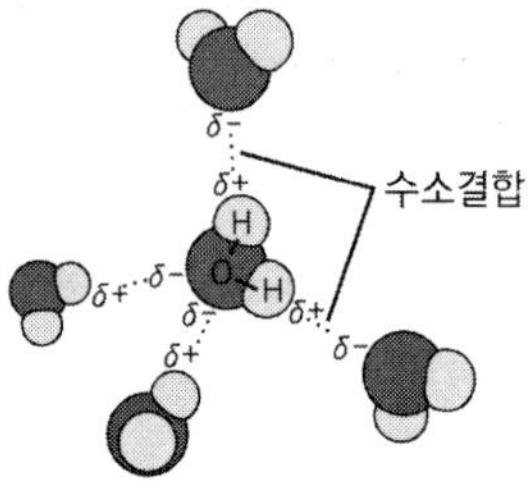

[물분자의 수소결합]

15 상중하

햇빛에 장시간 노출된 기름 걸레가 자연발화한 경우 그 원인으로 옳은 것은?

① 산소의 결핍　② 산화열 축적
③ 단열압축　④ 정전기 발생

해설 자연발화의 원인

분류	개념	종류
산화열	가연물이 산소와 결합하여 발생	불포화 섬유지, 석탄, 기름걸레
분해열	물질이 분해하며 열축적 의해 발화	셀룰로이드, 아세틸렌
흡착열	흡착 시 발생하는 열	활성탄, 목탄
중합열	중합반응에 의한 열 (분해열과 반대)	액화 시안화수소
발효열	미생물에 의해 발효되면서 발생	먼지, 퇴비

16 상중하

건축물 내부 화재 시 연기의 평균 수평이동 속도는 약 몇 [m/s]인가?

① 0.01 ~ 0.05　② 0.5 ~ 1
③ 10 ~ 15　④ 20 ~ 30

해설 연기의 유동속도

이동방향	이동속도 [m/s]
수**평** 방향	**0.5 ~ 1.0**
수**직** 방향	**2 ~ 3**
계단실 내의 수직 이동속도	3 ~ 5

암기 ▶ 평점오일 직이삼

정답 14 ③ 15 ② 16 ②

17 상중하

가연성 기체의 일반적인 연소범위에 관한 설명으로서 옳지 못한 것은?

① 연소범위에는 상한과 하한이 있다.
② 연소범위의 값은 공기와 혼합된 가연성 기체의 체적 농도로 표시된다.
③ 연소범위의 값은 압력과 무관하다.
④ 연소범위는 가연성 기체의 종류에 따라 다른 값을 갖는다.

해설 연소범위

1) 연소범위에는 상한계(UFL)와 하한계(LFL)가 존재한다.
2) 연소범위의 상한계(UFL)가 높을수록, 하한계(LFL)가 낮을수록 위험성이 크다.
3) 연소범위가 넓을수록 위험성이 크다.
4) 연소범위의 값은 혼합가스의 체적농도이다.
5) 온도와 농도가 높을수록 연소범위는 넓어진다(단, CO, H는 좁아진다).
6) <u>압력 상승 시 연소 범위는 넓어진다.</u>
7) 불활성 기체를 첨가할수록 연소범위는 좁아진다.
8) 가연성 기체의 종류에 따라 다른 값을 가진다.

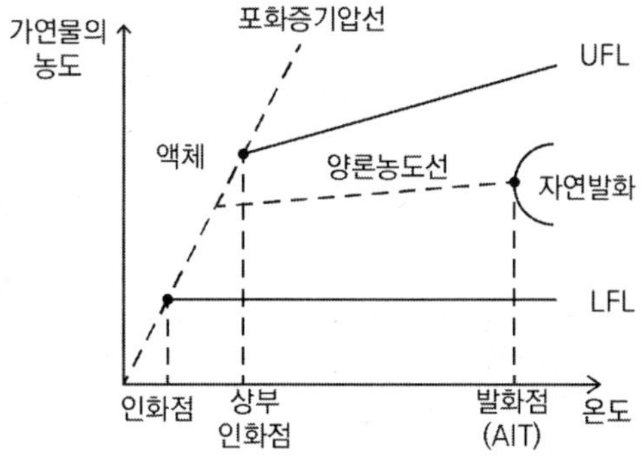

보충 ▶ 연소범위는 주위온도와 관계없다.

18 상중하

물과 접촉하면 발열하면서 수소 기체를 발생하는 것은?

① 과산화수소 ② 나트륨
③ 황린 ④ 아세톤

해설 금수성 물질

물과 접촉하여 발화, 가연성 가스 발생

구분	현상
무기과산화물	산소(O_2) 발생
금속분 마그네슘(Mg) **나트륨(Na)** 칼륨(K) 리튬(Li)	**수소(H_2)**
탄화칼슘(칼슘카바이드)	아세틸렌(C_2H_2) 발생

19 상중하

감광계수에 따른 가시거리 및 상황에 대한 설명으로 틀린 것은?

① 감광계수 0.1 [m^{-1}]는 연기감지기가 작동할 정도의 연기농도이고, 가시거리는 20 ~ 30 [m]이다.
② 감광계수 0.5 [m^{-1}]는 거의 앞이 보이지 않을 정도의 농도이고, 가시거리는 1 ~ 2 [m]이다.
③ 감광계수 10 [m^{-1}]는 화재최성기 때의 연기 농도를 나타낸다.
④ 감광계수 30 [m^{-1}]는 출화실에서 연기가 분출할 때의 농도이다.

정답 17 ③ 18 ② 19 ②

해설 감광계수

감광계수[m^{-1}]	가시거리[m]	내용
0.1	20 ~ 30	연기감지기 작동할 때
0.3	5	건물에 익숙한 사람이 피난에 지장을 느낄 때
0.5	3	어두움을 느낄 때
1	1 ~ 2	거의 앞이 보이지 않음
10	0.2 ~ 0.5	최성기 때 연기농도
30	-	출화실에서 연기 분출

보충 ▶ 감광계수 : 빛이 감소되는 계수, 연기농도를 나타내는 척도

TIP ▶ 감광계수와 가시거리는 반비례한다.

20 상 중 하

25 [℃]에서 증기압이 100 [mmHg]이고 증기밀도(비중)가 2인 인화성 액체의 증기 - 공기밀도는 약 얼마인가? (단, 전압은 760 [mmHg]로 한다)

① 1.13　　② 2.13

③ 3.13　　④ 4.13

해설 증기 - 공기밀도

$$\text{증기 - 공기밀도} = \frac{P_2 d}{P_1} + \frac{P_1 - P_2}{P_1}$$

$$\text{증기 - 공기밀도} = \frac{P_2 d}{P_1} + \frac{P_1 - P_2}{P_1} = \frac{100 \times 2}{760} + \frac{760 - 100}{760} \fallingdotseq 1.13$$

P_1 : 대기압 [mmHg]

P_2 : 주변온도에서의 증기압 [mmHg]

d : 증기밀도

정답 20 ①

2022년 1회

소방전기일반

3회독 월 일
2회독 월 일
1회독 월 일

목표시간 : 30분 시작 : _시 _분 종료 : _시 _분 맞은 개수 : _ /20

21 상중하

2전력계법을 사용하여 3상 전력을 측정하였더니 각 전력계가 250 [W], 400 [W]를 지시한다면 전전력은 몇 [W]인가?

① 350 ② 450
③ 550 ④ 650

해설 2전력계법 유효전력

$P = P_1 + P_2 = 250 + 400 = 650\,[\mathrm{W}]$

- 유효(소비)전력(P) : $P = P_1 + P_2\,[\mathrm{W}]$
- 무효전력(P_r)
  $P_r = \sqrt{3}(P_1 - P_2)\,[\mathrm{Var}]$
- 피상전력(P_a)
  $P_a = \sqrt{P^2 + P_r^2}\,[\mathrm{VA}]$
- 역률($\cos\theta$)

$$\cos\theta = \frac{P_1 + P_2}{2\sqrt{P_1^2 + P_2^2 - P_1P_2}}$$

22 상중하

변압기의 용량이 4 [kVA], 무유도 전부하에서의 동손은 120 [W], 철손은 80 [W]인 경우 부하가 1/2로 되었을 때의 효율은 약 몇 [%]인가?

① 80 [%] ② 85 [%]
③ 90 [%] ④ 95 [%]

해설 효율

전부하 시의 $\frac{1}{m}$ 부하로 운전 시 효율

$$\eta\left(\frac{1}{m}\right) = \frac{\frac{1}{m}P}{\frac{1}{m}P + P_i + \left(\frac{1}{m}\right)^2 P_c}$$

$$\frac{\frac{1}{2}\times 4000}{\frac{1}{2}\times 4000 + 80 + \left(\frac{1}{2}\right)^2 \times 120} = 0.9478$$

$$\fallingdotseq 94.78\,[\%]$$

23 상중하

회전운동계의 토크를 전기적인 요소로 변환하면?

① 정전용량
② 전압
③ 컨덕턴스
④ 인덕턴스

해설 회전운동

- 관성모멘트 : 인덕턴스
- 마찰계수 : 저항
- 비틀림 강도 : 정전용량
- 토크 : 전압

정답 21 ④ 22 ④ 23 ②

24 상중하

다음 중 "전자유도에 의하여 생기는 기전력은 자속변화를 방해하는 전류를 발생시키는 방향으로 생긴다"가 의미하는 법칙은?

① 암페어의 주회법칙
② 비오 - 사바르의 법칙
③ 렌츠의 법칙
④ 패러데이의 법칙

해설 렌츠의 법칙

유도전압 또는 유도전류의 방향에 대한 법칙으로, 전자기유도에 의해 코일에 흐르는 유도전류는 자석의 운동을 방해하는 방향 또는 자속의 변화를 방해하는 방향으로 흐른다.

25 상중하

다음의 그림과 같은 회로에서 합성저항[Ω]은?

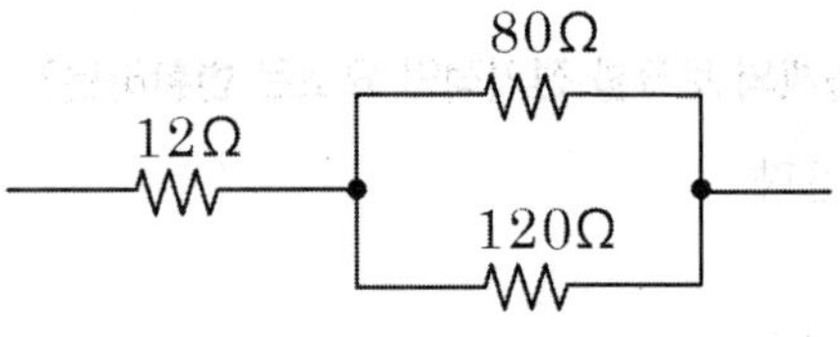

① 30　　② 40
③ 50　　④ 60

해설 합성저항

$$12+\frac{80\times120}{80+120}=60$$

$$\{(\text{병렬접속}\ R_0=\frac{R_1R_2}{R_1+R_2},\ \text{직렬접속}\ R_0=R_1+R_2)\}$$

26 상중하

상호유도계수 M을 두 코일의 자기유도계수 L_1, L_2 표시하면? (단, 결합계수는 k라고 한다)

① $M=k\sqrt{L_1L_2}$
② $M=kL_1L_2$
③ $M=\dfrac{k}{\sqrt{L_1L_2}}$
④ $M=\dfrac{\sqrt{L_1L_2}}{k}$

해설 상호유도와 결합계수와의 관계

$M=k\sqrt{L_1L_2}$

M : 상호인덕턴스
k : 결합계수
L : 자기인덕턴스

27 상중하

다음 중 제어신호가 펄스나 디지털코드를 사용하는 제어로 옳은 것은?

① 불연속제어　　② 연속제어
③ 정치제어　　④ 개폐형제어

해설 불연속제어

제어계의 분류 중 동작에 의한 분류인 ON-OFF제어나 샘플링제어로서 제어신호를 펄스나 디지털코드로 사용한다.

정답 24 ③ 25 ④ 26 ① 27 ①

28 상 중 (하)

다음 중 간선의 전선 굵기를 결정할 때 고려하여야 하는 사항으로 거리가 먼 것은?

① 기계적 강도
② 허용전류
③ 전압강하
④ 전압의 종별

해설 전선의 굵기 결정 3요소

허용전류, 전압강하, 기계적 강도

29 (상) 중 하

다음 중 계자권선이 전기자에 병렬로만 연결되어 있는 직류기는?

① 직권기
② 복권기
③ 분권기
④ 타여자기

해설 여자기 분류

1) 분권 = 병렬
2) 직권 = 직렬
3) 복권 = 분권 + 직권 = 병렬 + 직렬

30 (상) 중 하

아래 그림과 같은 파형의 순시값으로 옳은 것은?

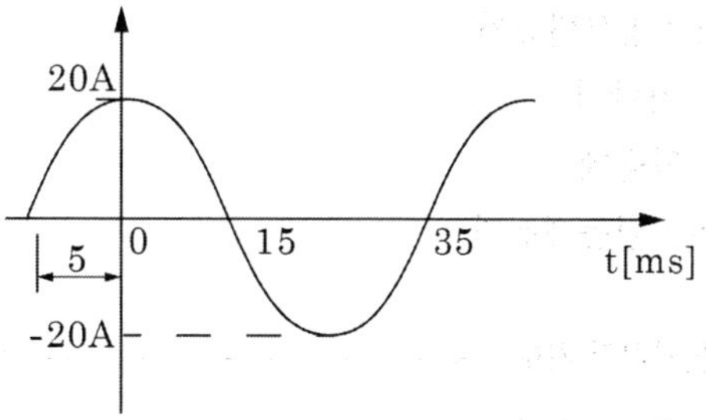

① $i = 20\sqrt{2}\sin(50\pi t + \frac{\pi}{4})[A]$

② $i = 20\sqrt{2}\sin(25\pi t - \frac{\pi}{4})[A]$

③ $i = 20\sin(50\pi t + \frac{\pi}{4})[A]$

④ $i = 20\sin(25\pi t + \frac{\pi}{4})[A]$

해설 순시값

기본값 $V = V_m \sin wt$

$V_m = 20$

$w = 2\pi t = 2\pi \times \frac{1}{T}$

$= 2\pi \times \frac{1}{40 \times 10^{-3}} = 50\pi$

각도는 45° 앞선다. $\therefore \theta = +\frac{\pi}{4}$

순시값 $V = 20\sin\left(50\pi t + \frac{\pi}{4}\right)$

정답 28 ④ 29 ③ 30 ③

31 상중하

문자기호와 명칭이 서로 다른 것은?

① ZCT : 영상변류기
② DS : 차단기
③ PF : 역률계
④ THR : 열동계전기

해설 전기기기 기호

- ZCT : 영상변류기
- DS : 단로기
- CB : 차단기
- PF : 역률계
- THR : 열동계전기

32 상중하

다음 중 부하전압과 전류를 측정하기 위한 연결방법으로 옳은 것은?

① 전압계 : 부하와 병렬, 전류계 : 부하와 직렬
② 전압계 : 부하와 병렬, 전류계 : 부하와 병렬
③ 전압계 : 부하와 직렬, 전류계 : 부하와 직렬
④ 전압계 : 부하와 직렬, 전류계 : 부하와 병렬

해설 전압·전류 측정방법

전압계	전압 측정, 병렬연결
전류계	전류 측정, 직렬연결

33 상중하

다음 중 고유저항 ρ, 길이 l, 지름 D인 전선의 저항은?

① $\rho \cdot \dfrac{4l}{\pi D^2}$

② $\rho \cdot \dfrac{2l}{\pi D^2}$

③ $\rho \cdot \dfrac{l}{2\pi D^2}$

④ $\rho \cdot \dfrac{l}{\pi D^2}$

해설 전선의 저항

$$R=\rho\frac{l}{A}=\rho\cdot\frac{l}{\pi r^2}=\rho\cdot\frac{4l}{\pi D^2}$$

34 상중하

정격 600 [W] 전열기에 정격전압의 70 [%]를 인가할 경우 전력은 얼마인가?

① 294 [W]
② 304 [W]
③ 404 [W]
④ 504 [W]

해설 소비전력

$P=VI=I^2R=\dfrac{V^2}{R}$ 에서 $P=\dfrac{V^2}{R}$ 이므로

정격전압의 70 [%]인 경우

$P=V^2\times P=(0.7)^2\times 600=294$

P : 소비전력 [W]
V : 전압 [V]
I : 전류 [A]

정답 31 ② 32 ① 33 ① 34 ①

35 상 중 하

아래와 같은 유접점회로의 논리식으로 옳은 것은?

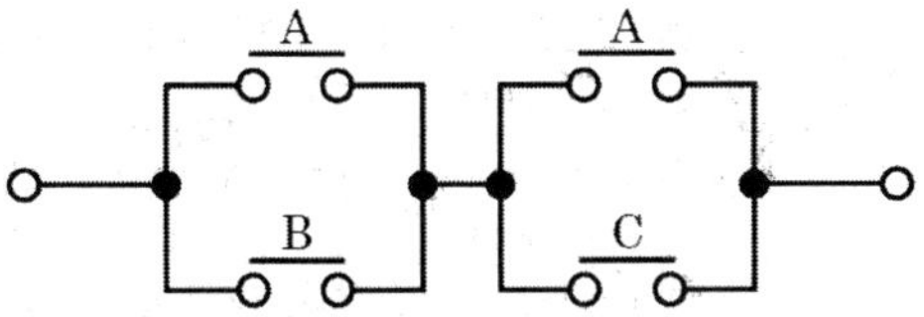

① A + BC
② B + AC
③ AB + B
④ AB + BC

해설 논리식

$(A+B)(A+C)=AA+AC+AB+BC$

$=A+AC+AB+BC$

$=A(1+C+B)+BC$

$=A+BC$

36 상 중 하

조도는 광원으로부터의 거리와 어떠한 관계가 있는가?

① 거리에 비례한다.
② 거리에 반비례한다.
③ 거리의 제곱에 비례한다.
④ 거리의 제곱에 반비례한다.

해설 조도

법선조도 : $E=\dfrac{I}{r^2}$

수평면조도 : $E=\dfrac{I}{r^2}\cos\theta$

수직면조도 : $E=\dfrac{I}{r^2}\sin\theta$

37 상 중 하

다음과 같은 논리회로는 무엇인가?

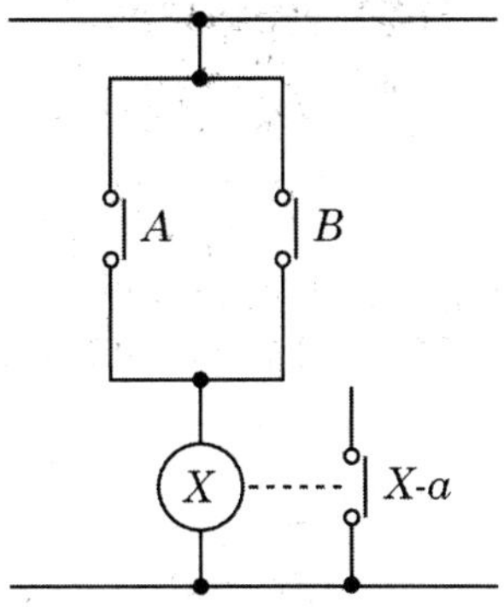

① OR회로
② AND회로
③ NOT회로
④ NAND회로

해설 논리회로

A와 B가 병렬로 되어 있기에 OR회로이다.

유접점
AND회로($A\times B$, $A\cdot B$) 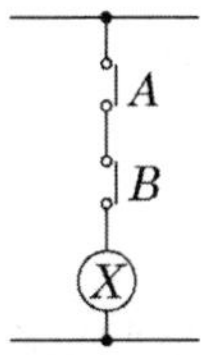
OR회로($A+B$) 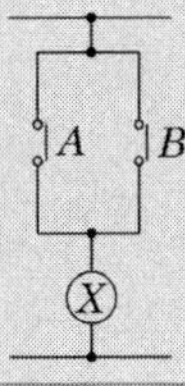
NOT회로(반전) 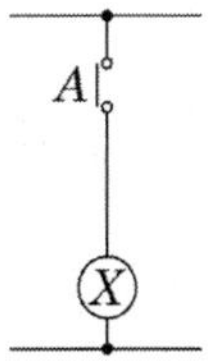

2022

정답 35 ① 36 ④ 37 ①

유접점
NAND회로(NOT + AND)

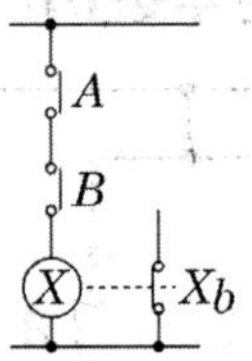

유접점
NOR회로(NOT + OR)

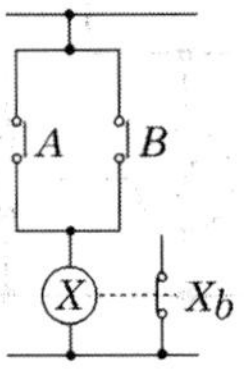

유접점
XOR회로

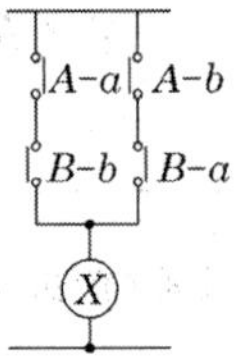

38 상 중 하

다음 중 바리스터의 주 용도로 가장 옳은 것은?

① 온도 보상
② 출력전류 조절
③ 전압 증폭
④ 서지전압에 대한 회로 보호

해설 반도체

명칭	특성
SCR	• 사이리스터의 한 종류 • 애노드(A), 캐소드(K), 게이트(G)로 구성된다. • 단방향 3단자 • 래칭전류 : SCR이 OFF 상태에서 ON 상태로의 전환이 이뤄지고, 트리거신호가 제거된 직후에 SCR을 ON 상태로 유지하는 데 필요한 최소한의 양극전류를 래칭전류라 한다.
트라이악 (TRIAC)	• npnpn의 5층 구조 • 직·교류에서 모두 사용할 수 있는 3단자 스위칭 소자 • 교류전력 기기 제어용 • 쌍방향 3단자
다이악 (DIAC)	• 소용량 저항부하의 AC전력 제어용 • 쌍방향 2단자
서미스터	• 온도에 의해 저항값이 변하는 반도체 소자 • 부(-) 저항온도계수의 특성 : 온도 증가 시 저항 감소 • 열을 감지하는 감열저항체 소자 • 온도보상용, 온도계측용(온도계), 온도보정용
바리스터	• 인가되는 전압에 따라 저항값이 변하는 비선형 반도체 소자 • 전압에 따라 저항값이 변화하는 저항 소자 • 회로를 병렬로 연결하여 사용 • 서지전압으로부터 기기보호 • 계전기접점의 불꽃소거
사이리스터	• p형 반도체와 n형 반도체의 4층 이상 접합한 것 • 전극 단자 수가 2, 3, 4인 것이 있다(위상제어, 타이머회로, 트리거회로).
집접회로	• 하나의 실리콘 칩 내부에 트랜지스터, 다이오드 저항, 콘덴서 등 여러 가지 전자부품을 고밀도로 집적하여 패키지로 만든 것 • 시스템이 소형화, 가볍고 얇다. • 신뢰성이 높고 부품의 교체가 쉽다.

정답 38 ④

39 상중하

직류 출력전압이 무부하일 때 450 [V], 전부하 시 350 [V]인 경우 전압변동률은 약 몇 [%]인가?

① 10　② 14
③ 28　④ 52

해설 전압변동률

$$\epsilon = \frac{\text{무부하} - \text{전부하}}{\text{전부하}} = \frac{450 - 350}{350} \times 100 = 28.57[\%]$$

40 상중하

200 [V]의 전위차가 있는 곳에 30 [A]의 전류가 5분간 흘렀을 때 전력량은 몇 [J]인가?

① 18×10^5　② 18×10^4
③ 18×10^3　④ 18×10^2

해설 전력량

$$W = Pt = VIt = 200 \times 30 \times 5 \times 60 = 1800000 = 18 \times 10^5 J$$

W : 전력량 [J]
P : 전력 [W]
t : 시간 [s]

정답 39 ③ 40 ①

2022년 1회

소방관계법규

3회독	월	일
2회독	월	일
1회독	월	일

목표시간 : 20분　시작 : _시 _분　종료 : _시 _분　맞은 개수 : _ /20

41 상중하

소방기본법령상 소방신호의 종류가 아닌 것은?

① 발화신호　② 해제신호
③ 훈련신호　④ 소화신호

해설 소방신호

1) 종류
(1) 경계신호 : 화재예방상 필요하다고 인정되거나 화재위험경보 시 발령
(2) 발화신호 : 화재가 발생한 때 발령
(3) 해제신호 : 소화활동이 필요 없다고 인정되는 때 발령
(4) 훈련신호 : 훈련상 필요하다고 인정되는 때 발령
2) 방법

종별	타종신호	사이렌신호
경계신호	1타, 연 2타 반복	5초 간격 30초씩 3회
발화신호	난타	5초 간격 5초씩 3회
해제신호	상당한 간격 1타씩 반복	1분간 1회
훈련신호	연 3타 반복	10초 간격 1분씩 3회

42 상중하

화재의 예방 및 안전관리에 관한 법률상 보일러, 난로, 건조설비, 가스·전기시설, 그 밖의 화재 발생 우려가 있는 설비 또는 기구 등의 위치·구조 및 관리와 화재예방을 위하여 불을 사용할 때 지켜야 하는 사항은 다음 중 어느 것으로 정하는가?

① 대통령령　② 총리령
③ 행정안전부령　④ 소방청훈령

해설 불을 사용하는 설비관리기준

제정 : 대통령령
1) 불꽃을 사용하는 용접·용단기구
2) 보일러
3) 난로
4) 건조설비 설치 시
5) 음식조리를 위해 설치하는 설비

43 상중하

소방기본법령상 시·도지사가 이웃하는 다른 시·도지사와 소방업무에 관하여 상호응원 협정을 체결하고자 하는 때에 포함되어야 할 사항이 아닌 것은?

① 소방신호방법의 통일
② 화재조사활동에 관한 사항
③ 응원출동 대상지역 및 규모
④ 출동대원 수당·식사 및 피복의 수선소요경비의 부담에 관한 사항

정답 41 ④ 42 ① 43 ①

해설 소방업무 상호응원협정

1) 상호응원협정 체결 : 시·도지사
2) 소방활동에 관한 사항
 • 화재 경계·진압활동
 • 구조·구급업무 지원
 • 화재조사활동
3) 응원출동대상지역 및 규모
4) 소요경비 부담에 관한 사항
 • 출동대원 수당·식사 및 피복 수선
 • 소방장비 및 기구 정비와 연료 보급
5) 응원출동 요청방법
6) 응원출동훈련 및 평가

44 상 중 하

소방기본법에 규정된 내용에 관한 설명으로 옳은 것은?

① 소방대상물에는 항해 중인 선박도 포함된다.
② 관계인이란 소방대상물의 관리자와 점유자를 제외한 실제 소유자를 말한다.
③ 소방대의 임무는 구조와 구급활동을 제외한 화재현장에서의 화재진압활동이다.
④ 의용소방대원과 의무소방원도 소방대의 구성원이다.

해설 소방용어 정의

1) 소방대상물
 (1) 건축물
 (2) 차량
 (3) 선박(항구에 매어 둔 것)
 (4) 산림, 그 밖의 인공구조물 또는 물건
2) 관계지역
 소방대상물이 있는 장소 및 그 이웃 지역으로 화재의 예방·경계·진압, 구조·구급 등의 활동에 필요한 지역
3) 관계인
 소방대상물의 소유자·관리자·점유자
4) 소방대
 화재 진압 및 화재, 재난·재해, 그 밖의 위급한 상황에서 구조·구급 활동
 (1) 소방공무원
 (2) 의무소방원
 (3) 의용소방대원

암기 ▶ 공무용

45 상 중 하

소방기본법령상 상업지역에 소방용수시설 설치 시 소방대상물과의 수평거리기준은 몇 [m] 이하인가?

① 100 ② 120
③ 140 ④ 160

해설 소방용수시설 수평거리

• 주거지역·상업지역·공업지역 : 100 [m] 이하
• 그 외의 지역 : 140 [m] 이하

46 상 중 하

소방시설공사업법령상 소방공사감리를 실시함에 있어 용도와 구조에서 특별히 안전성과 보안성이 요구되는 소방대상물로서 소방시설물에 대한 감리를 감리업자가 아닌 자가 감리할 수 있는 장소는?

① 정보기관의 청사
② 교도소 등 교정 관련 시설
③ 국방 관계시설 설치장소
④ 원자력안전법에 따른 관계시설이 설치되는 장소

정답 44 ④ 45 ① 46 ④

해설 감리업자

1) 감리업자 업무
 (1) 소방시설등 설치계획표 적법성 검토
 (2) 소방시설등 설계도서 적합성 검토
 (3) 소방시설등 설계 변경 사항 적합성 검토
 (4) 소방용품 위치·규격 및 사용 자재 적합성 검토
 (5) 공사업자가 한 소방시설 시공이 설계도서와 화재안전기술기준에 맞는지 지도·감독
 (6) 완공된 소방시설등의 성능시험
 (7) 공사업자가 작성한 시공 상세도면 적합성 검토
 (8) 피난시설 및 방화시설 적법성 검토
 (9) 실내장식물의 불연화와 방염 물품의 적법성 검토
2) 감리업자가 아닌 자가 감리할 수 있는 보안성 등이 요구되는 소방대상물 시공 장소 : 「원자력안전법」에 따른 관계시설이 설치되는 장소

47 상중하

다음 소방시설 중 소방시설공사업법령상 하자보수 보증기간이 3년이 아닌 것은?

① 비상방송설비
② 옥내소화전설비
③ 자동화재탐지설비
④ 물분무등소화설비

해설 소방시설 하자보수 보증기간

소방시설	기간
• **피**난기구·유도등 • **비**상경보설비 • **비**상조명등 • **비**상방송설비 • **무**선통신보조설비	2년
• 자동소화장치 • 옥내·외소화전설비 • 스프링클러·간이스프링클러설비 • 물분무등소화설비 • 자동화재탐지설비 • 상수도소화용수설비 • 소화활동설비(무선통신보조설비 제외) • 화재알림설비	3년

암기 ▶ 이년 피비무

48 상중하

위험물안전관리법령상 제3류 위험물에 해당되지 않는 것은?

① Ca ② K
③ Na ④ Al

해설 제3류 위험물

• 3류 : 황린, 칼륨, 나트륨, 알칼리토금속, 트리에틸알루미늄, 탄화알루미늄
• 자연발화성 물질 및 금수성 물질
• 물과 접촉하면 가연성 가스 발생(황린 제외)
• 팽창진주암, 팽창질석 등에 의한 질식소화

보충 ▶ 알루미늄(Al) : 제2류 위험물

49 상중하

소방시설 설치 및 관리에 관한 법률상 자동화재탐지설비를 설치하여야 하는 특정소방대상물의 기준으로 틀린 것은?

① 지하구
② 터널로서 길이 700 [m] 이상인 것
③ 노유자 생활시설
④ 복합건축물로서 연면적 600 [m^2] 이상인 것

정답 47 ① 48 ④ 49 ②

해설 자동화재탐지설비 설치대상

설치대상	기준
• 교육연구시설(교육시설 내에 있는 기숙사 및 합숙소를 포함한다), 수련시설(기숙사·합숙소 포함, 숙박시설 제외) • 동·식물 관련 시설, 교정 및 군사시설 • 자원순환 관련 시설 • 교정 및 군사시설 • 묘지 관련 시설	연면적 2000 [m^2] 이상인 경우에는 모든 층
목욕장, 문화 및 집회시설, 종교시설, 판매시설, 운동시설, 운수시설, 업무시설, 창고시설, 공장, 지하상가, 위험물 저장 및 처리시설, 항공기 및 자동차 관련 시설, 교정 및 군사시설 중 국방·군사시설, 방송통신시설, 발전시설, 관광 휴게시설	연면적 1000 [m^2] 이상인 경우에는 모든 층
• 근린생활시설(목욕장 제외) • 의료시설(정신의료기관, 요양병원 제외) • 위락시설, 장례시설 및 복합건축물	연면적 600 [m^2] 이상인 경우에는 모든 층
정신의료기관, 의료재활시설	• 바닥면적합계 300 [m^2] 이상 • 바닥면적 합계 300 [m^2] 미만, 창살 설치
터널	길이 1000 [m] 이상
공장 및 창고시설	500배 이상 특수가연물
요양병원, 지하구, 전통시장, 조산원, 산후조리원	–
전기저장시설, 노유자생활시설	–
공동주택 중 아파트등·기숙사, 숙박시설, 6층 이상인 건축물	–
노유자시설	연면적 400 [m^2] 이상인 경우에는 모든 층
숙박시설이 있는 수련시설	수용인원 100명 이상인 경우에는 모든 층

50 상 (중) 하

소방시설 설치 및 관리에 관한 법령상 소방시설등에 대한 자체점검 중 종합점검 대상기준으로 틀린 것은?

① 제연설비가 설치된 터널
② 노래연습장으로서 연면적이 2000 [m^2] 이상인 것
③ 물분무등소화설비가 설치된 연면적이 5000 [m^2]인 위험물 제조소
④ 소방대가 근무하지 않는 국공립학교 중 연면적이 1000 [m^2] 이상인 것으로서 자동화재탐지설비가 설치된 것

해설 종합점검 대상

1) 최초점검 대상물
2) 스프링클러설비가 설치된 특정소방대상물
3) 물분무등소화설비[호스릴방식의 물분무등소화설비만을 설치한 경우는 제외]가 설치된 연면적 5000 [m^2] 이상인 특정소방대상물(위험물 제조소등은 제외)
4) 다중이용업의 영업장이 설치된 특정소방대상물로서 연면적이 2000 [m^2] 이상인 것(단란주점과 유흥주점, 영화상영관, 비디오물감상실업, 복합영상물제공업, 노래연습장, 산후조리원, 고시원, 안마시술소)
5) 제연설비가 설치된 터널
6) 공공기관 중 연면적(터널·지하구의 경우 그 길이와 평균폭을 곱하여 계산된 값)이 1000 [m^2] 이상인 것으로서 옥내소화전설비 또는 자동화재탐지설비가 설치된 것(소방대가 근무하는 공공기관은 제외)

2022

정답 50 ③

51 상중하

화재의 예방 및 안전관리에 관한 법령상 특수가연물의 저장 및 취급기준 중 다음 ( ) 안에 알맞은 것은? (단, 석탄·목탄류의 경우는 제외한다)

> 살수설비를 설치하거나 방사능력 범위에 해당특수가연물이 포함되도록 대형 수동식 소화기를 설치하는 경우에는 쌓는 높이를 (㉠) [m] 이하, 쌓는 부분의 바닥면적을 (㉡) [m^2] 이하로 할 수 있다.

① ㉠ 15, ㉡ 200
② ㉠ 15, ㉡ 300
③ ㉠ 10, ㉡ 50
④ ㉠ 10, ㉡ 200

해설 특수가연물 저장기준

1) 품명별로 구분하여 쌓을 것
2) 일반적인 경우
 (1) 쌓는 높이 : 10 [m] 이하
 (2) 쌓는 부분 바닥 : 50 [m^2] 이하(석탄·목탄류 : 200 [m^2] 이하)
3) 살수설비, 대형 수동식 소화기 설치하는 경우
 (1) 쌓는 높이 : 15 [m] 이하
 (2) 쌓는 부분의 바닥면적 : 200 [m^2] 이하(석탄·목탄류 : 300 [m^2] 이하)

52 상중하

제4류 위험물을 취급하는 위험물제조소에 설치하는 게시판의 주의사항으로 옳은 것은?

① 화기엄금 ② 물기주의
③ 화기주의 ④ 충격주의

해설 위험물제조소 게시판 설치기준

위험물	주의사항
• 제1류(알칼리금속의 과산화물) • 제3류(금수성 물질)	물기엄금
• 제2류(인화성 고체 제외)	화기주의
• 제2류(인화성 고체) • 제3류(자연발화성 물질) • **제4류** • 제5류	**화기엄금**
• 제6류	표시 없음

53 상중하

위험물의 종류에 따른 저장방법 설명 중 틀린 것은?

① 칼륨 – 경유 속에 저장
② 아세트알데하이드 – 구리 용기에 저장
③ 이황화탄소 – 물속에 저장
④ 황린 – 물속에 저장

해설 위험물의 저장

위험물	저장장소
황린, 이**황**화탄소(CS_2)	**물**속
나이트로셀룰로오스	**알**코올 속
칼**륨**(K), 나트**륨**(Na), 리**튬**(Li)	석**유**류(등유) 속

암기 ▶ 황물 나이알 ㅠㅠ
보충 ▶ 아세트알데하이드 : 구리, 마그네슘, 은, 수은 저장 금지

정답 51 ① 52 ① 53 ②

54 상중하

소방시설 설치 및 관리에 관한 법령상 방염성능기준 이상의 실내장식물 등을 설치하여야 하는 특정소방대상물이 아닌 것은?

① 다중이용업의 영업장
② 의료시설 중 정신의료기관
③ 방송통신시설 중 방송국 및 촬영소
④ 건축물 옥내에 있는 운동시설 중 수영장

해설 방염성능기준 이상 실내장식물 설치방염

1) 방염성능기준 : 대통령령
2) 방염성능기준 이상의 실내장식물 등을 설치해야 하는 특정소방대상물
(1) 근린생활시설 중 의원, 조산원, 산후조리원, 체력단련장, 공연장 및 종교집회장, 치과의원, 한의원
(2) 건축물 옥내에 있는 시설
① 문화 및 집회시설
② 종교시설
③ 운동시설(수영장 제외)
(3) 의료시설
(4) 교육연구시설 중 합숙소
(5) 노유자시설
(6) 숙박 가능한 수련시설
(7) 숙박시설
(8) 방송통신시설 중 방송국 및 촬영소
(9) 다중이용업소
(10) 층수가 11층 이상인 것(아파트 제외)

55 상중하

소방시설 설치 및 관리에 관한 법령상 건축허가 등의 동의대상물의 범위기준으로 옳은 것은?

① 지하층 또는 무창층이 있는 건축물로서 바닥면적이 100 [m²] 이상인 층이 있는 것
② 승강기 등 기계장치에 의한 주차시설로서 자동차 10대 이상을 주차할 수 있는 시설
③ 차고·주차장으로 사용되는 층 중 바닥면적이 200 [m²] 이상인 층이 있는 시설
④ 지하층 또는 무창층이 있는 건축물로서 공연장의 경우에는 50 [m²] 이상인 층이 있는 것

해설 건축허가 동의대상물 범위

구분	기준
학교시설	연면적 100 [m²] 이상
노유자(老幼者)시설 및 수련시설	연면적 200 [m²] 이상
지하층·무창층이 있는 건축물	바닥면적 150 [m²](공연장 100 [m²]) 이상
정신의료기관, 장애인 의료시설	연면적 300 [m²] 이상
일반용도의 특정소방대상물	연면적 400 [m²] 이상
차고, 주차장 또는 주차용도로 사용되는 시설	바닥면적 200 [m²] 이상
	기계식 주차시설 자동차 20대 이상
• 정신질환자 관련 시설(공동생활가정을 제외한 재활훈련시설과 종합시설 중 24시간 주거를 제공하지 않는 시설은 제외한다) • 노숙인 관련 시설 중 노숙인자활시설·노숙인재활시설·노숙인요양시설 • 결핵환자나 한센인이 24시간 생활하는 노유자시설	단독주택, 공동주택에 설치되는 시설 제외
• 6층 이상 건축물 • 항공기격납고, 관망탑, 항공관제탑, 방송용 송수신탑 • 요양병원(의료재활시설 제외) • 위험물 저장 및 처리시설, 지하구, 전기저장시설, 풍력발전소	-

구분	기준
• 조산원, 산후조리원, 의원(입원실 또는 인공신장실이 있는 것으로 한정한다) • 공장 또는 창고시설로서 지정 수량의 750배 이상의 특수가연물을 저장·취급하는 것 • 가스시설로서 지상에 노출된 탱크의 저장용량의 합계가 100톤 이상인 것	

56 상중하

위험물법상 관계인이 예방규정을 정하여야 하는 위험물 제조소등에 해당하지 않는 것은?

① 이송취급소
② 암반탱크저장소
③ 지정수량의 100배 이상의 취급제조소
④ 지정수량의 100배 이상의 옥외저장소

해설 관계인이 예방규정을 정해야 하는 제조소

- 취급제조소 : 지정수량 10배 이상
- 옥외저장소 : 지정수량 100배 이상
- 옥내저장소 : 지정수량 150배 이상
- 옥외탱크저장소 : 지정수량 200배 이상
- 암반탱크저장소
- 이송취급소
- 지정수량 10배 이상의 위험물을 취급하는 일반취급소. 다만 제4류 위험물(특수인화물 제외)만을 지정수량의 50배 이하로 취급하는 일반취급소(제1석유류. 알코올류의 취급량이 지정수량의 10배 이하인 경우에 한함)로서 다음 어느 하나에 해당하는 것은 제외
  ① 보일러·버너 또는 이와 비슷한 것으로서 위험물을 소비하는 장치로 이루어진 일반취급소
  ② 위험물을 용기에 옮겨 담거나 차량에 고정된 탱크에 주입하는 일반취급소

57 상중하

소방시설 설치 및 관리에 관한 법령상 시·도지사가 실시하는 방염성능검사 대상으로 옳은 것은?

① 설치 현장에서 방염처리를 하는 합판·목재
② 제조 또는 가공 공정에서 방염처리를 한 카펫
③ 제조 또는 가공 공정에서 방염처리를 한 창문에 설치하는 블라인드
④ 설치 현장에서 방염처리를 하는 암막·무대막

해설 방염대상물품

1) 제조·가공 공정에서 방염처리한 물품(합판·목재류 설치 현장에서 방염처리한 것 포함)
   (1) 창문에 설치하는 커튼류(블라인드 포함)
   (2) 카펫
   (3) 벽지류(두께 2 [mm] 미만인 종이벽지 제외)
   (4) 전시용 합판·목재 또는 섬유판, 무대용 합판·목재 또는 섬유판(합판·목재류의 경우 불가피하게 설치 현장에서 방염처리한 것을 포함한다)
   (5) 암막·무대막(영화상영관 스크린, 가상체험체육시설의 스크린 포함)
   (6) 섬유류, 합성수지류 등을 원료로 하여 제작된 소파·의자(단란주점영업, 유흥주점, 노래연습장업의 영업장에 설치하는 것만 해당)
2) 건축물 내부의 천장이나 벽에 부착하거나 설치하는 것. 다만 가구류(옷장·찬장·식탁·식탁용 의자·사무용 책상·사무용 의자·계산대 등)와 너비 10 [cm] 이하 반자돌림대 등과 내부 마감재료는 제외
   (1) 종이류(두께 2 [mm] 이상)·합성수지류·섬유류를 주원료로 한 물품
   (2) 합판, 목재
   (3) 공간 구획하는 간이 칸막이
   (4) 흡음·방음을 위하여 설치하는 흡음재, 방음재

정답 56 ③ 57 ①

58 상 중 하

소방시설 설치 및 관리에 관한 법령상 무창층 여부 판단 시 개구부 요건에 대한 기준으로 맞는 것은?

① 도로 또는 차량이 진입할 수 없는 빈터를 향할 것
② 내부 또는 외부에서 쉽게 파괴 또는 개방할 수 없을 것
③ 크기는 지름 50 [cm] 이상의 원이 통과할 수 있는 크기일 것
④ 해당 층의 바닥면으로부터 개구부 밑부분까지의 높이가 1.5 [m] 이내일 것

해설 무창층, 개구부

1) 무창층 : 개구부 면적 합계가 해당 층 바닥면적의 1/30 이하가 되는 층
2) 개구부기준
   - 크기 : 지름 50 [cm] 이상 원이 통과
   - 높이 : 1.2 [m] 이내
   - 도로, 차량 진입 가능한 빈터 향할 것
   - 창살이나 장애물 설치되지 않을 것
   - 내·외부에서 쉽게 부수거나 열 수 있을 것

59 상 중 하

소방시설 설치 및 관리에 관한 법령상 특정소방대상물 중 숙박시설에 해당하지 않는 것은?

① 모텔 ② 오피스텔
③ 가족호텔 ④ 한국전통호텔

해설 숙박시설

- 일반형 숙박시설 : 호텔, 여관, 모텔
- 생활형 숙박시설 : 관광호텔, 한국전통호텔
- 고시원(근린생활시설에 해당되지 않는 것)

보충 ▶ 오피스텔 : 업무시설

60 상 중 하

화재의 예방 및 안전관리에 관한 법령상 특수가연물의 저장 및 취급기준을 2회 위반한 경우 과태료 부과기준은?

[법 개정으로 인한 문제 수정]

① 200만 원 ② 100만 원
③ 150만 원 ④ 50만 원

해설 과태료 부과기준(200만 원 이하)

1) 불을 사용할 때 지켜야 하는 사항 및 특수가연물의 저장 및 취급기준을 위반한 경우
2) 소방설비등의 설치 명령을 정당한 사유 없이 따르지 아니한 경우
3) 기간 내에 선임신고를 하지 아니하거나 소방안전관리자의 성명 등을 게시하지 아니한 경우
4) 기간 내에 선임신고를 하지 아니한 자
5) 기간 내에 소방훈련 및 교육결과를 제출하지 아니한 경우

2022

정답 58 ③ 59 ② 60 ①

2022년 1회

소방전기시설의 구조 및 원리

3회독 월 일
2회독 월 일
1회독 월 일

목표시간 : 30분 시작 : _시 _분 종료 : _시 _분 맞은 개수 : _ /20

61 (상)(중)(하)

감지기 종류별 설치기준으로 적합한 것은?

① 스포트형 감지기는 45° 이상 경사되지 않도록 부착한다.
② 공기관식 차동식 분포형 감지기의 검출부는 15° 이상 경사되지 않도록 부착한다.
③ 열전대식 차동식 분포형 감지기의 하나의 검출부에 접속하는 열전대부는 30개 이하로 한다.
④ 연기감지기는 벽 또는 보로부터 1 [m] 이상 떨어진 곳에 설치하여야 한다.

해설 감지기 설치기준

1) 공기관식 차동식 분포형 감지기
 (1) 공기관의 노출부분 : 20 [m] 이상
 (2) 하나의 검출부에 접속하는 공기관의 길이 : 100 [m] 이하
 (3) 공기관과 감지구역의 각 변과의 수평거리 : 1.5 [m] 이하
 (4) 공기관 상호 거리 : 6 [m] 이하(주요구조부가 내화 구조인 경우 : 9 [m])
 (5) 공기관은 도중에 분기 금지
 (6) 검출부는 5° 이상 경사되지 않을 것
 (7) 검출부는 바닥으로부터 0.8 [m] 이상 ~ 1.5 [m] 이하의 위치에 설치할 것
2) 스포트형 감지기 설치할 때 각도가 45 ° 이상 경사가 되지 않도록 설치
3) 보상식 스포트형 감지기는 정온점이 감지기 주위의 평상시 최고 온도보다 20 [℃] 이상 높은 것으로 설치
4) 정온식 감지기의 경우 작동온도가 주위 최고 온도보다 20 [℃] 이상 높은 것으로 설치

부착 높이 및 소방대상물의 구분		차동식		보상식		정온식		
		1종	2종	1종	2종	특종	1종	2종
4 [m] 미만	내화 구조	90	70	90	70	70	60	20
	기타 구조	50	40	50	40	40	30	15
4 [m] 이상 8 [m] 미만	내화 구조	45	35	45	35	35	30	-
	기타 구조	30	25	30	25	25	15	-

62 (상)(중)(하)

다음 중 유도등의 전기회로에 점멸기를 설치할 때 유도등이 점등되지 않아도 되는 경우는?

① 누전경보기가 작동되는 때
② 비상경보설비의 발신기가 작동되는 때
③ 상용전원이 정전되거나 전원선이 단선되는 때
④ 자동소화설비가 작동되는 때

해설 3선식 유도등 점등조건

- 자동화재탐지설비의 감지기 또는 발신기가 작동되는 때
- 비상경보설비의 발신기가 작동되는 때
- 자동소화설비가 작동되는 때
- 방재업무를 통제하는 곳 또는 전기실의 배전반에서 수동으로 점등하는 때
- 상용전원이 정전되거나 전원선이 단선되는 때

정답 61 ① 62 ①

63 상중하

피난구유도등의 설치장소로 적당하지 아니한 것은?

① 인접한 거실로 통하는 출입구
② 직통계단의 계단실 출입구
③ 직통계단 부속실의 출입구
④ 옥내로부터 직접 지상으로 통하는 출입구

해설 피난구유도등 설치장소

1) 옥내로부터 직접 지상으로 통하는 출입구 및 그 부속실의 출입구
2) 직통계단·직통계단의 계단실 및 그 부속실의 출입구
3) 위에 따른 출입구에 이르는 복도 또는 통로로 통하는 출입구
4) 안전구획된 거실로 통하는 출입구

64 상중하

다음 소화설비 중에서 교차회로방식의 적용설비로 옳지 않은 것은?

① CO_2 소화설비
② 분말소화설비
③ 할론소화설비
④ 습식 스프링클러설비

해설 교차회로 적용설비

• 스프링클러설비 : 준비작동식, 일제살수식
• 이산화탄소, 할로겐화합물, 분말소화설비

65 상중하

다음 중 비상방송설비의 설치기준으로 옳은 것은?

① 음량조정기를 설치하는 경우 음량조정기의 배선은 2선식으로 할 것
② 기동장치에 의한 화재신호를 수신한 후 필요한 음량으로 유효한 방송이 자동으로 개시될 때까지 소요시간은 20초 이내로 할 것
③ 조작부의 조작스위치는 바닥으로부터 0.8 [m] 이상 1.2 [m] 이하의 높이에 설치할 것
④ 하나의 특정소방대상물에 2 이상 조작부가 설치된 경우 조작부 상호 간 동시통화가 가능한 설비를 설치하고, 어느 조작부에서도 전 구역에 방송할 수 있도록 할 것

해설 비상방송설비 설치기준

1) 확성기
 (1) 음성입력 : 실외 3 [W] 이상, 실내 1 [W] 이상
 (2) 수평거리 : 층 각 부분으로부터 하나의 확성기까지의 25 [m] 이하
 (3) 확성기는 각 층마다 설치, 당해 층의 각 부분에 유효하게 경보를 발하도록 설치
2) 음량조정기(ATT) : 음량조정기의 배선은 3선식으로 한다.
3) 조작부
 (1) 조작스위치 높이 : 바닥으로부터 0.8 [m] 이상 1.5 [m] 이하
 (2) 기동장치의 작동과 연동하여 당해 기동장치가 작동한 층 또는 구역을 표시
 (3) 조작부 및 증폭기 설치장소 : 수위실 등 상시 사람이 근무, 점검이 편리, 방화상 유효한 곳
 (4) 2 이상 조작부 설치 시 설치장소 상호 간 동시통화 가능, 어느 조작부에서도 전구역 방송 가능
4) 층수가 11층(공동주택의 경우에는 16층)의 특정소방대상물은 다음과 같은 경보를 발할 수 있어야 한다.
 (1) 2층 이상의 층에서 발화한 때에는 발화층 및 그 직상 4개 층에 경보
 (2) 1층에서 발화한 때에는 발화층. 그 직상 4개 층 및 지하층에 경보
 (3) 지하층에서 발화한 때에는 발화층. 그 직상층 및 기타 지하층 경보

2022

정답 63 ① 64 ④ 65 ④

5) 기동장치에 따른 화재신고를 수신한 후 필요한 음량으로 화재 발생 상황 및 피난에 유효한 방송이 자동으로 개시될 때까지의 소요시간은 10초 이하로 할 것
6) 다른 방송설비와 공용할 경우 화재 시 비상경보 외의 방송을 차단할 수 있는 구조
7) 다른 전기회로에 따라 유도장애가 생기지 아니하도록 할 것
8) 음향장치의 구조 및 성능
   (1) 정격전압의 80 [%] 전압에서 음향을 발할 수 있는 것을 할 것
   (2) 자동화재탐지설비의 작동과 연동하여 작동할 수 있는 것으로 할 것

66 상중하

햇빛이나 전등불에 따라 축광하거나 전류에 따라 빛을 발하는 유도체로서 어두운 상태에서 피난을 유도할 수 있도록 띠 형태로 설치되는 피난유도시설은?

① 피난구유도표지
② 피난유도선
③ 축광식유도표지
④ 발광식피난로프

해설 피난유도선

"피난유도선"이란 햇빛이나 전등불에 따라 축광(이하 "축광방식"이라 한다)하거나 전류에 따라 빛을 발하는(이하 "광원점등방식"이라 한다) 유도체로서 어두운 상태에서 피난을 유도할 수 있도록 띠 형태로 설치되는 피난유도시설을 말한다.

67 상중하

무선통신보조설비에 서로 다른 주파수의 합성된 신호를 분리하기 위해서 사용하는 장치는?

① 분배기
② 분파기
③ 분쇄기
④ 분리기

해설 무선통신보조설비 용어정의

1) "누설동축케이블"이란 동축케이블의 외부도체에 가느다란 홈을 만들어서 전파가 외부로 새어나 갈 수 있도록 한 케이블을 말한다.
2) "분배기"란 신호의 전송로가 분기되는 장소에 설치하는 것으로 임피던스 매칭(Matching)과 신호 균등분배를 위해 사용하는 장치를 말한다.
3) "분파기"란 서로 다른 주파수의 합성된 신호를 분리하기 위해서 사용하는 장치를 말한다.
4) "혼합기"란 2 이상의 입력신호를 원하는 비율로 조합한 출력이 발생하도록 하는 장치를 말한다.
5) "증폭기"란 전압·전류의 진폭을 늘려 감도 등을 개선하는 장치를 말한다.
6) "무선중계기"란 안테나를 통하여 수신된 무전기신호를 증폭한 후 음영지역에 재방사하여 무전기 상호 간 송수신이 가능하도록 하는 장치를 말한다.
7) "옥외안테나"란 감시제어반 등에 설치된 무선중계기의 입력과 출력포트에 연결되어 송수신신호를 원활하게 방사·수신하기 위해 옥외에 설치하는 장치를 말한다.
8) "임피던스"란 교류회로에 전압이 가해졌을 때 전류의 흐름을 방해하는 값으로서 교류회로에서의 전류에 대한 전압의 비를 말한다.

정답 66 ② 67 ②

68 상중하

다음 중 누전경보기의 수신부를 설치할 수 있는 장소는 무엇인가?

① 부식성 가스가 다량으로 체류하는 장소
② 습도가 낮은 장소
③ 화약류를 제조 또는 취급하는 장소
④ 온도의 변화가 급격한 장소

해설 누전경보기 수신부 설치장소

1) 누전경보기의 수신부는 옥내의 점검에 편리한 장소에 설치하되, 가연성의 증기·먼지 등이 체류할 우려가 있는 장소의 전기회로에는 해당 부분의 전기회로를 차단할 수 있는 차단기구를 가진 수신부를 설치하여야 한다. 이 경우 차단기구의 부분은 해당 장소 외의 안전한 장소에 설치하여야 한다.
2) 누전경보기의 수신부는 다음 각 호의 장소 외의 장소에 설치하여야 한다. 다만 해당 누전경보기에 대하여 방폭·방식·방습·방온·방진 및 정전기 차폐 등의 방호조치를 한 것은 그러하지 아니하다.
   (1) 가연성의 증기·먼지·가스 등이나 부식성의 증기·가스 등이 다량으로 체류하는 장소
   (2) 화약류를 제조하거나 저장 또는 취급하는 장소
   (3) 습도가 높은 장소
   (4) 온도의 변화가 급격한 장소
   (5) 대전류회로·고주파 발생회로 등에 따른 영향을 받을 우려가 있는 장소
3) 음향장치는 수위실 등 상시 사람이 근무하는 장소에 설치하여야 하며, 그 음량 및 음색은 다른 기기의 소음 등과 명확히 구별할 수 있는 것으로 하여야 한다.

69 상중하

주요구조부를 내화구조로 한 소방대상물에 정온식 스포트형 감지기 1종을 설치하려고 한다. 몇 개 이상 설치하여야 하는가? (단, 부착높이는 2.7 [m], 바닥면적은 600 [m^2] 이다)

① 4개
② 9개
③ 10개
④ 14개

해설 정온식 스포트형 감지기 1종

1) 4 [m] 미만이고 주요구조부가 내화구조이면 감지기 면적은 60 [m^2]
2) 감지기 설치 개수 = 600/60 = 10개

부착높이 및 특정소방대상물 구분		감지기의 종류				
		차동식/보상식 스포트		정온식 스포트		
		1종	2종	특종	1종	2종
4 [m] 미만	내화구조	90	70	70	60	20
	기타구조	50	40	40	30	15
4 [m] 이상 8 [m] 미만	내화구조	45	35	35	30	-
	기타구조	30	25	25	15	-

정답 68 ② 69 ③

70 상중하

비상콘센트설비에서 고압수전인 경우 상용전원회로의 배선은 어디에서 분기 및 설치하여야 하는지 옳은 것은?

① 인입개폐기의 직전에서 분기하여 전용배선으로 할 것
② 인입개폐기의 직후에서 분기하여 전용배선으로 할 것
③ 전력용 변압기 2차 측의 주차단기 1차 측에서 분기하여 전용배선으로 할 것
④ 전력용 변압기 1차 측의 주차단기 2차 측에서 분기하여 전용배선으로 할 것

해설 비상콘센트설비에서 상용전원 회로의 배선

1) 저압수전 : 인입개폐기 직후
2) 고압수전 또는 특고압수전 : 전력용변압기 2차 측의 주차단기 1차 측 또는 2차 측에서 분기하여 전용배선으로 할 것

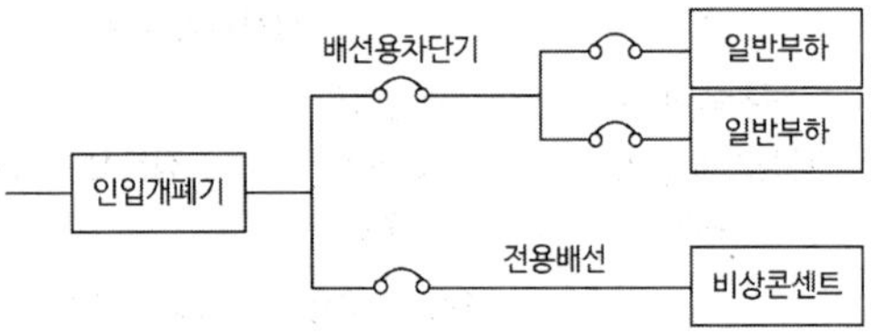

[저압수전] 인입개폐기의 직후 전용배선으로 분기

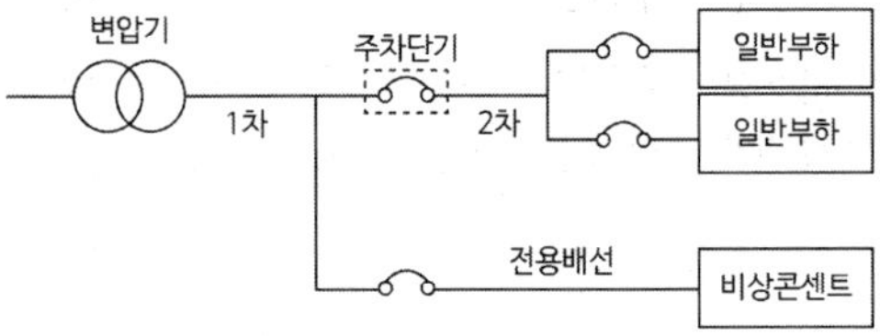

[특고압 · 고압수전] 변압기 2차 측의 주차단기 1차 측에서 전용배선으로 분기

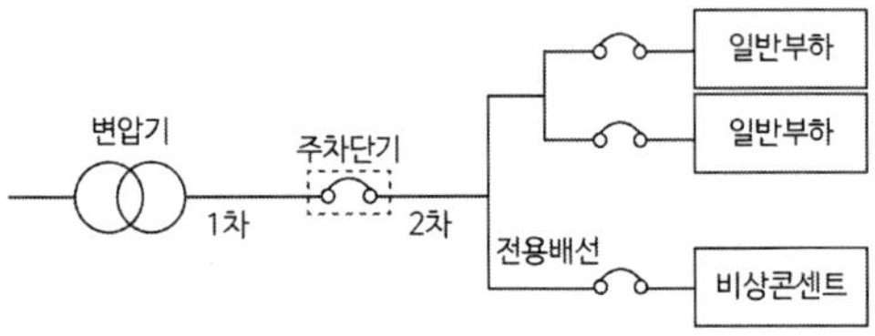

[특고압 · 고압수전] 전력용 변압기 2차 측의 주차단기 2차 측에서 전용배선으로 분기

71 상중하

무선통신보조설비 증폭기의 전면에는 주회로의 전원이 정상인지의 여부를 표시할 수 있는 전압계 및 무엇을 설치하여야 하는가?

① 표시등　　② 전류계
③ 역률계　　④ 전력계

해설 무선통신 보조설비 증폭기 설치기준

1) 전원은 전기가 정상적으로 공급되는 축전지, 전기저장장치(외부 전기에너지를 저장해두었다가 필요한 때 전기를 공급하는 장치) 또는 교류전압 옥내간선으로 하고, 전원까지의 배선은 전용으로 할 것
2) 증폭기의 전면에는 주 회로의 전원이 정상인지의 여부를 표시할 수 있는 표시등 및 전압계를 설치할 것
3) 증폭기에는 비상전원이 부착된 것으로 하고 해당 비상전원 용량은 무선통신보조설비를 유효하게 30분 이상 작동시킬 수 있는 것으로 할 것
4) 증폭기 및 무선중계기를 설치하는 경우에는 「전파법」 제58조의2에 따른 적합성평가를 받은 제품으로 설치하고 임의로 변경하지 않도록 할 것
5) 디지털방식의 무전기를 사용하는 데 지장이 없도록 설치할 것

72 상중하

다음 중 주위온도가 일정상승률 이상이 되는 경우에 작동하는 것으로서 일국소에서의 열효과의 누적에 의하여 작동되는 감지기로 옳은 것은?

① 차동식 분포형 감지기
② 정온식 스포트형 감지기
③ 차동식 스포트형 감지기
④ 보상식 스포트형 감지기

해설 차동식 스포트형 감지기

주위온도가 일정상승률 이상이 되는 경우에 작동하는 것으로서 일국소에서의 열효과의 누적에 의하여 작동되는 감지기

정답 70 ③ 71 ① 72 ③

73 상중하

자동식 사이렌설비에서 전원회로를 제외한 부속회로 배선 상호 간의 절연저항은? (단, 직류 250 [V]의 절연저항측정기를 사용하여 1경계구역을 측정한다)

① 0.1 [MΩ] 이상
② 0.1 [MΩ] 미만
③ 1 [MΩ] 이상
④ 1 [MΩ] 미만

해설 비상벨설비와 자동식 사이렌설비의 절연저항

전원회로의 전로와 대지 사이 및 배선 상호 간의 절연저항은 「전기사업법」 제67조에 따른 기술기준이 정하는 바에 의하고, 부속회로의 전로와 대지 사이 및 배선 상호 간의 절연저항은 1경계구역마다 직류 250 [V]의 절연저항측정기를 사용하여 측정한 절연저항이 0.1 [MΩ] 이상이 되도록 할 것

74 상중하

다음 중 복도에 비상조명등을 설치할 때 휴대용 비상조명등을 설치하지 아니할 수 있는 시설로 옳은 것은?

① 아파트
② 숙박시설
③ 근린생활시설
④ 다중이용업소

해설 휴대용 비상조명등 설치 제외

1) 지상 1층·피난층 : 개구부 통해 피난 시
2) 숙박시설 : 복도 비상조명등 설치 시

75 상중하

다음 중 연기감지기의 일반적인 설치기준에 관한 설명으로 중 옳은 것은?

① 감지기(1종)는 복도 및 통로에 있어서는 보행거리 30 [m]마다 1개 이상을 설치한다.
② 감지기(1종)는 계단 및 경사로에 있어서는 수직거리 45 [m]마다 1개 이상을 설치한다.
③ 감지기는 벽 또는 보로부터 0.5 [m] 이상 떨어진 곳에 설치한다.
④ 천장 또는 반자가 낮은 실내 또는 좁은 실내에 있어서는 출입구에서 먼 부분에 설치한다.

해설 연기 감지기 설치기준

• 감지기의 부착높이에 따라 다음 표에 따른 바닥면적마다 1개 이상으로 할 것

(단위 : [m^2])

부착 높이	감지기 종류	
	1종 및 2종	3종
4 [m] 미만	150	50
4 [m] 이상 20 [m] 미만	75	-

• 감지기는 복도 및 통로에 있어서는 보행거리 30 [m](3종에 있어서는 20 [m])마다, 계단 및 경사로에 있어서는 수직거리 15 [m](3종에 있어서는 10 [m])마다 1개 이상으로 할 것
• 천장 또는 반자가 낮은 실내 또는 좁은 실내에 있어서는 출입구의 가까운 부분에 설치할 것
• 천장 또는 반자부근에 배기구가 있는 경우에는 그 부근에 설치할 것
• 감지기는 벽 또는 보로부터 0.6 [m] 이상 떨어진 곳에 설치할 것

2022

정답 73 ① 74 ② 75 ①

76 상중하

예비전원을 내장하지 아니하는 비상조명등의 비상전원 설치기준으로 옳지 않은 것은?

① 비상전원의 설치장소는 다른 장소와 방화구획을 할 것
② 비상전원을 실내에 설치하는 경우 그 실내에 이동식 비상조명등을 설치할 것
③ 점검에 편리하고 화재 등으로 인한 피해를 받을 우려가 없는 곳에 설치할 것
④ 상용전원으로부터 전력의 공급이 중단된 때에는 자동으로 비상전원으로부터 전력공급을 받을 수 있도록 할 것

해설 비상조명등 설치기준

예비전원을 내장하지 아니하는 비상조명등의 비상전원은 자가발전설비, 축전지설비 또는 전기저장장치(외부 전기에너지를 저장해두었다가 필요한 때 전기를 공급하는 장치)를 다음 각 목의 기준에 따라 설치하여야 한다.

1) 점검에 편리하고 화재 및 침수 등의 재해로 인한 피해를 받을 우려가 없는 곳에 설치할 것
2) 상용전원으로부터 전력의 공급이 중단된 때에는 자동으로 비상전원으로부터 전력을 공급받을 수 있도록 할 것
3) 비상전원의 설치장소는 다른 장소와 방화구획할 것. 이 경우 그 장소에는 비상전원의 공급에 필요한 기구나 설비 외의 것(열병합발전설비에 필요한 기구나 설비는 제외한다)을 두어서는 아니 된다.
4) 비상전원을 실내에 설치하는 때에는 그 실내에 비상조명등을 설치할 것

77 상중하

다음의 청각장애인용 시각경보장치의 설치기준 중 옳지 않은 것은?

① 복도·통로·청각장애인용 객실 및 공용으로 사용하는 거실에 설치하며, 각 부분으로부터 유효하게 경보를 발할 수 있는 위치에 설치하여야 한다.
② 공연장·집회장·관람장 또는 이와 유사한 장소에 설치하는 경우에는 시선이 집중되는 무대부 부분 등에 설치하여야 한다.
③ 설치높이는 바닥으로부터 1 [m] 이상 1.5 [m] 이하의 장소에 설치하여야 한다.
④ 천장의 높이가 2 [m] 이하인 경우에는 천장으로부터 0.15 [m] 이내의 장소에 설치하여야 한다.

해설 시각경보장치 설치기준

1) 복도·통로·청각장애인용 객실 및 공용으로 사용하는 거실(로비, 회의실, 강의실, 식당, 휴게실, 오락실, 대기실, 체력단련실, 접객실, 안내실, 전시실, 그 밖의 이와 유사한 장소를 말한다)에 설치하며, 각 부분으로부터 유효하게 경보를 발할 수 있는 위치에 설치할 것
2) 공연장·집회장·관람장 또는 이와 유사한 장소에 설치하는 경우에는 시선이 집중되는 무대부 부분 등에 설치할 것
3) 설치높이는 바닥으로부터 2 [m] 이상 2.5 [m] 이하의 장소에 설치할 것. 다만 천장의 높이가 2 [m] 이하인 경우에는 천장으로부터 0.15 [m] 이내의 장소에 설치하여야 한다.
4) 시각경보장치의 광원은 전용의 축전지설비 또는 전기저장장치(외부 전기에너지를 저장해두었다가 필요한 때 전기를 공급하는 장치)에 의하여 점등되도록 할 것. 다만 시각경보기에 작동전원을 공급할 수 있도록 형식승인을 얻은 수신기를 설치한 경우에는 그렇지 않다.

정답 76 ② 77 ③

78 상중하

비상콘센트설비의 전원부와 외함 사이의 절연내력기준 중 (　) 안에 알맞은 것은?

> 절연내력은 전원부와 외함 사이에 정격전압이 150 [V] 이하인 경우에는 (㉠) [V]의 실효전압을, 정격전압이 150 [V] 초과인 경우에는 그 정격전압에 (㉡)를 곱하여 1000을 더한 실효전압을 가하는 시험에서 (㉢)분 이상 견디는 것으로 할 것

① ㉠ 500, ㉡ 1.5, ㉢ 2
② ㉠ 500, ㉡ 2, ㉢ 1
③ ㉠ 1000, ㉡ 1.5, ㉢ 2
④ ㉠ 1000, ㉡ 2, ㉢ 1

해설 비상콘센트 절연저항 및 절연내력

1) 절연저항 : 500 [V] 절연저항계로 측정할 때 20 [MΩ] 이상일 것
2) 절연내력
   (1) 정격전압 150 [V] 이하 : 1000 [V]의 실효전압
   (2) 정격전압이 150 [V] 이상 : (정격전압 × 2) + 1000 [V] = 실효전압
   (3) 실효전압 시험에서 1분 이상 견디는 것으로 할 것
3) 배선
   전원회로의 배선은 내화배선, 그 밖의 배선은 내화배선 또는 내열배선

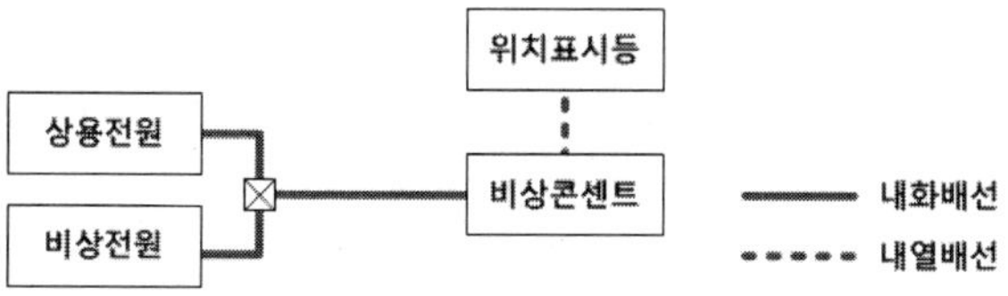

79 상중하

유도등의 외함을 방염성능이 있는 합성수지로 사용하는 경우 몇 [℃]에서 열로 인한 변형이 생기지 않아야 하는가?

① 60 ± 2 [℃]
② 70 ± 2 [℃]
③ 75 ± 2 [℃]
④ 80 ± 2 [℃]

해설 유도등의 형식승인 및 제품검사의 기술기준

유도등의 외함의 재질은 다음 각 호의 1에 적합한 것이어야 한다.

- 외함이 금속인 것은 방청된 금속판 또는 내식성(스테인레스강 등) 재질을 사용하여야 한다.
- 두께 3 [mm] 이상의 내열성 강화유리
- <u>난연재료 또는 방염성능이 있는 합성수지로서 80 ± 2 [℃]의 온도에서 열로 인한 변형이 생기지 아니하여야 하며 UL 94규정에 의한 V-2이 상의 난연성능이 있는 것</u>

2022

정답 78 ④ 79 ④

80 상중하

외기에 면하여 상시 개방된 부분이 있는 차고·주차장·창고 등에서 외기에 면하는 각 부분으로부터 몇 [m] 미만의 범위 안에 있는 부분은 경계구역의 면적에 산입하지 아니하는가?

① 3　　② 5
③ 7　　④ 10

해설 경계구역

1) 수평적 경계구역
  (1) 하나의 경계구역이 2개 건축물 및 각 층에 미치지 않을 것(다만 2개의 층을 하나의 경계구역으로 산정하는 경우 : 바닥 합 500 [m^2] 이하)
  (2) 하나의 경계구역 면적 : 600 [m^2] 이하
    ① 한 변 길이 : 50 [m] 이하
    ② 주출입구에서 내부 전체 보이는 것 : 한 변 길이가 50 [m]의 범위 내 1000 [m^2] 이하
    ③ 터널 : 하나의 경계구역의 길이 100 [m] 이하(지하구는 경계구역기준 없음)
2) 수직적 경계구역
  (1) 계단·경사로(에스컬레이터 포함)는 별도의 경계구역 산정 → 45 [m] 이하
  (2) 엘리베이터 승강로(권상기실 포함)·린넨슈트·파이프피트 및 덕트 기타 이와 유사한 부분은 별도의 경계구역 산정 → 높이기준 없음
  (3) 지하층의 계단 및 경사로(지하층 층수 1일 경우 제외)는 별도로 경계구역 산정
3) 상시 개방된 부분 있는 차고·주차장·창고 : 외기 면하는 부분부터 5 [m] 미만은 면적 산입 제외

정답 80 ②

2022년 2회
소방원론

3회독	월 일
2회독	월 일
1회독	월 일

목표시간 : 20분 | 시작 : _시 _분 | 종료 : _시 _분 | 맞은 개수 : _ /20

01 상 중 (하)

소화방법 중 질식소화에 해당하지 않는 것은?

① 이산화탄소소화기로 소화
② 포소화기로 소화
③ 마른모래로 소화
④ Halon-1301소화기로 소화

해설 소화방법

소화원리	소화방법
냉각소화	• 스프링클러설비 • 옥내 · 외소화전설비
질식소화	• 이산화탄소소화설비 • 포소화설비 • 분말소화설비 • 물분무소화설비 • 불활성기체소화설비 • 마른모래 · 팽창질석 · 팽창진주암
억제소화	• 할로겐화합물소화설비 • 할론소화설비

02 상 (중) 하

동일 장소에서 취급이 가능한 위험물들끼리 옳게 짝지어진 것은?

① 과염소산칼륨과 톨루엔
② 과염소산과 황린
③ 마그네슘과 유기과산화물
④ 가솔린과 과산화수소

해설 위험물의 혼재 가능기준

• 제1류 + 제6류
• 제2류 + 제4류 · 5류
• 제3류 + 제4류
• 제4류 + 제5류

보충 ▶ 마그네슘 : 2류, 유기과산화물 : 5류

1↓	6		혼재 가능
2↓	5↑	4	혼재 가능
3→	4↑		혼재 가능

암기 ▶ 1 2 3 4 5 6 적은 후 4 추가

정답 01 ④ 02 ③

03 상 중 하

화재 시 고층건물 내의 연기유동인 굴뚝효과와 관계가 없는 것은?

① 건물 내외의 온도 차
② 건물의 높이
③ 층의 면적
④ 화재실의 온도

해설 굴뚝효과(연돌효과)

1) 건축물 내·외부 공기의 온도에 따른 공기의 밀도 차 때문에 발생되는 공기의 흐름현상
2) 건물 내부온도 > 외부온도 → 공기는 위쪽으로 이동
3) 영향요인
 (1) 실내외 온도 차(화재실의 온도가 높을수록 실내외 온도 차는 커짐)
 (2) 외벽 기밀성
 (3) 층간 공기누설
 (4) 건물의 높이(고층 건물에서 잘 나타남)

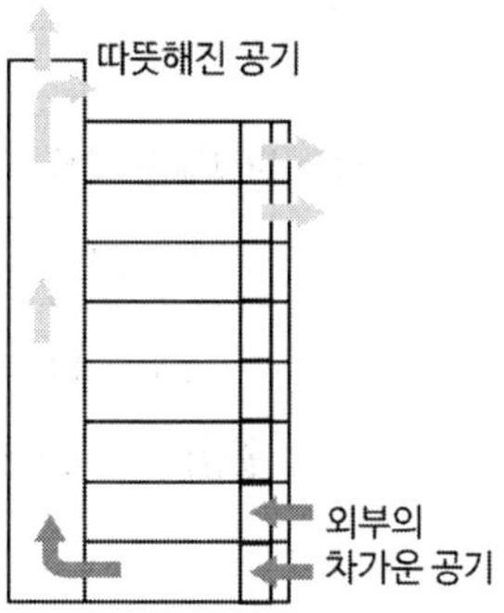

보충 ▶ '층의 면적'은 굴뚝효과와 관계없다.

04 상 중 하

270 [℃]에서 다음의 열분해 반응식과 관계가 있는 분말소화약제는?

$$2NaHCO_3 \rightarrow Na_2CO_3 + CO_2 + H_2O$$

① 제1종 분말 ② 제2종 분말
③ 제3종 분말 ④ 제4종 분말

해설 분말소화약제 화학반응식

종별	소화약제	화학 반응식
1종	탄산수소나트륨 ($NaHCO_3$)	$2NaHCO_3 \rightarrow Na_2CO_3 + CO_2 + H_2O$
2종	탄산수소칼륨 ($KHCO_3$)	$2KHCO_3 \rightarrow K_2CO_3 + CO_2 + H_2O$
3종	제1인산암모늄 ($NH_4H_2PO_4$)	$NH_4H_2PO_4 \rightarrow NH_3 + HPO_3 + H_2O$
4종	탄산수소칼륨 + 요소 ($KHCO_3 + (NH_2)_2CO$)	$2KHCO_3 + (NH_2)_2CO \rightarrow K_2CO_3 + 2NH_3 + 2CO_2$

05 상 중 하

공기 1 [kg] 중에는 산소가 약 몇 [mol]이 들어 있는가? (단, 산소, 질소 1 [mol]의 분자량은 각각 32 [g], 28 [g]이고, 공기 중 산소의 농도는 23 [wt%]이다)

① 5.65 ② 6.53
③ 7.19 ④ 7.91

해설 분자수(몰수)

1) 산소질량 = 공기질량 [g] × 산소농도 [wt%]
 = 1000 [g] × 0.23 = 230 [g]

2) 산소몰수 $= \dfrac{\text{산소질량}[g]}{\text{산소분자량}[g/mol]}$

$= \dfrac{230[g]}{32[g/mol]} \fallingdotseq 7.19$ [mol]

정답 03 ③ 04 ① 05 ③

06 (상 중 하)

화재를 발생시키는 열원 중 화학적인 열원인 것은?

① 마찰　② 단열
③ 압축　④ 분해

해설 열에너지원의 종류

구분	종류
기계열	**압**축열, **마**찰열, **마**찰스파크, **충**격열
전기열	유도열, 유전열, 저항열, 아크열, 정전기열, 낙뢰에 의한 열
화학열	연소열, 용해열, **분해열**, 생성열, 자연발화열

암기 ▶ 기압마충

07 (상 중 하)

이산화탄소소화약제를 방출하였을 때 방호구역 내에서 산소농도가 18 [vol%]가 되기 위한 이산화탄소의 농도는 약 몇 [vol%]인가?

① 3　② 7
③ 6　④ 14

해설 이산화탄소 농도

$$CO_2 \text{ 농도 [vol\%]} = \frac{21 - O_2[vol\%]}{21} \times 100$$

여기서,
CO_2 농도 : CO_2 방출 후 실내의 CO_2 농도 [vol%]
O_2 : CO_2 방출 후 실내의 산소 농도 [vol%]

$$CO_2 \text{ 농도} = \frac{21 - O_2}{21} \times 100$$
$$= \frac{21 - 18}{21} \times 100 ≒ 14.29 \text{ [vol\%]}$$

08 (상 중 하)

화재하중에 주된 영향을 주는 것은?

① 가연물의 온도　② 가연물의 색상
③ 가연물의 양　④ 가연물의 융점

해설 화재하중

1) 화재하중이란 화재실의 단위면적당 등가가연물(목재)의 양으로 건물화재 시 발열량 및 화재위험성 척도가 된다.
2) 화재구획실 내에 존재하는 가연물은 각각 단위중량당 발열량[kcal/kg]이 다르기 때문에 목재의 발열량으로 환산하여 화재하중을 산정한다(예 종이 : 4000 [kcal/kg], 고무 : 9000 [kcal/kg]).
3) 화재 시 주수시간을 결정하는 주요인이다.
4) 화재하중 $q = \frac{\Sigma GH_i}{HA} = \frac{\Sigma Q}{4500A}$ [kg/m²]

G : 가연물의 양 [kg]
H_i : 단위중량당 발열량 [kcal/kg]
H : 목재의 단위중량당 발열량 [4500 kcal/kg]
A : 화재실의 바닥면적 [m²]
ΣQ : 화재실 내 가연물의 전발열량 [kcal]

TIP ▶ 화재가혹도 = 화재강도 × 화재하중

09 (상 중 하)

프로페인(프로판) 가스의 공기 중 폭발범위는 약 몇 [vol%]인가?

① 2.1 ~ 9.5
② 15 ~ 25.5
③ 20.5 ~ 32.1
④ 33.1 ~ 63.5

2022

정답 06 ④ 07 ④ 08 ③ 09 ①

해설 주요 물질 연소범위

가스	하한계 [vol%]	상한계 [vol%]
이황화탄소	**1.2**	**44**
아세틸렌	**2.5**	**81**
수소	**4**	**75**
일산화탄소	**12.5**	**74**
에틸렌	**2.7**	**36**
암모니아	15	28
메테인(메탄)	**5**	**15**
에테인(에탄)	3	12.4
프로페인(프로판)	**2.1**	**9.5**
뷰테인(부탄)	**1.8**	**8.4**

암기 ▶ (이황)일이사사, (아)이고팔아파, (수)사치료, (일산)이리와 칠사, (에틸)이찌삼육, (메)오싫오, (프)이하나구오, (뷰)십팔팔사

10 상중하

출화의 시기를 나타낸 것 중 옥외출화에 해당하는 것은?

① 목재사용 가옥에서는 벽, 추녀 밑의 판자나 목재에 발염착화한 때
② 불연 벽체나 칸막이 및 불연 천장인 경우 실내에서는 그 뒤판에 발염착화한 때
③ 보통 가옥 구조 시에는 천장판의 발염착화한 때
④ 천장 속, 벽 속 등에서 발염착화한 때

해설 옥내출화와 옥외출화

분류	내용
옥내출화	• 실내 천장 속, 벽 내부에서 발염착화 • 준불연성, 난연성으로 피복된 내부의 목재에 착화
옥외출화	• 건축물 외부의 가연물질에 발염착화 • 창, 출입구 등의 개구부 등에 착화 • 목재사용 가옥 벽, 추녀 밑 판자나 목재에 발염착화

11 상중하

건축물의 방화계획에서 공간적 대응에 해당하지 않는 것은?

① 방화구획
② 특별피난계단
③ 옥내소화전설비
④ 직통계단

해설 건축물의 방재계획

구분		내용
공간적 대응	대항성	방화구획, 방연구획, 내화재료 등을 사용하여 초기 소화에 대응하는 화재사상 저항능력
	회피성	불연화, 난연화 등의 내장재 제한과 소방훈련 및 불조심 등 화재 확대 가능성을 줄여 위험성을 낮추는 것
	도피성	화재 시 피난자가 위험에 빠지지 않도록 구조적으로 배려하는 것
설비적 대응		**공간적 대응을 보완하는 것**으로 제연설비, 방화문, 방화셔터, 자동화재탐지설비, 자동소화설비, **옥내소화전설비**, 스프링클러설비, 유도등, 비상전원, 피난기구 등

12 상중하

폭발에 대한 설명으로 틀린 것은?

① 보일러 폭발은 화학적 폭발이라 할 수 없다.
② 분무 폭발은 기상 폭발에 속하지 않는다.
③ 수증기 폭발은 기상 폭발에 속하지 않는다.
④ 화약류 폭발은 화학적 폭발이라 할 수 있다.

정답 10 ① 11 ③ 12 ②

해설 폭발의 형태

구분	응상폭발	기상폭발
정의	고·액체의 폭발	기체의 폭발
특징	물리적 폭발	화학적 폭발
종류	**수증기폭발**, 증기폭발, 전선폭발, 상전이폭발, 압력방출에 의한 폭발, **보일러폭발**, 블레비(BLEVE)	유증기폭발, 가스폭발, 산화폭발, **분무폭발**, 분진폭발, 분해폭발, 중합폭발, **화약류폭발**, 증기운폭발(UVCE)

13 (상 중 하)

소방시설의 분류에서 다음 중 소화설비에 해당하지 않는 것은?

① 스프링클러설비
② 물분무소화설비
③ 옥내소화전설비
④ 연결송수관설비

해설 소화활동설비

1) 연결송수관설비
2) 연결살수설비
3) 연소방지설비
4) 무선통신보조설비
5) 제연설비
6) 비상콘센트설비

암기 ▶ 3연무 제비콘

14 (상 중 하)

동식물유류에서 "아이오딘값이 크다"라는 의미로 옳은 것은?

① 불포화도가 높다.
② 불건성유이다.
③ 자연발화성이 낮다.
④ 산소와 결합이 어렵다.

해설 아이오딘값(요오드가, Iodine Value)

1) 유지 100 [g]에 흡수되는 아이오딘의 [g] 수
2) 불포화 지방 함유량
3) 아이오딘값이 클수록 불포화도가 높고, 산소와 결합하기 쉬우며, 자연발화 위험성이 크다.
4) 위험성 : 건성유 > 반건성유 > 불건성유

15 (상 중 하)

유류화재 시 분말소화약제와 병용이 가능하여 빠른 소화효과와 재착화방지효과를 기대할 수 있는 소화약제로 옳은 것은?

① 단백포소화약제
② 수성막포소화약제
③ 알콜형 포소화약제
④ 합성계면활성제포소화약제

해설 포소화약제 종류

종류	특징
단백포	• 부식성이 큼 • 내열성이 우수함 • 유동성, 내유성이 좋지 않음 • 변질의 우려가 있어 장기 저장 불가 • 포안정제로 염화제1철염 첨가

정답 13 ④ 14 ① 15 ②

종류	특징
수성막포 (AFFF)	• 안전성이 좋음 • **분말소화약제와 겸용하여 사용 가능** • 점성이 작아 기름 표면에 피막을 형성하여 유류 증발을 억제함(유류화재 시 소화성능이 가장 우수함)
불화단백포	• 소화성능 가장 우수 • 단백포 + 수성막포 • 표면하주입방식
합성 계면활성제포	• 저팽창포, 고팽창포 모두 사용 가능 • 유동성이 좋음
내알코올포 (알코올형포)	• 수용성 유류화재에 적응성이 있음 • 가연성 액체에 사용함

16 (상 중 하)

이산화탄소소화약제의 주된 소화효과는?

① 제거소화 ② 억제소화
③ 질식소화 ④ 냉각소화

해설 소화약제별 주된 소화효과

소화약제	소화효과
물(H_2O)	냉각효과
이산화탄소(CO_2)	질식소화
포	질식소화
할론	억제소화(부촉매소화)

17 (상 중 하)

방폭구조 중 전기불꽃이 발생하는 부분을 기름 속에 잠기게 함으로써 기름면 위 또는 용기 외부에 존재하는 가연성 증기에 착화할 우려가 없도록 한 구조는?

① 내압 방폭구조
② 안전증 방폭구조
③ 유입 방폭구조
④ 본질안전 방폭구조

해설 방폭구조

방폭구조	특징	구조
본질안전 방폭구조	**정상·이상 상태**에서 점화원이 위험성 분위기에 폭발을 발생시킬 수 없는 구조	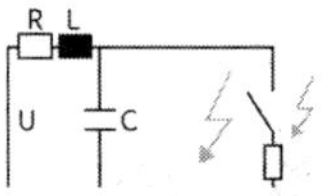
내압 방폭구조	용기 내부로 폭발성 가스가 침입해도 외부 위험성 분위기에는 영향이 없도록 **최대안전틈새 이내로 격리**시키는 구조	
압력 방폭구조	용기 내에 **불활성 가스를 압입**시켜 외부의 폭발성 가스로부터 점화원을 격리하는 구조	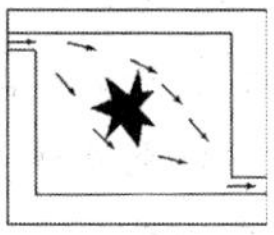
유입 방폭구조	점화원이 될 우려가 있는 부분에 **오일을 주입**하여 폭발성 가스로부터 점화원을 격리하는 구조	
안전증 방폭구조	**정상 상태**에서 전기기기의 고장이 발생하지 않도록 안전도를 높이는 방식	

정답 16 ③ 17 ③

18 상 중 하

자연발화에 대한 설명으로 틀린 것은?

① 외부로부터 열의 공급을 받지 않고 온도가 상승하는 현상이다.

② 물질의 온도가 발화점 이상이면 자연발화한다.

③ 다공질이고 열전도가 작은 물질일수록 자연발화가 일어나기 어렵다.

④ 건성유가 묻어 있는 기름걸레가 적층되어 있으면 자연발화가 일어나기 쉽다.

해설 자연발화

1) 외부로부터 열의 공급을 받지 않고 온도가 상승하는 현상이다.
2) 물질의 온도가 발화점 이상이면 자연발화한다.
3) 다공질이고 열전도율 작을수록 자연발화가 일어나기 쉽다.
4) 건성유가 묻어 있는 기름걸레가 적층되어 있으면 자연발화가 일어나기 쉽다.

19 상 중 하

물의 증발잠열은 약 몇 [kcal/kg]인가?

① 439

② 539

③ 639

④ 739

해설 물의 잠열

1) 얼음의 융해잠열 : 80 [cal/g] (= 334 [kJ/kg])
2) 물의 증발잠열 : 539 [cal/g] (= 2257 [kJ/kg])

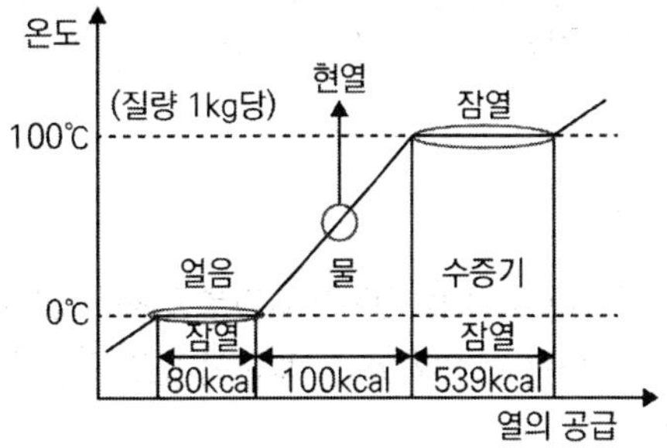

[물의 상태변화]

보충 ▶ 물의 증발잠열 539 [cal/g]은 100 [℃]의 물 1 [g]이 100 [℃]의 수증기가 될 때 필요한 열량

20 상 중 하

가연성 물질 종류에 따른 연소생성가스의 연결이 틀린 것은?

① 탄화수소류 - 이산화탄소

② 셀룰로이드 - 질소산화물

③ PVC - 암모니아

④ 레이온 - 아크롤레인

해설 연소생성가스

물질	연소생성가스
탄화수소	이산화탄소
셀룰로이드	질소산화물
PVC	염화수소, 이산화탄소, 일산화탄소, 부식성 가스
레이온	아크롤레인
목재	수증기, 일산화탄소, 이산화탄소, 초산

정답 18 ③ 19 ② 20 ③

2022년 2회

소방전기일반

3회독 월 일
2회독 월 일
1회독 월 일

목표시간 : 30분 | 시작 : _시 _분 | 종료 : _시 _분 | 맞은 개수 : _ /20

21 상 중 하

아래 그림은 자기유지 등 전자개폐기를 이용한 제어회로의 일부인데, ㉠ OFF 스위치와 ㉡ 계전기 보조 b접점으로 옳은 것은?

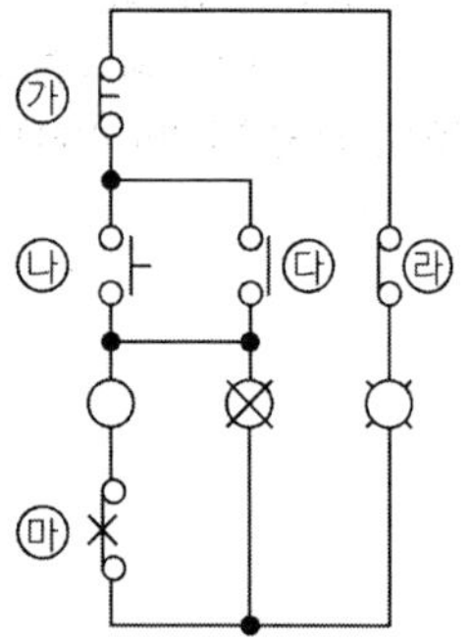

① ㉠ : ㉮, ㉡ : ㉱ ② ㉠ : ㉮, ㉡ : ㉰
③ ㉠ : ㉯, ㉡ : ㉰ ④ ㉠ : ㉯, ㉡ : ㉱

해설 제어회로

㉮ OFF 스위치, ㉯ ON 스위치, ㉰ 계전기 a접점, ㉱ 계전기 b접점, ㉲ 열동계전기 접점

22 상 중 하

다음 중 가변용량 소자에 해당되는 것은?

① 바랙터다이오드 ② 포토다이오드
③ 터널다이오드 ④ 제너다이오드

해설 바랙터다이오드(Variable-Capacitance Diode)

가변용량 다이오드

23 상 중 하

100 [V]의 전압에서 2 [A]의 전류가 흐르는 전열기를 10시간 사용했을 때의 소비전력량[kWh]은?

① 1 ② 2
③ 10 ④ 20

해설 소비전력

$$W = Pt = VIt = 100 \times 2 \times 10(h) \times 10^{-3} = 2[kWh]$$

W : 전력량 [J]
P : 전력 [W]
t : 시간 [s]

24 상 중 하

다음 중 3상 유도전동기가 회전하는 기본적인 원리는 무엇인가?

① 2전동기설 ② 브론델법칙
③ 전자유도작용 ④ 표피현상

해설 전자유도작용

- 자기장 중에서 도체에 힘을 가하여 도체를 움직이거나 자속을 움직여 도체와 자기력선을 교차 시키면 도체에 기전력이 발생하는 현상을 전자유도작용이라 하며, 이 전자유도작용에 의해 발생한 기전력을 유도기전력, 도체에 흐르는 전류를 유도전류라 한다.
- 유도전동기 코일에 암페어의 오른나사법칙에 의해 시계방향으로 유도전류가 발생하고, 전동기는 회전하게 된다.

정답 21 ① 22 ① 23 ② 24 ③

25 상 중 하

온도변화에 따라 저항값이 변하는 성질을 이용하여 온도감지장치에 사용하는 소자로 옳은 것은?

① 다이오드 ② 트랜지스터
③ 콘덴서 ④ 서미스터

해설 기타반도체

명칭	특성
SCR	• 사이리스터의 한 종류 • 애노드(A), 캐소드(K), 게이트(G)로 구성된다. • 단방향 3단자 • 래칭전류 : SCR이 OFF 상태에서 ON 상태로의 전환이 이뤄지고, 트리거신호가 제거된 직후에 SCR을 ON 상태로 유지하는 데 필요한 최소한의 양극전류를 래칭전류라 한다.
트라이악 (TRIAC)	• npnpn의 5층구조 • 직·교류에서 모두 사용할 수 있는 3단자 스위칭 소자 • 교류전력 기기 제어용 • 쌍방향 3단자
다이악 (DIAC)	• 소용량 저항부하의 AC전력 제어용 • 쌍방향 2단자
서미스터	• 온도에 의해 저항값이 변하는 반도체 소자 • 부(-) 저항온도계수의 특성 : 온도 증가 시 저항 감소 • 열을 감지하는 감열저항체 소자 • 온도보상용, 온도계측용(온도계), 온도보정용
바리스터	• 인가되는 전압에 따라 저항값이 변하는 비선형 반도체 소자 • 전압에 따라 저항값이 변화하는 저항 소자 • 회로를 병렬로 연결하여 사용 • 서지전압으로부터 기기보호 • 계전기접점의 불꽃소거
사이리스터	• p형 반도체와 n형 반도체의 4층 이상 접합한 것 • 전극 단자 수가 2, 3, 4인 것이 있다(위상제어, 타이머회로, 트리거회로).
집접회로	• 하나의 실리콘 칩 내부에 트랜지스터, 다이오드 저항, 콘덴서 등 여러 가지 전자부품을 고밀도로 집적하여 패키지로 만든 것 • 시스템이 소형화, 가볍고 얇다. • 신뢰성이 높고 부품의 교체가 쉽다.

26 상 중 하

온도, 유량, 압력 등의 공업프로세스 상태량을 제어량으로 하는 제어계로서 프로세스에 가해지는 외란의 억제가 주된 목적인 것은?

① 서보기구 ② 자동제어
③ 정치제어 ④ 프로세스제어

해설 제어량에 의한 분류

구분	내용	제어량
서보기구	기계적 변위를 제어량으로 하는 변화량제어	물체의 방위, 위치, 각도 등
프로세스제어	플랜트나 생산공정 중의 상태량제어	온도, 압력, 유량, 농도 등
자동조정제어	제어량이 전기적, 기계적 양을 제어	주파수, 전압, 전류, 회전속도 힘 등

27 상 중 하

평균값이 100 [V]인 정현파 교류전압의 실횻값은 약 몇 [V]인가?

① 70.7 ② 111.1
③ 141.4 ④ 157.1

해설 정현파 실횻값

실횻값 $V = \frac{1}{\sqrt{2}} V_m$

$= \frac{1}{\sqrt{2}} \times 157.079 = 111.072 [V]$

평균값 $var = \frac{2}{\pi} V_m \Rightarrow 100 = \frac{2}{\pi} V_m$

$V_m = \frac{\pi}{2} \times 100 = 157.079$

정답 25 ④ 26 ④ 27 ④

28 상 중 하

다음 진리표에 해당하는 논리회로는 무엇인가?

A	X
0	1
1	0

① AND ② OR
③ NOT ④ NAND

해설 논리회로

위 진리표는 부정의 진리표이므로 NOT게이트이다.

29 상 중 하

평행판 콘덴서에서 판 사이의 거리를 1/2로 하고 판의 면적을 2배로 하면 그 정전용량은 어떻게 변화하는가?

① 1/4로 된다.
② 1/2로 된다.
③ 4배로 된다.
④ 8배로 된다.

해설 콘덴서 정전용량

$C=\varepsilon\frac{A}{d}$에서 $C=\varepsilon\frac{2A}{\frac{1}{2}d}$이므로

$C=$ 4배가 된다.

d : 판 사이의 거리
A : 면적

30 상 중 하

다음 중 전류에 의한 자계의 방향을 결정하는 법칙은 무엇인가?

① 암페어의 오른나사법칙
② 플레밍의 오른손의 법칙
③ 비오 - 사바르법칙
④ 렌츠의 법칙

해설 암페어의 오른나사법칙

전류에 의한 자계의 방향을 결정하는 법칙
- 플레밍의 오른손법칙 : 도체 운동 시 유도기전력 방향 결정
- 플레밍의 왼손법칙 : 자계 중에 도체를 놓고 전류를 흘리면 전류 및 자계와 직각 방향으로 도체를 움직이는 힘 발생

31 상 중 하

3상 평형부하의 역률이 0.85, 전류가 60 [A]이고 유효전력은 20 [kW]일 때 전압은 약 몇 [V]인가?

① 131 ② 200
③ 226 ④ 240

해설 전압 계산

$P=\sqrt{3}\,VI\cos\theta$

$V=\frac{P}{\sqrt{3}\,I\cos\theta}=\frac{20\times10^3}{\sqrt{3}\times60\times0.85}=226.411[V]$

무효전력 $P_r=3V_pI_p\sin\theta=\sqrt{3}\,V_lI_l\sin\theta$
$=3I_p^2X\,[\text{Var}]$

피상전력 $P_a=3V_pI_p=\sqrt{3}\,V_lI_l=\sqrt{P^2+p_r^2}$
$=3I_p^2Z\,[\text{VA}]$

유효전력 $P=3V_PI_P\cos\theta=3\frac{V_l}{\sqrt{3}}I_l\cos\theta$
$=\sqrt{3}\,V_lI_l\cos\theta=3I_p^2R[W]$

TIP ▶ 상전압이라는 언급이 따로 없으면 선간전압과 선전류로 보고 $P=\sqrt{3}\,VI\cos\theta$공식을 사용한다.

정답 28 ③ 29 ③ 30 ① 31 ③

32 상 중 하

다음 중 직류전압계와 전류계를 사용하여 부하전압과 전류를 측정하고자 할 때 연결방법으로 옳은 것은?

① 전압계는 부하와 직렬, 전류계는 부하와 병렬
② 전압계는 부하와 병렬, 전류계는 부하와 직렬
③ 전압계, 전류계 모두 부하와 병렬
④ 전압계, 전류계 모두 부하와 직렬

해설 전압 · 전류 측정방법

전압계	전압 측정, 병렬연결
전류계	전류 측정, 직렬연결

33 상 중 하

전기식 조작기기의 특징으로 틀린 것은?

① 속응성이 빠르다.
② 장거리 전송이 가능하다.
③ 부피, 무게에 대한 출력이 작다.
④ 적응성이 넓고 특성의 변경이 쉽다.

해설 전기식 조작기

- 종류 : 전동밸브, 전자밸브. 서브 전동기
- 특징 : 적응성이 넓고 특성 변경이 쉽다.
  장거리 전송이 가능하다.
  출력이 작고 방폭형이 필요하다.

[조작용 기기]

구분	내용
기계식	다이어프램밸브, 클러치, 밸브 포지셔너
유압식	피스톤, 분사관, 안내밸브, 조작실린더
전기식	솔레노이드밸브, 전동밸브, 서보 전동기

34 상 중 하

60 [Hz], 4극, 슬립 5 [%]인 유도전동기의 회전수[rpm]는 얼마인가?

① 600 ② 950
③ 1200 ④ 1710

해설 유도전동기 회전수

$$N=(1-S)N_s=(1-0.05)\times\frac{120\times60}{4}=1710\,[rpm]$$

f : 주파수[Hz]
p : 극수
N_s : 동기속도 $[rpm]$
N: 회전 속도 $[rpm]$
$N=(1-s)N_s\,[rpm]$

2022

35 상 중 하

아래와 회로에서 a, b 간의 합성저항은 약 몇 [Ω]인가?

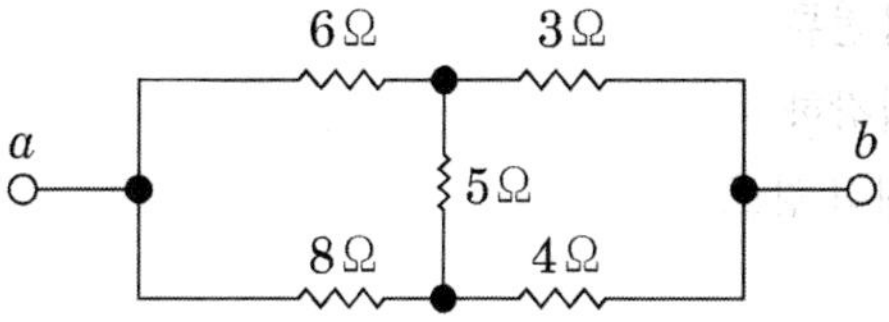

① 0.19 ② 1.28
③ 2.57 ④ 5.14

해설 키르히호프법칙

키르히호프법칙에 의해서 5 [Ω]에는 전류가 흐르지 않으므로 없는 것으로 간주한다.

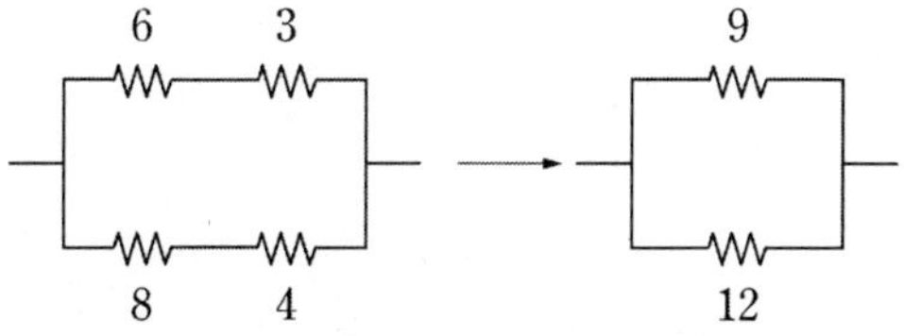

$$R_0=\frac{12\times9}{12+9}=5.142\,[\Omega]$$

36 상 (중) 하

정전용량 2 [μF]의 콘덴서를 직류 3000 [V]로 충전할 경우 축적되는 에너지는 몇 [J]인가?

① 6 ② 9
③ 12 ④ 18

해설 콘덴서 에너지

$$w = \frac{1}{2}CV^2 = \frac{1}{2} \times 2 \times 10^{-6} \times (3000)^2 = 9[J]$$

W : 에너지 [J]
C : 정전용량 [F]
V : 전압 [V]

37 상 중 (하)

다음 중 간선의 전선 굵기를 결정할 때 고려하여야 하는 사항으로 거리가 먼 것은?

① 전압의 종별
② 허용전류
③ 전압강하
④ 기계적 강도

해설 전선의 굵기 결정요소

허용전류, 전압강하, 기계적 강도

38 (상) 중 하

다음 그림과 같은 회로의 역률은 약 얼마인가?

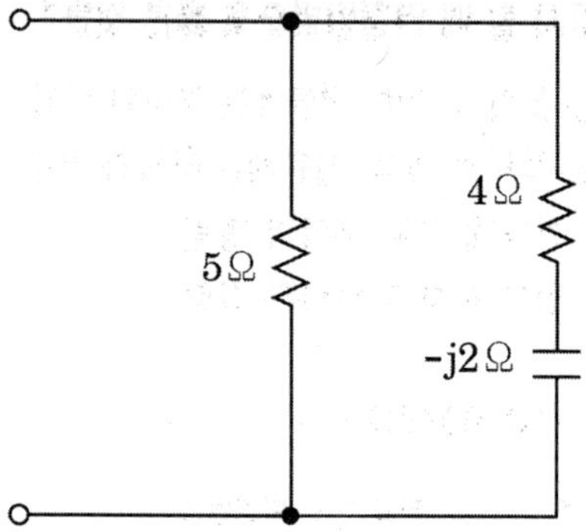

① 0.67 ② 0.76
③ 0.89 ④ 0.97

해설 역률

$$Z = \frac{5(4-j2)}{5+(4-j2)} = \frac{20-j10}{9-j2}$$

⇒ 유리화하면

$$Z = \frac{200 = j50}{85} = 2.35 - j0.588$$

$$\Rightarrow \cos\theta = \frac{2.35}{\sqrt{2.35^2 + 0.588^2}} = 0.97$$

39 상 (중) 하

어떤 회로에 전압을 인가했더니 90도 위상이 뒤진 전류가 흘렀다면 이 회로는?

① 무유도성 ② 유도성
③ 용량성 ④ 저항성분

해설 유도성과 용량성 회로

1) 유도성 회로
전압이 전류보다 위상이 90도 앞선다.
2) 용량성 회로
전류가 전압보다 위상이 90도 앞선다.

정답 36 ② 37 ① 38 ④ 39 ②

40 상중하

다음 중 전류의 열작용과 직접적인 관련이 있는 법칙으로 옳은 것은?

① 옴의 법칙
② 플레밍의 왼손법칙
③ 가우스의 법칙
④ 줄의 법칙

해설 줄의 법칙

1) 도선에 전류가 흐를 때 단위 시간 동안에 도선에 발생하는 열량은 전류의 세기의 제곱과 도선의 전기 저항에 비례한다는 법칙이다.
2) 전류의 열작용에 관한 법칙이다.
$H = I^2 R t \, [J]$

2022

정답 40 ④

2022년 2회

소방관계법규

3회독	월	일
2회독	월	일
1회독	월	일

목표시간 : 20분 | 시작 : _시 _분 | 종료 : _시 _분 | 맞은 개수 : _ /20

41 (상)(중)(하)

소방시설 설치 및 관리에 관한 법령상 건축허가 등을 할 때 미리 소방본부장 또는 소방서장의 동의를 받아야 하는 건축물 등의 범위기준이 아닌 것은?

① 건축등을 하려는 학교시설 : 연면적 200 [m^2] 이상
② 노유자시설 : 연면적 200 [m^2] 이상
③ 정신의료기관(입원실이 없는 정신건강의학과 의원은 제외) : 연면적 300 [m^2] 이상
④ 장애인 의료재활시설 : 연면적 300 [m^2] 이상

해설 건축허가 동의대상물 범위

구분	기준
학교시설	연면적 100 [m^2] 이상
노유자(老幼者)시설 및 수련시설	연면적 200 [m^2] 이상
지하층 · 무창층이 있는 건축물	바닥면적 150 [m^2] (공연장 100 [m^2]) 이상
정신의료기관, 장애인 의료시설	연면적 300 [m^2] 이상
일반용도의 특정소방대상물	연면적 400 [m^2] 이상
차고, 주차장 또는 주차용도로 사용되는 시설	바닥면적 200 [m^2] 이상
	기계식 주차시설 자동차 20대 이상
• 노인 관련 시설 중 노인주거복지시설, 노인의료복지시설, 재가노인복지시설, 학대피해노인 전용쉼터 • 아동복지시설(아동상담소, 아동전용시설 및 지역아동센터는 제외한다) • 장애인 거주시설 • 결핵환자나 한센인이 24시간 생활하는 노유자시설	단독주택, 공동주택에 설치되는 시설 제외

구분	기준
• 6층 이상 건축물 • 항공기격납고, 관망탑, 항공관제탑, 방송용 송수신탑 • 요양병원(의료재활시설 제외) • 위험물 저장 및 처리시설, 지하구, 전기저장시설, 풍력발전소 • 조산원, 산후조리원, 의원(입원실 또는 인공신장실이 있는 것으로 한정한다) • 공장 또는 창고시설로서 지정 수량의 750배 이상의 특수가연물을 저장·취급하는 것 • 가스시설로서 지상에 노출된 탱크의 저장용량의 합계가 100톤 이상인 것	-

정답 41 ①

42 상중하

화재의 예방 및 안전관리에 관한 법령상 일반음식점에서 조리를 위하여 불을 사용하는 설비를 설치할 경우 화재예방을 위하여 지켜야 할 사항 중 틀린 것은?

① 주방설비에 부속된 배기덕트는 0.5 [mm] 이상의 아연도금강판 또는 이와 동등 이상의 내식성 불연재료로 설치할 것
② 주방시설에는 기름을 제거할 수 있는 필터 등을 설치할 것
③ 열을 발생하는 조리기구는 반자 또는 선반으로부터 0.5 [m] 이상 떨어지게 할 것
④ 열을 발생하는 조리기구로부터 0.15 [m] 이내의 거리에 있는 가연성 주요구조부는 석면판 또는 단열성이 있는 불연재로 덮어씌울 것

해설 음식조리를 위하여 설치하는 설비

- 주방설비에 부속된 배출덕트는 0.5 [mm] 이상 아연도금강판 또는 동등 이상의 내식성 불연재료로 설치
- 동·식물 기름 제거 가능한 필터 설치
- 열 발생 조리기구는 반자 또는 선반으로부터 0.6 [m] 이상 떨어지게 할 것
- 열 발생 조리기구로부터 0.15 [m] 이내 거리의 가연성 주요구조부는 석면판 또는 단열성 있는 불연재료로 덮어씌울 것

43 상중하

소방시설공사업법령상 상주 공사감리의 대상기준 중 다음 괄호 안에 알맞은 것은?

> - 연면적 (㉠) [m^2] 이상의 특정소방대상물(아파트는 제외) 에 대한 소방시설의 공사
> - 지하층을 포함한 층수가 (㉡)층 이상으로서 (㉢) 세대 이상인 아파트에 대한 소방시설의 공사

① ㉠ 30000, ㉡ 16, ㉢ 500
② ㉠ 30000, ㉡ 11, ㉢ 300
③ ㉠ 50000, ㉡ 16, ㉢ 500
④ ㉠ 50000, ㉡ 11, ㉢ 300

해설 공사감리 대상

종류	대상	방법
상주 감리	• 연 3만 [m^2] 이상(아파트 제외) • 16층(지하층 포함) 이상으로 500세대 이상 아파트	• 정한 기간에 현장 상주 • 감리업무 수행, 감리일지 작성 • 1일 이상 일탈 시 발주 확인·업무대행
일반 감리	• 상주감리 이외 공사현장	• 배치기간에 현장 업무, 주 1회 이상 • 감리업무 수행, 감리일지 작성 • 14일 이내 수행 불가 시 대행자 지정 • 대행자 주 2회 이상 배치, 업무내용 통보

2022

정답 42 ③ 43 ①

44 상중하

화재의 예방 및 안전관리에 관한 법령상 화재예방강화지구로 지정할 수 있는 대상지역이 아닌 것은? (단, 소방청장·소방본부장 또는 소방서장이 화재예방강화지구로 지정할 필요가 있다고 별도로 지정한 지역은 제외한다)

① 시장지역
② 석조건물이 있는 지역
③ 위험물의 저장 및 처리시설이 밀집한 지역
④ 석유화학제품을 생산하는 공장이 있는 지역

해설 화재예방강화지구 지정

1) 지정권자 : 시·도지사
2) 화재예방강화지구 지정 요청 : 소방청장
3) 화재예방강화지구
(1) 시장지역
(2) 공장·창고가 밀집한 지역
(3) 목조건물이 밀집한 지역
(4) 노후·불량건축물이 밀집한 지역
(5) 위험물의 저장 및 처리시설이 밀집한 지역
(6) 석유화학제품을 생산하는 공장이 있는 지역
(7) 산업입지 및 개발에 관한 법률에 따른 산업단지
(8) 소방시설·소방용수시설·소방출동로가 없는 지역
(9) 물류단지
(10) (1) ~ (9)까지 준하는 지역으로서 소방관서장이 화재예방강화지구로 지정할 필요가 있다고 인정하는 지역

45 상중하

소방시설관리업자가 점검을 하지 않은 경우 1차 행정처분 기준은?

① 등록취소 ② 경고(시정명령)
③ 영업정지 1월 ④ 영업정지 6월

해설 소방시설관리업에 대한 행정처분기준

위반사항	행정처분기준		
	1차	2차	3차
거짓, 그 밖의 부정한 방법으로 등록한 경우	등록취소		
점검을 하지 않거나 점검능력 평가를 받지 않고 자체점검을 한 경우	영업정지 1개월	영업정지 3개월	등록취소
점검을 거짓으로 한 경우	경고 (시정명령)	영업정지 3개월	등록취소
등록기준에 미달된 경우	경고 (시정명령)	영업정지 3개월	등록취소

46 상중하

소방시설공사업법상 특정소방대상물의 관계인 또는 발주자로부터 소방시설공사 등을 도급받은 소방시설업자가 제3자에게 소방시설공사 시공을 하도급할 수 없다. 이를 위반하는 경우의 벌칙기준은? (단, 대통령령으로 도급하는 소방시설공사의 일부를 한 번만 제3자에게 하도급할 수 있는 경우는 제외한다)

① 100만 원 이하의 벌금
② 300만 원 이하의 벌금
③ 1년 이하의 징역 또는 1000만 원 이하의 벌금
④ 3년 이하의 징역 또는 1500만 원 이하의 벌금

정답 44 ② 45 ③ 46 ③

해설 소방시설공사업법 벌칙

[3년 3000만 원]
1) 소방시설업 등록하지 아니하고 영업을 한 자
2) 부정한 청탁을 받고 재물 또는 재산상의 이익을 취득하거나 부정한 청탁을 하면서 재물 또는 재산상의 이익을 제공한 자

[1년 1000만 원]
1) 영업정지 처분을 받고 그 기간에 영업한 자
2) 법과 NFTC를 위반한 설계·시공자
3) 적법하지 않게 감리를 하거나 거짓으로 감리한 자
4) 공사 감리자를 지정하지 아니한 관계인
5) 공사업자가 감리업자의 시정보완 요구를 무시하고 그 공사를 계속할 경우 감리업자는 그 사실을 소방본부장 또는 소방서장에게 보고하여야 함. 이 사실을 거짓으로 보고한 감리업자
6) 공사감리 결과보고서의 제출을 거짓으로 한 감리업자
7) 무등록 소방시설업자에게 소방공사 도급한 관계인 또는 발주자
8) 도급받은 소방시설의 설계, 시공, 감리를 하도급한 자
9) 하도급받은 소방시설공사를 다시 하도급한 하수급인
10) 소방기술자가 법 또는 명령을 따르지 않고 업무를 수행한 자

47 (상 중 하)

화재의 예방 및 안전관리에 관한 법률에 따라 2급 소방안전관리대상물의 소방안전관리자로 선임될 수 있는 자격기준으로 알맞은 것은?

① 전기기능사 자격을 가진 자
② 소방서에서 3년 이상 소방업무에 종사한 경력이 있는 자
③ 경찰공무원으로 2년 이상 근무한 경력이 있는 자
④ 의용소방대원으로 2년 이상 근무한 경력이 있는 자

해설 2급 소방안전관리대상물 소방안전관리자

1) 위험물기능장·위험물산업기사·위험물기능사 자격자
2) 소방공무원으로 3년 이상 근무 경력
3) 「기업활동 규제완화에 관한 특별조치법」에 따라 소방안전관리자로 선임된 사람
4) 소방청장 실시 2급 소방안전관리 시험 합격자

48 (상 중 하)

옥외에 연결송수구 및 옥내에 방수구가 부설된 옥내소화전설비·스프링클러설비·간이스프링클러설비 또는 연결살수설비를 화재안전기술기준에 적합하게 설치한 경우 그 설비의 유효범위 안의 부분에서 설치가 면제되는 것은?

① 연소방지설비
② 상수도소화용수설비
③ 물분무등소화설비
④ 연결송수관설비

해설 소방시설 설치 면제기준

설치 면제	설치 면제기준
스프링클러설비	• 자동소화장치 또는 물분무등소화설비 설치(전기저장시설 제외) • 전기저장시설에 소방청장이 고시하는 소화설비를 설치한 경우
물분무등소화설비	차고·주차장에 스프링클러설비 설치
비상경보설비, 단독경보형 감지기	자동화재탐지설비 설치 또는 화재알림설비 설치
연소방지설비	스프링클러설비, 물분무소화설비, 미분무소화설비
연결송수관설비	옥외 연결송수구 및 옥내 방수구가 부서된 옥내소화전설비, (간이)스프링클러설비, 연결살수설비 설치

정답 47 ② 48 ④

49 상중하

소방시설 설치 및 관리에 관한 법령상 수용인원 산정방법 중 다음의 청소년시설의 수용인원은 몇 명인가?

청소년시설의 종사자수는 5명, 숙박시설은 모두 2인용 침대이며 침대수량은 50개다.

① 55 ② 75
③ 85 ④ 105

해설 수용인원 산정방법

※ 숙박시설이 있는 특정소방대상물
- 침대 있는 경우 : 종사자 수 + 침대 수
- 침대 없는 경우 : 종사자 수 + $\frac{\text{바닥면적 합계}}{3\,[m^2]}$

∴ 수용인원 = 5 + (50 × 2) = 105명

TIP 2인용 침대는 2인으로 산정

※ 숙박시설 이외의 특정소방대상물
- 강의실·교무실·상담실·실습실·휴게실 용도로 쓰이는 특정소방대상물 : 바닥면적 합계 / 1.9 [m^2]
- 강당·문화집회시설·운동시설·종교시설 : 바닥면적 합계 / 4.6 [m^2]
- 관람석에 고정식 의자가 있는 경우 : 의자 수
- 관람석에 긴 의자가 있는 경우 : 의자의 정면너비 / 0.45 [m]
- 그 밖의 대상물 : 바닥면적 합계 / 3 [m^2]

50 상중하

위험물안전관리법령상 제조소등이 아닌 장소에서 지정수량 이상의 위험물을 취급할 수 있는 기준 중 다음 ( ) 안에 알맞은 것은?

시·도의 조례가 정하는 바에 따라 관할 소방서장의 승인을 받아 지정수량 이상의 위험물을 ( )일 이내의 기간 동안 임시로 저장 또는 취급하는 경우

① 15 ② 30
③ 60 ④ 90

해설 위험물 임시저장

1) 위치·구조·설비기준 : 시·도 조례
2) 제조소등이 아닌 장소에서 지정수량 이상 위험물 취급할 수 있는 경우
   - 관할소방서장 승인 받아 지정수량 이상 위험물 90일 이내로 임시 저장·취급
   - 군부대는 지정수량 이상 위험물 군사 목적으로 임시 저장·취급

51 상중하

소방시설 설치 및 관리에 관한 법령상 소방시설관리사의 결격사유가 아닌 것은?

① 피성년후견인
② 소방기본법령에 따른 금고 이상의 실형을 선고받고 그 집행이 면제된 날부터 2년이 지나지 아니한 사람
③ 소방시설공사업법령에 따른 금고 이상의 형의 집행유예를 선고받고 그 유예기간이 지난 후 2년이 지나지 아니한 사람
④ 거짓이나 그 밖의 부정한 방법으로 관리사시험에 합격하여 자격이 취소된 날부터 2년이 지나지 아니한 사람

해설 소방시설관리사 결격사유

- 피성년후견인
- 금고 이상 실형을 선고받고 집행이 끝나거나 면제된 날부터 2년이 지나지 않은 자
- 금고 이상 형의 집행유예 선고받고 유예기간 중인 자
- 자격 취소된 날부터 2년이 지나지 않은 자

정답 49 ④ 50 ④ 51 ③

52 상중하

특정소방대상물의 자동화재탐지설비 설치 면제기준 중 다음 ( ) 안에 알맞은 것은? (단, 자동화재탐지설비의 기능은 감지·수신·경보기능을 말한다)

> 자동화재탐지설비 기능과 성능을 가진 ( ) 또는 물분무등소화설비를 화재안전기술기준에 적합하게 설치한 경우에는 그 설비의 유효범위에서 설치가 면제된다.

① 비상경보설비
② 연소방지설비
③ 연결살수설비
④ 스프링클러설비

해설 소방시설 설치 면제기준

설치 면제	설치 면제기준
물분무등소화설비	차고·주차장에 스프링클러설비 설치
비상경보설비, 단독경보형 감지기	자동화재탐지설비 또는 화재알림설비 설치
연소방지설비	스프링클러설비, 물분무소화설비, 미분무소화설비
자동화재탐지설비	자동화재탐지설비의 기능·성능 가진 화재알림설비·**스프링클러설비**, 물분무등소화설비 설치

53 상중하

감리업자가 소방공사의 감리를 완료할 때 그 감리결과를 통보해야 하는 대상자가 아닌 것은?

① 시·도지사
② 소방시설공사의 도급인
③ 특정소방대상물의 관계인
④ 특정소방대상물의 공사를 감리한 건축사

해설 감리결과 통보

1) 기간 : 7일 이내
2) 대상자
- 특정소방대상물의 관계인
- 소방시설공사의 도급인
- 특정소방대상물 공사 감리한 건축사
- 소방본부장, 소방서장

54 상중하

소방기본법상 명령권자가 소방본부장, 소방서장, 소방대장에게 있는 사항은?

① 소방활동을 할 때에 긴급한 경우에는 이웃한 소방본부장 또는 소방서장에게 소방업무의 응원 요청할 수 있다.
② 화재, 재난·재해, 그 밖의 위급한 상황이 발생한 현장에서 소방활동을 위하여 필요할 때에는 그 관할구역에 사는 사람 또는 그 현장에 있는 사람으로 하여금 사람을 구출하는 일 또는 불을 끄거나 불이 번지지 아니하도록 하는 일을 하게 할 수 있다.
③ 수사기관이 방화 또는 실화의 혐의가 있어서 이미 피의자를 체포하였거나 증거물을 압수하였을 때에 화재조사를 위하여 필요한 경우에는 수사에 지장을 주지 아니하는 범위에서 그 피의자 또는 압수된 증거물에 대한 조사를 할 수 있다.
④ 화재, 재난·재해, 그 밖의 위급한 상황이 발생하였을 때에는 소방대를 현장에 신속하게 출동시켜 화재진압과 인명구조·구급 등 소방에 필요한 활동을 하게 하여야 한다.

정답 52 ④ 53 ① 54 ②

해설 소방본부장, 소방서장, 소방대장 권한

구분	권한
소방청장	• 소방박물관 설립 • 한국소방안전원 감독 • 소방력 동원 요청
소방청장, 소방본부장, 소방서장	• 소방활동
소방본부장, 소방서장	• 소방업무 응원요청 • 지리조사
소방본부장, 소방서장, 소방대장	• 소방활동 종사명령 • 강제처분 • 피난명령 • 위험시설 긴급조치
소방대장	• 소방활동구역 설정

55 상 중 하

소방기본법령상 소방용수시설 및 지리조사의 기준 중 다음 (　　) 안에 알맞은 것은?

> 소방본부장 또는 소방서장은 원활한 소방 활동을 위하여 설치된 소방용수시설에 대한 조사를 (㉠)회 이상 실시하여야 하며 그 조사결과를 (㉡)년간 보관하여야 한다.

① ㉠ 월 1, ㉡ 1　　② ㉠ 월 1, ㉡ 2
③ ㉠ 년 1, ㉡ 1　　④ ㉠ 년 1, ㉡ 2

해설 소방용수시설 설치 및 관리

1) 소방용수시설 : 소화전, 급수탑, 저수조
2) 소방용수시설 설치·유지·관리 : 시·도지사
※「수도법」에 따라 소화전을 설치하는 일반수도사업자는 관할 소방서장과 사전협의를 거친 후 소화전을 설치하여야 하며, 설치 사실을 관할 소방서장에게 통지하고 그 소화전을 유지·관리
3) 시·도지사는 소방자동차의 진입이 곤란한 지역 등 화재발생 시에 초기 대응이 필요한 지역으로서 "대통령령으로 정하는 지역"에 소방호스 또는 호스릴 등을 소방용수시설에 연결하여 화재를 진압하는 시설이나 장치(비상소화장치)를 설치하고 유지·관리할 수 있다(※ 대통령령으로 정하는 지역 : 화재경계지구, 시·도지사가 비상소화장치의 설치가 필요하다고 인정하는 지역).
4) 소방용수시설 및 지리조사기준
(1) 실시자 : 소방본부장·서장
(2) 횟수 및 보관 : 월 1회 이상 실시
결과 2년 보관

56 상 중 하

위험물안전관리법상 허가를 받지 아니하고 당해 제조소등을 설치하거나 그 위치·구조 또는 설비를 변경할 수 있으며, 신고를 하지 아니하고 위험물의 품명·수량 또는 지정수량의 배수를 변경할 수 있는 기준으로 틀린 것은?

① 주택의 난방시설을 위한 저장소 또는 취급소
② 공동주택의 중앙난방시설을 위한 저장소 또는 취급소
③ 수산용으로 필요한 건조시설을 위한 지정수량 20배 이하의 저장소
④ 농예용으로 필요한 난방시설을 위한 지정수량 20배 이하의 저장소

해설 제조소 설치 및 변경

1) 설치허가자 : 시·도지사(행정안전부령)
2) 변경신고 : 변경하고자 하는 날의 1일 전
3) 허가 제외 장소
• 주택의 난방시설(공동주택 중앙난방시설 제외)을 위한 저장소·취급소
• 농예용·축산용·수산용으로 필요한 난방·건조시설을 위한 지정수량 20배 이하의 저장소

정답 55 ② 56 ②

57 상중하

위험물안전관리법령상 인화성액체위험물(이황화탄소를 제외)의 옥외탱크저장소의 탱크주위에 설치하여야 하는 방유제의 기준 중 틀린 것은?

① 방유제의 용량은 방유제 안에 설치된 탱크가 하나인 때 그 탱크 용량의 110 [%] 이상으로 할 것
② 방유제의 용량은 방유제 안에 설치된 탱크가 2기 이상인 때 그 탱크 중 용량이 최대인 것의 용량의 110 [%] 이상으로 할 것
③ 방유제의 높이는 1 [m] 이상 3 [m] 이하, 두께 0.2 [m] 이상, 지하매설깊이 0.5 [m] 이상으로 할 것
④ 방유제 내의 면적은 80000 [m^2] 이하로 할 것

해설 방유제

1) 방유제 용량
⑴ 탱크 1기 : 탱크용량 110 [%] 이상
⑵ 탱크 2기 이상 : 최대 탱크 용량 110 [%] 이상
2) 방유제 높이 : 0.5 [m] 이상 3 [m] 이하
3) 방유제 두께 : 0.2 [m] 이상
4) 지하매설길이 : 1 [m] 이상
5) 방유제 면적 : 80000 [m^2] 이하
6) 방유제 내에 설치하는 옥외저장탱크 수 : 10기 이하
7) 방유제 재질 : 철근콘크리트, 흙담

58 상중하

화재의 예방 및 안전관리에 관한 법령상 소방본부장 또는 소방서장은 화재예방강화지구 안의 관계인에 대하여 소방상 필요한 훈련 및 교육을 실시하고자 하는 때에는 관계인에게 훈련 또는 교육 며칠 전까지 그 사실을 통보하여야 하는가?

① 5 ② 7
③ 10 ④ 14

해설 화재예방강화지구 관리

- 관리자 : 소방관서장
- 화재안전조사 : 연 1회 이상
- 훈련 및 교육 : 화재예방강화지구 안의 관계인에 대하여 연 1회 이상 실시
- 훈련 및 교육 통보 : 화재예방강화지구 안의 관계인에게 교육 10일 전까지 통보

59 상중하

소방시설 설치 및 관리에 관한 법령상 특정소방대상물의 관계인이 특정 소방대상물의 규모·용도 및 수용인원 등을 고려하여 갖추어야 하는 소방시설의 종류기준 중 다음 ( ) 안에 알맞은 것은?

> 화재안전기술기준에 따라 소화기구를 설치하여야 하는 특정소방대상물은 연면적 (㉠) [m^2] 이상인 것. 다만 노유자시설의 경우에는 투척용 소화용구 등을 화재안전기술기준에 따라 산정된 소화기 수량의 (㉡) 이상으로 설치할 수 있다.

① ㉠ 33, ㉡ 1/2
② ㉠ 33, ㉡ 1/5
③ ㉠ 50, ㉡ 1/2
④ ㉠ 50, ㉡ 1/5

해설 소화기구 설치대상

- 연면적 33 [m^2] 이상인 것(노유자시설 : 투척용 소화용구 등을 산정된 소화기 수량 1/2 이상 설치)
- 가스시설, 발전시설 중 전기저장시설 및 문화유산
- 터널, 지하구

2022

정답 57 ③ 58 ③ 59 ①

60 상 중 하

시장 지역에서 화재로 오인할 만한 우려가 있는 불을 피우거나 연막 소독을 한 자가 소방본부장 또는 소방서장에게 신고를 하지 아니하여 소방자동차를 출동하게 한 때에 과태료 부과 금액기준으로 옳은 것은?

① 20만 원 이하
② 50만 원 이하
③ 100만 원 이하
④ 200만 원 이하

해설 20만 원 이하의 과태료

화재로 오인할 만한 우려가 있는 불을 피우거나 연막 소독을 하기 전에 신고를 하지 않아 소방자동차를 출동하게 한 자

- 부과권자 : 소방본부장, 소방서장
- 과태료 : <u>20만 원 이하</u>

정답 60 ①

2022년 2회

소방전기시설의 구조 및 원리

3회독 월 일
2회독 월 일
1회독 월 일

목표시간 : 30분 | 시작 : _시 _분 | 종료 : _시 _분 | 맞은 개수 : _ /20

61 상중하

비상방송설비의 화재안전기술기준에 따른 비상방송설비의 설치기준에 적합하지 않은 것은?

① 비상방송용 확성기를 각 층마다 설치하였다.
② 엘리베이터 내부에는 별도의 음향장치를 설치하였다.
③ 음량조정기를 설치하므로 음량조정기의 배선은 2선식으로 하였다.
④ 실내에 설치된 비상방송용 확성기의 음성입력을 확인해보니 2 [W]이었다.

해설 비상방송설비 설치기준

1) 확성기
 (1) 음성입력 : 실외 3 [W] 이상, 실내 1 [W] 이상
 (2) 수평거리 : 층 각 부분으로부터 하나의 확성기까지의 25 [m] 이하
 (3) 확성기는 각 층마다 설치, 당해 층의 각 부분에 유효하게 경보를 발하도록 설치
2) 음량조정기(ATT) : 음량조정기의 배선은 3선식으로 한다.
3) 조작부
 (1) 조작스위치 높이 : 바닥으로부터 0.8 [m] 이상 1.5 [m] 이하
 (2) 기동장치의 작동과 연동하여 당해 기동장치가 작동한 층 또는 구역을 표시
 (3) 조작부 및 증폭기 설치장소 : 수위실 등 상시 사람이 근무, 점검이 편리, 방화상 유효한 곳
 (4) 2 이상 조작부 설치 시 설치장소 상호 간 동시통화 가능, 어느 조작부에서도 전구역 방송 가능
4) 층수가 11층(공동주택의 경우에는 16층)의 특정소방대상물은 다음과 같은 경보를 발할 수 있어야 한다.
 (1) 2층 이상의 층에서 발화한 때에는 발화층 및 그 직상 4개 층에 경보
 (2) 1층에서 발화한 때에는 발화층. 그 직상 4개 층 및 지하층에 경보
 (3) 지하층에서 발화한 때에는 발화층. 그 직상층 및 기타 지하층 경보
5) 기동장치에 따른 화재신고를 수신한 후 필요한 음량으로 화재 발생 상황 및 피난에 유효한 방송이 자동으로 개시될 때까지의 소요시간은 10초 이하로 할 것
6) 다른 방송설비와 공용할 경우 화재 시 비상경보 외의 방송을 차단할 수 있는 구조
7) 다른 전기회로에 따라 유도장애가 생기지 아니하도록 할 것
8) 음향장치의 구조 및 성능
 (1) 정격전압의 80 [%] 전압에서 음향을 발할 수 있는 것을 할 것
 (2) 자동화재탐지설비의 작동과 연동하여 작동할 수 있는 것으로 할 것

62 상중하

다음 중 비상벨설비의 발신기 설치기준으로 옳은 것은?

① 조작스위치는 바닥으로부터 0.5 [m] 이상 1.5 [m] 이하의 높이에 설치하여야 한다.
② 발신기의 위치표시등은 함의 중심부에 설치하여야 한다.
③ 특정소방대상물의 층마다 설치하되, 각 부분으로부터 하나의 발신기까지의 수평거리가 20 [m] 이하가 되도록 하여야 한다.
④ 복도 또는 별도로 구획된 실로서 보행거리가 40 [m] 이상일 경우에는 추가로 설치하여야 한다.

정답 61 ③ 62 ④

해설 비상벨설비의 발신기 설치기준

- 조작이 쉬운 장소에 설치하고, 조작스위치는 바닥으로부터 0.8 [m] 이상 1.5 [m] 이하의 높이에 설치할 것
- 특정소방대상물의 층마다 설치하되, 해당 특정소방대상물의 각 부분으로부터 하나의 발신기까지의 수평거리가 25 [m] 이하가 되도록 할 것. 다만 복도 또는 별도로 구획된 실로서 보행거리가 40 [m] 이상일 경우에는 추가로 설치하여야 한다.
- 발신기의 위치표시등은 함의 상부에 설치하되, 그 불빛은 부착 면으로부터 15° 이상의 범위 안에서 부착지점으로부터 10 [m] 이내의 어느 곳에서도 쉽게 식별할 수 있는 적색등으로 할 것

63 상중하

비상콘센트의 플러그 접속기는 단상 220 [V]의 경우 어느 것을 사용하여야 하는가?

① 4극 플러그 접속기
② 접지형 4극 플러그 접속기
③ 2극 플러그 접속기
④ 접지형 2극 플러그 접속기

해설 비상콘센트설비 전원회로 설치기준

1) 비상콘센트설비의 전원회로는 단상교류 220 [V]인 것으로서 그 공급용량은 1.5 [kVA] 이상인 것으로 할 것
2) 전원회로는 각 층에 2 이상이 되도록 설치할 것. 다만 설치해야 할 층의 비상콘센트가 1개인 때에는 하나의 회로로 할 수 있다.
3) 전원회로는 주배전반에서 전용회로로 할 것. 다만 다른 설비회로의 사고에 따른 영향을 받지 않도록 되어 있는 것은 그렇지 않다.
4) 전원으로부터 각 층의 비상콘센트에 분기되는 경우에는 분기배선용 차단기를 보호함 안에 설치할 것
5) 콘센트마다 배선용 차단기(KS C 8321)를 설치해야 하며 충전부가 노출되지 않도록 할 것
6) 개폐기에는 "비상콘센트"라고 표시한 표지를 할 것
7) 비상콘센트용의 풀박스 등은 방청도장을 한 것으로서 두께 1.6 [mm] 이상의 철판으로 할 것
8) 하나의 전용회로에 설치하는 비상콘센트는 10개 이하로 할 것. 이 경우 전선의 용량은 각 비상콘센트(비상콘센트가 3개 이상인 경우에는 3개)의 공급용량을 합한 용량 이상의 것으로 해야 한다.
9) 비상콘센트의 플러그접속기는 접지형 2극 플러그접속기(KS C 8305)를 사용해야 한다.
10) 비상콘센트의 플러그접속기의 칼받이의 접지극에는 접지공사를 해야 한다.

64 상중하

자동화재속보설비 속보기의 외함에 강판을 사용할 경우 외함의 최소 두께는 얼마인가?

① 1.2 [mm] ② 3 [mm]
③ 6.4 [mm] ④ 7 [mm]

해설 속보기 외함 두께

- 강판 외함 : 1.2 [mm] 이상
- 합성수지 외함 : 3 [mm] 이상

65 상중하

스프링클러설비에 사용하는 음향장치는 유수검지장치 등의 담당구역마다 설치하는 데 그 구역의 각 부분으로부터 하나의 음향장치까지의 거리기준으로 옳은 것은?

① 수평거리 25 [m] 이하
② 보행거리 25 [m] 이하
③ 수평거리 50 [m] 이하
④ 보행거리 50 [m] 이하

해설 스프링클러설비에서 음향장치 및 기동장치 설치기준

음향장치는 유수검지장치 및 일제개방밸브 등의 담당구역마다 설치하되 그 구역의 각 부분으로부터 하나의 음향장치까지의 수평거리는 25 [m] 이하가 되도록 할 것

정답 63 ④ 64 ① 65 ①

66 상중하

객석 내의 통로가 경사로 또는 수평로로 되어 있는 부분에 있어서 객석 통로의 직선부분 길이가 35 [m]인 경우에 설치하여야 할 객석유도등의 최소 개수로 옳은 것은?

① 5개 ② 7개
③ 8개 ④ 9개

해설 객석 유도등 설치개수

• 객석의 통로, 바닥 또는 벽에 설치할 것

$$\frac{\text{통로의 직선길이}}{4} - 1 = \frac{35}{4} - 1 = 7.75$$

$$= 8\text{개}$$

• 소수점 이하의 수는 1로 볼 것(절상한다)

67 상중하

자동화재탐지설비에서 감지기 사이의 회로배선을 송배선식으로 하고, 감지기회로 말단에 종단저항을 설치하는 이유로 옳은 것은 무엇인가?

① 도통시험을 하기 위해서
② 동작시험을 하기 위해서
③ 저전압시험을 하기 위해서
④ 공통선시험을 하기 위해서

해설 자동화재탐지설비에서 종단저항

감지기회로의 도통시험을 위한 종단저항은 다음의 기준에 따를 것
• 점검 및 관리가 쉬운 장소에 설치할 것
• 전용함을 설치하는 경우 그 설치높이는 바닥으로부터 1.5 [m] 이내로 할 것
• 감지기회로의 끝부분에 설치하며, 종단감지기에 설치할 경우에는 구별이 쉽도록 해당감지기의 기판 및 감지기 외부 등에 별도의 표시를 할 것

68 상중하

보상식 스포트형 감지기는 정온점이 감지기 주위의 평상시 최고온도보다 몇 [℃] 이상 높은 것으로 설치하여야 하는가?

① 10 [℃] ② 15 [℃]
③ 20 [℃] ④ 25 [℃]

해설 보상식 스포트형 감지기 정온점

보상식 스포트형 감지기 정온점은 감지기 주위의 평상시 최고온도보다 20 [℃] 이상 높은 것으로 설치한다.

69 상중하

유도표지의 표지면 휘도는 주위 조도 0 [lx]에서 20분간 발광 후 몇 [mcd/m^2] 이상으로 하여야 하는가?

① 6 ② 12
③ 24 ④ 36

해설 휘도시험

축광유도표지 및 축광위치표지의 표시면을 0 [lx] 상태에서 1시간 이상 방치한 후 200 [lx] 밝기의 광원으로 20분간 조사시킨 상태에서 다시 주위조도를 0 [lx]로 하여 휘도시험을 실시하는 경우 다음 각 호에 적합하여야 한다.
• 5분간 발광시킨 후의 휘도는 1 [m^2]당 110 [mcd] 이상이어야 한다.
• 10분간 발광시킨 후의 휘도는 1 [m^2]당 50 [mcd] 이상이어야 한다.
• 20분간 발광시킨 후의 휘도는 1 [m^2]당 24 [mcd] 이상이어야 한다.
• 60분간 발광시킨 후의 휘도는 1 [m^2]당 7 [mcd] 이상이어야 한다.

2022

정답 66 ③ 67① 68 ③ 69 ③

70 상중하

유도등 및 유도표지의 화재안전기술기준에 따라 거실의 통로가 벽체 등으로 구획된 경우 어떠한 유도등을 설치해야 하는지 옳은 것은?

① 피난구유도등
② 계단통로유도등
③ 복도통로유도등
④ 거실통로유도등

해설 통로유도등

1) 복도통로유도등
(1) 설치기준
① 복도에 설치할 것
② 옥내로부터 직접 지상으로 통하는 출입구 및 그 부속실의 출입구 또는 직통계단·직통계단의 계단실 및 그 부속실의 출입구의 경우 피난구 유도등이 설치된 출입구의 맞은편 복도에는 입체형으로 설치하거나 바닥에 설치할 것
③ 구부러진 모퉁이 및 위에 따라 설치된 통로유도등 기점으로 보행거리 20 [m]마다 설치할 것
④ 바닥에 설치하는 통로 유도등은 하중에 따라 파괴되지 않는 강도의 것으로 할 것
(2) 설치높이
바닥으로부터 높이 1 [m] 이하의 위치에 설치할 것(다만 지하층 또는 무창층의 용도가 도매시장·소매시장·여객자동차터미널·지하역사 또는 지하상가인 경우에는 복도·통로 바닥에 설치)
(3) 형식승인 및 제품 시 식별도기준
① 상용전원 점등 시 : 직선거리 20 [m] 위치(표시면 화살표 식별 가능)
② 비상전원 점등 시 : 직선거리 15 [m] 위치(표시면 화살표 식별 가능)
2) 거실통로유도등
(1) 설치기준
① <u>거실의 통로에 설치할 것(다만 거실의 통로가 벽체 등으로 구획 시 복도통로유도등을 설치하여야 한다)</u>
② 구부러진 모퉁이 및 보행거리 20 [m]마다 설치할 것
(2) 설치높이
바닥으로부터 높이 1.5 [m] 이상의 위치에 설치(다만 거실 통로에 기둥 설치 시 기둥부분의 바닥으로부터 1.5 [m] 이하의 위치에 설치 가능)
3) 계단통로유도등
(1) 설치기준
각 층의 경사로 참 또는 계단참마다(1개 층에 경사로참 또는 계단참이 2 이상 있는 경우에는 2개의 계단참마다) 설치할 것
(2) 설치높이
바닥으로부터 높이 1 [m] 이하의 위치에 설치할 것

71 상중하

다음 중 감지기의 설치기준으로 틀린 것은?

① 감지기는 천장 또는 반자의 옥내에 면하는 부분에 설치한다.
② 정온식 감지기는 주방이나 보일러실 등의 다량의 화기를 취급하는 장소에 설치한다.
③ 스포트형 감지기는 60° 이상 경사지지 않도록 부착한다.
④ 감지기(차동식 분포형의 것 제외)는 실내로의 공기유입구로부터 1.5 [m] 이상 떨어진 위치에 설치한다.

해설 감지기 설치기준

1) 공기관식 차동식 분포형 감지기
(1) 공기관의 노출부분 : 20 [m] 이상
(2) 하나의 검출부에 접속하는 공기관의 길이 : 100 [m] 이하
(3) 공기관과 감지구역의 각 변과의 수평거리 : 1.5 [m] 이하
(4) 공기관 상호 거리 : 6 [m] 이하(주요구조부가 내화 구조인 경우 : 9 [m])
(5) 공기관은 도중에 분기 금지
(6) 검출부는 5° 이상 경사되지 않을 것
(7) 검출부는 바닥으로부터 0.8 [m] 이상 ~ 1.5 [m] 이하의 위치에 설치할 것
2) <u>스포트형 감지기 설치할 때 각도가 45° 이상 경사가 되지 않도록 설치</u>

정답 70 ③ 71 ③

3) 보상식 스포트형 감지기는 정온점이 감지기 주위의 평상시 최고 온도보다 20 [℃] 이상 높은 것으로 설치
4) 정온식 감지기의 경우 작동온도가 주위 최고 온도보다 20 [℃] 이상 높은 것으로 설치

부착 높이 및 소방대상물의 구분		차동식		보상식		정온식		
		1종	2종	1종	2종	특종	1종	2종
4 [m] 미만	내화 구조	90	70	90	70	70	60	20
	기타 구조	50	40	50	40	40	30	15
4 [m] 이상 8 [m] 미만	내화 구조	45	35	45	35	35	30	-
	기타 구조	30	25	30	25	25	15	-

72 상중하

해당 전로에 정전기 차폐장치가 설치되지 아니한 무선통신 보조설비의 누설동축케이블 및 안테나는 고압의 전로로부터 몇 [m] 이상 떨어진 위치에 설치하여야 하는가?

① 1.5　② 3.0
③ 4.5　④ 6.0

해설 누설동축케이블 설치기준

1) 소방전용주파수대에서 전파의 전송 또는 복사에 적합한 것으로서 소방전용의 것으로 할 것(다만 소방대 상호 간 무선연락에 지장 없는 경우에는 다른 용도와 겸용 가능하다)
2) 누설동축케이블과 이에 접속하는 안테나 또는 동축케이블과 이에 접속하는 안테나에 따른 것으로 할 것
3) 누설동축케이블은 불연 또는 난연성의 것으로서 습기에 따라 전기의 특성이 변질되지 아니하는 것으로 하고, 노출하여 설치한 경우에는 피난 및 통행에 장애가 없도록 할 것
4) 누설동축케이블은 화재에 따라 해당 케이블의 피복이 소실된 경우에 케이블 본체가 떨어지지 아니하도록 4 [m] 이내마다 금속제 또는 자기제 등의 지지금구로 벽·천장·기둥 등에 견고하게 고정시킬 것(다만 불연재료로 구획된 반자 안에 설치하는 경우에는 그러하지 않는다)
5) 누설동축케이블 및 안테나는 금속판 등에 따라 전파의 복사 또는 특성이 현저하게 저하되지 아니하는 위치에 설치할 것
6) 누설동축케이블 및 안테나는 고압의 전로로부터 1.5 [m] 이상 떨어진 위치에 설치할 것(다만 해당 전로에 정전기 차폐장치를 유효하게 설치한 경우에는 그러하지 않는다)
7) 누설동축케이블의 끝부분에는 무반사 종단저항을 견고하게 설치할 것
8) 누설동축케이블 또는 동축케이블의 임피던스는 50 [Ω]으로 하고, 이에 접속하는 안테나·분배기 기타의 장치는 해당 임피던스에 적합한 것으로 하여야 함

73 상중하

정온식 감지선형 감지기의 설치기준에 관한 다음 설명 중 옳은 것은?

① 감지선형 감지기의 굴곡반경은 10 [cm] 이상으로 할 것
② 단자부와 마감 고정금구와의 설치간격은 5 [cm] 이내로 설치할 것
③ 감지기와 감지구역의 각 부분과의 수평거리가 내화구조의 경우 1종 4.5 [m] 이하, 2종 3 [m] 이하로 할 것
④ 감지기와 감지구역의 각 부분과의 수평거리가 기타구조의 경우 1종 1 [m] 이하, 2종 3 [m] 이하로 할 것

해설 정온식 감지선형 감지기 설치기준

1) 보조선이나 고정금구를 사용하여 감지선이 늘어지지 않도록 설치할 것
2) 단자부와 마감 고정금구와의 설치간격은 10 [cm] 이내로 설치할 것
3) 감지선형 감지기의 굴곡반경은 5 [cm] 이상으로 할 것
4) 감지기와 감지구역의 각부분과의 수평거리가 내화구조의 경우 1종 4.5 [m] 이하, 2종 3 [m] 이하로 할 것. 그 밖의 구조의 경우 1종 3 [m] 이하, 2종 1 [m] 이하로 할 것
5) 케이블트레이에 감지기를 설치하는 경우에는 케이블트레이 받침대에 마감금구를 사용하여 설치할 것
6) 창고의 천장 등에 지지물이 적당하지 않는 장소에서는 보조선을 설치하고 그 보조선에 설치할 것
7) 분전반 내부에 설치하는 경우 접착제를 이용하여 돌기를 바닥에 고정시키고 그곳에 감지기를 설치할 것
8) 그 밖의 설치방법은 형식승인 내용에 따르며 형식승인 사항이 아닌 것은 제조사의 시방(示方)에 따라 설치할 것

2022

정답 72 ① 73 ③

74 상중하

다음 중 누전경보기의 구성요소로 바르게 묶인 것은?

① 변류기, 감지기, 수신부, 차단기구
② 발신기, 변류기, 수신부, 음향장치
③ 수신부, 변류기, 중계기, 음향장치
④ 음향장치, 수신부, 변류기, 차단기구

해설 누전경보기

1) "누전경보기"란 내화구조가 아닌 건축물로서 벽, 바닥 또는 천장의 전부나 일부를 불연재료 또는 준불연재료가 아닌 재료에 철망을 넣어 만든 건물의 전기설비로부터 누설전류를 탐지하여 경보를 발하는 기기로서, 변류기와 수신부로 구성된 것을 말한다.
2) "수신부"란 변류기로부터 검출된 신호를 수신하여 누전의 발생을 해당 특정소방대상물의 관계인에게 경보해주는 것(차단기구를 갖는 것을 포함한다)을 말한다.
3) "변류기"란 경계전로의 누설전류를 자동적으로 검출하여 이를 누전경보기의 수신부에 송신하는 것을 말한다.
4) "경계전로"란 누전경보기가 누설전류를 검출하는 대상 전선로를 말한다.
5) "과전류차단기"란 「전기설비기술기준의 판단기준」 제38조와 제39조에 따른 것을 말한다.
6) "분전반"이란 배전반으로부터 전력을 공급받아 부하에 전력을 공급해주는 것을 말한다.
7) "인입선"이란 「전기설비기술기준」 제3조 제1항 제9호에 따른 것으로서, 배전선로에서 갈라져서 직접 수용장소의 인입구에 이르는 부분의 전선을 말한다.
8) "정격전류"란 전기기기의 정격출력 상태에서 흐르는 전류를 말한다.

75 상중하

다음 중 공칭작동온도가 80 [℃] 이상 120 [℃] 미만인 정온식 기능을 가진 감지기의 외피에 표시하는 색상은 무엇인가?

① 백색 ② 황색
③ 적색 ④ 청색

해설 정온식 감지선형 감지기 색상

• 80 [℃] 미만 : 백색
• <u>80 [℃] 이상 ~ 120 [℃] 미만 : 청색</u>
• 120 [℃] 이상 : 적색

76 상중하

자동화재탐지설비의 수신기 설치기준에 관한 설명으로 옳지 않은 것은?

① 하나의 경계구역은 하나의 표시등 또는 문자로 표시되도록 할 것
② 감지기·중계기 또는 발신기가 작동하는 경계구역을 표시할 수 있는 것으로 할 것
③ 하나의 소방대상물에는 2 이상의 수신기를 설치하지 아니하도록 할 것
④ 음향기구는 그 음량 및 음색이 다른 기기의 소음 등과 명확히 구별될 수 있는 것으로 할 것

해설 자동화재탐지설비 수신기 설치기준

1) 경비실 등 상시 사람이 근무하는 장소에 설치할 것. 다만 사람이 상시 근무하는 장소가 없는 경우에는 관계인이 쉽게 접근할 수 있고 관리가 쉬운 장소에 설치할 수 있다.
2) 수신기가 설치된 장소에는 경계구역 일람도를 비치할 것. 다만 모든 수신기와 연결되어 각 수신기의 상황을 감시하고 제어할 수 있는 수신기(이하 "주수신기"라 한다)를 설치하는 경우에는 주수신기를 제외한 그 밖의 수신기는 그렇지 않다.

정답 74 ④ 75 ④ 76 ③

3) 수신기의 음향기구는 그 음량 및 음색이 다른 기기의 소음 등과 명확히 구별될 수 있는 것으로 할 것
4) 수신기는 감지기·중계기 또는 발신기가 작동하는 경계구역을 표시할 수 있는 것으로 할 것
5) 화재·가스 전기등에 대한 종합방재반을 설치한 경우에는 해당 조작반에 수신기의 작동과 연동하여 감지기·중계기 또는 발신기가 작동하는 경계구역을 표시할 수 있는 것으로 할 것
6) 하나의 경계구역은 하나의 표시등 또는 하나의 문자로 표시되도록 할 것
7) 수신기의 조작 스위치는 바닥으로부터의 높이가 0.8 [m] 이상 1.5 [m] 이하인 장소에 설치할 것
8) 하나의 특정소방대상물에 2 이상의 수신기를 설치하는 경우에는 수신기를 상호 간 연동하여 화재발생 상황을 각 수신기마다 확인할 수 있도록 할 것
9) 화재로 인하여 하나의 층의 지구음향장치 배선이 단락되어도 다른 층의 화재통보에 지장이 없도록 각 층 배선상에 유효한 조치를 할 것

77 상중하

경계전로의 누설전류를 자동적으로 검출하여 이를 누전경보기의 수신부에 송신하는 것은 무엇인가?

① 발신기 ② 변류기
③ 중계기 ④ 검출기

해설 누전 경보기 용어 정의

1) "누전경보기"란 내화구조가 아닌 건축물로서 벽, 바닥 또는 천장의 전부나 일부를 불연재료 또는 준불연재료가 아닌 재료에 철망을 넣어 만든 건물의 전기설비로부터 누설전류를 탐지하여 경보를 발하는 기기로서, 변류기와 수신부로 구성된 것을 말한다.
2) "수신부"란 변류기로부터 검출된 신호를 수신하여 누전의 발생을 해당 특정소방대상물의 관계인에게 경보해주는 것(차단기구를 갖는 것을 포함한다)을 말한다.
3) "변류기"란 경계전로의 누설전류를 자동적으로 검출하여 이를 누전경보기의 수신부에 송신하는 것을 말한다.
4) "경계전로"란 누전경보기가 누설전류를 검출하는 대상 전선로를 말한다.
5) "과전류차단기"란 「전기설비기술기준의 판단기준」 제38조와 제39조에 따른 것을 말한다.
6) "분전반"이란 배전반으로부터 전력을 공급받아 부하에 전력을 공급해주는 것을 말한다.
7) "인입선"이란 「전기설비기술기준」 제3조 제1항 제9호에 따른 것으로서, 배전선로에서 갈라져서 직접 수용장소의 인입구에 이르는 부분의 전선을 말한다.
8) "정격전류"란 전기기기의 정격출력 상태에서 흐르는 전류를 말한다.

78 상중하

통로유도등의 설치기준에 관한 다음 설명 중 옳은 것은?

① 계단통로유도등은 바닥으로부터 높이 1 [m] 이하의 위치에 설치하여야 한다.
② 복도통로유도등은 바닥으로부터 높이 1.5 [m] 이하의 위치에 설치하여야 한다.
③ 거실통로유도등은 바닥으로부터 높이 1 [m] 이상의 위치에 설치하여야 한다.
④ 거실통로유도등은 거실통로에 기둥이 설치된 경우에는 기둥부분의 바닥으로부터 높이 1 [m] 이하의 위치에 설치할 수 있다.

해설 통로유도등 설치기준

1) 복도통로유도등
  (1) 설치기준
    ① 복도에 설치할 것
    ② 옥내로부터 직접 지상으로 통하는 출입구 및 그 부속실의 출입구 또는 직통계단·직통계단의 계단실 및 그 부속실의 출입구의 경우 피난구 유도등이 설치된 출입구의 맞은편 복도에는 입체형으로 설치하거나 바닥에 설치할 것
    ③ 구부러진 모퉁이 및 위에 따라 설치된 통로유도등 기점으로 보행거리 20 [m]마다 설치할 것
    ④ 바닥에 설치하는 통로 유도등은 하중에 따라 파괴되지 않는 강도의 것으로 할 것

2022

정답 77 ② 78 ①

(2) 설치높이
바닥으로부터 높이 1 [m] 이하의 위치에 설치할 것(다만 지하층 또는 무창층의 용도가 도매시장·소매시장·여객자동차터미널·지하역사 또는 지하상가인 경우에는 복도·통로 바닥에 설치)
(3) 형식승인 및 제품 시 식별도기준
① 상용전원 점등 시 : 직선거리 20 [m] 위치(표시면 화살표 식별 가능)
② 비상전원 점등 시 : 직선거리 15 [m] 위치(표시면 화살표 식별 가능)
2) 거실통로유도등
(1) 설치기준
① 거실의 통로에 설치할 것(다만 거실의 통로가 벽체 등으로 구획 시 복도통로유도등을 설치하여야 한다)
② 구부러진 모퉁이 및 보행거리 20 [m]마다 설치할 것
(2) 설치높이
바닥으로부터 높이 1.5 [m] 이상의 위치에 설치(다만 거실 통로에 기둥 설치 시 기둥부분의 바닥으로부터 1.5 [m] 이하의 위치에 설치 가능)
3) 계단통로유도등
(1) 설치기준
각 층의 경사로 참 또는 계단참마다(1개 층에 경사로참 또는 계단참이 2 이상 있는 경우에는 2개의 계단참마다) 설치할 것
(2) 설치높이
바닥으로부터 높이 1 [m] 이하의 위치에 설치할 것

79 상중하

다음 중 연기가 다량으로 유입할 우려가 있는 장소에 적합하지 않은 감지기는?

① 불꽃감지기
② 열아날로그식 감지기
③ 보상식 스포트형 감지기
④ 차동식 스포트형 감지기

해설 설치장소별 감지기 적응성

설치장소별 감지기 적응성(연기 감지기를 설치할 수 없는 경우 적용)에서 먼지 또는 미분 등이 다량으로 체류하는 장소에서 불꽃감지기에 따라 감시가 곤란한 장소는 적응성이 있는 열감지기를 설치해야 한다.

80 상중하

비상콘센트설비에 자가발전설비를 비상전원으로 설치 시 그 설치기준으로 옳지 않은 것은?

① 비상콘센트설비를 유효하게 20분 이상 작동시킬 수 있는 용량으로 한다.
② 상용전원의 전력공급 중단 시 자동 또는 수동으로 비상전원으로부터 전력을 공급받을 수 있도록 한다.
③ 비상전원의 설치장소는 다른 장소와 방화구획한다.
④ 비상전원을 실내에 설치하는 경우에는 그 실내에 비상조명등을 설치한다.

해설 비상콘센트 전원 설치기준

1) 제2호에 따른 비상전원 중 자가발전설비는 다음 각 목의 기준에 따라 설치하고, 비상전원수전설비는 「소방시설용 비상전원수전설비의 화재안전기술기준(NFTC 602)」에 따라 설치할 것
2) 점검에 편리하고 화재 및 침수 등의 재해로 인한 피해를 받을 우려가 없는 곳에 설치할 것
3) 비상콘센트설비를 유효하게 20분 이상 작동시킬 수 있는 용량으로 할 것
4) 상용전원으로부터 전력의 공급이 중단된 때에는 자동으로 비상전원으로부터 전력을 공급받을 수 있도록 할 것
5) 비상전원의 설치장소는 다른 장소와 방화구획할 것. 이 경우 그 장소에는 비상전원의 공급에 필요한 기구나 설비 외의 것(열병합발전설비에 필요한 기구나 설비는 제외한다)을 두어서는 아니 됨
6) 비상전원을 실내에 설치하는 때에는 그 실내에 비상조명등을 설치할 것

정답 79 ① 80 ②

2022년 4회

소방원론

3회독	월	일
2회독	월	일
1회독	월	일

목표시간 : 20분 | 시작 : _시 _분 | 종료 : _시 _분 | 맞은 개수 : _ /20

01 (상 **중** 하)

가스연소의 이상현상 중 연소속도보다 가스 분출속도가 클 때 나타나는 현상은?

① 리프팅(선화)
② 백파이어(역화)
③ 블로우오프
④ 백드래프트

해설 연소의 이상현상

구분	특징
불완전연소	• 산소의 공급이 부족하여 완전연소되지 못하고 가연물 일부가 미연소 • 일산화탄소(CO) 발생
역화 (Backfire)	• 불꽃이 역으로 진행하여 버너 내부에서 연소 • 분출속도 < 연소속도
선화 (Lifting)	• 내압이 커져 불꽃이 염공 위에 들떠서 연소 • 분출속도 > 연소속도
블로우오프 (Blow Off)	• 공기의 유속이 빨라 불꽃이 꺼지는 현상 • 분출속도 ≫ 연소속도
황염 (Yellow Tip)	• 불완전연소의 일종으로 노란 그을음(공기가 부족할 때 발생)

02 (상 중 **하**)

제1인산암모늄이 주성분인 분말소화약제는?

① 제3종 분말소화약제
② 제4종 분말소화약제
③ 제2종 분말소화약제
④ 제1종 분말소화약제

해설 분말소화약제

종별	소화약제	약제색	적응화재
1종	탄산수소나트륨 ($NaHCO_3$)	**백**색	BC급
2종	탄산수소칼륨 ($KHCO_3$)	**담자**색 (담회색)	
3종	제1인산암모늄 ($NH_4H_2PO_4$)	담**홍**색	ABC급
4종	탄산수소칼륨 + 요소 ($KHCO_3+(NH_2)_2CO$)	**회**(백)색	BC급

암기 ▶ 백담사 홍어회

03 (상 **중** 하)

화재 시 이산화탄소를 방출하여 산소농도를 13 [vol%]로 낮추어 소화하기 위한 공기 중 이산화탄소의 농도는 약 몇 [vol%]인가?

① 9.5 ② 25.8
③ 38.1 ④ 61.5

정답 01 ① 02 ① 03 ③

해설 이산화탄소의 농도

$$CO_2 \text{ 농도 [vol\%]} = \frac{21 - O_2[vol\%]}{21} \times 100$$

$$CO_2 \text{ 농도} = \frac{21 - O_2}{21} \times 100$$
$$= \frac{21 - 13}{21} \times 100 \fallingdotseq 38.095 \text{ [vol\%]}$$

04 상중하

다음 중 화재 발생 가능성이 가장 낮은 경우는?

① 폭발하한계가 낮을 때
② 활성화에너지가 클 때
③ 주위온도가 높을 때
④ 인화점이 낮을 때

해설 화재의 위험성

1) 연소상한계가 높을수록, 연소하한계가 낮을수록, 연소범위가 넓을수록 화재위험성이 높음
2) 활성화에너지가 작을수록 화재위험성이 높음
3) 주위온도가 높을수록 연소범위는 넓어짐(연소범위가 넓을수록 화재위험성 높음)
4) 인화점, 착화점이 낮을수록 화재위험성이 높음

05 상중하

다음 중 분진 폭발의 위험성이 가장 낮은 것은?

① 시멘트가루
② 알루미늄분
③ 석탄분말
④ 밀가루

해설 분진폭발을 일으키지 않는 물질

물과 반응하여 가연성 기체를 발생하지 않는 것
- 시멘트
- 석회석
- 탄산칼슘($CaCO_3$)
- 생석회(CaO) = 산화칼슘
- 소석회

암기 ▶ 분시석 탄생소

06 상중하

화재하중에 대한 설명 중 틀린 것은?

① 화재하중이 크면 단위면적당의 발열량이 크다.
② 화재하중은 화재구획실 내의 가연물 총량을 목재 중량당 비로 환산하여 면적으로 나눈 수치이다.
③ 화재하중이 크다는 것은 화재구획의 공간이 넓다는 것이다.
④ 화재하중이 같더라도 물질의 상태에 따라 가혹도는 달라진다.

해설 화재하중

1) 화재하중이란 화재실의 단위면적당 등가가연물(목재)의 양으로 건물화재 시 발열량 및 화재위험성 척도가 된다.
2) 화재구획실 내에 존재하는 가연물은 각각 단위중량당 발열량[kcal/kg]이 다르기 때문에 목재의 발열량으로 환산하여 화재하중을 산정한다(예 종이 : 4000 [kcal/kg], 고무 : 9000 [kcal/kg]).
3) 화재 시 주수시간을 결정하는 주요인이다.
4) 화재하중이 같더라도 가연물의 비표면적, 가연물의 배열상태, 가연물의 발열량, 화재실의 구조(단열성), 공기(산소)의 공급 상황 등이 화재강도에 영향을 미치므로 이에 따라 화재가혹도도 달라진다.

정답 04 ② 05 ① 06 ③

5) 화재하중 $q = \frac{\Sigma GH_i}{HA} = \frac{\Sigma Q}{4500A}$ [kg/m²]

G : 가연물의 양 [kg]

H_i : 단위중량당 발열량 [kcal/kg]

H : 목재의 단위중량당 발열량 [4500 kcal/kg]

A : 화재실의 바닥면적 [m²]

ΣQ : 화재실 내 가연물의 전발열량 [kcal]

TIP ▶ 화재가혹도 = 화재강도 × 화재하중

보충 ▶ 화재하중이 크다 = 가연물의 양 대비 화재구획의 공간이 좁다

07 (상 중 하)

표준 상태에서 44 [g]의 프로페인 1몰이 완전 연소할 경우 발생한 이산화탄소의 부피는 약 몇 [L]인가?

① 22.4　　② 44.8

③ 89.6　　④ 67.2

해설 완전연소 시 발생하는 이산화탄소의 양

1) 프로페인(프로판, C_3H_8)의 완전연소반응식

- $C_3H_8 + 5O_2 \rightarrow 3CO_2 + 4H_2O$

⇨ 프로페인(C_3H_8) 1 [mol] 연소 시 CO_2는 3 [mol] 발생

2) CO_2의 부피 [L]

표준 상태(0 [℃], 1기압)에서 1 [mol]의 부피는 22.4 [L]이므로

∴ CO_2의 부피 [L] = 22.4 [L/mol] × 3 [mol]

= 67.2 [L]

보충 ▶ 프로페인(프로판, C_3H_8)의 분자량 : 44 [g/mol]

보충 ▶ 원자량(C : 12, H : 1)

08 (상 중 하)

0 [℃], 1기압에서 44.8 [m³]의 용적을 가진 이산화탄소를 액화하여 얻을 수 있는 액화탄산가스의 무게는 약 몇 [kg]인가?

① 88　　② 44

③ 22　　④ 11

해설 이상기체상태방정식

이상기체상태방정식 $PV = nRT = \frac{W}{M}RT$

$$W = \frac{PVM}{RT} = \frac{1 \times 44.8 \times 44}{0.082 \times (273+0)} \fallingdotseq 88 \text{ [kg]}$$

P : 절대압력 [atm], n : 몰수 [kmol]

T : 절대온도 [K](273 + [℃])

W : 기체의 질량 [kg]

V : 부피 [m³] (1 [m³] = 1000 [L])

R : 기체상수 (0.082 [atm·m³/kmol·K])

M : 분자량 [kg/kmol] (CO_2 분자량 : 44)

2022

09 (상 중 하)

다음 중 가연성 가스가 아닌 것은?

① 일산화탄소　　② 프로페인

③ 아르곤　　④ 메테인

해설 가연성 가스

구분	가연성 가스	조연성 가스
정의	자기 자신이 연소하는 가스	자기 자신은 타지 않고 연소를 도와주는 가스
종류	**일산화탄소(CO)** 수소(H_2) **메테인(메탄, CH_4)** **프로페인(프로판, C_3H_8)** 암모니아(NH_3) 뷰테인(부탄, C_4H_{10})	오존(O_3) 공기 산소(O_2) 염소(Cl) 불소(F)

※ 아르곤 : 불활성 가스

정답 07 ④ 08 ① 09 ③

10 상중하

질소 79.2 [vol%], 산소 20.8 [vol%]로 이루어진 공기의 평균 분자량은?

① 28.83 ② 20.21
③ 36.00 ④ 15.44

해설 공기의 평균 분자량

- $N_2 = 14 \times 2 = 28$ [g/mol]
- $O_2 = 16 \times 2 = 32$ [g/mol]
- 공기 분자량 = $(28 \times 0.792) + (32 \times 0.208)$
  $\fallingdotseq 28.83$ [g/mol]

11 상중하

연기 농도에서 감광계수 0.1 [m^{-1}]은 어떤 현상을 의미하는가?

① 화재 최성기의 연기 농도
② 연기감지기가 작동하는 정도의 농도
③ 거의 앞이 보이지 않을 정도의 농도
④ 출화실에서 연기가 분출될 때의 연기농도

해설 감광계수

감광계수[m^{-1}]	가시거리[m]	내용
0.1	20 ~ 30	연기감지기 작동할 때
0.3	5	건물에 익숙한 사람이 피난에 지장을 느낄 때
0.5	3	어두움을 느낄 때
1	1 ~ 2	거의 앞이 보이지 않음
10	0.2 ~ 0.5	최성기 때 연기농도
30	-	출화실에서 연기 분출

12 상중하

인화칼슘과 물이 반응할 때 생성되는 가스는?

① 아세틸렌 ② 황화수소
③ 황산 ④ 포스핀

해설 물과 반응 시 발생가스

물질	가스
탄화**칼**슘(CaC_2)	**아**세틸렌(C_2H_2)
탄화**알**루미늄(Al_4C_3)	**메**테인(메탄, CH_4)
인화칼슘(Ca_3P_2)	**포**스핀(PH_3)
인화알루미늄(AlP)	**포**스핀(PH_3)
수소화리튬(LiH)	**수소**(H_2)

암기 ▶ 탄칼아, 탄알메, 인포

13 상중하

소화약제인 IG-541의 성분이 아닌 것은?

① 질소 ② 아르곤
③ 헬륨 ④ 이산화탄소

해설 불활성기체소화약제 중 IG-541

계열	소화약제	상품명	성분
IG	IG-541	Inergen	N_2, Ar, CO_2

14 상중하

과산화칼륨이 물과 반응하였을 때 발생하는 기체는?

① 아세틸렌 ② 메테인
③ 수소 ④ 산소

정답 10 ① 11 ② 12 ④ 13 ③ 14 ④

해설 과산화칼륨과 물과의 반응

1) 과산화칼륨 : 제1류 위험물 중 무기과산화물
2) 과산화칼륨과 물과의 반응성 : **산소 발생**

$2K_2O_2 + 2H_2O \rightarrow 4KOH + O_2 \uparrow$

보충 ▶ 제1류 위험물 중 무기과산화물 : 과산화나트륨, 과산화칼륨, 과산화리튬 등

15 상 중 하

목조건축물에서 화재가 최성기에 이르면 천장, 대들보 등이 무너지고 강한 복사열을 발생한다. 이때 나타낼 수 있는 최고 온도는 약 몇 [℃]인가?

① 600　　② 300
③ 1300　　④ 900

해설 건축물 화재 특징

구분	목조건축물	내화건축물
화재성상	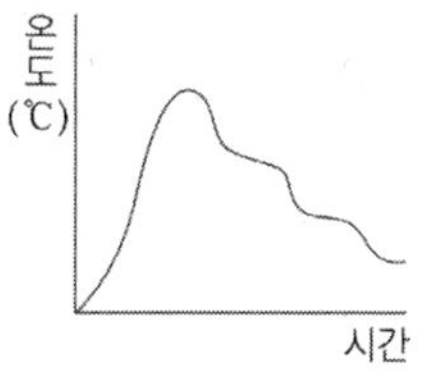 고온 단기형	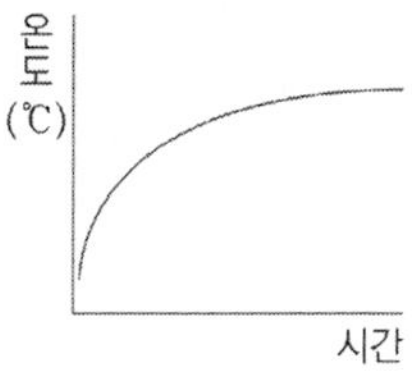 저온 장기형
최성기 온도	1000 ~ **1300** [℃]	800 ~ 1000 [℃]

16 상 중 하

전열기의 표면온도가 250 [℃]에서 650 [℃]로 상승되면 복사열은 약 몇 배 정도 상승하는가?

① 17.2배　　② 2.6배
③ 45.7배　　④ 9.7배

해설 스테판 볼츠만의 법칙

단위 면적당 복사열량 $Q\,[W/m^2] = \sigma T^4$

복사 : 열전달 매질 없이 전자파 형태로 열이 전달
스테판 볼츠만의 법칙에 의해 복사열은 **절대온도의 4승에 비례**한다.

보충 ▶ 매질 : 파동을 전달시키는 물질

$$\frac{Q_2}{Q_1} = \frac{(273+t_2)^4}{(273+t_1)^4} = \frac{(273+650)^4}{(273+250)^4} \fallingdotseq 9.7\text{배}$$

σ : 스테판 볼츠만 상수 $[W/m^2 \cdot K^4]$
T : 절대온도 [K] $(=273+t℃)$

17 상 중 하

유류 저장탱크의 화재에서 일어날 수 있는 현상과 거리가 먼 것은?

① 플래시 오버(Flash Over)
② 보일 오버(Boil Over)
③ 프로스 오버(Froth Over)
④ 슬롭 오버(Slop Over)

해설 유류탱크 화재 재해현상

현상	설명
보일 오버	중질유 탱크 저부의 에멀전(물)이 증발하면서 부피가 팽창하여 기름이 탱크 밖으로 화재를 동반하며 방출하는 현상
슬롭 오버	고온 기름 표면에 물 살수 시 급격한 수분 증발로 기름이 팽창되어 탱크 밖으로 분출하는 현상
프로스 오버	고온 아스팔트가 물이 존재하는 탱크에 옮겨지면서 화재를 수반하지 않고 기름을 분출하는 현상
블레비	비등액체 증기폭발, 주변 화재로 탱크 내 액체가 비등하고 압력이 상승하여 탱크가 파열되는 현상, 파이어 볼 발생 ※ 파이어 볼 : 인화성 액체가 대량 기화되어 갑자기 발화될 때 발생하는 공 모양 화염

보충 ▶ 플래시 오버 : 온도가 급격히 상승하여 화재가 순간적으로 실내 전체에 확산되는 현상

정답 15 ③ 16 ④ 17 ①

18 상 중 하

화재를 발생시키는 에너지인 열원의 물리적 원인으로만 나열한 것은?

① 마찰, 충격, 단열
② 압축, 분해, 단열
③ 압축, 단열, 용해
④ 마찰, 충격, 분해

해설 점화원 형태에 의한 분류

구분	종류
기계열 (물리적)	압축열, **마찰열**, 마찰스파크, **충격열**, **단열압축**
전기열	유도열, 유전열, 저항열, 아크열, 정전기열, 낙뢰에 의한 열
화학열	연소열, 분해열, 용해열, 생성열, 자연발화열

19 상 중 하

이산화탄소 20 [g]은 약 몇 [mol]인가?

① 0.23 ② 0.45
③ 2.2 ④ 4.4

해설 이산화탄소의 분자량을 이용한 몰수 구하기

- 이산화탄소의 분자량 : 44 [g/mol]
  → 1 [mol]당 44 [g]
- 1 [mol] : CO_2 1[mol]당 질량 [g]
  = CO_2가 20 [g]일 때 몰수 x [mol] : 20[g]
  $1\,[\text{mol}] : 44\,[\text{g}] = x : 20\,[\text{g}]$
  $x = \frac{20 \times 1}{44} \fallingdotseq 0.45\,[\text{mol}]$

20 상 중 하

CF_3Br소화약제의 명칭을 옳게 나타낸 것은?

① 할론 1011
② 할론 1211
③ 할론 1301
④ 할론 2402

해설 할론소화약제

종류	분자식	상온·상압
할론 1211	CF_2ClBr	기체
할론 1301	CF_3Br	기체
할론 1011	CH_2ClBr	액체
할론 2402	$C_2F_4Br_2$	액체

정답 18 ① 19 ② 20 ③

2022년 4회

소방전기일반

3회독 월 일
2회독 월 일
1회독 월 일

목표시간 : 30분 시작 : _시 _분 종료 : _시 _분 맞은 개수 : _/20

21 상중하

비정현파의 실횻값은?

① 기본파의 실횻값과 각 고조파의 실횻값을 모두 더하고 제곱근을 취한 것
② 기본파의 실횻값과 각 고조파의 실횻값을 각각 제곱하고 모두 더한 후 제곱근을 취한 것
③ 기본파의 실횻값에서 각 고조파의 실횻값을 뺀 것
④ 기본파의 실횻값과 각 고조파의 실횻값을 모두 더한 것

해설 비정현파

- 실횻값
  기본파와 고조파의 실횻값을 각각 제곱하고 더한 후 제곱근
- 직류분 + 기본파 + 고조파

22 상중하

그림의 블록선도에서 $\frac{C(s)}{D(s)}$ 는?

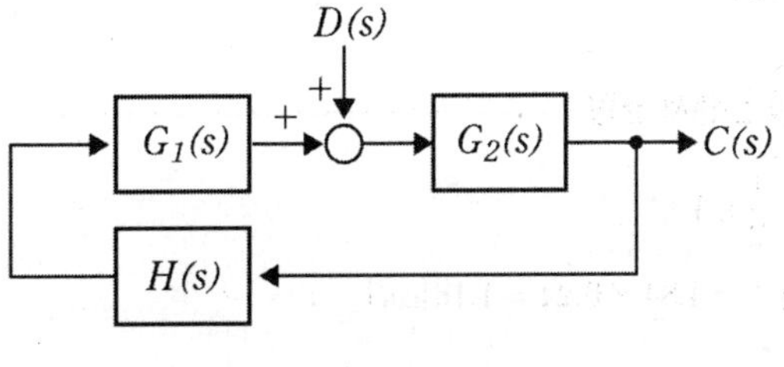

① $\frac{G_2(s)}{1-G_1(s)G_2(s)H(s)}$

② $\frac{G_1(s)G_2(s)}{H(s)}$

③ $\frac{H(s)}{G_1(s)G_2(s)}$

④ $\frac{G_1(s)}{1-G_1(s)G_2(s)H(s)}$

해설 블록선도

전달함수 : $G(s)=\frac{C(s)}{D(s)}=\frac{\text{전향경로이득}}{1-(loop)}$

$=\frac{G_2(s)}{1-G_1(s)G_2(s)H(s)}$

23 상중하

변압기의 온도상승시험방법은?

① 유도시험 ② 반환부하법
③ 가압시험 ④ 충격전압시험

해설 변압기 온도상승시험방법

- 반환부하법
- 등가부하법(= 단락부하법)

정답 21 ② 22 ① 23 ②

24 상 중 하

$R = 8\,[\Omega]$, $X_L = 10\,[\Omega]$, $X_c = 4\,[\Omega]$인 직렬회로에 220 [V]의 고류전압을 가하는 경우 회로의 역률은 약 얼마인가?

① 0.7　　② 0.9
③ 0.8　　④ 1

해설 R-L-C 직렬회로

$$\cos\theta = \frac{R}{Z} = \frac{R}{\sqrt{R^2 + (X_L - X_C)^2}}$$
$$= \frac{8}{\sqrt{8^2 + (10-4)^2}} = 0.8$$

25 상 중 하

회로에서 $a-b$ 간의 전압 V_{ab}는 약 몇 $[V]$인가?

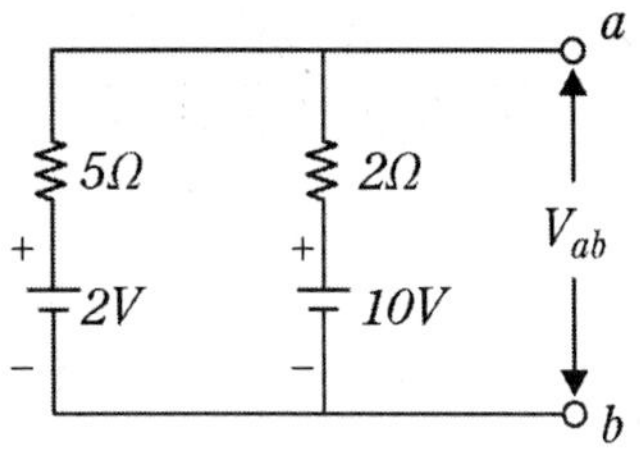

① 6.6　　② 7.7
③ 4.4　　④ 5.5

해설 밀만의 정리

$$V = IZ = \frac{I}{Y} = \frac{\frac{2}{5} + \frac{10}{2}}{\frac{1}{5} + \frac{1}{2}} = 7.7[V]$$

옴의법칙 V = IR에서, $I = \frac{V}{R}$

V : 전압 [V]

I : 전류 [A]

R : 저항 [Ω]

Y : 저항의 역수

26 상 중 하

다음 회로에서 전류 I 는 몇 [A]인가?

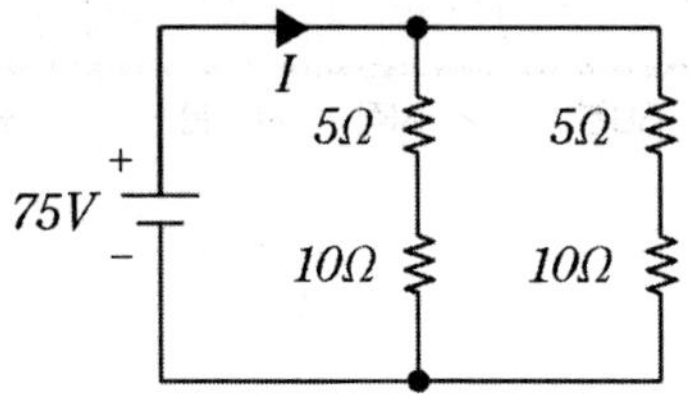

① 10　　② 8
③ 6　　④ 14

해설 전류 I

합성저항 $R_0 = \frac{15 \times 15}{15 + 15} = \frac{15}{2} = 7.5[\Omega]$

$I = \frac{V}{R} = \frac{75}{7.5} = 10[A]$

27 상 중 하

200 [μF]의 콘덴서에 220 [V]의 전압을 가하여 충전한 에너지로 저항에 모두 방전시켰다면 발열량은 약 몇 [cal]인가?

① 2.32
② 0.56
③ 1.16
④ 0.28

해설 콘덴서 열량

$W = \frac{1}{2} CV^2$

$4.84[J] = 4.84 \times 0.24 = 1.16[cal]$

정답 24 ③ 25 ② 26 ① 27 ③

28 상중하

$i(t)=5t+2t^2[A]$인 전류가 어떤 도체에 0초부터 30초까지 흘렀다면 이 도체를 통과한 전체 전기량은 몇 [C]인가?

① 20250
② 5062
③ 10125
④ 40500

해설 전기량

$$Q=\int_0^t idt=\int_0^{30}(5t+2t^2)dt=[\frac{2}{3}t^3+\frac{5}{2}t^2]_0^{30}$$

$$=(\frac{2}{3}\times 30^3+\frac{5}{2}\times 30^2)-0=20250[C]$$

29 상중하

잔류편차가 있는 결점을 가지는 제어계는 어떤 것인가?

① 비례제어계
② 비례적분제어계
③ 비례적분미분제어계
④ 적분제어계

해설 제어

구분		내용
불연속 제어	ON-OFF제어	단속적 제어동작
	샘플링(Sampling)	전압, 전류, 위상을 제어
연속제어	비례제어(P제어)	잔류 편차(Off Set) 발생
	적분제어(I제어)	• 잔류 편차(Off Set) 개선 • 시간지연(속응성) 발생
	미분제어(D제어)	• 시간지연 개선, 잔류 편차(Off Set) 존재, 오차방지 • 진동방지, 오버슈트가 커진다.
	비례적분제어(PI제어)	• 잔류 편차는 제거되지만 시간지연이 길다. • 간헐현상 존재, 지상보상 요소에 대응한다.
	비례미분제어(PD제어)	시간지연(응답속응성)을 개선, 잔류 편차는 있다.
	비례미분적분제어(PID제어)	시간지연도 향상시키고 잔류 편차도 제거한 제어계로 가장 안정적인 제어계

30 상중하

공기 중에 50 [A]의 전류가 흐르고 있는 무한 직선 도체로부터 2 [m] 떨어진 곳에서의 자기장 세기는 약 몇 [AT/m]인가?

① 15.92
② 7.96
③ 3.98
④ 31.84

해설 무한 직선 도체 자기장 세기

$$H=\frac{I}{2\pi r}=\frac{50}{2\pi\times 2}\fallingdotseq 3.98[AT/m]$$

H : 자기장의 세기 [AT/m]
I : 전류 [A]

정답 28 ① 29 ① 30 ③

31 상중하

직류전압계와 전류계를 사용하여 부하전압과 전류를 측정하고자 할 때 연결방법으로 옳은 것은?

① 전압계는 부하와 병렬, 전류계는 부하와 직렬
② 전압계, 전류계 모두 부하와 병렬
③ 전압계는 부하와 직렬, 전류계는 부하와 병렬
④ 전압계, 전류계 모두 부하와 직렬

해설 전압 · 전류 측정방법

전압계	전압 측정, 병렬연결
전류계	전류 측정, 직렬연결

32 상중하

계전기 접점의 불꽃을 소거할 목적으로 사용하는 것은?

① 터널다이오드 ② 바렉터다이오드
③ 바리스터 ④ 서미스터

해설 기타 반도체

명칭	특성
SCR	• 사이리스터의 한 종류 • 애노드(A), 캐소드(K), 게이트(G)로 구성된다. • 단방향 3단자 • 래칭전류 : SCR이 OFF 상태에서 ON 상태로의 전환이 이뤄지고, 트리거신호가 제거된 직후에 SCR을 ON 상태로 유지하는 데 필요한 최소한의 양극전류를 래칭전류라 한다.
트라이악 (TRIAC)	• npnpn의 5층구조 • 직 · 교류에서 모두 사용할 수 있는 3단자 스위칭 소자 • 교류전력 기기 제어용 • 쌍방향 3단자
다이악 (DIAC)	• 소용량 저항부하의 AC전력 제어용 • 쌍방향 2단자
서미스터	• 온도에 의해 저항값이 변하는 반도체 소자 • 부(−) 저항온도계수의 특성 : 온도 증가 시 저항 감소 • 열을 감지하는 감열저항체 소자 • 온도보상용, 온도계측용(온도계), 온도보정용
바리스터	• 인가되는 전압에 따라 저항값이 변하는 비선형 반도체 소자 • 전압에 따라 저항값이 변화하는 저항 소자 • 회로를 병렬로 연결하여 사용 • 서지전압으로부터 기기보호 • 계전기접점의 불꽃소거
사이리스터	• p형 반도체와 n형 반도체의 4층 이상 접합한 것 • 전극 단자 수가 2, 3, 4인 것이 있다(위상제어, 타이머회로, 트리거회로).
집적회로	• 하나의 실리콘 칩 내부에 트랜지스터, 다이오드 저항, 콘덴서 등 여러 가지 전자부품을 고밀도로 집적하여 패키지로 만든 것 • 시스템이 소형화, 가볍고 얇다. • 신뢰성이 높고 부품의 교체가 쉽다.

33 상중하

동선의 길이는 2배로, 단면적은 절반으로 되었을 때 저항은 처음의 몇 배가 되는가? (단, 체적은 일정하다)

① 16 ② 8
③ 4 ④ 2

해설 저항 계산

$$R=\rho\frac{l}{A}=\rho\frac{2l}{\frac{1}{2}A}=4\rho\frac{l}{A}=4R$$

정답 31 ① 32 ③ 33 ③

34 상중하

배율기의 저항이 50 [$k\Omega$]이고, 전압계의 내부 저항이 25 [$k\Omega$]일 때 전압계가 100 [V]를 지시하였다. 이때 실제 전압[V]은?

① 100 ② 600
③ 900 ④ 300

해설 배율기

$$V=(1+\frac{R_m}{R_v})V_0$$

$$=(1+\frac{50}{25})\times 100=300\ [k\Omega]$$

R_v : 내부저항
R_m : 배율기저항
m : 배율

35 상중하

다음 진리표의 논리게이트는? (단, A와 B는 입력이고 X는 출력이다)

A	B	X
0	0	1
0	1	0
1	0	0
1	1	0

① OR ② NOT
③ AND ④ NOR

해설 NOR게이트

• 하나라도 입력값이 1이면 출력값은 0
• OR의 반대

36 상중하

인버터(Inverter)에 대한 설명으로 옳은 것은?

① 직류전압을 평활하게 하는 장치이다.
② 직류전압을 교류전압으로 변환시켜준다.
③ 직류전압을 승압할 수 있는 장치이다.
④ 교류전압을 직류전압으로 변환시켜준다.

해설 인버터회로의 특징

1) 직류 전력을 교류 전력으로 변환
2) 구분 : 전류형 · 전압형 인버터
3) 전류방식 구분 : 타려식, 자려식
4) 인버터의 부하장치 : 동기전동기, 3상유도전동기
5) 교류전압을 직류전압으로 바꾸는 것 : 컨버터

37 상중하

그림과 같은 시퀀스회로의 논리식은?

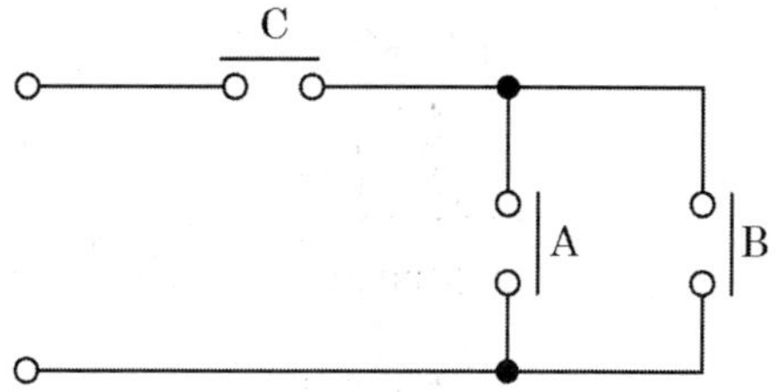

① $A+B+C$ ② $(A+B)\cdot C$
③ $A\cdot B\cdot C$ ④ $A\cdot B+C$

해설 논리식

병렬 : (+), 직렬 : (×)
(A + B) × C

유접점
AND회로($A\times B,\ A\cdot B$)

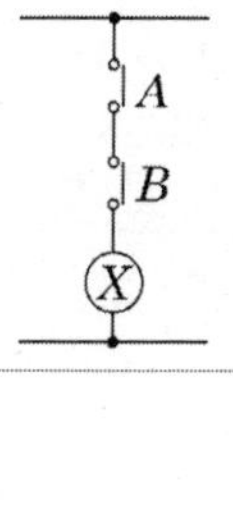

정답 34 ④ 35 ④ 36 ② 37 ②

유접점
OR회로($A+B$) 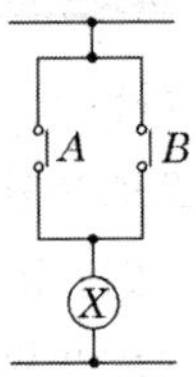
NOT회로(반전) 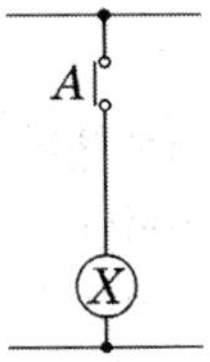
NAND회로(NOT + AND) 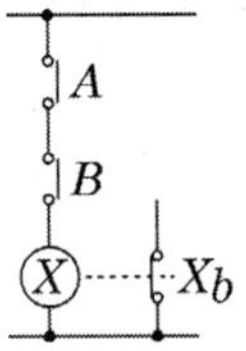
NOR회로(NOT + OR) 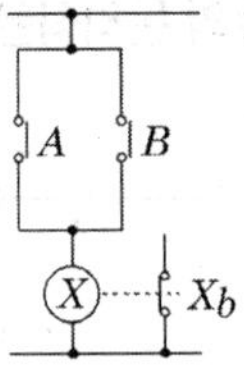
XOR회로 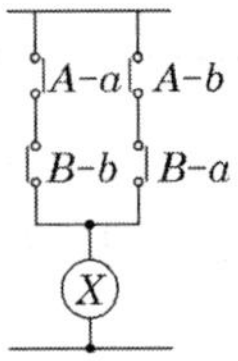

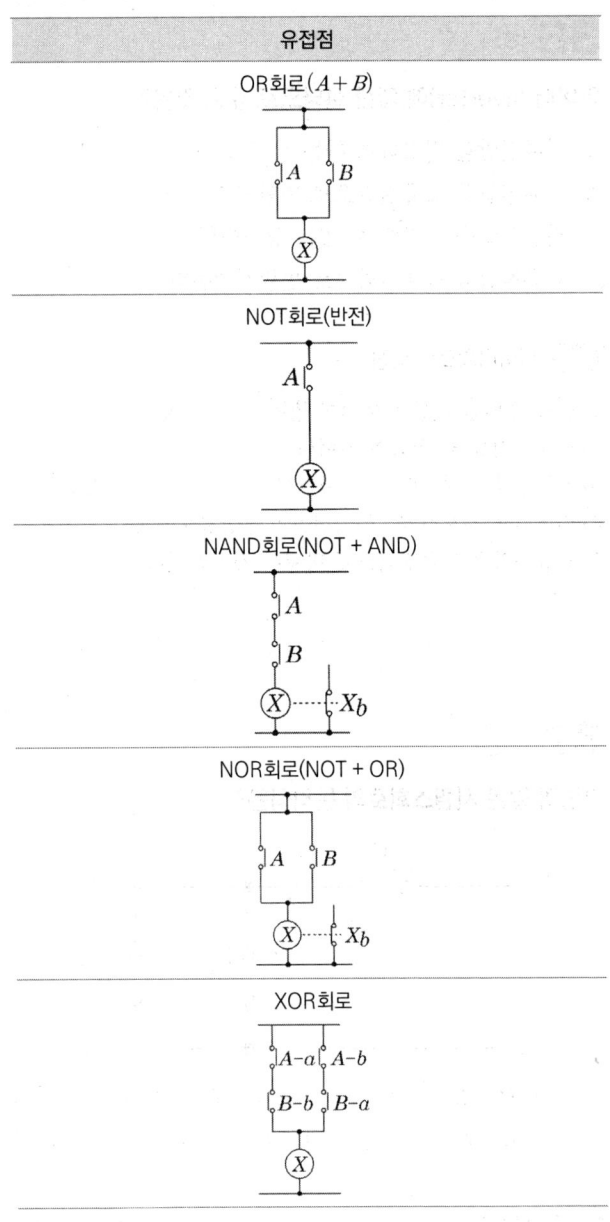

38 (상)중 하

전해액에 전류가 흐름으로써 비자발적으로 산화·환원의 전극반응을 일으켜 전기 에너지를 화학 에너지로 변환하는 것을 무엇이라고 하는가?

① 국부작용　　② 성극(분극)작용
③ 감극현상　　④ 전기분해

해설 전기분해

- 전해액의 전류가 흐름
- 화학변화 → 전기변화

39 상(중)하

정격 500 [W] 전열기에 정격전압의 80 [%]를 인가하면 전력은 몇 [W]인가?

① 620　　② 560
③ 320　　④ 400

해설 소비전력

$$P = VI = \frac{V^2}{R}$$

$$R = \frac{V^2}{P} = \frac{V^2}{500}[\Omega]$$

$$P_{0.8V} = \frac{V^2}{R} = \frac{(0.8V)^2}{\frac{V^2}{500}} = 320[W]$$

정답 38 ④ 39 ③

40 상 중 하

액체식 압력계의 종류가 아닌 것은?

① 액주식 압력계
② 환상식 압력계
③ 침종식 압력계
④ 다이어프램식 압력계

해설 압력계의 종류

1) 액체식 압력계 : 액주식, 침종식, 환상식 압력계
2) 기계식 압력계 : 다이어프램 압력계

정답 40 ④

2022년 4회

소방관계법규

3회독 월 일
2회독 월 일
1회독 월 일

목표시간 : 20분 | 시작 : _시 _분 | 종료 : _시 _분 | 맞은 개수 : _ /20

41 상 중 하

화재의 예방 및 안전관리에 관한 법령상 특수가연물의 저장 및 취급기준 중 석탄·목탄류를 저장하는 경우 쌓는 부분의 바닥면적은 몇 [m^2] 이하인가? (단, 살수설비를 설치하거나 방사능력 범위에 해당 특수가연물이 포함되도록 대형 수동식 소화기를 설치하는 경우이다)

① 200 ② 250
③ 300 ④ 350

해설 특수가연물 저장기준

1) 품명별로 구분하여 쌓을 것
2) 일반적인 경우
   (1) 쌓는 높이 : 10 [m] 이하
   (2) 쌓는 부분 바닥 : 50 [m^2] 이하(석탄·목탄류 : 200 [m^2] 이하)
3) 살수설비, 대형 수동식 소화기 설치하는 경우
   (1) 쌓는 높이 : 15 [m] 이하
   (2) 쌓는 부분의 바닥면적 : 200 [m^2] 이하(석탄·목탄류 : 300 [m^2] 이하)

42 상 중 하

소방기본법령상 저수조의 설치기준으로 틀린 것은?

① 지면으로부터의 낙차가 4.5 [m] 이상일 것
② 흡수부분의 수심이 0.5 [m] 이상일 것
③ 흡수에 지장이 없도록 토사 및 쓰레기 등을 제거할 수 있는 설비를 갖출 것
④ 흡수관의 투입구가 사각형의 경우에는 한 변의 길이가 60 [cm] 이상, 원형의 경우에는 지름이 60 [cm] 이상일 것

해설 소방용수시설 설치기준

1) 소화전
   • 상수도와 연결, 지하식·지상식 구조
   • 연결금속구 구경 : 65 [mm]
2) 급수탑
   • 급수배관구경 : 100 [mm] 이상
   • 개폐밸브 : 지상 1.5 [m] 이상 1.7 [m] 이하
3) 저수조
   • 지면으로부터의 낙차 : 4.5 [m] 이하
   • 흡수부분 수심 : 0.5 [m] 이상일 것
   • 흡수관 투입구 : 사각형 한 변 60 [cm]
     원형 지름 60 [cm] 이상

정답 41 ③ 42 ①

43 상중하

위험물안전관리법령에 따른 위험물제조소의 옥외에 있는 위험물취급탱크 용량이 100 [m^3] 및 180 [m^3]인 2개의 취급탱크 주위에 하나의 방유제를 설치하는 경우 방유제의 최소 용량은 몇 [m^3]이어야 하는가?

① 100 ② 140
③ 180 ④ 280

해설 위험물제조소 방유제 용량

1) 위험물제조소 방유제 용량
- 탱크 1기 : 탱크 용량 50 [%] 이상
- 탱크 2기 이상 : 최대 탱크 용량 50 [%] + 나머지 10 [%] 이상

2) 방유제 용량 = (180 × 0.5) + (100 × 0.1)
= 100 [m^3]

44 상중하

다음 위험물안전관리법령의 자체소방대기준에 대한 설명으로 틀린 것은?

> 다량의 위험물을 저장·취급하는 제조소등으로서 대통령령이 정하는 제조소등이 있는 동일한 사업소에서 대통령령이 정하는 수량 이상의 위험물을 저장 또는 취급하는 경우 당해 사업소 관계인은 대통령령이 정하는 바에 따라 당해 사업소에 자체 소방대를 설치하여야 한다.

① "대통령령이 정하는 제조소등"은 제4류 위험물을 취급하는 제조소를 포함한다.
② "대통령령이 정하는 제조소등"은 제4류 위험물을 취급하는 일반취급소를 포함한다.
③ "대통령령이 정하는 수량 이상의 위험물"은 제4류 위험물의 최대수량의 합이 지정수량의 3천 배 이상인 것을 포함한다.
④ "대통령령이 정하는 제조소등"은 보일러로 위험물을 소비하는 일반취급소를 포함한다.

해설 자체소방대 설치 사업소

사업소	지정수량
제4류 위험물 취급 제조소·일반취급소	3000배 이상
제4류 위험물 저장 옥외탱크저장소	500000배 이상

45 상중하

소방시설업 등록사항의 변경신고사항이 아닌 것은?

① 상호
② 대표자
③ 보유설비
④ 기술인력

해설 등록사항 변경신고

1) 변경신고 : 30일 이내(시·도지사)
2) 제출서류
 (1) 명칭·상호·영업소소재지 변경 : 소방시설관리업등록증 및 등록수첩
 (2) 대표자 변경 : 소방시설관리업등록증 및 등록수첩
 (3) 기술인력 변경
  ① 소방시설관리업등록수첩
  ② 변경된 기술인력 기술자격증(경력수첩 포함)
  ③ 소방기술인력대장

2022

정답 43 ① 44 ④ 45 ③

46 상중하

위험물안전관리법상 업무상 과실로 제조소등에서 위험물을 유출·방출 또는 확산시켜 사람의 생명·신체 또는 재산에 대하여 위험을 발생시킨 자에 대한 벌칙기준은?

① 5년 이하의 금고 또는 2000만 원 이하의 벌금
② 5년 이하의 금고 또는 7000만 원 이하의 벌금
③ 7년 이하의 금고 또는 2000만 원 이하의 벌금
④ 7년 이하의 금고 또는 7000만 원 이하의 벌금

해설 위험물법 벌칙

- 5년 이하 징역 또는 1억 원 이하 벌금
  제조소등의 설치허가를 받지 아니하고 제조소등을 설치한 자
- 7년 이하 금고 또는 7천만 원 이하 벌금
  업무상 과실로 위험물 유출·방출시켜 생명·신체·재산에 위험을 발생시킨 자
- 10년 이하 금고 또는 1억 원 이하 벌금
  업무상 과실로 위험물 유출·방출시켜 사람을 사상에 이르게 한 자

47 상중하

화재의 예방 및 안전관리에 관한 법령상 일반음식점에서 음식조리를 위해 불을 사용하는 설비를 설치하는 경우 지켜야 하는 사항으로 틀린 것은?

① 주방시설에는 동물 또는 식물의 기름을 제거할 수 있는 필터 등을 설치할 것
② 열을 발생하는 조리기구는 반자 또는 선반으로부터 0.6 [m] 이상 떨어지게 할 것
③ 주방설비에 부속된 배출덕트는 0.2 [mm] 이상의 아연도금강판으로 설치할 것
④ 열을 발생하는 조리기구로부터 0.15 [m] 이내의 거리에 있는 가연성 주요구조부는 석면판 또는 단열성이 있는 불연재료로 덮어씌울 것

해설 음식조리를 위하여 설치하는 설비

- 주방설비에 부속된 배출덕트는 0.5 [mm] 이상 아연도금강판 또는 동등 이상의 내식성 불연재료로 설치
- 동·식물 기름 제거 가능한 필터 설치
- 열 발생 조리기구는 반자 또는 선반으로부터 0.6 [m] 이상 떨어지게 할 것
- 열 발생 조리기구로부터 0.15 [m] 이내 거리의 가연성 주요구조부는 석면판 또는 단열성 있는 불연재료로 덮어씌울 것

48 상중하

소방용수시설의 설치기준 중 주거지역·상업지역 및 공업지역에 설치하는 경우 소방대상물과의 수평거리는 최대 몇 [m] 이하인가?

① 50　② 100
③ 150　④ 200

해설 소방용수시설 수평거리

- 주거지역·상업지역·공업지역 : 100 [m] 이하
- 그 외의 지역 : 140 [m] 이하

49 상중하

위험물안전관리법령상 관계인이 예방규정을 정하여야 하는 위험물을 취급하는 제조소의 지정수량기준으로 옳은 것은?

① 지정수량의 10배 이상
② 지정수량의 100배 이상
③ 지정수량의 150배 이상
④ 지정수량의 200배 이상

정답 46 ④ 47 ③ 48 ② 49 ①

해설 관계인이 예방규정을 정해야 하는 제조소

- 취급제조소 : 지정수량 10배 이상
- 옥외저장소 : 지정수량 100배 이상
- 옥내저장소 : 지정수량 150배 이상
- 옥외탱크저장소 : 지정수량 200배 이상
- 암반탱크저장소
- 이송취급소
- 지정수량 10배 이상의 위험물을 취급하는 일반취급소. 다만 제4류 위험물(특수인화물 제외)만을 지정수량의 50배 이하로 취급하는 일반취급소(제1석유류. 알코올류의 취급량이 지정수량의 10배 이하인 경우에 한함)로서 다음 어느 하나에 해당하는 것은 제외
  ① 보일러·버너 또는 이와 비슷한 것으로서 위험물을 소비하는 장치로 이루어진 일반취급소
  ② 위험물을 용기에 옮겨 담거나 차량에 고정된 탱크에 주입하는 일반취급소

50 상중하

소방시설공사업법령상 소방시설공사의 하자보수 보증기간이 3년이 아닌 것은?

① 자동소화장치
② 무선통신보조설비
③ 자동화재탐지설비
④ 간이스프링클러설비

해설 소방시설 하자보수 보증기간

소방시설	기간
• **피**난기구·유도등 • **비**상경보설비 • **비**상조명등 • **비**상방송설비 • **무**선통신보조설비	2년
• 자동소화장치 • 옥내·외소화전설비 • 스프링클러·간이스프링클러설비 • 물분무등소화설비 • 자동화재탐지설비 • 상수도소화용수설비 • 소화활동설비(무선통신보조설비 제외) • 화재알림설비	3년

암기 ▶ 이년 피비무

51 상중하

시장지역에서 화재로 오인할 만한 우려가 있는 불을 피우거나 연막소독을 하려는 자가신고를 하지 아니하여 소방자동차를 출동하게 한 자에 대한 과태료 부과·징수권자는?

① 국무총리
② 시·도지사
③ 행정안전부 장관
④ 소방본부장 또는 소방서장

해설 20만 원 이하의 과태료

화재로 오인할 만한 우려가 있는 불을 피우거나 연막 소독을 하기 전에 신고를 하지 않아 소방자동차를 출동하게 한 자
- 부과권자 : 소방본부장, 소방서장
- 과태료 : 20만 원 이하

정답 50 ② 51 ④

52 상 중 하

소방체험관의 설립 · 운영권자는?

① 국무총리
② 소방청장
③ 시 · 도지사
④ 소방본부장 및 소방서장

해설 소방박물관, 소방체험관

소방박물관	소방체험관
소방청장	시 · 도지사
행정안전부령	시 · 도 조례
① 국내 · 외의 소방의 역사 ② 소방공무원의 복장 및 소방장비 등의 변천 및 발전에 관한 자료를 수집 · 보관 및 전시	① 재난 · 안전사고 유형에 따른 예방, 대처, 대응 등에 관한 체험교육 ② 체험교육 프로그램의 개발 및 국민 안전의식 향상을 위한 홍보 · 전시 ③ 체험교육 인력의 양성 및 유관기관 · 단체 등과 협력 ④ 시 · 도지사가 인정하는 사업
① 소방박물관장 1인(소방공무원 중 소방청장이 임명), 부관장 1인 ② 운영위원회 : 7인 이내	−

53 상 중 하

다음 중 품질이 우수하다고 인정되는 소방용품에 대하여 우수품질인증을 할 수 있는 자는?

① 산업통상자원부장관
② 시 · 도지사
③ 소방청장
④ 소방본부장 또는 소방서장

해설 우수품질 제품인증

1) 소방청장은 형식승인의 대상이 되는 소방용품 중 품질이 우수하다고 인정하는 소방용품에 대하여 인증(이하 "우수품질인증"이라 한다)을 할 수 있다.
2) 우수품질인증을 받으려는 자는 행정안전부령으로 정하는 바에 따라 소방청장에게 신청하여야 한다.
3) 우수품질인증을 받은 소방용품에는 우수품질인증 표시를 할 수 있다.
4) 우수품질인증의 유효기간은 5년의 범위에서 행정안전부령으로 정한다.
5) 소방청장은 다음 각 호의 어느 하나에 해당하는 경우에는 우수품질인증을 취소할 수 있다. 다만 제1호에 해당하는 경우에는 우수품질인증을 취소하여야 한다.
   (1) 거짓이나 그 밖의 부정한 방법으로 우수품질인증을 받은 경우
   (2) 우수품질인증을 받은 제품이 「발명진흥법」에 따른 산업재산권 등 타인의 권리를 침해하였다고 판단되는 경우
6) 1)부터 5)까지에서 규정한 사항 외에 우수품질인증을 위한 기술기준, 제품의 품질관리 평가, 우수품질인증의 갱신, 수수료, 인증표시 등 우수품질인증에 필요한 사항은 행정안전부령으로 정한다.

정답 52 ③ 53 ③

54 상중하

화재의 예방 및 안전관리에 관한 법령상 화재예방강화지구의 지정대상이 아닌 것은? (단, 소방청장 소방본부장 또는 소방서장이 화재예방강화지구로 지정할 필요가 있다고 인정하는 지역은 제외한다)

① 시장지역
② 농촌지역
③ 목조건물이 밀집한 지역
④ 공장 창고가 밀집한 지역

해설 화재예방강화지구 지정

1) 지정권자 : 시·도지사
2) 화재예방강화지구 지정 요청 : 소방청장
3) 화재예방강화지구
 (1) 시장지역
 (2) 공장·창고가 밀집한 지역
 (3) 목조건물이 밀집한 지역
 (4) 노후·불량건축물이 밀집한 지역
 (5) 위험물의 저장 및 처리시설이 밀집한 지역
 (6) 석유화학제품을 생산하는 공장이 있는 지역
 (7) 산업입지 및 개발에 관한 법률에 따른 산업단지
 (8) 소방시설·소방용수시설·소방출동로가 없는 지역
 (9) 물류단지
 (10) (1) ~ (9)까지 준하는 지역으로서 소방관서장이 화재예방강화지구로 지정할 필요가 있다고 인정하는 지역

55 상중하

행정안전부령으로 정하는 연소 우려가 있는 구조에 대한 기준 중 다음 ( ) 안에 알맞은 것은?

> 건축물대장의 건축물 현황도에 표시된 대지 경계선 안에 2 이상의 건축물이 있는 경우로서 각각의 건축물이 다른 건축물의 외벽으로부터 수평거리가 1층의 경우에는 (㉠) [m] 이하, 2층 이상의 경우에는 (㉡) [m] 이하이고 개구부가 다른 건축물을 향하여 설치된 구조를 말한다.

① ㉠ 3, ㉡ 5
② ㉠ 5, ㉡ 8
③ ㉠ 6, ㉡ 8
④ ㉠ 6, ㉡ 10

해설 연소우려가 있는 구조

- 대지경계선 안 2 이상의 건축물
- 다른 건축물 외벽으로부터 수평거리가 1층 6 [m] 이하, 2층 이상 10 [m] 이하
- 개구부가 다른 건축물 향하여 설치

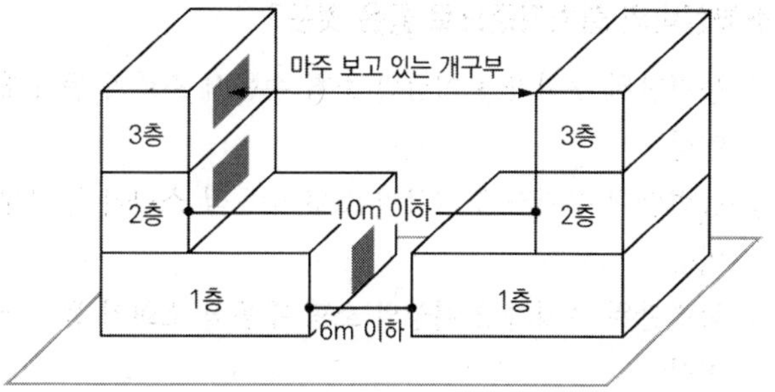

56 상 중 하

소방시설 설치 및 관리에 관한 법령상 특정소방대상물 중 오피스텔이 해당하는 것은?

① 숙박시설　② 업무시설
③ 공동주택　④ 근린생활시설

해설 업무시설

1) 공공업무시설 : 국가 또는 지방자치단체의 청사, 외국공관의 건축물
2) 일반업무시설 : 금융업소, 사무소, 신문사, 오피스텔
3) 주민자치센터(동사무소), 경찰서, 지구대, 파출소, 소방서, 119안전센터, 우체국, 보건소, 공공도서관, 국민건강보험공단
4) 마을회관, 마을공동작업소, 마을공동구판장
5) 변전소, 양수장, 정수장, 대피소, 공중화장실

57 상 중 하

소화난이도등급 Ⅲ인 지하탱크저장소에 설치하여야 하는 소화설비의 설치기준으로 옳은 것은?

① 능력단위 수치가 3 이상의 소형 수동식 소화기 등 1개 이상
② 능력단위 수치가 3 이상의 소형 수동식 소화기 등 2개 이상
③ 능력단위 수치가 2 이상의 소형 수동식 소화기 등 1개 이상
④ 능력단위 수치가 2 이상의 소형 수동식 소화기 등 2개 이상

해설 소화난이도등급 Ⅲ 지하탱크저장소

소화설비	설치기준	
소형 수동식 소화기 등	능력단위 수치 3 이상	2개 이상

58 상 중 하

소방기본법에 따른 소방력의 기준에 따라 관할구역의 소방력을 확충하기 위하여 필요한 계획을 수립하여 시행하여야 하는 자는?

① 소방서장　② 소방본부장
③ 시·도지사　④ 행정안전부장관

해설 소방력

1) 소방청장 → 시·도지사에게 요청
2) 동원요청 인정사항
   (1) 시·도 소방력으로 소방활동이 어려운 화재
   (2) 재난·재해
   (3) 그 밖에 구조구급 필요사항
   (4) 국가적 차원의 소방활동 필요
3) 동원요청방법 : 소방청장은 시·도지사에게 동원 요청 사실과 다음의 요청사항을 팩스 또는 전화 등의 방법으로 통지(단, 긴급을 요하는 경우 시·도 소방본부 또는 소방서의 종합실장에게 직접 요청)
   (1) 동원을 요청하는 인력 및 장비
   (2) 소방력 이송 수단 및 집결장소
   (3) 소방활동을 수행하게 될 재난의 규모, 원인 등 소방활동에 필요한 정보
4) 요청을 받은 시·도지사는 정당한 사유 없이 요청을 거절하여서는 아니 됨
5) 소방청장은 필요한 경우 직접 소방대를 편성하여 소방에 필요한 활동을 하게 할 수 있음
6) 동원된 소방력은 지역 관할하는 소방본부장·서장의 지휘에 따라야 함. 다만 소방청장이 직접 소방대를 편성하여 소방활동을 하는 경우에는 소방청장의 지휘에 따라야 함
7) 소방활동을 수행하는 과정에서 발생하는 경비 부담, 보상주체, 보상기준, 소방력 운용에 관한 사항 : **대통령령**
   (1) 동원된 소방력의 소방활동 수행과정에서 발생하는 경비 : 시·도지사
   (2) 동원된 민간 소방인력이 소방활동 수행 중 사망하거나 부상 입은 경우의 보상 : **시·도지사**

정답 56 ② 57 ② 58 ③

59 상 중 하

소방기본법령상 소방안전교육사의 배치대상별 배치기준으로 틀린 것은?

① 소방청 : 2명 이상 배치
② 소방서 : 1명 이상 배치
③ 소방본부 : 2명 이상 배치
④ 한국소방안전원(본회) : 1명 이상 배치

해설 소방안전교육사 배치대상별 배치기준

배치대상	배치기준(이상)
소방청	2명
소방본부	2명
소방서	1명
한국소방안전원	본회 : 2명 시·도지부 : 1명
한국소방산업기술원	2명

60 상 중 하

소방기본법령상 소방본부 종합상황실의 실장이 서면·팩스 또는 컴퓨터통신 등으로 소방청 종합상황실에 보고하여야 하는 화재의 기준이 아닌 것은?

① 이재민이 100인 이상 발생한 화재
② 재산피해액이 50억 원 이상 발생한 화재
③ 사망자가 3인 이상 발생하거나 사상자가 5인 이상 발생한 화재
④ 층수가 5층 이상이거나 병상이 30개 이상인 종합병원에서 발생한 화재

해설 종합상황실 실장 보고 화재

종합상황실의 실장은 다음에 해당하는 상황이 발생하는 때에는 그 사실을 지체 없이 서면·팩스 또는 컴퓨터통신 등으로 소방서의 종합상황실의 경우는 소방본부의 종합상황실에, 소방본부의 종합상황실의 경우는 소방청의 종합상황실에 각각 보고해야 한다.

1) 다음에 해당하는 화재
 (1) 사망자가 5인 이상 발생한 화재
 (2) 사상자가 10인 이상 발생한 화재
 (3) 이재민이 100인 이상 발생한 화재
 (4) 재산피해액이 50억 원 이상 발생한 화재
 (5) 관공서·학교·정부미도정공장·문화유산·지하철 또는 지하구의 화재
 (6) 관광호텔, 층수가 11층 이상인 건축물, 지하상가, 시장, 백화점
 (7) 지정수량의 3천 배 이상의 위험물의 제조소·저장소·취급소
 (8) 층수가 5층 이상이거나 객실이 30실 이상인 숙박시설, 층수가 5층 이상이거나 병상이 30개 이상인 종합병원·정신병원·한방병원·요양소
 (9) 연면적 15000 [m^2] 이상인 공장 또는 화재경계지구에서 발생한 화재
 (10) 철도차량, 항구에 매어 둔 총 톤수가 1천 톤 이상인 선박, 항공기, 발전소 또는 변전소에서 발생한 화재
 (11) 가스 및 화약류의 폭발에 의한 화재
 (12) 다중이용업소의 화재
2) 통제단장의 현장지휘가 필요한 재난상황
3) 언론에 보도된 재난상황
4) 그 밖에 소방청장이 정하는 재난상황

2022

정답 59 ④ 60 ③

2022년 4회

소방전기시설의 구조 및 원리

3회독	월	일
2회독	월	일
1회독	월	일

목표시간 : 30분 시작 : _시 _분 종료 : _시 _분 맞은 개수 : _ /20

61 상중하

비상방송설비의 화재안전기술기준(NFTC 202)에 따라 확성기는 각 층마다 설치하되, 그 층의 각 부분으로부터 하나의 확성기까지의 수평거리가 몇 [m] 이하가 되도록 하여야 하는가?

① 15 ② 30
③ 25 ④ 20

해설 비상방송설비 음향장치

1) 확성기
 (1) 음성입력 : 실외 3 [W] 이상, 실내 1 [W] 이상
 (2) 수평거리 : 층 각 부분으로부터 하나의 확성기까지의 25 [m] 이하
 (3) 확성기는 각 층마다 설치, 당해 층의 각 부분에 유효하게 경보를 발하도록 설치
2) 음량조정기(ATT) : 음량조정기의 배선은 3선식으로 한다.
3) 조작부
 (1) 조작스위치 높이 : 바닥으로부터 0.8 [m] 이상 1.5 [m] 이하
 (2) 기동장치의 작동과 연동하여 당해 기동장치가 작동한 층 또는 구역을 표시
 (3) 조작부 및 증폭기 설치장소 : 수위실 등 상시 사람이 근무, 점검이 편리, 방화상 유효한 곳
 (4) 2 이상 조작부 설치 시 설치장소 상호 간 동시통화 가능, 어느 조작부에서도 전구역 방송 가능
4) 층수가 11층(공동주택의 경우에는 16층)의 특정소방대상물은 다음과 같은 경보를 발할 수 있어야 한다.
 (1) 2층 이상의 층에서 발화한 때에는 발화층 및 그 직상 4개 층에 경보
 (2) 1층에서 발화한 때에는 발화층. 그 직상 4개 층 및 지하층에 경보
 (3) 지하층에서 발화한 때에는 발화층. 그 직상층 및 기타 지하층 경보
5) 기동장치에 따른 화재신고를 수신한 후 필요한 음량으로 화재 발생 상황 및 피난에 유효한 방송이 자동으로 개시될 때까지의 소요시간은 10초 이하로 할 것
6) 다른 방송설비와 공용할 경우 화재 시 비상경보 외의 방송을 차단할 수 있는 구조
7) 다른 전기회로에 따라 유도장애가 생기지 아니하도록 할 것
8) 음향장치의 구조 및 성능
 (1) 정격전압의 80 [%] 전압에서 음향을 발할 수 있는 것을 할 것
 (2) 자동화재탐지설비의 작동과 연동하여 작동할 수 있는 것으로 할 것

62 상중하

자동화재탐지설비 및 시각경보장치의 화재안전기술기준(NFTC 203)에 따른 정온식 감지선형 감지기의 시설기준으로 옳은 것은?

① 감지기와 감지구역의 각 부분과의 수평거리가 내화구조의 경우 1종은 3.5 [m] 이하, 2종은 3 [m] 이하로 한다.
② 감지선형 감지기의 굴곡반경은 10 [cm] 이상으로 한다.
③ 단자부와 마감 고정금구와의 설치간격은 5 [cm] 이내로 설치한다.
④ 분전반 내부에 설치하는 경우 접착제를 이용하여 돌기를 바닥에 고정시키고 그 곳에 감지기를 설치한다.

정답 61 ③ 62 ④

해설 정온식 감지선형 감지기 설치기준

1) 설치기준
   (1) 보조선이나 고정금구를 사용하여 감지선이 늘어지지 않도록 설치할 것
   (2) 단자부와 마감 고정금구와의 설치간격은 10 [cm] 이내로 설치할 것
   (3) 감지선형 감지기의 굴곡반경은 5 [cm] 이상으로 할 것
   (4) 감지기와 감지구역의 각 부분과의 수평거리
      ① 내화구조 : 1종 4.5 [m] 이하, 2종 3 [m] 이하
      ② 기타구조 : 1종 3 [m] 이하, 2종 1 [m] 이하
   (5) 케이블트레이에 감지기를 설치하는 경우에는 케이블트레이 받침대에 마감금구를 사용하여 설치할 것
   (6) 창고의 천장 등에 지지물이 적당하지 않은 장소에는 보조선을 설치하고 그 보조선에 설치할 것
   (7) 분전반 내부에 설치하는 경우 접착제를 이용하여 돌기를 바닥에 고정시키고 그곳에 감지기를 설치할 것
2) 감지선형 감지기 온도 표시

80도 미만	80도 이상 120도 미만	120도 이상
백색	청색	적색

63 상중하

누전경보기의 화재안전기술기준(NFTC 205)에 따른 누전경보기의 전원에 대한 설명으로 틀린 것은?

① 전원은 분전반으로부터 전용회로로 하고 배선용 차단기에 있어서는 20 [A] 이하의 것으로 각 극을 개폐할 수 있는 것을 설치할 것
② 전원은 분전반으로부터 전용회로로 하고, 각 극에 개폐기 및 15 [A] 이하의 과전류차단기를 설치할 것
③ 전원을 분기할 때에는 다른 차단기에 따라 전원이 동시에 차단되도록 할 것
④ 전원의 개폐기에는 누전경보기용임을 표시한 표지를 할 것

해설 누전경보기 설치기준

1) 각 극 : 개폐기 및 15 [A] 이하 과전류
2) 배선용 차단기 : 20 [A] 이하 과전류
3) 전원 분기할 때에는 다른 차단기에 따라 전원이 차단되지 않아야 할 것
4) 전원의 개폐기에는 누전경보기용임을 표시한 표지를 할 것

64 상중하

누전경보기의 형식승인 및 제품검사의 기술기준에 따라 누전경보기에 사용하는 전자계전기의 구조 및 기능에 대한 설명으로 틀린 것은?

① 접점은 G·S합금 또는 이와 동등 이상이어야 한다.
② 하중에 의하여 영향을 받지 아니하도록 부착하고, 접점밀봉형 외의 것은 접점이나 가동부에 먼지가 들어가지 아니하도록 적당한 방진카바를 설치하여야 한다.
③ 최대사용전압에서 최대사용전류를 저항부하를 통하여 흘려도 그 구조 또는 기능에 현저한 변화가 생기지 아니하여야 한다.
④ 동일접점에서 동시에 내부부하와 외부부하에 직접 전력을 공급할 수 있도록 하여야 한다.

해설 누전경보기 설치기준

1) 접점은 G·S합금 또는 이와 동등 이상
2) 하중에 의하여 영향을 받지 않도록 부착하고, 접점밀봉형 외의 것은 접점이나 가동부에 먼지가 들어가지 않도록 적당한 방진카바 설치
3) 최대사용전압에서 최대사용전류를 저항부하를 통하여 흘려도 그 구조 또는 기능에 현저한 변화가 생기지 않아야 함
4) 지구등을 점등시키기 위하여 사용되는 접점은 보조계전기에 접속하여 사용하는 경우를 제외하고는 다른 용도로 사용할 수 없음
5) 동일접점에서 동시에 내부부하와 외부부하에 직접 전력을 공급하지 않도록 함

2022

정답 63 ③ 64 ④

65 상중하

비상경보설비 및 단독경보형 감지기의 화재안전기술기준(NFTC 201)에 따라 화재발생 상황을 단독으로 감지하여 자체에 내장된 음향장치로 경보하는 감지기는?

① 단독경보형 감지기　② 자동식 감지기
③ 비상경보형 감지기　④ 가정용 감지기

해설 단독경보형 감지기

화재발생 상황을 단독으로 감지하여 자체에 내장된 음향장치로 경보하는 감지기

66 상중하

비상콘센트설비의 화재안전기술기준(NFTC 504)에 따른 비상콘센트설비의 전원부와 외함 사이의 절연저항에 대한 기준으로 옳은 것은?

① 500 [V] 절연저항계로 측정하여 20 [MΩ] 이상일 것
② 500 [V] 절연저항계로 측정하여 5 [MΩ] 이상일 것
③ 500 [V] 절연저항계로 측정하여 15 [MΩ] 이상일 것
④ 500 [V] 절연저항계로 측정하여 10 [MΩ] 이상일 것

해설 비상콘센트설비

1) 절연저항 : 500 [V] 절연저항계로 측정할 때 20 [MΩ] 이상일 것
2) 절연내력
   (1) 정격전압 150 [V] 이하 : 1000 [V]의 실효전압
   (2) 정격전압이 150 [V] 이상 : (정격전압 × 2) + 1000 [V] = 실효전압
   (3) 실효전압 시험에서 1분 이상 견디는 것으로 할 것
3) 배선
   전원회로의 배선은 내화배선, 그 밖의 배선은 내화배선 또는 내열배선

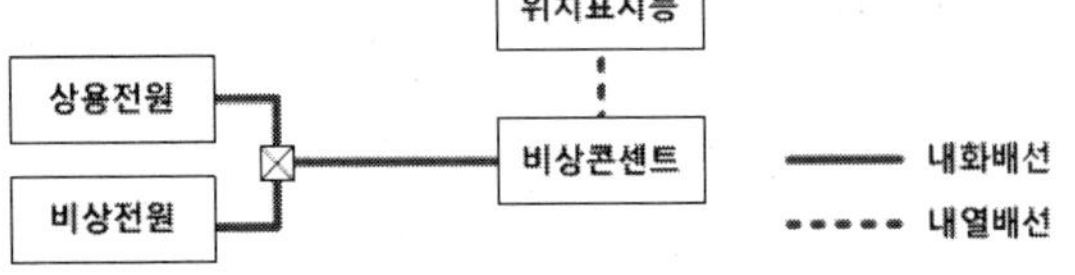

67 상중하

자동화재탐지설비 및 시각경보장치의 화재안전기술기준(NFTC 203)에 따라 주방·보일러실 등으로서 다량의 화기를 취급하는 장소에 설치하는 감지기는?

① 연기감지기　② 보상식 감지기
③ 차동식 감지기　④ 정온식 감지기

해설 정온식 감지기

주방·보일러실 등으로서 다량의 화기를 취급하는 장소에 설치하되, 공칭작동온도가 최고주위온도보다 20 [℃] 이상 높은 것으로 설치할 것

68 상중하

비상방송설비의 화재안전기술기준(NFTC 202)에 따라 전압전류의 진폭을 늘려 감도를 좋게 하고 미약한 음성전류를 커다란 음성전류로 변화시켜 소리를 크게 하는 장치는?

① 증폭기　② 발신기
③ 확성기　④ 음량조절기

해설 비상방송설비 용어

1) "확성기"란 소리를 크게 하여 멀리까지 전달될 수 있도록 하는 장치로써 일명 스피커를 말한다.
2) "음량조절기"란 가변저항을 이용하여 전류를 변화시켜 음량을 크게 하거나 작게 조절할 수 있는 장치를 말한다.
3) "증폭기"란 전압전류의 진폭을 늘려 감도를 좋게 하고 미약한 음성전류를 커다란 음성전류로 변화시켜 소리를 크게 하는 장치를 말한다.
4) "기동장치"란 화재감지기, 발신기 등의 상태변화를 전송하는 장치를 말한다.
5) "몰드"란 전선을 물리적으로 보호하기 위해 사용되는 통형 구조물을 말한다.
6) "약전류회로"란 전신선, 전화선 등에 사용하는 전선이나 케이블, 인터폰, 확성기의 음성 회로, 라디오·텔레비전의 시청회로 등을 포함하는 약전류가 통전되는 회로를 말한다.

정답 65 ① 66 ① 67 ④ 68 ①

7) "전원회로"란 전기·통신, 기타 전기를 이용하는 장치 등에 전력을 공급하기 위하여 필요한 기기로 이루어지는 전기회로를 말한다.
8) "절연저항"이란 전류가 도체에서 절연물을 통하여 다른 충전부나 기기로 누설되는 경우 그 누설 경로의 저항을 말한다.
9) "절연효력"이란 전기가 불필요한 부분으로 흐르지 않도록 절연하는 성능을 나타내는 것을 말한다.
10) "정격전압"이란 전기기계기구, 선로 등의 정상적인 동작을 유지시키기 위해 공급해주어야 하는 기준전압을 말한다.
11) "조작부"란 기기를 제어할 수 있도록 조작스위치, 지시계, 표시등 등을 집결시킨 부분을 말한다.
12) "풀박스"란 장거리 케이블 포설을 용이하게 하기 위해 전선관 중간에 설치하는 상자형 구조물 등을 말한다.

69 상 중 하

발신기의 형식승인 및 제품검사의 기술기준에 따라 다음 (　)에 들어갈 내용으로 옳은 것은?

> '발신기의 조작부는 작동스위치의 동작방향으로 가하는 힘이 (㉠) [kg]을 초과하고 (㉡) [kg] 이하인 범위에서 확실하게 동작되어야 하며, (㉠) [kg]의 힘을 가하는 경우 동작되지 아니하여야 한다.'

① ㉠ 3, ㉡ 8　　② ㉠ 2, ㉡ 5
③ ㉠ 3, ㉡ 5　　④ ㉠ 2, ㉡ 8

해설 발신기 조작부 작동스위치

1) 발신기의 조작부는 작동스위치의 동작방향으로 가하는 힘이 2 [kg]을 초과하고 8 [kg] 이하인 범위에서 확실하게 동작되어야 하며, 2 [kg]의 힘을 가하는 경우 동작되지 아니하여야 한다. 이 경우 누름판이 있는 구조로서 손끝으로 눌러 작동하는 방식의 작동스위치는 누름판을 포함한다.
2) 발신기는 조작부의 작동스위치가 작동되는 경우 화재신호를 전송하여야 하며, 발신기는 발신기의 확인장치에 화재신호가 전송되었음을 표기하여야 한다.
3) 발신기는 수신기와 통화가 가능한 장치를 설치할 수 있다. 이 경우 화재신호의 전송에 지장을 주지 아니하여야 한다.

70 상 중 하

유도등의 형식승인 및 제품검사의 기술기준에 따라 유도등의 배선 중 인출선의 굵기는 단면적이 몇 [mm^2] 이상이어야 하는가?

① 0.25　　② 0.5
③ 1.25　　④ 0.75

해설 유도등 일반구조

1) 상용전원전압(전지가 아닌 일반적으로 사용하는 전원의 전압을 말한다. 이하 같다)의 110 [%] 범위 안에서는 유도등 내부의 온도상승이 그 기능에 지장을 주거나 위해를 발생시킬 염려가 없어야 한다.
2) 방폭형유도등의 방폭구조는 한국산업규격 또는 산업안전보건법령이 정하는 규격에 적합하여야 한다.
3) 주전원 및 비상전원을 단락사고 등으로부터 보호할 수 있는 퓨즈 등 과전류 보호장치를 설치하여야 한다. 다만 객석유도등은 그러하지 아니하다.
4) 외함은 기기 내의 온도상승에 의하여 변형, 변색 또는 변질되지 아니하여야 한다.
5) 외함의 표시면은 쉽게 분해할 수 있도록 하여야 하며, 축전지 등 내부부품을 쉽게 교환, 보수, 점검할 수 있도록 조립된 구조이어야 한다. 다만 방수형, 방폭형의 것은 그러하지 아니하다.
6) 유도등은 광원 또는 점등관을 교환, 점검할 때 접촉될 우려가 있는 부분은 감전되지 아니하도록 보호조치를 하여야 한다.
7) 사용전압은 300 [V] 이하이어야 한다. 다만 충전부가 노출되지 아니한 것은 300 [V]를 초과할 수 있다.
8) 설치하고자 하는 부분에 견고하게 설치할 수 있는 구조이어야 한다.
9) 수송 중 진동 또는 충격에 의하여 기능에 장해를 받지 아니하는 구조이어야 한다.
10) 유도등은 내부의 온도가 비정상적으로 상승하지 아니하도록 하여야 하며, 예비전원과 내부부품은 양호한 방열처리가 되도록 하여야 한다.
11) 축전지에 배선 등을 직접 납땜하지 아니하여야 한다.
12) 상용전원(전지가 아닌 일반적으로 사용하는 전원을 말한다. 이하 같다)과 접속되는 전원은 KS C IEC 60245-8 또는 KS C IEC 60227-5에 적합하거나 이와 동등 이상의 절연성, 도전성 및 기계적 강도가 있어야 한다.

2022

정답 69 ④ 70 ④

13) 전선의 굵기는 인출선인 경우에는 단면적이 0.75 [mm^2] 이상이어야 한다.
14) 인출선의 길이는 전선 인출 부분으로부터 150 [mm] 이상이어야 한다. 다만 인출선으로 하지 아니할 경우에는 풀어지지 아니하는 방법으로 전선을 쉽고 확실하게 부착할 수 있도록 접속단자를 설치하여야 한다.
15) 유도등에는 점멸, 음성 또는 이와 유사한 방식 등에 의한 유도장치를 설치할 수 있다.
16) 화재가 발생한 경우 화재경보설비 또는 비상경보설비 등으로부터 발신되는 신호를 수신하여 미리 정하여진 작동을 하는 유도등은 그 기능이 정상적으로 작동하여야 한다.
17) 유도등에는 점검용의 자동복귀형 점멸기를 설치하여야 한다. 다만 바닥에 매립되는 복도통로유도등과 객석유도등은 그러하지 아니하다.
18) 작동이 확실하고 취급·점검이 쉬워야 하며, 현저한 잡음이나 장해전파를 발하지 아니하여야 한다. 또한 먼지, 습기, 곤충 등에 의하여 기능에 영향을 받지 아니하여야 한다.
19) 보수 및 부속품의 교체가 쉬워야 한다. 다만 방수형 및 방폭형은 그러하지 아니하다.
20) 부식에 의하여 기계적 기능에 영향을 초래할 우려가 있는 부분은 칠, 도금 등으로 유효하게 내식가공을 하거나 방청가공을 하여야 하며, 전기적 기능에 영향이 있는 단자, 나사 및 와셔 등은 동합금이나 이와 동등 이상의 내식성능이 있는 재질을 사용하여야 한다.
21) 기기 내의 배선은 충분한 전류용량을 갖는 것으로 하여야 하며, 배선의 접속이 정확하고 확실하여야 한다.
22) 극성이 있는 경우에는 오접속을 방지하기 위하여 필요한 조치를 하여야 한다.
23) 부품의 부착은 기능에 이상을 일으키지 아니하고 쉽게 풀리지 아니하도록 하여야 한다.
24) 전선 이외의 전류가 흐르는 부분과 가동축 부분의 접촉력이 충분하지 아니한 곳에는 접촉부의 접촉불량을 방지하기 위한 적당한 조치를 하여야 한다.
25) 외부에는 쉽게 사람이 접촉할 우려가 있는 충전부는 충분히 보호되어야 한다.
26) 내부의 부품 등에서 발생되는 열에 의하여 구조 및 기능에 이상이 생길 우려가 있는 것은 방열판 또는 방열공 등에 의하여 보호조치를 하여야 한다. 다만 방수형 또는 방폭형의 것은 방열공을 설치하지 아니할 수 있다.
27) 형광램프(냉음극형광램프를 제외한다)를 광원으로 하는 유도등의 교류전원에 의한 점등회로에는 KS규격표시품, 전기안전인증품 또는 공인기관으로부터 인증을 받은 안정기를 사용하여야 한다.
28) 유효점등시간은 90분 이상으로 한다. 이 경우 유효점등시간은 30분 단위로 증가시켜 설정할 수 있다.
29) 예비전원은 밀폐형태의 구획실 또는 내식처리된 고정장치 등으로 설치하여야 하며, 접착제 또는 고정장치 등으로 장착하는 경우에는 예비전원 중량의 4배 하중에 견뎌야 한다.
30) 충전부는 합성수지 등 그 밖의 절연소재로 보호되어야 한다.

71 상 중 하

유도등 및 유도표지의 화재안전기술기준(NFTC 303)에 따라 유도표지는 계단에 설치하는 것을 제외하고는 각 층마다 복도 및 통로의 각 부분으로부터 하나의 유도표지까지의 보행거리가 몇 [m] 이하가 되는 곳에 설치하는가?

① 3　　② 30
③ 5　　④ 15

해설 유도표지 설치기준

1) 설치기준
 (1) 계단에 설치하는 것을 제외하고 각 층마다 복도 및 통로의 각 부분으로부터 하나의 유도표지까지의 보행거리가 15 [m] 이하가 되는 곳과 구부러진 모퉁이의 벽에 설치할 것
 (2) 주위에는 이와 유사한 등화·광고물·게시물 등을 설치하지 아니할 것
 (3) 유도표지는 부착판 등을 사용하여 쉽게 떨어지지 아니하도록 설치할 것
 (4) 축광방식의 유도표지는 외광 또는 조명장치에 의하여 상시 조명이 제공되거나 비상조명등에 의한 조명이 제공되도록 설치할 것
2) 설치높이
 피난구 유도표지는 출입구 상단에 설치하고, 통로유도표지는 바닥으로부터 높이 1 [m] 이하 위치에 설치할 것

정답 71 ④

72 상 중 하

소방시설용 비상전원수전설비의 화재안전기술기준(NFTC 602)에 따라 특별고압 또는 고압으로 수전하는 비상전원 수전설비를 큐비클형으로 하는 경우 환기장치의 시설기준으로 틀린 것은?

① 환기구에는 금속망, 방화댐퍼 등으로 방화조치를 하고, 옥외에 설치하는 것은 빗물 등이 들어가지 않도록 할 것
② 자연환기구에 따라 충분히 환기할 수 없는 경우에는 환기설비를 설치할 것
③ 내부의 온도가 상승하지 않도록 환기장치를 할 것
④ 자연환기구의 개구부 면적의 합계는 외함의 한 면에 대하여 해당 면적의 2분의 1 이하로 할 것

해설 수전설비 큐비클형 환기장치

1) 내부 온도가 상승하지 않도록 환기장치를 할 것
2) 자연환기구 개구부 면적의 합계 : 외함의 한 면에 대하여 해당 면적의 1/3 이하
3) 자연환기구에 따라 충분히 환기할 수 없는 경우 환기설비 설치
4) 환기구에는 금속망, 방화댐퍼 등으로 방화조치
5) 옥외에 설치 하는 것은 빗물 등이 들어가지 않도록 설치

73 상 중 하

무선통신보조설비의 화재안전기술기준(NFTC 505)에 따른 무선통신보조설비의 시설기준에 대한 내용이다. 다음 (　)에 들어갈 내용으로 옳은 것은?

> ‘누설동축케이블 또는 동축케이블과 이에 접속하는 (　　　)가 설치된 층은 모든 부분(계단실, 승강기, 별도 구획된 실 포함)에서 유효하게 통신이 가능할 것’

① 무선중계기　　② 안테나
③ 분배기　　④ 증폭기

해설 무선통신보조설비 시설기준

1) 누설동축케이블 또는 동축케이블과 이에 접속하는 안테나가 설치된 층은 모든 부분(계단실, 승강기, 별도 구획된 실 포함)에서 유효하게 통신 가능
2) 옥외안테나와 연결된 무전기와 건축물 내부에 존재하는 무전기 간의 상호통신, 건축물 내부에 존재하는 무전기 간의 상호통신, 옥외안테나와 연결된 무전기와 방재실 또는 건축물 내부에 존재하는 무전기와 방재실 간의 상호통신이 가능할 것

74 상 중 하

비상조명등의 우수품질인증 기술기준에 따른 비상조명등의 일반구조에 대한 설명으로 틀린 것은?

① 축전지에 배선 등을 직접 납땜하지 아니하여야 한다.
② 사용전압은 60 [V] 이하이어야 한다.
③ 설치하고자 하는 부분에 견고하게 설치할 수 있는 구조이어야 한다.
④ 수송 중 진동 또는 충격에 의하여 기능에 장해를 받지 아니하는 구조이어야 한다.

해설 비상조명등 일반구조

1) 상용전원전압의 110 [%] 범위 안에서는 비상조명등 내부의 온도상승이 그 기능에 지장을 주거나 위해를 발생시킬 염려가 없어야 한다.
2) 방폭형 비상조명등의 방폭구조는 한국산업규격 또는 산업안전보건 법령이 정하는 규격에 적합하여야 한다.
3) 주전원 및 비상전원을 단락사고 등으로부터 보호할 수 있는 퓨즈 등 과전류 보호장치를 설치하여야 한다. 다만 객석 비상조명등은 그러하지 아니하다.
4) 외함은 기기 내의 온도상승에 의하여 변형, 변색 또는 변질되지 아니하여야 한다.
5) 전구 및 예비전원 등의 내부부품을 쉽게 교환·보수·점검할 수 있도록 조립된 구조이어야 한다. 다만 방수형·방폭형인 것은 그러하지 아니하다.
6) 광원 또는 점등관을 교환·점검할 때 접촉될 우려가 있는 부분은 감전되지 아니하도록 보호 조치를 하여야 한다.

정답 72 ④ 73 ② 74 ②

7) 사용전압은 300 [V] 이하이어야 한다. 다만 충전부가 노출되지 아니한 것은 300 [V]를 초과할 수 있다.
8) 설치하고자 하는 부분에 견고하게 설치할 수 있는 구조이어야 한다.
9) 수송 중 진동 또는 충격에 의하여 기능에 장해를 받지 아니하는 구조이어야 한다.
10) 비상조명등은 내부의 온도가 비정상적으로 상승하지 아니하도록 하여야 하며, 예비전원과 내부부품은 양호한 방열처리가 되도록 하여야 한다.
11) 축전지에 배선 등을 직접 납땜하지 아니하여야 한다.
12) 상용전원(전지가 아닌 일반적으로 사용하는 전원을 말한다. 이하 같다)과 접속되는 전원은 KS C IEC 60245-8 또는 KS C IEC 60227-5에 적합하거나 이와 동등 이상의 절연성, 도전성 및 기계적 강도가 있어야 한다.
13) 전선의 굵기는 인출선인 경우에는 단면적이 0.75 [mm^2] 이상, 인출선 외의 경우에는 면적이 0.5 [mm^2] 이상이어야 한다.
14) 인출선의 길이는 전선 인출 부분으로부터 150 [mm] 이상이어야 한다. 다만 인출선으로 하지 아니할 경우에는 풀어지지 아니하는 방법으로 전선을 쉽고 확실하게 부착할 수 있도록 접속단자를 설치하여야 한다.
15) 화재가 발생한 경우 화재경보설비 또는 비상경보설비 등으로부터 발신되는 신호를 수신하여 미리 정하여진 작동을 하는 비상조명등은 그 기능이 정상적으로 작동하여야 한다.
16) 내부의 전기회로에 스위치를 설치하는 경우에는 자동복귀형 스위치를 설치하여야 한다.

75 (상)중 하

자동화재탐지설비 및 시각경보장치의 화재안전기술기준(NFTC 203)에 따라 화학공장·격납고·제련소 등에 설치할 수 있는 감지기는? (단, 각 감지기의 공칭감시거리 및 공칭시야각 등 감지기의 성능을 고려한 것이다)

① 광전식 분리형 감지기
② 열반도체식 차동식 분포형 감지기
③ 공기관식 차동식 분표형 감지기
④ 보상식 스포트형 감지기

해설 광전식(분리형, 공기흡입형) 감지기

[불꽃감지기 설치장소]
1) 화학공장·격납고·제련소등 : 광전식 분리형, 불꽃감지기 (공칭감시거리, 공칭시야각 등 감지기 성능 고려)
2) 전산실 또는 반도체 공장 등 : 광전식 공기흡입형 감지기 (설치장소·감지면적 및 공기흡입관의 간격 등은 형식승인 내용에 따름)

76 상(중)하

자동화재속보설비의 속보기의 성능인증 및 제품검사의 기술기준에 따라 속보기의 정격전압이 몇 [V]를 넘고 금속제 외함을 사용하는 경우에는 외함에 접지단자를 설치하여야 하는가?

① 30 ② 60
③ 15 ④ 100

해설 속보기 설치기준

1) 접지전극 : 직류전류 안 통하는 회로방식
2) 충전부 : 외부사람 접촉부분 충분히 보호
3) 금속제 외함 사용(60 [V] 초과) : 접지단자 설치
4) 극성배선 접속 시 : 오접속방지조치
→ 커넥터접속방식은 오접속 않는 형태
5) 표시등에 전구 사용 시 : 2개 병렬설치
→ 발광다이오드 제외

정답 75 ① 76 ②

77 상중하

동축케이블신호는 케이블을 따라 전파되면서 전송거리에 따라 신호가 약해지는 데 이러한 손실에 대한 보상이 필요하다. 누설동축케이블은 중계기나 증폭기를 설치하는 대신 신호레벨이 낮은 곳에 결합손실이 작은 케이블을 접속하여 원하는 전송거리를 얻을 수 있는데 이러한 신호레벨을 평준화하는 것은?

① 그레이딩 ② 매칭
③ 특성임피던스 ④ 전계강도

해설 그레이딩

신호레벨은 케이블을 따라 전파되어 가면서 점점 감쇄되어 약해지게 되는데, 이를 어느 정도로 평준화시키기 위해 신호레벨이 높은 곳에서 결합손실이 큰 케이블을 사용하고 신호레벨이 낮은 곳에는 결합손실이 작은 케이블을 사용하여 평준화시켜주는 것

78 상중하

비상콘센트설비의 화재안전기술기준(NFTC 504)에 따라 하나의 전용회로에 설치하는 비상콘센트는 몇 개 이하로 설치되어야 하는가?

① 20 ② 5
③ 15 ④ 10

해설 비상콘센트설비 전원회로 설치기준

1) 비상콘센트설비의 전원회로는 단상교류 220 [V]인 것으로서 그 공급용량은 1.5 [kVA] 이상인 것으로 할 것
2) 전원회로는 각 층에 2 이상이 되도록 설치할 것. 다만 설치해야 할 층의 비상콘센트가 1개인 때에는 하나의 회로로 할 수 있다.
3) 전원회로는 주배전반에서 전용회로로 할 것. 다만 다른 설비회로의 사고에 따른 영향을 받지 않도록 되어 있는 것은 그렇지 않다.
4) 전원으로부터 각 층의 비상콘센트에 분기되는 경우에는 분기배선용 차단기를 보호함 안에 설치할 것
5) 콘센트마다 배선용 차단기(KS C 8321)를 설치해야 하며, 충전부가 노출되지 않도록 할 것
6) 개폐기에는 "비상콘센트"라고 표시한 표지를 할 것
7) 비상콘센트용의 풀박스 등은 방청도장을 한 것으로서 두께 1.6 [mm] 이상의 철판으로 할 것
8) 하나의 전용회로에 설치하는 비상콘센트는 10개 이하로 할 것. 이 경우 전선의 용량은 각 비상콘센트(비상콘센트가 3개 이상인 경우에는 3개)의 공급용량을 합한 용량 이상의 것으로 해야 한다.
9) 비상콘센트의 플러그접속기는 접지형 2극 플러그접속기(KS C 8305)를 사용해야 한다.
10) 비상콘센트의 플러그접속기의 칼받이의 접지극에는 접지공사를 해야 한다.

79 상중하

비상방송설비의 화재안전기술기준(NFTC 202)에 따른 비상방송설비의 상용전원 시설기준에 적합한 것은?

① 전원은 전기가 정상적으로 공급되는 전기저장장치(외부 전기에너지를 저장해두었다가 필요한 때 전기를 공급하는 장치)로 하고 전원까지의 배선은 전용으로 하였다.
② 전원은 전기가 정상적으로 공급되는 교류전압의 옥외간선으로 하고, 전원까지의 배선은 전용으로 하였다.
③ 전원은 전기가 정상적으로 공급되는 축전지로 하고 전원까지의 배선은 겸용으로 하였다.
④ 개폐기에는 "전용설비용"이라고 표시한 표지를 한다.

해설 비상방송설비

[비상방송설비 배선 설치기준]

1) 화재로 인해 하나의 층의 확성기 또는 배선이 단락 또는 단선되어도 다른 층의 화재 통보에 지장이 없을 것
2) 전원회로의 배선은 내화배선
3) 그 밖의 배선은 내화배선 또는 내열배선으로 할 것

정답 77 ① 78 ④ 79 ①

4) 절연저항
 (1) 전원회로의 전로와 대지 사이 및 배선 상호 간
  전기사업법 기술기준 적용
 (2) 부속회로의 전로와 대지 사이 및 배선 상호 간
  1경계구역마다 직류 250 [V]의 절연저항측정기를 사용하여 측정한 절연저항 0.1 [MΩ] 이상
5) 다른 전선과 별도의 관·덕트(절연효력이 있는 것으로 구획한 때에는 그 구획된 부분은 별개의 덕트로 본다) 몰드 또는 풀박스 등에 설치할 것(다만 60 [V] 미만의 약전류회로에 사용하는 전선으로서 각각의 전압이 같을 때는 그렇지 않음).

[비상방송설비 상용전원 설치기준]

1) 상용전원은 전기가 정상적으로 공급되는 축전지설비, 전기저장장치(외부 전기에너지를 저장해두었다가 필요한 때 전기를 공급하는 장치) 또는 교류전압의 옥내간선으로 하고, 전원까지의 배선은 전용으로 할 것
2) 개폐기에는 "비상방송설비용"이라고 표시한 표지를 할 것
3) 비상방송설비에는 그 설비에 대한 감시상태를 60분간 지속한 후 유효하게 10분 이상 경보할 수 있는 비상전원으로서 축전지설비(수신기에 내장하는 경우를 포함한다) 또는 전기저장장치(외부 전기에너지를 저장해두었다가 필요한 때 전기를 공급하는 장치)를 설치해야 함

80 상중하

비상경보설비 및 단독경보형 감지기의 화재안전기술기준(NFTC 201)에 따른 비상벨설비 또는 자동식 사이렌설비의 시설기준으로 틀린 것은?

① 음향장치의 음량은 부착된 음향장치의 중심으로부터 1 [m] 떨어진 위치에서 90 [dB] 이상이 되는 것으로 하여야 한다.
② 음향장치는 정격전압의 80 [%] 전압에서 음향을 발할 수 있도록 하여야 한다.
③ 발신기의 위치표시등은 함의 상부에 설치하되, 그 불빛은 부착 면으로부터 10° 이상의 범위 안에서 부착지점으로부터 15 [m] 이내의 어느 곳에서도 쉽게 식별할 수 있는 적색등을 하여야 한다.
④ 발신기는 조작이 쉬운 장소에 설치하고, 조작스위치는 바닥으로부터 0.8 [m] 이상 1.5 [m] 이하의 높이에 설치하여야 한다.

해설 발신기 설치기준

1) 조작이 쉬운 장소 설치
2) 조작스위치 높이 : 0.8 ~ 1.5 [m] 이하
3) 특정소방대상물 층마다 설치
4) 각 부분 ~ 발신기 수평거리 : 25 [m] 이하
5) 복도 또는 별도로 구획된 실 : 보행거리 40 [m] 이상 경우 추가 설치
6) 위치표시등 : 함 상부 설치
7) 불빛 : 부착면으로부터 15° 이상 범위 안 부착지점으로부터 10 [m] 안 적색등

정답 80 ③

2021 출제경향 분석

[소방원론]

CHAPTER / 연도 및 회차		연소	연소생성물	폭발	화재	위험물	소화	안전관리 및 건축방재	합계
2021년	1	3	**5**	2	4	2	3	1	20
	2	**6**	2	1	1	3	5	2	20
	4	4	**6**	2	2	2	3	1	20

[소방전기일반]

CHAPTER / 연도 및 회차		직류회로	정전계와 정자계	교류회로	전기계측 및 회로망	비정현파 교류와 과도현상 및 라플라스 변환	제어회로	전자회로 및 정류회로	전기기계 및 전기법규	합계
2021년	1	2	3	3	**5**	0	3	1	3	20
	2	3	3	4	1	1	**6**	1	1	20
	4	**6**	2	3	2	0	2	2	3	20

[소방관계법규]

CHAPTER / 연도 및 회차		소방기본법	소방시설법	화재예방법	소방공사업법	위험물 안전관리법	합계
2021년	1	4	5	3	2	**6**	20
	2	4	**7**	2	2	5	20
	4	3	5	5	1	**6**	20

[소방전기시설의 구조 및 원리]

CHAPTER / 연도 및 회차		자동화재 탐지설비	비상경보 설비 및 단독 경보형감지기	비상방송 설비	자동화재 속보설비	가스누설 경보기 및 누전경보기	유도등	비상조명등	비상콘센트 설비	무선통신 보조설비	비상전원 수전설비	화재알림 설비	기타	합계
2021년	1	**4**	1	2	1	3	3	2	2	1	1	0	0	20
	2	**4**	3	2	1	1	3	1	2	2	1	0	0	20
	4	**6**	2	2	0	1	4	1	1	0	0	0	3	20

2021년 1회

소방원론

3회독 월 일
2회독 월 일
1회독 월 일

목표시간 : 20분 | 시작 : _시 _분 | 종료 : _시 _분 | 맞은 개수 : _ /20

01 상 중 하

자연 발화가 잘 일어나기 위한 조건이 아닌 것은?

① 주위의 온도가 높다.
② 열전도율이 낮다.
③ 표면적이 넓다.
④ 발열량이 작다.

해설 자연발화 조건

1) 표면적이 클 것 (+)
2) 발열량이 클 것 (+)
3) 산소와 접촉하는 표면적이 넓을 것 (+)
4) 열전도율이 작을 것 (-)

TIP ▶ 열전도율만 (-)

02 상 중 하

다음 중 물과 반응하여 수소가 발생하지 않는 것은?

① Na ② K
③ S ④ Li

해설 금수성 물질

물과 접촉하여 발화, 가연성 가스 발생

구분	현상
무기과산화물	산소(O_2) 발생
금속분 마그네슘(Mg) **나트륨(Na)** **칼륨(K)** **리튬(Li)**	**수소(H_2)** 발생
탄화칼슘 (칼슘카바이드)	아세틸렌(C_2H_2) 발생

03 상 중 하

다음 중 폭발을 일으킬 위험이 가장 낮은 물질은?

① 수소가스
② 마그네슘분
③ 밀가루
④ 시멘트가루

해설 분진폭발 일으키지 않는 물질

물과 반응하여 가연성 기체 발생하지 않는 것
• 시멘트
• 석회석
• 탄산칼슘($CaCO_3$)
• 생석회(CaO) = 산화칼슘
• 소석회

암기 ▶ 분시석 탄생소

정답 01 ④ 02 ③ 03 ④

04 상 중 하

철근콘크리트조의 기둥에서 내화구조의 기준으로 옳은 것은?

① 작은 지름 15 [cm] 이상으로서 철골을 두께 4 [cm] 이상의 철망 몰탈로 덮은 것

② 작은 지름 20 [cm] 이상으로서 철골을 두께 7 [cm] 이상의 콘크리트 블록으로 덮은 것

③ 작은 지름 25 [cm] 이상으로서 철골을 두께 5 [cm] 이상의 콘크리트로 덮은 것

④ 작은 지름 30 [cm] 이상으로서 철골을 두께 3 [cm] 이상의 석재로 덮은 것

해설 내화구조 기둥기준

기둥의 경우에는 그 작은 지름이 25 [cm] 이상인 것으로서 다음 어느 하나에 해당하는 것. 다만 고강도 콘크리트를 사용하는 경우에는 고강도 콘크리트 내화성능 관리기준에 적합해야 한다.

1) 철근콘크리트조 또는 철골철근콘크리트조

2) 철골을 두께 6 [cm](경량골재를 사용하는 경우에는 5 [cm]) 이상의 철망모르타르 또는 두께 7[cm] 이상의 콘크리트블록·벽돌 또는 석재로 덮은 것

3) 철골을 두께 5 [cm] 이상의 콘크리트로 덮은 것

05 상 중 하

인화점(Flash Point)을 가장 옳게 설명한 것은?

① 가연성 액체가 증기를 계속 발생하여 연소가 지속될 수 있는 최저온도

② 가연성 증기 발생 시 연소범위의 하한계에 이르는 최저 온도

③ 고체와 액체가 평형을 유지하며 공존할 수 있는 온도

④ 가연성 액체의 포화증기압이 대기압과 같아지는 온도

해설 인화점

1) 점화원을 가했을 때 연소가 시작되는 최저온도

2) 인화점이 낮을수록 위험도가 큼

3) 인화점 < 연소점 < 발화점

암기 ▶ 이연발

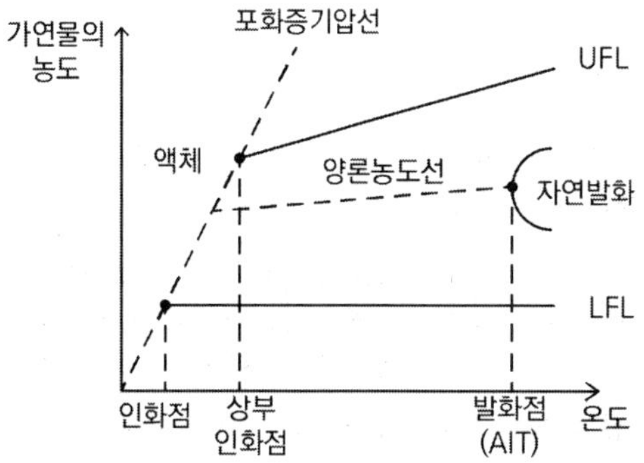

06 상 중 하

일반적으로 목조건축물의 화재 시 발화에서 최성기까지의 소요시간은 어느 정도인가? (단, 풍속이 거의 없을 경우를 가정한다)

① 1분 미만

② 4 ~ 14분

③ 30 ~ 60분

④ 90분 이상

해설 목조건축물 화재

- 최성기까지 소요시간 : 4 ~ 14분
- 최성기 최고온도 : 1000 ~ 1300 [℃]

2021

정답 04 ③ 05 ② 06 ②

07 상 중 하

다음 중 전기화재에 해당하는 것은?

① A급 화재　② B급 화재
③ C급 화재　④ D급 화재

해설 화재의 분류

등급	화재	표시색	가연물
A급	**일**반화재	백색	나무, 섬유, 종이, 고무, 플라스틱류
B급	**유**류화재	황색	인화성 액체, 가연성 액체, 석유 그리스, 타르, 오일, 유성도료, 솔벤트, 래커, 알코올 및 인화성 가스 등
C급	**전**기화재	청색	전류가 흐르고 있는 전기기기, 배선 등
D급	**금**속화재	무색	마그네슘 합금 등 가연성 금속
K급	**주**방화재	-	주방에서 동식물유를 취급하는 조리기구

암기 ▶ 일유전 금주

08 상 중 하

Halon 1301에서 숫자 '0'은 무슨 원소가 없다는 것을 뜻하는가?

① 탄소　② 브롬(브로민)
③ 불소　④ 염소

해설 할론소화약제의 명명법

종류	C 개수	F 개수	Cl 개수	Br 개수
할론 1211	1	2	1	1
할론 1301	1	3	0	1
할론 2402	2	4	0	2

※ 할론소화약제의 분자식

종류	분자식	상온·상압
할론 1211	CF_2ClBr	기체
할론 1301	CF_3Br	기체
할론 1011	CH_2ClBr	액체
할론 2402	$C_2F_4Br_2$	액체

09 상 중 하

전기시설물에 적응성이 없는 소화방식은?

① 이산화탄소에 의한 소화
② 할론 1301에 의한 소화
③ 마른모래에 의한 소화
④ 물분무에 의한 소화

해설 전기화재에 적응성이 있는 소화방식

1) 이산화탄소에 의한 소화
2) 할론소화약제에 의한 소화
3) 할로겐화합물 및 불활성기체소화약제에 의한 소화
4) 분말소화약제에 의한 소화
5) 물분무·미분무에 의한 소화
6) 고체에어로졸화합물에 의한 소화

보충 ▶ 마른모래, 팽창질석, 팽창진주암은 전기화재에 적응성이 없다.

10 상 중 하

액화천연가스(LNG)의 주성분은?

① CH_4　② H_2
③ C_3H_8　④ C_2H_2

해설 액화석유가스(LPG)와 액화천연가스(LNG)

가스	주성분	증기비중
액화석유가스 (LPG)	프로페인(프로판, C_3H_8) 뷰테인(부탄, C_4H_{10})	1.51
액화천연가스 (LNG)	메테인(메탄, CH_4)	0.55

TIP ▶ 증기비중 > 1 : 공기보다 무겁다.
증기비중 < 1 : 공기보다 가볍다.

정답 07 ③ 08 ④ 09 ③ 10 ①

11 상 중 하

피난계획의 일반원칙 중에 대한 설명 Fail－Safe로 옳은 것은?

① 한 가지 피난기구가 고장이 나도 다른 수단을 이용할 수 있도록 고려하는 것
② 피난설비를 반드시 이동식으로 하는 것
③ 본능적 상태에서도 쉽게 식별이 가능하도록 그림이나 색채를 이용하는 것
④ 피난수단을 조작이 간편한 원시적인 방법으로 설계하는 것

해설 피난대책 일반 원칙

피난대책은 Fail - Safe와 Fool - Proof 원칙에 따른다.
1) Fail - Safe
(1) 하나의 수단이 고장으로 실패하여도 다른 수단을 이용할 수 있도록 할 것
(2) 양방향 피난경로를 상시 확보해둘 것
(3) 부분화, 다중화할 것
2) Fool - Proof
(1) 피난수단은 조작이 간편한 원시적 방법으로 할 것
(2) 비상시 판단능력 저하를 대비하여 누구나 알 수 있도록 간단한 그림이나 색채를 이용하여 표시할 것
(3) 피난설비는 고정식 설비로 설치할 것
(4) 피난경로는 간단명료하게 할 것

12 상 중 하

부피비로 메테인 80 [%], 에테인 15 [%], 프로페인 4 [%], 뷰테인 1 [%]인 혼합기체가 있다. 이 기체의 공기 중에서의 폭발하한계는 약 몇 [vol%]인가? (단, 공기 중 단일 가스의 폭발하한계는 메테인 5 [vol%], 에테인 2 [vol%], 프로페인 2 [vol%], 뷰테인 1.8 [vol%]이다)

① 2.2　　② 3.8
③ 4.9　　④ 6.2

해설 르 샤틀리에의 법칙

르 샤틀리에의 법칙 $\frac{100}{L}=\frac{V_1}{L_1}+\frac{V_2}{L_2}+\cdots+\frac{V_n}{L_n}$

$$\frac{100}{L}=\frac{80}{5}+\frac{15}{2}+\frac{4}{2}+\frac{1}{1.8}$$

$$L=\frac{100}{\frac{80}{5}+\frac{15}{2}+\frac{4}{2}+\frac{1}{1.8}}$$

$\therefore L=3.84[\%]$

L : 혼합가스 폭발하한계 [vol%]
L_1 ~ L_n : 가연성 가스 폭발하한계 [vol%]
V_1 ~ V_n : 가연성 가스 용량 [vol%]

13 상 중 하

다음 중 바닥부분의 내화구조기준으로 틀린 것은?

① 철근콘크리트조로서 두께가 5 [cm] 이상인 것
② 철골철근콘크리트조로서 두께가 10 [cm] 이상인 것
③ 철재로 보강된 콘크리트 블록조·벽돌조 또는 석조로서 철재에 덮은 콘크리트블록 등의 두께가 5 [cm] 이상인 것
④ 철재의 양면을 두께 5 [cm] 이상의 철망모르타르 또는 콘크리트로 덮은 것

해설 내화구조 바닥기준

[두께 : 이상]

구조	두께
철근콘크리트조 또는 철골철근콘크리트조	10 [cm]
철재로 보강된 콘크리트블록조·벽돌조·석조로서 철재에 덮은 콘크리트블록 등	5 [cm]
철재의 양면을 철망모르타르 또는 콘크리트로 덮은 것	5 [cm]

정답 11 ① 12 ② 13 ①

14 상중하

중질유가 탱크에서 조용히 연소하다 열유층에 의해 가열된 하부의 물이 폭발적으로 끓어 올라와 상부의 뜨거운 기름과 함께 분출하는 현상을 무엇이라 하는가?

① 플래시 오버
② 보일 오버
③ 백드래프트
④ 롤 오버

해설 화재 시 발생현상

현상	설명
플래시 오버	온도가 급격히 상승하여 화재가 순간적으로 실내 전체에 확산
보일 오버	중질유 탱크저부 에멀전(물)이 증발하면서 부피가 팽창하여 유류 분출
백드래프트	훈소 상태일 때 신선한 공기 유입으로 실내 축적가스가 단시간 연소, 폭발하여 실외로 분출
롤 오버 (플레임오버)	열분해된 미연소 연료가 천장 하부에 축적되면서 층을 이루고, 이것이 연소하한에 도달했을 때 점화되면서 화염 선단이 천장 밑을 굴러가는 것처럼 보이며 연소하는 상태

15 상중하

할론소화약제에 대한 설명으로 옳은 것은?

① 연소 연쇄반응을 촉진시킨다.
② 소화 후 잔사가 남지 않는 장점이 있다.
③ Halon 104는 소화효과도 우수하고 독성도 없다.
④ Halon 1301, Halon 1211은 에테인의 유도체이다.

해설 할론소화약제

1) 연소 연쇄반응을 차단하여 부촉매소화한다.
2) 소화 후 잔사가 남지 않는다.
3) Halon 104가 화재 환경에 노출될 경우 맹독성 가스인 포스겐이 발생한다.
4) Halon 1301, Halon 1211은 메테인의 유도체이다.
5) 할로겐족 원소(F, Cl, Br, I 등)를 사용하는 소화약제이다.
6) 전기의 부도체로 전기화재에 효과적이다.
7) 통신기기실, 미술관, 전산실 등에 적응성이 있다.

16 상중하

다음 중 가연성 물질이 아닌 것은?

① 수소　② 산소
③ 메테인　④ 암모니아

해설 가연성 가스와 조연성 가스

구분	가연성 가스	조연성 가스
정의	자기 자신이 연소하는 가스	자기 자신은 타지 않고 연소를 도와주는 가스
종류	일산화탄소(CO) 수소(H_2) 메테인(메탄, CH_4) 프로페인(프로판, C_3H_8) 암모니아(NH_3) 뷰테인(부탄, C_4H_{10})	오존(O_3) 공기 **산소(O_2)** 염소(Cl) 불소(F)

암기 ▶ 조 오공산 염불

정답 14 ② 15 ② 16 ②

17 상 중 하

다음 중 착화온도가 가장 높은 물질은?

① 황린
② 아세트알데하이드
③ 메테인
④ 이황화탄소

해설 발화점 = 착화점 = 착화온도

물질	발화점 [℃]
메테인(메탄)	**537**
벤젠	498
톨루엔	480
아세톤	465
에틸알코올	423
휘발유(가솔린)	280
적린, 황화인(황화린)	260
등유	220
경유	210
아세트알데하이드	175
이황화탄소	90
황린	34

암기 ▶ 발벤톨 / 아에 / 휘적 / 등경 / 이황

18 상 중 하

가연성 기체 또는 액체의 연소범위에 대한 설명 중 틀린 것은?

① 연소 하한과 연소 상한의 범위를 나타낸다.
② 연소 하한이 낮을수록 발화위험이 높다.
③ 연소범위가 넓을수록 발화위험이 낮다.
④ 연소범위는 주위온도와 관계가 있다.

해설 연소범위

1) 연소범위에는 상한계(UFL)와 하한계(LFL)가 존재한다.
2) 연소범위의 상한계(UFL)가 높을수록, 하한계(LFL)가 낮을수록 위험성이 크다.
3) 연소범위가 넓을수록 위험성이 크다.
4) 연소범위의 값은 혼합가스의 체적농도이다.
5) 온도와 농도가 높을수록 연소범위는 넓어진다(단, CO, H는 좁아진다).
6) 압력 상승 시 연소 범위는 넓어진다.
7) 불활성 기체를 첨가할수록 연소범위는 좁아진다.
8) 가연성 기체의 종류에 따라 다른 값을 가진다.

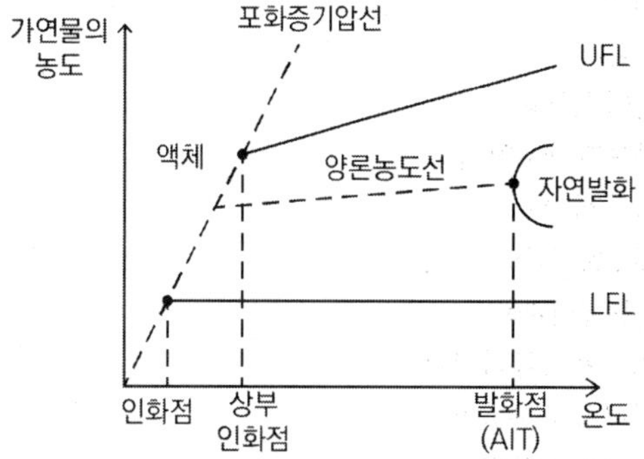

보충 ▶ 연소범위는 주위온도와 관계없다.

19 상 중 하

연소의 3요소에 해당하지 않는 것은?

① 점화원 ② 연쇄반응
③ 가연물질 ④ 산소공급원

해설 연소의 3요소, 4요소

연소의 3요소	연소의 4요소
• **가**연물 • **산**소공급원 • **점**화원	• 가연물 • 산소공급원 • 점화원 • **연쇄반응**

암기 ▶ 연소의 3요소 : 가산점

정답 17 ③ 18 ③ 19 ②

20 상 중 하

소방시설의 분류에서 다음 중 소화설비에 해당하지 않는 것은?

① 스프링클러설비
② 수동식 소화기
③ 옥내소화전설비
④ 연결송수관설비

해설 소화설비

1) 소화기구
  • 소화기
  • 간이소화용구
  • 자동확산소화기
2) 자동소화장치
3) 옥내소화전설비
4) 스프링클러설비
5) 간이스프링클러설비
6) 물분무등소화설비
7) 옥외소화전설비

보충 ▶ 연결송수관설비 : 소화활동설비

정답 20 ④

2021년 1회

소방전기일반

3회독	월	일
2회독	월	일
1회독	월	일

목표시간 : 30분 | 시작 : _시 _분 | 종료 : _시 _분 | 맞은 개수 : _ /20

21 상 중 하

유도전동기에 인가되는 전압과 주파수를 동시에 반환시켜 직류 전동기와 동등한 제어성능을 얻을 수 있는 방식은?

① 가변전압 가변주파수제어
② 교류 귀환제어
③ 교류 1단제어
④ 교류 2단제어

해설 VVVF(Variable Voltage Variable Frequency control) 제어

유도전동기에 인가되는 전압과 주파수를 동시에 변환시켜 직류 전동기와 동등한 제어 성능을 갖는 제어방식

22 상 중 하

계전기 접점의 불꽃을 소거할 목적으로 사용하는 것은?

① 바리스터 ② 서미스터
③ 버랙터 다이오드 ④ 터널다이오드

해설 기타 반도체

명칭	특성
SCR	• 사이리스터의 한 종류 • 애노드(A), 캐소드(K), 게이트(G)로 구성된다. • 단방향 3단자
SCR	• 래칭전류 : SCR이 OFF 상태에서 ON 상태로의 전환이 이뤄지고, 트리거신호가 제거된 직후에 SCR을 ON 상태로 유지하는 데 필요한 최소한의 양극전류를 래칭전류라 한다.
트라이악 (TRIAC)	• npnpn의 5층구조 • 직·교류에서 모두 사용할 수 있는 3단자 스위칭 소자 • 교류전력 기기 제어용 • 쌍방향 3단자
다이악 (DIAC)	• 소용량 저항부하의 AC전력 제어용 • 쌍방향 2단자
서미스터	• 온도에 의해 저항값이 변하는 반도체 소자 • 부(-) 저항온도계수의 특성 : 온도 증가 시 저항 감소 • 열을 감지하는 감열저항체 소자 • 온도보상용, 온도계측용(온도계), 온도보정용
바리스터	• 인가되는 전압에 따라 저항값이 변하는 비선형 반도체 소자 • 전압에 따라 저항값이 변화하는 저항 소자 • 회로를 병렬로 연결하여 사용 • 서지전압으로부터 기기보호 • 계전기접점의 불꽃소거
사이리스터	• p형 반도체와 n형 반도체의 4층 이상 접합한 것 • 전극 단자 수가 2, 3, 4인 것이 있다(위상제어, 타이머회로, 트리거회로).
집적회로	• 하나의 실리콘 칩 내부에 트랜지스터, 다이오드 저항, 콘덴서 등 여러 가지 전자부품을 고밀도로 집적하여 패키지로 만든 것 • 시스템이 소형화, 가볍고 얇다. • 신뢰성이 높고 부품의 교체가 쉽다.

정답 21 ① 22 ①

23 상중하

공기 중에 100 [A]의 전류가 흐르는 도체와 직선거리로 0.5 [m] 떨어진 곳에서의 자기장의 세기는 약 몇 [AT/m]인가?

① 31.8 [AT/m] ② 25 [AT/m]
③ 63.7 [AT/m] ④ 50 [AT/m]

해설 자계의 세기(H)

$$H=\frac{I}{2\pi r}=\frac{100}{2\pi\times 0.5} \fallingdotseq 31.8\ [AT/m]$$

H : 자기장의 세기 [AT/m]
r : 반지름 [m]
I : 전류 [A]

24 상중하

2분간 564000 [J]의 일을 할 때 전력은 약 몇 [kW]인가?

① 73 [kW] ② 292 [kW]
③ 4.7 [kW] ④ 7.3 [kW]

해설 전력(P) 계산

$W=Pt$

$564000=P\times 2\times 60$

$$P=\frac{564000}{2\times 60}=4700[W]=4.7[kW]$$

25 상중하

무효전력이 0이 되는 부하는?

① 용량리액턴스만의 부하
② 저항만의 부하
③ 유도리액턴스만의 부하
④ 용량리액턴스와 유도리액턴스만으로 구성된 부하

해설 저항회로

순저항 부하에서는 전압과 전류가 위상차가 없기 때문이다(동상).

26 상중하

평균값이 100 [V]인 정현파 교류전압의 실횻값은 약 몇 [V]인가?

① 70.7 [V] ② 111.1 [V]
③ 141.4 [V] ④ 157.1 [V]

해설 정현파 교류전압의 실횻값

• 평균값 $V_{av}=\frac{2}{\pi}Vm$ 에서

$$Vm=\frac{\pi}{2}\times V_{av}=\frac{\pi}{2}\times 100=157.079[V]$$

• 실횻값 $V=\frac{1}{\sqrt{2}}Vm$

$$=\frac{1}{\sqrt{2}}\times 157.079$$

$$=111.072[V]$$

27 상중하

피드백제어계 중 물체의 위치, 방위, 자세 등의 기계적 변위를 제어량으로 이용하는 것은?

① 서보기구 ② 시퀀스제어
③ 자동조정 ④ 프로그램제어

해설 제어량에 의한 분류

구분	내용	제어량
서보기구	기계적 변위를 제어량으로 하는 변화량제어	물체의 방위, 위치, 각도 등
프로세스 제어	플랜트나 생산공정 중의 상태량제어	온도, 압력, 유량, 농도 등
자동조정 제어	제어량이 전기적, 기계적 양을 제어	주파수, 전압, 전류, 회전속도 힘 등

정답 23 ① 24 ③ 25 ② 26 ② 27 ①

28 상중하

다음 진리표의 논리회로는?

A	B	X
0	0	0
0	1	1
1	0	1
1	1	0

① AND
② OR
③ EXCLUSIVE OR
④ EXCLUSIVE NOR

해설 EXCLUSIVE OR회로

• 배타적 논리합
• A, B의 입력값이 다르면 출력 1

29 상중하

교류발전기의 병렬 운전조건에 해당되지 않는 것은?

① 기전력의 크기(전압)가 일치하는 것
② 기전력의 주파수가 일치하는 것
③ 기전력의 위상이 일치하는 것
④ 발전기의 용량이 일치하는 것

해설 교류발전기 병렬 운전조건

파형, 주파수, 위상, 크기가 같을 것

암기 ▶ 파주위크

30 상중하

정상특성과 응답의 속응성을 동시에 개선시키려면 어느 제어를 하는 것이 가장 좋은가?

① 비례제어
② 미분제어
③ 비례적분제어
④ 비례적분미분제어

해설 제어동작에 의한 분류

구분		내용
불연속 제어	ON-OFF제어	단속적 제어동작
	샘플링 (Sampling)	전압, 전류, 위상을 제어
연속제어	비례제어 (P제어)	잔류 편차(Off Set) 발생
	적분제어 (I제어)	• 잔류 편차(Off Set) 개선 • 시간지연(속응성) 발생
	미분제어 (D제어)	• 시간지연 개선, 잔류 편차(Off Set) 존재, 오차방지 • 진동방지, 오버슈트가 커진다.
	비례적분제어 (PI제어)	• 잔류 편차는 제거되지만 시간지연이 길다. • 간헐현상 존재, 지상보상 요소에 대응한다.
	비례미분제어 (PD제어)	시간지연(응답속응성)을 개선, 잔류 편차는 있다.
	비례미분 적분제어 (PID제어)	시간지연도 향상시키고 잔류 편차도 제거한 제어계로 가장 안정적인 제어계

2021

정답 28 ③ 29 ④ 30 ④

31 상㊥하

부저항 특성을 갖는 서미스터의 저항값은 온도가 증가함에 따라 어떻게 변하는가?

① 감소　② 증가하다가 감소
③ 증가　④ 감소하다가 증가

해설 서미스터의 특성

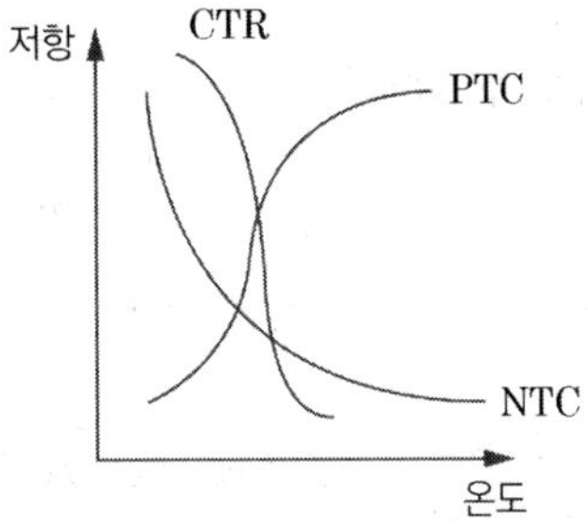

NTC : 저항값은 온도와 반비례 (부)
PTC : 저항값은 온도와 비례 (정)

32 상㊥하

2전력계법을 사용하여 3상전력을 측정하였더니 각 전력계가 250 [W], 350 [W]를 지시한다면 전전력은 몇 [W]인가?

① 300　② 350
③ 400　④ 600

해설 2전력계법

$P = W_1 + W_2 = 250 + 350 = 600$

33 상㊥하

25 [mH]와 75 [mH]의 두 인덕턴스가 병렬로 연결되어 있다. 합성 인덕턴스의 값은 몇 [mH]인가? (단, 상호 인덕턴스는 없는 것으로 한다)

① 12.25 [mH]　② 18.75 [mH]
③ 20.25 [mH]　④ 25.75 [mH]

해설 합성 인덕턴스 계산

코일 병렬접속

$L_0 = \dfrac{L_1 \cdot L_2}{L_1 + L_2}$에서 $M = 0$이므로

$= \dfrac{L_1 \cdot L_2}{L_1 + L_2} = \dfrac{25 \times 75}{25 + 75} = 18.75\,[mH]$

구분	직렬
가동 결합	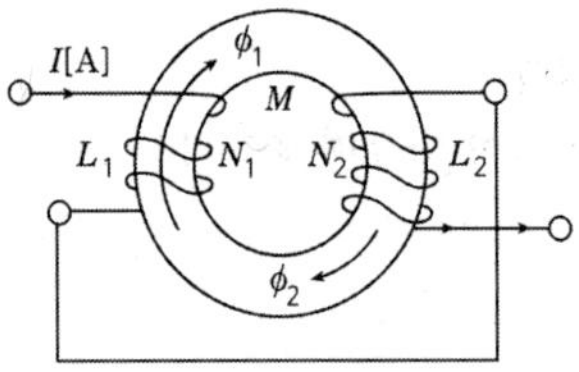 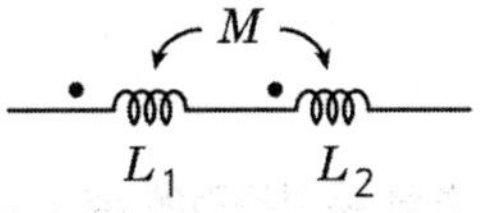 $L_0 = L_1 + L_2 + 2M$
차동 결합	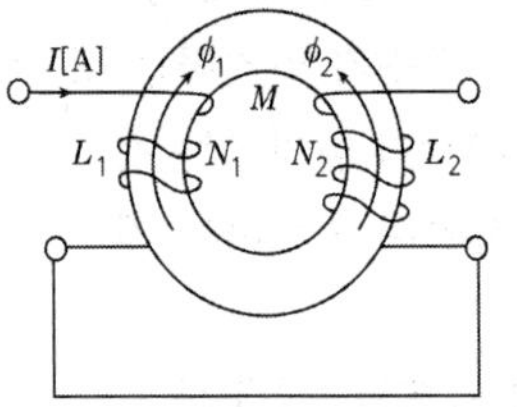 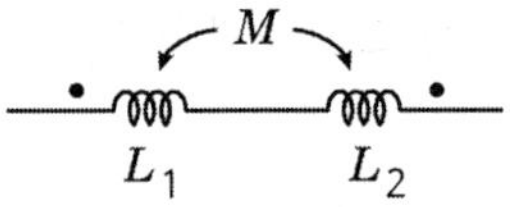 $L_0 = L_1 + L_2 - 2M$

정답 31 ① 32 ④ 33 ②

34 상 중 하

코일의 자기인덕턴스는 어느 것에 따라 변하는가?

① 투자율 ② 저항률
③ 도전율 ④ 유전율

해설 자기 인덕턴스

$L=\frac{\mu AN^2}{l}$ 이므로 투자율에 따라 인덕턴스 값이 변한다.

- 투자율, 면적, 권수의 제곱에 비례
- 길이에 반비례

35 상 중 하

평형 3상회로에 △결선된 부하를 Y결선으로 바꾸면 소비전력은? (단, 선간전압은 일정하고 $P_\triangle$는 △결선 시 소비전력, P_Y는 Y결선 시 소비전력이다)

① $P_Y=3P_\triangle$ ② $P_Y=9P_\triangle$
③ $P_Y=\frac{1}{3}P_\triangle$ ④ $P_Y=\frac{1}{9}P_\triangle$

해설 Y결선 - △결선 전력 비교

$$P_Y=3I_p^2R=3I_\ell^2R$$
$$P_\triangle=3I_p^2R=I_\ell^2R$$
$$P_Y=\frac{1}{3}P_\triangle$$

36 상 중 하

실리콘제어정류기(SCR)에 대한 설명 중 틀린 것은?

① P-N-P-N의 4층 구조이다.
② 스위칭 소자이다.
③ 직류 및 교류의 전력 제어용으로 사용된다.
④ 양방향성 사이리스터이다.

해설 기타 반도체

명칭	특성
SCR	• 사이리스터의 한 종류 • 애노드(A), 캐소드(K), 게이트(G)로 구성된다. • 단방향 3단자 • 래칭전류 : SCR이 OFF 상태에서 ON 상태로의 전환이 이뤄지고, 트리거신호가 제거된 직후에 SCR을 ON 상태로 유지하는 데 필요한 최소한의 양극전류를 래칭전류라 한다.
트라이악(TRIAC)	• npnpn의 5층구조 • 직·교류에서 모두 사용할 수 있는 3단자 스위칭 소자 • 교류전력 기기 제어용 • 쌍방향 3단자
다이악(DIAC)	• 소용량 저항부하의 AC전력 제어용 • 쌍방향 2단자
서미스터	• 온도에 의해 저항값이 변하는 반도체 소자 • 부(−) 저항온도계수의 특성 : 온도 증가 시 저항 감소 • 열을 감지하는 감열저항체 소자 • 온도보상용, 온도계측용(온도계), 온도보정용
바리스터	• 인가되는 전압에 따라 저항값이 변하는 비선형 반도체 소자 • 전압에 따라 저항값이 변화하는 저항 소자 • 회로를 병렬로 연결하여 사용 • 서지전압으로부터 기기보호 • 계전기접점의 불꽃소거
사이리스터	• p형 반도체와 n형 반도체의 4층 이상 접합한 것 • 전극 단자 수가 2, 3, 4인 것이 있다(위상제어, 타이머회로, 트리거회로).
집적회로	• 하나의 실리콘 칩 내부에 트랜지스터, 다이오드 저항, 콘덴서 등 여러 가지 전자부품을 고밀도로 집적하여 패키지로 만든 것 • 시스템이 소형화, 가볍고 얇다. • 신뢰성이 높고 부품의 교체가 쉽다.

2021

정답 34 ① 35 ③ 36 ④

37 상중하

그림과 같은 회로에서 전압계 3개로 단상 전력을 측정하고자 할 때의 유효전력은?

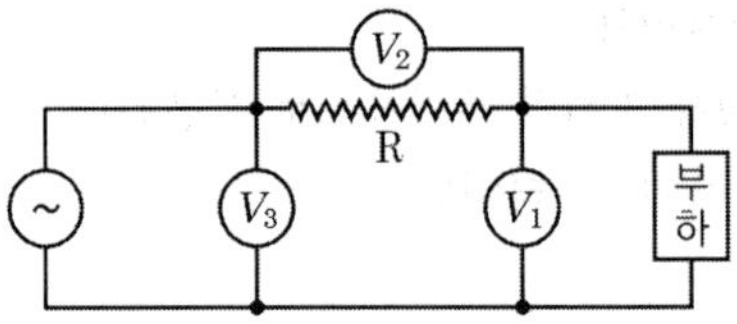

① $P = \frac{1}{2R}(V_3^2 - V_1^2 - V_2^2)$

② $P = \frac{1}{2R}(V_2^2 - V_1^2 - V_3^2)$

③ $P = \frac{R}{2}(V_3^2 - V_1^2 - V_2^2)$

④ $P = \frac{R}{2}(V_2^2 - V_1^2 - V_3^2)$

해설 3전압계법

$$P = \frac{1}{2R}(V_3^2 - V_2^2 - V_1^2)$$

TIP ▶ 3전류계법 : $P = \frac{R}{2}(I_3^2 - I_2^2 - I_1^2)$

38 상중하

논리식 A·(A+B)를 간단히 하면?

① A ② B
③ A·B ④ A+B

해설 논리식

$A \cdot (A+B) = A + AB$

39 상중하

피드백제어계의 특징으로 옳지 않은 것은?

① 계의 정확도가 증가한다.
② 계의 특성변화에 대한 입력 대 출력비의 감도가 증가된다.
③ 외부 조건의 변화에 대한 영향을 줄일 수 있다.
④ 시스템이 복잡해지고, 크기가 커지며, 값이 비싸진다.

해설 피드백제어계 특징

- 정확성 증가
- 감대폭 증가
- 비선형성과 왜형 효과 감소
- 입력 대 출력비 감도 감소
- 발진을 일으키고 불안정한 상태

40 상중하

그림과 같은 회로에서 합성저항은?

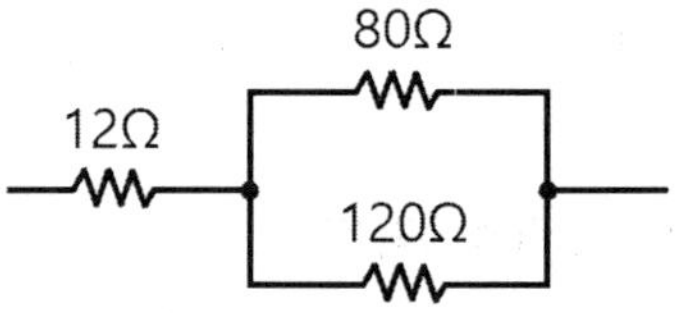

① 30 [Ω] ② 40 [Ω]
③ 50 [Ω] ④ 60 [Ω]

해설 직병렬 합성저항(R) 계산

$$12 + \frac{120 \times 80}{120 + 80} = 60\ [\Omega]$$

(병렬접속 $R_0 = \frac{R_1 R_2}{R_1 + R_2}$, 직렬접속 $R_0 = R_1 + R_2$)

정답 37 ① 38 ① 39 ② 40 ④

2021년 1회

소방관계법규

3회독	월	일
2회독	월	일
1회독	월	일

목표시간 : 20분 | 시작 : _시 _분 | 종료 : _시 _분 | 맞은 개수 : _ /20

41 상(중)하

간이스프링클러설비를 설치하여야 할 특정소방대상물에 해당되는 것은?

① 근린생활시설로서 사용하는 바닥면적 합계가 500 [m^2] 이상인 것은 전 층
② 근린생활시설로서 사용하는 바닥면적 합계가 1000 [m^2] 이상인 것은 전 층
③ 교육연구시설 내에 있는 합숙소로서 연면적 50 [m^2] 이상인 것
④ 교육연구시설 내에 있는 합숙소로서 연면적 100 [m^2] 미만인 것

해설 간이스프링클러설비 설치대상

설치대상	기준
근린생활시설	• 바닥면적 합계 1000 [m^2] 이상인 것은 모든 층 • 의원, 치과의원, 한의원으로서 입원실이 있는 것 • 조산원 및 산후조리원 연면적 600 [m^2] 미만 시설
교육시설 내 합숙소	연면적 100 [m^2] 이상인 경우에는 모든 층
의료시설(종합병원, 병원, 치과병원, 요양병원)	바닥면적 합계 600 [m^2] 미만
• 정신의료기관, 의료재활시설 • 노유자시설	• 바닥면적 합계 300 [m^2] 이상 600 [m^2] 미만 • 바닥면적 합계 300 [m^2] 미만, 창살 설치
복합건축물	연면적 1000 [m^2] 이상 전 층
연립주택 및 다세대주택	-
숙박시설	바닥면적 합계 300 [m^2] 이상 600 [m^2] 미만

42 상(중)하

소방시설공사업자가 소속 소방기술자를 소방시설공사 현장에 배치하지 않았을 경우 얼마의 과태료에 처하는가?

① 100만 원 이하
② 200만 원 이하
③ 300만 원 이하
④ 400만 원 이하

해설 200만 원 이하 과태료

1) 등록·휴폐업·지위승계·착공·감리지정신고하지 않거나 거짓신고
2) 관계인에게 지위승계·행정처분·휴폐업 사실을 거짓 알림
3) 소방감리 배치통보 및 변경통보하지 않거나 거짓통보
4) 하도급 등의 통지를 하지 않은 경우
5) 소방공무원 감독 명령을 위반하여 미보고, 자료 미제출, 거짓보고·제출
6) 하자보수기간에 관계서류 보관하지 않은 공사업자
7) 소방기술자 공사현장에 배치하지 않은 공사업자
8) 완공검사 받지 않은 공사업자
9) 감리 변경 시 감리 관계 서류를 인수·인계하지 않은 경우
10) 방염성능기준 미만으로 방염한 경우
11) 방염처리능력 평가 관련 서류를 거짓으로 제출한 경우
12) 도급(하도급)계약 체결 시 의무를 이행하지 않은 경우
13) 시공능력평가 서류를 거짓으로 제출한 경우
14) 사업수행능력평가 서류를 위조·변조하여 거짓·부정한 방법으로 입찰에 참여한 자
15) 공사대금의 지급보증, 담보의 제공 또는 보험료 등의 지급을 정당한 사유 없이 이행하지 아니한 자
16) 3일 이내 하자보수 안 하거나 보수계획 거짓통보

정답 41 ② 42 ②

43 상중하

2급 소방안전관리대상물의 소방안전관리자로 선임될 수 있는 자격기준으로 알맞은 것은?

① 전기기능사 자격을 가진 자
② 소방서에서 3년 이상 소방업무에 종사한 경력이 있는 자
③ 경찰공무원으로 2년 이상 근무한 경력이 있는 자
④ 의용소방대원으로 2년 이상 근무한 경력이 있는 자

해설 2급 소방안전관리대상물 소방안전관리자

1) 위험물기능장·위험물산업기사·위험물기능사 자격자
2) 소방공무원으로 3년 이상 근무 경력
3) 「기업활동 규제완화에 관한 특별조치법」에 따라 소방안전관리자로 선임된 사람
4) 소방청장 실시 2급 소방안전관리 시험 합격자

44 상중하

자체소방대를 설치하여야 하는 사업소는 몇 류 위험물을 취급하는 제조소인가?

① 제1류　② 제2류
③ 제3류　④ 제4류

해설 자체소방대 설치 사업소

사업소	지정수량
제4류 위험물 취급 제조소·일반취급소	3000배 이상
제4류 위험물 저장 옥외탱크저장소	500000배 이상

45 상중하

옥외에 연결송수구 및 옥내에 방수구가 부설된 옥내소화전설비·스프링클러설비·간이스프링클러설비 또는 연결살수설비를 화재안전기술기준에 적합하게 설치한 경우 그 설비의 유효범위 안의 부분에서 설치가 면제되는 것은?

① 연소방지설비
② 상수도소화용수설비
③ 물분무등소화설비
④ 연결송수관설비

해설 소방시설 설치 면제기준

설치 면제	설치 면제기준
스프링클러설비	• 자동소화장치 또는 물분무등소화설비 설치(전기저장시설 제외) • 전기저장시설에 소방청장이 고시하는 소화설비를 설치한 경우
물분무등소화설비	차고·주차장에 스프링클러설비 설치
비상경보설비, 단독경보형 감지기	자동화재탐지설비 설치 또는 화재알림설비 설치
연소방지설비	스프링클러설비, 물분무설비, 미분무설비 설치
연결송수관설비	옥외 연결송수구 및 옥내 방수구가 부설된 옥내소화전설비, (간이)스프링클러설비, 연결살수설비 설치

정답 43 ② 44 ④ 45 ④

46 상중하

위험물 제조소등의 관계인은 제조소등의 용도를 폐지한 때에는 제조소등의 용도를 폐지한 날부터 며칠 이내에 시·도지사에게 신고하여야 하는가?

① 7일 ② 10일
③ 14일 ④ 30일

해설 제조소 지위승계 및 폐지

- 신고 : 시·도지사
- 지위승계 : 30일 이내
- 폐지 : 14일 이내

47 상중하

소방시설기준 적용의 특례에서 특정소방대상물의 관계인이 소방시설을 갖추어야 함에도 불구하고 관련 소방시설을 설치하지 아니할 수 있는 특정소방대물을 설명한 것 중 옳지 않은 것은?

① 피난위험도가 낮은 특정소방대상물
② 화재안전기술기준을 적용하기가 어려운 특정소방대상물
③ 화재안전기술기준을 달리 적용하여야 하는 특수한 용도 또는 구조물 가진 특정소방대상물
④ 위험물안전관리법 제19조의 규정에 따른 자체소방대가 설치된 특정소방대상물

해설 소방시설기준 적용 특례 소방시설 설치 면제

구분	특정소방대상물	소방시설
화재위험도가 낮은 특정소방대상물	석재, 불연성금속, 불연성 건축재료 등의 가공공장, 기계조립공장, 불연성물품 저장 창고	옥외소화전설비, 연결살수설비
화재안전기술기준 적용 어려운 특정소방대상물	펄프공장의 작업장, 음료수 공장의 세정·충전 작업장 등	스프링클러설비, 상수도소화용수설비, 연결살수설비
	정수장, 수영장, 목욕장, 농예·축산·어류양식용 시설 등	자동화재탐지, 상수도소화용수, 연결살수설비
화재안전기술기준을 달리 적용하여야 하는 특수한 용도·구조의 특정소방대상물	• 원자력발전소 • 중·저준위방사성폐기물의 저장시설	연결송수관설비, 연결살수설비
위험물안전관리법에 따라 자체소방대 설치된 특정소방대상물	자체소방대가 설치된 위험물 제조소등에 부속된 사무실	옥내소화전설비, 소화용수설비, 연결살수설비 및 연결송수관설비

48 상중하

화재예방강화지구의 지정대상지역에 해당되지 않는 곳은?

① 공장·창고가 밀집한 지역
② 석유화학제품을 생산하는 공장이 있는 지역
③ 시장지역
④ 소방용수시설 또는 소방출동로가 있는 지역

해설 화재예방강화지구 지정

1) 지정권자 : 시·도지사
2) 화재예방강화지구 지정 요청 : 소방청장
3) 화재예방강화지구
  (1) 시장지역
  (2) 공장·창고가 밀집한 지역
  (3) 목조건물이 밀집한 지역
  (4) 노후·불량건축물이 밀집한 지역
  (5) 위험물의 저장 및 처리시설이 밀집한 지역
  (6) 석유화학제품을 생산하는 공장이 있는 지역
  (7) 산업입지 및 개발에 관한 법률에 따른 산업단지
  (8) 소방시설·소방용수시설·소방출동로가 없는 지역
  (9) 물류단지
  (10) (1) ~ (9)까지 준하는 지역으로서 소방관서장이 화재예방강화지구로 지정할 필요가 있다고 인정하는 지역

정답 46 ③ 47 ① 48 ④

49 상 중 하

성능위주설계를 할 수 있는 자의 기술인력에 대한 기준으로 옳은 것은?

① 소방기술사 1명 이상
② 소방기술사 2명 이상
③ 소방기술사 3명 이상
④ 소방기술사 4명 이상

해설 성능위주설계 자격·기술인력

1) 자격
- 전문 소방시설설계업 등록한 자
- 전문 소방시설설계업 등록기준 기술인력 갖춘 자로 소방청장이 정하여 고시하는 연구기관·단체

2) 기술인력 : 소방기술사 2명 이상

50 상 중 하

화재, 재난·재해 그 밖의 위급한 사항이 발생한 경우 소방대가 현장에 도착할 때까지 관계인의 소방활동에 포함되지 않는 것은?

① 불을 끄거나 불이 번지지 아니하도록 필요한 조치
② 소방활동에 필요한 보호장구 지급 등 안전을 위한 조치
③ 경보를 울리는 방법으로 사람을 구출하는 조치
④ 대피를 유도하는 방법으로 사람을 구출하는 조치

해설 소방활동

1) 정의
(1) 화재, 재난·재해, 그 밖의 위급한 상황이 발생하였을 때 화재진압과 인명구조·구급 등 소방에 필요한 활동
(2) 누구든지 정당한 사유 없이 제1항에 따라 출동한 소방대의 소방활동을 방해하여서는 아니 됨

2) 관계인의 소방활동
(1) 소방대가 현장에 도착할 때까지 경보울림
(2) 대피를 유도하는 방법으로 사람을 구출하는 조치
(3) 불을 끄거나 불이 번지지 않도록 필요한 조치

3) 화재 등의 통지
(1) 화재 현장, 구조·구급이 필요한 사고 현장을 발견한 사람은 소방본부, 소방서, 관계 행정기관에 지체 없이 알려야 함
(2) 화재로 오인할 만한 우려가 있는 불을 피우거나 연막 소독을 하려는 자는 소방본부장, 소방서장에게 신고해야 함

51 상 중 하

위험물 제조소등별로 설치하여야 하는 경보설비의 종류에 포함되지 않는 것은?

① 자동화재탐지설비
② 비상경보설비
③ 비상벨설비
④ 확성장치

해설 경보설비 설치기준

1) 제조소등별 설치해야 하는 경보설비

특정소방대상물	소방시설
• 연면적 500 [m^2] 이상 • 옥내에서 지정수량 100배 이상 취급 • 일반취급소로 사용되는 부분 외의 부분이 있는 건축물에 설치된 일반취급소	자동화재탐지설비
지정수량 10배 이상 저장 또는 취급 (**이동탱크저장소 제외**)	• 자동화재탐지설비 • 비상경보설비 • 비상방송설비 • 확성장치 중 1종 이상

2) 자동신호장치 갖춘 스프링클러설비 또는 물분무등소화설비를 설치한 제조소등은 자동화재탐지설비를 설치한 것으로 봄

3) 자동화재탐지설비·비상경보설비(비상벨장치 또는 경종 포함)·확성장치(휴대용 확성기 포함) 및 비상방송설비로 구분

정답 49 ② 50 ② 51 ③

52 상 중 하

위험물안전관리법령상 제4류 위험물에 속하는 것으로 나열된 것은?

① 특수인화물, 질산염류, 황린
② 알코올, 황화인, 나이트로화합물
③ 동식물유류, 알코올류, 특수인화물
④ 알킬알루미늄, 질산, 과산화수소

해설 제4류 위험물(인화성 액체)

품명		지정수량	대표물질
특수인화물		50 [L]	다이에틸에테르
제1석유류	비수용성	200 [L]	휘발유
	수용성	400 [L]	아세톤
알코올류		400 [L]	변성알코올
제2석유류	비수용성	1000 [L]	등유, 경유
	수용성	2000 [L]	아세트산
제3석유류	비수용성	2000 [L]	중유
	수용성	4000 [L]	글리세린
제4석유류		6000 [L]	실린더유
동식물유류		10000 [L]	아마인유

53 상 중 하

화재에 관한 위험경보와 관련하여 기상법 관련 규정에 따른 이상기상의 예보 또는 특보가 있는 때에 화재에 관한 경보를 발하고 그에 따른 조치를 할 수 있는 자는?

① 소방서장
② 기상청장
③ 시·도지사
④ 국무총리

해설 화재 위험경보

1) 소방관서장은 「기상법」에 따른 이상기상의 예보·특보·태풍예보에 따라 화재의 발생 위험이 높다고 분석·판단되는 경우에는 행정안전부령으로 정하는 바에 따라 화재에 관한 위험경보를 발령하고 그에 따른 필요한 조치를 할 수 있음
2) 소방관서장은 기상청에서 한파·건조·폭염·강풍 등에 대한 예보 또는 특보가 있는 경우 화재 위험경보를 발령하고, 그 발령 사실을 언론 등을 통해 일반인에게 알릴 것
3) 화재 위험경보 발령 절차 및 조치사항 등에 필요한 사항 : 소방청장

54 상 중 하

신축 건축물 중 연면적이 몇 [m^2] 이상인 특정대상물은 성능위주설계를 하여야 하는가? (단, 주택으로 쓰이는 층수가 5개 층 이상인 주택인 아파트를 제외한다)

① 10만 [m^2]　　② 20만 [m^2]
③ 100만 [m^2]　　④ 500만 [m^2]

해설 성능위주설계 특정소방대상물

1) 연면적 200000 [m^2] 이상 특정소방대상물. 다만 아파트등(공동주택 중 주택으로 쓰이는 층수가 5층 이상인 주택) 제외
2) 50층 이상(지하층 제외)이거나 지상으로부터 높이가 200 [m] 이상인 아파트등
3) 30층 이상(지하층 포함)이거나 지상으로부터 높이가 120 [m] 이상인 특정소방대상물(아파트등은 제외)
4) 연면적 30000 [m^2] 이상 특정소방대상물
   - 철도 및 도시철도 시설
   - 공항시설
5) 하나의 건축물에 영화상영관 10개 이상
6) 지하연계 복합건축물
7) 연면적 10만 [m^2] 이상이거나 지하 2층 이하이고 지하층의 바닥면적의 합이 3만 [m^2] 이상인 창고시설
8) 터널 중 수저(水底)터널 또는 길이가 5000 [m] 이상인 것

2021

정답 52 ③ 53 ① 54 ②

55 상 중 하

소방기본법의 목적으로 거리가 먼 것은?

① 화재의 예방 · 경계 · 진압
② 국민의 생명 · 신체의 재산보호
③ 소방기술관리 및 진흥
④ 공공의 안녕질서 유지와 복리증진

해설 소방기본법 목적

- 화재 예방 · 경계 · 진압
- 화재, 재난 · 재해, 위급 상황에서 구조 · 구급 활동
- 국민의 생명 · 신체 및 재산 보호함으로써 공공의 안녕 및 질서 유지와 복리증진

56 상 중 하

화재발생 사실을 통보하는 기계 · 기구 또는 설비인 경보설비가 아닌 것은?

① 무선통신보조설비
② 비상방송설비
③ 단독경보형 감지기
④ 자동화재속보설비

해설 경보설비

1) 단독경보형 감지기
2) 비상경보설비
 - 비상벨설비
 - 자동식 사이렌설비
3) 시각경보기
4) 자동화재탐지설비
5) 비상방송설비
6) 자동화재속보설비
7) 통합감시시설
8) 누전경보기
9) 가스누설경보기
10) 화재알림설비

보충 ▶ 무선통신보조설비 : 소화활동설비

57 상 중 하

소방용품에 속하지 않는 것은?

① 화학반응식거품소화약제
② 방염액 · 방염도료 및 방염성 물질
③ 자동소화설비의 기기 중 유수검지장치
④ 가스누설경보기

해설 소방용품

1) 소화설비 구성 제품 · 기기
 (1) 소화기구(<u>소화약제 외의 것 제외</u>)
 (2) 자동소화장치
 (3) 소화전, 관창, 소방호스, 스프링클러헤드, 기동용 수압개폐장치, 유수제어밸브 및 가스관선택밸브
2) 경보설비 구성 제품 · 기기
 (1) 누전경보기 및 가스누설경보기
 (2) 발신기, 수신기, 중계기, 감지기, 경종
3) 피난구조설비 구성 제품 · 기기
 (1) 피난사다리, 구조대, 완강기(간이완강기 및 지지대 포함)
 (2) 공기호흡기(충전기 포함)
 (3) 피난구유도등, 통로유도등, 객석유도등 및 예비전원 내장된 비상조명등
4) 소화용 제품 · 기기
 (1) 소화약제(소화설비용만 해당)
  ① 상업용 주방자동소화장치, 캐비닛형 주방자동소화장치
  ② 포, 이산화탄소, 할론, 할로겐화합물 및 불활성 기체, 분말, 강화액, 고체에어로졸소화설비
 (2) 방염제(방염액 · 방염도료 · 방염성 물질)

정답 55 ③ 56 ① 57 ①

58 상중하

피난층에 대한 설명으로 알맞은 것은?

① 지상 1층
② 2층 이하로 쉽게 피난할 수 있는 층
③ 지상으로 통하는 계단이 있는 층
④ 곧바로 지상으로 통하는 출입구가 있는 층

해설 무창층과 피난층

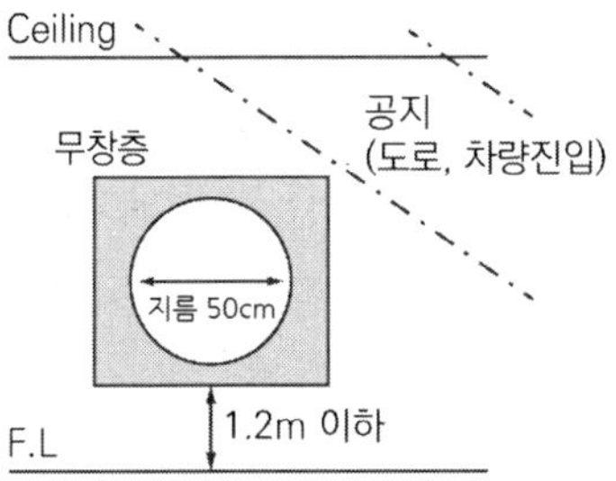

1) 무창층 : 지상층 중 다음 요건을 모두 갖춘 개구부의 면적의 합계가 해당 층의 바닥면적 30분의 1 이하가 되는 층
2) 피난층 : 곧바로 지상으로 갈 수 있는 출입구가 있는 층

59 상중하

특정소방대상물 중 노유자시설에 속하지 않는 것은?

① 유치원
② 정신보건시설
③ 경로당
④ 노인의료복지시설

해설 노유자시설

구분	종류
노인 관련 시설	노인주거복지시설, 노인의료복지시설, 노인여가복지시설, 재가노인복지시설, 노인보호전문기관, 노인일자리지원기관, 학대피해노인 전용쉼터
아동 관련 시설	아동복지시설, 어린이집, 유치원
장애인 관련 시설	장애인 거주시설, 장애인 지역사회재활시설, 장애인 직업재활시설
정신질환자 관련 시설	정신재활시설(생산품 판매시설 제외), 정신요양시설
노숙인 관련 시설	노숙인 복지시설, 노숙인종합지원센터
사회복지시설	결핵환자 또는 한센인 요양시설

정답 58 ④ 59 ②

60 상중하

소방서의 종합상황실의 실장이 소방본부의 종합상황실에 지체 없이 보고하여야 하는 상황에 해당하지 않는 것은?

① 사망자가 5인 이상 발생한 화재
② 사상자가 10인 이상 발생한 화재
③ 이재민이 50인 이상 발생한 화재
④ 재산피해액이 50억 원 이상 발생한 화재

해설 종합상황실 실장 보고 화재

종합상황실의 실장은 다음에 해당하는 상황이 발생하는 때에는 그 사실을 지체 없이 서면·팩스 또는 컴퓨터통신 등으로 소방서의 종합상황실의 경우는 소방본부의 종합상황실에, 소방본부의 종합상황실의 경우는 소방청의 종합상황실에 각각 보고해야 한다.

1) 다음에 해당하는 화재
   (1) 사망자가 5인 이상 발생한 화재
   (2) 사상자가 10인 이상 발생한 화재
   (3) 이재민이 100인 이상 발생한 화재
   (4) 재산피해액이 50억 원 이상 발생한 화재
   (5) 관공서·학교·정부미도정공장·문화유산·지하철 또는 지하구의 화재
   (6) 관광호텔, 층수가 11층 이상인 건축물, 지하상가, 시장, 백화점
   (7) 지정수량의 3천 배 이상의 위험물의 제조소·저장소·취급소
   (8) 층수가 5층 이상이거나 객실이 30실 이상인 숙박시설, 층수가 5층 이상이거나 병상이 30개 이상인 종합병원·정신병원·한방병원·요양소
   (9) 연면적 15000 [m^2] 이상인 공장 또는 화재경계지구에서 발생한 화재
   (10) 철도차량, 항구에 매어 둔 총 톤수가 1천 톤 이상인 선박, 항공기, 발전소 또는 변전소에서 발생한 화재
   (11) 가스 및 화약류의 폭발에 의한 화재
   (12) 다중이용업소의 화재
2) 통제단장의 현장지휘가 필요한 재난상황
3) 언론에 보도된 재난상황
4) 그 밖에 소방청장이 정하는 재난상황

정답 60 ③

2021년 1회

소방전기시설의 구조 및 원리

3회독 월 일
2회독 월 일
1회독 월 일

목표시간 : 30분 시작 : _시 _분 종료 : _시 _분

61 상 중 하

비상조명등에서 비상전원으로 전환되는 때 램프가 없는 경우에는 몇 초 이내에 예비전원으로 비상전원의 공급을 차단하여야 하는가?

① 1초 ② 3초
③ 5초 ④ 10초

해설 비상조명등 비상전원공급 차단

1) 정격전류 1.2배 이상 전류 흐를 시
2) 램프 없는 경우 : 3초 이내 차단

62 상 중 하

(㉠), (㉡)에 들어갈 수치로 알맞은 것은?

> 비상경보설비의 음향장치는 정격전압의 (㉠) [%]에서 음향을 발할 수 있도록 하여야 하며, 음량은 부착된 음향장치의 중심으로부터 떨어진 위치 1 [m]에서 (㉡) [dB] 이상이 되는 것으로 하여야 한다.

① ㉠ 20, ㉡ 90 ② ㉠ 20, ㉡ 125
③ ㉠ 80, ㉡ 90 ④ ㉠ 80, ㉡ 125

해설 비상벨 · 자동식 사이렌설비

1) 비상벨설비 또는 자동식 사이렌설비는 부식성 가스 또는 습기 등으로 인하여 부식의 우려가 없는 장소에 설치해야 한다.
2) 지구음향장치는 특정소방대상물의 층마다 설치하되, 해당 층의 각 부분으로부터 하나의 음향장치까지의 수평거리가 25 [m] 이하가 되도록 하고, 해당 층의 각 부분에 유효하게 경보를 발할 수 있도록 설치해야 한다. 다만 「비상방송설비의 화재안전기술기준(NFTC 202)」에 적합한 방송설비를 비상벨설비 또는 자동식 사이렌설비와 연동하여 작동하도록 설치한 경우에는 지구음향장치를 설치하지 않을 수 있다.
3) 음향장치는 정격전압의 80 [%] 전압에서도 음향을 발할 수 있도록 해야 한다. 다만 건전지를 주전원으로 사용하는 음향장치는 그렇지 않다.
4) 음향장치의 음향의 크기는 부착된 음향장치의 중심으로부터 1 [m] 떨어진 위치에서 음압이 90 [dB] 이상이 되는 것으로 해야 한다.
5) 발신기는 다음의 기준에 따라 설치해야 한다.
   (1) 조작이 쉬운 장소에 설치하고, 조작스위치는 바닥으로부터 0.8 [m] 이상 1.5 [m] 이하의 높이에 설치할 것
   (2) 특정소방대상물의 층마다 설치하되, 해당 층의 각 부분으로부터 하나의 발신기까지의 수평거리가 25 [m] 이하가 되도록 할 것. 다만 복도 또는 별도로 구획된 실로서 보행거리가 40 [m] 이상일 경우에는 추가로 설치해야 한다.
   (3) 발신기의 위치표시등은 함의 상부에 설치하되, 그 불빛은 부착 면으로부터 15° 이상의 범위 안에서 부착지점으로부터 10 [m] 이내의 어느 곳에서도 쉽게 식별할 수 있는 적색등으로 할 것
6) 비상벨설비 또는 자동식 사이렌설비의 상용전원은 다음의 기준에 따라 설치해야 한다.
   (1) 상용전원은 전기가 정상적으로 공급되는 축전지설비, 전기저장장치(외부 전기에너지를 저장해두었다가 필요한 때 전기를 공급하는 장치) 또는 교류전압의 옥내간선으로 하고, 전원까지의 배선은 전용으로 할 것
   (2) 개폐기에는 "비상벨설비 또는 자동식 사이렌설비용"이라고 표시한 표지를 할 것
7) 비상벨설비 또는 자동식 사이렌설비에는 그 설비에 대한 감시상태를 60분간 지속한 후 유효하게 10분 이상 경보할 수 있는 비상전원으로서 축전지설비(수신기에 내장하는 경우를 포함한다) 또는 전기저장장치(외부 전기에너지를 저장해 두었다가 필요한 때 전기를 공급하는 장치)를 설치해야 한다. 다만 상용전원이 축전지설비인 경우 또는 건전지를 주전원으로 사용하는 무선식 설비인 경우에는 그렇지 않다.

정답 61 ② 62 ③

63 상중하

비상방송설비에서 기동장치에 따른 화재신고를 수신한 후 필요한 음량으로 화재발생 상황 및 피난에 유효한 방송이 자동으로 개시될 때까지의 소요시간은?

① 10초 이하 ② 15초 이하
③ 20초 이하 ④ 30초 이하

해설 비상방송설비 설치기준

1) 확성기
 (1) 음성입력 : 실외 3 [W] 이상, 실내 1 [W] 이상
 (2) 수평거리 : 층 각 부분으로부터 하나의 확성기까지의 25 [m] 이하
 (3) 확성기는 각 층마다 설치, 당해 층의 각 부분에 유효하게 경보를 발하도록 설치
2) 음량조정기(ATT) : 음량조정기의 배선은 3선식으로 한다.
3) 조작부
 (1) 조작스위치 높이 : 바닥으로부터 0.8 [m] 이상 1.5 [m] 이하
 (2) 기동장치의 작동과 연동하여 당해 기동장치가 작동한 층 또는 구역을 표시
 (3) 조작부 및 증폭기 설치장소 : 수위실 등 상시 사람이 근무, 점검이 편리, 방화상 유효한 곳
 (4) 2 이상 조작부 설치 시 설치장소 상호 간 동시통화 가능, 어느 조작부에서도 전구역 방송 가능
4) 층수가 11층(공동주택의 경우에는 16층)의 특정소방대상물은 다음과 같은 경보를 발할 수 있어야 한다.
 (1) 2층 이상의 층에서 발화한 때에는 발화층 및 그 직상 4개 층에 경보
 (2) 1층에서 발화한 때에는 발화층. 그 직상 4개 층 및 지하층에 경보
 (3) 지하층에서 발화한 때에는 발화층. 그 직상층 및 기타 지하층 경보
5) 기동장치에 따른 화재신고를 수신한 후 필요한 음량으로 화재 발생 상황 및 피난에 유효한 방송이 자동으로 개시될 때까지의 소요시간은 10초 이하로 할 것
6) 다른 방송설비와 공용할 경우 화재 시 비상경보 외의 방송을 차단할 수 있는 구조
7) 다른 전기회로에 따라 유도장애가 생기지 아니하도록 할 것
8) 음향장치의 구조 및 성능
 (1) 정격전압의 80 [%] 전압에서 음향을 발할 수 있는 것을 할 것
 (2) 자동화재탐지설비의 작동과 연동하여 작동할 수 있는 것으로 할 것

64 상중하

지하 3층, 지상 12층인 소방대상물에 있어서 건물의 지하 2층에서 화재가 발생하였을 경우 비상 방송설비가 우선적으로 경보를 발하도록 하여야 하는 층에 속하지 않는 것은?

[법 개정으로 인한 문제 수정]

① 지상 1층 ② 지하 1층
③ 지하 2층 ④ 지하 3층

해설 비상방송설비 음향향장치 경보(우선경보)

층수가 11층(공동주택의 경우에는 16층) 이상의 특정소방대상물은 다음과 같은 경보를 발할 수 있어야 한다.
1) 2층 이상의 층에서 발화한 때에는 발화층 및 그 직상 4개 층에 경보
2) 1층에서 발화한 때에는 발화층. 그 직상 4개 층 및 지하층에 경보
3) 지하층에서 발화한 때에는 발화층. 그 직상층 및 기타 지하층 경보

정답 63 ① 64 ①

65 상중하

주요구조부가 내화구조로 된 바닥면적 70 [m^2]인 소방대상물에 설치하는 열전대식 차동식 분포형 감지기의 열전대부는 몇 개 이상으로 하여야 하는가?

① 1개 이상 ② 2개 이상
③ 3개 이상 ④ 4개 이상

해설 열전대식차동식 분포형 열전대부

주요구조부	면적	열전대부 개수
일반	18 [m^2]	1개 이상
	72 [m^2] 이하 대상물	4개 이상
내화	22 [m^2]	1개 이상
	88 [m^2] 이하 대상물	4개 이상

66 상중하

자동화재속보설비의 속보기는 자동화재탐지설비로부터 작동신호를 수신하는 경우 몇 초 이내에 소방관서에 자동적으로 신호를 발하여 통보하여야 하는가?

① 5초 ② 10초
③ 20초 ④ 30초

해설 자동화재속보설비

1) 작동신호를 수신하거나 수동으로 동작시키는 경우 20초 이내에 소방관서에 자동적으로 신호를 발하여 통보하되, 3회 이상 속보할 수 있어야 한다.
2) 주전원이 정지한 경우에는 자동적으로 예비전원으로 전환되고, 주전원이 정상상태로 복귀한 경우에는 자동적으로 예비전원에서 주전원으로 전환되어야 한다.
3) 예비전원은 자동적으로 충전되어야 하며 자동과충전방지장치가 있어야 한다.
4) 화재신호를 수신하거나 속보기를 수동으로 동작시키는 경우 자동적으로 적색 화재표시등이 점등되고 음향장치로 화재를 경보하여야 하며 화재표시 및 경보는 수동으로 복구 및 정지시키지 않는 한 지속되어야 한다.
5) 연동 또는 수동으로 소방관서에 화재발생 음성정보를 속보 중인 경우에도 송수화장치를 이용한 통화가 우선적으로 가능하여야 한다.
6) 예비전원을 병렬로 접속하는 경우에는 역충전방지 등의 조치를 하여야 한다.
7) 예비전원은 감시상태를 60분간 지속한 후 10분 이상 동작(화재속보 후 화재표시 및 경보를 10분간 유지하는 것을 말한다)이 지속될 수 있는 용량이어야 한다.
8) 속보기는 연동 또는 수동 작동에 의한 다이얼링 후 소방관서와 전화접속이 이루어지지 않는 경우에는 최초 다이얼링을 포함하여 10회 이상 반복적으로 접속을 위한 다이얼링이 이루어져야 한다. 이 경우 매회 다이얼링 완료 후 호출은 30초 이상 지속되어야 한다.
9) 속보기의 송수화장치가 정상위치가 아닌 경우에도 연동 또는 수동으로 속보가 가능하여야 한다.
10) 음성으로 통보되는 속보내용을 통하여 해당 특정소방대상물의 위치, 화재발생 및 속보기에 의한 신고임을 확인할 수 있어야 한다.
11) 속보기는 음성속보방식 외에 데이터 또는 코드전송방식 등을 이용한 속보기능을 설치할 수 있다.

2021

67 상중하

외기에 면하여 상시 개방된 부분이 있는 차고·주차장·창고 등에 있어서는 외기에 면하는 각 부분으로부터 몇 [m] 미만의 범위 안에 있는 부분은 경계구역의 면적에 산입하지 아니하는가?

① 1 [m] ② 3 [m]
③ 5 [m] ④ 10 [m]

해설 경계구역

1) 수평적 경계구역
 (1) 하나의 경계구역이 2개 건축물 및 각 층에 미치지 않을 것(다만 2개의 층을 하나의 경계구역으로 산정하는 경우 : 바닥 합 500 [m^2] 이하)
 (2) 하나의 경계구역 면적 : 600 [m^2] 이하
  ① 한 변 길이 : 50 [m] 이하
  ② 주출입구에서 내부 전체 보이는 것 : 한 변의 길이가 50 [m]의 범위 내 1000 [m^2] 이하

정답 65 ④ 66 ③ 67 ③

③ 터널 : 하나의 경계구역의 길이는 100 [m] 이하(지하구는 경계구역기준 없음)

2) 수직적 경계구역

(1) 계단·경사로(에스컬레이터 포함)는 별도의 경계구역 산정 → 45 [m] 이하

(2) 엘리베이터 승강로(권상기실 포함)·린넨슈트·파이프피트 및 덕트 기타 이와 유사한 부분은 별도의 경계구역 산정 → 높이기준 없음

(3) 지하층의 계단 및 경사로(지하층 층수 1일 경우 제외)는 별도로 경계구역 산정

3) 상시 개방된 부분 있는 차고·주차장·창고 : 외기에 면하는 각 부분부터 5 [m] 미만은 면적 산입 제외

68 상중하

비상콘센트설비의 전원회로의 전압과 공급용량의 연결이 올바른 것은?

① 단상교류 200 [V] - 공급 용량 3 [kVA] 이상
② 단상교류 220 [V] - 공급 용량 1.5 [kVA] 이상
③ 3상교류 200 [V] - 공급 용량 3 [kVA] 이상
④ 3상교류 380 [V] - 공급 용량 1.5 [kVA] 이상

해설 비상콘센트설비 전원회로 설치기준

1) 전원회로 : 단상교류는 220 [V], 공급용량은 1.5 [kVA] 이상
2) 전원회로는 각 층에 2 이상이 되도록 설치(다만 설치하여야 할 층의 비상콘센트가 1개인 때에는 하나의 회로로 할 수 있다)
3) 전원회로는 주배전반에서 전용회로로 할 것
4) 전원으로부터 각 층의 비상콘센트에 분기되는 경우에는 분기배선용 차단기를 보호함 안에 설치할 것
5) 콘센트마다 배선용 차단기를 설치하여야 하며 충전부가 노출되지 아니하도록 할 것
6) 개폐기에는 "비상콘센트"라고 표시한 표지를 할 것
7) 비상콘센트용의 풀박스 등은 방청도장을 한 것으로서 두께 1.6 [mm] 이상의 철판으로 할 것
8) 하나의 전용회로에 설치하는 비상콘센트는 10개 이하로 할 것. 이 경우 전선 용량은 각 비상콘센트(비상콘센트가 3개 이상인 경우에는 3개)의 공급용량을 합한 용량 이상의 것으로 하여야 한다.

69 상중하

무선통신보조설비의 누설동축케이블 및 공중선은 고압의 전로로부터 최소 몇 [m] 이상 떨어진 위치에 설치하여야 하는가? (단, 당해 전로에 정전기 차폐장치를 유효하게 설치한 경우가 아니다)

① 0.5 [m]　② 1.0 [m]
③ 1.5 [m]　④ 2.0 [m]

해설 누설동축케이블

1) 소방전용주파수대에서 전파의 전송 또는 복사에 적합한 것으로서 소방전용의 것으로 할 것(다만 소방대 상호 간 무선연락에 지장 없는 경우에는 다른 용도와 겸용 가능하다)
2) 누설동축케이블과 이에 접속하는 안테나 또는 동축케이블과 이에 접속하는 안테나에 따른 것으로 할 것
3) 누설동축케이블은 불연 또는 난연성의 것으로서 습기에 따라 전기의 특성이 변질되지 아니하는 것으로 하고, 노출하여 설치한 경우에는 피난 및 통행에 장애가 없도록 할 것
4) 누설동축케이블은 화재에 따라 해당 케이블의 피복이 소실된 경우에 케이블 본체가 떨어지지 아니하도록 4 [m] 이내마다 금속제 또는 자기제 등의 지지금구로 벽·천장·기둥 등에 견고하게 고정시킬 것(다만 불연재료로 구획된 반자 안에 설치하는 경우에는 그러하지 않는다)
5) 누설동축케이블 및 안테나는 금속판 등에 따라 전파의 복사 또는 특성이 현저하게 저하되지 아니하는 위치에 설치할 것
6) 누설동축케이블 및 안테나는 고압의 전로로부터 1.5 [m] 이상 떨어진 위치에 설치할 것(다만 해당 전로에 정전기 차폐장치를 유효하게 설치한 경우에는 그러하지 않는다)
7) 누설동축케이블의 끝부분에는 무반사 종단저항을 견고하게 설치할 것
8) 누설동축케이블 또는 동축케이블의 임피던스는 50 [Ω]으로 하고, 이에 접속하는 안테나·분배기 기타의 장치는 해당 임피던스에 적합한 것으로 하여야 함

정답 68 ② 69 ③

70 상중하

비상조명등 표시등의 구조에 대한 기준 중 다음 ( ) 안에 알맞은 것은?

> 비상조명등 표시등의 전구는 2개 이상을 (㉠)로 접속하여야 한다. 다만 (㉡) 또는 발광다이오드의 경우에는 그러하지 아니하다.

① ㉠ 직렬, ㉡ HID램프
② ㉠ 직렬, ㉡ 백열전구
③ ㉠ 병렬, ㉡ 콘덴서
④ ㉠ 병렬, ㉡ 방전등

해설 비상조명등 표시등

- 전구 2개 이상 병렬접속
- 방전등 · 발광다이오드 병렬접속 제외

71 상중하

축광유도표지 및 축광위치표지의 표시면의 두께는 최소 몇 [mm] 이상이어야 하는가? (단, 금속재질인 경우는 제외한다)

① 0.3 ② 0.5
③ 1.0 ④ 1.5

해설 축광유도 · 위치표지

- 표시면 두께 : 최소 1 [mm] 이상
- 가시광선 모여 빛을 만듦
- 가시광선 100만분의 1 길이 = 1 [mm]

보충 ▶ 금속재질 : 0.5 [mm] 이상

72 상중하

발신기는 정격전압에서 정격전류를 흘려 몇 회의 작동 반복시험을 하는 경우 그 구조 기능에 이상이 생기지 아니하여야 하는가?

① 1000 ② 1500
③ 3000 ④ 5000

해설 발신기

- 반복시험횟수 : 5000회

73 상중하

자동화재탐지설비의 경계구역 설정 시 지하구에 있어서 하나의 경계구역 길이는 몇 [m] 이하로 하여야 하는가?

① 50 [m] ② 60 [m]
③ 600 [m] ④ 700 [m]

해설 지하구 경계구역

700 [m] 이하(삭제규정)

TIP ▶ 자동화재탐지설비의 화재안전기준에서 삭제되었지만〈21.1.15〉 22년도 4회차 실기에 출제되었기 때문에 문제 수정하지 않았음
※ 터널의 경계구역은 100 [m]로 나눈다.

74 상중하

비상콘센트설비의 비상전원 중 자가발전설비는 비상콘센트설비를 유효하게 몇 분 이상 작동시킬 수 있는 용량이어야 하는가?

① 10분 ② 20분
③ 40분 ④ 120분

정답 70 ④ 71 ③ 72 ④ 73 ④ 74 ②

해설 비상콘센트설비 전원회로 설치기준

1) 전원회로 : 단상교류는 220 [V], 공급용량은 1.5 [kVA] 이상
2) 전원회로는 각 층에 2 이상이 되도록 설치(다만 설치하여야 할 층의 비상콘센트가 1개인 때에는 하나의 회로로 할 수 있다)
3) 전원회로는 주배전반에서 전용회로로 할 것
4) 전원으로부터 각 층의 비상콘센트에 분기되는 경우에는 분기배선용 차단기를 보호함 안에 설치할 것
5) 콘센트마다 배선용 차단기를 설치하여야 하며 충전부가 노출되지 아니하도록 할 것
6) 개폐기에는 “비상콘센트”라고 표시한 표지를 할 것
7) 비상콘센트용의 풀박스 등은 방청도장을 한 것으로서 두께 1.6 [mm] 이상의 철판으로 할 것
8) 하나의 전용회로에 설치하는 비상콘센트는 10개 이하로 할 것. 이 경우 전선 용량은 각 비상콘센트(비상콘센트가 3개 이상인 경우에는 3개)의 공급용량을 합한 용량 이상의 것으로 하여야 한다.

75 상 중 하

유도표지는 계단에 설치하는 것을 제외하고는 각 층마다 복도 및 통로의 각 부분으로부터 하나의 유도표지까지의 보행거리가 몇 [m] 이하가 되는 곳에 설치하여야 하는가?

① 5 [m] ② 10 [m]
③ 15 [m] ④ 20 [m]

해설 유도표지 설치기준

1) 계단에 설치하는 것을 제외하고는 각 층마다 복도 및 통로의 각 부분으로부터 하나의 유도표지까지의 보행거리가 15 [m] 이하가 되는 곳과 구부러진 모퉁이의 벽에 설치할 것
2) 피난구유도표지는 출입구 상단에 설치하고, 통로유도표지는 바닥으로부터 높이 1 [m] 이하의 위치에 설치할 것
3) 주위에는 이와 유사한 등화·광고물·게시물 등을 설치하지 않을 것
4) 유도표지는 부착판 등을 사용하여 쉽게 떨어지지 않도록 설치할 것
5) 축광방식의 유도표지는 외광 또는 조명장치에 의하여 상시 조명이 제공되거나 비상조명등에 의한 조명이 제공되도록 설치할 것
6) 유도표지는 소방청장이 정하여 고시한 「축광표지의 성능인증 및 제품검사의 기술기준」에 적합한 것이어야 한다. 다만 방사성 물질을 사용하는 위치표지는 쉽게 파괴되지 않는 재질로 처리해야 한다.

76 상 중 하

소방시설용 비상전원 수전설비에서 소방회로전용의 것으로서 분기 개폐기, 분기과전류차단기, 그 밖의 배선용기기 및 배선을 금속제 외함에 수납한 것은?

① 전용배전반 ② 공용배전반
③ 전용분전반 ④ 공용분전반

해설 전용분전반

- 소방회로전용
- 분기개폐기·과전류차단기·그 밖 배선용기기 배선 : 금속제 외함에 수납

77 상 중 하

경계전로의 정격전류가 60 [A]를 초과하는 전로에 한하여 사용하는 누전경보기의 수신부는?

① 특급 ② 1급
③ 2급 ④ 3급

해설 누전경보기 종류

- 60 [A] 초과 : 1급 누전경보기 설치
- 60 [A] 이하 : 1·2급 누전경보기 모두 설치

정답 75 ③ 76 ③ 77 ②

78 상중하

누전화재의 발생을 표시하는 누전경보기의 표시등이 켜질 때의 색깔 표시는?

① 적색　　② 황색
③ 청색　　④ 녹색

해설 표시등 색

가스누설경보기	기타기기(누전경보기)
황색	적색

79 상중하

거주, 집무, 작업, 집회, 오락 그 밖에 이와 유사한 목적을 위하여 계속적으로 사용하는 거실, 주차장 등 개방된 통로에 설치하는 유도등으로 피난의 방향을 명시하는 것은?

① 피난구유도등　　② 계단통로유도등
③ 객석유도등　　④ 거실통로유도등

해설 통로유도등 설치

1) 복도통로유도등
 (1) 설치기준
  ① 복도에 설치할 것
  ② 옥내로부터 직접 지상으로 통하는 출입구 및 그 부속실의 출입구 또는 직통계단·직통계단의 계단실 및 그 부속실의 출입구의 경우 피난구 유도등이 설치된 출입구의 맞은편 복도에는 입체형으로 설치하거나 바닥에 설치할 것
  ③ 구부러진 모퉁이 및 위에 따라 설치된 통로유도등 기점으로 보행거리 20 [m]마다 설치할 것
  ④ 바닥에 설치하는 통로 유도등은 하중에 따라 파괴되지 않는 강도의 것으로 할 것
 (2) 설치높이
  바닥으로부터 높이 1 [m] 이하의 위치에 설치할 것(다만 지하층 또는 무창층의 용도가 도매시장·소매시장·여객자동차터미널·지하역사 또는 지하상가인 경우에는 복도·통로 바닥에 설치)
 (3) 형식승인 및 제품 시 식별도기준
  ① 상용전원 점등 시 : 직선거리 20 [m] 위치(표시면 화살표 식별 가능)
  ② 비상전원 점등 시 : 직선거리 15 [m] 위치(표시면 화살표 식별 가능)
2) 거실통로유도등
 (1) 설치기준
  ① 거실의 통로에 설치할 것(다만 거실의 통로가 벽체 등으로 구획 시 복도통로유도등을 설치하여야 한다)
  ② 구부러진 모퉁이 및 보행거리 20 [m]마다 설치할 것
 (2) 설치높이
  바닥으로부터 높이 1.5 [m] 이상의 위치에 설치(다만 거실 통로에 기둥 설치 시 기둥부분의 바닥으로부터 1.5 [m] 이하의 위치에 설치 가능)
3) 계단통로유도등
 (1) 설치기준
  각 층의 경사로 참 또는 계단참마다(1개 층에 경사로참 또는 계단참이 2 이상 있는 경우에는 2개의 계단참마다) 설치할 것
 (2) 설치높이
  바닥으로부터 높이 1 [m] 이하의 위치에 설치할 것

보충 ▶ 통로유도등 : 백색바탕에 녹색문자

80 상중하

가스누설경보기의 구조에 따른 분류에서 탐지부와 수신부가 1개의 상자에 넣어 일체로 되어 있는 형태의 것은?

① 일체형　　② 집합형
③ 단독형　　④ 복합형

해설 가스누설경보기 종류

• 단독형 : 탐지부와 수신부가 일체인 형태
• 분리형 : 탐지부와 수신부가 분리된 형태

정답 78 ① 79 ④ 80 ③

2021년 2회

소방원론

3회독 월 일
2회독 월 일
1회독 월 일

목표시간 : 20분 | 시작 : _시 _분 | 종료 : _시 _분 | 맞은 개수 : _ /20

01 상 중 (하)

A급 화재에 해당하는 가연물이 아닌 것은?

① 유류 ② 종이
③ 섬유 ④ 목재

해설 화재의 분류

등급	화재	표시색	가연물
A급	**일**반화재	백색	나무, 섬유, 종이, 고무, 플라스틱류
B급	**유**류화재	황색	인화성 액체, 가연성 액체, 석유 그리스, 타르, 오일, 유성도료, 솔벤트, 래커, 알코올 및 인화성 가스 등
C급	**전**기화재	청색	전류가 흐르고 있는 전기기기, 배선 등
D급	**금**속화재	무색	마그네슘 합금 등 가연성 금속
K급	**주**방화재	-	주방에서 동식물유를 취급하는 조리기구

암기 일유전 금주

02 상 (중) 하

할로겐화합물소화약제의 특성을 나타내는 용어 중 지구 온난화 지수의 약어는?

① ODP
② NOAEL
③ GWP
④ LOAEL

해설 소화약제 관련 용어

1) NOAEL [심장에 독성이 미치지 않는 최대농도]
- No Observed Adverse Effect Level
- 심장 독성 시험에서 심장에 영향을 미치지 않는 농도

2) LOAEL [심장에 독성이 미치는 최저농도]
- Lowest Observed Adverse Effect Level
- 심장 독성 시험에서 심장에 영향을 미칠 수 있는 최소 농도

3) ODP [오존층 파괴 지수]
- Ozone Depletion Potential
- 어떤 물질의 오존 파괴능력을 상대적으로 나타내는 지표
- $ODP = \dfrac{\text{물질 } 1[kg]\text{에 의해 파괴되는 오존량}}{CFC-11\ 1[kg]\text{에 의해 파괴되는 오존량}}$

4) GWP [지구 온난화 지수]
- Global Warming Potential
- 어떤 물질이 기여하는 온난화 정도를 상대적으로 나타내는 지표
- $GWP = \dfrac{\text{물질 } 1[kg]\text{이 영향을 주는 지구온난화 정도}}{CO_2\ 1[kg]\text{이 영향을 주는 지구온난화 정도}}$

03 상 (중) 하

급격히 산소가 공급이 된 경우 실내 축적가스가 연소하여 화재가 폭풍을 동반하여 실외로 분출하는 현상은?

① 슬롭 오버
② 백드래프트
③ 플래시 오버
④ 보일 오버

정답 01 ① 02 ③ 03 ②

해설 화재 시 발생현상

현상	설명
슬롭 오버	기름 표면에 물 살수 시 급격한 수분 증발로 기름이 팽창되어 탱크 밖 분출
백드래프트	훈소 상태일 때 신선한 공기 유입으로 실내 축적가스가 단시간 연소, 폭발하여 실외로 분출
플래시 오버	온도가 급격히 상승하여 화재가 순간적으로 실내 전체에 확산
보일 오버	중질유 탱크저부 에멀전(물)이 증발하면서 부피가 팽창하여 유류 분출

※ 화학식

1) 분자식
한 분자를 이루는 원자의 종류와 수를 나타낸 식(예 1원자 분자인 네온의 분자식은 Ne, 2원자 분자 산소의 분자식은 O_2, 3원자 분자 물의 분자식은 H_2O로 나타낸다)

2) 실험식
성분원소의 종류와 그들의 상대적인 비를 나타낸 화학식(예 벤젠(C_6H_6)과 아세틸렌(C_2H_2)은 분자식은 다르지만 실험식은 CH로 동일하게 쓸 수 있다)

3) 시성식
분자의 특성을 알 수 있도록 작용기를 써서 나타낸 식(예 에탄올을 C_2H_6O로 나타내지 않고 특정 작용기인 알코올기 −OH를 중심으로 C_2H_5OH로 나타낸다)

보충 ▶ 작용기 : 화합물의 성질을 결정하는 중요한 부분으로 원자 몇 개가 결합한 원자단

04 상 중 하

어떤 유기화합물을 분석을 한 결과, 실험식이 CH_2O이었으며, 분자량을 측정하였더니 60이었다. 이 물질의 시성식은? (단, C, H, O의 원자량은 각각 12, 1, 16이다)

① CH_3OH
② CH_3COOH
③ CH_3COOCH
④ CH_3COCH

해설 아세트산 화학식

실험식 CH_2O의 분자량$= 12 + (1 \times 2) + 16 = 30$
문제 조건상 유기화합물의 분자량이 60이므로 30의 2배이다. 따라서 CH_2O의 각 원자 개수를 2배씩 증가시키면, $C_2H_4O_2$(분자식)이 된다.
C가 2개, H가 4개, O가 2개인 시성식을 선지 중에서 찾으면 ② CH_3COOH이다.
1) 분자식 : $C_2H_4O_2$
2) 실험식 : CH_2O
3) 시성식 : CH_3COOH

05 상 중 하

상온 상압에서 액체 상태인 할론소화약제는?

① 할론 1211
② 없음
③ 할론 2402
④ 할론 1301

해설 할론소화약제

종류	분자식	상온·상압
할론 1211	CF_2ClBr	기체
할론 1301	CF_3Br	기체
할론 1011	CH_2ClBr	액체
할론 2402	$C_2F_4Br_2$	액체

2021

정답 04 ② 05 ③

06 상 중 하

피난계획의 일반원칙 중 Fool Proof에 대한 설명으로 옳은 것은?

① 한 가지가 고장이 나도 다른 수단을 이용할 수 있도록 하는 방식
② 피난수단을 조작이 간편한 원시적 방법으로 하는 원칙
③ 두 방향의 피난동선을 항상 확보하는 원칙
④ 피난수단을 이동식 시설로 하는 원칙

해설 피난대책 일반 원칙

피난대책은 Fail - Safe와 Fool - Proof 원칙에 따른다.

1) Fail - Safe
 (1) 하나의 수단이 고장으로 실패하여도 다른 수단을 이용할 수 있도록 할 것
 (2) 양방향 피난경로를 상시 확보해둘 것
 (3) 부분화, 다중화할 것
2) Fool - Proof
 (1) 피난수단은 조작이 간편한 원시적 방법으로 할 것
 (2) 비상시 판단능력 저하를 대비하여 누구나 알 수 있도록 간단한 그림이나 색채를 이용하여 표시할 것
 (3) 피난설비는 고정식 설비로 설치할 것
 (4) 피난경로는 간단명료하게 할 것

07 상 중 하

화재 시 가연물의 온도를 일정 온도 이하로 낮추어 소화하는 방법은?

① 질식소화
② 희석소화
③ 냉각소화
④ 제거소화

해설 소화의 형태

소화	내용
냉각소화	열 흡수, 발화점 이하로 낮추어 소화
질식소화	산소농도 15 [%] 이하로 낮춤
제거소화	가연물을 차단, 격리
억제소화	연쇄반응을 차단, 부촉매소화

보충 ▶ 물리적 소화 : 냉각, 질식, 제거
화학적 소화 : 억제소화(부촉매소화)

08 상 중 하

연소 시 생성되는 열의 대표적인 전달방식이 아닌 것은?

① 확산 ② 복사
③ 전도 ④ 대류

해설 열전달

분류	개념
전도	고온체와 저온체의 직접적인 접촉에 의해 열 이동
대류	유체의 흐름에 의해 열 이동
복사	매질 없이 전자파 형태로 열 이동

암기 ▶ 전대복

09 상 중 하

소화약제를 사용하는 물에 대한 설명으로 틀린 것은?

① 증발잠열이 큰 장점을 이용하여 화재진압에 사용한다.
② 비극성 이온결합 물질로 비점이 높기 때문에 소화약제로 많이 사용된다.
③ 100 [℃]의 액체 물이 100 [℃]의 수증기로 변하면 체적이 약 1600배 증가한다.
④ 냉각소화효과를 기대할 수 있다.

정답 06 ② 07 ③ 08 ① 09 ②

해설 물의 물리 · 화학적 성질

구분	내용
물리적 성질	1) 상온에서 물은 무겁고 안정된 액체 2) 비열 : 1 [kcal/kg · ℃] (= 4.18 [kJ/kg · K]) 3) 잠열 (1) 융해잠열 80 [kcal/kg] (= 334 [kJ/kg]) (2) 증발잠열 539.6 [kcal/kg] (= 2257 [kJ/kg]) 4) **비열, 잠열이 크므로 냉각소화효과가 큼** 5) 표면장력이 큼 6) **증발 시 체적 약 1650배(1600 ~ 1700배) 증가**
화학적 성질	물 분자(H_2O)는 산소(O) 원자 1개와 수소(H) 원자 2개가 **극성 공유결합**을 이루고, 물분자 사이에 **수소결합**을 이루고 있음

※ 물분자의 극성 공유결합과 수소결합

물 분자(H_2O)는 산소(O) 원자 1개와 수소(H) 원자 2개가 공유결합을 이루고 있다. 이때 산소 원자와 수소 원자는 전자를 1개씩 내어서 전자쌍을 만들고 이를 공유하지만, 전자쌍은 전기음성도가 더 큰 산소 원자 쪽에 가깝게 위치하여 산소 원자는 부분적인 음전하(−)를 띠고, 수소 원자는 부분적인 양전하(+)를 띠게 된다(극성 공유결합). 따라서 극성을 띤 물 분자끼리는 전기적 인력에 의한 수소결합을 하게 되며 강한 응집력을 갖게 된다.

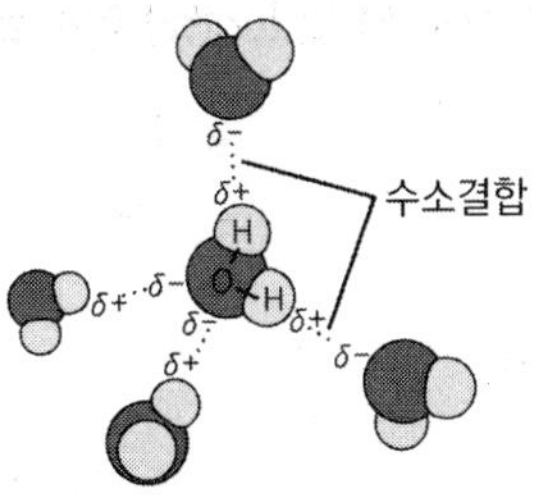

[물분자의 수소결합]

10 (상 중 ㊅)

가연성 물질로 가장 거리가 먼 것은?

① 암모니아　② 마그네슘
③ 아르곤　④ 일산화탄소

해설 가연물이 될 수 없는 물질(불연성)

구분	물질
산소와 결합해 있는 물질	물(H_2O), 산소(O_2) 이산화탄소(CO_2) 산화알루미늄(Al_2O_3) 오산화인(P_2O_5)
불활성 기체 (0족)	**헬**륨(He), **네**온(Ne), **아**르곤(Ar), **크**립톤(Kr), 크**세**논(Xe), **라**돈(Rn)
흡열반응 물질	질소(N_2)

암기 ▶ 헬네아 크세라

11 (상 ㊥ 하)

나이트로셀룰로오스의 용도, 성상 및 위험성과 저장 취급에 대한 설명 중 틀린 것은?

① 무연화약의 원료로 사용된다.
② 질화도가 낮을수록 위험성이 크다.
③ 운반 시 물, 알코올을 첨가하여 습윤시킨다.
④ 햇빛에서 황갈색으로 변하고 물에 녹지 않지만 아세톤, 나이트로벤젠에 녹는다.

해설 나이트로셀룰로오스(니트로셀룰로오스)

1) 제5류 위험물 중 질산에스터류에 속함
2) 용도 : 다이너마이트 및 화약 원료
3) 저장 : 알코올 속에 저장
4) 소화 : 다량 주수에 의한 냉각소화
5) 특성
 (1) 질화도가 높을수록 위험성이 큼
 (2) 햇빛에서 황갈색으로 변하고 아세톤, 초산에스터, 나이트로벤젠에 녹음

※ 무연화약

기존의 흑색화약이 연소 시 잔여물이 너무 많이 나오는 것을 개량하기 위해 만들어진 화약으로 연기가 없는 화약이다(실제로 완전히 연기가 없지는 않다). 구성은 나이트로셀룰로오스, 나이트로글리세린, 나이트로구아니딘 세 가지가 대세를 차지하고 있다.

2021

정답 10 ③ 11 ②

12 상 중 하

이산화탄소소화설비의 주된 소화효과는 무엇인가?

① 질식소화 ② 부촉매소화
③ 제거소화 ④ 희석소화

해설 소화약제별 주된 소화효과

소화약제	소화효과
물(H_2O)	냉각효과
이산화탄소(CO_2)	질식소화
포	질식소화
할론	억제소화(부촉매소화)

13 상 중 하

A, B, C급 화재에 사용할 수 있기 때문에 일명 ABC 분말소화약제로 불리는 소화약제의 주성분은?

① 탄산수소나트륨 ② 탄산수소칼륨
③ 황산알루미늄 ④ 제1인산암모늄

해설 분말소화약제

종별	소화약제	약제색	적응화재
1종	탄산수소나트륨 ($NaHCO_3$)	**백**색	BC급
2종	탄산수소칼륨 ($KHCO_3$)	**담자**색 (담회색)	BC급
3종	제1인산암모늄 ($NH_4H_2PO_4$)	담**홍**색	ABC급
4종	탄산수소칼륨 + 요소 ($KHCO_3+(NH_2)_2CO$)	**회**(백)색	BC급

암기 ▶ 백담사 홍어회

14 상 중 하

위험물질의 자연발화를 방지하는 방법이 아닌 것은?

① 습도를 높일 것
② 열의 축적을 방지할 것
③ 저장실의 온도를 저온으로 유지할 것
④ 촉매 역할을 하는 물질과 접촉을 피할 것

해설 자연발화방지대책

1) 가연성 물질 제거
2) 통풍이나 환기를 통한 열 축적방지
3) 저장실의 온도를 낮출 것
4) 습도 높은 곳 피할 것(수분 : 촉매작용)
5) 열전도성 좋게 할 것

15 상 중 하

인화성 액체가 연소할 때 질식소화를 위해서는 공기 중의 산소농도를 일반적으로 약 몇 [vol%] 이하로 낮춰야 하는가?

① 21 ② 15
③ 23 ④ 19

해설 소화의 형태

소화	내용
냉각소화	열 흡수, 발화점 이하로 낮추어 소화
질식소화	산소농도 15 [%] 이하로 낮춤
제거소화	가연물을 차단, 격리
억제소화	연쇄반응을 차단, 부촉매소화

보충 ▶ 물리적 소화 : 냉각, 질식, 제거
화학적 소화 : 억제소화(부촉매소화)

정답 12 ① 13 ④ 14 ① 15 ②

16 상 중 하

칼륨 화재 시 주수소화가 적응성이 없는 이유는?

① 아세틸렌이 생성되기 때문
② 산소가 생성되기 때문
③ 메테인(메탄) 가스가 생성되기 때문
④ 수소가 생성되기 때문

해설 금수성 물질

물과 접촉하여 발화, 가연성 가스 발생

구분	현상
무기과산화물	산소(O_2) 발생
금속분 마그네슘(Mg) 나트륨(Na) **칼륨(K)** 리튬(Li)	**수소(H_2)** 발생
탄화칼슘(칼슘카바이드)	아세틸렌(C_2H_2) 발생

17 상 중 하

제2종 분말소화약제의 주성분은?

① 제1인산암모늄
② 탄산수소칼륨
③ 탄산수소암모늄 + 요소
④ 탄산수소나트륨

해설 분말소화약제

종별	소화약제	약제색	적응화재
1종	탄산수소나트륨 ($NaHCO_3$)	**백**색	BC급
2종	탄산수소칼륨 ($KHCO_3$)	**담자**색 (담회색)	BC급
3종	제1인산암모늄 ($NH_4H_2PO_4$)	담**홍**색	ABC급
4종	탄산수소칼륨 + 요소 ($KHCO_3+(NH_2)_2CO$)	**회**(백)색	BC급

암기 ▶ 백담사 홍어회

18 상 중 하

연소의 3요소에 해당되지 않는 것은?

① 촉매 ② 산소
③ 가연물 ④ 점화원

해설 연소의 3요소, 4요소

연소의 3요소	연소의 4요소
• **가**연물 • **산**소공급원 • **점**화원	• 가연물 • 산소공급원 • 점화원 • 연쇄반응

암기 ▶ 연소의 3요소 : 가산점

2021

정답 16 ④ 17 ② 18 ①

19 상중하

건축물의 방화계획에서 공간적 대응에 해당하지 않는 것은?

① 방화구획
② 특별피난계단
③ 옥내소화전설비
④ 직통계단

해설 건축물의 방재계획

구분		내용
공간적 대응	대항성	방화구획, 방연구획, 내화재료 등을 사용하여 초기 소화에 대응하는 화재사상 저항능력
	회피성	불연화, 난연화 등의 내장재 제한과 소방훈련 및 불조심 등 화재 확대 가능성을 줄여 위험성을 낮추는 것
	도피성	화재 시 피난자가 위험에 빠지지 않도록 구조적으로 배려하는 것
설비적 대응		**공간적 대응을 보완하는 것**으로 제연설비, 방화문, 방화셔터, 자동화재탐지설비, 자동소화설비, **옥내소화전설비**, 스프링클러설비, 유도등, 비상전원, 피난기구 등

20 상중하

표준 상태에서 44.8 [m³]의 용적을 가진 이산화탄소가스를 모두 액화하면 몇 [kg]인가? (단, 이산화탄소의 분자량은 44이다)

① 22
② 11
③ 88
④ 44

해설 부피와 질량

[풀이 1]

이상기체상태방정식 $PV = nRT = \frac{W}{M}RT$

$$W = \frac{PVM}{RT} = \frac{1 \times 44.8 \times 44}{0.082 \times (273+0)} \fallingdotseq 88\ [kg]$$

P : 절대압력 [atm]
n : 몰수 [kmol]
T : 절대온도 [K](273 + [℃])
W : 기체의 질량 [kg]
V : 부피 [m³] (1m³ = 1000L)
R : 기체상수 (0.082 [atm · m³/kmol · K])
M : 분자량 [kg/kmol] (CO_2 분자량 : 44)

[풀이 2]

1) 표준 상태에서 기체 1 [kmol] 부피 : 22.4 [m³]
2) 44.8 [m³] ÷ 22.4 [m³] = 2 [kmol]
3) 44 [kg/kmol] × 2 [kmol] = 88 [kg]

정답 19 ③ 20 ③

2021년 2회

소방전기일반

3회독	월 일
2회독	월 일
1회독	월 일

목표시간 : 30분 시작 : _시 _분 종료 : _시 _분 맞은 개수 : _ /20

21 상중하

100 [V] 교류전원에 정격 소비전력이 1 [kW]인 기동기를 접속하였더니 15 [A]의 전류가 흘렀다. 기동기의 역률은 약 몇인가?

① 0.67 ② 0.87
③ 0.57 ④ 0.77

해설 역률 계산

$P = VI\cos\theta = 1000$

$P_a = VI = 100 \times 15 = 1500$

$\cos\theta = \frac{P}{P_a} = \frac{1000}{1500} \fallingdotseq 0.67$

θ : 전압과 전류의 위상차
P : 유효전력 [W]
Pa : 피상전력 [VA]
V : 전압 [V]
I : 전류 [A]
$\cos\theta$: 역률

22 상중하

자기 인덕턴스가 100 [mH]인 코일에 전류를 흘려 20 [J]의 에너지가 축적되었을 때 흐른 전류는 몇 [A]인가?

① 10 ② 100
③ 20 ④ 2

해설 에너지 축적 계산

$W = \frac{1}{2}LI^2$

23 상중하

$R = 1\,[\Omega]$, $X_L = \sqrt{3}\,[\Omega]$인 RL 직렬회로에서 전압과 전류의 위상차는 몇 도인가?

① 30 ② 75
③ 45 ④ 60

해설 RL직렬회로 위상차

$\tan\theta = \frac{L}{R} \quad \therefore \theta = \tan^{-1}\frac{L}{R} = \tan^{-1}\frac{\sqrt{3}}{1} = 60$

24 상중하

공기 중에 50 [A]의 전류가 흐르고 있는 무한 직선 도체로부터 2 [m] 떨어진 곳에서의 자기장 세기는 약 몇 [AT/m]인가?

① 15.92 ② 3.98
③ 7.96 ④ 31.84

해설 무한 직선 도체 자기장 세기

$H = \frac{I}{2\pi r} = \frac{50}{2\pi \times 2} \fallingdotseq 3.98\,[AT/m]$

2021

정답 21 ① 22 ③ 23 ④ 24 ②

25 상중하

그림의 무접점회로를 논리식으로 표현하면?

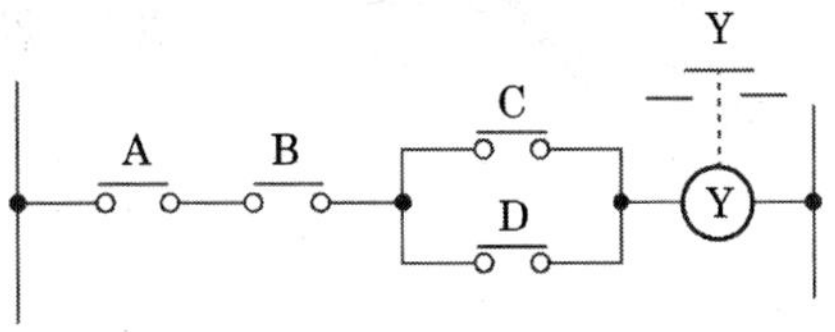

① A·B·C·D = Y
② A·B·(C + D) = Y
③ (A + B)·C·D = Y
④ A·B + C·D = Y

해설 무접점회로 논리식

A and B and $(C$ or $D)$
$= A \cdot B \cdot (C+D) = Y$

26 상중하

회로의 전압과 전류를 측정할 때 전압계와 전류계를 부하에 연결하는 방법으로 옳은 것은?

① 전압계는 병렬, 전류계는 직렬
② 전압계는 직렬, 전류계는 병렬
③ 전압계와 전류계 모두 직렬
④ 전압계와 전류계 모두 병렬

해설 전압 · 전류 측정방법

전압계	전압 측정, 병렬연결
전류계	전류 측정, 직렬연결

27 상중하

어떤 회로에 $v(t) = 50\sin(\omega t + \theta)$의 전압을 가하니 $i(t) = 4\sin(\omega t + \theta - 30°)$의 전류가 흘렀다. 이 회로의 소비전력(유효전력)은 약 몇 [W]인가?

① 56 ② 86.6
③ 57.7 ④ 100

해설 유효전력 계산

$$P = VI\cos\theta = \frac{V_m}{\sqrt{2}} \times \frac{I_m}{\sqrt{2}} \times \cos\theta$$
$$= \frac{50}{\sqrt{2}} \times \frac{4}{\sqrt{2}} \times \cos 30° ≒ 86.6[W]$$

(v(t) = 50sinωt(V)에서 $V_m = 50$,
i(t) = 4sin(ωt+θ-30°)(A)에서 $I_m = 4$)

P : 유효전력 [W]
V : 전압 [V]
I : 전류 [A]
$\cos\theta$: 역률

TIP θ : 전압과 전류의 위상차
순시값 v(t) = $V_m\sin\omega t$

28 상중하

60 [Hz]에서 3 [Ω]의 리액턴스를 갖는 인덕터의 자기 인덕턴스는 약 몇 [mH]인가?

① 14 ② 8
③ 12 ④ 10

해설 자기 인덕턴스(L)

$$X_L = 2\pi f L$$
$$L = \frac{X_L}{2\pi f} = \frac{3}{2\pi \times 60}$$
$$≒ 7.96 \times 10^{-3} ≒ 7.96[mH]$$

X_L : 유도리액턴스 [Ω]
f : 주파수 [Hz]

정답 25 ② 26 ① 27 ② 28 ②

29 (상 중 하)

100 [V], 1 [kW]의 전열기를 90 [V]를 사용할 때 소비전력은 몇 [kW]인가?

① 0.51　　② 0.41
③ 0.90　　④ 0.81

해설 소비전력 계산

- $P = VI = I^2R = \dfrac{V^2}{R}$ 에서

$P = \dfrac{V^2}{R}$

$\Rightarrow R = \dfrac{V^2}{P} = \dfrac{100^2}{1000} = 10\,[\Omega]$

- $10\,[\Omega]$의 저항에 $90\,[V]$이므로

$P = \dfrac{V^2}{R} = \dfrac{90^2}{10} = 810\,[W] = 0.81\,[kW]$

30 (상 중 하)

단상 유도전동기의 기동방식으로 틀린 것은?

① 분상기동　　② 반발기동
③ Y-△기동　　④ 콘덴서기동

해설 단상 유도전동기의 기동방식

- 반발기동
- 반발유도
- 콘덴서기동
- 분상기동
- 셰이딩코일

암기 ▶ 반반콘분셰

31 (상 중 하)

제어량이 압력, 온도 및 유량 등과 같은 공업량일 경우의 제어는?

① 비율제어　　② 프로세스제어
③ 추종제어　　④ 프로그램제어

해설 제어량에 의한 분류

구분	내용	제어량
서보기구	기계적 변위를 제어량으로 하는 변화량제어	물체의 방위, 위치, 각도 등
프로세스제어	플랜트나 생산공정 중의 상태량제어	온도, 압력, 유량, 농도 등
자동조정제어	제어량이 전기적, 기계적 양을 제어	주파수, 전압, 전류, 회전속도 힘 등

32 (상 중 하)

테브난의 정리를 이용하여 그림 (a)의 회로를 그림 (b)와 같은 등가회로로 만들고자 할 때 E [V]와 R [Ω]은?

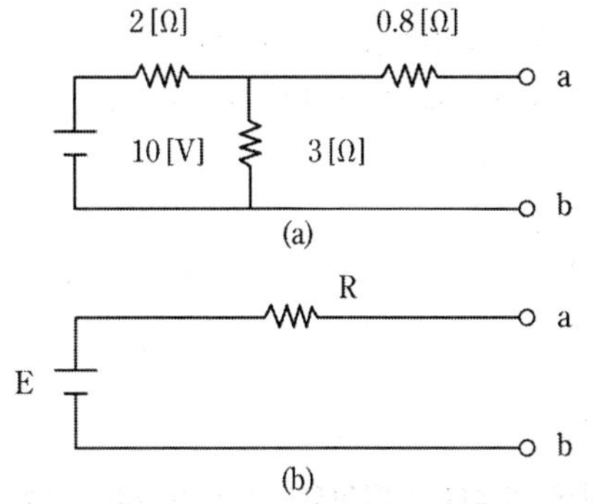

① 5, 2　　② 5, 3
③ 6, 2　　④ 6, 3

해설 테브난의 정리

1) a와 b에서 전원 측을 본 임피던스
- 전압원 단락
- $R = \dfrac{2\times3}{2+3} + 0.8 = 2\,[\Omega]$

2) a와 b에 걸리는 접안 E는 $3[\Omega]$에 걸리는 전압과 같다.

$E = \dfrac{3}{2+3}\times10 = 6\,[V]$

33 상(중)하

그림과 같은 다이오드 회로에서 출력전압 V_o는? (단, 다이오드의 전압강하는 무시한다)

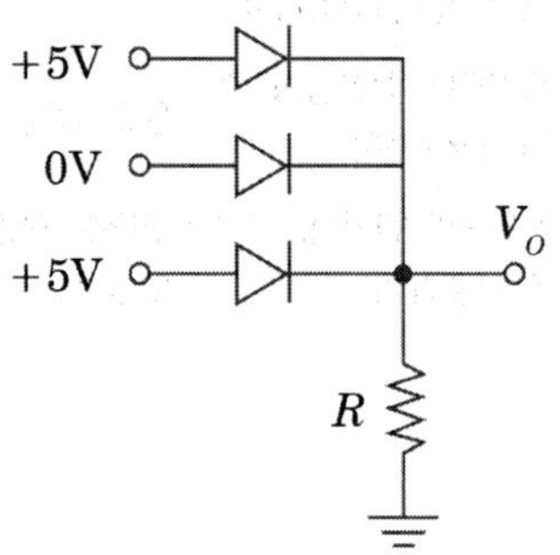

① 10 [V]　　② 5 [V]
③ 1 [V]　　④ 0 [V]

해설 OR게이트(무접점회로)

- 하나의 신호 ON되면 출력이 나타남
- 5 [V], 0 [V], 5 [V]의 입력이 OR로 주어졌으므로 출력에는 입력 5 [V]가 나타남

34 (상)중하

그림과 같은 회로에서 다이오드 양단의 전압 V_0는 몇 [V]인가? (단, 이상적인 다이오드이다)

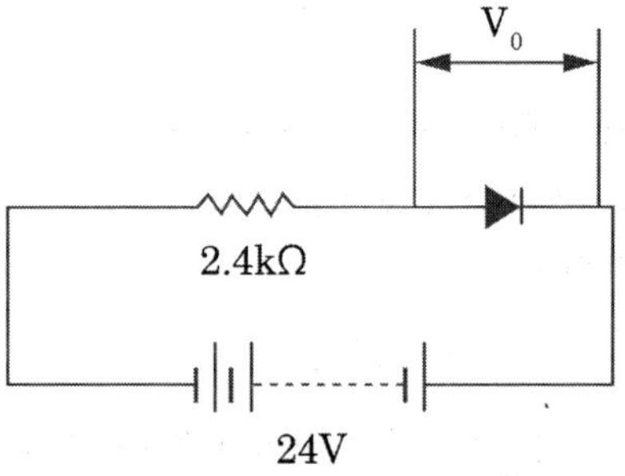

① 0　　② 2.4
③ 10　　④ 24

해설 이상적인 다이오드

1) 회로는 역방향 바이어스회로로서 전류가 흐르지 않는다.
2) 따라서 저항에는 전압이 걸리지 않고 모든 전압이 다이오드에 걸린다.
3) 카르히호프 제2법칙

35 상(중)하

폐루프 제어시스템에서 제어요소의 입력신호에 해당되는 것은?

① 설정점　　② 제어변수
③ 외란　　④ 오차

해설 폐루프 제어시스템

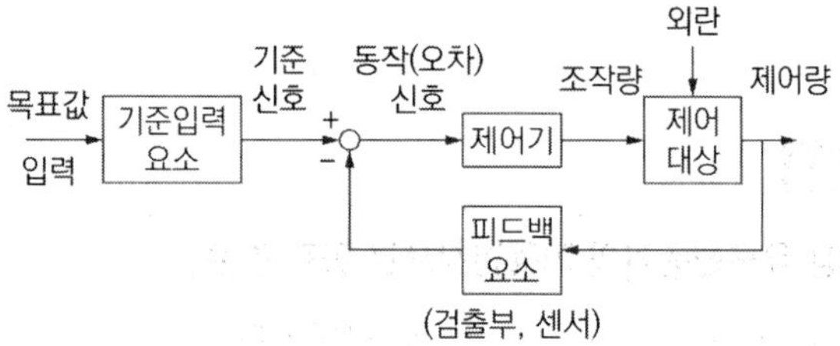

보충 ▶ 입력신호 : 설정점

36 상(중)하

3 [kV]로 충전된 2 [μF]의 콘덴서와 동일한 에너지를 2 [kV]를 얻으려면 몇 [μF]의 정전용량이 필요한가?

① 2.5　　② 3.5
③ 4.5　　④ 6.5

해설 정전용량 계산

$$W_{3kV} = \frac{1}{2}CV^2$$

$$= \frac{1}{2} \times 2 \times 10^{-6} \times 3000^2 = 9$$

정답 33 ② 34 ④ 35 ① 36 ③

$$W_{2kV} = \frac{1}{2}CV^2$$

$$9 = \frac{1}{2} \times x \times 2000^2,\ x = 4.5[\mu F]$$

W_{3kV} : 3 [kV]로 충전되는 콘덴서의 에너지
W_{2kV} : 2 [kV]로 충전되는 콘덴서의 에너지

37 상 중 (하)

잔류편차가 있는 접점을 가지는 제어계는 어떤 것인가?

① 적분제어계
② 비례제어계
③ 비례적분제어계
④ 비례적분미분제어

해설 제어동작

구분		내용
불연속 제어	ON-OFF제어	단속적 제어동작
	샘플링 (Sampling)	전압, 전류, 위상을 제어
연속제어	비례제어 (P제어)	잔류 편차(Off Set) 발생
	적분제어 (I제어)	• 잔류 편차(Off Set) 개선 • 시간지연(속응성) 발생
	미분제어 (D제어)	• 시간지연 개선, 잔류 편차(Off Set) 존재, 오차방지 • 진동방지, 오버슈트가 커진다.
	비례적분제어 (PI제어)	• 잔류 편차는 제거되지만 시간지연이 길다. • 간헐현상 존재, 지상보상 요소에 대응한다.
	비례미분제어 (PD제어)	시간지연(응답속응성)을 개선, 잔류 편차는 있다.
	비례미분적분제어 (PID제어)	시간지연도 향상시키고 잔류 편차도 제거한 제어계로 가장 안정적인 제어계

38 상 (중) 하

다음 진리표의 논리회로는?

A	B	X
0	0	0
0	1	1
1	0	1
1	1	1

① AND ② OR
③ NOT ④ NAND

해설 OR게이트(무접점회로)

하나의 신호 ON되면 출력이 1

39 (상) 중 하

BJT(Bipolar Junction Transisitor)의 베이스에 대한 컬렉터전류이득 β가 80일 때 이미터에 대한 컬렉터전류이득 α는 약 얼마인가?

① 0.99 ② 0.92
③ 0.90 ④ 1

해설 전류이득 계산

$\beta = 80$

$$\alpha = \frac{\beta}{1+\beta} = \frac{80}{1+80} = 0.99$$

β : 베이스에 대한 컬렉터전류이득
α : 이미터에 대한 컬렉터전류이득

2021

정답 37 ② 38 ② 39 ①

40 상 중 하

다이오드를 이용한 정류회로에서 여러 개의 다이오드를 직렬로 연결하여 사용하면?

① 다이오드를 높은 주파수에서 사용할 수 있다.
② 부하 출력의 맥동률을 감소시킬 수 있다.
③ 다이오드를 과전압으로부터 보호할 수 있다.
④ 다이오드를 과전류로부터 보호할 수 있다.

해설 다이오드 접속

직렬	과전압으로부터 보호	
병렬	과전류로부터 보호	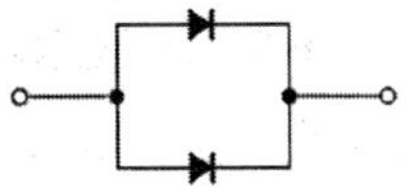

정답 40 ③

2021년 2회

소방관계법규

3회독	월	일
2회독	월	일
1회독	월	일

목표시간 : 20분 | 시작 : _시 _분 | 종료 : _시 _분 | 맞은 개수 : _ /20

41 상 중 하

소방시설 설치 및 관리에 관한 법령상 건축허가 등의 동의대상물의 범위기준으로 옳은 것은?

① 지하층 또는 무창층이 있는 건축물로서 바닥면적이 100 [m²] 이상인 층이 있는 것

② 승강기 등 기계장치에 의한 주차시설로서 자동차 10대 이상을 주차할 수 있는 시설

③ 차고·주차장으로 사용되는 층 중 바닥면적이 200 [m²] 이상인 층이 있는 시설

④ 지하층 또는 무창층이 있는 건축물로서 공연장의 경우에는 50 [m²] 이상인 층이 있는 것

해설 건축허가 동의대상물 범위

구분	기준
학교시설	연면적 100 [m²] 이상
노유자(老幼者)시설 및 수련시설	연면적 200 [m²] 이상
지하층·무창층이 있는 건축물	바닥면적 150 [m²](공연장 100 [m²]) 이상
정신의료기관, 장애인 의료시설	연면적 300 [m²] 이상
일반용도의 특정소방대상물	연면적 400 [m²] 이상
차고, 주차장 또는 주차용도로 사용되는 시설	바닥면적 200 [m²] 이상
	기계식 주차시설 자동차 20대 이상
• 노인 관련 시설 중 노인주거복지시설, 노인의료복지시설, 재가노인복지시설, 학대피해노인 전용쉼터 • 아동복지시설(아동상담소, 아동전용시설 및 지역아동센터는 제외한다)	단독주택, 공동주택에 설치되는 시설 제외

구분	기준
• 장애인 거주시설 • 정신질환자 관련 시설(공동생활가정을 제외한 재활훈련시설과 종합시설 중 24시간 주거를 제공하지 않는 시설은 제외한다) • 노숙인 관련 시설 중 노숙인자활시설·노숙인재활시설·노숙인요양시설 • 결핵환자나 한센인이 24시간 생활하는 노유자시설 • 노숙인 관련 시설 중 노숙인자활시설·노숙인재활시설·노숙인요양시설 • 결핵환자나 한센인이 24시간 생활하는 노유자시설	
• 6층 이상 건축물 • 항공기격납고, 관망탑, 항공관제탑, 방송용 송수신탑 • 요양병원(의료재활시설 제외) • 위험물 저장 및 처리시설, 지하구, 전기저장시설, 풍력발전소 • 조산원, 산후조리원, 의원(입원실 또는 인공신장실이 있는 것으로 한정한다) • 공장 또는 창고시설로서 지정 수량의 750배 이상의 특수가연물을 저장·취급하는 것 • 가스시설로서 지상에 노출된 탱크의 저장용량의 합계가 100톤 이상인 것	–

정답 41 ③

42 상중하

소방기본법령상 소방활동장비의 장비 구입 및 설치 시 국고보조 대상이 아닌 것은?

① 소방자동차
② 사무용 집기
③ 소방헬리콥터 및 소방정
④ 전산설비

해설 국고보조 대상사업 범위

1) 국고보조
(1) 국가는 시·도 소방장비구입 등의 경비를 일부 보조함
(2) 국가보조 대상사업의 범위와 기준 보조율 : 대통령령인 「보조금관리에 관한 법률 시행령」
(3) 소방활동장비 및 설비의 종류와 규격 : 행정안전부령
2) 국고보조 대상사업의 범위
(1) 소방활동장비와 설비의 구입 및 설치
① 소방자동차
② 소방헬리콥터 및 소방정
③ 소방전용통신설비 및 전산설비
④ 그 밖에 방화복 등 소방활동에 필요한 소방장비
(2) 소방관서용 청사의 건축

43 상중하

위험물법령상 제조소등의 설치허가를 받고자 하는 자는 그 설치장소를 관할하는 누구의 허가를 받아야 하는가?

① 소방청장
② 시·도지사
③ 행정자치부장관
④ 안전관리자

해설 제조소 설치 및 변경

1) 설치허가자 : 시·도지사(행정안전부령)
2) 변경신고 : 변경하고자 하는 날의 1일 전
3) 허가 제외 장소
• 주택의 난방시설(공동주택 중앙난방시설 제외)을 위한 저장소·취급소
• 농예용·축산용·수산용으로 필요한 난방·건조시설을 위한 지정수량 20배 이하의 저장소

44 상중하

소방시설 설치 및 관리에 관한 법령상 소방용품으로 틀린 것은?

① 방염제 ② 가스누설경보기
③ 자동소화장치 ④ 시각경보기

해설 소방용품

1) 소화설비 구성 제품·기기
(1) 소화기구(소화약제 외의 것 제외)
(2) 자동소화장치
(3) 소화전, 관창, 소방호스, 스프링클러헤드, 기동용 수압개폐장치, 유수제어밸브 및 가스관선택밸브
2) 경보설비 구성 제품·기기
(1) 누전경보기 및 가스누설경보기
(2) 발신기, 수신기, 중계기, 감지기, 경종
3) 피난구조설비 구성 제품·기기
(1) 피난사다리, 구조대, 완강기(간이완강기 및 지지대 포함)
(2) 공기호흡기(충전기 포함)
(3) 피난구유도등, 통로유도등, 객석유도등 및 예비전원 내장된 비상조명등
4) 소화용 제품·기기
(1) 소화약제(소화설비용만 해당)
① 상업용 주방자동소화장치, 캐비닛형 주방자동소화장치
② 포, 이산화탄소, 할론, 할로겐화합물 및 불활성 기체, 분말, 강화액, 고체에어로졸소화설비
(2) 방염제(방염액·방염도료·방염성 물질)

정답 42 ② 43 ② 44 ④

45 상 중 하

공사업법상 소방시설업자의 지위승계를 신고하려는 자는 그 지위를 승계한 날부터 30일 이내에 관련 서류를 협회에 제출하여야 한다. 양도·양수의 경우 제출서류에 포함되지 않아도 되는 것은?

① 양도·양수 계약서 사본, 분할계획서 사본 또는 분할합병계약서 사본
② 소방시설업 지위승계신고서
③ 양도인 또는 합병 전 법인의 소방시설업 등록증 및 등록수첩
④ 상속인임을 증명하는 서류

해설 지위승계신고(양도·양수의 경우)

- 소방시설업 지위승계신고서
- 양도인 또는 합병 전 법인의 소방시설업 등록증 및 등록수첩
- 양도·양수 계약서 사본, 분할계획서 사본 또는 분할합병계약서 사본
- 신고인 성명, 주민등록번호 및 주소지 등의 인적사항이 적힌 서류
- 기술인력증빙서류
- 양도·양수 공고문 사본

46 상 중 하

소방시설공사업법령상 소방공사감리를 실시함에 있어 용도와 구조에서 특별히 안전성과 보안성이 요구되는 소방대상물로서 소방시설물에 대한 감리를 감리업자가 아닌 자가 감리할 수 있는 장소는?

① 정보기관의 청사
② 교도소 등 교정 관련 시설
③ 국방 관계시설 설치장소
④ 원자력안전법상 관계시설이 설치되는 장소

해설 감리업자

1) 감리업자 업무
  (1) 소방시설등 설치계획표 적법성 검토
  (2) 소방시설등 설계도서 적합성 검토
  (3) 소방시설등 설계 변경 사항 적합성 검토
  (4) 소방용품 위치·규격 및 사용 자재 적합성 검토
  (5) 공사업자가 한 소방시설 시공이 설계도서와 화재안전기술기준에 맞는지 지도·감독
  (6) 완공된 소방시설등의 성능시험
  (7) 공사업자가 작성한 시공 상세도면 적합성 검토
  (8) 피난시설 및 방화시설 적법성 검토
  (9) 실내장식물의 불연화와 방염 물품의 적법성 검토
2) 감리업자가 아닌 자가 감리할 수 있는 보안성 등이 요구되는 소방대상물 시공 장소 : 「원자력안전법」에 따른 관계시설이 설치되는 장소

47 상 중 하

소방시설 설치 및 관리에 관한 법령상 종합점검 대상의 기준으로 틀린 것은?

① 제연설비가 설치된 터널
② 스프링클러설비 설치된 특정소방대상물
③ 공공기관 중 연면적이 1000 [m^2] 이상인 것으로서 옥내소화전설비 또는 자동화재탐지설비가 설치된 것(단, 소방대가 근무하는 공공기관은 제외한다)
④ 호스릴방식의 물분무등소화설비만 설치된 연면적 5000 [m^2] 이상인 특정소방대상물(단, 위험물 제조소등은 제외한다)

해설 종합점검 대상

1) 최초점검 대상물
2) 스프링클러설비가 설치된 특정소방대상물
3) 물분무등소화설비[호스릴방식의 물분무등소화설비만을 설치한 경우는 제외]가 설치된 연면적 5000 [m^2] 이상인 특정소방대상물(위험물 제조소등은 제외)

정답 45 ④ 46 ④ 47 ④

4) 다중이용업의 영업장이 설치된 특정소방대상물로서 연면적이 2000 [m^2] 이상인 것(단란주점과 유흥주점, 영화상영관, 비디오물감상실업, 복합영상물제공업, 노래연습장, 산후조리원, 고시원, 안마시술소)
5) 제연설비가 설치된 터널
6) 공공기관 중 연면적(터널 · 지하구의 경우 그 길이와 평균폭을 곱하여 계산된 값)이 1000 [m^2] 이상인 것으로서 옥내소화전설비 또는 자동화재탐지설비가 설치된 것(소방대가 근무하는 공공기관은 제외)

48 상중하

위험물안전관리법령상 위험물 중 제1석유류에 속하는 것은?

① 아세톤　② 등유
③ 중유　④ 경유

해설 제4류 위험물(인화성 액체)

품명		지정수량	대표물질
특수인화물		50 [L]	다이에틸에테르
제1석유류	비수용성	200 [L]	휘발유
	수용성	400 [L]	아세톤
알코올류		400 [L]	변성알코올
제2석유류	비수용성	1000 [L]	등유, 경유
	수용성	2000 [L]	아세트산
제3석유류	비수용성	2000 [L]	중유
	수용성	4000 [L]	글리세린
제4석유류		6000 [L]	실린더유
동식물유류		10000 [L]	아마인유

보충 ▶ 제1석유류 : 인화점 21 [℃] 미만

49 상중하

소방시설 설치 및 관리에 관한 법령상 소방시설관리사의 결격사유가 아닌 것은?

① 피성년후견인
② 소방기본법령에 따른 금고 이상의 실형을 선고받고 그 집행이 면제된 날부터 2년이 지나지 아니한 사람
③ 소방시설공사업법령에 따른 금고 이상의 형의 집행유예를 선고받고 그 유예기간이 지난 후 2년이 지나지 아니한 사람
④ 거짓이나 그 밖의 부정한 방법으로 관리사시험에 합격하여 자격이 취소된 날부터 2년이 지나지 아니한 사람

해설 소방시설관리사 결격사유

- 피성년후견인
- 금고 이상 실형을 선고받고 집행이 끝나거나 면제된 날부터 2년이 지나지 않은 자
- 금고 이상 형의 집행유예 선고받고 유예기간 중인 자
- 자격 취소된 날부터 2년이 지나지 않은 자

50 상중하

위험물안전관리법령상 다음의 규정을 위반하여 위험물의 운송에 관한 기준을 따르지 아니한 자에 대한 과태료기준은?

[법 개정으로 인한 문제 수정]

> 위험물운송자는 이동탱크저장소에 의하여 위험물을 운송하는 때에는 행정안전부령으로 정하는 기준을 준수하는 등 당해 위험물의 안전확보를 위하여 세심한 주의를 기울여야 한다.

① 50만 원 이하
② 100만 원 이하
③ 300만 원 이하
④ 500만 원 이하

정답 48 ① 49 ③ 50 ④

해설 500만 원 이하 과태료(위험물법)

1) 지정수량 이상의 위험물을 임시로 저장 또는 취급하는 경우 승인을 받지 아니한 자
2) 위험물의 저장 또는 취급에 관한 세부기준을 위반한 자
3) 품명 등의 변경신고를 기간 이내에 하지 아니하거나 허위로 한 자
4) 지위승계신고를 기간 이내에 하지 아니하거나 허위로 한 자
5) 제조소등의 폐지신고, 안전관리자의 선임신고를 기간 이내에 하지 않고 허위로 한 자
6) 사용 중지신고 또는 재개신고를 기간 이내에 하지 아니하거나 거짓으로 한 자
7) 안전관리자의 선임신고를 기간 이내에 하지 아니하거나 허위로 한 자
8) 등록사항의 변경신고를 기간 이내에 하지 아니하거나 허위로 한 자
9) 점검결과를 기록·보존하지 아니한 자
10) 기간 이내에 점검결과를 제출하지 아니한 자
11) 위험물의 운반에 관한 세부기준을 위반한 자
12) 위험물 운송에 관한 기준을 따르지 아니한 자

51 상 중 하

위험물법상 지정수량이 가장 작은 위험물은?

① 브로민산염류 ② 황
③ 과염소산 ④ 알칼리토금속

해설 위험물 지정수량

품명	지정수량
알칼리토금속	20 [kg]
황	100 [kg]
브로민산염류	300 [kg]
과염소산	

52 상 중 하

소방시설 설치 및 관리에 관한 법령상 건설현장에 설치하여야 하는 임시소방시설의 종류에 포함되지 않는 것은?

① 자동화재탐지설비
② 간이소화장치
③ 간이피난유도선
④ 비상경보장치

해설 임시소방시설의 종류와 설치기준

종류	기준
소화기	화재위험작업현장에 설치
간이소화장치	다음 어느 하나에 해당하는 작업현장 ① 연면적 3000 [m^2] 이상 ② 지하층·무창층·4층 이상의 층(이 경우 해당 층의 바닥면적이 600 [m^2] 이상인 경우만 해당)
비상경보장치	다음 어느 하나에 해당하는 작업현장 ① 연면적 400 [m^2] 이상 ② 지하층·무창층(이 경우 해당 층의 바닥면적이 150 [m^2] 이상인 경우만 해당)
간이피난유도선	바닥면적이 150 [m^2] 이상인 지하층·무창층의 작업현장에 설치
가스누설경보기	바닥면적이 150 [m^2] 이상인 지하층·무창층의 작업현장에 설치
비상조명등	바닥면적이 150 [m^2] 이상인 지하층·무창층의 작업현장에 설치
방화포	용접·용단 작업이 진행되는 작업장에 설치

2021

정답 51 ④ 52 ①

53 상중하

피난시설, 방화구획 또는 방화시설을 폐쇄·훼손·변경 등의 행위를 3차 이상 위반한 경우에 대한 과태료 부과기준으로 옳은 것은? [법 개정으로 인한 문제 수정]

① 200만 원
② 300만 원
③ 500만 원
④ 1000만 원

해설 과태료

1) 피난시설, 방화구획 또는 방화시설을 폐쇄·훼손·변경하는 등의 행위를 한 경우
2) 점검기록표를 기록하지 아니하거나 특정소방대상물의 출입자가 쉽게 볼 수 있는 장소에 게시하지 아니한 관계인
   • 1차 : 100만 원
   • 2차 : 200만 원
   • <u>3차 : 300만 원</u>

54 상중하

위험물법상 관계인이 예방규정을 정하여야 하는 위험물 제조소등에 해당하지 않는 것은?

① 이송취급소
② 암반탱크저장소
③ 지정수량의 100배 이상의 취급제조소
④ 지정수량의 100배 이상의 옥외저장소

해설 관계인이 예방규정을 정해야 하는 제조소

1) <u>지정수량 10배 이상의 위험물을 취급하는 제조소</u>
2) 지정수량 100배 이상의 위험물을 저장하는 옥외저장소
3) 지정수량 150배 이상의 위험물을 저장하는 옥내저장소
4) 지정수량 200배 이상의 위험물을 저장하는 옥외탱크저장소
5) 암반탱크저장소
6) 이송취급소
7) 지정수량 10배 이상의 위험물을 취급하는 일반취급소. 다만 제4류 위험물(특수인화물 제외)만을 지정수량의 50배 이하로 취급하는 일반취급소(제1석유류, 알코올류의 취급량이 지정수량의 10배 이하인 경우에 한함)로서 다음 어느 하나에 해당하는 것은 제외
   (1) 보일러·버너 또는 이와 비슷한 것으로서 위험물을 소비하는 장치로 이루어진 일반취급소
   (2) 위험물을 용기에 옮겨 담거나 차량에 고정된 탱크에 주입하는 일반취급소

55 상중하

소방용수시설 급수탑 개폐밸브의 설치기준으로 옳은 것은?

[법 개정으로 인한 문제 수정]

① 지상에서 1.0 [m] 이상 1.5 [m] 이하
② 지상에서 1.5 [m] 이상 1.7 [m] 이하
③ 지상에서 1.2 [m] 이상 1.8 [m] 이하
④ 지상에서 1.5 [m] 이상 2.0 [m] 이하

해설 소방용수시설 설치기준

1) 소화전
   • 상수도와 연결, 지하식·지상식 구조
   • 연결금속구 구경 : 65 [mm]
2) 급수탑
   • 급수배관 구경 : 100 [mm] 이상
   • <u>개폐밸브 : 지상 1.5 [m] 이상 1.7 [m] 이하</u>
3) 저수조
   • 지면으로부터의 낙차 : 4.5 [m] 이하
   • 흡수부분 수심 : 0.5 [m] 이상일 것
   • 흡수관 투입구 : 사각형 한 변 60 [cm]
     원형 지름 60 [cm] 이상

정답 53 ② 54 ③ 55 ②

56 상중하

화재의 예방 및 안전관리에 관한 법령상 화재가 발생하는 경우 인명 또는 재산의 피해가 클 경우로 예상되는 때 소방대상물의 개수·이전·제거, 사용금지 등의 필요한 조치를 명할 수 있는 자는?

① 시·도지사
② 의용소방대장
③ 기초자치단체장
④ 소방본부장 또는 소방서장

해설 화재안전조사 결과에 따른 조치명령

1) 명령권자 : 소방관서장
2) 관계인에게 그 소방대상물의 개수·이전·제거, 사용의 금지 또는 제한, 사용폐쇄, 공사의 정지 또는 중지, 그 밖에 필요한 조치
 (1) 소방대상물의 위치·구조·설비 또는 관리에 보완 필요시
 (2) 화재 발생 시 인명 또는 재산 피해가 클 것으로 예상될 때
3) 관계인에게 조치를 명령 또는 관계 행정기관의 장에게 필요한 조치 요청
 (1) 법령을 위반하여 건축 또는 설비
 (2) 소방시설등, 피난시설·방화구획, 방화시설 등이 법령에 적합하게 설치·관리되지 않은 경우

57 상중하

소방기본법 제1장 총칙에서 정하는 목적의 내용으로 거리가 먼 것은?

① 사회의 정의 실현
② 국민의 생명·신체 및 재산보호
③ 공공의 안전질서 유지와 복리증진
④ 위급한 상황에서의 구조·구급활동

해설 소방기본법 목적

- 화재 예방·경계·진압
- 화재, 재난·재해, 위급 상황에서 구조·구급 활동
- 국민의 생명·신체 및 재산 보호함으로써 공공의 안녕 및 질서 유지와 복리증진

58 상중하

소방기본법령에 따른 소방대원에게 실시할 교육·훈련 횟수 및 기간의 기준 중 다음 (　) 안에 알맞은 것은?

횟수	기간
(㉠)년마다 1회	(㉡)주 이상

① ㉠ 1, ㉡ 2　　② ㉠ 2, ㉡ 4
③ ㉠ 2, ㉡ 2　　④ ㉠ 1, ㉡ 4

해설 소방대원에게 실시할 교육·훈련

소방업무를 전문적이고 효과적으로 수행하기 위하여 소방대원에게 필요한 교육·훈련을 실시하여야 함

횟수	기간
2년마다 1회	2주 이상

1) <u>횟수 : 2년마다 1회</u>
2) <u>기간 : 2주 이상</u>
3) 교육·훈련 실시자 : 소방청장·본부장·서장
4) 교육·훈련의 종류 및 대상자

종류	대상자
화재진압훈련	소방공무원(화재진압 업무), 의무소방원, 의용소방대원
인명구조훈련	소방공무원(구조 업무), 의무소방원, 의용소방대원
응급처치훈련	소방공무원(구급 업무), 의무소방원, 의용소방대원
인명대피훈련	소방공무원(모든 업무), 의무소방원, 의용소방대원
현장지휘훈련	소방공무원 : 지방소방정, 지방소방령, 지방소방경, 지방소방위

2021

정답 56 ④ 57 ① 58 ③

59 상중하

소방시설 설치 및 관리에 관한 법령상 시·도지사가 실시하는 방염성능검사 대상으로 옳은 것은?

① 설치 현장에서 방염처리를 하는 합판·목재
② 제조 또는 가공 공정에서 방염처리를 한 카펫
③ 제조 또는 가공 공정에서 방염처리를 한 창문에 설치하는 블라인드
④ 설치 현장에서 방염처리를 하는 암막·무대막

해설 방염대상물품

1) 제조·가공 공정에서 방염처리한 물품(합판·목재류 설치 현장에서 방염처리한 것 포함)
   (1) 창문에 설치하는 커튼류(블라인드 포함)
   (2) 카펫
   (3) 벽지류(두께 2 [mm] 미만인 종이벽지 제외)
   (4) 전시용 합판·목재 또는 섬유판, 무대용 합판·목재 또는 섬유판(합판·목재류의 경우 불가피하게 설치 현장에서 방염처리한 것을 포함)
   (5) 암막·무대막(영화상영관 스크린, 가상체험체육시설의 스크린 포함)
   (6) 섬유류, 합성수지류 등을 원료로 하여 제작된 소파·의자(단란주점영업, 유흥주점, 노래연습장업의 영업장에 설치하는 것만 해당)
2) 건축물 내부의 천장이나 벽에 부착하거나 설치하는 것. 다만 가구류(옷장·찬장·식탁·식탁용 의자·사무용 책상·사무용 의자·계산대 등)와 너비 10 [cm] 이하 반자돌림대 등과 내부 마감재료는 제외
   (1) 종이류(두께 2 [mm] 이상)·합성수지류·섬유류를 주원료로 한 물품
   (2) 합판, 목재
   (3) 공간 구획하는 간이 칸막이
   (4) 흡음·방음을 위하여 설치하는 흡음재, 방음재

60 상중하

소방시설 설치 및 관리에 관한 법령상 비상경보장치를 설치하여야 할 특정소방대상물의 기준 중 옳은 것은?

① 터널로서 길이가 700 [m] 이상인 것
② 사람이 거주하고 있는 연면적 1000 [m^2] 이상인 건축물
③ 지하층의 바닥면적이 150 [m^2] 이상으로 공연장인 건축물
④ 50명의 근로자가 작업하는 옥내작업장

해설 비상경보설비 설치대상

설치대상	기준
일반(지하구, 축사, 동·식물 관련 시설 제외)	연면적 400 [m^2] 이상 모든 층
지하층 또는 무창층	바닥면적 150 [m^2](공연장 100 [m^2]) 이상 모든 층
터널	500 [m]
50명 이상 근로자가 작업하는 옥내 작업장	–

정답 59 ① 60 ④

2021년 2회

소방전기시설의 구조 및 원리

3회독 월 일
2회독 월 일
1회독 월 일

목표시간 : 30분 | 시작 : _시 _분 | 종료 : _시 _분

61 상 중 하

자동화재탐지설비 및 시각경보장치의 화재안전기술기준(NFTC 203)에 따라 주방, 보일러실 등 다량의 화기를 취급하는 장소에 설치하는 정온식 감지기는 공칭작동온도가 최고주위온도보다 몇 [℃] 이상 높은 것을 설치하여야 하는가?

① 25 ② 20
③ 10 ④ 15

해설 정온식 공칭작동 최소온도

- 최고주위온도보다 20 [℃] 이상
- 공칭 : 설비·기기 등 성능 또는 동작을 측정 및 표시하기 위한 대푯값

62 상 중 하

무선통신보조설비의 화재안전기술기준(NFTC 505)에 따라 분배기·분파기 및 혼합기 등의 임피던스 [Ω]는?

① 50 ② 25
③ 10 ④ 3

해설 분배기·분파기·혼합기

1) 먼지·습기 및 부식 등에 따라 기능에 이상을 가져오지 아니하도록 할 것
2) 임피던스는 50 [Ω]의 것으로 할 것
3) 점검에 편리하고 화재 등의 재해로 인한 피해의 우려가 없는 장소에 설치할 것

63 상 중 하

누전경보기의 화재안전기술기준에 따른 누전경보기의 시설기준으로 틀린 것은?

① 경계전로의 정격전류가 60 [A]을 초과하는 전로에 있어서는 1급 누전경보기를 설치할 것
② 변류기를 옥외의 전로에 설치하는 경우에는 옥외형으로 설치한다.
③ 경계전로의 정격전류가 60 [A] 이하의 전로에 있어서는 1급 또는 2급 누전경보기를 설치할 것
④ 변류기는 특정소방대상물이 형태, 인입선의 시설방법 중에 따라 옥외 인입선의 제 1지점의 부하 측 또는 제 3종 접지선 측의 점검이 쉬운 위치에 설치할 것

해설 누전경보기 설치

1) 60 [A] 초과 : 1급 누전경보기 설치
2) 60 [A] 이하 : 1·2급 누전경보기 모두 가능
3) 변류기를 옥외의 전로에 설치하는 경우 옥외형 설치
4) 변류기는 옥외 인입선 제1지점의 부하 측, 제2종 접지선 측의 점검이 쉬운 위치에 설치

2021

정답 61 ② 62 ① 63 ④

64 상 중 하

유도등의 형식승인 및 제품검사의 기술기준에 따라 피난구 유도등이 대형인 경우 1 대 1 표시면을 사용한다면 한 변의 길이는 몇 [mm] 이상이어야 하는가?

① 200　② 350
③ 300　④ 250

해설 유도등 표시면 크기

종별		1 대 1 표시면
피난구 유도등	대형	250 [mm] 이상
	중형	200 [mm] 이상
	소형	100 [mm] 이상

65 상 중 하

비상콘센트설비의 화재안전기술기준(NFTC 504)에 따라 비상콘센트마다 어떤 차단기를 설치하여야 하며, 충전부가 노출되지 아니하도록 하여야 하는가?

① 배선용 차단기　② 가스 차단기
③ 유입 차단기　④ 진공 차단기

해설 비상콘센트설비 전원회로 설치기준

1) 전원회로 : 단상교류는 220 [V], 공급용량은 1.5 [kVA] 이상
2) 전원회로는 각 층에 2 이상이 되도록 설치(다만 설치하여야 할 층의 비상콘센트가 1개인 때에는 하나의 회로로 할 수 있다)
3) 전원회로는 주배전반에서 전용회로로 할 것
4) 전원으로부터 각 층의 비상콘센트에 분기되는 경우에는 분기배선용 차단기를 보호함 안에 설치할 것
5) 콘센트마다 배선용 차단기를 설치하여야 하며 충전부가 노출되지 아니하도록 할 것
6) 개폐기에는 "비상콘센트"라고 표시한 표지를 할 것
7) 비상콘센트용의 풀박스 등은 방청도장을 한 것으로서 두께 1.6 [mm] 이상의 철판으로 할 것
8) 하나의 전용회로에 설치하는 비상콘센트는 10개 이하로 할 것. 이 경우 전선 용량은 각 비상콘센트(비상콘센트가 3개 이상인 경우에는 3개)의 공급용량을 합한 용량 이상의 것으로 하여야 한다.

66 상 중 하

소방설비 중 예비전원 또는 비상전원의 용량이 감시상태를 60분간 지속한 후 유효하게 10분 이상 경보하여야 하는 것이 아닌 것은?

① 자동화재탐지설비　② 자동화재속보설비
③ 무선통신보조설비　④ 비상경보설비

해설 무선통신보조설비 설치기준

[누설동축케이블 설치기준]

1) 소방전용주파수대에서 전파의 전송 또는 복사에 적합한 것으로서 소방전용의 것으로 할 것(다만 소방대 상호 간 무선연락에 지장 없는 경우에는 다른 용도와 겸용 가능하다)
2) 누설동축케이블과 이에 접속하는 안테나 또는 동축케이블과 이에 접속하는 안테나에 따른 것으로 할 것
3) 누설동축케이블은 불연 또는 난연성의 것으로서 습기에 따라 전기의 특성이 변질되지 아니하는 것으로 하고, 노출하여 설치한 경우에는 피난 및 통행에 장애가 없도록 할 것
4) 누설동축케이블은 화재에 따라 해당 케이블의 피복이 소실된 경우에 케이블 본체가 떨어지지 아니하도록 4 [m] 이내마다 금속제 또는 자기제 등의 지지금구로 벽·천장·기둥 등에 견고하게 고정시킬 것(다만 불연재료로 구획된 반자 안에 설치하는 경우에는 그러하지 않는다)
5) 누설동축케이블 및 안테나는 금속판 등에 따라 전파의 복사 또는 특성이 현저하게 저하되지 아니하는 위치에 설치할 것
6) 누설동축케이블 및 안테나는 고압의 전로로부터 1.5 [m] 이상 떨어진 위치에 설치할 것(다만 해당 전로에 정전기 차폐장치를 유효하게 설치한 경우에는 그러하지 않는다)
7) 누설동축케이블의 끝부분에는 무반사 종단저항을 견고하게 설치할 것
8) 누설동축케이블 또는 동축케이블의 임피던스는 50 [Ω]으로 하고, 이에 접속하는 안테나·분배기 기타의 장치는 해당 임피던스에 적합한 것으로 하여야 함

정답 64 ④ 65 ① 66 ③

[증폭기 설치기준]

1) 전원은 전기가 정상적으로 공급되는 축전지, 전기저장장치 또는 교류전압 옥내간선으로 하고 전원까지의 배선은 전용으로 할 것
2) 증폭기의 전면에는 주회로의 전원이 정상인지의 여부를 표시할 수 있는 표시등 및 전압계를 설치할 것
3) 증폭기에는 비상전원이 부착된 것으로 하고 해당 비상전원 용량은 무선통신보조설비를 유효하게 30분 이상 작동시킬 수 있는 것으로 할 것
4) 증폭기 및 무선중계기를 설치하는 경우 적합성 평가를 받은 제품으로 설치하고 임의로 변경하지 않도록 할 것
5) 디지털방식의 무전기를 사용하는 데 지장이 없도록 설치할 것

67 상중하

자동화재탐지설비 및 시각경보장치의 화재안전기술기준(NFTC 203)에 따라 열전대식 차동식 분포형 감지기는 하나의 검출부에 접속하는 열전대부를 몇 개 이하로 설치하여야 하는가?

① 15 ② 30
③ 20 ④ 25

해설 열전대식차동식 분포형 열전대부

주요구조부	면적	열전대부 개수
일반	18 [m²]	1개 이상
	72 [m²] 이하 대상물	4개 이상
내화	22 [m²]	1개 이상
	88 [m²] 이하 대상물	4개 이상
하나의 검출부에 접속하는 열전대부 : 20개 이하		

68 상중하

비상경보설비 및 단독경보형 감지기의 화재안전기술기준(NFTC 201)에 따라 음향장치의 음량은 부착된 음향장치의 중심으로부터 1 [m] 떨어진 위치에서 몇 [dB] 이상이 되는 것으로 하여야 하는가?

① 50 ② 90
③ 70 ④ 30

해설 비상경보설비

1) 비상벨설비 또는 자동식 사이렌설비는 부식성 가스 또는 습기 등으로 인하여 부식의 우려가 없는 장소에 설치해야 한다.
2) 지구음향장치는 특정소방대상물의 층마다 설치하되, 해당 층의 각 부분으로부터 하나의 음향장치까지의 수평거리가 25 [m] 이하가 되도록 하고, 해당 층의 각 부분에 유효하게 경보를 발할 수 있도록 설치해야 한다. 다만 「비상방송설비의 화재안전기술기준(NFTC 202)」에 적합한 방송설비를 비상벨설비 또는 자동식 사이렌설비와 연동하여 작동하도록 설치한 경우에는 지구음향장치를 설치하지 않을 수 있다.
3) 음향장치는 정격전압의 80 [%] 전압에서도 음향을 발할 수 있도록 해야 한다. 다만 건전지를 주전원으로 사용하는 음향장치는 그렇지 않다.
4) 음향장치의 음향의 크기는 부착된 음향장치의 중심으로부터 1 [m] 떨어진 위치에서 음압이 90 [dB] 이상이 되는 것으로 해야 한다.
5) 발신기는 다음의 기준에 따라 설치해야 한다.
   (1) 조작이 쉬운 장소에 설치하고 조작스위치는 바닥으로부터 0.8 [m] 이상 1.5 [m] 이하의 높이에 설치할 것
   (2) 특정소방대상물의 층마다 설치하되, 해당 층의 각 부분으로부터 하나의 발신기까지의 수평거리가 25 [m] 이하가 되도록 할 것. 다만 복도 또는 별도로 구획된 실로서 보행거리가 40 [m] 이상일 경우에는 추가로 설치해야 한다.
   (3) 발신기의 위치표시등은 함의 상부에 설치하되, 그 불빛은 부착 면으로부터 15° 이상의 범위 안에서 부착지점으로부터 10 [m] 이내의 어느 곳에서도 쉽게 식별할 수 있는 적색등으로 할 것

정답 67 ③ 68 ②

2021

6) 비상벨설비 또는 자동식 사이렌설비의 상용전원은 다음의 기준에 따라 설치해야 한다.
   (1) 상용전원은 전기가 정상적으로 공급되는 축전지설비, 전기저장장치(외부 전기에너지를 저장해두었다가 필요한 때 전기를 공급하는 장치) 또는 교류전압의 옥내간선으로 하고, 전원까지의 배선은 전용으로 할 것
   (2) 개폐기에는 "비상벨설비 또는 자동식 사이렌설비용"이라고 표시한 표지를 할 것
7) 비상벨설비 또는 자동식 사이렌설비에는 그 설비에 대한 감시상태를 60분간 지속한 후 유효하게 10분 이상 경보할 수 있는 비상전원으로서 축전지설비(수신기에 내장하는 경우를 포함한다) 또는 전기저장장치(외부 전기에너지를 저장해두었다가 필요한 때 전기를 공급하는 장치)를 설치해야 한다. 다만 상용전원이 축전지설비인 경우 또는 건전지를 주전원으로 사용하는 무선식 설비인 경우에는 그렇지 않다.

69 (상 중 하)

자동화재탐지설비 및 시각경보장치의 화재안전기술기준(NFTC 203)에 따라 지피(GP)형 수신기의 감지기회로의 배선에 있어서 하나의 공통선에 접촉할 수 있는 경계구역은 몇 개 이하로 하여야 하는가?

① 12개　② 7개
③ 3개　④ 18개

해설 GP형 수신기 배선

하나의 공통선이 담당할 수 있는 지구선수는 7개이기 때문에, 하나의 공통선에 접촉할 수 있는 경계구역은 7개 이하이다.
※ 경계구역이 8개(7개를 초과)라면 공통선 하나를 추가한다.

70 (상 중 하)

비상조명등의 우수품질인증 기술기준에 따라 비상조명등의 유효점등시간은 90분 이상으로 한다. 이 경우 유효점등시간은 몇 분 단위로 증가 설정할 수 있는가?

① 15　② 10
③ 5　④ 30

해설 비상조명등 유효점등시간

- 유효점등시간 : 90분 이상
- 이 경우 30분 단위로 증가시켜 설정

71 (상 중 하)

누전경보기의 화재안전기술기준(NFTC 205)에 따라 전원은 분전반으로부터 전용회로로 하고, 각 극에 개폐기 및 몇 [A] 이하의 과전류차단기를 설치하여야 하는가?

① 30　② 25
③ 15　④ 20

해설 누전경보기 전원

1) 60 [A] 초과 : 1급 누전경보기 설치
2) 60 [A] 이하 : 1·2급 누전경보기 모두 설치
3) 전원 : 분전반부터 전용회로
4) 각 극 : 개폐기 및 15 [A] 과전류차단기 설치
5) 배선용 차단기 : 20 [A] 이하, 각 극 개폐
6) 전원분기 시 : 다른 차단기 전원 이상 없을 것

정답 69 ② 70 ④ 71 ③

72 상 중 하

소방시설용 비상전원수전설비의 화재안전기술기준(NFTC 602)에 따라 소방회로용 개폐기 및 과전류차단기에 표시해야 하는 내용은?

① 소방공급용　　② 소방부착용
③ 소방시설용　　④ 소방전원용

해설 비상전원수전설비

소방회로용 개폐기 및 과전류차단기에는 "소방시설용"이라고 표시

73 상 중 하

비상콘센트설비의 성능인증 및 제품검사의 시설기준에 따라 비상콘센트설비의 절연된 충전부와 외함 간의 절연저항은 500 [V]의 절연저항계로 측정한 값이 몇 [$M\Omega$] 이상이어야 하는가?

① 5　　② 10
③ 20　　④ 1

해설 비상콘센트설비

1) 절연저항 : 500 [V] 절연저항계로 측정할 때 20 [MΩ] 이상일 것
2) 절연내력
(1) 정격전압 150 [V] 이하 : 1000 [V]의 실효전압
(2) 정격전압이 150 [V] 이상 : (정격전압 × 2) + 1000 [V] = 실효전압
(3) 실효전압 시험에서 1분 이상 견디는 것으로 할 것
3) 배선
전원회로의 배선은 내화배선, 그 밖의 배선은 내화배선 또는 내열배선

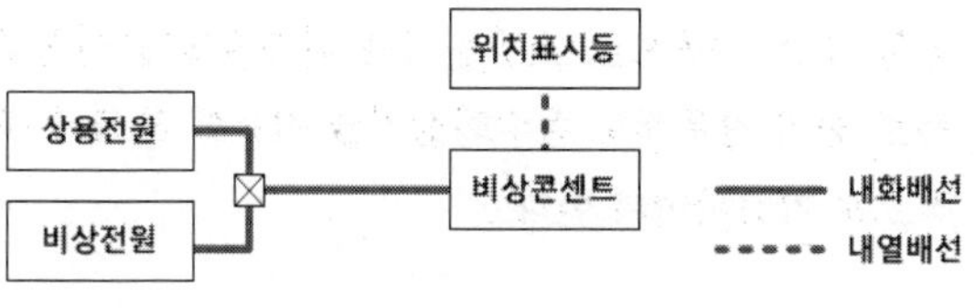

74 상 중 하

비상경보설비 및 단독경보형 감지기의 화재안전기술기준(NFTC 201)에 따른 비상벨설비 또는 자동식 사이렌설비의 배선에 대한 시설기준이다. 다음 (　)에 들어갈 내용으로 옳은 것은?

> 전원회로의 전로와 대지 사이 및 배선 상호 간의 절연저항은 전기사업법 제67조에 따른 기술기준이 정하는 바에 의하고, 부속회로의 전로와 대지 사이 및 배선 상호 간의 절연저항은 1경계구역마다 (㉠) [V]의 절연저항 측정기를 사용하여 측정한 절연저항이 (㉡) [$M\Omega$] 이상이 되도록 할 것

① ㉠ 250, ㉡ 0.1　　② ㉠ 250, ㉡ 0.5
③ ㉠ 500, ㉡ 0.1　　④ ㉠ 500, ㉡ 0.5

해설 비상벨 · 자동식 사이렌설비 절연저항측정

250 [V] 절연저항측정기 측정 : 0.1 [MΩ] 이상

75 상 중 하

무선통신보조설비의 화재안전기술기준에 따른 증폭기에 대한 설명으로 틀린 것은?

① 증폭기의 전면에는 주 회로의 전원이 정상인지의 여부를 표시할 수 있는 표시등 및 전압계를 설치하여야 한다.
② 증폭기라 함은 2개 이상의 입력신호를 원하는 비율로 조합한 출력이 발생하도록 하는 장치를 말한다.
③ 증폭기의 비상전원 용량은 무선통신보조설비를 유효하게 30분 이상 작동시킬 수 있는 것으로 하여야 한다.
④ 전원은 전기가 정상적으로 공급되는 축전지, 전기저장장치(외부 전기에너지를 저장해두었다가 필요한 때 전기를 공급하는 장치) 또는 교류전압 옥내간선으로 한다.

2021

정답 72 ③ 73 ③ 74 ① 75 ②

해설 증폭기 설치기준

1) 전원은 전기가 정상적으로 공급되는 축전지, 전기저장장치 또는 교류전압 옥내간선으로 하고, 전원까지의 배선은 전용으로 할 것
2) 증폭기의 전면에는 주회로의 전원이 정상인지의 여부를 표시할 수 있는 표시등 및 전압계를 설치할 것
3) 증폭기에는 비상전원이 부착된 것으로 하고 해당 비상전원 용량은 무선통신보조설비를 유효하게 30분 이상 작동시킬 수 있는 것으로 할 것
4) 증폭기 및 무선중계기를 설치하는 경우 적합성 평가를 받은 제품으로 설치하고 임의로 변경하지 않도록 할 것
5) 디지털방식의 무전기를 사용하는 데 지장이 없도록 설치할 것

76 상중하

비상방송설비의 화재안전기술기준(NFTC 202)에 따라 비상방송설비의 음량조절기를 설치하는 경우 음량조절기의 배선방식으로 옳은 것은?

① 3선식 ② 4선식
③ 1선식 ④ 2선식

해설 비상방송설비

1) 확성기
 (1) 음성입력 : 실외 3 [W] 이상, 실내 1 [W] 이상
 (2) 수평거리 : 층 각 부분으로부터 하나의 확성기까지의 25 [m] 이하
 (3) 확성기는 각 층마다 설치, 당해 층의 각 부분에 유효하게 경보를 발하도록 설치
2) 음량조정기(ATT) : 음량조정기의 배선은 3선식으로 한다.
3) 조작부
 (1) 조작스위치 높이 : 바닥으로부터 0.8 [m] 이상 1.5 [m] 이하
 (2) 기동장치의 작동과 연동하여 당해 기동장치가 작동한 층 또는 구역을 표시
 (3) 조작부 및 증폭기 설치장소 : 수위실 등 상시 사람이 근무, 점검이 편리, 방화상 유효한 곳
 (4) 2 이상 조작부 설치 시 설치장소 상호 간 동시통화 가능, 어느 조작부에서도 전구역 방송 가능
4) 층수가 11층(공동주택의 경우에는 16층)의 특정소방대상물은 다음과 같은 경보를 발할 수 있어야 한다.
 (1) 2층 이상의 층에서 발화한 때에는 발화층 및 그 직상 4개 층에 경보
 (2) 1층에서 발화한 때에는 발화층. 그 직상 4개 층 및 지하층에 경보
 (3) 지하층에서 발화한 때에는 발화층. 그 직상층 및 기타 지하층 경보
5) 기동장치에 따른 화재신고를 수신한 후 필요한 음량으로 화재 발생 상황 및 피난에 유효한 방송이 자동으로 개시될 때까지의 소요시간은 10초 이하로 할 것
6) 다른 방송설비와 공용할 경우 화재 시 비상경보 외의 방송을 차단할 수 있는 구조
7) 다른 전기회로에 따라 유도장애가 생기지 아니하도록 할 것
8) 음향장치의 구조 및 성능
 (1) 정격전압의 80 [%] 전압에서 음향을 발할 수 있는 것을 할 것
 (2) 자동화재탐지설비의 작동과 연동하여 작동할 수 있는 것으로 할 것

77 상중하

자동화재속보설비의 속보기의 성능인증 및 제품검사의 기술기준에 따라 속보기의 기능에 대한 기준으로 틀린 것은?

① 예비전원은 자동적으로 충전되어야 하며 자동과충전 방지장치가 있어야 한다.
② 예비전원을 병렬로 접속하는 경우에는 역충전방지 등의 조치를 하여야 한다.
③ 화재신호를 수신하거나 속보기를 수동으로 동작시키는 경우 자동적으로 녹색 화재표시등이 점등되어야 한다.
④ 연동 또는 수동으로 소방관서에 화재발생 음성정보를 속보 중인 경우에도 송수화장치를 이용한 통화가 우선적으로 가능하여야 한다.

정답 76 ① 77 ③

해설 속보기 기능

1) 작동신호를 수신하거나 수동으로 동작시키는 경우 20초 이내에 소방관서에 자동적으로 신호를 발하여 통보하되, 3회 이상 속보할 수 있어야 한다.
2) 주전원이 정지한 경우에는 자동적으로 예비전원으로 전환되고, 주전원이 정상상태로 복귀한 경우에는 자동적으로 예비전원에서 주전원으로 전환되어야 한다.
3) 예비전원은 자동적으로 충전되어야 하며 자동과충전방지장치가 있어야 한다.
4) 화재신호를 수신하거나 속보기를 수동으로 동작시키는 경우 자동적으로 적색 화재표시등이 점등되고 음향장치로 화재를 경보하여야 하며 화재표시 및 경보는 수동으로 복구 및 정지시키지 않는 한 지속되어야 한다.
5) 연동 또는 수동으로 소방관서에 화재발생 음성정보를 속보 중인 경우에도 송수화장치를 이용한 통화가 우선적으로 가능하여야 한다.
6) 예비전원을 병렬로 접속하는 경우에는 역충전방지 등의 조치를 하여야 한다.
7) 예비전원은 감시상태를 60분간 지속한 후 10분 이상 동작(화재속보 후 화재표시 및 경보를 10분간 유지하는 것을 말한다)이 지속될 수 있는 용량이어야 한다.
8) 속보기는 연동 또는 수동 작동에 의한 다이얼링 후 소방관서와 전화접속이 이루어지지 않는 경우에는 최초 다이얼링을 포함하여 10회 이상 반복적으로 접속을 위한 다이얼링이 이루어져야 한다. 이 경우 매회 다이얼링 완료 후 호출은 30초 이상 지속되어야 한다.
9) 속보기의 송수화장치가 정상위치가 아닌 경우에도 연동 또는 수동으로 속보가 가능하여야 한다.
10) 음성으로 통보되는 속보내용을 통하여 해당 특정소방대상물의 위치, 화재발생 및 속보기에 의한 신고임을 확인할 수 있어야 한다.
11) 속보기는 음성속보방식 외에 데이터 또는 코드전송방식 등을 이용한 속보기능을 설치할 수 있다.

78 상 (중) 하

비상방송설비의 화재안전기술기준(NFTC 202)에 따른 비상방송설비 음향장치의 시설기준으로 틀린 것은?

① 조작부의 조작스위치는 바닥으로부터 0.8 [m] 이상 1.2 [m] 이하의 높이에 설치할 것
② 확성기는 각 층마다 설치하되 그 층의 각 부분으로부터 하나의 확성기까지의 수평거리가 25 [m] 이하가 되도록 할 것
③ 실내에 설치하는 확성기의 음성입력은 1 [W] 이상일 것
④ 다른 전기회로에 따라 유도장애가 생기지 아니하도록 할 것

해설 비상방송설비 설치기준

1) 확성기
   (1) 음성입력 : 실외 3 [W] 이상, 실내 1 [W] 이상
   (2) 수평거리 : 층 각 부분으로부터 하나의 확성기까지의 25 [m] 이하
   (3) 확성기는 각 층마다 설치, 당해 층의 각 부분에 유효하게 경보를 발하도록 설치
2) 음량조정기(ATT) : 음량조정기의 배선은 3선식으로 한다.
3) 조작부
   (1) 조작스위치 높이 : 바닥으로부터 0.8 [m] 이상 1.5 [m] 이하
   (2) 기동장치의 작동과 연동하여 당해 기동장치가 작동한 층 또는 구역을 표시
   (3) 조작부 및 증폭기 설치장소 : 수위실 등 상시 사람이 근무, 점검이 편리, 방화상 유효한 곳
   (4) 2 이상 조작부 설치 시 설치장소 상호 간 동시통화 가능, 어느 조작부에서도 전구역 방송 가능
4) 층수가 11층(공동주택의 경우에는 16층)의 특정소방대상물은 다음과 같은 경보를 발할 수 있어야 한다.
   (1) 2층 이상의 층에서 발화한 때에는 발화층 및 그 직상 4개 층에 경보
   (2) 1층에서 발화한 때에는 발화층. 그 직상 4개 층 및 지하층에 경보
   (3) 지하층에서 발화한 때에는 발화층. 그 직상층 및 기타 지하층 경보

2021

정답 78 ①

5) 기동장치에 따른 화재신고를 수신한 후 필요한 음량으로 화재 발생 상황 및 피난에 유효한 방송이 자동으로 개시될 때까지의 소요시간은 10초 이하로 할 것
6) 다른 방송설비와 공용할 경우 화재 시 비상경보 외의 방송을 차단할 수 있는 구조
7) 다른 전기회로에 따라 유도장애가 생기지 아니하도록 할 것
8) 음향장치의 구조 및 성능
  (1) 정격전압의 80 [%] 전압에서 음향을 발할 수 있는 것을 할 것
  (2) 자동화재탐지설비의 작동과 연동하여 작동할 수 있는 것으로 할 것

79 상 중 하

유도등의 형식승인 및 제품검사의 기술기준에 따라 유도등에 사용하는 전구는 몇 개 이상을 병렬로 접촉하여야 하는가? (단, 방전등 또는 발광다이오드의 경우는 제외한다)

① 1개　② 3개
③ 4개　④ 2개

해설 유도등 접속

- 전구 2개 이상 병렬접속
- 방전등·발광다이오드 병렬접속 제외

80 상 중 하

자동화재탐지설비 및 시각경보장치의 화재안전기술기준(NFTC 203)에 따른 수신기에 대한 시설기준으로 틀린 것은?

① 수신기는 감지기·중계기 또는 발신기가 작동하는 경계구역을 표시할 수 있는 것으로 한다.
② 하나의 경계구역은 하나의 표시등 또는 하나의 문자로 표시되도록 한다.
③ 사람이 상시 근무하는 장소가 없을 경우에는 관계인이 쉽게 접근할 수 있고 관리가 용이한 곳에 설치할 수 있다.
④ 하나의 특정소방대상물에 3 이상의 수신기를 설치하는 경우에는 각 수신기 단독으로 화재상황을 확인할 수 있도록 한다.

해설 수신기 설치장소

1) 수위실 등 상시 사람 근무 장소
   → 상시근무 아닌 장소 : 관계인 쉽게 접근할 것
2) 경계구역 일람도배치
3) 음향기구 : 음량·음색 명확히 구별
4) 감지기·중계기·발신기 작동 경계구역 표시
5) 종합방재반 설치 : 수신기 작동과 연동하여 경계구역 표시
6) 한 경계구역 : 하나의 표시등, 문자로 표시
7) 조작스위치 높이 : 바닥 0.8 ~ 1.5 [m] 이하
8) 2 이상 설치 시 상호 간 연동

정답 79 ④　80 ④

2021년 4회

소방원론

3회독 월 일
2회독 월 일
1회독 월 일

목표시간 : 20분 | 시작 : _시 _분 | 종료 : _시 _분 | 맞은 개수 : _ /20

01 상 중 하

철근콘크리트조의 기둥에서 내화구조의 기준으로 옳은 것은?

① 작은 지름 15 [cm] 이상으로서 철골을 두께 4 [cm] 이상의 철망 몰탈로 덮은 것
② 작은 지름 20 [cm] 이상으로서 철골을 두께 7 [cm] 이상의 콘크리트 블록으로 덮은 것
③ 작은 지름 25 [cm] 이상으로서 철골을 두께 5 [cm] 이상의 콘크리트로 덮은 것
④ 작은 지름 30 [cm] 이상으로서 철골을 두께 3 [cm] 이상의 석재로 덮은 것

해설 내화구조 기둥기준

기둥의 경우에는 그 작은 지름이 25 [cm] 이상인 것으로서 다음 어느 하나에 해당하는 것. 다만 고강도 콘크리트를 사용하는 경우에는 고강도 콘크리트 내화성능 관리기준에 적합해야 한다.
1) 철근콘크리트조 또는 철골철근콘크리트조
2) 철골을 두께 6 [cm](경량골재를 사용하는 경우에는 5 [cm]) 이상의 철망모르타르 또는 두께 7[cm] 이상의 콘크리트블록·벽돌 또는 석재로 덮은 것
3) 철골을 두께 5 [cm] 이상의 콘크리트로 덮은 것

02 상 중 하

연기의 물리·화학적인 설명으로 틀린 것은?

① 화재 시 발생하는 연소생성물을 의미한다.
② 연기의 색상은 연소 물질에 따라 다양하다.
③ 연기는 기체로만 이루어진다.
④ 연기의 감광계수가 크면 피난 장애를 일으킨다.

해설 연기의 물리·화학적 성질

1) 연기란 화재 시 발생하는 0.01 ~ 10 [μm] 입자 크기의 연소 생성물이다.
2) 연기의 색상은 연소 물질에 따라 다양하다.
3) 연기는 고체·액체 상태 미립자의 모임이다.
4) 유독가스를 다량 함유한다.
5) 산소농도를 낮추어 산소결핍을 초래한다.
6) 고열이고 이동확산이 빠르다.
7) 화재 초기 발연량이 성장기 발연량보다 크다.
8) 연기의 감광계수가 크면 빛이 감소하고 가시거리가 짧아져 피난 장애를 일으킨다.
9) 감광계수와 가시거리는 반비례한다.

보충 ▶ 감광계수 : 빛이 감소되는 계수, 연기농도를 나타내는 척도

정답 01 ③ 02 ③

03 상 중 하

산소와 질소의 혼합물인 공기의 평균 분자량은? (단, 공기는 산소 21 [vol%], 질소 79 [vol%]로 구성되어 있다고 가정한다)

① 30.84 ② 29.84
③ 28.84 ④ 27.84

해설 공기 분자량

1) N_2 = 14 [g] × 2 = 28 [g/mol]
2) O_2 = 16 [g] × 2 = 32 [g/mol]
따라서
공기 분자량 = (28 × 0.79) + (32 × 0.21)
= 28.84 [g/mol]

보충 ▶ 원자량(H : 1, C : 12, N : 14, O : 16)

04 상 중 하

제1석유류는 어떤 위험물에 속하는가?

① 산화성 액체
② 인화성 액체
③ 자기반응성 물질
④ 금수성 물질

해설 위험물의 분류

구분	개요
제1류	**산**화성 고체
제2류	**가**연성 고체
제3류	**자**연발화성 및 금수성 물질
제4류	**인**화성 액체
제5류	**자**기반응성 물질
제6류	**산**화성 액체

암기 ▶ 산가자 인자산

05 상 중 하

스테판 볼츠만(Stefan Boltzmann)의 법칙에서 복사체의 단위표면적에서 단위시간당 방출되는 복사에너지는 절대온도의 얼마에 비례하는가?

① 제곱근 ② 제곱
③ 3제곱 ④ 4제곱

해설 스테판 볼츠만의 법칙

단위 면적당 복사열량 $\dot{Q}''\ [W/m^2] = \varepsilon \times \sigma \times T^4$

⇒ 복사열은 절대온도의 4승에 비례

ε : 방사율(흑체일 때 $\varepsilon = 1$)
σ : 스테판 볼츠만 계수$[W/m^2 \cdot K^4]$
T : 절대온도 [K]

06 상 중 하

가연물질의 조건으로 옳지 않은 것은?

① 산화하기 쉽고, 산소와 결합 시 발열량이 커야 한다.
② 연소반응을 일으키는 활성화에너지가 커야 한다.
③ 열의 축적이 용이하여야 한다.
④ 연쇄반응을 일으키기 쉬워야 한다.

해설 가연물이 연소가 잘 되기 위한 구비조건

1) 활성화에너지가 작을 것 (-)
2) 열전도율이 작을 것 (-)
3) 산소와 접촉하는 표면적이 넓을 것 (+)
4) 발열량이 클 것 (+)
5) 산소와 친화력이 클 것 (+)
6) 연쇄반응을 일으킬 것 (+)

TIP ▶ 활성화에너지, 열전도율 (-)

정답 03 ③ 04 ② 05 ④ 06 ②

07 상 중 하

할론 1301에서 숫자 "0"은 무슨 원소가 없다는 것을 뜻하는가?

① 탄소 ② 브롬(브로민)
③ 불소 ④ 염소

해설 할론소화약제의 명명법

종류	C 개수	F 개수	Cl 개수	Br 개수
할론 1211	1	2	1	1
할론 1301	1	3	0	1
할론 2402	2	4	0	2

※ 할론소화약제의 분자식

종류	분자식	상온·상압
할론 1211	CF_2ClBr	기체
할론 1301	CF_3Br	
할론 1011	CH_2ClBr	액체
할론 2402	$C_2F_4Br_2$	

08 상 중 하

가연물질이 완전연소하면 어떤 물질이 발생하는가?

① 산소
② 물, 일산화탄소
③ 일산화탄소, 이산화탄소
④ 이산화탄소, 물

해설 완전연소와 불완전연소 생성물

구분	완전연소	불완전연소
정의	산소 공급이 충분한 상태에서의 연소	산소 공급이 불충분한 상태에서의 연소
생성물	**이산화탄소(CO_2), 수증기(H_2O)**	일산화탄소(CO), 그을음

09 상 중 하

건축물의 방화계획에서 공간적 대응에 해당하지 않는 것은?

① 특별피난계단 ② 제연설비
③ 직통계단 ④ 방화구획

해설 건축물의 방재계획

구분		내용
공간적 대응	대항성	방화구획, 방연구획, 내화재료 등을 사용하여 초기 소화에 대응하는 화재사상 저항능력
	회피성	불연화, 난연화 등의 내장재 제한과 소방훈련 및 불조심 등 화재 확대 가능성을 줄여 위험성을 낮추는 것
	도피성	화재 시 피난자가 위험에 빠지지 않도록 구조적으로 배려하는 것
설비적 대응		**공간적 대응을 보완하는 것**으로 **제연설비**, 방화문, 방화셔터, 자동화재탐지설비, 자동소화설비, 옥내소화전설비, 스프링클러설비, 유도등, 비상전원, 피난기구 등

2021

10 상 중 하

불꽃이 붙은 후 점화원을 뗀 때부터 불꽃을 올리지 아니하고 연소하는 상태가 그칠 때까지의 경과시간은?

① 방진시간 ② 방염시간
③ 잔신시간 ④ 잔염시간

해설 잔신시간, 잔염시간

잔신시간	잔염시간
버너의 불꽃을 제거한 때부터 **불꽃을 올리지 않고** 연소하는 상태가 끝날 때까지 경과시간	버너의 불꽃을 제거한 때부터 불꽃을 올리며 연소하는 상태가 끝날 때까지 경과시간
30초 이내	20초 이내

정답 07 ④ 08 ④ 09 ② 10 ③

11 상중하

다음 중 착화온도가 가장 낮은 것은?

① 아세톤
② 휘발유
③ 이황화탄소
④ 벤젠

해설 발화점 = 착화점 = 착화온도

물질	발화점 [℃]
메테인(메탄)	537
벤젠	498
톨루엔	480
아세톤	465
에틸알코올	423
휘발유(가솔린)	280
적린, 황화인(황화린)	260
등유	220
경유	210
아세트알데하이드	175
이황화탄소	**90**
황린	34

암기 ▶ 발벤톨 / 아에 / 휘적 / 등경 / 이황

12 상중하

칼륨의 화재에 주수하였을 때 물과 칼륨의 반응으로 인하여 생성되는 가스는?

① 산소
② 수소
③ 일산화탄소
④ 이산화탄소

해설 금수성 물질

물과 접촉하여 발화, 가연성 가스 발생

구분	현상
무기과산화물	산소(O_2) 발생
금속분 마그네슘(Mg) 나트륨(Na) **칼륨(K)** 리튬(Li)	**수소(H_2)** 발생
탄화칼슘 (칼슘카바이드)	아세틸렌(C_2H_2) 발생

13 상중하

분말소화설비에 사용하는 소화약제 중 제3종 분말의 주성분으로 옳은 것은?

① 제1인산염
② 탄산수소칼륨
③ 탄산수소나트륨
④ 요소

해설 분말소화약제 주성분

- 제1종 : 탄산수소나트륨(중탄산나트륨)
- 제2종 : 탄산수소칼륨(중탄산칼륨)
- 제3종 : 제1인산암모늄(제1인산염, 인산염류)
- 제4종 : 탄산수소칼륨 + 요소

정답 11 ③ 12 ② 13 ①

14 상 중 하

인화점에 대한 설명 중 틀린 것은?

① 인화점은 공기 중에서 액체를 가열하는 경우 액체표면에서 증기가 발생하여 점화원에서 착화하는 최저온도를 말한다.
② 인화점 이하의 온도에서는 성냥불을 접근시켜도 착화하지 않는다.
③ 인화점 이상 가열하면 증기가 발생되어 성냥불이 접근하면 착화한다.
④ 인화점은 보통 연소점 이상, 발화점 이하의 온도이다.

해설 인화점

1) 점화원을 가했을 때 연소가 시작되는 최저온도
2) 인화점이 낮을수록 위험도가 큼
3) 인화점 < 연소점 < 발화점

암기 ▶ 이연발

15 상 중 하

물리적 소화방법이 아닌 것은?

① 연쇄반응의 억제에 의한 방법
② 냉각에 의한 방법
③ 공기와의 접촉 차단에 의한 방법
④ 가연물 제거에 의한 방법

해설 소화의 형태

소화	내용
냉각소화	열 흡수, 발화점 이하로 낮추어 소화
질식소화	산소농도 15 [%] 이하로 낮춤
제거소화	가연물을 차단, 격리
억제소화	연쇄반응을 차단, 부촉매소화

암기 ▶ 물리적 소화 : 냉각, 질식, 제거
화학적 소화 : 억제소화(부촉매소화)

16 상 중 하

소화제의 적응대상에 따라 분류한 화재종류 중 C급 화재에 해당되는 것은?

① 금속분화재
② 유류화재
③ 일반화재
④ 전기화재

해설 화재의 분류

등급	화재	표시색	가연물
A급	**일**반화재	백색	나무, 섬유, 종이, 고무, 플라스틱류
B급	**유**류화재	황색	인화성 액체, 가연성 액체, 석유 그리스, 타르, 오일, 유성도료, 솔벤트, 래커, 알코올 및 인화성 가스 등
C급	**전**기화재	청색	전류가 흐르고 있는 전기기기, 배선 등
D급	**금**속화재	무색	마그네슘 합금 등 가연성 금속
K급	**주**방화재	-	주방에서 동식물유를 취급하는 조리기구

암기 ▶ 일유전 금주

17 상 중 하

부피비가 메테인 80 [%], 에테인 15 [%], 프로페인 4 [%], 뷰테인 1 [%]인 혼합기체가 있다. 이 기체의 공기 중 폭발하한계는 약 몇 [vol%]인가? (단, 공기 중 단일 가스의 폭발 하한계는 메테인 5 [vol%], 에테인 2 [vol%], 프로페인 2 [vol%], 뷰테인 1.8 [vol%]이다)

① 2.2 ② 3.8
③ 4.9 ④ 6.2

정답 14 ④ 15 ① 16 ④ 17 ②

해설 르 샤틀리에 법칙

$$\text{르 샤틀리에 법칙 } \frac{100}{L} = \frac{V_1}{L_1} + \frac{V_2}{L_2} + \cdots + \frac{V_n}{L_n}$$

$$\frac{100}{L} = \frac{80}{5} + \frac{15}{2} + \frac{4}{2} + \frac{1}{1.8}$$

$$L = \frac{100}{\frac{80}{5} + \frac{15}{2} + \frac{4}{2} + \frac{1}{1.8}}$$

$$\therefore L = 3.84[\%]$$

L : 혼합가스 폭발하한계 [vol%]
$L_1 \sim L_n$: 가연성 가스 폭발하한계 [vol%]
$V_1 \sim V_n$: 가연성 가스 용량 [vol%]

18 상 (중) 하

다음 중 황린의 완전 연소 시에 주로 발생되는 물질은?

① P_2O ② PO_2
③ P_2O_3 ④ P_2O_5

해설 황린의 연소 반응식

황린은 연소 시 오산화인(P_2O_5)의 흰 연기를 낸다.

$$P_4 + 5O_2 \rightarrow 2P_2O_5$$

보충 ▶ 황린은 제3류 위험물이며, 자연발화성이 있어 물속에 저장한다.

19 상 (중) 하

탄화칼슘이 물과 반응할 때 생성되는 가연성 가스는?

① 메테인 ② 에테인
③ 아세틸렌 ④ 프로필렌

해설 물과 반응 시 발생가스

물질	가스
탄화**칼**슘(CaC_2)	**아**세틸렌(C_2H_2)
탄화**알**루미늄(Al_4C_3)	**메**테인(메탄, CH_4)
인화칼슘(Ca_3P_2)	**포**스핀(PH_3)
인화알루미늄(AlP)	**포**스핀(PH_3)
수소화리튬(LiH)	수소(H_2)

암기 ▶ 탄칼아, 탄알메, 인포

20 상 중 (하)

다음 중 가연성 가스가 아닌 것은?

① 수소 ② 염소
③ 암모니아 ④ 메테인

해설 가연성 가스와 조연성 가스

구분	가연성 가스	조연성 가스
정의	자기 자신이 연소하는 가스	자기 자신은 타지 않고 연소를 도와주는 가스
종류	일산화탄소(CO) 수소(H_2) 메테인(메탄, CH_4) 프로페인(프로판, C_3H_8) 암모니아(NH_3) 뷰테인(부탄, C_4H_{10})	**오**존(O_3) **공**기 **산**소(O_2) **염소(Cl)** **불**소(F)

암기 ▶ 조 오공산 염불

정답 18 ④ 19 ③ 20 ②

2021년 4회

소방전기일반

3회독	월 일
2회독	월 일
1회독	월 일

목표시간 : 30분 시작 : _시 _분 종료 : _시 _분 맞은 개수 : _ /20

21 상(중)하

저항 R인 검류계 G에 그림과 같이 r_1인 저항을 병렬로, r_2인 저항을 직렬로 접속한 후 A, B단자 사이의 저항을 R과 같게 하고, G에 흐르는 전류를 전전류의 1/n로 하기 위한 r_1의 값은?

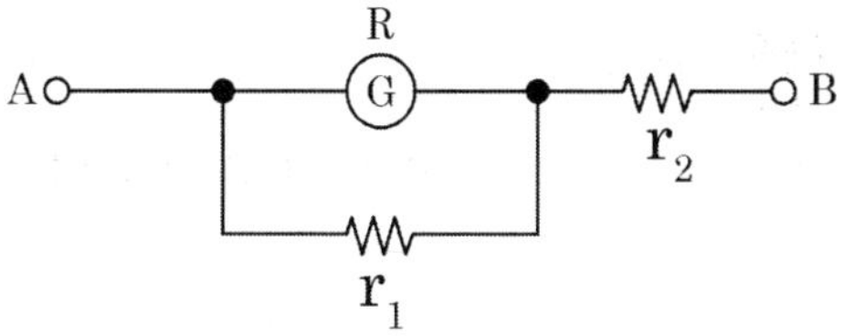

① $R(1-\frac{1}{n})$ ② $\frac{n-1}{R}$

③ $\frac{R}{n-1}$ ④ $R(1+\frac{1}{n})$

해설 저항 계산

병렬회로에서 G에 흐르는 전류

$\left(\frac{1}{n}\right)I=\left(\frac{r_1}{R+r_1}\right)\cdot I$

$\frac{I}{n}=\frac{r_1\cdot I}{R+r_1}$

$r_1\cdot I\cdot n=(R+r_1)\cdot I$

$r_1 n=R+r_1$

$r_1 n-r_1=R$

$r_1(n-1)=R$

$r_1=\frac{R}{n-1}$

22 상(중)하

다음 중 연료의 유량과 공기 유량 사이의 비율을 연소에 적합한 것으로 유지하고자 하는 제어방식은?

① 비율제어 ② 정치제어

③ 피드백제어 ④ 유량제어

해설 목푯값에 의한 분류

구분		내용
정치제어		목푯값이 일정한 자동제어에 적용
추치제어	추종제어	미지의 임의 시간적 변화를 하는 목푯값에 제어량을 추종시키는 제어
	프로그램제어	미리 정해진 시간변화에 따라 정해진 순서대로 제어
	비율제어	목푯값이 서로 다른 어떤 양과 일정한 비율관계를 가지는 제어
	시퀀스제어	미리 정해진 순서에 따라 각 단계가 순차적으로 진행

23 상(중)하

평행판 콘덴서에서 판 사이의 거리를 1/2로 하고, 판의 면적을 2배로 하면 그 정전용량은 몇 배인가?

① 1/2 ② 2

③ 3 ④ 4

해설 콘덴서 정전용량

$C=\epsilon\frac{A}{d}$ 따라서 $C=\frac{2A}{\frac{1}{2}d}=4$배

d : 판 사이의 거리

A : 판의 면적

정답 21 ③ 22 ① 23 ④

2021

24 상중하

다음 중 터널 다이오드를 사용하는 목적으로 틀린 것은?

① 개폐작용　② 증폭작용
③ 발진작용　④ 정전압 정류작용

해설 다이오드

명칭	특성
정류용 다이오드	일반적으로 다이오드라 불리는 것으로 정류작용(전류를 한쪽의 (+)나 (-)로만 흐름)
제너다이오드 (정전압다이오드)	주로 정전압 전원회로에 사용(전원·전압을 일정하게 유지, 안정화)
터널다이오드 (PN접합)	증폭작용·발진작용·개폐작용을 하며 고속 스위칭회로·논리회로에 사용
포토다이오드	빛을 쬐면 광량에 비례하는 전류가 흐름(빛 검출용, 광센서에 사용)

25 상중하

직류 출력전압이 무부하일 때 350 [V], 전부하 시 300 [V]인 경우 전압변동률은 약 몇 [%]인가?

① 10　② 14
③ 17　④ 77

해설 전압변동률

$$\epsilon = \frac{V_0 - V_m}{V_m} = \frac{350-300}{300} \times 100 = 16.666[\%]$$

$≒ 17[\%]$

26 상중하

연축전지의 정격용량이 50 [Ah], 상시부하 2 [kW], 표준전압 100 [V]의 부동충전방식 충전기의 2차 전류(충전전류)는 몇 [A]인가? (단, 상용전원 정전 시의 비상 부하용량은 1 [kW]이다)

① 5　② 15
③ 25　④ 35

해설 2차 충전전류

2차 충전전류

$$= \frac{\text{정격용량}}{\text{공칭용량}} + \frac{\text{상시부하}}{\text{표준전압}}$$

$$= \frac{50(Ah)}{10(Ah)} + \frac{2000}{100} = 25[A]$$

연축전지 공칭용량 $10[Ah]$

27 상중하

25 [mH]와 100 [mH]의 두 인덕턴스가 병렬로 연결되어 있을 때 합성인덕턴스는 몇 [mH]인가?

① 20　② 40
③ 75　④ 85

해설 합성 인덕턴스

병렬일 경우 합성 인덕턴스

$$L_0 = \frac{L_1 \cdot L_2 - M^2}{L_1 + L_2 \mp 2M}$$

상호인덕턴스 M이 없으므로

$$L_0 = \frac{L_1 \cdot L_2}{L_1 + L_2} = \frac{25 \times 100}{25 + 100} = 20\,[mH]$$

정답 24 ④ 25 ③ 26 ③ 27 ①

28 상중하

아래와 같은 유접점회로의 논리식으로 옳은 것은?

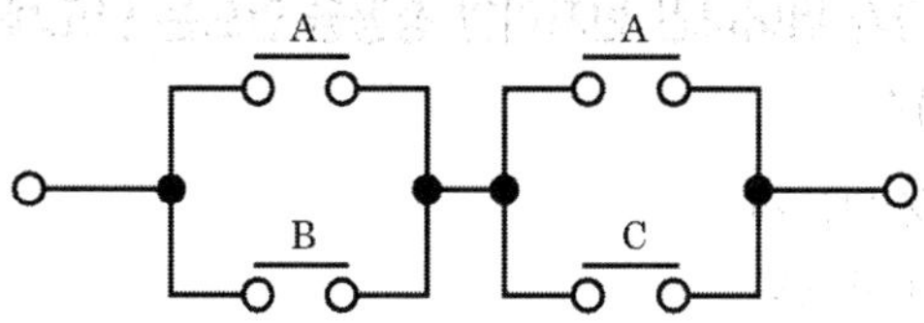

① A + BC ② B + AC
③ AB + B ④ AB + BC

해설 논리식

$(A+B)(A+C)$

정리	공식
항등법칙	$0+A=A,\ 1+A=1,\ 0\times A=0,\ 1\times A=A$
동일법칙	$A+A=A,\ A\times A=A$
보원법칙	$A+\overline{A}=1,\ A\times\overline{A}=0$
복원법칙	$\overline{\overline{A}}=A$
교환법칙	$A+B=B+A,\ A\times B=B\times A$
결합법칙	$A+(B+C)=(A+B)+C,\ A(BC)=(AB)C$
분배법칙	$A(B+C)=AB+AC,\ \ A+BC=(A+B)(A+C)$
흡수법칙	$A+AB=A,\ \ A(A+B)=A$ $A+\overline{A}B=(A+\overline{A})(A+B)=A+B$

29 상중하

다음 그림에서 전류 i_5는 얼마인가? (단, i_1 = 10 [A], i_2 = 20 [A], i_3 = 10 [A], i_4 = 10 [A]이다)

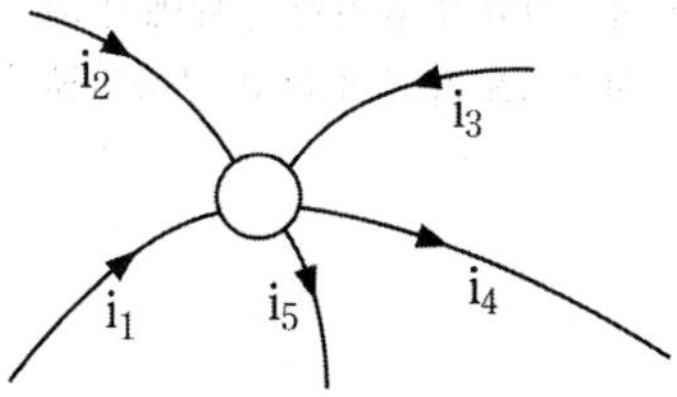

① 30 ② 40
③ 50 ④ 60

해설 키르히호프 제1법칙

- 인입된 전류의 합과 유출된 전류의 합은 같다
- $i_1 + i_2 + i_3 = i_4 + i_5$

$10+20+10=10+x$

$\therefore\ x=30[A]$

※ 제2법칙 = 전압법칙

1) 임의의 폐회로에 인가해주는 기전력의 대수합은 그 회로의 전압강하의 대수합과 같다.
2) 기전력의 합 = 전압강하의 합

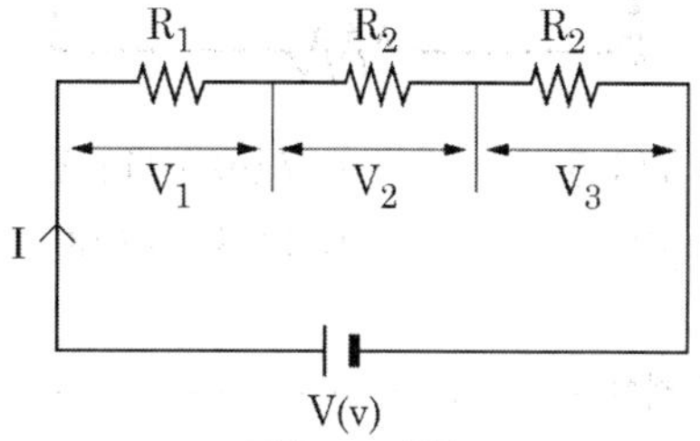

$\Sigma V = \Sigma RI$

기전력의 합 = 전압강하의 합

30 상중하

다음 중 정현파 교류가 공급되는 RLC 직렬회로에서 용량성 회로가 되는 경우는?

① R = 50 [Ω], X_L = 10 [Ω], X_C = 40 [Ω]
② R = 40 [Ω], X_L = 30 [Ω], X_C = 20 [Ω]
③ R = 30 [Ω], X_L = 30 [Ω], X_C = 20 [Ω]
④ R = 20 [Ω], X_L = 40 [Ω], X_C = 10 [Ω]

해설 RLC 직렬회로

$X_L > X_C$ = 유도성

$X_L < X_C$ = 용량성

$X_L = X_C$ = 공진

정답 28 ① 29 ① 30 ①

31 상중하

다음과 같은 회로에서 전류 I는 약 몇 [A]인가?

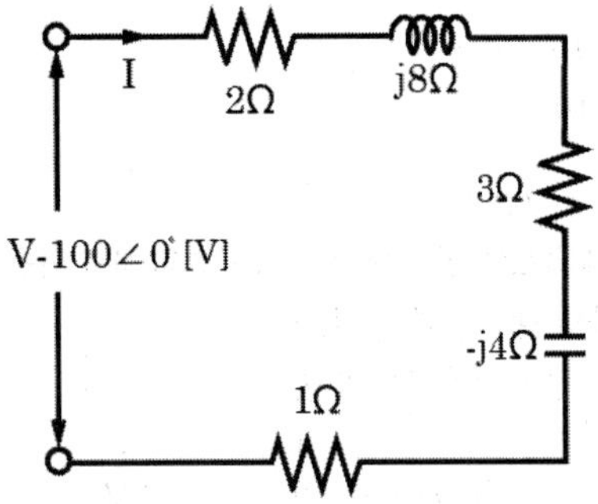

① 7.69 + j11.5　② 7.69 - j11.5
③ 11.5 + j7.69　④ 11.5 - j7.69

해설 전류 계산

$Z=6+j4$

$$I=\frac{V}{Z}=\frac{100}{6+j4}=\frac{100}{6+j4}\times\frac{6-j4}{6-j4}$$
$$=\frac{600-j400}{52}=11.538-j7.69$$

32 상중하

전압계의 측정 범위를 10배로 하면 내부저항은 배율기 저항의 몇 배가 되는가?

① 1/10　② 1/9
③ 9　④ 10

해설 배율기

$$m=1+\frac{R_m}{r_v}$$

$$\Rightarrow r_v=\frac{R_m}{n-1}=\frac{R_n}{10-1}=\frac{1}{9}\cdot R_m$$

- 분류기 : 전류의 측정범위를 확대하기 위해 전류계와 병렬로 접속
- 배율기 : 전압계의 측정 범위를 확대하기 위해 전압계와 직렬로 접속

R_v : 내부저항
R_m : 배율기저항, m : 배율

33 상중하

다음 중 4가 원자의 순수한 결정에 3가인 불순물을 넣어서 전자가 뛰어나간 빈자리인 정공을 만드는 반도체는 무엇인가?

① N형 반도체
② P형 반도체
③ PN접합다이오드
④ SCR

해설 P형 반도체. N형 반도체

N형 반도체	P형 반도체
진성반도체에 5가 원소를 추가	진성반도체에 3가 원소를 추가
도너물질 추가 인(P), 비소(As), 안티몬(Sb)	억셉터 물질 추가 인듐(In), 알루미늄(Al), 갈륨(Ga)
자유전자(과잉전자)	정공

34 상중하

3상 유도전동기가 약 50 [%]의 부하로 운전하고 있던 중 한 선이 절단되면 어떻게 되겠는가?

① 즉시 정지한다.
② 이상 없이 계속 운전된다.
③ 계속 운전되나 과전류가 흐른다.
④ 소음이 심하게 발생하며 서서히 정지한다.

해설 3상 유도전동기

- 경부하 운전 시 : 전류가 증가한 상태에서 회전이 계속된다.
- 중부하 운전 시 : 속도가 감소하고 부하전류가 급상승(과전류)한다.

정답 31 ④ 32 ② 33 ② 34 ③

35 상 중 하

무인커피판매기는 어떠한 제어방식인가?

① 프로세스제어
② 서보제어
③ 자동조정
④ 시퀀스제어

해설 시퀀스제어

1) 미리 정해진 순서에 따라 제어의 각 단계를 순차적으로 진행해 나가는 제어이다.
2) 시퀀스제어 기본회로는 논리회로, 자기유지회로, 인터록회로 등이 있다.
3) 시간지연요소 및 기계적 계전기 접점이 사용된다.

36 상 중 하

정격 600 [W] 전열기에 정격전압의 80 [%]를 인가하면 전력은 몇 [W]인가?

① 384 [W]
② 486 [W]
③ 545 [W]
④ 614 [W]

해설 전력 계산

$P=\dfrac{V^2}{R}$ 에서 $P\propto V^2$ 이므로

$P=(0.8)^2\times 600=384[W]$

37 상 중 하

다음 브리지 회로의 평형조건으로 옳은 것은? (단, 전원 주파수는 일정)

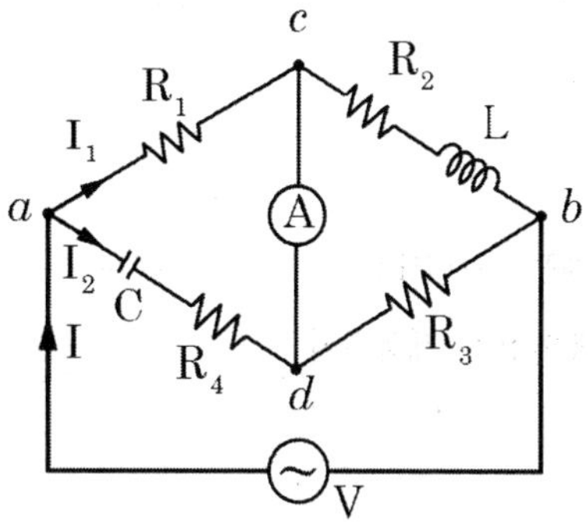

① $R_1R_3+R_2R4=\dfrac{L}{C}$, $\dfrac{R_4}{R_2}=\dfrac{L}{C}$

② $R_1R_3+R_2R4=\dfrac{L}{C}$, $\dfrac{R_4}{R_2}=\dfrac{1}{w^2LC}$

③ $R_1R_3-R_2R4=\dfrac{L}{C}$, $\dfrac{R_4}{R_2}=\dfrac{L}{C}$

④ $R_1R_3-R_2R4=\dfrac{L}{C}$, $\dfrac{R_4}{R_2}=\dfrac{1}{w^2LC}$

해설 휘스톤 브리지

$R_1\cdot R_3=(R_2+jwL)(R_4+\dfrac{1}{jwc})$

$R_1\cdot R_3=R_2\cdot R_4+\dfrac{R_2}{jwc}+jwLR_4+\dfrac{L}{C}$

$R_1\cdot R_3-R_2R_4-\dfrac{L}{C}=\dfrac{R_2}{jwc}+jwLR_4$

실수부 : $R_1\cdot R_3-R_2R_4=\dfrac{L}{C}$

허수부 : $\dfrac{R_2}{jwc}=-jwLR_4$

$R_2=w^2LCR_4$

$\dfrac{R_4}{R_2}=\dfrac{1}{w^2LC}$

정답 35 ④ 36 ① 37 ④

38 상중하

다음 중 지시전기계기의 일반적인 구성요소가 아닌 것은?

① 가열장치
② 구동장치
③ 제어장치
④ 제동장치

해설 지시계전기 구성요소

구동장치, 제어장치, 제동장치

39 상중하

내부저항 0.2 [Ω]인 건전지 5개를 직렬로 접속하고, 이것을 한 조로 하여 5조 병렬로 접속하면 합성내부저항은 몇 [Ω]인가?

① 0.1　② 0.2
③ 1　④ 2

해설 합성저항

동일저항을 병렬로 접속 시 합성저항

$R_v = \frac{1}{n}R = \frac{1}{5}\times(0.2\times5) = 0.2$

40 상중하

부피가 일정한 전선을 m배의 길이로 늘리면 저항은 어떻게 되는가?

① $\frac{1}{m}$로 줄어든다.
② $\frac{1}{m^2}$로 줄어든다.
③ m배로 된다.
④ m^2배로 된다.

해설 전선 저항

$R=\rho\frac{l}{A}$에서 길이가 m배로 늘어나면 면적은 $\frac{1}{m}$로 줄어든다.

따라서 $R=\rho\cdot\frac{m\cdot l}{\frac{1}{m}A}=m^2$이 된다.

정답 38 ① 39 ② 40 ④

2021년 4회

소방관계법규

3회독 월 일
2회독 월 일
1회독 월 일

목표시간 : 20분 시작 : _시 _분 종료 : _시 _분 맞은 개수 : _ /20

41 상 중 하

자체소방대를 설치하여야 하는 사업소는 몇 류 위험물을 취급하는 제조소인가?

① 제1류
② 제2류
③ 제3류
④ 제4류

해설 자체소방대 설치 사업소

사업소	지정수량
제4류 위험물 취급 제조소 · 일반취급소	3000배 이상
제4류 위험물 저장 옥외탱크저장소	500000배 이상

42 상 중 하

위험물 제조소등별로 설치하여야 하는 경보설비의 종류에 포함되지 않는 것은?

① 자동화재탐지설비
② 비상경보설비
③ 비상벨설비
④ 확성장치

해설 경보설비 설치기준

1) 제조소등별 설치해야 하는 경보설비

특정소방대상물	소방시설
• 연면적 500 [m^2] 이상 • 옥내에서 지정수량 100배 이상 취급 • 일반취급소로 사용되는 부분 외의 부분이 있는 건축물에 설치된 일반취급소	• 자동화재탐지설비
• 지정수량 10배 이상 저장 또는 취급(**이동탱크저장소 제외**)	• 자동화재탐지설비 • 비상경보설비 • 비상방송설비 • 확성장치 중 1종 이상

2) 자동신호장치 갖춘 스프링클러설비 또는 물분무등소화설비를 설치한 제조소등은 자동화재탐지설비를 설치한 것으로 봄
3) 자동화재탐지설비 · 비상경보설비(비상벨장치 또는 경종 포함) · 확성장치(휴대용 확성기 포함) 및 비상방송설비로 구분

43 상 중 하

전문 소방시설설계업의 기술인력 · 등록기준에서 주된 기술인력과 보조기술인력의 최소 인원수로 옳은 것은?

① 주된 기술인력 : 1명, 보조기술인력 : 1명
② 주된 기술인력 : 2명, 보조기술인력 : 2명
③ 주된 기술인력 : 1명, 보조기술인력 : 3명
④ 주된 기술인력 : 2명, 보조기술인력 : 3명

정답 41 ④ 42 ③ 43 ①

해설 소방시설설계업 등록기준, 영업범위

소방시설 설계업		기술인력(이상)	영업범위
전문		• 주 인력 : 소방기술사 1인 • 보조인력 : 1명	모든 특정 소방대상물
일반	기계 분야	• 주 인력 : 소방기술사 또는 소방기사[기계] 1명 • 보조인력 : 1명	• 아파트 소방 기계분야(제연 제외) • 연 3만 $[m^2]$(공장 1만 $[m^2]$) 미만(제연 제외) • 위험물제조소등
	전기 분야	• 주 인력 : 소방기술사 또는 소방기사[전기] 1명 • 보조인력 : 1명	• 아파트 소방 전기 분야 • 연 3만 $[m^2]$(공장 1만 $[m^2]$) 미만 • 위험물제조소등

44 상중하

소방시설 설치 및 관리에 관한 법령상 소방시설등에 대한 자체점검 중 종합점검 대상기준으로 틀린 것은?

① 제연설비가 설치된 터널
② 노래연습장으로서 연면적이 2000 $[m^2]$ 이상인 것
③ 물분무등소화설비가 설치된 연면적이 5000 $[m^2]$인 위험물 제조소
④ 소방대가 근무하지 않는 국공립학교 중 연면적이 1000 $[m^2]$ 이상인 것으로서 자동화재탐지설비가 설치된 것

해설 종합점검 대상

1) 최초점검 대상물
2) 스프링클러설비가 설치된 특정소방대상물
3) 물분무등소화설비[호스릴방식의 물분무등소화설비만을 설치한 경우는 제외]가 설치된 연면적 5000 $[m^2]$ 이상인 특정소방대상물(위험물 제조소등은 제외)
4) 다중이용업의 영업장이 설치된 특정소방대상물로서 연면적이 2000 $[m^2]$ 이상인 것(단란주점과 유흥주점, 영화상영관, 비디오물감상실업, 복합영상물제공업, 노래연습장, 산후조리원, 고시원, 안마시술소)
5) 제연설비가 설치된 터널
6) 공공기관 중 연면적(터널·지하구의 경우 그 길이와 평균폭을 곱하여 계산된 값)이 1000 $[m^2]$ 이상인 것으로서 옥내소화전설비 또는 자동화재탐지설비가 설치된 것(소방대가 근무하는 공공기관은 제외)

45 상중하

화재의 예방 및 안전관리에 관한 법령상 천재지변 및 그 밖에 대통령령으로 정하는 사유로 화재안전조사를 받기 곤란하여 화재안전조사의 연기를 신청하려는 자는 화재안전조사 시작 최대 며칠 전까지 연기신청서 및 증명서류를 제출해야 하는가?

① 3　　② 5
③ 7　　④ 10

해설 화재안전조사 연기

연기의 사유 및 기간 등을 적어 제출 : 화재안전조사 시작 3일 전까지

※ 연기의 사유
1) 재난이 발생한 경우
2) 관계인의 질병, 사고, 장기출장의 경우
3) 권한 있는 기관에 자체점검기록부, 교육·훈련일지 등 화재안전조사에 필요한 장부·서류 등이 압수되거나 영치되어 있는 경우
4) 소방대상물의 증축·용도변경 또는 대수선 등의 공사로 화재안전조사를 실시하기 어려운 경우

정답 44 ③ 45 ①

46 상중하

위험물안전관리법령상 정기점검의 대상인 제조소등의 기준으로 틀린 것은?

① 이송취급소
② 위험물을 취급하는 탱크로서 지하에 매설된 탱크가 있는 일반취급소
③ 지정수량의 100배 이상의 위험물을 저장하는 옥외저장소
④ 지정수량의 150배 이상의 위험물을 저장하는 옥외탱크저장소

해설 정기점검 대상 제조소

1) 지정수량 10배 이상의 위험물을 취급하는 제조소
2) 지정수량 100배 이상의 위험물을 저장하는 옥외저장소
3) 지정수량 150배 이상의 위험물을 저장하는 옥내저장소
4) 지정수량 200배 이상의 위험물을 저장하는 옥외탱크저장소
5) 암반탱크저장소
6) 이송취급소
7) 지정수량 10배 이상의 위험물을 취급하는 일반취급소(제4류 위험물만 지정수량 50배 이하로 취급하는 일반취급소)
8) 지하탱크저장소
9) 이동탱크저장소
10) 위험물 취급 탱크로서 지하에 매설된 탱크가 있는 제조소·주유취급소·일반취급소

47 상중하

제4류 위험물을 취급하는 위험물제조소에 설치하는 게시판의 주의사항으로 옳은 것은?

① 화기엄금　② 물기주의
③ 화기주의　④ 충격주의

해설 위험물제조소 게시판 설치기준

위험물	주의사항
• 제1류(알칼리금속의 과산화물) • 제3류(금수성 물질)	물기엄금
• 제2류(인화성 고체 제외)	화기주의
• 제2류(인화성 고체) • 제3류(자연발화성 물질) • 제4류 • 제5류	화기엄금
• 제6류	표시 없음

48 상중하

화재의 예방 및 안전관리에 관한 법령상 다음 중 1급 소방안전관리대상물이 아닌 것은?

① 연면적 15000 [m^2] 이상인 공장
② 층수가 11층 이상인 업무시설
③ 지하구
④ 가연성 가스를 1000톤 이상 저장·취급하는 시설

해설 소방안전관리대상물

구분	기준
특급	• 50층 이상(지하층 제외), 높이 200 [m] 이상 아파트 • 30층 이상(지하층 포함), 높이 120 [m] 이상 특정소방대상물(아파트 제외) • 연면적 100000 [m^2] 이상 특정소방대상물(아파트 제외)
1급	• 30층 이상(지하층 제외), 높이 120 [m] 이상 아파트 • 11층 이상 특정소방대상물(아파트 제외) • 연면적 15000 [m^2] 이상 특정소방대상물(아파트 및 연립주택 제외) • 가연성 가스 1000톤 이상 저장·취급시설
2급	• 지하구, 공동주택(옥내, SP 설치), 보물·국보로 지정된 목조건축물 • 가연성 가스 100톤 이상 1000톤 미만 저장·취급시설 • 옥내소화전, 스프링클러, 간이, 물분무등소화설비 설치대상(호스릴방식 물분무등소화설비만을 설치한 경우 제외)

정답 46 ④ 47 ① 48 ③

구분	기준
3급	• 간이스프링클러설비 또는 자동화재탐지설비를 설치하여야 하는 특정소방대상물
비고	동·식물원, 철강 등 불연성 물품 저장·취급 창고, 위험물 제조소등, 지하구는 특급 및 1급 소방안전관리대상물에서 제외

49 상 중 하

소방시설 설치 및 관리에 관한 법령상 용어의 정의 중 (   ) 안에 알맞은 것은?

> 특정소방대상물이란 소방시설을 설치하여야 하는 소방대상물로서 (   )으로 정하는 것을 말한다.

① 대통령령　　② 국토교통부령
③ 행정안전부령　　④ 고용노동부령

해설 소방시설법 용어

구분	정의
소방시설	소화설비, 경보설비, 피난구조설비, 소화용수설비, 소화활동설비(대통령령)
소방시설등	소방시설과 비상구, 그 밖에 소방 관련 시설(방화문, 자동방화셔터)(대통령령)
특정소방대상물	건축물 등의 규모·용도 및 수용인원 등을 고려하여 소방시설을 설치하여야 하는 소방대상물(대통령령)
소방용품	소방시설등을 구성하거나 소방용으로 사용되는 제품 또는 기기(대통령령)
화재안전성능기준	화재를 예방하고 화재발생 시 피해를 최소화하기 위하여 소방대상물의 재료, 공간 및 설비 등에 요구되는 안전성능
화재안전기술기준	성능기준 : 화재안전 확보를 위하여 재료, 공간 및 설비 등에 요구되는 안전성능(소방청장 고시)
	기술기준 : 성능기준을 충족하는 상세한 규격, 특정한 수치 및 시험방법 등에 관한 기준(소방청장 승인)

50 상 중 하

소방기본법 제1장 총칙에서 정하는 목적의 내용으로 거리가 먼 것은?

① 구조, 구급 활동 등을 통하여 공공의 안녕 및 질서 유지
② 풍수해의 예방, 경계, 진압에 관한 계획, 예산 지원 활동
③ 구조, 구급 활동 등을 통하여 국민의 생명, 신체, 재산 보호
④ 화재, 재난, 재해 그 밖의 위급한 상황에서의 구조, 구급 활동

해설 소방기본법의 목적

1) 화재 예방·경계·진압
2) 화재, 재난·재해, 그 밖의 위급한 상황에서의 구조·구급 활동
3) 국민의 생명·신체 및 재산을 보호함으로써 공공의 안녕 및 질서 유지와 복리증진

51 상 중 하

소방기본법령상 소방본부 종합상황실의 실장이 서면·팩스 또는 컴퓨터통신 등으로 소방청 종합상황실에 보고하여야 하는 화재의 기준이 아닌 것은?

① 이재민이 100인 이상 발생한 화재
② 사망자가 3인 이상 발생하거나 사상자가 5인 이상 발생한 화재
③ 재산피해액이 50억 원 이상 발생한 화재
④ 층수가 5층 이상이거나 병상이 30개 이상인 요양소에서 발생한 화재

정답 49 ① 50 ② 51 ②

해설 종합상황실 실장 보고 화재

종합상황실의 실장은 다음에 해당하는 상황이 발생하는 때에는 그 사실을 지체 없이 서면·팩스 또는 컴퓨터통신 등으로 소방서의 종합상황실의 경우는 소방본부의 종합상황실에, 소방본부의 종합상황실의 경우는 소방청의 종합상황실에 각각 보고해야 한다.

1) 다음에 해당하는 화재
   (1) 사망자가 5인 이상 발생한 화재
   (2) 사상자가 10인 이상 발생한 화재
   (3) 이재민이 100인 이상 발생한 화재
   (4) 재산피해액이 50억 원 이상 발생한 화재
   (5) 관공서·학교·정부미도정공장·문화유산·지하철 또는 지하구의 화재
   (6) 관광호텔, 층수가 11층 이상인 건축물, 지하상가, 시장, 백화점
   (7) 지정수량의 3천 배 이상의 위험물의 제조소·저장소·취급소
   (8) 층수가 5층 이상이거나 객실이 30실 이상인 숙박시설, 층수가 5층 이상이거나 병상이 30개 이상인 종합병원·정신병원·한방병원·요양소
   (9) 연면적 15000 [m^2] 이상인 공장 또는 화재경계지구에서 발생한 화재
   (10) 철도차량, 항구에 매어 둔 총 톤수가 1천 톤 이상인 선박, 항공기, 발전소 또는 변전소에서 발생한 화재
   (11) 가스 및 화약류의 폭발에 의한 화재
   (12) 다중이용업소의 화재
2) 통제단장의 현장지휘가 필요한 재난상황
3) 언론에 보도된 재난상황
4) 그 밖에 소방청장이 정하는 재난상황

52 (상 **중** 하)

소방시설 설치 및 관리에 관한 법령상 소방시설등에 대한 자체점검 중 작동점검의 실시 횟수로 옳은 것은?

① 분기에 1회 이상 ② 6개월에 2회 이상
③ 연 1회 이상 ④ 연 2회 이상

해설 소방시설 자체점검 실시 횟수

점검구분	점검 횟수 및 점검 시기 등
작동점검	작동점검 : 연 1회 이상 실시 가. 종합점검 대상 : 종합점검을 받은 달부터 6개월이 되는 달에 실시 나. 그 외 : 특정소방대상물의 사용승인일이 속하는 달의 말일까지 실시(다만 건축물관리대장 또는 건물 등기사항증명서 등에 기입된 날이 다른 경우에는 건축물관리대장에 기재되어 있는 날을 기준으로 점검)
종합점검	1. 점검 횟수 가. 연 1회 이상(특급 소방안전관리대상물은 반기에 1회 이상) 실시 나. 우수대상물 : 3년 범위 내 정한 기간 면제(면제기간 중 화재 발생 시 제외) 2. 점검 시기 가. 최초 점검 : 소방시설이 새로 설치되는 경우 건축물을 사용할 수 있게 된 날부터 60일 이내 실시 나. 가.를 제외한 특정소방대상물 : 건축물의 사용승인일이 속하는 달에 연 1회 이상(특급은 반기에 1회 이상) 실시 학교 : 해당 건축물의 사용승인일이 1 ~ 6월 사이에 있는 경우 6월 30일까지 실시 다. 건축물 사용승인일 이후 다음 항목에 따라 종합점검 대상에 해당하게 된 경우에는 그 다음 해부터 실시 물분무등소화설비[호스릴방식의 물분무등소화설비만을 설치한 경우는 제외]가 설치된 연면적 5000 [m^2] 이상인 특정소방대상물(제조소 등은 제외) 라. 하나의 대지경계선 안에 2개 이상의 점검 대상 건축물 등이 있는 경우에는 그 건축물 중 사용승인일이 가장 빠른 연도의 건축물의 사용승인일을 기준으로 점검할 수 있음

정답 52 ③

53 상중하

소방시설 설치 및 관리에 관한 법령상 분말형태의 소화약제를 사용하는 소화기의 내용연수로 옳은 것은? (단, 소방용품의 성능을 확인받아 그 사용기한을 연장하는 경우는 제외한다)

① 3년 ② 5년
③ 7년 ④ 10년

해설 내용연수 설정 대상 소방용품

특정소방대상물의 관계인은 내용연수가 경과한 소방용품을 교체하여야 함

※ 내용연수를 설정하여야 하는 소방용품의 종류 및 그 내용연수 연한에 필요한 사항 : 대통령령
  1) 내용연수 설정하여야 하는 소방용품 : 분말형태의 소화약제를 사용하는 소화기
  2) 소방용품의 내용연수 : 10년

54 상중하

소방시설공사업자가 소속 소방기술자를 소방시설공사 현장에 배치하지 않았을 경우 얼마의 과태료에 처하는가?

① 100만 원 이하 ② 200만 원 이하
③ 300만 원 이하 ④ 400만 원 이하

해설 200만 원 이하 과태료

1) 등록·휴폐업·지위승계·착공·감리지정신고하지 않거나 거짓신고
2) 관계인에게 지위승계·행정처분·휴폐업 사실을 거짓 알림
3) 소방감리 배치통보 및 변경통보하지 않거나 거짓통보
4) 하도급 등의 통지를 하지 않은 경우
5) 소방공무원 감독 명령을 위반하여 미보고, 자료 미제출, 거짓보고·제출
6) 하자보수기간에 관계서류 보관하지 않은 공사업자
7) 소방기술자 공사현장에 배치하지 않은 공사업자
8) 완공검사 받지 않은 공사업자
9) 감리 변경 시 감리 관계 서류를 인수·인계하지 않은 경우
10) 방염성능기준 미만으로 방염한 경우
11) 방염처리능력 평가 관련 서류를 거짓으로 제출한 경우
12) 도급(하도급)계약 체결 시 의무를 이행하지 않은 경우
13) 시공능력평가 서류를 거짓으로 제출한 경우
14) 사업수행능력평가 서류를 위조·변조하여 거짓·부정한 방법으로 입찰에 참여한 자
15) 공사대금의 지급보증, 담보의 제공 또는 보험료 등의 지급을 정당한 사유 없이 이행하지 아니한 자
16) 3일 이내 하자보수 안 하거나 보수계획 거짓통보

55 상중하

위험물안전관리법령상 정기검사를 받아야 하는 특정옥외탱크저장소의 관계인은 특정옥외탱크저장소의 설치허가에 따른 완공검사합격확인증을 발급받은 날부터 몇 년 이내에 정밀정기검사를 받아야 하는가?

① 12 ② 11
③ 10 ④ 9

해설 특정·준특정옥외탱크저장소 정밀정기검사

- 완공검사합격확인증 발급 날 : 12년 이내
- 최근 정기검사 받은 날 : 11년 이내

정답 53 ④ 54 ② 55 ①

56 상중하

소방기본법령상 소방활동장비와 설비의 구입 및 설치 시 국고보조의 대상이 아닌 것은?

① 소방자동차
② 사무용 집기
③ 소방헬리콥터 및 소방정
④ 전산설비

해설 소방장비 등에 대한 국고보조

1) 국고보조
 (1) 국가는 시·도 소방장비구입 등의 경비를 일부 보조함
 (2) 국가보조 대상사업의 범위와 기준 보조율 : 대통령령인 「보조금관리에 관한 법률 시행령」
 (3) 소방활동장비 및 설비의 종류와 규격 : 행정안전부령
2) 국고보조 대상사업의 범위
 (1) 소방활동장비와 설비의 구입 및 설치
  ① 소방자동차
  ② 소방헬리콥터 및 소방정
  ③ 소방전용통신설비 및 전산설비
  ④ 그 밖에 방화복 등 소방활동에 필요한 소방장비
 (2) 소방관서용 청사의 건축

57 상중하

화재의 예방 및 안전관리에 관한 법령상 특정소방대상물의 관계인은 소방안전관리자를 기준일로부터 30일 이내에 선임하여야 한다. 다음 중 기준일로 틀린 것은?

① 신축으로 해당 특정소방대상물의 소방안전관리자를 신규로 선임하여야 하는 경우 : 해당 특정소방대상물의 사용승인일
② 특정소방대상물을 양수하여 관계인의 권리를 취득한 경우 : 해당 권리를 취득한 날
③ 증축으로 인하여 특정소방대상물이 소방안전 관리대상물로 된 경우 : 증축공사의 개시일
④ 소방안전관리자를 해임한 경우 : 소방안전 관리자를 해임한 날

해설 소방안전관리자 선임신고

1) 선임권자 : 관계인
2) 선임 : 30일 이내
3) 선임신고 : 14일 이내 소방본부장, 소방서장에게 신고하고, 소방안전관리대상물의 출입자가 쉽게 알 수 있도록 소방안전관리자의 성명과 그 밖에 **행정안전부령**으로 정하는 사항을 게시하여야 함
4) 선임신고 기준일
 (1) 신축·증축·개축·재축·대수선·용도변경으로 특정소방대상물 소방안전관리자 신규 선임해야 하는 경우 : 해당 특정소방대상물의 사용승인일
 (2) 증축·용도변경으로 특정소방대상물이 소방안전관리대상물로 된 경우 : 증축공사사용승인일, 용도변경 사실을 건축물관리대장에 기재한 날
 (3) 특정소방대상물 양수, 경매, 환가, 매각 등에 의해 관계인의 권리 취득한 경우 : 해당 권리를 취득한 날, 관할 소방서장으로부터 소방안전관리자 선임 안내 받은 날
 (4) 관리의 권원이 분리된 경우 : 관리의 권원이 분리되거나 소방본부장 또는 소방서장이 관리의 권원을 조정한 날
 (5) 소방안전관리자 해임, 퇴직한 경우 : 소방안전관리자 해임, 퇴직한 날
 (6) 소방안전관리업무를 대행하는 자를 감독할 수 있는 사람을 소방안전관리자로 선임한 경우로서 그 업무대행 계약이 해지 또는 종료된 경우 : 소방안전관리업무 대행이 끝난 날
 (7) 소방안전관리자 자격이 정지 또는 취소된 경우 : 소방안전관리자 자격이 정지 또는 취소된 날

2021

정답 56 ② 57 ③

58 상중하

다음 중 위험물안전관리법령상 제6류 위험물은?

① 황 ② 칼륨
③ 황린 ④ 질산

해설 제6류 위험물(산화성 액체)

품명	지정수량
과염소산	300 [kg]
과산화수소	
질산	

보충 ▶ 황 : 2류, 칼륨 : 3류, 황린 : 3류

59 상중하

화재의 예방 및 안전관리에 관한 법령상 특수가연물에 해당되지 않는 것은?

① 면화류 ② 사류
③ 볏짚류 ④ 메틸알코올

해설 특수가연물

품명		수량
면화류		200 [kg] 이상
나무껍질 및 **대**팻밥		400 [kg] 이상
넝마 및 종이부스러기		1000 [kg] 이상
사류, **볏**짚류		1000 [kg] 이상
가연성 **고**체류		3000 [kg] 이상
석탄 · **목**탄류		10000 [kg] 이상
가연성 **액**체류		2 [m^3] 이상
목재가공품 및 나무부스러기		10 [m^3] 이상
고무류 · 플라스틱류	**발**포시킨 것	20 [m^3] 이상
	그 밖의 것	3000 [kg] 이상

암기 ▶ 면이 나대싸 넘사벽 천 가고삼 석목만 가액이 고발이

60 상중하

화재의 예방 및 안전관리에 관한 법령상 소방청장, 소방본부장 또는 소방서장이 화재안전조사를 하려면 관계인에게 조사대상, 조사기간 및 조사사유 등을 서면으로 통지하고 며칠 이상 공개해야 하는가? (단, 긴급하게 조사할 필요가 있는 경우와 사전에 통지하면 조사목적을 달성할 수 없다고 인정되는 경우는 제외한다)

① 7 ② 10
③ 12 ④ 14

해설 화재안전조사방법 및 절차

1) 화재안전조사 절차
   관계인에게 조사대상, 조사기간, 조사사유 등 서면 통지 : 7일 이상 공개(인터넷 홈페이지나 전산시스템)
2) 화재안전조사 결과에 따른 조치명령
   (1) 소방대상물의 개수 · 이전 · 제거
   (2) 사용의 금지 또는 제한, 사용폐쇄
   (3) 공사의 정지 또는 중지
3) 화재안전조사 연기
   연기의 사유 및 기간 등을 적어 제출 : 3일 전

정답 58 ④ 59 ④ 60 ①

2021년 4회

소방전기시설의 구조 및 원리

3회독 월 일
2회독 월 일
1회독 월 일

목표시간 : 30분 | 시작 : _시 _분 | 종료 : _시 _분 | 맞은 개수 : _ /20

61 상 중 하

다음 중 비상방송설비 음향장치의 설치기준으로 옳지 않은 것은?

① 실내에 설치하는 확성기의 음성입력은 1 [W] 이상일 것
② 확성기는 각 층마다 설치하되 그 층의 각 부분으로부터 하나의 확성기까지의 수평거리가 25 [m] 이하가 되도록 할 것
③ 음량조정기를 설치하는 경우 음량조정기의 배선은 2선식으로 할 것
④ 기동장치에 따른 화재신고를 수신한 후 필요한 음량으로 화재발생 상황 및 피난에 유효한 방송이 자동으로 개시될 때까지의 소요시간은 10초 이하로 할 것

해설 비상방송설비 음향장치 설치기준

1) 확성기
(1) 음성입력 : 실외 3 [W] 이상, 실내 1 [W] 이상
(2) 수평거리 : 층 각 부분으로부터 하나의 확성기까지의 25 [m] 이하
(3) 확성기는 각 층마다 설치, 당해 층의 각 부분에 유효하게 경보를 발하도록 설치
2) 음량조정기(ATT) : 음량조정기의 배선은 3선식으로 한다.
3) 조작부
(1) 조작스위치 높이 : 바닥으로부터 0.8 [m] 이상 1.5 [m] 이하
(2) 기동장치의 작동과 연동하여 당해 기동장치가 작동한 층 또는 구역을 표시
(3) 조작부 및 증폭기 설치장소 : 수위실 등 상시 사람이 근무, 점검이 편리, 방화상 유효한 곳
(4) 2 이상 조작부 설치 시 설치장소 상호 간 동시통화 가능, 어느 조작부에서도 전구역 방송 가능
4) 층수가 11층(공동주택의 경우에는 16층)의 특정소방대상물은 다음과 같은 경보를 발할 수 있어야 한다.
(1) 2층 이상의 층에서 발화한 때에는 발화층 및 그 직상 4개 층에 경보
(2) 1층에서 발화한 때에는 발화층. 그 직상 4개 층 및 지하층에 경보
(3) 지하층에서 발화한 때에는 발화층. 그 직상층 및 기타 지하층 경보
5) 기동장치에 따른 화재신고를 수신한 후 필요한 음량으로 화재 발생 상황 및 피난에 유효한 방송이 자동으로 개시될 때까지의 소요시간은 10초 이하로 할 것
6) 다른 방송설비와 공용할 경우 화재 시 비상경보 외의 방송을 차단할 수 있는 구조
7) 다른 전기회로에 따라 유도장애가 생기지 아니하도록 할 것
8) 음향장치의 구조 및 성능
(1) 정격전압의 80 [%] 전압에서 음향을 발할 수 있는 것을 할 것
(2) 자동화재탐지설비의 작동과 연동하여 작동할 수 있는 것으로 할 것

62 상 중 하

누전경보기의 전원은 분전반으로부터 전용회로로 하고, 각 극에 개폐기 및 몇 [A] 이하의 과전류차단기를 설치하여야 하는가?

① 10 ② 15
③ 20 ④ 30

2021

정답 61 ③ 62 ②

해설 누전 경보기 전원

1) 전원은 분전반으로부터 전용회로
2) 각 극에 개폐기 및 15 [A] 이하의 과전류차단기(배선용 차단기 20 [A] 이하)를 설치
3) 전원을 분기할 때에는 다른 차단기에 의하여 전원이 차단되지 아니하도록 할 것
4) 전원의 개폐기에는 누전경보기용 표지를 할 것

63 상 중 하

감지기의 구조 및 기능에 따른 분류 중 다음에서 설명하는 것은?

일국소의 주위온도가 일정한 온도 이상이 되는 경우에 작동하는 것으로서 외관이 전선으로 되어 있지 아니한 것을 말한다.

① 차동식 스포트형　② 이온화식 스포트형
③ 정온식 스포트형　④ 광전식 스포트형

해설 정온식 스포트형 감지기

정온식 스포트형 감지기는 일국소의 주위온도가 일정한 온도 이상이 되는 경우에 작동하는 것으로서 외관이 전선으로 되어 있지 않은 것을 말하는 것으로 감지 소자는 일반적으로 바이메탈과 서미스터를 이용한다.

64 상 중 하

복도에 비상조명등을 설치한 경우 휴대용 비상조명등을 설치하지 아니할 수 있는 시설은?

① 아파트　② 숙박시설
③ 근린생활시설　④ 다중이용업소

해설 휴대용 비상조명등 설치 제외 장소

- 지상 1층 또는 피난층으로서 복도, 통로 또는 창문 등의 개구부를 통하여 피난이 용이한 경우
- 숙박시설로서 복도에 비상조명등을 설치한 경우

65 상 중 하

보상식 스포트형 감지기의 작동시험으로 옳지 않은 것은?

① 1종인 경우에는 실온보다 20 [℃] 높은 온도이고, 풍속이 70 [cm/sec]인 수직기류에 투입하는 경우 30초 이내에 작동하여야 한다.
② 2종인 경우에는 실온보다 30 [℃] 높은 온도이고, 풍속이 85 [cm/sec]인 수직기류에 투입하는 경우 30초 이내에 작동하여야 한다.
③ 1종인 경우에는 실온에서부터 매분 10 [℃]의 직선적인 비유로 상승하는 수평기류에 투입하는 경우 4.5분 이내에 작동하여야 한다.
④ 2종인 경우에는 실온에서부터 매분 20 [℃]의 직선적인 비율로 상승하는 수평기류에 투입하는 경우 4.5분 이내에 작동하여야 한다.

해설 보상식 스포트형 감지기 작동시험

1) 1종
  - 실온보다 20 [℃] 높은 온도이고, 풍속이 70 [cm/sec]인 수직기류에 투입하는 경우 30초 이내에 작동하여야 한다.
  - 실온에서부터 매분 10 [℃]의 직선적인 비유로 상승하는 수평기류에 투입하는 경우 4.5분 이내에 작동하여야 한다.
2) 2종
  - 실온보다 30 [℃] 높은 온도이고, 풍속이 85 [cm/sec]인 수직기류에 투입하는 경우 30초 이내에 작동하여야 한다.
  - 실온에서부터 매분 15 [℃]의 직선적인 비율로 상승하는 수평기류에 투입하는 경우 4.5분 이내에 작동하여야 한다.

정답 63 ③ 64 ② 65 ④

66 상 중 하

다음 중 감지기회로의 도통시험을 위한 종단저항 설치기준으로 옳지 않은 것은?

① 점검 및 관리가 쉬운 장소에 설치할 것
② 종단감지기를 설치할 경우에는 구별이 쉽도록 해당감지기의 기판 및 감지기 외부 등에 별도의 표시를 할 것
③ 종단저항은 감지기회로의 중간부분에 설치할 것
④ 전용함을 설치하는 경우 그 설치높이는 바닥으로부터 1.5 [m] 이내로 할 것

해설 종단저항 설치기준

- 점검 및 관리가 쉬운 장소에 설치할 것
- 종단감지기를 설치할 경우에는 구별이 쉽도록 해당감지기의 기판 및 감지기 외부 등에 별도의 표시를 할 것
- 전용함 설치 시 높이는 바닥에서 1.5 [m] 이내
- 감지기회로의 끝부분에 설치할 것

67 상 중 하

다음 중 무선통신보조설비의 증폭기에 관한 설명으로 옳지 않은 것은?

① 증폭기라 함은 2개 이상의 입력신호를 원하는 비율로 조합한 출력이 발생하도록 하는 장치를 말한다.
② 증폭기 비상전원용량은 무선통신보조설비를 유효하게 30분 이상 작동시킬 수 있는 것으로 한다.
③ 증폭기 전면에는 주회로전원이 정상인지의 여부를 표시하는 표시등 및 전압계를 설치한다.
④ 전원은 전기가 정상적으로 공급되는 축전지, 전기저장장치 또는 교류전압 옥내간선으로 한다.

해설 무선통신 보조설비

[누설동축케이블 설치기준]

1) 소방전용주파수대에서 전파의 전송 또는 복사에 적합한 것으로서 소방전용의 것으로 할 것(다만 소방대 상호 간 무선연락에 지장 없는 경우에는 다른 용도와 겸용 가능하다)
2) 누설동축케이블과 이에 접속하는 안테나 또는 동축케이블과 이에 접속하는 안테나에 따른 것으로 할 것
3) 누설동축케이블은 불연 또는 난연성의 것으로서 습기에 따라 전기의 특성이 변질되지 아니하는 것으로 하고, 노출하여 설치한 경우에는 피난 및 통행에 장애가 없도록 할 것
4) 누설동축케이블은 화재에 따라 해당 케이블의 피복이 소실된 경우에 케이블 본체가 떨어지지 아니하도록 4 [m] 이내마다 금속제 또는 자기제 등의 지지금구로 벽·천장·기둥 등에 견고하게 고정시킬 것(다만 불연재료로 구획된 반자 안에 설치하는 경우에는 그러하지 않는다)
5) 누설동축케이블 및 안테나는 금속판 등에 따라 전파의 복사 또는 특성이 현저하게 저하되지 아니하는 위치에 설치할 것
6) 누설동축케이블 및 안테나는 고압의 전로로부터 1.5 [m] 이상 떨어진 위치에 설치할 것(다만 해당 전로에 정전기 차폐장치를 유효하게 설치한 경우에는 그러하지 않는다)
7) 누설동축케이블의 끝부분에는 무반사 종단저항을 견고하게 설치할 것
8) 누설동축케이블 또는 동축케이블의 임피던스는 50 [Ω]으로 하고, 이에 접속하는 안테나·분배기 기타의 장치는 해당 임피던스에 적합한 것으로 하여야 한다.

[증폭기 설치기준]

1) 전원은 전기가 정상적으로 공급되는 축전지, 전기저장장치 또는 교류전압 옥내간선으로 하고, 전원까지의 배선은 전용으로 할 것
2) 증폭기의 전면에는 주회로의 전원이 정상인지의 여부를 표시할 수 있는 표시등 및 전압계를 설치할 것
3) 증폭기에는 비상전원이 부착된 것으로 하고 해당 비상전원 용량은 무선통신보조설비를 유효하게 30분 이상 작동시킬 수 있는 것으로 할 것
4) 증폭기 및 무선중계기를 설치하는 경우 적합성 평가를 받은 제품으로 설치하고 임의로 변경하지 않도록 할 것
5) 디지털방식의 무전기를 사용하는 데 지장이 없도록 설치할 것

2021

정답 66 ③ 67 ①

68 상중하

특정소방대상물에서 대형피난구유도등을 설치하여야 하는 장소로서 틀린 것은?

① 위락시설 ② 창고시설
③ 지하역사 ④ 판매시설

해설 유도등 설치장소

설치장소	유도등 및 유도표지
1. 공연장·집회장(종교집회장 포함)·관람장·운동시설	• 대형피난구유도등 • 통로유도등 • 객석유도등
2. 유흥주점영업시설(유흥주점영업중 손님이 춤을 출 수 있는 무대가 설치된 카바레, 나이트클럽 등 영업시설만 해당)	
3. 위락시설·판매시설 운수시설·관광숙박업·의료시설·장례식장·방송통신시설·전시장·지하상가·지하철역사	• 대형피난구유도등 • 통로유도등
4. 숙박시설(관광숙박업 외의 것)·오피스텔	• 중형피난구유도등 • 통로유도등
5. 1~3 외 건축물로서 지하층·무창층 또는 층수가 11층 이상 특정소방대상물	
6. 1~5 외 건축물로서 근린생활시설·노유자시설·업무시설·발전시설·종교시설(집회장 용도로 사용하는 부분 제외)·교육연구시설·수련시설·공장·창고시설·교정 및 군사시설(국방·군사시설 제외)·기숙사·자동차정비공장·운전학원 및 정비학원·다중이용업소·복합건축물·아파트	• 소형피난구유도등 • 통로유도등

TIP ▶ 공동주택에는 소형피난구유도등을 설치한다.

69 상중하

지하구에 설치하는 감지기는 먼지·습기 등의 영향을 받지 아니하고 발화지점을 확인할 수 있는 것을 설치하여야 하는데, 다음 중 지하구에 설치할 수 있는 감지기에 포함되지 않는 것은?

① 복합형 감지기
② 다신호방식의 감지기
③ 아날로그방식의 감지기
④ 광전식 스포트형 감지기

해설 지하구에 설치할 수 있는 감지기

- 불꽃 감지기
- 정온식 감지선형 감지기
- 분포형 감지기
- 복합형 감지기
- 광전식 분리형 감지기
- 아날로그방식의 감지기
- 다신호방식의 감지기
- 축적방식의 감지기

70 상중하

축광유도표지 및 축광위치표지의 표시면의 두께는 최소 몇 [mm] 이상이어야 하는가? (단, 금속재질인 경우는 제외)

① 0.3 ② 0.5
③ 1.0 ④ 1.5

해설 축광유도표지 및 축광위치표지의 성능시험 기술기준에서 표시면의 두께 및 크기

축광유도표지 및 축광위치표지의 표시면의 두께는 1.0 [mm] 이상(금속재질인 경우 0.5 [mm] 이상)이어야 하며, 축광유도표지 및 축광위치표지의 표시면의 크기는 다음 각 호에 적합하여야 한다. 다만 표시면이 사각형이 아닌 경우에는 표시면에 내접하는 사각형의 크기가 다음 각 호에 적합하여야 한다.

1) 피난구축광유도표지는 긴 변의 길이가 360 [mm] 이상, 짧은 변의 길이가 120 [mm] 이상이어야 한다.
2) 통로축광유도표지는 긴 변의 길이가 250 [mm] 이상, 짧은 변의 길이가 85 [mm] 이상이어야 한다.
3) 축광위치표지는 긴 변의 길이가 200 [mm] 이상, 짧은 변의 길이가 70 [mm] 이상이어야 한다.
4) 보조축광표지는 짧은 변의 길이가 20 [mm] 이상이며 면적은 2500 [mm^2] 이상이어야 한다.

정답 68 ② 69 ④ 70 ③

71 상 중 하

다음 중 비상벨설비 또는 자동식 사이렌설비 발신기의 설치기준으로 옳은 것은? (단, 지하구의 경우는 제외)

① 조작이 쉬운 장소에 설치하고, 조작스위치는 바닥으로부터 0.5 [m] 이상 1 [m] 이하의 높이에 설치할 것
② 특정소방대상물의 층마다 설치하되, 해당 특정소방대상물의 각 부분으로부터 하나의 발신기까지의 수평거리가 15 [m] 이하가 되도록 할 것
③ 특정소방대상물의 층마다 설치하되, 복도 또는 별도로 구획된 실로서 보행거리가 20 [m] 이상일 경우에는 추가로 설치할 것
④ 발신기의 위치표시등은 함의 상부에 설치하되 그 불빛은 부착 면으로부터 15° 이상의 범위 안에서 부착지점으로부터 10 [m] 이내의 어느 곳에서도 쉽게 식별할 수 있는 적색등으로 할 것

해설 비상벨설비 또는 자동식 사이렌설비 발신기 설치기준

1) 조작이 쉬운 장소에 설치하고, 조작스위치는 바닥으로부터 0.8 [m] 이상 1.5 [m] 이하의 높이에 설치할 것
2) 특정소방대상물의 층마다 설치하되, 해당 특정소방대상물의 각 부분으로부터 하나의 발신기까지의 수평거리가 25 [m] 이하가 되도록 할 것. 다만 복도 또는 별도로 구획된 실로서 보행거리가 40 [m] 이상일 경우에는 추가로 설치하여야 한다.
3) 발신기의 위치표시등은 함의 상부에 설치하되, 그 불빛은 부착 면으로부터 15° 이상의 범위 안에서 부착지점으로부터 10 [m] 이내의 어느 곳에서도 쉽게 식별할 수 있는 적색등으로 할 것

72 상 중 하

비상방송설비 부속회로의 전로와 대지 사이 및 배선 상호 간의 절연저항은 1경계구역마다 직류 250 [V]의 절연저항 측정기를 사용하여 측정한 절연저항이 몇 [$M\Omega$] 이상이 되도록 하여야 하는가?

① 20 ② 10
③ 5 ④ 0.1

해설 비상방송설비 배선

전원회로의 전로와 대지 사이 및 배선상호 간의 절연저항은 「전기사업법」 제67조에 따른 기술기준이 정하는 바에 따르고, 부속회로의 전로와 대지 사이 및 배선 상호 간의 절연저항은 1경계구역마다 직류 250 [V]의 절연저항측정기를 사용하여 측정한 절연저항이 0.1 [MΩ] 이상이 되도록 할 것

73 상 중 하

자동화재탐지설비의 경계구역 설정기준 중 다음 ( ) 안에 알맞은 것은?

> 하나의 경계구역이 2개 이상의 층에 미치지 아니하도록 할 것. 다만 ( ) [m^2] 이하의 범위 안에서는 2개의 층을 하나의 경계구역으로 할 수 있다.

① 500 ② 600
③ 700 ④ 1000

해설 자동화재탐지설비 경계구역

1) 수평적 경계구역
 (1) 하나의 경계구역이 2개 건축물 및 각 층에 미치지 않을 것(다만 2개의 층을 하나의 경계구역으로 산정하는 경우 : 바닥 합 500 [m^2] 이하)
 (2) 하나의 경계구역 면적 : 600 [m^2] 이하
  ① 한 변 길이 : 50 [m] 이하
  ② 주출입구에서 내부 전체 보이는 것 : 한 변의 길이가 50 [m]의 범위 내 1000 [m^2] 이하
  ③ 터널 : 하나의 경계구역의 길이는 100 [m] 이하

정답 71 ④ 72 ④ 73 ①

2) 수직적 경계구역
  (1) 계단 · 경사로(에스컬레이터 포함)는 별도의 경계구역 산정 → 45 [m] 이하
  (2) 엘리베이터 승강로(권상기실 포함) · 린넨슈트 · 파이프피트 및 덕트 기타 이와 유사한 부분은 별도의 경계구역 산정 → 높이기준 없음
  (3) 지하층의 계단 및 경사로(지하층 층수 1일 경우 제외)는 별도로 경계구역 산정
3) 상시 개방된 부분 있는 차고 · 주차장 · 창고 : 외기에 면하는 각 부분부터 5 [m] 미만은 면적 산입 제외

74 상중하

축전지의 자기방전을 보충함과 동시에 상용부하에 대한 전력공급은 충전기가 부담하도록 하되 충전기가 부담하기 어려운 일시적인 대전류 부하는 축전지로 하여금 부담하게 하는 충전방식은?

① 부동충전방식
② 균등충전방식
③ 자가충전방식
④ 과충전방식

해설 부동충전방식

축전지의 자기방전을 보충함과 동시에 상용부하에 대한 전력공급은 충전기가 부담하도록 하되 충전기가 부담하기 어려운 일시적인 대전류 부하는 축전지로 하여금 부담하게 하는 충전방식

75 상중하

다음 중 정온식 감지선형 감지기의 설치기준으로 옳은 것은?

① 감지선형 감지기의 굴곡반경은 10 [cm] 이상으로 할 것
② 단자부와 마감 고정금구와의 설치간격은 5 [cm] 내로 설치할 것
③ 감지기와 감지구역의 각 부분과의 수평거리가 내화구조의 경우 1종은 4.5 [m] 이하, 2종은 3 [m] 이하로 할 것
④ 감지기와 감지구역의 각 부분과의 수평거리가 기타 구조의 경우 1종은 1 [m] 이하, 2종은 3 [m] 이하로 할 것

해설 정온식 감지선형 감지기의 설치기준

1) 설치기준
  (1) 보조선이나 고정금구를 사용하여 감지선이 늘어지지 않도록 설치할 것
  (2) 단자부와 마감 고정금구와의 설치간격은 10 [cm] 이내로 설치할 것
  (3) 감지선형 감지기의 굴곡반경은 5 [cm] 이상으로 할 것
  (4) 감지기와 감지구역의 각 부분과의 수평거리
    ① 내화구조 : 1종 4.5 [m] 이하, 2종 3 [m] 이하
    ② 기타구조 : 1종 3 [m] 이하, 2종 1 [m] 이하
  (5) 케이블트레이에 감지기를 설치하는 경우에는 케이블트레이 받침대에 마감금구를 사용하여 설치할 것
  (6) 창고의 천장 등에 지지물이 적당하지 않은 장소에는 보조선을 설치하고 그 보조선에 설치할 것
  (7) 분전반 내부에 설치하는 경우 접착제를 이용하여 돌기를 바닥에 고정시키고 그곳에 감지기를 설치할 것
2) 감지선형 감지기 온도 표시

80도 미만	80도 이상 120도 미만	120도 이상
백색	청색	적색

정답 74 ① 75 ③

76 상중하

유도표지의 설치기준으로 옳지 않은 것은?

① 계단에 설치하는 것을 제외하고는 각 층마다 복도 및 통로의 각 부분으로부터 하나의 유도표지까지의 보행거리가 15 [m] 이하가 되는 곳에 설치한다.
② 피난구유도표지는 출입구 상단에 설치한다.
③ 통로유도표지는 바닥으로부터 높이 80 [cm] 이하의 위치에 설치한다.
④ 주위에는 이와 유사한 등화·광고물·게시물 등을 설치하지 않는다.

해설 유도표지 설치기준

1) 계단에 설치하는 것을 제외하고는 각 층마다 복도 및 통로의 각 부분으로부터 하나의 유도표지까지의 보행거리가 15 [m] 이하가 되는 곳과 구부러진 모퉁이의 벽에 설치할 것
2) 피난구유도표지는 출입구 상단에 설치하고 통로유도표지는 바닥으로부터 높이 1 [m] 이하의 위치에 설치할 것
3) 주위에는 이와 유사한 등화·광고물·게시물 등을 설치하지 않을 것
4) 유도표지는 부착판 등을 사용하여 쉽게 떨어지지 않도록 설치할 것
5) 축광방식의 유도표지는 외광 또는 조명장치에 의하여 상시 조명이 제공되거나 비상조명등에 의한 조명이 제공되도록 설치할 것
6) 유도표지는 소방청장이 정하여 고시한 「축광표지의 성능인증 및 제품검사의 기술기준」에 적합한 것이어야 한다. 다만 방사성 물질을 사용하는 위치표지는 쉽게 파괴되지 않는 재질로 처리해야 함

77 상중하

비상콘센트설비에 자가발전설비를 비상전원으로 설치할 때 그 설치기준으로 옳지 않은 것은?

① 비상전원의 설치장소는 다른 장소와 방화구획할 것
② 비상콘센트설비를 유효하게 20분 이상 작동시킬 수 있는 용량으로 할 것
③ 비상전원을 실내에 설치하는 때에는 그 실내에 비상조명등을 설치할 것
④ 상용전원으로부터 전력의 공급이 중단된 때에는 자동 또는 수동으로 비상전원으로부터 전력을 공급받을 수 있도록 할 것

해설 비상콘센트설비에 자가발전설비를 비상전원으로 설치할 때 그 설치기준

- 점검에 편리하고 화재 및 침수 등의 재해로 인한 피해를 받을 우려가 없는 곳에 설치할 것
- 비상콘센트설비를 유효하게 20분 이상 작동시킬 수 있는 용량으로 할 것
- 상용전원으로부터 전력의 공급이 중단된 때에는 자동으로 비상전원으로부터 전력을 공급받을 수 있도록 할 것
- 비상전원의 설치장소는 다른 장소와 방화구획할 것. 이 경우 그 장소에는 비상전원의 공급에 필요한 기구나 설비 외의 것(열병합발전설비에 필요한 기구나 설비는 제외한다)을 두어서는 아니 됨
- 비상전원을 실내에 설치하는 때에는 그 실내에 비상조명등을 설치할 것

2021

정답 76 ③ 77 ④

78 상 중 하

물분무소화설비의 화재안전기술기준에 따른 물분무소화설비의 비상전원을 자가발전설비 또는 축전지설비로 설치하고자 할 경우 그 설치기준으로 옳지 않은 것은?

① 물분무소화설비를 유효하게 30분 이상 작동할 수 있도록 할 것
② 점검에 편리하고 화재 및 침수 등의 재해로 인한 피해를 받을 우려가 없는 곳에 설치할 것
③ 비상전원(내연기관의 기동 및 제어용 축전지를 제외)의 설치장소는 다른 장소와 방화구획할 것
④ 상용전원으로부터 전력의 공급이 중단된 때에는 자동으로 비상전원으로부터 전력을 공급받을 수 있도록 할 것

해설 물분무소화설비의 화재안전기술기준에 따른 물분무소화설비의 비상전원을 자가발전설비 또는 축전지설비로 설치하고자 할 경우 그 설치기준

- 점검에 편리하고 화재 및 침수 등의 재해로 인한 피해를 받을 우려가 없는 곳에 설치할 것
- 물분무소화설비를 유효하게 20분 이상 작동할 수 있도록 할 것
- 상용전원으로부터 전력의 공급이 중단된 때에는 자동으로 비상전원으로부터 전력을 공급받을 수 있도록 할 것
- 비상전원(내연기관의 기동 및 제어용 축전기를 제외한다)의 설치장소는 다른 장소와 방화구획할 것. 이 경우 그 장소에는 비상전원의 공급에 필요한 기구나 설비 외인 것(열병합발전설비에 필요한 기구나 설비는 제외한다)을 두어서는 안 됨
- 비상전원을 실내에 설치하는 때에는 그 실내에 비상조명등을 설치할 것

79 상 중 하

감지기의 형식승인 및 제품검사의 기술기준에 따른 감지기의 구조 및 기능으로 틀린 것은?

① 작동이 확실하고 취급·점검이 쉬워야 한다.
② 기기 내의 배선은 충분한 전류용량을 갖는 것으로 하여야 한다.
③ 극성이 있는 경우에는 오접속을 방지하기 위하여 필요한 조치를 하여야 한다.
④ 방수형 및 방폭형은 보수 및 부속품의 교체가 용이하도록 개방하기 쉬운 구조이어야 한다.

해설 감지기의 형식승인 및 제품검사의 기술기준에 따른 감지기의 구조 및 기능

1) 작동이 확실하고 취급·점검이 쉬워야 하며, 현저한 잡음이나 장해전파를 발하지 아니하여야 한다. 또한 먼지·습기·곤충 등에 의하여 기능에 영향을 받지 아니하여야 한다.
2) 보수 및 부속품의 교체가 쉬워야 한다. 다만 방수형 및 방폭형은 그러하지 아니하다.
3) 부식에 의하여 기계적 기능에 영향을 초래할 우려가 있는 부분은 칠, 도금 등으로 유효하게 내식가공을 하거나 방청가공을 하여야 하며, 전기적 기능에 영향이 있는 단자, 나사 및 와셔 등은 동합금이나 이와 동등 이상의 내식성이 있는 재질을 사용하여야 한다.
4) 외함은 불연성 또는 난연성 재질로 만들어져야 하며 다음과 같아야 한다.
   (1) 차동식 분포형 감지기의 검출기 외함에 강판을 사용하는 경우에는 다음에 기재된 두께 이상의 강판을 사용하여야 한다. 다만 합성수지를 사용하는 경우에는 강판의 2.5배 이상의 두께이어야 한다.
      ① 차동식 분포형 감지기의 검출기는 1.0 [mm] 이상
      ② 직접 벽면에 접하여 벽속에 매립되는 외함의 부분은 1.6 [mm] 이상
   (2) 감지기의 노출된 부분(설치상태에서 손에 접촉되는 부분. 다만 확인등의 창, 발광다이오드, 각종 표시명판 등은 제외한다)에 합성수지를 사용하는 경우에는 (90 ± 2) [℃]의 온도에 7일간 방치하는 경우 열로 인한 변형이 생기지 아니하여야 하며, 자기소화성이 있는 재료이어야 한다.

정답 78 ① 79 ④

80 상 중 하

다음 중 단독경보형 감지기의 설치기준으로 옳지 않은 것은?

① 각 실마다 설치한다.
② 최상층의 계단실 천장(외기가 상통하는 계단실의 경우 제외)에 설치한다.
③ 바닥면적이 100 [m^2]를 초과하는 경우 100 [m^2]마다 1개 이상 설치한다.
④ 상용전원을 주전원으로 사용하는 단독경보형 감지기의 2차 전지는 소방법에 따른 제품검사에 합격한 것을 사용한다.

해설 단독경보형 감지기의 설치기준

- 각 실(이웃하는 실내의 바닥면적이 각각 30 [m^2] 미만이고 벽체의 상부의 전부 또는 일부가 개방되어 이웃하는 실내와 공기가 상호유통되는 경우에는 이를 1개의 실로 본다)마다 설치하되, 바닥면적이 150 [m^2]를 초과하는 경우에는 150 [m^2]마다 1개 이상 설치할 것
- 최상층의 계단실의 천장(외기가 상통하는 계단실의 경우를 제외한다)에 설치할 것
- 건전지를 주전원으로 사용하는 단독경보형 감지기는 정상적인 작동상태를 유지할 수 있도록 건전지를 교환할 것
- 상용전원을 주전원으로 사용하는 단독경보형 감지기의 2차 전지는 법 제39조에 따라 제품검사에 합격한 것을 사용할 것

정답 80 ③

2020 출제경향 분석

[소방원론]

CHAPTER / 연도 및 회차		연소	연소생성물	폭발	화재	위험물	소화	안전관리 및 건축방재	합계
2020년	1,2	5	**6**	1	3	2	2	1	20
	3	5	0	1	3	2	**6**	3	20
	4	4	**6**	2	2	2	3	1	20

[소방전기일반]

CHAPTER / 연도 및 회차		직류회로	정전계와 정자계	교류회로	전기계측 및 회로망	비정현파 교류와 과도현상 및 라플라스 변환	제어회로	전자회로 및 정류회로	전기기계 및 전기법규	합계
2020년	1,2	3	1	**5**	1	1	**5**	3	1	20
	3	3	3	4	0	0	**5**	2	3	20
	4	**3**	2	2	**3**	2	**3**	2	**3**	20

[소방관계법규]

연도 및 회차 \ CHAPTER		소방기본법	소방시설법	화재예방법	소방공사업법	위험물 안전관리법	합계
2020년	1,2	5	**6**	2	3	4	20
	3	5	**8**	1	2	4	20
	4	3	**9**	3	1	4	20

[소방전기시설의 구조 및 원리]

연도 및 회차 \ CHAPTER		자동화재 탐지설비	비상경보 설비 및 단독 경보형감지기	비상방송 설비	자동화재 속보설비	가스누설 경보기 및 누전경보기	유도등	비상조명등	비상콘센트 설비	무선통신 보조설비	비상전원 수전설비	화재알림 설비	기타	합계
2020년	1,2	**4**	2	2	1	2	3	1	2	2	1	0	0	20
	3	**5**	3	2	1	1	2	2	2	1	1	0	0	20
	4	**6**	0	2	1	1	4	1	3	1	0	0	1	20

2020년 1, 2회

소방원론

3회독 월 일
2회독 월 일
1회독 월 일

목표시간 : 20분 | 시작 : _시 _분 | 종료 : _시 _분 | 맞은 개수 : _ /20

01 (상) 중 하

화재안전기술기준상 이산화탄소소화약제 저압식 저장용기의 설치기준에 대한 설명으로 틀린 것은?

① 충전비는 1.1 이상 1.4 이하로 한다.
② 3.5 [MPa] 이상의 내압시험압력에 합격한 것이어야 한다.
③ 용기 내부의 온도가 -18 [℃] 이하에서 2.1 [MPa]의 압력을 유지할 수 있는 자동냉동장치를 설치해야 한다.
④ 내압시험압력의 0.64 ~ 0.8배의 압력에서 작동하는 봉판을 설치해야 한다.

해설 CO_2 소화설비 저압식 저장용기 설치기준

1) 안전밸브 설치 : 내압시험압력의 0.64배부터 0.8배의 압력에서 작동
2) 봉판 설치 : 내압시험압력의 0.8배부터 내압시험압력에서 작동
3) 액면계 및 압력계 설치
4) 압력경보장치 설치 : 2.3 [MPa] 이상 1.9 [MPa] 이하의 압력에서 작동
5) 자동냉동장치 설치 : 용기 내부의 온도가 섭씨 영하 18 [℃] 이하에서 2.1 [MPa]의 압력을 유지
6) 내압시험압력 : 3.5 [MPa] 이상의 내압시험압력에 합격한 것으로 할 것

02 상 중 (하)

화재로 인하여 산소가 부족한 건물 내에 산소가 새로 유입된 때에는 고열가스의 폭발 또는 급속한 연소가 발생하는데 이 현상을 무엇이라고 하는가?

① 파이어 볼
② 보일 오버
③ 백드래프트
④ 백파이어

해설 화재 시 발생현상

현상	설명
파이어 볼	인화성 액체가 대량 기화되어 갑자기 발화될 때 발생하는 공 모양 화염
보일 오버	중질유 탱크저부 에멀전(물)이 증발하면서 부피가 팽창하여 유류 분출
백드래프트	신선한 공기 유입으로 실내 축적가스가 단시간 연소, 폭발하여 실외로 분출
백파이어	가스가 노즐에서 나가는 속도가 연소 속도보다 느려 버너 내부에서 연소

정답 01 ④ 02 ③

03 상중하

0 [℃]의 얼음 1 [g]을 100 [℃]의 수증기로 만드는 데 필요한 열량은 약 몇 [cal]인가? (단, 물의 용융열은 80 [cal/g], 증발잠열은 539 [cal/g]이다)

① 518 ② 539
③ 619 ④ 719

해설 물의 잠열

1) 얼음의 융해잠열 : 80 [cal/g] (= 334 [kJ/kg])
2) 물의 증발잠열 : 539 [cal/g] (= 2257 [kJ/kg])
3) 0 [℃] 물 1 [g] → 100 [℃] 수증기 : 639 [cal/g]
4) <u>0 [℃] 얼음 1 [g] → 100 [℃] 수증기 : 719 [cal/g]</u>

0℃ 얼음 → 0℃ 물 → 100℃ 물 → 100℃ 수증기 (Q_1, Q_2, Q_3)

① 잠열량 Q_1 (0 [℃] 얼음 → 0 [℃] 물)

$Q_1 = mr_{융해} = 1[g] \times 80[cal/g] = 80[cal]$

② 현열량 Q_2 (0 [℃] 물 → 100 [℃] 물)

$Q_2 = mC_{물}\Delta T$
$= 1[g] \times 1[cal/g \cdot ℃] \times (100-0)[℃]$
$= 100[cal]$

③ 잠열량 Q_3 (100 [℃] 물 → 100 [℃] 수증기)

$Q_3 = mr_{증발} = 1[g] \times 539[cal/g] = 539[cal]$

④ 총 필요한 열량 Q

$Q = Q_1 + Q_2 + Q_3 = 80 + 100 + 539 = 719\ [cal]$

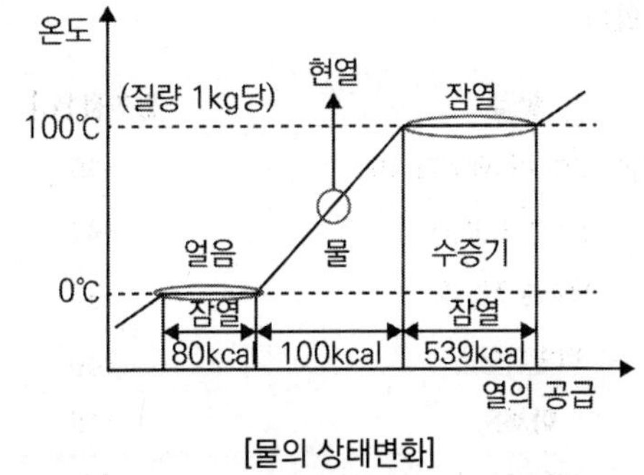

[물의 상태변화]

보충 ▶ 물의 증발잠열 539 [cal/g]은 100 [℃]의 물 1 [g]이 100 [℃]의 수증기가 될 때 필요한 열량

04 상중하

공기 중의 산소는 약 몇 [vol%]인가?

① 15 ② 21
③ 28 ④ 32

해설 대기의 구성성분

- <u>산소(O_2) : 21 [%]</u>
- 질소(N_2) : 78 [%]
- 아르곤(Ar) : 0.93 [%]
- 이산화탄소(CO_2) : 0.04 [%]
- 기타 : 0.03 [%]

05 상중하

연소 또는 소화약제에 관한 설명으로 틀린 것은?

① 기체의 정압비열은 정적비열보다 크다.
② 프로페인(프로판)가스가 완전연소하면 일산화탄소와 물이 발생한다.
③ 이산화탄소소화약제는 액화할 수 있다.
④ 물의 증발잠열은 아세톤, 벤젠보다 크다.

해설 완전연소와 불완전연소 생성물

구분	완전연소	불완전연소
정의	산소 공급이 충분한 상태에서의 연소	산소 공급이 불충분한 상태에서의 연소
생성물	<u>이산화탄소(CO_2), 수증기(H_2O)</u>	일산화탄소(CO), 그을음

2020

06 (상 중 하)

다음 중 전기화재에 해당하는 것은?

① A급 화재 ② B급 화재
③ C급 화재 ④ K급 화재

해설 화재의 분류

등급	화재	표시색	가연물
A급	**일**반화재	백색	나무, 섬유, 종이, 고무, 플라스틱류
B급	**유**류화재	황색	인화성 액체, 가연성 액체, 석유 그리스, 타르, 오일, 유성도료, 솔벤트, 래커, 알코올 및 인화성 가스 등
C급	**전**기화재	청색	전류가 흐르고 있는 전기기기, 배선 등
D급	**금**속화재	무색	마그네슘 합금 등 가연성 금속
K급	**주**방화재	-	주방에서 동식물유를 취급하는 조리기구

암기 ▶ 일유전 금주

07 (상 중 하)

물을 이용한 대표적인 소화효과로만 나열된 것은?

① 냉각효과, 부촉매효과
② 냉각효과, 질식효과
③ 질식효과, 부촉매효과
④ 제거효과, 냉각효과, 부촉매효과

해설 물의 소화효과

효과	설명
냉각효과	증발(기화) 잠열에 의한 열 흡수
질식효과	기화 시 체적이 약 1650배(1600~1700배) 증가하여 주변 산소농도 낮춤
유화효과	에멀전 형성, 가연성 혼합기 생성 억제
희석효과	분해가스나 증기의 농도 낮춤

보충 ▶ 부촉매효과 : 분말, 할로겐화합물

08 (상 중 하)

표소화약제의 포가 갖추어야 할 조건으로 적합하지 않은 것은?

① 화재면과의 부착성이 좋을 것
② 응집성과 안정성이 우수할 것
③ 환원시간(Drainage Time)이 짧을 것
④ 약제는 독성이 없고 변질되지 말 것

해설 포소화약제 조건

1) 포의 안정성이 좋을 것 (+)
2) 유류와의 접착성이 좋을 것 (+)
3) 포의 유동성과 내열성이 좋을 것 (+)
4) 유류의 표면에 잘 분산될 것 (+)
5) **환원시간이 길 것** (+)
6) 독성이 적을 것 (-)

TIP ▶ 독성만 (-)

09 (상 중 하)

다음 중 인화점이 가장 낮은 것은?

① 경유 ② 메틸알코올
③ 이황화탄소 ④ 등유

해설 인화점

물질	인화점 [℃]
다이에틸에터(디에틸에테르)	-45
가솔린(휘발유)	-43
산화프로필렌	-37
이황화탄소	-30
아세톤	-18
메틸알코올	11
에틸알코올	13
등유	39
경유	41

암기 ▶ 인가산이아 / 메에 / 등경

정답 06 ③ 07 ② 08 ③ 09 ③

10 상중하

자연발화를 일으키는 원인이 아닌 것은?

① 산화열
② 분해열
③ 흡착열
④ 기화열

해설 자연발화의 원인

분류	개념	종류
산화열	가연물이 산소와 결합하여 발생	불포화 섬유지, 석탄, 기름걸레
분해열	물질이 분해하며 열축적 의해 발화	셀룰로이드, 아세틸렌
흡착열	흡착 시 발생하는 열	활성탄, 목탄
중합열	중합반응에 의한 열 (분해열과 반대)	액화 시안화수소
발효열	미생물에 의해 발효되면서 발생	먼지, 퇴비

11 상중하

열전달에 대한 설명으로 틀린 것은?

① 전도에 의한 열전달은 물질 표면을 보온하여 완전히 막을 수 있다.
② 대류는 밀도 차이에 의해 열이 전달된다.
③ 진공 속에서도 복사에 의한 열전달이 가능하다.
④ 화재 시의 열전달은 전도, 대류, 복사가 모두 관여된다.

해설 열전달

① 전도에 의한 열전달은 물질 표면을 보온하여도 완전히 막을 수 없다.

분류	개념
전도	고온체와 저온체의 직접적인 접촉에 의해 열 이동(온도 차에 의해 열 전달)
대류	유체의 흐름에 의해 열 이동(밀도 차에 의해 열 전달)
복사	열전달 매질 없이 전자파 형태로 열 이동(진공 속에서도 복사에 의한 열전달 가능)

암기 ▶ 전대복

12 상중하

불연성 물질로만 이루어진 것은?

① 황린, 나트륨
② 적린, 황
③ 이황화탄소, 나이트로글리세린
④ 과산화나트륨, 질산

해설 불연성 물질

제1류 위험물	제6류 위험물
아염소산염류, 염소산염류, 과염소산염류, **무기과산화물(과산화나트륨)**, 브로민산염류, 질산염류, 아이오딘산염류, 과망가니즈산염류, 다이크로뮴산염류	**질산**, 과염소산, 과산화수소

① 황린(제3류), 나트륨(제3류)
② 적린(제2류), 황(제2류)
③ 이황화탄소(제4류), 나이트로글리세린(제5류)
④ 과산화나트륨(제1류), 질산(제6류)

TIP ▶ 제1류 위험물과 제6류 위험물 : 불연성 물질

2020

정답 10 ④ 11 ① 12 ④

13 상중하

피난대책의 일반적 원칙이 아닌 것은?

① 피난수단은 원시적인 방법으로 하는 것이 바람직하다.
② 피난대책은 비상시 본능 상태에서도 혼돈이 없도록 한다.
③ 피난경로는 가능한 한 길어야 한다.
④ 피난시설은 가급적 고정식 시설이 바람직하다.

해설 피난대책 일반 원칙

피난대책은 Fail - Safe와 Fool - Proof 원칙에 따른다.

1) Fail - Safe
  (1) 하나의 수단이 고장으로 실패하여도 다른 수단을 이용할 수 있도록 할 것
  (2) 양방향 피난경로를 상시 확보해둘 것
  (3) 부분화, 다중화할 것
2) Fool - Proof
  (1) 피난수단은 조작이 간편한 원시적 방법으로 할 것
  (2) 비상시 판단능력 저하를 대비하여 누구나 알 수 있도록 간단한 그림이나 색채를 이용하여 표시할 것
  (3) 피난설비는 고정식 설비로 설치할 것
  (4) 피난경로는 간단명료하게 할 것

14 상중하

기체 상태의 Halon 1301은 공기보다 약 몇 배 무거운가? (단, 공기의 평균 분자량은 28.84이다)

① 4.05배 ② 5.17배
③ 6.12배 ④ 7.01배

해설 증기비중

$$증기비중 = \frac{기체의\ 분자량}{공기의\ 평균\ 분자량}$$

$$증기비중 = \frac{149(할론\ 1301\ 분자량)}{28.84} ≒ 5.17배$$

보충 ▶ 할론 1301(CF_3Br)
원자량(C : 12, F : 19, Br : 80)

15 상중하

건물화재에서의 사망원인 중 가장 큰 비중을 차지하는 것은?

① 연소가스에 의한 질식
② 화상
③ 열충격
④ 기계적 상해

해설 건물화재 사망원인

연소가스에 의한 질식사가 가장 큰 비중 차지

16 상중하

공기 중 산소의 농도를 낮추어 화재를 진압하는 소화방법에 해당하는 것은?

① 부촉매소화 ② 냉각소화
③ 제거소화 ④ 질식소화

해설 소화의 형태

소화	내용
냉각소화	열 흡수, 발화점 이하로 낮추어 소화
질식소화	산소농도 15 [%] 이하로 낮춤
제거소화	가연물을 차단, 격리
억제소화	연쇄반응을 차단, 부촉매소화

정답 13 ③ 14 ② 15 ① 16 ④

17 상 중 하

다음 중 독성이 가장 강한 가스는?

① C_3H_9 ② O_2
③ CO_2 ④ $COCl_2$

해설 유해가스

연소가스	특징
일산화탄소 (CO)	• 불완전연소 시 발생 • 유독성 • 흡입 시 헤모글로빈과 결합하여 산소운반 저해
이산화탄소 (CO_2)	• 완전연소 시 발생 • 연소가스 중 가장 많은 양 발생 • 다량 흡입 시 호흡속도 증가
암모니아 (NH_3)	• 인체에 자극성이 큰 가연성 가스 • 질소함유물, 수지류, 나무 등이 연소 시 발생
포스겐 ($COCl_2$)	• PVC, 수지류, 염소가 함유된 가연물 연소 시 발생 • 맹독성(0.1 ppm)
황화수소(H_2S)	• 달걀 썩는 냄새 • 독성, 부식성, 가연성 가스
시안화수소 (HCN)	• 질소함유물 등이 불완전연소 시 발생 • 청산가스
아크롤레인 (CH_2CHCHO)	• 맹독성(0.1 [ppm]) • 석유제품, 유지 등이 연소 시 생성

18 상 중 하

물과 반응하여 가연성 가스를 발생시키는 물질이 아닌 것은?

① 탄화알루미늄
② 칼륨
③ 과산화수소
④ 트라이에틸알루미늄(트리에틸알루미늄)

해설 제3류 위험물(자연발화성 물질 및 금수성 물질)

1) 제3류 위험물
칼륨(K), 나트륨(Na), 알킬알루미늄(트라이에틸알루미늄), 알킬리튬, 황린, 알칼리금속(Li), 알칼리토금속(Ca), 유기금속화합물(1·2족 제외), 금속의 수소화물, 금속의 인화물(인화칼슘, 인화알루미늄), 칼슘·알루미늄의 탄화물(탄화칼슘, 탄화알루미늄)

2) 특성
• 물과 접촉하면 가연성 가스 발생(황린 제외)
• 팽창진주암, 팽창질석 등에 의한 질식소화
(1) 자연발화성 물질 및 금수성 물질
(2) 물과 접촉하면 가연성 가스 발생(황린 제외)
(3) 황린은 연소 시 오산화인(P_2O_5) 발생
(4) 보호액 속에 저장

물질	저장 장소(보호액)
황린(P_4)	물속
칼륨(K), 나트륨(Na), 리튬(Li)	석유류(파라핀, 등유, 경유) 속

(5) 소화
① 팽창진주암, 팽창질석 등에 의한 질식소화
② 황린은 물로 인한 냉각소화

보충 ▶ 과산화수소(제6류 위험물) : 다량의 물로 희석소화

2020

정답 17 ④ 18 ③

19 상 중 하

전기화재의 원인으로 볼 수 없는 것은?

① 중합반응에 의한 발화
② 과전류에 의한 발화
③ 누전에 의한 발화
④ 단락에 의한 발화

해설 전기화재 원인

1) 과전류(과부하)
2) 단락(합선)
3) 누전
4) 낙뢰
5) 전기불꽃
6) 정전기로 인한 스파크 발생

보충 • 단락 : 전기회로의 두 점 사이의 절연이 잘 안되어서 두 점 사이가 접속되는 일
• 누전 : 절연이 불완전하거나 시설이 손상되어 전기가 전깃줄 밖으로 새어 흐름

TIP 중합반응 : 자연발화의 원인

20 상 중 하

위험물별 성질의 연결로 틀린 것은?

① 제2류 위험물 - 가연성 고체
② 제3류 위험물 - 자연발화성 물질 및 금수성 물질
③ 제4류 위험물 - 산화성 고체
④ 제5류 위험물 - 자기반응성 물질

해설 위험물의 분류

구분	개요
제1류	**산**화성 고체
제2류	**가**연성 고체
제3류	**자**연발화성 및 금수성 물질
제4류	**인**화성 액체
제5류	**자**기반응성 물질
제6류	**산**화성 액체

암기 산가자 인자산

정답 19 ① 20 ③

2020년 1, 2회

소방전기일반

3회독	월	일
2회독	월	일
1회독	월	일

목표시간 : 30분 　 시작 : _시 _분 　 종료 : _시 _분 　 맞은 개수 : _ /20

21 상중하

220 [V]의 전원에 접속하였을 때 2 [kW]의 전력을 소비하는 저항이 있다. 이 저항을 100 [V]의 전원에 접속하면 저항에서 소비되는 전력은 약 몇 [W]인가?

① 206 　 ② 413

③ 826 　 ④ 1652

해설 소비전력 계산

$$P=\frac{V^2}{R}$$

- $P_1=2000=\frac{220^2}{R}$, $R=24.2$ [Ω]
- $P_2=\frac{100^2}{24.2}$, $P=413$ [W]

P_1 : 220 [V]에서의 소비전력

P_2 : 100 [V]에서의 소비전력

22 상중하

그림과 같은 접점 기호의 명칭은?

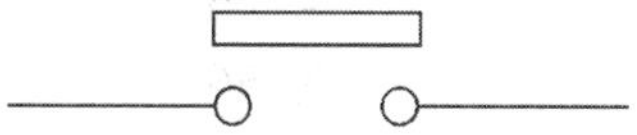

① 수동복귀 접점

② 기계적 접점

③ 한시복귀 접점

④ 한시동작 접점

해설 기계적 접점

- 리밋스위치
- 전기적 이외의 원인으로 접점 개폐

명칭	비고
일반접점 또는 수동접점	조작을 가하면 상태가 그대로 유지
수동조작 자동복귀접점 (푸쉬버튼스위치)	손을 떼면 원래상태로 복귀
기계적 접점 (리밋스위치)	접점의 개폐가 전기적 이외의 원인에 의해서 이루어짐
계전기접점	릴레이접점, 차단기보조접점, 전자접촉기 보조접점 등에 사용
순시동작 한시복귀 (타이머)	복귀시간이 늦게 되는 타이머
한시동작 순시복귀 (타이머)	동작시간이 늦게 되는 타이머
수동복귀접점 (열동계전기)	인위적으로 복귀시키는 접점으로 전자석에 의한 복귀를 포함
전자접촉기접점	전자력으로 작동

23 상중하

3상 교류전원과 부하가 모두 △결선된 3상 평형회로에서 전원전압이 200 [V], 부하 임피던스가 6 + j8 [Ω]인 경우 선전류의 크기[A]는?

① 10 　 ② $\frac{20}{\sqrt{3}}$

③ 20 　 ④ $20\sqrt{3}$

정답 21 ② 22 ② 23 ④

해설 △ 결선 시 선전류

$$I_P = \frac{V_P}{Z} = \frac{200}{\sqrt{6^2+8^2}} = 20$$

$$I_L = \sqrt{3}\, I_P = 20\sqrt{3}$$

I_P : 상전류
I_L : 선전류

Y결선(성형결선 = 스타결선)	
결선도	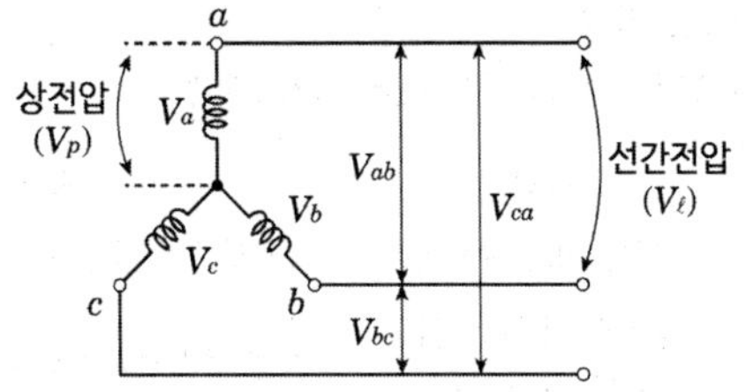 $V_P=V_a=V_b=V_c$ $V_\ell=V_{ab}=V_{bc}=V_{ca}$
상전압	$V_p = \frac{V_l}{\sqrt{3}}$
선간전압	$V_l = \sqrt{3}\,V_p \angle \frac{\pi}{6}$
상전류	$I_p = I_l$
선전류	$I_l = I_p$
△결선(델타결선 = 환상결선)	
결선도	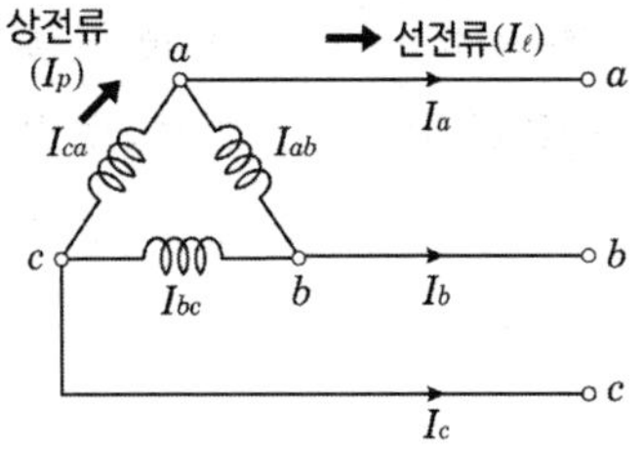 $I_P=I_{ab}=I_{bc}=I_{ca}$ $I_\ell=I_a=I_b=I_c$
상전압	$V_p = V_l$
선간전압	$V_l = V_p$
상전류	$I_p = \frac{I_l}{\sqrt{3}}$
선전류	$I_l = \sqrt{3}\,I_p \angle(-\frac{\pi}{6})$

24 상 중 하

그림과 같은 회로의 역률은 약 얼마인가?

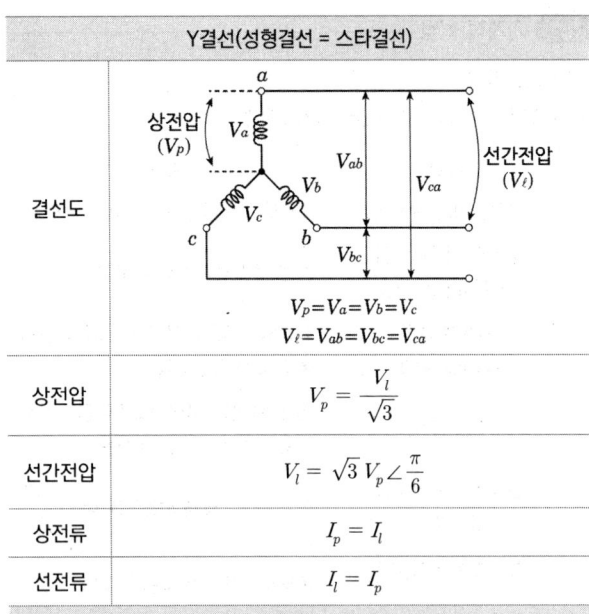

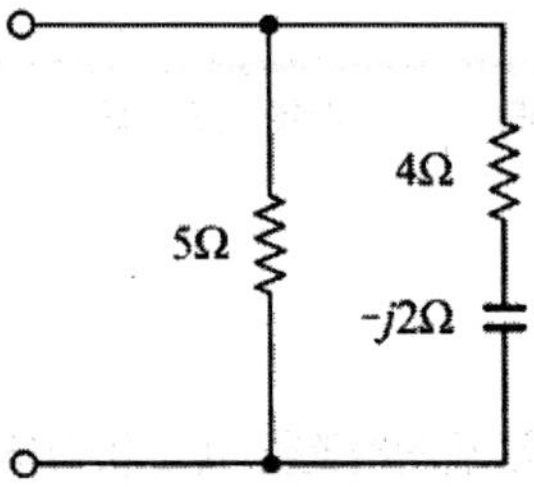

① 0.67 ② 0.76
③ 0.89 ④ 0.97

해설 역률 계산

병렬에서의 합성저항 $Z = \frac{Z_1 Z_2}{Z_1 + Z_2}$

- $Z_0 = \frac{5(4-2j)}{5+(4-2j)} = 2.35 - 0.59j$

$Z = R + jX = \sqrt{R^2 + X^2}$

$R = 2.35,\ X = 0.59$

- $\cos\theta = \frac{R}{Z} = \frac{2.35}{\sqrt{2.35^2 + 0.59^2}}$

$\fallingdotseq 0.97$

25 상 중 하

3상 유도전동기의 출력이 7.5 [kW], 전압 200 [V], 효율 88 [%], 역률 87 [%]일 때 이 전동기에 유입되는 선전류는 약 몇 [A]인가?

① 11 ② 28
③ 49 ④ 56

해설 3상 유도전동기 출력계산(P)

$P = \sqrt{3}\, V_l I_l \cos\theta\, \eta$

$7500 = \sqrt{3} \times 200 I_l \times 0.87 \times 0.88$

$\therefore\ I_l = 28[A]$

I_l : 선전류
V_l : 선전압
η : 효율

정답 24 ④ 25 ②

26 상중하

서지전압에 대한 회로 보호를 주목적으로 사용하는 것은?

① 바리스터 ② IGBT
③ 서미스터 ④ SCR

해설 기타반도체

명칭	특성
SCR	• 사이리스터의 한 종류 • 애노드(A), 캐소드(K), 게이트(G)로 구성된다. • 단방향 3단자 • 래칭전류 : SCR이 OFF 상태에서 ON 상태로의 전환이 이뤄지고, 트리거신호가 제거된 직후에 SCR을 ON 상태로 유지하는데 필요한 최소한의 양극전류를 래칭전류라 한다.
트라이악 (TRIAC)	• npnpn의 5층구조 • 직·교류에서 모두 사용할 수 있는 3단자 스위칭 소자 • 교류전력 기기 제어용 • 쌍방향 3단자
다이악 (DIAC)	• 소용량 저항부하의 AC전력 제어용 • 쌍방향 2단자
서미스터	• 온도에 의해 저항값이 변하는 반도체 소자 • 부(-) 저항온도계수의 특성 : 온도 증가 시 저항 감소 • 열을 감지하는 감열저항체 소자 • 온도보상용, 온도계측용(온도계), 온도보정용
바리스터	• 인가되는 전압에 따라 저항값이 변하는 비선형 반도체 소자 • 전압에 따라 저항값이 변화하는 저항 소자 • 회로를 병렬로 연결하여 사용 • 서지전압으로부터 기기보호 • 계전기접점의 불꽃소거
사이리스터	• p형 반도체와 n형 반도체의 4층 이상 접합한 것 • 전극 단자 수가 2, 3, 4인 것이 있다(위상제어, 타이머회로, 트리거회로).
집적회로	• 하나의 실리콘 칩 내부에 트랜지스터, 다이오드 저항, 콘덴서 등 여러 가지 전자부품을 고밀도로 집적하여 패키지로 만든 것 • 시스템이 소형화, 가볍고 얇다. • 신뢰성이 높고 부품의 교체가 쉽다.

27 상중하

비정현파의 실횻값은?

① 기본파의 실횻값에서 각 고조파의 실횻값을 뺀 것
② 기본파의 실횻값과 각 고조파의 실횻값을 모두 더한 것
③ 기본파의 실횻값과 각 고조파의 실횻값을 모두 더하고 제곱근을 취한 것
④ 기본파의 실횻값과 각 고조파의 실횻값을 각각 제곱하고 모두 더한 후 제곱근을 취한 것

해설 비정현파

1) 실횻값
기본파와 고조파의 실횻값을 각각 제곱하고 더한 후 제곱근 취한 것
2) 직류분 + 기본파 + 고조파

28 상중하

적분시간이 2초이고 비례감도가 5인 PI 제어기의 전달함수는?

① $\frac{10s+5}{2s}$ ② $\frac{10s-5}{2s}$
③ $1+\frac{1}{2s}$ ④ $1-\frac{1}{2s}$

해설 전달함수

1) 2위치 동작(ON-OFF)
설정온도에 대하여 측정온도의 높고 낮음에 의해 ON-OFF를 행하는 제어를 ON-OFF동작이라 한다.
2) 비례동작(P동작) : $y=K_p Z$ (K_p : 비례연산자)
3) 적분동작(I 동작)
$y=K_i\int Zdt$ (K_i : 적분연산자)
4) 미분동작(D동작) : $y=K_d\frac{dz}{dt}$ (K_d : 미분제어)

2020

정답 26 ① 27 ④ 28 ①

5) 비례적분동작(PI동작)

$$y = K_p\left(Z + \frac{1}{T_i}\int Zdt\right)$$

∴ PI제어기 전달함수 : $G(s) = K_p\left(1 + \frac{1}{T_i}\right)$

$= 비례감도(1 + \frac{1}{적분시간})$

$= 5(1 + \frac{1}{2s}) = \frac{10s+5}{2s}$

6) 비례미분동작(PD동작)

$$y = K_p\left(Z + T_d\frac{dz}{dt}\right)$$

7) 비례적분미분동작(PID동작)

$$y = K_P\left(Z + \frac{1}{T_i}\int Zdt + T_d\frac{dz}{dt}\right)$$

29 상중하

저항 R과 커패시턴스 C의 직렬회로에서 시정수(s)는?

① RC　② $\frac{C}{R}$

③ $\frac{1}{RC}$　④ $\frac{R}{C}$

해설 시정수(τ)

- $R-L$회로 : $\frac{L}{R}$
- $R-C$회로 : RC

30 상중하

회로의 전압과 전류를 측정할 때 전압계와 전류계를 부하에 연결하는 방법으로 옳은 것은?

① 전압계는 병렬, 전류계는 직렬

② 전압계는 직렬, 전류계는 병렬

③ 전압계와 전류계 모두 직렬

④ 전압계와 전류계 모두 병렬

해설 전압·전류 측정방법

전압계	전압 측정, 병렬연결
전류계	전류 측정, 직렬연결

31 상중하

서로 결합하고 있는 두 코일의 자기인덕턴스가 5 [mH], 8 [mH]이다. 가극성일 때의 합성인덕턴스가 L이고 감극성일 때의 합성인덕턴스 L′은 L의 30 [%]이었다. 두 코일 간의 결합계수는 약 얼마인가?

① 0.35　② 0.55

③ 0.75　④ 0.95

해설 결합계수

- 가동접속(가극성)
  $L = L_1 + L_2 + 2M = 5 + 8 + 2M$
- 차동접속(감극성)
  $L' = L_1 + L_2 - 2M = 5 + 8 - 2M$
- $L + L' = L + 0.3L = 1.3L = 26$
  $L = 20, L' = 6, M = 3.5$
- 상호 인덕턴스 $M = k\sqrt{L_1 L_2}$
  $3.5 = k\sqrt{5 \times 8}$, $k ≒ 0.55$

정답 29 ① 30 ① 31 ②

32 상 중 하

100 [V], 60 [W]의 전구와 100 [V], 30 [W]의 전구를 직렬로 접속하여 100 [V]의 전압을 인가했을 때 두 전구의 밝기에 대한 설명으로 옳은 것은?

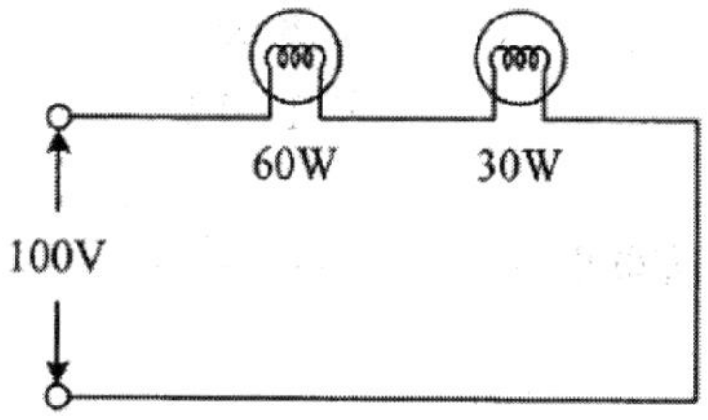

① 100 [V], 60 [W] 전구가 더 밝다.
② 100 [V], 30 [W] 전구가 더 밝다.
③ 인가전압이 같으므로 밝기가 같다.
④ 직렬접속이므로 수시로 변동한다.

해설 저항 계산

1) 전구의 밝기는 전압에 비례한다.

2) 60[W] 전구의 저항값 $P=\dfrac{V^2}{R}$ 에서

$$R=\frac{V^2}{P}=\frac{100^2}{60}=166.667(\Omega)$$

3) 30[W]전류의 저항값

$$P=\frac{V^2}{P}=\frac{100^2}{30}=333.333(\Omega)$$

4) 회로에 흐르는 전류

$$I=\frac{100}{166.67+333.33}=0.2(A)$$

5) 60[W]에 걸리는 접압

$$V=0.2\times 166.67 \fallingdotseq 33.3(V)$$

6) 30[W]에 걸리는 전압

$$V=0.2\times 333.3=66.63$$

7) 따라서 30[W] 전구가 더 밝다.

33 상 중 하

논리식 $\overline{X+Y}+X$를 간단히 정리한 것은?

① $\overline{X}$　② $X+\overline{Y}$
③ X　④ $\overline{X}+Y$

해설 드모르간의 정리

$$\overline{X+Y}+X=\overline{X}\cdot\overline{Y}+X=(X+\overline{X})(X+\overline{Y})=X+\overline{Y}$$

정리	공식
항등법칙	$0+A=A,\ 1+A=1,\ 0\times A=0,\ 1\times A=A$
동일법칙	$A+A=A,\ A\times A=A$
보원법칙	$A+\overline{A}=1,\ A\times\overline{A}=0$
복원법칙	$\overline{\overline{A}}=A$
교환법칙	$A+B=B+A,\ A\times B=B\times A$
결합법칙	$A+(B+C)=(A+B)+C,\ A(BC)=(AB)C$
분배법칙	$A(B+C)=AB+AC,\ \ A+BC=(A+B)(A+C)$
흡수법칙	$A+AB=A,\ \ A(A+B)=A$ $A+\overline{A}B=(A+\overline{A})(A+B)=A+B$

34 상 중 하

변압비(권수비) 22000/110의 PT를 사용하여 교류전압을 측정한 결과 전압계가 90 [V]를 지시하였다. PT의 1차 측 교류회로의 전압[V]은?

① 9900　② 18000
③ 19800　④ 22000

해설 권수비

$$\text{권수비 } a=\frac{N_1}{N_2}=\frac{V_1}{V_2}=\frac{E_1}{E_2}=\frac{I_2}{I_1}=\sqrt{\frac{R_1}{R_2}}$$

$$a=\frac{V_1}{V_2}=\frac{22000}{110}=\frac{V_1}{90}$$

$$V_1=90\times\frac{22000}{110}=18000[V]$$

N : 권수, a : 권수비
V : 전압 [V], I : 전류 [A], R : 저항 [Ω]

2020

정답 32 ② 33 ② 34 ②

35 상 중 하

제어시스템의 구성에서 제어요소가 제어대상에게 주는 것은?

① 기준입력 ② 동작신호
③ 제어량 ④ 조작량

해설 피드백제어계의 요소

용어	설명
목푯값	제어량이 어떤 값을 갖도록 목표를 설정하여 외부에서 주어지는 신호
기준입력요소(장치)	목푯값을 제어할 수 있는 기준입력신호로 변환하는 장치
기준입력(신호)	제어계를 동작시키는 기준(목푯값에 비례)
동작신호	기준입력신호와 주궤환신호의 편차신호(제어동작을 일으키는 신호)
제어요소	조절부와 조작부로 구성, 동작신호를 조작량으로 변환시키는 요소
조작량	제어요소가 제어대상에 주는 양
제어량	제어대상이 속하는 양
검출부	제어대상으로부터 제어량을 검출하고, 기준입력신호와 비교하는 부분

36 상 중 하

1대의 용량이 7 [kVA]인 변압기 2대를 가지고 V결선으로 구성하면 3상 평형부하에 약 몇 [kVA]의 전력을 공급할 수 있는가?

① 5.77 ② 8.66
③ 10 ④ 12.12

해설 V결선 출력비

$$P_V = \sqrt{3}P$$
$$= \sqrt{3} \times 7 \fallingdotseq 12.12[kVA]$$

P_V : V결선 시 전력

37 상 중 하

목푯값이 시간에 관계없이 항상 일정한 값을 가지는 제어는?

① 정치제어 ② 추종제어
③ 비율제어 ④ 프로그램제어

해설 목푯값에 의한 분류

구분		내용
정치제어		목푯값이 일정한 자동제어에 적용
추치제어	추종제어	미지의 임의 시간적 변화를 하는 목푯값에 제어량을 추종시키는 제어
	프로그램제어	미리 정해진 시간변화에 따라 정해진 순서대로 제어
	비율제어	목푯값이 서로 다른 어떤 양과 일정한 비율관계를 가지는 제어
	시퀀스제어	미리 정해진 순서에 따라 각 단계가 순차적으로 진행

정답 35 ④ 36 ④ 37 ①

38 상 중 하

그림과 같은 브리지 회로의 평형 조건은? (단, 전원 주파수는 일정하다)

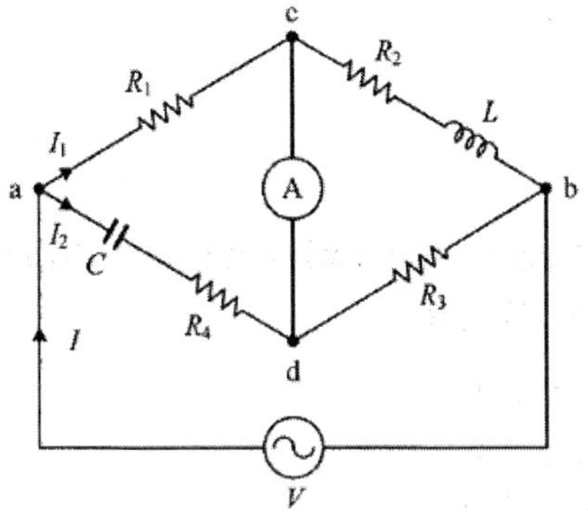

① $R_1R_3 + R_2R_4 = \frac{L}{C}$, $\frac{R_4}{R_2} = \frac{L}{C}$

② $R_1R_3 + R_2R_4 = \frac{L}{C}$, $\frac{R_4}{R_2} = \frac{1}{\omega^2 LC}$

③ $R_1R_3 - R_2R_4 = \frac{L}{C}$, $\frac{R_4}{R_2} = \frac{L}{C}$

④ $R_1R_3 - R_2R_4 = \frac{L}{C}$, $\frac{R_4}{R_2} = \frac{1}{\omega^2 LC}$

해설 휘스톤 브리지

1) 대각선끼리의 곱은 같다.

- $R_1R_3 = (R_2 + j\omega L)(R_4 + \frac{1}{j\omega C})$
- $R_1R_3 = R_2R_4 + j\omega LR_4 + \frac{R_2}{j\omega C} + \frac{L}{C}$

2) 실수부와 허수부를 구분한다.

- $R_1R_3 = R_2R_4 + \frac{L}{C}$

  $R_1R_3 - R_2R_4 = \frac{L}{C}$

- $j\omega LR_4 + \frac{R_2}{j\omega C} = 0$

  $j\omega LR_4 = -\frac{R_2}{j\omega C}$

  $\frac{R_4}{R_2} = \frac{1}{\omega^2 LC}$

39 상 중 하

유량, 압력, 액위, 농도 등의 공업 프로세스의 상태량을 제어량으로 하는 제어는?

① 프로그램제어
② 프로세스제어
③ 비율제어
④ 자동조정

해설 제어량에 의한 분류

구분	내용	제어량
서보기구	기계적 변위를 제어량으로 하는 변화량제어	물체의 방위, 위치, 각도 등
프로세스 제어	플랜트나 생산공정 중의 상태량제어	온도, 압력, 유량, 농도 등
자동조정 제어	제어량이 전기적, 기계적 양을 제어	주파수, 전압, 전류, 회전속도 힘 등

40 상 중 하

다이오드를 이용한 정류회로에서 여러 개의 다이오드를 직렬로 연결하여 사용하면?

① 다이오드를 높은 주파수에서 사용할 수 있다.
② 부하 출력의 맥동률을 감소시킬 수 있다.
③ 다이오드를 과전압으로부터 보호할 수 있다.
④ 다이오드를 과전류로부터 보호할 수 있다.

해설 다이오드 접속

직렬	과전압으로부터 보호	
병렬	과전류로부터 보호	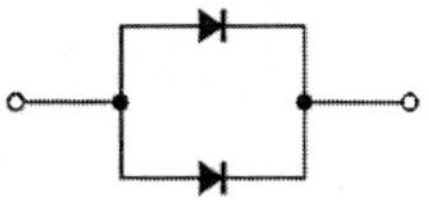

2020

정답 38 ④ 39 ② 40 ③

2020년 1, 2회

소방관계법규

3회독 월 일
2회독 월 일
1회독 월 일

목표시간 : 20분 | 시작 : _시 _분 | 종료 : _시 _분 | 맞은 개수 : _ /20

41 상 중 하

소방기본법령상 소방활동에 필요한 소화전·급수탑·저수조를 설치하고 유지·관리하여야 하는 사람은? (단, 수도법에 따라 설치되는 소화전은 제외한다)

① 소방서장 ② 시·도지사
③ 소방본부장 ④ 소방파출소장

해설 소방용수시설 설치 및 관리

1) 소방용수시설 : 소화전, 급수탑, 저수조
2) 소방용수시설 설치·유지·관리 : 시·도지사
※ 「수도법」에 따라 소화전을 설치하는 일반수도사업자는 관할 소방서장과 사전협의를 거친 후 소화전을 설치하여야 하며, 설치 사실을 관할 소방서장에게 통지하고 그 소화전을 유지·관리
3) 시·도지사는 소방자동차의 진입이 곤란한 지역 등 화재발생 시에 초기 대응이 필요한 지역으로서 대통령령으로 정하는 지역"에 소방호스 또는 호스릴 등을 소방용수시설에 연결하여 화재를 진압하는 시설이나 장치(비상소화장치)를 설치하고 유지·관리할 수 있다(※ 대통령령으로 정하는 지역 : 화재경계지구, 시·도지사가 비상소화장치의 설치가 필요하다고 인정하는 지역).
4) 소방용수시설 및 지리조사기준
(1) 실시자 : **소방본부장·서장**
(2) 횟수 및 보관 : **월 1회 이상** 실시
결과 **2년** 보관

42 상 중 하

다음 소방시설 중 소방시설공사업법령상 하자보수 보증기간이 3년이 아닌 것은?

① 비상방송설비
② 옥내소화전설비
③ 자동화재탐지설비
④ 물분무등소화설비

해설 소방시설 하자보수 보증기간

소방시설	기간
• **피**난기구·유도등 • **비**상경보설비 • **비**상조명등 • **비**상방송설비 • **무**선통신보조설비	**2년**
• 자동소화장치 • 옥내·외소화전설비 • 스프링클러·간이스프링클러설비 • 물분무등소화설비 • 자동화재탐지설비 • 상수도소화용수설비 • 소화활동설비(무선통신보조설비 제외) • 화재알림설비	3년

암기 ▶ 이년 피비무

정답 41 ② 42 ①

43 상 중 하

다음 중 위험물안전관리법령상 제6류 위험물은?

① 황 ② 칼륨
③ 황린 ④ 질산

해설 제6류 위험물(산화성 액체)

품명	지정수량
과염소산	300 [kg]
과산화수소	
질산	

보충 ▶ 황 : 2류, 칼륨 : 3류, 황린 : 3류

44 상 중 하

화재의 예방 및 안전관리에 관한 법령상 2급 소방안전관리대상물의 소방안전관리자로 선임될 수 없는 사람은?

① 위험물기능사 자격을 가진 사람
② 소방공무원으로 3년 이상 근무한 경력이 있는 사람
③ 의용소방대원으로 3년 이상 근무한 경력이 있는 사람
④ 2급 소방안전관리대상물의 소방안전관리에 관한 시험에 합격한 사람

해설 2급 소방안전관리대상물 소방안전관리자

1) 위험물기능장·위험물산업기사·위험물기능사 자격자
2) 소방공무원으로 3년 이상 근무 경력
3) 「기업활동 규제완화에 관한 특별조치법」에 따라 소방안전관리자로 선임된 사람
4) 소방청장 실시 2급 소방안전관리 시험 합격자

45 상 중 하

화재의 예방 및 안전관리에 관한 법령상 소방안전관리대상물의 관계인이 소방안전관리자를 선임할 경우에는 선임한 날부터 며칠 이내에 소방본부장 또는 소방서장에게 신고하여야 하는가?

① 7 ② 14
③ 21 ④ 30

해설 소방안전관리자 선임신고

1) 선임권자 : 관계인
2) 선임 : 30일 이내
3) 선임신고 : 14일 이내 소방본부장, 소방서장에게 신고하고, 소방안전관리대상물의 출입자가 쉽게 알 수 있도록 소방안전관리자의 성명과 그 밖에 행정안전부령으로 정하는 사항을 게시하여야 함
4) 선임신고 기준일
   (1) 신축·증축·개축·재축·대수선·용도변경으로 특정소방대상물 소방안전관리자 신규 선임해야 하는 경우 : 해당 특정소방대상물의 사용승인일
   (2) 증축·용도변경으로 특정소방대상물이 소방안전관리대상물로 된 경우 : 증축공사사용승인일, 용도변경 사실을 건축물관리대장에 기재한 날
   (3) 특정소방대상물 양수, 경매, 환가, 매각 등에 의해 관계인의 권리 취득한 경우 : 해당 권리를 취득한 날, 관할 소방서장으로부터 소방안전관리자 선임 안내 받은 날
   (4) 관리의 권원이 분리된 경우 : 관리의 권원이 분리되거나 소방본부장 또는 소방서장이 관리의 권원을 조정한 날
   (5) 소방안전관리자 해임, 퇴직한 경우 : 소방안전관리자 해임, 퇴직한 날
   (6) 소방안전관리업무를 대행하는 자를 감독할 수 있는 사람을 소방안전관리자로 선임한 경우로서 그 업무대행 계약이 해지 또는 종료된 경우 : 소방안전관리업무 대행이 끝난 날
   (7) 소방안전관리자 자격이 정지 또는 취소된 경우 : 소방안전관리자 자격이 정지 또는 취소된 날

정답 43 ④ 44 ③ 45 ②

46 상중하

소방시설공사업법령상 소방공사감리를 실시함에 있어 용도와 구조에서 특별히 안전성과 보안성이 요구되는 소방대상물로서 소방시설물에 대한 감리를 감리업자가 아닌 자가 감리할 수 있는 장소는?

① 정보기관의 청사
② 교도소 등 교정 관련 시설
③ 국방 관계시설 설치장소
④ 원자력안전법상 관계시설이 설치되는 장소

해설 감리업자

1) 감리업자 업무
  (1) 소방시설등 설치계획표 적법성 검토
  (2) 소방시설등 설계도서 적합성 검토
  (3) 소방시설등 설계 변경 사항 적합성 검토
  (4) 소방용품 위치·규격 및 사용 자재 적합성 검토
  (5) 공사업자가 한 소방시설 시공이 설계도서와 화재안전기술기준에 맞는지 지도·감독
  (6) 완공된 소방시설등의 성능시험
  (7) 공사업자가 작성한 시공 상세도면 적합성 검토
  (8) 피난시설 및 방화시설 적법성 검토
  (9) 실내장식물의 불연화와 방염 물품의 적법성 검토
2) 감리업자가 아닌 자가 감리할 수 있는 보안성 등이 요구되는 소방대상물 시공 장소 : 「원자력안전법」에 따른 관계시설이 설치되는 장소

47 상중하

위험물안전관리법령상 위험물의 안전관리와 관련된 업무를 시행하는 자로서 소방청장이 실시하는 안전교육대상자가 아닌 사람은?

① 제조소등의 관계인
② 안전관리자로 선임된 자
③ 위험물운송차로 종사하는 자
④ 탱크시험자의 기술인력으로 종사하는 자

해설 안전교육대상자

1) 안전원에 위탁
  (1) 위험물 운반자, 위험물 운송자의 요건을 갖추려는 사람
  (2) 위험물 취급자격자의 자격을 갖추려는 사람
  (3) 안전관리자로 선임된 자 및 위험물 운송자, 운반자에 대한 안전교육
2) 기술원에 위탁
  탱크시험자의 기술인력으로 종사하는 자

48 상중하

소방시설공사업법상 소방시설업의 등록을 하지 아니하고 영업을 한 사람에 대한 벌칙은?

① 500만 원 이하의 벌금
② 1년 이하의 징역 또는 2천만 원 이하의 벌금
③ 3년 이하의 징역 또는 3천만 원 이하의 벌금
④ 5년 이하의 징역 또는 5천만 원 이하의 벌금

해설 소방시설공사업법 벌칙

[3년 3000만 원]
1) 소방시설업 등록하지 아니하고 영업을 한 자
2) 부정한 청탁을 받고 재물 또는 재산상의 이익을 취득하거나 부정한 청탁을 하면서 재물 또는 재산상의 이익을 제공한 자

정답 46 ④ 47 ① 48 ③

[1년 1000만 원]
1) 영업정지 처분을 받고 그 기간에 영업한 자
2) 법과 NFTC를 위반한 설계·시공자
3) 적법하지 않게 감리를 하거나 거짓으로 감리한 자
4) 공사 감리자를 지정하지 아니한 관계인
5) 공사업자가 감리업자의 시정보완 요구를 무시하고 그 공사를 계속할 경우 감리업자는 그 사실을 소방본부장 또는 소방서장에게 보고하여야 한다. 이 사실을 거짓으로 보고한 감리업자
6) 공사감리 결과보고서의 제출을 거짓으로 한 감리업자
7) 무등록 소방시설업자에게 소방공사 도급한 관계인 또는 발주자
8) 도급받은 소방시설의 설계, 시공, 감리를 하도급한 자
9) 하도급받은 소방시설공사를 다시 하도급한 하수급인
10) 소방기술자가 법 또는 명령을 따르지 않고 업무를 수행한 자

49 상중하

소방시설 설치 및 관리에 관한 법령상 건축물대장의 건축물 현황도에 표시된 대지경계선 안에 둘 이상의 건축물이 있는 경우 연소 우려가 있는 건축물의 구조에 대한 기준으로 맞는 것은?

① 건축물이 다른 건축물의 외벽으로부터 수평거리가 1층의 경우에는 6 [m] 이하인 경우
② 건축물이 다른 건축물의 외벽으로부터 수평거리가 2층의 경우에는 6 [m] 이하인 경우
③ 건축물이 다른 건축물의 외벽으로부터 수평거리가 1층의 경우에는 20 [m] 이상의 경우
④ 건축물이 다른 건축물의 외벽으로부터 수평거기라 2층의 경우에는 20 [m] 이상인 경우

해설 연소우려가 있는 구조

• 대지경계선 안 2 이상의 건축물
• 다른 건축물 외벽으로부터 수평거리가 1층 6 [m] 이하, 2층 이상 10 [m] 이하
• 개구부가 다른 건축물 향하여 설치

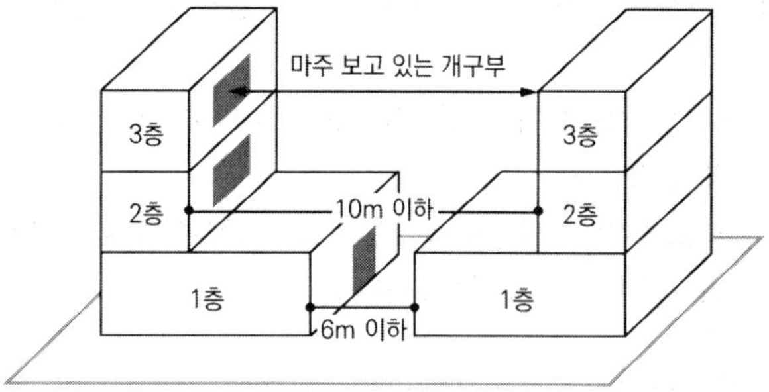

50 상중하

소방시설 설치 및 관리에 관한 법령상 무창층 여부 판단 시 개구부 요건에 대한 기준으로 맞는 것은?

① 도로 또는 차량이 진입할 수 없는 빈터를 향할 것
② 내부 또는 외부에서 쉽게 파괴 또는 개방할 수 없을 것
③ 크기는 지름 50 [cm] 이상의 원이 통과할 수 있는 크기일 것
④ 해당 층의 바닥면으로부터 개구부 밑부분까지의 높이가 1.5 [m] 이내일 것

해설 무창층, 개구부

1) 무창층 : 개구부 면적 합계가 해당 층 바닥면적의 1/30 이하가 되는 층
2) 개구부기준
• 크기 : 지름 50 [cm] 이상의 원이 통과
• 개구부 밑 부분까지의 높이 : 1.2 [m] 이내
• 도로 또는 차량이 진입 가능한 빈터를 향할 것
• 화재 시 쉽게 피난할 수 있도록 창살이나 장애물이 설치되지 아니할 것
• 내부, 외부에서 쉽게 부수거나 열 수 있을 것

2020

정답 49 ① 50 ③

51 상 중 하

소방시설 설치 및 관리에 관한 법령상 소방시설관리업 등록의 결격사유에 해당하지 않는 사람은?

① 피성년후견인
② 소방시설 관리업의 등록이 취소된 날로부터 2년이 지난 자
③ 금고 이상의 형의 집행유예를 선고받고 그 유예기간 중에 있는 자
④ 금고 이상의 실형을 선고받고 그 집행이 면제된 날부터 2년이 지나지 아니한 자

해설 소방시설업 등록 결격사유

1) 피성년후견인
2) 금고 이상의 실형을 선고받고 집행이 끝나거나 면제된 날부터 2년이 지나지 않은 사람
3) 금고 이상의 형의 집행유예를 선고받고 그 유예기간 중에 있는 사람
4) 등록하려는 소방시설업 등록이 취소된 날부터 2년이 지나지 않은 자
5) 법인 대표가 위 규정에 해당하는 경우 그 법인
6) 법인 임원이 위 규정에 해당하는 경우 그 법인

52 상 중 하

다음 보기 중 소방시설 설치 및 관리에 관한 법령상 소방용품의 형식승인을 반드시 취소하여야만 하는 경우를 모두 고른 것은?

㉠ 형식승인을 위한 시험시설의 시설기준에 미달되는 경우 ㉡ 거짓이나 그 밖의 부정한 방법으로 형식승인을 받은 경우 ㉢ 제품검사 시 소방용품 형식승인 및 제품검사 기술기준에 미달되는 경우

① ㉡
② ㉢
③ ㉡, ㉢
④ ㉠, ㉡, ㉢

해설 형식승인 취소

1) 6개월 이내 기간 제품검사 중지
- 시험시설 시설기준 미달
- 제품검사 기술기준 미달

2) 형식승인 취소
- 거짓이나 부정한 방법으로 제품검사 또는 형식승인 받은 경우
- 변경승인 받지 않거나 거짓 또는 부정한 방법으로 변경승인 받은 경우

53 상 중 하

소방기본법령상 소방대원에게 실시할 교육·훈련의 횟수 및 기간으로 옳은 것은?

① 1년마다 1회, 2주 이상
② 2년마다 1회, 2주 이상
③ 3년마다 1회, 2주 이상
④ 3년마다 1회, 4주 이상

해설 소방대원에게 실시할 교육·훈련

소방업무를 전문적이고 효과적으로 수행하기 위하여 소방대원에게 필요한 교육·훈련을 실시하여야 함

횟수	기간
2년마다 1회	2주 이상

1) 횟수 : 2년마다 1회
2) 기간 : 2주 이상
3) 교육·훈련 실시자 : 소방청장·본부장·서장
4) 교육·훈련의 종류 및 대상자

종류	대상자
화재진압훈련	소방공무원(화재진압 업무), 의무소방원, 의용소방대원
인명구조훈련	소방공무원(구조 업무), 의무소방원, 의용소방대원
응급처치훈련	소방공무원(구급 업무), 의무소방원, 의용소방대원
인명대피훈련	소방공무원(모든 업무), 의무소방원, 의용소방대원
현장지휘훈련	소방공무원 : 지방소방정, 지방소방령, 지방소방경, 지방소방위

정답 51 ② 52 ① 53 ②

54 상중하

소방기본법령상 벌칙이 5년 이하의 징역 또는 5천만 원 이하의 벌금에 해당하지 않는 것은?

① 정당한 사유 없이 소방용수시설의 효용을 해치거나 그 정당한 사용을 방해하는 자
② 소방자동차가 화재진압 및 구조·구급 활동을 위하여 출동할 때 그 출동을 방해한 자
③ 출동한 소방대의 소방장비를 파손하거나 그 효용을 해하여 화재진압·인명구조 또는 구급활동을 방해한 자
④ 사람을 구출하거나 불이 번지는 것을 막기 위하여 불이 번질 우려가 있는 소방대상물 사용제한의 강제처분을 방해한 자

해설 5년 이하 징역 또는 5000만 원 이하 벌금

1) 위력을 사용하여 출동한 소방대의 화재진압·인명구조·구급활동을 방해하는 행위
2) 소방대가 화재진압·인명구조·구급활동을 위하여 현장에 출동하거나 현장에 출입하는 것을 고의로 방해하는 행위
3) 출동한 소방대원에게 폭행·협박을 행사하여 화재진압·인명구조·구급활동 방해(음주 또는 약물로 인한 심신장애 상태에서 위반 시 형법의 감경 미적용)
4) 출동한 소방대의 소방장비를 파손하거나 그 효용을 해하여 화재진압·인명구조·구급활동 방해하는 행위
5) 소방자동차의 출동을 방해한 사람
6) 사람을 구출하는 일 또는 불을 끄거나 불이 번지지 않도록 하는 일을 방해한 사람
7) 정당한 사유 없이 소방용수시설·비상소화장치를 사용하거나 소방용수시설·비상소화장치의 효용을 해치거나 그 정당한 사용을 방해한 사람

55 상중하

소방기본법령상 소방용수시설인 저수조의 설치기준으로 맞는 것은?

① 흡수부분의 수심이 0.5 [m] 이하일 것
② 지면으로부터의 낙차가 4.5 [m] 이하일 것
③ 흡수관의 투입구가 사각형의 경우에는 한 변의 길이가 60 [cm] 이하일 것
④ 저수조에 물을 공급하는 방법은 상수도에 연결하여 수동으로 급수되는 구조일 것

해설 소방용수시설 설치기준

1) 소화전
- 상수도와 연결, 지하식·지상식 구조
- 연결금속구 구경 : 65 [mm]

2) 급수탑
- 급수배관 구경 : 100 [mm] 이상
- 개폐밸브 : 지상 1.5 [m] 이상 1.7 [m] 이하

3) 저수조
- 지면으로부터의 낙차 : 4.5 [m] 이하
- 흡수부분 수심 : 0.5 [m] 이상일 것
- 흡수관 투입구 : 사각형 한 변 60 [cm]
  원형 지름 60 [cm] 이상

2020

정답 54 ④ 55 ②

56 상중하

위험물안전관리법상 제조소등을 설치하고자 하는 자는 누구의 허가를 받아 설치할 수 있는가?

① 소방서장 ② 소방청장
③ 시·도지사 ④ 안전관리자

해설 제조소 설치 및 변경

1) 설치허가자 : 시·도지사(행정안전부령)
2) 변경신고 : 변경하고자 하는 날의 1일 전
3) 허가 제외 장소
  - 주택의 난방시설(공동주택 중앙난방시설 제외)을 위한 저장소·취급소
  - 농예용·축산용·수산용으로 필요한 난방·건조시설을 위한 지정수량 20배 이하의 저장소

57 상중하

위험물안전관리법상 업무상 과실로 제조소등에서 위험물을 유출·방출 또는 확산시켜 사람의 생명·신체 또는 재산에 대하여 위험을 발생시킨 자에 대한 벌칙으로 옳은 것은?

① 5년 이하의 금고 또는 5천만 원 이하의 벌금
② 5년 이하의 금고 또는 7천만 원 이하의 벌금
③ 7년 이하의 금고 또는 5천만 원 이하의 벌금
④ 7년 이하의 금고 또는 7천만 원 이하의 벌금

해설 위험물법 벌칙

- 5년 이하 징역 또는 1억 원 이하 벌금
  제조소등의 설치허가를 받지 아니하고 제조소등을 설치한 자
- 7년 이하 금고 또는 7000만 원 이하 벌금
  업무상 과실로 위험물 유출·방출시켜 생명·신체·재산에 위험을 발생시킨 자
- 10년 이하 금고 또는 1억 원 이하 벌금
  업무상 과실로 위험물 유출·방출시켜 사람을 사상에 이르게 한 자

58 상중하

소방시설 설치 및 관리에 관한 법령상 특정소방대상물 중 숙박시설에 해당하지 않는 것은?

① 모텔
② 오피스텔
③ 가족호텔
④ 한국전통호텔

해설 숙박시설

- 일반형 숙박시설 : 호텔, 여관, 모텔
- 생활형 숙박시설 : 관광호텔, 한국전통호텔
- 고시원(근린생활시설에 해당되지 않는 것)

보충 ▶ 오피스텔 : 업무시설

59 상중하

소방시설 설치 및 관리에 관한 법령상 건축물의 신축·증축·용도변경 등의 허가 권한이 있는 행정기관은 건축허가를 할 때 미리 그 건축물 등의 시공지 또는 소재지를 관할하는 소방본부장이나 소방서장의 동의를 받아야 한다. 다음 중 건축허가 등의 동의대상물의 범위가 아닌 것은?

① 항공기격납고
② 지하층 또는 무창층이 있는 건축물로서 바닥면적이 150 [m^2] 이상인 층이 있는 것
③ 승강기 등 기계장치에 의한 주차시설로서 자동차 10대 이상을 주차할 수 있는 시설
④ 차고·주차장으로 사용되는 바닥면적이 200 [m^2] 이상인 층이 있는 건축물이나 주차시설

정답 56 ③ 57 ④ 58 ② 59 ③

해설 건축허가 동의대상물 범위

구분	기준
학교시설	연면적 100 [m^2] 이상
노유자(老幼者)시설 및 수련시설	연면적 200 [m^2] 이상
지하층·무창층이 있는 건축물	바닥면적 150 [m^2] (공연장 100 [m^2]) 이상
정신의료기관, 장애인 의료시설	연면적 300 [m^2] 이상
일반용도의 특정소방대상물	연면적 400 [m^2] 이상
차고, 주차장 또는 주차용도로 사용되는 시설	바닥면적 200 [m^2] 이상
	기계식 주차시설 자동차 20대 이상
• 노인 관련 시설 중 노인주거복지시설, 노인의료복지시설, 재가노인복지시설, 학대피해노인 전용쉼터 • 아동복지시설(아동상담소, 아동전용시설 및 지역아동센터는 제외한다) • 장애인 거주시설 • 정신질환자 관련 시설(공동생활가정을 제외한 재활훈련시설과 종합시설 중 24시간 주거를 제공하지 않는 시설은 제외한다) • 노숙인 관련 시설 중 노숙인자활시설·노숙인재활시설·노숙인요양시설 • 결핵환자나 한센인이 24시간 생활하는 노유자시설	단독주택, 공동주택에 설치되는 시설 제외
• 6층 이상 건축물 • 항공기격납고, 관망탑, 항공관제탑, 방송용 송수신탑 • 요양병원(의료재활시설 제외) • 위험물 저장 및 처리시설, 지하구, 전기저장시설, 풍력발전소 • 조산원, 산후조리원, 의원(입원실 또는 인공신장실이 있는 것으로 한정한다) • 공장 또는 창고시설로서 지정 수량의 750배 이상의 특수가연물을 저장·취급하는 것 • 가스시설로서 지상에 노출된 탱크의 저장용량의 합계가 100톤 이상인 것	-

60 상 중 하

소방기본법령상 소방활동구역에 출입할 수 있는 자는?

① 한국소방안전원에 종사하는 자
② 수사업무에 종사하지 않는 검찰청 소속 공무원
③ 의사·간호사 그 밖의 구조·구급업무에 종사하는 사람
④ 소방활동구역 밖에 있는 소방대상물의 소유자·관리자 또는 점유자

해설 소방활동구역 출입자

1) 설정
(1) 설정권자 : 소방대장
(2) 소방활동구역을 정하여 소방활동에 필요한 사람으로서 대통령령으로 정하는 사람 외에는 그 구역에 출입하는 것을 제한
2) 출입자
(1) 소방활동구역 안에 있는 소방대상물의 소유자·관리자·점유자
(2) 전기·가스·수도·통신·교통의 업무 종사자로서 소방활동을 위해 필요한 사람
(3) 의사·간호사 그 밖의 구조·구급업무 종사자
(4) 취재인력 등 보도업무 종사자
(5) 수사업무 종사자
(6) 그 밖에 소방대장이 소방활동을 위해 출입을 허가한 사람
3) 경찰공무원은 소방대가 소방활동구역에 있지 않거나 소방대장의 요청이 있을 때에는 출입제한 조치를 할 수 있음

정답 60 ③

2020년 1, 2회

소방전기시설의 구조 및 원리

3회독	월	일
2회독	월	일
1회독	월	일

목표시간 : 30분 | 시작 : _시 _분 | 종료 : _시 _분 | 맞은 개수 : _ /20

61 상 ㊥ 하

자동화재탐지설비 및 시각경보장치의 화재안전기술기준(NFTC 203)에 따라 부착높이 8 [m] 이상 15 [m] 미만에 설치되는 감지기의 종류로 틀린 것은?

① 불꽃감지기
② 이온화식 2종
③ 차동식 분포형
④ 보상식 스포트형

해설 감지기 설치

부착높이	감지기 종류
8 [m] 이상 ~ 15 [m] 미만	• **차**동식 **분**포형 • **이**온화식 1종·2종 • **광**전식 1종·2종 • **연**기**복**합형 • **불**꽃감지기
15 [m] 이상 ~ 20 [m] 미만	**이**온화식 1종, 광전식(스포트형, 분리형, 공기흡입형) 1종, **연**기**복**합형, 불꽃감지기
20 [m] 이상	**불**꽃감지기, **광**전식(**분**리형, **공**기흡입형) 중 아날로그방식

보충 ▶ 스포트(Spot) 형태의 감지기는 부착높이가 증가할수록 연기는 희석, 온도는 낮아지므로 화재의 감지가 불리하다.

암기 ▶ 차분한 이광연 12세

62 상 ㊥ 하

비상경보설비 및 단독경보형 감지기의 화재안전기술기준(NFTC 201)에 따른 비상경보설비 중 비상벨설비에 대한 설명으로 옳은 것은?

① 화재 발생 상황을 경종으로 경보하는 설비
② 화재 발생 상황을 사이렌으로 경보하는 설비
③ 화재 발생 신호를 수신기에 수동으로 발신하는 설비
④ 화재 발생 상황을 단독으로 감지하여 자체에 내장된 음향장치로 경보하는 설비

해설 비상벨 동작

• 경보방식 : 화재 발생 상황 경종으로 경보
• 음량 : 1 [m] 떨어진 위치에서 90 [dB] 이상

63 상 중 ㊦

자동화재탐지설비 및 시각경보장치의 화재안전기술기준(NFTC 203)에 따라 스포트형 감지기를 경사면에 설치할 경우 몇 도 미만으로 설치하여야 하는가?

① 5　　② 15
③ 25　　④ 45

해설 스포트형 경사면 설치

• 경사각도 : 45° 미만
• 45° 이상 시 연기와 온도의 축적이 없어져 감지성능이 떨어짐

정답 61 ④ 62 ① 63 ④

64 상중하

자동화재속보설비의 속보기의 성능인증 및 제품검사의 기술기준에 따른 속보기의 기능으로 틀린 것은?

① 예비전원은 자동적으로 충전되어야 하며 자동과충전 방지장치가 있어야 한다.

② 예비전원을 병렬로 접속하는 경우에는 역충전방지 등의 조치를 하여야 한다.

③ 화재신호를 수신하거나 속보기를 수동으로 동작시키는 경우 자동적으로 녹색 화재표시등이 점등되어야 한다.

④ 연동 또는 수동으로 소방관서에 화재발생 음성정보를 속보 중인 경우에도 송수화장치를 이용한 통화가 우선적으로 가능하여야 한다.

해설 속보기 기능

1) 작동신호를 수신하거나 수동으로 동작시키는 경우 20초 이내에 소방관서에 자동적으로 신호를 발하여 통보하되, 3회 이상 속보할 수 있어야 한다.
2) 주전원이 정지한 경우에는 자동적으로 예비전원으로 전환되고, 주전원이 정상상태로 복귀한 경우에는 자동적으로 예비전원에서 주전원으로 전환되어야 한다.
3) 예비전원은 자동적으로 충전되어야 하며 자동과충전방지장치가 있어야 한다.
4) 화재신호를 수신하거나 속보기를 수동으로 동작시키는 경우 자동적으로 적색 화재표시등이 점등되고 음향장치로 화재를 경보하여야 하며, 화재표시 및 경보는 수동으로 복구 및 정지시키지 않는 한 지속되어야 한다.
5) 연동 또는 수동으로 소방관서에 화재발생 음성정보를 속보 중인 경우에도 송수화장치를 이용한 통화가 우선적으로 가능하여야 한다.
6) 예비전원을 병렬로 접속하는 경우에는 역충전방지 등의 조치를 하여야 한다.
7) 예비전원은 감시상태를 60분간 지속한 후 10분 이상 동작(화재속보 후 화재표시 및 경보를 10분간 유지하는 것을 말한다)이 지속될 수 있는 용량이어야 한다.
8) 속보기는 연동 또는 수동 작동에 의한 다이얼링 후 소방관서와 전화접속이 이루어지지 않는 경우에는 최초 다이얼링을 포함하여 10회 이상 반복적으로 접속을 위한 다이얼링이 이루어져야 한다. 이 경우 매회 다이얼링 완료 후 호출은 30초 이상 지속되어야 한다.
9) 속보기의 송수화장치가 정상위치가 아닌 경우에도 연동 또는 수동으로 속보가 가능하여야 한다.
10) 음성으로 통보되는 속보내용을 통하여 해당 특정소방대상물의 위치, 화재발생 및 속보기에 의한 신고임을 확인할 수 있어야 한다.
11) 속보기는 음성속보방식 외에 데이터 또는 코드전송방식 등을 이용한 속보기능을 설치할 수 있다.

65 상중하

누전경보기의 형식승인 및 제품검사의 기술기준에 따라 변류기(경계전로의 전선을 그 변류기에 관통시키는 것은 제외한다)는 경계전로에 정격전류를 흘리는 경우 그 경계전로의 전압강하는 몇 [V] 이하이어야 하는가?

① 0.3　　② 0.5
③ 1　　④ 2

해설 누전경보기

1) 공칭작동전류치 : 공칭작동전류치 200 [mA] 이하일 것
2) 감도조정장치(감도절환부) : 최대 1 [A](조정범위 0.2, 0.5, 1 [A] 구분)
3) 전압강하방지시험 : 경계전로의 전압강하는 0.5 [V] 이하
4) 전압 지시전기계기의 최대눈금 : 정격전압의 140 [%] 이상 200 [%] 이하
5) 반복시험 : 수신부는 정격전압에서 1만 회 누전작동시험 시 기능 이상 없을 것

정답 64 ③ 65 ②

66 상중하

누전경보기의 화재안전기술기준(NFTC 205)에 따른 누전경보기 전원의 시설기준으로 틀린 것은?

① 전원은 분전반으로부터 전용회로로 하여야 한다.
② 각 극에 개폐기 및 15 [A] 이하의 과전류차단기를 설치하여야 한다.
③ 전원의 개폐기에는 누전경보기용임을 표시한 표지를 하여야 한다.
④ 전원을 분기할 때에는 다른 차단기에 따라 동시에 전원이 차단되도록 하여야 한다.

해설 누전경보기 전원

1) 전원은 분전반으로부터 전용회로
2) 각 극에 개폐기 및 15 [A] 이하의 과전류차단기(배선용 차단기 20 [A] 이하)를 설치
3) 전원을 분기할 때에는 다른 차단기에 의하여 전원이 차단되지 아니하도록 할 것
4) 전원의 개폐기에는 누전경보기용 표지를 할 것

67 상중하

감지기의 형식승인 및 제품검사의 기술기준에 따른 감지기의 구조 및 기능으로 틀린 것은?

① 작동이 확실하고 취급 · 점검이 쉬워야 한다.
② 기기 내의 배선은 충분한 전류용량을 갖는 것으로 하여야 한다.
③ 극성이 있는 경우에는 오접속을 방지하기 위하여 필요한 조치를 하여야 한다.
④ 방수형 및 방폭형은 보수 및 부속품의 교체가 용이하도록 개방하기 쉬운 구조이어야 한다.

해설 감지기 구조 및 기능

- 작동 확실, 취급 점검이 쉬울 것
- 기기 내 배선 : 충분한 전류용량 가질 것
- 극성 있는 경우 : 오접속방지 조치
- 보수 · 부속품 교체 쉬울 것(방수형 · 방폭형 제외)

68 상중하

비상콘센트설비의 화재안전기술기준(NFTC 504)에 따라 비상콘센트를 보호하기 위한 비상콘센트 보호함의 시설기준으로 틀린 것은?

① 보호함 상부에 적색의 표시등을 설치하여야 한다.
② 보호함 표면에 "비상콘센트"라고 표시한 표지를 하여야 한다.
③ 보호함의 문을 쉽게 개폐할 수 없도록 잠금장치를 하여야 한다.
④ 비상콘센트의 보호함을 옥내소화전함 등과 접속하여 설치하는 경우에는 옥내소화전함 등의 표시등과 겸용할 수 있다.

해설 비상콘센트설비 보호함

1) 보호함에는 쉽게 개폐할 수 있는 문을 설치할 것
2) 보호함 표면에 "비상콘센트"라고 표시한 표지를 할 것
3) 보호함 상부에 적색의 표시등을 설치할 것. 다만 비상콘센트의 보호함을 옥내소화전함 등과 접속하여 설치하는 경우에는 옥내소화전함 등의 표시등과 겸용할 수 있다.

69 상중하

자동화재탐지설비 및 시각경보장치의 화재안전기술기준(NFTC 203)에 따른 주요구성요소에 해당하지 않는 것은?

① 중계기　② 수신기
③ 변류기　④ 발신기

해설 자동화재탐지설비 · 시각경보장치 구조

발신기, 중계기, 감지기, 수신기, 음향장치, 시각경보장치

암기 ▶ 발중감 수음시

TIP ▶ 변류기 : 누전경보기 구성요소

정답 66 ④ 67 ④ 68 ③ 69 ③

70 상중하

비상방송설비의 화재안전기술기준(NFTC 202)에 따라 하나의 특정소방대상물에 몇 이상의 조작부가 설치되어 있는 때에는 각각의 조작부가 있는 장소 상호 간에 동시통화가 가능한 설비를 설치하고, 어느 조작부에서도 해당 특정소방대상물의 전 구역에 방송을 할 수 있도록 하는가?

① 1　　② 2
③ 3　　④ 4

해설 비상방송설비

1) 확성기
  (1) 음성입력 : 실외 3 [W] 이상, 실내 1 [W] 이상
  (2) 수평거리 : 층 각 부분으로부터 하나의 확성기까지의 25 [m] 이하
  (3) 확성기는 각 층마다 설치, 당해 층의 각 부분에 유효하게 경보를 발하도록 설치
2) 음량조정기(ATT) : 음량조정기의 배선은 3선식으로 한다.
3) 조작부
  (1) 조작스위치 높이 : 바닥으로부터 0.8 [m] 이상 1.5 [m] 이하
  (2) 기동장치의 작동과 연동하여 당해 기동장치가 작동한 층 또는 구역을 표시
  (3) 조작부 및 증폭기 설치장소 : 수위실 등 상시 사람이 근무, 점검이 편리, 방화상 유효한 곳
  (4) 2 이상 조작부 설치 시 설치장소 상호 간 동시통화 가능, 어느 조작부에서도 전구역 방송 가능
4) 층수가 11층(공동주택의 경우에는 16층)의 특정소방대상물은 다음과 같은 경보를 발할 수 있어야 한다.
  (1) 2층 이상의 층에서 발화한 때에는 발화층 및 그 직상 4개 층에 경보
  (2) 1층에서 발화한 때에는 발화층. 그 직상 4개 층 및 지하층에 경보
  (3) 지하층에서 발화한 때에는 발화층. 그 직상층 및 기타 지하층 경보
5) 기동장치에 따른 화재신고를 수신한 후 필요한 음량으로 화재 발생 상황 및 피난에 유효한 방송이 자동으로 개시될 때까지의 소요시간은 10초 이하로 할 것
6) 다른 방송설비와 공용할 경우 화재 시 비상경보 외의 방송을 차단할 수 있는 구조
7) 다른 전기회로에 따라 유도장애가 생기지 아니하도록 할 것
8) 음향장치의 구조 및 성능
  (1) 정격전압의 80 [%] 전압에서 음향을 발할 수 있는 것을 할 것
  (2) 자동화재탐지설비의 작동과 연동하여 작동할 수 있는 것으로 할 것

71 상중하

비상조명등의 화재안전기술기준(NFTC 304)에 따라 보행거리 25 [m] 이내마다 휴대용 비상조명등을 3개 이상 설치하여야 하는 곳은?

① 호텔　　② 대형백화점
③ 영화상영관　　④ 지하상가 및 지하역사

해설 휴대용 비상조명등

1) 설치장소

설치장소	설치개수
숙박시설 또는 다중이용업소에는 객실 또는 영업장 안의 구획된 실마다 잘 보이는 곳(외부 설치 시 출입문 손잡이로부터 1 [m] 이내 부분)	1개 이상
대규모점포(지하상가·지하역사 제외), 영화상영관	보행거리 50 [m] 이내마다 3개 이상
지하상가 및 지하역사	보행거리 25 [m] 이내마다 3개 이상

2) 설치기준
  (1) 바닥으로부터 0.8 [m] 이상 1.5 [m] 이하의 높이에 설치할 것
  (2) 어둠 속에서 위치를 확인할 수 있도록 할 것
  (3) 사용 시 자동으로 점등되는 구조일 것
  (4) 외함은 난연성능이 있을 것
  (5) 건전지 사용 시 방전방지조치를 하고 충전식 배터리 사용 시 상시 충전되도록 할 것
  (6) 건전지 및 충전식 배터리 용량은 20분 이상 유효하게 사용할 수 있는 것

2020

정답 70 ② 71 ④

72 상중하

비상콘센트설비의 화재안전기술기준(NFTC 504)에 따라 비상콘센트의 플러그접속기는 어떤 것을 사용하여야 하는가?

① 접지형 2극 플러그접속기
② 접지형 4극 플러그접속기
③ 비접지형 2극 플러그접속기
④ 비접지형 4극 플러그접속기

해설 비상콘센트설비 전원회로 설치기준

1) 비상콘센트설비의 전원회로는 단상교류 220 [V]인 것으로서, 그 공급용량은 1.5 [kVA] 이상인 것으로 할 것
2) 전원회로는 각 층에 2 이상이 되도록 설치할 것. 다만 설치해야 할 층의 비상콘센트가 1개인 때에는 하나의 회로로 할 수 있다.
3) 전원회로는 주배전반에서 전용회로로 할 것. 다만 다른 설비회로의 사고에 따른 영향을 받지 않도록 되어 있는 것은 그렇지 않다.
4) 전원으로부터 각 층의 비상콘센트에 분기되는 경우에는 분기배선용 차단기를 보호함 안에 설치할 것
5) 콘센트마다 배선용 차단기(KS C 8321)를 설치해야 하며, 충전부가 노출되지 않도록 할 것
6) 개폐기에는 "비상콘센트"라고 표시한 표지를 할 것
7) 비상콘센트용의 풀박스 등은 방청도장을 한 것으로서, 두께 1.6 [mm] 이상의 철판으로 할 것
8) 하나의 전용회로에 설치하는 비상콘센트는 10개 이하로 할 것. 이 경우 전선의 용량은 각 비상콘센트(비상콘센트가 3개 이상인 경우에는 3개)의 공급용량을 합한 용량 이상의 것으로 해야 한다.
9) 비상콘센트의 플러그접속기는 접지형 2극 플러그접속기(KS C 8305)를 사용해야 한다.
10) 비상콘센트의 플러그접속기의 칼받이의 접지극에는 접지공사를 해야 한다.

73 상중하

무선통신보조설비의 화재안전기술기준(NFTC 505)에 따른 무선통신보조설비의 시설기준으로 틀린 것은?

① 분배기·분파기 및 혼합기 등의 임피던스는 100 [Ω]의 것으로 할 것
② 누설동축케이블 및 안테나는 고압의 전로로부터 1.5 [m] 이상 떨어진 위치에 설치할 것
③ 지상에 설치하는 접속단자는 보행거리 300 [m] 이내마다 설치하고, 다른 용도로 사용되는 접속단자에서 5 [m] 이상의 거리를 둘 것
④ 증폭기에는 비상전원이 부착된 것으로 하고 해당 비상전원 용량은 무선통신보조설비를 유효하게 30분 이상 작동시킬 수 있는 것으로 할 것

해설 무선통신보조설비 설치기준

1) 분배기·분파기·혼합기·임피던스 : 50 [Ω]
2) 누설동축케이블 이격 : 고압전로부터 1.5 [m] 이상
3) 증폭기 비상전원 : 무선통신 30분 이상 작동

74 상중하

유도등 및 유도표지의 화재안전기술기준(NFTC 303)에 따른 통로유도등의 시설기준으로 옳은 것은?

① 계단통로유도등은 바닥으로부터 높이 1 [m] 이하의 위치에 설치하여야 한다.
② 복도통로유도등은 바닥으로부터 높이 1.5 [m] 이하의 위치에 설치하여야 한다.
③ 거실통로유도등은 바닥으로부터 높이 1 [m] 이상의 위치에 설치하여야 한다.
④ 거실통로유도등은 거실통로에 기둥이 설치된 경우에는 기둥부분의 바닥으로부터 높이 1 [m] 이하의 위치에 설치할 수 있다.

정답 72 ① 73 ① 74 ①

해설 통로유도등 설치높이

1) 복도통로유도등
  (1) 설치기준
    ① 복도에 설치할 것
    ② 옥내로부터 직접 지상으로 통하는 출입구 및 그 부속실의 출입구 또는 직통계단·직통계단의 계단실 및 그 부속실의 출입구의 경우 피난구 유도등이 설치된 출입구의 맞은편 복도에는 입체형으로 설치하거나 바닥에 설치할 것
    ③ 구부러진 모퉁이 및 위에 따라 설치된 통로유도등 기점으로 보행거리 20 [m]마다 설치할 것
    ④ 바닥에 설치하는 통로 유도등은 하중에 따라 파괴되지 않는 강도의 것으로 할 것
  (2) 설치높이
    바닥으로부터 높이 1 [m] 이하의 위치에 설치할 것(다만 지하층 또는 무창층의 용도가 도매시장·소매시장·여객자동차터미널·지하역사 또는 지하상가인 경우에는 복도·통로 바닥에 설치)
  (3) 형식승인 및 제품 시 식별도기준
    ① 상용전원 점등 시 : 직선거리 20 [m] 위치 (표시면 화살표 식별 가능)
    ② 비상전원 점등 시 : 직선거리 15 [m] 위치 (표시면 화살표 식별 가능)
2) 거실통로유도등
  (1) 설치기준
    ① 거실의 통로에 설치할 것(다만 거실의 통로가 벽체 등으로 구획 시 복도통로유도등을 설치하여야 한다)
    ② 구부러진 모퉁이 및 보행거리 20 [m]마다 설치할 것
  (2) 설치높이
    바닥으로부터 높이 1.5 [m] 이상의 위치에 설치(다만 거실 통로에 기둥 설치 시 기둥부분의 바닥으로부터 1.5 [m] 이하의 위치에 설치 가능)
3) 계단통로유도등
  (1) 설치기준
    각 층의 경사로 참 또는 계단참마다(1개 층에 경사로참 또는 계단참이 2 이상 있는 경우에는 2개의 계단참마다) 설치할 것
  (2) 설치높이
    바닥으로부터 높이 1 [m] 이하의 위치에 설치할 것

75 (상 중 하)

비상방송설비의 화재안전기술기준(NFTC 202)에 따른 비상방송설비의 구성요소로 틀린 것은?

① 확성기　　② 감지기
③ 증폭기　　④ 음량조절기

해설 비상방송설비 구성

발신기·확성기·증폭기·음량조절기·표시등·입력장치·전원장치·조작장치·배선

암기 ▶ 발성폭음 표입전 조배
TIP ▶ 감지기 : 자탐 구성요소

76 (상 중 하)

무선통신보조설비의 화재안전기술기준(NFTC 505)에 따라 누설동축케이블은 화재에 따라 해당 케이블의 피복이 소실된 경우에 케이블 본체가 떨어지지 아니하도록 몇 [m] 이내마다 금속제 또는 자기제 등의 지지금구로 벽·천장·기둥 등에 견고하게 고정시켜야 하는가?

① 2　　② 4
③ 6　　④ 8

해설 누설동축케이블

1) 소방전용주파수대에서 전파의 전송 또는 복사에 적합한 것으로서 소방전용의 것으로 할 것(다만 소방대 상호 간 무선연락에 지장 없는 경우에는 다른 용도와 겸용 가능하다)
2) 누설동축케이블과 이에 접속하는 안테나 또는 동축케이블과 이에 접속하는 안테나에 따른 것으로 할 것
3) 누설동축케이블은 불연 또는 난연성의 것으로서 습기에 따라 전기의 특성이 변질되지 아니하는 것으로 하고, 노출하여 설치한 경우에는 피난 및 통행에 장애가 없도록 할 것
4) 누설동축케이블은 화재에 따라 해당 케이블의 피복이 소실된 경우에 케이블 본체가 떨어지지 아니하도록 4 [m] 이내마다 금속제 또는 자기제 등의 지지금구로 벽·천장·기둥 등에 견고하게 고정시킬 것(다만 불연재료로 구획된 반자 안에 설치하는 경우에는 그러하지 않는다)

2020

정답 75 ② 76 ②

5) 누설동축케이블 및 안테나는 금속판 등에 따라 전파의 복사 또는 특성이 현저하게 저하되지 아니하는 위치에 설치할 것
6) 누설동축케이블 및 안테나는 고압의 전로로부터 1.5 [m] 이상 떨어진 위치에 설치할 것(다만 해당 전로에 정전기 차폐장치를 유효하게 설치한 경우에는 그러하지 않는다)
7) 누설동축케이블의 끝부분에는 무반사 종단저항을 견고하게 설치할 것
8) 누설동축케이블 또는 동축케이블의 임피던스는 50 [Ω]으로 하고, 이에 접속하는 안테나·분배기 기타의 장치는 해당 임피던스에 적합한 것으로 하여야 한다.

77 상 (중) 하

소방회로용으로 수전설비, 변전설비, 그 밖의 기기 및 배선을 금속제 외함에 수납한 것은?

① 전용분전반　② 공용분전반
③ 전용큐비클식　④ 공용큐비클식

해설 큐비클식

"큐비클형"이란 수전설비를 큐비클 내에 수납하여 설치하는 방식으로서 다음의 형식을 말한다.
1) "공용큐비클식"이란 소방회로 및 일반회로 겸용의 것으로서 수전설비, 변전설비와 그 밖의 기기 및 배선을 금속제 외함에 수납한 것을 말한다.
2) "전용큐비클식"이란 소방회로용의 것으로 수전설비, 변전설비와 그 밖의 기기 및 배선을 금속제 외함에 수납한 것을 말한다.

78 (상) 중 하

유도등의 형식승인 및 제품검사의 기술기준에 따라 (㉠), (㉡), (㉢)에 들어갈 내용으로 옳은 것은?

> 객석유도등은 바닥면 또는 디딤 바닥면에서 높이 (㉠) [m] 위치에 설치하고, 그 유도등의 바로 밑에서 (㉡) [m] 떨어진 위치에서의 수평조도가 (㉢) [lx] 이상이어야 한다.

① ㉠ 0.3 ㉡ 0.1 ㉢ 0.2
② ㉠ 0.5 ㉡ 0.1 ㉢ 0.3
③ ㉠ 0.5 ㉡ 0.3 ㉢ 0.2
④ ㉠ 1.0 ㉡ 0.3 ㉢ 0.3

해설 객석유도등 조도시험

- 유도등 위치 : 바닥·디딤바닥부터 0.5 [m]
- 시험 위치 : 유도등 바로밑 0.3 [m] 거리
- 조도 : 0.2 [lx]

TIP ▶ 디딤바닥면 : 피난자 발 바닥 닿을 때 넘어짐 방지

79 상 중 (하)

비상경보설비 및 단독경보형 감지기의 화재안전기술기준(NFTC 201)에 따라 비상벨설비 또는 자동식 사이렌설비 부속회로의 전로와 대지 사이 및 배선 상호 간의 절연저항은 1경계구역마다 직류 250 [V]의 절연저항측정기를 사용하여 측정한 절연저항이 몇 [MΩ] 이상이 되도록 하여야 하는가?

① 0.1　② 0.2
③ 0.3　④ 0.5

해설 비상방송설비 절연저항

직류 250 [V] 절연저항측정기로 측정 시 : 0.1 [MΩ] 이상

정답 77 ③ 78 ③ 79 ①

80 상중하

유도등 및 유도표지의 화재안전기술기준(NFTC 303)에 따라 거실의 통로가 벽체 등으로 구획된 경우에는 어떤 유도등을 설치해야하는가?

① 피난구유도등
② 계단통로유도등
③ 복도통로유도등
④ 거실통로유도등

해설 통로유도등 설치

1) 복도통로유도등
  (1) 설치기준
    ① 복도에 설치할 것
    ② 옥내로부터 직접 지상으로 통하는 출입구 및 그 부속실의 출입구 또는 직통계단·직통계단의 계단실 및 그 부속실의 출입구의 경우 피난구 유도등이 설치된 출입구의 맞은편 복도에는 입체형으로 설치하거나 바닥에 설치할 것
    ③ 구부러진 모퉁이 및 위에 따라 설치된 통로유도등 기점으로 보행거리 20 [m]마다 설치할 것
    ④ 바닥에 설치하는 통로 유도등은 하중에 따라 파괴되지 않는 강도의 것으로 할 것
  (2) 설치높이
    바닥으로부터 높이 1 [m] 이하의 위치에 설치할 것(다만 지하층 또는 무창층의 용도가 도매시장·소매시장·여객자동차터미널·지하역사 또는 지하상가인 경우에는 복도·통로 바닥에 설치)
  (3) 형식승인 및 제품 시 식별도기준
    ① 상용전원 점등 시 : 직선거리 20 [m] 위치 (표시면 화살표 식별 가능)
    ② 비상전원 점등 시 : 직선거리 15 [m] 위치 (표시면 화살표 식별 가능)
2) 거실통로유도등
  (1) 설치기준
    ① <u>거실의 통로에 설치할 것(다만 거실의 통로가 벽체 등으로 구획 시 복도통로유도등을 설치하여야 한다)</u>
    ② 구부러진 모퉁이 및 보행거리 20 [m]마다 설치할 것
  (2) 설치높이
    바닥으로부터 높이 1.5 [m] 이상의 위치에 설치(다만 거실 통로에 기둥 설치 시 기둥부분의 바닥으로부터 1.5 [m] 이하의 위치에 설치 가능)
3) 계단통로유도등
  (1) 설치기준
    각 층의 경사로 참 또는 계단참마다(1개 층에 경사로참 또는 계단참이 2 이상 있는 경우에는 2개의 계단참마다) 설치할 것
  (2) 설치높이
    바닥으로부터 높이 1 [m] 이하의 위치에 설치할 것

정답 80 ③

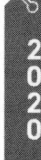

2020년 3회

소방원론

3회독	월	일
2회독	월	일
1회독	월	일

목표시간 : 20분 | 시작 : _시 _분 | 종료 : _시 _분 | 맞은 개수 : _ /20

01 상 중 하

어떤 기체의 확산 속도가 이산화탄소의 2배였다면 그 기체의 분자량은 얼마로 예상할 수 있는가?

① 11 ② 22

③ 44 ④ 88

해설 그레이엄의 확산속도법칙

그레이엄의 확산속도법칙 $\frac{V_1}{V_2} = \sqrt{\frac{\rho_2}{\rho_1}} = \sqrt{\frac{m_2}{m_1}}$

$$\frac{V_{기체}}{V_{이산화탄소}} = \sqrt{\frac{m_{이산화탄소}}{m_{기체}}}$$

$$\frac{2 \times V_{이산화탄소}}{V_{이산화탄소}} = \sqrt{\frac{m_{이산화탄소}}{m_{기체}}}$$

$$2 = \sqrt{\frac{44}{m_{기체}}}$$

$$\therefore m_{기체} = 11$$

V_1, V_2 : 기체 1, 2 확산속도 [m/s]
ρ_1, ρ_2 : 기체 1, 2 밀도 [kg/m³]
m_1, m_2 : 기체 1, 2 분자량 [kg/kmol]

02 상 중 하

소화약제로 사용되는 물에 대한 설명 중 틀린 것은?

① 극성 분자이다.
② 수소결합을 하고 있다.
③ 아세톤, 벤젠보다 증발 잠열이 크다.
④ 아세톤, 구리보다 비열이 작다.

해설 물의 물리·화학적 성질

구분	내용
물리적성질	1) 상온에서 물은 무겁고 안정된 액체 2) 비열 : 1 [kcal/kg·℃] (= 4.18 [kJ/kg·K]) 3) 잠열 ① 융해잠열 80 [kcal/kg] (= 334 [kJ/kg]) ② 증발잠열 539.6 [kcal/kg] (= 2257 [kJ/kg]) 4) 비열, 잠열이 크므로 냉각소화효과가 큼 5) 표면장력이 큼 6) 증발 시 체적 약 1650배(1600 ~ 1700배) 증가
화학적성질	물 분자(H_2O)는 산소(O) 원자 1개와 수소(H) 원자 2개가 **극성 공유결합**을 이루고, 물분자 사이에 **수소결합**을 이루고 있음

※ 물분자의 극성 공유결합과 수소결합

물 분자(H_2O)는 산소(O) 원자 1개와 수소(H) 원자 2개가 공유결합을 이루고 있다. 이때 산소 원자와 수소 원자는 전자를 1개씩 내어서 전자쌍을 만들고 이를 공유하지만, 전자쌍은 전기음성도가 더 큰 산소 원자 쪽에 가깝게 위치하여 산소 원자는 부분적인 음전하(-)를 띠고, 수소 원자는 부분적인 양전하(+)를 띠게 된다(극성 공유결합). 따라서 극성을 띤 물 분자끼리는 전기적 인력에 의한 수소결합을 하게 되며 강한 응집력을 갖게 된다.

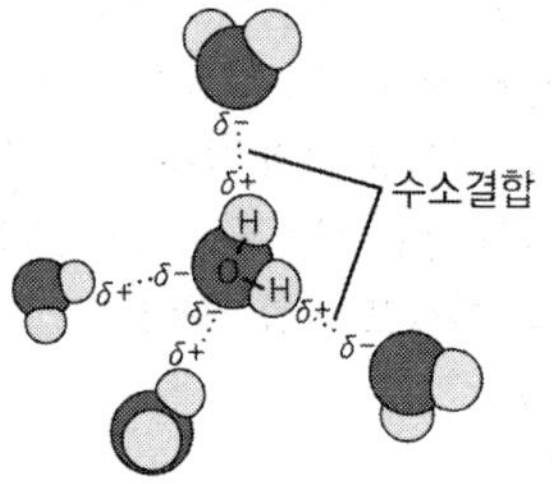

[물분자의 수소결합]

보충 ▶ 아세톤의 비열 : 0.51 [kcal/kg·℃]
벤젠의 비열 : 0.39 [kcal/kg·℃]
구리의 비열 : 0.09 [kcal/kg·℃]

정답 01 ① 02 ④

03 (상 중 하)

건축물 내부 화재 시 연기의 평균 수평이동 속도는 약 몇 [m/s]인가?

① 0.01 ~ 0.05
② 0.5 ~ 1
③ 10 ~ 15
④ 20 ~ 30

해설 연기의 유동속도

이동방향	이동속도 [m/s]
수평 방향	**0.5 ~ 1.0**
수**직** 방향	**2 ~ 3**
계단실 내의 수직 이동속도	3 ~ 5

암기 ▶ 평점오일 직이삼

04 (상 중 하)

기계적 열에너지에 의한 점화원에 해당되는 것은?

① 충격, 기화, 산화
② 촉매, 열방사선, 중합
③ 충격, 마찰, 압축
④ 응축, 증발, 촉매

해설 열에너지원의 종류

구분	종류
기계열	**압**축열, **마**찰열, **마**찰스파크, **충**격열
전기열	유도열, 유전열, 저항열, 아크열, 정전기열, 낙뢰에 의한 열
화학열	연소열, 용해열, 분해열, 생성열, 자연발화열

암기 ▶ 기압마충

05 (상 중 하)

A급 화재에 해당하는 가연물이 아닌 것은?

① 섬유
② 목재
③ 종이
④ 유류

해설 화재의 분류

등급	화재	표시색	가연물
A급	**일**반화재	백색	나무, 섬유, 종이, 고무, 플라스틱류
B급	**유**류화재	황색	인화성 액체, 가연성 액체, 석유 그리스, 타르, 오일, 유성도료, 솔벤트, 래커, 알코올 및 인화성 가스 등
C급	**전**기화재	청색	전류가 흐르고 있는 전기기기, 배선 등
D급	**금**속화재	무색	마그네슘 합금 등 가연성 금속
K급	**주**방화재	-	주방에서 동식물유를 취급하는 조리기구

암기 ▶ 일유전 금주

06 (상 중 하)

가연성 기체의 일반적인 연소범위에 관한 설명으로서 옳지 못한 것은?

① 연소범위에는 상한과 하한이 있다.
② 연소범위의 값은 공기와 혼합된 가연성 기체의 체적 농도로 표시된다.
③ 연소범위의 값은 압력과 무관하다.
④ 연소범위는 가연성 기체의 종류에 따라 다른 값을 갖는다.

정답 03 ② 04 ③ 05 ④ 06 ③

해설 연소범위

1) 연소범위에는 상한계(UFL)와 하한계(LFL)가 존재한다.
2) 연소범위의 상한계(UFL)가 높을수록, 하한계(LFL)가 낮을수록 위험성이 크다.
3) 연소범위가 넓을수록 위험성이 크다.
4) 연소범위의 값은 혼합가스의 체적농도이다.
5) 온도와 농도가 높을수록 연소범위는 넓어진다(단, CO, H는 좁아진다).
6) <u>압력 상승 시 연소 범위는 넓어진다.</u>
7) 불활성 기체를 첨가할수록 연소범위는 좁아진다.
8) 가연성 기체의 종류에 따라 다른 값 가진다.

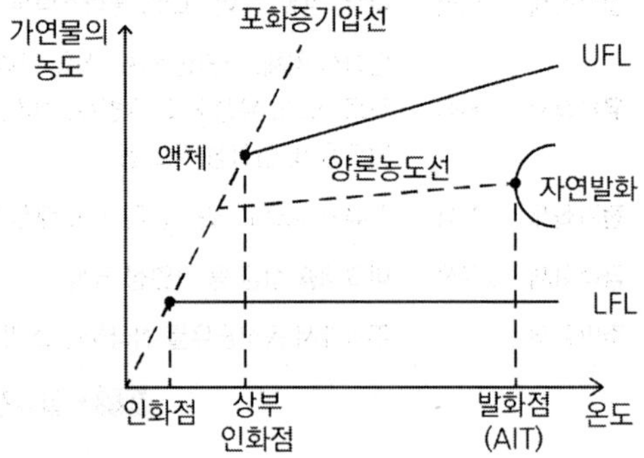

보충 연소범위는 주위온도와 관계없다.

07 상 **중** 하

물과 접촉하면 발열하면서 수소기체를 발생하는 것은?

① 과산화수소
② 나트륨
③ 황린
④ 아세톤

해설 금수성 물질

물과 접촉하여 발화, 가연성 가스 발생

구분	현상
무기과산화물	산소(O_2) 발생
금속분 마그네슘(Mg) **나트륨(Na)** 칼륨(K) 리튬(Li)	**수소(H_2) 발생**
탄화칼슘 (칼슘카바이드)	아세틸렌(C_2H_2) 발생

08 상 중 **하**

할론 1301의 화학식에 포함되지 않는 원소는?

① C　② Cl
③ F　④ Br

해설 할론소화약제의 명명법

종류	C 개수	F 개수	Cl 개수	Br 개수
할론 1211	1	2	1	1
할론 1301	1	3	0	1
할론 2402	2	4	0	2

※ 할론소화약제의 분자식

종류	분자식	상온 · 상압
할론 1211	CF_2ClBr	기체
할론 1301	CF_3Br	
할론 1011	CH_2ClBr	액체
할론 2402	$C_2F_4Br_2$	

정답 07 ② 08 ②

09 상중하

위험물안전관리법령상 제3류 위험물에 해당되지 않는 것은?

① Ca ② K
③ Na ④ Al

해설 제2류 위험물 및 제3류 위험물

구분	종류
제2류 위험물	• 황화인, 적린, 황 • 철분, 마그네슘, 금속분(Al, Zn 등), 인화성 고체
제3류 위험물	• 황린, 칼륨(K), 나트륨(Na), 알칼리금속(Li 등) 및 알칼리토금속(Ca 등) • 유기금속화합물, 금속의 수소화물(수소화리튬, 수소화나트륨, 수소화칼슘) • 금속의 인화물(인화칼슘) • 칼슘 또는 알루미늄의 탄화물(탄화칼슘, 탄화알루미늄)

• 제3류 위험물의 특징 및 소화
  (1) 자연발화성 물질 및 금수성 물질
  (2) 물과 접촉하면 발열·발화함
  (3) 건조사, 팽창진주암, 팽창질석 등에 의한 질식소화(주수소화 절대엄금)

보충 ▶ 알루미늄(Al) : 제2류 위험물

10 상중하

표준 상태에서 44.8 [m^3]의 용적을 가진 이산화탄소가스를 모두 액화하면 몇 [kg]인가? (단, 이산화탄소의 분자량은 44이다)

① 88 ② 44
③ 22 ④ 11

해설 이상기체상태방정식

$$\text{이상기체상태방정식 } PV = nRT = \frac{W}{M}RT$$

$$W = \frac{PVM}{RT} = \frac{1 \times 44.8 \times 44}{0.082 \times (273+0)} \fallingdotseq 88\ [\text{kg}]$$

P : 절대압력 [atm]
n : 몰수 [kmol]
T : 절대온도 [K](273 + [℃])
W : 기체의 질량 [kg]
V : 부피 [m^3]
R : 기체상수 (0.082 [atm · m^3/kmol · K])
M : 분자량 [kg/kmol] (CO_2 분자량 : 44)

11 상중하

위험물안전관리법령상 제1석유류, 제2석유류, 제3석유류, 제4석유류를 구분하는 기준은?

① 인화점 ② 발화점
③ 비점 ④ 녹는점

해설 제4류 위험물 인화점

구분	인화점
제1석유류	21 [℃] 미만
제2석유류	21 [℃] 이상 70 [℃] 미만
제3석유류	70 [℃] 이상 200 [℃] 미만
제4석유류	200 [℃] 이상 250 [℃] 미만

2020

정답 09 ④ 10 ① 11 ①

12 상 중 하

물과 반응하여 가연성인 아세틸렌가스를 발생하는 것은?

① 나트륨 ② 아세톤
③ 마그네슘 ④ 탄화칼슘

해설 물과 반응 시 발생가스

물질	가스
탄화**칼**슘(CaC_2)	**아**세틸렌(C_2H_2)
탄화**알**루미늄(Al_4C_3)	**메**테인(메탄, CH_4)
인화칼슘(Ca_3P_2)	**포**스핀(PH_3)
인화알루미늄(AlP)	
수소화리튬(LiH)	수소(H_2)

암기 ▶ 탄칼아, 탄알메, 인포

13 상 중 하

다음의 위험물 중 위험물안전관리법령상 지정수량이 나머지 셋과 다른 것은?

① 알킬알루미늄 ② 황화인
③ 유기과산화물 ④ 질산에스터류

해설 위험물 지정수량

구분	위험물	지정수량
2류	황화인	100 [kg]
3류	알킬알루미늄	10 [kg]
5류	유기과산화물	
	질산에스터류 (질산에스테르류)	

14 상 중 하

가연물이 되기 위한 조건이 아닌 것은?

① 산화되기 쉬울 것
② 산소와의 친화력이 클 것
③ 활성화에너지가 클 것
④ 열전도도가 작을 것

해설 가연물이 연소가 잘 되기 위한 구비조건

1) 활성화에너지가 작을 것 (-)
2) 열전도율이 작을 것 (-)
3) 산소와 접촉하는 표면적이 넓을 것 (+)
4) 발열량이 클 것 (+)
5) 산소와 친화력이 클 것 (+)
6) 연쇄반응을 일으킬 것 (+)

TIP ▶ 활성화에너지, 열전도율 (-)

15 상 중 하

건축법상 건축물의 주요구조부에 해당되지 않는 것은?

① 지붕틀 ② 내력벽
③ 주계단 ④ 최하층 바닥

해설 건물의 주요구조부

- 바닥(최하층 바닥 제외)
- 보(작은 보 제외)
- 지붕틀(차양 제외)
- 내력벽(비내력벽 제외)
- 주계단(옥외계단 제외)
- 기둥(사잇기둥 제외)

암기 ▶ 바보지내주기

정답 12 ④ 13 ② 14 ③ 15 ④

16 (상 중 하)

연소의 3요소에 해당하지 않는 것은?

① 점화원 ② 연쇄반응
③ 가연물질 ④ 산소공급원

해설 연소의 3요소, 4요소

연소의 3요소	연소의 4요소
• **가**연물 • **산**소공급원 • **점**화원	• 가연물 • 산소공급원 • 점화원 • **연쇄반응**

암기 ▶ 연소의 3요소 : 가산점

17 (상 중 하)

이산화탄소 소화기가 갖는 주된 소화효과는?

① 유화소화 ② 질식소화
③ 제거소화 ④ 부촉매소화

해설 소화약제별 주된 소화효과

소화약제	소화효과
물(H_2O)	냉각효과
이산화탄소(CO_2)	질식소화
포	질식소화
할론	억제소화(부촉매소화)

18 (상 중 하)

질소(N_2)의 증기비중은 약 얼마인가? (단, 공기분자량은 29이다)

① 0.8 ② 0.97
③ 1.5 ④ 1.8

해설 증기비중

$$\text{증기비중} = \frac{\text{기체의 분자량}}{\text{공기의 평균 분자량}}$$

$$\text{증기비중} = \frac{28(N_2\ \text{분자량})}{29} \fallingdotseq 0.97$$

보충 ▶ 원자량(H : 1, C : 12, N : 14, O : 16)

19 (상 중 하)

다음 중 가연성 물질이 아닌 것은?

① 프로페인(프로판)
② 산소
③ 에테인(에탄)
④ 암모니아

해설 가연성 가스와 조연성 가스

구분	가연성 가스	조연성 가스
정의	자기 자신이 연소하는 가스	자기 자신은 타지 않고 연소를 도와주는 가스
종류	일산화탄소(CO) 수소(H_2) 메테인(메탄, CH_4) 프로페인(프로판, C_3H_8) 암모니아(NH_3) 뷰테인(부탄, C_4H_{10})	**오**존(O_3) **공**기 **산**소(O_2) **염**소(Cl) **불**소(F)

암기 ▶ 조 오공산 염불

2020

정답 16 ② 17 ② 18 ② 19 ②

20 상중하

칼륨 화재 시 주수소화가 적응성이 없는 이유는?

① 수소가 발생되기 때문
② 아세틸렌이 발생되기 때문
③ 산소가 발생되기 때문
④ 메테인(메탄) 가스가 발생하기 때문

해설 금수성 물질

물과 접촉하여 발화, 가연성 가스 발생

구분	현상
무기과산화물	산소(O_2) 발생
금속분 마그네슘(Mg) 나트륨(Na) **칼륨(K)** 리튬(Li)	**수소(H_2)** 발생
탄화칼슘(칼슘카바이드)	아세틸렌(C_2H_2) 발생

정답 20 ①

2020년 3회

소방전기일반

3회독	월	일
2회독	월	일
1회독	월	일

목표시간 : 30분 | 시작 : _시 _분 | 종료 : _시 _분

21 상 중 하

3 [μF]의 커패시터를 4 [kV]로 충전하였을 때 커패시터에 저장된 에너지는 몇 [J]인가?

① 4 ② 8
③ 16 ④ 24

해설 에너지 계산

$$W=\frac{1}{2}CV^2$$
$$=\frac{1}{2}\times(3\times10^{-6})\times(4\times10^3)^2=24[J]$$

22 상 중 하

회로에서 전류 I는 약 몇 [A]인가?

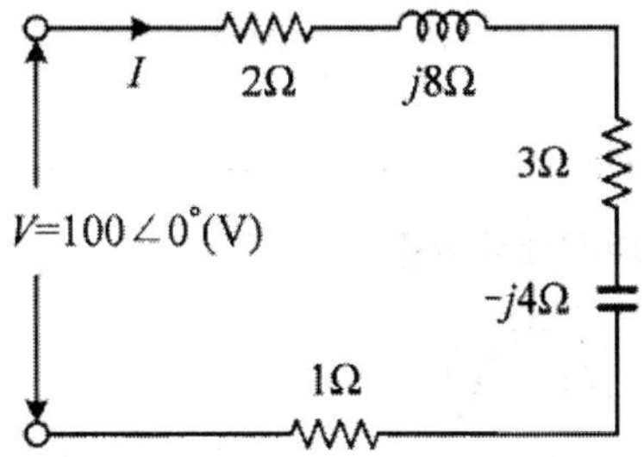

① 7.69 + j11.5 ② 7.69 - j11.5
③ 11.5 + j7.69 ④ 11.5 - j7.69

해설 전류 계산

$$Z=R+jX=6+j4$$
$$I=\frac{V}{Z}=\frac{100\angle 0^\circ}{6+j4}=\frac{100(6-j4)}{(6+j4)(6-j4)}$$
$$=\frac{600-j400}{52}=11.5-j7.69[A]$$

23 상 중 하

논리식 $A\cdot(A+B)$를 간단히 하면?

① A ② B
③ A · B ④ A + B

해설 논리식

$$A\cdot(A+B)=AA+AB=A(1+B)=A$$

정리	공식
항등법칙	$0+A=A,\ 1+A=1,\ 0\times A=0,\ 1\times A=A$
동일법칙	$A+A=A,\ A\times A=A$
보원법칙	$A+\overline{A}=1,\ A\times\overline{A}=0$
복원법칙	$\overline{\overline{A}}=A$
교환법칙	$A+B=B+A,\ A\times B=B\times A$
결합법칙	$A+(B+C)=(A+B)+C,\ A(BC)=(AB)C$
분배법칙	$A(B+C)=AB+AC,\ A+BC=(A+B)(A+C)$
흡수법칙	$A+AB=A,\ A(A+B)=A$ $A+\overline{A}B=(A+\overline{A})(A+B)=A+B$

24 상 중 하

저항이 0.1 [Ω]인 도체에 220 [V]의 전압이 가해졌다면 도체에 흐르는 전류는 몇 [kA]인가?

① 1.1 ② 2.2
③ 11 ④ 22

해설 옴의 법칙

V = IR
$$I=\frac{V}{R}=\frac{220}{0.1}=2200[A]=2.2[kA]$$

정답 21 ④ 22 ④ 23 ① 24 ②

25 상중하

공기 중에 50 [A]의 전류가 흐르고 있는 무한 직선 도체로부터 2 [m] 떨어진 곳에서의 자기장세기는 약 몇 [AT/m]인가?

① 31.84 ② 15.92
③ 7.96 ④ 3.98

해설 자계의 세기(H)

$$H = \frac{I}{2\pi r} = \frac{50}{2\pi \times 2} ≒ 3.98\,[AT/m]$$

H : 자계의 세기 [AT/m]
I : 전류 [A]

26 상중하

자기력선의 성질에 대한 설명으로 틀린 것은?

① 자기력선은 상호 간에 교차한다.
② 자석의 N극에서 시작하여 S극에서 끝난다.
③ 자기력선의 밀도는 자계의 세기와 같다.
④ 자계의 방향은 자기력선 위의 한 점에서의 접선방향이다.

해설 자기력선의 성질

- 자기력선은 교차하지 않는다.
- N극에서 시작하여 S극에서 끝난다.
- 자기력선 밀도는 자계의 세기다.
- 자계 방향은 자기력선 접선방향이다.
- 같은 방향의 자기력선은 반발력작용이다.

27 상중하

어떤 전압계의 측정 범위를 19배로 하려면 배율기의 저항 R_m과 전압계의 내부저항 R_V의 관계는?

① $R_m = \frac{1}{20}R_V$ ② $R_m = \frac{1}{18}R_V$
③ $R_m = 18R_V$ ④ $R_m = 20R_V$

해설 배율기

$$배율 m = 1 + \frac{R_m}{R_V}$$

$$19 = 1 + \frac{R_m}{R_V},\ 18 = \frac{R_m}{R_V}$$

$$\therefore R_m = 18R_V$$

R_m : 배율기 저항, Rv : 내부저항

28 상중하

교류회로에서 8 [Ω]의 저항과 6 [Ω]의 유도리액턴스가 병렬로 연결되었을 때 역률은?

① 0.4 ② 0.5
③ 0.6 ④ 0.8

해설 역률 계산

1) R-L 병렬회로에서 역률

$$Cos\theta = \frac{X_L}{\sqrt{R^2 + X_L^2}}$$

2) $Cos\theta = \frac{6}{\sqrt{8^2+6^2}} = \frac{6}{10} = 0.6$

TIP $\cos\theta = \frac{R}{Z}$(직렬회로)

정답 25 ④ 26 ① 27 ③ 28 ③

29 상 중 하

회로의 유효전력이 3000 [W], 무효전력이 4000 [Var]이면 피상전력[VA]은?

① 3000　　② 4000
③ 5000　　④ 6000

해설 피상전력(P_a)

$$P_a = \sqrt{P^2 + P_r^2}$$
$$= \sqrt{3000^2 + 4000^2} = 5000\,[VA]$$

P : 유효전력 [W]
Pr : 무효전력 [Var]

30 상 중 하

$i_1(t) = I_m \sin\omega t$와 $i_2(t) = I_m \cos\omega t$가 있다. 두 전류의 위상차는 몇 인가?

① 0°　　② 30°
③ 60°　　④ 90°

해설 삼각함수 계산

1) $Cos\theta$를 $Sin\theta$로 변환 시 $\frac{\pi}{2}$를 더한다.

2) $i_1(t) = I_m \sin\omega t$

$i_2(t) = I_m \sin(\omega t + \frac{\pi}{2})$

3) 따라서 위상차는 $\frac{\pi}{2}$가 된다.

31 상 중 하

다이오드를 사용한 정류회로에서 과대한 부하전류에 의하여 다이오드가 파손될 우려가 있을 경우 적당한 대책은?

① 다이오드를 직렬로 추가한다.
② 다이오드를 병렬로 추가한다.
③ 다이오드 양단에 적당한 값의 저항을 추가한다.
④ 다이오드 양단에 적당한 값의 콘덴서를 추가한다.

해설 다이오드 접속

직렬	과전압으로부터 보호	
병렬	과전류로부터 보호	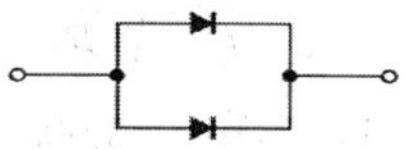

32 상 중 하

5 [Ω], 10 [Ω], 25 [Ω]의 저항 3개를 직렬로 접속하고 80 [V]의 전압을 인가하였을 때 이 회로에 흐르는 전류 I [A]와 각 저항에 걸리는 전압 V_5, V_{10}, V_{25}는 각각 얼마인가?

① I = 1 [A], V_5 = 10 [V], V_{10} = 20 [V], V_{25} = 50 [V]
② I = 2 [A], V_5 = 10 [V], V_{10} = 20 [V], V_{25} = 50 [V]
③ I = 1 [A], V_5 = 15 [V], V_{10} = 25 [V], V_{25} = 40 [V]
④ I = 2 [A], V_5 = 15 [V], V_{10} = 25 [V], V_{25} = 40 [V]

해설 전압분배법칙

1) $I = \frac{V}{R_0} = \frac{V}{R_1 + R_2 + R_3}$

$= \frac{80}{5+10+25} = 2\,[A]$

2) 각 저항에 걸리는 전압 $V = IR$이므로
(1) 5 [Ω]에 걸리는 전압 : $V = 2 \times 5 = 10\,[V]$
(2) 10 [Ω]에 걸리는 전압 : $V = 2 \times 10 = 20\,[V]$
(3) 25 [Ω]에 걸리는 전압 : $V = 2 \times 25 = 50\,[V]$

2020

정답 29 ③ 30 ④ 31 ② 32 ②

33 상중하

변압기의 1차 측 전압이 3000 [V], 1차 측 권선수가 995 회인 변압기의 2차 측 전압이 약 380 [V]인 경우 2차 측 권선수는 몇 회인가?

① 126 ② 285
③ 570 ④ 1140

해설 권수비

$$\text{권수비}\,a = \frac{N_1}{N_2} = \frac{V_1}{V_2} = \frac{E_1}{E_2} = \frac{I_2}{I_1} = \sqrt{\frac{R_1}{R_2}}$$

$$a = \frac{V_1}{V_2} = \frac{N_1}{N_2} = \frac{3,000}{380} = \frac{995}{N_2},\quad N_2 = 126$$

N : 권수
a : 권수비
V : 전압 [V]
I : 전류 [A]
R : 저항 [Ω]

34 상중하

DC 전압을 일정하게 유지하기 위해서 주로 사용되는 다이오드는?

① 쇼트키다이오드 ② 터널다이오드
③ 제너다이오드 ④ 버랙터다이오드

해설 다이오드 종류

명칭	특성
정류용 다이오드	일반적으로 다이오드라 불리는 것으로 정류작용(전류를 한쪽의 (+)나 (-)로만 흐름)
제너다이오드(정전압다이오드)	주로 정전압 전원회로에 사용(전원·전압을 일정하게 유지, 안정화)
터널다이오드(PN접합)	증폭작용·발진작용·개폐작용을 하며, 고속 스위칭회로·논리회로에 사용
포토다이오드	빛을 쬐면 광량에 비례하는 전류가 흐름(빛 검출용, 광센서에 사용)

35 상중하

그림과 같은 블록선도의 전달함수(C(s)/R(s))는?

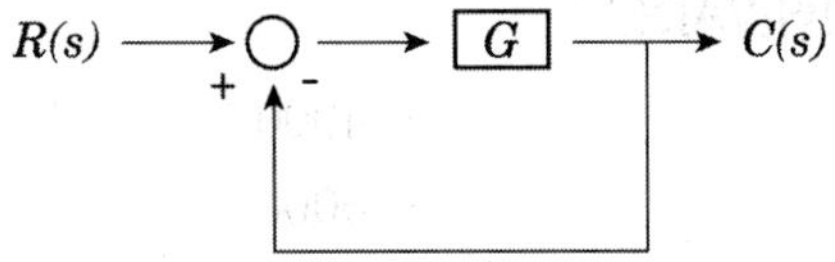

① $\frac{G}{1+G}$ ② $\frac{G}{1-G}$
③ $1+G$ ④ $1-G$

해설 전달함수

$$G = \frac{C}{R} = \frac{\text{전향경로이득}}{1-loop} = \frac{G}{1+G}$$

36 상중하

교류를 직류로 바꿔주는 변환장치는?

① 정류기 ② 변압기
③ 유도기 ④ 전동기

해설 정류기

- 교류를 직류로 바꿔주는 변환장치
- 컨버터

37 상중하

동작신호와 조작량 사이에서 연속적인 관계가 아닌 조절(제어)동작은?

① 비례제어
② 비례미분제어
③ 비례적분제어
④ 2위치제어

정답 33 ① 34 ③ 35 ① 36 ① 37 ④

해설 제어동작에 의한 분류

구분		내용
불연속 제어	ON-OFF제어	단속적 제어동작
	샘플링 (Sampling)	전압, 전류, 위상을 제어
연속제어	비례제어 (P제어)	잔류 편차(Off Set) 발생
	적분제어 (I제어)	• 잔류 편차(Off Set) 개선 • 시간지연(속응성) 발생
	미분제어 (D제어)	• 시간지연 개선, 잔류 편차(Off Set) 존재, 오차방지 • 진동방지, 오버슈트가 커진다.
	비례적분제어 (PI제어)	• 잔류 편차는 제거되지만 시간지연이 길다. • 간헐현상 존재, 지상보상 요소에 대응한다.
	비례미분제어 (PD제어)	시간지연(응답속응성)을 개선, 잔류 편차는 있다.
	비례미분 적분제어 (PID제어)	시간지연도 향상시키고 잔류 편차도 제거한 제어계로 가장 안정적인 제어계

38 상㊥하

논리게이트 중 두 입력이 0일 때 출력이 1이 아닌 것은?

① NAND
② OR
③ EXCLUSIVE-OR
④ NOR

해설 NOR게이트

• 두 입력이 0일 때 출력 1
• <u>두 입력 중 한 개라도 0이면 출력 0</u>

39 상㊥하

3상 회로를 2전력계방법으로 측정하였더니 각각 3 [kW], 1 [kW]를 지시하였다. 이 회로의 3상 유효전력은 몇 [kW]인가?

① 1　　② 2
③ 3　　④ 4

해설 2전력계법

유효전력 $P = P_1 + P_2 = 3 + 1 = 4[kW]$

TIP 무효전력 $P_r = \sqrt{3}(P_1 - P_2)$

피상전력 $P_a = 2\sqrt{P_1^2 + P_2^2 - P_1P_2}$

40 상㊥하

온도, 유량, 압력 등의 공업공정의 상태량을 제어량으로 하는 제어시스템으로서 공업공정에 가해지는 외란의 억제를 주목적으로 하는 제어는?

① 프로세스제어　　② 프로그램제어
③ 서보기구　　④ 추치제어

해설 제어량에 의한 분류

구분	내용	제어량
서보기구	기계적 변위를 제어량으로 하는 변화량제어	물체의 방위, 위치, 각도 등
프로세스제어	플랜트나 생산공정 중의 상태량제어	온도, 압력, 유량, 농도 등
자동조정제어	제어량이 전기적, 기계적 양을 제어	주파수, 전압, 전류, 회전속도 힘 등

2020

정답 38 ② 39 ④ 40 ①

2020년 3회

소방관계법규

3회독	월 일
2회독	월 일
1회독	월 일

목표시간 : 20분 | 시작 : _시 _분 | 종료 : _시 _분 | 맞은 개수 : _ /20

41 상 중 하

소방시설공사업법령상 상주 공사감리의 대상기준 중 다음 괄호 안에 알맞은 것은?

- 연면적 (㉠) [m^2] 이상의 특정소방대상물(아파트는 제외) 에 대한 소방시설의 공사
- 지하층을 포함한 층수가 (㉡)층 이상으로서 (㉢)세대 이상인 아파트에 대한 소방시설의 공사

① ㉠ 30000, ㉡ 16, ㉢ 500
② ㉠ 30000, ㉡ 11, ㉢ 300
③ ㉠ 50000, ㉡ 16, ㉢ 500
④ ㉠ 50000, ㉡ 11, ㉢ 300

해설 상주공사감리 대상

종류	대상	방법
상주 감리	• 연 3만 [m^2] 이상(아파트 제외) • 16층(지하층 포함) 이상으로 500세대 이상 아파트	• 정한 기간에 현장 상주 • 감리업무 수행, 감리일지 작성 • 1일 이상 일탈 시 발주확인·업무대행
일반 감리	• 상주감리 이외 공사현장	• 배치기간에 현장 업무, 주 1회 이상 • 감리업무 수행, 감리일지 작성 • 14일 이내 수행 불가 시 대행자 지정 • 대행자 주 2회 이상 배치, 업무내용통보

42 상 중 하

소방시설 설치 및 관리에 관한 법령상 시·도지사는 관리업자에게 영업정지를 명하는 경우로서 그 영업정지가 국민에게 심한 불편을 주거나 그 밖에 공익을 해칠 우려가 있을 때에는 영업정지처분을 갈음하여 최대 얼마 이하의 과징금을 부과할 수 있는가?

① 1000만 원　② 2000만 원
③ 3000만 원　④ 5000만 원

해설 소방시설관리업의 등록취소와 영업정지

1) 명령권자 : 시·도지사(행정안전부령)
2) 등록 취소 및 6개월 이내의 기간 영업정지((1), (4), (5) : 등록취소)
   (1) 거짓이나 그 밖의 부정한 방법으로 등록한 경우
   (2) 점검을 하지 않거나 거짓으로 한 경우
   (3) 등록기준에 미달하게 된 경우
   (4) 등록 결격사유에 해당하게 된 경우
   (5) 다른 자에게 등록증이나 등록수첩 빌려준 경우
   (6) 점검능력 평가를 받지 아니하고 자체점검을 한 경우
3) 영업정지 과징금
   시·도지사는 영업정지가 국민에게 심한 불편을 주거나 그 밖에 공익을 해칠 우려가 있을 때에는 영업정지처분을 갈음하여 3000만 원 이하의 과징금 부과할 수 있다.

정답 41 ① 42 ③

43 상 중 하

위험물안전관리법령상 제3류 위험물이 아닌 것은?

① 칼륨 ② 황린
③ 나트륨 ④ 마그네슘

해설 제3류 위험물(자연발화성 물질 및 금수성 물질)

품명	지정수량
칼륨	10 [kg]
나트륨	
알킬알루미늄	
알킬리튬	
황린	20 [kg]
알칼리금속 및 알칼리토금속	50 [kg]
유기금속화합물	
금속의 수소화물	300 [kg]
금속의 인화물	
칼슘 또는 알루미늄 탄화물	

① 물과 접촉하여 발화, 가연성 가스 발생
② 소화 : 마른모래, 팽창질석, 팽창진주암에 의한 질식소화

보충 ▶ 마그네슘 : 제2류 위험물

44 상 중 하

소방기본법령상 소방신호의 종류가 아닌 것은?

① 발화신호 ② 해제신호
③ 훈련신호 ④ 소화신호

해설 소방신호

1) 종류
(1) 경계신호 : 화재예방상 필요하다고 인정되거나 화재위험경보 시 발령
(2) 발화신호 : 화재가 발생한 때 발령
(3) 해제신호 : 소화활동이 필요 없다고 인정되는 때 발령
(4) 훈련신호 : 훈련상 필요하다고 인정되는 때 발령

2) 방법

종별	타종신호	사이렌신호
경계신호	1타, 연 2타 반복	5초 간격 30초씩 3회
발화신호	난타	5초 간격 5초씩 3회
해제신호	상당한 간격 1타씩 반복	1분간 1회
훈련신호	연 3타 반복	10초 간격 1분씩 3회

45 상 중 하

소방기본법령상 동원된 소방력의 운용과 관련하여 필요한 사항을 정하는 자는? (단, 동원된 소방력의 소방활동 수행 과정에서 발생하는 경비 및 동원된 민간 소방인력이 소방활동을 수행하다가 사망하거나 부상을 입은 경우와 관련된 사항은 제외한다)

① 대통령 ② 소방청장
③ 시·도지사 ④ 행정안전부장관

해설 소방력

1) 소방력 : 소방기관이 소방업무 수행 시 필요한 인력과 장비
2) 소방력 확충에 필요한 계획 수립 및 시행 : 시·도지사
3) 소방력기준 : 행정안전부령
※ 소방청장은 해당 시·도의 소방력만으로는 소방활동을 효율적으로 수행하기 어려운 화재, 재난·재해, 그 밖의 구조·구급이 필요한 상황이 발생하거나 특별히 국가적 차원에서 소방활동을 수행할 필요가 인정될 때에는 각 시·도지사에게 행정안전부령으로 정하는 바에 따라 소방력을 동원할 것을 요청할 수 있음

정답 43 ④ 44 ④ 45 ③

46 상 중 하

소방시설 설치 및 관리에 관한 법령상 자동화재속보설비를 설치하여야 하는 특정소방대상물의 기준으로 틀린 것은? (단, 24시간 화재를 감시할 수 있는 사람이 근무하는 경우는 제외한다)

① 근린생활시설 중 의원
② 문화유산보호법에 따라 보물 또는 국보로 지정된 목조 건축물
③ 노유자 생활시설에 해당하지 않는 노유자시설로서 바닥면적이 300 [m^2] 이상인 층이 있는 것
④ 수련시설(숙박시설이 있는 건축물만 해당)로서 바닥면적이 500 [m^2] 이상인 층이 있는 것

해설 자동화재속보설비 설치대상

방재실 등 화재 수신기가 설치된 장소에 24시간 화재를 감시할 수 있는 사람이 근무하고 있는 경우 자동화재속보설비를 설치하지 않을 수 있다.

설치대상	기준
• 노유자시설 • 숙박 가능한 수련시설 • 의료재활시설, 정신병원	바닥면적 500 [m^2] 이상인 층이 있는 것
• 종합병원, 병원, 치과, 한방병원, 요양병원 • 근린생활시설 중 의원, 치과의원, 한의원 • 전통시장 • 노유자생활시설 • 보물·국보 지정 목조건축물 • 조산원, 산후조리원,	–

47 상 중 하

소방시설 설치 및 관리에 관한 법령상 소방시설관리사의 결격사유가 아닌 것은?

① 피성년후견인
② 소방기본법령에 따른 금고 이상의 실형을 선고받고 그 집행이 면제된 날부터 2년이 지나지 아니한 사람
③ 소방시설공사업법령에 따른 금고 이상의 형의 집행유예를 선고받고 그 유예기간이 지난 후 2년이 지나지 아니한 사람
④ 거짓이나 그 밖의 부정한 방법으로 관리사시험에 합격하여 자격이 취소된 날부터 2년이 지나지 아니한 사람

해설 소방시설관리사 결격사유

- 피성년후견인
- 금고 이상 실형을 선고받고 집행이 끝나거나 면제된 날부터 2년이 지나지 않은 자
- 금고 이상 형의 집행유예 선고받고 유예기간 중인 자
- 자격 취소된 날부터 2년이 지나지 않은 자

48 상 중 하

소방시설 설치 및 관리에 관한 법령상 건축허가 등을 할 때 미리 소방본부장 또는 소방서장의 동의를 받아야 하는 건축물의 범위에 해당하는 것은?

① 노유자시설로 연면적이 200 [m^2]인 건축물
② 연면적이 300 [m^2]인 업무시설로 사용되는 건축물
③ 승강기 등 기계장치에 의한 주차시설로서 자동차 10대를 주차할 수 있는 시설
④ 차고·주차장으로 사용되는 층 중 바닥면적이 150 [m^2]인 층이 있는 건축물

정답 46 ③ 47 ③ 48 ①

해설 건축허가 동의대상물 범위

구분	기준
학교시설	연면적 100 [m^2] 이상
노유자(老幼者)시설 및 수련시설	연면적 200 [m^2] 이상
지하층 · 무창층이 있는 건축물	바닥면적 150 [m^2](공연장 100 [m^2]) 이상
정신의료기관, 장애인 의료시설	연면적 300 [m^2] 이상
일반용도의 특정소방대상물	연면적 400 [m^2] 이상
차고, 주차장 또는 주차용도로 사용되는 시설	바닥면적 200 [m^2] 이상
	기계식 주차시설 자동차 20대 이상
• 노인 관련 시설 중 노인주거복지시설, 노인의료복지시설, 재가노인복지시설, 학대피해노인 전용쉼터 • 아동복지시설(아동상담소, 아동전용시설 및 지역아동센터는 제외한다) • 장애인 거주시설 • 정신질환자 관련 시설(공동생활가정을 제외한 재활훈련시설과 종합시설 중 24시간 주거를 제공하지 않는 시설은 제외한다) • 노숙인 관련 시설 중 노숙인자활시설 · 노숙인재활시설 · 노숙인요양시설 • 결핵환자나 한센인이 24시간 생활하는 노유자시설	단독주택, 공동주택에 설치되는 시설 제외

49 상 중 하

소방시설 설치 및 관리에 관한 법령상 특정소방대상물에 설치되어 소방본부장 또는 소방서장의 건축허가 등의 동의 대상에서 제외되게 하는 소방시설이 아닌 것은? (단, 설치되는 소방시설은 화재안전기술기준에 적합하다)

① 소화기구
② 누전경보기
③ 비상조명등
④ 피난기구

해설 건축허가 동의대상물 제외

• 소화기구, 자동소화장치
• 누전경보기
• 피난구조설비(비상조명등 제외)
• 단독경보형 감지기
• 가스누설경보기

50 상 중 하

위험물안전관리법령상 제조소등에 전기설비(전기배선, 조명기구 등은 제외)가 설치된 장소의 면적이 300 [m^2]일 경우 소형 수동식 소화기는 최소 몇 개 설치하여야 하는가?

① 1개　② 2개
③ 3개　④ 4개

해설 전기설비소화설비

• 당해 장소 면적 100 [m^2]마다 소형 수동식 소화기 1개 이상 설치
• 소화기 개수 $= \frac{300}{100} = 3$개

2020

정답 49 ③ 50 ③

51 상중하

소방시설 설치 및 관리에 관한 법령상 소방청장 또는 시·도지사가 청문을 하여야 하는 처분이 아닌 것은?

① 소방시설관리사 자격의 정지
② 소방안전관리자 자격의 취소
③ 소방시설관리업의 등록취소
④ 소방용품의 형식승인 취소

해설 청문(시설법)

1) 청문실시자 : 소방청장, 시·도지사
2) 청문 실시하는 경우
- 관리사 자격 취소·정지
- 관리업 등록취소·영업정지
- 소방용품 형식승인 취소, 제품검사 중지
- 성능인증·우수품질인증 취소
- 전문기관 지정취소·업무정지

52 상중하

소방시설 설치 및 관리에 관한 법령상 특정소방대상물 중 교육연구시설에 포함되지 않는 것은?

① 도서관
② 초등학교
③ 직업훈련소
④ 자동차운전학원

해설 교육연구시설

- 학교(초등·중·고등학교, 특수학교)
- 교육원(연수원)
- 직업훈련소
- 학원
- 연구소
- 도서관

보충 ▶ 자동차운전학원 : 항공기 및 자동차 관련 시설

53 상중하

소방기본법령상 소방서 종합상황실의 실장이 서면·팩스 또는 컴퓨터통신 등으로 소방본부의 종합상황실에 지체 없이 보고하여야 하는 화재의 기준으로 틀린 것은?

① 이재민이 50인 이상 발생한 화재
② 재산피해액이 50억 원 이상 발생한 화재
③ 층수가 11층 이상인 건축물에서 발생한 화재
④ 사망자가 5인 이상 발생하거나 사상자가 10인 이상 발생한 화재

해설 종합상황실 실장 보고 화재

종합상황실의 실장은 다음에 해당하는 상황이 발생하는 때에는 그 사실을 지체 없이 서면·팩스 또는 컴퓨터통신 등으로 소방서의 종합상황실의 경우는 소방본부의 종합상황실에, 소방본부의 종합상황실의 경우는 소방청의 종합상황실에 각각 보고해야 한다.

1) 다음에 해당하는 화재
 (1) 사망자가 5인 이상 발생한 화재
 (2) 사상자가 10인 이상 발생한 화재
 (3) 이재민이 100인 이상 발생한 화재
 (4) 재산피해액이 50억 원 이상 발생한 화재
 (5) 관공서·학교·정부미도정공장·문화유산·지하철 또는 지하구의 화재
 (6) 관광호텔, 층수가 11층 이상인 건축물, 지하상가, 시장, 백화점
 (7) 지정수량의 3천 배 이상의 위험물의 제조소·저장소·취급소
 (8) 층수가 5층 이상이거나 객실이 30실 이상인 숙박시설, 층수가 5층 이상이거나 병상이 30개 이상인 종합병원·정신병원·한방병원·요양소
 (9) 연면적 15000 [m^2] 이상인 공장 또는 화재경계지구에서 발생한 화재
 (10) 철도차량, 항구에 매어 둔 총 톤수가 1천 톤 이상인 선박, 항공기, 발전소 또는 변전소에서 발생한 화재
 (11) 가스 및 화약류의 폭발에 의한 화재
 (12) 다중이용업소의 화재
2) 통제단장의 현장지휘가 필요한 재난상황
3) 언론에 보도된 재난상황
4) 그 밖에 소방청장이 정하는 재난상황

정답 51 ② 52 ④ 53 ①

54 상 중 하

소방시설공사업법령상 소방본부장이나 소방서장이 소방시설공사가 공사감리결과 보고서대로 완공되었는지를 현장에서 확인할 수 있는 특정소방대상물이 아닌 것은?

① 판매시설
② 문화 및 집회시설
③ 11층 이상인 아파트
④ 수련시설 및 노유자시설

해설 완공검사 현장 확인 특정소방대상물

1) 문화 및 집회시설, 종교시설, 판매시설, 노유자시설, 수련시설, 운동시설, 숙박시설, 창고시설, 지하상가 및 다중이용업소
2) 설비가 설치되는 특정소방대상물
   - 스프링클러설비등
   - 물분무등소화설비(호스릴방식 제외)
3) 연면적 10000 [m^2] 이상, 11층 이상의 특정소방대상물(아파트 제외)
4) 가연성 가스 제조·저장·취급시설 중 지상에 노출된 가연성 가스탱크의 저장용량 합계 1000톤 이상

55 상 중 하

소방시설 설치 및 관리에 관한 법령상 특정소방대상물 중 숙박시설의 종류가 아닌 것은?

① 학교 기숙사
② 일반형 숙박시설
③ 생활형 숙박시설
④ 근린생활시설에 해당하지 않는 고시원

해설 숙박시설

- 일반형 숙박시설 : 호텔, 여관, 모텔
- 생활형 숙박시설 : 관광호텔, 한국전통호텔
- 고시원(근린생활시설에 해당되지 않는 것)

56 상 중 하

위험물안전관리법령상 점포에서 위험물을 용기에 담아 판매하기 위하여 지정수량의 40배 이하의 위험물을 취급하는 장소의 취급소 구분으로 옳은 것은? (단, 위험물을 제조 외의 목적으로 취급하기 위한 장소이다)

① 이송취급소 ② 일반취급소
③ 주유취급소 ④ 판매취급소

해설 위험물 취급소 구분

- 주유취급소 : 자동차·항공기·선박 등의 연료탱크에 직접 주유
- 판매취급소 : 지정수량 40배 이하
- 이송취급소 : 위험물 이송
- 일반취급소 : 주유취급소, 판매취급소, 이송취급소 외의 장소

57 상 중 하

소방기본법령상 소방대상물에 해당하지 않는 것은?

① 차량
② 건축물
③ 운항 중인 선박
④ 선박 건조 구조물

해설 소방용어 정의

1) 소방대상물
   (1) 건축물
   (2) 차량
   (3) 선박(항구에 매어 둔 것)
   (4) 산림, 그 밖의 인공구조물 또는 물건
2) 관계지역
   소방대상물이 있는 장소 및 그 이웃 지역으로 화재의 예방·경계·진압, 구조·구급 등의 활동에 필요한 지역
3) 관계인
   소방대상물의 소유자·관리자·점유자

정답 54 ③ 55 ① 56 ④ 57 ③

4) 소방대

화재 진압 및 화재, 재난·재해, 그 밖의 위급한 상황에서 구조·구급 활동

(1) 소방공무원
(2) 의무소방원
(3) 의용소방대원

암기 ▶ 공무용

58 상(중)하

화재의 예방 및 안전관리에 관한 법령상 화재예방강화지구로 지정할 수 있는 대상지역이 아닌 것은? (단, 소방청장·소방본부장 또는 소방서장이 화재예방강화지구로 지정할 필요가 있다고 별도로 지정한 지역은 제외한다)

① 시장지역
② 석조건물이 있는 지역
③ 위험물의 저장 및 처리시설이 밀집한 지역
④ 석유화학제품을 생산하는 공장이 있는 지역

해설 화재예방강화지구 지정

1) 지정권자 : 시·도지사
2) 화재예방강화지구 지정 요청 : 소방청장
3) 화재예방강화지구
(1) 시장지역
(2) 공장·창고가 밀집한 지역
(3) 목조건물이 밀집한 지역
(4) 노후·불량건축물이 밀집한 지역
(5) 위험물의 저장 및 처리시설이 밀집한 지역
(6) 석유화학제품을 생산하는 공장이 있는 지역
(7) 산업입지 및 개발에 관한 법률에 따른 산업단지
(8) 소방시설·소방용수시설·소방출동로가 없는 지역
(9) 물류단지
(10) (1) ~ (9)까지 준하는 지역으로서 소방관서장이 화재예방강화지구로 지정할 필요가 있다고 인정하는 지역

59 상(중)하

소방기본법령상 국가가 시·도의 소방업무에 필요한 경비의 일부를 보조하는 국고보조대상이 아닌 것은?

① 소방자동차 구입
② 소방용수시설 설치
③ 소방전용통신설비 설치
④ 소방관서용 청사의 건축

해설 소방장비 등에 대한 국고보조

1) 국고보조
(1) 국가는 시·도 소방장비구입 등의 경비를 일부 보조함
(2) 국가보조 대상사업의 범위와 기준 보조율 : 대통령령인 「보조금관리에 관한 법률 시행령」
(3) 소방활동장비 및 설비의 종류와 규격 : 행정안전부령
2) 국고보조 대상사업의 범위
(1) 소방활동장비와 설비의 구입 및 설치
① 소방자동차
② 소방헬리콥터 및 소방정
③ 소방전용통신설비 및 전산설비
④ 그 밖에 방화복 등 소방활동에 필요한 소방장비
(2) 소방관서용 청사의 건축

정답 58 ② 59 ②

60 상 중 하

위험물안전관리법령상 산화성 고체이며 제1류 위험물에 해당하는 것은?

① 칼륨
② 황화인
③ 염소산염류
④ 유기과산화물

해설 제1류 위험물(산화성 고체)

품명	지정수량
아염소산염류	50 [kg]
염소산염류	
과염소산염류	
무기과산화물	
브로민산염류	300 [kg]
질산염류	
아이오드산염류	
과망가니즈산염류	1000 [kg]
다이크로뮴산염류	

보충 ▶ 황화인 : 2류, 칼륨 : 3류, 유기과산화물 : 5류

암기 ▶ 아염과무 브질아과다

정답 60 ③

2020년 3회

소방전기시설의 구조 및 원리

3회독	월	일
2회독	월	일
1회독	월	일

목표시간 : 30분 | 시작 : _시 _분 | 종료 : _시 _분 | 맞은 개수 : _ /20

61 (상 중 하)

자동화재탐지설비 및 시각경보장치의 화재안전기술기준(NFTC 203)에 따라 공기관식 차동식 분포형 감지기를 설치 시 하나의 검출부분에 접속하는 공기관의 길이는 몇 [m] 이하로 하여야 하는가?

① 6　② 20
③ 50　④ 100

해설 감지기 설치기준

1) 공기관식 차동식 분포형 감지기
 (1) 공기관의 노출부분 : 20 [m] 이상
 (2) 하나의 검출부에 접속하는 공기관의 길이 : 100 [m] 이하
 (3) 공기관과 감지구역의 각 변과의 수평거리 : 1.5 [m] 이하
 (4) 공기관 상호 거리 : 6 [m] 이하(주요구조부가 내화 구조인 경우 : 9 [m])
 (5) 공기관은 도중에 분기 금지
 (6) 검출부는 5° 이상 경사되지 않을 것
 (7) 검출부는 바닥으로부터 0.8 [m] 이상 ~ 1.5 [m] 이하의 위치에 설치할 것
2) 스포트형 감지기 설치할 때 각도가 45° 이상 경사가 되지 않도록 설치
3) 보상식 스포트형 감지기는 정온점이 감지기 주위의 평상시 최고 온도보다 20 [℃] 이상 높은 것으로 설치
4) 정온식 감지기의 경우 작동온도가 주위 최고 온도보다 20 [℃] 이상 높은 것으로 설치

부착높이 및 특정소방대상물 구분		감지기의 종류				
		차동식 / 보상식 스포트		정온식 스포트		
		1종	2종	특종	1종	2종
4 [m] 미만	내화구조	90	70	70	60	20
	기타구조	50	40	40	30	15
4 [m] 이상 8 [m] 미만	내화구조	45	35	35	30	
	기타구조	30	25	25	15	

62 (상 중 하)

자동화재탐지설비 및 시각경보장치의 화재안전기술기준(NFTC 203)에 따라 누전경보기 중 1급 누전경보기는 경계전로의 정격전류가 몇 [A]를 초과하는 전로에 설치하는가?

① 50　② 60
③ 100　④ 120

해설 누전경보기 종류

• 60 [A] 초과 : 1급 누전경보기 설치
• 60 [A] 이하 : 1·2급 누전경보기 모두 설치

63 (상 중 하)

자동화재탐지설비 및 시각경보장치의 화재안전기술기준(NFTC 203)에 따라 주요구조부가 내화구조로 된 바닥면적 70 [m^2]인 특정소방대상물에 설치하는 열전대식 차동식 분포형 감지기의 열전대부는 몇 개 이상이어야 하는가?

① 2　② 3
③ 4　④ 5

해설 열전대식 차동식 분포형 열전대부

주요구조부	면적	열전대부 개수
일반	18 [m^2]	1개 이상
	72 [m^2] 이하 대상물	4개 이상
내화	22 [m^2]	1개 이상
	88 [m^2] 이하 대상물	4개 이상

정답 61 ④ 62 ② 63 ③

64 상중하

비상방송설비의 화재안전기술기준으로(NFTC 202)에 따른 비상방송설비의 설치기준으로 옳은 것은?

① 음량조절기를 설치하는 경우 음량조정기의 배선은 2선식으로 할 것
② 음향장치는 정격전압의 80 [%] 전압에서 음향을 발할 수 있는 것으로 할 것
③ 조작부의 조작스위치는 바닥으로부터 0.5 [m] 이상 1.2 [m] 이하의 높이에 설치할 것
④ 기동장치에 따른 화재신고를 수신한 후 필요한 방송이 자동으로 개시될 때까지의 소요시간은 20초 이하로 할 것

해설 비상방송설비 설치기준

1) 확성기
 (1) 음성입력 : 실외 3 [W] 이상, 실내 1 [W] 이상
 (2) 수평거리 : 층 각 부분으로부터 하나의 확성기까지의 25 [m] 이하
 (3) 확성기는 각 층마다 설치, 당해 층의 각 부분에 유효하게 경보를 발하도록 설치
2) 음량조정기(ATT) : 음량조정기의 배선은 3선식으로 한다.
3) 조작부
 (1) 조작스위치 높이 : 바닥으로부터 0.8 [m] 이상 1.5 [m] 이하
 (2) 기동장치의 작동과 연동하여 당해 기동장치가 작동한 층 또는 구역을 표시
 (3) 조작부 및 증폭기 설치장소 : 수위실 등 상시 사람이 근무, 점검이 편리, 방화상 유효한 곳
 (4) 2 이상 조작부 설치 시 설치장소 상호 간 동시통화 가능, 어느 조작부에서도 전구역 방송 가능
4) 층수가 11층(공동주택의 경우에는 16층)의 특정소방대상물은 다음과 같은 경보를 발할 수 있어야 한다.
 (1) 2층 이상의 층에서 발화한 때에는 발화층 및 그 직상 4개 층에 경보
 (2) 1층에서 발화한 때에는 발화층. 그 직상 4개 층 및 지하층에 경보
 (3) 지하층에서 발화한 때에는 발화층. 그 직상층 및 기타 지하층 경보
5) <u>기동장치에 따른 화재신고를 수신한 후 필요한 음량으로 화재 발생 상황 및 피난에 유효한 방송이 자동으로 개시될 때까지의 소요시간은 10초 이하로 할 것</u>
6) 다른 방송설비와 공용할 경우 화재 시 비상경보 외의 방송을 차단할 수 있는 구조
7) 다른 전기회로에 따라 유도장애가 생기지 아니하도록 할 것
8) 음향장치의 구조 및 성능
 (1) 정격전압의 80 [%] 전압에서 음향을 발할 수 있는 것을 할 것
 (2) 자동화재탐지설비의 작동과 연동하여 작동할 수 있는 것으로 할 것

65 상중하

자동화재탐지설비 및 시각경보장치의 화재안전기술기준(NFTC 203)에 따른 배선의 설치기준이다. 다음 (　)에 들어갈 내용으로 옳은 것은?

자동화재탐지설비 감지기회로의 전로저항은 (㉠) [Ω] 이하가 되도록 하여야 하며, 수신기 각 회로별 종단에 설치되는 감지기에 접속되는 배선의 전압은 감지기 정격전압의 (㉡) [%] 이상이어야 한다.

① ㉠ 50, ㉡ 85　② ㉠ 40, ㉡ 80
③ ㉠ 40, ㉡ 85　④ ㉠ 50, ㉡ 80

해설 감지기회로 배선

- 전로저항 : <u>50 [Ω] 이하</u>
- 전압 : 정격전압 <u>80 [%] 이상</u>
- 평시 누설전류로 인한 전압강하 20 [%] 일어나도 설비가 작동할 수 있는 전압기준

2020

정답 64 ② 65 ④

66 상중하

비상콘센트설비의 화재안전기술기준(NFTC 504)에 따른 비상콘센트설비의 전원회로의 설치기준에 대한 내용이다. 다음 ( )에 들어갈 내용으로 옳은 것은?

> 비상콘센트설비의 전원회로는 단상교류 (㉠) [V]인 것으로서, 그 공급용량은 (㉡) [kVA] 이상인 것으로 할 것

① ㉠ 110, ㉡ 1.5　　② ㉠ 110, ㉡ 3.0
③ ㉠ 220, ㉡ 1.5　　④ ㉠ 220, ㉡ 3.0

해설 비상콘센트 전압·공급용량

1) 비상콘센트설비의 전원회로는 단상교류 220 [V]인 것으로서, 그 공급용량은 1.5 [kVA] 이상인 것으로 할 것
2) 전원회로는 각 층에 2 이상이 되도록 설치할 것. 다만 설치해야 할 층의 비상콘센트가 1개인 때에는 하나의 회로로 할 수 있다.
3) 전원회로는 주배전반에서 전용회로로 할 것. 다만 다른 설비회로의 사고에 따른 영향을 받지 않도록 되어 있는 것은 그렇지 않다.
4) 전원으로부터 각 층의 비상콘센트에 분기되는 경우에는 분기배선용 차단기를 보호함 안에 설치할 것
5) 콘센트마다 배선용 차단기(KS C 8321)를 설치해야 하며 충전부가 노출되지 않도록 할 것
6) 개폐기에는 "비상콘센트"라고 표시한 표지를 할 것
7) 비상콘센트용의 풀박스 등은 방청도장을 한 것으로서, 두께 1.6 [mm] 이상의 철판으로 할 것
8) 하나의 전용회로에 설치하는 비상콘센트는 10개 이하로 할 것. 이 경우 전선의 용량은 각 비상콘센트(비상콘센트가 3개 이상인 경우에는 3개)의 공급용량을 합한 용량 이상의 것으로 해야 한다.
9) 비상콘센트의 플러그접속기는 접지형 2극 플러그접속기(KS C 8305)를 사용해야 한다.
10) 비상콘센트의 플러그접속기의 칼받이의 접지극에는 접지공사를 해야 한다.

67 상중하

무선통신보조설비의 화재안전기술기준(NFTC 505)에 따른 무선통신보조설비의 누설동축케이블 등의 설치기준으로 틀린 것은?

① 누설동축케이블은 불연 또는 난연성으로 할 것
② 누설동축케이블의 중간 부분에는 무반사 종단저항을 견고하게 설치할 것
③ 누설동축케이블 및 안테나는 고압의 전로로부터 1.5 [m] 이상 떨어진 위치에 설치할 것
④ 누설동축케이블과 이에 접속하는 안테나 또는 동축케이블과 이에 접속하는 안테나로 구성할 것

해설 누설동축케이블 설치기준

1) 소방전용주파수대에서 전파의 전송 또는 복사에 적합한 것으로서 소방전용의 것으로 할 것(다만 소방대 상호 간 무선연락에 지장 없는 경우에는 다른 용도와 겸용 가능하다)
2) 누설동축케이블과 이에 접속하는 안테나 또는 동축케이블과 이에 접속하는 안테나에 따른 것으로 할 것
3) 누설동축케이블은 불연 또는 난연성의 것으로서 습기에 따라 전기의 특성이 변질되지 아니하는 것으로 하고, 노출하여 설치한 경우에는 피난 및 통행에 장애가 없도록 할 것
4) 누설동축케이블은 화재에 따라 해당 케이블의 피복이 소실된 경우에 케이블 본체가 떨어지지 아니하도록 4 [m] 이내마다 금속제 또는 자기제 등의 지지금구로 벽·천장·기둥 등에 견고하게 고정시킬 것(다만 불연재료로 구획된 반자 안에 설치하는 경우에는 그러하지 않는다)
5) 누설동축케이블 및 안테나는 금속판 등에 따라 전파의 복사 또는 특성이 현저하게 저하되지 아니하는 위치에 설치할 것
6) 누설동축케이블 및 안테나는 고압의 전로로부터 1.5 [m] 이상 떨어진 위치에 설치할 것(다만 해당 전로에 정전기 차폐장치를 유효하게 설치한 경우에는 그러하지 않는다)
7) <u>누설동축케이블의 끝부분에는 무반사 종단저항을 견고하게 설치할 것</u>
8) 누설동축케이블 또는 동축케이블의 임피던스는 50 [Ω]으로 하고, 이에 접속하는 안테나·분배기 기타의 장치는 해당 임피던스에 적합한 것으로 하여야 함

정답 66 ③ 67 ②

68 상 중 하

비상조명등의 비상전원은 지하층 또는 무창층으로서 용도가 도매시장·소매시장·여객자동차터미널·지하역사 또는 지하상가인 경우 그 부분에서 피난층에 이르는 부분의 비상조명등을 몇 분 이상 유효하게 작동시킬 수 있는 용량으로 하여야 하는가?

① 10 ② 20
③ 30 ④ 60

해설 비상조명등 비상전원용량

1) 기본 : 20분 이상
2) 예외 : 60분 이상
  (1) 11층 이상 층(지하층 제외)
  (2) 도·소매시장·여객자동차터미널·지하역사·지하상가(지하층·무창층)

69 상 중 하

유도등 및 유도표지의 화재안전기술기준(NFTC 303)에 따른 객석유도등의 설치장소로 틀린 것은?

① 벽 ② 바닥
③ 천장 ④ 통로

해설 객석유도등

- 객석의 통로, 바닥 또는 벽에 설치할 것
- 설치개수 $= \frac{\text{객석 통로 직선부분 길이}(m)}{4} - 1$
- 소수점 이하의 수는 1로 볼 것

70 상 중 하

비상경보설비 및 단독경보형 감지기의 화재안전기술기준(NFTC 201)에 따라 비상경보설비를 설치해야 하는 특정소방대상물에 비상벨설비 또는 자동식 사이렌설비와 연동하여 작동하는 비상방송설비를 설치한 경우에 면제할 수 있는 것은?

① 발신기 ② 수신기
③ 감지기 ④ 지구음향장치

해설 지구음향장치

- 설치 면제 : 비상방송설비 ↔ 비상벨, 자동식 사이렌설비 연동
- 방송스피커로 비상시 경보 가능

71 상 중 하

비상방송설비의 화재안전기술기준(NFTC 202)에 따른 용어의 정의 중 소리를 크게 하여 멀리까지 전달할 수 있도록 하는 장치는?

① 확성기 ② 증폭기
③ 변류기 ④ 음량조절기

해설 확성기

- 소리 크게 하는 장치
- 소리 멀리 전달하는 장치
- 스피커로 불림

정답 68 ④ 69 ③ 70 ④ 71 ①

72 상 중 하

누전경보기의 구성요소로 옳은 것은?

① 변류기, 감지기, 수신부, 차단기구
② 발신기, 변류기, 수신부, 음향장치
③ 수신부, 변류기, 중계기, 음향장치
④ 음향장치, 수신부, 변류기, 차단기구

해설 누전경보기

1) "누전경보기"란 내화구조가 아닌 건축물로서 벽, 바닥 또는 천장의 전부나 일부를 불연재료 또는 준불연재료가 아닌 재료에 철망을 넣어 만든 건물의 전기설비로부터 누설전류를 탐지하여 경보를 발하는 기기로서, 변류기와 수신부로 구성된 것을 말한다.
2) "수신부"란 변류기로부터 검출된 신호를 수신하여 누전의 발생을 해당 특정소방대상물의 관계인에게 경보해주는 것(차단기구를 갖는 것을 포함한다)을 말한다.
3) "변류기"란 경계전로의 누설전류를 자동적으로 검출하여 이를 누전경보기의 수신부에 송신하는 것을 말한다.
4) "경계전로"란 누전경보기가 누설전류를 검출하는 대상 전선로를 말한다.
5) "과전류차단기"란 「전기설비기술기준의 판단기준」 제38조와 제39조에 따른 것을 말한다.
6) "분전반"이란 배전반으로부터 전력을 공급받아 부하에 전력을 공급해주는 것을 말한다.
7) "인입선"이란 「전기설비기술기준」 제3조 제1항 제9호에 따른 것으로서, 배전선로에서 갈라져서 직접 수용장소의 인입구에 이르는 부분의 전선을 말한다.
8) "정격전류"란 전기기기의 정격출력 상태에서 흐르는 전류를 말한다.

73 상 중 하

자동화재탐지설비 및 시각경보장치의 화재안전기술기준(NFTC 203)에 따라 자동화재탐지설비의 감지기회로에 종단저항을 설치하는 주된 목적은?

① 도통시험을 하기 위하여
② 작동시험을 하기 위하여
③ 전원상태를 확인하기 위하여
④ 작동중인 감지기를 쉽게 확인하기 위하여

해설 감지기 종단저항

- 설치위치 : 감지기회로 끝부분
- 목적 : 도통시험
- 도통시험 : 감지선 단선·합선 점검

74 상 중 하

비상경보설비의 축전지설비의 구조에 대한 설명으로 틀린 것은? [법 개정으로 인한 문제 수정]

① 예비전원을 병렬로 접속하는 경우에는 역충전방지 등의 조치를 하여야 한다.
② 내부에 주전원의 양극을 동시에 개폐할 수 있는 전원스위치를 설치하여야 한다.
③ 축전지설비는 접지전극에 교류전류를 통하는 회로방식을 사용해서는 안 된다.
④ 예비전원은 축전지설비용 예비전원과 외부부하 공급용 예비전원을 별도로 설치하여야 한다.

해설 비상경보설비 축전지

1) 병렬접속 : 역충전방지조치
2) 내부 : 양극 동시개폐 전원스위치 설치
3) 회로 : 직류전류방식을 사용하면 안 될 것
4) 예비전원 : 축전지설비용, 외부부하 공급용 별도 설치

정답 72 ④ 73 ① 74 ③

75 상중하

자동화재속보설비의 속보기의 성능인증 및 제품검사의 기술기준에 따른 속보기의 기능에 대한 내용이다. 다음 ( ) 에 들어갈 내용으로 옳은 것은?

작동신호를 수신하거나 수동으로 동작시키는 경우 (㉠)초 이내에 소방관서에 자동적으로 신호를 발하여 통보하되, (㉡)회 이상 속보할 수 있어야 한다.

① ㉠ 10, ㉡ 2　② ㉠ 20, ㉡ 2
③ ㉠ 10, ㉡ 3　④ ㉠ 20, ㉡ 3

해설 자동화재속보설비 동작

1) 작동신호를 수신하거나 수동으로 동작시키는 경우 20초 이내에 소방관서에 자동적으로 신호를 발하여 통보하되, 3회 이상 속보할 수 있어야 한다.
2) 주전원이 정지한 경우에는 자동적으로 예비전원으로 전환되고, 주전원이 정상상태로 복귀한 경우에는 자동적으로 예비전원에서 주전원으로 전환되어야 한다.
3) 예비전원은 자동적으로 충전되어야 하며 자동과충전방지장치가 있어야 한다.
4) 화재신호를 수신하거나 속보기를 수동으로 동작시키는 경우 자동적으로 적색 화재표시등이 점등되고 음향장치로 화재를 경보하여야 하며, 화재표시 및 경보는 수동으로 복구 및 정지시키지 않는 한 지속되어야 한다.
5) 연동 또는 수동으로 소방관서에 화재발생 음성정보를 속보중인 경우에도 송수화장치를 이용한 통화가 우선적으로 가능하여야 한다.
6) 예비전원을 병렬로 접속하는 경우에는 역충전방지 등의 조치를 하여야 한다.
7) 예비전원은 감시상태를 60분간 지속한 후 10분 이상 동작(화재속보 후 화재표시 및 경보를 10분간 유지하는 것을 말한다)이 지속될 수 있는 용량이어야 한다.
8) 속보기는 연동 또는 수동 작동에 의한 다이얼링 후 소방관서와 전화접속이 이루어지지 않는 경우에는 최초 다이얼링을 포함하여 10회 이상 반복적으로 접속을 위한 다이얼링이 이루어져야 한다. 이 경우 매회 다이얼링 완료 후 호출은 30초 이상 지속되어야 한다.
9) 속보기의 송수화장치가 정상위치가 아닌 경우에도 연동 또는 수동으로 속보가 가능하여야 한다.
10) 음성으로 통보되는 속보내용을 통하여 해당 특정소방대상물의 위치, 화재발생 및 속보기에 의한 신고임을 확인할 수 있어야 한다.
11) 속보기는 음성속보방식 외에 데이터 또는 코드전송방식 등을 이용한 속보기능을 설치할 수 있다.

76 상중하

비상조명등의 형식승인 및 제품검사의 기술기준에 따라 상용전원전압의 몇 [%] 범위 안에서는 비상조명등 내부의 온도상승이 그 기능에 지장을 주거나 위해를 발생시킬 염려가 없어야 하는가?

① 80　② 110
③ 125　④ 140

해설 비상조명등

1) 상용전원전압의 110 [%] 범위 안에서는 비상조명등 내부의 온도상승이 그 기능에 지장을 주거나 위해를 발생시킬 염려가 없어야 한다.
2) 방폭형 비상조명등의 방폭구조는 한국산업규격 또는 산업안전보건 법령이 정하는 규격에 적합하여야 한다.
3) 주전원 및 비상전원을 단락사고 등으로부터 보호할 수 있는 퓨즈 등 과전류 보호장치를 설치하여야 한다. 다만 객석비상조명등은 그러하지 아니하다.
4) 외함은 기기 내의 온도상승에 의하여 변형, 변색 또는 변질되지 아니하여야 한다.
5) 전구 및 예비전원 등의 내부부품을 쉽게 교환·보수·점검할 수 있도록 조립된 구조이어야 한다. 다만 방수형·방폭형인 것은 그러하지 아니하다.
6) 광원 또는 점등관을 교환·점검할 때 접촉될 우려가 있는 부분은 감전되지 아니하도록 보호 조치를 하여야 한다.
7) 사용전압은 300 [V] 이하이어야 한다. 다만 충전부가 노출되지 아니한 것은 300 [V]를 초과할 수 있다.
8) 설치하고자 하는 부분에 견고하게 설치할 수 있는 구조이어야 한다.
9) 수송 중 진동 또는 충격에 의하여 기능에 장해를 받지 아니하는 구조이어야 한다.

정답 75 ④ 76 ②

10) 비상조명등은 내부의 온도가 비정상적으로 상승하지 아니하도록 하여야 하며, 예비전원과 내부부품은 양호한 방열처리가 되도록 하여야 한다.
11) 축전지에 배선 등을 직접 납땜하지 아니하여야 한다.
12) 상용전원(전지가 아닌 일반적으로 사용하는 전원을 말한다. 이하 같다)과 접속되는 전원은 KS C IEC 60245-8 또는 KS C IEC 60227-5에 적합하거나 이와 동등 이상의 절연성, 도전성 및 기계적 강도가 있어야 한다.
13) 전선의 굵기는 인출선인 경우에는 단면적이 0.75 [mm^2] 이상이어야 한다.
14) 인출선의 길이는 전선 인출 부분으로부터 150 [mm] 이상이어야 한다. 다만 인출선으로 하지 아니할 경우에는 풀어지지 아니하는 방법으로 전선을 쉽고 확실하게 부착할 수 있도록 접속단자를 설치하여야 한다.
15) 화재가 발생한 경우 화재경보설비 또는 비상경보설비 등으로부터 발신되는 신호를 수신하여 미리 정하여진 작동을 하는 비상조명등은 그 기능이 정상적으로 작동하여야 한다.
16) 내부의 전기회로에 스위치를 설치하는 경우에는 자동복귀형 스위치를 설치하여야 한다.

77 상 중 하

비상경보설비 및 단독경보형 감지기의 화재안전기술기준(NFTC 201)에 따른 비상벨설비 또는 자동식 사이렌설비의 발신기의 설치기준으로 옳은 것은?

① 조작이 쉬운 장소에 설치하고, 조작스위치는 바닥으로부터 0.5 [m] 이상 1.2 [m] 이하의 높이에 설치할 것
② 특정소방대상물의 층마다 설치하되, 복도 또는 별도로 구획된 실로서 보행거리가 25 [m] 이상일 경우에는 추가로 설치할 것
③ 특정소방대상물의 층마다 설치하되, 해당 특정소방대상물의 각 부분으로부터 하나의 발신기까지의 수평거리가 15 [m] 이하가 되도록 할 것
④ 발신기의 위치표시등은 함의 상부에 설치하되, 그 불빛은 부착 면으로부터 15° 이상의 범위 안에서 부착지점으로부터 10 [m] 이내의 어느 곳에서도 쉽게 식별할 수 있는 적색등으로 할 것

해설 발신기 설치기준

1) 조작스위치 : 바닥으로부터 0.8 [m] 이상 ~ 1.5 [m] 이하 설치
2) 특정소방대상물의 층마다 설치
   (1) 수평거리 : 25 [m] 이하 설치(각 부분부터 하나의 발신기까지의 거리)
   (2) 보행거리 : 40 [m] 이상 경우 추가설치(복도·별도구획된 실)
3) 위치 표시등 : 함 상부 설치
4) 불빛 : 부착면부터 15° 이상의 범위 안, 부착지점부터 10 [m] 이내 어느 곳에서도 쉽게 식별할 수 있는 적색등

78 상 중 하

소방시설용 비상전원수전설비의 화재안전기술기준(NFTC 602)에 따른 특별고압 또는 고압으로 수전하는 비상전원 수전설비의 종류가 아닌 것은?

① 큐비클형 ② 옥외개방형
③ 내화구조형 ④ 방화구획형

해설 특·고압 수전설비

- 옥외개방형
- 큐비클형
- 방화구획형

보충 ▶ 저압으로 수전하는 경우
- 전용배전반(1·2종)
- 전용분전반(1·2종)
- 공용분전반(1·2종)

암기 ▶ 올케방

정답 77 ④ 78 ③

79 상중하

유도등 및 유도표지의 화재안전기술기준(NFTC 303)에 따른 광원점등방식의 피난유도선에 대한 설치기준으로 틀린 것은?

① 부착대에 의하여 견고하게 설치할 것
② 수신기로부터의 화재신호 및 수동조작에 의하여 광원이 점등되도록 설치할 것
③ 피난유도 표시부는 바닥으로부터 높이 1 [m] 이하의 위치 또는 바닥 면에 설치할 것
④ 피난유도 표시부는 50 [cm] 이내의 간격으로 연속되도록 설치하되 실내장식물 등으로 설치가 곤란할 경우 1 [m] 이내로 설치할 것

해설 광원점등방식 피난유도선 설치기준

1) 구획된 각 실로부터 주출입구 또는 비상구까지 설치할 것
2) 피난유도 표시부는 바닥으로부터 높이 1 [m] 이하의 위치 또는 바닥 면에 설치할 것
3) 피난유도 표시부는 50 [cm] 이내의 간격으로 연속되도록 설치하되 실내장식물 등으로 설치가 곤란할 경우 1 [m] 이내로 설치할 것
4) 수신기로부터의 화재신호 및 수동조작에 의하여 광원이 점등되도록 설치할 것
5) 비상전원이 상시 충전상태를 유지하도록 설치할 것
6) 바닥에 설치되는 피난유도 표시부는 매립하는 방식을 사용할 것
7) 피난유도 제어부는 조작 및 관리가 용이하도록 바닥으로부터 0.8 [m] 이상 1.5 [m] 이하의 높이에 설치할 것

80 상중하

비상콘센트설비의 화재안전기술기준(NFTC 504)에 따른 저압 용어의 정의로서 옳은 것은? [법 개정으로 인한 문제 수정]

① 직류는 1500 [V] 이하, 교류는 1000 [V] 이하인 것
② 직류는 750 [V] 이하, 교류는 380 [V] 이하인 것
③ 직류는 750 [V]를, 교류는 600 [V]를 넘고 7000 [V] 이하인 것
④ 직류는 750 [V]를, 교류는 380 [V]를 넘고 7000 [V] 이하인 것

해설 비상콘센트 저·고압

구분	구분	전압 구분
저압	직류	1500 [V] 이하
	교류	1000 [V] 이하
고압	직류	1500 [V] 초과 7 [kV] 이하
	교류	1000 [V] 초과 7 [kV] 이하
특고압	7 [kV] 초과	

2020

정답 79 ① 80 ①

2020년 4회

소방원론

3회독 월 일
2회독 월 일
1회독 월 일

목표시간 : 20분 | 시작 : _시 _분 | 종료 : _시 _분 | 맞은 개수 : _ /20

01 상 중 하

화재 시 인체의 피 속에 필요한 산소의 공급에 가장 장애를 주는 물질은?

① CO ② CO_2
③ HCN ④ HCl

해설 유해가스

연소가스	특징
일산화탄소 (CO)	• 불완전연소 시 발생 • 유독성 • 흡입 시 헤모글로빈과 결합하여 산소운반 저해
이산화탄소 (CO_2)	• 완전연소 시 발생 • 연소가스 중 가장 많은 양 발생 • 다량 흡입 시 호흡속도 증가
암모니아 (NH_3)	• 인체에 자극성이 큰 가연성 가스 • 질소함유물, 수지류, 나무 등이 연소 시 발생
포스겐 ($COCl_2$)	• PVC, 수지류, 염소가 함유된 가연물 연소 시 발생 • 맹독성(0.1 ppm)
황화수소(H_2S)	• 달걀 썩는 냄새 • 독성, 부식성, 가연성 가스
시안화수소 (HCN)	• 질소함유물 등이 불완전연소 시 발생 • 청산가스
아크롤레인 (CH_2CHCHO)	• 맹독성(0.1 [ppm]) • 석유제품, 유지 등이 연소 시 생성

02 상 중 하

겨울철에 화재가 많이 발생하는 이유로 옳은 것은?

① 온도가 낮기 때문에 발화하기 쉽다.
② 습도가 높기 때문에 발화의 위험이 높다.
③ 화기의 취급 빈도가 많고 습도가 낮기 때문이다.
④ 기온이 낮고 습도가 높으며 강한 바람이 지속적으로 높기 때문이다.

해설 겨울철 화재 원인

• 습도가 낮기 때문에 발화 위험이 높음
• 화기의 취급 빈도 증가

03 상 중 하

열의 전달방법이 아닌 것은?

① 전도 ② 흡수
③ 대류 ④ 복사

해설 열전달

분류	개념
전도	고온체와 저온체의 직접적인 접촉에 의해 열 이동
대류	유체의 흐름에 의해 열 이동
복사	매질 없이 전자파 형태로 열 이동

암기 ▶ 전대복

정답 01 ① 02 ③ 03 ②

04 상 중 하

건축물의 재료로서 내화성능을 가지고 있는 것은?

① 목재 ② 유성페인트
③ 벽지 ④ 석고보드

해설 내화성능재료

- 석고보드
- 석고 시멘트판
- 평형 시멘트판
- 미네랄울 보온판
- 내화성능 시험한 결과 15분의 차염성능 및 이면온도가 120 [K] 이상 상승하지 않는 재료

05 상 중 하

가연물질이 재로 덮인 숯불모양으로 불꽃 없이 착화하는 것을 나타내고 있는 것은?

① 발염착화 ② 무염착화
③ 맹화 ④ 진화

해설 건축물 화재

화재	설명
발염착화	무염 상태의 가연물이 250 [℃] 부근에 이르게 되면 불꽃을 내면서 착화
무염착화	가연물이 연소하면서 재로 덮인 숯불모양으로 불꽃 없이 착화
맹화	세차게 타는 불
진화	소화

06 상 중 하

밀폐 용기 속의 액화 이산화탄소를 가열하여 액체와 기체의 밀도가 서로 같아지게 될 때의 온도를 무엇이라 하는가?

① 임계점 ② 표준비점
③ 삼중점 온도 ④ 평형온도

해설 임계점

열역학에서 액체와 기체의 상평형이 정의될 수 있는 한계 온도

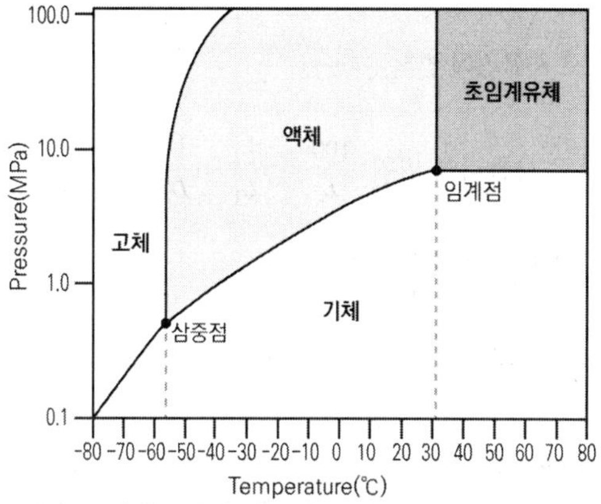

[이산화탄소의 상태도]

※ 이산화탄소의 물성

분자량	44 [g/mol]	임계온도	31.35 [℃]
증기비중	1.529	임계압력	7.38 [MPa]
증발열	137 [cal/g]	융해열	45.2 [cal/g]
삼중점	-56.7 [℃]	비점	-78 [℃]

2020

정답 04 ④ 05 ② 06 ①

07 상중하

체적비로 메테인이 80 [%], 에테인이 15 [%], 프로페인이 4 [%], 뷰테인이 1 [%]인 혼합기체가 있다. 이 기체의 공기 중에서의 폭발하한계는 약 몇 [%]인가? (단, 공기 중 단일 가스의 폭발하한계는 CH_4 : 5 [%], C_2H_6 : 2 [%], C_3H_8 : 2 [%], C_4H_{10} : 1.8 [%]이다)

① 2.8 ② 3.8
③ 4.8 ④ 5.8

해설 르 샤틀리에 법칙

르 샤틀리에 법칙 $\frac{100}{L}=\frac{V_1}{L_1}+\frac{V_2}{L_2}+\cdots+\frac{V_n}{L_n}$

$$\frac{100}{L}=\frac{80}{5}+\frac{15}{2}+\frac{4}{2}+\frac{1}{1.8}$$

$$L=\frac{100}{\frac{80}{5}+\frac{15}{2}+\frac{4}{2}+\frac{1}{1.8}}$$

$$\therefore L=3.84[\%]$$

L : 혼합가스 폭발하한계 [vol%]
$L_1 \sim L_n$: 가연성 가스 폭발하한계 [vol%]
$V_1 \sim V_n$: 가연성 가스 용량 [vol%]

08 상중하

셀룰로이드 화재 시 이용되는 소화방법은?

① 탄산가스를 방사한다.
② 사염화탄소를 방사한다.
③ 포를 방사한다.
④ 대량주수를 한다.

해설 나이트로셀룰로오스(니트로셀룰로오스)

1) 제5류 위험물 중 질산에스터류에 속함
2) 용도 : 다이너마이트 및 화약 원료
3) 저장 : 알코올 속에 저장
4) 소화 : 다량 주수에 의한 냉각소화
5) 특성
 (1) 질화도가 높을수록 위험성이 큼
 (2) 햇빛에서 황갈색으로 변하고 아세톤, 초산에스터, 나이트로벤젠에 녹음

09 상중하

불꽃의 색깔에 의한 온도의 측정에서 낮은 온도에서부터 높은 온도의 순서대로 옳게 나열한 것은?

① 암적색, 백적색, 황적색, 휘백색
② 암적색, 휘백색, 적색, 황적색
③ 암적색, 황적색, 백적색, 휘백색
④ 암적색, 휘적색, 황적색, 적색

해설 연소 시 불꽃의 색과 온도

색	온도 [℃]
암적색	700 ~ 750
적색	850
휘적색	900 ~ 950
황적색	1100
백색	1200 ~ 1300
휘백색	1500

암기 ▶ 암적적 휘황백 휘백

정답 07 ② 08 ④ 09 ③

10 상 중 하

60분 방화문과 30분 방화문의 연기 및 불꽃 차단 성능은 각각 최소 몇 분 이상이어야 하는가?

① 60분 방화문 : 90분, 30분 방화문 : 40분
② 60분 방화문 : 60분, 30분 방화문 : 30분
③ 60분 방화문 : 45분, 30분 방화문 : 20분
④ 60분 방화문 : 30분, 30분 방화문 : 10분

해설 방화문

구분	기준
60분+ 방화문	연기 및 불꽃 차단시간 60분 이상, 열 차단 시간 30분 이상
60분 방화문	연기 및 불꽃 차단시간 **60분 이상**
30분 방화문	연기 및 불꽃 차단시간 **30분 이상** 60분 미만

11 상 중 하

불꽃이 붙은 후 점화원을 뗀 때부터 불꽃을 올리지 아니하고 연소하는 상태가 그칠 때까지의 경과시간은?

① 방진시간 ② 방염시간
③ 잔신시간 ④ 잔염시간

해설 잔신시간, 잔염시간

잔신시간	잔염시간
버너의 불꽃을 제거한 때부터 **불꽃을 올리지 않고** 연소하는 상태가 끝날 때까지 경과시간	버너의 불꽃을 제거한 때부터 불꽃을 올리며 연소하는 상태가 끝날 때까지 경과시간
30초 이내	20초 이내

12 상 중 하

다음 중 열의 전달 형태를 나타내는 법칙이 아닌 것은?

① 푸리에의 법칙
② 스테판 볼츠만의 법칙
③ 뉴턴의 냉각법칙
④ 그레이엄의 법칙

해설 열 전달형태를 나타내는 법칙

1) 푸리에의 법칙 : 열류속도는 온도 구배와 비례, 열전도의 기본 법칙
2) 스테판 볼츠만의 법칙 : 복사 에너지가 절대 온도의 네제곱에 비례
3) 뉴턴의 냉각법칙 : 복사에 의한 냉각속도가 물체와 주위와의 온도차에 비례

보충 ▶ 그레이엄의 법칙 : 일정한 온도와 압력 상태에서 기체의 분출속도는 그 기체분자량의 제곱근에 반비례

13 상 중 하

피난에 관한 설명으로 틀린 것은?

① 피난층은 직접 지상으로 통하는 출입구가 있는 층이다.
② 피난층은 하나의 건축물에 반드시 1개만 존재한다.
③ 직통계단은 건축물의 어떤 층에서 피난층 또는 지상까지 이르는 경로가 계단과 계단참만을 통하여 오르내릴 수 있는 계단을 말한다.
④ 피난을 위한 피난계단 또는 특별피난계단은 돌음계단으로 하여서는 아니 된다.

해설 피난설비

1) 피난층
(1) 지상으로 직접 통하는 출입구가 있는 층이나 피난안전구역이 있는 층
(2) <u>대지상황에 따라 2개 이상</u>

2020

정답 10 ② 11 ③ 12 ④ 13 ②

2) 직통계단 : 모든 층에서 피난층 또는 지상으로 직접 연결되는 계단
3) 피난계단
   (1) 지상으로 직접 통하는 계단
   (2) 직통계단 가능, 돌음계단 불가능
4) 특별피난계단
   (1) 부속실을 거쳐서 계단실과 연결
   (2) 직통계단 가능, 돌음계단 불가능

※ 돌음계단

계단의 폭이 일정하지 않고, 이동축이 직각 방향이 아니거나 계단참이 없어 계단으로만 이루어진 구조 등으로 볼 수 있음
따라서 돌음계단은 이용상 불편한 것으로 돌발적인 상황에서 피난의 기능을 수행하여야 하는 계단에는 부적합함

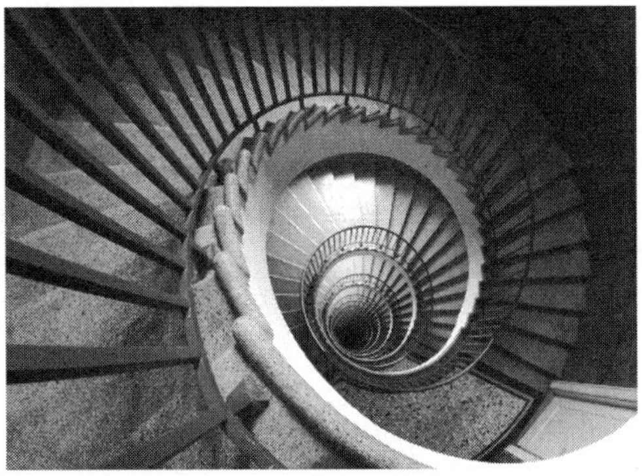

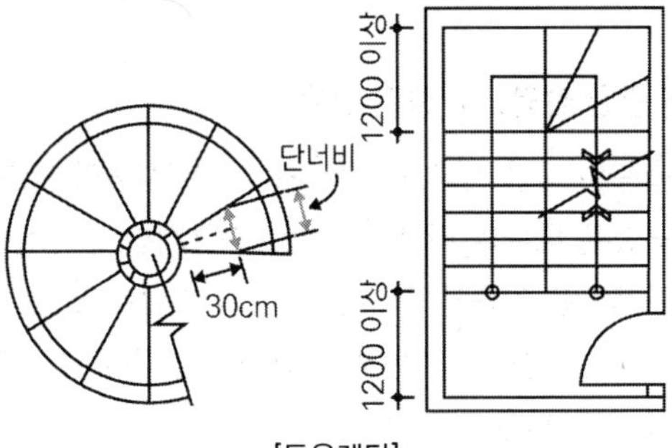

[돌음계단]

14 상 중 하

건축물의 방화계획에서 공간적 대응에 해당하지 않는 것은?

① 특별피난계단　② 제연설비
③ 직통계단　④ 방화구획

해설 건축물의 방재계획

구분		내용
공간적 대응	대항성	방화구획, 방연구획, 내화재료 등을 사용하여 초기 소화에 대응하는 화재사상 저항능력
	회피성	불연화, 난연화 등의 내장재 제한과 소방훈련 및 불조심 등 화재 확대 가능성을 줄여 위험성을 낮추는 것
	도피성	화재 시 피난자가 위험에 빠지지 않도록 구조적으로 배려하는 것
설비적 대응		**공간적 대응을 보완하는 것**으로 **제연설비**, 방화문, 방화셔터, 자동화재탐지설비, 자동소화설비, 옥내소화전설비, 스프링클러설비, 유도등, 비상전원, 피난기구 등

15 상 중 하

가연물질이 완전연소하면 어떤 물질이 발생하는가?

① 산소
② 물, 일산화탄소
③ 일산화탄소, 이산화탄소
④ 이산화탄소, 물

해설 완전연소와 불완전연소 생성물

구분	완전연소	불완전연소
정의	산소 공급이 충분한 상태에서의 연소	산소 공급이 불충분한 상태에서의 연소
생성물	**이산화탄소(CO_2), 수증기(H_2O)**	일산화탄소(CO), 그을음

정답 14 ② 15 ④

16 (상 중 하)

건축물의 굴뚝효과(Stack Effect)에 관한 설명 중 옳지 않은 것은?

① 평상시 건물 내의 기류분포를 지배하는 중요한 요소이며, 화재 시 연기의 이동에 큰 영향을 미친다.

② 실내 온도가 실외온도보다 높은 경우 저층부에서는 외부에서 실내 방향으로 공기의 흐름이 생긴다.

③ 고층건물에서는 잘 나타나지 않고 주로 저층건물에서 나타나는 효과이다.

④ 온도에 따른 공기의 밀도차 때문에 발생되는 공기의 흐름현상이다.

해설 굴뚝효과(연돌효과)

1) 건축물 내·외부 공기의 온도에 따른 공기의 밀도 차 때문에 발생되는 공기의 흐름현상
2) 건물 내부온도 > 외부온도 → 공기는 위쪽으로 이동
3) 영향요인
   (1) 실내외 온도 차(화재실의 온도가 높을수록 실내외 온도 차는 커짐)
   (2) 외벽 기밀성
   (3) 층간 공기누설
   (4) 건물의 높이(고층 건물에서 잘 나타남)

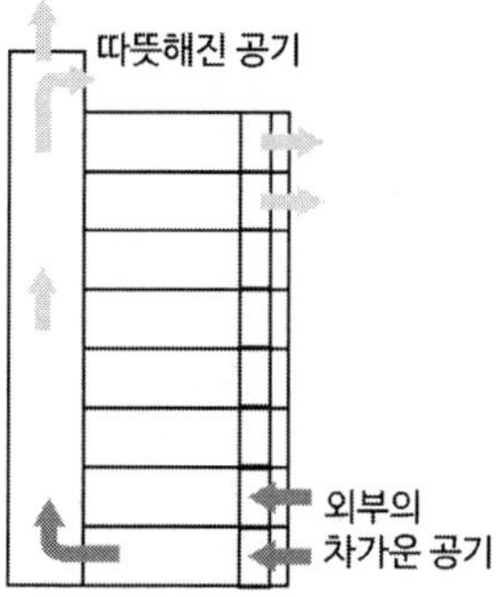

보충 ▶ '층의 면적'은 굴뚝효과와 관계없다.

17 (상 중 하)

특수가연물에 해당되지 않는 것은?

① 면화류

② 사류

③ 볏짚류

④ 메틸알코올

해설 특수가연물

품명		수량
면화류		200 [kg] 이상
나무껍질 및 **대**팻밥		400 [kg] 이상
넝마 및 종이부스러기		1000 [kg] 이상
사류, **볏**짚류		1000 [kg] 이상
가연성 **고**체류		3000 [kg] 이상
석탄·**목**탄류		10000 [kg] 이상
가연성 **액**체류		2 [m^3] 이상
목재가공품 및 나무부스러기		10 [m^3] 이상
고무류·플라스틱류	**발**포시킨 것	20 [m^3] 이상
	그 밖의 것	3000 [kg] 이상

암기 ▶ 면이 나대싸 넘사벽 천 가고삼 가액이 석목만 고발이

보충 ▶ 메틸알코올 : 제4류 위험물 중 알코올류

정답 16 ③ 17 ④

18 상 중 하

가연물질의 조건으로 옳지 않은 것은?

① 산화하기 쉽고 산소와 결합 시 발열량이 커야 한다.
② 연소반응을 일으키는 활성화에너지가 커야 한다.
③ 열의 축적이 용이하여야 한다.
④ 연쇄반응을 일으키기 쉬워야 한다.

해설 가연물이 연소가 잘 되기 위한 구비조건

1) 활성화에너지가 작을 것 (-)
2) 열전도율이 작을 것 (-)
3) 산소와 접촉하는 표면적이 넓을 것 (+)
4) 발열량이 클 것 (+)
5) 산소와 친화력이 클 것 (+)
6) 연쇄반응을 일으킬 것 (+)

TIP ▶ 활성화에너지, 열전도율 (-)

19 상 중 하

50 [BTU]의 열량은 몇 [cal]에 해당하는가?

① 12600　② 15000
③ 22600　④ 25000

해설 BTU

1) 영국의 열량 단위
2) 1파운드의 물을 대기압하에서 1 [℉] 올리는 데 필요한 열량
3) 1 [BTU] = 252 [cal]
   50 [BTU] = 50× 252 [cal] = 12600 [cal]

20 상 중 하

프로페인(프로판) 가스의 특성에 대한 설명으로 옳은 것은?

① 누출된 프로페인(프로판) 가스는 공기보다 가벼워 천장에 모인다.
② 가스비중은 약 0.5이다.
③ 연소범위는 약 2.2 ~ 9.5 [vol%]이다.
④ 프로페인(프로판) 가스는 LNG의 주성분이다.

해설 프로페인(프로판) 가스(C_3H_8)

1) 가연성 가스이며 LPG의 주성분
2) 연소범위 : 약 2.1 ~ 9.5 [vol%]
3) 증기비중(가스비중) : 1.51
4) 공기보다 무거움

※ 액화석유가스(LPG)와 액화천연가스(LNG)

가스	주성분	증기비중
액화석유가스 (LPG)	프로페인(프로판, C_3H_8) 뷰테인(부탄, C_4H_{10})	1.51
액화천연가스 (LNG)	메테인(메탄, CH_4)	0.55

TIP ▶ 증기비중 > 1 : 공기보다 무겁다.
증기비중 < 1 : 공기보다 가볍다.

정답 18 ② 19 ① 20 ③

2020년 4회

소방전기일반

3회독 월 일
2회독 월 일
1회독 월 일

목표시간 : 30분 | 시작 : _시 _분 | 종료 : _시 _분

21 (상)중 하

이미터전류를 1 [mA] 증가시켰더니 컬렉터전류는 0.98 [mA] 증가되었다. 이 트랜지스터의 증폭률 β는?

① 4.9 ② 9.8
③ 49.0 ④ 98.0

해설 증폭률

$I_e = I_b + I_c$

$1 = I_b + 0.98,\ \ I_b = 0.02[mA]$

$\beta = \dfrac{I_c}{I_b} = \dfrac{0.98}{0.02} = 49$

I_e : 이미터전류, I_b : 베이스전류
I_c : 컬렉터전류

22 상(중)하

전류에 의한 자계의 방향을 결정하는 법칙은 어느 것인가?

① 암페어의 오른나사법칙
② 플레밍의 오른손의 법칙
③ 비오 - 사바르법칙
④ 렌츠의 법칙

해설 암페어의 오른나사법칙

자계의 방향을 결정하는 법칙

TIP ▶ 플레밍의 오른손법칙 : 유도기전력 방향 결정
비오 – 사바르법칙 : 자계의 세기 결정
렌츠의 법칙 : 유도기전력 방향 결정

23 (상)중 하

전기계측 계기의 일반적인 구성요소가 아닌 것은 무엇인가?

① 내압장치 ② 구동장치
③ 제어장치 ④ 제동장치

해설 지시전기계기의 구성요소

- 구동장치
- 제어장치
- 제동장치
- 가동부지시장치

24 (상)중 하

일정 전압을 가진 전지에 부하를 걸면 단자전압이 감소된다. 다음 중 원인으로 올바른 것을 고르시오.

① 전해액 색깔 ② 분극작용
③ 이온화 작용 ④ 주위온도

해설 분극작용

- 전지 양극에 부하를 접속하면 내부저항이 증가하고 단자전압이 감소하는 현상
- 분극작용방지로 감극제 사용

정답 21 ③ 22 ① 23 ① 24 ②

25 상중하

그림과 같은 다이오드게이트회로에서 출력전압의 값은? (단, 다이오드 내의 전압강하는 무시)

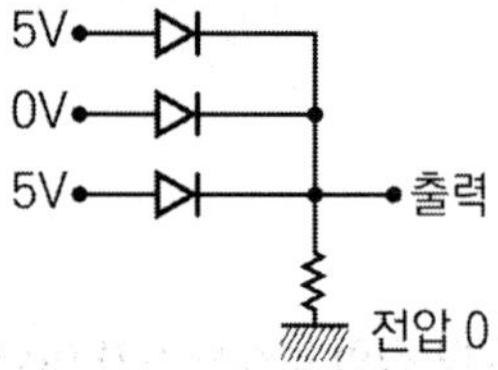

① 0 [V]　　② 5 [V]
③ 10 [V]　　④ 20 [V]

해설 OR게이트(무접점회로)

- 하나의 신호 ON되면 출력이 나타남
- 5 [V], 0 [V], 5 [V]의 입력이 OR로 주어졌으므로 출력에는 입력 5 [V]가 나타남

26 상중하

다음 중 논리식 Y = (A + B)(A + C)와 등가인 논리식은?

① B(A + C)　　② C(A + B)
③ B + AC　　④ A + BC

해설 논리식 계산

$Y=(A+B)(A+C)$
$=A+AC+AB+BC$
$=A(1+B+C)+BC$
$=A+BC$

정리	공식
항등법칙	$0+A=A,\ 1+A=1,\ 0\times A=0,\ 1\times A=A$
동일법칙	$A+A=A,\ A\times A=A$
보원법칙	$A+\overline{A}=1,\ A\times\overline{A}=0$
복원법칙	$\overline{\overline{A}}=A$
교환법칙	$A+B=B+A,\ A\times B=B\times A$
결합법칙	$A+(B+C)=(A+B)+C,\ A(BC)=(AB)C$
분배법칙	$A(B+C)=AB+AC,\ A+BC=(A+B)(A+C)$
흡수법칙	$A+AB=A,\ A(A+B)=A$ $A+\overline{A}B=(A+\overline{A})(A+B)=A+B$

27 상중하

정전용량 C [F]의 콘덴서에 W [J]의 에너지를 축적하기 위한 인가전압의 값은 몇 [V]인가?

① $\sqrt{\dfrac{W}{C}}$　　② $\sqrt{\dfrac{W}{2C}}$
③ $\sqrt{\dfrac{2W}{C}}$　　④ $\sqrt{\dfrac{2C}{W}}$

해설 정전에너지 계산

$W=\dfrac{1}{2}CV^2$

$V^2=\dfrac{2W}{C},\quad V=\sqrt{\dfrac{2W}{C}}$

W : 에너지 [J]
C : 정전용량 [F]
V : 전압 [V]

28 상중하

도전 상태에 있는 SCR을 차단상태로 하기 위한 방법으로 올바른 것은 어느 것인가?

① 게이트전류를 차단시켜준다.
② 게이트에 역방향 바이어스를 인가해준다.
③ 양극전압을 더 높게 올려 준다.
④ 양극전압을 음으로 한다.

해설 SCR 차단

- 통전이 시작되면 게이트 전원과 상관없이 차단되지 않는다.
- 차단 시 애노드전압을 (0), (-)로 한다.

정답 25 ② 26 ④ 27 ③ 28 ④

29 상중하

동일규격의 축전지 2개를 병렬로 연결한 경우 용량과 전압의 변화에 대한 설명이 올바른 것은?

① 전압과 용량이 모두 2배가 된다.

② 전압과 용량이 모두 처음 것의 $\frac{1}{2}$로 된다.

③ 전압은 불변이고 용량은 2배가 된다.

④ 전압은 2배가 되고 용량은 불변이다.

해설 축전지 병렬연결

$Q = CV = (C_1 + C_2)V$

용량은 2배가 되고 전압은 변하지 않는다.

30 상중하

어떤 회로에 전압을 인가하니 90° 뒤진 전류가 흘렀다. 다음 중 어느 회로인가?

① 무유도성 ② 유도성

③ 용량성 ④ 저항성분

해설 유도성 회로

전류가 90° 뒤질 때 : 유도성 회로

전압이 90° 뒤질 때 : 용량성 회로

31 상중하

회로에서 a, b 단자에 200 [V]를 인가할 때 저항 2 [Ω]에 흐르는 전류 값은?

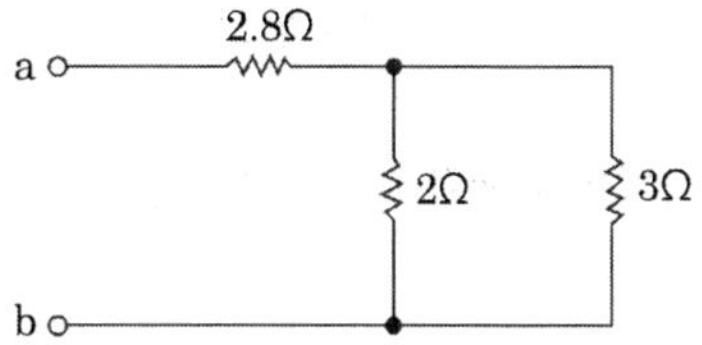

① 10 ② 20

③ 30 ④ 40

해설 전류분배법칙

• $R = 2.8 + \frac{2\times3}{2+3} = 4[\Omega]$

$I = \frac{V}{R} = \frac{200}{4} = 50[A]$

• $I_1 = \frac{R_2}{R_1+R_2}I = \frac{3}{2+3}\times 50 = 30[A]$

I_1 : 2 [Ω]에 흐르는 전류

R_1 : 2 [Ω], R_2 : 3 [Ω]

32 상중하

다음 중 옳지 않은 것은 무엇인가?

① 정전 유도에 의하여 작용하는 힘은 반발력이다.

② 정전용량이란 콘덴서가 전하를 축적하는 능력이다.

③ 콘덴서에 전압을 가하는 순간 단락 상태가 된다.

④ 같은 부호의 전하끼리는 반발력이 발생한다.

해설 흡인력

정전 유도에 의하여 작용하는 힘

2020

정답 29 ③ 30 ② 31 ③ 32 ①

33 상중하

변위를 전압으로 변환가능한 장치는 무엇인가?

① 차동변압기 ② 서미스터
③ 노즐플래퍼 ④ 벨로스

해설 변위를 전압으로 변환시키는 장치

- 포텐셔미터
- 전위차계
- 차동변압기

34 상중하

4극, 60 [Hz], 슬립 5 [%]인 유도전동기의 회전수 [rpm]의 값은?

① 600 ② 950
③ 1200 ④ 1710

해설 전수 계산

$$N_s = \frac{120f}{p} = \frac{120 \times 60}{4} = 1,800$$

$$N = (1-s)N_s = (1-0.05) \times 1800$$

N_S : 동기속도
N : 회전수

35 상중하

리액턴스의 역수는 어느 것인가?

① 컨덕턴스 ② 어드미턴스
③ 임피던스 ④ 서셉턴스

해설 서셉턴스(B)

- 리액턴스의 역수
- 전기회로에서 어드미턴스의 허수부

36 상중하

브리지 정류회로에서 다이오드 1개가 개방되었을 때 출력 전압의 값은?

① 입력전압의 $\frac{1}{4}$값이다.
② 반파 정류전압이다.
③ 입력전압의 $\frac{3}{4}$값이다.
④ 0이다.

해설 단상반파정류회로

1) 브리지 정류를 통해서 단상전파정류가 된다.
2) 다이오드 1개 고장 시 단상반파정류회로가 된다.

37 상중하

입력 A가 1이고, B가 0일 때 출력 X가 1이 되지 않는 게이트는 어느 것인가?

① NAND게이트
② OR게이트
③ NOR게이트
④ EXCLUSIVE OR게이트

해설 NOR게이트

- 하나라도 입력값이 1이면 출력값은 0
- OR의 반대

정답 33 ① 34 ④ 35 ④ 36 ② 37 ③

38 상중하

비율차동계전기의 사용 목적으로 가장 알맞은 것은 어느 것인가?

① 과부하 및 단락사고 검출
② 저전압 검출
③ 발전기나 변압기의 내부고장 검출
④ 과전압 검출

해설 기기(발전기, 변압기)의 내부고장 검출

계전기 명	특징
열동계전기	전동기의 과부하 보호용
비율차동계전기	발전기, 변압기의 내부고장 보호용
부흐홀츠계전기	변압기 권선의 층간단락보호
접지계전기	지락전류 검출, 영상변류기(ZCT)를 사용하는 계전기
역상과전류계전기	발전기의 부하 불평형방지 계전기
거리계전기	전압과 전류의 비가 일정치 이하인 경우 동작하는 계전기

39 상중하

일정한 직류 전원에 저항[Ω]을 접속하여 전류[A]가 흐르는 회로가 있다. 이 회로에 흐르는 전류값을 20 [%] 증가시키기 위해서 필요한 저항값은?

① 1.2 [Ω]
② 1.25 [Ω]
③ 0.73 [Ω]
④ 0.83 [Ω]

해설 옴의 법칙

$V = IR = 1.2IR$

$R = \frac{V}{1.2I} ≒ 0.83\ [\Omega]$

40 상중하

주위온도가 15 [℃]일 때 저항이 0.25 [Ω]이 되는 구리선이 있다. 화재로 인해 주위온도가 75 [℃]로 될 때 구리선의 저항 값은 약 몇 [Ω]인가? (단, 구리선의 α는 0.0043이다)

① 0.06 [Ω]
② 0.10 [Ω]
③ 0.31 [Ω]
④ 1.25 [Ω]

해설 저항 온도계수

$R_t = R_0[1 + a_0(t - t_0)]$
$= 0.25 \times [1 + 0.0043 \times (75 - 15)]$
$≒ 0.31[\Omega]$

R_t : $t°$ 에서의 저항
R_0 : 초기 저항
α_0 : 초기 온도에서의 온도계수
t : 나중 온도
t_0 : 초기 온도

2020

정답 38 ③ 39 ④ 40 ③

2020년 4회

소방관계법규

3회독 월 일
2회독 월 일
1회독 월 일

목표시간 : 20분 | 시작 : _시 _분 | 종료 : _시 _분 | 맞은 개수 : _ /20

41 (상 중 하)

다음 중 피난구조설비에 해당하는 것은?

① 비상벨설비
② 단독경보형 감지기
③ 유도등 및 유도표지
④ 비상콘센트설비

해설 피난구조설비

1) 피난기구
- 피난사다리
- 구조대
- 완강기, 간이완강기

2) 인명구조기구
- 방열복, 방화복
- 공기호흡기
- 인공소생기

3) 유도등
- 피난유도선
- 피난구유도등
- 통로유도등
- 객석유도등
- 유도표지

4) 비상조명등 및 휴대용 비상조명등

42 (상 중 하)

다음 위험물 중 자기반응성 물질인 것은?

① 황린
② 염소산염류
③ 특수인화물
④ 질산에스테르류

해설 제5류 위험물(자기반응성 물질)

위험물	위험물	지정수량
유기과산화물	나이트로화합물	제1종 : 10 [kg] 제2종 : 100 [kg]
질산에스터류	나이트로소화합물	
하이드록실아민	아조화합물	
하이드록실아민염류	다이아조화합물	
-	하이드라진유도체	

정답 41 ③ 42 ④

43 상중하

시·도지사는 화재가 발생할 우려가 높은 지역을 화재예방강화지구로 지정한다. 다음 중 화재예방강화지구로 지정할 수 있는 대상이 아닌 것은?

① 시장지역
② 콘크리트 건물이 밀집한 지역
③ 공장, 창고가 밀집한 지역
④ 위험물 저장 및 처리시설이 밀집한 지역

해설 화재예방강화지구 지정

1) 지정권자 : 시·도지사
2) 화재예방강화지구 지정 요청 : 소방청장
3) 화재예방강화지구
 (1) 시장지역
 (2) 공장·창고가 밀집한 지역
 (3) 목조건물이 밀집한 지역
 (4) 노후·불량건축물이 밀집한 지역
 (5) 위험물의 저장 및 처리시설이 밀집한 지역
 (6) 석유화학제품을 생산하는 공장이 있는 지역
 (7) 산업입지 및 개발에 관한 법률에 따른 산업단지
 (8) 소방시설·소방용수시설·소방출동로가 없는 지역
 (9) 물류단지
 (10) (1) ~ (9)까지 준하는 지역으로서 소방관서장이 화재예방강화지구로 지정할 필요가 있다고 인정하는 지역

44 상중하

특정소방대상물에 대한 소방안전관리자를 선임할 때에는 누구에게 신고하여야 하는가?

① 소방본부장 또는 소방서장
② 시·도지사
③ 관계인
④ 시장 또는 군수

해설 소방안전관리자 선임신고

1) 선임권자 : 관계인
2) 선임 : 30일 이내
3) 선임신고 : 14일 이내 소방본부장, 소방서장에게 신고하고, 소방안전관리대상물의 출입자가 쉽게 알 수 있도록 소방안전관리자의 성명과 그 밖에 행정안전부령으로 정하는 사항을 게시하여야 함
4) 선임신고 기준일
 (1) 신축·증축·개축·재축·대수선·용도변경으로 특정소방대상물 소방안전관리자 신규 선임해야 하는 경우 : 해당 특정소방대상물의 사용승인일
 (2) 증축·용도변경으로 특정소방대상물이 소방안전관리대상물로 된 경우 : 증축공사사용승인일, 용도변경 사실을 건축물관리대장에 기재한 날
 (3) 특정소방대상물 양수, 경매, 환가, 매각 등에 의해 관계인의 권리 취득한 경우 : 해당 권리를 취득한 날, 관할 소방서장으로부터 소방안전관리자 선임 안내 받은 날
 (4) 관리의 권원이 분리된 경우 : 관리의 권원이 분리되거나 소방본부장 또는 소방서장이 관리의 권원을 조정한 날
 (5) 소방안전관리자 해임, 퇴직한 경우 : 소방안전관리자 해임, 퇴직한 날
 (6) 소방안전관리업무를 대행하는 자를 감독할 수 있는 사람을 소방안전관리자로 선임한 경우로서 그 업무대행 계약이 해지 또는 종료된 경우 : 소방안전관리업무 대행이 끝난 날
 (7) 소방안전관리자 자격이 정지 또는 취소된 경우 : 소방안전관리자 자격이 정지 또는 취소된 날

정답 43 ② 44 ①

45 상중하

위험물제조소등의 완공검사필증을 잃어버려 재발급을 받은 자가 잃어버린 완공검사필증을 발견한 경우에는 이를 며칠 이내에 완공검사필증을 재발급한 시·도지사에게 제출해야 하는가?

① 즉시 ② 10일
③ 15일 ④ 30일

해설 제조소등에 대한 완공검사

- 완공검사 신청 : 시·도지사
- 완공검사필증 재교부 신청 : 시·도지사
- 잃어버린 완공검사필증 발견하는 경우 10일 이내 시·도지사에게 제출

46 상중하

다음 중 물분무등소화설비가 아닌 것은?

① 스프링클러설비
② 포소화설비
③ 분말소화설비
④ 할로겐화합물 및 불활성기체소화설비

해설 물분부등소화설비

- 물분무소화설비
- 미분무소화설비
- 포소화설비
- 이산화탄소소화설비
- 할론소화설비
- 할로겐화합물 및 불활성기체소화설비
- 분말소화설비
- 강화액소화설비
- 고체에어로졸소화설비

47 상중하

소화활동설비에서 제연설비를 설치하여야 하는 특정소방대상물의 기준으로 틀린 것은?

① 문화 및 집회시설, 운동시설로서 무대부의 바닥면적이 200 [m^2] 이상인 것
② 근린생활시설·위락시설·판매시설·숙박시설로서 지하층 또는 무창층의 바닥면적합계가 1000 [m^2] 이상인 것
③ 지하상가로서 연면적 1000 [m^2] 이상인 것
④ 터널로서 길이가 500 [m] 이상인 것

해설 제연설비 설치대상

설치대상	기준
문화 및 집회시설, 종교시설, 운동시설	• 무대부 바닥면적 200 [m^2] 이상인 경우에는 해당 무대부 • 영화상영관 수용인원 100명 이상인 경우에는 해당 영화상영관
지하층·무창층에 설치된 근린생활시설, 판매시설, 숙박시설, 의료시설, 위락시설, 노유자시설, 창고시설(물류터미널로 한정), 운수시설	바닥면적 합계 1000 [m^2] 이상인 경우 해당 부분
지하상가	연면적 1000 [m^2] 이상
공항시설 대기실, 휴게시설, 시외버스정류장, 철도 및 도시철도시설, 항만시설 대기실	지하층·무창층 바닥면적 1000 [m^2] 이상인 경우에는 모든 층
특정소방대상물(갓복도형 아파트등 제외)에 부설된 특별피난계단, 비상용 승강기의 승강장, 피난용 승강기의 승강장	

정답 45 ② 46 ① 47 ④

48 상㊥하

전문 소방시설설계업의 기술인력·등록기준에서 주된 기술인력과 보조기술인력의 최소 인원수로 옳은 것은?

① 주된 기술인력 : 1명, 보조기술인력 : 1명
② 주된 기술인력 : 2명, 보조기술인력 : 2명
③ 주된 기술인력 : 1명, 보조기술인력 : 3명
④ 주된 기술인력 : 2명, 보조기술인력 : 3명

해설 소방시설설계업 등록기준, 영업범위

소방시설 설계업		기술인력(이상)	영업범위
전문		• 주 인력 : 소방기술사 1인 • 보조인력 : 1명	모든 특정소방대상물
일반	기계 분야	• 주 인력 : 소방기술사 또는 소방기사[기계] 1명 • 보조인력 : 1명	• 아파트 소방 기계분야(제연 제외) • 연 3만 [m^2](공장 1만 [m^2]) 미만(제연 제외) • 위험물제조소등
	전기 분야	• 주 인력 : 소방기술사 또는 소방기사[전기] 1명 • 보조인력 : 1명	• 아파트 소방 전기 분야 • 연 3만 [m^2](공장 1만 [m^2]) 미만 • 위험물제조소등

49 상㊥하

위험물제조소의 게시판에 반드시 기재할 사항이 아닌 것은?

① 위험물의 저장 최대수량
② 위험물의 유별·품명
③ 위험물에 대한 대처방법
④ 안전관리자의 성명 또는 직명

해설 위험물제조소 게시판 기재사항

• 위험물의 유별·품명
• 위험물의 저장최대수량·취급최대수량
• 지정수량의 배수
• 안전관리자의 성명 또는 직명

50 상 중 ㊦

소방시설업자는 등록사항의 변경이 있을 때에는 변경일로부터 며칠 이내에 서류를 시·도지사에게 제출하여야 하는가?

① 7일 이내 ② 14일 이내
③ 30일 이내 ④ 60일 이내

해설 등록사항 변경신고

1) 변경신고 : 30일 이내 시·도지사에게 신고
2) 제출서류 변경신고 사항 및 제출 서류
 (1) 명칭·상호·영업소소재지 변경 : 소방시설관리업등록증 및 등록수첩
 (2) 대표자 변경 : 소방시설관리업등록증 및 등록수첩
 (3) 기술인력 변경
  ① 소방시설관리업등록수첩
  ② 변경된 기술인력 기술자격증(경력수첩 포함)
  ③ 소방기술인력대장

2020

정답 48 ① 49 ③ 50 ③

51 상중하

소방기본법의 목적에 속하지 않는 것은?

① 사회의 정의 실현
② 국민의 생명·신체 및 재산보호
③ 공공의 안전질서 유지와 복리증진
④ 위급한 상황에서의 구조·구급활동

해설 소방기본법 목적

- 화재 예방·경계·진압
- 화재, 재난·재해, 위급 상황에서 구조·구급 활동
- 국민의 생명·신체 및 재산 보호함으로써 공공의 안녕 및 질서 유지와 복리증진

52 상중하

방염대상물품에 대하여 소방시설업을 하고자 하는 자는 누구에게 등록해야 하는가?

① 행정안전부장관
② 시·도지사
③ 대통령
④ 소방본부장 또는 소방서장

해설 소방시설업 등록

1) 소방시설업 등록 : 시·도지사(자본금, 기술인력 등)
→ 소방시설협회에 제출(업무의 위탁)
※ 이때 소방시설업 등록에 필요한 사항 : **행정안전부령**
2) 등록신청 서류 : 소방시설업 등록신청서 + 다음 각 호의 첨부서류
(1) 신청인의 성명, 주민등록번호 및 주소지 등의 인적사항이 적힌 서류
(2) 기술인력 증빙서류
① 국가기술자격증
② 소방기술 인정 자격수첩 또는 소방기술자 경력수첩
(3) 소방청장 지정 금융회사 또는 소방산업공제조합 출자·예치·담보 금액 확인서(소방시설공사업만 해당)
(4) 최근 90일 이내 작성한 자산평가액 또는 기업진단 보고서(소방시설공사업만 해당)
3) 등록신청 서류 보완
(1) 기간 : 10일 이내
(2) 해당 경우
① 첨부서류가 첨부되지 않은 경우
② 신청서 및 첨부서류에 기재 내용이 기재되어 있지 않거나 명확하지 않은 경우

53 상중하

위험물제조소에서 취급하는 건축물 그 밖의 시설의 주위에는 그 취급하는 위험물의 최대수량이 지정수량의 10배 이하인 경우에 보유하여야 할 공지의 너비는 얼마 이상이어야 하는가?

① 3 [m] 이상
② 5 [m] 이상
③ 8 [m] 이상
④ 10 [m] 이상

해설 제조소 보유공지

취급하는 위험물 최대수량	공지 너비
지정수량 10배 이하	3 [m] 이상
지정수량 10배 초과	5 [m] 이상

정답 51 ① 52 ② 53 ①

54 상중하

소방시설업의 등록 결격사유에 해당하지 않는 것은?

① 피성년후견인
② 소방시설업의 등록이 취소된 날로부터 3년이 지난 사람
③ 위험물안전관리법에 따른 금고 이상의 형의 집행유예 선고를 받고 그 유예기간 중에 있는 사람
④ 위험물안전관리법에 따른 금고 이상의 실형의 선고를 받고 그 집행이 끝나거나 집행이 면제된 날로부터 2년이 지나지 아니한 사람

해설 소방시설업 등록 결격사유

- 피성년후견인
- 금고 이상 실형을 선고받고 집행이 끝나거나 면제된 날부터 2년이 지나지 않은 자
- 금고 이상 형의 집행유예 선고받고 유예기간 중인 자
- 소방시설업 등록이 취소된 날부터 2년이 지나지 않은 자

55 상중하

소방시설관리업자가 점검을 하지 않은 경우 1차 행정처분 기준은?

① 등록취소　② 경고(시정명령)
③ 영업정지 1월　④ 영업정지 6월

해설 소방시설관리업에 대한 행정처분기준

위반사항	행정처분기준		
	1차	2차	3차
거짓, 그 밖의 부정한 방법으로 등록한 경우	등록취소	-	-
점검을 하지 않거나 점검능력 평가를 받지 않고 자체점검을 한 경우	영업정지 1개월	영업정지 3개월	등록취소
점검을 거짓으로 한 경우	경고(시정명령)	영업정지 3개월	등록취소
등록기준에 미달된 경우	경고(시정명령)	영업정지 3개월	등록취소

56 상중하

소방용수시설·소화기구 및 설비등의 설치명령을 위반한 자에 대한 과태료는?

① 100만 원 이하　② 200만 원 이하
③ 300만 원 이하　④ 500만 원 이하

해설 과태료 부과기준(200만 원 이하)

1) 불을 사용할 때 지켜야 하는 사항 및 특수가연물의 저장 및 취급기준을 위반한 경우
2) 소방설비등의 설치 명령을 정당한 사유 없이 따르지 아니한 경우
3) 기간 내에 선임신고를 하지 아니하거나 소방안전관리자의 성명 등을 게시하지 아니한 경우
4) 기간 내에 선임신고를 하지 아니한 자
5) 기간 내에 소방훈련 및 교육결과를 제출하지 아니한 경우

57 상중하

화재의 예방 및 안전관리에 관한 법령상 소방본부장 또는 소방서장은 소방상 필요한 훈련 및 교육을 실시하고자 하는 때에는 화재예방강화지구 안의 관계인에게 훈련 또는 교육 며칠 전까지 그 사실을 통보하여야 하는가?

[법 개정으로 인한 문제 수정]

① 5　② 7
③ 10　④ 14

해설 화재예방강화지구 관리

- 관리자 : 소방관서장
- 화재안전조사 : 연 1회 이상
- 훈련 및 교육 : 화재예방강화지구 안의 관계인에 대하여 연 1회 이상 실시
- 훈련 및 교육 통보 : 화재예방강화지구 안의 관계인에게 교육 10일 전까지 통보

2020

정답 54 ② 55 ③ 56 ② 57 ③

58 상 중 하

형식승인을 얻지 아니한 소방용품을 판매할 목적으로 진열했을 때의 벌칙으로 맞는 것은?

① 3년 이하의 징역 또는 3000만 원 이하의 벌금
② 2년 이하의 징역 또는 1500만 원 이하의 벌금
③ 1년 이하의 징역 또는 1000만 원 이하의 벌금
④ 1년 이하의 징역 또는 500만 원 이하의 벌금

해설 3년 이하 징역 또는 3000만 원 이하 벌금

1) 조치명령 위반사항에 대한 명령을 정당한 사유 없이 위반한 자
2) 관리업 등록을 하지 않고 영업을 한 자
3) 소방용품 형식승인 받지 아니하고 제조·수입 또는 거짓이나 그 밖의 부정한 방법으로 형식승인을 받은 자
4) 제품검사를 받지 아니한 자 또는 거짓이나 그 밖의 부정한 방법으로 제품검사를 받은 자
5) 소방용품을 판매·진열하거나 소방시설공사에 사용한 자
6) 거짓이나 그 밖의 부정한 방법으로 성능인증 또는 제품검사를 받은 자
7) 제품검사를 받지 아니하거나 합격표시를 하지 아니한 소방용품을 판매·진열하거나 소방시설공사에 사용한 자
8) 구매자에게 명령을 받은 사실을 알리지 아니하거나 필요한 조치를 하지 아니한 자
9) 거짓이나 그 밖의 부정한 방법으로 전문기관으로 지정을 받은 자

59 상 중 하

다음 중 소방용품 가운데 품질이 우수하다고 인정되는 소방용품에 대하여 우수품질인증을 할 수 있는 자는?

① 행정안전부장관
② 시·도지사
③ 소방청장
④ 소방본부장 또는 소방서장

해설 우수품질 제품 인증

1) 소방청장은 형식승인의 대상이 되는 소방용품 중 품질이 우수하다고 인정하는 소방용품에 대하여 인증(이하 "우수품질인증"이라 한다)을 할 수 있다.
2) 우수품질인증을 받으려는 자는 행정안전부령으로 정하는 바에 따라 소방청장에게 신청하여야 한다.
3) 우수품질인증을 받은 소방용품에는 우수품질인증 표시를 할 수 있다.
4) 우수품질인증의 유효기간은 5년의 범위에서 행정안전부령으로 정한다.
5) 소방청장은 다음 각 호의 어느 하나에 해당하는 경우에는 우수품질인증을 취소할 수 있다. 다만 제1호에 해당하는 경우에는 우수품질인증을 취소하여야 한다.
   (1) 거짓이나 그 밖의 부정한 방법으로 우수품질인증을 받은 경우
   (2) 우수품질인증을 받은 제품이 「발명진흥법」에 따른 산업재산권 등 타인의 권리를 침해하였다고 판단되는 경우
6) 1)부터 5)까지에서 규정한 사항 외에 우수품질인증을 위한 기술기준, 제품의 품질관리 평가, 우수품질인증의 갱신, 수수료, 인증표시 등 우수품질인증에 필요한 사항은 행정안전부령으로 정한다.

정답 58 ① 59 ③

60 상중하

다음 중 소방기본법 시행령에서 규정하는 국고보조대상이 아닌 것은?

① 소화설비
② 소방자동차
③ 소방전용전산설비
④ 소방전용통신설비

해설 소방장비 등에 대한 국고보조

1) 국고보조
  (1) 국가는 시·도 소방장비구입 등의 경비를 일부 보조함
  (2) 국가보조 대상사업의 범위와 기준 보조율 : 대통령령인 「보조금관리에 관한 법률 시행령」
  (3) 소방활동장비 및 설비의 종류와 규격 : 행정안전부령
2) 국고보조 대상사업의 범위
  (1) 소방활동장비와 설비의 구입 및 설치
    ① 소방자동차
    ② 소방헬리콥터 및 소방정
    ③ 소방전용통신설비 및 전산설비
    ④ 그 밖에 방화복 등 소방활동에 필요한 소방장비
  (2) 소방관서용 청사의 건축

2020

정답 60 ①

2020년 4회

소방전기시설의 구조 및 원리

3회독 월 일
2회독 월 일
1회독 월 일

목표시간 : 30분 시작 : _시 _분 종료 : _시 _분 맞은 개수 : _ /20

61 상 중 하

자동화재속보설비의 스위치의 설치높이는 최대 몇 [m] 높이까지 설치할 수 있는가?

① 1 ② 1.2
③ 1.5 ④ 1.8

해설 자동화재속보설비 동작

1) 작동신호를 수신하거나 수동으로 동작시키는 경우 20초 이내에 소방관서에 자동적으로 신호를 발하여 통보하되, 3회 이상 속보할 수 있어야 한다.
2) 주전원이 정지한 경우에는 자동적으로 예비전원으로 전환되고, 주전원이 정상상태로 복귀한 경우에는 자동적으로 예비전원에서 주전원으로 전환되어야 한다.
3) 예비전원은 자동적으로 충전되어야 하며 자동과충전방지장치가 있어야 한다.
4) 화재신호를 수신하거나 속보기를 수동으로 동작시키는 경우 자동적으로 적색 화재표시등이 점등되고 음향장치로 화재를 경보하여야 하며, 화재표시 및 경보는 수동으로 복구 및 정지시키지 않는 한 지속되어야 한다.
5) 연동 또는 수동으로 소방관서에 화재발생 음성정보를 속보중인 경우에도 송수화장치를 이용한 통화가 우선적으로 가능하여야 한다.
6) 예비전원을 병렬로 접속하는 경우에는 역충전방지 등의 조치를 하여야 한다.
7) 예비전원은 감시상태를 60분간 지속한 후 10분 이상 동작(화재속보 후 화재표시 및 경보를 10분간 유지하는 것을 말한다)이 지속될 수 있는 용량이어야 한다.
8) 속보기는 연동 또는 수동 작동에 의한 다이얼링 후 소방관서와 전화접속이 이루어지지 않는 경우에는 최초 다이얼링을 포함하여 10회 이상 반복적으로 접속을 위한 다이얼링이 이루어져야 한다. 이 경우 매회 다이얼링 완료 후 호출은 30초 이상 지속되어야 한다.
9) 속보기의 송수화장치가 정상위치가 아닌 경우에도 연동 또는 수동으로 속보가 가능하여야 한다.
10) 음성으로 통보되는 속보내용을 통하여 해당 특정소방대상물의 위치, 화재발생 및 속보기에 의한 신고임을 확인할 수 있어야 한다.
11) 속보기는 음성속보방식 외에 데이터 또는 코드전송방식 등을 이용한 속보기능을 설치할 수 있다.

62 상 중 하

하나의 전용회로에 설치하는 비상콘센트는 몇 개 이하로 하여야 하는가?

① 3 ② 5
③ 7 ④ 10

해설 비상콘센트설비 설치기준

1) 전원회로 : 단상교류는 220 [V], 공급용량은 1.5 [kVA] 이상
2) 전원회로는 각 층에 2 이상이 되도록 설치(다만 설치하여야 할 층의 비상콘센트가 1개인 때에는 하나의 회로로 할 수 있다)
3) 전원회로는 주배전반에서 전용회로로 할 것
4) 전원으로부터 각 층의 비상콘센트에 분기되는 경우에는 분기배선용 차단기를 보호함 안에 설치할 것
5) 콘센트마다 배선용 차단기를 설치하여야 하며 충전부가 노출되지 아니하도록 할 것
6) 개폐기에는 "비상콘센트"라고 표시한 표지를 할 것
7) 비상콘센트용의 풀박스 등은 방청도장을 한 것으로서 두께 1.6 [mm] 이상의 철판으로 할 것
8) 하나의 전용회로에 설치하는 비상콘센트는 10개 이하로 할 것. 이 경우 전선 용량은 각 비상콘센트(비상콘센트가 3개 이상인 경우에는 3개)의 공급용량을 합한 용량 이상의 것으로 하여야 한다.

정답 61 ③ 62 ④

63 상 중 하

바닥에 매설한 통로유도등의 조명도로 옳은 것은?

① 통로유도등의 직상부 0.5 [m]의 높이에서 0.2 [lx] 이상
② 통로유도등의 직상부 0.5 [m]의 높이에서 1 [lx] 이상
③ 통로유도등의 직상부 1 [m]의 높이에서 0.2 [lx] 이상
④ 통로유도등의 직상부 1 [m]의 높이에서 1 [lx] 이상

해설 통로유도등 조명도

- 벽면설치 통로유도등 : 통로유도등 바로 밑의 바닥으로부터 수평으로 0.5 [m] 떨어진 지점에서 1 [lx] 이상
- 바닥매설 통로유도등 : 통로유도등의 직상부 1 [m]의 높이에서 1 [lx] 이상

64 상 중 하

일국소의 주위온도가 일정한 온도 이상이 되는 경우에 작동하는 것으로서 외관이 전선으로 되어 있는 감지기는?

① 정온식 감지선형 감지기
② 정온식 스포트형 감지기
③ 차동식 스포트형 감지기
④ 차동식 분포형 감지기

해설 정온식 감지선형 감지기

1) 설치기준
  (1) 보조선이나 고정금구를 사용하여 감지선이 늘어지지 않도록 설치할 것
  (2) 단자부와 마감 고정금구와의 설치간격은 10 [cm] 이내로 설치할 것
  (3) 감지선형 감지기의 굴곡반경은 5 [cm] 이상으로 할 것
  (4) 감지기와 감지구역의 각 부분과의 수평거리
    ① 내화구조 : 1종 4.5 [m] 이하, 2종 3 [m] 이하
    ② 기타구조 : 1종 3 [m] 이하, 2종 1 [m] 이하
  (5) 케이블트레이에 감지기를 설치하는 경우에는 케이블트레이 받침대에 마감금구를 사용하여 설치할 것
  (6) 창고의 천장 등에 지지물이 적당하지 않은 장소에는 보조선을 설치하고 그 보조선에 설치할 것
  (7) 분전반 내부에 설치하는 경우 접착제를 이용하여 돌기를 바닥에 고정시키고 그곳에 감지기를 설치할 것
2) 감지선형 감지기 온도 표시

80도 미만	80도 이상 120도 미만	120도 이상
백색	청색	적색

65 상 중 하

누전경보기에서 누전되는 것을 검출하는 것은?

① 차단기　　② 수신기
③ 변류기　　④ 종단저항

해설 누전경보기

구성요소	기능
영상변류기	누설전류 검출
수신기	누설전류 증폭
음향장치	누전 시 경보발령
차단기구	누설전류 발생 시 전원차단

66 상 중 하

비상방송설비는 기동장치에 의한 화재신호를 수신한 후 필요한 음량으로 방송이 개시될 때까지의 소요시간은 몇 초 이하로 하여야 하는가?

① 10　　② 20
③ 30　　④ 60

정답 63 ④ 64 ① 65 ③ 66 ①

해설 비상방송설비 설치기준

1) 확성기
   (1) 음성입력 : 실외 3 [W] 이상, 실내 1 [W] 이상
   (2) 수평거리 : 층 각 부분으로부터 하나의 확성기까지의 25 [m] 이하
   (3) 확성기는 각 층마다 설치, 당해 층의 각 부분에 유효하게 경보를 발하도록 설치
2) 음량조정기(ATT) : 음량조정기의 배선은 3선식으로 한다.
3) 조작부
   (1) 조작스위치 높이 : 바닥으로부터 0.8 [m] 이상 1.5 [m] 이하
   (2) 기동장치의 작동과 연동하여 당해 기동장치가 작동한 층 또는 구역을 표시
   (3) 조작부 및 증폭기 설치장소 : 수위실 등 상시 사람이 근무, 점검이 편리, 방화상 유효한 곳
   (4) 2 이상 조작부 설치 시 설치장소 상호 간 동시통화 가능, 어느 조작부에서도 전구역 방송 가능
4) 층수가 11층(공동주택의 경우에는 16층)의 특정소방대상물은 다음과 같은 경보를 발할 수 있어야 한다.
   (1) 2층 이상의 층에서 발화한 때에는 발화층 및 그 직상 4개 층에 경보
   (2) 1층에서 발화한 때에는 발화층. 그 직상 4개 층 및 지하층에 경보
   (3) 지하층에서 발화한 때에는 발화층. 그 직상층 및 기타 지하층 경보
5) 기동장치에 따른 화재신고를 수신한 후 필요한 음량으로 화재 발생 상황 및 피난에 유효한 방송이 자동으로 개시될 때까지의 소요시간은 10초 이하로 할 것
6) 다른 방송설비와 공용할 경우 화재 시 비상경보 외의 방송을 차단할 수 있는 구조
7) 다른 전기회로에 따라 유도장애가 생기지 아니하도록 할 것
8) 음향장치의 구조 및 성능
   (1) 정격전압의 80 [%] 전압에서 음향을 발할 수 있는 것을 할 것
   (2) 자동화재탐지설비의 작동과 연동하여 작동할 수 있는 것으로 할 것

67 상 중 하

비상콘센트 보호함의 설치기준으로 옳지 않은 것은?

① 보호함 표면에 "비상콘센트"라고 표시한 표지를 하여야 한다.
② 보호함에는 쉽게 개폐할 수 있는 문을 설치한다.
③ 보호함 상부에 녹색의 표시등을 설치한다.
④ 보호함을 옥내소화전함과 접속하여 설치하는 경우 옥내소화전의 표시등과 겸용할 수 있다.

해설 비상콘센트설비 보호함

- 쉽게 개폐할 수 있는 문 설치
- 보호함 표면 : 비상콘센트 표식 부착
- 보호함 상부 : 적색 표시등 설치
- 옥내소화전함 접속 설치 시 : 옥내소화전함 표시등과 겸용

68 상 중 하

차동식 분포형열전대식 감지기의 작동원리는 다음 중 어떤 원리를 이용한 것인가?

① 핀치효과 ② 톰슨효과
③ 홀효과 ④ 제벡효과

해설 열전대식 감지기 작동원리

제벡효과 : 서로 다른 두 종류의 금속에서 온도 차가 생기면 열기전력 발생

정답 67 ③ 68 ④

69 상중하

무선통신보조설비의 누설동축케이블 또는 동축케이블의 임피던스는 몇 [Ω]으로 하는가?

① 10　　② 30
③ 40　　④ 50

해설 무선통신보조설비 설치기준

[누설동축케이블 설치기준]

1) 소방전용주파수대에서 전파의 전송 또는 복사에 적합한 것으로서 소방전용의 것으로 할 것(다만 소방대 상호 간 무선연락에 지장 없는 경우에는 다른 용도와 겸용 가능하다)
2) 누설동축케이블과 이에 접속하는 안테나 또는 동축케이블과 이에 접속하는 안테나에 따른 것으로 할 것
3) 누설동축케이블은 불연 또는 난연성의 것으로서 습기에 따라 전기의 특성이 변질되지 아니하는 것으로 하고, 노출하여 설치한 경우에는 피난 및 통행에 장애가 없도록 할 것
4) 누설동축케이블은 화재에 따라 해당 케이블의 피복이 소실된 경우에 케이블 본체가 떨어지지 아니하도록 4 [m] 이내마다 금속제 또는 자기제 등의 지지금구로 벽·천장·기둥 등에 견고하게 고정시킬 것(다만 불연재료로 구획된 반자 안에 설치하는 경우에는 그러하지 않는다)
5) 누설동축케이블 및 안테나는 금속판 등에 따라 전파의 복사 또는 특성이 현저하게 저하되지 아니하는 위치에 설치할 것
6) 누설동축케이블 및 안테나는 고압의 전로로부터 1.5 [m] 이상 떨어진 위치에 설치할 것(다만 해당 전로에 정전기 차폐장치를 유효하게 설치한 경우에는 그러하지 않는다)
7) 누설동축케이블의 끝부분에는 무반사 종단저항을 견고하게 설치할 것
8) 누설동축케이블 또는 동축케이블의 임피던스는 50 [Ω]으로 하고, 이에 접속하는 안테나·분배기 기타의 장치는 해당 임피던스에 적합한 것으로 하여야 한다.

[증폭기 설치기준]

1) 전원은 전기가 정상적으로 공급되는 축전지, 전기저장장치 또는 교류전압 옥내간선으로 하고, 전원까지의 배선은 전용으로 할 것
2) 증폭기의 전면에는 주회로의 전원이 정상인지의 여부를 표시할 수 있는 표시등 및 전압계를 설치할 것
3) 증폭기에는 비상전원이 부착된 것으로 하고 해당 비상전원 용량은 무선통신보조설비를 유효하게 30분 이상 작동시킬 수 있는 것으로 할 것
4) 증폭기 및 무선중계기를 설치하는 경우 적합성 평가를 받은 제품으로 설치하고 임의로 변경하지 않도록 할 것
5) 디지털방식의 무전기를 사용하는 데 지장이 없도록 설치할 것

70 상중하

스포트형 감지기는 몇 도 이상 경사가 되지 않도록 설치하여야 하는가?

① 15　　② 30
③ 45　　④ 60

해설 감지기 설치기준

1) 공기관식 차동식 분포형 감지기
   (1) 공기관의 노출부분 : 20 [m] 이상
   (2) 하나의 검출부에 접속하는 공기관의 길이 : 100 [m] 이하
   (3) 공기관과 감지구역의 각 변과의 수평거리 : 1.5 [m] 이하
   (4) 공기관 상호 거리 : 6 [m] 이하
   (주요구조부가 내화 구조인 경우 : 9 [m])
   (5) 공기관은 도중에 분기 금지
   (6) 검출부는 5° 이상 경사되지 않을 것
   (7) 검출부는 바닥으로부터 0.8 [m] 이상 ~1.5 [m] 이하의 위치에 설치할 것
2) 스포트형 감지기 설치할 때 각도가 45° 이상 경사가 되지 않도록 설치
3) 보상식 스포트형 감지기는 정온점이 감지기 주위의 평상시 최고 온도보다 20 [℃] 이상 높은 것으로 설치
4) 정온식 감지기의 경우 작동온도가 주위 최고 온도보다 20 [℃] 이상 높은 것으로 설치

부착 높이 및 소방대상물의 구분		차동식		보상식		정온식		
		1종	2종	1종	2종	특종	1종	2종
4 [m] 미만	내화 구조	90	70	90	70	70	60	20
	기타 구조	50	40	50	40	40	30	15
4 [m] 이상 8 [m] 미만	내화 구조	45	35	45	35	35	30	-
	기타 구조	30	25	30	25	25	15	-

정답 69 ④ 70 ③

71 상 중 하

비상콘센트설비의 전원 및 콘센트 등의 설치기준으로 옳지 않은 것은?

① 단상교류 220 [V]를 사용할 것
② 콘센트마다 배선용 차단기를 설치하여야 하며 충전부가 노출되지 않도록 할 것
③ 비상콘센트용의 풀박스 등은 방청도장을 한 두께 1.2 [mm] 이상의 철판으로 할 것
④ 전원회로의 공급용량은 단상교류의 경우 1.5 [kVA] 이상으로 할 것

해설 비상콘센트설비 전원회로 설치기준

1) 비상콘센트설비의 전원회로는 단상교류 220 [V]인 것으로서, 그 공급용량은 1.5 [kVA] 이상인 것으로 할 것
2) 전원회로는 각 층에 2 이상이 되도록 설치할 것. 다만 설치해야 할 층의 비상콘센트가 1개인 때에는 하나의 회로로 할 수 있다.
3) 전원회로는 주배전반에서 전용회로로 할 것. 다만 다른 설비회로의 사고에 따른 영향을 받지 않도록 되어 있는 것은 그렇지 않다.
4) 전원으로부터 각 층의 비상콘센트에 분기되는 경우에는 분기배선용 차단기를 보호함 안에 설치할 것
5) 콘센트마다 배선용 차단기(KS C 8321)를 설치해야 하며, 충전부가 노출되지 않도록 할 것
6) 개폐기에는 "비상콘센트"라고 표시한 표지를 할 것
7) 비상콘센트용의 풀박스 등은 방청도장을 한 것으로서, 두께 1.6 [mm] 이상의 철판으로 할 것
8) 하나의 전용회로에 설치하는 비상콘센트는 10개 이하로 할 것. 이 경우 전선의 용량은 각 비상콘센트(비상콘센트가 3개 이상인 경우에는 3개)의 공급용량을 합한 용량 이상의 것으로 해야 한다.
9) 비상콘센트의 플러그접속기는 접지형 2극 플러그접속기(KS C 8305)를 사용해야 한다.
10) 비상콘센트의 플러그접속기의 칼받이의 접지극에는 접지공사를 해야 한다.

72 상 중 하

축전지의 용량을 산출하는 데 필요한 사항이 아닌 것은?

① 보수율
② 용량환산시간
③ 방전전류
④ 부하전압

해설 축전지 용량 산출

- 보수율
- 용량환산시간
- 방전전류

73 상 중 하

R형 수신기에 대한 설명으로 틀린 것은?

① 선로수가 적게 들어 경제적이다.
② 선로길이를 길게 할 수 있다.
③ 증설 및 이설이 비교적 용이하다.
④ 중계기가 불필요하다.

해설 수신기

항목	P형	R형
신호전송 방식	개별신호방식	다중전송방식
신호형태	공통신호	고유신호
시스템 신뢰성	수신반 고장 시 전체시스템에 마비	중계기 고장 시 전체시스템에 영향 없음
경제성	공사비 고가	공사비 저렴
증설, 변경	증설 및 이설이 어려움	선로길이 길게 가능하고 증설 및 이설이 쉬움

TIP ▶ R형 수신기는 중계기가 필요함

정답 71 ③ 72 ④ 73 ④

74 상중하

주방·보일러실 등으로서 다량의 화기를 취급하는 장소에 설치하는 정온식 감지기는 공칭작동온도가 최고 주위온도보다 몇 [℃] 이상 높은 것으로 설치하여야 하는가?

① 3　② 5
③ 20　④ 100

해설 감지기 설치기준

1) 공기관식 차동식 분포형 감지기
   (1) 공기관의 노출부분 : 20 [m] 이상
   (2) 하나의 검출부에 접속하는 공기관의 길이 100 [m] 이하
   (3) 공기관과 감지구역의 각 변과의 수평거리 1.5 [m] 이하
   (4) 공기관 상호 거리 : 6 [m] 이하(주요구조부가 내화 구조인 경우 : 9 [m])
   (5) 공기관은 도중에 분기 금지
   (6) 검출부는 5° 이상 경사되지 않을 것
   (7) 검출부는 바닥으로부터 0.8 [m] 이상 ~ 1.5 [m] 이하의 위치에 설치할 것
2) 스포트형 감지기 설치할 때 각도가 45° 이상 경사가 되지 않도록 설치
3) 보상식 스포트형 감지기는 정온점이 감지기 주위의 평상시 최고 온도보다 20 [℃] 이상 높은 것으로 설치
4) 정온식 감지기의 경우 작동온도가 주위 최고 온도보다 20 [℃] 이상 높은 것으로 설치

부착 높이 및 소방대상물의 구분		차동식		보상식		정온식		
		1종	2종	1종	2종	특종	1종	2종
4 [m] 미만	내화 구조	90	70	90	70	70	60	20
	기타 구조	50	40	50	40	40	30	15
4 [m] 이상 8 [m] 미만	내화 구조	45	35	45	35	35	30	-
	기타 구조	30	25	30	25	25	15	-

75 상중하

유도등의 전기회로에 점멸기를 설치하는 경우 유도등이 점등되지 않아도 되는 경우는?

① 누전경보기가 작동되는 때
② 비상경보설비의 발신기가 작동되는 때
③ 상용전원이 정전되거나 전원선이 단선되는 때
④ 자동소화설비가 작동되는 때

해설 유도등 점등(3선식)

1) 자동화재탐지설비 감지기 발신기 동작 시
2) 비상경보설비 발신기 동작 시
3) 사용전원 정전·전원선 단선 시
4) 방재업무 통제하는 곳 수동 점등 시
5) 전기실 배전반 수동 점등 시

암기 ▶ 자발동 비발동 단방배

76 상중하

다음 (　) 안에 들어갈 수치로 옳은 것은?

> 복도통로유도등에 있어서 상용전원으로 등을 켜는 경우에는 직선거리 (㉠) [m]의 위치에서, 비상전원으로 등을 켜는 경우에는 직선거리 (㉡) [m]의 위치에서 보통시력에 의하여 표시면의 화살표가 쉽게 식별되어야 한다.

① ㉠ 30, ㉡ 15　② ㉠ 30, ㉡ 10
③ ㉠ 20, ㉡ 15　④ ㉠ 20, ㉡ 10

해설 복도통로유도등 화살표 식별거리

- 상용전원 등 사용 시 : 직선거리 20 [m]
- 비상전원 등 사용 시 : 직선거리 15 [m]

2020

정답 74 ③ 75 ① 76 ③

77 상중하

층수가 11층 이상인 특정소방대상물의 2층에서 발화한 때의 경보기준으로 옳은 것은? (단, 비상방송설비 화재안전기술기준(NFTC 202)에 따른다) [법 개정으로 인한 문제 수정]

① 발화층에만 경보를 발할 것
② 발화층 및 그 직상 4개의 층에만 경보를 발할 것
③ 발화층·그 직상 4개의 층 및 지하층에 경보를 발할 것
④ 발화층·그 직상 4개의 층 및 기타의 지하층에 경보를 발할 것

해설 비상방송설비 음향장치경보(우선경보)

층수가 11층(공동주택의 경우에는 16층) 이상의 특정소방대상물은 다음과 같은 경보를 발할 수 있어야 한다.
1) 2층 이상의 층에서 발화한 때에는 발화층 및 그 직상 4개층에 경보
2) 1층에서 발화한 때에는 발화층, 그 직상 4개 층 및 지하층에 경보
3) 지하층에서 발화한 때에는 발화층, 그 직상층 및 기타 지하층 경보

78 상중하

광전식 분리형 감지기의 광축의 높이는 천장 등 높이의 몇 [%] 이상이어야 하는가?

① 3 ② 5
③ 70 ④ 80

해설 광전식 분리형 설치기준

1) 광축은 나란한 벽으로부터 0.6 [m] 이상 이격(오동작방지 개념)
2) 수광면은 햇빛을 직접 받지 않도록 설치
3) 송광부와 수광부는 설치된 뒷벽으로부터 1 [m] 이내 위치에 설치(미 감시구역 증가방지 개념)
4) 광축의 높이는 천장 등 높이의 80 [%] 이상일 것
5) 광축의 길이는 공칭감시거리 범위 이내일 것(검정기술기준 공칭감시거리 : 5 ~ 100 [m], 5 [m] 간격)

79 상중하

화재발생 등으로 정전 시 안전하고 원활한 피난을 위하여 피난자가 휴대할 수 있는 조명등은?

① 소방용 랜턴
② 휴대용 비상조명등
③ 발광다이오드(L.E.D)
④ 음성유도형 소방랜턴

해설 비상조명등

- 비상조명등 : 피난활동을 할 수 있도록 거실 및 피난통로 등에 설치되어 자동 점등되는 조명등
- 휴대용 비상조명등 : 피난을 위하여 피난자가 휴대할 수 있는 조명등

80 상중하

유도표지의 설치기준으로 옳지 않은 것은?

① 계단에 설치하는 것을 제외하고는 각 층마다 복도 및 통로의 각 부분으로부터 하나의 유도표지까지의 보행거리가 15 [m] 이하가 되는 곳에 설치한다.
② 피난구유도표지는 출입구 상단에 설치한다.
③ 통로유도표지는 바닥으로부터 높이 80 [cm] 이하의 위치에 설치한다.
④ 주위에는 이와 유사한 등화·광고물·게시물 등을 설치하지 않는다.

해설 유도표지 설치기준

1) 보행거리 : 15 [m] 이하
2) 구부러진 모퉁이의 벽 설치
3) 피난구유도표지 : 출입구 상단 설치
4) 통로유도표지 : 높이 1 [m] 이하 설치
5) 주위 : 등화·광고물·게시물 등 설치금지
6) 부착판 사용 : 쉽게 떨어지지 않을 것
7) 축광방식유도표지
 (1) 외광·조명장치에 의해 상시 조명 제공
 (2) 비상조명등에 의해 조명 제공

정답 77 ② 78 ④ 79 ② 80 ③

2019 출제경향 분석

[소방원론]

CHAPTER / 연도 및 회차		연소	연소생성물	폭발	화재	위험물	소화	안전관리 및 건축방재	합계
2019년	1	4	**6**	1	3	2	3	1	20
	2	**5**	0	1	3	4	4	3	20
	4	3	**5**	3	4	2	2	1	20

[소방전기일반]

CHAPTER / 연도 및 회차		직류회로	정전계와 정자계	교류회로	전기계측 및 회로망	비정현파 교류와 과도현상 및 라플라스 변환	제어회로	전자회로 및 정류회로	전기기계 및 전기법규	합계
2019년	1	3	2	1	3	1	**4**	2	**4**	20
	2	4	0	3	0	1	4	2	**6**	20
	4	**5**	2	2	1	2	**5**	0	3	20

[소방관계법규]

CHAPTER / 연도 및 회차		소방기본법	소방시설법	화재예방법	소방공사업법	위험물 안전관리법	합계
2019년	1	4	**6**	4	2	4	20
	2	3	5	**6**	3	3	20
	4	3	**8**	3	2	4	20

[소방전기시설의 구조 및 원리]

CHAPTER / 연도 및 회차		자동화재 탐지설비	비상경보 설비 및 단독 경보형감지기	비상방송 설비	자동화재 속보설비	가스누설 경보기 및 누전경보기	유도등	비상조명등	비상콘센트 설비	무선통신 보조설비	비상전원 수전설비	화재알림 설비	기타	합계
2019년	1	**4**	2	2	1	3	1	1	2	2	1	0	1	20
	2	**4**	2	2	1	2	2	1	2	2	1	0	1	20
	4	**4**	3	2	1	1	3	1	2	2	0	0	1	20

2019년 1회

소방원론

3회독	월	일
2회독	월	일
1회독	월	일

목표시간 : 20분 | 시작 : _시 _분 | 종료 : _시 _분 | 맞은 개수 : _ /20

01 상 중 하

위험물안전관리법령에서 정한 제5류 위험물의 대표적인 성질에 해당하는 것은?

① 산화성
② 자연발화성
③ 자기반응성
④ 가연성

해설 위험물의 분류

구분	개요
제1류	**산**화성 고체
제2류	**가**연성 고체
제3류	**자**연발화성 및 금수성 물질
제4류	**인**화성 액체
제5류	**자**기반응성 물질
제6류	**산**화성 액체

암기 ▶ 산가자 인자산

02 상 중 하

등유 또는 경유 화재에 해당하는 것은?

① A급 화재
② B급 화재
③ C급 화재
④ D급 화재

해설 화재의 분류

등급	화재	표시색	가연물
A급	**일**반화재	백색	나무, 섬유, 종이, 고무, 플라스틱류
B급	**유**류화재	황색	인화성 액체, 가연성 액체, 석유 그리스, 타르, 오일, 유성도료, 솔벤트, 래커, 알코올 및 인화성 가스 등
C급	**전**기화재	청색	전류가 흐르고 있는 전기기기, 배선 등
D급	**금**속화재	무색	마그네슘 합금 등 가연성 금속
K급	**주**방화재	-	주방에서 동식물유를 취급하는 조리기구

암기 ▶ 일유전 금주

03 상 중 하

소화기의 소화약제에 관한 공통적 성질에 대한 설명으로 틀린 것은?

① 산알칼리소화약제는 양질의 유기산을 사용한다.
② 소화약제는 현저한 독성 또는 부식성이 없어야 한다.
③ 분말상의 소화약제는 고체화 및 변질 등 이상이 없어야 한다.
④ 액상의 소화약제는 결정의 석출, 용액의 분리, 부유물 또는 침전물 등 기타 이상이 없어야 한다.

해설 소화기소화약제

1) 산알칼리소화약제는 양질의 무기산 사용
2) 독성, 부식성 없어야 함
3) 분말소화약제는 고체화, 변질 없어야 함
4) 액상소화약제는 결정 석출, 용액 분리, 부유물 및 침전물 등이 없어야 함

정답 01 ③ 02 ② 03 ①

04 (상 중 하)

질산에 대한 설명으로 틀린 것은?

① 산화제이다.
② 부식성이 있다.
③ 불연성 물질이다.
④ 산화되기 쉬운 물질이다.

해설 제6류 위험물(산화성 액체) – 질산 특성

• 제6류 위험물 : 질산, 과염소산, 과산화수소
1) 일반적 성질
  (1) 산화성 액체이며 무기화합물
  (2) 불연성이지만 분자 내에 산소를 많이 함유하고 있어 다른 물질의 연소를 돕는 조연성 물질
  (3) 비중이 1보다 큼
  (4) 물에 잘 녹음 (수용성)
  (5) 부식성이 강하고 증기는 유독함
2) 저장 및 취급방법
  (1) 직사광선에 의해 분해되므로 갈색병에 넣어 냉암소에 저장
  (2) 금속분 및 가연성 물질과 이격시켜 저장
3) 소화
  다량의 주수에 의한 냉각 및 희석소화

TIP ▶ 1, 2, 5, 6류 위험물은 비중이 1보다 큼

05 (상 중 하)

15 [℃]의 물 1 [g]을 1 [℃] 상승시키는 데 필요한 열량은 몇 [cal]인가?

① 1 ② 15
③ 1000 ④ 15000

해설 열량

> **※ 비열 [cal/g · ℃]**
> 어떤 물질 1 [g]의 온도를 1 [℃] 높이는 데 필요한 열량(에너지)

현열 $Q = mC\Delta T$

$= 1\ [g] \times 1\ [cal/g \cdot ℃] \times 1\ [℃]$

$= 1\ [cal]$

m : 질량 [g]
C : 비열 [cal/g · ℃]
ΔT : 온도차 [℃]

보충 ▶ 물의 비열 : 1 [cal/g · ℃]

06 (상 중 하)

다음 중 부촉매소화효과로서 가장 적절한 것은?

① CO_2 ② $C_2F_4Br_2$
③ 질소 ④ 아르곤

해설 부촉매소화(억제 소화)

1) 화학적 소화
2) 연쇄반응을 차단하여 소화
3) 활성기의 생성을 억제하는 소화방법
4) 할론소화약제, 할로겐화합물소화약제는 부촉매소화효과가 있음

> ① CO_2 ⇒ 질식 소화효과
> ② $C_2F_4Br_2$ ⇒ 부촉매소화효과
> ③ 질소 ⇒ 질식 소화효과
> ④ 아르곤 ⇒ 질식 소화효과

보충 ▶ $C_2F_4Br_2$: 할론 2402

2019

정답 04 ④ 05 ① 06 ②

07 상중하

제2종 분말소화약제의 주성분은?

① 탄산수소칼륨
② 탄산수소나트륨
③ 제1인산암모늄
④ 탄산수소칼륨 + 요소

해설 분말소화약제

종별	소화약제	약제색	적응화재
1종	탄산수소나트륨 ($NaHCO_3$)	**백**색	BC급
2종	탄산수소칼륨 ($KHCO_3$)	**담자**색 (담회색)	BC급
3종	제1인산암모늄 ($NH_4H_2PO_4$)	담**홍**색	ABC급
4종	탄산수소칼륨 + 요소 ($KHCO_3+(NH_2)_2CO$)	**회**(백)색	BC급

암기 ▶ 백담사 홍어회

08 상중하

스테판 볼츠만(Stefan Boltzmann)의 법칙에서 복사체의 단위표면적에서 단위시간당 방출되는 복사에너지는 절대온도의 얼마에 비례하는가?

① 제곱근　② 제곱
③ 3제곱　④ 4제곱

해설 스테판 볼츠만의 법칙

단위 면적당 복사열량 $\dot{Q}''\ [W/m^2] = \varepsilon \times \sigma \times T^4$

⇒ 복사열은 절대온도의 4승에 비례

ε : 방사율(흑체일 때 $\varepsilon = 1$)
σ : 스테판 볼츠만 계수$[W/m^2 \cdot K^4]$
T : 절대온도 [K]

09 상중하

연소 시 분해연소의 전형적인 특성을 보여줄 수 있는 것은?

① 나프탈렌　② 목재
③ 목탄　④ 휘발유

해설 연소의 형태

구분	내용	종류
분해 연소	열분해로 생성된 가연성 가스가 연소	목재, 석탄, 종이, 플라스틱
표면 연소	불꽃이 없고 표면에서 연소	숯, 코크스, 목탄, 금속분
증발 연소	열분해 없이 증발하여 연소	황(유황), 가솔린, 나프탈렌, 양초
자기 연소	물질 자체에 산소를 함유하고 있어 별도 산소 없이 연소	나이트로셀룰로오스(니트로셀룰로오스), 나이트로글리세린(니트로글리세린), 유기과산화물
확산 연소	확산 화염에 의한 연소	메테인(메탄), 암모니아, 수소
예혼합 연소	미리 공기와 혼합된 연료가 연소	LNG, LPG, 가연성 가스

10 상중하

플래시 오버(Flash Over)현상과 관련이 없는 것은?

① 화재의 확산
② 다량의 연기 방출
③ 파이어 볼의 발생
④ 실내온도의 급격한 상승

정답 07 ① 08 ④ 09 ② 10 ③

해설 실내화재 발생현상

1) 플래시 오버
   (1) 온도가 급격히 상승하여 화재가 순간적으로 실내 전체에 확산되는 현상
   (2) 발생 시기 : 성장기 ~ 최성기 직전
2) 백드래프트
   (1) 신선한 공기 유입으로 실내의 축적된 가스가 단시간 연소, 폭발하여 실외로 분출
   (2) 발생 시기 : 감쇄기(최성기 이후)

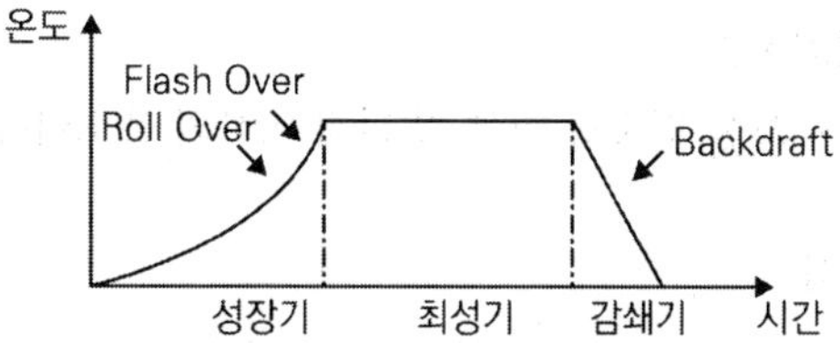

보충 ▶ 블레비(BLEVE) : 파이어 볼 발생

11 상중하

포소화약제가 유류화재를 소화시킬 수 있는 능력과 관계가 없는 것은?

① 수분의 증발잠열을 이용한다.
② 유류표면으로부터 기름의 증발을 억제 또는 차단한다.
③ 포의 연쇄반응 차단효과를 이용한다.
④ 포가 유류 표면을 덮어 기름과 공기와의 접촉을 차단한다.

해설 유류화재 소화방법

1) 수분의 증발잠열을 이용한다. ⇒ 냉각소화효과
2) 유류표면으로부터 기름의 증발을 억제 또는 차단한다.
3) 포가 유류 표면을 덮어 기름과 공기와의 접촉을 차단한다.
   ⇒ 질식소화소화

12 상중하

나이트로셀룰로오스의 용도, 성상 및 위험성과 저장·취급에 대한 설명 중 틀린 것은?

① 질화도가 낮을수록 위험성이 크다.
② 운반 시 물, 알코올을 첨가하여 습윤시킨다.
③ 무연화약의 원료로 사용된다.
④ 햇빛에서 황갈색으로 변하고 물에 녹지 않지만 아세톤, 초산에스터, 나이트로벤젠에 녹는다.

해설 나이트로셀룰로오스(니트로셀룰로오스)

1) 제5류 위험물 중 질산에스터류에 속함
2) 용도 : 다이너마이트 및 화약 원료
3) 저장 : 알코올 속에 저장
4) 소화 : 다량 주수에 의한 냉각소화
5) 특성
   (1) 질화도가 높을수록 위험성이 큼
   (2) 햇빛에서 황갈색으로 변하고 아세톤, 초산에스터, 나이트로벤젠에 녹음

13 상중하

화재 시 고층건물내의 연기 유통인 굴뚝효과와 관계가 없는 것은?

① 건물 내외의 온도차
② 건물의 높이
③ 층의 면적
④ 화재실의 온도

해설 굴뚝효과(연돌효과)

1) 건축물 내·외부 공기의 온도에 따른 공기의 밀도 차 때문에 발생되는 공기의 흐름현상
2) 건물 내부온도 > 외부온도 → 공기는 위쪽으로 이동

2019

정답 11 ③ 12 ① 13 ③

3) 영향요인
 (1) 실내외 온도 차(화재실의 온도가 높을수록 실내외 온도 차는 커짐)
 (2) 외벽 기밀성
 (3) 층간 공기누설
 (4) 건물의 높이(고층 건물에서 잘 나타남)

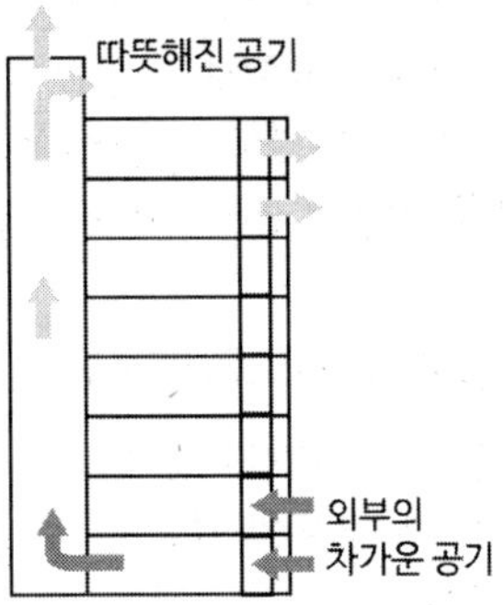

보충 ▶ '층의 면적'은 굴뚝효과와 관계없다.

14 상 중 하

270 [℃]에서 다음의 열분해 반응식과 관계가 있는 분말소화약제는?

$$2NaHCO_3 \rightarrow Na_2CO_3 + CO_2 + H_2O$$

① 제1종 분말 ② 제2종 분말
③ 제3종 분말 ④ 제4종 분말

해설 분말소화약제 화학반응식

종별	소화약제	화학 반응식
1종	탄산수소나트륨 ($NaHCO_3$)	$2NaHCO_3 \rightarrow Na_2CO_3 + CO_2 + H_2O$
2종	탄산수소칼륨 ($KHCO_3$)	$2KHCO_3 \rightarrow K_2CO_3 + CO_2 + H_2O$
3종	제1인산암모늄 ($NH_4H_2PO_4$)	$NH_4H_2PO_4 \rightarrow NH_3 + HPO_3 + H_2O$
4종	탄산수소칼륨 + 요소 ($KHCO_3 + (NH_2)_2CO$)	$2KHCO_3 + (NH_2)_2CO \rightarrow K_2CO_3 + 2NH_3 + 2CO_2$

15 상 중 하

인화점에 대한 설명 중 틀린 것은?

① 인화점은 공기 중에서 액체를 가열하는 경우 액체 표면에서 증기가 발생하여 점화원에서 착화하는 최저온도를 말한다.
② 인화점 이하의 온도에서는 성냥불을 접근시켜도 착화하지 않는다.
③ 인화점 이상 가열하면 증기가 발생되어 성냥불이 접근하면 착화한다.
④ 인화점은 보통 연소점 이상, 발화점 이하의 온도이다.

해설 인화점

1) 점화원을 가했을 때 연소가 시작되는 최저온도
2) 인화점이 낮을수록 위험도가 큼
3) 인화점 < 연소점 < 발화점

암기 ▶ 이연발

16 상 중 하

건축물의 방재센터에 대한 설명으로 틀린 것은?

① 피난층에 두는 것이 가장 바람직하다.
② 화재 및 안전관리의 중추적 기능을 수행한다.
③ 방재센터는 직통계단 위치와 관계없이 안전한 곳에 설치한다.
④ 소방차의 접근이 용이한 곳에 두는 것이 바람직하다

해설 방재센터

1) 방재센터는 화재를 사전에 예방하고 초기에 진압하기 위해 모든 소방시설을 제어하고 비상방송 등을 통해 인명을 대피시키는 총체적 지휘본부로서 화재 및 안전관리의 중추적 기능을 수행함
2) 소방차의 접근, 외부 소방대의 연락이 용이한 곳에 두어 소방대의 출입이 쉬워야 함
3) 피난층에 두는 것이 가장 바람직함
4) 비상엘리베이터, 직통계단으로 이동하기 용이한 곳에 설치
5) 지상으로 직접 통하는 출입구가 1개소 이상 있을 것
6) 다른 실과 독립된 방화구획의 구조일 것

정답 14 ① 15 ④ 16 ③

17 상 중 하

목재가 열분해할 때 발생하는 가스가 아닌 것은?

① 수증기 ② 염화수소
③ 일산화탄소 ④ 이산화탄소

해설 연소생성가스

물질	연소생성가스
탄화수소	이산화탄소
셀룰로이드	질소산화물
PVC	염화수소, 이산화탄소, 일산화탄소, 부식성 가스
레이온	아크롤레인
목재	**수증기**, **일산화탄소**, **이산화탄소**, 초산

18 상 중 하

물의 소화작용과 가장 거리가 먼 것은?

① 증발잠열의 이용
② 질식효과
③ 에멀전효과
④ 부촉매효과

해설 물의 소화효과

효과	설명
냉각효과	증발(기화) 잠열 에 의한 열 흡수
질식효과	기화 시 체적이 약 1650배(1600 ~ 1700배) 증가하여 주변 산소농도 낮춤
유화효과	에멀전 형성, 가연성 혼합기 생성 억제
희석효과	분해가스나 증기의 농도 낮춤

보충 ▶ 부촉매효과 : 분말, 할론, 할로겐화합물소화약제

19 상 중 하

소화제의 적응대상에 따라 분류한 화재종류 중 C급 화재에 해당되는 것은?

① 금속분화재 ② 유류화재
③ 일반화재 ④ 전기화재

해설 화재의 분류

등급	화재	표시색	가연물
A급	**일**반화재	백색	나무, 섬유, 종이, 고무, 플라스틱류
B급	**유**류화재	황색	인화성 액체, 가연성 액체, 석유 그리스, 타르, 오일, 유성도료, 솔벤트, 래커, 알코올 및 인화성 가스 등
C급	**전**기화재	청색	전류가 흐르고 있는 전기기기, 배선 등
D급	**금**속화재	무색	마그네슘 합금 등 가연성 금속
K급	**주**방화재	-	주방에서 동식물유를 취급하는 조리기구

암기 ▶ 일유전 금주

20 상 중 하

가연물이 연소할 때 연쇄반응을 차단하기 위해서는 공기 중의 산소량을 일반적으로 약 몇 [%] 이하로 억제해야 하는가?

① 15 ② 17
③ 19 ④ 21

해설 소화의 형태

소화	내용
냉각소화	열 흡수, 발화점 이하로 낮추어 소화
질식소화	산소농도 15 [%] 이하로 낮춤
제거소화	가연물을 차단, 격리
억제소화	연쇄반응을 차단, 부촉매소화

보충 ▶ 물리적 소화 : 냉각, 질식, 제거
화학적 소화 : 억제소화(부촉매소화)

2019

정답 17 ② 18 ④ 19 ④ 20 ①

2019년 1회

소방전기일반

3회독 월 일
2회독 월 일
1회독 월 일

목표시간 : 30분 | 시작 : _시 _분 | 종료 : _시 _분 | 맞은 개수 : _ /20

21 상 중 하

소형이면서 고압의 대전류용 정류기로 사용되는 것은?

① 게르마늄 정류기
② 사이리스터 정류기
③ 수은 정류기
④ 셀렌정류기

해설 사이리스터

- 양극과 음극 사이를 도통시킴
- 3단자 반도체 소자
- 대전류용 정류기

22 상 중 하

온도가 증가하면 저항값이 감소하는 소자는?

① 다이오드 ② 사이리스터
③ 서미스터 ④ 트라이악

해설 서미스터의 특성

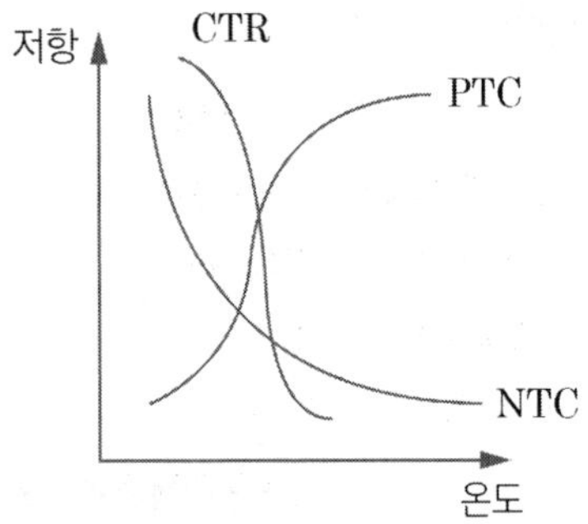

NTC : 저항값은 온도와 반비례(부)
PTC : 저항값은 온도와 비례(정)

23 상 중 하

테브난의 정리를 이용하여 그림 (a)의 회로를 그림 (b)와 같은 등가회로로 만들고자 할 때 E[V]와 R[Ω]은?

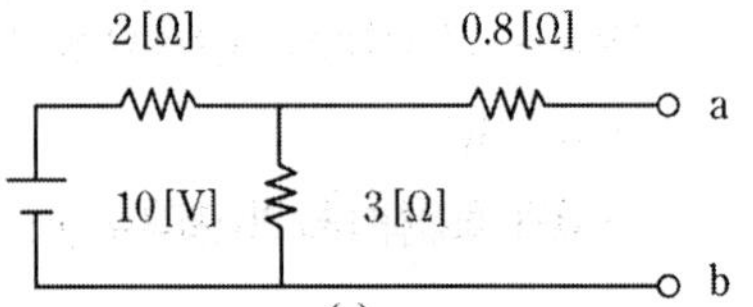

(a)

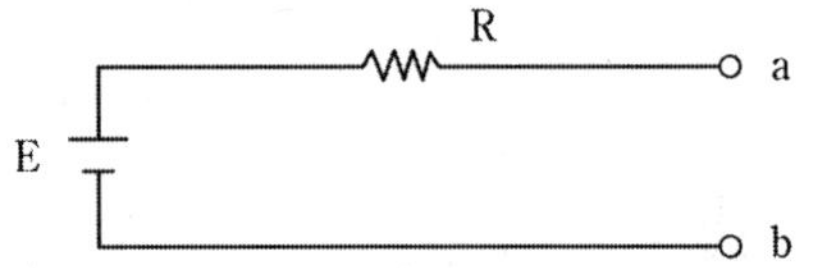

(b)

① 5, 2 ② 5, 3
③ 6, 2 ④ 6, 3

해설 테브난의 정리

1) a와 b에서 전원 측을 본 임피던스
(1) 전압원 단락
(2) $R = \frac{2\times3}{2+3} + 0.8 = 2[\Omega]$

2) a와 b에 걸리는 접안 E는 $3[\Omega]$에 걸리는 전압과 같다.

$$E = \frac{3}{2+3}\times10 = 6[V]$$

정답 21 ② 22 ③ 23 ③

24 상 중 하

변위를 임피던스로 변환하는 변환요소가 아닌 것은?

① 가변저항기
② 용량형 변환기
③ 가변저항 스프링
④ 전자 코일

해설 변위 → 임피던스

- 가변저항기
- 용량형 변환기
- 가변저항 스프링

25 상 중 하

목표치가 임의로 변화하는 제어는?

① 정치제어 ② 추종제어
③ 프로그램제어 ④ 시퀀스제어

해설 목푯값에 의한 분류

구분		내용
정치제어		목푯값이 일정한 자동제어에 적용
추치 제어	추종제어	미지의 임의 시간적 변화를 하는 목푯값에 제어량을 추종시키는 제어
	프로그램제어	미리 정해진 시간변화에 따라 정해진 순서대로 제어
	비율제어	목푯값이 서로 다른 어떤양과 일정한 비율관계를 가지는 제어
	시퀀스제어	미리 정해진 순서에 따라 각 단계가 순차적으로 진행

26 상 중 하

다음 중 강자성체인 것은?

① 금
② 니켈
③ 알루미늄
④ 구리

해설 자성체의 종류

- 강자성체 : 니켈, 코발트, 철, 망간
- 상자성체 : 백금, 알루미늄, 산소, 공기, 텅스텐
- 반자성체 : 비스무트, 아연, 구리, 납, 은

27 상 중 하

축전지 내부의 전해액이 부족할 때의 조치사항으로 옳은 것은?

① 황산을 넣는다.
② 염산을 넣는다.
③ (+)극을 바꾼다.
④ 증류수를 채운다.

해설 전해액 부족 조치사항

- 증류수를 채운다.
- 새로운 배터리로 교체한다.

TIP 전해액 : 전기분해 시 전해조에 넣어 이온 전도의 매체 역할을 하는 용액

2019

정답 24 ④ 25 ② 26 ② 27 ④

28 상 중 (하)

유도전동기의 기동 시 관계로 옳은 것은? (단, T_1 : 기동 시 토크, T_2 : 전전압 기동 시 토크, I_1 : Y-△ 기동 시 전류, I_2 : 전전압 기동 시 전류)

① $T_1 = \frac{1}{3}T_2,\ I_1 = \frac{1}{3}I_2$

② $T_1 = \frac{1}{\sqrt{3}}T_2,\ I_1 = \frac{1}{\sqrt{3}}I_2$

③ $T_1 = \sqrt{3}\,T_2,\ I_1 = \sqrt{3}\,I_2$

④ $T_1 = 3T_2,\ I_1 = 3I_2$

해설 결선에 따른 선전류 관계

Y결선 시 선전류 $I_Y = \frac{V}{\sqrt{3}R}$

△결선 시 선전류 $I_\Delta = \frac{\sqrt{3}V}{R}$

• 기동토크는 전류에 비례한다.

$$\frac{T_Y}{T_\Delta} = \frac{I_Y}{I_\Delta} = \frac{\frac{V}{\sqrt{3}R}}{\frac{\sqrt{3}V}{R}} = \frac{1}{3}\text{배}$$

$$T_Y = \frac{1}{3}T_\Delta,\ I_Y = \frac{1}{3}I_\Delta$$

29 상 (중) 하

다음 법칙 중 성격이 다른 하나는?

① 노이만의 법칙
② 페러데이의 법칙
③ 렌츠의 법칙
④ 암페어의 오른나사법칙

해설 전자유도현상법칙

• 노이만의 법칙
• 페러데이의 법칙
• 렌츠의 법칙

TIP 암페어의 오른나사법칙(자계방향)

30 상 (중) 하

다음 회로에서 전전류 I는 몇 [A]인가?

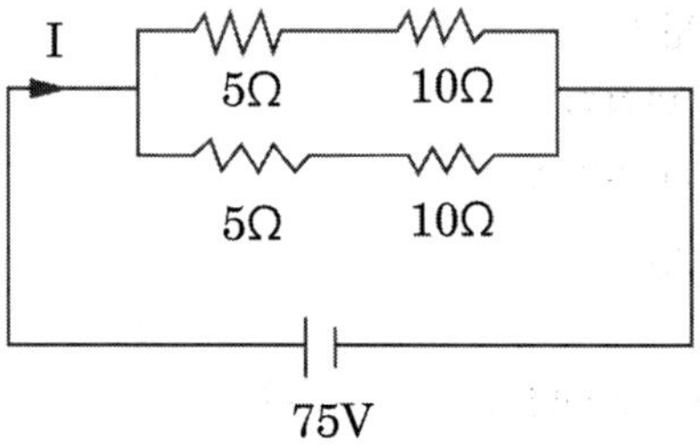

① 6　② 8
③ 10　④ 14

해설 전전류 계산

합성저항 : $R_0 = \frac{15 \times 15}{15+15} = 7.5\,[\Omega]$

전전류 : $I = \frac{V}{R_0} = \frac{75}{7.5} = 10[A]$

31 상 (중) 하

다음 논리회로의 명칭은?

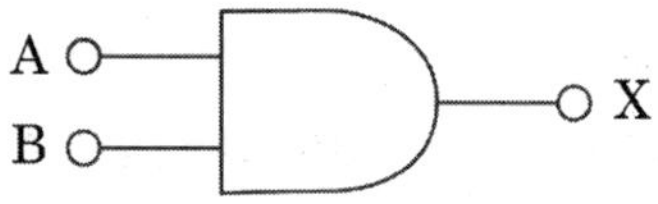

① AND　② OR
③ NOT　④ NAND

해설 AND회로(무접점회로)

모든 신호가 ON되었을 때 출력신호 1

TIP OR회로 : 하나의 신호가 ON되면 출력신호 1

정답 28 ① 29 ④ 30 ③ 31 ①

32 상중하

전원전압을 일정전압으로 유지하기 위하여 사용되는 다이오드는?

① 발광다이오드
② 제너다이오드
③ 바렉터다이오드
④ 터널다이오드

해설 다이오드 종류

명칭	특성
정류용 다이오드	일반적으로 다이오드라 불리는 것으로 정류작용(전류를 한쪽의 (+)나 (-)로만 흐름)
제너다이오드 (정전압다이오드)	주로 정전압 전원회로에 사용(전원·전압을 일정하게 유지, 안정화)
터널다이오드 (PN접합)	증폭작용·발진작용·개폐작용을 하며, 고속 스위칭회로·논리회로에 사용
포토다이오드	빛을 쬐면 광량에 비례하는 전류가 흐름(빛 검출용, 광센서에 사용)

33 상중하

전해액에 전류가 흐름으로서 화학변화를 일으키는 것을 무엇이라고 하는가?

① 국부작용
② 감극현상
③ 성극(분극)작용
④ 전기분해

해설 전기분해

- 전해액의 전류가 흐름
- 화학변화 → 전기변화

34 상중하

그림과 같이 전류계 A_1, A_2를 접속하였더니 A_1에는 30 [A], A_2에는 10 [A]를 지시하였다. 전류계 A_2의 내부저항은 몇 [Ω]인가?

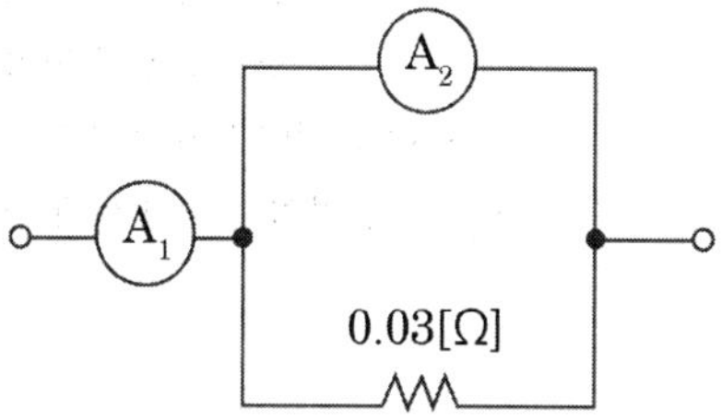

① 0.01　② 0.03
③ 0.06　④ 0.09

해설 병렬회로 전류 분배

$A_1 = A_2 + 0.03\ [\Omega]$에 흐르는 전류
A_2에 흐르는 전류 = 10 [A]
$A_{V2} = 0.03\ [\Omega]$에 걸리는 전압
$A_{R2} = 0.03\ [\Omega] \times 2 = 0.06\ [\Omega]$

A_1 : A_1에 흐르는 전류
A_2 : A_2에 흐르는 전류
A_{V2} : A_2에 걸리는 전압
A_{R2} : A_2의 내부저항

35 상중하

정전압계와 콘덴서를 직렬로 접속하고 그 양단에 2000 [V]를 가할 때 정전전압계에 인가되는 전압은 몇 [V]인가? (단, 정전전압계의 정전용량은 C_1(F), 콘덴서의 정전용량은 C_2(F)이며, $C_1 = 4C_2$ 관계에 있다)

① 200　② 400
③ 600　④ 800

2019

정답 32 ② 33 ④ 34 ③ 35 ②

해설 전하량과 정전용량의 관계

$Q = C_1 V_1 = C_2 V_2 = 4C_2 \times V_1 = C_2 \times V_2$

$V_2 = 4V_1,\ V_1 + V_2 = 2000$

$V_2 = 1600V,\ V_1 = 400[V]$

C_1 : 정전압계의 정전용량
V_1 : 정전압계에 인가되는 전압
C_2 : 직렬연결된 콘덴서의 정전용량
V_2 : 직렬연결된 콘덴서에 걸리는 전압

36 상 중 하

간선의 굵기를 결정하는 데 고려하지 않아도 되는 것은?

① 허용전류 ② 전압강하
③ 전선관의 굵기 ④ 기계적 강도

해설 전선의 굵기 결정요소

- 허용전류
- 전압강하
- 기계적 강도

암기 ▶ 허전기

37 상 중 하

f(t) = sint · cost의 라플라스 변환은?

① $\dfrac{1}{s^2+2}$ ② $\dfrac{2}{s^2+2}$
③ $\dfrac{1}{s^2+4}$ ④ $\dfrac{2}{s^2+4}$

해설 라플라스 변환($\mathcal{L}$)

$\mathcal{L}\ \sin\omega t = \dfrac{\omega}{s^2+\omega^2}$

[※ 참고 $\sin t \cdot \cos t = \dfrac{1}{2}\sin 2t$]

$\mathcal{L}\ \dfrac{1}{2}\sin 2t = \dfrac{1}{2}\left(\dfrac{2}{s^2+4}\right) = \dfrac{1}{s^2+4}$

$f(t)$	함수명	F(s)
$\delta(t)$	단위 임펄스 함수	1
$u(t)$	단위 계단 함수	$\dfrac{1}{s}$
t	단위 램프 함수	$\dfrac{1}{s^2}$
t^2	2차 램프 함수	$\dfrac{1}{s^3}$
t^n	n차 림프 함수	$\dfrac{1}{s^{n+1}}$
e^{at}	지수 함수	$\dfrac{1}{s-a}$
e^{-at}	지수 함수	$\dfrac{1}{s+a}$
$te^{\mp at}$	지수 램프 함수	$\dfrac{1}{(s\pm a)^2}$
$\sin\omega t$	정현파 함수	$\dfrac{\omega}{s^2+\omega^2}$
$\cos\omega t$	여현파 함수	$\dfrac{s}{s^2+\omega^2}$

38 상 중 하

프로세스제어에 이용되는 제어량은?

① 온도 ② 전류
③ 전압 ④ 장력

해설 제어량에 의한 분류

구분	내용	제어량
서보기구	기계적 변위를 제어량으로 하는 변화량제어	물체의 방위, 위치, 각도 등
프로세스제어	플랜트나 생산공정 중의 상태량제어	온도, 압력, 유량, 농도 등
자동조정제어	제어량이 전기적, 기계적 양을 제어	주파수, 전압, 전류, 회전속도 힘 등

정답 36 ③ 37 ③ 38 ①

39 상 중 하

그림과 같은 무접점회로는 어떤 논리회로를 나타낸 것인가? (단, A는 입력단자이며, X는 출력단자이다)

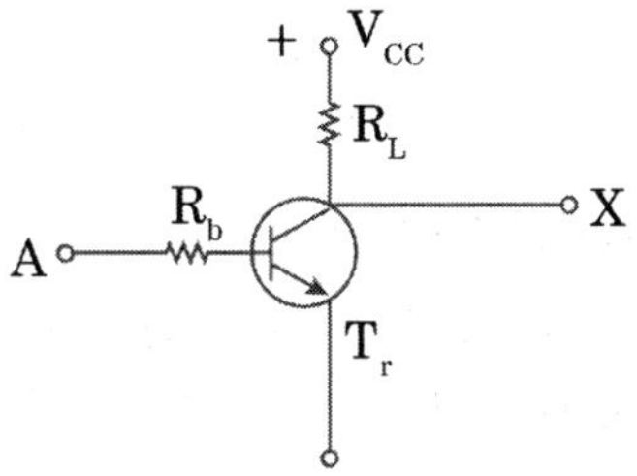

① AND　　② OR
③ NOT　　④ NAND

해설 NOT회로(무접점회로)

- 입력값 0이면 출력값은 1
- 입력값 1이면 출력값은 0

40 상 중 하

저항 R과 유도 리액턴스 X_L이 직렬로 접속된 회로의 역률은?

① $\dfrac{R}{\sqrt{R^2+X_L^2}}$　　② $\dfrac{\sqrt{R^2+X_L^2}}{R}$

③ $\dfrac{X_L}{\sqrt{R^2+X_L^2}}$　　④ $\dfrac{\sqrt{R^2+X_L^2}}{X_L}$

해설 역률 계산

$Z=R+jX=\sqrt{R^2+X^2}$

역률 $\cos\theta=\dfrac{R}{Z}=\dfrac{R}{\sqrt{R^2+X_L^2}}$

정답 39 ③ 40 ①

2019년 1회

소방관계법규

3회독 월 일
2회독 월 일
1회독 월 일

목표시간 : 20분 | 시작 : _시 _분 | 종료 : _시 _분 | 맞은 개수 : _ /20

41 상중하

다음 위험물 중 위험물안전관리법령에서 정하고 있는 지정수량이 가장 적은 것은? [법 개정으로 인한 문제 수정]

① 브로민산염류 ② 황
③ 알칼리토금속 ④ 과염소산

해설 위험물 지정수량

품명	지정수량
알칼리토금속	20 [kg]
황	100 [kg]
브로민산염류	300 [kg]
과염소산	

42 상중하

소방시설 설치 및 관리에 관한 법령상 자체점검 결과의 조치를 하지 아니한 관계인 또는 관계인에게 중대위반사항을 알리지 아니한 관리업자에 대한 벌칙기준은?

① 100만 원 이하의 벌금
② 200만 원 이하의 벌금
③ 300만 원 이하의 벌금
④ 500만 원 이하의 벌금

해설 300만 원 이하의 벌금

1) 업무를 수행하면서 알게 된 비밀을 이 법에서 정한 목적 외의 용도로 사용하거나 다른 사람 또는 기관에 제공하거나 누설한 자
2) 방염성능검사에 합격하지 아니한 물품에 합격표시를 하거나 합격표시를 위조하거나 변조하여 사용한 자
3) 방염성능검사 시 거짓 시료 제출
4) 자체점검 결과의 조치를 하지 아니한 관계인 또는 관계인에게 중대위반사항을 알리지 아니한 관리업자 등

43 상중하

위험물안전관리법령상 인화성액체위험물(이황화탄소를 제외)의 옥외탱크저장소의 탱크 주위에 설치하여야 하는 방유제의 기준 중 틀린 것은?

① 방유제의 용량은 방유제안에 설치된 탱크가 하나인 때에는 그 탱크 용량의 110 [%] 이상으로 할 것
② 방유제의 용량은 방유제안에 설치된 탱크가 2기 이상인 때에는 그 탱크 중 용량이 최대인 것의 용량의 110 [%] 이상으로 할 것
③ 방유제의 높이 1 [m] 이상 3 [m] 이하, 두께 0.2 [m] 이상, 지하매설깊이 0.5 [m] 이상으로 할 것
④ 방유제 내의 면적은 80000 [m^2] 이하로 할 것

정답 41 ③ 42 ③ 43 ③

해설 방유제

1) 방유제 용량
   (1) 탱크 1기 : 탱크용량 110 [%] 이상
   (2) 탱크 2기 이상 : 최대 탱크 용량 110 [%] 이상
2) 방유제 높이 : 0.5 [m] 이상 3 [m] 이하
3) 방유제 두께 : 0.2 [m] 이상
4) 지하매설깊이 : 1 [m] 이상
5) 방유제 면적 : 80000 [m^2] 이하
6) 방유제 내에 설치하는 옥외저장탱크 수 : 10기 이하
7) 방유제 재질 : 철근콘크리트, 흙담

44 상중하

소방시설 설치 및 관리에 관한 법령상 특정소방대상물의 피난시설, 방화구획 또는 방화시설의 폐쇄·훼손·변경 등의 행위를 한 자에 대한 과태료기준으로 옳은 것은?

① 200만 원 이하의 과태료
② 300만 원 이하의 과태료
③ 500만 원 이하의 과태료
④ 600만 원 이하의 과태료

해설 300만 원 이하 과태료

1) 소방시설을 설치하지 않은 경우
2) 피난시설, 방화구획 또는 방화시설을 폐쇄·훼손·변경하는 등의 행위를 한 경우
3) 점검기록표를 기록하지 아니하거나 특정소방대상물의 출입자가 쉽게 볼 수 있는 장소에 게시하지 아니한 관계인
4) 임시소방시설을 설치·관리하지 않은 경우
5) 점검능력평가를 받지 아니하고 점검을 한 관리업자
6) 관계인에게 점검 결과를 제출하지 아니한 관리업자 등
7) 점검인력의 배치기준 등 자체점검 시 준수사항을 위반한 관리업자 등
8) 선임신고, 변경신고, 지위승계신고를 거짓으로 한 경우
9) 관리업자 등이 점검한 결과를 축소·삭제 등 거짓으로 보고한 경우(이행계획을 기간 내에 완료하지 않거나 거짓으로 보고한 관계인)
10) 관리업자가 지위승계, 행정처분 또는 휴업·폐업의 사실을 관계인에게 알리지 않거나 거짓으로 알린 경우
11) 관리업자가 기술인력의 참여 없이 자체점검을 실시한 경우
12) 관리업자가 점검능력평가 서류를 거짓으로 제출한 경우
13) 감독 업무 시 보고 또는 자료제출을 하지 않거나 거짓으로 보고 또는 자료제출을 한 관계인 또는 정당한 사유 없이 관계 공무원의 출입 또는 조사·검사를 거부·방해 또는 기피한 관계인

45 상중하

소방신호의 종류가 아닌 것은?

① 진화신호 ② 발화신호
③ 경계신호 ④ 해제신호

해설 소방신호

1) 종류
   (1) 경계신호 : 화재예방상 필요하다고 인정되거나 화재위험경보 시 발령
   (2) 발화신호 : 화재가 발생한 때 발령
   (3) 해제신호 : 소화활동이 필요 없다고 인정되는 때 발령
   (4) 훈련신호 : 훈련상 필요하다고 인정되는 때 발령
2) 방법

종별	타종신호	사이렌신호
경계신호	1타, 연 2타 반복	5초 간격 30초씩 3회
발화신호	난타	5초 간격 5초씩 3회
해제신호	상당한 간격 1타씩 반복	1분간 1회
훈련신호	연 3타 반복	10초 간격 1분씩 3회

2019

정답 44 ② 45 ①

46 상중하

자동화재탐지설비를 설치하여야 하는 특정소방대상물의 기준으로 틀린 것은?

① 지하구
② 터널로서 길이 700 [m] 이상인 것
③ 노유자 생활시설
④ 복합건축물로서 연면적 600 [m^2] 이상인 것

해설 자동화재탐지설비 설치대상

설치대상	기준
• 교육연구시설(교육시설 내에 있는 기숙사 및 합숙소를 포함한다), 수련시설(기숙사·합숙소 포함, 숙박시설 제외) • 동·식물 관련 시설, 교정 및 군사시설 • 자원순환 관련 시설 • 교정 및 군사시설 • 묘지 관련 시설	연면적 2000 [m^2] 이상인 경우에는 모든 층
목욕장, 문화 및 집회시설, 종교시설, 판매시설, 운동시설, 운수시설, 업무시설, 창고시설, 공장, 지하상가, 위험물 저장 및 처리시설, 항공기 및 자동차 관련 시설, 교정 및 군사시설 중 국방·군사시설, 방송통신시설, 발전시설, 관광 휴게시설	연면적 1000 [m^2] 이상인 경우에는 모든 층
• 근린생활시설(목욕장 제외) • 의료시설(정신의료기관, 요양병원 제외) • 위락시설, 장례시설 및 복합건축물	연면적 600 [m^2] 이상인 경우에는 모든 층
정신의료기관, 의료재활시설	• 바닥면적합계 300 [m^2] 이상 • 바닥면적 합계 300 [m^2] 미만, 창살 설치
터널	길이 1000 [m] 이상
공장 및 창고시설	500배 이상 특수가연물
요양병원, 지하구, 전통시장, 조산원, 산후조리원	–
전기저장시설, 노유자생활시설	–
공동주택 중 아파트등·기숙사, 숙박시설, 6층 이상인 건축물	–
노유자시설	연면적 400 [m^2] 이상인 경우에는 모든 층
숙박시설이 있는 수련시설	수용인원 100명 이상인 경우에는 모든 층

47 상중하

소방기본법령상 소방용수시설별 설치기준 중 틀린 것은?

① 급수탑 개폐벨브는 지상에서 1.5 [m] 이상 1.7 [m] 이하의 위치에 설치하도록 할 것
② 소화전은 상수도와 연결하여 지하식 또는 지상식의 구조로 하고, 소방용 호스와 연결하는 소화전의 연결금속구의 구경은 100 [mm]로 할 것
③ 저수조 흡수관의 투입구가 사각형의 경우에는 한 변의 길이가 60 [cm] 이상, 원형의 경우에는 지름이 60 [cm] 이상일 것
④ 저수조는 지면으로부터의 낙차가 4.5 [m] 이하일 것

해설 소방용수시설 설치기준

1) 소화전
  • 상수도와 연결, 지하식·지상식 구조
  • <u>연결금속구 구경 : 65 [mm]</u>
2) 급수탑
  • 급수배관 구경 : 100 [mm] 이상
  • 개폐밸브 : 지상 1.5 [m] 이상 1.7 [m] 이하
3) 저수조
  • 지면으로부터의 낙차 : 4.5 [m] 이하
  • 흡수부분 수심 : 0.5 [m] 이상일 것
  • 흡수관 투입구 : 사각형 한 변 60 [cm]
    원형 지름 60 [cm] 이상

정답 46 ② 47 ②

48 (상 중 하)

대통령령이 정하는 특정소방대상물에는 관계인이 소방안전관리자를 선임하지 않은 경우의 벌금 규정은?

① 100만 원 이하
② 200만 원 이하
③ 300만 원 이하
④ 1천만 원 이하

해설 300만 원 이하 벌금

1) 화재안전조사를 정당한 사유 없이 거부·방해 또는 기피한 자
2) 화재 발생 위험이 크거나 소화활동에 지장을 줄 수 있다고 인정되는 행위나 물건에 따른 명령을 정당한 사유 없이 따르지 아니하거나 방해한 자
   (1) 다음에 해당하는 행위의 금지 또는 제한
      ① 모닥불, 흡연 등 화기의 취급
      ② 풍등 등 소형열기구 날리기
      ③ 용접·용단 등 불꽃을 발생시키는 행위
      ④ 그 밖에 대통령령으로 정하는 화재 발생 위험이 있는 행위
   (2) 목재, 플라스틱 등 가연성이 큰 물건의 제거, 이격, 적재 금지 등
   (3) 소방차량의 통행이나 소화활동에 지장을 줄 수 있는 물건의 이동
3) 소방안전관리자, 총괄소방안전관리자 또는 소방안전관리보조자를 선임하지 아니한 자
4) 소방시설·피난시설·방화시설 및 방화구획 등이 법령에 위반된 것을 발견하였음에도 필요한 조치를 할 것을 요구하지 아니한 소방안전관리자
5) 소방안전관리자에게 불이익한 처우를 한 관계인
6) 화재예방안전진단, 위탁받은 업무를 위반하여 업무를 수행하면서 알게 된 비밀을 정한 목적 외의 용도로 사용하거나 다른 사람, 기관에 제공, 누설한 자

49 (상 중 하)

소방기본법상 소방활동구역의 설정권자로 옳은 것은?

① 소방본부장
② 소방서장
③ 소방대장
④ 시·도지사

해설 소방본부장, 소방서장, 소방대장 권한

구분	권한
소방청장	• 소방박물관 설립 • 한국소방안전원 감독 • 소방력 동원 요청
소방청장, 소방본부장, 소방서장	• 소방활동
소방본부장, 소방서장	• 소방업무 응원요청 • 지리조사
소방본부장, 소방서장, 소방대장	• 소방활동 종사명령 • 강제처분 • 피난명령 • 위험시설 긴급조치
소방대장	• 소방활동구역 설정

2019

정답 48 ③ 49 ③

50 상 중 하

건축허가 등을 함에 있어서 미리 소방본부장 또는 소방서장의 동의를 받아야 하는 건축물 등의 범위로 차고 · 주차장으로 사용되는 층 중 바닥면적이 몇 [m^2] 이상인 층이 있는 시설에 시설하여야 하는가?

① 50 ② 100
③ 200 ④ 400

해설 건축허가 동의대상물 범위

구분	기준
학교시설	연면적 100 [m^2] 이상
노유자(老幼者)시설 및 수련시설	연면적 200 [m^2] 이상
지하층 · 무창층이 있는 건축물	바닥면적 150 [m^2](공연장 100 [m^2]) 이상
정신의료기관, 장애인 의료시설	연면적 300 [m^2] 이상
일반용도의 특정소방대상물	연면적 400 [m^2] 이상
차고, 주차장 또는 주차용도로 사용되는 시설	바닥면적 200 [m^2] 이상
	기계식 주차시설 자동차 20대 이상
• 노인 관련 시설 중 노인주거복지시설, 노인의료복지시설, 재가노인복지시설, 학대피해노인 전용쉼터 • 아동복지시설(아동상담소, 아동전용시설 및 지역아동센터는 제외한다) • 장애인 거주시설 • 정신질환자 관련 시설(공동생활가정을 제외한 재활훈련시설과 종합시설 중 24시간 주거를 제공하지 않는 시설은 제외한다) • 노숙인 관련 시설 중 노숙인자활시설 · 노숙인재활시설 · 노숙인요양시설 • 결핵환자나 한센인이 24시간 생활하는 노유자시설	단독주택, 공동주택에 설치되는 시설 제외

51 상 중 하

위험물안전관리법상 제1류 위험물의 성질은?

① 산화성 액체 ② 가연성 고체
③ 금수성 물질 ④ 산화성 고체

해설 위험물의 분류

구분	개요
제1류	**산**화성 고체
제2류	**가**연성 고체
제3류	**자**연발화성 · 금수성 물질
제4류	**인**화성 액체
제5류	**자**기반응성 물질
제6류	**산**화성 액체

암기 ▶ 산가자 인자산

52 상 중 하

소방시설공사업법상 소방시설업자가 등록을 한 후 정당한 사유 없이 1년이 지날 때까지 영업을 개시하지 아니하거나 계속하여 1년 이상 휴업한 때의 1차 행정처분은?

① 1개월 이내 ② 2개월 이내
③ 3개월 이내 ④ 경고(시정명령)

해설 행정처분

정당한 사유 없이 1년이 지나도 영업하지 않고 1년 이상 휴업한 경우

• 1차 : 경고(시정명령)
• 2차 : 등록취소

정답 50 ③ 51 ④ 52 ④

53 상 중 하

소방시설 설치 및 관리에 관한 법령상 특정소방대상물의 관계인이 특정소방대상물의 규모·용도 및 수용인원 등을 고려하여 갖추어야 하는 소방시설의 종류기준 중 ㉠, ㉡에 알맞은 것은?

> 화재안전기술기준에 따라 소화기구를 설치하여야 하는 특정소방대상물은 연면적 (㉠) [m^2] 이상인 것. 다만 노유자시설의 경우에는 투척용 소화용구 등을 화재안전기술기준에 따라 산정된 소화기 수량의 (㉡) 이상으로 설치할 수 있다.

① ㉠ 33, ㉡ 1/2　② ㉠ 33, ㉡ 1/3
③ ㉠ 50, ㉡ 1/2　④ ㉠ 50, ㉡ 1/3

해설 소화기구 설치대상

1) 연면적 33 [m^2] 이상(노유자시설 : 투척용 소화용구 등을 산정된 소화기 수량의 1/2 이상 설치)
2) 가스시설, 발전시설 중 전기저장시설 및 문화유산
3) 터널, 지하구

54 상 중 하

자체소방대를 설치하여야 하는 제조소등으로 옳은 것은?

① 지정수량 3000배의 아세톤을 취급하는 일반취급소
② 지정수량 3500배의 칼륨을 취급하는 제조소
③ 지정수량 4000배의 등유를 이동저장탱크에 주입하는 일반취급소
④ 지정수량 4500배의 기계유를 유압장치로 취급하는 일반취급소

해설 자체소방대 설치 사업소

사업소	지정수량
제4류 위험물 취급 제조소·일반취급소	3000배 이상
제4류 위험물 저장 옥외탱크저장소	500000배 이상

55 상 중 하

화재의 예방 및 안전관리에 관한 법령상 소방안전관리대상물의 소방계획서에 포함되어야 하는 사항이 아닌 것은?

① 예방규정을 정하는 제조소등의 위험물 저장·취급에 관한 사항
② 소방시설·피난시설 및 방화시설의 점검·정비계획
③ 소방안전관리대상물의 근무자 및 거주자의 자위소방대 조직과 대원의 임무에 관한 사항
④ 방화구획, 제연구획, 건축물의 내부 마감재료(불연재료·준불연재료 또는 난연재료로 사용된 것) 및 방염물품의 사용현황과 그 밖의 방화구조 및 설비의 유지·관리계획

해설 소방계획서 포함사항

1) 소방안전관리대상물 위치·구조·연면적·용도·수용인원 등 일반 현황
2) 소방안전관리대상물에 설치한 소방·방화·전기·가스·위험물 시설 현황
3) 화재 예방을 위한 자체점검계획 및 대응대책
4) 소방시설·피난시설·방화시설 점검·정비계획
5) 피난층·피난시설 위치, 피난경로 설정, 장애인·노약자 피난계획 등 피난계획
6) 방화구획, 제연구획, 건축물 내부 마감재료·방염물품 사용현황, 방화구조 및 설비유지·관리계획
7) 관리의 권원이 분리된 특정소방대상물의 소방안전관리에 관한 사항
8) 소방훈련·교육에 관한 계획
9) 특정소방대상물의 근무자 및 거주자의 자위소방대 조직과 대원의 임무(화재안전취약자의 피난 보조 임무를 포함)에 관한 사항
10) 화기 취급 작업에 대한 사전 안전조치 및 감독 등 공사 중 소방안전관리에 관한 사항
11) 소화에 관한 사항과 연소방지에 관한 사항
12) 위험물의 저장·취급에 관한 사항(예방규정을 정하는 제조소등은 제외)
13) 소방안전관리에 대한 업무수행에 관한 기록 및 유지에 관한 사항(월 1회 이상 작성, 2년간 보관)

2019

정답 53 ① 54 ① 55 ①

14) 화재 발생 시 화재경보, 초기소화 및 피난유도 등 초기대응에 관한 사항
15) 그 밖에 소방본부장 또는 소방서장이 소방안전관리대상물의 위치·구조·설비 또는 관리 상황 등을 고려하여 소방안전관리에 필요하여 요청하는 사항

56 상 중 하

화재의 예방 및 안전관리에 관한 법령상 특수가연물의 저장기준 중 ㉠, ㉡, ㉢에 알맞은 것은? (단, 석탄·목탄류를 발전용으로 저장하는 경우는 제외한다)

> 쌓는 높이는 10 [m] 이하가 되도록 하고 쌓는 부분의 바닥면적은 (㉠) [m^2] 이하가 되도록 할 것. 다만 살수설비를 설치하거나 방사능력 범위에 해당 특수가연물이 포함되도록 대형 수동식 소화기를 설치하는 경우에는 쌓는 높이를 (㉡) [m] 이하, 쌓는 부분의 바닥면적을 (㉢) [m^2] 이하로 할 수 있다.

① ㉠ 200, ㉡ 20, ㉢ 400
② ㉠ 200, ㉡ 15, ㉢ 300
③ ㉠ 50, ㉡ 20, ㉢ 100
④ ㉠ 50, ㉡ 15, ㉢ 200

해설 특수가연물 저장·취급기준

1) 품명별로 구분하여 쌓을 것
2) 일반적인 경우
 (1) 쌓는 높이 : 10 [m] 이하
 (2) 쌓는 부분 바닥 : 50 [m^2] 이하(석탄·목탄류 : 200 [m^2] 이하)
3) 살수설비, 대형 수동식 소화기 설치하는 경우
 (1) 쌓는 높이 : 15 [m] 이하
 (2) 쌓는 부분의 바닥면적 : 200 [m^2] 이하(석탄·목탄류 : 300 [m^2] 이하)

57 상 중 하

소방시설업 등록사항의 변경신고사항이 아닌 것은?

[법 개정으로 인한 문제 수정]

① 상호　② 대표자
③ 보유설비　④ 기술인력

해설 등록사항 변경신고

1) 변경신고 : 30일 이내 시·도지사에게 신고
2) 제출서류 변경신고 사항 및 제출 서류
 (1) 명칭·상호·영업소소재지 변경 : 소방시설관리업등록증 및 등록수첩
 (2) 대표자 변경 : 소방시설관리업등록증 및 등록수첩
 (3) 기술인력 변경
  ① 소방시설관리업등록수첩
  ② 변경된 기술인력 기술자격증(경력수첩 포함)
  ③ 소방기술인력대장

58 상 중 하

화재안전조사 결과에 따른 조치명령으로 인하여 손실을 입은 자에 대한 손실보상에 관한 설명으로 틀린 것은?

① 손실보상에 관하여는 시·도지사와 손실을 입은 자가 협의하여야 한다.
② 보상금액에 관한 협의가 성립되지 아니한 경우에는 시·도지사는 그 보상금액을 지급하거나 공탁하고 이를 상대방에게 알려야 한다.
③ 시·도지사가 손실을 보상하는 경우에는 공시지가로 보상하여야 한다.
④ 보상금의 지급 또는 공탁의 통지에 불복이 있는 자는 지급 또는 공탁의 통지를 받은 날부터 30일 이내에 관할토지수용위원회에 재결을 신청할 수 있다.

정답 56 ④ 57 ③ 58 ③

해설 손실보상

1) 손실보상 의무자 : 소방청장, 시·도지사
2) 화재안전조사 결과에 따른 조치명령으로 인해 손실을 입은 자가 있는 경우 대통령령으로 정하는 바에 따라 보상
3) 손실보상
   (1) 소방청장, 시·도지사가 손실을 보상하는 경우 : 시가로 보상
   (2) 손실 보상에 관하여 소방청장, 시·도지사와 손실을 입은 자가 협의
   (3) 보상금액에 관한 협의가 성립되지 않은 경우 소방청장, 시·도지사는 그 보상금액을 지급하거나 공탁하고 상대방에게 통지
   (4) 보상금의 지급 또는 공탁의 통지에 불복하는 자는 지급 또는 공탁의 통지를 받은 날부터 30일 이내에 중앙토지수용위원회 또는 관할 지방 토지수용위원회에 재결 신청
4) 손실보상청구서 첨부서류
   (1) 소방대상물의 관계인임을 증명할 수 있는 서류(건축물대장 제외)
   (2) 손실을 증명할 수 있는 사진 그 밖의 증빙자료

보충 ▶ 손실보상합의서 : 협의 이후 작성

59 상중하

소방시설 설치 및 관리에 관한 법령상 소방시설등에 대한 자체점검 중 종합점검 대상기준으로 틀린 것은?

① 제연설비가 설치된 터널
② 노래연습장으로서 연면적이 2000 [m²] 이상인 것
③ 물분무등소화설비가 설치된 연면적이 5000 [m²]인 위험물 제조소
④ 소방대가 근무하지 않는 국공립학교 중 연면적이 1000 [m²] 이상인 것으로서 자동화재탐지설비가 설치된 것

해설 종합점검 대상

1) 최초점검 대상물
2) 스프링클러설비가 설치된 특정소방대상물
3) 물분무등소화설비[호스릴방식의 물분무등소화설비만을 설치한 경우는 제외]가 설치된 연면적 5000 [m²] 이상인 특정소방대상물(위험물 제조소등은 제외)
4) 다중이용업의 영업장이 설치된 특정소방대상물로서 연면적이 2000 [m²] 이상인 것(단란주점과 유흥주점, 영화상영관, 비디오물감상실업, 복합영상물제공업, 노래연습장, 산후조리원, 고시원, 안마시술소)
5) 제연설비가 설치된 터널
6) 공공기관 중 연면적(터널·지하구의 경우 그 길이와 평균폭을 곱하여 계산된 값)이 1000 [m²] 이상인 것으로서 옥내소화전설비 또는 자동화재탐지설비가 설치된 것(소방대가 근무하는 공공기관은 제외)

60 상중하

소방활동구역의 출입자로서 대통령령이 정하는 자에 속하지 않는 사람은?

① 의사·간호사 그 밖의 구조 구급업무에 종사하는 자
② 소방활동구역 밖에 있는 소방대상물의 소유자·관리자 또는 점유자
③ 취재인력 등 보도업무에 종사하는 자
④ 수사업무에 종사하는 자

해설 소방활동구역 출입자

- 소방활동구역 안에 있는 소방대상물의 소유자·관리자 또는 점유자
- 전기·가스·수도·통신·교통 업무 종사자로 소방활동 위하여 필요한 사람
- 의사·간호사, 구조·구급업무 종사자
- 취재인력 등 보도업무 종사자
- 수사업무 종사자
- 소방대장이 소방활동 위해 출입을 허가한 자

정답 59 ③ 60 ②

2019년 1회

소방전기시설의 구조 및 원리

3회독 월 일
2회독 월 일
1회독 월 일

목표시간 : 30분 | 시작 : _시 _분 | 종료 : _시 _분 | 맞은 개수 : _ /20

61 상 중 하

비상콘센트설비의 화재안전기준에서 정하고 있는 특고압의 정의는?

① 직류 1500 [V] 초과
② 직류는 1500 [V] 초과 7 [kV] 이하
③ 교류 1500 [V] 초과
④ 7 [kV] 초과

해설 비상콘센트 특고압

구분	구분	개정 후
저압	직류	1500 [V] 이하
	교류	1000 [V] 이하
고압	직류	1500 [V] 초과 7 [kV] 이하
	교류	1000 [V] 초과 7 [kV] 이하
특고압	7 [kV] 초과	7 [kV] 초과

62 상 중 하

노유자시설로서 바닥면적이 최소 몇 [m^2] 이상인 층이 있는 경우 자동화재속보설비를 설치해야 하는가?

① 500 ② 1000
③ 1500 ④ 2000

해설 자동화재속보설비 설치대상

설치대상	기준
• 노유자시설 • 숙박 가능한 수련시설 • 의료재활시설, 정신병원	바닥면적 500 [m^2] 이상
• 종합병원, 병원, 치과병원, 한방병원, 요양병원 • 근린생활시설 중 의원, 치과의원, 한의원으로서 입원실이 있는 것 • 전통시장 • 노유자생활시설 • 보물·국보 지정 목조건축물 • 조산원, 산후조리원	–

TIP ▶ 터널 : 다른 소방시설 기준

정답 61 ④ 62 ③

63 상중하

청각장애인용 시각경보장치에 대한 설치기준으로 틀린 것은?

① 설치높이는 바닥으로부터 2 [m] 이상 2.5 [m] 이하의 장소에 설치할 것
② 천장의 높이가 2 [m] 이하인 경우에는 천장으로부터 0.15 [m] 이내의 장소에 설치하여야 한다.
③ 공연장·집회장·관람장 또는 이와 유사한 장소에 설치하는 경우에는 시선이 분산되는 객석부 부분 등에 설치할 것
④ 시각경보장치의 광원은 전용의 축전지설비 또는 전기저장장치(외부 전기에너지를 저장해두었다가 필요한 때 전기를 공급하는 장치)에 의하여 점등되도록 할 것

해설 시각경보장치 설치기준

1) 복도·통로·청각장애인용 객실 및 공용으로 사용하는 거실(로비, 회의실, 강의실, 식당, 휴게실, 오락실, 대기실, 체력단련실, 접객실, 안내실, 전시실, 기타 이와 유사한 장소를 말한다)에 설치하며, 각 부분으로부터 유효하게 경보를 발할 수 있는 위치에 설치할 것
2) 공연장·집회장·관람장 또는 이와 유사한 장소에 설치하는 경우에는 시선이 집중되는 무대부 부분 등에 설치할 것
3) 설치높이는 바닥으로부터 2 [m] 이상 2.5 [m] 이하의 장소에 설치할 것. 다만 천장의 높이가 2 [m] 이하인 경우에는 천장으로부터 0.15 [m] 이내의 장소에 설치해야 한다.
4) 시각경보장치의 광원은 전용의 축전지설비 또는 전기저장장치(외부 전기에너지를 저장해두었다가 필요한 때 전기를 공급하는 장치)에 의하여 점등되도록 할 것. 다만 시각경보기에 작동전원을 공급할 수 있도록 형식승인을 얻은 수신기를 설치한 경우에는 그렇지 않다.

64 상중하

유도등 설치에 관한 설명으로 틀린 것은?

① 객석유도등은 객석의 통로, 바닥, 벽, 천장에 설치하여야 한다.
② 계단통로유도등은 바닥으로부터 높이 1 [m] 이하의 위치에 설치하여야 한다.
③ 거실통로유도등은 구부러진 모퉁이 및 보행거리 20 [m]마다 설치하여야 한다.
④ 피난구유도등은 피난구의 바닥으로부터 높이 1.5 [m] 이상으로서 출입구에 인접하도록 설치하여야 한다.

해설 통로유도등

1) 복도통로유도등
 (1) 설치기준
  ① 복도에 설치할 것
  ② 옥내로부터 직접 지상으로 통하는 출입구 및 그 부속실의 출입구 또는 직통계단·직통계단의 계단실 및 그 부속실의 출입구의 경우 피난구 유도등이 설치된 출입구의 맞은편 복도에는 입체형으로 설치하거나 바닥에 설치할 것
  ③ 구부러진 모퉁이 및 위에 따라 설치된 통로유도등 기점으로 보행거리 20 [m]마다 설치할 것
  ④ 바닥에 설치하는 통로 유도등은 하중에 따라 파괴되지 않는 강도의 것으로 할 것
 (2) 설치높이
 바닥으로부터 높이 1 [m] 이하의 위치에 설치할 것(다만 지하층 또는 무창층의 용도가 도매시장·소매시장·여객자동차터미널·지하역사 또는 지하상가인 경우에는 복도·통로 바닥에 설치)
 (3) 형식승인 및 제품 시 식별도기준
  ① 상용전원 점등 시 : 직선거리 20 [m] 위치(표시면 화살표 식별 가능)
  ② 비상전원 점등 시 : 직선거리 15 [m] 위치(표시면 화살표 식별 가능)
2) 거실통로유도등
 (1) 설치기준
  ① 거실의 통로에 설치할 것(다만 거실의 통로가 벽체 등으로 구획 시 복도통로유도등을 설치하여야 한다)
  ② 구부러진 모퉁이 및 보행거리 20 [m]마다 설치할 것

2019

정답 63 ③ 64 ①

(2) 설치높이
바닥으로부터 높이 1.5 [m] 이상의 위치에 설치(다만 거실 통로에 기둥 설치 시 기둥부분의 바닥으로부터 1.5 [m] 이하의 위치에 설치 가능)

3) 계단통로유도등
(1) 설치기준
각 층의 경사로 참 또는 계단참마다(1개 층에 경사로참 또는 계단참이 2 이상 있는 경우에는 2개의 계단참마다) 설치할 것
(2) 설치높이
바닥으로부터 높이 1 [m] 이하의 위치에 설치할 것

보충 ▶ 통로유도등 : 백색바탕에 녹색문자

65 상(중)하

누전경보기의 형식승인 및 제품검사의 기술기준에서 정하는 누전경보기의 공칭작동전류치(누전경보기를 작동시키기 위하여 필요한 누설전류의 값으로서 제조자에 의하여 표시된 값을 말한다)는 몇 [mA] 이하이어야 하는가?

[법 개정으로 인한 문제 수정]

① 50
② 100
③ 150
④ 200

해설 누전경보기 공칭작동전류치 및 감도조정장치

1) 공칭작동 전류치 : 200 [mA] 이하
2) 감도조정장치의 조정범위 : 최대 1 [A](조정범위 0.2, 0.5, 1 [A] 구분)

66 상(중)하

비상콘센트설비의 전원부와 외함 사이의 절연저항에 대한 기준으로 옳은 것은?

① 500 [V] 절연저항계로 측정하여 5 [MΩ] 이상일 것
② 500 [V] 절연저항계로 측정하여 10 [MΩ] 이상일 것
③ 500 [V] 절연저항계로 측정하여 15 [MΩ] 이상일 것
④ 500 [V] 절연저항계로 측정하여 20 [MΩ] 이상일 것

해설 비상콘센트설비

1) 절연저항 : 500 [V] 절연저항계로 측정할 때 20 [MΩ] 이상일 것
2) 절연내력
(1) 정격전압 150 [V] 이하 : 1000 [V]의 실효전압
(2) 정격전압이 150 [V] 이상 : (정격전압 × 2) + 1000 [V] = 실효전압
(3) 실효전압 시험에서 1분 이상 견디는 것으로 할 것
3) 배선
전원회로의 배선은 내화배선, 그 밖의 배선은 내화배선 또는 내열배선

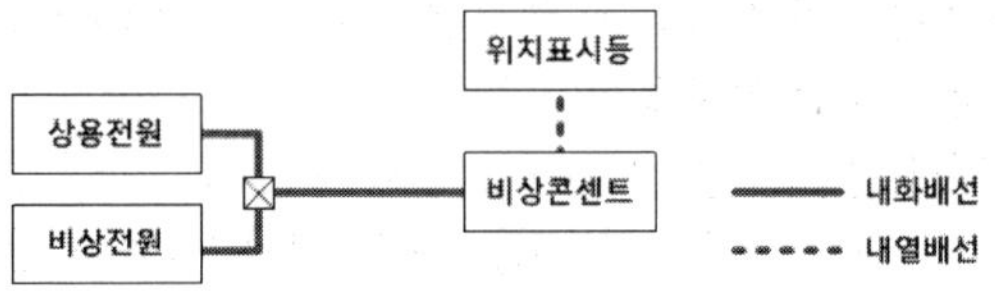

67 상 중 (하)

화재 시 발생하는 열, 연기, 불꽃 또는 연소생성물을 자동적으로 감지하여 수신기에 발신하는 장치는?

① 감지기 ② 중계기
③ 발신기 ④ 시각경보장치

해설 자동화재탐지설비 용어

1) "경계구역"이란 특정소방대상물 중 화재신호를 발신하고 그 신호를 수신 및 유효하게 제어할 수 있는 구역을 말한다.
2) "수신기"란 감지기나 발신기에서 발하는 화재신호를 직접 수신하거나 중계기를 통하여 수신하여 화재의 발생을 표시 및 경보해주는 장치를 말한다.

정답 65 ④ 66 ④ 67 ①

3) "중계기"란 감지기·발신기 또는 전기적인 접점 등의 작동에 따른 신호를 받아 이를 수신기에 전송하는 장치를 말한다.
4) "감지기"란 화재 시 발생하는 열, 연기, 불꽃 또는 연소생성물을 자동적으로 감지하여 수신기에 화재신호 등을 발신하는 장치를 말한다.
5) "발신기"란 수동누름버턴 등의 작동으로 화재신호를 수신기에 발신하는 장치를 말한다.
6) "시각경보장치"란 자동화재탐지설비에서 발하는 화재신호를 시각경보기에 전달하여 청각장애인에게 점멸형태의 시각경보를 하는 것을 말한다.
7) "거실"이란 거주·집무·작업·집회·오락 그 밖에 이와 유사한 목적을 위하여 사용하는 실을 말한다.
8) "신호처리방식"은 화재신호 및 상태신호 등(이하 "화재신호 등"이라 한다)을 송수신하는 방식으로써 다음의 방식을 말한다.
   (1) "유선식"은 화재신호 등을 배선으로 송·수신하는 방식
   (2) "무선식"은 화재신호 등을 전파에 의해 송·수신하는 방식
   (3) "유·무선식"은 유선식과 무선식을 겸용으로 사용하는 방식

68 상 중 하

축전지의 자기방전을 보충함과 동시에 상용부하에 대한 전력공급은 충전기가 부담하도록 하되 충전기가 부담하기 어려운 일시적인 대전류 부하는 축전지로 하여금 부담하게 하는 충전방식은?

① 과충전방식　　② 균통충전방식
③ 자가충전방식　　④ 부동충전방식

해설 부동충전방식

- 축전지 자기방전 보충
- 상용부하에 전력공급 : 충전기 부담
- 충전기가 부담하기 어려운 일시적인 대전류 부하 : 축전지 부담

69 상 중 하

변류기는 특정소방대상물의 형태, 인입선의 시설방법 등에 따라 옥외 인입선의 제1지점의 부하 측 또는 몇 종 접지선 측의 점검이 쉬운 위치에 설치하는가?

① 제1종　　② 제2종
③ 제3종　　④ 특별 제3종

해설 변류기 설치위치

- 옥외 인입선 제1지점 부하 측
- 제2종 접지선 측 점검 쉬운 위치

70 상 중 하

무선통신보조설비에 증폭기를 설치할 경우 설치기준으로 틀린 것은?

① 증폭기는 비상전원이 부착된 것으로 한다.
② 전원은 전기가 정상적으로 공급되는 교류전압 옥내간선으로 한다.
③ 비상전원 용량은 무선통신보조설비를 유효하게 20분 이상 작동시킬 수 있는 것으로 한다.
④ 증폭기의 전면에는 주회로의 전원이 정상인지의 여부를 표시할 수 있는 표시등 및 전압계를 설치한다.

해설 무선통신보조설비

[누설동축케이블 설치기준]
1) 소방전용주파수대에서 전파의 전송 또는 복사에 적합한 것으로서 소방전용의 것으로 할 것(다만 소방대 상호 간 무선연락에 지장 없는 경우에는 다른 용도와 겸용 가능하다)
2) 누설동축케이블과 이에 접속하는 안테나 또는 동축케이블과 이에 접속하는 안테나에 따른 것으로 할 것
3) 누설동축케이블은 불연 또는 난연성의 것으로서 습기에 따라 전기의 특성이 변질되지 아니하는 것으로 하고, 노출하여 설치한 경우에는 피난 및 통행에 장애가 없도록 할 것
4) 누설동축케이블은 화재에 따라 해당 케이블의 피복이 소실된 경우에 케이블 본체가 떨어지지 아니하도록 4 [m] 이내마다 금속제 또는 자기제 등의 지지금구로 벽·천장·기둥

2019

정답 68 ④ 69 ② 70 ③

등에 견고하게 고정시킬 것(다만 불연재료로 구획된 반자 안에 설치하는 경우에는 그러하지 않는다)

5) 누설동축케이블 및 안테나는 금속판 등에 따라 전파의 복사 또는 특성이 현저하게 저하되지 아니하는 위치에 설치할 것
6) 누설동축케이블 및 안테나는 고압의 전로로부터 1.5 [m] 이상 떨어진 위치에 설치할 것(다만 해당 전로에 정전기 차폐장치를 유효하게 설치한 경우에는 그러하지 않는다)
7) 누설동축케이블의 끝부분에는 무반사 종단저항을 견고하게 설치할 것
8) 누설동축케이블 또는 동축케이블의 임피던스는 50 [Ω]으로 하고, 이에 접속하는 안테나·분배기 기타의 장치는 해당 임피던스에 적합한 것으로 하여야 함

[증폭기 설치기준]

1) 전원은 전기가 정상적으로 공급되는 축전지, 전기저장장치 또는 교류전압 옥내간선으로 하고, 전원까지의 배선은 전용으로 할 것
2) 증폭기의 전면에는 주회로의 전원이 정상인지의 여부를 표시할 수 있는 표시등 및 전압계를 설치할 것
3) 증폭기에는 비상전원이 부착된 것으로 하고 해당 비상전원 용량은 무선통신보조설비를 유효하게 30분 이상 작동시킬 수 있는 것으로 할 것
4) 증폭기 및 무선중계기를 설치하는 경우 적합성 평가를 받은 제품으로 설치하고 임의로 변경하지 않도록 할 것
5) 디지털방식의 무전기를 사용하는 데 지장이 없도록 설치할 것

71 상 중 하

비상방송설비의 설치상태가 화재안전기술기준에 적합하지 않는 것은?

① 확성기의 음성입력은 3 [W]로 하였다.

② 음량조절기를 설치하고 음량조정기의 배선은 4선식으로 하였다.

③ 조작부의 조작스위치를 바닥으로부터 1.2 [m]의 높이에 설치하였다.

④ 기동장치에 따른 화재신고를 수신한 후 필요한 음량으로 화재 발생 상황 및 피난에 유효한 방송이 자동으로 개시될 때까지의 소요시간을 5초로 하였다.

해설 비상방송설비 설치기준

1) 확성기
   (1) 음성입력 : 실외 3 [W] 이상, 실내 1 [W] 이상
   (2) 수평거리 : 층 각 부분으로부터 하나의 확성기까지의 25 [m] 이하
   (3) 확성기는 각 층마다 설치, 당해 층의 각 부분에 유효하게 경보를 발하도록 설치
2) 음량조정기(ATT) : 음량조정기의 배선은 3선식으로 한다.
3) 조작부
   (1) 조작스위치 높이 : 바닥으로부터 0.8 [m] 이상 1.5 [m] 이하
   (2) 기동장치의 작동과 연동하여 당해 기동장치가 작동한 층 또는 구역을 표시
   (3) 조작부 및 증폭기 설치장소 : 수위실 등 상시 사람이 근무, 점검이 편리, 방화상 유효한 곳
   (4) 2 이상 조작부 설치 시 설치장소 상호 간 동시통화 가능, 어느 조작부에서도 전구역 방송 가능
4) 층수가 11층(공동주택의 경우에는 16층)의 특정소방대상물은 다음과 같은 경보를 발할 수 있어야 한다.
   (1) 2층 이상의 층에서 발화한 때에는 발화층 및 그 직상 4개 층에 경보
   (2) 1층에서 발화한 때에는 발화층. 그 직상 4개 층 및 지하층에 경보
   (3) 지하층에서 발화한 때에는 발화층. 그 직상층 및 기타 지하층 경보
5) 기동장치에 따른 화재신고를 수신한 후 필요한 음량으로 화재 발생 상황 및 피난에 유효한 방송이 자동으로 개시될 때까지의 소요시간은 10초 이하로 할 것
6) 다른 방송설비와 공용할 경우 화재 시 비상경보 외의 방송을 차단할 수 있는 구조
7) 다른 전기회로에 따라 유도장애가 생기지 아니하도록 할 것
8) 음향장치의 구조 및 성능
   (1) 정격전압의 80 [%] 전압에서 음향을 발할 수 있는 것을 할 것
   (2) 자동화재탐지설비의 작동과 연동하여 작동할 수 있는 것으로 할 것

정답 71 ②

72 상 중 하

누전경보기의 수신부의 설치장소로 적합한 것은? (단, 누전경보기에 대하여 방호조치를 하지 않은 경우이다)

① 옥내 건조한 장소
② 습도가 높고 온도의 변화가 급격한 장소
③ 대전류회로·고주파 발생회로 등에 따른 영향을 받을 우려가 있는 장소
④ 가연성의 증기·먼지·가스 등이나 부식성의 증기·가스 등이 다량으로 체류하는 장소

해설 누전경보기 수신부 설치 제외 장소

1) 가연성 증기·먼지·가스, 부식성 증기가스 등 다량 체류 장소
2) 화약류 제조·저장·취급하는 장소
3) 습도 높은 장소
4) 온도 변화 급격한 장소
5) 대전류회로·고주파 발생회로 등에 따른 영향을 받을 우려가 있는 장소

TIP ▶ 가연성 : 물질이 불에 타기 쉬운 성질
부식성 : 물질구성이 분해되는 성질

암기 ▶ 가화습온대

73 상 중 하

감지기 또는 발신기로부터 발하여지는 신호를 직접 또는 중계기를 통하여 고유신호로서 수신하여 화재의 발생을 당해 소방대상물의 관계자에게 경보하여주는 수신기는?

① R형 수신기 ② P형 수신기
③ G형 수신기 ④ M형 수신기

해설 수신기 역할

1) P형 : 감지기 ↔ 발신기신호 직접 수신
2) <u>R형 : 감지기 ↔ 발신기신호를 중계기 통해 수신</u>
3) G형 : 가스신호 수신
4) M형 : 관할소방서 설치, 신호 직접 전달

74 상 중 하

비상방송설비를 설치하여야 하는 특정소방대상물의 기준으로 옳은 것은? (단, 위험물 저장 및 처리시설 중 가스시설, 사람이 거주하지 않는 동물 및 식물 관련 시설, 터널, 축사 및 지하구는 제외한다)

① 연면적 3000 [m^2] 이상인 것
② 지하층의 층수 3층 이상인 것
③ 지하층을 포함한 층수가 11층 이상인 것
④ 50명 이상의 근로자가 작업하는 옥내 작업장

해설 비상방송설비 설치대상

- 연면적 3500 [m^2] 이상
- 층수 11층 이상
- <u>지하층 층수 3층 이상</u>

75 상 중 하

상용전원을 주전원으로 사용하는 단독경보형 감지기에 내장할 수 있는 전지는?

① 1차전지 ② 2차전지
③ 3차전지 ④ 4차전지

해설 단독경보형 전지

- 건전지 주전원 사용 시 : 작동상태 유지할 수 있도록 건전지 교환
- <u>상용전원 주전원 사용 시</u> : <u>2차전지는 제품검사에 합격한 것을 사용</u>

2019

정답 72 ① 73 ① 74 ② 75 ②

76 상중하

주방·보일러실 등으로서 다량의 화기를 취급하는 장소에 설치하는 감지기는?

① 연기감지기 ② 보상식 감지기
③ 차동식 감지기 ④ 정온식 감지기

해설 감지기 설치기준

1) 공기관식 차동식 분포형 감지기
 (1) 공기관의 노출부분 : 20 [m] 이상
 (2) 하나의 검출부에 접속하는 공기관의 길이 : 100 [m] 이하
 (3) 공기관과 감지구역의 각 변과의 수평거리 : 1.5 [m] 이하
 (4) 공기관 상호 거리 : 6 [m] 이하(주요구조부가 내화 구조인 경우 : 9 [m])
 (5) 공기관은 도중에 분기 금지
 (6) 검출부는 5° 이상 경사되지 않을 것
 (7) 검출부는 바닥으로부터 0.8 [m] 이상 ~ 1.5 [m] 이하의 위치에 설치할 것
2) 스포트형 감지기 설치할 때 각도가 45° 이상 경사가 되지 않도록 설치
3) 보상식 스포트형 감지기는 정온점이 감지기 주위의 평상시 최고 온도보다 20 [℃] 이상 높은 것으로 설치
4) <u>정온식 감지기의 경우 작동온도가 주위 최고 온도보다 20 [℃] 이상 높은 것으로 설치</u>

부착높이 및 특정소방대상물 구분		감지기의 종류				
		차동식 / 보상식 스포트		정온식 스포트		
		1종	2종	특종	1종	2종
4 [m] 미만	내화구조	90	70	70	60	20
	기타구조	50	40	40	30	15
4 [m] 이상 8 [m] 미만	내화구조	45	35	35	30	
	기타구조	30	25	25	15	

77 상중하

일반전기사업자로부터 특별고압 또는 고압으로 수전하는 비상전원 수전설비의 형태에 속하지 않는 것은?

① 방화구획형
② 옥외개방형
③ 옥내개방형
④ 큐비클(Cubicle)형

해설 특·고압 수전설비

- 옥외개방형
- 큐비클형
- 방화구획형

암기 ▶ 올케방

78 상중하

휴대용 비상조명등은 숙박시설 또는 다중이용업소의 객실 또는 영업장 안의 구획된 실마다 잘 보이는 곳(외부에 설치 시 출입문 손잡이로부터 1 [m] 이내 부분)에 최소 몇 개를 설치하여야 하는가?

① 1개 ② 2개
③ 3개 ④ 4개

해설 휴대용 비상조명등 설치기준

1) 설치장소

설치대상	기준
숙박시설, 다중이용업소	구획된 실마다 1개 이상 설치
수용인원 100명 이상의 영화상영관, 대규모점포	보행거리 50 [m] 이내마다 3개 이상 설치
지하상가, 지하역사	보행거리 25 [m] 이내마다 3개 이상 설치

정답 76 ④ 77 ③ 78 ①

2) 설치기준
 (1) 바닥으로부터 0.8 [m] 이상 1.5 [m] 이하의 높이에 설치할 것
 (2) 어둠 속에서 위치를 확인할 수 있도록 할 것
 (3) 사용 시 자동으로 점등되는 구조일 것
 (4) 외함은 난연성능이 있을 것
 (5) 건전지 사용 시 방전방지조치를 하고 충전식 배터리 사용 시 상시 충전되도록 할 것
 (6) 건전지 및 충전식 배터리 용량은 20분 이상 유효하게 사용할 수 있는 것

79 상중하

실내의 바닥면적이 900 [m²]인 경우 단독경보형 감지기의 최소 설치 수량은?

① 3개 ② 6개
③ 9개 ④ 12개

해설 단독경보형 설치기준

1) 각 실(이웃하는 실내 바닥 면적이 각각 30 [m²] 미만이고 벽체의 상부의 전부 또는 일부가 개방되어 이웃하는 실내와 공기가 상호 유통되는 경우 이를 1개의 실로 본다)마다 설치하되, 바닥 면적이 150 [m²]를 초과하는 경우에는 150 [m²]마다 1개 이상 설치할 것
 (1) 바닥면적 150 [m²]당 1개 이상 설치
 (2) 설치개수 = 450/150 = 3개
2) 최상층의 계단실의 천장(외기 상통하는 계단실 경우 제외)에 설치할 것
3) 건전지를 주전원으로 사용하는 단독경보형 감지기는 정상적인 작동상태를 유지할 수 있도록 건전지를 교환할 것
4) 상용전원을 주전원으로 사용하는 단독경보형 감지기의 2차 전지는 제품검사시험에 합격한 것을 사용할 것

80 상중하

무선통신보조설비에서 신호의 전송로가 분기되는 장소에 설치하는 것으로 임피던스 매칭과 신호 균등분배를 위해 사용하는 장치는?

① 분파기 ② 혼합기
③ 증폭기 ④ 분배기

해설 무선통신보조설비 용어정의

1) "누설동축케이블"이란 동축케이블의 외부도체에 가느다란 홈을 만들어서 전파가 외부로 새어나갈 수 있도록 한 케이블을 말한다.
2) "분배기"란 신호의 전송로가 분기되는 장소에 설치하는 것으로 임피던스 매칭(Matching)과 신호 균등분배를 위해 사용하는 장치를 말한다.
3) "분파기"란 서로 다른 주파수의 합성된 신호를 분리하기 위해서 사용하는 장치를 말한다.
4) "혼합기"란 2 이상의 입력신호를 원하는 비율로 조합한 출력이 발생하도록 하는 장치를 말한다.
5) "증폭기"란 전압·전류의 진폭을 늘려 감도 등을 개선하는 장치를 말한다.
6) "무선중계기"란 안테나를 통하여 수신된 무전기신호를 증폭한 후 음영지역에 재방사하여 무전기 상호 간 송수신이 가능하도록 하는 장치를 말한다.
7) "옥외안테나"란 감시제어반 등에 설치된 무선중계기의 입력과 출력포트에 연결되어 송수신신호를 원활하게 방사·수신하기 위해 옥외에 설치하는 장치를 말한다.
8) "임피던스"란 교류회로에 전압이 가해졌을 때 전류의 흐름을 방해하는 값으로서 교류회로에서의 전류에 대한 전압의 비를 말한다.

2019

정답 79 ② 80 ④

2019년 2회

소방원론

3회독 월 일
2회독 월 일
1회독 월 일

목표시간 : 20분 | 시작 : _시 _분 | 종료 : _시 _분 | 맞은 개수 : _ /20

01 상 중 하

건물 내 피난동선의 조건에 대한 설명으로 옳은 것은?

① 피난동선은 그 말단이 길수록 좋다.
② 모든 피난동선은 건물 중심부 한곳으로 향해야 한다.
③ 피난동선의 한쪽은 막다른 통로와 연결되어 화재 시 연소가 되지 않도록 하여야 한다.
④ 2개 이상의 방향으로 피난할 수 있으며 그 말단은 화재로부터 안전한 장소이어야 한다.

해설 피난동선(피난경로) 고려사항

1) 피난동선은 가급적 단순하고 짧아야 한다. (Fool Proof)
2) 2개 이상의 방향으로 피난할 수 있어야 한다. (Fail Safe)
3) 피난동선은 상호 반대방향으로 다수의 출구와 연결되어야 한다.
4) 통로의 말단은 안전한 장소이어야 한다.
5) 피난동선은 병목현상이 발생하지 않도록 수평동선과 수직동선으로 구분하여 동선계획을 수립한다.

02 상 중 하

부피비가 메테인 80 [%], 에테인 15 [%], 프로페인 4 [%], 뷰테인 1 [%]인 혼합기체가 있다. 이 기체의 공기 중 폭발하한계는 약 몇 [vol%]인가? (단, 공기 중 단일 가스의 폭발 하한계는 메테인 5 [vol%], 에테인 2 [vol%], 프로페인 2 [vol%], 뷰테인 1.8 [vol%]이다)

① 2.2 ② 3.8
③ 4.9 ④ 6.2

해설 르 샤틀리에 법칙

르 샤틀리에 법칙 $\frac{100}{L}=\frac{V_1}{L_1}+\frac{V_2}{L_2}+\cdots+\frac{V_n}{L_n}$

$$\frac{100}{L}=\frac{80}{5}+\frac{15}{2}+\frac{4}{2}+\frac{1}{1.8}$$

$$L=\frac{100}{\frac{80}{5}+\frac{15}{2}+\frac{4}{2}+\frac{1}{1.8}}$$

$\therefore L=3.84[\%]$

L : 혼합가스 폭발하한계 [vol%]
$L_1 \sim L_n$: 가연성 가스 폭발하한계 [vol%]
$V_1 \sim V_n$: 가연성 가스 용량 [vol%]

정답 01 ④ 02 ②

03 상 중 하

촛불(양초)의 연소형태로 옳은 것은?

① 증발연소
② 액적연소
③ 표면연소
④ 자기연소

해설 연소의 형태

구분	내용	종류
분해 연소	열분해로 생성된 가연성 가스가 연소	목재, 석탄, 종이, 플라스틱
표면 연소	불꽃이 없고 표면에서 연소	숯, 코크스, 목탄, 금속분
증발 연소	열분해 없이 증발하여 연소	황(유황), 가솔린, 나프탈렌, 양초
자기 연소	물질 자체에 산소를 함유하고 있어 별도 산소 없이 연소	나이트로셀룰로오스(니트로셀룰로오스), 나이트로글리세린(니트로글리세린), 유기과산화물
확산 연소	확산 화염에 의한 연소	메테인(메탄), 암모니아, 수소
예혼합 연소	미리 공기와 혼합된 연료가 연소	LNG, LPG, 가연성 가스

04 상 중 하

화재 발생 시 물을 사용하여 소화하면 더 위험해지는 것은?

① 적린
② 질산암모늄
③ 나트륨
④ 황린

해설 금수성 물질

물과 접촉하여 발화, 가연성 가스 발생

구분	현상
무기과산화물	산소(O_2) 발생
금속분 마그네슘(Mg) **나트륨(Na)** 칼륨(K) 리튬(Li)	**수소(H_2)** 발생
탄화칼슘(칼슘카바이드)	아세틸렌(C_2H_2) 발생

05 상 중 하

다음 중 연소 시 발생하는 가스로 독성이 가장 강한 것은?

① 수소 ② 질소
③ 이산화탄소 ④ 일산화탄소

해설 유해가스

연소가스	특징
일산화탄소(CO)	• 불완전연소 시 발생 • 유독성 • 흡입 시 헤모글로빈과 결합하여 산소운반 저해
이산화탄소(CO_2)	• 완전연소 시 발생 • 연소가스 중 가장 많은 양 발생 • 다량 흡입 시 호흡속도 증가
암모니아(NH_3)	• 인체에 자극성이 큰 가연성 가스 • 질소함유물, 수지류, 나무 등이 연소 시 발생
포스겐($COCl_2$)	• PVC, 수지류, 염소가 함유된 가연물 연소 시 발생 • 맹독성(0.1 [ppm])
황화수소(H_2S)	• 달걀 썩는 냄새 • 독성, 부식성, 가연성 가스
시안화수소(HCN)	• 질소함유물 등이 불완전연소 시 발생 • 청산가스
아크롤레인(CH_2CHCHO)	• 맹독성(0.1 [ppm]) • 석유제품, 유지 등이 연소 시 생성

정답 03 ① 04 ③ 05 ④

2019

06 상중하

식용유 화재 시 가연물과 결합하여 비누화 반응을 일으키는 소화약제는?

① 물
② Halon 1301
③ 제1종 분말소화약제
④ 이산화탄소소화약제

해설 비누화 반응

탄산수소나트륨(제1종 분말소화약제)은 식용유 화재(K급 화재) 시 비누화 반응을 일으키는 소화약제이다.

> **※ 비누화(Saponification) 반응**
> 동·식물성 기름인 유지(油脂)와 알칼리가 반응하여 비누와 글리세린으로 변하는 반응으로, 주방화재 시 조리용 기름이나 지방질 기름에 분말이 방출되면 기름과 분말약제가 반응하여 비누 상태의 물질이 생성되는 현상이다. 비누 거품으로 인하여 가연성 액체류의 표면을 뒤덮어 산소를 차단하고 재발화가 되지 않도록 한다.

07 상중하

0 [℃] 얼음 1 [g]이 100 [℃]의 수증기가 되려면 몇 cal의 열량이 필요한가? (단, 0 [℃] 얼음의 융해열은 80 [cal/g]이고 100 [℃] 물의 증발잠열은 539 [cal/g]이다)

① 539 ② 719
③ 939 ④ 1119

해설 물의 잠열

1) 얼음의 융해잠열 : 80 [cal/g] (= 334 [kJ/kg])
2) 물의 증발잠열 : 539 [cal/g] (= 2257 [kJ/kg])
3) 0 [℃] 물 1 [g] → 100 [℃] 수증기 : 639 [cal/g]
4) 0 [℃] 얼음 1 [g] → 100 [℃] 수증기 : 719 [cal/g]

0℃ 얼음 → 0℃ 물 → 100℃ 물 → 100℃ 수증기
Q_1 Q_2 Q_3

① 잠열량 Q_1 (0 [℃] 얼음 → 0 [℃] 물)

$Q_1 = mr_{융해} = 1[g] \times 80[cal/g] = 80[cal]$

② 현열량 Q_2 (0 [℃] 물 → 100 [℃] 물)

$Q_2 = mC_{물}\Delta T$
$= 1[g] \times 1[cal/g \cdot ℃] \times (100-0)[℃]$
$= 100[cal]$

③ 잠열량 Q_3 (100 [℃] 물 → 100 [℃] 수증기)

$Q_3 = mr_{증발} = 1[g] \times 539[cal/g] = 539[cal]$

④ 총 필요한 열량 Q

$Q = Q_1 + Q_2 + Q_3 = 80 + 100 + 539 = 719\ [cal]$

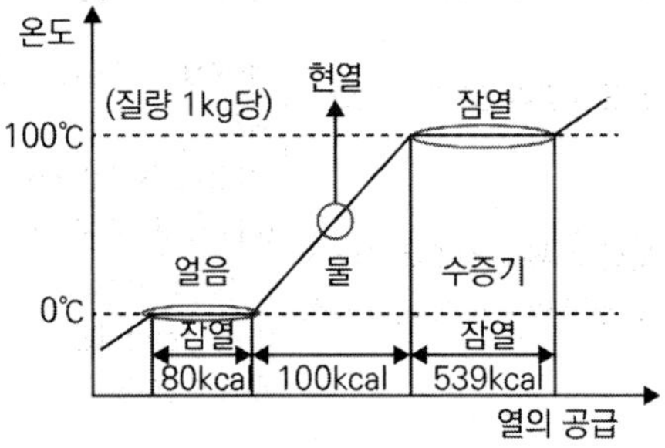

[물의 상태변화]

보충 ▶ 물의 증발잠열 539 [cal/g]은 100 [℃]의 물 1 [g]이 100 [℃]의 수증기가 될 때 필요한 열량

08 상중하

제3종 분말소화약제의 주성분은?

① 요소
② 탄산수소나트륨
③ 제1인산암모늄
④ 탄산수소칼륨

정답 06 ③ 07 ② 08 ③

해설 분말소화약제

종별	소화약제	약제색	적응화재
1종	탄산수소나트륨 ($NaHCO_3$)	**백**색	BC급
2종	탄산수소칼륨 ($KHCO_3$)	**담자**색 (담회색)	BC급
3종	제1인산암모늄 ($NH_4H_2PO_4$)	담**홍**색	ABC급
4종	탄산수소칼륨 + 요소 ($KHCO_3+(NH_2)_2CO$)	**회**(백)색	BC급

암기 ▶ 백담사 홍어회

09 상중하

다른 곳에서 화원, 전기스파크 등의 착화원을 부여하지 않고 가연성 물질을 공기 또는 산소 중에서 가열함으로서 발화 또는 폭발을 일으키는 최저온도를 나타내는 용어는?

① 인화점　② 발열점
③ 연소점　④ 발화점

해설 발화점

1) 가연물에 불꽃을 접하지 아니하였을 때 연소가 가능한 최저온도
2) 공기 중에서 스스로 타기 시작하는 온도
3) 인화점 < 연소점 < 발화점

암기 ▶ 이연발

10 상중하

벤젠 화재 시 이산화탄소소화약제를 사용하여 소화하는 경우 한계 산소량은 약 몇 [vol%]인가?

① 14　② 19
③ 24　④ 28

해설 한계산소농도 [vol%]

가연성 혼합기에 불활성 가스(CO_2, N_2 등)를 첨가해 산소농도를 계속 감소시키면 연소는 정지하게 되는데 이를 불활성화(Inerting)라 한다.
여기서 연소가 정지되는 때의 산소 농도는 같은 가연물이더라도 불활성 가스의 종류에 따라 달라진다.
한계산소농도는 불활성 가스가 CO_2인 경우 14 ~ 15 [vol%], N_2인 경우 10 ~ 12 [vol%]이다. 그러나 기타 특정한 가연성 가스 및 위험물의 경우는 더 낮은 산소농도에서 연소가 정지하게 된다.

11 상중하

건물화재에서 플래시 오버(Flash Over)에 관한 설명으로 옳은 것은?

① 가연물이 착화되는 초기단계에서 발생한다.
② 화재 시 발생한 가연성 가스가 축적되다가 일순간에 화염이 실 전체로 확대되는 현상을 말한다.
③ 소화활동이 끝난 단계에서 발생한다.
④ 화재 시 모두 연소하여 자연 진화된 상태를 말한다.

해설 실내화재 발생현상

1) 플래시 오버
　(1) 온도가 급격히 상승하여 화재가 순간적으로 실내 전체에 확산되는 현상
　(2) 발생 시기 : 성장기 ~ 최성기 직전
2) 백드래프트
　(1) 신선한 공기 유입으로 실내의 축적된 가스가 단시간 연소, 폭발하여 실외로 분출
　(2) 발생 시기 : 감쇄기(최성기 이후)

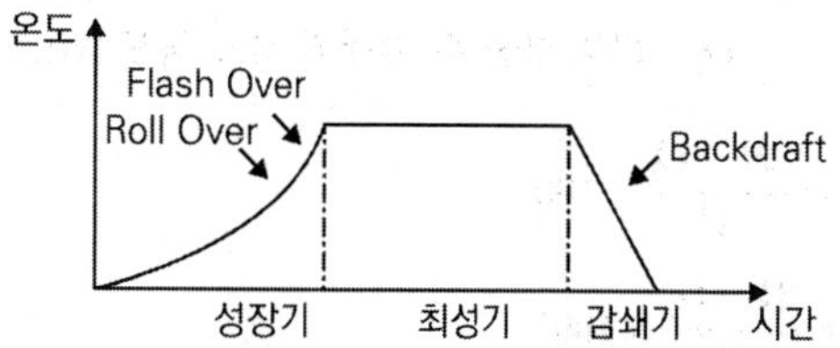

2019

12 상중하

분무연소에 대한 설명으로 틀린 것은?

① 휘발성이 낮은 액체연료의 연소가 여기에 해당된다.
② 점도가 높은 중질유의 연소에 많이 이용된다.
③ 액체연료를 수 [μm] ~ 수백 [μm] 크기의 액적으로 미립화시켜 연소시킨다.
④ 미세한 액적으로 분무시키는 이유는 표면적을 작게 하여 공기와의 혼합을 좋게 하기 위함이다.

해설 분무연소(액적연소)

1) 휘발성이 낮은 액체연료를 안개 형태로 분사하여 연소시키는 형태이다.
2) 점도가 높은 중질유의 연소에 많이 이용된다.
3) 액체연료를 수 ~ 수백 [μm] 크기의 액적으로 미립화시켜 연소시킨다.
4) 미세한 액적으로 분무시키는 이유는 표면적을 크게 하여 공기와의 혼합을 좋게 하기 위함이다.

13 상중하

이산화탄소소화약제가 공기 중에 34 [vol%] 공급되면 산소의 농도는 약 몇 [vol%]가 되는가?

① 12　　② 14
③ 16　　④ 18

해설 이산화탄소(CO_2) 농도

$$CO_2 \text{ 농도 [vol\%]} = \frac{21 - O_2[vol\%]}{21} \times 100$$

여기서 CO_2 농도 : CO_2 방출 후 실내의 CO_2 농도 [vol%]
O_2 : CO_2 방출 후 실내의 산소 농도 [vol%]

$$CO_2 \text{ 농도} = \frac{21 - O_2}{21} \times 100$$

$$34 \text{ [vol\%]} = \frac{21 - O_2}{21} \times 100$$

$$\therefore O_2 = 13.86 \text{ [}vol\%\text{]}$$

14 상중하

다음 중 증기밀도가 가장 큰 것은?

① 공기　　② 메테인(메탄)
③ 뷰테인(부탄)　　④ 에틸렌

해설 증기밀도

$$\text{증기밀도} = \frac{\text{분자량}}{22.4(\text{공기 부피})} \text{ [g/L]}$$

① 공기 : $\frac{29(\text{공기 분자량})}{22.4} \fallingdotseq 1.29$ [g/L]

② 메테인(메탄, CH_4) : $\frac{16}{22.4} \fallingdotseq 0.71$[g/L]

③ 뷰테인(부탄, C_4H_{10}) : $\frac{58}{22.4} \fallingdotseq 2.59$ [g/L]

④ 에틸렌(C_2H_4) : $\frac{28}{22.4} \fallingdotseq 1.25$ [g/L]

증기밀도 : <u>뷰테인</u> > 공기 > 에틸렌 > 메테인

보충 ▶ 원자량(H : 1, C : 12, N : 14, O : 16)

15 상중하

탄화칼슘이 물과 반응할 때 생성되는 가연성 가스는?

① 메테인(메탄)　　② 에테인(에탄)
③ 아세틸렌　　④ 프로필렌

해설 물과 반응 시 발생가스

물질	가스
탄화**칼**슘(CaC_2)	**아**세틸렌(C_2H_2)
탄화**알**루미늄(Al_4C_3)	**메**테인(메탄, CH_4)
인화칼슘(Ca_3P_2)	**포**스핀(PH_3)
인화알루미늄(AlP)	**포**스핀(PH_3)
수소화리튬(LiH)	수소(H_2)

암기 ▶ 탄칼아, 탄알메, 인포

정답 12 ④ 13 ② 14 ③ 15 ③

16 상 중 하

다음 중 황린의 완전 연소 시에 주로 발생되는 물질은?

① P_2O ② PO_2
③ P_2O_3 ④ P_2O_5

해설 황린의 연소 반응식

$P_4 + 5O_2 \rightarrow 2P_2O_5$(오산화인)

17 상 중 하

다음 중 인화점이 가장 낮은 물질은?

① 등유 ② 아세톤
③ 경유 ④ 아세트산

해설 인화점

물질	인화점 [℃]
다이에틸에터(디에틸에테르)	-45
가솔린(휘발유)	-43
산화프로필렌	-37
이황화탄소	-30
아세톤	-18
메틸알코올	11
에틸알코올	13
등유	39
아세트산	40
경유	41

암기 ▶ 인가산이아 / 메에 / 등경

보충 ▶ 아세트산 : 제4류 위험물 – 제2석유류 수용성 액체

18 상 중 하

화재를 소화시키는 소화작용이 아닌 것은?

① 냉각작용
② 질식작용
③ 부촉매작용
④ 활성화작용

해설 소화의 형태

소화	내용
냉각소화	열 흡수, 발화점 이하로 낮추어 소화
질식소화	산소농도 15 [%] 이하로 낮춤
제거소화	가연물을 차단, 격리
억제소화	연쇄반응을 차단, 부촉매소화

19 상 중 하

소방안전관리대상물의 소방계획서에 포함되어야 하는 사항이 아닌 것은?

① 소방시설 · 피난시설 및 방화시설의 점검 · 정비계획
② 위험물안전관리법에 따라 예방규정을 정하는 제조소 등의 위험물 저장 · 취급에 관한사항
③ 특정소방대상물의 근무자 및 거주자의 자위소방대 조직과 대원의 임무에 관한 사항
④ 방화구획, 제연구획, 건축물의 내부마감재료(불연재료 · 준불연재료 또는 난연재료로 사용된 것) 및 방염물품의 사용현황과 그 밖의 방화구조 및 설비의 유지 · 관리계획

정답 16 ④ 17 ② 18 ④ 19 ②

해설 소방계획서 포함사항

1) 소방안전관리대상물 위치·구조·연면적·용도·수용인원 등 일반 현황
2) 소방안전관리대상물에 설치한 소방·방화·전기·가스·위험물 시설 현황
3) 화재 예방을 위한 자체점검계획 및 대응대책
4) **소방시설·피난시설·방화시설 점검·정비계획**
5) 피난층·피난시설 위치, 피난경로 설정, 장애인·노약자 피난계획 등 피난계획
6) **방화구획, 제연구획, 건축물 내부 마감재료·방염물품 사용현황, 방화구조 및 설비유지·관리계획**
7) 관리의 권원이 분리된 특정소방대상물의 소방안전관리에 관한 사항
8) 소방훈련·교육에 관한 계획
9) **특정소방대상물의 근무자 및 거주자의 자위소방대 조직과 대원의 임무(화재안전취약자의 피난 보조 임무를 포함)에 관한 사항**
10) 화기 취급 작업에 대한 사전 안전조치 및 감독 등 공사 중 소방안전관리에 관한 사항
11) 소화에 관한 사항과 연소방지에 관한 사항
12) **위험물의 저장·취급에 관한 사항(예방규정을 정하는 제조소 등은 제외)**
13) 소방안전관리에 대한 업무수행에 관한 기록 및 유지에 관한 사항(월 1회 이상 작성. 2년간 보관)
14) 화재 발생 시 화재경보, 초기소화 및 피난유도 등 초기대응에 관한 사항
15) 그 밖에 소방본부장 또는 소방서장이 소방안전관리대상물의 위치·구조·설비 또는 관리 상황 등을 고려하여 소방안전관리에 필요하여 요청하는 사항

20 상 중 하

소화약제에 대한 설명 중 옳은 것은?

① 물이 냉각효과가 가장 큰 이유는 비열과 증발잠열이 크기 때문이다.
② 이산화탄소 순도가 95.0 [%] 이상인 것을 소화약제로 사용해야 한다.
③ 할론 2402는 상온에서 기체로 존재하므로 저장 시에는 액화시켜 저장한다.
④ 이산화탄소는 전기적으로 비전도성이며 공기보다 3배 정도 무거운 기체이다.

해설 소화약제

② 이산화탄소소화기에 충전하는 이산화탄소의 순도는 99.5 [%] 이상이어야 한다.
③ 할론 2402는 상온에서 액체로 존재하므로 저장 시에는 액화시켜 저장한다.
④ 이산화탄소는 전기적으로 비전도성이며 공기보다 1.53배 정도 무거운 기체이다.

※ 물의 소화효과

효과	설명
냉각효과	증발(기화) 잠열에 의한 열 흡수
질식효과	기화 시 체적이 약 1650배(1600 ~ 1700배) 증가하여 주변 산소농도 낮춤
유화효과	에멀전 형성, 가연성 혼합기 생성 억제
희석효과	분해가스나 증기의 농도 낮춤

정답 20 ①

2019년 2회

소방전기일반

3회독 월 일
2회독 월 일
1회독 월 일

목표시간 : 30분 | 시작 : _시 _분 | 종료 : _시 _분 | 맞은 개수 : _ /20

21 상 중 하

$A+\overline{AB}$ 를 간단히 계산한 결과는?

① 1 ② A
③ B ④ $\overline{B}$

해설 논리식

$\overline{AB}=\overline{A}+\overline{B}$(드모르간)

$A+\overline{AB}=A+\overline{A}+\overline{B}=1+\overline{B}=1$

TIP ▶ $A+\overline{A}=1$

22 상 중 하

저항 R인 검류계 G에 그림과 같이 r_1인 저항을 병렬로, r_2인 저항을 직렬로 접속하고 A, B단자의 사이의 저항을 R과 같게 한 후 G에 흐르는 전류를 전전류의 1/n로 하기 위한 r_1의 값은?

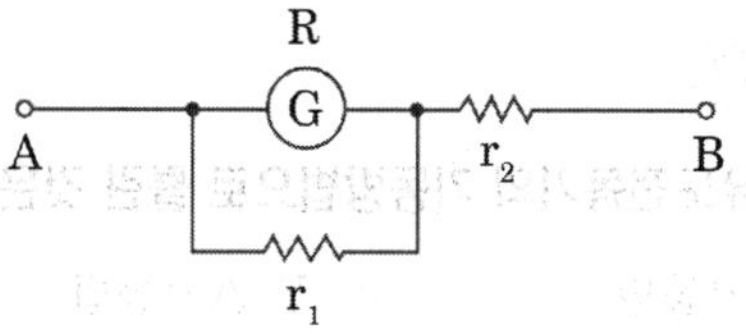

① $R(1-\frac{1}{n})$ ② $\frac{n-1}{R}$
③ $\frac{R}{n-1}$ ④ $R(1+\frac{1}{n})$

해설 병렬회로에서의 저항 계산

• $I_{r_2}=I_{r_1}+I_G$

$1=I_{r_1}+\frac{1}{n}$, $I_{r_1}=1-\frac{1}{n}$

• $V_G=V_{r_1}$, $V=IR$

$\frac{1}{n}\times R=(1-\frac{1}{n})\times r_1$

$r_1=\frac{R}{n-1}$

23 상 중 하

간선의 굵기를 결정하는 3요소에 포함되지 않는 것은?

① 허용전류 ② 전압강하
③ 기계적 강도 ④ 절연내력

해설 전선의 굵기 결정요소

• 허용전류
• 전압강하
• 기계적 강도

암기 ▶ 허전기

24 상 중 하

어느 빌딩에서 형광등 32 [W] 125개를 8시간씩 매일 사용한다면 30일 동안 소비한 전력량[kWh]은?

① 960 ② 9600
③ 96000 ④ 960000

해설 전력량 계산[Wh]

$W=Pnt=32\times125\times8\times30$
$=960000[Wh]=960[kWh]$

W: 전손실 전력량 [Wh]
t : 시간 [h]
n : 형광등의 개수

2019

정답 21 ① 22 ③ 23 ④ 24 ①

25 상중하

100 [V], 800 [W], 역률 80 [%]인 회로의 리액턴스(Ω)는?

① 4　② 6
③ 8　④ 10

해설 리액턴스 계산

- $P = VI\cos\theta$
  $800 = 100 \times I \times 0.8$, $I = 10$
- $P_a = VI = \sqrt{P^2 + P_r^2}$
  $= 100 \times 10 = \sqrt{800^2 + P_r^2}$
- $P_r = I^2X = 100 \times X = 600$
  $\therefore X = 6\ [\Omega]$

유효전력 $P = VI\cos\theta = I^2R = V^2/R$ [W]
무효전력 $P_r = VI\sin\theta = I^2X = V^2/X$ [Var]
피상전력 $Pa = VI = I^2Z = V^2/Z$ [VA]

26 상중하

다음 진리표의 논리회로는?

A	B	X
0	0	0
0	1	1
1	0	1
1	1	0

① EXCLUSIVE NOR
② EXCLUSIVE OR
③ OR
④ AND

해설 EXCLUSIVE OR회로

- EXCLUSIVE : 배타적인
- A, B의 입력값이 다르면 출력 1

27 상중하

인버터에 대한 설명 중 옳은 것은?

① 교류를 직류로 변환시켜준다.
② 직류를 교류로 변환시켜준다.
③ 저전압을 고전압으로 높이기 위한 장치이다.
④ 교류의 주파수를 낮추어 주기 위한 장치이다.

해설 인버터회로의 특징

- 직류전력을 교류전력으로 변환
- 구분 : 전류형 · 전압형 인버터
- 전류방식 구분 : 타려식, 자려식

28 상중하

변류기의 2차 전류는 일반적으로 몇 [A]인가?

① 2　② 3
③ 5　④ 8

해설 변류기의 2차전류

변류기(CT) 2차 정격전류는 5 [A]

29 상중하

3상 농형 유도전동기의 기동방법으로 틀린 것은?

① 전전압기동법　② Y-△기동법
③ 2차 저항법　④ 기동보상기법

해설 농형 유도전동기의 기동법 종류

- 전전압기동법
- Y-△기동법
- 리액터기동법
- 기동보상기법
- 콘도르파법

암기 ▶ 전Y리기콘

정답 25 ② 26 ② 27 ② 28 ③ 29 ③

30 상 중 하

유전체손이 가장 많은 전선은?

① 고무절연전선 ② 케이블
③ 석도금절연전선 ④ 나전선

해설 케이블

- 유전체손이 가장 많다.
- 절연체손이 가장 많다.

31 상 중 하

구동점 임피던스에 있어서 영점은?

① 회로를 개방한 것과 같음
② 회로를 단락한 것과 같음
③ 전류가 흐르지 않는 경우
④ 전압이 가장 큰 상태

해설 구동점 임피던스의 영점

1) 2단자 회로망에서 영점과 극점
2) $Z(s) = \frac{영점}{극점}$
3) 분자가 영점이며, 0으로 되면 임피던스가 0이 되므로 단락 상태가 된다.

보충 ▶ 임피던스의 극점 : 회로를 개방

32 상 중 하

전선에 전류가 흐를 때 생기는 자기장의 방향은 전류의 방향을 오른나사의 진행방향과 같게 할 때의 오른나사의 회전방향과 같다. 이런 관계를 무엇이라고 하나?

① 키르히호프의 법칙
② 암페어의 오른나사법칙
③ 주울의 법칙
④ 패러데이의 법칙

해설 암페어의 오른나사법칙

자기장에서 전류의 방향을 나타냄

보충 ▶ 비오 – 사바르법칙 : 자계의 세기

33 상 중 하

소방설비의 표시등에 사용되는 발광 다이오드에 대한 설명으로 틀린 것은?

① 전구에 비해 수명이 길고 진동에 강하다.
② PN 접합에 순방향 전류를 흘림으로써 발광시킨다.
③ 표시등 중에서 응답속도가 가장 느리다.
④ 발광 다이오드의 재료로 GaAs, GaP 등이 사용된다.

해설 발광다이오드의 특징

- 수명이 길고, 진동에 강하다.
- 응답속도가 가장 빠르다.
- 재료로 GaAs, GaP 등이 사용된다.

※ GaAs, GaP : 발광효율과 흡광효율이 높음

34 상 중 하

다음 중 피드백제어장치에 속하지 않는 요소는?

① 조작부 ② 검출부
③ 조절부 ④ 전달부

해설 피드백제어장치

용어	설명
목푯값	제어량이 어떤 값을 갖도록 목표를 설정하여 외부에서 주어지는 신호
기준입력요소(장치)	목푯값을 제어할 수 있는 기준입력신호로 변환하는 장치
기준입력(신호)	제어계를 동작시키는 기준(목푯값에 비례)

2019

정답 30 ② 31 ② 32 ② 33 ③ 34 ④

용어	설명
동작신호	기준입력신호와 주궤환신호의 편차신호(제어동작을 일으키는 신호)
제어요소	조절부와 조작부로 구성, 동작신호를 조작량으로 변환시키는 요소
조작량	제어요소가 제어대상에 주는 양
제어량	제어대상이 속하는 양
검출부	제어대상으로부터 제어량을 검출하고, 기준입력신호와 비교하는 부분

35 상중하

교류전압계에서 지시되는 값을 어떤 값인가?

① 최댓값 ② 평균값
③ 실횻값 ④ 순시값

해설 교류에서의 특성값

순시값	교류의 시간에 있어서 값
최댓값	순시값 중에서 가장 큰 값
실횻값	교류전압계 지시하는 전압
평균값	교류 순시값의 평균값

36 상중하

전압계의 측정범위를 7배로 하려면 배율기 저항은 전압계 내부저항의 몇 배로 하면 되는가?

① 5 ② 6
③ 7 ④ 8

해설 배율기

배율 $m = 1 + \frac{R_m}{R_V}$

$7 = 1 + \frac{R_m}{R_V}$, $6 = \frac{R_m}{R_V}$

$\therefore R_m = 6R_V$

R_m : 배율기 저항, Rv : 내부저항

37 상중하

잔류편차가 있는 제어계로 P제어라고 하는 것은?

① 비례제어
② 미분제어
③ 적분제어
④ 비례적분미분제어

해설 제어동작

구분		내용
불연속 제어	ON-OFF제어	단속적 제어동작
	샘플링(Sampling)	전압, 전류, 위상을 제어
연속 제어	비례제어 (P제어)	잔류 편차(Off Set) 발생
	적분제어 (I제어)	• 잔류 편차(Off Set) 개선 • 시간지연(속응성) 발생
	미분제어 (D제어)	• 시간지연 개선, 잔류 편차(Off Set) 존재, 오차방지 • 진동방지, 오버슈트가 커진다.
	비례적분제어 (PI제어)	• 잔류 편차는 제거되지만 시간지연이 길다. • 간헐현상 존재, 지상보상 요소에 대응한다.
	비례미분제어 (PD제어)	시간지연(응답속응성)을 개선, 잔류 편차는 있다.
	비례미분적분제어 (PID제어)	시간지연도 향상시키고 잔류 편차도 제거한 제어계로 가장 안정적인 제어계

정답 35 ③ 36 ② 37 ①

38 상중하

RC 직렬회로에서 R = 100 [Ω], C = 4 [μF]일 때 $e = 220\sqrt{2}\sin 377t$인 전압이 인가되면 합성 임피던스는 약 몇 [Ω]인가?

① 0.3 ② 1.8
③ 66 ④ 670

해설 임피던스 계산

$$Z = \sqrt{R^2 + X_c^2} = \sqrt{R^2 + (\frac{1}{\omega C})^2}$$

$$= \sqrt{100^2 + (\frac{1}{377 \times 4 \times 10^{-6}})^2}$$

$$= 670\,[\Omega]$$

※ $e = 220\sqrt{2}\sin 377t$에서, $w = 377$

39 상중하

서미스터에 대한 설명으로 옳은 것은?

① 열을 감지하는 감열 저항체 소자이다.
② 온도상승에 따라 저항값이 증가한다.
③ 구성은 규소, 아연, 납 등을 혼합한 것이다.
④ 화학적으로는 수소화물에 해당된다.

해설 기타 반도체

명칭	특성
SCR	• 사이리스터의 한 종류 • 애노드(A), 캐소드(K), 게이트(G)로 구성된다. • 단방향 3단자 • 래칭전류 : SCR이 OFF 상태에서 ON 상태로의 전환이 이뤄지고, 트리거신호가 제거된 직후에 SCR을 ON 상태로 유지하는 데 필요한 최소한의 양극전류를 래칭전류라 한다.
트라이악 (TRIAC)	• npnpn의 5층구조 • 직·교류에서 모두 사용할 수 있는 3단자 스위칭 소자 • 교류전력 기기 제어용 • 쌍방향 3단자
다이악 (DIAC)	• 소용량 저항부하의 AC전력 제어용 • 쌍방향 2단자
서미스터	• 온도에 의해 저항값이 변하는 반도체 소자 • 부(−) 저항온도계수의 특성 : 온도 증가 시 저항 감소 • 열을 감지하는 감열저항체 소자 • 온도보상용, 온도계측용(온도계), 온도보정용
바리스터	• 인가되는 전압에 따라 저항값이 변하는 비선형 반도체 소자 • 전압에 따라 저항값이 변화하는 저항 소자 • 회로를 병렬로 연결하여 사용 • 서지전압으로부터 기기보호 • 계전기접점의 불꽃소거
사이리스터	• p형 반도체와 n형 반도체의 4층 이상 접합한 것 • 전극 단자 수가 2, 3, 4인 것이 있다(위상제어, 타이머회로, 트리거회로).
집적회로	• 하나의 실리콘 칩 내부에 트랜지스터, 다이오드 저항, 콘덴서 등 여러 가지 전자부품을 고밀도로 집적하여 패키지로 만든 것 • 시스템이 소형화, 가볍고 얇다. • 신뢰성이 높고 부품의 교체가 쉽다.

40 상중하

원자 하나에 최외각 전자가 4개인 4가의 전자로서 가전자대의 4개의 전자가 안정화를 위해 원자끼리 결합한 구조로 일반적인 반도체재료로 쓰이고 있는 것은?

① Si ② P
③ As ④ Ga

해설 반도체재료의 종류

• 진성반도체 : Si, Ge
• N형반도체 : N, P, As, Sb
• P형반도체 : B, Al, In, Ga

2019

정답 38 ④ 39 ① 40 ①

2019년 2회

소방관계법규

3회독 월 일
2회독 월 일
1회독 월 일

목표시간 : 20분 | 시작 : _시 _분 | 종료 : _시 _분 | 맞은 개수 : _ /20

41 상 중 하

위험물안전관리법상 지정수량 미만인 위험물의 저장 또는 취급에 관한 기술상의 기준은 무엇으로 정하는가?

① 대통령령　② 국무총리령
③ 시 · 도의 조례　④ 행정안전부령

해설 지정수량 미만 위험물 저장 · 취급

1) 위험물의 저장 · 취급
 (1) 지정수량 미만인 위험물의 저장 · 취급에 관한 기술상의 기준 : 시 · 도의 조례
 (2) 지정수량 이상의 위험물을 저장소가 아닌 장소에서 저장하거나 제조소등이 아닌 장소에서 취급해서는 안 됨
 (3) 임시 저장 · 취급 장소의 위치 · 구조 · 설비의 기준 : 시 · 도의 조례
2) 위험물을 임시 저장 · 취급하는 경우
 (1) 시 · 도 조례가 정하는 바에 따라 관할소방서장의 승인을 받아 지정수량 이상의 위험물을 90일 이내 기간 동안 임시 저장 · 취급
 (2) 군부대가 지정수량 이상의 위험물을 군사목적으로 임시 저장 · 취급

42 상 중 하

소방시설 중 경보설비에 속하지 않는 것은?

① 통합감시시설
② 자동화재탐지설비
③ 자동화재속보설비
④ 무선통신보조설비

해설 경보설비

1) 단독경보형 감지기
2) 비상경보설비
 • 비상벨설비
 • 자동식 사이렌설비
3) 시각경보기
4) 자동화재탐지설비
5) 비상방송설비
6) 자동화재속보설비
7) 통합감시시설
8) 누전경보기
9) 가스누설경보기
10) 화재알림설비

보충 ▶ 무선통신보조설비 : 소화활동설비

43 상 중 하

화재를 진압하고 화재, 재난 · 재해, 그 밖의 위급한 상황에서 구조 · 구급 활동 등을 하기 위하여 소방공무원, 의무소방원, 의용소방대원으로 구성된 조직체는?

① 구조구급대　② 소방대
③ 의무소방대　④ 의용소방대

해설 소방대 구성원

• 소방공무원
• 의무소방원
• 의용소방대원

암기 ▶ 공무용

정답 41 ③ 42 ④ 43 ②

44 상 중 하

소방시설공사업법상 지방소방기술심의위원회의 심의사항은?

① 화재안전기술기준에 관한 사항
② 소방시설의 성능위주설계에 관한 사항
③ 소방시설의 하자가 있는지의 판단에 관한 사항
④ 소방시설의 설계 및 공사감리의 방법에 관한 사항

해설 소방기술심의위원회 심의사항

1) 소방기술심의위원회
  (1) 소방청 : 중앙소방기술심의위원회
  (2) 시·도 : 지방소방기술심의위원회
2) 중앙소방기술심의위원회 심의사항
  (1) 화재안전기술기준에 관한 사항
  (2) 소방시설의 구조 및 원리 등에서 공법이 특수한 설계 및 시공에 관한 사항
  (3) 소방시설의 설계 및 공사감리의 방법에 관한 사항
  (4) 소방시설공사의 하자를 판단하는 기준에 관한 사항
  (5) 신기술·신공법 등 검토·평가에 고도의 기술이 필요한 경우로서 중앙위원회에 심의를 요청한 사항
  (6) 그 밖에 소방기술 등에 관하여 대통령령으로 정하는 사항

45 상 중 하

소방시설 설치 및 관리에 관한 법령상 방염성능기준으로 틀린 것은?

① 버너의 불꽃을 제거한 때부터 불꽃을 올리며 연소하는 상태가 그칠 때까지 시간은 20초 이내
② 버너의 불꽃을 제거한 때부터 불꽃을 올리지 아니하고 연소하는 상태가 그칠 때까지 시간은 30초 이내
③ 탄화한 면적은 50 [cm^2] 이내, 탄화한 길이는 20 [cm] 이내
④ 불꽃에 의하여 완전히 녹을 때까지 불꽃의 접촉횟수는 2회 이상

해설 방염성능기준

- 버너의 불꽃을 제거한 때부터 불꽃을 올리며 연소 상태가 그칠 때까지 시간 20초 이내
- 버너의 불꽃을 제거한 때부터 불꽃을 올리지 않고 연소 상태가 그칠 때까지 시간 30초 이내
- 탄화 면적 : 50 [cm^2], 탄화 길이 : 20 [cm] 이내
- <u>불꽃에 의해 완전히 녹을 때까지 불꽃 접촉 횟수는 3회 이상</u>

46 상 중 하

피난시설 및 방화시설에서 해서는 안 될 사항으로 틀린 것은?

① 피난시설, 방화구획 및 방화시설을 폐쇄하거나 훼손하는 등의 행위
② 피난시설, 방화구획 및 방화시설을 유지·관리하는 행위
③ 피난시설, 방화구획 및 방화시설의 주위에 물건을 쌓는 행위
④ 피난시설, 방화구획 및 방화시설의 용도에 장애를 주는 행위

해설 피난시설·방화구획 및 방화시설 관리

1) 명령권자 : 소방본부장, 소방서장
2) 금지행위
  (1) 피난시설, 방화구획, 방화시설 폐쇄·훼손 행위
  (2) 피난시설, 방화구획, 방화시설 주위에 물건을 쌓아 두거나 장애물을 설치하는 행위
  (3) 피난시설, 방화구획, 방화시설 용도에 장애를 주거나 소방활동에 지장을 주는 행위
  (4) 피난시설, 방화구획, 방화시설 변경 행위

47 상중하

화재의 예방 및 안전관리에 관한 법령상 화재의 예방조치 명령으로 틀린 것은?

① 불장난, 모닥불, 흡연, 화기 취급 및 풍등 등 소형 열기구 날리기의 금지 또는 제한
② 타고 남은 불 또는 화기의 우려가 있는 재의 처리
③ 함부로 버려두거나 그냥 둔 위험물, 그 밖에 불에 탈 수 있는 물건을 옮기거나 치우게 하는 등의 조치
④ 불이 번지는 것을 막기 위하여 불이 번질 우려가 있는 소방대상물의 사용 제한

해설 화재 예방조치

1) 누구든지 화재예방강화지구 및 이에 준하는 대통령령으로 정하는 장소에서는 다음에 해당하는 행위를 하여서는 아니 된다. 다만 행정안전부령으로 정하는 바에 따라 안전조치를 한 경우에는 그러하지 아니한다.
   (1) 모닥불, 흡연 등 화기의 취급
   (2) 풍등 등 소형열기구 날리기
   (3) 용접·용단 등 불꽃을 발생시키는 행위
   (4) 그 밖에 대통령령으로 정하는 화재 발생 위험이 있는 행위
2) 소방관서장은 화재 발생 위험이 크거나 소화활동에 지장을 줄 수 있다고 인정되는 행위나 물건에 대하여 행위 당사자나 그 물건의 소유자, 관리자 또는 점유자에게 다음의 명령을 할 수 있다. 다만 다음에 해당하는 물건의 소유자, 관리자 또는 점유자를 알 수 없는 경우 소속 공무원으로 하여금 그 물건을 옮기거나 보관하는 등 필요한 조치를 하게 할 수 있다.
   (1) 다음 어느 하나에 해당하는 행위의 금지 또는 제한
   (2) 목재, 플라스틱 등 가연성이 큰 물건의 제거, 이격, 적재 금지 등
   (3) 소방차량의 통행이나 소화활동에 지장을 줄 수 있는 물건의 이동
3) 2) 단서에 따라 옮긴 물건 등에 대한 보관기간 및 보관기간 경과 후 처리 등에 필요한 사항은 대통령령으로 정한다.
4) 보일러, 난로, 건조설비, 가스·전기시설, 그 밖에 화재 발생 우려가 있는 대통령령으로 정하는 설비 또는 기구 등의 위치·구조 및 관리와 화재 예방을 위하여 불을 사용할 때 지켜야 하는 사항은 대통령령으로 정한다.
5) 화재가 발생하는 경우 불길이 빠르게 번지는 고무류·플라스틱류·석탄 및 목탄 등 대통령령으로 정하는 특수가연물(特殊可燃物)의 저장 및 취급기준은 대통령령으로 정한다.

48 상중하

제조 또는 가공 공정에서 방염처리를 하는 방염대상물품으로 틀린 것은? (단, 합판·목재류의 경우에는 설치현장에서 방염처리를 한 것을 포함한다)

① 카펫
② 창문에 설치하는 커튼류
③ 두께가 2 [mm] 미만인 종이벽지
④ 전시용 합판 또는 섬유판

해설 방염대상물품

1) 제조·가공 공정에서 방염처리한 물품(합판·목재류 설치현장에서 방염처리한 것 포함)
   (1) 창문에 설치하는 커튼류(블라인드 포함)
   (2) 카펫
   (3) 벽지류(두께 2 [mm] 미만인 종이벽지 제외)
   (4) 전시용 합판·목재 또는 섬유판, 무대용 합판·목재 또는 섬유판(합판·목재류의 경우 불가피하게 설치 현장에서 방염처리한 것을 포함한다)
   (5) 암막·무대막(영화상영관 스크린, 가상체험체육시설의 스크린 포함)
   (6) 섬유류, 합성수지류 등을 원료로 하여 제작된 소파·의자(단란주점영업, 유흥주점, 노래연습장업의 영업장에 설치하는 것만 해당)
2) 건축물 내부의 천장이나 벽에 부착하거나 설치하는 것. 다만 가구류(옷장·찬장·식탁·식탁용 의자·사무용 책상·사무용 의자·계산대 등)와 너비 10 [cm] 이하 반자돌림대 등과 내부 마감재료는 제외
   (1) 종이류(두께 2 [mm] 이상)·합성수지류·섬유류를 주원료로 한 물품
   (2) 합판, 목재
   (3) 공간 구획하는 간이 칸막이
   (4) 흡음·방음을 위하여 설치하는 흡음재, 방음재

정답 47 ④ 48 ③

49 상 중 하

제4류 위험물에 속하지 않는 것은?

① 아염소산염류 ② 특수인화물
③ 알코올류 ④ 동식물유류

해설 제4류 위험물(인화성 액체)

품명		지정수량	대표물질
특수인화물		50 [L]	다이에틸에테르
제1석유류	비수용성	200 [L]	휘발유
	수용성	400 [L]	아세톤
알코올류		400 [L]	변성알코올
제2석유류	비수용성	1000 [L]	등유, 경유
	수용성	2000 [L]	아세트산
제3석유류	비수용성	2000 [L]	중유
	수용성	4000 [L]	글리세린
제4석유류		6000 [L]	실린더유
동식물유류		10000 [L]	아마인유

50 상 중 하

소방용수시설 저수조의 설치기준으로 틀린 것은?

① 지면으로부터의 낙차가 4.5 [m] 이하일 것
② 흡수부분의 수심이 0.3 [m] 이상일 것
③ 흡수관의 투입구가 사각형의 경우에는 한 변의 길이가 60 [cm] 이상일 것
④ 흡수관의 투입구가 원형의 경우에는 지름이 60 [cm] 이상일 것

해설 소방용수시설 설치기준

1) 소화전
- 상수도와 연결, 지하식·지상식 구조
- 연결금속구 구경 : 65 [mm]

2) 급수탑
- 급수배관 구경 : 100 [mm] 이상
- 개폐밸브 : 지상 1.5 [m] 이상 1.7 [m] 이하

3) 저수조
- 지면으로부터의 낙차 : 4.5 [m] 이하
- 흡수부분 수심 : 0.5 [m] 이상일 것
- 흡수관 투입구 : 사각형 한 변 60 [cm]
  원형 지름 60 [cm] 이상

51 상 중 하

다음 ( ) 안에 들어갈 말로 옳은 것은?

> 위험물의 제조소등을 설치하고자 할 때 설치장소를 관할하는 (　　)의 허가를 받아야 한다.

① 행정안전부장관 ② 소방청장
③ 경찰청장 ④ 시·도지사

해설 제조소 설치 및 변경

1) 설치허가자 : 시·도지사(행정안전부령)
2) 변경신고 : 변경하고자 하는 날의 1일 전
3) 허가 제외 장소
- 주택의 난방시설(공동주택 중앙난방시설 제외)을 위한 저장소·취급소
- 농예용·축산용·수산용으로 필요한 난방·건조시설을 위한 지정수량 20배 이하의 저장소

2019

정답 49 ① 50 ② 51 ④

52 상중하

소방안전관리자를 선임하지 아니한 경우의 벌칙기준은?

① 100만 원 이하 과태료
② 200만 원 이하 벌금
③ 200만 원 이하 과태료
④ 300만 원 이하 벌금

해설 300만 원 이하 벌금

1) 화재안전조사를 정당한 사유 없이 거부·방해 또는 기피한 자
2) 화재 발생 위험이 크거나 소화활동에 지장을 줄 수 있다고 인정되는 행위나 물건에 따른 명령을 정당한 사유 없이 따르지 아니하거나 방해한 자
   (1) 다음에 해당하는 행위의 금지 또는 제한
      ① 모닥불, 흡연 등 화기의 취급
      ② 풍등 등 소형열기구 날리기
      ③ 용접·용단 등 불꽃을 발생시키는 행위
      ④ 그 밖에 대통령령으로 정하는 화재 발생 위험이 있는 행위
   (2) 목재, 플라스틱 등 가연성이 큰 물건의 제거, 이격, 적재 금지 등
   (3) 소방차량의 통행이나 소화활동에 지장을 줄 수 있는 물건의 이동
3) 소방안전관리자, 총괄소방안전관리자 또는 소방안전관리보조자를 선임하지 아니한 자
4) 소방시설·피난시설·방화시설 및 방화구획 등이 법령에 위반된 것을 발견하였음에도 필요한 조치를 할 것을 요구하지 아니한 소방안전관리자
5) 소방안전관리자에게 불이익한 처우를 한 관계인
6) 화재예방안전진단, 위탁받은 업무를 위반하여 업무를 수행하면서 알게 된 비밀을 정한 목적 외의 용도로 사용하거나 다른 사람, 기관에 제공, 누설한 자

53 상중하

화재예방상 필요하다고 인정되거나 화재위험 경보 시 발령하는 소방신호는?

① 경계신호
② 발화신호
③ 해제신호
④ 훈련신호

해설 소방신호

1) 종류
   (1) 경계신호 : 화재예방상 필요하다고 인정되거나 화재위험경보 시 발령
   (2) 발화신호 : 화재가 발생한 때 발령
   (3) 해제신호 : 소화활동이 필요 없다고 인정되는 때 발령
   (4) 훈련신호 : 훈련상 필요하다고 인정되는 때 발령
2) 방법

종별	타종신호	사이렌신호
경계신호	1타, 연 2타 반복	5초 간격 30초씩 3회
발화신호	난타	5초 간격 5초씩 3회
해제신호	상당한 간격 1타씩 반복	1분간 1회
훈련신호	연 3타 반복	10초 간격 1분씩 3회

정답 52 ④ 53 ①

54 상중하

소방기본법령상 소방용수시설 및 지리조사의 기준 중 ㉠, ㉡에 알맞은 것은?

> 소방본부장 또는 소방서장은 원활한 소방활동을 위하여 설치된 소방용수시설에 대한 조사를 (㉠)회 이상 실시하여야 하며 그 조사결과를 (㉡)년간 보관하여야 한다.

① ㉠ 월 1, ㉡ 1
② ㉠ 월 1, ㉡ 2
③ ㉠ 연 1, ㉡ 1
④ ㉠ 연 1, ㉡ 2

해설 소방용수시설 설치 및 관리

1) 소방용수시설 : 소화전, 급수탑, 저수조
2) 소방용수시설 설치·유지·관리 : 시·도지사
 ※ 「수도법」에 따라 소화전을 설치하는 일반수도사업자는 관할 소방서장과 사전협의를 거친 후 소화전을 설치하여야 하며, 설치 사실을 관할 소방서장에게 통지하고 그 소화전을 유지·관리
3) 시·도지사는 소방자동차의 진입이 곤란한 지역 등 화재발생 시에 초기 대응이 필요한 지역으로서 "대통령령으로 정하는 지역"에 소방호스 또는 호스릴 등을 소방용수시설에 연결하여 화재를 진압하는 시설이나 장치(비상소화장치)를 설치하고 유지·관리할 수 있다(※ 대통령령으로 정하는 지역 : 화재경계지구, 시·도지사가 비상소화장치의 설치가 필요하다고 인정하는 지역).
4) 소방용수시설 및 지리조사기준
 (1) 실시자 : 소방본부장·서장
 (2) 횟수 및 보관 : 월 1회 이상 실시
  결과 2년 보관

55 상중하

소방시설공사업법상 특정소방대상물의 관계인 또는 발주자로부터 소방시설공사 등을 도급받은 소방시설업자가 제3자에게 소방시설공사 시공을 하도급할 수 없다. 이를 위반하는 경우의 벌칙기준은? (단, 대통령령으로 도급하는 소방시설공사의 일부를 한 번만 제3자에게 하도급할 수 있는 경우는 제외한다)

① 100만 원 이하의 벌금
② 300만 원 이하의 벌금
③ 1년 이하의 징역 또는 1000만 원 이하의 벌금
④ 3년 이하의 징역 또는 1500만 원 이하의 벌금

해설 소방시설공사업법 벌칙

[3년 3000만 원]
1) 소방시설업 등록하지 아니하고 영업을 한 자
2) 부정한 청탁을 받고 재물 또는 재산상의 이익을 취득하거나 부정한 청탁을 하면서 재물 또는 재산상의 이익을 제공한 자

[1년 1000만 원]
1) 영업정지 처분을 받고 그 기간에 영업한 자
2) 법과 NFTC를 위반한 설계·시공자
3) 적법하지 않게 감리를 하거나 거짓으로 감리한 자
4) 공사 감리자를 지정하지 아니한 관계인
5) 공사업자가 감리업자의 시정보완 요구를 무시하고 그 공사를 계속할 경우 감리업자는 그 사실을 소방본부장 또는 소방서장에게 보고하여야 한다. 이 사실을 거짓으로 보고한 감리업자
6) 공사감리 결과보고서의 제출을 거짓으로 한 감리업자
7) 무등록 소방시설업자에게 소방공사 도급한 관계인 또는 발주자
8) 도급받은 소방시설의 설계, 시공, 감리를 하도급한 자
9) 하도급받은 소방시설공사를 다시 하도급한 하수급인
10) 소방기술자가 법 또는 명령을 따르지 않고 업무를 수행한 자

2019

56 상중하

소방시설 설치 및 관리에 관한 법령상 소방용품으로 틀린 것은?

① 시각경보기
② 자동소화장치
③ 가스누설경보기
④ 방염제

해설 소방용품

1) 소화설비 구성 제품 · 기기
(1) 소화기구(소화약제 외의 것 제외)
(2) 자동소화장치
(3) 소화전, 관창, 소방호스, 스프링클러헤드, 기동용 수압개폐장치, 유수제어밸브 및 가스관선택밸브
2) 경보설비 구성 제품 · 기기
(1) 누전경보기 및 가스누설경보기
(2) 발신기, 수신기, 중계기, 감지기, 경종
3) 피난구조설비 구성 제품 · 기기
(1) 피난사다리, 구조대, 완강기(간이완강기 및 지지대 포함)
(2) 공기호흡기(충전기 포함)
(3) 피난구유도등, 통로유도등, 객석유도등 및 예비전원 내장된 비상조명등
4) 소화용 제품 · 기기
(1) 소화약제(소화설비용만 해당)
① 상업용 주방자동소화장치, 캐비닛형 주방자동소화장치
② 포, 이산화탄소, 할론, 할로겐화합물 및 불활성 기체, 분말, 강화액, 고체에어로졸소화설비
(2) 방염제(방염액 · 방염도료 · 방염성 물질)

57 상중하

위험물 제조소에 환기설비를 설치할 경우 바닥면적이 100 [m^2]이면 급기구의 면적은 몇 [cm^2] 이상이어야 하는가?

① 150 ② 300
③ 450 ④ 600

해설 위험물제조소 환기설비 설치기준

1) 환기 : 자연배기방식
2) 급기구
- 바닥면적 : 150 [m^2]마다 1개 이상
- 크기 : 800 [cm^2] 이상
- 바닥면적 150 [m^2] 미만인 경우

바닥면적	크기(이상)
60 [m^2] 미만	150 [cm^2]
60 [m^2] 이상 90 [m^2] 미만	300 [cm^2]
90 [m^2] 이상 120 [m^2] 미만	450 [cm^2]
120 [m^2] 이상 150 [m^2] 미만	600 [cm^2]

58 상중하

소방시설 설치 및 관리에 관한 법령상 종합점검을 실시하여야 하는 특정소방대상물의 기준 중 틀린 것은?

① 스프링클러설비가 설치된 11층 이상인 아파트
② 물분무등소화설비(호스릴방식의 물분무등소화설비만을 설치한 경우는 제외)가 설치된 연면적 5000 [m^2] 이상인 특정소방대상물(위험물 제조소등은 제외)
③ 공공기관 중 연면적이 1000 [m^2] 이상인 것으로서 옥내소화전설비 또는 자동화재탐지설비가 설치된 것(소방대가 근무하는 공공기관은 제외)
④ 노래연습장업이 설치된 특정소방대상물로서 연면적이 1500 [m^2] 이상인 것

정답 56 ① 57 ③ 58 ④

해설 종합점검 대상

1) 최초점검 대상물
2) 스프링클러설비가 설치된 특정소방대상물
3) 물분무등소화설비[호스릴방식의 물분무등소화설비만을 설치한 경우는 제외]가 설치된 연면적 5000 [m^2] 이상인 특정소방대상물(위험물 제조소등은 제외)
4) 다중이용업의 영업장이 설치된 특정소방대상물로서 연면적이 2000 [m^2] 이상인 것(단란주점과 유흥주점, 영화상영관, 비디오물감상실업, 복합영상물제공업, 노래연습장, 산후조리원, 고시원, 안마시술소)
5) 제연설비가 설치된 터널
6) 공공기관 중 연면적(터널 · 지하구의 경우 그 길이와 평균폭을 곱하여 계산된 값)이 1000 [m^2] 이상인 것으로서 옥내소화전설비 또는 자동화재탐지설비가 설치된 것(소방대가 근무하는 공공기관은 제외)

59 상 중 하

화재안전조사를 실시할 수 있는 경우로 틀린 것은?

① 화재가 자주 발생하였거나 발생할 우려가 뚜렷한 곳에 대한 점검이 필요한 경우
② 재난예측정도, 기상예보 등을 분석한 결과 소방대상물에 화재, 재난·재해의 발생 위험이 높다고 판단되는 경우
③ 화재, 재난·재해 등이 발생할 경우 인명 또는 재산 피해의 우려가 없다고 판단되는 경우
④ 관계인이 실시하는 소방시설등에 대한 자체점검 등이 불성실하거나 불완전하다고 인정되는 경우

해설 화재안전조사 대상

1) 조사권자 : 소방관서장
2) 개인의 주거에 대한 화재안전조사는 관계인의 승낙이 있거나 화재발생의 우려가 뚜렷하여 긴급한 필요가 있는 때로 한정
3) 화재안전조사 실시할 수 있는 경우
   (1) 관계인이 실시하는 자체점검 등이 불성실하거나 불완전하다고 인정되는 경우
   (2) 화재예방강화지구 등 법령에서 화재안전조사를 하도록 규정되어 있는 경우
   (3) 화재예방안전진단이 불성실하거나 불완전하다고 인정되는 경우
   (4) 국가적 행사 등 주요 행사가 개최되는 장소 및 그 주변의 관계 지역에 대하여 소방안전관리 실태를 점검할 필요가 있는 경우
   (5) 화재가 자주 발생하였거나 발생할 우려가 뚜렷한 곳에 대한 점검이 필요한 경우
   (6) 재난예측정보, 기상예보 등을 분석한 결과 소방대상물에 화재의 발생 위험이 높다고 판단되는 경우
   (7) 그 밖의 긴급한 상황이 발생한 경우 인명 또는 재산 피해의 우려가 현저하다고 판단되는 경우
   ① 화재안전조사의 항목 : 대통령령
   ② 소방관서장은 화재안전조사를 실시하는 경우 다른 목적을 위해 조사권을 남용하지 않은 것

60 상 중 하

공사업자가 소방시설공사를 마친 때에는 누구에게 완공검사를 받는가?

① 소방본부장 또는 소방서장
② 군수
③ 시·도지사
④ 소방청장

해설 완공검사

소방시설공사 완공하면 소방본부장, 소방서장에게 완공검사를 받아야 한다.

2019년 2회

소방전기시설의 구조 및 원리

3회독 월 일
2회독 월 일
1회독 월 일

목표시간 : 30분 | 시작 : _시 _분 | 종료 : _시 _분 | 맞은 개수 : _ /20

61 (상 중 하)

무선통신보조설비를 구성하는 기기에 해당하지 않는 것은?

① 혼합기 ② 중계기
③ 분파기 ④ 분배기

해설 무선통신보조설비 주요 구성

1) "누설동축케이블"이란 동축케이블의 외부도체에 가느다란 홈을 만들어서 전파가 외부로 새어나 갈 수 있도록 한 케이블을 말한다.
2) "분배기"란 신호의 전송로가 분기되는 장소에 설치하는 것으로 임피던스 매칭(Matching)과 신호 균등분배를 위해 사용하는 장치를 말한다.
3) "분파기"란 서로 다른 주파수의 합성된 신호를 분리하기 위해서 사용하는 장치를 말한다.
4) "혼합기"란 2 이상의 입력신호를 원하는 비율로 조합한 출력이 발생하도록 하는 장치를 말한다.
5) "증폭기"란 전압·전류의 진폭을 늘려 감도 등을 개선하는 장치를 말한다.
6) "무선중계기"란 안테나를 통하여 수신된 무전기신호를 증폭한 후 음영지역에 재방사하여 무전기 상호 간 송수신이 가능하도록 하는 장치를 말한다.
7) "옥외안테나"란 감시제어반 등에 설치된 무선중계기의 입력과 출력포트에 연결되어 송수신신호를 원활하게 방사·수신하기 위해 옥외에 설치하는 장치를 말한다.
8) "임피던스"란 교류회로에 전압이 가해졌을 때 전류의 흐름을 방해하는 값으로서 교류회로에서의 전류에 대한 전압의 비를 말한다.

62 (상 중 하)

누전경보기의 수신부를 설치할 수 있는 장소로 옳은 것은? (단, 누전경보기에 대하여 방호조치를 하지 않은 경우이다)

① 온도의 변화가 완만한 장소
② 화약류를 제조하거나 저장 또는 취급하는 장소
③ 대전류회로·고주파 발생회로 등에 따른 영향을 받을 우려가 있는 장소
④ 가연성의 증기·먼지·가스 등이나 부식성의 증기·가스 등이 다량으로 체류하는 장소

해설 누전경보기 수신부 설치 제외 장소

1) 가연성 증기·먼지·가스, 부식성 증기가스 등 다량 체류 장소
2) 화약류 제조·저장·취급하는 장소
3) 습도 높은 장소
4) 온도 변화 급격한 장소
5) 대전류회로·고주파 발생회로 등에 따른 영향을 받을 우려가 있는 장소

TIP 가연성 : 물질이 불에 타기 쉬운 성질
부식성 : 물질구성이 분해되는 성질

암기 가화습온대

정답 61 ② 62 ①

63 상중하

자동화재속보설비의 설치기준에 관한 사항이다. (   ) 안의 ㉠, ㉡에 들어갈 내용으로 옳은 것은?

> 자동화재속보설비는 (㉠)와 연동으로 작동하여 자동적으로 화재 발생 상황을(㉡)에 전달되는 것으로 할 것

① ㉠ 자동소화설비, ㉡ 종합방재센터
② ㉠ 비상방송설비, ㉡ 소방관서
③ ㉠ 비상경보설비, ㉡ 종합방재센터
④ ㉠ 자동화재탐지설비, ㉡ 소방관서

해설 자동화재속보설비

1) 속보기
수동작동 또는 자동화재탐지설비 수신기와 연동으로 관계인에게 화재 발생을 경보함과 동시에 소방관서에 자동적으로 통신망을 통해 화재 발생 및 위치 등을 음성으로 통보하여주는 것
2) 통신망
유선이나 무선 또는 유무선 겸용방식을 구성하여 음성 또는 데이터 등을 전송할 수 있는 집합체

64 상중하

비상방송설비는 기동장치에 따른 화재신고를 수신한 후 필요한 음량으로 화재발생 상황 및 피난에 유효한 방송이 자동으로 개시될 때까지의 소요시간은 최대 몇 초 이하로 하여야 하는가?

① 5　② 10
③ 20　④ 30

해설 비상방송설비

1) 확성기
(1) 음성입력 : 실외 3 [W] 이상, 실내 1 [W] 이상
(2) 수평거리 : 층 각 부분으로부터 하나의 확성기까지의 25 [m] 이하
(3) 확성기는 각 층마다 설치, 당해 층의 각 부분에 유효하게 경보를 발하도록 설치
2) 음량조정기(ATT) : 음량조정기의 배선은 3선식으로 한다.
3) 조작부
(1) 조작스위치 높이 : 바닥으로부터 0.8 [m] 이상 1.5 [m] 이하
(2) 기동장치의 작동과 연동하여 당해 기동장치가 작동한 층 또는 구역을 표시
(3) 조작부 및 증폭기 설치장소 : 수위실 등 상시 사람이 근무, 점검이 편리, 방화상 유효한 곳
(4) 2 이상 조작부 설치 시 설치장소 상호 간 동시통화 가능, 어느 조작부에서도 전구역 방송 가능
4) 층수가 11층(공동주택의 경우에는 16층)의 특정소방대상물은 다음과 같은 경보를 발할 수 있어야 한다.
(1) 2층 이상의 층에서 발화한 때에는 발화층 및 그 직상 4개 층에 경보
(2) 1층에서 발화한 때에는 발화층. 그 직상 4개 층 및 지하층에 경보
(3) 지하층에서 발화한 때에는 발화층. 그 직상층 및 기타 지하층 경보
5) 기동장치에 따른 화재신고를 수신한 후 필요한 음량으로 화재 발생 상황 및 피난에 유효한 방송이 자동으로 개시될 때까지의 소요시간은 10초 이하로 할 것
6) 다른 방송설비와 공용할 경우 화재 시 비상경보 외의 방송을 차단할 수 있는 구조
7) 다른 전기회로에 따라 유도장애가 생기지 아니하도록 할 것
8) 음향장치의 구조 및 성능
(1) 정격전압의 80 [%] 전압에서 음향을 발할 수 있는 것을 할 것
(2) 자동화재탐지설비의 작동과 연동하여 작동할 수 있는 것으로 할 것

정답 63 ④ 64 ②

65 상중하

다음 중 시각경보장치의 매 초당 점멸주기는? (단, 시각경보장치의 전원입력단자에서 사용 정격전압을 인가한 뒤, 신호장치에서 작동신호를 보내어 약 1분간 점멸회수의 측정하는 경우이다)

① 1회 이상 3회 이내
② 2회 이상 5회 이내
③ 3회 이상 10회 이내
④ 5회 이상 15회 이내

해설 시각경보장치

- 점멸주기 : 매 초당 1 ~ 3회 이하
- 청각장애인이 화재식별 위한 최소주기

66 상중하

비상콘센트설비의 전원에 대하여 ( ) 안의 ㉠, ㉡, ㉢에 들어갈 내용으로 옳은 것은?

> 지하층을 (㉠)한 층수가 7층 이상으로서 연면적이 (㉡) [m^2] 이상이거나 지하층의 바닥면적의 합계가 (㉢) [m^2] 이상인 특정소방대상물의 비상콘센트설비에는 자가발전설비, 비상전원수전설비 또는 전기저장장치를 비상전원으로 설치할 것

① ㉠ 포함, ㉡ 1000, ㉢ 2000
② ㉠ 포함, ㉡ 2000, ㉢ 3000
③ ㉠ 제외, ㉡ 1000, ㉢ 2000
④ ㉠ 제외, ㉡ 2000, ㉢ 3000

해설 비상콘센트설비 비상전원

- 지하층 : 바닥면적의 합 3000 [m^2] 이상 설치
- 지하층 제외 : 7층 이상으로서 연면적 2000 [m^2] 이상 설치
- 구성 : 전기저장장치 · 자가발전설비 · 비상전원수전설비 · 축전지설비

67 상중하

공기관식 차동식 분포형 감지기의 공기관의 노출부분은 감지구역마다 최소 몇 [m] 이상 되도록 설치하여야 하는가?

① 10 ② 20
③ 30 ④ 40

해설 공기관식 차동식 분포형 설치기준

1) 공기관 노출부분 : 감지구역당 20 [m] 이상
2) 공기관 - 감지구역 각 변의 수평거리 : 1.5 [m] 이하
3) 공기관 상호 간 거리 : 6 [m]
4) 도중에 분기하지 않을 것
5) 검출부분 접속 공기관 길이 : 100 [m] 이하
6) 검출부 각도 : 5° 미만
7) 검출부 위치 : 0.8 ~ 1.5 [m] 이하

68 상중하

복도에 설치하는 복도통로유도등의 설치기준으로 옳은 것은?

① 보행거리 15 [m]마다 설치
② 보행거리 20 [m]마다 설치
③ 수평거리 15 [m]마다 설치
④ 수평거리 20 [m]마다 설치

해설 통로유도등 설치

1) 복도통로유도등
 (1) 설치기준
  ① 복도에 설치할 것
  ② 옥내로부터 직접 지상으로 통하는 출입구 및 그 부속실의 출입구 또는 직통계단·직통계단의 계단실 및 그 부속실의 출입구의 경우 피난구 유도등이 설치된 출입구의 맞은편 복도에는 입체형으로 설치하거나 바닥에 설치할 것
  ③ 구부러진 모퉁이 및 위에 따라 설치된 통로유도등 기점으로 보행거리 20 [m]마다 설치할 것
  ④ 바닥에 설치하는 통로 유도등은 하중에 따라 파괴되지 않는 강도의 것으로 할 것

정답 65 ① 66 ④ 67 ② 68 ②

(2) 설치높이
바닥으로부터 높이 1 [m] 이하의 위치에 설치할 것(다만 지하층 또는 무창층의 용도가 도매시장·소매시장·여객자동차터미널·지하역사 또는 지하상가인 경우에는 복도·통로 바닥에 설치)

(3) 형식승인 및 제품 시 식별도기준
① 상용전원 점등 시 : 직선거리 20 [m] 위치 (표시면 화살표 식별 가능)
② 비상전원 점등 시 : 직선거리 15 [m] 위치 (표시면 화살표 식별 가능)

2) 거실통로유도등
(1) 설치기준
① 거실의 통로에 설치할 것(다만 거실의 통로가 벽체 등으로 구획 시 복도통로유도등을 설치하여야 한다)
② 구부러진 모퉁이 및 보행거리 20 [m]마다 설치할 것
(2) 설치높이
바닥으로부터 높이 1.5 [m] 이상의 위치에 설치(다만 거실 통로에 기둥 설치 시 기둥부분의 바닥으로부터 1.5 [m] 이하의 위치에 설치 가능)

3) 계단통로유도등
(1) 설치기준
각 층의 경사로 참 또는 계단참마다(1개 층에 경사로참 또는 계단참이 2 이상 있는 경우에는 2개의 계단참마다) 설치할 것
(2) 설치높이
바닥으로부터 높이 1 [m] 이하의 위치에 설치할 것

69 상 중 하

누전경보기에 차단기구를 설치하는 경우 개폐부에 대한 설명으로 틀린 것은?

① 개폐부는 정지점이 명확하여야 한다.
② 개폐부는 원활하고 확실하게 작동하여야 한다.
③ 개폐부는 자동으로 개폐되어야 하며 수동으로 복귀되지 아니하여야 한다.
④ 개폐부는 수동으로 개폐되어야 하며 자동적으로 복귀하지 아니하여야 한다.

해설 누전경보기 개폐부

1) 개폐부는 원활하고 확실하게 작동하여야 하며 정지점이 명확하여야 한다.
2) 개폐부는 수동으로 개폐되어야 하며 자동적으로 복귀하지 아니하여야 한다.
3) 개폐부는 KS C 4613(누전차단기)에 적합한 것이어야 한다.

70 상 중 하

소방시설용 비상전원수전설비에서 소방회로 전용의 것으로서 분기 개폐기, 분기과전류차단기, 그 밖의 배선용기기 및 배선을 금속제 외함에 수납한 것은?

① 전용분전반　　② 전용배전반
③ 공용배전반　　④ 전용수전반

해설 큐비클식

"큐비클형"이란 수전설비를 큐비클 내에 수납하여 설치하는 방식으로서 다음의 형식을 말한다.
1) "공용큐비클식"이란 소방회로 및 일반회로 겸용의 것으로서 수전설비, 변전설비와 그 밖의 기기 및 배선을 금속제 외함에 수납한 것을 말한다.
2) "전용큐비클식"이란 소방회로용의 것으로 수전설비, 변전설비와 그 밖의 기기 및 배선을 금속제 외함에 수납한 것을 말한다.

2019

정답 69 ③ 70 ①

71 상중하

비상경보설비의 화재안전기술기준에서 자동식 사이렌설비에 대한 설명으로 틀린 것은?

① 지구음향장치는 특정소방대상물의 층마다 설치한다.
② 음향장치는 정격전압의 80 [%] 전압에서 음향을 발할 수 있도록 하여야 한다.
③ 자동식 사이렌설비는 화재 발생 상황을 사이렌 또는 경종으로 경보하는 설비이다.
④ 음향장치의 음량은 부착된 음향장치의 중심으로부터 1 [m] 떨어진 위치에서 90 [dB] 이상이 되는 것으로 하여야 한다.

해설 비상경보설비

1) 비상벨설비 또는 자동식 사이렌설비는 부식성 가스 또는 습기 등으로 인하여 부식의 우려가 없는 장소에 설치해야 한다.
2) 지구음향장치는 특정소방대상물의 층마다 설치하되, 해당 층의 각 부분으로부터 하나의 음향장치까지의 수평거리가 25 [m] 이하가 되도록 하고, 해당 층의 각 부분에 유효하게 경보를 발할 수 있도록 설치해야 한다. 다만 「비상방송설비의 화재안전기술기준(NFTC 202)」에 적합한 방송설비를 비상벨설비 또는 자동식 사이렌설비와 연동하여 작동하도록 설치한 경우에는 지구음향장치를 설치하지 않을 수 있다.
3) 음향장치는 정격전압의 80 [%] 전압에서도 음향을 발할 수 있도록 해야 한다. 다만 건전지를 주전원으로 사용하는 음향장치는 그렇지 않다.
4) 음향장치의 음향의 크기는 부착된 음향장치의 중심으로부터 1 [m] 떨어진 위치에서 음압이 90 [dB] 이상이 되는 것으로 해야 한다.
5) 발신기는 다음의 기준에 따라 설치해야 한다.
   (1) 조작이 쉬운 장소에 설치하고, 조작스위치는 바닥으로부터 0.8 [m] 이상 1.5 [m] 이하의 높이에 설치할 것
   (2) 특정소방대상물의 층마다 설치하되, 해당 층의 각 부분으로부터 하나의 발신기까지의 수평거리가 25 [m] 이하가 되도록 할 것. 다만 복도 또는 별도로 구획된 실로서 보행거리가 40 [m] 이상일 경우에는 추가로 설치해야 한다.
   (3) 발신기의 위치표시등은 함의 상부에 설치하되, 그 불빛은 부착 면으로부터 15° 이상의 범위 안에서 부착지점으로부터 10 [m] 이내의 어느 곳에서도 쉽게 식별할 수 있는 적색등으로 할 것
6) 비상벨설비 또는 자동식 사이렌설비의 상용전원은 다음의 기준에 따라 설치해야 한다.
   (1) 상용전원은 전기가 정상적으로 공급되는 축전지설비, 전기저장장치(외부 전기에너지를 저장해두었다가 필요한 때 전기를 공급하는 장치) 또는 교류전압의 옥내간선으로 하고, 전원까지의 배선은 전용으로 할 것
   (2) 개폐기에는 "비상벨설비 또는 자동식 사이렌설비용"이라고 표시한 표지를 할 것
7) 비상벨설비 또는 자동식 사이렌설비에는 그 설비에 대한 감시상태를 60분간 지속한 후 유효하게 10분 이상 경보할 수 있는 비상전원으로서 축전지설비(수신기에 내장하는 경우를 포함한다) 또는 전기저장장치(외부 전기에너지를 저장해두었다가 필요한 때 전기를 공급하는 장치)를 설치해야 한다. 다만 상용전원이 축전지설비인 경우 또는 건전지를 주전원으로 사용하는 무선식 설비인 경우에는 그렇지 않다.

72 상중하

자동화재탐지설비의 발신기 설치기준에 대한 설명으로 틀린 것은?

① 조작스위치는 바닥으로부터 0.8 [m] 이상 1.5 [m] 이하의 높이에 설치하여야 한다.
② 복도 또는 별도로 구획된 실로서 보행거리가 40 [m] 이상일 경우에는 발신기를 추가로 설치하여야 한다.
③ 특정소방대상물의 각 부분으로부터 하나의 발신기까지의 수평거리가 30 [m] 이하가 되도록 하여야 한다.
④ 위치표시등의 불빛은 부착면으로부터 15° 이상의 범위 안에서 부착지점으로부터 10 [m] 이내의 어느 곳에서도 쉽게 식별할 수 있는 적색등으로 하여야 한다.

정답 71 ③ 72 ③

해설 발신기 설치기준

1) 조작스위치 : 바닥으로부터 0.8 [m] 이상 ~ 1.5 [m] 이하 설치
2) 특정소방대상물의 층마다 설치
   (1) 수평거리 : 25 [m] 이하 설치(각 부분부터 하나의 발신기까지의 거리)
   (2) 보행거리 : 40 [m] 이상 경우 추가설치(복도 · 별도구획된 실)
3) 위치 표시등 : 함 상부 설치
4) 불빛 : 부착면부터 15° 이상의 범위 안, 부착지점부터 10 [m] 이내 어느 곳에서도 쉽게 식별할 수 있는 적색등

73 상 중 하

무선통신보조설비의 증폭기에 관한 설명으로 틀린 것은?

① 전원은 전기가 정상적으로 공급되는 축전지 또는 교류전압 옥내간선으로 한다.
② 증폭기의 전면에는 주회로의 전원이 정상인지의 여부를 표시할 수 있는 표시등 및 전압계를 설치한다.
③ 증폭기라 함은 2개 이상의 입력신호를 원하는 비율로 조합한 출력이 발생하도록 하는 장치를 말한다.
④ 증폭기에 부착되는 비상전원의 용량은 무선통신보조설비를 유효하게 30분 이상 작동시킬 수 있는 것으로 한다.

해설 증폭기 설치기준

1) 전원은 전기가 정상적으로 공급되는 축전지, 전기저장장치 또는 교류전압 옥내간선으로 하고, 전원까지의 배선은 전용으로 할 것
2) 증폭기의 전면에는 주회로의 전원이 정상인지의 여부를 표시할 수 있는 표시등 및 전압계를 설치할 것
3) 증폭기에는 비상전원이 부착된 것으로 하고 해당 비상전원 용량은 무선통신보조설비를 유효하게 30분 이상 작동시킬 수 있는 것으로 할 것
4) 증폭기 및 무선중계기를 설치하는 경우 적합성 평가를 받은 제품으로 설치하고 임의로 변경하지 않도록 할 것
5) 디지털방식의 무전기를 사용하는 데 지장이 없도록 설치할 것

74 상 중 하

휴대용 비상조명등을 비치하지 않아도 되는 대상물은?

① 숙박시설 ② 의료시설
③ 영화상영관 ④ 다중이용업소

해설 휴대용 비상조명등 설치

1) 설치장소

설치장소	설치개수
숙박시설 또는 다중이용업소에는 객실 또는 영업장 안의 구획된 실마다 잘 보이는 곳(외부 설치 시 출입문 손잡이로부터 1 [m] 이내 부분)	1개 이상
대규모점포(지하상가 · 지하역사 제외), 영화상영관	보행거리 50 [m] 이내마다 3개 이상
지하상가 및 지하역사	보행거리 25 [m] 이내마다 3개 이상

2) 설치기준
   (1) 바닥으로부터 0.8 [m] 이상 1.5 [m] 이하의 높이에 설치할 것
   (2) 어둠 속에서 위치를 확인할 수 있도록 할 것
   (3) 사용 시 자동으로 점등되는 구조일 것
   (4) 외함은 난연성능이 있을 것
   (5) 건전지 사용 시 방전방지조치를 하고 충전식 배터리 사용 시 상시 충전되도록 할 것
   (6) 건전지 및 충전식 배터리 용량은 20분 이상 유효하게 사용할 수 있는 것

2019

정답 73 ③ 74 ②

75 상중하

비상콘센트를 보호하기 위한 보호함의 설치기준으로 틀린 것은?

① 보호함 상부에 적색의 표시등을 설치하여야 한다.
② 보호함에는 쉽게 개폐할 수 있는 문을 설치하여야 한다.
③ 보호함 표면에 "비상콘센트"라고 표시한 표지를 설치하여야 한다.
④ 보호함을 옥내소화전함 등과 접속하여 설치하는 경우에는 옥내소화전함 등의 표시등과 겸용할 수 없다.

해설 비상콘센트설비 보호함 설치기준

- 쉽게 개폐할 수 있는 문 설치
- 보호함 표면 : 비상콘센트 표식 부착
- 보호함 상부 : 적색 표시등 설치
- 옥내소화전함 접속 설치 시 : 옥내소화전함 표시등과 겸용

76 상중하

비상방송설비에서 실외에 설치하는 확성기의 음성입력은 최소 몇 [W] 이상이어야 하는가?

① 0.3 ② 0.5
③ 1.5 ④ 3

해설 비상방송설비

1) 확성기
 (1) 음성입력 : 실외 3 [W] 이상, 실내 1 [W] 이상
 (2) 수평거리 : 층 각 부분으로부터 하나의 확성기까지의 25 [m] 이하
 (3) 확성기는 각 층마다 설치, 당해 층의 각 부분에 유효하게 경보를 발하도록 설치
2) 음량조정기(ATT) : 음량조정기의 배선은 3선식으로 한다.
3) 조작부
 (1) 조작스위치 높이 : 바닥으로부터 0.8 [m] 이상 1.5 [m] 이하
 (2) 기동장치의 작동과 연동하여 당해 기동장치가 작동한 층 또는 구역을 표시
 (3) 조작부 및 증폭기 설치장소 : 수위실 등 상시 사람이 근무, 점검이 편리, 방화상 유효한 곳
 (4) 2 이상 조작부 설치 시 설치장소 상호 간 동시통화 가능, 어느 조작부에서도 전구역 방송 가능
4) 층수가 11층(공동주택의 경우에는 16층)의 특정소방대상물은 다음과 같은 경보를 발할 수 있어야 한다.
 (1) 2층 이상의 층에서 발화한 때에는 발화층 및 그 직상 4개 층에 경보
 (2) 1층에서 발화한 때에는 발화층. 그 직상 4개 층 및 지하층에 경보
 (3) 지하층에서 발화한 때에는 발화층. 그 직상층 및 기타 지하층 경보
5) 기동장치에 따른 화재신고를 수신한 후 필요한 음량으로 화재 발생 상황 및 피난에 유효한 방송이 자동으로 개시될 때까지의 소요시간은 10초 이하로 할 것
6) 다른 방송설비와 공용할 경우 화재 시 비상경보 외의 방송을 차단할 수 있는 구조
7) 다른 전기회로에 따라 유도장애가 생기지 아니하도록 할 것
8) 음향장치의 구조 및 성능
 (1) 정격전압의 80 [%] 전압에서 음향을 발할 수 있는 것을 할 것
 (2) 자동화재탐지설비의 작동과 연동하여 작동할 수 있는 것으로 할 것

77 상중하

자동화재탐지설비에서 감지기 사이의 회로의 배선을 송배선식으로 하고, 감지기회로 말단에 종단저항을 설치하는 이유는?

① 도통시험을 하기 위해서
② 동작시험을 하기 위해서
③ 저전압시험을 하기 위해서
④ 공통선시험을 하기 위해서

정답 75 ④ 76 ④ 77 ①

해설 감지기 종단저항

1) 점검 및 관리 쉬운 장소 설치
2) 설치높이 : 1.5 [m] 이하(전용함 설치)
3) 감지기회로 끝부분 설치
4) 종단감지기에 설치 시 : 기판·감지기 외부등 별도표시
5) 도통시험을 하기 위해 설치

78 상 중 하

비상경보설비의 화재안전기술기준에서 화재발생상황을 단독으로 감지하여 자체에 내장된 음향장치로 경보하는 감지기로 정의되는 것은?

① 자동식 감지기 ② 가정용 감지기
③ 단독경보형 감지기 ④ 비상경보형 감지기

해설 감지기 기능

1) 자동식 감지기 : 자동으로 화재 감지
2) 가정용 감지기 : 가정에 설치하며 열·연기 등에 의한 비화재보기능이 있으며 자동으로 화재 감지
3) 단독경보형 감지기 : 화재발생을 단독으로 감지 후 자체 음향장치로 경보
4) 비상경보형 감지기 : 부식의 우려가 없는 장소에 설치하며 비상시 작동

79 상 중 하

다음의 소방설비 중 비상전원의 용량이 최소 10분 이상이 아닌 것은?

① 비상경보설비 ② 무선통신보조설비
③ 자동화재속보설비 ④ 자동화재탐지설비

해설 비상전원·배터리 용량

- 비상경보설비 : 10분(감시상태 60분)
- 무선통신보조설비 : 30분
- 자동화재속보설비 : 10분
- 자동화재탐지설비 : 10분(감시상태 60분)

80 상 중 하

유도등 비상전원의 용량을 60분 이상의 것으로 설치하여야 하는 특정소방대상물로 틀린 것은?

① 층수가 10층 이하의 층
② 지하층으로서 도매시장
③ 무장층으로서 여객자동차터미널
④ 지하층을 제외한 층수가 11층 이상의 층

해설 비상조명등

1) 특정소방대상물의 각 거실과 그로부터 지상에 이르는 복도·계단 및 그 밖의 통로에 설치할 것
2) 조도는 비상조명등이 설치된 장소의 각 부분의 바닥에서 1 [lx] 이상이 되도록 할 것
3) 예비전원을 내장하는 비상조명등에는 평상시 점등 여부를 확인할 수 있는 점검스위치를 설치하고 해당 조명등을 유효하게 작동시킬 수 있는 용량의 축전지와 예비전원 충전장치를 내장할 것
4) 예비전원을 내장하지 않는 비상조명등의 비상전원은 자가발전설비, 축전지설비 또는 전기저장장치를 다음 각 목의 기준에 따라 설치할 것
   (1) 점검 편리하고 화재 및 침수 등의 재해로 인한 피해를 받을 우려가 없는 곳에 설치
   (2) 상용전원으로부터 전력의 공급이 중단된 때에는 자동으로 비상전원으로부터 전력을 공급받을 수 있도록 할 것
   (3) 비상전원의 설치장소는 다른 장소와 방화구획할 것(이 경우 그 장소에는 비상전원의 공급에 필요한 기구나 설비 외의 것을 두어서는 안 된다)
   (4) 비상전원을 실내에 설치하는 때에는 그 실내에 비상조명등을 설치할 것
5) 비상전원은 비상조명등을 20분 이상 유효하게 작동시킬 수 있는 용량으로 할 것. 다만 다음 각 목의 특정소방대상물의 경우에는 그 부분에서 피난층에 이르는 부분의 비상조명등을 60분 이상 유효하게 작동시킬 수 있는 용량으로 해야 한다.
   (1) 지하층을 제외한 층수가 11층 이상의 층
   (2) 지하층 또는 무창층으로서 용도가 도매시장·소매시장·여객자동차터미널·지하역사 또는 지하상가
6) 비상조명등의 설치 면제 요건에서 "그 유도등의 유효범위 안의 부분"이란 유도등의 조도가 바닥에서 1 [lx] 이상이 되는 부분을 말한다.

2019

정답 78 ③ 79 ② 80 ①

2019년 4회

소방원론

3회독 월 일
2회독 월 일
1회독 월 일

목표시간 : 20분 | 시작 : _시 _분 | 종료 : _시 _분 | 맞은 개수 : _ /20

01 상중하

화재 발생 시 물을 소화약제로 사용할 수 있는 것은?

① 칼슘카바이드
② 무기과산화물류
③ 마그네슘 분말
④ 염소산염류

해설 금수성 물질

물과 접촉하여 발화, 가연성 가스 발생

구분	현상
무기과산화물	산소(O_2) 발생
금속분 **마그네슘(Mg)** 나트륨(Na) 칼륨(K) 리튬(Li)	수소(H_2) 발생
탄화칼슘(칼슘카바이드)	아세틸렌(C_2H_2) 발생

보충 ▶ 염소산염류(제1류 위험물) : 주수소화

02 상중하

다음 중 가스계 소화약제가 아닌 것은?

① 포소화약제
② 할로겐화합물 및 불활성기체소화약제
③ 이산화탄소소화약제
④ 할론소화약제

해설 가스계 소화약제

- 이산화탄소소화약제
- 할론소화약제
- 할로겐화합물 및 불활성기체소화약제

보충 ▶ 포소화약제 : 수계 소화약제

03 상중하

건축물 화재 시 플래시 오버(Flash Over)에 영향을 주는 요소가 아닌 것은?

① 내장재료 ② 개구율
③ 화원의 크기 ④ 건물의 층수

해설 플래시 오버에 영향을 미치는 요인

1) 개구율
개구율이 기준 이하로 작으면 산소 공급이 부족하므로 열분해 속도가 저하되어 플래시 오버가 지연되고, 개구율이 과도하게 크면 유입 공기의 냉각효과로 플래시 오버가 늦어짐
2) 가연물의 양·종류
가연물의 높이가 높을수록, 가연물의 열방출률이 클수록 플래시 오버 도달 시간이 짧아짐
3) 화원의 크기
화원의 크기가 클수록 열분해 속도가 빨라지고, 플래시 오버 도달 시간이 짧아짐
4) 산소의 농도
산소농도가 10 [%] 이상이면 플래시 오버 발생 가능함

정답 01 ④ 02 ① 03 ④

5) <u>내장재료</u>
내장재료의 열전도율이 크고 두께가 두꺼울수록 플래시 오버 도달 시간이 느려짐

6) 화재 발생 시 주위온도
열전달은 온도 차로 인해 에너지가 전달되므로 화재 발생 시 주위온도는 화재의 성장에 영향을 줌

7) 구획실의 기하학적 구조
구획실의 크기, 형상, 면적, 체적 등은 해당 층에 가연물과 플래시 오버와의 관계에 영향을 미침

보충 ▶ 건물의 층수와 플래시 오버는 관계없음

04 (상 중 ㉻)

연기의 물리 · 화학적인 설명으로 틀린 것은?

① 화재 시 발생하는 연소생성물을 의미한다.
② 연기의 색상은 연소물질에 따라 다양하다.
③ 연기의 기체로만 이루어진다.
④ 연기의 감광계수가 크면 피난 장애를 일으킨다.

해설 연기의 물리 · 화학적 성질

1) 연기란 화재 시 발생하는 0.01 ~ 10 [μm] 입자 크기의 연소 생성물이다.
2) 연기의 색상은 연소 물질에 따라 다양하다.
3) <u>연기는 고체 · 액체 상태 미립자의 모임이다.</u>
4) 유독가스를 다량 함유한다.
5) 산소농도를 낮추어 산소결핍을 초래한다.
6) 고열이고 이동확산이 빠르다.
7) 화재 초기 발연량이 성장기 발연량보다 크다.
8) 연기의 감광계수가 크면 빛이 감소하고 가시거리가 짧아져 피난 장애를 일으킨다.
9) 감광계수와 가시거리는 반비례한다.

보충 ▶ 감광계수 : 빛이 감소되는 계수, 연기농도를 나타내는 척도

05 (상 ㉾ 하)

물의 물리 · 화학적 성질에 대한 설명으로 틀린 것은?

① 수소결합성 물질로서 비점이 높고 비열이 크다.
② 100 [℃]의 액체 물이 100 [℃]의 수증기로 변하면 체적이 약 1600배 증가한다.
③ 유류화재에 물을 무상으로 주수하면 질식효과 이외에 유탁액이 생성되어 유화효과가 나타난다.
④ 비극성 공유 결합성 물질로 비점이 높다.

해설 물의 물리 · 화학적 성질

구분	내용
물리적성질	1) 상온에서 물은 무겁고 안정된 액체 2) 비열 : 1 [kcal/kg · ℃] (= 4.18 [kJ/kg · K]) 3) 잠열 ① 융해잠열 80 [kcal/kg] (= 334 [kJ/kg]) ② 증발잠열 539.6 [kcal/kg] (= 2257 [kJ/kg]) 4) 비열, 잠열이 크므로 냉각소화효과가 큼 5) 표면장력이 큼 6) 증발 시 체적 약 1650배(1600 ~ 1700배) 증가
화학적성질	물 분자(H_2O)는 산소(O) 원자 1개와 수소(H) 원자 2개가 **<u>극성 공유결합</u>**을 이루고, 물분자 사이에 **<u>수소결합</u>**을 이루고 있음

※ 물분자의 극성 공유결합과 수소결합
물 분자(H_2O)는 산소(O) 원자 1개와 수소(H) 원자 2개가 공유결합을 이루고 있다. 이때 산소 원자와 수소 원자는 전자를 1개씩 내어서 전자쌍을 만들고 이를 공유하지만, 전자쌍은 전기음성도가 더 큰 산소 원자 쪽에 가깝게 위치하여 산소 원자는 부분적인 음전하(−)를 띠고, 수소 원자는 부분적인 양전하(+)를 띠게 된다(극성 공유결합). 따라서 극성을 띤 물 분자끼리는 전기적 인력에 의한 수소결합을 하게 되며 강한 응집력을 갖게 된다.

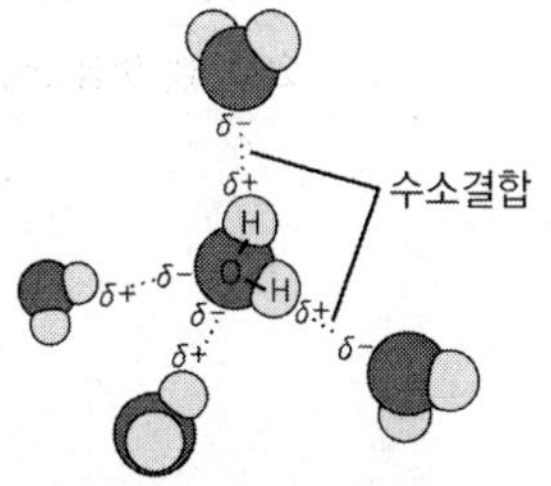

[물분자의 수소결합]

06 상중하

자연발화의 조건으로 틀린 것은?

① 열전도율이 낮을 것
② 발열량이 클 것
③ 주의의 온도가 높을 것
④ 표면적이 작을 것

해설 자연발화 조건

1) 발열량이 클 것 (+)
2) 산소와 접촉하는 표면적이 넓을 것 (+)
3) 주위온도 높을 것 (+)
4) 열전도율이 작을 것 (-)
5) 일정 수분은 촉매제 역할

TIP ▶ 열전도율만 (-)

07 상중하

제4류 위험물 중 제1석유류, 제2석유류, 제3석유류, 제4석유류를 각 품명별로 구분하는 분류의 기준은?

① 발화점　　② 인화점
③ 비중　　④ 연소범위

해설 제4류 위험물 인화점

구분	인화점
제1석유류	21 [℃] 미만
제2석유류	21 [℃] 이상 70 [℃] 미만
제3석유류	70 [℃] 이상 200 [℃] 미만
제4석유류	200 [℃] 이상 250 [℃] 미만

08 상중하

질식소화방법에 대한 예를 설명한 것으로 옳은 것은?

① 열을 흡수할 수 있는 매체를 화염 속에 투입한다.
② 열용량이 큰 고체 물질을 이용하여 소화한다.
③ 중질유 화재 시 물을 무상으로 분무한다.
④ 가연성 기체의 분출화재 시 주 밸브를 닫아서 연료공급을 차단한다.

해설 물소화약제

1) 비열, 증발잠열(기화잠열)이 큼
2) 가격이 저렴하고 쉽게 구할 수 있음
3) 무상주수 시 중질유 화재에 적응성 있음(에멀전 형성으로 유화효과)
4) 물이 수증기로 기화 시 체적이 약 1650배(1600 ~ 1700배) 증가하여 주변 산소농도 낮춤
5) 수용성 액체의 화재 시 물을 주입시켜서 가연성 물질의 농도를 낮춤

보충 ▶ 질식소화 : 불연성 피막인 에멀전(Emulsion)을 형성하여 산소 차단

정답 06 ④ 07 ② 08 ③

09 상중하

증기비중을 구하는 식은 다음과 같다. (　) 안에 들어갈 알맞은 값은?

$$\text{증기비중} = \frac{\text{분자량}}{(\quad)}$$

① 15　② 21
③ 22.4　④ 29

해설 증기비중

$$\text{증기비중} = \frac{\text{분자량}}{29(\text{공기 분자량})}$$

- 공기에 대한 가스의 무게비

증기비중	공기에 대한 무게
증기비중 > 1	공기보다 무거움
증기비중 < 1	공기보다 가벼움

10 상중하

알루미늄 분말 화재 시 적응성 있는 소화약제는?

① 물　② 마른모래
③ 포말　④ 강화액

해설 위험물 소화방법

종류	소화방법
제1류	물에 의한 냉각소화(무기과산화물 : 마른모래 등에 의한 질식소화)
제2류	물에 의한 냉각소화(황화인, 철분, 마그네슘, **금속분은 마른모래 등에 의한 질식소화**)
제3류	마른모래, 팽창질석, 팽창진주암에 의한 질식소화
제4류	포, 분말, CO_2, 할론소화약제에 의한 질식소화
제5류	화재초기 대량의 물로 냉각소화
제6류	마른모래 등에 의한 질식소화(과산화수소 : 다량의 물로 희석소화)

보충 ▶ 알루미늄 분말 : 제2류 위험물(금속분)

11 상중하

화씨온도 122 [°F]는 섭씨온도로 몇 [℃]인가?

① 40　② 50
③ 60　④ 70

해설 섭씨온도

섭씨 온도	$℃ = \frac{5}{9}(℉ - 32)$	랭킨 온도	$R = ℉ + 460$
화씨 온도	$℉ = \frac{9}{5}℃ + 32$	캘빈 온도	$K = ℃ + 273$

※ 122 [℉] ⇒ [℃]

$$℃ = \frac{5}{9}([℉] - 32) = \frac{5}{9}(122 - 32) = 50\ [℃]$$

12 상중하

제1류 위험물로서 그 성질이 산화성 고체인 것은?

① 셀룰로이드류　② 금속분류
③ 아염소산염류　④ 과염소산

해설 제1류 위험물(산화성 고체)

1) 염소산염류, 아염소산염류, 과염소산염류, 알칼리 금속의 과산화물, 브로민산염류, 과망가니즈산염류, 무기과산화물
2) 불연성, 산소를 함유한 강산화제
3) 가열, 충격, 마찰 등에 의해 폭발
4) 대부분 물에 잘 녹는다(습기주의).
5) 다량의 물을 사용하여 냉각소화
(무기과산화물 : 건조사로 피복소화)

① 셀룰로이드류(제5류 위험물)
② 금속분류(제2류 위험물)
③ 아염소산염류(제1류 위험물)
④ 과염소산(제6류 위험물)

2019

정답 09 ④ 10 ② 11 ② 12 ③

13 상(중)하

폭발에 대한 설명으로 틀린 것은?

① 보일러 폭발은 화학적 폭발이라 할 수 없다.
② 분무 폭발은 기상 폭발에 속하지 않는다.
③ 수증기 폭발은 기상 폭발에 속하지 않는다.
④ 화약류 폭발은 화학적 폭발이라 할 수 있다.

해설 폭발의 형태

구분	응상폭발	기상폭발
정의	고·액체의 폭발	기체의 폭발
특징	물리적 폭발	화학적 폭발
종류	**수증기폭발**, 증기폭발, 전선폭발, 상전이폭발, 압력방출에 의한 폭발, **보일러폭발**, 블레비(BLEVE)	유증기폭발, 가스폭발, 산화폭발, **분무폭발**, 분진폭발, 분해폭발, 중합폭발, **화약류폭발**, 증기운폭발(UVCE)

14 (상)중하

부피비로 질소가 65 [%], 수소가 15 [%] 이산화탄소가 20 [%]로 혼합된 전압이 760 [mmHg] 기체가 있다. 이때 질소의 분압은 약 몇 [mmHg]인가? (단, 모두 이상기체로 간주한다)

① 152　② 252
③ 394　④ 494

해설 혼합기체의 압력

돌턴의 분압법칙에 의해 혼합기체의 전체 압력 P와 각 기체의 분압 P_1, P_2 사이에는 다음과 같은 관계식이 성립함

돌턴의 분압법칙 $P = P_1 + P_2$

이때 일정온도, 일정압력에서 여러가지 기체를 혼합하여 하나의 혼합기체를 만들 때 혼합기체가 차지하는 체적은 **혼합 전에 각 기체가 차지했던 체적의 합과 같고**, **혼합기체의 압력**은 **각 기체의 분압을 합한 것**과 같다.
따라서
질소의 분압 = 혼합 기체의 전압 × 질소의 부피비
= 760 [mmHg] × 0.65
= 494 [mmHg]

15 상중(하)

할로겐화합물소화약제로부터 기대할 수 있는 소화작용으로 틀린 것은?

① 부촉매작용　② 냉각작용
③ 유화작용　④ 질식작용

해설 할로겐화합물소화약제의 소화작용

- 부촉매작용
- 질식작용
- 냉각작용

보충 유화작용 : 물분무소화

16 상(중)하

건축물에 화재가 발생할 때 연소확대를 방지하기 위한 계획에 해당되는 않는 것은?

① 수직계획　② 입면계획
③ 수평계획　④ 용도계획

해설 방화구획

1) 층(수직) 또는 면적(수평)별 구획
2) 피난용 승강기의 승강로 구획
3) 용도별 구획
4) 방화댐퍼 설치

정답 13 ② 14 ④ 15 ③ 16 ②

17 상 중 하

산소와 질소의 혼합물인 공기의 평균 분자량은? (단, 공기는 산소 21 [vol%], 질소 79 [vol%]로 구성되어 있다고 가정한다)

① 30.84 ② 29.84
③ 28.84 ④ 27.84

해설 공기 분자량

1) N_2 = 14 [g] × 2 = 28 [g/mol]
2) O_2 = 16 [g] × 2 = 32 [g/mol]
따라서
공기 분자량 = (28 × 0.79) + (32 × 0.21)
= 28.84 [g/mol]

보충 ▶ 원자량(H : 1, C : 12, N : 14, O : 16)

18 상 중 하

고가의 압력탱크가 필요하지 않아서 대용량의 포소화설비에 채용되는 것으로 펌프의 토출관에 압입기를 설치하여 포소화약제 압입용 펌프로 포소화약제를 압입시켜 혼합하는 방식은?

① 프레셔 프로포셔너방식(Pressure Proportioner Type)
② 프레셔사이드 프로포셔너방식(Pressure Side Proportioner Type)
③ 펌프 프로포셔너방식(Pump Proportioner Type)
④ 라인 프로포셔너방식(Line Proportioner Type)

해설 포소화설비 포혼합장치 종류

1) **라인 프로포셔너방식** : 벤추리관의 벤추리작용에 따라 소화약제를 흡입·혼합하는 방식
2) **프레셔 프로포셔너방식** : 벤추리관의 벤추리작용과 포소화약제 저장탱크압력에 따라 소화약제를 흡입·혼합하는 방식
3) **펌프 프로포셔너방식** : 흡입기에 물 일부를 보내고, 농도 조정밸브에서 조정된 포소화약제의 필요량을 소화약제 탱크에서 펌프 흡입 측으로 보내는 방식
4) **프레셔사이드 프로포셔너방식** : 압입기 설치하여 소화약제 압입용 펌프로 소화약제를 압입시켜 혼합하는 방식
5) **압축공기포 믹싱챔버방식** : 물, 포소화약제 및 공기를 믹싱챔버로 강제주입시켜 챔버 내에서 포수용액을 생성한 후 포를 방사하는 방식

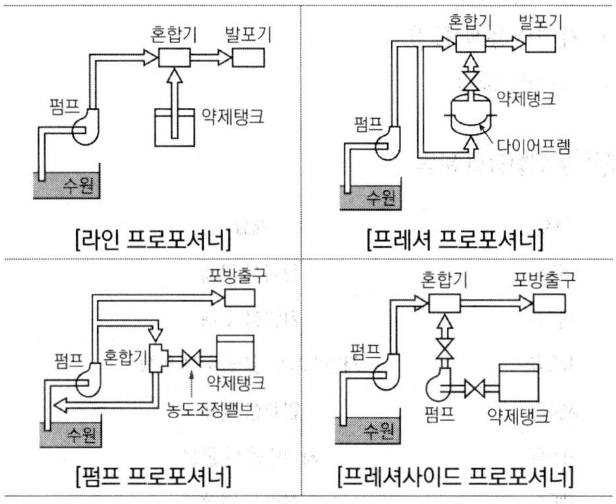

[라인 프로포셔너] [프레셔 프로포셔너]
[펌프 프로포셔너] [프레셔사이드 프로포셔너]

19 상 중 하

전기화재가 발생되는 발화 요인으로 틀린 것은?

① 역률 ② 합선
③ 누전 ④ 과전류

해설 전기화재 원인

1) 과전류(과부하)
2) 단락(합선)
3) 누전
4) 낙뢰
5) 전기불꽃
6) 정전기로 인한 스파크 발생

보충 ▶ • 단락 : 전기회로의 두 점 사이의 절연이 잘 안되어서 두 점 사이가 접속되는 일
• 누전 : 절연이 불완전하거나 시설이 손상되어 전기가 전깃줄 밖으로 새어 흐름

TIP ▶ 역률 : 유효전력을 피상전력으로 나눈 값으로 역률이 1, 즉 100 [%]라는 것은 무효전력이 아예 존재하지 않다는 것임을 의미함

20 상 중 하

제1석유류는 어떤 위험물에 속하는가?

① 산화성 액체
② 인화성 액체
③ 자기반응성 물질
④ 금수성 물질

해설 위험물의 분류

구분	개요
제1류	**산**화성 고체
제2류	**가**연성 고체
제3류	**자**연발화성 및 금수성 물질
제4류	**인**화성 액체
제5류	**자**기반응성 물질
제6류	**산**화성 액체

암기 ▶ 산가자 인자산

정답 20 ②

2019년 4회

소방전기일반

3회독 월 일
2회독 월 일
1회독 월 일

목표시간 : 30분 시작 : _시 _분 종료 : _시 _분

21 상 중 하

문자기호와 명칭이 틀린 것은?

① CB : 단로기
② ZCT : 영상변류기
③ MC : 전자접촉기
④ THR : 열동계전기

해설 차단기(CB)

- 단락, 지락사고 발생 시 회로 차단
- 종류 : VCB, OCB, ACB

보충 ▶ 단로기 : DS

22 상 중 하

그림과 같은 피드백제어계의 폐루프 전달함수는?

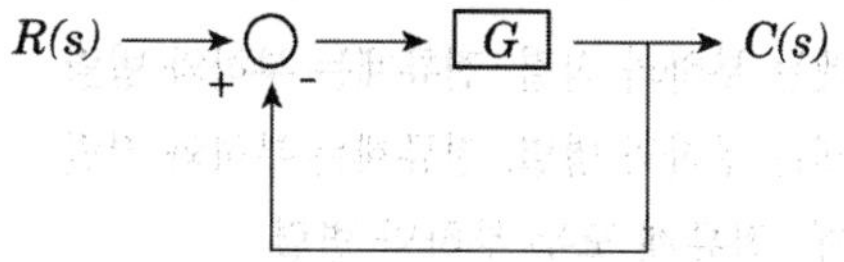

① $\dfrac{G(s)}{1+G(s)}$　② $\dfrac{G(s)}{1+R(s)}$
③ $\dfrac{C(s)}{1+R(s)}$　④ $\dfrac{R(s)C(s)}{1+G(s)}$

해설 전달함수

$$G=\frac{C}{R}=\frac{\text{전향경로이득}}{1-loop}=\frac{G}{1+G}$$

23 상 중 하

다음 회로에서 저항 R에 흐르는 전류(A)는? (단, 저항의 단위는 모두 [Ω]이다)

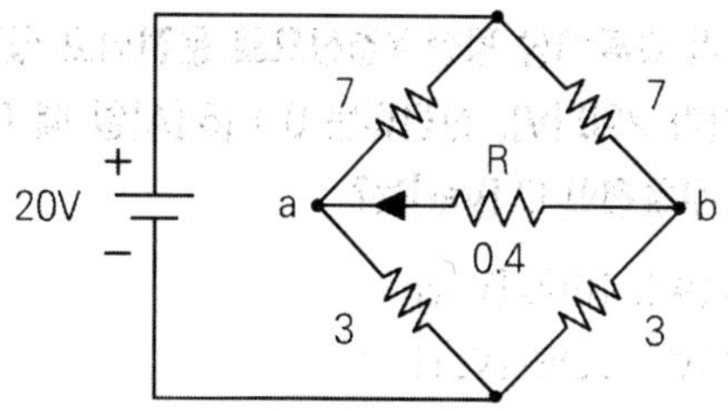

① 2.15　② 1.42
③ 0.7　④ 0

해설 휘스톤 브리지

- 각 저항의 대각선의 곱이 같다.
- 곱이 같으면 그 사이에는 전류 흐르지 않는다.

∴ $7 \times 3 = 7 \times 3$으로 대각선의 곱이 같으므로 R에 흐르는 전류는 0 [A]

24 상 중 하

2차 전압이 220 [V]인 옥내 변전소에서 스프링클러설비의 수신반에 전기를 공급하고 있다. 스프링클러 수신반의 수전 전압이 216 [V]인 경우 변전소에서 수신반까지의 전압강하율은 약 몇 [%]인가?

① 1.74　② 1.79
③ 1.82　④ 1.85

정답 21 ① 22 ① 23 ④ 24 ④

해설 전압강하율(e)

$$e = \frac{V_0 - V_L}{V_L} \times 100[\%]$$
$$= \frac{220 - 216}{216} \times 100[\%] = 1.85$$

V_L : 수전단 전압

25 상중하

급수펌프가 교류 3상 평형 Y결선으로 운전되고 있다. 상전압의 크기가 220 [V], 선전류는 8 + j6 [A]일 때 유효전력 P [W]와 무효전력 Q [Var]는?

① 2488 [W], 1866 [Var]
② 3048 [W], 2286 [Var]
③ 4310 [W], 3233 [Var]
④ 5280 [W], 3960 [Var]

해설 3상전력계산

1) 선전류 : $I_l = 8 + j6$
 선전압 : $V_p = 220[V]$
2) Y결선에서 상전류와 선간전류는 같다.
3) 3상 피상전력 $P_a = 3VI$이므로
 $P_a = 3 \times 220 \times (8 + j6)$
 $= 5,280 + j3,960$
4) 유효전력 : $P = 5280[W]$
 무효전력 : $P_a = 3960[Var]$

26 상중하

6F와 4F의 커패시터가 직렬로 접속된 회로에 전압 30 [V]를 가했을 때 6F의 커패시터 단자전압 V_1은 몇 [V]인가?

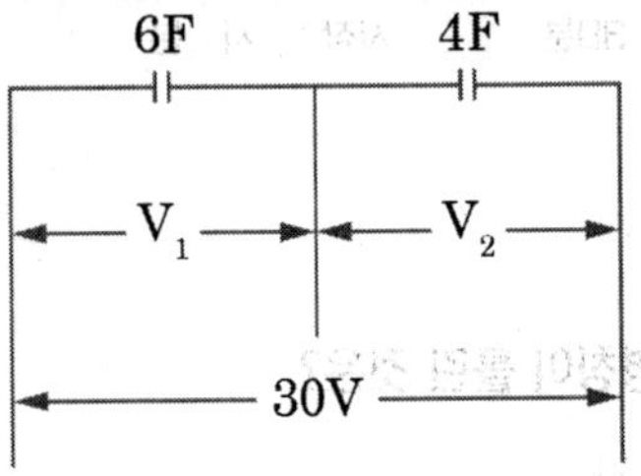

① 10
② 12
③ 15
④ 18

해설 전압분배법칙

$$V_1 = \frac{R_1}{R_1 + R_2} V_0 = \frac{C_2}{C_1 + C_2} V_0$$
$$= \frac{4}{6+4} \times 30 = 12[V]$$

27 상중하

직류전압계와 전류계를 사용하여 부하전압과 전류를 측정하고자 할 때 연결방법으로 옳은 것은?

① 전압계는 부하와 직렬, 전류계는 부하와 병렬
② 전압계는 부하와 병렬, 전류계는 부하와 직렬
③ 전압계, 전류계 모두 부하와 병렬
④ 전압계, 전류계 모두 부하와 직렬

해설 전압·전류 측정방법

전압계	전압 측정, 병렬연결
전류계	전류 측정, 직렬연결

정답 25 ④ 26 ② 27 ②

28 상 중 하

다음 논리식 중 성립하지 않는 것은?

① $A+A=A$ ② $A \cdot A=A$
③ $A \cdot \overline{A}=1$ ④ $A+\overline{A}=1$

해설 논리식

(+) OR	(×) AND
$X+0=X$	$X \cdot 0=0$
$X+1=1$	$X \cdot 1=X$
$X+X=X$	$X \cdot X=X$
$X+\overline{X}=1$	$X \cdot \overline{X}=0$

29 상 중 하

BJT(Bipolar Junction Transistor)의 베이스에 대한 컬렉터전류이득 β가 80일 때 이미터에 대한 컬렉터전류이득 α는 약 얼마인가?

① 0.99 ② 0.92
③ 0.90 ④ 1

해설 전류이득 계산

- 베이스에 대한 컬렉터전류이득

  $\beta=80$

- 이미터에 대한 컬렉터전류이득

  $\alpha=\dfrac{\beta}{1+\beta}=\dfrac{80}{81} \fallingdotseq 0.99[A]$

30 상 중 하

그림의 회로에서 저항 20 [Ω]에 흐르는 전류는 몇 [A]인가?

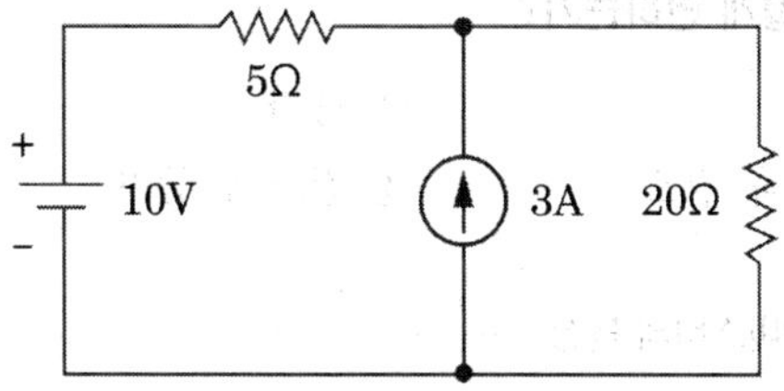

① 0.5 ② 1.0
③ 1.5 ④ 2.0

해설 중첩의 원리

- 전류계 개방(전압원기준)

  $I=\dfrac{V}{R_1+R_2}=\dfrac{10}{20+5}=0.4[A]$

- 전압원 단락(전류원기준)

  $I_2=\dfrac{R_1}{R_1+R_2}\times I=\dfrac{5}{20+5}\times 3=0.6[A]$

- $I_{20\Omega}=0.6+0.4=1[A]$

$I_{20\Omega}$: 20 [Ω]에 흐르는 전류

전압원 단락 (전압원 제거)	$I_a=\dfrac{R_1}{R_1+R_2}I$[A] ($R_2$에 흐르는 전류) 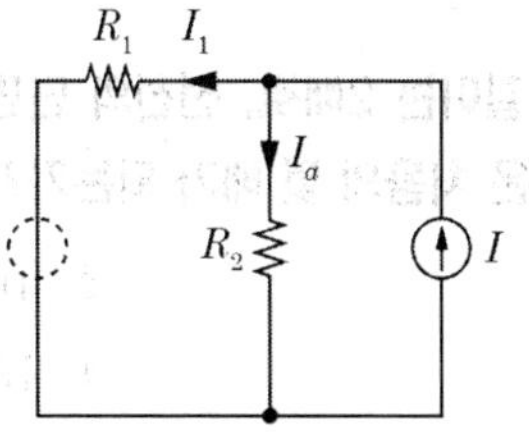
전류원 개방 (전류원 제거)	$I_b=\dfrac{V}{R_1+R_2}$[A] (R_1, R_2에 흐르는 전류는 같다) 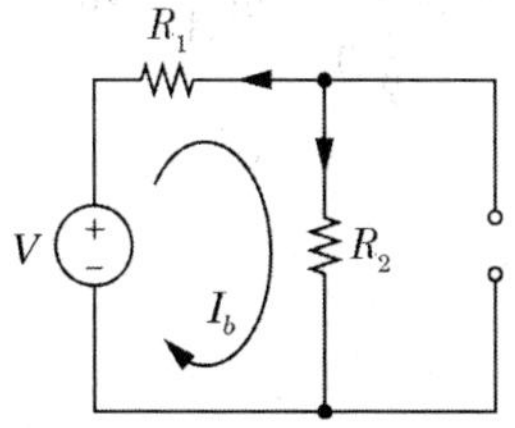
R_2에 흐르는 전류(I)	$I=I_a+I_b$[A]

31 상 중 하

부저항 특성을 갖는 서미스터의 저항값은 온도가 증가함에 따라 어떻게 변하는가?

① 감소 ② 증가
③ 증가 후 감소 ④ 감소 후 증가

해설 서미스터의 특성

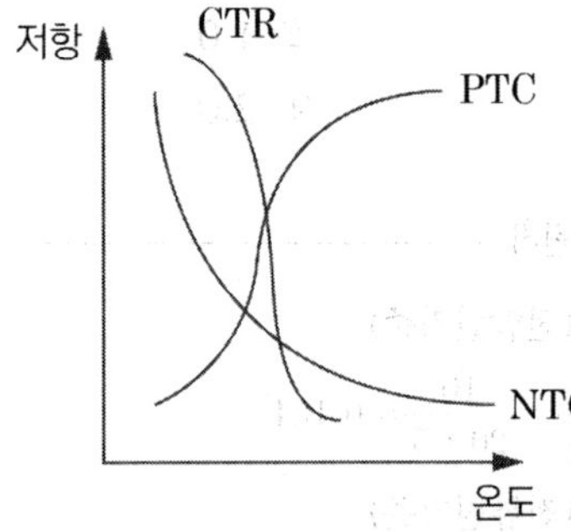

NTC : 저항값은 온도와 반비례(부)
PTC : 저항값은 온도와 비례(정)

32 상 중 하

동선의 길이는 2배로, 전선의 단면적은 1/2로 되었다. 이때 저항은 처음의 몇 배가 되는가? (단, 체적은 일정하다)

① 2배 ② 4배
③ 8배 ④ 16배

해설 저항 계산

$$R = \rho\frac{l}{A} = \rho\frac{2l}{\frac{1}{2}A} = 4\rho\frac{l}{A} = 4R$$

R : 저항 [Ω]
A : 전선의 단면적
l : 동선의 길이

33 상 중 하

전달함수 $G(s)A = \frac{s+3}{s^2-5s+4}$에 대한 특정방정식의 근은?

① 1, 4 ② -1, -4
③ 1, 5 ④ -1, -5

해설 전달함수 특정방정식의 근

전달함수 특정방정식의 근 : 분모의 근

$$G(s) = \frac{s+3}{s^2-5s+4} = \frac{s+3}{(s-1)(s-4)}$$

전달함수 특정방정식의 근 : 1, 4

34 상 중 하

0.1 [H]인 코일의 리액턴스가 377 [Ω]일 때 주파수[Hz]는?

① 100 ② 200
③ 400 ④ 600

해설 주파수 계산

$$X_L = \omega L = 2\pi f L = 2\pi \times f \times 0.1 = 377$$

$$\therefore\ f = 600[Hz]$$

X_L : 유도리액턴스 [Ω]
f : 주파수 [Hz]

정답 31 ① 32 ② 33 ① 34 ④

35 상중하

두 전하 사이에 작용하는 힘을 정전력이라고 한다. 이 정전력이 두 전하(전기량)의 곱에 비례하고 거리의 제곱에 반비례하는 성질을 무슨 법칙이라고 하는가?

① 패러데이의 법칙
② 키르히호프의 법칙
③ 쿨롱의 법칙
④ 가우스법칙

해설 쿨롱의 법칙

$$F = 9 \times 10^9 \times \frac{Q_1 Q_2}{r^2}$$

F : 두 전하 사이에 작용하는 힘 [N]
Q : 전하량 [C]
r : 거리 [m]

36 상중하

목푯값이 시간적으로 변화하지 않고 일정한 값을 유지하는 경우의 제어를 무슨 제어라고 하는가?

① 추종제어　② 정치제어
③ 비율제어　④ 시퀀스제어

해설 목푯값에 의한 분류

구분		내용
정치제어		목푯값이 일정한 자동제어에 적용
추치제어	추종제어	미지의 임의 시간적 변화를 하는 목푯값에 제어량을 추종시키는 제어
	프로그램제어	미리 정해진 시간변화에 따라 정해진 순서대로 제어
	비율제어	목푯값이 서로 다른 어떤양과 일정한 비율관계를 가지는 제어
	시퀀스제어	미리 정해진 순서에 따라 각 단계가 순차적으로 진행

37 상중하

정전용량이 500 [μF]인 콘덴서 220 [V]의 전압을 인가한 경우 정전에너지는 약 몇 [J]인가?

① 12　② 24
③ 36　④ 48

해설 정전에너지 계산

$$W = \frac{1}{2} CV^2$$
$$= \frac{1}{2} \times 500 \times 10^{-6} \times 220^2$$
$$= 12 [J]$$

C : 정전용량
V : 전압

38 상중하

제어시스템에서 제어요소는 다음 중 어느 것으로 구성되는가?

① 검출부와 조작부　② 조작부와 조절부
③ 검출부와 조절부　④ 명령부와 검출부

해설 제어시스템

용어	설명
목푯값	제어량이 어떤 값을 갖도록 목표를 설정하여 외부에서 주어지는 신호
기준입력요소(장치)	목푯값을 제어할 수 있는 기준입력신호로 변환하는 장치
기준입력(신호)	제어계를 동작시키는 기준(목푯값에 비례)
동작신호	기준입력신호와 주궤환신호의 편차신호(제어동작을 일으키는 신호)
제어요소	조절부와 조작부로 구성, 동작신호를 조작량으로 변환시키는 요소
조작량	제어요소가 제어대상에 주는 양
제어량	제어대상이 속하는 양
검출부	제어대상으로부터 제어량을 검출하고 기준입력신호와 비교하는 부분

2019

정답 35 ③ 36 ② 37 ① 38 ②

39 상㊥하

전류에 의한 자계의 방향을 결정하는 법칙은?

① 암페어의 오른나사법칙
② 플레밍의 오른손의 법칙
③ 비오 - 사바르법칙
④ 렌츠의 법칙

해설 암페어의 오른나사법칙

자계의 방향을 결정하는 법칙

TIP 플레밍의 오른손법칙 : 유도기전력 방향 결정
비오 - 사바르법칙 : 자계의 세기 결정
렌츠의 법칙 : 유도기전력 방향 결정

40 상㊥하

논리식 A(A + B)를 간단히 하면?

① A ② B
③ AB ④ A + B

해설 논리식

$A(A+B) = AA + AB = A(1+B) = A$

정리	공식
항등법칙	$0+A=A,\ 1+A=1,\ 0\times A=0,\ 1\times A=A$
동일법칙	$A+A=A,\ A\times A=A$
보원법칙	$A+\overline{A}=1,\ A\times\overline{A}=0$
복원법칙	$\overline{\overline{A}}=A$
교환법칙	$A+B=B+A,\ A\times B=B\times A$
결합법칙	$A+(B+C)=(A+B)+C,\ A(BC)=(AB)C$
분배법칙	$A(B+C)=AB+AC,\ A+BC=(A+B)(A+C)$
흡수법칙	$A+AB=A,\ A(A+B)=A$ $A+\overline{A}B=(A+\overline{A})(A+B)=A+B$

정답 39 ① 40 ①

2019년 4회

소방관계법규

3회독 월 일
2회독 월 일
1회독 월 일

목표시간 : 20분 | 시작 : _시 _분 | 종료 : _시 _분 | 맞은 개수 : _ /20

41 상 중 하

소방시설 설치 및 관리에 관한 법령상 무창층으로 판정하기 위한 개구부가 갖추어야 할 요건으로 틀린 것은?

① 크기는 반지름 30 [cm] 이상의 원이 통과할 수 있을 것
② 해당 층의 바닥면으로부터 개구부 밑 부분까지 높이가 1.2 [m] 이내일 것
③ 도로 또는 차량이 진입할 수 있는 빈터를 향할 것
④ 화재 시 건축물로부터 쉽게 피난할 수 있도록 창살이나 그 밖의 장애물이 설치되지 아니할 것

해설 무창층, 개구부

1) 무창층 : 개구부 면적 합계가 해당 층 바닥면적의 1/30 이하가 되는 층
2) 개구부기준
  - 크기 : 지름 50 [cm] 이상 원이 통과
  - 높이 : 1.2 [m] 이내
  - 도로, 차량 진입 가능한 빈터 향할 것
  - 창살이나 장애물 설치되지 않을 것
  - 내·외부에서 쉽게 부수거나 열 수 있을 것

42 상 중 하

화재안전기술기준을 달리 적용하여야 하는 특수한 용도 또는 구조를 가진 특정소방대상물인 원자력발전소, 중·저준위방사성폐기물의 저장시설에 설치하지 아니할 수 있는 소방시설은?

① 옥내소화전설비 및 소화용수설비
② 연결송수관설비 및 연결살수설비
③ 옥내소화전설비 및 자동화재탐지설비
④ 스프링클러설비 및 물분무등소화설비

해설 화재안전기술기준 달리 적용 특정소방대상물

구분	특정소방대상물	소방시설
화재위험도가 낮은 특정소방대상물	석재, 불연성금속, 불연성 건축재료 등의 가공공장, 기계조립공장, 불연성물품 저장 창고	옥외소화전설비, 연결살수설비
화재안전기술기준 적용 어려운 특정소방대상물	펄프공장의 작업장, 음료수 공장의 세정·충전 작업장 등	스프링클러설비, 상수도소화용수설비, 연결살수설비
	정수장, 수영장, 목욕장, 농예·축산·어류양식용 시설 등	자동화재탐지, 상수도소화용수, 연결살수설비
화재안전기술기준을 달리 적용하여야 하는 특수한 용도·구조의 특정소방대상물	• 원자력발전소 • 중·저준위방사성 폐기물의 저장시설	연결송수관설비, 연결살수설비
위험물안전관리법에 따라 자체소방대 설치된 특정소방대상물	자체소방대가 설치된 위험물 제조소등에 부속된 사무실	옥내소화전설비, 소화용수설비, 연결살수설비 및 연결송수관설비

2019

정답 41 ① 42 ②

43 상중하

시장지역에서 화재로 오인할 만한 우려가 있는 불을 피우거나 연막 소독을 한 자가 소방본부장 또는 소방서장에게 신고를 하지 아니하여 소방자동차를 출동하게 한 때에 과태료 부과 금액기준으로 옳은 것은?

① 20만 원 이하　② 50만 원 이하
③ 100만 원 이하　④ 200만 원 이하

해설 20만 원 이하의 과태료

화재로 오인할 만한 우려가 있는 불을 피우거나 연막 소독을 하기 전에 신고를 하지 않아 소방자동차를 출동하게 한 자
- 부과권자 : 소방본부장, 소방서장
- 과태료 : 20만 원 이하

44 상중하

제조소등의 설치허가 또는 변경허가를 받고자 하는 자는 설치허가 또는 변경허가신청서에 행정안전부령으로 정하는 서류를 첨부하여 누구에게 제출하여야 하는가?

① 소방본부장　② 소방서장
③ 소방청장　④ 시·도지사

해설 제조소 설치 및 변경

1) 설치허가자 : 시·도지사(행정안전부령)
2) 변경신고 : 변경하고자 하는 날의 1일 전
3) 허가 제외 장소
   - 주택의 난방시설(공동주택 중앙난방시설 제외)을 위한 저장소·취급소
   - 농예용·축산용·수산용으로 필요한 난방·건조시설을 위한 지정수량 20배 이하의 저장소

45 상중하

소방기본법상 관계인의 소방활동을 위한하여 정당한 사유 없이 소방대가 현장에 도착할 때까지 사람을 구출하는 조치 또는 불을 끄거나 불이 번지지 아니하도록 하는 조치를 하지 아니한 자에 대한 벌칙으로 옳은 것은?

① 100만 원 이하의 벌금
② 200만 원 이하의 벌금
③ 300만 원 이하의 벌금
④ 1000만 원 이하의 벌금

해설 100만 원 이하 벌금

1) 정당한 사유 없이 소방대의 생활안전활동을 방해한 자
2) 정당한 사유 없이 소방대가 현장에 도착할 때까지 사람을 구출하는 조치 또는 불을 끄거나 불이 번지지 않도록 하는 조치를 하지 않은 관계인
3) 피난 명령을 위반한 사람
4) 정당한 사유 없이 물 사용 및 수도 개폐장치 사용·조작을 못하게 하거나 방해한 자
5) 위험물질의 공급을 차단하는 등 필요한 조치를 정당한 사유 없이 방해한 자

46 상중하

화재의 예방 및 안전관리에 관한 법령상 대통령령으로 정하는 특수가연물 품명별 수량의 기준으로 옳은 것은?

① 가연성 고체류 : 2 [m^3] 이상
② 목재가공품 및 나무부스러기 : 5 [m^3] 이상
③ 석탄·목탄류 : 3000 [kg] 이상
④ 면화류 : 200 [kg] 이상

정답 43 ① 44 ④ 45 ① 46 ④

해설 특수가연물

품명		수량
면화류		**2**00 [kg] 이상
나무껍질 및 **대**팻밥		**4**00 [kg] 이상
넝마 및 종이부스러기		**1000** [kg] 이상
사류, **볏**짚류		**1000** [kg] 이상
가연성 **고**체류		**3**000 [kg] 이상
석탄 · **목**탄류		**10000** [kg] 이상
가연성 **액**체류		**2** [m^3] 이상
목재가공품 및 나무부스러기		10 [m^3] 이상
고무류 · 플라스틱류	**발**포시킨 것	20 [m^3] 이상
	그 밖의 것	3000 [kg] 이상

암기 ▶ 면이 나대싸 넘사벽 천 가고삼 석목만 가액이 고발이

47 (상 중 하)

위험물안전관리법령상 위험물 및 지정수량에 대한 기준 중 다음 (   ) 안에 알맞은 것은?

> 금속분이라 함은 알칼리금속 · 알칼리토류금속 · 철 및 마그네슘 외의 금속의 분말을 말하고, 구리분 · 니켈분 및 (㉠)마이크로미터의 체를 통과하는 것이 (㉡)중량퍼센트 미만인 것은 제외한다.

① ㉠ 150, ㉡ 50　② ㉠ 53, ㉡ 50
③ ㉠ 50, ㉡ 150　④ ㉠ 50, ㉡ 53

해설 금속분

- 알칼리금속 · 알칼리토류금속 · 철 · 마그네슘 외 금속 분말
- 구리분 · 니켈분 · 150 [μm]의 체를 통과하는 것이 50중량퍼센트 미만인 것 제외

48 (상 중 하)

특정소방대상물의 소방시설등에 대한 자체점검 기술자격자의 범위에서 '행정안전부령으로 정하는 기술자격자'는?

① 소방안전관리자로 선임된 소방설비산업기사
② 소방안전관리자로 선임된 소방설비기사
③ 소방안전관리자로 선임된 전기기사
④ 소방안전관리자로 선임된 소방시설관리사 및 소방기술사

해설 소방시설 자체점검

1) 작동점검
소방시설등을 인위적으로 조작하여 정상적으로 작동하는지 점검
2) 종합점검
- 설비별 주요 구성 부품 구조기준이 화재 안전기준 및 관련 법령에 적합한지 점검
- 종합점검에 작동점검 사항 해당
- 소방시설관리사 참여한 경우 소방시설관리업자, 소방안전관리자로 선임된 소방시설관리사 · 소방기술사 1명 이상 점검자

49 (상 중 하)

소방시설 설치 및 관리에 관한 법령에서 정하는 소방시설이 아닌 것은?

① 캐비닛형 자동소화장치
② 이산화탄소소화설비
③ 가스누설경보기
④ 방열성 물질

해설 소방시설

구분	소방시설
캐비닛형 자동소화장치	소화설비
이산화탄소소화설비	
가스누설경보기	경보설비

2019

정답 47 ① 48 ④ 49 ④

50 상중하

위험물안전관리법령에서 정하는 제3류 위험물에 해당하는 것은?

① 나트륨
② 염소산염류
③ 무기과산화물
④ 유기과산화물

해설 제3류 위험물(자연발화성 물질 및 금수성 물질)

품명	지정수량
칼륨	10 [kg]
나트륨	
알킬알루미늄	
알킬리튬	
황린	20 [kg]
알칼리금속 및 알칼리토금속	50 [kg]
유기금속화합물	
금속의 수소화물	300 [kg]
금속의 인화물	
칼슘 또는 알루미늄 탄화물	

보충 ▶ 염소산염류, 무기과산화물 : 1류, 유기과산화물 : 5류

51 상중하

성능위주설계를 할 수 있는 자의 기술인력에 대한 기준으로 옳은 것은?

① 소방기술사 1명 이상
② 소방기술사 2명 이상
③ 소방기술사 3명 이상
④ 소방기술사 4명 이상

해설 성능위주설계 자격 · 기술인력

1) 자격
(1) 전문 소방시설설계업 등록한 자
(2) 전문 소방시설설계업 등록기준 기술인력 갖춘 자로 소방청장이 정하여 고시하는 연구기관 · 단체
2) 기술인력 : 소방기술사 2명 이상

52 상중하

소방안전관리자의 업무라고 볼 수 없는 것은?

① 소방계획서의 작성 및 시행
② 화재예방강화지구의 지정
③ 자위소방대의 구성 · 운영 · 교육
④ 피난시설, 방화구획 및 방화시설의 관리

해설 특정소방대상물 소방안전관리자와 관계인의 업무

1) 소방안전관리자의 업무
(1) 피난계획 관련 사항과 대통령령으로 정하는 사항이 포함된 소방계획서 작성 및 시행
(2) 자위소방대 및 초기대응체계 구성 · 운영 · 교육
(3) 피난시설, 방화구획, 방화시설의 관리
(4) 소방훈련 및 교육
(5) 소방시설이나 그 밖의 소방 관련 시설의 관리
(6) 화기 취급의 감독
(7) 소방안전관리에 관한 업무수행에 관한 기록 · 유지((3), (5), (6)항 업무)
(8) 화재 발생 시 초기대응
(9) 그 밖에 소방안전관리에 필요한 업무
2) 특정소방대상물 관계인의 업무
(1) 피난시설, 방화구획, 방화시설의 관리
(2) 소방시설이나 그 밖의 소방 관련 시설의 관리
(3) 화기 취급의 감독
(4) 화재 발생 시 초기대응
(5) 그 밖에 소방안전관리에 필요한 업무

보충 ▶ 화재예방강화지구의 지정 : 시 · 도지사

정답 50 ① 51 ② 52 ②

53 상중하

소방시설공자업자는 소방시설착공신고서의 중요한 사항이 변경된 경우에는 해당서류를 첨부하여 변경일로부터 며칠 이내에 소방본부장 또는 소방서장에게 신고하여야 하는가?

① 7일 ② 15일
③ 21일 ④ 30일

해설 착공신고

1) 착공신고 : 소방본부장, 소방서장
2) 첨부서류
 (1) 소방시설공사 착공(변경) 신고서
 (2) 소방시설공사업 등록증 사본 1부 및 등록수첩 사본 1부
 (3) 기술인력의 기술등급을 증명하는 서류 사본 1부
 (4) 소방시설공사 계약서 사본 1부
 (5) 설계도서(설계설명서 포함) 1부. 단, 건축허가 등의 동의요구서에 첨부된 서류 중 설계도서가 변경되지 않은 경우 설계도서 첨부 제외
 (6) 소방시설공사를 하도급하는 경우 다음 서류
  ① 소방시설공사 등의 하도급통지서 사본
  ② 하도급대금 지급에 관한 다음의 어느 하나에 해당하는 서류
   ㉠ 공사대금 지급을 보증한 경우에는 하도급대금 지급보증서 사본
   ㉡ 보증이 필요하지 않거나 적합하지 않다고 인정되는 경우 이를 증빙하는 서류 사본
3) 변경신고 : 변경일부터 30일 이내

54 상중하

위험물안전관리법령상 제조소 또는 일반 취급소의 위험물 취급탱크 노즐 또는 맨홀을 신설하는 경우 노즐 또는 맨홀의 직경이 몇 [mm]를 초과하는 경우에 변경허가를 받아야 하는가?

① 250 ② 300
③ 450 ④ 600

해설 제조소등의 설치 및 변경

1) 설치허가자 : 시·도지사(행정안전부령)
2) 위험물 품명·수량·지정수량의 배수 변경신고 : 변경하고자 하는 날의 1일 전
3) 제조소·일반취급소 변경허가 받아야 하는 경우
 (1) 제조소·일반취급소 위치 이전
 (2) 배출설치 또는 불활성 기체 봉입장치 신설
 (3) 위험물취급탱크 신설·교체·철거·보수
 (4) 위험물취급탱크 노즐 또는 맨홀 신설(노즐 또는 맨홀 직경 250 [mm] 초과하는 경우)
 (5) 위험물취급탱크 탱크전용실 증설 또는 교체
4) 변경허가·변경신고 제외 장소
 (1) 주택의 난방시설(공동주택의 중앙난방시설 제외)을 위한 저장소·취급소
 (2) 농예용·축산용·수산용으로 필요한 난방시설 또는 건조시설을 위한 지정수량 20배 이하의 저장소

55 상중하

소방시설 설치 및 관리에 관한 법령에서 정하는 특정소방대상물의 분류로 틀린 것은?

① 카지노 영엽소 - 위락시설
② 박물관 - 문화 및 집회시설
③ 물류터미널 - 운수시설
④ 변전소 - 업무시설

정답 53 ④ 54 ① 55 ③

해설 창고시설

- 창고
- 하역장
- 물류터미널
- 집배송시설

56 상중하

소방기본법상 소방의 역사화 안전문화를 발전시키고 국민의 안전의식을 높이기 위하여 소방체험관을 설립하여 운영할 수 있는 자는? (단, 소방체험관은 화재 현장에서의 피난 등을 체험할 수 있는 체험관을 말한다)

① 행정안전부장관 ② 소방청장
③ 시·도지사 ④ 소방본부장

해설 소방박물관, 소방체험관

소방박물관	소방체험관
소방청장	시·도지사
행정안전부령	시·도 조례
① 국내·외의 소방의 역사, ② 소방공무원의 복장 및 소방장비 등의 변천 및 발전에 관한 자료를 수집·보관 및 전시	① 재난·안전사고 유형에 따른 예방, 대처, 대응 등에 관한 체험교육 ② 체험교육 프로그램의 개발 및 국민 안전의식 향상을 위한 홍보·전시 ③ 체험교육 인력의 양성 및 유관기관·단체 등과 협력 ④ 시·도지사가 인정하는 사업
① 소방박물관장 1인(소방공무원 중 소방청장이 임명), 부관장 1인 ② 운영위원회 : 7인 이내	-

57 상중하

특정소방대상물의 건축·대수선·용도변경 또는 설치 등을 위한 공사를 시공하는 자가 공사현장에서 인화성 물품을 취급하는 작업 등 대통령령으로 정하는 작업을 하기 전에 설치하고 유지·관리해야 하는 임시소방시설의 종류가 아닌 것은? (단, 용접·용단 등 불꽃을 발생시키거나 화기를 취급하는 작업이다)

① 간이소화장치 ② 비상경보장치
③ 자동확산소화기 ④ 간이피난유도선

해설 임시소방시설의 종류와 설치기준

종류	기준
소화기	화재위험작업현장에 설치
간이소화장치	다음 어느 하나에 해당하는 작업현장 ① 연면적 3000 [m^2] 이상 ② 지하층·무창층·4층 이상의 층(이 경우 해당 층의 바닥면적이 600 [m^2] 이상인 경우만 해당)
비상경보장치	다음 어느 하나에 해당하는 작업현장 ① 연면적 400 [m^2] 이상 ② 지하층·무창층(이 경우 해당 층의 바닥면적이 150 [m^2] 이상인 경우만 해당)
간이피난유도선	바닥면적이 150 [m^2] 이상인 지하층·무창층의 작업현장에 설치
가스누설경보기	바닥면적이 150 [m^2] 이상인 지하층·무창층의 작업현장에 설치
비상조명등	바닥면적이 150 [m^2] 이상인 지하층·무창층의 작업현장에 설치
방화포	용접·용단 작업이 진행되는 작업장에 설치

정답 56 ③ 57 ③

58 상 중 하

보일러, 난로, 건조설비, 가스·전기시설, 그 밖의 화재 발생 우려가 있는 설비 또는 기구 등의 위치·구조 및 관리와 화재예방을 위하여 불을 사용할 때 지켜야 하는 사항은 다음 중 어느 것으로 정하는가?

① 대통령령　　② 총리령
③ 행정안전부령　　④ 소방청훈령

해설 화재의 예방조치

1) 누구든지 화재예방강화지구 및 이에 준하는 대통령령으로 정하는 장소에서는 다음에 해당하는 행위를 하여서는 아니 된다. 다만 행정안전부령으로 정하는 바에 따라 안전조치를 한 경우에는 그러하지 아니한다.
  (1) 모닥불, 흡연 등 화기의 취급
  (2) 풍등 등 소형열기구 날리기
  (3) 용접·용단 등 불꽃을 발생시키는 행위
  (4) 그 밖에 대통령령으로 정하는 화재 발생 위험이 있는 행위
2) 소방관서장은 화재 발생 위험이 크거나 소화활동에 지장을 줄 수 있다고 인정되는 행위나 물건에 대하여 행위 당사자나 그 물건의 소유자, 관리자 또는 점유자에게 다음의 명령을 할 수 있다. 다만 다음에 해당하는 물건의 소유자, 관리자 또는 점유자를 알 수 없는 경우 소속 공무원으로 하여금 그 물건을 옮기거나 보관하는 등 필요한 조치를 하게 할 수 있다.
  (1) 다음 어느 하나에 해당하는 행위의 금지 또는 제한
  (2) 목재, 플라스틱 등 가연성이 큰 물건의 제거, 이격, 적재 금지 등
  (3) 소방차량의 통행이나 소화활동에 지장을 줄 수 있는 물건의 이동
3) 2) 단서에 따라 옮긴 물건 등에 대한 보관기간 및 보관기간 경과 후 처리 등에 필요한 사항은 대통령령으로 정한다.
4) 보일러, 난로, 건조설비, 가스·전기시설, 그 밖에 화재 발생 우려가 있는 대통령령으로 정하는 설비 또는 기구 등의 위치·구조 및 관리와 화재 예방을 위하여 불을 사용할 때 지켜야 하는 사항은 대통령령으로 정한다.
5) 화재가 발생하는 경우 불길이 빠르게 번지는 고무류·플라스틱류·석탄 및 목탄 등 대통령령으로 정하는 특수가연물(特殊可燃物)의 저장 및 취급기준은 대통령령으로 정한다.

59 상 중 하

다음 중 화재예방강화지구의 지정대상 지역과 가장 거리가 먼 것은?

① 공장지역
② 시장지역
③ 목조건물이 밀집한 지역
④ 소방용수시설이 없는 지역

해설 화재예방강화지구 지정

1) 지정권자 : 시·도지사
2) 화재예방강화지구 지정 요청 : 소방청장
3) 화재예방강화지구
  (1) 시장지역
  (2) 공장·창고가 밀집한 지역
  (3) 목조건물이 밀집한 지역
  (4) 노후·불량건축물이 밀집한 지역
  (5) 위험물의 저장 및 처리시설이 밀집한 지역
  (6) 석유화학제품을 생산하는 공장이 있는 지역
  (7) 산업입지 및 개발에 관한 법률에 따른 산업단지
  (8) 소방시설·소방용수시설·소방출동로가 없는 지역
  (9) 물류단지
  (10) (1) ~ (9)까지 준하는 지역으로서 소방관서장이 화재예방강화지구로 지정할 필요가 있다고 인정하는 지역

2019

정답 58 ① 59 ①

60 상 중 하

다음 중 1급 소방안전관리대상물 아닌 것은?

① 연면적 15000 [m²] 이상인 공장
② 층수가 11층 이상인 업무시설
③ 지하구
④ 가연성 가스를 1000톤 이상 저장·취급하는 시설

해설 소방안전관리대상물

구분	기준
특급	• 50층 이상(지하층 제외), 높이 200 [m] 이상 아파트 • 30층 이상(지하층 포함), 높이 120 [m] 이상 특정소방대상물(아파트 제외) • 연면적 100000 [m²] 이상 특정소방대상물(아파트 제외)
1급	• 30층 이상(지하층 제외), 높이 120 [m] 이상 아파트 • 11층 이상 특정소방대상물(아파트 제외) • 연면적 15000 [m²] 이상 특정소방대상물(아파트 및 연립주택 제외) • 가연성 가스 1000톤 이상 저장·취급시설
2급	• 지하구, 공동주택(옥내, SP 설치), 보물·국보로 지정된 목조건축물 • 가연성 가스 100톤 이상 1000톤 미만 저장·취급시설 • 옥내소화전, 스프링클러, 간이, 물분무등소화설비 설치대상(호스릴방식 물분무등소화설비만을 설치한 경우 제외)
3급	• 간이스프링클러설비 또는 자동화재탐지설비를 설치하여야 하는 특정소방대상물
비고	동·식물원, 철강 등 불연성 물품 저장·취급 창고, 위험물 제조소등, 지하구는 특급 및 1급 소방안전관리대상물에서 제외

정답 60 ③

2019년 4회

소방전기시설의 구조 및 원리

3회독	월	일
2회독	월	일
1회독	월	일

목표시간 : 30분 | 시작 : _시 _분 | 종료 : _시 _분 | 맞은 개수 : _ /20

61 상 중 하

비상경보설비 및 단독경보형 감지기의 화재안전기술기준(NFTC 201)에 따른 비상벨설비 또는 자동식 사이렌설비 음향장치의 설치기준이다. 다음 ( )에 들어갈 내용으로 옳은 것은? (단, 건전지를 주전원으로 사용하지 않는다)

> 음향장치는 정격전압의 (㉠) [%]에서 음향을 발할 수 있도록 하여야 하며, 음량은 부착된 음향장치의 중심으로부터 (㉡) [m] 떨어진 위치에서 (㉢) [dB] 이상이 되는 것으로 하여야 한다.

① ㉠ 80, ㉡ 1, ㉢ 90
② ㉠ 110, ㉡ 3, ㉢ 120
③ ㉠ 140, ㉡ 1, ㉢ 120
④ ㉠ 150, ㉡ 3, ㉢ 90

해설 비상경보설비

1) 비상벨설비 또는 자동식 사이렌설비는 부식성 가스 또는 습기 등으로 인하여 부식의 우려가 없는 장소에 설치해야 한다.
2) 지구음향장치는 특정소방대상물의 층마다 설치하되, 해당 층의 각 부분으로부터 하나의 음향장치까지의 수평거리가 25 [m] 이하가 되도록 하고, 해당 층의 각 부분에 유효하게 경보를 발할 수 있도록 설치해야 한다. 다만 「비상방송설비의 화재안전기술기준(NFTC 202)」에 적합한 방송설비를 비상벨설비 또는 자동식 사이렌설비와 연동하여 작동하도록 설치한 경우에는 지구음향장치를 설치하지 않을 수 있다.
3) 음향장치는 정격전압의 80 [%] 전압에서도 음향을 발할 수 있도록 해야 한다. 다만 건전지를 주전원으로 사용하는 음향장치는 그렇지 않다.
4) 음향장치의 음향의 크기는 부착된 음향장치의 중심으로부터 1 [m] 떨어진 위치에서 음압이 90 [dB] 이상이 되는 것으로 해야 한다.
5) 발신기는 다음의 기준에 따라 설치해야 한다.
   (1) 조작이 쉬운 장소에 설치하고, 조작스위치는 바닥으로부터 0.8 [m] 이상 1.5 [m] 이하의 높이에 설치할 것
   (2) 특정소방대상물의 층마다 설치하되, 해당 층의 각 부분으로부터 하나의 발신기까지의 수평거리가 25 [m] 이하가 되도록 할 것. 다만 복도 또는 별도로 구획된 실로서 보행거리가 40 [m] 이상일 경우에는 추가로 설치해야 한다.
   (3) 발신기의 위치표시등은 함의 상부에 설치하되, 그 불빛은 부착 면으로부터 15° 이상의 범위 안에서 부착지점으로부터 10 [m] 이내의 어느 곳에서도 쉽게 식별할 수 있는 적색등으로 할 것
6) 비상벨설비 또는 자동식 사이렌설비의 상용전원은 다음의 기준에 따라 설치해야 한다.
   (1) 상용전원은 전기가 정상적으로 공급되는 축전지설비, 전기저장장치(외부 전기에너지를 저장해두었다가 필요한 때 전기를 공급하는 장치) 또는 교류전압의 옥내간선으로 하고, 전원까지의 배선은 전용으로 할 것
   (2) 개폐기에는 "비상벨설비 또는 자동식 사이렌설비용"이라고 표시한 표지를 할 것
7) 비상벨설비 또는 자동식 사이렌설비에는 그 설비에 대한 감시상태를 60분간 지속한 후 유효하게 10분 이상 경보할 수 있는 비상전원으로서 축전지설비(수신기에 내장하는 경우를 포함한다) 또는 전기저장장치(외부 전기에너지를 저장해두었다가 필요한 때 전기를 공급하는 장치)를 설치해야 한다. 다만 상용전원이 축전지설비인 경우 또는 건전지를 주전원으로 사용하는 무선식 설비인 경우에는 그렇지 않다.

정답 61 ①

62 상중하

물분무소화설비의 화재안전기술기준(NFTC 104)에 따른 물분무소화설비의 비상전원을 자가발전설비 또는 축전지설비로 설치하고자 할 때 그 설치기준으로 틀린 것은?

① 물분무소화설비를 유효하게 30분 이상 작동할 수 있도록 할 것
② 점검에 편리하고 화재 및 침수 등의 재해로 인한 피해를 받을 우려가 없는 곳에 설치할 것
③ 비상전원(내연기관의 기동 및 제어용 축전기를 제외)의 설치장소는 다른 장소와 방화구획할 것
④ 사용전원으로부터 전력의 공급이 중단된 때에는 자동으로 비상전원으로부터 전력을 공급받을 수 있도록 할 것

해설 물분무소화설비 비상전원

- 점검 편리, 재해 피해 우려가 없는 곳에 설치
- 용량 : 20분 이상
- 상용전원 전력 공급이 중단된 때 : 자동으로 비상전원부터 전력 공급
- 설치장소 : 방화구획할 것

63 상중하

누전경보기의 화재안전기술기준(NFTC 205)에 따른 누전경보기의 전원과 관련된 내용으로 틀린 것은?

① 전원은 분전반으로부터 전용회로로 하여야 한다.
② 각 극에 개폐기 및 15 [A] 이하의 과전류차단기를 설치하여야 한다.
③ 배선용 차단기에 있어서는 20 [A] 이하의 것으로 각 극을 개폐할 수 있어야 한다.
④ 전원을 분기할 때에는 다른 차단기에 따라 전원이 동시에 차단되어야 한다.

해설 누전경보기 설치

1) 60 [A] 초과 : 1급 누전경보기 설치
2) 60 [A] 이하 : 1·2급 누전경보기 모두 가능
3) 전원 : 분전반부터 전용회로
4) 각 극 : 개폐기 및 15 [A] 이하 과전류차단기 설치
5) 배선용 차단기 : 20 [A] 이하, 각 극 개폐
6) 전원분기 시 : 다른 차단기의 전원에 이상이 없을 것

64 상중하

비상방송설비의 화재안전기술기준(NFTC 202)에 따른 비상방송설비의 설치기준에 적합하지 않은 것은?

① 비상방송용 확성기를 각 층마다 설치하였다.
② 엘리베이터 내부에는 별도의 음향장치를 설치하였다.
③ 음량조정기를 설치하므로 음량조정기의 배선은 2선식으로 하였다.
④ 실내에 설치된 비상방송용 확성기의 음성입력을 확인해보니 2 [W]이었다.

해설 비상방송설비

1) 확성기
 (1) 음성입력 : 실외 3 [W] 이상, 실내 1 [W] 이상
 (2) 수평거리 : 층 각 부분으로부터 하나의 확성기까지의 25 [m] 이하
 (3) 확성기는 각 층마다 설치, 당해 층의 각 부분에 유효하게 경보를 발하도록 설치
2) 음량조정기(ATT) : 음량조정기의 배선은 3선식으로 한다.
3) 조작부
 (1) 조작스위치 높이 : 바닥으로부터 0.8 [m] 이상 1.5 [m] 이하
 (2) 기동장치의 작동과 연동하여 당해 기동장치가 작동한 층 또는 구역을 표시
 (3) 조작부 및 증폭기 설치장소 : 수위실 등 상시 사람이 근무, 점검이 편리, 방화상 유효한 곳
 (4) 2 이상 조작부 설치 시 설치장소 상호 간 동시통화 가능, 어느 조작부에서도 전구역 방송 가능

정답 62 ① 63 ④ 64 ③

4) 층수가 11층(공동주택의 경우에는 16층)의 특정소방대상물은 다음과 같은 경보를 발할 수 있어야 한다.
   (1) 2층 이상의 층에서 발화한 때에는 발화층 및 그 직상 4개 층에 경보
   (2) 1층에서 발화한 때에는 발화층, 그 직상 4개 층 및 지하층에 경보
   (3) 지하층에서 발화한 때에는 발화층, 그 직상층 및 기타 지하층 경보
5) 기동장치에 따른 화재신고를 수신한 후 필요한 음량으로 화재 발생 상황 및 피난에 유효한 방송이 자동으로 개시될 때까지의 소요시간은 10초 이하로 할 것
6) 다른 방송설비와 공용할 경우 화재 시 비상경보 외의 방송을 차단할 수 있는 구조
7) 다른 전기회로에 따라 유도장애가 생기지 아니하도록 할 것
8) 음향장치의 구조 및 성능
   (1) 정격전압의 80 [%] 전압에서 음향을 발할 수 있는 것을 할 것
   (2) 자동화재탐지설비의 작동과 연동하여 작동할 수 있는 것으로 할 것

65 (상 중 하)

무선통신보조설비의 화재안전기술기준(NFTC 505)에 따른 증폭기의 설치기준으로 틀린 것은?

① 전원까지의 배선은 전용으로 하여야 한다.
② 전원은 전기가 정상적으로 공급되는 축전지 또는 교류전압 옥내간선으로 하여야 한다.
③ 증폭기의 비상전원 용량은 무선통신보조설비를 유효하게 20분 이상 작동시킬 수 있는 것으로 하여야 한다.
④ 증폭기의 전면에는 주 회로의 전원이 정상인지의 여부를 표시할 수 있는 표시등 및 전압계를 설치하여야 한다.

해설 증폭기 설치기준

1) 전원은 전기가 정상적으로 공급되는 축전지, 전기저장장치 또는 교류전압 옥내간선으로 하고, 전원까지의 배선은 전용으로 할 것
2) 증폭기의 전면에는 주회로의 전원이 정상인지의 여부를 표시할 수 있는 표시등 및 전압계를 설치할 것
3) 증폭기에는 비상전원이 부착된 것으로 하고 해당 비상전원 용량은 무선통신보조설비를 유효하게 30분 이상 작동시킬 수 있는 것으로 할 것
4) 증폭기 및 무선중계기를 설치하는 경우 적합성 평가를 받은 제품으로 설치하고 임의로 변경하지 않도록 할 것
5) 디지털방식의 무전기를 사용하는 데 지장이 없도록 설치할 것

66 (상 중 하)

비상조명등의 화재안전기술기준(NFTC 304)에 따른 휴대용 비상조명등의 설치기준에 적합하지 않은 것은?

① 외함은 난연성능이 있을 것
② 사용 시 자동으로 점등되는 구조일 것
③ 어둠 속에서 위치를 확인할 수 있도록 할 것
④ 설치높이는 바닥으로부터 0.5 [m] 이상 1.2 [m] 이하의 높이에 설치할 것

해설 휴대용 비상조명등 설치기준

1) 설치장소

설치장소	설치개수
숙박시설 또는 다중이용업소에는 객실 또는 영업장 안의 구획된 실마다 잘 보이는 곳(외부 설치 시 출입문 손잡이로부터 1 [m] 이내 부분)	1개 이상
대규모점포(지하상가·지하역사 제외), 영화상영관	보행거리 50 [m] 이내마다 3개 이상
지하상가 및 지하역사	보행거리 25 [m] 이내마다 3개 이상

2019

정답 65 ③ 66 ④

2) 설치기준
(1) 바닥으로부터 0.8 [m] 이상 1.5 [m] 이하의 높이에 설치할 것
(2) 어둠 속에서 위치를 확인할 수 있도록 할 것
(3) 사용 시 자동으로 점등되는 구조일 것
(4) 외함은 난연성능이 있을 것
(5) 건전지 사용 시 방전방지조치를 하고 충전식 배터리 사용 시 상시 충전되도록 할 것
(6) 건전지 및 충전식 배터리 용량은 20분 이상 유효하게 사용할 수 있는 것

67 상 중 하

유도등 및 유도표지의 화재안전기술기준(NFTC 303)에 따른 거실통로유도등의 설치기준으로 옳은 것은?

① 거실의 출입구에 설치할 것
② 바닥으로부터 높이 1.5 [m] 이상의 위치에 설치할 것
③ 구부러진 모퉁이 및 수평거리 10 [m]마다 설치할 것
④ 거실의 통로가 벽체 등으로 구획된 경우에는 비상구유도등을 설치할 것

해설 통로유도등 설치기준

1) 복도통로유도등
(1) 설치기준
① 복도에 설치할 것
② 옥내로부터 직접 지상으로 통하는 출입구 및 그 부속실의 출입구 또는 직통계단·직통계단의 계단실 및 그 부속실의 출입구의 경우 피난구 유도등이 설치된 출입구의 맞은편 복도에는 입체형으로 설치하거나 바닥에 설치할 것
③ 구부러진 모퉁이 및 위에 따라 설치된 통로유도등 기점으로 보행거리 20 [m]마다 설치할 것
④ 바닥에 설치하는 통로 유도등은 하중에 따라 파괴되지 않는 강도의 것으로 할 것
(2) 설치높이
바닥으로부터 높이 1 [m] 이하의 위치에 설치할 것(다만 지하층 또는 무창층의 용도가 도매시장·소매시장·여객자동차터미널·지하역사 또는 지하상가인 경우에는 복도·통로 바닥에 설치)
(3) 형식승인 및 제품 시 식별도기준
① 상용전원 점등 시 : 직선거리 20 [m] 위치(표시면 화살표 식별 가능)
② 비상전원 점등 시 : 직선거리 15 [m] 위치(표시면 화살표 식별 가능)
2) 거실통로유도등
(1) 설치기준
① 거실의 통로에 설치할 것(다만 거실의 통로가 벽체 등으로 구획 시 복도통로유도등을 설치하여야 한다)
② 구부러진 모퉁이 및 보행거리 20 [m]마다 설치할 것
(2) 설치높이
바닥으로부터 높이 1.5 [m] 이상의 위치에 설치(다만 거실 통로에 기둥 설치 시 기둥부분의 바닥으로부터 1.5 [m] 이하의 위치에 설치 가능)
3) 계단통로유도등
(1) 설치기준
각 층의 경사로 참 또는 계단참마다(1개 층에 경사로참 또는 계단참이 2 이상 있는 경우에는 2개의 계단참마다) 설치할 것
(2) 설치높이
바닥으로부터 높이 1 [m] 이하의 위치에 설치할 것

68 상 중 하

자동화재탐지설비 및 시각경보장치의 화재안전기술기준(NFTC 203)에 따른 청각장애인용 시각경보장치의 설치높이는? (단, 천장의 높이가 1 [m] 초과인 경우이다)

① 바닥으로부터 0.8 [m] 이상 1.5 [m] 이하
② 바닥으로부터 1.0 [m] 이상 1.5 [m] 이하
③ 바닥으로부터 1.5 [m] 이상 2.0 [m] 이하
④ 바닥으로부터 2.0 [m] 이상 2.5 [m] 이하

해설 시각경보장치 설치

1) 장소 : 복도·통로·청각장애인용 객실 및 공용으로 사용하는 거실에 설치하며, 각 부분으로부터 유효하게 경보를 발할 수 있는 위치에 설치할 것
2) 위치 : 공연장·집회장·관람장 또는 이와 유사한 장소에 설치하는 경우에는 시선이 집중되는 무대부 부분 등에 설치할 것

정답 67 ② 68 ④

3) 높이 : 바닥으로부터 2 [m] 이상 2.5 [m] 이하 장소 설치 (다만 천장의 높이 2 [m] 이하 경우에는 천장으로부터 0.15 [m] 이내 장소 설치)
4) 전원(광원) : 전용의 축전지설비 또는 전기저장장치에 의해 점등

69 상중하

유도등의 형식승인 및 제품검사의 기술기준에 따라 비상전원의 상태를 감시할 수 있는 장치가 없어도 되는 유도등은?

① 객석유도등 ② 계단통로유도등
③ 거실통로유도등 ④ 복도통로유도등

해설 유도등 비상전원

- 정전 : 상용 → 비상
- 정전 복귀 : 비상 → 사용
- 객석유도등 제외
- 이유 : 통로·바닥·벽 모든 부위 설치

70 상중하

유도등 및 유도표지의 화재안전기술기준(NFTC 303)에 따라 피난구유도등을 설치해야 하는 경우는?

① 거실 각 부분으로부터 쉽게 도달할 수 있는 출입구
② 바닥면적이 800 [m^2]인 층으로서 옥내로부터 직접 지상으로 통하는 출입구(외부의 식별이 용이한 경우에 한한다)
③ 거실 각 부분에서 하나의 출입구에 이르는 보행거리가 15 [m]이고, 비상조명등과 유도표지가 설치된 거실의 출입구
④ 출입구가 4개 있는 거실 각 부분에서 하나의 출입구에 이르는 보행거리가 25 [m]인 주된 출입구 2개소 외의 출입구를 가진 숙박시설

해설 유도등 설치 제외

1) 피난구유도등 설치 제외
(1) 바닥면적이 1000 [m^2] 미만인 층으로서 옥내로부터 직접 지상으로 통하는 출입구(외부의 식별이 용이한 경우에 한한다)
(2) 대각선 길이가 15 [m] 이내인 구획된 실의 출입구
(3) 거실 각 부분으로부터 하나의 출입구에 이르는 보행거리가 20 [m] 이하이고 비상조명등과 유도표지가 설치된 거실의 출입구
(4) 출입구가 3개소 이상 있는 거실로서 그 거실 각 부분으로부터 하나의 출입구에 이르는 보행거리가 30 [m] 이하인 경우에는 주된 출입구 2개소 외의 출입구(유도표지가 부착된 출입구를 말한다) 다만 공연장·집회장·관람장·전시장·판매시설·운수시설·숙박시설·노유자시설·의료시설·장례식장의 경우에는 그렇지 않다.

2) 통로유도등 설치 제외
(1) 구부러지지 아니한 복도 또는 통로로서 길이가 30 [m] 미만인 복도 또는 통로
(2) (1)에 해당하지 않는 복도 또는 통로로서 보행거리가 20 [m] 미만이고 그 복도 또는 통로와 연결된 출입구 또는 그 부속실의 출입구에 피난구유도등이 설치된 복도 또는 통로

3) 객석유도등 설치 제외
(1) 주간에만 사용하는 장소로서 채광이 충분한 객석
(2) 거실 등의 각 부분으로부터 하나의 거실출입구에 이르는 보행거리가 20 [m] 이하인 객석의 통로로서 그 통로에 통로유도등이 설치된 객석

71 상중하

광전식 분리형 감지기 설치기준 중 틀린 것은?

① 감지기의 수광면은 햇빛을 직접 받지 않도록 설치할 것
② 광축은 나란한 벽으로부터 0.6 [m] 이상 이격하여 설치할 것
③ 감지기의 송광부와 수광부는 설치된 뒷벽으로부터 0.5 [m] 이내 위치에 설치할 것
④ 광축의 높이는 천장 등 높이의 80 [%] 이상일 것

2019

정답 69 ① 70 ④ 71 ③

해설 광전식 분리형 감지기 설치기준

1) 광축은 나란한 벽으로부터 0.6 [m] 이상 이격(오동작방지 개념)
2) 수광면은 햇빛을 직접 받지 않도록 설치
3) 송광부와 수광부는 설치된 뒷벽으로부터 1 [m] 이내 위치에 설치(미 감시구역 증가방지 개념)
4) 광축의 높이는 천장 등 높이의 80 [%] 이상일 것
5) 광축의 길이는 공칭감시거리 범위 이내일 것(검정기술기준 공칭감시거리 : 5 ~ 100 [m], 5 [m] 간격)

72 상 중 하

비상방송설비의 화재안전기술기준(NFTC 202)에 따라 비상방송설비에는 그 설비에 대한 감시상태를 60분간 지속한 후 유효하게 몇 분 이상 경보할 수 있는 축전지설비를 설치하여야 하는가?

① 5 ② 10
③ 30 ④ 60

해설 비상방송설비

[비상방송설비 배선 설치기준]

1) 화재로 인해 하나의 층의 확성기 또는 배선이 단락 또는 단선되어도 다른 층의 화재 통보에 지장이 없을 것
2) 전원회로의 배선은 내화배선
3) 그 밖의 배선은 내화배선 또는 내열배선으로 할 것
4) 절연저항
   (1) 전원회로의 전로와 대지 사이 및 배선 상호 간 전기사업법 기술기준 적용
   (2) 부속회로의 전로와 대지 사이 및 배선 상호 간 1 경계구역마다 직류 250 [V]의 절연저항측정기를 사용하여 측정한 절연저항 0.1 [MΩ] 이상
5) 다른 전선과 별도의 관·덕트(절연효력이 있는 것으로 구획한 때에는 그 구획된 부분은 별개의 덕트로 본다) 몰드 또는 풀박스 등에 설치할 것(다만 60 [V] 미만의 약전류회로에 사용하는 전선으로서 각각의 전압이 같을 때는 그렇지 않음)

[비상방송설비 상용전원 설치기준]

1) 상용전원은 전기가 정상적으로 공급되는 축전지설비, 전기저장장치(외부 전기에너지를 저장해두었다가 필요한 때 전기를 공급하는 장치) 또는 교류전압의 옥내간선으로 하고, 전원까지의 배선은 전용으로 할 것
2) 개폐기에는 "비상방송설비용"이라고 표시한 표지를 할 것
3) 비상방송설비에는 그 설비에 대한 감시상태를 60분간 지속한 후 유효하게 10분 이상 경보할 수 있는 비상전원으로서 축전지설비(수신기에 내장하는 경우를 포함한다) 또는 전기저장장치(외부 전기에너지를 저장해두었다가 필요한 때 전기를 공급하는 장치)를 설치해야 한다.

73 상 중 하

자동화재속보설비의 화재안전기술기준(NFTC 204)에 따라 자동화재속보설비는 어떤 설비와 연동으로 작동하여 자동적으로 화재발생 상황을 소방관서에 전달하는가?

① 비상경보설비 ② 비상방송설비
③ 무선통신보조설비 ④ 자동화재탐지설비

해설 자동화재속보설비

1) 작동신호를 수신하거나 수동으로 동작시키는 경우 20초 이내에 소방관서에 자동적으로 신호를 발하여 통보하되, 3회 이상 속보할 수 있어야 한다.
2) 주전원이 정지한 경우에는 자동적으로 예비전원으로 전환되고, 주전원이 정상상태로 복귀한 경우에는 자동적으로 예비전원에서 주전원으로 전환되어야 한다.
3) 예비전원은 자동적으로 충전되어야 하며 자동과충전방지장치가 있어야 한다.
4) 화재신호를 수신하거나 속보기를 수동으로 동작시키는 경우 자동적으로 적색 화재표시등이 점등되고 음향장치로 화재를 경보하여야 하며 화재표시 및 경보는 수동으로 복구 및 정지시키지 않는 한 지속되어야 한다.
5) 연동 또는 수동으로 소방관서에 화재발생 음성정보를 속보 중인 경우에도 송수화장치를 이용한 통화가 우선적으로 가능하여야 한다.

정답 72 ② 73 ④

6) 예비전원을 병렬로 접속하는 경우에는 역충전방지 등의 조치를 하여야 한다.
7) 예비전원은 감시상태를 60분간 지속한 후 10분 이상 동작(화재속보 후 화재표시 및 경보를 10분간 유지하는 것을 말한다)이 지속될 수 있는 용량이어야 한다.
8) 속보기는 연동 또는 수동 작동에 의한 다이얼링 후 소방관서와 전화접속이 이루어지지 않는 경우에는 최초 다이얼링을 포함하여 10회 이상 반복적으로 접속을 위한 다이얼링이 이루어져야 한다. 이 경우 매회 다이얼링 완료 후 호출은 30초 이상 지속되어야 한다.
9) 속보기의 송수화장치가 정상위치가 아닌 경우에도 연동 또는 수동으로 속보가 가능하여야 한다.
10) 음성으로 통보되는 속보내용을 통하여 해당 특정소방대상물의 위치, 화재발생 및 속보기에 의한 신고임을 확인할 수 있어야 한다.
11) 속보기는 음성속보방식 외에 데이터 또는 코드전송방식 등을 이용한 속보기능을 설치할 수 있다.

74 상중하

비상콘센트설비의 화재안전기술기준(NFTC 504)에 따라 비상콘센트설비의 비상전원을 실내에 설치할 경우 그 실내에 설치해야 하는 것은?

① 유도등
② 실내조명등
③ 비상조명등
④ 휴대용 비상조명등

해설 비상콘센트설비 비상전원

- 실내 설치 : 비상조명등 설치
- 이유 : 사람이 오가지 않는 장소 설치

75 상중하

자동화재탐지설비 및 시각경보장치의 화재안전기술기준(NFTC 203)에 따른 수신기 설치기준에 대한 설명으로 틀린 것은?

① 하나의 경계구역은 하나의 표시등 또는 하나의 문자로 표시되도록 할 것
② 감지기·중계기 또는 발신기가 작동하는 경계구역을 표시할 수 있는 것으로 할 것
③ 음향기구는 그 음량 및 음색이 다른 기기의 소음 등과 명확히 구별될 수 있는 것으로 할 것
④ 사람이 상시 근무하는 장소가 없는 경우에는 관계인이 쉽게 접근할 수 없는 장소에 설치할 것

해설 수신기 설치기준

1) 수위실 등 상시 사람이 근무하는 장소에 설치할 것(접근과 관리가 용이한 장소도 가능)
2) 수신기가 설치된 장소에는 경계구역 일람도를 비치할 것(주수신기만 해당)
3) 수신기의 음향기구는 그 음량 및 음색이 다른 기기의 소음 등과 명확히 구별될 것
4) 수신기는 감지기·중계기 또는 발신기가 작동하는 경계구역을 표시할 수 있는 것으로 할 것
5) 화재·가스 전기 등에 대한 종합방재반을 설치한 경우에는 해당 조작반에 수신기의 작동과 연동하여 감지기·중계기 또는 발신기가 작동하는 경계구역을 표시할 수 있는 것으로 할 것
6) 하나의 경계구역은 하나의 표시 등 또는 하나의 문자로 표시되도록 할 것
7) 수신기의 조작 스위치는 바닥으로부터의 높이가 0.8 [m] 이상 1.5 [m] 이하인 장소에 설치할 것
8) 하나의 특정소방대상물에 2개 이상의 수신기를 설치하는 경우에는 수신기를 상호 간 연동하여 화재발생 상황을 각 수신기마다 확인할 수 있도록 할 것
9) 화재로 인하여 하나의 층의 지구음향장치 배선이 단락되어도 다른 층의 화재통보에 지장이 없도록 각 층 배선상에 유효한 조치를 할 것

정답 74 ③ 75 ④

76 상 중 하

무선통신보조설비의 화재안전기술기준(NFTC 505)에 따른 무선통신보조설비의 설치 제외기준이다. 다음 ( )에 들어갈 내용으로 옳은 것은?

> 지하층으로서 특정소방대상물의 바닥부분 (㉠)면 이상이 지표면과 동일하거나 지표면으로부터의 깊이가 (㉡) [m] 이하인 경우에는 해당 층에 한하여 무선통신보조설비를 설치하지 아니할 수 있다.

① ㉠ 2, ㉡ 1　　② ㉠ 2, ㉡ 3
③ ㉠ 3, ㉡ 2　　④ ㉠ 3, ㉡ 3

해설 무선통신보조설비 설치 제외 장소

1) 지하층으로서 특정소방대상물의 바닥부분 2면 이상이 지표면과 동일한 층
2) 지하층으로서 지표면으로부터의 깊이가 1 [m] 이하인 층

77 상 중 하

비상경보설비 및 단독경보형 감지기의 화재안전기술기준(NFTC 201)에 따른 발신기에 대한 용어의 정의이다. 다음 ( )에 들어갈 내용으로 옳은 것은?

> "발신기"란 화재발생신호를 수신기에 ( )으로 발신하는 장치를 말한다.

① 수동　　② 자동
③ 전기적　　④ 기계적

해설 비상경보설비 및 단독경보형 감지기 용어

1) "비상벨설비"란 화재발생 상황을 경종으로 경보하는 설비를 말한다.
2) "자동식 사이렌설비"란 화재발생 상황을 사이렌으로 경보하는 설비를 말한다.
3) "단독경보형 감지기"란 화재발생 상황을 단독으로 감지하여 자체에 내장된 음향장치로 경보하는 감지기를 말한다.
4) "발신기"란 화재발생신호를 수신기에 수동으로 발신하는 장치를 말한다.
5) "수신기"란 발신기에서 발하는 화재신호를 직접 수신하여 화재의 발생을 표시 및 경보해주는 장치를 말한다.
6) "신호처리방식"은 화재신호 및 상태신호 등(이하 "화재신호 등"이라 한다)을 송수신하는 방식으로서 다음의 방식을 말한다.
   (1) "유선식"은 화재신호 등을 배선으로 송·수신하는 방식
   (2) "무선식"은 화재신호 등을 전파에 의해 송·수신하는 방식
   (3) "유·무선식"은 유선식과 무선식을 겸용으로 사용하는 방식

78 상 중 하

자동화재탐지설비 및 시각경보장치의 화재안전기술기준(NFTC 203)에 따라 부착높이가 15 [m] 이상 20 [m] 미만에 설치할 수 없는 감지기는?

① 연기복합형　　② 불꽃감지기
③ 이온화식 1종　　④ 보상식 스포트형

해설 감지기 설치

부착높이	감지기 종류
8 [m] 이상 ~ 15 [m] 미만	• **차**동식 **분**포형 • **이**온화식 1종·2종 • **광**전식 1종·2종 • **연**기**복**합형 • **불**꽃감지기
15 [m] 이상 ~ 20 [m] 미만	**이**온화식 1종, 광전식(스포트형, 분리형, 공기흡입형) 1종, **연**기**복**합형, 불꽃감지기
20 [m] 이상	**불**꽃감지기, **광**전식(**분**리형, **공**기흡입형) 중 아날로그방식

암기 ▶ 차분한 이광연 12세

정답 76 ① 77 ① 78 ④

79 상중하

비상경보설비 및 단독경보형 감지기의 화재안전기술기준(NFTC 201)에 따라 가로 28 [m] 세로 16 [m]인 어느 특정소방대상물의 구획된 공간에는 단독경보형 감지기를 몇 개 설치하여야 하는가? (단, 내부 구획된 공간은 없으며 벽체의 상부 또는 일부가 개방된 곳이 없는 공간이다)

① 3개　② 5개
③ 7개　④ 11개

해설 단독경보형 감지기 설치개수

1) 각 실(이웃하는 실내 바닥 면적이 각각 30 [m^2] 미만이고 벽체의 상부의 전부 또는 일부가 개방되어 이웃하는 실내와 공기가 상호 유통되는 경우 이를 1개의 실로 본다)마다 설치하되, 바닥 면적이 150 [m^2] 를 초과하는 경우에는 150 [m^2]마다 1개 이상 설치할 것
   (1) 바닥면적 : 28 × 16 = 448 [m^2]
   (2) 설치개수 : 448/150 = 2.987 ≒ 3개
2) 최상층의 계단실의 천장(외기 상통하는 계단실 경우 제외)에 설치할 것
3) 건전지를 주전원으로 사용하는 단독경보형 감지기는 정상적인 작동상태를 유지할 수 있도록 건전지를 교환할 것
4) 상용전원을 주전원으로 사용하는 단독경보형 감지기의 2차 전지는 제품검사시험에 합격한 것을 사용할 것

80 상중하

비상콘센트설비의 화재안전기술기준(NFTC 504)에 따라 비상콘센트설비의 전원부와 외함 사이의 절연저항은 몇 [MΩ] 이상이어야 하는가? (단, 직류 500 [V] 절연저항계로 측정하는 경우이다)

① 0.2　② 2
③ 20　④ 200

해설 비상콘센트설비

1) 절연저항 : 500 [V] 절연저항계로 측정할 때 20 [MΩ] 이상일 것
2) 절연내력
   (1) 정격전압 150 [V] 이하 : 1000 [V]의 실효전압
   (2) 정격전압이 150 [V] 이상 : (정격전압 × 2) + 1000 [V] = 실효전압
   (3) 실효전압 시험에서 1분 이상 견디는 것으로 할 것
3) 배선
   전원회로의 배선은 내화배선, 그 밖의 배선은 내화배선 또는 내열배선

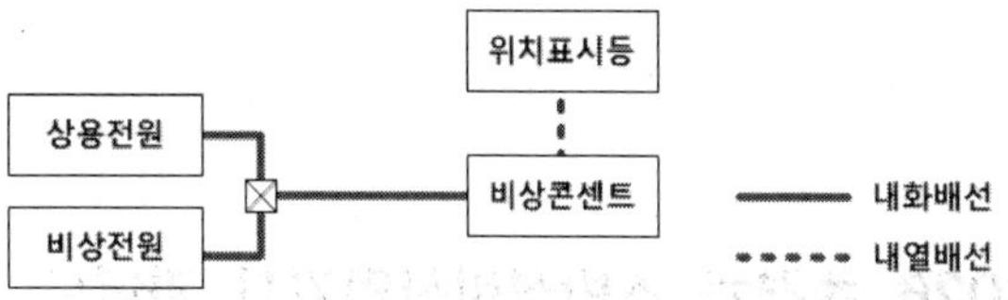

정답 79 ① 80 ③

2026 초격차 소방설비산업기사 과년도 7개년 필기 전기

발행일 2025년 10월 15일 개정판 1쇄

지은이 황모아, 오민정, 이지원

발행인 황모아

발행처 (주)모아교육그룹
주 소 서울특별시 영등포구 영신로 32길 29 세화빌딩 2층
전 화 02-2068-2393(출판, 주문)
등 록 제2015-000006호 (2015.1.16.)
이메일 moagbooks@naver.com
ISBN 979-11-6804-456-2 (13500)

이 책의 가격은 뒤표지에 있습니다.